国家教学名师学术文库

LAISHAOCONG
LUNZHUJI

赖绍聪论著集

赖绍聪　等著

下

U0280729

西北大学出版社
·西安·

目　录

下　册

中文专业论文

附　录

中文专业论文

ZHONGWEN ZHUANYE LUNWEN

秦岭-大别勉略构造带蛇绿岩与相关火山岩性质及其时空分布①②

赖绍聪　张国伟　董云鹏　裴先治　陈　亮

摘要: 勉略构造带蛇绿岩及相关火山岩的系统研究表明,该构造带由德尔尼-南坪-琵琶寺-康县至略阳-勉县地区,并越巴山弧形构造向东到达随县花山,最东延伸至大别山南缘清水河地区。从西到东 1 500 余千米断续残存蛇绿混杂岩,包括蛇绿岩及相关的岛弧、洋岛等火山岩,揭示了沿线曾存在已消失的古洋盆与古碰撞缝合带。洋盆主要扩张形成时期是在石炭纪-二叠纪期间,它对于确立华北-秦岭陆块与扬子陆块的碰撞时代和秦岭造山带的形成与演化均有重要的大地构造意义。

勉略构造带是新近厘定的一个蛇绿构造混杂带[1-6],它是指秦岭造山带南缘,以勉县-略阳蛇绿构造混杂岩带为代表,东西延展,原应是秦岭造山带中除商丹板块主缝合带外又一新的板块缝合带。本文系统总结了近 10 年来勉略构造带中蛇绿岩及相关火山岩系的研究成果,并对蛇绿岩的形成时代及其时空分布进行了初步归纳。

1　勉略古洋盆的性质

勉略古洋盆处于特提斯构造域中,具有多块体中、小洋陆相互作用的东古特提斯构造的基本特征,并成为中国大陆印支期完成其主体最后拼合的主要碰撞造山结合带[2,7]。勉略洋西延经康县-琵琶寺-南坪直至阿尼玛卿德尔尼,向东经巴山弧、随县花山,直至大别山南缘宿松、清水河地区(图 1)。在不同区段残存出露的火山岩与蛇绿岩岩片,地球化学特征、岩石组合和构造属性既有相似之处又有明显差异。

1.1　阿尼玛卿德尔尼洋壳蛇绿岩

德尔尼蛇绿岩为洋脊型蛇绿岩[8-10],由变质橄榄岩、辉石岩、辉长岩、变质玄武岩和含放射虫硅质岩、硅泥质岩组成。玄武岩为典型的 N-MORB 类型(图 2a,图 3),从 Zr 到 Cr 基本上未发生明显的分馏,比较富集 Ba,亏损 K、Ta 等元素。$(La/Yb)_N$ 平均为 0.45,

①　原载于《中国科学》D 辑,2003,33(12)。
②　国家自然科学基金项目(49732080,40234041)和高等学校优秀青年教师教学科研奖励计划资助项目。

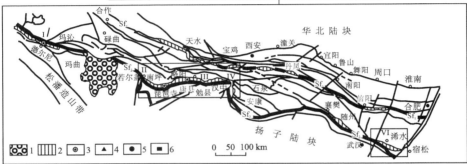

图 1　秦岭-大别勉略构造带蛇绿岩及其相关火山岩区域分布简图

1.中新生代沉积盆地;2.蛇绿构造混杂带;3.洋壳蛇绿岩出露点;4.岛弧火山岩出露点;5.洋岛火山岩出露点;
6.双峰式火山岩出露点。Sf₁.商丹缝合带;Sf₂.勉略缝合带。Ⅰ.阿尼玛卿德尔尼段;Ⅱ.南坪-琵琶寺-康县段;
Ⅲ.略阳-勉县段;Ⅳ.巴山弧段;Ⅴ.花山段;Ⅵ.大别南缘段

LREE 相对 HREE 亏损,基本无 Eu 异常,表明玄武岩岩浆来自亏损的软流圈地幔。玄武岩 $^{40}Ar/^{39}Ar$ 坪年龄为 345.3 ± 7.9 Ma,等时线年龄为 336.6 ± 7.1 Ma[10]。

1.2　南坪-琵琶寺-康县洋壳蛇绿岩及洋岛火山岩

南坪-琵琶寺-康县构造带是一个复杂的、包含不同成因岩块的混杂带①。带内分布有蛇绿岩块(古洋壳残片)、洋岛拉斑玄武岩块和洋岛碱性玄武岩类。洋脊型玄武岩见于琵琶寺,岩石 $(La/Yb)_N$ 介于 0.65 ~ 0.97,δEu 平均为 0.95(图 2b),Ti/V 为 22.5 ~ 32.5,Th/Ta 为 0.93 ~ 1.22,Th/Y 为 0.003 ~ 0.007,Ta/Yb 为 0.04 ~ 0.06,与来自亏损的软流圈地幔的 MORB 型玄武岩完全一致(图 3)。充分表明它们为洋壳蛇绿岩的组成部分[11]。

带内洋岛拉斑玄武岩 $(La/Yb)_N$ 介于 1.85 ~ 5.71,δEu 平均为 0.94。而洋岛碱性玄武岩轻、重稀土分异强烈,$(La/Yb)_N$ 平均为 14.71,δEu 平均为 0.93。在 Nb/Th-Nb、

---

①　裴先治.勉略-阿尼玛卿构造带的形成演化与动力学特征.西安:西北大学(博士学位论文),2001:26-27.

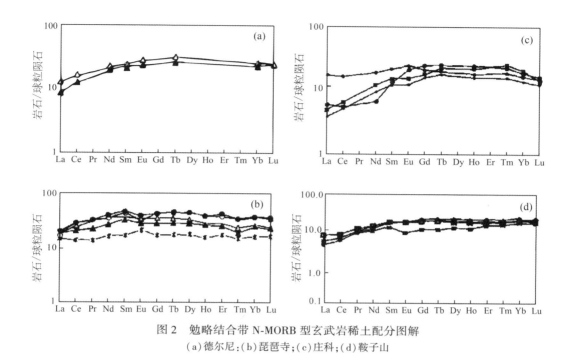

图2 勉略结合带 N-MORB 型玄武岩稀土配分图解
(a)德尔尼;(b)琵琶寺;(c)庄科;(d)鞍子山

La/Nb-La、Th/Yb-Ta/Yb 和 Nb/Zr/Y 图解(图3)中,本区洋岛玄武岩类均无一例外地落入 OIB 区内。该区洋岛拉斑和碱性系列玄武岩与一套典型的洋壳蛇绿岩(MORB 型玄武岩)密切共(伴)生(如琵琶寺岩区),它们是典型的洋岛型大洋板内岩浆活动的产物[12]。

1.3 略阳-勉县蛇绿混杂岩

该区段包含洋壳蛇绿岩、岛弧火山岩、双峰式火山岩等多种类型的岩块[16-20]。带内超基性岩类主要为方辉橄榄岩和纯橄榄岩,稀土特征为轻稀土亏损。铈富集型;辉绿岩均为轻稀土富集型。火山岩可区分为 3 种类型:第 1 类为轻稀土亏损的洋脊拉斑玄武岩,其 Ti/V、Th/Ta、Th/Yb、Ta/Yb 表明其为 MORB 型玄武岩,代表本区消失了的洋壳岩石;第 2 类为双峰式火山岩,以黑沟峡岩片为代表[21];第 3 类为岛弧火山岩组合[16-19]。

文家沟-庄科洋脊玄武岩$(La/Yb)_N = 0.30 \sim 1.07$,$\delta Eu = 0.84 \sim 1.13$,为轻稀土亏损型配分型式(图2c)。$Th/Yb = 0.04 \sim 0.17$,$Ta/Yb = 0.03 \sim 0.09$,表明其来自亏损的软流圈地幔(图3)[16,17]。

岛弧火山岩集中分布在三岔子、桥梓沟及略阳以北横现河一带[17-19],均为非碱性系列火山岩。玄武岩相对低 $TiO_2(0.68\% \sim 1.07\%)$,$(La/Yb)_N = 1.84 \sim 6.59$。$\delta Eu = 0.98 \sim 1.26$,$Th > Ta$,$Nb/La < 0.6$,$Th/Ta$ 为 $3 \sim 15$,$Th/Yb = 0.68 \sim 2.74$,$Ta/Yb = 0.10 \sim 0.84$,显示为弧火山岩的地球化学特征(图3)。安山岩类属低钾-中钾高硅岛弧安山岩,$(La/Yb)_N = 2.78 \sim 13.24$,$\delta Eu = 0.85 \sim 1.02$,存在明显的稀土分异。其 $Nb/La < 0.63$,$Th/Ta = 2.74 \sim 4.25$,$Th/Yb = 0.92$,$Ta/Yb = 0.22 \sim 0.34$,总体仍具典型岛弧火山岩的地球化学特征。

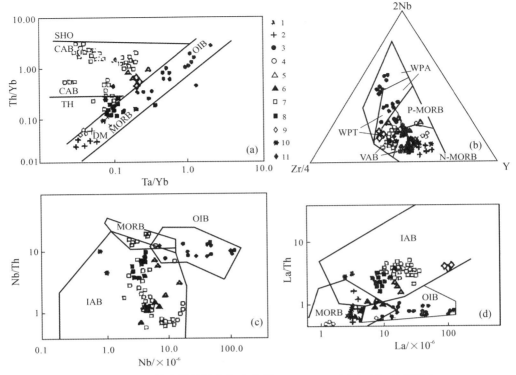

图3 勉略结合带蛇绿岩与火山岩 Th/Yb-Ta/Yb(a)、Nb/Zr/Y(b)、
Nb/Th-Nb(c)和 La/Nb-La(d)图解[13-15]

1.德尔尼洋脊玄武岩;2.琵琶寺洋脊玄武岩;3.琵琶寺洋岛玄武岩;4.勉略段洋脊玄武岩;
5.勉略段岛弧玄武岩;6.勉略段双峰式火山岩基性端元;7.巴山弧岛弧火山岩;8.花山变质玄武岩;
9.大别南缘岛弧火山岩;10.大别南缘辉长岩和玄武岩;11.大别南缘双峰式火山岩基性端元

黑沟峡双峰式火山岩系由玄武岩及少量英安岩、流纹岩组成[21],形成于裂陷环境。其中,玄武质岩石均属拉斑系列,其 Nb 与 La 含量大致相等,具低 Rb、K 异常。扁平的 REE 模型,表明该玄武岩来自 MORB 型地幔源[21],说明该裂陷已拉张成洋盆。然而,该玄武岩与典型 N 型 MORB 的不同之处是 Th 和 Pb 含量高,该特征又与一些大陆溢流玄武岩类似。这恰好反映了该玄武岩是由初始大陆裂谷向成熟洋盆转化阶段的产物(图3)[21]。

鞍子山变质蛇绿杂岩块由变质橄榄岩和斜长角闪岩组成[18]。橄榄岩类具强烈亏损型稀土特征。斜长角闪岩均属拉斑系列[18],稀土元素组成可以分为 LREE 亏损型和 REE 平坦型。其中,亏损型岩石表现出 N-MORB 的典型特征(图2d),微量元素显示其源于一个亏损洋幔的源区[18]。鞍子山镁铁质麻粒岩 $^{40}Ar/^{39}Ar$ 年龄为 199.7±1.7 Ma,麻粒岩矿物——全岩 Sm-Nd 等时线年龄为 206±55 Ma[22],与佛坪地区麻粒岩同位素年龄一致[22],代表其最终碰撞闭合时代。

1.4 巴山弧岛弧岩浆带

巴山弧两河-饶峰-五里坝地区为一典型的岛弧岩浆带。带内以弧内裂陷双峰式火山岩和陆缘弧岛弧安山岩岩片为标志[23-25]，火山岩均属亚碱性系列。两河玄武岩（La/Yb）$_N$（2.62~4.60）和 δEu（平均1.03）表明，岩石为轻稀土弱富集型，且无 Eu 异常。而英安流纹岩类（La/Yb）$_N$（平均6.75）表明，岩石为轻稀土中度富集型。五里坝双峰式火山岩稀土特征与两河岩片类似[25]，其中玄武岩类（La/Yb）$_N$ 为3.72~4.15，δEu 平均为1.01。英安流纹岩类（La/Yb）$_N$（平均7.92）也与两河英安流纹岩接近。饶峰安山岩类（La/Yb）$_N$ 介于6.65~8.57，δEu 平均为0.79。孙家河玄武岩（La/Yb）$_N$ 介于6.72~7.85，δEu 趋近1。孙家河安山岩类（La/Yb）$_N$ = 5.63~7.36，δEu 平均为0.98[26]。

两河、五里坝火山岩以其显著的 Nb、Ta 亏损表明，它们是岛弧型岩浆活动的产物（图3），且以玄武质-英安流纹质双峰式火山岩组合为特色，玄武质岩石的 Th/Yb-Ta/Yb 和 Ti/Zr-Ti/Y 不活动痕量元素组合特征，指示它们应生成于一个洋内岛弧裂陷环境的大地构造环境[23-26]。饶峰火山岩主体为一套安山岩类，孙家河组火山熔岩以安山岩和玄武岩为主，它们同样具有低 Nb、Ta 含量的特征。而岩石的 Th/Yb、Ta/Yb、Th/Ta、Nb/La 和 Ti/Zr-Ti/Y 不活动痕量元素组合特征，指示它们应形成于一个大陆边缘弧的大地构造环境[23-26]。

1.5 花山蛇绿混杂岩

花山地区周家湾变质玄武岩属拉斑系列[27-28]。岩石 SiO_2 含量平均为47.71%，TiO_2 含量大多为1.5%~2.1%。（La/Yb）$_N$ 介于1.3~2.0，δEu 平均为1.05，与 N 型 MORB 的稀土元素地球化学特征接近，但不同的是轻稀土不存在亏损现象。与原始地幔平均值比较，玄武岩有弱的 Nb 负异常，Nb < La，具有低 Th 含量特点，Th/Yb 值为0.30~0.09，Ta/Yb 值一般不大于0.16，Th/Yb 和 Ta/Yb 值均处在 MORB 的范围内（图3），表明本区变质玄武岩应来自亏损的地幔源区[27-28]。该组玄武岩与典型的大洋盆地 N 型 MORB 又略有不同，其 Nb < La、La/Ta（25.3）值表明了 La 相对于 Ta 呈明显的富集状态，与原始地幔标准值比较存在弱的 Nb 负异常，其 Th 含量略低于典型 N 型 MORB。这种特殊的地球化学特征反映了一种初始小洋盆的大地构造环境[27,28]。

竹林湾基性熔岩属亚碱性系列[28]，SiO_2 含量平均为50.36%，TiO_2 含量为1.41%~2.09%，平均值为1.77%，LREE 轻微富集，（La/Yb）$_N$ 平均为1.64。微量元素表现为 Ba、Th 的富集和以高场强元素 Ce、Zr、Hf、Sm、Y、Yb 不分异为特征。同时，高场强元素含量十分贴近 N-MORB 标准值，显示竹林湾基性火山岩具有与 MORB 相同的地球化学性质[28]，暗示其形成于初始小洋盆构造环境[28]。

1.6 大别山南缘蛇绿混杂岩

我们的最新研究结果表明，勉略构造带沿巴山弧-襄樊-广济断裂带向东，经花山蛇绿构造混杂带直到大别山南缘地区。

在大别山南缘宿松县北侧二郎地区出露有超基性岩构造岩片①，并在大别山南缘主边界断裂带中及其旁侧出露有清水河辉长岩、辉石岩、安山岩构造岩片以及浠水–兰溪双峰式火山岩构造岩片。二郎一带超镁铁质岩断续出露长达 10 km，共生岩石有斜长角闪岩和变基性岩墙群[1]。超镁铁质岩 SiO_2 含量为 37.78% ~ 48.49%，MgO 为 28.12% ~ 38.39%，属镁质超基性岩。斜长角闪岩和基性岩墙群均属拉斑系列，SiO_2 含量变化大，TiO_2 含量高（1.33% ~ 3.10%，平均 1.94%），不同于岛弧玄武岩（图 3），而与 MORB 型玄武岩相近[1]。兰溪双峰式火山岩总体显示为初始小洋盆的形成环境，其基性端元（斜长角闪岩）显示了亏损地幔源区的地球化学特征，与黑沟峡双峰式火山岩有一定的相似之处。清水河辉长岩–辉石岩为一套堆晶辉长岩系，来自亏损的软流圈地幔。而清水河安山岩具有明显的 Nb、Ta 亏损特征，总体显示为弧火山岩的地球化学特征（图 3），应形成于活动大陆边缘的大地构造环境，并与勉县–略阳地区三岔子岛弧安山岩类有一定的相似之处[16-17]。大别山南缘蛇绿混杂岩尚无系统的年代学资料，但前人曾在蛇绿岩基质中获得 401 ± 28 Ma 的锆石 U-Pb 年龄[1]，其时代大体相当于早泥盆世。所以，宿松–清水河地区蛇绿杂岩有可能是勉略结合带东延的残存遗迹。但由于该区蛇绿混杂岩研究还不够深入，时代还不能准确判定，同时考虑大别山南缘强烈的构造变形改造，因此，其确切的构造归属尚有待进一步的研究工作证实。

综合上述分析可以看出，勉略洋自西向东不同区段出露的火山岩与蛇绿岩既有明显的可对比性，同时又在洋盆的发育程度上存在明显差异（表 1）。

2　勉略古洋盆的形成时代

在勉县–略阳蛇绿构造混杂带中，除 MORB 型蛇绿岩及相关火山岩外，还同期发育泥盆系深水浊积岩系，表明当时洋盆已打开[2,21]；在略阳三岔子、石家庄一带采集的、与蛇绿岩密切共生的硅质岩中发现了放射虫动物群，其地质时代为早石炭世[29-30]。说明在古生代中期沿勉略一带出现了古特提斯洋北侧新的分支。勉县–略阳结合带黑沟峡变质火山岩系 Sm-Nd 等时线年龄为 242 ± 21 Ma，Rb-Sr 全岩等时线年龄为 221 ± 13 Ma，指示了火山岩的变质年龄[21]，它表明勉略洋盆在三叠纪已闭合。李锦轶获得的勉略带文家沟、横现河变质火山岩 $^{40}Ar/^{39}Ar$ 年龄（226.9 ± 0.9 Ma 和 219.5 ± 1.4 Ma）与黑沟峡变质火山岩的变质年龄一致[31]。张宗清新获得的勉略庄科 MORB 型玄武岩 Rb-Sr 和 $^{40}Ar/^{39}Ar$ 年龄介于 286 ~ 197 Ma（未刊资料），而三岔子含放射虫化石的硅质岩 Sm-Nd 等时线年龄为 326 ~ 344 Ma（张宗清未刊资料）。鞍子山基性麻粒岩（蛇绿岩组成部分）的 Sm-Nd 和 $^{40}Ar/^{39}Ar$ 年龄为 199.7 ~ 206 Ma[22]，这与佛坪麻粒岩的 U-Pb 和 Sm-Nd 年龄（212 ~ 197 Ma）[32]大体一致，它们代表蛇绿岩的侵位到碰撞抬升的年龄。在勉县–略阳蛇绿构造混杂带北侧分布的 I 型花岗岩 U-Pb 年龄为 205 ~ 225 Ma[33]。说明勉略段古洋盆自泥盆纪打开，至三叠纪已闭合，洋盆主体扩张形成时期应在石炭纪–二叠纪期间。

---

① 吴维平,江来利,徐树桐,等.大别山东部宿松二郎河蛇绿岩地质地球化学特征及其形成环境.见:昆仑–秦岭–大别山系地质构造与资源环境学术研讨会论文摘要汇编,2002:64-66.

表1　勉略结合带不同区段火山岩与蛇绿岩特征

区　段	岩石组合	玄武岩类型及构造环境
阿尼玛卿德尔尼段	超镁铁岩、辉长岩、玄武岩以及含放射虫硅质岩和含放射虫泥质岩	玄武岩具有典型 N-MORB 特征,具有 LREE 亏损型稀土配分型式。 有限洋盆环境
康县-琵琶寺-南坪段	以玄武岩类为主	典型轻稀土亏损的 N-MORB 型玄武岩和洋岛(OIB)型玄武岩。 有限洋盆环境
勉县-略阳段	超镁铁岩、辉长岩、堆晶辉长岩、辉绿岩墙群、玄武岩、安山岩-英安岩-流纹岩系、双峰式火山岩以及含放射虫硅质岩	玄武岩分 3 类:①凡有 LREE 亏损型稀土配分型式的典型 N-MORB 玄武岩;②具扁平型稀土配分型式、部分 N-MORB 特征,反映初始小洋盆环境的双峰式火山岩基性端元玄武岩(如黑沟峡);③轻稀土富集型岛弧拉斑及岛弧钙碱系列玄武岩。 初始小洋盆→有限洋盆环境
巴山弧段	双峰式火山岩、安山岩系	双峰式火山岩基性端元玄武岩类具有显著的 Nb、Ta 亏损等岛弧火山岩的特征,指示它们来源于一个弧内裂陷的大地构造环境;安山岩类具有显著的 Nb、Ta 亏损等岛弧火山岩的特征,指示它们来源于一个大陆边缘弧的大地构造环境。 洋内岛弧-大地边缘弧环境
花山段	以玄武岩为主体并有少量辉长岩类	变质玄武岩为拉斑系列火山岩。扁平型稀土配分型式,与 N-MORB特征接近,来自亏损的地幔源区。但不同的是玄武岩有弱的 Nb 负异常,Nb<La,具有低 Th 含量的特点。 初始小洋盆环境
大别南缘宿松二郎段	超镁铁岩、堆晶辉长岩、辉绿岩墙、变质玄武岩、安山岩、双峰式火山岩	辉长岩-辉石岩具堆晶岩的地球化学特征;变质玄武岩为轻稀土轻度富集型;安山岩具明显的 Nb、Ta 亏损;双峰式火山岩基性端元具有部分 N-MORB 特征。 初始小洋盆环境

　　陈亮等获得的德尔尼洋壳蛇绿岩(MORB 型玄武岩)^{40}A/^{39}Ar 年龄为 345 Ma, Sm-Nd 等时线年龄为 320 Ma[10],代表蛇绿岩的形成年龄,这与该区古生物化石时代为石炭纪-二叠纪的事实[34]基本一致。南坪-琵琶寺-康县蛇绿构造混杂带中隆康地区获得的放射虫化石属于晚泥盆世-石炭纪[35],与勉略段和德尔尼蛇绿岩形成时代基本吻合。对于花山蛇绿构造混杂带,尽管目前尚无确切的年代学证据,但从其中夹有确凿化石依据的二叠系、中下三叠统岩块,其上又为白垩纪红层覆盖,可以初步判定其洋盆存在时限为晚海西-早印支期[28]。另外,王宗起等的研究结果表明[36],西乡群孙家河组上、中、下各段火山岩所夹泥、硅质岩层中均含有放射虫化石,并将其时代确定为晚泥盆-晚石炭世。

　　需要指出的是,勉略带是一个复杂的构造混杂带,带内除蛇绿岩、岛弧火山岩、洋岛火山岩块外,实际上还包含众多古老结晶基底岩块(岩片),从而使得对该带的同位素年代学研究十分复杂。事实上,在勉略带中除了 350~200 ± Ma 的同位素年龄外,还获得了一些 8 亿~10 亿年的古老岩块岩石年龄[37-38]，这是一个不可回避的事实。其他一些除代表构造混杂其内的古老构造岩块年龄外，还有关于同位素年代学测定与解释的复杂情况，如勉略蛇绿岩中同一斜长花岗岩的锆石样品获得了 926 ± 10 Ma[37] 和 300 ± 81 Ma（李曙光未刊资料）2 个不同的年龄值，前者为继承锆石年龄，而后者为样品中挑选出的结晶锆石年龄。因而，300 ± 81 Ma 应代表了蛇绿岩的形成年龄，这与基性火山岩中硅质岩夹层放射虫定年为石炭纪-二叠纪相一致。本文所依据的勉略古洋盆形成时代，除均来自蛇绿岩片或岛弧火山岩片的同位素测定值外，更综合着重依据勉略带蛇绿岩中从西到东多处发现的、与蛇绿岩共生的硅质岩中的放射虫化石时代（泥盆-石炭-二叠纪）。综合古生物及蛇绿岩、岛弧火山岩、高压岩石的形成年龄，一致证明勉略洋盆自泥盆纪开始打开，主体扩张形成时期为石炭纪-二叠纪，而获得的三叠纪年龄值均来自变质玄武岩和高压变质岩，它们主要代表碰撞变质年龄，因而勉略洋至三叠纪可能已经消失，碰撞变质开始发生。而勉略构造带中测得的 8 亿~10 亿年的岩石年龄，应为混杂其中的古老构造岩块的时代，代表勉略洋盆前曾有更古老复杂的演化历史。

上述证据说明，尽管勉略带同位素年代学研究与测定复杂，但综合分析并结合系列古生物化石判定，蛇绿岩形成时代主导是石炭纪-二叠纪（350~245 ± Ma），这与花岗岩形成时代相配套，并与古生物时代相吻合。

3　勉略古洋盆时空演化规律

古洋盆的恢复以及古洋盆的规模判断是一个综合的科学问题，且存在较大争议[39]。从蛇绿岩岩石地球化学出发，岩石组合和岩石类型是判别洋盆规模和性质的重要标志之一。本文以双峰式火山岩+MORB 型玄武岩，以及高度亏损的典型 N-MORB 玄武岩为标志，将勉略结合带不同区段古洋盆规模区分为初始小洋盆和有限洋盆 2 种类型（图 4）。多数学者认为，古特提斯洋盆规模不大，一般为初始小洋和有限洋[39]，这与本文的研究结果是一致的。

大别山南缘清水河地区具 MORB 特征的堆晶辉长岩系，以及浠水-兰溪双峰式火山岩，表明在大别山南缘勉略洋经历了初始小洋盆的形成和演化过程。花山构造混杂带中以周家湾具扁平型稀土配分型式的变质玄武岩为典型代表。事实上，在该区迄今为止并没有识别出真正的有限洋型蛇绿岩套（高度亏损的 N-MORB 玄武岩+辉长-辉绿岩墙群+堆晶辉长岩+变质洋幔），除因大陆造山带强烈俯冲碰撞构造作用和后期构造叠加改造而使之未得现今保存残露外，也可能因其原就发育不全所致。因此，勉略洋盆在东段的发育程度可能并不完全。巴山弧岛弧和洋内岛弧火山岩的存在充分表明，勉略古洋盆在该区经历了一个较为完整的发生、发展、演化和消亡过程。由于巴山弧形构造在中生代后期大规模的自南向北逆冲，从而使得残余洋壳蛇绿岩组合很难在该区出露。而岛弧（包括洋内岛弧）相对于古洋壳而言，因边缘仰冲等原因更易于在造山缝合带中保存，因而使得在巴山弧形构造带中，勉略缝合带以出露残存岛弧岩浆杂岩系而缺失古洋壳残片为特征。勉略缝合带在略阳-勉县-鞍子山区段发育完好，该区段尽管缝合带宽度小、压缩量

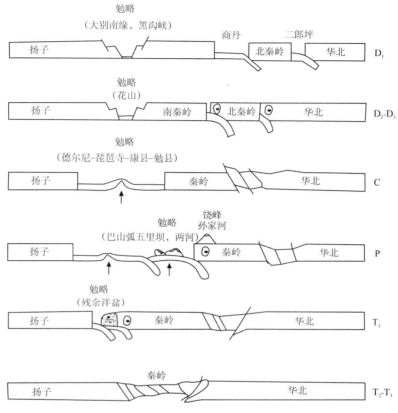

图 4　勉略古洋盆发展演化模式图

大,然而其逆掩构造并不如巴山弧形构造区强烈,从而在该区段中保存了多种属性的构造岩片(蛇绿岩块、岛弧火山岩块、双峰式火山岩块、沉积岩块等,并残存了大量超基性岩岩片),构成勉略缝合带蛇绿岩及相关火山岩组合出露最为完善的区段之一。值得注意的是,自略阳向西经康县-琵琶寺-南坪,勉略缝合带无论是构造形迹还是变质变形特征,都具有无可争议的延续性。不同的是,略阳-勉县-鞍子山区段,缝合带狭窄,挤压变形十分强烈;而康县-琵琶寺-南坪区段,缝合带相对较为宽缓,挤压变形不如勉县-略阳区段强烈,因而在康县-南坪区段中,较多地保留了洋岛火山岩组合以及洋壳蛇绿岩(如琵琶寺蛇绿岩片)的岩石组合。德尔尼蛇绿岩以典型的高度亏损型 N-MORB 玄武岩为特征,表明阿尼玛卿曾经存在一个具有一定规模的有限洋盆。

　　综合上述分析,勉略构造带自东向西,蛇绿岩及火山岩具有明显分布规律(表1),由西段、中段代表有限洋盆的蛇绿岩、洋岛火山岩和岛弧火山岩,至东段代表初始小洋盆的火山岩系,呈现出自西向东洋盆发育程度和规模逐渐收敛的趋势,反映了勉略缝合带不仅是中国南北大陆最终完成拼合的重要南北分界线,同时是一条具有特殊演化发育规律的古造山缝合带。勉略古洋盆发育和演化过程可简要归纳为图4。

4　结论

　　秦岭勉略洋主体扩张形成时期为石炭纪-二叠纪（350~245±Ma），是在古特提斯域地幔动力学总体背景下，从扬子北缘扩张开裂的一个有限洋盆，属于东古特提斯域的北缘分支。勉略洋总体于三叠纪时期封闭，成为横贯东西的中国大陆最终拼合的重要古缝合带，后又经中新生代的后期改造，变形变位而残存于现今秦岭-大别山南缘，最终形成我国大陆中部以逆冲推覆断裂构造为骨架的巨型复合构造带——勉略构造带。带内蛇绿岩岩片和相关火山岩岩片断续分布，洋壳蛇绿岩出露于德尔尼、琵琶寺、庄科及鞍子山，以轻稀土亏损的 MORB 型洋壳玄武岩为特征。岛弧火山岩主要分布于略阳-勉县、巴山弧及大别山南缘清水河区段。南坪-康县区段出露的洋岛火山岩，为大洋板内岩浆活动的产物。另外，黑沟峡、花山、大别南缘浠水-兰溪等地，还出露有洋盆发育初期阶段的双峰式火山岩。从而表明，勉略洋自泥盆纪打开，石炭-二叠纪主体扩张形成，三叠纪闭合。曾经经历一个较完整的有限洋盆发生、发展与消亡过程，勉略洋作为东古特提斯的组成部分，它对于建立中国中部全新的古大地构造演化格局以及探讨整个中国大陆形成历史和演化过程具突出意义。

参考文献

[1] 杨宗让,胡永祥.陕西略阳一带古板块缝合线存在标志及与南秦岭板块构造的演化关系.西北地质,1990(2):13-20.

[2] 张国伟,孟庆任,赖绍聪.秦岭造山带的结构构造.中国科学:B 辑,1995,25(9):994-1003.

[3] Lai Shaocong, Zhang Guowei.Geochemical features of ophiolite in Mianxian-Lueyang suture zone, Qinling orogenic belt.Journal of China University of Geosciences, 1996, 7(2):165-172.

[4] 许继峰,韩吟文.秦岭古 MORB 型岩石的高放射性成因铅同位素组成:特提斯型古洋幔存在的证据.中国科学:D 辑,1996,26(增刊):34-41.

[5] Meng Qingren, Zhang Guowei.Timing of collision of the North and South China blocks:Controversy and reconciliation.Geology, 1999, 27(2):123-126.

[6] Meng Qingren, Zhang Guowei.Geologic framework and tectonic evolution of the Qinling orogen, central China.Tectonophysics, 2000, 323:183-196.

[7] 张国伟,张本仁,袁学诚,等.秦岭造山带与大陆动力学.北京:科学出版社,2001:421-581.

[8] 陈亮,孙勇,柳小明,等.青海省德尔尼蛇绿岩的地球化学特征及其大地构造意义.岩石学报,2000,16(1):106-110.

[9] 陈亮,孙勇,裴先治,等.德尔尼蛇绿岩:青藏高原最北端的特提斯岩石圈残片.西北大学学报,1999,29(2):141-144.

[10] 陈亮,孙勇,裴先治,等.德尔尼蛇绿岩 $^{40}Ar/^{39}Ar$ 年龄:青藏最北端古特提斯洋盆存在和延展的证据.科学通报,2001,46(5):424-426.

[11] 赖绍聪,张国伟,裴先治.南秦岭勉略结合带琵琶寺洋壳蛇绿岩的厘定及其大地构造意义.地质通报,2002,21(8-9):465-470.

[12] 赖绍聪,张国伟,裴先治,等.南秦岭康县-琵琶寺-南坪构造混杂带蛇绿岩与洋岛火山岩地球化学

及其大地构造意义.中国科学:D辑,2003,33(1):10-19.

[13] Pearce J A.The role of subcontinental lithosphere in magma genesis at destructive plate margins.In: Hawkesworth C J, Norry M J, eds.Continental Basalts and Mantle Xenoliths.Nantwich:Shiva,1983: 4-230.

[14] Meschede M.A method of discriminating between different types of mid-ocean basalts and continental tholeiites with the Nb-Zr-Y diagram.Chemical Geology,1986, 56:207-218.

[15] 李曙光.蛇绿岩生成构造环境的Ba-Th-Nb-La判别图.岩石学报,1993,9(2):146-157.

[16] 赖绍聪,张国伟,杨永成,等.南秦岭勉县-略阳结合带蛇绿岩与岛弧火山岩地球化学及其大地构造意义.地球化学, 1998,27(3):283-293.

[17] 赖绍聪,张国伟,杨永成,等.南秦岭勉县-略阳结合带变质火山岩岩石地球化学特征.岩石学报, 1997,13(4):563-573.

[18] 许继峰,于学元,李献华,等.秦岭勉略带中鞍子山蛇绿杂岩的地球化学:古洋壳碎片的证据及意义.地质学报,2000,74(1):39-50.

[19] Xu Jifeng, Wang Qiang, Yu Xueyuan.Geochemistry of high-Mg andesites and adakitic andesite from the Sanchazi block of the Mian-Lue ophiolitic melange in the Qinling Mountains, central China:Evidence of partial melting of the subducted Paleo-Tethyan crust.Geochemical Journal, 2000,34:359-377.

[20] Xu Jifeng, Paterno R C, Li Xianhua, et al.MORB-type rocks from the Paleo-Tethyan Mian-Lueyang northern ophiolite in the Qinling Mountains, central China:Implications for the source of the low ^{206}Pb/ ^{204}Pb and high ^{143}Nd/^{144}Nd mantle component in the Indian Ocean. Earth & Planetary Science Letters, 2002, 198:11-337.

[21] 李曙光,孙卫东,张国伟,等.南秦岭勉略构造带黑沟峡变质火山岩的年代学和地球化学古生代洋盆及其闭合时代的证据.中国科学:D辑,1996,26(3):223-230.

[22] 张宗清,张国伟,唐索寒,等.秦岭勉略带中鞍子山麻粒岩的年龄.科学通报,2002,47(22): 1751-1755.

[23] 赖绍聪,张国伟,杨瑞瑛.南秦岭巴山弧两河-饶峰-五里坝岛弧岩浆带的厘定及其大地构造意义. 中国科学:D辑,2000,30(增刊):53-63.

[24] 赖绍聪,张国伟,杨瑞瑛.南秦岭勉略带两河弧内裂陷火山岩组合地球化学及其大地构造意义.岩石学报,2000,16(3):317-326.

[25] Lai Shaocong, Li Sanzhong.Geochemistry of volcanic rocks from Wuliba in the Mianlue suture zone, southern Qinling.Scientia Geologica Sinica,2001,10(3):169-179.

[26] 赖绍聪,杨瑞瑛,张国伟.南秦岭西乡群孙家河组火山岩形成构造背景及其大地构造意义的讨论. 地质科学,2001,36(3):295-303.

[27] Lai Shaocong, Zhong Jianhua.Geochemical features and its tectonic significance of the meta-basalt in Zhoujiawan area.Mianlue suture zone, Qinling-Dabie mountains, Hubei Province.Scientia Geologica Sinica, 1999, 8(2):127-136.

[28] 董云鹏,张国伟,赖绍聪,等.随州花山蛇绿构造混杂岩的厘定及其大地构造意义.中国科学:D辑, 1999,29(3):222-231.

[29] 殷鸿福,杜远生,许继峰,等.南秦岭勉略古缝合带中放射虫动物群的发现及其古海洋意义.地球科学,1996,21(3):184.

[30] 冯庆来,杜远生,殷鸿福,等.南秦岭勉略蛇绿混杂带中放射虫的发现及其意义.中国科学:D辑,1996,26(增刊):78-82.

[31] Li Jinyi, Wang Zongqi, Zhao Min. [40]Ar/[39]Ar thermochronological constraints on the timing of collisional orogeny in the Mian-Lue collision belt, southern Qinling Mountains. Acta Geologica Sinica., 1999, 73(2):208-215.

[32] 杨崇辉,魏春景,张寿广,等.南秦岭佛坪地区麻粒岩相岩石锆石U-Pb年龄.地质论评,1999,45(2):173-179.

[33] 孙卫东,李曙光,陈亚东,等.南秦岭花岗岩锆石U-Pb定年及其地质意义.地球化学,2000,29(3):209-216.

[34] 边千韬,罗小泉,李宏生,等.阿尼玛卿山早古生代和早石炭-早二叠世蛇绿岩的发现.地质科学,1999,34(4):523-524.

[35] 赖旭龙,杨逢清,杜远生,等.川西北若尔盖一带三叠系层序及沉积环境分析.中国区域地质,1997,16(2):193-204.

[36] 王宗起,陈海泓,李继亮,等.南秦岭西乡群放射虫化石的发现及其地质意义.中国科学:D辑,1999,29(1):38-44.

[37] 张宗清,唐索寒,王进辉,等.秦岭蛇绿岩的年龄:同位素年代学和古生物证据、矛盾及其理解.见:张旗.蛇绿岩与地球动力学研究.北京:地质出版社,1996:146-149.

[38] 杨志华,李勇,邓亚婷.秦岭造山带结构与演化若干问题的再认识.高校地质学报,1999,5(2):121-127.

[39] 张旗,周国庆.中国蛇绿岩.北京:科学出版社,2001:112-115.

秦岭造山带的结构构造①②

张国伟　孟庆任　赖绍聪

摘要:综合研究厘定秦岭造山带有两类造山带基底,主造山作用时期有 3 个板块沿 2 个缝合带斜向俯冲碰撞,同期发育有深部背景的垂向加积增生构造。秦岭造山带现今三维构造几何学模型呈现为一种"立交桥"式结构。深部地球物理场为近南北向异常与状态,而上部地壳则以近东西向构造为主导,其间的中、下地壳呈水平流变状态。上部地壳结构由主造山期构造所奠定,包含先期残存构造并强烈叠加晚近陆内造山构造,形成统一而又包容多期不同动力学体制与成因的多种构造组合模型。

关于秦岭造山带构造研究,迄今为止虽然仍有分歧与争议,但多数人认为它主要是华北与扬子 2 个板块的碰撞造山带,并强调其主导的自北而南的推覆和走滑构造[1-6]。新的研究发现并证明,秦岭造山带现今的结构构造主要决定于:①它是不同时期、不同构造体制、多种类型造山作用的复合;②晚元古代~古生代主造山作用时期是由 3 个板块沿 2 个主缝合带俯冲碰撞而造山;③秦岭板块内的岩石圈垂向加积增生与中、下地壳流变作用显著控制、影响着秦岭的造山作用与构造变形;④中新生代陆内造山构造强烈而显著,使之面目一新。因此,秦岭造山带的现今结构构造复杂多样,独具特色。区别于已有造山带几何学模型,又非为单一样式所能简单概括。

1　秦岭造山带主要构造演化阶段

秦岭造山带地表地质最基本的事实是它主要由三大套构造岩石地层单位构成,反映着 3 个主要演化时期、3 种不同构造体制下秦岭造山带基本的地壳物质组成及其构造演化。它们是:

(1)两类不同的造山带基底岩系:①晚太古代~早元古代变质结晶杂岩系基底,现今呈分散残块夹持在秦岭带内,尚难可靠恢复其早期构造体制与演化;②早、中元古代火山-沉积浅变质岩系,属过渡性基底。出露广泛,以伸展构造机制为特色,原为裂谷和小洋盆兼杂并存环境产物,有强烈广泛的 1~0.8 Ga 晋宁期构造活动。

(2)晚元古代~中三叠世广泛发育的从裂谷型火山建造演化为两类古大陆边缘沉积

---

①　原载于《中国科学》B 辑,1995,25(9)。

②　国家自然科学基金重大资助项目。

和裂陷沉积、形成不同类型的蛇绿岩与花岗岩,以及它们的碰撞构造,共同揭示了板块构造体制,而众多大面积基底抬升剥露又反映了陆块板内底侵垂向增生机制[7]。

(3)中新生代陆内断陷和造山带前后陆盆地沉积及构造岩浆活动,指示了强烈的陆内造山作用。其中,古生代的地质记录表明,主造山期奠定了秦岭现今基本构造格局。秦岭是在先期构造演化基础上从晚元古代到中生代早期作为古特提斯洋的北翼分支逐渐发展演化出 2 个有限洋盆,分划出 3 个板块:华北、扬子板块及其间的秦岭微板块,并沿商丹和勉略 2 个主缝合带(图1,图2)俯冲消减,后相继于晚海西-印支期最终陆-陆斜向穿时碰撞,最后又经陆内造山和急剧隆升形成今日秦岭。

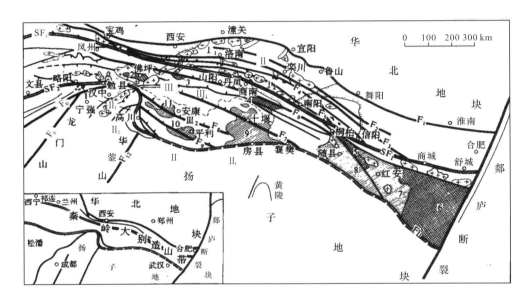

图 1　秦岭-大别造山带构造单元

Ⅰ.华北地块(原华北板块)南部:Ⅰ₁.秦岭造山带后陆冲断褶带,Ⅰ₂.北秦岭厚皮叠瓦逆冲构造带;

Ⅱ.扬子地块(原扬子板块)北缘:Ⅱ₁.秦岭造山带前陆冲断褶带,Ⅱ₂.巴山-大别南缘巨型推覆前锋逆冲带;

Ⅲ.秦岭地块(原秦岭微板块):Ⅲ₁.南秦岭北部晚古生代裂陷带,Ⅲ₂.南秦岭南部晚古生代隆升带。SF₁.商丹缝合带,SF₂.勉略缝合带。主要断层:F₁.秦岭北界逆冲断层,F₂.石门-马超营逆冲断层,F₃.洛南-栾川逆冲推覆断层,F₄.皇台-瓦穴子推覆带,F₅.商县-夏馆逆冲断层,F₆.山阳-凤镇逆冲推覆断层,F₇.十堰断层,F₈.石泉-安康逆冲断层,F₉.红椿坝-平利断层,F₁₀.阳平关-巴山弧-大别南缘逆冲推覆带,F₁₁.龙门山逆冲推覆带,F₁₂.华蓥山逆冲推覆带。秦岭造山带结晶基底岩块:1.鱼洞子,2.佛坪,3.小磨岭,4.陡岭,5.桐柏,6.大别。秦岭造山带过渡性基底岩块:7.红安,8.随县,9.武当,10.平利,11.牛山-凤凰山。"十"字符号表示花岗岩,黑点(块)表示超镁铁质岩

2　秦岭主造山期 3 个板块与 2 个缝合带的厘定

2.1　商丹板块主缝合带(图 1 中 SF₁)

商丹带位于秦岭中部,以宽约 8~10 km,东西向千千米延伸。研究证明,它首先主要是秦岭主造山期板块的俯冲碰撞缝合带[8],理由是:①商丹带内残存着晚元古代和古生代两

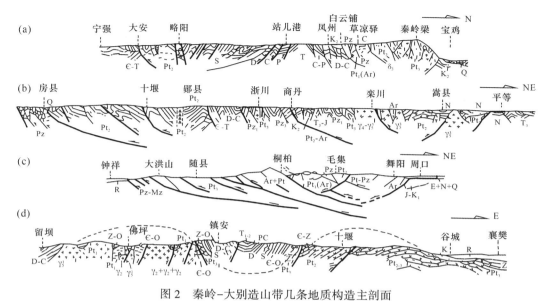

图2　秦岭-大别造山带几条地质构造主剖面

(a)宝鸡-宁强南北向剖面,(b)洛阳-十堰南北向剖面,(c)桐柏-随县南北向剖面,(d)武当-留坝东西向剖面

类不同性质的蛇绿岩和火山岩,其中晚元古代是小洋盆型,如松树沟、黑河等($983 \pm 140 \sim$ $1\,124 \pm 96$ Ma,Sm-Nd)[9-10],古生代则多为岛弧型($357 \sim 402.6 \pm 35$ Ma,487 ± 8 Ma,Sm-Nd,Rb-Sr)[9-10]。②商丹带内发育线形碰撞型花岗岩($323 \sim 211$ Ma,U-Pb,Rb-Sr)[9,11],而其北侧则成带分布两期俯冲型花岗岩($793 \pm 32 \sim 659$ Ma,$487 \sim 382$ Ma,U-Pb,Rb-Sr)[9,11],并有自南而北的地球化学极性[11],显示向北俯冲碰撞效应。③商丹带南缘断续分布弧前沉积,目前确知最新岩层有二叠系。新近在其北侧大理岩中发现含早三叠世生物化石[12]。④商丹带现今以不同时代、不同性质、不同构造层次的断层或韧性带($211 \sim 126$ Ma,U-Pb,Sm-Nd)[8]为骨架,包溶混杂着上述诸多不同类型与来源的岩块,形成复杂多期复合的构造混杂带。⑤商丹带是长期分割秦岭南北的分界线,至少从震旦纪扬子型陡山沱与灯影组等在南秦岭广布而从不超越商丹一线,和古生代南北秦岭遥相对应发育两类不同大陆边缘沉积等基本事实,可以看出商丹带自晚元古代末起就一直是扬子与华北板块的界线,后又成为秦岭与华北板块的接合带。总之,上述事实说明,商丹一线曾有一个消失的有限洋,商丹带就是其消亡的俯冲碰撞缝合线。

2.2　勉略板块缝合带(图1中SF_2)

它包括西部勉县-略阳蛇绿构造混杂岩带及其东西向的延伸,是秦岭中仅次于商丹带的又一板块缝合带。其主要特点是:①它是从勉略向西经文县、玛曲、花石峡连接昆仑,向东经巴山弧形带而直通大别南缘,纵贯大别-秦岭-昆仑的巨型断裂构造带。它原是一古特提斯板块缝合线,因受燕山期阳平关-巴山弧-襄樊-广济巨大向南的推覆构造(F_{10})的强烈逆冲掩盖,致使其东段失去原貌,仅勉略段保存缝合遗迹。②勉略段以宽约$1 \sim 5$ km多条主干断裂为骨架,由强烈剪切基质包容大量An-Є,Z-Є,D-C和众多超镁铁质等不同构造岩块形成,形成自北向南的叠瓦逆冲推覆构造,成为显著的构造混杂带。③勉略蛇绿岩带岩石组合复杂,主要包括超镁铁质岩、辉长岩类(堆晶辉长岩)、海相火山岩、硅质岩、灰岩及基底变质岩块等,多以构造岩块(片)形式产出,构成显著蛇绿构造混杂带。超基性岩出露较广,多已蚀变为蛇纹岩类。原岩主要是二辉橄榄岩或斜长橄榄岩。其 REE 分配型式为亏损型,La/Yb = 0.4 ~ 1.20,(Ce/Yb)$_N$ = 0.48 ~ 1.23,具 Eu 正异常,类似 I 型蛇绿岩的超基性岩组合类型。辉长岩类变形强烈,具堆晶和辉长–辉绿结构,REE 有富集型与弱亏损型。玄武岩有两类:一是 REE 为亏损型,La/Yb = 0.3 ~ 0.36,(Ce/Yb)$_N$ = 0.33 ~ 0.42,La/Sm = 0.55 ~ 0.83,$\varepsilon_{Nd}(t)$ = ±6,微量元素(N 型)MORB 标准化分布型式平坦,除 Ba 和 Rb 外,其他元素与(N 型)MORB 标准值接近;另一类是 REE 为富集型,(La/Yb)$_N$ = 1.84 ~ 4.70,Ce/Yb = 1.82 ~ 3.38,La/Sm = 2.79 ~ 4.75,微量元素(N 型)MORB 标准化谱型为"三隆起"型,此类具岛弧火山岩特征。基性岩年龄为 241 ± 4.4 Ma(Sm-Nd)、220.2 ± 8.3 Ma(Rb-Sr)(李曙光,1994),同时与之相匹配,勉略带北侧有一列印支期俯冲型花岗岩带(219.9 ~ 205.7 Ma,U-Pb;陈亚东,1994)。总之,从构造、岩石组合和地球化学等综合特征表明该带是一印支期最终封闭,具有岛弧火山岩、岛弧蛇绿岩和洋脊蛇绿岩残片等复杂构成的蛇绿构造混杂带。④勉略到巴山弧形带内以缺失 O-S 岩层而发育 D-T 深水浊积岩、炭硅质岩等陆缘沉积岩系为独特特征,而与其南北两侧缺失 D-C 岩层恰成鲜明对照,显著不同。联系上述众多蛇绿岩块和构造变形,显然预示这里曾有一个泥盆纪打开的有限洋盆。若向东追索,下扬子区北缘古生代沉积向大别南缘出现深水相沉积及随县南侧古生代蛇绿岩的发现,以及大别地块剧烈的向南逆冲推覆隆升。综合分析推断沿勉略–巴山–大别南缘曾有一有限的扩张洋盆,勉略带就是其消亡而后得以幸存的缝合遗迹。

2.3　华北地块南部的构成与结构(图 1 中 I)

商丹带至秦岭现今的北界(F$_1$)间的秦岭造山带基本组成部分,以其大地构造属性,基底与盖层组合、时代、亲缘关系等地质地球化学特征综合判定,它们原属华北板块南部,只是不同时期以不同方式卷入造山带中。现以 F$_3$ 分为 2 个次级构造单元:I$_1$ 秦岭造山带后陆冲断褶带;I$_2$ 北秦岭厚皮叠瓦逆冲带(图 1)。它们的主要特点是:①具有华北型基底与盖层组合特征,但是北秦岭带(I$_2$)直接较早加入造山带,其变质变形岩浆活动强烈而复杂;②中元古代以熊耳、洛南、宽坪、松树沟等火山–沉积岩群和超基性岩为代表,具裂谷建造、陆缘沉积与小洋盆蛇绿岩特征,反映了华北地块南缘早期的扩张裂解,以致出现了小洋盆;③晚元古代 ~ 古生代以丹凤、二郎坪、栾川等岩群为代表,自南而北出现岛弧型蛇绿岩和岛弧火山岩,弧后型蛇绿岩与火山岩以及裂陷碱性火山岩等,反映了该带演化成为华北板块活动陆缘的特征;④该带南缘保存有残余盆地沉积(C-P),而中北部二叠系已有磨拉石堆积性质(洛南大荆)。自晚三叠世开始普遍发育断陷陆相沉积,它们记录了秦岭晚海西–印支期从俯冲洋壳几近消亡至陆–陆全面碰撞的漫长复杂造山过程和中新生代陆内构造隆升成山的历程。

2.4 扬子地块北缘的造山带前陆冲断褶带(图 1 中Ⅱ)

扬子板块以具有晋宁期统一基底和晚元古代至显生宙盖层为特征。秦岭勉略缝合带-巴山弧形带以南的汉南基底岩系和前陆盆地沉积及其冲断褶带(Ⅱ),应原属扬子板块北缘组成部分。现今包括:①扬子与秦岭板块印支期碰撞造山的前陆冲断褶带(Ⅱ₁);②燕山期巴山-大别南缘巨型推覆构造的前锋叠瓦逆冲带(Ⅱ₂)。巴山弧形构造将另述于后。

2.5 秦岭微板块(图 1 中Ⅲ)

秦岭微板块是指介于商丹与勉略二缝合带间的南秦岭,向东包括武当、随县、桐柏-大别山地带,是秦岭带现今主要的组成部分,原曾是一独立的岩石圈微板块(或地体),晚古生代以来有别于其南北的扬子与华北板块,而独具特色:①它具有扬子型震旦系陡山沱组和灯影组统一的覆盖层。研究证明,它的基底是晋宁期复杂拼合体,有来自华北型的小磨岭、陡岭、桐柏和大别等结晶地块,亦有如佛坪、鱼洞子等可能属扬子或其他异地而来的古老杂岩碎块,现今均呈分散构造岩块,由武当群及其与之相当的诸多早中元古代裂谷与小洋盆型火山岩系,经晋宁运动而使之拼合成扬子晋宁期基底。②秦岭板块上发育的震旦系及其与之连续的下古生界,从古生物与沉积岩层对比,表明它们主体属于扬子板块北缘的被动大陆边缘沉积体系,并以发育早古生代陆缘裂谷和碱性岩为特色,反映此时并无独立的秦岭板块,而仍属扬子板块。③已如前述,勉略缝合带自泥盆纪开始从扬子板块北缘打开,逐步扩张出有限洋盆,分离出秦岭微板块,开始独自的发展演化,最后于印支期与南北板块相继碰撞,形成秦岭碰撞造山带。因此,显然秦岭微板块是晚古生代从扬子板块上发展而独立出来的岩石圈小板块。新的古地磁资料亦提供了这一信息[13]。④晚古生代至早中三叠世秦岭板块上广泛发育多种类型的不同沉积岩系,既有深水浊积岩系,又有浅水台地相和裂陷近源沉积,乃至残留盆地相堆积,反映了其从侧向伸展、垂向隆升裂陷到收缩、走滑等多样转换复合的复杂构造沉积环境与变迁。现今的南秦岭(Ⅲ)可划分为 2 个次级构造单元:南秦岭北部晚古生代裂陷带(Ⅲ₁)和南秦岭南部晚古生代隆升带(Ⅲ₂)。⑤秦岭板块内突出有众多古老基底抬升的穹形构造,控制着秦岭带的沉积古地理环境与构造变形,具重要意义,将述于后。⑥南秦岭自晚三叠世开始与整个秦岭一致结束海相沉积,发育断陷陆相盆地,标志秦岭转入新的大地构造演化阶段。

3 秦岭造山带的现今构造几何学模型

3.1 平面结构特征

(1)秦岭造山带不同演化阶段有不同的边界,现今 F₁ 和 F₁₀(图 1)为其南北边界。边界弯曲多变,尤其南界酷似喜马拉雅造山带南界形态。

（2）秦岭造山带西延撒开分 3 支分别与祁连、昆仑和松潘相连，向东则渐次收敛束为大别造山带，东为郯庐断裂所截。东去收敛出现：①东秦岭区的北秦岭 I_2 带被向南的巨型推覆和北淮阳反向逆冲逆掩而消亡，并相应形成北淮阳构造混杂带；②巴山—大别山南缘的向南巨大推覆断层（F_{10}）逆掩盖掉勉略缝合带的东延部分；③秦岭造山带地壳的东部高度收缩、消减、抬升、深部强烈流变和大别超高压根部带大面积以不同机理、方式多期次最终剥露。

（3）现今的秦岭造山带自东而西绝非同一构造层次出露，而是包容了依次出露的 3 个层次：大别深部构造层次、东秦岭中深和中浅层次的交互出现，西秦岭则以中浅层次为主。它们综合反映了秦岭造山带的地壳剖面基本结构特征。

3.2　秦岭地表结构构造与地球化学示踪

地质、地球化学和地球物理综合研究证明，秦岭主体构造格架主要是主造山期 3 个板块沿 2 个缝合带的俯冲碰撞与陆块板内垂向增生构造及其两者的复合。现今构造特征是：

（1）秦岭造山带南北分别以前陆和后陆向南向北的反向冲断褶带（I_1，II_1），逆冲向扬子和华北地块，成秦岭南北两道镶边过渡构造，扇形向外。

（2）北秦岭（I_2）在原华北板块南缘活动陆缘结构基础上，卷入基底与盖层形成强大的、以向南为主的叠瓦逆冲厚皮构造带。地球化学亦证明，它是壳幔交换最剧烈的物理化学拼合分异变动带[11]，也是秦岭最强烈复杂的变质变形流变构造岩浆带。

（3）商丹和勉略二缝合带，总体表明扬子、秦岭板块依次向北俯冲，构成岩石圈尺度的向北单向叠置俯冲，但秦岭北部的华北地壳南缘却向南俯冲，形成秦岭反向俯冲叠置的构造总格局。二缝合带因后期推覆、走滑和块断构造的叠加改造现今构成复合型构造混杂带。

（4）南秦岭，即原秦岭板块的构造既决定于它与南北板块的碰撞构造又受控于板内垂向加积增生作用。①由于它是夹持于 2 个相对较大的板块间的一个晚期形成的微板块，同时又具有拼合非统一的基底，所以在其与南北板块相继俯冲碰撞时，随着南北板块运动速率、方向及具体边界条件的不同，尤其与扬子板块内部不同构造块体，如川东、川中、川西等相互作用，便发生随地而异的极富变化的碰撞构造组合。最为突出的是以佛坪基底隆起构造为界，以东地区因其南缘邻接扬子川东活化软基底和盖层，使之得以产生多期次多层次大幅度向南的拆离滑脱推覆构造，形成巴山弧形构造带，而以西地区则因直接碰撞川中-汉南古老硬化基底，使秦岭西部一反东部构造样式，形成自南向北长距离逆掩推覆构造，两者鲜明对照，同期反向运动，形成不同构造，是为秦岭构造一大特色。更应注意的是，两者之间恰对应佛坪东侧的横贯秦岭的晚海西-印支期 NNE 向构造花岗岩带，成为秦岭东西反向推覆构造交接变化的挤压剪切转换带，具重要构造意义。②秦岭板块内另一瞩目现象是发育大面积众多基底隆起，形态各异，并强烈控制秦岭构造面貌。除东部已为地学界注意的大别超高压变质基底出露外，东秦岭中诸如武当、陡岭、小磨岭、佛坪、鱼洞子等古老基底剥露亦十分引人注目(图1)。它们出露并非同一机制成因[14],如武当更多具伸展机制下变质核杂岩性质的剥离构造特征[15],穹形隆起,并受后期向南的逆冲推覆构造改造。而陡岭群则更多地显示其大型多级逆冲推覆构造的推出,其中最值得研究的是佛坪基底隆起穹隆构造(图3)。它既是一个以古老结晶杂岩(佛坪群 19~18 Ga,Sm-Nd;张宗清,1994)为核心,缺失中、上元古界直接以韧性带被盖层(Z-D)所披盖的椭圆形穹隆构造,又是一个以大量花岗岩为主的深层岩浆活动中心,同时更显著的它还是一个变质热中心,从核部向外,不受岩层和时代控制,变质级别由高角闪岩相至低绿片岩相依次围绕穹隆成环带分布。显然,它不仅仅是板块侧向运动和伸展构造所派生,而更重要反映它是在深部背景下所发生的造山带岩石圈垂向加积增生作用,突出而重要地参与了秦岭大陆造山带的形成与演化,具有重要的岩石圈动力学意义。③由于武当和佛坪等大型基底抬升的同构造作用,南秦岭出现受它们控制的穹形背斜和盆状向斜呈 NNE 向相间分布,使之在东西构造基础上近于直交叠加成网格状构造样式,显示了秦岭大陆造山带的复杂多样性。

(5)秦岭中新生代陆内构造主要表现为主造山期后的逆冲推覆,左行平移和块断升降,以及相伴的塌陷盆地沉积与相继的变质变形,而更为突出的是中生代晚期 100 Ma 左右,秦岭造山带发生了强烈的伸展作用和急剧隆升,高差大于 10 km,同时伴随大规模花岗岩浆活动与成矿作用,反映发生了不亚于板块碰撞构造的强烈陆内造山作用,并随之产生一系列晚近时期塌陷断裂陆相盆地和北西与北东向 X 型横穿秦岭的剪切断裂。

3.3 深部地球物理场状态与结构

3.3.1 秦岭区重、磁、热等地球物理场特征

东秦岭区域重力场显示其恰位于太行至武陵山和青藏东侧的中国 2 个 NNE 向重力梯度带之间,内部则为一东西向、以平顶山为顶点向西开口的重力低带,而卫星重力显示秦岭区以 108°E 为界,东部与大别连为一体呈区域重力高、西部则为区域重力低,显示东西有差异。秦岭区域磁场具双层磁结构,浅层复杂局部异常叠加在深部区域低磁异常场上,明显区别于华北与扬子磁异常特征,但秦岭中有与华北、扬子相对应的 NE 向磁异常贯通[16]。秦岭区居里面呈东西隆起状,为高热流区,平均达 109.275 mW/m,地温梯度平均为 2.8 ℃/100 m。新的古地磁资料反映秦岭带 3 个独立块体经分离、漂移最后于中生代初聚合[13]。此与秦岭地质事实较吻合,提供了新的重要信息。

3.3.2 秦岭深部结构与状态

秦岭区现有地球物理测深主要集中于东部,是认识秦岭深部结构与状态的基本依据。

(1)地震(反射与折射)和大地电磁测深(据袁学诚,图4)反映,秦岭岩石圈结构极不均一[17]。东部地壳平均厚度小于 35 km,Moho 面呈平缓南倾斜坡,无山根,有异常地幔。相应于地表商丹带,剖面上呈铲状向北倾伏,成为地壳波速与电性结构的分界线,并是一少反射的地震透明区。上地壳反射界面多呈连续波状和叠置状,显示上部薄皮构造特

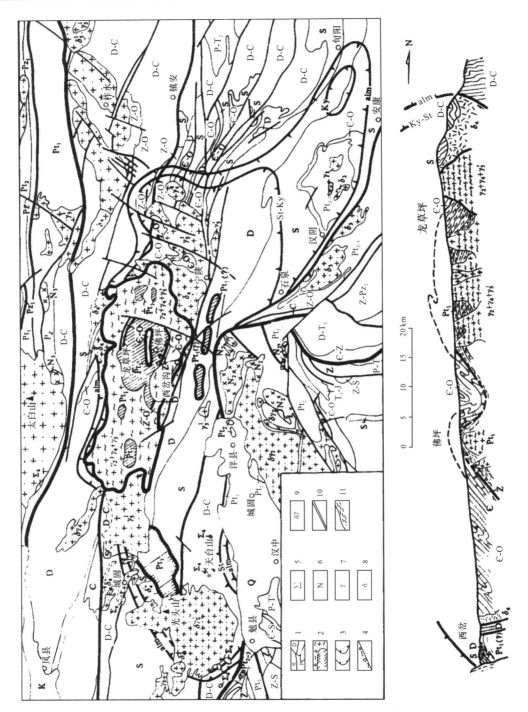

图 3　秦岭佛坪穹隆变质构造图(据《陕西地质志》重新修编)

1.各时代地层及界线;2.佛坪穹隆基底结晶杂岩;3.变质带界线:alm 石榴石带界线,
St 十字石带界线,Ky 蓝晶石带界线;4.刚玉片麻岩带;5.超基性岩;6.基性岩;
7.闪长岩;8.花岗岩类;9.花岗闪长岩类;10.断层;11.韧性剪切带

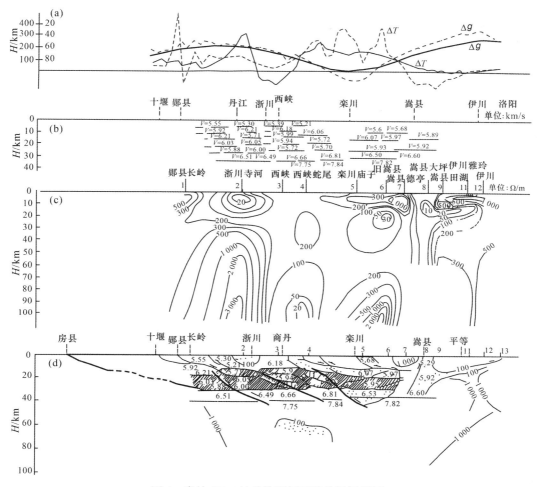

图 4　秦岭 QB-1 地球物理剖面及地质解释图

(a)低速层;(b)低阻带;(c)等电阻率线;(d)地震波速

征。中、下地壳发育平缓反向反射界面交织,尤以商丹以北更为显著。同时,南北秦岭中地壳发育低速高导层。电性结构还显示秦岭北部浅层有南倾低阻层,深部却为南倾高阻体。北秦岭壳内有巨大低阻体,而南秦岭则有规律的呈向北倾伏。大地电磁和大地热流探测(据李立,金昕)共同反映,软流圈顶部起伏变化,北秦岭和巴山弧形南缘深达250 km,而南秦岭平均顶部起伏在110 km 上下,对比秦岭带 Moho 面平均深40 km,近水平状,显然岩石圈地幔厚度差可达150 km,软流圈急剧抬升,无疑具重要动力学意义。

(2)秦岭区 CT 三维成像结果(据刘福田,刘建华)表明,秦岭岩石圈乃至更深部具显著横向不均一性,Moho 面起伏不平,其顶面以 108°E 为界,以东为正速度扰动区,西部为负速度扰动区,与卫星重力一致反映西部与东部不同地壳厚度大于 40 km,有山根显示。CT 速度结构清楚反映中地壳特别发育低速“热区”,最低为 5.74 km/s。软流圈顶面起伏大,秦岭主体部分平均在 110 km 上下。CT 更为突出地反映出秦岭现今深部地幔和下地壳的动态调整变化趋势:①垂向上 CT 图像反映从上部显著以近东西向异常为主逐渐变为深部近南北向异常为主,表明上下不一致的"立交桥"式的结构;②一系列东西向 CT 剖面共同显示高低速度异常区呈平行相间的规律向东倾伏,反映一种深部物质调整流变状态[18]。

3.4　秦岭造山带现今结构的几何学模型

综合以上地表地质和深部结构与状态特征,秦岭现今三维结构基本格架和特征概括如下:

(1)秦岭造山带地壳与上地幔结构极不均一,分层分块。纵向圈层清楚,构成上、中、下多层岩石圈流变学分层结构,发育多级构造物理界面,横向分区块,差异显著。软流圈顶部起伏变化大,秦岭地块平均顶面在 110 km 上下,而其两侧可深达 200~250 km。Moho 面平均为 40 km,东部地壳薄,最薄至 29 km,无山根;西部地壳逐渐加厚至 57 km,有山根。

(2)秦岭岩石圈浅层与深部结构状态不完全一致。中、下地壳和上地幔具动态最新调正变化的特征,现今的 Moho 面可能是深部演化的最新产物,并非主造山期古 Moho 状态,东部 Moho 面展平抹去山根,而西部正在调正之中,残留山根。但现今中、上地壳虽受晚近构造强烈改造,然而更多地保存了古结构遗迹(东西向)。使秦岭造山带从上部到深部总体结构呈现出一种"立交桥"式宏观构造几何学模型,即深部具有与中国现今大区域地球物理场一致的近南北向异常状态,而上部则以近东西向结构构造更为显著突出,其间的中下地壳处于近水平的流变变形过渡状态,表明深部条件下地幔和中下地壳具更大塑性流变特征,得以调正,而上部地壳固态硬化滞后,更多地保留了古老构造遗迹。因此,地幔的最新拆沉(delamination)调正[19]和软流圈的抬升,就成为秦岭中新生代陆内造山的主要动力来源。

(3)秦岭造山带地壳结构上、中、下三层清楚,发育多种具动力学意义的构造界面。下地壳具流变性已有新的展平调正。中地壳则从发育地震反射界面、低速高导层和 CT 低速结构共同暗示它可能不但是主造山期,而且也是现今秦岭岩石圈结构调正的主要流变过渡带,故中、下地壳作为秦岭岩石圈流变学分层的壳内流体软层[19,20],是一重要动力学层,对于秦岭上部构造具重要意义。秦岭上部构造在深部构造背景上,由主造山期构造所奠定,形成地壳尺度的扇形侧向叠置与垂向加积的复合构造总格局,构成一幅复杂独特、统一而又包容多期不同动力学体制与成因的多种构造组合图像。

(4)统一的秦岭–大别造山带,正在滞后地跟随其深部地质最新演化过程,发生东西的裂解,成为大别、东秦岭、西秦岭 3 个构造块体,并受南部扬子次级构造块体性质与相对运动和北部鄂尔多斯地块顺时针旋转运动等的相互作用,以不同速度正在差异隆升之中。东秦岭自晚白垩纪以来抬升幅度大于 10 km,至今仍控制影响着中国大陆南北的气候、生态乃至人文地理。

参考文献

[1] 李春昱,刘仰文,朱宝清,等.秦岭及祁连山构造发展史.见:国际交流地质学学术论文集(一).北京:

地质出版社,1978:174-185.

[2] 王鸿祯,徐成彦,周正国.东秦岭古海域两侧大陆边缘区的构造发展.地质学报,1982,56(3):270-279.

[3] Mattauer M, Matte Ph. Malavieille J, et al. Tectonics of Qinling Belt: Build-up and evolution of Eastern Asia. Nature, 1985,317:496-500.

[4] Hsu K J, Wang Q, Li J, et al. Tectonic evolution of Qinling Mountains, China.Eclogae Geol Helv, 1987, 80:735-752.

[5] 张国伟,梅志超,周鼎武,等.秦岭造山带的形成及其演化.西安:西北大学出版社,1988.

[6] 许志琴,卢一伦,汤耀庆,等.东秦岭复合山链的形成:变形、演化及板块动力学.北京:中国环境科学出版社,1988.

[7] Jamieson R A, Beaumont C. Orogeny and metamorphism: A model for deformation and pressure-temperature-time paths with Applications to the centre and Southern Appalachians. Tectonics, 1988, 7 (3):417-445.

[8] Zhang Guowei. The major suture zone of the Qinling belt. Journal of Southeast Asian Earth Sciences, 1989, 3(1-4):63-76.

[9] 张宗清,刘敦一,付国民,等.北秦岭变质地层秦岭、宽坪、陶湾群同位素年代研究.北京:地质出版社,1994.

[10] 李曙光,Hart S R,郑双根,等.中国华北华南陆块碰撞时代的钐-钕同位素年龄证据.中国科学:B辑,1989(3):312-319.

[11] 张本仁.秦巴地区区域地球化学文集.武汉:中国地质大学出版社,1990.

[12] 冯庆来,杜运生,张宗恒,等.河南桐柏地区三叠纪早期放射虫动物群及其地质意义.地球科学,1994,19(6):787-794.

[13] 刘育燕,杨巍然,森永速男,等.华北、秦岭及扬子陆块的若干古地磁研究结果.地球科学,1993,18(5):628-642.

[14] Rickard M J.Basement-cover Relationships in orogenic belts.In:Rickard M J ed.Basement Tectonics, Kluwer:Academic Pub, 1992:247-254.

[15] Davis G H.Shear zone model for the origen of metamorphic core complexes.Geol, 1986, 11:342-347.

[16] 周国藩,陈超.秦巴地区地壳深部构造特征初探.见:秦岭造山带学术讨论会论文选集.西安:西北大学出版社,1990:185-191.

[17] 袁学诚.秦岭造山带的深部构造与构造演化.见:秦岭造山带学术讨论会论文选集.西安:西北大学出版社,1990:174-184.

[18] Ranalli G, Murphy D.Rheological stratification of the lithosphere.Tectonophysics,1987,132:281-295.

[19] Kay R W, Kay S M.Delamination and delamination magmatism.Tectonophysics, 1993,219:177-189.

[20] Quinlan G.Tectonic model for crustal seismic reluctivity patterns in compressional orogens.Geol, 1993, 21:663-666.

南秦岭巴山弧两河-饶峰-五里坝岛弧岩浆带的厘定及其大地构造意义①②

赖绍聪　张国伟　杨瑞瑛

摘要：最新的研究结果表明,在南秦岭巴山弧两河-饶峰-石泉-高川-五里坝地区残存一典型的岛弧岩浆带,带内以弧内裂陷双峰式火山岩和陆缘弧岛弧安山岩岩片为标志。它们指示南秦岭泥盆-石炭纪期间存在并发育的一个有限洋盆,表明南秦岭勉略结合带向东至少已延伸至巴山弧地区。而原西乡群孙家河组火山岩形成于典型的岛弧环境,在区域上应与本区岛弧岩浆活动带相连。

南秦岭勉略结合带向东的延伸,是一个十分重要但又存在较大争议的地质问题,它关系到整个秦岭造山带主造山期基本构造格架与造山演化过程。已有的研究表明,该结合带在勉县-略阳区段发育良好,构成一个复杂的包括不同成因岩块的蛇绿构造混杂带[1-5]。但事实上,勉县-略阳蛇绿构造混杂带自勉县、鞍子山向东的延伸情况,目前尚无岩石地球化学方面的确切证据。已有的研究工作仅达到鞍子山地区,该结合带是否延伸至巴山弧形构造带并继而向东延伸至大别南缘[6],仍是目前学术界有很大争议的热点议题。本文对巴山弧两河-饶峰-五里坝岛弧岩浆带的厘定,为勉略结合带东延至巴山弧形构造带提供了重要的岩石地球化学证据。

1　区域地质概况

勉县-略阳蛇绿构造混杂带向东与巴山弧相连。在巴山弧形构造带的两河-饶峰-石泉-高川-五里坝区段残存有一构造混杂带[1,7]。该构造混杂带由两河经饶峰、石泉至高川、五里坝,长约 60 km,宽约 5～10 km(图 1)。由多条断裂为骨架,内部组成包括众多不同类型构造岩块及变质玄武岩、辉长岩和少量超基性岩岩块[7]。它将秦岭-大别造山带与扬子地块分开。本区扬子板块北缘除缺失部分泥盆-石炭纪地层外,寒武-三叠系均为稳定台地型建造。秦岭微板块内部的震旦系和古生界与中生界三叠系地层基本连续,仅有局部性间断或超覆性不整合,但建造类型和岩石组合与扬子板块北缘截然不同。构造混杂带内泥盆-石炭系由陆缘冲积扇沉积体系直接过渡为浊积岩、钙屑浊积岩及硅质岩

①　原载于《中国科学》D 辑,2000,30(增刊)。
②　国家自然科学基金重点资助项目(49732080)、中国科学院 LNAT 核分析技术联合开放实验室(97B006)及陕西省教委专项科研基金资助项目。

沉积,与两侧有明显差异[7]。两河、饶峰及五里坝火山岩以构造岩片的形式卷入该构造带内(图1)。

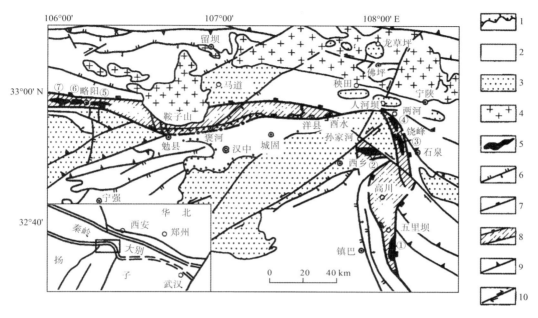

图1 南秦岭巴山弧地区地质构造简图
1.中新生代沉积盆地;2.显生宙;3.前寒武系基底;4.花岗岩;5.岛弧火山岩;
6.断裂构造;7.缝合带边界;8.勉略缝合带;9.逆冲推覆断裂;10.走滑断裂。
图中各岩片:①五里坝岛弧火山岩片;②孙家河岛弧火山岩片;③饶峰岛弧火山岩片;
④两河岛弧火山岩片;⑤电厂坝岛弧火山岩片;⑥桥梓沟岛弧火山岩片;⑦三岔子岛弧火山岩片

在巴山弧的两河-饶峰-石泉-高川-五里坝构造带西侧,分布有原西乡群孙家河组火山岩。在早期研究中人们把它及与其共生的变质岩、岩浆岩统称为汉南杂岩,并将其划归为扬子地台前寒武系基底[8-14]。王宗起等人的二重研究结果表明[15],西乡群孙家河组上、中、下各段火山岩所夹泥、硅质岩层中均含有放射虫化石,其时代为晚泥盆-晚石炭世。这一重要发现对南秦岭地区传统地质认识提出了质疑。因此,重新分析和精确厘定孙家河组火山岩形成的大地构造环境,对于重新认识该套火山岩的大地构造归属具有重要意义。本文在实际地质调查和新获得的地球化学分析资料的基础上,将对孙家河组火山岩形成的大地构造环境进行讨论。

区内火山岩大多受到轻微的蚀变和微弱的变质作用影响。其中,两河岩片分布在巴山弧汶水河两岸,宽约100~300 m,长约3~5 km,为一套明显遭剪切变形的双峰式火山岩组合。饶峰岩片分布在饶峰镇西侧,为一套浅变质的安山质火山岩组合。五里坝岩片分布在五里坝东南侧,宽约50~600 m,长约6~8 km,岩石组合与两河岩片十分类似,为一套弱变质玄武-英安流纹质双峰式火山岩。孙家河组火山岩主要岩石类型为中酸性-中基性火山碎屑岩及玄武质-安山质火山熔岩。我们在两河、饶峰、五里坝和孙家河岩区分别沿垂直火山岩走向的剖面上在各岩片中采集一组系统样品。系统测试表明,它们均形成于典型的火山岛弧和弧内裂隙的大地构造环境。

2　地球化学特征

2.1　火山岩系列的划分

本区火山岩成分分析结果列于表 1 中。

Nb、Y 均为不活泼痕量元素,较少受到蚀变和变质作用的影响。因此,SiO_2-Nb/Y 图解可以有效地区分变质/蚀变火山岩的系列[16]。从图 2 中可以看到,本区火山岩均属非碱性系列火山岩,并可将其分为亚碱性玄武岩、安山岩和英安流纹岩类。

表 1　火山岩的主元素(%)和微量元素(×10⁻⁶)平均成分ᵃ⁾

岩　区	两河	两河	两河	五里坝	五里坝	饶峰	孙家河	孙家河
岩　性	玄武岩	英安岩	流纹岩	玄武岩	英安流纹岩	安山岩	安山岩	玄武岩
样品数	9	1	2	3	6	9	4	6
SiO_2	51.89	68.25	79.06	47.64	66.331	58.56	56.14	51.20
TiO_2	1.19	0.68	0.37	1.93	0.75	1.72	0.99	1.27
Al_2O_3	15.17	13.54	8.62	13.45	13.67	13.98	16.74	17.28
Fe_2O_3	5.17	2.86	1.66	6.59	2.80	4.43	3.73	4.26
FeO	5.88	1.87	0.84	8.14	3.07	6.60	4.31	5.39
MnO	0.26	0.19	0.07	0.31	0.15	0.19	0.16	0.20
MgO	5.77	1.53	0.46	6.24	2.37	2.91	2.94	5.01
CaO	7.35	2.93	1.86	9.05	1.88	2.01	5.03	6.16
Na_2O	3.17	4.71	3.99	2.75	3.07	3.99	4.94	3.56
K_2O	0.64	1.38	1.65	0.78	2.92	1.65	1.42	1.49
P_2O_5	0.18	0.19	0.15	0.15	0.19	0.18	0.18	0.18
H_2O^+	2.90	1.22	0.38	2.62	2.25	0.74	2.50	3.42
H_2O^-	0.31	0.21	0.15	0.52	0.41	3.11	0.51	0.56
Total	99.88	99.56	99.72	100.17	99.85	100.05	99.56	99.97
Sc	33.02	15.00	4.25	39.20	12.52	21.33	19.05	25.52
V	283.11	72.70	50.95	385.20	93.75	203.29	176.63	226.65
Cr	144.90	47.90	27.10	126.50	76.48	111.83	55.48	82.97
Co	40.47	8.30	3.05	48.00	17.35	31.84	23.98	34.70
Ni	53.61	15.40	7.55	59.13	35.20	53.30	20.65	42.58
Cu	49.32	11.10	10.10	115.50	31.00	51.47	58.30	70.62
Zn	133.23	125.80	25.00	162.17	96.07	147.51	97.25	139.63
Ga	19.42	18.10	13.45	20.29	19.27	23.16	20.53	20.33
Rb	17.52	29.40	21.90	14.97	85.87	43.01	26.65	44.10
Sr	439.77	254.00	99.10	387.43	169.28	215.41	551.53	462.83
Y	28.96	90.80	18.40	28.10	29.17	43.82	23.15	25.95
Zr	134.38	279.00	44.20	161.67	202.67	301.78	145.00	138.83
Nb	3.59	12.80	5.25	10.37	12.60	27.62	5.03	5.23

续表

岩 区	两河	两河	两河	五里坝	五里坝	饶峰	孙家河	孙家河
岩 性	玄武岩	英安岩	流纹岩	玄武岩	英安流纹岩	安山岩	安山岩	玄武岩
样品数	9	1	2	3	6	9	4	6
Sn	1.38	2.83	1.64	1.98	2.35	3.16	1.31	1.36
Cs	0.39	0.80	0.72	1.69	3.08	1.86	0.70	2.03
Ba	848.79	436.90	742.40	549.33	848.07	748.87	529.75	502.10
Hf	3.93	8.71	1.67	5.31	6.56	9.40	4.51	4.22
Ta	0.21	0.53	0.33	0.71	0.86	1.87	0.33	0.35
W	0.71	0.74	0.64	1.34	0.88	1.52	0.55	0.65
Pb	5.07	4.30	2.25	94.50	17.62	6.16	17.20	23.82
Th	0.96	1.39	7.82	1.80	7.04	6.08	3.26	3.10
U	0.23	0.45	0.94	0.42	1.18	1.15	0.74	0.80
La	13.23	26.60	23.05	16.70	31.00	37.84	19.60	22.95
Ce	30.09	65.60	46.25	40.13	65.62	79.36	42.03	48.05
Pr	4.18	9.83	5.48	5.55	7.40	10.08	5.73	6.36
Nd	17.48	43.90	17.55	21.30	26.90	37.50	22.18	25.48
Sm	4.34	11.63	3.46	5.65	5.42	8.35	4.92	5.51
Eu	1.53	2.01	1.35	2.00	1.23	2.21	1.56	1.77
Gd	4.71	12.69	3.38	6.54	5.08	8.48	4.65	5.28
Tb	0.76	2.13	0.49	1.06	0.80	1.30	0.67	0.74
Dy	4.86	14.65	2.95	6.36	4.82	7.92	3.99	4.45
Ho	0.96	2.94	0.62	1.27	0.95	1.49	0.77	0.86
Er	3.13	9.99	1.98	3.83	3.13	4.58	2.43	2.68
Tm	0.44	1.38	0.29	0.54	0.45	0.61	0.34	0.38
Yb	2.80	8.33	1.91	3.08	2.84	3.56	2.18	2.28
Lu	0.41	1.12	0.28	0.44	0.41	0.44	0.30	0.33

a)$SiO_2 \sim H_2O^-$由中国科学院地球化学研究所采用湿法分析(1999);$Sc \sim Lu$由中国科学院地球化学研究所采用ICP-MS分析(1999)。全部样品的原始分析数据可向第一作者函索。

2.2　稀土元素地球化学

分析结果表明(表1),两河玄武岩稀土总量较低,一般为$90 \times 10^{-6} \sim 150 \times 10^{-6}$,岩石的$(La/Yb)_N(2.62 \sim 4.60)$、$(Ce/Yb)_N(2.30 \sim 4.09)$和$\delta Eu$(趋近1,平均1.03)表明岩石为轻稀土弱富集型且无Eu异常。而英安流纹岩类稀土总量较高($108.77 \times 10^{-6} \sim 303.60 \times 10^{-6}$,平均$186.14 \times 10^{-6}$),其$(La/Yb)_N$(平均6.75)和$(Ce/Yb)_N$(平均5.30)表明岩石为轻稀土中度富集型。岩石$\delta Eu$值变化大,样品QL10具负Eu异常($\delta Eu = 0.50$),样品QL13基本无Eu异常($\delta Eu = 0.96$),而样品QL15则具有正Eu异常($\delta Eu = 1.56$)(图3a、b)。

五里坝双峰式火山岩稀土特征与两河岩片类似,其中玄武岩类稀土总量($140 \times 10^{-6} \sim 155 \times 10^{-6}$,平均$151.02 \times 10^{-6}$)、$(La/Yb)_N(3.72 \sim 4.15)$、$(Ce/Yb)_N(3.45 \sim 3.92)$和$\delta Eu$(平均1.01)与两河玄武岩基本一致。英安流纹岩类稀土总量(平均185.20×10^{-6})、

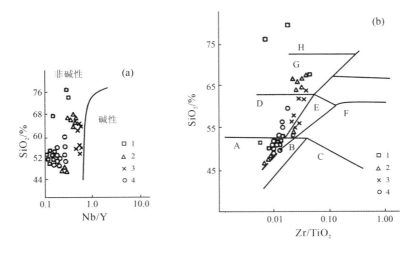

图2　火山岩系列划分及岩石分类图解[16]

(a)火山岩 SiO₂-Nb/Y 系列划分图解;(b)火山岩 SiO₂-Zr/TiO₂ 岩石分类图解。A:亚碱性玄武岩类;
B:碱性玄武岩类;C:粗面玄武岩、碧玄岩、霞石岩;D:安山岩类;E:粗面安山岩类;F:响岩类;G:英安流纹岩、
英安岩;H:流纹岩。图中符号:1.两河火山岩;2.五里坝火山岩;3.饶峰火山岩;4.孙家河火山岩

$(La/Yb)_N$(平均 7.92)和 $(Ce/Yb)_N$(平均 6.49)亦与两河英安流纹岩接近。不同的是,岩石 δEu 介于 0.65~0.81,平均为 0.71,表明岩石具弱的负 Eu 异常,在稀土配分图(图 3d)中 Eu 处有弱的低谷。

饶峰安山岩类稀土总量较高,一般为 $190×10^{-6}~300×10^{-6}$,平均为 $247.54×10^{-6}$,轻、重稀土分异明显,$(La/Yb)_N$ 介于 6.65~8.57,平均为 7.67;$(Ce/Yb)_N$ 大多介于 5.67~6.88,平均为 6.22;δEu 十分稳定,变化很小,介于 0.76~0.83,平均为 0.79,表明岩石具有弱的负 Eu 异常(图 3g)。

孙家河玄武岩稀土总量较低,一般为 $(108.19~172.58)×10^{-6}$,平均为 $153.07×10^{-6}$,轻重稀土有弱-中等分异现象,岩石 $(La/Yb)_N$ 介于 6.72~7.85,平均为 7.21;$(Ce/Yb)_N$ 大多介于 5.43~6.16,平均为 5.85;δEu 趋近 1,表明岩石基本无 Eu 异常。孙家河安山岩类稀土总量同样较低,为 $125.49×10^{-6}~142.32×10^{-6}$,平均为 $134.48×10^{-6}$,轻、重稀土分异程度与本区玄武岩类十分接近,$(La/Yb)_N = 5.63~7.36$,$(Ce/Yb)_N = 5.02~5.79$,δEu 求均为 0.98。在球粒陨石标准化稀土配分图(图 3e、f)中,本区玄武岩和安山岩均表现为一组较为平滑的右倾负斜率轻稀土弱-中等富集型配分曲线,Eu 处无异常。

2.3　微量元素地球化学及火山岩形成环境

微量元素组合特征是反映火山岩形成构造背景的有效途径,从本区火山岩微量元素 N 型 MORB 标准化配分型式(图 4)可以看到:

(1)两河双峰式火山岩与五里坝双峰式火山岩具有完全相同的配分型式。玄武岩类配分曲线(图 4a、c)与南桑德威奇洋内岛弧拉斑玄武岩的配分曲线十分相近[17],以高 Ba、Nb、Ta 相对亏损为典型特征。为了便于对比,我们给出了两河和五里坝英安流纹岩

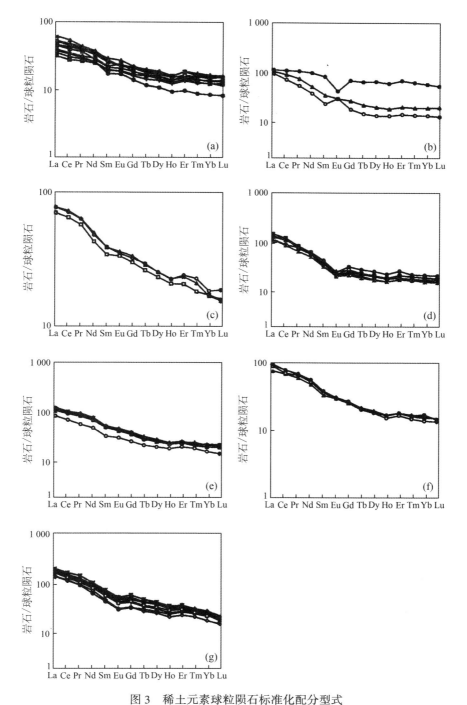

图 3 稀土元素球粒陨石标准化配分型式

(a)两河玄武岩;(b)两河英安流纹岩;(c)五里坝玄武岩;(d)五里坝英安流纹岩;

(e)孙家河玄武岩;(f)孙家河安山岩;(g)饶峰安山岩。球粒陨石标准值据文献[22]

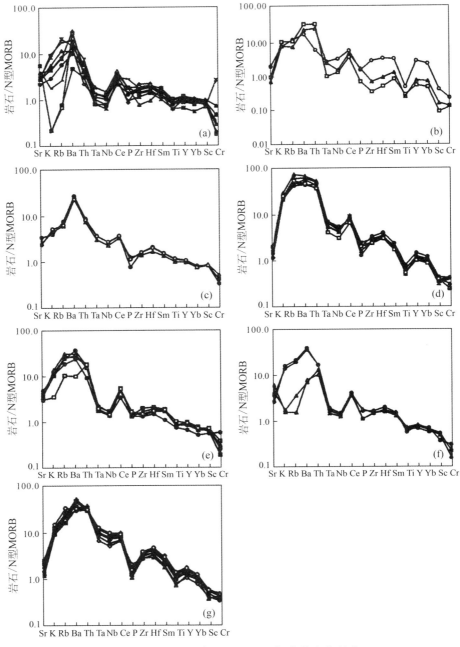

图 4 火山岩微量元素 N 型 MORB 标准化配分型式
(a)两河玄武岩;(b)两河英安流纹岩;(c)五里坝玄武岩;(d)五里坝英安流纹岩;
(e)孙家河玄武岩;(f)孙家河安山岩;(g)饶峰安山岩。N-MORB 标准值据文献[17]

类配分曲线(图 4b、d),总体具有典型的岛弧火山岩的分布型式,以 K、Rb、Ba 的较强富集并伴有 Ce 和 Sm 的弱富集为特征。这表明,两河及五里坝火山岩的微量元素配分型式反映了岛弧火山岩的特征。

（2）两河玄武岩 Th>Ta，Th/Ta 大多为 2.15~8.29，平均为 4.78。Nb<La、Nb/La 均小于 0.31；Th/Yb 介于 0.15~0.67，平均为 0.35；Ta/Yb 介于 0.05~0.10，且十分稳定，平均为 0.076。五里坝玄武岩 Nb<La，Nb/La 为 0.32~0.34；Th/Yb 为 0.03；Ta/Yb 为 0.11。两河和五里坝玄武岩 Nb/La<0.35、Zr/Y<4.5 的典型地球化学特点与洋内岛弧拉斑玄武岩的地球化学特征十分类似[15]。全部玄武岩的 Ta/Yb 比值均<0.2，这与活动陆缘环境（大陆边缘弧）钙碱性玄武岩明显不同。特别值得注意的是，岛弧型蛇绿岩中的玄武岩是拉斑质的，很少出现钙碱性的玄武岩；岛弧型蛇绿岩中拉斑玄武岩的 Th/Yb 比值很低（如阿曼蛇绿岩，Th/Yb 为 0.05~0.1）[18]，这与本区两河和五里坝玄武岩特征有类似之处。然而，本区两河和五里坝玄武岩均是 LREE 富集型的，这恰是岛弧玄武岩的 REE 特征，而岛弧蛇绿岩中的拉斑玄武岩都是 LREE 亏损的（如特罗多斯、阿曼、贝茨科夫、沃瑞诺斯的例子）[18-21]。从上述特征来看，五里坝及两河玄武岩总体上应属于洋内岛弧火山岩的地球化学特征[18]。

（3）饶峰安山岩微量元素 N 型 MORB 标准化配分型式（图 4g）表明，曲线总体具有岛弧火山岩的分布型式，以 K、Rb、Ba 和 Th 的较强富集并伴有 Ce 和 Sm 的弱富集为特征。岩石 Th>Ta，Th/Ta 大多为 2.63~5.03，平均为 3.41。Nb<La、Nb/La 均小于 0.87；Th/Yb 介于 1.39~2.22，平均为 1.74；Ta/Yb 介于 0.44~0.61，且十分稳定，平均为 0.52。属于岛弧火山岩的微量元素比值范畴。然而，值得注意的是，这套火山岩 TiO_2 含量（1.11%~2.11%）较正常岛弧火山岩偏高。考虑这套火山岩主体以中性岩为主，且 Th、La、Yb、Ta 等特征指示元素丰度及比值均与弧火山岩一致，因而，我们认为它们总体上仍属岛弧火山岩的地球化学特征[18]。

（4）孙家河火山岩微量元素 N 型 MORB 标准化配分型式（图 4e、f）同样具有典型的岛弧火山岩的分布型式。呈特征的"三隆起"形态，以 K、Rb、Ba 和 Th 的较强富集并伴有 Ce 和 Sm 的弱富集为特色。玄武岩 Th>Ta，Th/Ta 大多为 8~10，平均为 8.78。Nb<La、Nb/La 均小于 0.30；Th/Yb 介于 1.03~1.49，平均为 1.35；Ta/Yb 介于 0.14~0.18，且十分稳定，平均为 0.16。安山岩 Th/Ta（8.29~11.41，平均 9.85）、Nb/La（0.24~0.27）、Th/Yb（1.08~2.02，平均 1.51）和 Ta/Yb（0.13~0.18，平均 0.15）与玄武岩类十分接近，同样属岛弧火山岩的地球化学特征[18]。

2.4　特征微量元素组合及火山岩源区性质

Th、Nb、La 都是强不相容元素，可最有效地指示源区特征[22]。Nb、La、Th 在海水蚀变及变质过程中是稳定或比较稳定的元素，故利用 La/Nb-La 和 Nb/Th-Nb 图解可以区分洋脊、岛弧和洋岛玄武岩[23]。从图 5 中可以看出，两河、五里坝及孙家河火山岩均处在典型的弧火山岩范围内，而饶峰安山岩投影区则略偏离了弧火山岩区，处在弧火山岩与洋岛火山岩区之间。尽管 La、Th 和 Nb 均为不活动痕量元素，但 La、Th 的离子半径较 Nb 大，相对而言 La 和 Th 的迁移性能略强于 Nb。考虑饶峰安山岩所受到的蚀变作用较两河、五里坝和孙家河火山岩略强，有可能造成 La 和 Th 相对于 Nb 而言丰度值轻微降低，从而使得饶峰安山岩在 Nb/Th-Nb 和 La/Nb-La 图解中的投影点略向 OIB 区漂移,但还有待进一步的研究证实。

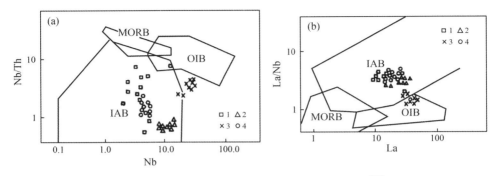

图 5　火山岩 Nb/Th-Nb(a)和 La/Nb-La(b)图解[23]
1.两河火山岩;2.五里坝火山岩;3.饶峰火山岩;4.孙家河火山岩

　　Ta/Yb 主要与地幔部分熔融及幔源性质有关,对鉴别火山岩的源区特征有重要意义[19]。区内玄武岩在 Th/Yb-Ta/Yb 图(图 6)中均位于 MORB-OIB 趋势线的上方,处在岛弧火山岩区域。这种特征的地球化学指纹,表明该组火山岩总体形成于火山岛弧的大地构造环境,与一个部分亏损的地幔源区和陆壳物质参与有密切成因联系[24]。

　　Zr 和 Y 是蚀变及变质过程中十分稳定的不活动痕量元素,而火山岩中 Ti 丰度与火山岩源区物质组成及火山岩的形成环境有密切关系[19]。根据 Ti/Zr、Ti/Y 比值特征及 Ti/Zr、Ti/Y 图解(图 6)可以看到,区内火山岩大多数样品投影点均位于壳源与 MORB 型源区之间,说明这套火山岩既非典型的壳源成因,亦非典型的 MORB 型幔源成因,而是兼具这 2 种源区的特征,这正是岛弧火山岩特有的地球化学指纹[24],说明岩浆应来源于俯冲带楔形地幔区的局部熔融。

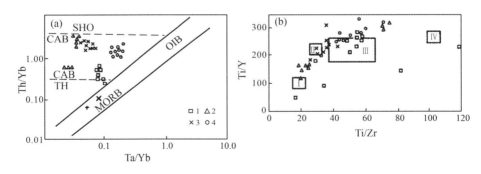

图 6　火山岩痕量元素图解(据文献[19,24])
(a)Th/Yb-Ta/Yb 图解;(b)Ti/Yb-Ti/Zr 图解。Ⅰ.花岗岩区;Ⅱ.后太古陆源页岩区;
Ⅲ.低钛大陆溢流玄武岩区;Ⅳ.MORB 型地幔区。图例同图 5

　　我们对火山岩环境的判别主要依赖于 Ta、Nb、Th、La、Yb、Zr、Y 等不活动痕量元素丰度特征及其比值。然而,国内部分学者提出,在 ICP-MS 分析方法中,由于溶样在稀释过程中,存在部分难溶矿物未完全溶解而造成分析结果中某些元素偏低(如 Zr、Hf、Nb、Ta 等)的可能性。为慎重起见,我们对本文部分样品在中国科学院高能物理研究所采用中子活化法进行了复测。结果表明,2 种不同方法获得的分析结果基本一致,符合规定的误差范围。这说明本文所采用的地球化学元素分析结果是可信的。

3 关于岩石成因及其大地构造意义的讨论

综合上述微量元素地球化学特征可以看出,两河、五里坝火山岩以其高 Ba 含量,显著的 Nb、Ta 亏损为特征,充分表明它们是岛弧型岩浆活动的产物[18]。另外,玄武质岩石的 Th/Yb-Ta/Yb 和 Ti/Zr-Ti/Y 不活动痕量元素组合特征,指示其应生成于一个洋内岛弧的大地构造环境。更值得注意的是,两河、五里坝火山岩与典型的以安山质中性岩浆活动为特色的大陆边缘弧明显不同,而是以玄武质-英安流纹质双峰式火山岩组合为特色,表明它们是一套裂陷环境中的岩浆活动产物[25]。在全球大地构造环境中,只有弧内裂陷环境才有这种特殊的较为复杂的岩浆活动特征[26]。弧内裂陷环境具有过渡壳或陆壳基底,它的形成与深部岩浆上升使弧地壳隆起而产生的拉张构造有关,并同火山和构造原因的局部沉降有关,常常是弧间盆地发育初期阶段的产物(图 7)。洋内岛弧岩浆从源区特征来看,与 MORE 型玄武岩浆有某些相似之处,在很大程度上都是由于一个部分亏损的地幔橄榄岩局部熔融产生的。但是,由于它们的局部熔融是在含水条件下发生的,而与洋脊之下基本无水的熔融不同,而且来自俯冲洋壳的 SiO_2、K_2O,大离子亲石元素(LILE)和轻稀土(LREE)参与了岩浆的起源过程,从而将使得这种岩浆带有显著的陆壳物质混染的地球化学信息(图 7)。这种岩浆作用和岩浆的底劈上隆,使得弧内裂陷进一步发育,并由于高热流而引起岛弧地壳的局部熔融,岛弧地壳的局部熔融产生的酸性岩浆将不同于大陆地壳的局部熔融产物,它们将具有显著的弧岩浆系列地球化学特征(如 Nb、Ta 的强烈亏损等)[26],从而构成具有特殊地球化学指纹的弧内裂陷双峰式火山岩组合(图 7)。

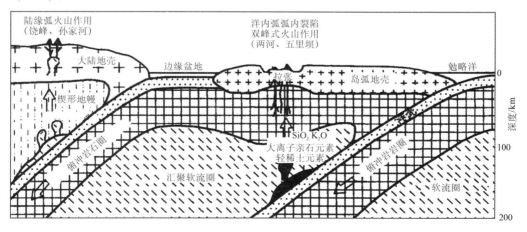

图 7 两河-饶峰-五里坝岛弧岩浆带火山岩形成模式图

饶峰火山岩主体为一套安山岩类,孙家河组火山熔岩以安山岩和玄武岩为主,它们同样具有高 Ba 低 Nb、Ta 含量的特征。而岩石的 Th/Yb、Ta/Yb、Th/Ta、Nb/La 和 Ti/Zr-Ti/Y 不活动痕量元素组合特征,指示它们应形成于一个大陆边缘弧的大地构造环境(图7),岩浆起源与陆壳物质的参与有直接成因联系,岩浆应来源于俯冲带楔形地幔区的局部熔融[26]。

从地球化学特征来看,两河、五里坝玄武岩与勉县-略阳地区桥梓沟岛弧玄武岩具有十分类似的特征和可对比性[3-4]。而孙家河及饶峰火山岩与略阳三岔子陆缘弧火山岩具有明显的可对比性[4]。这表明,两河-饶峰-五里坝岛弧岩浆带原应与勉县-略阳结合带相连通,只是由于后来的巴山弧形逆冲推覆构造的改造,而使其变形变位残存于现今的位置。

在勉县-略阳-巴山弧结合带中发育有泥盆系深水浊积岩系,表明当时洋盆已打开[1,28]。在略阳三岔子、石家庄一带采集的与蛇绿岩密切共生的硅质岩中发现了早石炭世放射虫动物群[27],说明在古生代中期(泥盆-石炭纪)沿勉略一带出现了古特提斯洋北侧新的分支。勉县-略阳结合带黑沟峡变质火山岩系的 Sm-Nd 等时线年龄为 242 ±21 Ma,Rb-Sr 全岩等时线年龄为 221 ± 13 Ma,指示了火山岩的变质年龄[28];李锦轶新获得的勉略带文家沟、横现河变质火山岩 $^{40}Ar/^{39}Ar$ 年龄(226.9 ± 0.9 和 219.5 ± 1.4 Ma)与黑沟峡变质火山岩的变质年龄一致[29]。上述证据说明,勉略古洋盆的产生和消亡经历了一个较长的地质时期,泥盆系深水浊积岩的发育,标志着洋盆已经打开[1,28]。而三岔子、石家庄硅质岩中放射虫的发现,表明勉略洋典型的洋壳蛇绿岩形成于早石炭世[27],这一时期勉略洋已具有一定的规模,成为一分隔秦岭和扬子板块的有限洋盆。一般说来,随着洋中脊新生洋壳的不断形成,洋盆逐渐扩大,洋壳受到的挤压应力增强,从而必定导致洋壳俯冲作用的产生[30-31]。值得注意的是,从现代板块活动来看,俯冲作用产生时洋脊的扩张常常并未停止,而洋盆的规模则取决于俯冲引起的洋壳消减量与扩张形成的新生洋壳量的相对比例[32]。两河、五里坝、饶峰及孙家河火山岩总体显示为弧火山岩的特征,与勉县-略阳地区桥梓沟岛弧火山岩和三岔子岛弧火山岩具有明显的可对比性[3-4],表明该套火山岩在区域上可能与勉略带相连,但现在所处部位显然是构造就位所致。孙家河组火山岩内硅质岩夹层中放射虫化石的发现,表明这套岩石形成于晚泥盆-晚石炭世[15]。这一事实说明,勉略洋盆的俯冲作用自晚泥盆世就已产生,而两河-饶峰(孙家河)-五里坝岛弧岩浆带的主体形成于早石炭-晚石炭世。这一时期,勉略洋处于扩张与俯冲消减并存的发展状态。

巴山弧两河、五里坝弧内裂陷双峰式火山岩和饶峰陆缘弧安山岩岩片的厘定,表明在南秦岭巴山弧地区存在一个典型的岛弧岩浆带,它的形成与勉略洋盆的发育和洋壳俯冲消减有直接成因关系,表明勉略洋盆向东至少已延伸至巴山弧地区,同时说明勉略洋盆在泥盆-石炭纪期间曾经经历过一个较完整的有限洋盆的发生、发展过程,它对于确立华北-秦岭陆块与扬子陆块的碰撞时代和秦岭造山带的形成与演化均有重要的大地构造意义。

4　结　论

南秦岭巴山弧两河–饶峰–石泉–高川–五里坝地区残存一典型的岛弧岩浆带,带内以两河、五里坝弧内裂隙双峰式火山岩以及饶峰陆缘弧安山岩为代表,指示泥盆–石炭纪期间南秦岭存在并发育一个有限洋盆,表明南秦岭勉略结合带向东至少已延伸至巴山弧地区,同时说明勉略洋盆在泥盆–石炭纪期间曾经经历过一个较完整的有限洋盆的发生、发展过程。原西乡群孙家河组火山岩形成于典型的岛弧环境,该套火山岩在区域上与勉略带相关联,因其后来构造改造移位而另出露,然而原仍应是上述两河至五里坝岛弧岩浆带组成部分。

参考文献

[1] 张国伟,孟庆任,赖绍聪.秦岭造山带的结构构造.中国科学:B辑,1995,25:994-1003.

[2] Lai Shaocong,Zhang Guowei.Geochemical features of ophiolite in Mianxian-Lueyang suture zone,Qinling orogenic belt.Journal of China University of Geosciences,1996,7(2):165-172.

[3] 赖绍聪,张国伟,杨永成,等.南秦岭勉县–略阳结合带变质火山岩岩石地球化学特征.岩石学报,1997,13(4):563-573.

[4] 赖绍聪,张国伟,杨永成,等.南秦岭勉县–略阳结合带蛇绿岩与岛弧火山岩地球化学及其大地构造意义.地球化学,1998,27(3):283-293.

[5] 许继峰,韩吟文.秦岭古MORB型岩石的高放射性成因铅同位素组成:特提斯型古洋幔存在的证据.中国科学:D辑,1996,26(增刊):34-41.

[6] 董云鹏,张国伟,赖绍聪,等.随州花山蛇绿构造混杂岩的厘定及其大地构造意义.中国科学:D辑,1999,29(3):222-231.

[7] 王根宝,吴闻人,张升全.略阳–石泉边界地质体特征.陕西地质,1997,15(1):1-11.

[8] 黄懿.陕南牟家坝新集一带之震旦纪前结晶岩.地质论评,1948,13(1-2):131-132.

[9] 陕西省区域地层表编写组.西北地区区域地层表.陕西省分册.北京:地质出版社,1983:1-258.

[10] 陕西省地质矿产局.陕西省区域地质志.北京:地质出版社,1989:1-698.

[11] 陶洪祥,陈祥荣,冯鸿儒,等.汉南"西乡群"的地层划分与对比.西安地质学院学报,1982,4(1):32-44.

[12] 陶洪祥,何恢亚,王全庆,等.扬子板块北缘构造演化史.西安:西北大学出版社,1993:1-135.

[13] 尚瑞钧,谢茂祥.扬子地块北缘中上元古界变质作用.西安:西北大学出版社,1992:1-169.

[14] 张二朋,牛道韫,霍有光,等.秦巴及邻区地质–构造特征概论.北京:地质出版社,1993:1-291.

[15] 王宗起,陈海泓,李继亮,等.南秦岭西乡群放射虫化石的发现及其地质意义.中国科学:D辑,1999,29(1):38-44.

[16] Winchester J A,Floyd P A.Geochemical discrimination of different magmas series and their differentiation products using immobile elements.Chemical Geology,1977,20:325-343.

[17] Pearce J A.玄武岩判别图使用指南.国外地质,1984(4):1-13.

[18] Marlina A E,John F.Geochemical response to varying tectonic settings:An example from southern Sulawesi(Indonesia).Geochimica et Cosmochimica Acta,1999,63(7-8):1155-1172.

[19] Pearce J A.The role of sub-continental lithosphere in magma genesis at destructive plate margins.In: Hawkesworth C J, et al. Continental Basalts and Mantle Xenoliths. Nantwich: Shiva, 1983:230-249.

[20] Coish R A, Hickey R, Frey F A. Rare earth element geochemistry of the Betts Cove ophiolite, Newfoundland: Complexities in ophiolite formation.Geochim Cosmochim Acta,1982,46:2117-2134.

[21] Beccaluva L,Ohnenstetter D, Ohnenstetter M.Two magmatic series with island arc affinities within the Vourinos ophiolite.Contr Mineral Petrol, 1984, 85:253-271.

[22] Sun S S,McDonough W F.Chemical and isotopic systematics of oceanic basalts: Implications for mantle composition and processes.In:Saunders A D, Norry M J, eds. Magmatism in the Ocean Basin.Geol Soc Special Publ,42,1989:313-345.

[23] 李曙光.蛇绿岩生成构造环境的 Ba-Th-Nb-La 判别图.岩石学报,1993, 9(2):146-157.

[24] Hergt J M,Peate D W,Hawkesworth C J.The petrogenesis of Mesozoic Gondwana low-Ti flood basalts. Earth Planet Sei Lett, 1991, 105:134-148.

[25] Viramonte J G,Kay S M,Becchio R,et al. Cretaceous rift related magmatism in central-western south America. Journal of South American Earth Sciences, 1999,12:109-121.

[26] Wilson M. Igneous Petrogenesis.London:Unwin Hyman Press,1989:153-190.

[27] 冯庆来,杜远生,殷鸿福,等.南秦岭勉略蛇绿混杂带中放射虫的发现及其意义.中国科学:D 辑, 1996, 26(增刊):78-82.

[28] 李曙光,孙卫东,张国伟,等.南秦岭勉略构造带黑沟峡变质火山岩的年代学和地球化学:古生代洋盆及其闭合时代的证据.中国科学:D 辑,1996, 26(3):223-230.

[29] Li Jinyi,Wang Zongqi,Zhao Min.^{40}Ar/^{39}Ar thermochronological constraints on the timing of collisional orogeny in the Mian-Lue collision belt, southern Qinling Mountains. Acta Geologica Sinica, 1999, 73(2):208-215.

[30] Yoshiyuki T,Steve E.Subduction zone magmatism.London:Oxford University Press, 1995:1-49.

[31] Middlemost E A K. Magmas,rocks and planetary development.Singapore: Longman Singapore Publishers Ltd,1997:177-192.

[32] Nathan L G,Dennis L H.On the relationship between subducted slab age and arc basalt petrogenesis, Cascadia subduction system, North America. Earth & Planetary Sci Lett, 1999, 171:367-381.

北羌塘新第三纪高钾钙碱火山岩系的成因及其大陆动力学意义[①②]

赖绍聪 刘池阳 S Y O'Reilly

摘要:北羌塘新第三纪高钾钙碱系列火山岩主要岩石类型为安山岩、英安岩和流纹岩类,属典型的壳源岩浆系列,是加厚的陆壳基底脱水熔融的产物。岩石具轻稀土富集和无负 Eu 异常的特殊地球化学特征,表明其源区物质组成相当于榴辉岩相,从而揭示了羌塘地区在新第三纪板块碰撞这一特定的构造背景下,陆壳已经被加厚并形成了一个榴辉岩质的下地壳类型。

近年来,国内外学者已就青藏高原新生代火山岩做了大量研究[1-6],识别出超钾质、钾玄岩系和高钾钙碱岩系 3 个火山岩系列,并对超钾质和钾玄岩系的岩石地球化学、同位素特征和岩石成因进行了深入探讨[2-17]。然而,对青藏高原北部尤其是北羌塘具有特殊意义的高钾钙碱岩系火山岩的专题研究却较为滞后,研究程度明显偏低[2,9]。本文针对北羌塘高钾钙碱岩系火山岩进行了详细研究,提出高钾钙碱岩系中酸性火山岩是陆壳脱水熔融的产物,岩浆起源于一个加厚陆壳底部的榴辉岩质下地壳。

1 火山岩地质概况

羌塘-冈底斯位于青藏高原的核部,是我国目前研究程度相对较低的地区之一,对该区研究具有重要意义。羌塘北部新第三纪火山岩较为发育,在自色哇、雅根错-多尔索洞错-太平湖-多格错仁、兹格丹错-尕尔-祖尔肯山-西金乌兰湖-雁石坪等地均有分布,主要是在羌北地层分区中,且主要见于新第三纪石坪顶组。火山岩产状为熔岩被,与下伏的地层呈明显的角度不整合接触关系,野外露头观察证实了这一点。火山岩呈厚 50~200 m 的熔岩被覆盖在新第三纪唢呐湖组(N_1s)或侏罗纪雁石坪组(J_2ys)之上,在兹格丹错-西金乌兰湖路线上,还可见到熔岩喷发中心的火山通道垂直穿过中侏罗世雁石坪组。因此,可以认为羌北分布的新第三纪火山岩是呈陆相中心式喷发的溢流火山岩,岩石类型以熔岩为主,偶见火山碎屑岩。在喷发中心附近还可见火山通道相的次火山岩,这些火山岩与羌塘前第三纪沉积地层是一种超覆关系或在火山中心呈侵入关系。本区钙碱

---

① 原载于《中国科学》D 辑,2001,31(增刊)。

② 中国重点基础研究发展规划(G1998040801)、国家自然科学基金(40072029)和澳大利亚 GEMOC 国家重点实验室资助项目。

系列火山岩为一套安山岩-英安岩-流纹岩组合,主要出露于石水河-浩波湖-多格错仁以北地区(图1)。

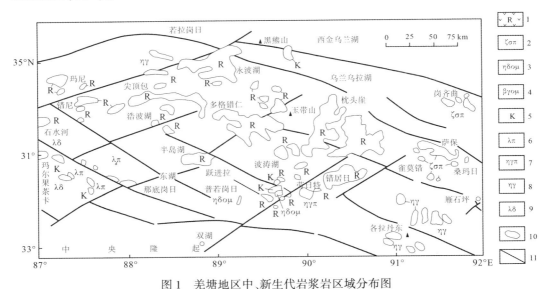

图 1　羌塘地区中、新生代岩浆岩区域分布图

1.新第三纪火山岩;2.老第三纪正长斑岩;3.老第三纪石英二长闪长玢岩;4.老第三纪玄武粗安玢岩;
5.白垩纪火山岩;6.晚白垩世流纹玢岩;7.晚白垩世二长花岗斑岩;8.晚白垩世二长花岗岩;
9.晚白垩世花岗闪长岩;10.超浅成侵入岩;11.断裂构造

2　火山岩形成时代及其岩石学和岩石化学

羌塘地区主要分布有 3 套不同系列新生代火山岩组合,即超钾质、钾玄岩系和高钾钙碱岩系[2]。其中,北羌塘石水河-浩波湖-多格错仁地区分布的高钾钙碱岩系火山岩,主要岩石类型为安山岩、英安岩和流纹岩,为一套典型的中酸性岩石组合。同位素分析结果表明,玛尼安山岩、辉石安山岩的 K-Ar 年龄值分别为 22.05 Ma 和 26.94 Ma;而尖顶包英安岩的 K-Ar 年龄值为 10.6 Ma。据邓万明[2]的统计资料,多格错仁和永波湖高钾钙碱性火山岩的 K-Ar 年龄分别为 10.6 Ma 和 9.4 Ma。除此以外,在北羌塘地区野外可见高钾钙碱安山岩、英安岩和流纹岩系以熔岩被的形式呈明显的角度不整合覆盖在新第三纪唢呐湖组(N_1s)之上。据此认为,本区高钾钙碱岩系火山岩主体应属于新第三纪。火山岩岩石新鲜,无明显的蚀变和后期交代现象。以斑状结构和无斑隐晶结构为主,部分样品发育气孔及杏仁构造。斑状结构岩石在显微镜下见角闪石、黑云母及斜长石斑晶,在部分安山岩中可见辉石斑晶。基质见有交织结构及玻晶交织结构等。根据化学成分分析结果(表 1),该组火山岩属于亚碱性高钾钙碱系列岩石组合(图 2a、b),该组岩石 SiO_2 含量变化范围为 58.18% ~ 77.79%,平均为 65.79%。TiO_2 含量较低(0.11% ~ 0.83%,平均 0.53%),K_2O 含量变化范围为 2.40% ~ 4.36%,平均为 3.28%;总体具有高 K_2O、低 TiO_2 含量的钙碱系列火山岩的化学成分特点。MgO 含量在安山岩中较高,平均为 3.93%;而在英安岩和流纹岩中较低,且从安山岩→英安岩→流纹岩 MgO 含量呈逐渐降

低的趋势,具明显的变化规律。需要指出的是,北羌塘新第三纪钙碱系列火山岩 K_2O 含量相对较高,就 K_2O 含量而言,不同于通常的岛弧区钙碱系列火山岩,而是具有陆内火山岩高钾的典型地球化学特征[18]。该组火山岩成分稳定,未见玄武质等较基性的岩石端元,它们与来自大陆地壳的壳源中酸性岩石组合具有相似的特征[18]。

表 1　北羌塘新第三纪高钾钙碱岩系火山岩平均成分(%)及微量稀土元素(μg/g)分析结果[a]

岩　区	浩波湖	跃进拉	尖顶包	浩波湖	长龙河	多格错仁	浩波湖	石水河	多岛湖
岩　性	安山岩	安山岩	安山岩	英安岩	英安岩	英安岩	流纹岩	流纹岩	流纹岩
样品数	3	2	1	2	2	2	2	1	2
SiO_2	61.33	59.36	60.89	66.72	65.38	64.84	70.42	77.79	71.54
TiO_2	0.81	0.76	0.77	0.49	0.58	0.57	0.29	0.11	0.28
Al_2O_3	15.51	14.65	15.59	15.58	15.50	15.51	15.36	11.04	14.93
Fe_2O_3	1.67	2.18	1.54	2.40	2.68	3.10	1.02	0.81	1.08
FeO	2.42	2.67	3.12	0.45	0.74	0.30	0.22	0.14	0.52
MnO	0.07	0.08	0.08	0.04	0.04	0.03	0.02	0.01	0.03
MgO	3.44	4.97	4.51	1.04	1.73	1.71	0.48	0.02	0.55
CaO	5.32	5.68	5.69	3.53	3.73	4.33	2.89	0.68	2.25
Na_2O	4.69	3.35	4.03	4.05	3.99	4.39	3.80	3.64	3.98
K_2O	2.89	3.71	2.48	3.27	3.21	2.99	3.57	4.18	3.75
P_2O_5	0.30	0.36	0.27	0.15	0.19	0.19	0.05	0.01	0.06
H_2O^+	0.81	0.96	0.98	1.33	1.71	1.42	0.96	0.47	0.90
H_2O^-	0.18	0.17	0.15	0.32	038	0.36	0.44	0.10	0.33
CO_2	0.54	0.67	0.29	0.29	0.22	0.88	0.68	0.44	0.20
合计	99.97	99.56	100.39	99.62	100.26	100.59	100.16	99.43	100.37
$Mg^\#$	0.64	0.59	0.68	0.45	0.51	0.52	0.48	0.05	0.43
Cs	2.34	4.15	7.18	3.23	1.98	1.75	5.62	0.46	10.10
Rb	73.50	109.43	60.34	105.08	82.18	81.82	146.51	52.04	147.10
Ba	1 219	1 683	1 070	1 264	1 411	1 243	1 156	1 310	1 158
Th	13.56	25.99	12.98	17.59	18.74	18.85	17.27	18.63	18.59
U	3.01	5.63	3.18	4.23	3.50	3.20	4.30	2.03	5.71
Ta	0.73	0.64	0.50	0.31	0.37	0.35	0.36	0.69	0.37
Nb	13.49	11.30	9.30	5.43	7.70	7.46	3.99	9.02	3.97
Sr	1 273	1 273	1 177	971	964	973	400	155	360
Hf	4.35	5.37	4.26	4.45	5.30	5.15	2.80	3.40	2.61
Zr	187.29	220.03	172.08	175.56	229.96	225.73	85.44	85.17	79.54
Y	12.38	15.61	17.54	8.91	10.89	9.83	4.56	23.69	4.91
Sc	9.41	11.79	12.71	5.77	6.98	7.34	3.36	5.78	3.14
V	79.30	85.21	104.59	47.52	57.64	52.73	26.57	2.90	23.45
Cr	150.84	189.40	149.63	30.04	63.11	53.09	5.15	0.67	4.79
Co	15.50	18.33	16.86	5.94	7.47	7.61	2.31	0.14	2.97
Ni	88.42	106.85	87.12	20.28	41.07	37.88	1.81	0.52	2.48

续表

岩 区	浩波湖	跃进拉	尖顶包	浩波湖	长龙河	多格错仁	浩波湖	石水河	多岛湖
岩 性	安山岩	安山岩	安山岩	英安岩	英安岩	英安岩	流纹岩	流纹岩	流纹岩
样品数	3	2	1	2	2	2	2	1	2
Cu	23.37	24.85	19.73	13.38	16.29	21.13	10.41	2.15	9.13
Zn	55.40	57.11	59.37	49.34	57.86	55.79	24.47	13.66	33.97
La	48.92	73.87	44.63	39.68	55.67	55.83	22.60	39.05	25.19
Ce	90.23	134.68	83.30	72.11	95.02	95.94	39.62	75.00	44.29
Pr	10.38	15.80	9.58	8.23	11.09	10.83	4.37	8.71	4.81
Nd	36.88	54.72	34.05	29.17	37.82	36.84	14.66	31.20	16.04
Sm	5.90	8.36	6.05	4.72	5.65	5.27	2.51	6.11	2.64
Eu	1.74	2.27	1.72	1.36	1.61	1.41	0.76	1.13	0.80
Gd	4.45	6.04	4.86	3.50	4.14	3.76	1.87	5.59	1.99
Tb	0.57	0.77	0.67	0.42	0.51	0.47	0.24	0.80	0.26
Dy	2.36	3.09	3.17	1.70	2.00	1.89	0.95	4.07	1.06
Ho	0.42	0.56	0.61	0.31	0.36	0.36	0.17	0.83	0.19
Er	1.09	1.42	1.69	0.78	0.93	0.92	0.42	2.42	0.46
Yb	0.93	1.19	1.45	0.65	0.78	0.76	0.36	2.28	0.37
Lu	0.13	0.18	0.22	0.10	0.11	0.11	0.05	0.34	0.05
δEu	1.00	0.94	0.94	0.98	0.98	0.92	1.03	0.58	1.03

a) 由澳大利亚 Macquarie 大学 GEMOC 国家重点实验室分析(1999)。其中,常量元素采用 XRF 法分析,微量及稀土元素采用 ICP-MS 法分析。

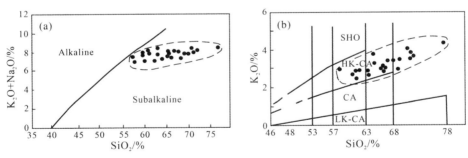

图 2　火山岩 SiO_2-(K_2O+Na_2O)图解(a)和 SiO_2-K_2O 图解(b)

Alkaline:碱性系列;Subalkaline:亚碱性系列;LK-CA:低钾钙碱岩系;
CA:钙碱系列;HK-CA:高钾钙碱岩系;SHO:钾玄岩系

3　微量及稀土元素地球化学特征

由图 3a~c 可以看到,本区高钾钙碱系列火山岩不相容元素原始地幔标准化配分型式图总体呈右倾型式。自安山岩→英安岩→流纹岩,曲线略有抬高,负斜率呈增大的趋势。Ti 谷逐渐加深,说明 Ti 的相对亏损与岩浆分异过程有关。可能归因于钛铁氧化物的分离结晶[18],Ba、Th、U 和 K 等元素的富集度逐渐增高,说明它们在岩浆分异过程中的不

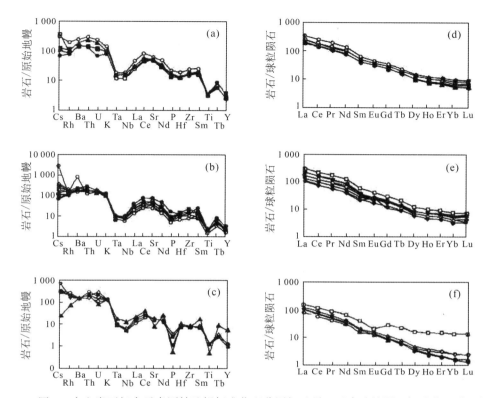

图 3　火山岩不相容元素原始地幔标准化配分图解及稀土元素球粒陨石标准化配分图解

(a)安山岩;(b)英安岩;(c)流纹岩;(d)安山岩;(e)英安岩;(f)流纹岩。图中曲线表示不同编号的样品。
原始地幔标准值据文献[19];球粒陨石标准值据文献[20]

相容元素性质,显示了青藏陆内造山带火山岩总体高钾的共同特点。自安山岩→英安岩→流纹岩,岩石中 Rb 丰度呈升高的趋势,Rb 由较强的相对亏损转变为较弱的相对亏损,说明 Rb 等大离子亲石元素富集于岩浆演化的晚期阶段,符合钙碱系列岩浆演化的普遍规律。需要指出的是,本区高钾钙碱系列安山岩、英安岩和流纹岩中均存在明显的 Nb 和 Ta 谷,Nb 和 Ta 呈明显的相对亏损状态,这与典型的岛弧火山岩的地球化学特征十分类似[18]。本区安山岩类(La/Yb)$_N$ 介于 22.11 ~ 57.65,平均为 36.30;(Ce/Yb)$_N$ 介于 15.98~40.18,平均为 25.87;岩石 δEu 介于 0.89~1.02,平均为 0.96;英安岩类(La/Yb)$_N$ 介于 19.61~57.72,平均为 40.75;(Ce/Yb)$_N$ 介于 14.06~37.43,平均为 28.15,岩石 δEu 平均为 1.04,说明岩石基本无 Eu 异常。流纹岩类(La/Yb)$_N$(平均 49.61)和(Ce/Yb)$_N$(平均 33.47)与英安岩及安山岩相似,除一个样品具负 Eu 异常外($\delta Eu = 0.58$),其他流纹岩均无 Eu 异常(δEu 平均 1.02)。从稀土元素球粒陨石标准化配分图解(图 3d ~ f)中可以看出,安山岩、英安岩和流纹岩均为右倾负斜率轻稀土富集型,它们具有十分类似的稀土配分型式。而且该组岩石无论是安山岩、英安岩还是流纹岩均无 Eu 异常,这一点与通常的岛弧型钙碱系列中酸性火山岩以及正常的板内壳源中酸性岩浆岩全然不同,反映了青藏高原陆内造山带中酸性火山岩成因机制的独特性。

4 岩浆起源和源区性质

显微镜下观察表明,本区安山岩类岩石中含有 Cpx 和 Opx 这 2 种辉石的斑晶。根据 62 个电子探针分析结果,利用二辉石温度计求得 Lai02、Lai07 和 Lai11 安山岩样品的 3 个岩石形成温度如表 2 所列。可以看到,本区安山岩形成温度较高,平均在 1 150 ℃ 左右。该温度反映了单斜辉石与斜方辉石构成平衡共生对时的共结温度。由于辉石是安山质岩石中最早结晶的造岩矿物,因此该温度值应高于岩石的成岩温度而与岩浆源区温度接近。

表 2 二辉石温度计测温结果[a]

样品编号	Lai 02	Lai 02	Lai 07	Lai 07	Lai 11	Lai 11
矿　物	Cpx	Opx	Cpx	Opx	Cpx	Opx
分析点数	23	20	5	6	1	7
SiO_2	53.02	55.25	52.73	55.59	53.63	55.25
TiO_2	0.40	0.15	0.26	0.09	0.30	0.14
Al_2O_3	2.00	2.11	2.13	2.17	1.11	2.12
Cr_2O_3	0.22	0.49	0.29	0.50	0.08	0.41
FeO	5.74	9.20	5.73	7.74	6.35	9.39
MnO	0.14	0.18	0.16	0.13	0.21	0.17
MgO	17.17	31.11	17.92	32.28	18.15	31.59
CaO	20.12	1.36	19.24	1.30	20.25	1.04
Na_2O	0.44	0.07	0.50	0.07	0.19	0.06
K_2O	0.01	0.00	0.01	0.01	0.00	0.01
NiO	0.06	0.16	0.06	0.17	0.12	0.17
合计	99.32	100.09	99.03	100.05	100.39	100.35
$T/℃$		1 123		1 184		1 151

a)由澳大利亚 Macquarie 大学 GEMOC 国家重点实验室电子探针室分析(1999)。二辉石温度计据文献[21]。

通常将 $Mg^#$ 值作为识别原生岩浆的重要标志,原生岩浆的 $Mg^#$ 值应为 0.68~0.75[22] 或 0.65~0.75[23]。对于壳源岩浆系列,$Mg^#$ 值也可作为判别岩浆体系成分变化规律的一个辅助指标[13,22]。从表 1 中可以看到,本区安山岩类 $Mg^#$ 值较高,除 2 个样品为 0.54~0.58 外,其余均在 0.67~0.71 范围内变化,自安山岩→英安山岩→流纹岩,$Mg^#$ 值呈逐渐降低的趋势。

根据 Alleger 等人[24]的研究,岩浆在分离结晶作用中随着超亲岩浆元素的富集,亲岩浆元素丰度亦几乎同步增长。因此,La/Sm 基本保持为一常数。相反,在平衡部分熔融过程中,随着 La 的快速进入熔体,Sm 也会在熔体中富集,但其增长的速度要慢。这是因为 La 在结晶相和熔体之间的分配系数比 Sm 小,即不相容性更强。因此,La/Sm-La 图解可以很容易判别一组相关岩石的成岩作用方式。从图 4a 中可以看到,本区高钾钙碱中酸性火山岩是源区岩石部分熔融的结果,Zr/Sm-Zr 图解同样证明了这一结论(图 4b)。火山岩中 Ti 丰度与火山岩源区物质组成具有十分密切的关系。因此,据 Ti/Zr 和 Ti/Y

比值及 Ti/Zr-Ti/Y 图解(图4c)可以看到,本区高钾钙碱中酸性火山岩源区与陆壳岩石有着密切关系,投影点位于后太古陆源页岩区及其附近。从而表明,它们应为陆壳基底局部熔融的产物。

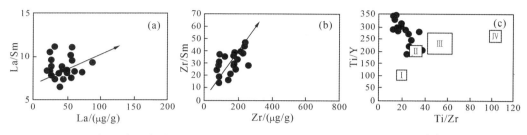

图4　火山岩的 La-La/Sm(a)、Zr-Zr/Sm(b)和 Ti/Zr-Ti/Y(c)图解[25]
Ⅰ.花岗岩区;Ⅱ.后太古陆源页岩;Ⅲ.低钛大陆溢流玄武岩区;Ⅳ.MORB 型地幔

为数有限的同位素资料[2]表明,这套中酸性岩石中高钾流纹岩具有极高的 $\varepsilon_{Sr}(t)$ 和极低的 $\varepsilon_{Nd}(t)$ 值。揭示其成因有2种可能:一种可能是被排斥在幔源成因之外,而是陆壳基底重熔的结果;另一种可能是本区广泛发育的另一套钾玄岩系岩浆同源晚期分异产物[2]。而我们的研究结果更支持前一种成因机理,它们不会是钾玄岩的分异产物。因为钾玄岩岩浆分异将向着更加富碱的方向演化,而在其分异晚期酸性岩浆产物中,不会出现钙碱系列的演化端元。因此,岩石学、地球化学和同位素特征均表明北羌塘这套高钾钙碱中酸性火山岩应为陆壳基底局部熔融的产物。

需要指出的是,这套火山岩不同于通常的消减带或碰撞带钙碱质火山岩系,主要体现在2个方面:

(1)本区钙碱性安山岩、英安岩和流纹岩类均具轻稀土富集型稀土配分型式,但却不显示 Eu 的亏损,δEu 在 0.85~1.02 范围内变化,平均值接近 1.00,基本无 Eu 异常。这与岛弧区钙碱岩系通常具显著负 Eu 异常的特征明显不同。

(2)本区钙碱系列火山岩 K_2O 含量较高,均属高钾钙碱系列。实验岩石学与相平衡研究表明[26-28]:①陆壳岩石的局部熔融在 ≤1 GPa(30~40 km 厚的陆壳)时生成花岗岩(狭义)岩浆,1.5 GPa(55 km 厚的陆壳)时生成正长岩岩浆(此时熔融系统中还有斜长石存在)。②在约 1.7 GPa(60 km 厚的陆壳)固相线上斜长石已不存在,低于固相线温度时 1.5 GPa 斜长石已不存在(转变为单斜辉石)。③安山质岩浆的液相线矿物 ≤1 GPa 时为斜长石±辉石,>1 GPa 时为辉石±石榴子石±角闪石。这样,我们可以知道,花岗岩包括过碱性花岗岩起源于正常或减薄的陆壳内,以及双倍陆壳的中、上部;不管通过熔融作用还是分异过程,花岗岩岩浆总与斜长石处于平衡过程。因此,总是伴随负 Eu 异常。在岩石圈根内形成的碱性正长岩-石英正长岩岩浆则因为不曾与斜长石平衡过(不管熔融抑或分异过程),所以不会出现负 Eu 异常。有无负 Eu 异常这个标志,同样适用于 A 型花岗岩类以外的壳源中酸性火成岩,包括安山岩、英安岩和流纹岩及其相应的侵入岩[23]。它们的岩浆形成或直接源于陆壳岩石,或由幔源玄武岩浆与陆壳相互作用产生,当深度大于 50~60 km 以后,陆壳将由榴辉岩相岩石(无斜长石)构成[29]。因此,当安山岩、英安岩和流纹岩岩浆形成于加厚的陆壳底部(相当于榴辉岩相的源区岩石)内时,就不会有负 Eu 异常。这样无负 Eu 异常的中酸性火成岩标志着一个加厚的相当于榴辉岩质(无斜长石相)陆壳的存在。

5 关于岩石成因及其大陆动力学意义的讨论

以上研究结果表明,本区新第三纪高钾钙碱系列火山岩乃是直接起源于加厚的陆壳底部,其源区物质应相当于榴辉岩的组成。

事实上,大陆地壳可以部分熔融而产生岩浆,壳源岩浆的成分及其多样性主要取决于熔融压力、含水流体相的存在和参与程度以及源区岩石的化学成分和矿物相。由于大陆碰撞造山带中地壳岩石处于更高的压力和温度条件下,因而碰撞造山带成为壳源岩浆发育的有利地区。羌塘作为青藏高原的核部,在新第三纪已产生明显的陆壳增生和加厚[13,27],且是典型的大陆碰撞造山带。大陆碰撞最显著的作用就是可以将大量的地壳岩石埋深到超过正常陆壳厚度的深度位置。这主要通过推覆、不均匀缩短加厚和俯冲来实现。同时,碰撞带岩石圈地幔也可以增厚或减薄(通过重力不稳定性或热侵蚀),并强烈地影响造山带下部的热流值。如果产生岩石圈地幔拆沉或幔源岩浆的底侵作用,则加厚陆壳底部的温度将明显升高[28,30]。现已知,在下地壳接近莫霍面上几千米的深度位置上,岩石中已无渗透状的自由流体相[29],在富水流体缺乏的条件下,含水矿物的分解将是加厚陆壳底部岩石产生局部熔融的主要诱因。因此,脱水熔融(dehydration melting)已成为大陆碰撞带加厚陆壳底部壳源岩石局部熔融产生岩浆的重要机制[31-33]。青藏高原核部新第三纪特殊的构造环境和已明显加厚的陆壳[13,27]完全具备起源下地壳脱水熔融岩浆的地质条件,而大量的幔源钾玄岩系岩浆的上侵[2-7]和在莫霍面附近的底侵作用更有利于下地壳局部熔融。另外,大量的幔源岩浆囤积在下地壳底部形成岩浆池,这种囤积作用亦将诱发大规模变质作用和壳内熔融[13,27]。正是由于青藏陆块之下软流层物质的上涌而形成幔源的碱性(钾玄岩质)岩浆活动及其在莫霍面以上的底侵作用,从而为下地壳中酸性钙碱系列火山岩的起源提供了热动力条件。另外,青藏陆壳的水平挤压缩短和加厚作用可以更好地封闭壳底岩浆池(海),使底侵岩浆有更充分的条件与陆壳物质相互作用[23],包括陆壳岩石的熔融作用,幔源岩浆与壳源岩浆的物质交换以及岩浆结晶分离作用等。羌塘北部新第三纪碱性(钾玄岩质)和高钾钙碱 2 个不同的火山岩系列正是在这种特定的构造环境中形成的。

多年来,这一重要学术问题未得到足够的重视,关于这方面的研究较为薄弱[2]。因而,对这套高钾钙碱岩系的深入研究具有重要的学术意义,它将对我们深入了解青藏高原北部加厚陆壳的岩石学结构,下地壳物质组成、相关系、温度、压力条件,以及下地壳与上地幔物质交换过程和相互作用、幔源岩浆在莫霍面的底侵作用过程及其对壳源岩石局部熔融的贡献等重大学术问题的研究有所促进。

6 结语

北羌塘新第三纪高钾钙碱系列火山岩主要岩石类型为安山岩、英安岩和流纹岩类,它们属典型的壳源岩浆系列,是加厚的陆壳基底脱水熔融的产物。岩石具有轻稀土富集和无负 Eu 异常的特殊地球化学特征,表明其源区物质组成相当于榴辉岩相,从而揭示了青藏高原羌塘-冈底斯地区在新第三纪期间已经具有一加厚的陆壳,其下地壳岩浆源区具榴辉岩相的物质组成。由于青藏陆块之下软流层物质的上涌而形成幔源碱性岩浆活动,而青藏陆壳的挤压缩短和加厚可以较好地封闭壳底岩浆池(海),从而使幔源岩浆在莫霍面下的底侵作用为下地壳中酸性钙碱系列火山岩的起源提供了热动力条件,该区高钾钙碱系列火山岩正是在这种特殊的构造环境中,通过加厚陆壳底部壳源岩石的脱水熔融形成的。

致谢 本文在研究过程中曾得到澳大利亚 Macquarie 大学 William Griffin 教授、张明博士的帮助和指导。澳大利亚 GEMOC 国家重点实验室 Norman Pearson 博士和 Ashwini Sharma 博士帮助完成了本文的全部分析测试工作。在此一并致谢。

参考文献

[1] 刘嘉麒.中国火山.北京:科学出版社,1999:53-135.

[2] 邓万明.青藏高原北部新生代板内火山岩.北京:地质出版社,1998:1-168.

[3] 邓万明.青藏高原的陆内俯冲带及其岩浆活动.见:中国青藏高原研究会第一届学术讨论会论文选.北京:科学出版社,1992:256-262.

[4] 邓万明.西藏阿甲北部的新生代火山岩:兼论陆内俯冲作用.岩石学报,1989(3):1-11.

[5] 邓万明.青藏北部新生代钾质火山岩微量元素和 Sr、Nd 同位素地球化学研究.岩石学报,1993,9(4):379-387.

[6] 邓万明.中昆仑造山带钾玄岩质火山岩的地质、地球化学和时代.地质科学,1991(3):201-213.

[7] 邓万明,孙宏娟.青藏北部板内火山岩的同位素地球化学与源区特征.地学前缘,1998,5(4):307-317.

[8] 刘丛强,谢广东,中井俊一,等.新疆于田县康苏拉克新生代火山岩 Sr、Nd、Ce、O 同位素及微量元素地球化学.科学通报,1989,23(20):1803-1806.

[9] 王碧香,叶和飞,彭勇民.青藏羌塘盆地中新生代火山岩同位素地球化学特征及其意义.地质论评,1999,45(增刊):946-951.

[10] 邓万明,孙宏娟.青藏高原新生代火山活动与高原隆升关系.地质论评,1999,45(增刊):952-958.

[11] 杨德明,李才,和钟华,等.西藏尼玛宋我日火山岩岩石化学特征与构造环境.地质论评,1999,45(增刊):972-777.

[12] 迟效国,李才,金巍,等.藏北新生代火山作用的时空演化与高原隆升.地质论评,1999,45(增刊):978-986.

[13] 赖绍聪.青藏高原北部新生代火山岩成因机制.岩石学报,1999,15(1):98-104.

[14] Turner S, Arnaud N, Liu J, et al. Post-collision, shoshonitic volcanism on the Tibetan Plateau: Implications for convective thinning of the lithosphere and the source of ocean island basalts. Journal of Petrology, 1996, 37(1):45-71.

[15] Miller C, Schuster R, Klotzli U, et al. Post-collisional potassic and ultrapotassic magmatism in SW Tibet: Geochemical and Sr-Nd-Pb-O isotopic constraints for mantle source characteristics and petrogenesis. Journal of Petrology, 1999, 40(9):1399-1424.

[16] Arnaud N O, Vidal P, Tapponnier P, et al.The high K_2O volcanism of northwestern Tibet:Geochemistry and tectonic implications. Earth & Planetary Science Letters, 1992, 111:351-367.

[17] Ugo Pognante.Shoshonitic and ultrapotassic post collisional dykes from northern Karakorum(Sinkiang, Chirm).Lithos, 1990, 26:305-316.

[18] Wilson M.Igneous petrogenesis.London:Unwin Hyman Press, 1989:295-323.

[19] Taylor S R, McLennan S M. The continental crust: Its composition and evolution. Oxford: Blackwell Scientific Press,1985:124-160.

[20] Sun S S, McDonough W F.Chemical and isotopic systematics of oceanic basalts:Implications for mantle composition and processes. In: Saunders A D, Norry M J. Magmatism in the Ocean Basin. Geol Soc Special Publ, 1989,42:313-345.

[21] Wood B J, Banno S. Garnet orthopyroxene relationships in simple and complex systems.Contrib Mineral Petrol, 1973, 42:109-124.

[22] Frey F A.Intergrated models of basalt petrogenesis:A study of quartz tholeiites to olivine melilities from south easter Australia utilizing geochemical and experimental petrological data. Journal of Petrology, 1978, 119:463-513.

[23] 邓晋福,赵海玲,莫宣学,等.中国大陆根-柱构造:大陆动力学的钥匙.北京:地质出版社,1996:17-20.

[24] Alleger C J, Minster J F. Quantitative method of trace element behavior in magmatic processes. Earth & Planetary Science Letters, 1978,38:1-25.

[25] Hergt J M, Peate D W, Hawkesworth C J.The petrogenesis of Mesozoic Gondwana low-Ti flood basalts. Earth & Planetary Science Letters, 1991,105:134-148.

[26] Huang W L, Wyllie P J.Phase relationships of gabbro tonalite granite H_2O at 15 kbar with applications to differentiation and anatexis.American Mineralogist, 1986,71:301-316.

[27] 邓晋福.岩石相平衡与岩石成因.武汉:武汉地质学院出版社, 1987:42-71.

[28] Patino Douce A E, McCarthy T C.Melting of crustal rocks during continental collision and subduction. Netherlands:Kluwer Academic Publishers, 1998:27-55.

[29] Yardley B W D, Valley J W. The petrologic case for a dry lower crust.Journal of Geophysical Research, 1997,102:12173-12185.

[30] Butler R W H, Harris N B W. Whittington A G.Interactions between deformation, magmatism and hydrothermal activity during active crustal thickening:A field example from Nanga Parbat Pakistan Himalayas.Mineralogical Magazine, 1997,61:37-52.

[31] Patiño Douce A E.Effect of pressure and H_2O content on the compositions of primary crustal melts. Earth Sciences, 1996,87:11-21.

[32] Fatiño Douce A E, Beard, J S.Dehydration melting of biotite gneiss and quartz amphibolite from 3 to 15 kbar.Journal of Petrology, 1995,36:707-738.

[33] Skjulie K P, Johnston A D. Vapour absent melting from 10 to 20 kbar of crustal rocks that contain multiple hydrous phases:Implications for anatexis in the deep to very deep continental crust and active continental margins.Journal of Petrology, 1996,37:661-691.

南秦岭康县–琵琶寺–南坪构造混杂带蛇绿岩与洋岛火山岩地球化学及其大地构造意义[①②]

赖绍聪 张国伟 裴先治 杨海峰

摘要：研究结果表明,康县–琵琶寺–南坪构造带是一个复杂的、包括不同成因岩块的混杂带。该带中分布有蛇绿岩块(古洋壳残片)、洋岛拉斑玄武岩块和洋岛碱性玄武岩类。该混杂带不仅在构造形迹上与勉县–略阳蛇绿构造混杂带直接联通,而且在形变特征、混杂带的物质组构以及蛇绿岩性质上与勉县–略阳蛇绿岩以及德尔尼蛇绿岩完全可以类比。因此,康县–琵琶寺–南坪蛇绿构造混杂带乃是勉略带向西延伸的组成部分。

秦岭造山带勉略缝合带的发现和初步厘定[1-8],是近年来秦岭造山带研究中的一项重大进展,它使得对秦岭造山带的认识由过去简单的华北与扬子两大陆块碰撞构造体制转变为华北、秦岭微板块和扬子3个陆块碰撞的构造体制[1]。这对于重塑秦岭造山带的形成及演化历史、建立秦岭造山带全新的三维动力学模型及构造演化模式具有重要的意义。该缝合带在勉县–略阳–巴山弧地区出露较好,以蛇绿岩和岛弧火山岩为其典型标志[1-8]。然而,关于勉略结合带东、西的延伸,目前存在较大争议,并成为国家自然科学基金委"九五"秦岭重点项目的关键研究内容之一。因此,追索并查明该缝合带东、西延伸部分的细节,重点解剖东、西延伸部分可能属于该缝合带残余的火山岩、蛇绿岩区段,对于确立和约束该缝合带的性质具有十分突出的意义。事实上,勉县–略阳蛇绿混杂带自略阳向西的延伸情况,目前尚无岩石地球化学方面的确切证据,已有的研究工作仅达到略阳三岔子地区。该结合带是否继续向西延伸并最终与德尔尼蛇绿岩带[9]相连,仍是目前学术界有争议的问题。本文对康县–琵琶寺–南坪构造混杂带蛇绿岩与洋岛火山岩的厘定,为勉略结合带确已西延至南坪塔藏地区并最终与德尔尼蛇绿带相连提供了重要的岩石地球化学证据。

1 区域地质概况

康县–琵琶寺–南坪构造混杂带位于南秦岭褶皱带、扬子板块北缘西段以及松潘–甘孜褶皱带的结合部位,向东与勉县–略阳蛇绿岩带相连(图1)。带内以缺失奥陶系~志留

---

① 原载于《中国科学》D 辑,2003,33(1)。

② 国家自然科学基金(49732080)和教育部骨干教师计划资助项目。

系地层而发育泥盆系~二叠系为独特特征,与其南北两侧缺失泥盆系~石炭系地层形成鲜明对比。同时,带内出露的泥盆系~石炭系以及震旦系和火山岩基本被围限在北部塔藏-略阳断层(勉略缝合带北部边界断裂)和南部文县-勉县断层(勉略缝合带南部边界断裂)之间,与东部勉略构造带的基本组成和变形特征完全一致(图1)。构造带内主要由剪切变形的震旦系和泥盆~石炭系逆冲推覆岩片组成,形成自北向南的叠瓦逆冲推覆构造。其中,震旦系主要为含砾泥质岩、泥质碎屑岩、火山碎屑岩、碳酸盐岩和镁质碳酸盐岩组成;泥盆系为深水浊积岩、泥质碳酸盐岩和泥质岩;石炭系为碳酸盐岩。康县-琵琶寺-南坪构造混杂带内变质火山岩主要以构造岩片的形式卷入该构造带。火山岩岩片主要出露在康县旧城、碾坝、刘坝、豆坝、琵琶寺、南坪隆康和塔藏几个地区(图1)。

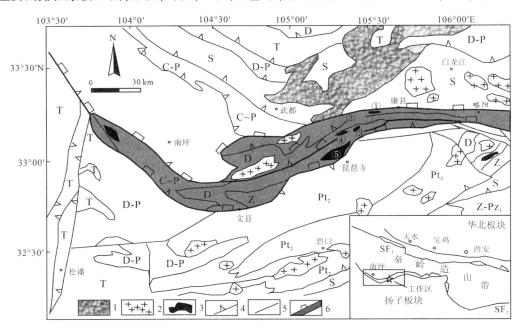

图1 勉略缝合带康县-琵琶寺-南坪段地质简图

1.中新生代沉积盆地;2.花岗岩;3.火山岩构造岩片;4.逆冲断层;5.缝合带主边界逆冲断层;6.缝合带范围。
①康县火山岩岩片;②碾坝火山岩岩片;③刘坝火山岩岩片;④豆坝火山岩岩片;
⑤琵琶寺火山岩岩片;⑥隆康火山岩岩片;⑦塔藏火山岩岩片。据裴先治①

2 火山岩岩石学及岩石化学特征

康县-琵琶寺-南坪蛇绿混杂带内火山岩属于浅变质火山岩系(绿片岩相),其化学成分分析结果列于表1中。岩石呈暗绿-黑绿色,块状构造,部分样品发育片理构造。变余斑状结构中斑晶为辉石和斜长石,辉石斑晶大多已绿泥石化。基质为微-细粒变晶结构,主要组成矿物有绿泥石、绿帘石和钠长石小颗粒。部分样品镜下显示出强烈的剪切

① 裴先治.勉略-阿尼玛卿构造带的形式演化与动力学特征.西安:西北大学(博士学位论文),2001.

片理化现象,矿物破碎且具明显的定向排列,有时可见部分斑晶颗粒显示不对称旋转碎斑系特征。

表 1 康县-琵琶寺-南坪蛇绿混杂岩带火山岩化学成分(%)及微量元素(μg/g)分析结果[a]

样品号	PBS01	PBS06	PBS13	PBS30	PBS35	PBS12	PBS17	PBS18	PBS20	PBS29	NB10	NB11
SiO_2	49.64	49.06	48.63	50.94	49.25	48.36	52.33	50.88	50.67	47.65	47.05	48.00
TiO_2	1.52	1.65	1.10	1.37	1.38	1.66	1.85	1.75	1.90	1.85	2.17	1.80
Al_2O_3	14.22	12.18	16.06	15.23	16.25	17.52	14.47	14.48	15.04	14.98	15.16	16.79
Fe_2O_3	7.33	6.00	4.60	4.35	4.62	5.00	5.10	5.70	5.05	9.15	5.47	5.50
FeO	6.37	8.20	5.20	7.05	7.18	7.20	7.30	7.60	7.65	5.95	10.23	9.20
MnO	0.20	0.21	0.24	0.18	0.20	0.14	0.15	0.15	0.17	0.20	0.23	0.23
MgO	5.60	5.40	4.90	6.20	6.90	4.60	3.50	4.80	4.10	4.00	6.20	7.00
CaO	7.30	10.00	9.50	8.40	8.80	6.00	6.10	5.60	7.00	7.70	9.20	6.10
Na_2O	4.56	3.83	3.84	1.07	2.76	4.18	4.89	3.65	4.21	2.08	2.05	2.83
K_2O	0.07	0.07	0.13	1.02	0.21	0.46	0.39	1.11	0.09	2.13	0.43	0.51
P_2O_5	0.23	0.20	0.07	0.10	0.11	0.30	0.30	0.43	0.37	0.67	0.20	0.27
CO_2												
烧失量	2.55	2.66	5.50	3.68	2.21	4.00	3.53	3.52	3.40	3.50	1.50	1.40
总计	99.59	99.46	99.77	99.59	99.87	99.42	99.91	99.67	99.65	99.86	99.89	99.63
Li	19.69	12.245	32.936	39.433	28.566	25.152	18.042	36.172	29.592	31.136	14.732	24.133
Sc	51.537	55.013	42.140	47.421	54.418	23.931	32.591	29.077	46.733	45.281	50.216	26.322
V	361.64	439.20	203.07	262.07	354.19	196.97	209.61	256.90	275.78	380.1	564.45	315.77
Cr	85.04	89.139	227.73	154.55	169.05	170.13	103.22	177.04	98.132	136.14	14.732	139.50
Co	43.466	47.197	44.472	50.542	58.992	54.604	52.606	56.002	51.74	63.244	59.591	60.958
Ni	49.461	50.875	107.50	69.928	90.447	144.58	89.168	149.84	49.075	182.47	56.497	67.006
Cu	270.88	261.70	162.41	178.86	205.61	126.15	130.05	1245.3	153.97	2982.2	275.23	79.842
Zn	294.80	631.50	90.60	118.13	121.92	127.49	126.52	560.61	143.54	3818.8	142.77	148.00
Ga	14.44	20.965	16.20	19.451	19.272	17.482	19.873	21.419	18.194	22.917	24.378	23.313
Ge	1.428	1.893	1.104	2.463	2.463	1.069	1.384	1.303	1.091	2.148	1.936	1.227
As	20.659	17.268	14.37	15.064	17.038	14.948	12.236	211.54	14.841	461.65	12.123	11.155
Rb	0.583	0.616	2.103	28.132	4.489	8.024	9.912	29.173	1.602	55.696	10.396	6.586
Sr	154.50	259.26	127.57	771.35	130.14	93.621	121.60	103.64	84.196	144.46	506.25	382.19
Y	43.94	47.607	23.206	31.352	34.931	19.818	26.117	29.082	38.347	38.775	27.547	24.067
Zr	111.69	132.72	50.275	78.89	96.55	123.54	163.34	203.16	153.22	187.02	128.58	116.24
Nb	2.487	2.612	1.587	3.092	2.223	13.416	16.071	18.617	7.616	25.213	16.984	15.954
Mo	16.29	7.681	5.224	3.838	6.323	7.236	12.187	148.14	5.842	121.05	2.056	14.041
Cd	0.675	1.78	0.263	0.096	0.292	0.133	0.256	2.153	0.247	7.285	0.199	0.077
In	0.22	0.298	0.121	0.181	0.217	0.153	0.11	1.549	0.179	2.768	0.096	0.106
Sn	5.605	3.736	2.23	2.713	2.469	2.275	2.818	16.413	2.472	45.187	2.631	0.9
Sb	7.834	5.279	3.588	4.561	5.658	4.16	5.266	195.87	3.719	416.95	1.473	1.691
Cs	0.241	0.112	0.31	2.019	0.421	0.692	0.486	1.128	0.138	3.42	2.656	0.264
Ba	175.87	57.327	55.209	450.94	81.305	147.9	124.23	269.82	263.17	743.96	84.648	136.25

续表

样品号	PBS01	PBS06	PBS13	PBS30	PBS35	PBS12	PBS17	PBS18	PBS20	PBS29	NB10	NB11
La	4.237	4.354	3.338	3.887	3.872	14.564	17.215	17.46	9.49	20.732	12.469	11.945
Ce	13.716	14.149	8.076	11.014	12.628	32.839	39.395	41.173	26.098	48.202	29.901	28.134
Pr	2.361	2.466	1.273	1.822	2.296	4.258	5.069	5.597	3.92	6.445	4.215	3.816
Nd	12.737	14.109	6.968	10.321	13.253	18.647	23.535	25.018	20.38	29.867	19.107	17.444
Sm	4.901	5.287	2.351	4.002	4.37	4.322	5.993	5.87	6.465	7.7	5.064	4.758
Eu	1.468	1.714	1.042	1.299	1.564	1.426	1.701	1.869	1.911	2.449	1.453	1.53
Gd	6.498	6.395	3.151	4.646	5.657	4.635	5.725	5.932	6.989	7.998	5.505	4.858
Tb	1.156	1.233	0.584	0.847	1.004	0.704	0.836	0.909	1.147	1.173	0.939	0.763
Dy	8.194	8.28	4.003	5.68	6.634	4.129	5.451	5.662	7.785	7.598	5.341	4.786
Ho	1.646	1.62	0.798	1.196	1.273	0.721	0.894	1.029	1.37	1.418	0.892	0.843
Er	4.759	5.21	2.595	3.462	3.808	2.029	2.716	2.962	4.027	4.157	2.779	2.3
Tm	0.659	0.648	0.355	0.424	0.495	0.251	0.34	0.378	0.54	0.463	0.377	0.292
Yb	4.666	4.805	2.466	3.4	3.619	1.828	2.399	2.676	3.681	3.49	2.267	2.04
Lu	0.689	0.646	0.369	0.476	0.495	0.263	0.336	0.37	0.583	0.511	0.357	0.317
Hf	4.095	3.686	1.579	2.589	3.182	2.988	4.673	5.331	4.259	5.652	3.475	3.356
Ta	0.18	0.175	0.125	0.219	0.135	0.771	0.853	1.101	0.428	6.433	0.899	0.806
W	1.661	1.261	0.682	0.573	0.587	1.409	1.236	2.627	1.034	20.436	0.36	0.689
Pb	179.26	200	71.183	100.03	243.46	99.148	74.276	1 320.6	70.295	5 420.6	25.554	34.618
Th	0.202	0.163	0.13	0.217	0.165	1.073	1.24	1.528	0.586	2.128	1.07	1.028
U	0.135	0.08	0.075	0.089	0.076	0.218	0.3	0.333	0.158	1.696	0.318	0.291

样品号	LB05	LB06	DB08	DB15	KX01	KX02	KX03	LK06	LK07	LK10	TZ01	TZ02
SiO_2	47.03	46.05	45.04	48.01	47.37	45.99	48.05	46.19	42.79	42.94	43.19	42.01
TiO_2	1.75	1.47	2.00	1.15	1.95	2.45	2.32	2.60	2.45	2.60	2.60	3.00
Al_2O_3	17.26	19.08	18.28	18.09	13.71	13.20	14.47	17.55	18.79	18.31	12.28	10.62
Fe_2O_3	5.80	5.05	6.00	6.00	5.04	5.43	5.40	5.80	4.88	5.00	4.36	5.71
FeO	7.00	7.15	9.60	6.10	8.56	8.67	7.10	8.10	9.42	9.50	7.74	7.29
MnO	0.19	0.19	0.36	0.21	0.18	0.18	0.16	0.16	0.13	0.17	0.16	0.17
MgO	5.40	5.60	8.20	3.60	8.40	8.60	7.20	6.30	6.70	7.40	7.60	8.20
CaO	10.10	10.00	3.30	10.10	8.30	9.00	10.20	4.80	4.20	4.30	11.60	9.70
Na_2O	3.10	2.67	2.96	2.51	2.61	2.40	2.07	2.34	3.34	2.58	1.39	1.09
K_2O	0.27	0.27	0.13	0.24	0.27	0.34	0.42	3.05	1.21	2.04	1.68	2.11
P_2O_5	0.18	0.20	0.27	0.30	0.55	0.43	0.57	0.97	1.03	1.04	0.50	0.46
CO_2											2.38	2.1
烧失量	1.65	2.00	3.70	3.40	2.86	2.59	1.69	1.80	4.70	4.10	3.89	3.82
总计	99.73	99.73	99.84	99.71	99.80	99.28	99.65	99.66	99.64	99.98	99.37	96.28
Li	20.498	24.726	83.704	43.7	30.285	33.51	21.778	43.76	58.381	53.571	10.538	14.913
Sc	38.661	41.505	19.231	47.642	32.935	30.459	34.033	15.689	15.965	15.656	34.844	34.692
V	300.48	294.40	232.08	233.24	306.79	303.26	325.62	242.83	243.31	211.34	327.76	328.64
Cr	272.84	291.9	128.08	267.23	381.04	370.91	437.90	28.261	27.61	22.129	566.86	582.03
Co	47.345	52.239	56.566	52.007	56.209	57.498	48.993	33.492	42.479	44.472	70.417	74.1

样品号	LB05	LB06	DB08	DB15	KX01	KX02	KX03	LK06	LK07	LK10	TZ01	TZ02
Ni	74.542	85.177	79.163	88.066	206.34	199.48	152.7	26.388	32.747	28.917	223.74	220.93
Cu	97.182	136.8	135.26	133.1	216.78	282.88	186.63	79.38	80.839	618.53	141.43	143.24
Zn	103.05	116.62	167.34	107.52	162.45	173.45	129.59	192.62	192.77	221.9	111.48	121.16
Ga	19.751	18.973	20.758	19.924	22.585	21.152	22.498	32.191	33.771	31.347	19.667	21.496
Ge	1.813	1.594	1.896	2.384	2.003	1.362	2.161	1.758	2.404	1.784	1.624	1.629
As	13.431	11.764	11.372	14.886	14.16	11.253	16.245	12.401	15.609	14.956		
Rb	6.132	6.347	2.631	5.54	4.737	6.322	8.236	54.604	27.007	30.75	31.682	35.693
Sr	238.85	207.95	119.66	319.68	404.6	442.32	936.45	401.63	445.87	409.67	259.41	277.87
Y	30.379	31.502	26.924	29.381	31.837	31.884	30.335	42.966	45.321	43.823	26.671	27.03
Zr	130.39	129.69	165.36	125.44	253.37	255.51	256.78	601.19	613.42	564.12	231.91	238.76
Nb	10.323	11.171	11.884	8.098	42.611	42.449	36.495	134.4	135.18	129.46	38.021	39.492
Mo	5.229	11.826	273.4	15.294	5	5.289	2.907	5.229	2.112	5.074	0.556	0.553
Cd	0.156	0.16	0.293	0.243	0.218	0.337	0.262	0.169	0.149	0.233	0.127	0.107
In	0.113	0.106	0.083	0.137	0.209	0.161	0.117	0.148	0.155	0.67	0.072	0.069
Sn	2.321	3.477	3.812	3.18	6.134	3.649	4.222	4.038	4.58	7.678	2.493	2.583
Sb	3.144	1.468	2.03	2.824	3.739	3.644	5.381	3.121	6.055	2.662	0.185	0.204
Cs	0.272	0.32	0.187	0.315	0.18	0.26	0.625	3.818	1.721	2.685	0.168	0.183
Ba	100.34	119.40	62.528	99.864	129.90	160.90	268.86	2 691.90	1 100.80	2 172.70	169.38	184.16
La	9.623	10.21	8.552	11.886	34.17	32.184	29.522	77.604	95.602	89.696	29.924	33.359
Ce	29.44	25.207	24.209	29.372	76.521	74.198	67.97	160.59	183.44	182.92	69.114	73.609
Pr	3.298	3.682	3.396	3.895	10.055	9.421	9.042	18.636	21.012	20.878	8.493	8.909
Nd	16.699	17.813	16.219	18.912	43.465	42.194	42.527	72.659	84.188	82.194	38.29	38.764
Sm	4.97	5.202	5.177	5.179	9.578	9.68	9.498	14.676	16.277	16.225	8.481	9.149
Eu	1.594	1.721	1.489	2.058	2.567	2.626	2.931	4.503	4.613	4.722	2.524	2.743
Gd	5.102	6.055	5.606	5.27	8.706	8.798	8.925	11.359	13.042	13.096	7.816	8.18
Tb	0.9	0.959	0.994	0.918	1.256	1.13	1.148	1.695	1.781	1.717	1.157	1.185
Dy	5.634	6.074	5.959	5.62	6.904	6.706	6.484	8.914	9.864	9.55	6.04	6.563
Ho	1.07	1.15	1.023	1.007	1.084	1.11	1.111	1.54	1.545	1.465	1.082	1.096
Er	3.033	3.105	2.739	2.833	2.626	2.836	2.874	3.96	3.96	4.147	2.651	2.808
Tm	0.397	0.415	0.418	0.346	0.331	0.343	0.357	0.483	0.507	0.461	0.343	0.397
Yb	2.56	2.768	2.717	2.456	2.165	2.167	2.316	3.141	3.495	3.249	2.158	2.194
Lu	0.388	0.404	0.367	0.352	0.308	0.305	0.312	0.44	0.446	0.489	0.29	0.298
Hf	3.441	4.102	5.197	3.827	6.629	6.899	6.977	14.856	15.169	14.428	7.111	7.559
Ta	0.652	0.62	0.645	0.464	2.256	2.361	1.92	7.6	7.708	7.265	2.687	2.732
W	1.551	0.466	1.454	1.172	0.527	0.924	0.592	0.918	2.011	1.104	50.461	44.425
Pb	64.365	32.859	37.671	75.392	105.51	146.64	54.812	80.778	45.518	220.86	1.654	1.911
Th	0.752	0.931	0.883	0.843	2.821	2.735	2.309	12.272	12.6	12.118	3.914	3.936
U	0.209	0.205	0.185	0.17	0.777	0.725	0.616	2.009	3.05	3.137	1.011	1.047

a)该分析由中国科学院贵阳地球化学研究所完成。其中,$SiO_2 \sim CO_2$ 采用湿法分析,Li~U 采用 ICP-MS 法分析。

本区玄武岩类 SiO_2 含量变化较大,介于 42.97%~52.33%,除隆康岩区的 2 个样品 SiO_2 含量较低(<45%)外,其余样品均处在玄武岩范围内,平均为 47.81%。岩石 Fe_2O_3 和 FeO 含量高,MgO 含量低,平均分别为 5.56%、7.74% 和 5.94%,且绝大多数样品 FeO> Fe_2O_3。值得注意的是,本区玄武岩 TiO_2 含量介于 1.10%~2.60%。就 TiO_2 含量而言,本区玄武岩类明显高于活动大陆边缘及岛弧区火山岩(0.83%,0.58%~0.85%)的 TiO_2 含量,而处在洋脊拉斑玄武岩(1.5%)和洋岛拉斑玄武岩(2.5%)[10] 的 TiO_2 含量范围之内。

由 SiO_2-Nb/Y 图解(图 2a)可以看出,本区火山岩可分为碱性和亚碱性 2 个系列。岩石类型(图 2b)主要为亚碱性玄武岩、碱性玄武岩和粗面玄武岩类。

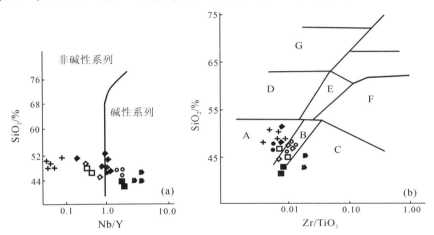

图 2　火山岩 SiO_2-Nb/Y(a)和 SiO_2-Zr/TiO_2 图解(b)

A:亚碱性玄武岩类;B:碱性玄武岩类;C:粗面玄武岩类;D:安山岩类;E:粗面安山岩类;F:响岩类;
G:英安流纹岩、英安岩类。+琵琶寺洋脊型火山岩;◆琵琶寺洋岛型火山岩;●碾坝火山岩;
□刘坝火山岩;◇豆坝火山岩;○康县火山岩;＊隆康火山岩;■塔藏火山岩。
据文献[11]

3　火山岩稀土元素地球化学

分析结果表明(表 1),康县–琵琶寺–南坪蛇绿构造混杂带内火山岩稀土元素特征有明显差异,可区分为性质完全不同的两组:一组为轻稀土亏损的洋脊型(MORB)玄武岩;另一组为轻稀土富集的洋岛型玄武岩(图 3)。

3.1　洋脊型(MORB)玄武岩类

区内洋脊型玄武岩分布局限,仅见于琵琶寺区段内,岩石为深黑色绿泥石片岩,呈宽约 200~400 m、长约 500~700 m 的两条火山岩岩片夹持在构造混杂带内,与洋岛型玄武岩呈明显的构造接触关系,接触带为强烈的片理化构造带。

本区洋脊型火山岩稀土总量较低,一般在 37~70 μg/g 之间;(La/Yb)$_N$ 介于 0.65~0.97,平均为 0.77。在球粒陨石标准化配分图(图 3a)中,显示为轻稀土亏损型分布模式,具 N 型 MORB 稀土元素地球化学特征,表明它们来自亏损的软流圈地幔。

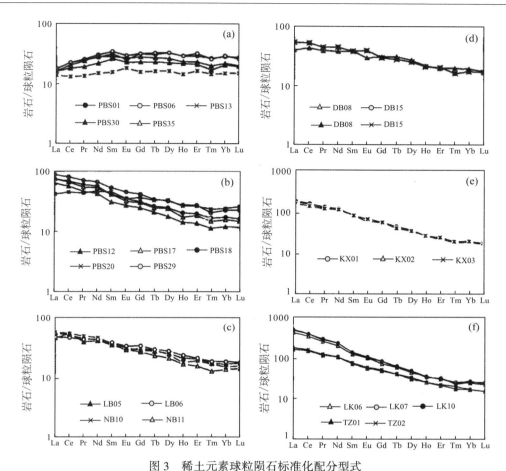

图3　稀土元素球粒陨石标准化配分型式

（a）琵琶寺洋脊型火山岩；（b）琵琶寺洋岛型火山岩；（c）碾坝、刘坝火山岩；（d）豆坝火山岩；（e）康县火山岩；
（f）隆康、塔藏火山岩。球粒陨石标准值据文献[12]，图中编号对应表1中的样品号

3.2　洋岛型玄武岩类

　　康县-琵琶寺-南坪蛇绿构造混杂带内洋岛火山岩分布广泛,分别出露在康县旧城、碾坝、刘坝、豆坝、琵琶寺、南坪隆康和塔藏等区段,均以构造岩片的形式卷入混杂带内。岩石类型可区分为洋岛拉斑玄武岩(碾坝岩片、豆坝岩片、刘坝岩片及琵琶寺岩片)和洋岛碱性玄武岩(康县岩片、隆康岩片和塔藏岩片)两类。

　　区内洋岛拉斑玄武岩类稀土总量相对较低,大多为 $80 \sim 140$ μg/g,平均为 97.15 μg/g;$(La/Yb)_N$ 介于 $1.85 \sim 5.71$,平均为 3.72,说明岩石属轻稀土弱-中等富集型,基本无 Eu 异常(图3b~d)。

　　区内洋岛碱性玄武岩稀土元素特征与洋岛拉斑玄武岩类有明显区别,其稀土总量明显偏高,在 $185 \sim 440$ μg/g 范围内变化,平均为 304.87 μg/g;$(La/Yb)_N$ 介于 $9.14 \sim 19.80$,平均为 14.71;δEu 在 $0.84 \sim 1.03$ 范围内变化,平均为 0.93,未显示 Eu 的异常。在稀土元素球粒陨石标准化配分型式图(图3e、f)中,本区洋岛碱性玄武岩类显示为右倾负斜率轻

稀土强烈富集型。

上述分析表明,康县-琵琶寺-南坪蛇绿构造混杂带内,洋岛拉斑和洋岛碱性火山岩的稀土元素特征具有明显的演化规律。由洋岛拉斑玄武岩向洋岛碱性玄武岩,稀土总量呈逐渐增高的趋势,$(La/Yb)_N$逐渐增高,轻、重稀土分异程度,轻稀土富集度逐渐增高,符合大洋板内洋岛型火山作用岩浆演化的正常趋势。

4 火山岩微量元素地球化学特征及形成构造环境的判别

4.1 洋脊型火山岩

微量元素的原始地幔标准化配分图解(图4a)显示,本区洋脊型拉斑玄武岩不相容元素具有以下特点:曲线总体显示为左倾正斜率亏损型分布型式,除 Ba 和 K 等活动性较强的大离子亲石元素变化较大外,其他元素自左向右随元素不相容性的降低,富集度逐渐增高,Zr、Sm、Tb 和 Y 等不相容性较弱的元素相对于 La、Ce 和 Nb 等不相容性稍强的元素

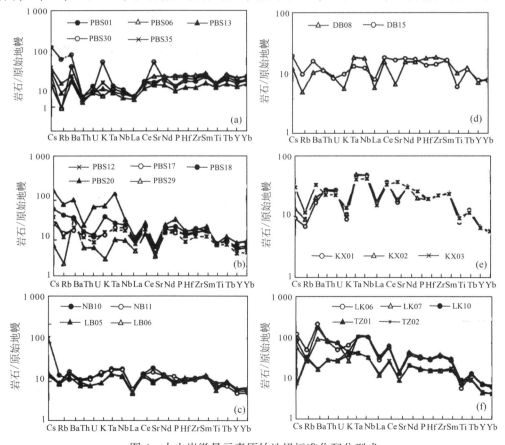

图 4　火山岩微量元素原始地幔标准化配分型式

(a)琵琶寺洋脊型火山岩;(b)琵琶寺洋岛型火山岩;(c)碾坝、刘坝火山岩;(d)豆坝火山岩;(e)康县火山岩;
(f)隆康、塔藏火山岩。原始地幔标准值据文献[14],图中编号对应表1中的样品号

略呈富集状态。曲线中无 Nb 和 Ta 的亏损现象,这与岛弧火山岩显著不同。有微弱的 Ti 谷,说明岩浆体系中存在较弱的钛铁氧化物分离结晶现象。该组玄武岩 Ti/V 为 22.5~32.5(平均 26.98);Th/Ta 为 0.93~1.22(平均 1.06);Th/Y 为 0.003~0.007(平均 0.005);Ta/Yb 十分稳定,为 0.04~0.06,平均为 0.05。它们与来自亏损的软流圈地幔的 MORB 型玄武岩具有完全一致的微量元素地球化学特征[13]。

　　在 Nb/Th-Nb 和 La/Nb-La 图解(图 5)以及 Nb-Zr-Y 图解(图 6)中,该组玄武岩均无一例外地落入 MORB 型玄武岩区内。而 Th/Yb-Ta/Yb 图解(图 7)则清楚地表明,该组玄武岩来自亏损的 MORB 型地幔源区。所有上述分析都充分说明,琵琶寺洋脊拉斑玄武岩为典型的洋壳蛇绿岩组成部分,代表勉略洋盆发育期间古洋壳的残片。

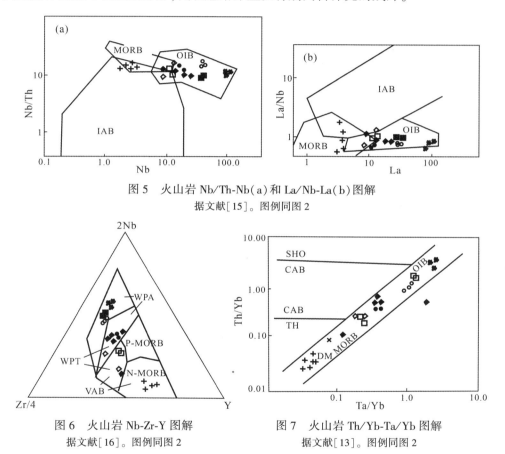

图 5　火山岩 Nb/Th-Nb(a)和 La/Nb-La(b)图解
据文献[15]。图例同图 2

图 6　火山岩 Nb-Zr-Y 图解
据文献[16]。图例同图 2

图 7　火山岩 Th/Yb-Ta/Yb 图解
据文献[13]。图例同图 2

4.2　洋岛型玄武岩

　　康县-琵琶寺-南坪蛇绿构造混杂带内,洋岛拉斑玄武岩微量元素原始地幔标准化配分型式图(图 4b~d)总体呈平坦型分布型式,斜率趋近零。其中,碾坝、刘坝洋岛拉斑玄武岩的微量元素丰度最为稳定。岩石/原始地幔值在 10 左右;而琵琶寺洋岛拉斑玄武岩大离子亲石元素,如 Rb、Ba、Th 和 K 等丰度值变化大,但曲线总体仍为一平坦曲线。而本区洋岛碱性玄武岩原始地幔标准化配分型式(图 4e、f),则呈较典型的隆起型(驼峰式)分布型式,以 Ba、Th、Nb 和 Ta 的较强富集为特征,这一显著的地球化学特征与岛弧火山岩和洋脊玄武岩均有明显区别,总体显示为板内火山岩的地球化学特征。而且,自洋岛拉斑玄武岩向洋岛碱性玄武岩,Ti 的亏损逐渐增强,而 Ba、Th、Nb、Ta 的富集度却逐渐升高,反映了洋岛火山作用正常的岩浆演化趋势。

在 Nb/Th-Nb 和 La/Nb-La 构造环境判别图(图 5a、b)中,本区洋岛玄武岩类均无一例外地落入 OIB 区内。在 Th/Yb-Ta/Yb 图解(图 7)中,所有样品投影点均处在 OIB 趋势线上。Nb-Zr-Y 不活动痕量元素判别图解可以有效地判别火山岩的形成环境。在该图解(图 6)中,本区洋岛拉斑和洋岛碱性玄武岩类分别落入 WPT 和 WPA 区内,与其他痕量元素判别结果以及稀土元素的分析结果完全一致。

上述分析充分表明,本区洋岛火山岩类形成于大洋板内环境,为大洋板块内部岩浆作用的产物。洋岛拉斑和洋岛碱性两类玄武岩具有同源岩浆演化趋势,为洋岛火山作用岩浆结晶分异演化的产物。

5 蛇绿岩与洋岛火山岩大地构造意义

初步研究表明,康县-琵琶寺-南坪蛇绿构造混杂带是一个复杂的、包括有不同成因岩块的混杂带。该带中分布有蛇绿岩块(古洋壳残片)、洋岛拉斑玄武岩块和洋岛碱性玄武岩类。该混杂带不仅在构造形迹上与勉县-略阳蛇绿构造混杂带直接联通,而且在形变特征、混杂带的物质组构以及火山岩特征和性质上与勉县-略阳蛇绿构造混杂带完全可以类比。因此,康县-琵琶寺-南坪蛇绿构造混杂带乃是勉略带向西延伸的组成部分。

琵琶寺一带分布的洋脊拉斑玄武岩,无论是其稀土元素特征还是不活动痕量元素特征,均表明其为典型的大洋拉斑玄武岩(MORB 型玄武岩)。而且,其地球化学特征和岩相学特征与勉略缝合带内已厘定出的庄科-文家沟洋壳蛇绿岩片[2,4,6]以及德尔尼洋壳蛇绿岩片[9]完全相同,具有横向可对比性。因此,琵琶寺洋脊拉斑玄武岩岩片代表本区消失了的古洋壳岩石,是勉略洋盆扩张期间火山作用的产物,为真正的洋壳蛇绿岩组成部分。

而康县-琵琶寺-南坪蛇绿构造混杂带内广泛分布的洋岛拉斑和洋岛碱性玄武岩岩片,就其火山岩组成和地球化学特征来看,它们并非洋中脊扩张过程中岩浆活动的产物,也不是原始大洋岛弧和大陆边缘弧的组成部分,而是典型的板块内部岩浆作用的产物。

需要特别指出的是,地球化学特征判别的 OIB 型玄武岩,并不一定是大洋板内岩浆活动的产物。事实上,大陆板内岩浆活动产生的玄武岩类同样会显示 OIB 型地球化学特征。因此,对于古老造山带中 OIB 型玄武岩形成环境的准确判别,还必须充分利用岩石的构造组合类型、变质变形及其相关的地质证据。对于康县-琵琶寺-南坪构造混杂带中具 OIB 性质的玄武岩,我们将其识别为大洋板内岩浆活动的产物。其理由有以下 4 条:①该套拉斑和碱性系列玄武岩不仅具共源岩浆演化趋势,地球化学特征显示为 OIB 型,而且更为重要的是它们与一套典型的洋壳蛇绿岩(MORB 型玄武岩)密切共(伴)生(如琵琶寺岩区）。②康县–琵琶寺–南坪构造混杂带与勉县–略阳蛇绿构造混杂带在构造形迹上直接连通,具有一致的变质变形特征。③康县–琵琶寺–南坪构造混杂带内的 MORB 型洋壳蛇绿岩,无论从岩相学还是地球化学特征上均与勉略蛇绿岩带庄科蛇绿岩和阿尼玛卿德尔尼蛇绿岩完全一致。④康县–琵琶寺–南坪构造混杂带内 MORB 型玄武岩为低绿片岩相变质特征,而洋岛型玄武岩尤其是洋岛碱性玄武岩片的变质程度低于 MORB 型玄武岩,大多为块状玄武岩。塔藏洋岛碱性玄武岩基本未变质,镜下尚可见部分玄武岩的原岩结构。这一特征符合洋盆发育和消减过程中不同构造属性火山岩变质程度的变化规律。综合上述各方面的证据,本文认为,康县–琵琶寺–南坪构造混杂带内的 OIB 性质玄武岩不是大陆板内岩浆活动的产物,而是典型的洋岛型大洋板内岩浆活动的产物。

无论是洋脊型拉斑玄武岩还是洋岛拉斑玄武岩或洋岛碱性玄武岩,它们均是古洋壳的表征,分别代表了大洋扩张脊岩浆活动的产物以及残余的古洋壳碎片。区分并讨论古缝合带中洋岛型火山岩及其地球化学特征,对于恢复古构造背景、重建造山带的演化历史均有重要意义。

康县–琵琶寺–南坪蛇绿构造混杂带的初步厘定以及带内洋壳蛇绿岩和洋岛拉斑玄武岩、洋岛碱性玄武岩 3 种不同火山岩岩石–构造组合的确定,表明南秦岭勉略洋盆在 D-T$_2$ 期间曾经历过一个较完整的有限洋盆发生、发展与消亡的过程,它对于确立华北–秦岭陆块与扬子陆块的碰撞时代和秦岭造山带的形成与演化均有重要的大地构造意义。

参考文献

[1] 张国伟,孟庆任,赖绍聪.秦岭造山带的结构构造.中国科学:B 辑,1995,25(9):994-1003.

[2] Lai Shaocong, Zhang Guowei. Geochemical features of ophiolite in Mianxian-Lueyang suture zone, Qinling orogenic belt. Journal of China University of Geosciences, 1996, 7(2):165-172.

[3] 赖绍聪,张国伟,杨永成,等.南秦岭勉县–略阳结合带变质火山岩岩石地球化学特征.岩石学报,1997,13(4):563-573.

[4] 赖绍聪,张国伟,杨永成,等.南秦岭勉县–略阳结合带蛇绿岩与岛弧火山岩地球化学及其大地构造意义.地球化学,1998,27(3):283-293.

[5] 许继峰,韩吟文.秦岭古 MORB 型岩石的高放射性成因铅同位素组成:特提斯型古洋幔存在的证据.中国科学:D 辑,1996,26(增刊):34-41.

[6] 许继峰,于学元,李献华,等.高度亏损的 N-MORB 型火山岩的发现:勉略古洋盆存在的新证据.科学通报,1997, 42(22):2414-2418.

[7] 李亚林,张国伟,王根宝,等.陕西勉略地区两类混杂岩的发现及其地质意义.地质论评,1999,45(2):192.

[8] 许继峰,于学元,李献华,等.秦岭勉略带中鞍子山蛇绿杂岩的地球化学–古洋壳碎片的证据及意义.地质学报,2000, 741):39-50.

[9] 陈亮,孙勇,柳小明,等.青海省德尔尼蛇绿岩的地球化学特征及其大地构造意义.岩石学报,2000,16(1):106-110

[10] Pearce J A.玄武岩判别图使用指南.国外地质,1984(4):1-13.

［11］ Winchester J A, Floyd P A. Geochemical discrimination of different magmas series and their differentiation products using immobile elements. Chemical Geology, 1977, 20:325-343.

［12］ Sun S S, MeDonough W F.Chemical and isotopic systematics of oceanic basalts: Implications for mantle composition and processes.In:Saunders A D,Norry M J. Magmatism in the Ocean Basin.Geol Soc Special Publ, 1989,(42):313-345

［13］ Pearce J A.The role of sub-continental lithosphere in magma genesis at destructive plate margins. In: Continental Basalts and Mantle Xenoliths. Nantwich: Shiva, 1983:230-249.

［14］ Wood D A.A variably veined suboceanic upper mantle genetic significance for mid-ocean ridge basalts from geochemical evidence.Geology, 1979, 7:499-503.

［15］ 李曙光.蛇绿岩生成构造环境的 Ba-Th-Nb-La 判别图.岩石学报,1993,9(2):146-157.

［16］ Meschede M A.A method of discriminating between different types of mid-ocean basalts and continental tholeiites with the Nb-Zr-Y diagram. Chemical Geology, 1986, 56:207-218.

青藏高原木苟日王新生代火山岩地球化学及 Sr-Nd-Pb 同位素组成
——底侵基性岩浆地幔源区性质的探讨①②

赖绍聪　秦江锋　李永飞　隆　平

摘要:藏北羌塘木苟日王新生代火山岩主要岩石类型为玄武岩和安山玄武岩,地球化学研究表明该套岩石表现出低 SiO_2($51\% \sim 54\%$),高 Mg、Cr 和 Ni 等幔源岩浆的特征;岩石轻稀土中度富集,具弱负 Eu 异常,发育 Nb、Ta、Ti 等高场强元素的负异常。其低的 Sm/Yb 值($3.07 \sim 4.35$)表明它们应来源于软流圈地幔尖晶石二辉橄榄岩的局部熔融。岩石 $^{87}Sr/^{86}Sr = 0.705\ 339 \sim 0.705\ 667$,$^{208}Pb/^{204}Pb = 38.819\ 2 \sim 38.893\ 7$,$^{207}Pb/^{204}Pb = 15.609\ 3 \sim 15.624\ 5$,$^{206}Pb/^{204}Pb = 18.624\ 6 \sim 18.638\ 3$,而 $^{143}Nd/^{144}Nd = 0.512\ 604 \sim 0.512\ 639$,$\varepsilon_{Nd}$ 值近于 0($-0.66 \sim +0.02$),与典型的地幔端元 BSE(地球总成分点)十分类似。岩石 $\Delta 8/4Pb = 66.82 \sim 74.53$,$\Delta 7/4Pb = 9.88 \sim 11.42$,$\Delta Sr > 50$,具典型的 DUPAL 异常,这些地球化学特征表明木苟日王高钾钙碱性基性火山岩可能源于受俯冲流体交代的亲冈瓦纳软流圈地幔的部分熔融。结合该区新生代高钾钙碱性中酸性火山岩地球化学和地球物理资料,文中进一步提出,由于拉萨地块的北向俯冲作用,俯冲流体交代软流圈地幔诱发其部分熔融形成以木苟日王火山岩为代表的高钾钙碱性基性岩浆,这些基性岩浆对羌塘地块岩石圈的底侵作用对于羌塘地块新生代埃达克质高钾钙碱性中酸性火山岩的形成有重要贡献。

青藏高原新生代火山岩作为岩石深部探针,为研究高原隆升机制及深部动力学、壳幔相互作用、上地幔及下地壳物质组成与热状态等重大科学问题提供重要的研究手段和基础科学资料[1-8]。国内外学者针对青藏高原广泛出露的新生代火山岩已做了大量细致的研究工作,区分出钠质碱性玄武岩、高钾钙碱性、钾玄岩和过碱性钾质-超钾质 4 个系列,并对它们各自的源区性质和成因模式做出相应解释[1-13]。但是,目前对在羌塘地块东部广泛发育的第三纪高钾钙碱性系列岩石的研究仅限于中酸性火山岩,本文针对分布在羌塘核部木苟日王地区的第三纪亚碱性高钾钙碱岩系基性火山岩的成因进行探讨,提出

①　原载于《中国科学》D 辑:地球科学,2007,37(3)。
②　国家自然科学基金项目(40572050,40272042)和高等学校优秀青年教师教学科研奖励计划(教人司[2002]383 号)资助。

它们是受岩石圈物质交代混染的软流圈物质部分熔融的产物,可能代表了对青藏高原新生代埃达克质岩的形成有重要贡献的地幔底侵物质,从而为青藏高原新生代岩石圈构造演化和羌塘地块新生代埃达克质岩的成因模式提供了重要物质证据。

1 区域地质概况

羌塘地区第三纪火山岩较为发育,该区先后发育钠质碱性玄武岩系列[1,2,14]、高钾钙碱性系列[9-11,15]和钾玄岩系列[6]以及过碱性钾质–超钾质岩石系列[7]。其中,碱性玄武岩系列主要分布在东经85°以西地区,由通天桥(60 Ma)、红山湖、邦达错(44.0 Ma)和拉嘎拉火山岩(59 Ma)组成。高钾钙碱性系列和钾玄岩系列分布在东经85°以东地区,K-Ar和Ar-Ar同位素年龄为44.66~31 Ma。其中,钾玄岩系列为35~32 Ma,过碱性钾质–超钾质系列(30~24 Ma)分布在鱼鳞山、火车头山和波涛湖西等地区[15]。火山岩大多呈厚50~200 m的熔岩被覆盖在第三纪唢纳湖组(N_1s)或侏罗纪雁石坪组(J_2ys)之上,呈陆相中心式喷发的溢流火山岩。岩石类型以熔岩为主,偶见火山碎屑岩。这些火山岩与羌塘前第三纪沉积地层呈超覆关系,在火山中心呈侵入关系。

木苟日王新生代火山岩位于西藏双湖镇以南约40 km处(图1),属于北羌塘西段地层分区。火山岩出露面积较大,主要由火山岩岩流组成。野外可见火山岩不整合覆盖在老第三系红色砂砾岩(E_3s)之上。因此,结合该区相同系列的火山岩的年代学研究资料[1,2,15],可以认为木苟日王基性火山岩形成年代为44~30 Ma。本文样品主要取自木苟日王北部的新生代火山岩流(88°41′46.9″E,32°31′01.6″N~88°42′40.9″E,32°30′45.9″N)。

岩石呈褐黑色,斑状结构,块状构造,有时见有角砾状构造,十分新鲜,基本无蚀变和交代现象。斑晶成分主要为自形板状斜长石和短柱状辉石。基质为间隐结构,主要矿物成分有板条状斜长石微晶、细粒辉石颗粒、不均匀分散状磁铁矿以及部分火山玻璃。

2 岩石化学特征

木苟日王新生代火山岩岩石化学、稀土及微量元素分析结果列于表1中。从表1中可以看到,火山岩SiO_2含量为51.43%~54.24%,平均为52.89%,总体属于基性玄武质岩石的SiO_2含量范畴。Al_2O_3大于14%,在14.17%~17.47%内变化,平均为15.78%。岩石具有较高的MgO含量,大多大于4.50%,在4.40%~7.80%内变化,平均为5.58%。全碱含量高且较稳定(3.85%~4.96%,平均4.56%),且以$Na_2O > K_2O$为主,Na_2O/K_2O值近于1.00,在1.03~1.46内变化,平均为1.27。在SiO_2-(K_2O+Na_2O)及SiO_2-FeO^T/MgO火山岩系列划分图解(图2a、b)中,该套火山岩位于亚碱性钙碱系列火山岩区内,在SiO_2-K_2O图(图2c)中则位于高钾钙碱性火山岩区内。该套岩石主要岩石类型为玄武岩和安山玄武岩(图2d),表明木苟日王新生代火山岩主体为一套亚碱性高钾钙碱质玄武岩类,这与青藏高原北部广泛分布的钾玄岩系和过碱性钾质–超钾质火山岩[1,5]明显不

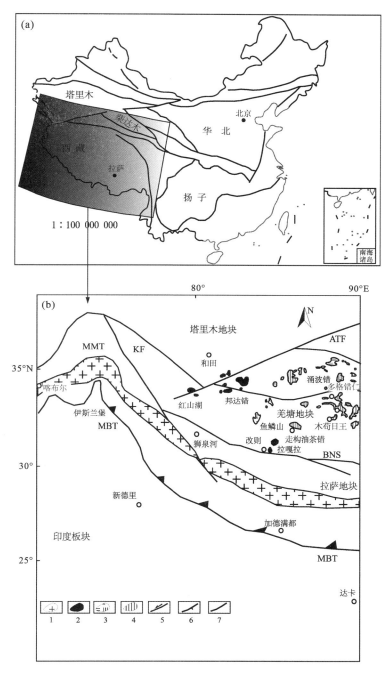

图1 藏北羌塘木苟日王地区新生代火山岩分布简图

图1b 为图1a 灰色区域放大图。1.冈底斯岛弧侵入岩及火山岩;2.藏北新生代钠质火山岩;3.藏北新生代钾质火山岩;4.藏北新生代高钾钙碱性火山岩;5.走滑断裂;6.板块缝合线;7.南北向正断层。ATF:阿尔金断裂;BNS:班公湖–怒江缝合线;KF:喀喇昆仑断裂;KLF:昆仑断裂;MBT:主边界断裂;MMT:主地幔断裂

同。值得注意的是,本区火山岩 SiO_2 含量均小于 55%,且具有较高的 $Mg^\#$ 值($Mg^\# = 52 \sim 68$,平均 60)。通常,由下部陆壳玄武质岩石局部熔融形成的熔体,其 $Mg^\#$ 值小于 50,而地幔橄榄岩局部熔融形成的熔体却具有较高的 $Mg^\#$ 值。实验岩石学研究结果亦表明[15,17],大陆地壳局部熔融不能产生比安山岩更基性的原生岩浆,陆壳局部熔融产物的 SiO_2 含量通常应大于 56%。很显然,木苟日王的新生代火山岩不能由青藏高原加厚陆壳局部熔融产生,可能是幔源熔体经较低程度分离结晶形成的[18]。

表 1 青藏高原木苟日王新生代火山岩主量(%)及微量(μg/g)元素分析结果[a]

编号	MG01	MG04	MG05	MG16	MG18	MG22	MG27	MG28	MG07	MG08	MG09	MG12	MG19
岩石	玄武岩	玄武岩	玄武岩	玄武岩	玄武岩	玄武岩	玄武岩	玄武岩	安山玄武岩	安山玄武岩	安山玄武岩	安山玄武岩	安山玄武岩
SiO_2	52.32	52.96	52.35	52.49	52.50	51.71	51.43	52.18	53.64	54.24	53.83	53.94	53.94
TiO_2	0.97	0.90	0.87	0.97	0.90	0.87	0.75	0.62	0.90	1.02	0.87	1.00	0.90
Al_2O_3	14.40	14.64	16.53	15.58	15.35	14.88	17.47	15.82	15.58	16.77	16.53	14.17	17.47
Fe_2O_3	4.60	4.20	6.25	3.90	4.20	6.50	5.60	5.45	4.90	3.80	3.90	4.00	6.93
FeO	3.10	2.90	1.05	2.90	2.30	0.60	1.00	1.15	2.00	2.70	3.50	3.20	0.17
MnO	0.05	0.08	0.05	0.11	0.11	0.05	0.09	0.08	0.07	0.06	0.07	0.10	0.09
MgO	4.40	5.20	4.60	6.20	6.10	7.80	6.70	7.50	4.90	4.70	4.70	4.72	5.00
CaO	9.10	10.00	7.80	9.50	9.52	7.90	8.40	8.20	8.80	7.80	8.70	8.30	8.10
Na_2O	1.95	2.56	2.46	2.49	2.63	2.49	2.62	2.60	2.59	2.70	2.73	2.61	2.66
K_2O	1.90	2.00	1.95	1.71	2.01	1.99	1.95	2.01	2.14	2.26	2.17	2.08	1.96
P_2O_5	0.70	0.56	0.43	0.50	0.51	0.56	0.53	0.52	0.57	0.53	0.70	0.57	0.63
CO_2			1.84							0.83			
LOI	5.90	3.99	3.20	3.19	3.41	3.91	3.11	3.20	3.91	2.68	1.65	4.75	2.10
总量	99.39	99.99	99.38	99.54	99.54	99.31	99.65	99.33	100.00	99.79	99.35	99.44	99.95
$Mg^\#$	52	59	54	64	64	67	66	68	57	58	55	56	56
Li	56.9	72.5	66.7	121	120	50.9	60.0	56.0	61.7	70.3	69.3	100	162
Sc	23.0	21.9	23.0	22.8	22.6	21.6	21.9	21.9	22.1	22.0	23.5	23.3	22.6
V	186	178	196	90.2	118	157	157	164	199	215	183	117	104
Cr	525	516	530	513	489	517	500	498	495	530	541	524	516
Co	69.8	46.3	47.7	81.0	62.2	49.6	47.9	46.7	59.2	43.5	69.6	43.8	49.3
Ni	214	235	275	259	259	271	272	264	239	201	272	267	258
Cu	19.9	26.8	41.0	83.9	58.0	42.2	41.9	39.9	33.4	33.8	19.7	37.9	70.9
Zn	67.9	83.2	72.5	89.6	83.2	96.1	87.0	88.6	83.9	82.2	91.6	74.2	86.1
Ga	19.3	17.4	18.7	17.8	18.4	16.8	17.9	17.7	18.3	18.6	18.9	19.1	18.6
Ge	1.42	1.61	1.49	1.22	1.22	2.51	1.81	1.67	1.59	1.61	1.89	1.39	1.13
Rb	60.4	55.6	57.3	30.7	49.1	57.5	50.7	59.9	58.6	68.0	58.8	56.8	43.4
Sr	1 198	1 422	1 346	1 320	1 207	1 028	1 096	1 185	1 137	1 270	1 453	1 339	1 330
Y	23.1	22.9	23.6	24.3	22.3	22.5	22.9	24.0	23.8	23.0	24.6	22.1	24.0
Zr	188	179	173	175	173	176	180	184	177	170	181	188	179
Nb	16.7	16.0	16.4	15.6	15.8	15.8	15.9	16.5	15.4	16.2	16.1	17.1	16.4

编号	MG01	MG04	MG05	MG16	MG18	MG22	MG27	MG28	MG07	MG08	MG09	MG12	MG19
岩石	玄武岩	玄武岩	玄武岩	玄武岩	玄武岩	玄武岩	玄武岩	玄武岩	安山玄武岩	安山玄武岩	安山玄武岩	安山玄武岩	安山玄武岩
Mo	0.60	0.69	0.87	0.20	0.20	1.08	0.95	1.05	0.81	1.14	1.10	0.35	1.50
Cd	0.11	0.09	0.11	0.04	0.06	0.07	0.07	0.10	0.09	0.07	0.08	0.03	1.49
In	0.04	0.02	0.03	0.03	0.03	0.07	0.03	0.03	0.12	0.04	0.02	0.06	0.12
Sn	2.10	1.25	2.46	1.39	1.37	1.19	1.39	1.24	1.36	1.90	1.26	0.68	1.15
Sb	0.11	0.05	0.29	0.02	0.08	0.12	0.11	0.08	0.05	0.18	0.04	0.05	0.26
Cs	2.15	1.80	1.96	0.36	0.80	2.40	1.43	2.11	2.59	3.10	1.84	1.03	0.55
Ba	494	504	539	600	619	481	521	505	536	537	582	668	565
Hf	5.42	5.16	5.02	5.06	5.36	4.84	5.29	5.07	5.25	4.90	5.43	5.90	5.85
Ta	1.01	0.99	1.03	0.98	0.98	0.89	0.91	0.95	0.99	1.05	0.98	1.02	1.01
W	100	57.4	86.0	69.7	95.5	58.5	71.1	56.2	132	87.0	76.1	57.1	62.1
Pb	16.4	18.0	18.2	11.7	12.4	13.2	16.1	14.4	27.5	17.2	17.2	19.6	14.1
Th	9.35	8.69	8.98	8.91	8.75	8.06	7.85	8.43	8.89	8.75	9.23	9.44	8.57
U	2.08	2.29	2.48	1.13	1.07	1.66	1.70	1.82	2.12	2.42	2.25	1.39	1.07
La	50.1	47.5	49.9	48.0	47.3	46.1	46.7	48.9	49.2	49.5	51.0	52.0	49.5
Ce	109	105	110	108	108	99.8	102	108	109	109	110	106	109
Pr	13.2	12.6	12.9	12.7	12.5	12.0	11.9	12.6	12.7	12.8	13.0	12.9	12.7
Nd	51.6	49.6	52.1	48.4	52.8	47.3	46.6	49.1	48.8	51.2	52.2	52.3	50.7
Sm	8.68	8.44	9.54	8.94	8.65	8.55	8.17	8.38	9.00	8.83	8.41	8.03	8.93
Eu	2.30	2.35	2.22	2.42	2.28	2.12	2.15	2.25	2.36	2.16	2.30	2.31	2.14
Gd	6.98	6.76	6.98	6.74	7.01	6.52	6.56	7.15	6.79	7.24	7.20	6.97	7.40
Tb	0.93	0.94	0.89	0.91	0.83	0.90	0.84	0.92	0.95	0.91	0.99	0.96	0.94
Dy	4.74	4.92	4.99	5.24	4.75	4.81	4.59	4.96	4.73	4.79	5.09	4.99	5.39
Ho	0.87	0.94	0.94	1.03	0.89	0.91	0.88	0.94	0.99	0.91	1.00	0.88	0.96
Er	2.35	2.49	2.49	2.61	2.37	2.33	2.31	2.43	2.51	2.37	2.85	2.44	2.65
Tm	0.33	0.35	0.35	0.41	0.32	0.32	0.33	0.33	0.39	0.33	0.46	0.35	0.80
Yb	2.00	2.10	2.42	2.19	2.08	2.19	2.11	2.16	2.14	2.16	2.15	2.27	2.91
Lu	0.35	0.33	0.34	0.35	0.35	0.32	0.32	0.33	0.34	0.32	0.36	0.33	0.51

a) $SiO_2 \sim P_2O_5$ 由中国科学院地球化学研究所采用湿法分析, $Li \sim Lu$ 由中国科学院地球化学研究所采用 ICP-MS 法分析。

3 微量及稀土元素地球化学特征

木苟日王火山岩稀土总量高且较为稳定,一般为 235.46 ~ 257.52 μg/g,平均为 248.97 μg/g;轻、重稀土分异明显,∑LREE/∑HREE 较为稳定,在 5.11 ~ 5.67 内变化,平均为 5.42;岩石(La/Yb)$_N$ 介于 12.19 ~ 18.01,平均为 15.92;(Ce/Yb)$_N$ 大多介于 10.38 ~ 15.22,平均为 13.52;δEu 略小于 1,在 0.78 ~ 0.92 内变化,平均为 0.86,表明岩石 Eu 异常不显著,仅有微弱的负 Eu 异常。在球粒陨石标准化配分图(图 3c、e)上,本区火山岩显

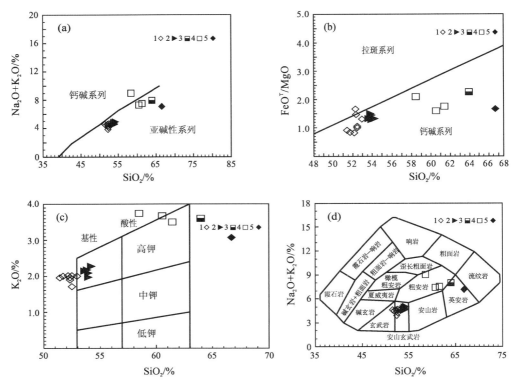

图 2　火山岩 SiO_2-(K_2O+Na_2O)(a)、SiO_2-FeO^T/MgO(b)、SiO_2-K_2O(c)和 TAS 图解(d)

1.木苟日王玄武岩；2.木苟日王玄武安山岩；3.走构油茶错粗面岩；4.走构油茶错安粗岩；

5.多格错仁英安岩。其中，走构油茶错和多格错仁数据引自文献[15]，下同

示为右倾负斜率轻稀土中度富集型分布模式。

微量元素原始地幔标准化配分图解(图 3d、f) 显示，本区火山岩 13 个样品均具有十分一致的配分型式，曲线总体呈右倾型。曲线的前半部元素总体呈富集状态，Rb、Ba、Th、U、K 富集明显，说明它们在岩浆分异过程中的不相容元素性质，显示了青藏陆内造山带火山岩总体高钾的共同特点。而曲线后半部相容元素 Nd、Hf、Sm、Y、Yb 等富集度相对较低，这种地球化学特征符合钙碱系列岩浆演化的普遍规律[20]。从图 3 中还可以看到，本区火山岩不相容元素原始地幔标准化配分型式图中，存在显著的 Ti、Nb 和 Ta 谷，这与青藏高原北部广泛分布的新生代钾质-超钾质火山岩相同[1,21]，并与典型的岛弧火山岩的地球化学特征十分类似[20]。

4　同位素地球化学及岩浆源区物质组成

木苟日王 4 个火山岩样品的 Sr-Nd-Pb 同位素分析结果列于表 2 中。从表 2 中可以看到，本区火山岩总体具有中等含量的 Sr 以及相对低 Nd 的同位素地球化学特征，^{87}Sr/^{86}Sr=0.705 339~0.705 667(平均 0.705 480)，ε_{Sr} = + 90.83 ~ + 95.52(平均 + 92.84)，^{143}Nd/^{144}Nd=0.512 604~0.512 639(平均 0.512 580)，ε_{Nd} = − 0.66 ~ + 0.02(平均 − 0.44)。

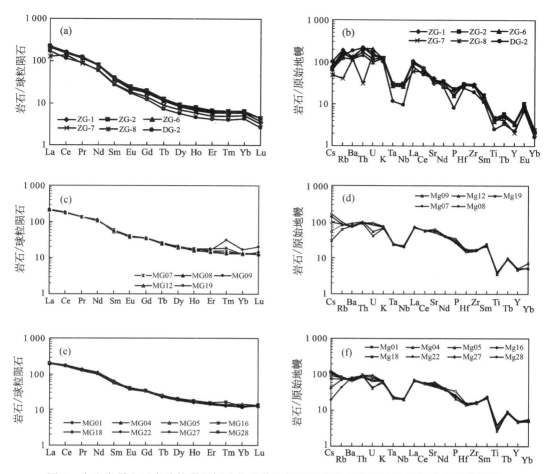

图3 火山岩稀土元素球粒陨石标准化配分图解和不相容元素原始地幔标准化配分图解

(a)(b)为走构油茶错和多格错仁的中酸性火山岩;(c)(d)为木苟日王安山玄武岩;(e)(f)为木苟日王玄武岩。球粒陨石标准值和原始地幔标准值数据均据文献[19];图中编号对应于表1中的样品编号

根据 ^{143}Nd/^{144}Nd-^{87}Sr/^{86}Sr 相关图解(图4),本区火山岩的 Sr-Nd 同位素组成特征投影在 DMM、HIUM 和 EM Ⅱ 的连线上,且具有 ε_{Nd} 接近于 0 的特点,与典型的地球总成分点(BSE)的同位素组成基本一致[22]。

本区火山岩 ^{206}Pb/^{204}Pb = 18.624 6~18.638 3(平均18.630 4), ^{207}Pb/^{204}Pb = 15.609 3~15.624 5(平均15.616 0), ^{208}Pb/^{204}Pb = 38.819 2~38.893 7(平均38.849 4)。在 Hugh[23] 提出的 Pb 同位素成分系统变化图(图5)中,本区火山岩样品无论是在 ^{207}Pb/^{204}Pb-^{206}Pb/^{204}Pb 图解中还是在 ^{208}Pb/^{204}Pb-^{206}Pb/^{204}Pb 图解中,均位于 Th/U = 4.0 的北半球参考线(NHRL)之上,并在 ^{208}Pb/^{204}Pb-^{206}Pb/^{204}Pb 图解中具有与 BSE 完全一致的同位素组成,而在 ^{207}Pb/^{204}Pb-^{206}Pb/^{204}Pb 图解中显示了轻微偏高的 ^{206}Pb/^{204}Pb 比值。Sr-Pb 和 Nd-Pb 同位素系统变化图解[24](图6)和不同地幔类型同位素组成[25]对比分析(表3),同样显示出未亏损的原始地幔的特征。

表 2　青藏高原木苟日王新生代火山岩及相关高钾钙碱性中酸性火山岩 Sr-Nd-Pb 同位素分析结果 a)

数据来源	本文				文献[15]				
编号	MG16	MG18	MG22	MG27	ZG-1	ZG-2	ZG-7	ZG-8	DG-2
岩石	玄武岩	玄武岩	玄武岩	玄武岩	粗面岩	安粗岩	安粗岩	安粗岩	英安岩
U	1.13	1.07	1.66	1.7	3.03	2.47	3.29	2.05	3.55
Th	8.91	8.75	8.06	7.85	18.72	14.63	2.66	12.69	18.8
Pb	11.7	12.4	13.2	16.1	24.69	19.47	20.2	20	29.59
$^{206}Pb/^{204}Pb$	18.624 6±11	18.628 1±15	18.638 3±8	18.630 3±7	19.056±30	19.096±11	19.123±23	19.078±33	19.137±36
$^{207}Pb/^{204}Pb$	15.612 7±10	15.624 5±11	15.617 4±7	15.609 3±8	15.925±40	15.981±17	16.021±32	15.974±46	16.036±47
$^{208}Pb/^{204}Pb$	38.839 7±22	38.893 7±28	38.844 8±17	38.819 2±15	39.628±30	39.685±22	39.818±24	39.656±40	39.902±42
Rb	30.83	46.88	58.44	52.33	119.78	99.37	25.78	77.92	89.58
Sr	1 148	1 098	1 009	1 059	648.99	774.75	809.34	738.81	885.37
$^{87}Rb/^{86}Sr$	0.077 7 5	0.123 6	0.167 7	0.143 1	0.925 5	0.651 5	0.537 6	0.644	0.534 3
$^{87}Sr/^{86}Sr$	0.705 339±11	0.705 667±11	0.705 456±12	0.705 456±13	0.706 804±7	0.706 28±8	0.706 295±6	0.706 233±8	0.707 874±8
ε_{Sr}	90.83	95.52	92.5	92.5	111.78	104.29	104.51	103.62	127.098
Sm	8.22	8.383	7.769	8.074	6.76	7.39	5.21	7.03	5.08
Nd	49.367	49.06	46.086	47.3	45.07	47.8	35.4	45.13	34.97
$^{147}Sm/^{144}Nd$	0.1007	0.1034	0.102	0.1032	0.0874	0.0906	0.0885	0.0899	0.0891
$^{143}Nd/^{144}Nd$	0.512 604±8	0.512 611±9	0.512 608±8	0.512 639±5	0.512 416±6	0.512 599±7	0.511 663±16	0.512 529±6	0.512 364±7
ε_{Nd}	−0.66	−0.53	−0.59	0.02	−4.33	−0.76	−19.02	−2.13	−5.34
Δ8/4Pb	69.56	74.53	68.41	66.82	96.229 6	97.093 6	107.129 3	96.369 8	113.836 7
Δ7/4Pb	10.28	11.42	10.6	9.88	36.83	41.99	45.71	41.49	47.05
ΔSr	53.39	56.67	54.56	54.56	68.04	62.8	62.95	62.33	78.74
T_{DM}/Ga	0.737	0.745	0.740	0.705					

a) U、Th 和 Pb 含量用 ICP-MS 法测定，Sm、Nd、Rb、Sr 含量和同位素比值用同位素稀释法测定；$\varepsilon_{Nd} = [(^{143}Nd/^{144}Nd)_S/(^{143}Nd/^{144}Nd)_{CHUR} - 1]\times10^4$，$(^{143}Nd/^{144}Nd)_{CHUR} = 0.512\,638$，$\varepsilon_{Sr} = \{[(^{87}Sr/^{86}Sr)_S/(^{87}Sr/^{86}Sr)_{UR} - 1]\times10^4\}$，$(^{87}Sr/^{86}Sr)_{UR} = 0.698\,990$。$T_{DM} = 1/\lambda\times\ln\{1 + [(^{143}Nd/^{144}Nd)_S - 0.513\,15]/[(^{147}Sm/^{144}Nd)_S - 0.213\,7]\}$，Rb 衰变常数 $\lambda = 1.42\times10^{-11}\,a^{-1}$；Sm 衰变常数 $\lambda = 6.54\times10^{-12}\,a^{-1}$；$\varepsilon_{Nd}$、$\varepsilon_{Sr}$ 和同位素比值未做年龄校正。$\Delta^{207}Pb/^{204}Pb (\Delta7/4) = [(^{207}Pb/^{204}Pb)_S - 0.108\,4\times(^{206}Pb/^{204}Pb)_S - 13.491]\times100$，$\Delta^{208}Pb/^{204}Pb (\Delta8/4) = [(^{208}Pb/^{204}Pb)_S - 1.209\times(^{206}Pb/^{204}Pb)_S - 15.627]\times100$，$\Delta Sr = [(^{87}Sr/^{86}Sr)_S - 0.7]\times10\,000$。其中，S 表示样品。由中国地质科学院同位素实验室分析。

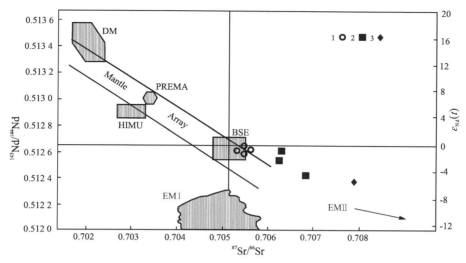

图 4　火山岩 $^{143}Nd/^{144}Nd$-$^{87}Sr/^{86}Sr$ 图解[23]

1.木苟日王高钾钙碱性基性火山岩;2.走构油茶错高钾钙碱性中酸性火山岩;3.多格错仁高钾钙碱性英安岩

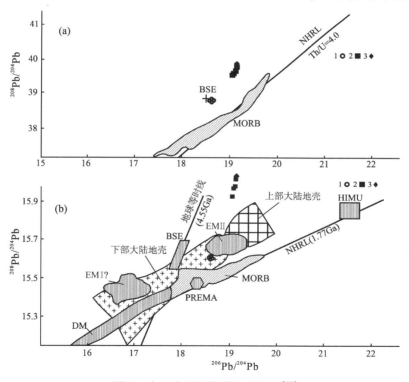

图 5　火山岩铅同位素组成图解[23]

1,2,3 说明同图 4

计算结果和对比分析(表 2)表明,本区火山岩 Δ8/4Pb 在 66.82~74.53 范围内; Δ7/4Pb 亦较高,介于 9.88~11.42;ΔSr > 50,为 53.39~56.67。通常 DUPAL 异常具有如下特征[26]:①高 $^{87}Sr/^{86}Sr$(大于 0.705 0);②Δ8/4Pb 大于 60,Δ7/4Pb 亦偏高。从木

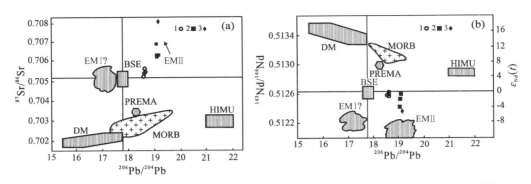

图 6　火山岩 $^{87}Sr/^{86}Sr$-$^{206}Pb/^{204}Pb$（a）和 $^{143}Nd/^{144}Nd$-$^{206}Pb/^{204}Pb$（b）同位素组成图解[22]
DM：亏损地幔；PREMA：原始地幔；BSE：地球总成分；EM I：I 型富集地幔；
EM II：II 型富集地幔；HIMU：异常高 $^{238}U/^{204}Pb$ 地幔；1，2，3 说明同图 4

苟日王火山岩 Pb 同位素组成可以看到，其偏高的 Δ7/4Pb 和明显大于 60 的 Δ8/4Pb 值，以及 $^{87}Sr/^{86}Sr > 0.705\,0(0.705\,339 \sim 0.705\,667)$，均显示了显著的 DUPAL 异常特征。

表 3　各类型地幔端元的同位素组成对比特征

地幔端元类型	$^{143}Nd/^{144}Nd$	$^{87}Sr/^{86}Sr$	$^{206}Pb/^{204}Pb$
DM[a)	0.513 1 ~ 0.513 3	0.702 0 ~ 0.702 4	15.5 ~ 17.8
HIMU[a)	约 0.512 8	0.702 6 ~ 0.703 0	21.0 ~ 22.0
EM I[a)	0.512 3 ~ 0.512 4	0.704 5 ~ 0.706 0	16.5 ~ 17.5
EM II[a)	0.512 7 ~ 0.512 9	约 0.707	18.5 ~ 19.5
PREMA[a)	0.513	0.703 5	18.3
BSE[a)	0.512 438	0.704 5	17.35 ~ 17.5
木苟日王火山岩	0.512 604 ~ 0.512 639	0.705 339 ~ 0.705 667	18.624 6 ~ 18.638 3
走构油茶错和 多格错仁中酸性火山岩[b)	0.516 63 ~ 0.512 599	0.706 233 ~ 0.707 874	19.056 ~ 19.137

a）据文献［18］；b）据文献［15］。

5　讨论

5.1　岩浆源区性质的讨论

已有的研究资料表明，玄武质火山岩的地球化学和同位素地球化学资料，能对地幔岩浆源区性质做出有效约束[27-30]。但是，只有在对岩浆作用过程详细分析的基础上，才能为其源区性质的判断提供有效约束，因为岩浆作用过程中的同化混染或岩浆混合作用很容易大大改变岩石的同位素组成[29-30]。木苟日王基性火山岩具有清楚的化学成分变化范围，且具有均一的 Sr、Nd 和 Pb 同位素组成。这种具有原始地幔同位素组成并且具有极窄变化范围的 Sr、Nd 和 Pb 同位素系统，有力地证明岩浆保持了较好的原生性[29]。此外，SiO_2 和 TiO_2，MgO，FeO，Fe_2O_3，P_2O_5，Cr 和 Ni 等元素都表现出明显的负相关关系，文中分析的 13 个样品均具有一致的稀土元素和微量元素配分曲线。上述特征表明,木苟日王基性火山岩起源于一个均一的地幔源区。因此,可以认为该套火山岩的地球化学和同位素地球化学特征能为其地幔源区性质提供有效约束。

Tegner 等[31]的研究认为,Sm/Yb 比值和 Yb 含量的相关关系可有效判别地幔岩浆起源的相对深度和熔融程度,在地幔部分熔融作用中,熔体的 Dy/Yb 比值还随压力增大而增大[15]。木苟日王高钾钙碱性基性火山岩的低 Sm/Yb 值(3.07~4.35)表明,它们应来源于软流圈地幔尖晶石二辉橄榄岩的局部熔融。

岩浆在分离结晶作用中随着超亲岩浆元素的富集,亲岩浆元素丰度几乎同步增长。因此,La/Sm 基本保持为一常数。相反,在平衡部分熔融过程中,随着 La 的快速进入熔体,Sm 也会在熔体中富集,但其增长的速度要慢。这是因为 La 在结晶相和熔体之间的分配系数比 Sm 小,即不相容性更强。因此,La/Sm-La 图解可以很容易判别一组相关岩石的成岩作用方式[32]。从图 7a 中可以看到,本区火山岩随着 La 丰度的增高,La/Sm 值呈逐渐增大的趋势,说明它们应为岩浆源区部分熔融的产物。Zr/Sm-Zr 图解(图 7b)同样表明了这一规律。

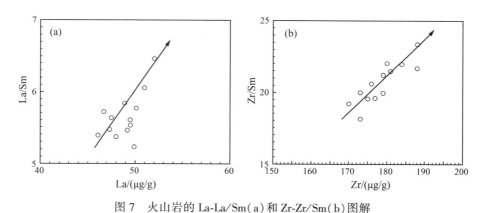

图 7　火山岩的 La-La/Sm(a)和 Zr-Zr/Sm(b)图解

再结合木苟日王火山岩的低 SiO_2(SiO_2<55%,平均 52.89%),高 Mg($Mg^{\#}$=52~68,平均 60)、Cr、Co 和 Ni,亏损 Nb、Ta、Ti 等高场强元素,低 Sm/Yb 值(3.07~4.35),低 $^{87}Sr/^{86}Sr$(0.705 339~0.705 667),$^{208}Pb/^{204}Pb$(38.819 2~38.893 7),$^{207}Pb/^{204}Pb$(15.609 3~15.624 5)和 $^{206}Pb/^{204}Pb$(18.624 6~18.638 3)的放射性同位素组成,相对偏高的 $^{143}Nd/^{144}Nd$ 比值(0.512 604~0.512 639),ε_{Nd} 值接近于 0(-0.66~+0.02)等地球化学特征,可以认为该套岩石来源于具有 DUPAL 异常的亲东冈瓦纳型的受大陆岩石圈物质或俯冲流体交代的原始地幔尖晶石二辉橄榄岩的部分熔融。

5.2　木苟日王高钾钙碱性基性火山岩和羌塘地块新生代高钾钙碱性中酸性火山岩的关系

前人已对羌塘地块新生代高钾钙碱性中酸性火山岩展开过详细的岩石学、地球化学和同位素地球化学研究[9-11,15,29,34]，至今已取得以下结果：①该套火山岩主要分布在 E85° 以东的地区，其 K-Ar、Ar-Ar 年龄主要集中在 44.66~31 Ma[1,2,15,23]。②主要岩石类型为粗安岩、粗面岩和英安岩，地球化学研究表明这套岩石表现出高 Sr、Sr/Y 比值，亏损 HREE 和 Eu 异常不发育等埃达克质岩的地球化学特征，前人提出它们可能是青藏高原加厚大陆地壳下部镁铁质岩石直接部分熔融和拆沉的下地壳脱水熔融的产物[9-12]。③同位素地球化学研究表明，该套岩石的 Sr、Nd 同位素表现出和邦达错、通天桥和拉嘎拉等钠质碱性玄武岩相似的特征，表明岩石的源区可能受到软流圈物质的交代[1-2,14-15]；同时，这些岩石 Sr-Nd-Pb 同位素特征又具有被大洋沉积物和地壳物质所混合的富含大离子亲石元素和轻稀土元素的不均一富集地幔源区的特征，与 EM II 富集地幔源特征一致[34]。④对于这套岩石产生的构造动力学背景，目前的观点主要有：拉萨地块大陆岩石圈的北向俯冲作用[15]；青藏陆块之下上涌的软流层物质的底侵作用引发增厚下地壳的部分熔融[9-12]。

因此，底侵作用的研究对于这套高钾钙碱性中酸性火山岩的成因解释将有十分重要的意义。结合现有的研究资料，本文认为木苟日王高钾钙碱性基性火山岩极有可能是该时期底侵作用的物质代表，因为：

（1）其本身的地球化学特征表明，它源于受大陆岩石圈物质或俯冲流体交代的原始地幔尖晶石二辉橄榄岩的部分熔融。

（2）和走构油茶错、多格错仁等地产出的高钾钙碱性中酸性火山岩相比：①木苟日王的基性火山岩同属于高钾钙碱性系列。②它和中酸性火山岩一样，发育 Nb、Ta 和 Ti 等 HFSE 元素的负异常。③在同位素地球化学特征上，从木苟日王的基性火山岩到走构油茶错、多格错仁的中酸性火山岩，$^{143}Nd/^{144}Nd$ 比值连续降低，$^{87}Sr/^{86}Sr$ 比值连续升高，且木苟日王基性火山岩的 Sr-Nd-Pb 同位素特征表现出由 BSE 或 PREMA 端元向 EM II 端元演化的趋势，而走构油茶错和多格错仁的中酸性火山岩的 Sr-Nd-Pb 同位素则相应地表现出由 EM II 端元向 BSE 或 PREMA 端元演化的趋势（图 4 至图 6），这充分表明 2 种岩石的源区曾存在某种程度的相互交代作用，这也和木苟日王基性火山岩中出现的 HFSE 元素亏损的特征相符。④ 2 种岩石的 Pb 同位素组成都符合 Hart[26] 所提出的狭义的 DUPAL 的特征，表明它们的源区存在明显的亲缘关系。再考虑木苟日王、走构油茶错和多格错仁等地火山岩的空间分布关系（图 1），本文认为，木苟日王高钾钙碱性基性火山岩可能代表了和羌塘地块上高钾钙碱性中酸性火山岩同时代产出的地幔底侵作用的产物。

目前关于青藏高原新生代地幔底侵作用的构造动力学背景解释主要有 2 种：①青藏高原增厚的岩石圈发生拆沉作用，这主要是基于羌塘地块新生代高钾钙碱性埃达克质岩高 Mg、Cr 和 Ni 等元素的特征[9-12]；②拉萨地块大陆岩石圈的北向俯冲，俯冲流体交代软流圈并诱发其熔融[15]。综合考虑现有的地球物理资料和羌塘地块新生代高钾钙碱性火山岩的地球化学特征，后一种模式似乎更能解释木苟日王高钾钙碱性基性火山岩的成因。因为，首先根据层析成像资料，印度岩石圈地幔正沿着喜马拉雅带向高原地幔深部俯冲，而北羌塘在 350~150 km 深度内出现低密度地幔物质的上涌[15,35-38]；其次现有的研究表明,软流圈物质直接部分熔融产生的玄武质岩浆一般为碱性[1,2,14]而且不发育 Nb、Ta 和 Ti 等 HFSE 元素表现出负异常。所以,木苟日王高钾钙碱性基性火山岩的 Nb、Ta 和 Ti 等 HFSE 元素的负异常和它们相对不显示富集特征的同位素地球化学表明,它们更有可能源于受到俯冲洋壳流体交代的软流圈地幔的部分熔融。

根据本研究结果并结合已有的研究资料[9-11,35-38],本文认为,由于拉萨地块的北向俯冲作用,俯冲流体交代软流圈地幔并诱发其部分熔融,产生木苟日王高钾钙碱性基性岩浆,该岩浆底侵于增厚的羌塘地块岩石圈底部,导致其发生部分熔融,形成羌塘地块上广泛发育的埃达克质高钾钙碱性中酸性火山岩(图 8)。

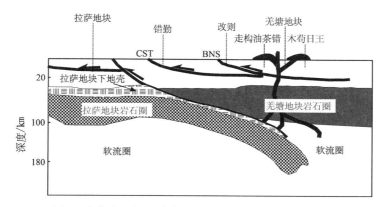

图 8 青藏高原新生代高钾钙碱性火山岩形成模式示意图
据文献[14]修改。CST:错勤-申扎断裂;BNS:班公-怒江缝合带

6 结论

(1)通过对木苟日王高钾钙碱性基性火山岩的岩石学、地球化学和 Sr-Nd-Pb 同位素地球化学的系统研究表明,该套火山岩来源于具有 DUPAL 异常的亲东冈瓦纳型的受大陆岩石圈物质或俯冲流体交代的原始地幔尖晶石二辉橄榄岩的部分熔融。

(2)通过与羌塘地块新生代高钾钙碱性中酸性火山岩的对比研究表明,木苟日王高钾钙碱性基性火山岩可能代表了和羌塘地块上高钾钙碱性中酸性火山岩同时代产出的地幔底侵作用的产物。

(3)综合分析该区已有的火成岩地球化学和地球物理资料,提出由于拉萨地块的北向俯冲作用,俯冲流体交代软流圈地幔并诱发其部分熔融,产生木苟日王高钾钙碱性基性岩浆,该岩浆底侵于增厚的羌塘地块岩石圈底部,导致其发生部分熔融或拆沉作用,形成羌塘地块上广泛发育的埃达克质高钾钙碱性中酸性火山岩。

参考文献

[1] 邓万明.青藏高原北部新生代板内火山岩.北京:地质出版社, 1998:1-168.

[2] 邓万明.中国西部新生代火山活动及其大地构造背景:青藏及邻区火山岩的形成机制.地学前缘,

2003, 10(2):471-478.

[3] 杨经绥,吴才来,史仁灯,等.青藏高原北部鲸鱼湖地区中新世和更新世两期橄榄玄粗质系列火山岩.岩石学报, 2002, 18(2):161-176.

[4] 史连昌,郭通珍,杨延兴,等.可可西里湖地区新生代火山岩同位素地球化学特征及火山成因、源区性质讨论.西北地质, 2004, 37(1):19-25.

[5] Ding L, Kapp P, Zhong D L, et al.Cenozoic volcanism in Tibet:Evidence for a transition from oceanic to continental subduction.J Petrol, 2003, 44:1833-1865.

[6] Turner S, Arnaud N, Liu J Q, et al.Post-collision, shoshonitic volcanism on the Tibetan plateau:Implications for convective thinning of the lithosphere and the source of ocean island basalts.J Petrol, 1996, 37(1):45-71.

[7] Miller C, Schuster R, Klotzli U, et al.Post-collisional potassic and ultrapotassic magmatism in SW Tibet:Geochemical and Sr, Nd, Pb, O isotopic constraints for mantle source characteristics and petrogenesis.J Petrol, 1999, 40:1399-1424.

[8] Chung S L, Liu D Y, Ji J Q, et al.Adakites from continental collision zones:Melting of thickened lower crust beneath southern Tibet.Geology, 2003, 31:1021-1024.

[9] 赖绍聪.青藏高原新生代埃达克质岩的厘定及其意义.地学前缘, 2003, 10(4):407-415.

[10] Lai S C, Liu C Y, O'Reilly S Y.Petrogenesis and its significance to continental dynamics of the Neogene high-potassium calc-alkaline volcanic rock association from north Qiangtang, Tibetan plateau. Science in China:Series D, Earth Sciences, 2001, 44(supp.):45-55.

[11] Lai S C, Liu C Y, Yi H S, et al.Geochemistry and petrogenesis of Cenozoic andesite-dacite association from the Hoh Xil region, Tibetan plateau.Int Geol Rev, 2003, 45:998-1019.

[12] 许继峰,王强.Adakitic 火成岩对大陆地壳增厚过程的指示:以青藏北部火山岩为例.地学前缘, 2003, 10(4):401-406.

[13] Liu S, Hu R Z, Feng C X, et al.Cenozoic adakite-type volcanic rocks in Qiangtang, Tibet and its significance.Acta Geol Sin-Engl Ed, 2003, 77(2):187-194.

[14] 丁林,张进江,周勇,等.青藏高原岩石圈演化的记录:藏北超钾质及钠质火山岩的岩石学与地球化学特征.岩石学报, 1999, 15(3):408-421.

[15] 迟效国,李才,金巍.藏北羌塘地区新生代火山作用与岩石圈构造演化.中国科学:D 辑,地球科学, 2005, 35(5):399-410.

[16] Patino Douce A E, McCarthy T C.Melting of crustal rocks during continental collision and subduction. In:Hacker B R, Liou J G. Where Continents Collide:Geodynamic and Geochemistry of Ultrahigh-pressure Rocks. Dordrecht:Kluwer Academic Publishers, 1998:27-55.

[17] Yardley B W D, Valley J W.The petrologic case for a dry lower crust.J Geophys Res, 1997, 102:12173-12185.

[18] Stern C R, Kilian R.Role of the subducted slab, mantle wedge and continental crust in the generation of adakites from the Andean Austral volcanic zone.Contrib Mineral Petrol, 1996, 123:263-281.

[19] Sun S S, McDonough W F.Chemical and isotopic systematics of oceanic basalts:implications for mantle composition and processes. In:Saunders A D, Norry M J. Magmatism in the Ocean Basin.Geol Soc Spec Publ, 1989, 42:313-345.

［20］ Wilson M.Igneous petrogenesis.London：Unwin Hyman Press，1989：295-323.

［21］ 赖绍聪.青藏高原北部新生代火山岩成因机制.岩石学报，1999，15（1）：98-104.

［22］ Wood D A，Joron J L，Treuil M，et al.Elemental and Sr isotope variations in basic lavas from Iceland and the surrounding sea floor.Contrib Mineral Petrol，1979，70：319-339.

［23］ Hugh R R.Using geochemical data.Singapore：Longman Singapore Publishers，1993：234-240.

［24］ Zindler A，Hart S R.Chemical geodynamics.Annu Rev Earth Planet Sci，1986，14：493-573.

［25］ Wilson M.Geochemical signatures of oceanic and continental basalts：A key to mantle dynamics? J Geol Soc London，1993，150：977-990.

［26］ Hart S R.A large-scale isotope anomaly in the Southern Hemisphere mantle.Nature，1984，309：753-757.

［27］ 莫宣学，赵志丹，Depaolo D J，等.青藏高原拉萨地块碰撞-后碰撞岩浆作用的3种类型及其对大陆俯冲和成矿作用的启示：Sr-Nd 同位素证据.岩石学报，2006，22（4）：795-803.

［28］ Hou Z Q，Gao Y F，Qu X M，et al.Origin of adakitic intrusives generated during mid-Miocene east-west extension in south Tibet.Earth Planet Sci Lett，2004，220：139-155.

［29］ 高永丰，侯增谦，魏瑞华，等.冈底斯基性次火山岩地球化学和 Sr-Nd-Pb 同位素：碰撞后火山作用亏损地幔源区的约束.岩石学报，2006，22（4）：761-774.

［30］ Gao Y F，Hou Z Q，Wei R H，et al.Post-collisional adakitic porphyries in Tibet：Geochemical and Sr-Nd-Pb isotopic constraints on partial melting of oceanic lithosphere and crust-mantle interaction.Acta Geol Sin-Engl Ed，2003，77：194-203.

［31］ Tegner C，Lesher C E，Larsen L M，et al.Evidence from the rare-earthelement record of mantle melting for cooling of the Tertiary Iceland plume.Nature，1998，395：591-594.

［32］ Allegre C J，Minster J F.Quantitative method of trace element behavior in magmatic processes.Earth Planet Sci Lett，1978，38：1-25.

［33］ 刘燊，胡瑞忠，迟效国，等.藏北高原新生代火山岩地球化学系列划分及成因分析.高校地质学报，2003，9（2）：279-292.

［34］ 林金辉，伊海生，时志强，等.藏北祖尔肯乌拉山地区新生代高钾钙碱岩系火山岩同位素地球化学研究.矿物岩石，2004，22（4）：59-64.

［35］ 许志琴，杨经绥，姜枚.青藏高原北部的碰撞造山及深部动力学.地球学报，2001，22（1）：5-10.

［36］ 侯增谦，赵志丹，高永丰，等.印度大陆板片前缘撕裂与分段俯冲：来自新生代火山-岩浆作用证据.岩石学报，2006，22（4）：761-774.

［37］ 莫宣学，赵志丹，邓晋福，等.印度-亚洲大陆主碰撞过程的火山作用响应.地学前缘，2003，10：135-148.

［38］ 潘桂棠，莫宣学，侯增谦，等.冈底斯造山带的时空结构及演化.岩石学报，2006，22（3）：521-533.

碧口群西段董家河蛇绿岩地球化学及
LA-ICP-MS 锆石 U-Pb 定年[①②]

赖绍聪　李永飞　秦江锋

摘要：董家河蛇绿岩位于碧口群火山岩系西段,由蛇纹石化、滑石菱镁岩化变质橄榄岩、辉长岩、堆晶辉长岩和浅变质亚碱性拉斑玄武岩组成,具有典型的蛇绿岩套岩石组合特征。变质橄榄岩为轻稀土亏损型,辉长岩与变质玄武岩具共源岩浆演化特征,均表现为 MORB 型玄武岩的稀土元素及不活动痕量元素地球化学特征,是本区蛇绿岩的重要组成端元,指示扬子北缘碧口地区一个已经消失的古洋盆。辉长岩中锆石的激光探针 U-Pb 测年结果(839.2 ± 8.2 Ma)表明,该洋盆形成于新元古代晋宁期。

　　西秦岭–松潘构造域是中国大陆结构中最大的主要构造结,也是最重要的构造转换域,是研究、认识中国大陆地质与大陆动力学的关键症结之一。位于扬子板块北缘的碧口火山岩系是该构造域东南结点碧口地体的主要组成部分。由于受绿片岩相–低角闪岩相变质作用及强构造变形改造的影响,长期以来,对该套火山岩的构造属性、形成时代尚未形成整体认识,对其形成过程以及岩浆动力学机制仍不清楚[1-3]。值得注意的是,在对该套火山岩进行野外及室内研究的过程中,几乎很少将本区少量的侵入岩与火山岩全面地联系起来并进行系统分析,这无疑制约了该套火山岩的大地构造属性和岩浆动力学机制的深入研究[1-4]。本文通过碧口西段董家河地区出露的超基性岩、辉长岩及变质玄武岩的详细野外地质调查及岩石地球化学、LA-ICP-MS 锆石 U-Pb 定年,确认该套火成岩组合为一典型的新元古代晋宁期蛇绿岩套,从而为该区古大地构造格局的重建提供了重要依据。

1　区域地质及岩相学特征

　　董家河变质火山岩带位于碧口群火山岩系西段的甘肃陇南地区,是碧口火山岩系的重要组成部分。带内主要发育有变质橄榄岩、辉长岩、堆晶辉长岩及变质玄武岩(图1),并在变质玄武岩中见有火山碎屑岩及少量硅质岩夹层。由于受后期构造运动

①　原载于《中国科学》D 辑:地球科学,2007,37(增刊)。
②　国家自然科学基金重点项目(40234041,40572050)、高等学校优秀青年教师教学科研奖励计划项目(教人司[2002]383 号)共同资助。

及变质作用的影响,带内岩石除辉长岩具有块状构造外,其他大部分岩石都具有明显的片理构造。

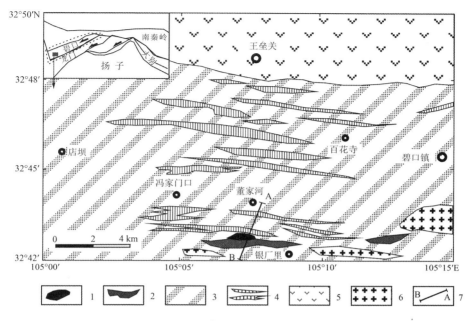

图 1　董家河蛇绿岩地质简图
1.变质橄榄岩;2.辉长岩、堆晶辉长岩;3.变质玄武岩;4.火山碎屑岩夹层;
5.变质砂岩、板岩、千枚岩夹凝灰岩、安山玢岩;6.石英闪长岩;7.取样剖面

变质橄榄岩原岩结构和矿物已基本消失殆尽,现主要为致密块状的蛇纹岩、强烈片理化的蛇纹片岩、滑石片岩及滑石菱镁岩。蛇纹岩岩石大多呈黑绿-黄绿色,具网环结构,蛇纹石可达90%以上,主要副矿物有磁铁矿、铬铁矿、钛铁矿、锆石、金红石等。部分样品具假斑结构,假斑晶为绢石。滑石菱镁岩大多为纤-叶蛇纹石组合,具纤状交织结构,组成矿物以纤-叶蛇纹石、菱镁矿、滑石为主,金属矿物为磁铁矿、铬铁矿及少量磁黄铁矿。

辉长岩较新鲜,结构完好。岩石为中-粗粒辉长结构、块状构造。主要造岩矿物有普通辉石、基性斜长石及少量的斜方辉石和微量石英。石英含量一般为1%~2%,斜方辉石含量<5%,基性斜长石含量为35%~45%,普通辉石含量为45%~55%,主要副矿物有钛铁矿、磁铁矿、黄铁矿、锆石、磷灰石、金红石等。

堆晶辉长岩主要见于董家河沟和银厂里沟,具典型的火成堆积结构,由基性斜长石相对集中的浅色条带与普通辉石相对集中的深色条带以垂直分带的形式重复交替出现,构成韵律层,层的厚度可自几毫米至十几厘米不等。

变质玄武岩呈灰绿-绿灰色,块状构造,常发育片理构造。岩石分无斑和有斑2种类型。无斑岩石具间粒-间片结构、粗玄结构,主要矿物为斜长石、绿泥石、绿帘石及角闪石。斑状岩石常为单斑结构,斑晶矿物主要为斜长石,基质为霏细结构、粗玄结构,主要由斜长石、绿泥石、绿帘石组成,副矿物为磁铁矿、磷灰石。

2　分析方法

对野外采集的样品进行详细的岩相学观察后,选择新鲜的没有脉体贯入的样品进行主量元素、微量元素分析。主量和微量分析均在西北大学大陆动力学国家重点实验室完成,分析结果见表1。主量元素用 XRF 光谱测定,分析精度一般优于 2%;微量元素在 ICP-MS 上测定,分析精度一般优于 2%～5%。锆石首先按常规重力和磁选方法分选,最后在双目镜下挑纯。将锆石样品置于环氧树脂中,然后磨至约一半,使锆石内部暴露,用于阴极发光(CL)研究和锆石 LA-ICP-MS U-Pb 同位素组成分析,阴极发光分析在中国科学院地质与地球物理研究所电子探针仪上完成。锆石 U-Pb 同位素组成分析在西北大学大陆动力学重点实验室激光剥蚀电感耦合等离子体质谱(LA-ICP-MS)仪上完成。激光剥蚀系统是配备有 193 nm ArF-excimer 激光器的 Geolas200M (Microlas Gottingen Germany),分析采用激光剥蚀孔径 30 μm,剥蚀深度 20～40 μm,激光脉冲为 10 Hz,能量为 32～36 mJ,同位素组成用锆石 91500 进行外标校正。LA-ICP-MS 分析的详细方法和流程见袁洪林等[4],U-Th-Pb 含量分析见 Gao 等[6]。

3　变质橄榄岩地球化学特征

董家河变质橄榄岩经历了低绿片岩相变质作用和强烈的构造变形改造,本研究选取弱变形域中的块状橄榄岩进行地球化学分析研究,岩石类型主要为蛇纹岩(DJH14、DJH19)和滑石菱镁岩(DJH16)。

从岩石常量、微量及稀土元素分析结果(表1)中可以看到,本区变质橄榄岩的 SiO_2(35.31%～48.68%,平均 43.8%)和 MgO(20.39%～28.77%,平均 25.94%)含量高,而 TiO_2(0.07%～0.22%)、Na_2O(0.04%～0.25%)、K_2O(0.01%～0.25%)含量很低;Al_2O_3 的含量变化较大(6.35%～19.61%,平均 10.94%),但 $Fe_2O_3^T$ 含量十分稳定(7.50%～7.80%)。由于受蛇纹石化及碳酸盐交代作用的影响,岩石中 CaO 含量变化较大,范围为 0.53%～5.11%,平均为 2.07%。综合主量成分分析结果,可以看到本区变质橄榄岩与蛇绿岩套中变质橄榄岩主量成分的总体特征极为相似[6-7]。值得注意的是,岩石中 H_2O 含量(LOI)很高,说明岩石蚀变较强,普遍存在蛇纹石化现象,这与野外及镜下的观察一致。

董家河变质橄榄岩稀土总量较低,仅为 $2.50×10^{-6}$～$5.19×10^{-6}$,平均为 $3.40×10^{-6}$;$(La/Yb)_N$ 值(0.24～0.91,平均 0.48)和 $(Ce/Yb)_N$ 值(0.23～0.54,平均 0.34)均小于 1。$δEu$ 介于 0.93～6.47,平均为 2.84。球粒陨石标准化配分型式(图2a)显示为平坦型(滑石菱镁岩)及左倾正斜率轻稀土亏损型(蛇纹岩)特征,表明本区地幔橄榄岩的亏损程度较大,为部分熔融萃取出 MORB 之后的固相残余物[10]。值得注意的是,该组变质橄榄岩均具有 Nd 异常峰,这可能与蛇纹石化及碳酸盐交代过程中稀土元素的部分活动性有关[11],但其确切的成因含义尚有待进一步研究。

表1 董家河蛇绿岩主量元素（%）与微量元素（×10⁻⁶）分析结果[a]

岩 性	变质橄榄岩			辉长岩			变质玄武岩								
编 号	DJH14	DJH16	DJH19	DJH04	DJH05	DJH11	DJH22	DJH24	DJH25	DJH31	DJH36	DJH37	DJH40	DJH41	DJH45
SiO_2	47.41	35.31	48.68	47.21	47.57	46.67	42.36	43.40	36.62	43.83	48.34	45.39	41.87	42.41	44.73
TiO_2	0.22	0.07	0.16	1.83	1.84	1.07	1.92	1.83	3.05	2.52	1.91	2.36	2.20	2.54	2.15
Al_2O_3	6.87	19.61	6.35	13.71	13.50	15.97	10.77	11.08	14.34	16.71	14.67	16.34	14.78	16.90	16.67
$Fe_2O_3^T$	7.80	6.89	7.50	11.58	11.50	12.48	12.08	10.67	16.34	14.84	12.65	14.74	12.59	15.19	12.88
MnO	0.03	0.13	0.03	0.12	0.12	0.17	0.15	0.13	0.13	0.24	0.16	0.12	0.17	0.16	0.16
MgO	28.65	20.39	28.77	10.57	10.97	7.00	12.84	11.75	15.25	8.34	4.08	3.73	5.90	6.88	7.36
CaO	0.53	5.11	0.57	9.21	7.81	10.28	8.65	9.26	6.44	5.24	11.68	8.85	11.67	8.47	8.49
Na_2O	0.04	0.45	0.05	2.50	2.61	2.64	0.23	0.98	0.17	2.82	1.69	3.99	1.94	1.76	2.71
K_2O	0.01	0.25	0.01	1.06	1.26	1.36	0.01	0.01	0.01	0.01	0.48	0.45	0.01	0.01	0.05
P_2O_5	0.01	0.02	0.01	0.05	0.04	0.21	0.02	0.02	0.12	0.26	0.26	0.93	0.25	0.29	0.26
LOI	8.02	11.27	7.85	1.96	2.59	1.77	10.83	10.90	7.33	4.99	3.60	2.67	8.31	4.96	4.12
总计	99.58	99.50	99.97	99.80	99.81	99.61	99.86	100.03	99.80	99.80	99.52	99.57	99.66	99.56	99.58
Sc	14.2	4.00	7.30	53.8	30.5	49.7	6.78	64.8	40.9	44.0	41.5	54.4	37.4	39.0	39.0
V	62.9	63.4	46.5	383	383	285	461	447	539	298	321	284	332	366	250
Cr	3891	167	2774	462	439	189	256	242	456	189	253	350	114	134	216
Co	147	70.8	141	89.0	78.0	71.6	74.6	78.3	104	83.3	80.1	51.7	54.3	81.7	63.5
Ni	1735	334	1643	182	183	75.3	262	241	251	100	160	99.0	79.1	97.0	121
Rb	0.03	4.47	0.02	23.7	32.7	27.0	0.07	0.06	0.11	0.21	12.8	13.3	0.09	0.06	1.55
Sr	2.63	52.2	2.60	231	118	239	284	285	345	123	246	156	174	197	211
Y	0.52	2.19	0.53	19.1	17.0	28.8	16.1	15.4	20.8	47.8	38.1	52.7	37.4	43.2	40.1
Zr	5.95	3.53	4.68	57.0	78.7	28.2	34.9	29.7	28.7	189	142	173	151	174	170
Nb	0.15	0.08	0.11	6.04	4.40	7.06	4.23	3.26	2.92	9.09	11.3	12.0	12.2	14.1	14.5
Cs	0.02	0.55	0.02	0.47	0.55	0.47	0.03	0.02	0.08	0.02	0.48	0.69	0.03	0.03	0.06
Ba	0.46	59.5	0.27	246	290	229	52.2	29.4	9.85	16.7	195	206	12.4	14.7	28.6
Hf	0.31	0.22	0.28	1.99	2.32	1.28	1.44	1.24	1.37	4.60	3.49	4.40	3.81	4.36	4.07

续表

岩性	变质橄榄岩			辉长岩			变质玄武岩								
编号	DJH14	DJH16	DJH19	DJH04	DJH05	DJH11	DJH22	DJH24	DJH25	DJH31	DJH36	DJH37	DJH40	DJH41	DJH45
Ta	0.01	0.01	0.01	0.37	0.29	0.33	0.28	0.21	0.15	0.59	0.74	0.79	0.79	0.91	0.90
Pb	1.39	1.59	1.34	4.48	2.75	5.23	2.81	2.64	2.58	3.81	2.79	2.76	4.73	3.26	3.00
Th	0.00	0.00	0.00	0.39	0.68	1.37	0.15	0.14	0.00	0.66	0.98	1.14	1.01	1.19	1.23
U	0.00	0.00	0.00	0.26	0.43	0.23	0.11	0.08	0.01	0.20	0.17	0.34	0.34	0.33	0.30
La	0.03	0.26	0.02	8.63	7.87	11.1	5.54	4.33	1.97	8.69	10.0	10.9	10.4	12.0	12.6
Ce	0.08	0.59	0.08	20.0	18.3	23.2	15.1	12.3	8.15	23.1	22.6	27.7	24.7	31.4	30.0
Pr	0.01	0.10	0.02	3.12	2.72	3.41	2.40	2.04	1.85	3.80	3.42	4.06	3.67	4.27	4.19
Nd	2.03	2.44	2.01	16.0	14.7	16.6	13.8	12.2	13.8	20.6	17.9	21.3	18.9	21.7	20.9
Sm	0.03	0.19	0.04	3.97	3.56	3.93	3.41	3.07	4.40	5.88	4.61	5.89	4.92	5.80	5.34
Eu	0.01	0.47	0.01	1.27	1.10	1.21	1.13	1.05	1.25	1.89	1.58	2.11	1.72	1.98	1.71
Gd	0.04	0.25	0.05	3.82	3.50	4.22	3.25	2.95	4.23	6.20	4.91	6.40	5.21	6.07	5.56
Tb	0.01	0.05	0.01	0.63	0.58	0.74	0.54	0.49	0.74	1.16	0.90	1.19	0.94	1.12	1.00
Dy	0.07	0.30	0.08	3.43	3.24	4.41	2.88	2.67	4.05	6.93	5.23	7.22	5.52	6.38	5.85
Ho	0.02	0.07	0.02	0.66	0.63	0.98	0.58	0.53	0.79	1.50	1.13	1.57	1.17	1.35	1.22
Er	0.05	0.18	0.05	1.59	1.53	2.57	1.41	1.29	1.84	3.92	2.96	4.20	3.04	3.49	3.15
Tm	0.01	0.03	0.01	0.23	0.22	0.41	0.21	0.18	0.25	0.61	0.46	0.66	0.46	0.53	0.49
Yb	0.06	0.20	0.06	1.43	1.35	2.68	1.29	1.15	1.50	3.94	2.96	4.35	3.03	3.48	3.14
Lu	0.05	0.06	0.05	0.21	0.20	0.39	0.20	0.18	0.21	0.55	0.42	0.62	0.44	0.49	0.45
ΣREE	2.50	5.19	2.51	65.60	59.50	75.85	51.74	44.43	45.03	88.77	79.08	98.17	84.12	100.06	95.60
(La/Yb)$_N$	0.34	0.88	0.23	4.08	3.94	2.80	2.90	2.54	0.89	1.49	2.28	1.69	2.32	2.33	2.71
δEu	0.88	6.59	0.68	0.98	0.94	0.90	1.02	1.05	0.87	0.95	1.01	1.05	1.03	1.01	0.95

a) SiO_2~LOI 采用 XRF 法分析，Sc~Lu 采用 ICP-MS 法分析，由西北大学大陆动力学国家重点实验室分析（2004）。

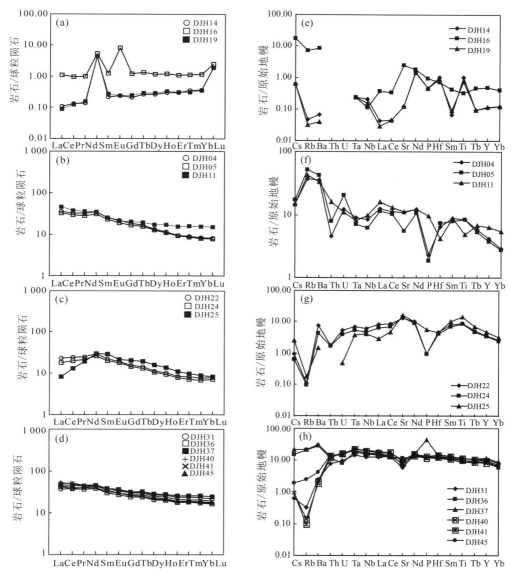

图 2　岩石稀土元素球粒陨石标准化图解及微量元素原始地幔标准化图解
（a）变质橄榄岩；（b）辉长岩；（c）变质玄武岩；（d）变质玄武岩；（e）变质橄榄岩；（f）辉长岩；
（g）变质玄武岩；（h）变质玄武岩。球粒陨石标准值据文献[8]；
原始地幔标准值据文献[9]。图中编号对应表1中的样品编号

　　岩石微量元素原始地幔标准化配分图解（图2e）表明，本区蛇纹岩和滑石菱镁岩大离子亲石元素变化较大，但蛇纹岩总体上显示为左倾正斜率亏损型的配分模式，滑石菱镁岩总体为平坦型配分型式。这与稀土元素显示的地球化学特征完全一致，同样表明它们为典型的亏损型地幔橄榄岩。董家河变质橄榄岩还明显富集相容元素 Cr（2 774×10^{-6} ~ 3 891×10^{-6}）、Co（141×10^{-6} ~ 147×10^{-6}）和 Ni（1 643×10^{-6} ~ 1 735×10^{-6}），类似于滇西横断山区蛇绿岩并与世界典型的蛇绿岩相似[7]。

4 辉长岩地球化学特征

本区辉长岩的 SiO_2（46.67%~47.57%）、Al_2O_3（13.5%~15.97%）、$Fe_2O_3^T$（11.5%~12.48%）含量较为稳定，而 TiO_2（1.07%~1.84%）、MgO（7.00%~10.97%）和 CaO（7.81%~10.28%）含量变化较大；岩石全碱含量较低，K_2O+Na_2O 介于 3.56%~4.00%，且 $Na_2O>K_2O$，K_2O/Na_2O 为 0.42~0.52。CaO/Al_2O_3 的比值在 0.59~0.67 内变化，平均为 0.63，均小于 0.7，表明辉长岩可能经历过较高程度的结晶分异过程[12]。

辉长岩稀土总量较低（59.55×10^{-6}~75.89×10^{-6}），轻、重稀土分异较弱；$(La/Yb)_N$ 介于 2.96~4.33，平均为 3.83；$(Ce/Yb)_N$ 介于 1.61~2.60，变化很小，且十分稳定，平均为 2.25。岩石几乎无 Eu 异常，δEu 介于 0.90~0.98，平均为 0.94；在球粒陨石标准化配分图（图 2b）上显示为右倾负斜率轻稀土低度富集型。本区辉长岩微量元素原始地幔标准化图解（图 2f），总体显示为右倾负斜率轻微富集型，Th、U、P 和 Zr 有轻度亏损现象，且有微弱的 Nb、Ta 谷，与稀土元素反映的地球化学特征一致。

5 变质玄武岩地球化学特征

5.1 常量元素

Nb/Y-Zr/P_2O_5 和 SiO_2-Nb/Y 火山岩分类命名及系列划分图被认为是划分蚀变、变质火山岩系列的有效图解[12-13]，从图（图 3a、b）中可以看到，本区所有变质玄武岩样品均落入亚碱性拉斑系列玄武岩区[13-14]。岩石的 SiO_2 含量变化范围较宽（36%~48%，集中在 42%~48% 内），大多低于正常玄武岩的 SiO_2 含量范围。具显著的高 TiO_2 特征（1.83%~3.05%，平均 2.28%），$Fe_2O_3^T$（10.67%~16.34%）、MgO（3.73%~12.25%）、CaO（5.24%~11.68%）含量高，全碱含量低，且变化大，K_2O+Na_2O 介于 0.24%~4.44%，平均为 1.93%，$Na_2O>K_2O$，其中 K_2O 显示了极低的含量值（0.01%~0.48%）。从而表明，本区变

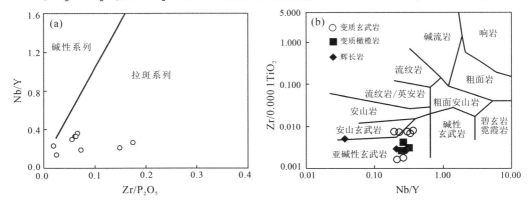

图 3 本区变质玄武岩 Nb/Y-Zr/P_2O_5（a）和 Zr/TiO_2-Nb/Y（b）火山岩分类命名及系列划分图[13-14]

质玄武岩具有高 TiO_2、低 K_2O、低 SiO_2 含量的总体岩石化学特征,与大洋拉斑玄武岩类十分类似[15]。

5.2 稀土元素

本区变质玄武岩稀土总量较低,$\sum REE$ 介于 $44.44 \times 10^{-6} \sim 100.02 \times 10^{-6}$,平均为 76.33×10^{-6};轻、重稀土分异不明显,$\sum LREE / \sum HREE$ 比较稳定,在 $2.31 \sim 4.00$ 内变化,平均为 3.19;岩石 Eu 异常不明显,δEu 介于 $0.88 \sim 1.05$,平均为 0.99;$(La/Yb)_N$ 介于 $0.95 \sim 3.07$,平均为 2.26;$(Ce/Yb)_N$ 介于 $1.02 \sim 2.19$,变化很小,且十分稳定,平均为 1.54;在球粒陨石标准化配分图(图 2c、d)上,曲线总体显示为平坦型及轻稀土轻微富集型,表明其可能来自亏损或部分亏损的地幔源区[16]。

5.3 微量元素

本区变质玄武岩原始地幔标准化配分图解(图 2g、h),总体呈现为平坦型及微弱的左倾正斜率亏损型配分模式。部分大离子亲石元素(尤其是 Rb 和 K)变化较大,强烈亏损,这可能与岩石遭受的变质和蚀变作用有关。Bau 指出,在高温(>350 ℃)和 pH<4 的条件下,水、岩反应过程中通过吸附作用而优先活化大离子亲石元素,就会造成部分大离子亲石元素含量降低[7]。本区玄武岩微量元素配分型式与稀土元素所显示的地球化学特征完全一致,再次表明它们应来源于一个亏损或部分亏损的地幔源区。

不活动痕量元素协变关系是岩石源区及其形成构造环境判别的有效方法。在 Hf-Th-Ta、Nb/Th-Nb、La/Nb-La 以及 Th/Yb-Ta/Yb 等环境判别图(图 4a~f)中,本区变质玄武岩明显落入 N 型 MORB 区内。从而表明,本区变质玄武岩属于典型的洋脊拉斑玄武岩,为洋壳蛇绿岩的重要组成部分,它们与本区变质橄榄岩和辉长岩类分别代表了古洋幔及古洋壳的不同组成端元,是该区发育古洋盆的重要岩石学证据。

6 同位素年代学研究

董家河辉长岩中选出的锆石的 CL 图像如图 5 所示,多数锆石颗粒为自形晶,粒径介于 $70 \sim 200 \mu m$,长宽比介于 $2:1 \sim 4:1$。锆石颗粒无色、透明,少数呈浅棕色,生长环带不明显,部分颗粒内见有细小的包裹体及裂纹。采用 $30 \mu m$ 的激光剥蚀斑径对样品锆石进行了 LA-ICP-MS 定年分析,共完成 9 颗锆石 15 个点的测试,分析结果见表 2。

锆石的 U、Th 含量分别为 $48.73 \times 10^{-6} \sim 530.19 \times 10^{-6}$ 和 $50.89 \times 10^{-6} \sim 600.31 \times 10^{-6}$,Th/U 比值均大于 0.5,变化于 $0.61 \sim 1.26$ 范围内,应属岩浆型锆石[21-22]。本文利用 Isoplot(ver 2.49)[23] 程序对样品锆石进行了谐和曲线的投影和 $^{206}Pb/^{238}U$ 加权平均年龄的计算。结果表明,在 $^{206}Pb/^{238}U$-$^{207}Pb/^{235}U$ 谐和图(图 6)中,所有分析点都集中在一致线及其附近一个很小的区域内,多数数据点分布在谐和曲线的右侧,得出的锆石年龄主要集中在一个区域,加权平均年龄为 839.2 ± 8.2 Ma(MSWD=1.4,2σ),从而表明董家河蛇绿岩的形成时期应为新元古代。

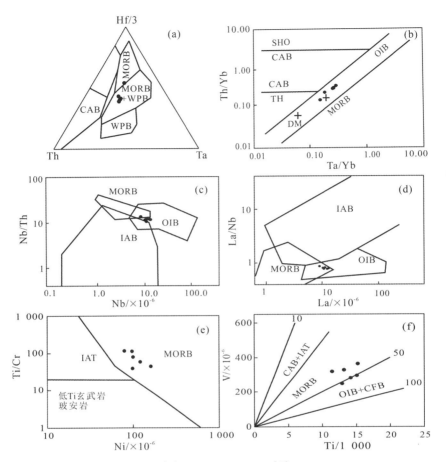

图4　Hf-Th-Ta(a)[16]、Th/Yb-Ta/Yb(b)[17]、Nb/Th-Nb(c)和
La/Nb-La(d)[18]、Ni-Ti/Cr(e)[19]、Ti/1 000-V(f)[20]图解

SHO:钾玄岩;CAB:岛弧玄武岩;WPB:板内玄武岩;TH:拉斑玄武岩;OIB:洋岛玄武岩;
MORB:洋中脊玄武岩;IAT:岛弧拉斑玄武岩;CFB:大陆溢流玄武岩;DM:亏损地幔

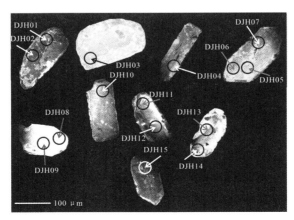

图5　董家河辉长岩锆石的阴极发光图像

表2　董家河辉长岩 LA-ICP-MS 锆石 U-Pb 同位素年代学分析结果

样　品	206Pb a)/ug·g⁻¹	232Th/ug·g⁻¹	238U/ug·g⁻¹	232Th/238U	207Pb/206Pb	1σ	207Pb/235U	1σ	206Pb/238U	1σ	207Pb/206Pb	1σ	207Pb/235U	1σ	206Pb/238U	1σ
DJH01	253.51	391.74	413.07	0.95	0.0680	0.0013	1.2852	0.0240	0.1372	0.0009	867	42	839	11	829	5
DJH02	179.15	170.25	279.22	0.61	0.06777	0.0009	1.3039	0.0136	0.1398	0.0008	858	12	847	6	843	5
DJH03	260.15	323.10	412.75	0.78	0.0681	0.0008	1.3229	0.0115	0.1410	0.0008	870	9	856	5	850	4
DJH04	260.59	404.72	421.79	0.96	0.0690	0.0008	1.3247	0.0113	0.1393	0.0008	898	9	857	5	841	4
DJH05	329.33	576.52	530.19	1.09	0.0686	0.0008	1.3012	0.0111	0.1376	0.0008	887	9	846	5	831	4
DJH06	217.59	309.61	361.69	0.86	0.0706	0.0010	1.3251	0.0156	0.1361	0.0008	946	14	857	7	823	5
DJH07	234.85	333.08	371.85	0.90	0.0680	0.0010	1.3153	0.0146	0.1403	0.0008	869	13	852	6	846	5
DJH08	41.98	84.54	67.25	1.26	0.0686	0.0015	1.3003	0.0254	0.1374	0.0011	888	27	846	11	830	6
DJH09	30.74	50.89	48.73	1.04	0.0674	0.0022	1.3046	0.0397	0.1403	0.0015	851	45	848	17	847	8
DJH10	158.30	208.75	254.06	0.82	0.0692	0.0009	1.3111	0.0119	0.1375	0.0008	903	10	851	5	831	4
DJH11	160.88	160.20	255.30	0.63	0.0697	0.0014	1.3302	0.0246	0.1385	0.0009	919	41	859	11	836	5
DJH12	326.43	600.31	512.19	1.17	0.0674	0.0009	1.2937	0.0120	0.1391	0.0008	851	10	843	5	840	4
DJH13	50.59	96.01	80.13	1.20	0.0694	0.0015	1.3207	0.0264	0.138	0.0011	911	28	855	12	834	6
DJH14	40.10	54.71	62.85	0.87	0.0697	0.0018	1.3290	0.0319	0.1383	0.0013	920	34	858	14	835	7
DJH15	180.83	213.36	293.81	0.73	0.0666	0.0013	1.2766	0.0226	0.139	0.0009	826	40	835	10	839	5

a) 表示普通 Pb 含量,样品点的普通 Pb 含量通过 EXCEL 宏程序 ComPbCorr#3-151(Andersen,2002)[24]计算获得。

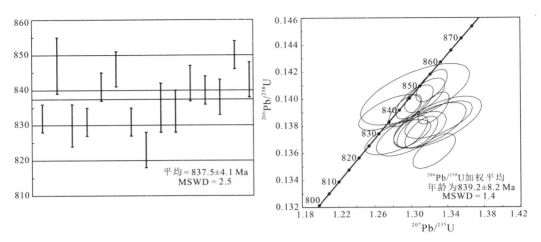

图 6 董家河辉长岩 LA-ICP-MS 锆石 U-Pb 年龄谐和图

7 结论

董家河蛇绿岩主要由变质橄榄岩、辉长岩和变质玄武岩组成,具有典型的蛇绿岩套岩石组合特征。橄榄岩类已强烈蚀变,并显示了轻稀土及大离子亲石元素相对亏损的地球化学特征,代表一个亏损的地幔源区。辉长岩和变质玄武岩具有共源岩浆演化特征,表现为轻度亏损型→平坦型→低度富集型稀土和痕量元素配分型式。变质玄武岩属亚碱性拉斑玄武岩类,其 Th/Yb、Ta/Yb、Nb/Th、La/Nb 等特征痕量元素比值,以及 Ni、Ti、Cr等不活动痕量元素丰度值与典型的 MORB 型玄武岩十分类似,反映其源自亏损型地幔源区,它们是本区蛇绿岩套的重要组成端元,指示本区已经消失的一个古洋盆。董家河蛇绿岩中辉长岩 LA-ICP-MS 锆石同位素 U-Pb 定年结果表明,在 $^{206}Pb/^{238}U$-$^{207}Pb/^{235}U$ 谐和图中分析数据明显交于 839.2±8.2 Ma(MSWD = 1.4,2σ)点上,表明董家河蛇绿岩形成时期应为新元古代。这一研究结果,对于扬子北缘碧口地区古大地构造格局的深入研究具有重要的学术意义。

参考文献

[1] 徐学义,夏祖春,夏林圻.碧口群火山旋回及其地质构造意义.地质通报,2002,21(8-9):478-485.

[2] 秦江锋,赖绍聪,李永飞.扬子板块北缘碧口地区阳坝花岗闪长岩成因研究及其地质意义.岩石学报,2005,21(3):697-710.

[3] 阎全人,王宗起,Hanson A D.南秦岭元古宙板内火山岩作用特征及构造意义.岩石矿物学杂志,2002,21(3):255-262.

[4] 赖绍聪.秦岭造山带勉略缝合带超镁铁质岩的地球化学特征.西北地质,1997,18(3):36-45.

[5] 袁洪林,吴福元,高山,等.东北地区新生代侵入岩的激光锆石探针 U-Pb 年龄测定与稀土元素成分分析.科学通报,2003,48(4):1511-1520.

[6] Gao S,Liu X M,Yuan H L. Determination of forty two major and trace element in USGS and NIST SRM

glasses by laser ablation inducitely coupled plasma-mass spectrometry. Geostandards Newsletter, 2002,26 (2):181-195.

[7] 张旗, 张魁武, 李达周.横断山区镁铁-超镁铁质岩.北京:科学出版社,1992:1-216.

[8] Sun S S, McDonough W F. Chemical and isotopic systematics of oceanic basalts:Implications for mantle composition and processes. In:Saunders A D,Norry M. Magmatism in the Ocean Basin. J Geol Soc Special Publ, 1989,42:313-345.

[9] Wood D A, Joron J L, Treuil M, et al. Elemental and Sr isotope variations in basic lavas from Iceland and the surrounding sea floor. Contrib Mineral Petrol, 1979, 70:319-339.

[10] Wilson M.Igneous petrogenesis.London:Unwin Hyman,1989:1-466.

[11] Dau M.Rare earth element mobility during hydrothermal and metamorphic fluid-rock interaction and the significance of the oxidation state of europium. Chemical Geology, 1991, 93:219-230.

[12] 李献华, 李寄嵎, 刘颖, 等.华夏古陆古元古代变质火山岩的地球化学特征及其构造意义.岩石学报, 1999, 15(3):364-371.

[13] Winchester J A, Floyd P A.Geochemical discrimination of different magma series and their differentiation products using immobile elements. Chemical Geology, 1977, 20:325-343.

[14] Winchester J A, Floyd P A. Geochemical magma type discrimination:Application to altered and metamorphosed igneous rocks. Earth Planet Sci Lett, 1976, 28:459-469.

[15] Pearce J A.Geochemical evidence for the genesis and eruptive setting of lavas from Tethyan ophiolites.In: Panayiotou A. Proc Internat Ophiolite Symp, Cyprus, 1979. Geol Surv Dept, Nicosia, Cyprus, 1980: 261-272.

[16] Pearce J A. Trace element characteristics of lava from destructive plate boundaries. In:Trorpe R S. Andesites:Orogenic Andesites and Related Rocks. Chichester:Wiley, 1982:525-554.

[17] Pearce J A. The role of sub-continental lithosphere in magma genesis at destructive plate margins. In: Continental Basalts and Mantle Xenoliths. Nantwich Shiva, 1983:230-249.

[18] 李曙光.蛇绿岩生成构造环境的 Ba-Th-Nb-La 判别图.岩石学报, 1993, 9(2):146-157.

[19] Beccaluva L, Ohnenstetter D, Ohnenstetter M. Geochemical discrimination between ocean-floor and island arc tholeiites-Applications to some ophiolites. Can J Earth Sci, 1979, 16:1874-1882.

[20] Shervais J W.Ti-V Plots and the petrogenensis of modern and ophiolitic lavas. Earth Planet Sci Lett, 1982, 59:101-118.

[21] Hoskin P W O, Black L P. Metamorphic zircon formation by solid-state recrystallization of protolith igneous zircon. J Metamorphic Geol, 2000, 18:423-439.

[22] Griffin W L, Belousova E A, Shee S. Crustal evolution in the northern Yilarn Craton:U-Pb and Hf isotope evidence from detrital zircons. Precambrian Research, 2004, 131(3-4):231-282.

[23] Ludwig K R. ISOPLOT:A plotting and regression program for radiogenic-isotope data. US Geological Survey Open-File Report, 1991:39.

[24] Anderson T. Correction of common lead in U-Pb analyses that do not report [204]Pb. Chemical Geology, 1992,29:59-79.

青藏高原东缘麻当新生代钠质碱性玄武岩成因及其深部动力学意义[①][②]

赖绍聪　张国伟　李永飞　秦江锋

摘要：麻当新生代玄武岩出露于青藏高原东缘,位于青藏、华北和扬子三大构造域的交接转换部位。岩石 SiO_2 含量介于 42%~51%, $Na_2O/K_2O>4$,为一套钠质碱性玄武岩系列。微量及稀土元素显示典型板内洋岛型(OIB-type)碱性玄武岩的特征,明显富集 Ba、Th、Nb、Ta 等元素,而 K 和 Rb 含量相对较低;Sr-Nd-Pb 同位素体系显示了明显的混合源区特征。新生代以来青藏东缘西秦岭–松潘地区受青藏、扬子及华北三大构造体系域的控制,西秦岭–松潘构造结处于从下部地幔到上部陆壳物质的总体汇聚拼贴阶段,地幔具有显著的混合特征。麻当玄武岩正是在这种特定的构造背景下,由西秦岭–松潘构造结多源混合的软流圈地幔部分熔融的产物。

青藏高原东缘、西秦岭–松潘地区处于中国大陆构造的主要地块与造山带聚集交接转换部位,是东西向中央造山系与南北向贺兰–川滇构造带垂向交汇区,也是青藏高原东北缘扩展跨越地带。该区是在中国大陆多块体拼合地质条件中,在全球三大构造动力学系统长期复合演变背景下,历经了复杂的过程而成,记录着中国大陆的形成与演化的重要信息。

青藏高原东缘的新生代火山岩作为岩石深部探针可成为研究高原隆升机制及深部动力学、壳幔相互作用、上地幔及下地壳物质组成与热状态等重大科学问题的重要研究对象。

本文选择青藏高原东缘麻当新生代钠质碱性玄武岩为研究对象,通过详细的地球化学研究,试图探讨火山岩源区性质及新生代期间青藏高原东缘的深部动力学背景。

1　区域地质概况

麻当玄武岩出露在青藏高原东缘(N35°18′,E102°46′),位于甘肃省夏河县麻当乡西南约 4 km 处。研究区内出露地层简单,主要有二叠系、白垩系以及燕山期花岗岩类。二

①　原载于《中国科学》D 辑:地球科学,2007,37(增刊)。

②　国家自然科学基金重点项目(40572050,40234041)和高等学校优秀青年教师教学科研奖励计划项目(教人司[2002]383 号)共同资助。

叠系上部主要为黄灰色千枚状泥质板岩、粉砂质板岩夹砾岩、长石石英砂岩、千枚状凝灰质板岩、透镜状含砾灰岩；下部主要为灰色长石石英砂岩、石英长石砂岩、粉砂质板岩、砾岩及含砾灰岩等。白垩系地层主要为灰绿、红褐色安山岩，暗紫色泥质粉砂岩夹凝灰质细砂岩、泥岩及角砾岩。麻当玄武岩呈近东西向的椭圆形展布，为一小型岩丘，长约 1 000 m，宽约 200~400 m，出露面积约 0.3 km²。岩石不整合超覆于白垩系红褐色、暗紫色泥质粉砂岩、砂岩及角砾岩之上，并在与白垩系砂岩接触界线附近的玄武岩底部见有大量的白垩系砂岩、角砾岩捕虏体，表明该玄武岩的形成时代晚于白垩纪（图 1）。

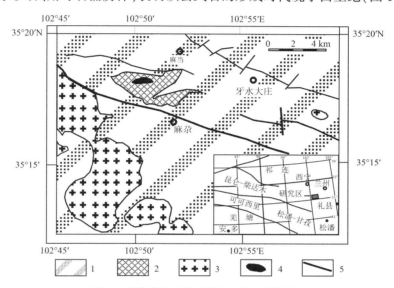

图 1　青藏高原东缘麻当地区地质简图

1.二叠系板岩夹砾岩、长石石英砂岩及透镜状含砾灰岩；2 白垩系砂岩、砾岩；
3 燕山期花岗岩、花岗闪长岩、石英闪长岩；4 新生代玄武岩；5 断裂构造

2　岩石学及岩石化学特征

岩石呈灰黑色，斑状结构，块状构造，有时见有角砾状构造。十分新鲜，基本无蚀变和交代现象。斑晶主要为自形板状斜长石和短柱状辉石，偶见少量橄榄石。基质为间隐结构，主要矿物有板条状斜长石微晶、细粒辉石颗粒、微量弱伊丁石化橄榄石、不均匀分散状磁铁矿以及部分火山玻璃。麻当玄武岩岩石化学、稀土及微量元素分析结果列于表 1 中。火山岩 SiO_2 = 42.44% ~ 50.76%，平均为 46.69%；Al_2O_3 含量大于 13%，在 13.01%~17.60%内变化，平均为 15.58%。岩石 MgO 含量在 4.82%~7.92%内变化，平均为 6.95%。全碱含量偏高、变化较大（2.94%~5.87%，平均 4.57%），Na_2O/K_2O=4.03~15.19，平均为 7.24，属典型的钠质系列火山岩类。上述化学成分特征表明，该套火山岩为钠质碱性系列玄武岩类。值得注意的是，该套火山岩的 TiO_2 含量（1.46%~2.40%，平均 1.85%）明显高于岛弧区火山岩（0.58% ~ 0.85%）[1]和典型大洋中脊拉斑玄武岩（1.5%）[1]，而与板内 OIB 型碱性玄武岩 TiO_2 含量（2.20%）[2-4]接近。

表1　青藏高原东缘麻当玄武岩主量(%)及微量(×10⁻⁶)元素分析结果ᵃ⁾

编　号	MD01	MD02	MD04	MD06	MD08	MD15	MD16	MD17	MD19	MD20	MD22	MD23
岩　性	玄武岩	玄武岩	玄武岩	玄武岩	玄武岩	玄武岩	玄武岩	玄武岩	玄武岩	玄武岩	玄武岩	玄武岩
SiO_2	45.28	42.44	43.94	45.44	50.76	45.71	44.53	50.70	45.55	45.83	50.62	49.45
TiO_2	1.84	1.46	2.40	1.82	1.81	1.81	1.46	2.00	1.86	1.87	2.00	1.82
Al_2O_3	16.22	13.01	15.66	15.68	15.54	15.65	13.22	15.47	16.43	17.60	15.68	16.74
Fe_2O_3	4.73	7.44	5.05	5.48	7.98	4.06	7.49	8.00	5.52	5.88	7.30	5.93
FeO	4.18	1.17	4.81	4.90	1.82	4.78	1.68	1.82	4.28	4.56	1.78	4.43
MnO	0.12	0.16	0.13	0.15	0.11	0.14	0.15	0.11	0.14	0.13	0.10	0.15
MgO	7.64	7.68	7.71	7.80	4.91	7.43	7.77	4.82	7.92	7.41	5.00	7.29
CaO	8.09	11.36	10.00	8.65	8.47	8.50	11.78	8.43	8.80	8.24	8.81	8.82
Na_2O	4.32	2.53	3.12	4.17	4.00	4.35	2.56	4.10	5.14	4.34	4.41	4.14
K_2O	0.76	0.60	0.61	0.96	0.28	1.08	0.38	0.27	0.73	0.72	0.53	0.71
P_2O_5	0.76	0.81	0.94	0.64	0.71	0.86	0.75	0.80	0.68	0.82	0.73	0.85
烧失量	5.89	11.01	5.75	4.20	3.36	5.50	8.00	3.31	2.84	2.70	2.86	2.57
总计	99.83	99.67	100.12	99.89	99.75	99.87	99.77	99.83	99.89	100.10	99.82	99.90
$Mg^#$	0.66	0.67	0.63	0.62	0.53	0.65	0.66	0.53	0.64	0.61	0.56	0.61
Li	32.5	29.3	41.2	42.5	44.4	39.7	31.7	31.4	42.0	40.5	40.8	44.6
Sc	17.7	15.2	23.6	19.6	19.4	17.3	15.5	20.2	18.7	20.3	20.8	18.4
V	152	68.4	191	172	114	154	76.0	140	147	177	131	148
Cr	222	159	197	179	232	174	180	207	173	201	236	175
Co	44.2	50.8	57.7	52.5	47.0	42.2	53.8	60.2	44.0	42.6	55.1	44.9
Ni	86.0	96.3	120	103	108	75.5	117	109	79.2	91.9	103	85.9
Cu	52.0	34.4	50.8	48.4	39.0	46.2	34.6	50.6	45.6	50.7	44.8	43.0
Zn	75.1	51.7	63.1	73.2	49.5	75.2	56.3	55.0	78.4	76.9	54.9	79.2
Rb	4.11	4.45	1.94	5.97	3.69	4.32	4.04	5.69	2.99	2.47	5.29	4.68
Sr	882	675	833	1067	387	962	645	648	969	955	573	1055
Y	21.0	18.0	24.7	23.9	20.6	22.1	19.9	22.5	23.5	23.2	21.8	22.3
Zr	320	198	271	354	310	324	207	305	334	354	315	318
Nb	54.0	29.0	43.9	59.2	43.9	56.0	30.4	41.5	55.1	60.6	43.6	51.1
Cs	8.32	0.49	1.74	4.55	0.11	3.93	0.40	0.97	6.67	3.44	0.22	4.86
Ba	217	113	224	245	72.8	253	123	143	219	218	264	243
Hf	7.55	4.48	5.98	7.62	6.96	7.58	4.72	6.74	7.65	7.89	7.30	7.49
Ta	4.18	2.38	3.54	4.41	3.56	4.39	2.51	3.61	4.74	4.47	3.91	4.47
Pb	3.53	3.94	3.88	3.89	4.89	4.46	4.21	4.96	3.60	4.37	4.27	3.13
Th	4.53	2.91	3.22	5.11	5.96	4.86	3.30	5.27	5.02	5.30	5.88	4.85
U	1.87	0.87	1.31	2.11	1.68	1.98	0.94	2.03	1.93	2.44	2.06	2.00
La	38.6	23.1	34.3	44.3	30.4	41.6	25.1	35.7	42.3	42.2	36.0	40.3
Ce	75.5	47.1	66.4	86.4	64.5	80.8	50.6	66.8	79.4	85.8	70.0	75.7
Pr	8.93	5.20	7.60	9.40	7.53	9.30	5.65	7.27	8.82	9.99	7.72	8.57
Nd	36.6	21.0	32.0	37.6	30.5	37.8	23.1	28.3	36.3	38.5	30.8	36.5
Sm	7.24	4.70	7.00	7.33	6.24	7.61	5.17	6.36	7.85	7.75	6.45	7.82

续表

编　号	MD01	MD02	MD04	MD06	MD08	MD15	MD16	MD17	MD19	MD20	MD22	MD23
岩　性	玄武岩	玄武岩	玄武岩	玄武岩	玄武岩	玄武岩	玄武岩	玄武岩	玄武岩	玄武岩	玄武岩	玄武岩
Eu	2.29	1.66	2.50	2.61	2.02	2.51	1.81	2.27	2.66	2.61	2.15	2.51
Gd	5.97	4.52	6.47	6.96	5.77	6.49	4.89	5.94	6.55	7.19	5.99	6.34
Tb	0.95	0.69	0.92	1.02	0.87	0.97	0.77	0.86	0.95	1.09	0.89	0.92
Dy	4.84	3.68	5.05	5.19	4.50	5.11	3.97	4.40	4.97	5.56	4.67	4.82
Ho	0.92	0.70	0.99	0.94	0.83	0.94	0.76	0.87	0.97	0.98	0.91	0.95
Er	2.38	2.02	2.82	2.67	2.30	2.47	2.25	2.63	2.82	2.62	2.55	2.63
Tm	0.29	0.24	0.34	0.32	0.28	0.29	0.27	0.31	0.33	0.33	0.31	0.31
Yb	1.94	1.58	2.21	2.19	1.90	2.08	1.76	2.04	2.15	2.36	2.13	1.98
Lu	0.28	0.21	0.28	0.31	0.26	0.29	0.23	0.26	0.28	0.31	0.27	0.28
$(La/Yb)_N$	14.24	10.46	11.12	14.48	11.46	14.34	10.20	12.58	14.10	12.80	12.15	14.58
$(Ce/Yb)_N$	10.80	8.25	8.34	10.94	9.43	10.78	7.98	9.10	10.25	10.09	9.15	10.61
Eu/Eu^*	1.03	1.09	1.12	1.10	1.01	1.06	1.08	1.11	1.10	1.05	1.04	1.05

a)表内常量元素由中国科学院地球化学研究所采用湿法分析;微量及稀土元素由香港大学采用 ICP-MS 法分析(2004)。$Mg^{\#}=Mg^{2+}/[Mg^{2+}+Fe^{2+}(全铁)]$;$Eu/Eu^*=Eu_N/(Sm_N+Gd_N)^{1/2}$,球粒陨石标准化值引自文献[4]。

3　微量及稀土元素地球化学特征

麻当钠质碱性玄武岩稀土总量较高,一般为 $134\times10^{-6}\sim231\times10^{-6}$,平均为 196.09×10^{-6};轻、重稀土分异明显,$\sum LREE/\sum HREE=3.20\sim4.41$,平均为 3.92;岩石 $(La/Yb)_N=10.20\sim14.58$,平均为 12.71;$(Ce/Yb)_N$ 介于 $7.98\sim10.94$,平均为 9.64;岩石仅有微弱的正 Eu 异常,$Eu/Eu^*=1.01\sim1.12$,平均为 1.07。在球粒陨石标准化配分图(图 2a、b)中,岩石显示出右倾负斜率轻稀土中强富集型分布模式,与典型的板内 OIB 型碱性玄武岩稀土元素地球化学特征完全一致[5]。

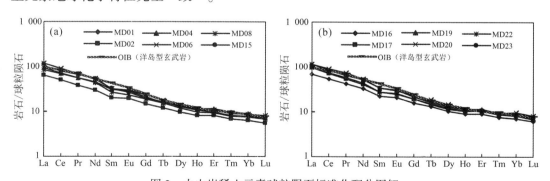

图 2　火山岩稀土元素球粒陨石标准化配分图解
球粒陨石标准化值和洋岛玄武岩数据引自文献[4];图中编号对应表 1 中的样品编号

微量元素原始地幔标准化配分模式(图 3a、b),总体显示其为隆起型分布型式。曲线前半部呈较明显的 Ba、Th、U 尤其是 Nb 和 Ta 的富集,而曲线后半部 Nd、Hf、Sm、Y、Yb 等富集度相对较低,总体表现出 OIB 型玄武岩的地球化学特性[5]。然而,在配分曲线中有显著的 K 和 Rb 负异常,这种特殊的地球化学特征与青藏高原北部广泛分布的新生代钾质、超钾质火山岩明显不同[6-10]。从图 3 中还可以看到,本区玄武岩存在弱的 Ti 负异常。

该组玄武岩 Ti/V 为 63.41~127.96(平均 84.22);Th/Ta 为 0.91~1.67(平均 1.23);Th/Y 值十分稳定,在 0.13~0.29 范围内,平均为 0.21;Ta/Yb 为 1.43~2.25,平均为 1.89,表明本区玄武岩富集部分大离子亲石元素,尤其是 Nb、Ta 强烈富集的特征显示了明显的板内 OIB 型源区特征,而其 K 和 Rb 的显著亏损,又明显不同于典型的板内火山岩大多强烈富集钾系元素的一般规律[11],同时与大洋中脊拉斑玄武岩以及岛弧火山岩显著不同[5]。

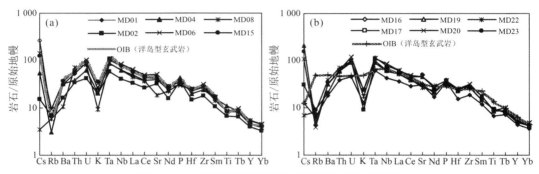

图 3　火山岩不相容元素原始地幔标准化配分图解
原始地幔标准化值和洋岛玄武岩数据引自文献[4];图中编号对应表 1 中的样品编号

4　同位素地球化学特征

麻当钠质碱性玄武岩 3 个样品的 Sr-Nd-Pb 同位素分析结果列于表 2 中。由表 2 可以看到,本区玄武岩具有中等含量的 Sr,以及相对低 Nd 的同位素地球化学特征,$^{87}Sr/^{86}Sr$ = 0.704 071~0.704 693(平均 0.704 343),ε_{Sr} = +90.83~+95.52(平均 +92.95),$^{143}Nd/^{144}Nd$ = 0.512 409~0.512 513(平均 0.512 451),ε_{Nd} = −0.66~−0.53(平均 −0.59),表现出和板内环境的 OIB 型碱性玄武岩相似的同位素地球化学特征[12]。随着 3 个样品 SiO_2 含量的变化(45.83%~50.82%),其同位素组成并没有显著变化,从而表明该套岩石来源于一个均一的地幔源区。由于该套火山岩是新生代以来的产物,同位素组成没有随着时间演化发生明显变化,故其同位素地球化学特征可以反映源区性质[13]。

根据 $^{143}Nd/^{144}Nd$-$^{87}Sr/^{86}Sr$ 相关图解(图 4,图 4 中地幔元数据引自文献[14]),本区玄武岩的 Sr-Nd 同位素变化特征具有显著的源区混合的特征,投影点趋近于 EM Ⅰ 和 BSE。本区玄武岩 $^{206}Pb/^{204}Pb$ = 18.699 0~18.849 8(平均 18.765 6),$^{207}Pb/^{204}Pb$ = 15.846 2~15.973 6(平均 15.890 2),$^{208}Pb/^{204}Pb$ = 39.305 3~39.819 8(平均 39.493 4)。在 Hugh (1993)[15] 提出的 Pb 同位素成分系统变化图解(图 5)中,本区玄武岩无论是在 $^{207}Pb/^{204}Pb$-$^{206}Pb/^{204}Pb$ 图解中还是在 $^{208}Pb/^{204}Pb$-$^{206}Pb/^{204}Pb$ 图解中,均位于 Th/U = 4.0 的北半球参考线(NHRL)之上,表现出类似于 EM Ⅱ、BSE 或 PREMA 等地幔端元的同位

素组成,并显示出显著偏高的 ^{207}Pb 和 ^{208}Pb 同位素组成。在 Sr-Pb 和 Nd-Pb 同位素系统变化图解(图6)中,样品投点于 PREMA、BSE 和 EMⅡ等端元的过渡部位。

表2　青藏高原东缘麻当玄武岩 Sr-Nd-Pb 同位素分析结果[a]

编　号	MD20	MD22	MD23
岩　性	玄武岩	玄武岩	玄武岩
U	2.44	2.06	2.00
Th	5.30	5.88	4.85
Pb	4.37	4.27	3.13
^{206}Pb/^{204}Pb	18.699 0±7	18.849 8±4	18.747 9±6
^{207}Pb/^{204}Pb	15.846 2±6	15.973 6±4	15.850 7±5
^{208}Pb/^{204}Pb	39.305 3±16	39.819 8±12	39.355 2±13
Rb	2.48	5.29	4.68
Sr	955	573	1055
^{87}Rb/^{86}Sr	0.007 5	0.026 7	0.012 8
^{87}Sr/^{86}Sr	0.704 071±8	0.704 693±9	0.704 265±7
ε_{Sr}	+90.83	+95.52	+92.50
Sm	7.75	6.45	7.82
Nd	38.5	30.7	36.5
^{147}Sm/^{144}Nd	0.121 6	0.126 8	0.129 4
^{143}Nd/^{144}Nd	0.512 432±	0.512 409±8	0.512 513±5
ε_{Nd}	−0.66	−0.53	−0.59
Δ8/4Pb	107	140	106
Δ7/4Pb	33	44	33
T_{DM}/Ma	737	745	740

　　a)U、Th 和 Pb 丰度采用 ICP-MS 法分析;Sm、Nd、Rb、Sr 及其同位素比值采用同位素稀释法分析(西北大学大陆动力学国家重点实验室,2005)。

　　ε_{Nd}的计算公式为

　　$\varepsilon_{Nd} = [(^{143}Nd/^{144}Nd)_m/(^{143}Nd/^{144}Nd)_{CHUR} - 1] \times 10^4$。式中,$(^{143}Nd/^{144}Nd)_{CHUR} = 0.512\ 638$。

　　ε_{Sr}的计算公式为

　　$\varepsilon_{Sr} = [(^{87}Sr/^{86}Sr)_m/(^{87}Sr/^{86}Sr)_{UR} - 1] \times 10^4$。式中,$(^{87}Sr/^{86}Sr)_{UR} = 0.698\ 990$。

　　T_{DM}的计算公式为

　　$T_{DM} = \dfrac{1}{\lambda}\ln\{[(^{143}Nd/^{144}Nd)_S - (^{143}Nd/^{144}Nd)_{DM}]/[(^{147}Sm/^{144}Nd)_S - (^{147}Sm/^{144}Nd)_{DM}]+1\}$。式中,$\lambda = 6.54 \times 10^{-12}\ a^{-1}$,$(^{143}Nd/^{144}Nd)_{DM} = 0.513\ 15$,$(^{147}Sm/^{144}Nd)_{DM} = 0.213\ 7$。

　　计算结果(表2)表明,本区玄武岩 Δ8/4Pb 为106~140,Δ7/4Pb 亦较高,介于33~44。通常,DUPAL 异常具有如下特征[16-17]:①高 ^{87}Sr/^{86}Sr(大于0.705 0);②Δ8/4Pb 大于60,Δ7/4Pb 亦偏高。麻当玄武岩 Pb 同位素特征表明,其偏高的 Δ7/4Pb 和明显大于60的 Δ8/4Pb 比值,显示了显著的 DUPAL 异常特征。然而,其^{87}Sr/^{86}Sr(0.704 071~0.704 693)却略低于典型的 DUPAL 异常地幔源。

　　该套岩石富集 LREE 及 LILEs 的特征,表明其源区不可能是单一的 PREMA 或 BSE

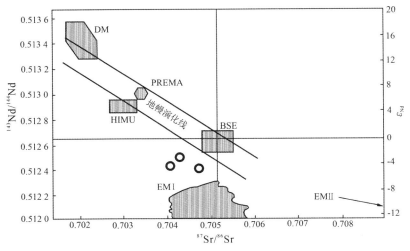

图 4 麻当钠质碱性玄武岩^{143}Nd/^{144}Nd-^{87}Sr/^{86}Sr 图解

DM:亏损地幔;PREMA:原始地幔;EM I:I 型富集地幔;EM II:II 型富集地幔;

HIMU:异常高^{238}U/^{204}Pb 地幔。地幔端元的数据引自文献[14]

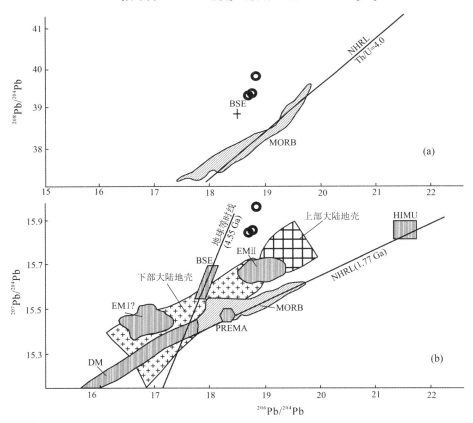

图 5 麻当钠质碱性玄武岩铅同位素组成图解[15]

数据来源同图 4

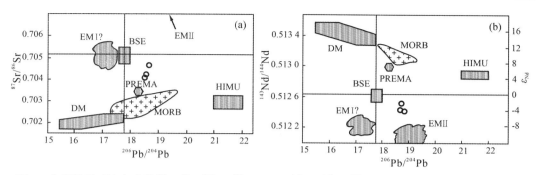

图6 麻当钠质碱性玄武岩 $^{87}Sr/^{86}Sr$-$^{206}Pb/^{204}Pb$(a)和 $^{143}Nd/^{144}Nd$-$^{206}Pb/^{204}Pb$(b)同位素组成图解[14]

数据来源同图4

地幔端元,因为起源于这 2 个端元的玄武岩一般都表现为 LREE 平坦及 $\varepsilon_{Nd} > 0$ 的特征[16-21]。因此,麻当钠质碱性玄武岩可能起源于具有 EMII特征的软流圈地幔的部分熔融。

5 岩浆起源和源区性质

已有的研究资料表明,玄武质火山岩的地球化学和同位素地球化学资料能对地幔岩浆源区性质做出有效约束。但是,只有在对岩浆作用过程详细分析的基础上才能为其源区性质的判断提供有效约束,因为岩浆作用过程中的同化混染或岩浆混合作用很容易大大改变岩石的同位素组成。麻当钠质碱性玄武岩的不发育 Nb、Ta 负异常,高镁(MgO 含量平均 6.95%,Mg#平均 0.63)特征表明,该套岩石没有受到明显的地壳物质的混染。La/Sm-La 图解可以很容易判别一组相关岩石的成岩作用方式[22]。从图7a 中可以看到,本区玄武岩随着 La 丰度增高,La/Sm 值十分稳定(2.63~3.28),基本保持为一常数,说明它们为岩浆分离结晶而形成的火山岩组合类型,Zr/Sm-Zr 图解(图7b)显示了同样的特征。

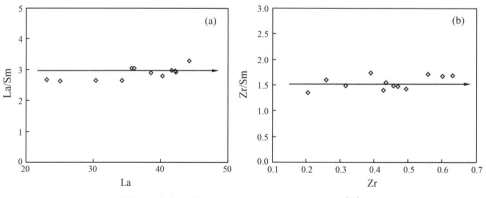

图7 火山岩的 La-La/Sm 和 Zr-Zr/Sm 图解[22]

需要指出的是,这套火山岩不同于消减带或碰撞造山带钙碱质火山岩系[5],亦不同于青藏高原北部广泛分布的钾质、超钾质新生代火山岩系[6-10]。其属于钠质碱性玄武岩浆系列,岩石中显著地富集了 Ba、Th、U、Nb 和 Ta 而强烈亏损 K 和 Rb。从稀土元素 Sm 和 Yb 丰度来看,本区玄武岩较高的 Sm/Yb 值(Sm/Yb=3.20~4.31),表明源区存在石榴石的残留[23-25]，岩石较大的重稀土分馏[(La/Yb)$_N$介于 10.20～14.58]亦指示其源区应为石榴石橄榄岩地幔[26]，这表明麻当钠质碱性玄武岩起源深度较大，可能来源于软流圈地幔的部分熔融。

6 深部动力学意义的讨论

如前所述，麻当钠质碱性玄武岩表现出 OIB 型碱性玄武岩的地球化学和同位素地球化学特征，近年的研究表明这种类型的岩浆活动一般和地幔柱活动或深部地幔对流活动有关[27]。但是，用这种模式很难解释麻当钠质碱性玄武岩的成因，因为地幔柱活动或深部地幔对流作用一般表现为区域性的地热异常和大规模的碱性岩浆活动，而麻当钠质碱性玄武岩的围岩为白垩系的一套未发生变质作用的粉砂岩或粉砂质泥岩，从而表明该区自白垩纪以来没有发生过区域性的热异常；再者，麻当钠质碱性玄武岩产出的规模很小，不太可能和大规模的地幔柱作用有关。

考虑到麻当玄武岩产出的特殊构造位置－西秦岭－松潘构造结(图 8)，我们认为麻当玄武岩的岩石地球化学及同位素地球化学特征反映出了研究区在晚白垩－新生代时期深部动力学过程主要表现为青藏高原、扬子及华北地幔的汇聚。麻当玄武岩正是由于青藏高原东缘西秦岭－松潘构造结在新生代早期处于多块体汇聚的特殊构造环境，诱发深部混合型软流圈地幔的部分熔融，形成麻当钠质碱性玄武岩的原生岩浆，该岩浆体系在上升及喷发过程中经历了共源岩浆的结晶分异和演化，从而形成该区新生代钠质碱性玄武岩系列和组合。显然，该区深源岩浆岩成因及其大陆动力学意义的深入研究，揭示了控制中国大陆现今构造与演化的三大构造动力学体系交接转换的构造动力学机制。

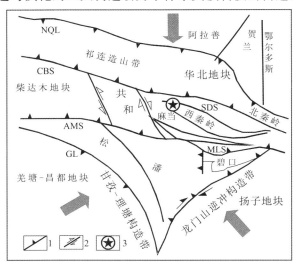

图 8 西秦岭－松潘构造结及麻当玄武岩产出的大地构造位置简图[28]

1.主干断裂(包括缝合带)；2.西秦岭及共和拗拉谷构造线；3.麻当玄武岩的位置。

CBS:柴北缘古缝合带；SDS:商丹古缝合带；KLS:东昆中古缝合带；AMS:阿尼玛卿古缝合带；

NQL:北祁连缝合带；MLS:勉略古缝合带；GL:甘孜－理塘缝合带

参考文献

[1] Pearce J A.The role of sub-continental lithosphere in magma genesis at destructive plate margins.In: Hawkesworth C J, et al. Continental Basalts and Mantle Xenoliths. Nantwich Shiva, 1983:230-249.

[2] Irvine T N, Baragar W A R.A guide to the chemical classification of the common volcanic rocks.Can J Earth Sci, 1971, 8:523-548.

[3] Winchester J A, Floyd P A.Geochemical discrimination of different magmas series and their differentiation products using immobile elements.Chemical Geology, 1977, 20:325-343.

[4] Sun S S, McDonough W F.Chemical and isotopic systematics of oceanic basalts: Implications for mantle composition and processes, In:Saunders A D, Norry M J. Magmatism in the Ocean Basin.Geol Soc Spec Publ, 1989, 42:313-345.

[5] Wilson M.Igneous petrogenesis.London:Unwin Hyman Press, 1989:295-323.

[6] 赖绍聪,刘池阳, O'Reilly S Y.北羌塘新第三纪高钾钙碱性火山岩系的成因及大陆动力学意义.中国科学:D辑,地球科学,2000,31(增刊):34-42.

[7] Lai S C, Liu C Y, Yi H S.Geochemistry and petrogenesis of Cenozoic andesite-dacite association from the Hoh Xil region, Tibetan plateau.International Geology Review, 2003, 45:998-1019.

[8] Miller C, Schuster R, Klotzli U,et al.Post-collisional potassic and ultrapotassic magmatism in SW Tibet: Geochemical and Sr, Nd, Pb, O isotopic constraints for mantle source characteristics and petrogenesis. J Petrol, 1999, 40:1399-1424.

[9] Ding L, Kapp P, Zhong D L,et al.Cenozoic volcanism in Tibet: Evidence for a transition from oceanic to continental subduction.Journal of Petrology, 2003, 44:1833-1865.

[10] 邓万明,孙宏娟,张玉泉.青海囊谦盆地新生代火山岩的K-Ar年龄.科学通报,1999,23(24): 2554-2558.

[11] 刘英俊,曹励明,李兆麟,等.元素地球化学.北京:科学出版社, 1984:50-372.

[12] Wood D A, Joron J L, Treuil M, et al. Elemental and Sr isotope variations in basic lavas from Iceland and the surrounding sea floor. Contrib Mineral Petrol, 1979, 70:319-339.

[13] Dickin A P.Radiogenic isotope geology.London:Cambridge University Press, 1995:42-135.

[14] Zindler A, Hart S R.Chemical geodynamics. Annu Rev Earth Planet Sci, 1986, 14:493-573.

[15] Hugh R R.Using geochemical data.Singapore:Longman Singapore Publishers, 1993:234-240.

[16] Hart S R.A large-scale isotope anomaly in the Southern Hemisphere mantle.Nature, 1984, 309:753-757.

[17] Hart S R.Heterogeneous mantle domains:Signatures, genesis and mixing chronologies.Earth Planet Sci Lett, 1988, 90:273-296.

[18] Hofmann A W, White W M. Mantle plumes from ancient oceanic crust.Earth Planet Sci Lett, 1982, 57: 421-436.

[19] Wilson M.Geochemical signatures of oceanic and continental basalts:A key to mantle dynamics? J Geol Soc London, 1993, 150:977-990.

[20] Hawkesworth C J, Mantovani M, Peate D.Lithosphere remobilization during Parana CFB magmatism. Journal of Petrology, Special Lithosphere Issue, 1988:205-223.

[21] Hawkesworth C J, Kempton P T, Rogers N W, et al. Continental mantle lithosphere, and shallow level

enrichment processes in the Earth's mantle. Earth Planet. Sci Lett, 1990, 96:256-268.

[22] Allegre C J, Minster J F.Quantitative method of trace element behavior in magmatic processes.Earth Planet Sci Lett, 1978, 38:1-25.

[23] Yardley B W D, Valley J W.The petrologic case for a dry lower crust.Journal of Geophysical Research, 1997, 102:12173-12185.

[24] Patino Douce A E, McCarthy T C.Melting of crustal rocks during continental collision and subduction. Netherlands:Kluwer Academic Publishers, 1998:27-55.

[25] Defant M J, Drummond M S.Mount St Helens:potential example of the partial melting of the subducted lithosphere in a volcanic arc.Geology, 1993, 21:547-550.

[26] 喻学惠,莫宣学,廖忠礼,等.西秦岭石榴石二辉橄榄岩和石榴石二辉岩包体的温度和压力条件.中国科学:D辑,地球科学,2001,31(增刊):128-133.

[27] Lundstrom, C C, Hoernle K, Gill J. U-series disequilbiria in volcanics from Canary Islands:Plume versus lithospheric melting.Geochimica et Cosmochimica,2003,67:4153-4177.

[28] 张国伟,郭安林,姚安平,等.中国大陆构造中的西秦岭-松潘大陆构造结.地学前缘, 2004, 11 (3):23-32.

扬子板块西缘新元古代典型中酸性岩浆事件及其深部动力学机制:研究进展与展望①②

赖绍聪 朱 毓

摘要:华南板块发育有巨量新元古代岩浆岩,因而是研究罗迪尼亚(Rodinia)超大陆演化期间华南板块地幔属性、地壳演化和壳幔相互作用最理想的场所。虽然在扬子西缘新元古代镁铁质和酸性岩浆作用方面已有大量的研究,但在系统研究中酸性花岗岩类所代表的不同深部动力学意义方面还较为薄弱。文章基于团队近期对于扬子板块西缘新元古代典型花岗岩类的研究成果,系统揭示不同深度层次的岩浆作用。最新研究支持扬子西缘新元古代受控于俯冲构造背景,除发生俯冲流体和板片熔体交代地幔作用外,最新识别的 ca. 850~835 Ma 高 $Mg^\#$ 闪长岩指示俯冲沉积物熔体也参与了地幔交代作用。Ca. 840~835 Ma过铝质花岗岩的发现,说明扬子西缘新元古代时期不仅存在新生镁铁质下地壳的熔融,也发生了俯冲背景下成熟大陆地壳物质的重熔。Ca. 780 Ma I 型花岗闪长岩-花岗岩组合揭示了俯冲阶段后期板片回撤断离后软流圈地幔瞬时上涌引发的不同地壳层次的岩浆响应。从 ca. 800 Ma 的增厚下地壳来源的埃达克质花岗岩到 ca. 750 Ma 的酸性地壳来源的 A 型花岗岩的出现,表明扬子西缘新元古代时期经历了俯冲有关的地壳增厚到俯冲后期弧后扩张背景下的区域性地壳减薄。

超大陆的汇聚和裂解在全球地质演化过程中扮演着重要的角色(Cawood et al., 2016),直接影响着地球内外部圈层的演化和相互联系,如岩浆作用、沉积盆地、生物演化、气候变化等(郑永飞,2003;Zheng et al., 2013)。罗迪尼亚(Rodinia)超大陆的重建对于理解前寒武纪时期全球大陆构造格局至关重要(Zheng et al., 2004;Li et al., 2008a、b;Zhao and Cawood, 2012;Cawood et al., 2016)。作为东亚地区最大的板块之一(Zhao and Cawood, 2012),华南板块发育有大量新元古代中酸性岩浆岩和镁铁质-超镁铁质岩石,这些岩石被认为是晚中元古-新元古代时期 Rodinia 超大陆汇聚与裂解过程的产物(Wang et al., 2013, 2014;Zheng et al., 2013;Zhao et al., 2018),记录着该时期华南板块的地幔属性、地壳演化和壳幔相互作用信息,从而成为探索 Rodinia 超大陆演化进程的重

① 原载于《地质力学学报》,2020,26(5)。
② 国家自然科学基金委创新群体项目(41421002);国家自然科学基金面上项目(41772052)。

要载体。近年来,不同学者从岩浆岩、碎屑锆石、地球物理、显微构造分析等多方面对扬子板块构造背景及其在 Rodinia 超大陆演化过程中的作用进行了深入研究,但关于地幔柱模式、板片-裂谷模式和岛弧模式的深部动力学机制依然存在较大争议。

花岗岩类是大陆地壳演化过程中分布最广的岩浆岩类型,对于其源区性质和成因机制的深入研究有助于我们系统地了解不同时期大地构造演化中岩浆作用的时空分布、大陆地壳的物质组成和演化规律(Hawkesworth and Kemp, 2006;Kemp et al., 2007;Clemens et al., 2009, 2016, 2017;Clemens and Stevens, 2012;Castro, 2013, 2014;王孝磊,2017;Cawood and Hawkesworth, 2019;王涛等,2019)。来源于深部地壳、俯冲陆壳、洋壳以及交代地幔源区的闪长质-花岗闪长质岩石为理解不同构造背景下地幔属性和壳幔相互作用过程提供了机遇(Defant and Drummond, 1990;Smithies and Champion, 2000;Kamei et al., 2004;Martin et al., 2005;Karsli et al., 2007, 2017;Qian and Herman, 2010;Chappell et al., 2012;Clemens et al., 2016, 2017)。因此,对于不同构造层次的花岗岩类的研究,能够有效地揭示地球不同深度层次的物质属性和相互关联。

长期以来,一些学者虽然对扬子板块西缘新元古代岩浆岩进行了大量研究,但对于中酸性花岗岩类或者具有特殊构造指示意义的花岗岩岩石组合以及它们所代表的深部动力学意义的系统研究相对较少。

本文基于团队近期对扬子西缘新元古代典型花岗岩体和花岗岩类岩石组合系统的岩石学、地球化学、锆石 U-Pb-Hf 同位素研究,结合实验岩石学理论和区域地质背景分析,对不同类型花岗岩类岩石和岩石组合的成因机制进行了详细探讨,旨在揭示 Rodinia 超大陆演化期间扬子板块西缘不同深度源区(地幔—镁铁质下地壳—成熟地壳)的岩浆响应,并综合了已有的研究成果,为扬子西缘新元古代时期深部动力学背景提供进一步约束。

1 区域地质概况

作为东亚地区最大的克拉通之一,华南板块由西北部的扬子板块和东南部的华夏板块在新元古代时期经江南造山带碰撞拼合而成(图1;Zhao et al., 2011;Zhao and Cawood, 2012;Wang et al., 2013, 2014a)。扬子板块北缘以东西向秦岭-大别-苏鲁造山带为界与华北克拉通相邻(图1a),西北缘以龙门山断裂带为界与松潘-甘孜地块相邻(图1b),西南缘以哀牢山-红河断裂为界与印支板块相邻(图1b;Gao et al., 1999;Zhao and Cawood, 2012;Zhao et al., 2018)。

扬子板块前寒武基底主要为元古代岩石,太古宙基底仅少量出露于扬子北缘的崆岭地区(Gao et al., 1999,2011)。太古宙崆岭杂岩分布范围大约为 360 km²,主要由酸性片麻岩、变沉积岩、角闪岩和镁铁质麻粒岩组成,其最古老的年龄为 ca. 3.45 Ga(Guo et al., 2014)。崆岭杂岩经历了高角闪岩相-麻粒岩相变质,其北部被古元古代(ca. 1.85 Ga)圈椅埫花岗岩侵入,南部被新元古代(ca. 820~750 Ma)黄陵花岗岩侵入(Xiong et al., 2009;Zhang et al., 2010;Peng et al., 2012;Zhao et al., 2013)。

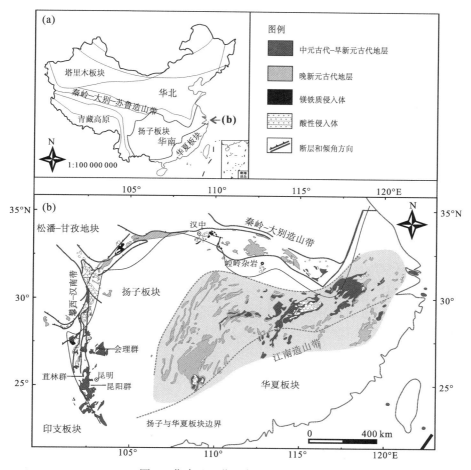

图 1　华南地理位置与区域地质简图

（a）华南地理位置；（b）华南区域地质简图。据 Zhao and Cawood（2012）和 Zhao et al.（2018）修改

扬子西缘古元古代-中元古代结晶基底主要是出露在西南缘的河口群、东川群和大红山群。河口群主要分布于扬子西南缘会理县城周边，由变沉积岩和变火山岩组成。岩石经历高绿片岩相-低角闪岩相变质，其内部不同层位的变凝灰岩指示河口群沉积年龄为 ca. 1.7 Ga（Chen et al., 2013）。东川群主要分布于扬子西南缘云南省东川地区，其底部因民组凝灰岩锆石 U-Pb 年龄显示东川群形成时间晚于古元古代（ca. 1 742 Ma）（Zhao et al., 2010）。大红山群主要分布在扬子西南缘云南大红山-沙漠地区，岩石经历了高绿片岩相-低角闪岩相变质作用，主要由变沉积岩和上覆火山角砾岩、凝灰岩和大理岩组成。锆石 U-Pb 年龄显示大红山群原岩形成于 ca. 1 711~1 659 Ma，变质作用发生于 ca. 850 Ma（杨红等，2012；Wang et al., 2014b）。

扬子西缘中元古代地层主要包括分布在西南缘滇中地区的昆阳群、川西南地区的会理群和滇北地区的苴林群。昆阳群约 10 km 厚，主要由陆源碎屑岩、碳酸盐和火山岩组成（Greentree et al., 2006），碎屑锆石约束上昆阳群的沉积年龄最年轻为 ca. 960 Ma

（Greentree et al., 2006；Sun et al., 2009）。会理群厚度大于 10 km，主要由变碎屑岩、变质碳酸盐和变火山岩组成（Li et al., 2013；Zhu et al., 2016）；上会理群由力马河组、凤山组和天宝山组组成，天宝山火山岩形成于 ca. 1 021~1 025 Ma（Zhu et al., 2016），侵位于下天宝山组的镁铁质岩墙形成于 ca. 1 023 Ma，侵入上会理组的会东花岗岩显示 SIMS 锆石 U-Pb 年龄为 ca. 1 048~1 043 Ma（Wang et al., 2019）。茛林群分布面积大约 800 km²，主要由下部的片麻岩、火山岩和大理岩，以及上部的石英岩、砂岩和碳酸盐岩组成。元谋地区茛林群的变质玄武岩 LA-ICP-MS 锆石 U-Pb 年龄为 ca. 1 043~1 050 Ma（Chen et al., 2014a）。除此以外，扬子西南缘分布大量晚中元古代（ca. 1 050~1 020 Ma）A 型英安岩、流纹岩、花岗岩和 S 型花岗岩（Chen et al., 2018；Zhu et al., 2020b）。

扬子西缘新元古代地层主要为攀枝花地区的盐边群，自下而上分为荒田组、渔门组、小坪组和乍古组。盐边群是一套绿片岩相变质的火山−沉积序列，分布面积约为 300 km²。碎屑锆石显示盐边群年龄为 ca. 1 000~865 Ma，峰值年龄为 ca. 920 Ma 和 ca. 900 Ma（Sun et al., 2008）。最早的（ca. 860 Ma）关刀山岩体侵入盐边群，限定盐边群沉积时限早于 ca. 860 Ma（Li et al., 2003；Du et al., 2014；Sun and Zhou, 2008）。此外，新元古代高家村−冷水箐镁铁质岩石（Zhao et al., 2019；Zhou et al., 2006a）、同德岩体和岩脉（Munteanu et al., 2010；Li and Zhao, 2018；Zhao et al., 2019）和大渡口镁铁质岩石侵入盐边群（Zhao and Zhou, 2007b；Zhao et al., 2019）。

2　构造模式

大量的地质年代学和地球化学研究表明，华南板块周缘新元古代中酸性岩石以及相关的镁铁质−超镁铁质岩石可能受控于地幔柱模型（Li et al., 1995, 1999, 2002, 2003, 2006, 2008a, 2009b；Ling et al., 2003；Zhu et al., 2008；Wang et al., 2008, 2011；李献华等, 2012；Wu et al., 2019）、岛弧模型（Zhou et al., 2002, 2006a、b；Sun et al., 2007；Zhao et al., 2008a, 2011, 2017, 2018, 2019；Wang et al., 2013, 2014；赖绍聪等, 2015；Lai et al., 2015；朱毓等, 2017；Li et al., 2018a、b；Li and Zhao, 2018；Zhu et al., 2019a~c, 2020a）和板块裂谷模型（Zheng et al., 2007, 2008）。

地幔柱模型认为，华南与 Rodinia 超大陆内部诸多大陆同时发育有广泛的 ca. 830~795 Ma 和 ca. 780~745 Ma 的双峰式岩浆活动，这些岩浆作用受控于超级地幔柱的上涌，该模式进一步指出华南板块位于超大陆的中心。有学者对比华南桂北地区 ca. 828 Ma 基性岩脉和澳大利亚地幔柱成因的 Gairdner 岩墙群（ca. 827 Ma），提出 ca. 825 Ma 的地幔柱引发华南新元古代大陆裂谷和岩浆活动（Li et al., 1999）。此外，一些与地幔柱成因相关的特征性镁铁质−超镁铁质岩石的发现亦支持华南地幔柱的存在。Li et al.（2002）对扬子西缘康滇裂谷苏雄组火山岩进行详细的地球化学研究发现，这些火山岩由碱性玄武岩和粗面岩以及流纹岩组成，显示双峰式火山岩特征。主量及微量元素数据表明其具有类似于夏威夷 OIB（板内洋岛玄武岩）和埃塞俄比亚 CFB（大陆溢流玄武岩）的地球化学特征，进而认为苏雄组双峰式火山岩形成于超级地幔柱诱发的大陆裂谷环境。Li et al.

（2006）进一步指出扬子西缘盐边地块并没有 ca. 830～740 Ma 的弧岩浆和蛇绿岩报道，因而 ca. 830～740 Ma 的镁铁质–超镁铁质侵入体形成于大陆裂谷环境。此外，扬子东南缘益阳玄武岩被认为具有与科马提岩类似的地球化学特征，这进一步指出超级地幔柱引发的高温（＞1 500 ℃）地幔熔体的存在。Wang et al.（2008）对扬子北缘碧口玄武岩进行系统研究发现，ca. 821～811 Ma 碧口玄武岩具有 CFB 的特征，数值模拟显示地幔潜在温度为 1 400～1 550 ℃，明显高于 MORB（大洋中脊玄武岩）源区的地幔温度。Zhu et al.（2008）指出盐边地区新元古代镁铁质岩墙具有板内玄武岩的地球化学属性，形成于与地幔柱有关的陆内裂谷环境。Wang et al.（2011）对华南新元古代岩浆锆石 O 同位素进行研究后指出，华南新元古代低的锆石 $\delta^{18}O$ 岩浆岩是地幔柱和大陆裂谷构造背景高温环境下水与岩浆相互作用的结果。此外，Wu et al.（2019）对碧口地区酸性火山岩进行了系统的岩石地球化学分析，这些 ca. 820～810 Ma 酸性火山岩部分显示 A 型花岗岩的特征，指示一个扩张的背景。总之，巨量特征性的镁铁质岩石与基性岩脉的研究支持 Rodinia 超级地幔柱的存在。

　　岛弧模型则认为，新元古代时期扬子板块周缘受大洋板块俯冲作用的影响，华南广泛的新元古代岩浆作用受控于攀西–汉南弧和江南弧，华南板块处于 Rodinia 超大陆的边缘位置。Zhou et al.（2002）指出，扬子板块西缘康定–丹巴–米易地区 ca. 860～760 Ma 花岗片麻岩具有明显的弧地球化学属性，并进一步识别出了盐边地区 ca. 840 Ma 的弧后沉积盆地以及侵入其中的 ca. 812～806 Ma 高家村–冷水箐基性–超基性岩，结合印度与华南在古地磁和岛弧体系方面的相似性，认为华南位于 Rodinia 超大陆的边缘（Zhou et al.，2006a）。此外，他们还识别出了 ca. 750 Ma 雪隆堡埃达克质英云闪长岩和花岗闪长岩，认为这些富钠的埃达克质花岗岩来源于俯冲大洋板片的部分熔融，进而为华南新元古代时期大洋板片俯冲提供了直接的证据（Zhou et al.，2006b）。此后，Zhao and Zhou（2007b）对攀枝花地区 ca. 740 Ma 的橄榄辉长岩和角闪辉长岩进行了详细的地球化学研究，结果显示其来源于与俯冲流体和板片熔体有关的交代地幔源区的部分熔融；他们也指出，攀枝花地区 ca. 760 Ma 大田和大尖山埃达克质花岗岩类来源于俯冲板片的部分熔融（Zhao and Zhou，2007a）。Munteanu et al.（2010）认为，同德岩体展现出钙碱性特征和弧地球化学属性，扬子板块西缘在中–新元古代时期处于一个安第斯型大陆边缘环境。Du et al.（2014）对关刀山岩体进行详细研究发现，该岩体具有明显亏损的全岩 Nd 同位素组分，结合微量元素特征指示其来源于受俯冲板片流体交代的地幔源区，并进一步指出 ca. 860 Ma 的关刀山岩体可能代表扬子板块西缘俯冲大洋板片初始俯冲的岩浆产物。

　　板块裂谷模式认为，晚中元古代时期扬子板块周缘洋壳俯冲导致岛弧岩浆岩的形成和陆壳增生，随后弧后盆地关闭，大量 ca. 960～860 Ma 的弧陆碰撞和同碰撞事件使岛弧岩石重熔，在 ca. 830～800 Ma，碰撞加厚造山带的构造垮塌使得中元古代地壳活化，弧下地幔熔融产生了高镁玄武岩。Zheng et al.（2007，2008）对扬子板块内部江南造山带以及攀西、康定地区新元古代火成岩进行详细的锆石 Hf-O 同位素研究，认为华南早期（ca. 825 Ma）的岩浆岩形成于弧陆碰撞造山带拉张垮塌熔融，而晚期（ca. 750 Ma）为大陆裂谷岩浆作用产物。

　　总之,已有的研究工作侧重于对扬子西缘镁铁质岩浆的系统研究(朱维光,2004;林广春,2006;李奇维,2018),而对于中酸性岩石和具有特殊构造意义的花岗岩岩石组合以及它们所代表的深部动力学意义的系统研究不足。而且,之前对于中酸性岩石的研究更多的是对新生镁铁质下地壳源区的讨论,而缺乏其他深度源区的岩浆信息。此外,对于扬子西缘中-晚新元古代时期构造转换进程的研究同样有待加强。基于此,文章结合团队近期对于扬子西缘不同地区典型花岗岩类和特征性岩石组合(图2)的研究,系统探究其岩浆成因和地质意义,旨在揭示扬子西缘从地幔到地壳不同深度源区(地幔—镁铁质下地壳—成熟地壳)的岩浆响应,并进一步为扬子西缘新元古代深部动力学机制提供有益的见解和约束。

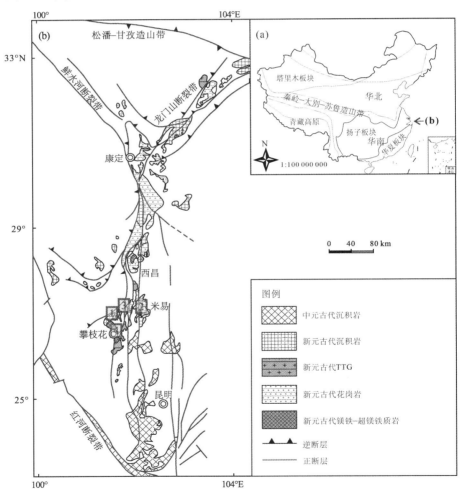

图 2　扬子板块西缘区域地质图及研究岩体地理位置

1.水陆地区高 Mg# 闪长岩;2.米易地区过铝质花岗岩;3.大陆地区 I 型花岗质岩石;

4.攀枝花-盐边地区辉长闪长岩-埃达克花岗岩-A 型花岗岩。

(a)扬子西缘地理位置;(b)扬子西缘区域地质简图。据 Zhao et al.(2019)修改

3 扬子西缘新元古代典型花岗岩类岩浆事件

3.1 扬子西缘新元古代俯冲流体与沉积物交代地幔岩浆作用:来自 ca. 850~835 Ma 水陆高 Mg# 闪长岩的约束

作为高镁安山岩的侵入等同体,高镁闪长岩具有中等 SiO_2 含量、高 MgO 含量或者 Mg# 值(Kelemen et al., 2004, 2007;Tatsumi, 2008;Qian and Hermann, 2010)。因为含有类似于平均大陆地壳的地球化学组分,高镁的中性岩石对于评估大陆地壳演化具有极其重要的意义(Smithies and Champion, 2000;Tatsumi, 2006;Qian and Hermann, 2010)。此外,高镁中性岩石具有的地壳和地幔属性的双重地球化学特征,同样引起人们广泛的兴趣(Kamei et al., 2004;Tatsumi, 2006;Qian and Hermann, 2010):一方面,它们的地幔指标值高(例如高的 Mg# 值和 MgO 含量以及 Cr、Ni 含量),显示出亲原始幔源岩浆的特性(Smithies and Champion, 2000;Tatsumi, 2006);另一方面,它们展现出富集大离子亲石元素和亏损高场强元素的特征,显示明显的镁铁质下地壳熔体属性(Smithies and Champion, 2000;Martin et al., 2005;Qian and Hermann, 2010)。大部分高镁中性岩石代表了上覆地幔楔熔体与俯冲组分(俯冲流体、俯冲沉积物熔体和俯冲大洋板片熔体)的平衡(Stern and Kilian, 1996;Shimoda et al., 1998, 2003;Martin et al., 2005;Hanyu et al., 2006;Tatsumi, 2006)。因此,研究高镁中性岩石可以为探索俯冲带岩浆作用详细过程提供重要的帮助。

对扬子板块西缘新元古代大量基性岩的研究已经表明,扬子西缘新元古代存在俯冲流体和板片熔体交代的地幔源区(Zhou et al., 2006a;Zhao and Zhou, 2007b;Sun and Zhou, 2008;Zhao et al., 2008a;Munteanu et al., 2010;Du et al., 2014;Meng et al., 2015;Zhu et al., 2019b)。但是,对于俯冲沉积物熔体交代的地幔岩浆作用的研究较少。因此,文章选取扬子西缘米易地区的水陆闪长岩岩体(图 3;Zhu et al., 2020a)进行综合的岩石地球化学研究。该岩体为一套中细粒的石英闪长岩,呈南北向展布,这些闪长质岩石包含的矿物主要有斜长石(40%~45%)、角闪石(20%~35%)、石英(10%~20%)以及很少的黑云母、辉石、磁铁矿和锆石。LA-ICP-MS 锆石 U-Pb 加权平均年龄显示这些闪长岩形成于 ca. 850~835 Ma;主量元素特征表明,它们属于钙碱性岩石,具有中等的 SiO_2 含量(57.08%~61.12%),高的 MgO 含量(3.36%~4.30%)和 Mg# 值(56~60,>50),显示高镁闪长岩的特征(图 4a~d;Smithies and Champion, 2000;Kelemen et al., 2014)。水陆高 Mg# 闪长岩属于正常的安山岩–英安岩–流纹岩系列(图 4e、f)。微量元素显示水陆高 Mg# 闪长岩具有富集的轻稀土元素和大离子亲石元素(Rb、Ba、Th、Sr 和 K),以及亏损的高场强元素(Nb、Ta、Zr 和 Hf)(图 5)。此外,它们有高的相容性元素含量(例如,Cr 含量 $60.2×10^{-6}~107×10^{-6}$,Ni 含量 $27.0×10^{-6}~47.6×10^{-6}$)。全岩 Sr-Nd 同位素研究表明,水陆高 Mg# 闪长岩具有低的全岩 $(^{87}Sr/^{86}Sr)_i$ 比值(0.703 4~0.704 2)和正的 $\varepsilon_{Nd}(t)$ 值(+3.26~+4.26)(图 6a)。锆石 Hf 同位素显示出明显亏损的特征 $[\varepsilon_{Hf}(t) = +8.43~+13.6]$(图 6b)。

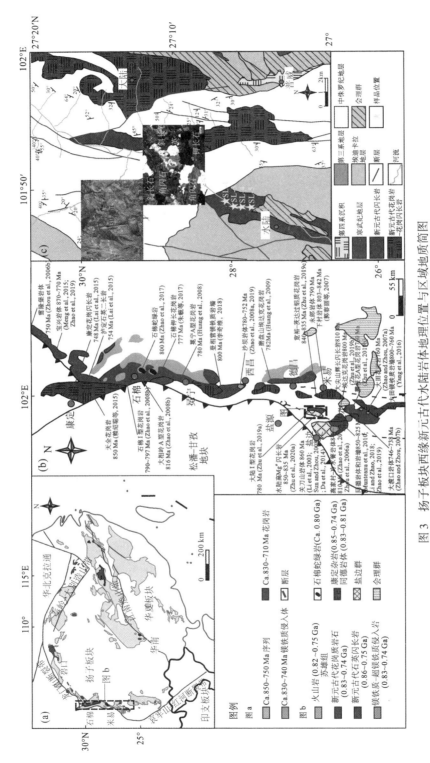

图 3 扬子板块西缘新元古代水陆岩体地理位置与区域地质简图

(a) 华南区域地质简图;(b) 扬子西缘区域地质简图;(c) 水陆岩体区域地质简图。据 Zhu et al. (2020a) 修改

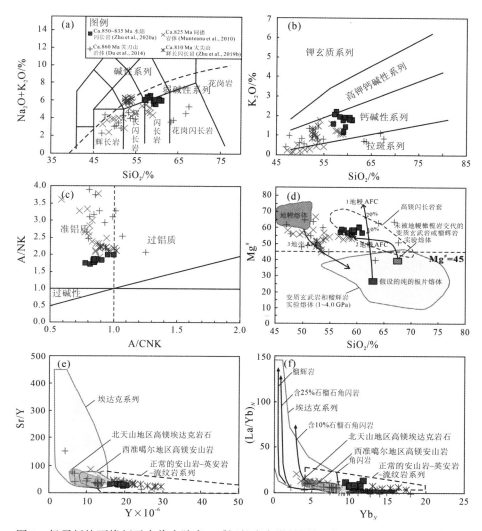

图 4　扬子板块西缘新元古代水陆高 $Mg^{\#}$ 闪长岩主微量图解（据 Zhu et al.，2020a 修改）

（a）$Na_2 + Ka_2 O$ vs. SiO_2 图解（Middlemost，1994）；（b）$K_2 O$ vs. SiO_2 图解（Roberts and Clemens，1993）；

（c）A/NK vs. A/CNK 图解（Frost et al.，2001）；（d）$Mg^{\#}$ vs. SiO_2 图解；（e）Sr/Y vs.Y 图解；

（f）$(La/Yb)_N$ vs. Yb_N 图解（Defant and Drummond，1990）

　　水陆高 $Mg^{\#}$ 闪长岩具有中等的 Sr 含量（$470×10^{-6} \sim 606×10^{-6}$）和 Y 含量（$16.2×10^{-6} \sim 20.5×10^{-6}$），以及低的 Sr/Y 比值（$26.6 \sim 32.3$）、低的 $(La/Yb)_N$ 比值（$6.26 \sim 13.5$）和高的 Yb_N 值（$9.36 \sim 11.7$）。这说明它们不是典型的板片熔体来源的埃达克岩石（图 4e、f；Defant and Drummond，1990）。均一的全岩 Nd 同位素和锆石 Hf 同位素特征以及缺少镁铁质包体和不平衡矿物对说明，水陆高 $Mg^{\#}$ 闪长岩不属于镁铁质与酸性岩浆混合的产物（Kemp et al.，2007；Karsli et al.，2017）。它们的 $Mg^{\#}$ 值（$56 \sim 60$，超出常规的 $40 \sim 45$ 范围）明显高于镁铁质下地壳组分部分熔融产生的熔体（图 4d）（Rapp and Watson，1995；Rapp et al.，1999），进一步指示它们不属于下地壳来源的闪长岩。事实上，水陆高 $Mg^{\#}$ 闪长岩

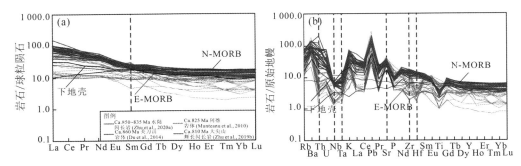

图 5　扬子板块西缘新元古代水陆高 $Mg^\#$ 闪长岩球粒陨石
标准化蛛网图和原始地幔标准化微量元素蛛网图

（a）水陆高 $Mg^\#$ 闪长岩球粒陨石标准化图；（b）水陆高 $Mg^\#$ 闪长岩原始地幔标准化微量元素蛛网图。
据 Sun and McDonough（1989）和 Zhu et al.（2020a）修改

具有接近于亏损地幔的 Sr-Nd-Hf 同位素组成（图6），说明其来源于地幔源区。高的 Cr
（$60.2\times10^{-6}\sim107\times10^{-6}$）、Co（$45.2\times10^{-6}\sim131\times10^{-6}$）、Ni（$27.0\times10^{-6}\sim47.6\times10^{-6}$）含量以
及低的 Nb/La 比值（$0.10\sim0.26$）也支持一个亏损的岩石圈地幔源区。因此，地球化学特
征说明水陆高 $Mg^\#$ 闪长岩可能来源于亏损的岩石圈地幔。需要注意的是，虽然这些闪长
岩表现出地幔属性，但它们同样显示出明显富集的特征，即富集轻稀土元素、大离子亲石

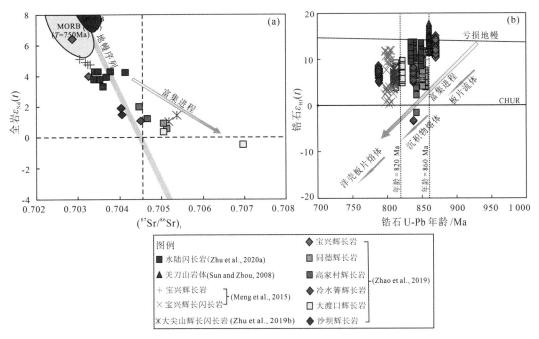

图 6　扬子板块西缘新元古代水陆高 $Mg^\#$ 闪长岩全岩 Sr-Nd 同位素和锆石 Hf 同位素图解

（a）水陆高 $Mg^\#$ 闪长岩全岩 $\varepsilon_{Nd}(t)$ vs.（$^{87}Sr/^{86}Sr$）$_i$ 图解；

（b）水陆高 $Mg^\#$ 闪长岩锆石 $\varepsilon_{Hf}(t)$ vs. 锆石 U-Pb 年龄图解。

据 Zhu et al.（2020a）修改

元素、Pb 和亏损 Nb、Ta 及 Ti。考虑到明显亏损且均一的 Nd-Hf 同位素特征,这些富集的特征并非来源于岩浆上升就位过程的地壳混染,很可能产生于地幔源区发生部分熔融之前的交代作用。实验研究已经表明,上地幔橄榄岩的含水熔融是产生高镁岩浆的合理机制(Tatsumi,2006)。来源于俯冲岩石圈的富集大离子亲石元素的含水流体能够为地幔楔的含水熔融提供条件(Crawford,1989;Hanyu et al.,2006)。水陆高 $Mg^{\#}$闪长岩属于钙碱性岩石且含有大量的角闪石矿物,这说明其原始地幔源区是含水的(Grove et al.,2002;Smith et al.,2009)。类似于俄罗斯 Kamchatka 地区的 Golovin 和 Belaya 弧火山岩(Kepezhinskas et al.,1997),水陆高 $Mg^{\#}$闪长岩具有高的 Rb/Y 比值(1.37~2.60)和 Ba 含量(441×10^{-6}~$1\,000\times10^{-6}$)以及低的 Nb/Y 比值(0.18~0.24)(图7a、b),这显示它们的原始熔体经历了俯冲流体有关的富集作用。更重要的是,这些高 $Mg^{\#}$闪长岩显示轻微的 Nd-Hf 同位素解耦特征(图7c),相较于亏损地幔,它们具有较低的 Nd-Hf 同位素。因为

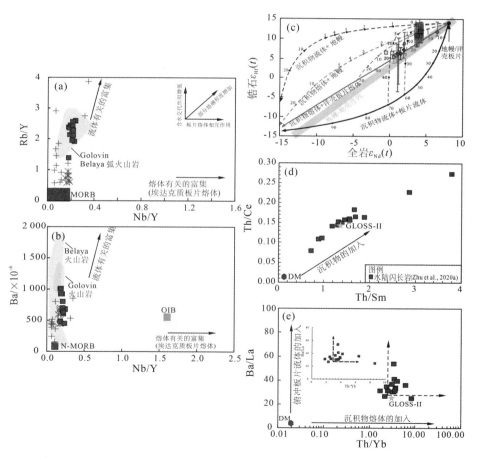

图7 扬子板块西缘新元古代水陆高 $Mg^{\#}$闪长岩俯冲组分判别图(据 Zhu et al.,2020a 修改)
(a)Rb/Y vs. Nb/Y 图解(Kepezhinskas et al.,1997);(b)Ba vs. Nb/Y 图解(Kepezhinskas et al.,1997);
(c)锆石 $\varepsilon_{Hf}(t)$ vs. 全岩 $\varepsilon_{Nd}(t)$ 图解(Zhao et al.,2019);(d)Th/Ce vs. Th/Sm 图解
(Guo et al.,2015;Zhang et al.,2019);(e)Ba/La vs.Th/Yb 图解(Hanyu et al.,2006 修改)

板片流体对于 Sm、Nd、Lu 和 Hf 具有低的相容系数(Bau,1991;Hanyu et al.,2006),所以低的 Nd-Hf 同位素(相较于亏损地幔)并不是由于地幔源区只经历了俯冲流体的交代作用,俯冲沉积物熔体可能参与了地幔交代进程(Guo et al.,2015;Zhao et al.,2018,2019)。这种由于俯冲沉积物交代地幔作用而产生的 Nd-Hf 同位素解耦现象已经在新元古代镁铁质–中性岩石中有所报道(Zhao et al.,2008a,2018,2019)。Th 元素在俯冲流体中是不流动的,但可以跟随俯冲沉积物熔体从俯冲板片转移到上覆地幔源区(Hawkesworth et al.,1997;Johnson and Plank,2000;Woodhead et al.,2001;Hanyu et al.,2006)。因此,富集的 Th 元素可以指示俯冲沉积物熔体的贡献。在原始地幔蛛网图上,不同于扬子西缘俯冲流体交代地幔来源的镁铁质–中性岩石(Du et al.,2014;Zhu et al.,2019a),水陆高 Mg# 闪长岩显示出明显富集的 Th 元素。相较于平均 N-MORB 组分(Th/Ce = 0.016)(Sun and McDonough,1989)和全球俯冲沉积物(Th/Ce = 0.12)(Plank and Langmuir,1998),它们显示明显高的 Th/Ce 比值(0.08~0.27)。它们亦具有比 N-MORB(Th/Yb = 0.04)(Sun and McDonough,1989)较高的 Th/Yb 比值(1.79~8.59)。此外,变化的 Th/Ce(0.08~0.27)和 Th/Sm(0.90~3.80)比值亦能证明俯冲沉积物的明显加入(图 7d)。最新的对于扬子西缘新元古代 ca. 850~840 Ma 辉长岩的研究(Zhao et al.,2019)指出,这些辉长岩显示出高的锆石 δ^{18}O 值和变化的 $\varepsilon_{Hf}(t)$ 值,这是由于地幔源区经历了俯冲沉积物熔体的交代作用。这进一步指出扬子西缘新元古代时期存在俯冲沉积物交代的地幔源区。因此,文章提出俯冲流体和沉积物熔体同时交代地幔源区,随后上覆地幔源区部分熔融产生了水陆高 Mg# 闪长岩。变化的 Th/Yb(1.79~8.59)和 Ba/La(24.5~53.6)比值,同样支持水陆高 Mg# 闪长岩的地幔源区受俯冲流体和沉积物熔体的共同交代作用(图 7e;Hanyu et al.,2006)。

水陆高 Mg# 闪长岩属于钙碱性岩石(图 4b),显示富集的轻稀土和大离子亲石元素、亏损的高场强元素(图 5)。这些地球化学特征类似于新元古代 ca. 860~810 Ma 弧属性的镁铁质–中性岩石(Munteanu et al.,2010;Du et al.,2014;Zhu et al.,2019a),充分说明它们具有弧岩浆属性。已有研究表明,不同的锆石微量元素比值可以反映不同的岩浆环境(Grimes et al.,2015)。水陆高 Mg# 闪长岩的锆石微量元素显示中等的 Hf 含量(6 393×10^{-6}~11 731×10^{-6})以及高的 U/Yb 值(0.17~1.54)(图 8a)和 Nb/Yb(17.7~68.6)值(图 8b),其高的 U/Yb(0.17~1.54)值显示大陆弧岩浆环境(0.1~4.0),进一步支持这些岩浆锆石来源于大离子亲石元素富集的含水熔体(Grimes et al.,2015)。此外,与来源于地幔柱环境(例如,夏威夷和冰岛)的岩浆锆石(图 8b)不同,水陆高 Mg# 闪长岩的锆石明显处于地幔锆石序列之上,显示与新元古代俯冲组分交代地幔来源的辉长岩相似的微量元素特征(图 8;Zhao et al.,2019)。因此,水陆高 Mg# 闪长岩形成于俯冲背景下,而并非地幔柱环境。水陆高 Mg# 闪长岩的识别,为扬子板块西缘新元古代俯冲构造环境提供了进一步的证据,并且从岩石地球化学角度揭示了扬子西缘俯冲背景下俯冲沉积物熔体有关的地幔交代作用。

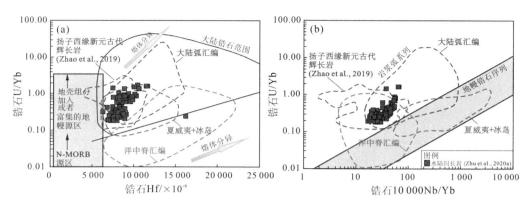

图8　扬子板块西缘新元古代水陆高 Mg# 闪长岩锆石微量元素图解(Zhu et al., 2020a)

(a)水陆高 Mg# 闪长岩锆石 U/Yb vs.Hf 图解;

(b)水陆高 Mg# 闪长岩锆石 U/Yb vs. 10 000 Nb/Yb 图解(Grimes et al., 2015;Zhao et al., 2019)

3.2　扬子西缘新元古代成熟大陆地壳的不平衡熔融:来自 ca. 840~835 Ma 宽裕-茨达过铝质花岗岩的见解

过铝质花岗岩具有高 A/CNK 值(>1.0),广泛出现在各种构造环境中(Chappell and White, 1992;Kemp et al., 2007;Patiño Douce, 1995)。大多数过铝质花岗岩被认为是在较为成熟地壳环境下,幔源岩浆上升引发沉积物(变泥质岩和变质杂砂岩)发生部分熔融的产物(Clemens, 2003;Chappell et al., 2012;Clemens et al., 2016)。虽然有报道显示一些过铝质花岗岩的形成涉及准铝质的火成岩原岩(玄武质到安山质岩石)(Chappell and White, 1992, 2001;Clemens, 2003;Chappell et al., 2012),但是成熟的沉积物组分在它们的岩浆进程中同样起到了关键的作用(Kemp et al., 2007;Chappell et al., 2012;Zhao et al., 2015;Clemens, 2018)。由此看来,探索过铝质花岗岩的岩石成因,能够为了解成熟大陆地壳组分的熔融提供至关重要的帮助。

扬子西缘新元古代镁铁质岩石、中性岩石、埃达克质岩石和钠质花岗岩已经被广泛研究,并用于评估地壳演化、地幔熔融和分异(Zhou et al., 2002, 2006a、b;Sun et al., 2007;Zhao et al., 2008a、b, 2010;Du et al., 2014;Lai et al., 2015;Li and Zhao, 2018;Zhu et al., 2019a、b)。Ca. 860~740 Ma 的镁铁质-中性岩石被认为主要来源于俯冲流体或熔体交代的地幔源区(Zhou et al., 2006b;Zhao and Zhou, 2007b;Sun and Zhou, 2008;Zhao et al., 2008a;Du et al., 2014)。Ca. 800~750 Ma 的埃达克质花岗岩被解释来自俯冲板片(Zhou et al., 2006a;Zhao and Zhou, 2007a)或增厚下地壳的部分熔融(Huang et al., 2009;Zhu et al., 2019b),而 ca. 800~750 Ma 的钠质花岗岩类被认为主要是镁铁质下地壳源区的产物(Lai et al., 2015;Zhao et al., 2008b;Zhu et al., 2019a)。由此看来,扬子西缘新元古代广泛的地幔和新生镁铁质下地壳的熔融已经被报道。然而,对于成熟大陆地壳物质部分熔融的研究仍然是空白。因此,文章选取扬子西缘米易地区宽裕-茨达过铝质花岗岩进行详细研究(图9),旨在揭示扬子西缘新元古代成熟大陆地壳岩浆作用(Zhu et al., 2019c）。

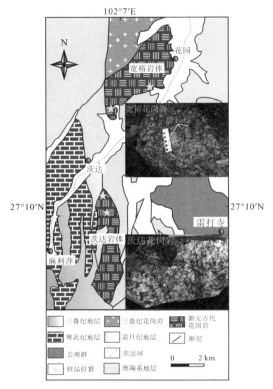

图 9 扬子板块西缘新元古代宽裕–茨达过铝质花岗岩体区域地质简图

据 Zhu et al.（2019c）修改；研究区位置见图 3b

宽裕–茨达花岗岩位于米易西北部花园镇附近，主要为中粒–中粗粒的黑云母花岗岩。宽裕花岗岩主要由 20%～30%钾长石，20%～25%斜长石，20%～25%石英，20%～15%黑云母和 0%～3%磁铁矿以及锆石组成；茨达花岗岩包含矿物主要为 15%～20%钾长石，0%～10%条纹长石，20%～25%斜长石，30%～35%石英，0～5%黑云母，磁铁矿和锆石。锆石 U-Pb 年龄显示这些花岗岩形成于 ca. 840～835 Ma，具有高的 SiO_2 含量（66.9%～75.6%）、K_2O/Na_2O（1.44～3.25）值、A/CNK 值以及低的 Mg# 值（17～33）（图 10）。微量元素特征表明，宽裕–茨达过铝质花岗岩显示类似中上地壳属性，具有富集的 Rb、Th、U、K 和 Pb，以及亏损的 Nb、Ta、Sr 和 Ti。全岩锆饱和温度计显示，这些过铝质花岗岩具有高的结晶温度（790～850 ℃）。不同于之前新元古代花岗岩类的同位素特征，宽裕–茨达过铝质花岗岩具有明显富集的 Nd 同位素特征[$\varepsilon_{Nd}(t) = -5.1～-2.9$]，锆石 Hf 同位素也主要显示负的 $\varepsilon_{Hf}(t)$ 值（-7.75～+3.31）（图 11）。

宽裕–茨达过铝质花岗岩形成于 ca. 840～835 Ma。它们显示高的 A/CNK 值（1.04～1.18），属于过铝质到强过铝质花岗岩（图 10a）。实验研究表明，过铝质中酸性熔体可以产生于地壳环境下准铝质玄武岩到安山岩的部分熔融（Rapp and Watson, 1995；Sylvester,

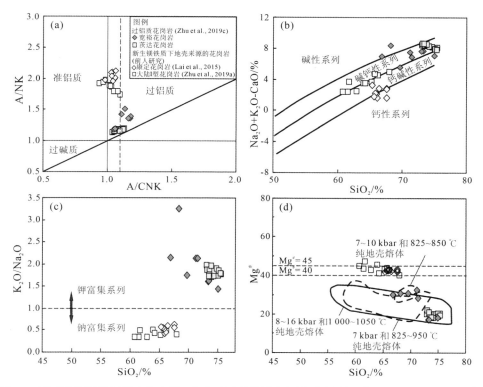

图 10　扬子板块西缘新元古代宽裕-茨达过铝质花岗岩主量元素图解（据 Zhu et al., 2019c 修改）

（a）A/NK vs. A/CNK 图解（Frost et al., 2001）；（b）（Na₂O+K₂O−CaO）vs. SiO₂图解（Frost et al., 2001）；

（c）K₂O/Na₂O vs. SiO₂ 图解（Moyen and Martin, 2012）；（d）Mg# vs. SiO₂图解

1998；Chappell, 1999；Sisson et al., 2005；Chappell et al., 2012）。然而，这样的源区产生的花岗岩一般具有低的 K_2O 含量和 K_2O/Na_2O 值（<1）。相反，宽裕-茨达过铝质花岗岩显示高的 K_2O 含量和 K_2O/Na_2O 值（<1）（图 10c），因此可以排除准铝质火成岩源区。之前大量的研究也指出，过铝质富硅熔体可以由成熟地壳源区变沉积物（泥质岩和杂砂岩）发生部分熔融形成（Sylvester, 1998；Clemens, 2003）。类似的，宽裕-茨达过铝质花岗岩含有高的 SiO_2 和 K_2O 含量以及高的 A/CNK 比值，说明源区主要为变质沉积岩而非变火成岩。这些过铝质花岗岩显示轻微分异的 HREE，低的（Gd/Yb）$_N$（1.85~4.66）和 Sr/Y 值（1.31~7.62），说明它们来源于石榴石稳定区域之上较浅的地壳源区（Patiño Douce, 1996；Rossi et al., 2002）。宽裕-茨达过铝质花岗岩具有变化的 CaO/Na_2O 值（0.09~0.65）和 Al_2O_3/TiO_2 值（25.3~88.4）以及中等的 Rb/Ba 值（1.68~3.86）和 Rb/Sr 值（0.32~0.85）（图 12a、b），指示它们来源于不均一的变沉积物源区（变泥质岩和变质杂砂岩）的部分熔融。不同于镁铁质下地壳源区的花岗岩，宽裕-茨达过铝质花岗岩高的摩尔 $Al_2O_3/(MgO+FeO^T)$ 值（2.04~5.23）和低的摩尔 $CaO/(MgO+FeO^T)$ 值（0.15~0.48），同样说明其来源于不均一的变沉积物源区（Altherr et al., 2000）（图 12c）。此外，富集的全岩 $\varepsilon_{Nd}(t)$（−5.1~−2.9）值和以负值为主的锆石 $\varepsilon_{Hf}(t)$ 值（−7.75~+3.31）以及古老的二

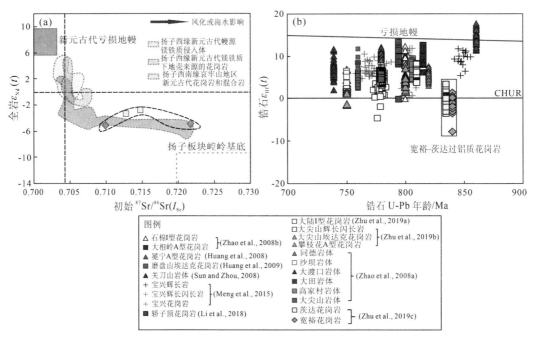

图11 扬子板块西缘新元古代宽裕-茨达过铝质花岗岩全岩 Sr-Nd 同位素和锆石 Hf 同位素图解

(a)宽裕-茨达过铝质花岗岩全岩 $\varepsilon_{Nd}(t)$ vs. $(^{87}Sr/^{86}Sr)_i$ 图解;

(b)宽裕-茨达过铝质花岗岩锆石 $\varepsilon_{Hf}(t)$ vs. 锆石 U-Pb 年龄图解。

据 Zhu et al.(2020c)修改

阶段 Hf 模式年龄(1 512~2 210 Ma),都支持一个演化的大陆地壳源区。因此,宽裕-茨达过铝质花岗岩来源于演化的地壳环境下不均一变沉积物的部分熔融。

需要注意的是,宽裕-茨达过铝质花岗岩显示部分亏损的 Hf 同位素特征[$\varepsilon_{Hf}(t)$ 高达 +3.31](图11b)。考虑到缺少幔源岩浆混合的直接岩石矿物学证据(如镁铁质包体和不平衡的矿物现象)以及宽裕-茨达过铝质花岗岩特殊的地球化学证据[如高 SiO_2 含量,低 $Mg^\#$ 值和明显负的 $\varepsilon_{Nd}(t)$ 值](Vernon, 1984; Tang et al., 2014; Jiang and Zhu, 2017),它们不均一的锆石 Hf 同位素特征可能是由于不平衡熔融进程所致。作为 Hf 的主要携带者,锆石控制着源区的 Hf 含量,因此其溶解过程能够支配熔体中 Hf 同位素的演化(Tang et al., 2014; Wang et al., 2018; Kong et al., 2019)。Flowerdew et al.(2006)提出,锆石溶解速率的不均一性能够导致单一源区内不同批次熔体产生不均一的锆石 $\varepsilon_{Hf}(t)$ 值,进而使 Hf 同位素体系与其他放射性同位素体系发生不同程度的解耦。宽裕-茨达过铝质花岗岩中显示一些锆石捕虏晶的存在,这说明源区中一些残余的锆石被夹带进而发生部分熔融(Kong et al., 2019)。这些夹带而来的锆石会赋存 Hf,使得产生的宽裕-茨达花岗质熔体具有高的 Nd/Hf 值(6.17~9.76)和低的 Hf 含量($5.00×10^{-6}$~$8.43×10^{-6}$)。因此,未溶解的锆石会在源区保留大量的 ^{177}Hf,使后续产生的熔体含有较高的 $^{177}Hf/^{176}Hf$ 值,进而与 $^{143}Nd/^{144}Nd$ 值发生解耦(Tang et al., 2014; Kong et al., 2019)。而宽裕-茨达过铝质花岗

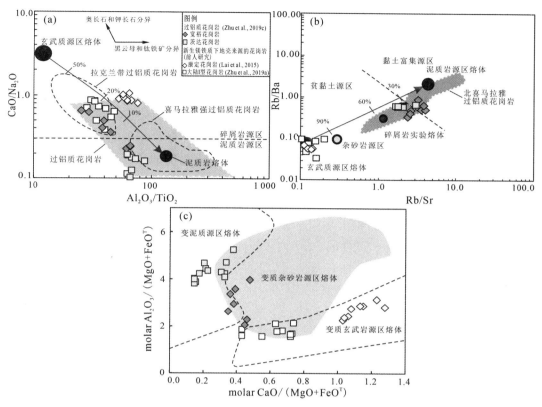

图 12　扬子板块西缘新元古代宽裕–茨达过铝质花岗岩岩浆源区图解（据 Zhu et al., 2019c 修改）

（a）CaO/Na$_2$O vs. Al$_2$O$_3$/TiO$_2$ 图解（Sylvester, 1998）；（b）Rb/Ba vs. Rb/Sr 图解（Patiño Douce 1999）；

（c）molar Al$_2$O$_3$/（MgO+FeO^T）vs. molar CaO/（MgO+FeO^T）图解（Altherr et al., 2000）

岩含有负的 $\varepsilon_{Nd}(t)$ 值（－5.1~－2.9）和变化的 $\varepsilon_{Hf}(t)$ 值（－7.75~+3.31），显示 Nd-Hf 同位素的轻微解耦。锆元素在大陆地壳中是较为丰富的，从下地壳平均值的 68×10^{-6} 变化到上地壳平均值的 193×10^{-6}（Rudnick and Gao, 2003），意味着地壳熔融过程中锆石的缓慢不平衡熔融是较为常见的。因为源区中高的锆元素含量能够使部分熔融过程锆石矿物中的锆元素迅速饱和，在更多的熔体产生来消耗源区中多余的锆元素之前，锆石的溶解会停止，因此源区中锆的含量是影响锆石溶解速率的重要因素（Tang et al., 2014；Kong et al., 2019）。宽裕–茨达过铝质花岗岩高的锆含量（159×10^{-6}~304×10^{-6}），暗示其源区可能含有更高的初始的锆含量。Tang et al.（2014）指出，当源区中初始锆含量足够高（>100×10^{-6}）时，不同批次岩浆的 Hf 会从低含量高放射性特征转变为高含量低放射性，这样会使来自同一地壳源区强烈熔融之后的熔体由早期的亲地幔同位素特征（亏损的）转变为晚期的亲地壳同位素特征（富集的）。来自同一地壳源区的不同批次的岩浆会产生类似于壳幔岩浆混合的同位素特征（Tang et al., 2014）。因此，源区中高的锆含量以及不平衡熔融作用可以解释宽裕–茨达过铝质花岗岩中 Hf 同位素不均一性。

　　宽裕–茨达过铝质花岗岩形成于 ca. 840~835 Ma。它们来源于不均一的变沉积物

（变质杂砂岩+变沉积岩）的不平衡熔融。过铝质花岗岩能够产生于裂脊俯冲背景下的地壳重熔、陆陆碰撞背景下的地壳增厚与熔融、弧后盆地环境下后碰撞垮塌与先存沉积物的熔融以及俯冲早期阶段大陆地壳的部分熔融（Sylvester，1998；Collins，2002；Collins and Richards，2008；Cai et al.，2011；Liu and Zhao，2018）。裂脊俯冲环境产生过铝质花岗岩的同时可能伴生区域性的高温低压变质作用（Cai et al.，2011；Jiang et al.，2010），这在扬子西缘新元古代时期并未被发现。因此，裂脊俯冲背景下的地壳熔融不能产生宽裕-茨达过铝质花岗岩。宽裕-茨达过铝质花岗岩形成年龄明显早于扬子周缘增厚下地壳来源的花岗岩（Huang et al.，2009；Zhu et al.，2019b），并且也没有地质证据显示早新元古代时期扬子西缘米易地区处于弧后盆地环境。因此，大陆碰撞与弧后盆地环境有关的构造模式是不合理的，而俯冲环境下早期阶段的地壳重熔更能解释宽裕-茨达过铝质花岗岩的形成。Chen et al.（2014b）提出北祁连地区寒武纪 Chaidanuo 过铝质花岗岩形成于俯冲早期阶段地壳物质的重熔。同样的，扬子西缘新元古代时期俯冲环境也被广泛提出。新元古代早期，随着大洋板片的东向俯冲，强烈的垂向板片回转能够增加板片俯冲速率（Niu et al.，2003），造成强烈的海底扩张（Zhu et al.，2009；Gerya，2011），这样在前弧地区会发生海沟的回撤和上覆板片的扩张。紧接着上覆板片会在弧岩浆上涌作用下发生流变学性质的减弱，因而导致俯冲早期上覆板片的区域性减薄（Gerya and Meilick，2011）。这一进程同时会使地幔物质减压熔融产生镁铁质火山岩或者侵入岩，如新元古代早期 ca. 860 Ma 关刀山岩体，ca. 842 Ma 下村镁铁质岩体和 ca. 840 Ma MORB 型盐边玄武岩（Sun et al.，2007；郭春丽 等，2007；Du et al.，2014）。与此同时，广泛的幔源岩浆上升并加热上覆地壳，当温度达到固相线时发生地壳内部成熟沉积物的不平衡熔融，进而产生宽裕-茨达过铝质花岗岩。因此，文章提出宽裕-茨达过铝质花岗岩代表新元古代时期扬子西缘俯冲早期阶段成熟地壳物质的不平衡熔融。扬子西缘新元古代时期不仅经历了新生镁铁质下地壳的熔融，也发生了成熟大陆地壳物质的重熔。

3.3 扬子西缘新元古代地壳演化：来自 ca. 780 Ma 大陆 I 型花岗闪长岩-花岗岩组合的证据

作为最常见的花岗岩类型，I 型花岗岩是理解壳幔关联与地壳分异进程的重要窗口（Hawkesworth and Kemp，2006；Kemp et al.，2007）。I 型花岗岩可以形成于多种岩浆成因环境，包括纯的地壳或者地幔源区（Collins，1996；Hawkesworth and Kemp.，2006；Kemp et al.，2007；Clemens et al.，2016），壳幔岩浆的混合作用（Kemp and Hawkesworth，2014；Weidendorfer et al.，2014；Liu et al.，2018）和古老的或者新生的火山岩（Chappell et al.，2012；Lu et al.，2016，2017）。最新的一些研究也指出，沉积物的加入对 I 型花岗岩的形成也起着至关重要的作用（Chappell et al. 2012；Zhao et al.，2015；Clemens，2018）。因此，厘清 I 型花岗岩的岩石成因对于了解区域地壳属性、壳幔相互作用和地壳增生与重熔过程具有重要意义。

结合已报道的对于扬子西缘 I 型花岗岩（康定花岗闪长岩和石棉 I 型花岗岩）的研究

（Zhao et al.，2008b；Lai et al.，2015），文章选取扬子西缘大陆 I 型花岗岩体进行详细研究（图13），旨在探索不同地壳源区的岩浆响应（Zhu et al.，2019a）。大陆花岗岩体为一复式花岗岩体，中心相由花岗闪长岩组成，边缘相主要为花岗岩。花岗闪长岩为灰色中粒结构，主要由斜长石（30%～35%）、石英（20%～25%）、钾长石（10%～15%）、角闪石（10%～15%）、黑云母（5%～10%）、磁铁矿和锆石等矿物组成。花岗岩为中粒结构，主要矿物包含钾长石（25%～30%）、斜长石（22%～27%）、石英（30%～35%）、角闪石（2%～5%）、黑云母（3%～5%）、磁铁矿（0%～2%）和锆石。锆石 U-Pb 年龄显示，大陆花岗闪长岩与花岗岩形成于 ca. 780 Ma。大陆花岗闪长岩与花岗岩显示出完全不同的主微量元素特征（图14）。大陆花岗闪长岩具有中等的 SiO_2（60.88%～68.07%）和 K_2O（1.47%～2.18%）含量以及高的 Na_2O/K_2O 值（2.27～3.65），属于钙碱性准铝质到轻微过铝质（A/CNK=0.94～1.08）岩石（图14b、c），并且显示中等的 MgO 含量（1.21%～2.00%）和 $Mg^{\#}$值（40～47）（图15a）。大陆花岗岩显示明显高的 SiO_2（71.80%～75.34%，除去一个样品的 SiO_2 含量 65.74%）和 K_2O 含量（2.85%～5.31%）以及低的 Na_2O/K_2O 值（0.58～1.51），属于高钾钙碱性过铝质花岗岩类（A/CNK 值为 1.05～1.20）（图14b、c）。同位素特征显示，大陆花岗闪长岩具有低的全岩（$^{87}Sr/^{86}Sr$）$_i$ 值（0.703 2～0.703 4），正的全岩 $\varepsilon_{Nd}(t)$ 值（+1.1～+2.3）和锆石 $\varepsilon_{Hf}(t)$ 值（+2.16～+7.39）以及较年轻的地壳 Hf 模式年龄

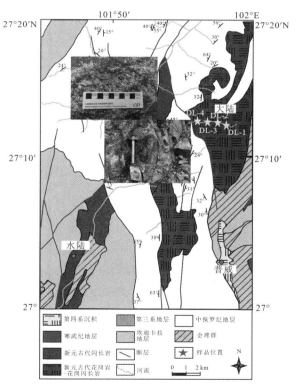

图13　扬子板块西缘新元古代大陆 I 型花岗岩体区域地质简图

据 Zhu et al.（2019a）修改；研究区位置见图 3b

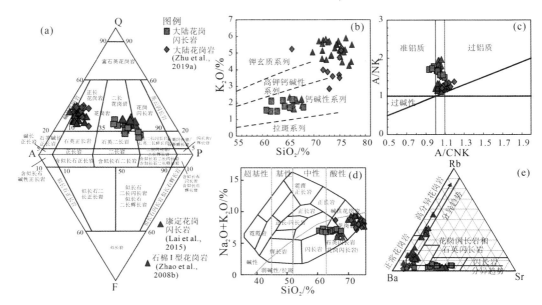

图 14 扬子板块西缘新元古代大陆 I 型花岗闪长岩-花岗岩主微量元素图解

（据 Zhu et al., 2019a 修改）

（a）Q-A-P-F 图解（Middlemost, 1994）；（b）K₂O vs. SiO₂ 图解（Roberts and Clemens, 1993）；
（c）A/NK vs. A/CNK 图解（Frost et al., 2001）；（d）Na₂O+K₂O vs. SiO₂ 图解（Middlemost, 1994）；（e）Rb-Ba-Sr

（1 214~1 544 Ma）；而大陆花岗岩显示相对高的全岩（$^{87}Sr/^{86}Sr$）$_i$ 值（0. 7 034~0. 7 037），负的全岩 $\varepsilon_{Nd}(t)$ 值（-0. 8~-0. 6），不均一的锆石 $\varepsilon_{Hf}(t)$ 值（-4. 65~+5. 80）和相对古老的地壳 Hf 模式年龄（1 310~1 968 Ma）。

大陆花岗闪长岩-花岗岩组合显示明显的 I 型花岗岩特征属性。大陆花岗闪长岩属于典型的钙碱性 I 型花岗岩类，考虑到岩体附近并无巨量的镁铁质岩石与包体出露，幔源岩浆的分异与壳幔岩浆的混合很难解释大陆 I 型花岗闪长岩的形成（Kemp et al., 2007；Clemens et al., 2011；Clemens and Stevens, 2012）。它们正的全岩 $\varepsilon_{Nd}(t)$ 值（+1. 1~+2. 3）、锆石 $\varepsilon_{Hf}(t)$ 值（+2. 16~+7. 39）以及较年轻的地壳 Hf 模式年龄（1 214~1 544 Ma）指示大陆花岗闪长岩可能来源于中元古代新生下地壳源区；低的 Nb/Y（0. 20~0. 30）和 Rb/Y（0. 57~3. 61）值指示下地壳源区（图 15b）（Rudnick and Fountain, 1995）。它们具有低的 Mg# 值（40~47，多数小于 45）（图 15a），说明其母质熔体来源于镁铁质岩石的部分熔融（Rapp and Watson, 1995）。此外，中等的 CaO/Na₂O 值（0. 38~0. 84）和 Al₂O₃/TiO₂ 值（28. 79~49. 20），以及低的 Rb/Ba 值（0. 03~0. 09）和 Rb/Sr 值（0. 10~0. 20），都证明大陆花岗闪长岩来源于玄武质熔体源区（图 15c~f）。之前的研究表明，玄武质岩石在角闪岩相边界发生 20% 左右至 40% 的部分熔融后能产生富 Al₂O₃ 和 Na₂O 的花岗闪长质熔体（Rapp and Watson, 1995），大陆花岗闪长岩的主量元素含量同样显示出类似于角闪石实验熔体的特征，因此认为，大陆花岗闪长岩形成于新生镁铁质下地壳的部分熔融。相较而言，大陆花岗岩具有高的 SiO₂、K₂O 含量和 A/CNK 值，属于高钾钙碱性过铝质 I 型花岗

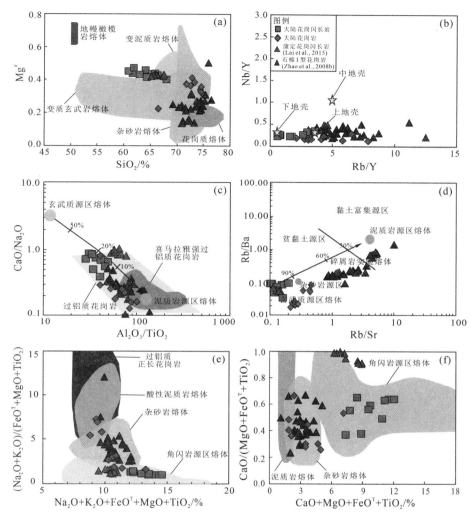

图15 扬子板块西缘新元古代大陆I型花岗闪长岩-花岗岩岩体岩浆源区判别图解
（据 Zhu et al., 2019a 修改）

（a）$Mg^{\#}$ vs. SiO_2 图解；（b）Nb/Y vs. Rb/Y 图解；（c）CaO/Na_2O vs. Al_2O_3/TiO_2 图解（Sylvester, 1998）；
（d）Rb/Ba vs. Rb/Sr 图解（Patiño Douce, 1999）；（e）$(Na_2O+K_2O)/(FeO^T+MgO+TiO_2)$ vs.
$Na_2O+K_2O+FeO^T+MgO+TiO_2$ 图解（Patiño Douce, 1999）；（f）$CaO/(MgO+FeO^T+TiO_2)$ vs.
$CaO+MgO+FeO^T+TiO_2$ 图解（Patiño Douce, 1999）

岩；地球化学特征表明这些花岗岩来源于混合的变质沉积物（泥质岩+杂砂岩）源区（图
15c～f）。此外，它们显示富集的全岩 $\varepsilon_{Nd}(t)$ 值（ $-0.8\sim-0.6$ ）、不均一的锆石 $\varepsilon_{Hf}(t)$ 值
（ $-4.65\sim+5.80$ ）和古老的地壳 Hf 模式年龄，同样说明它们来源于相对古老的地壳岩石
的部分熔融。事实上，涉及沉积物源区的 I 型花岗岩已经被广泛报道。Kemp et al.
（2007）提出，来自东澳大利亚地区典型的含角闪石 I 型花岗岩受幔源岩浆的加热，来源
于沉积物的部分熔融而并非古老的变火成岩。Chappell et al.（2012）指出，无论是部分熔

体还是全岩同化,沉积物的加入是形成过铝质 I 型花岗岩的重要机制。Zhao et al.(2015)也提出沉积物能够以含水熔体的形式参与 I 型花岗岩的形成过程。Clemens(2018)提出,澳大利亚东南地区的 Harcourt 岩基属于高钾钙碱性岩体,它们虽然显示出 I 型花岗岩属性,但主要来源于变沉积物源区。由此看来,大陆高钾钙碱性 I 型花岗岩来源于变质沉积物熔体是合理的。需要注意的是,它们显示正的与负的锆石 $\varepsilon_{Hf}(t)$ 值(-4.65~+5.80),考虑大陆 I 型花岗岩与花岗闪长岩的共生关系,这说明在沉积物发生部分熔融之前锆石已经在镁铁质熔体中发生结晶(Kemp et al.,2007)。它们正的锆石 $\varepsilon_{Hf}(t)$ 值代表镁铁质熔体的信息,而负的 $\varepsilon_{Hf}(t)$ 值指示沉积物组分。因此,大陆 I 型花岗岩主要来源于镁铁质下地壳熔体引发的变质沉积物的部分熔融。

大陆 I 型花岗闪长岩-花岗岩组合具有明显的弧岩浆特征,即明显的富集大离子亲石元素、亏损高场强元素。大陆 I 型花岗闪长岩为典型的活动大陆边缘环境下的钙碱性岩浆作用,而大陆 I 型花岗岩为俯冲背景下镁铁质岩浆上涌诱发中上地壳的岩浆响应。它们代表了扬子板块西缘新元古代时期地壳的增生与重熔进程。

3.4 扬子西缘新元古代构造转换:俯冲背景下的区域性地壳增厚到减薄

一般而言,埃达克质岩石具有高的 Sr 含量、Sr/Y 和 La/Yb 值,以及低的 Y 和 Yb 含量(Defant and Drummond,1990;Martin et al.,2005)。这类岩石具有多种岩石成因:一方面,其中包括加厚下地壳的部分熔融(Wang et al.,2006,2012;Huang et al.,2009;Zhang et al.,2018)。另一方面,A 型花岗岩(碱性、含水和非造山)是一类较为特殊的花岗岩,它们一般具有高的 SiO$_2$ 含量、Na$_2$O+K$_2$O 含量和 Ga/Al 值(Whalen et al.,1987),普遍形成于各种构造背景(大陆裂谷、俯冲带和后碰撞环境)下的区域扩张环境(Eby,1992)。由此看来,在造山带演化过程中,A 型花岗岩紧随着埃达克质花岗岩的出现能够为探索区域性的地壳增厚到减薄提供一个窗口。

鉴于特殊的构造指示意义,文章选取扬子西缘攀枝花-盐边地区新元古代辉长闪长岩-埃达克质花岗岩(黑云母花岗岩)-A 型花岗岩(钾长花岗岩)组合(图 16;Zhu et al.,2019b),进行详细的岩石成因与构造意义的解读。大尖山辉长闪长岩为灰色中粒结构,块状构造,主要包含矿物有斜长石(45%~50%)、角闪石(25%~35%)、被改造的辉石(约10%)、石英(<5%)、磁铁矿(1%~2%)和锆石。大尖山黑云母花岗岩为中细粒结构,主要包含矿物有斜长石(40%~50%)、石英(20%~30%)、钾长石(15%~20%)、黑云母(5%~10%)和锆石。钾长花岗岩为肉红色花岗岩,中粒结构,块状构造,主要矿物有斜长石(20%~30%)、石英(25%~30%)、钾长石(30%~40%)、条纹长石(5%~10%),很少的黑云母以及锆石和磷灰石。LA-ICP-MS 锆石 U-Pb 定年结果显示,大尖山辉长闪长岩形成于 ca. 810 Ma,大尖山黑云母花岗岩形成于 ca. 800 Ma,而攀枝花钾长花岗岩形成于 ca. 750 Ma(Zhu et al.,2019b)。大尖山辉长闪长岩具有低的 SiO$_2$ 含量(52.62%~53.87%)、中等的 MgO 含量(2.67%~3.41%)和 Mg$^\#$值(46~52),显示富集的轻稀土元素和大离子亲石元素(Rb、Ba 和 Sr),亏损的高场强元素(Nb、Ta 和 Ti)。此外,这些辉长闪

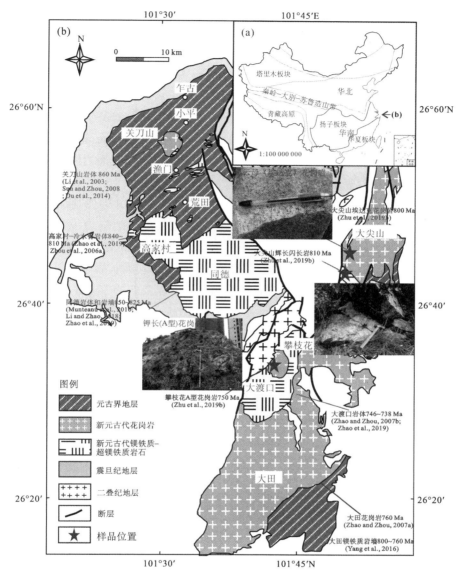

图 16　扬子板块西缘攀枝花-盐边地区地理位置和区域地质简图

（a）攀枝花-盐边地区地理位置；（b）攀枝花-盐边地区区域地质简图。

据 Zhu et al.（2019b）修改

长岩含有中等的 Cr（$20.7\times10^{-6} \sim 26.4\times10^{-6}$）、Co（$45.9\times10^{-6} \sim 60.1\times10^{-6}$）和 Ni（$8.86\times10^{-6} \sim 11.1\times10^{-6}$）含量。大尖山辉长闪长岩显示低的（$^{87}Sr/^{86}Sr$）$_i$ 值（$0.705\ 184 \sim 0.705\ 392$）和亏损的 Nd 同位素组分［$\varepsilon_{Nd}(t) = +1.0 \sim +1.5$］以及亏损的锆石 Hf 同位素组分［$\varepsilon_{Hf}(t) = +3.66 \sim +8.18$］。大尖山黑云母花岗岩显示高的 SiO_2（$74.08\% \sim 74.82\%$）和 Na_2O（$4.76\% \sim 5.60\%$）含量,低的 MgO 含量（$0.25\% \sim 0.30\%$）和 $Mg^\#$ 值（$36 \sim 41$）。微量元素特征显示,它们具有高的 Sr 含量（$335\times10^{-6} \sim 395\times10^{-6}$）、明显低的 Y 含量（$7.04 \sim$

$9.71×10^{-6}$，$<18×10^{-6}$）和 Yb 含量（$0.78 \sim 1.07×10^{-6}$，$<1.9×10^{-6}$）以及高的 Sr/Y 值（$38.9 \sim 54.3$），显示出埃达克质花岗岩属性。此外，它们具有低的 Cr 含量（$2.94×10^{-6} \sim 3.59×10^{-6}$）和 Ni 含量（$1.32×10^{-6} \sim 1.55×10^{-6}$）。大尖山埃达克花岗岩显示轻微亏损的 Nd[$\varepsilon_{Nd}(t)=+0.5 \sim +0.6$]同位素和锆石 Hf[$\varepsilon_{Hf}(t)=+1.62 \sim +8.07$]同位素组分。攀枝花钾长花岗岩具有非常高的 SiO_2（$76.61\% \sim 77.14\%$）、Na_2O（$3.13\% \sim 4.34\%$）、K_2O（$4.82\% \sim 5.68\%$）含量和分异指数（$95.3 \sim 96.9$），以及低的 Al_2O_3（$11.43\% \sim 11.86\%$）、CaO（$0.25\% \sim 0.37\%$）和 MgO（$0.02\% \sim 0.10\%$）含量，显示出高分异 A_2 型花岗岩特征。攀枝花 A 型花岗岩含有负的全岩 $\varepsilon_{Nd}(t)$ 值（$-1.6 \sim -1.2$）和低的锆石 $\varepsilon_{Hf}(t)$ 值（$-1.50 \sim +6.78$）。

大尖山辉长闪长岩显示高的 Sr（$631×10^{-6} \sim 796×10^{-6}$）、Y（$22.0×10^{-6} \sim 29.5×10^{-6}$）、Yb（$2.21×10^{-6} \sim 2.95×10^{-6}$）含量和低的（La/Yb）$_N$ 值（$2.61 \sim 7.87$），显示正常的弧火山岩特征（图 17a、b）（Defant and Drummond，1990），显示富集的 Rb、Cs、Sr 和 Ba 以及亏损的 Nb、Ta 和 Ti，展现出俯冲带弧岩浆特征（Sun and McDonough，1989）。正的 $\varepsilon_{Nd}(t)$（$+1.0 \sim +1.5$）和 $\varepsilon_{Hf}(t)$（$+3.66 \sim +8.18$）值，说明大尖山辉长闪长岩来源于亏损的地幔源区（图 17c）。此外，它们高的 Th/Yb、Th/Zr 和 Rb/Y 值以及低的 Nb/Zr 和 Nb/Y 值，显示原始的地幔源区经历了俯冲组分（主要为俯冲流体）的交代作用（图 17e～f）（Kepezhinskas et al.，1997）。大尖山埃达克花岗岩有高的 SiO_2 含量，低的 MgO 含量和 $Mg^\#$ 值以及 Cr、Ni 含量，说明它们形成于增厚镁铁质下地壳的部分熔融（图 17g、h）。正的全岩 $\varepsilon_{Nd}(t)$（$+0.5 \sim +0.6$）和 $\varepsilon_{Hf}(t)$（$+1.66 \sim +8.10$）值同样指示镁铁质下地壳源区。攀枝花 A 型花岗岩有高的 SiO_2 含量和分异指数，显示出高分异的 A 型花岗岩特征（图 18a、b），Sr vs. Rb 和 Sr vs. Ba 微量元素图解显示这些花岗岩经历的长石的分异（图 18c、d）。负的全岩 $\varepsilon_{Nd}(t)$ 值（$-1.6 \sim -1.2$）指示攀枝花 A 型花岗岩来源于地壳源区。极度低的 MgO（$0.02\% \sim 0.10\%$）、Cr（$3.25×10^{-6} \sim 7.13×10^{-6}$）、Ni（$1.35×10^{-6} \sim 2.98×10^{-6}$）含量显示很少的幔源组分的贡献。考虑它们低的 $CaO/(FeO+MgO+TiO_2)$ 和高的 $FeO^T/(FeO^T+MgO)$ 值，攀枝花 A 型花岗岩形成于低压环境下长英质地壳的部分熔融（图 18e、f）（Patiño Douce，1997）。

大尖山辉长闪长岩形成于 ca. 810 Ma，它们来源于俯冲流体交代的岩石圈地幔的部分熔融。这些辉长闪长岩属于典型的钙碱性岩石，并且显示富集的轻稀土和大离子亲石元素，属于典型的俯冲带岩浆作用（Wilson，1989）。结合 ca. 810 Ma 的俯冲组分交代地幔来源的高家村-冷水箐镁铁质侵入体的存在（Zhou et al.，2006a），扬子西缘新元古代时期经历了大洋板片的俯冲作用。大尖山埃达克花岗岩形成于 ca. 800 Ma，它们产生于增厚下地壳源区（以角闪石为主，存在石榴石，缺少斜长石）的部分熔融，同样富集轻稀土和大离子亲石元素，显示俯冲背景下活动大陆边缘源区的特征（Defant and Drummond，1990；Wang et al.，2012；Tang et al.，2016）。扬子西缘经历了长期俯冲环境下幔源岩浆的抽离，这些幔源岩浆在上升侵位过程中形成 ca. 860～810 Ma 镁铁质侵入体，与此同时大量的幔源岩浆使得扬子西缘下地壳逐渐增厚（Zhao et al.，2008a），进而在 ca. 800 Ma 之后发生加厚下地壳的部分熔融，产生埃达克质花岗岩（大尖山埃达克花岗岩）。攀枝花 A

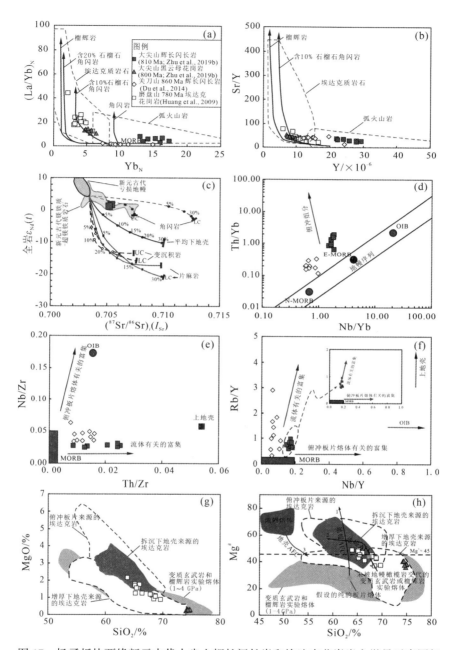

图 17　扬子板块西缘新元古代大尖山辉长闪长岩和埃达克花岗岩主微量元素图解
（据 Zhu et al., 2019c 修改）

（a）（La/Yb）$_N$ vs. Yb$_N$ 图解（Defant and Drummond, 1990；Martin et al., 2005）；（b）Sr/Y vs. Y 图解
（Defant and Drummond, 1990；Martin et al., 2005）；（c）全岩 $\varepsilon_{Nd}(t)$ vs. （^{87}Sr/^{86}Sr）$_i$ 图解；（d）Th/Yb vs.
Nb/Yb 图解（Pearce, 2008）；（e）Nb/Zr vs. Th/Zr 图解（Kepezhinskas et al., 1997）；（f）Rb/Y vs. Nb/Y
图解（Kepezhinskas et al., 1997）；（g）MgO vs. SiO$_2$ 图解；（h）Mg$^{\#}$ vs. SiO$_2$ 图解

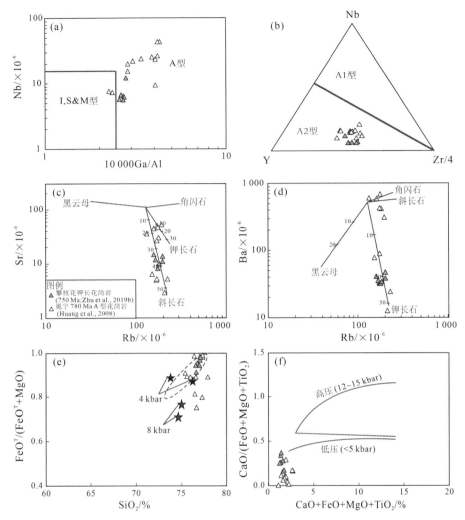

图 18　扬子板块西缘新元古代攀枝花高分异 A$_2$ 型花岗岩主微量元素图解

（据 Zhu et al., 2019c 修改）

（a）Nb vs. 10 000 Ga/Al 图解（Whalen et al., 1987）；（b）Nb-Y-Zr/4 图解（Eby, 1992）；（c）Sr vs. Rb
图解（Sami et al., 2018）；（d）Ba vs. Rb 图解（Sami et al., 2018）；（e）FeO^T/（FeO^T+MgO）vs. SiO$_2$
图解（Patiño Douce, 1997）；（f）CaO/（FeO+MgO+TiO$_2$）vs. CaO+FeO+MgO+TiO$_2$ 图解（Patiño Douce, 1999）

型花岗岩形成于 ca. 750 Ma，来源于浅部低压环境下壳源长英质岩石的部分熔融，指示区域扩张的环境（Eby, 1992；Whalen et al., 1987）。这些花岗岩属于 A$_2$ 型花岗岩，恰好对应弧岩浆作用的消亡阶段（Eby, 1992）。攀枝花 A$_2$ 型花岗岩的浅层源区恰好反映了非挤压的构造背景，而这种环境下地壳趋向减薄，岩浆热能足以到达地表进而使得相对浅层的岩石发生部分熔融（Patiño Douce, 1997）。由此看来，攀枝花 A 型花岗岩代表了扬子西缘新元古代俯冲进程后期弧后扩展阶段浅部地壳在相对低压环境下发生部分熔融。

　　因此，ca. 810 Ma 的大尖山辉长闪长岩指示扬子西缘新元古代时期处于俯冲背景，广泛的早-中新元古代交代地幔来源的岩浆(>810 Ma)在上升侵位过程中加厚了镁铁质下地壳。从 ca. 800 Ma 的大尖山埃达克花岗岩到 ca. 750 Ma 的攀枝花 A 型花岗岩的出现,代表了扬子西缘俯冲背景下地壳从加厚到区域减薄的过程。区域扩张环境的出现指示着俯冲进程末期的弧后扩张阶段。

4　扬子西缘新元古代俯冲构造环境

如上构造模式所述,虽然地幔柱模式和板片裂谷模式能够解释扬子西缘单一岩性或者某种地球化学特征,但二者存在着较为明显的缺陷。

地幔柱模式认为华南板块中江南造山带形成于 ca. 1 000 Ma,但大量的沉积-火山证据已经显示江南造山带形成于新元古代时期(Zhao et al.,2011;Zheng et al., 2013;Wang et al.,2014a)。地幔柱模式下的岩浆作用以具有 OIB 地球化学特征的镁铁质-超镁铁质岩石大面积分布为主要特征(如澳大利亚 Gairdner 和 Amtata 岩墙群,约 210 000 km^2)(Kou et al.,2018),虽然华南地幔柱可以解释一些双峰式火山岩和大陆溢流玄武岩的出露,但是这些基性岩石出露有限,扬子西缘乃至整个华南板块新元古代岩浆岩以中酸性岩石为主、基性岩为辅,并且基性岩中显示典型 OIB 特征的岩石较少。此外,超级地幔柱诱发的岩浆作用一般持续时间较短(如,峨眉山大火成岩省,<1 Ma;塔里木大火成岩省,约 20 Ma;Shellnutt,2014;徐义刚等,2017)。因此,地幔柱模式不能解释扬子西缘长期持续(ca. 870~740 Ma)的岩浆作用(Zhao et al.,2018,2019)。板块裂谷模式的提出更多的是来源于江南造山带中的新元古代岩浆岩证据,缺少来源于扬子西缘及北缘的地质证据(李奇维,2018)。此外,地幔柱和板片裂谷模式都难以解释扬子西缘中-晚新元古代时期大量的钙碱性 TTG 岩石和埃达克质岩石。

事实上,近年来越来越多的碎屑锆石、地球物理、岩浆岩、显微构造等综合证据支持扬子西缘新元古代时期主要受控于俯冲构造体制。Sun et al.(2008)提出扬子西缘盐边群中的砂岩和泥岩显示弧环境地球化学特征和中酸性火山岩源区,他们通过对扬子西缘前寒武地层的碎屑锆石的研究进一步指出,扬子西缘存在 ca. 1 000~740 Ma 的新生岩浆作用阶段,这恰好对应于扬子西缘长期的俯冲进程(Sun et al.,2009)。Gao et al.(2016)提出贯穿四川盆地的多接受地震剖面显示出类似于古老俯冲地幔的残留形态,因此认为这些最新发现的地震反射剖面指示新元古代俯冲构造体制。Zhao et al.(2017)对石棉蛇绿岩进行精细岩石地球化学研究发现,它们具有 SSZ 型蛇绿岩地球化学特征,指示扬子板块西缘处于巨大的安第斯型大陆边缘弧环境。他们进一步对扬子西缘新元古代辉长岩进行详细的全岩 Nd 和锆石 Hf-O 同位素研究(Zhao et al.,2019),指出扬子西缘新元古代地幔源区受长期的俯冲交代作用,涉及俯冲流体、俯冲沉积物熔体和俯冲板片熔体。Zhu et al.(2020a)对扬子西缘 ca. 850~835 Ma 水陆高 Mg# 闪长岩最新的全岩地球化学与锆石 Hf 同位素研究表明,它们起源于俯冲流体与沉积物熔体交代的地幔源区,通过对扬子西缘新元古代交代地幔岩浆作用的系统总结,他们同样发现扬子西缘新元古代时期地幔源区经历长期的俯冲组分(从俯冲流体到沉积物熔体,再到俯冲板片熔体)的交代作用

（图19；Zhu et al.，2020a）。此外，扬子西缘和西北缘早新元古代（ca. 830 Ma）到晚新元古代（<700 Ma）镁铁质岩石 Sr-Nd-Pb-Fe 同位素特征的转变（从相对富集的 Sr-Nd-Pb 和轻的 Fe 到相对亏损的 Sr-Nd-Pb 和重的 Fe），同样支持扬子周缘处于俯冲环境（李奇维，2018）。张慰（2017）通过对扬子板块西缘-西南缘新元古代杂岩体（冕宁岩浆杂岩，米易-磨盘山岩浆杂岩，元谋岩浆杂岩）进行详细的显微构造分析提出，这些岩体指示岩浆流动面理走向总体为近南北向，说明这些岩浆杂岩体在侵位过程中受到近东西向的挤压，这些近乎南北向的原生岩浆流动面理支持扬子西缘基底自西向东的持续俯冲挤压作用。因此，扬子西缘新元古代俯冲构造体制能够较为完善地解释来自碎屑锆石、岩浆岩、地球物理、显微构造分析等方面所体现的地质学特征现象。

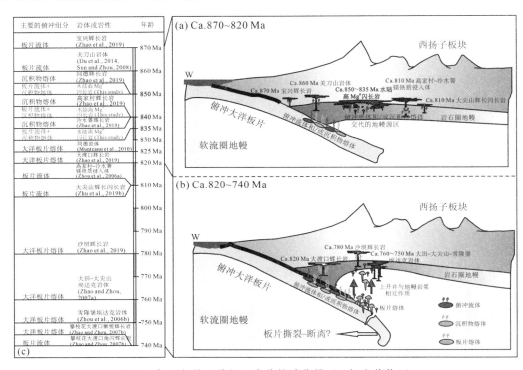

图19　扬子板块西缘新元古代俯冲背景下地幔交代作用

（a）扬子西缘 ca. 870~820 Ma 俯冲进程及主要俯冲组分；（b）扬子西缘 ca. 820~740 Ma 俯冲进程及主要俯冲组分；（c）扬子西缘 ca. 870~740 Ma 地幔源区涉及的俯冲组分。

据 Zhu et al.（2020a）修改

5　扬子西缘新元古代岩浆作用研究展望

基于以上综合研究，文章认为，扬子西缘新元古代时期俯冲背景下不同深度层次的岩浆作用为约束深部动力学机制和探究不同类型花岗质岩石的成因机制提供了窗口。后续的研究工作仍需在以下2个方面进一步加强。

（1）结合文章对花岗岩类以及其他学者对镁铁质岩浆的研究（朱维光，2004；林广春，2006；李奇维，2018；Zhao et al.，2018，2019；Zhu et al.，2019a～c，2020a)，扬子西缘新元古代时期俯冲背景下不同深度层次的岩浆作用已经被限定。但不同深度源区岩浆的相互作用(如壳幔岩浆混合作用)是否发生、是如何发生的，对于不同源区岩浆相互作用的探讨能够为了解详细的岩浆演化进程提供见解，建立系统的弧岩浆剖面，进而明确从地幔交代作用到最终各类型岩浆产生过程不同深度源区所扮演的物质与能量角色。当然，这需要进行野外典型露头(如与花岗岩共存的镁铁质包体或者镁铁质岩墙)的详细探查以及矿物微区特征(如长石和角闪石的原位主微量和原位 Sr-Pb 同位素)的深入研究。

（2）基于俯冲构造背景，扬子西缘中-晚新元古代俯冲阶段可能存在俯冲板片的回撤与断离(Cawood et al.，2016；Zhao et al.，2019)。但是，俯冲板片断离的时限仍然未被较为准确地限定。已有研究已经指出，扬子西缘俯冲板片的回撤与断离引发大量软流圈地幔岩浆的瞬时上涌，进而加热中上地壳，形成 ca. 780 Ma 大陆 I 型复式花岗岩体(Zhu et al.，2019a)。晚新元古代时期俯冲板片的回撤引发区域性的弧后扩张，进而使得长英质地壳发生部分熔融产生 ca. 750 Ma 攀枝花 A 型花岗岩(Zhu et al.，2019b)。Zhao et al. (2019)指出，扬子西缘地幔源区交代作用涉及俯冲流体、俯冲沉积物熔体和俯冲板片熔体。俯冲板片熔体的出现(ca. 820 Ma)，同样能够反映俯冲阶段中后期板片的断离熔融(Zhao et al.，2019)。由此看来，需要进一步对俯冲板片回撤与断离较为精确的时限以及该构造转换下中-晚新元古代时期的岩浆响应进行系统研究。该项工作需要对扬子西缘中-晚新元古代时期 TTG 岩浆作用及可能共存的 OIB 型镁铁质岩浆作用进行系统研究。此外，该背景下巨量软流圈地幔岩浆的上涌也会使得壳幔源区发生强烈的相互作用，这是需要关注的问题。

6 结论

扬子板块西缘新元古代中期处于长期俯冲背景之下，地幔源区不仅经历了俯冲流体和板片熔体的交代作用，也经历了俯冲沉积物熔体的交代作用。此外，扬子西缘新元古代时期不仅经历了新生镁铁质下地壳的熔融，也发生了成熟大陆地壳物质的重熔。俯冲进程早-中期阶段交代地幔幔源岩浆的上涌在形成镁铁质侵入体的同时也加厚了下地壳，俯冲中-晚期阶段发生了增厚下地壳的部分熔融和弧后扩张背景下区域性地壳减薄。

花岗岩类岩浆作用的研究对于完善扬子西缘新元古代构造岩浆演化有至关重要的意义，对于不同深度源区的岩浆作用的限定有助于了解岩浆从产生到就位过程全面的信息。从俯冲交代地幔源区到地壳深部热区的系统研究更能为建立弧岩浆剖面提供全方位的支撑。此外，对于地壳深部热区不同批次的岩浆相互作用的研究，更能有助于我们全面了解弧背景下岩浆供给体系。

致谢 感谢责任主编邢树文、胡健民研究员邀请撰写本文。感谢李献华院士与另一位审稿人对本文稿提出的建设性意见。感谢编辑部老师对稿件的详细校对、修订。

参考文献

[1] Altherr R, Holl A, Hegner E, et al., 2000. High-potassium, calc-alkaline I-type plutonism in the European Variscides: Northern Vosges(France) and northern Schwarzwald(Germany)[J]. Lithos, 50(1-3):51-73.

[2] Bau M, 1991. Rare-earth element mobility during hydrothermal and metamorphic fluid-rock interaction and the significance of the oxidation state of europium[J]. Chemical Geology, 93(3-4):219-230.

[3] Cai K D, Sun M, Yuan C, et al., 2011. Geochronology, petrogenesis and tectonic significance of peraluminous granites from the Chinese Altai, NW China[J]. Lithos, 127(1-2):261-281.

[4] Castro A, 2013. Tonalite-granodiorite suites as cotectic systems: A review of experimental studies with applications to granitoid petrogenesis[J]. Earth-Science Reviews, 124:68-95.

[5] Castro A, 2014. The off-crust origin of granite batholiths[J]. Geoscience Frontiers, 5(1):63-75.

[6] Cawood P A, Hawkesworth C J, 2019. Continental crustal volume, thickness and area, and their geodynamic implications[J]. Gondwana Research, 66:116-125.

[7] Cawood P A, Strachan R A, Pisarevsky S A, et al., 2016. Linking collisional and accretionary orogens during Rodinia assembly and breakup: Implications for models of supercontinent cycles[J]. Earth & Planetary Science Letters, 449:118-126.

[8] Chappell B W, 1999. Aluminium saturation in I- and S-type granites and the characterization of fractionated haplogranites[J]. Lithos, 46(3), 535-551.

[9] Chappell B W, Bryant C J, Wyborn D, 2012. Peraluminous I-type granites[J]. Lithos, 153(8):142-153.

[10] Chappell B W, White A J R, 1992. I- and S-type granites in the Lachlan fold belt[J]. Transactions of the Royal Society of Edinburgh: Earth Sciences, 83(1-2):1-26.

[11] Chen W T, Sun W H, Wang W, et al., 2014a. "Grenvillian" intra-plate mafic magmatism in the southwestern Yangtze Block SW China[J]. Precambrian Research, 242:138-153.

[12] Chen W T, Sun W H, Zhou M F, et al., 2018. Ca. 1 050 Ma intra-continental rift-related A-type felsic rocks in the southwestern Yangtze Block, South China[J]. Precambrian Research, 309:22-44.

[13] Chen W T, Zhou M F, Zhao X F, 2013. Late Paleoproterozoic sedimentary and mafic rocks in the Hekou area, SW China: Implication for the reconstruction of the Yangtze Block in Columbia[J]. Precambrian Research, 231:61-77.

[14] Chen Y X, Song S G, Niu Y L, et al., 2014b. Melting of continental crust during subduction initiation: A case study from the Chaidanuo peraluminous granite in the north Qilian suture zone[J]. Geochimica et Cosmochimica Acta, 132:311-336.

[15] Clemens J D, 2003. S-type granitic magmas-petrogenetic issues, models and evidence[J]. Earth-Science Reviews, 61(1-2):1-18.

[16] Clemens J D, 2018. Granitic magmas with I-type affinities, from mainly metasedimentary sources: The Harcourt batholith of southeastern Australia [J]. Contributions to Mineralogy and Petrology, 173(11):93.

[17] Clemens J D, Elburg M A, Harris C, 2017. Origins of igneous microgranular enclaves in granites: The

example of central victoria, Australia[J]. Contributions to Mineralogy and Petrology, 172(10):88.

[18] Clemens J D, Helps P A, Stevens G, 2009. Chemical structure in granitic magmas: A signal from the source[J]? Earth and Environmental Science Transactions of the Royal Society of Edinburgh, 100(1-2):159-172.

[19] Clemens J D, Regmi K, Nicholls I A, et al., 2016. The Tynong pluton, its mafic synplutonic sheets and igneous microgranular enclaves: The nature of the mantle connection in I-type granitic magmas[J]. Contributions to Mineralogy and Petrology, 171(4):35.

[20] Clemens J D, Stevens G, 2012. What controls chemical variation in granitic magmas[J]? Lithos, 134-135:317-329.

[21] Clemens J D, Stevens G, Farina F, 2011. The enigmatic sources of I-type granites: The peritectic connexion[J]. Lithos, 126(3):174-181.

[22] Collins W J, 1996. Lachlan Fold Belt granitoids: Products of three-component mixing[J]. Earth and Environmental Science Transactions of the Royal Society of Edinburgh, 87(1-2):171-181.

[23] Collins W J, 2002. Hot orogens, tectonic switching, and creation of continental crust[J]. Geology, 30:535-538.

[24] Collins W J, Richards S W, 2008. Geodynamic significance of S-type granites in circum-Pacific orogens [J]. Geology, 36, 559-562.

[25] Crawford A J, 1989. Boninites and Related Rocks[M]. London: Unwin Hyman.

[26] Defant M J, Drummond M S, 1990. Derivation of some modern arc magmas by melting of young subducted lithosphere[J]. Nature, 347(6294):662-665.

[27] Du L L, Guo J H, Nutman A P, et al., 2014. Implications for Rodinia reconstructions for the initiation of Neoproterozoic subduction at ~860 Ma on the western margin of the Yangtze Block: Evidence from the Guandaoshan Pluton[J]. Lithos, 196-197:67-82.

[28] Eby G N, 1992. Chemical subdivision of the A-type granitoids: Petrogenesis and tectonic implications [J]. Geology, 20(7):641-644.

[29] Flowerdew M J, Millar I L, Vaughan A P M, et al., 2006. The source of granitic gneisses and migmatites in the Antarctic Peninsula: A combined U-Pb SHRIMP and laser ablation Hf isotope study of complex zircons[J]. Contributions to Mineralogy and Petrology, 151(6):751-768.

[30] Frost B R, Barnes C G, Collins W J, et al., 2001. A geochemical classification for granitic rocks[J]. Journal of Petrology, 42(11):2033-2048.

[31] Gao R, Chen C, Wang H Y, et al., 2016. SINOPROBE deep reflection profile reveals a Neo-proterozoic subduction zone beneath Sichuan basin[J]. Earth & Planetary Science Letters, 454:86-91.

[32] Gao S, Ling W L, Qiu Y, et al., 1999. Contrasting geochemical and Sm-Nd isotopic compositions of Archean metasediments from the Kongling high-grade terrain of the Yangtze craton: Evidence for cratonic evolution and redistribution of REE during crustal anatexis[J]. Geochimica et Cosmochimica Acta, 63 (13-14):2071-2088.

[33] Gao S, Yang J, Zhou L, et al., 2011. Age and growth of the Archean Kongling terrain, South China, with emphasis on 3.3 Ga granitoid gneisses[J]. American Journal of Science, 311(12):153-182.

[34] Gerya T V, 2011. Future directions in subduction modeling[J]. Journal of Geodynamic, 52(5):

344-378.

［35］ Gerya T V, Meilick F I, 2011. Geodynamic regimes of subduction under an active margin: Effects of rheological weakening by fluids and melts［J］. Journal of Metamorphic Geology, 29(1):7-31.

［36］ Greentree M R, Li Z X, Li X H, et al., 2006. Late Mesoproterozoic to earliest Neoproterozoic basin record of the Sibao orogenesis in western South China and relationship to the assembly of Rodinia［J］. Precambrian Research, 151(1-2):79-100.

［37］ Grimes C B, Wooden J L, Cheadle M J, et al., 2015. "Fingerprinting" tectono-magmatic provenance using trace elements in igneous zircon［J］. Contributions to Mineralogy and Petrology, 170(5-6):46.

［38］ Grove T, Parman S, Bowring S, et al., 2002. The role of an H_2O-rich fluid component in the generation of primitive basaltic andesites and andesites from the Mt. Shasta region, N California［J］. Contributions to Mineralogy and Petrology, 142(4):375-396.

［39］ Guo C L, Wang D H, Chen Y C, et al., 2007. SHRIMP U-Pb zircon ages and major element, trace element and Nd-Sr isotope geochemical studies of a Neoproterozoic granitic complex in western Sichuan: Petrogenesis and tectonic significance［J］. Acta Petrologica Sinica, 23(10):2457-2470 (in Chinese with English abstract).

［40］ Guo F, Li H X, Fan W M, et al., 2015. Early Jurassic subduction of the Paleo-Pacific Ocean in NE China: Petrologic and geochemical evidence from the Tumen mafic intrusive complex［J］. Lithos, 224-225: 46-60.

［41］ Guo J L, Gao S, Wu Y B, et al., 2014. 3.45 Ga granitic gneisses from the Yangtze Craton, South China: Implications for Early Archean crustal growth［J］. Precambrian Research, 242:82-95.

［42］ Hanyu T, Tatsumi Y, Nakai S, et al., 2006. Contribution of slab melting and slab dehydration to magmatism in the NE Japan arc for the last 25 Myr: Constraints from geochemistry［J］. Geochemistry, Geophysics, Geosystems, 7(8):Q08002.

［43］ Hawkesworth C J, Kemp A I S, 2006. The differentiation and rates of generation of the continental crust ［J］. Chemical Geology, 226(3-4):134-143.

［44］ Hawkesworth C J, Turner S P, Mcdermott F, et al., 1997. U-Th isotopes in arc magmas: Implications for element transfer from the subducted crust［J］. Science, 276(5312):551-555.

［45］ Huang X L, Xu Y G, Lan J B, et al., 2009. Neoproterozoic adakitic rocks from Mopanshan in the Western Yangtze craton: Partial melts of a thickened lower crust［J］. Lithos, 112(3):367-381.

［46］ Huang X L, Xu Y G, Li X H, et al., 2008. Petrogenesis and tectonic implications of Neoproterozoic, highly fractionated A-type granites from Mianning, South China［J］. Precambrian Research, 165(3-4): 190-204.

［47］ Jiang Y D, Sun M, Zhao G C, et al., 2010. The 390 Ma high-T metamorphism in the Chinese Altai: Consequence of ridgesubduction［J］? American Journal of Science, 310(10):1421-1452.

［48］ Jiang Y H, Zhu S Q, 2017. Petrogenesis of the Late Jurassic peraluminous biotite granites and muscovite-bearing granites in SE China: Geochronological, elemental and Sr-Nd-O-Hf isotopic constraints［J］. Contributions to Mineralogy and Petrology, 172(11-12):101.

［49］ Johnson M C, Plank T, 1999. Dehydration and melting experiments constrain the fate of subducted sediments［J］. Geochemistry, Geophysics, Geosystems, 1(12):1007.

[50] Kamei A, Owada M, Nagao T, et al., 2004. High-Mg diorites derived from sanukitic HMA magmas, Kyushu Island, southwest Japan arc: Evidence from clinopyroxene and whole rock compositions[J]. Lithos, 75(3-4):359-371.

[51] Karsli O, Chen B, Aydin F, et al., 2007. Geochemical and Sr-Nd-Pb isotopic compositions of the Eocene Dölek and Sariçiçek Plutons, Eastern Turkey: Implications for magma interaction in the genesis of high-K calc-alkaline granitoids in a post-collision extensional setting[J]. Lithos, 98(1-4):67-96.

[52] Karsli O, Dokuz A, Kandemir R, 2017. Zircon Lu-Hf isotope systematics and U-Pb geochronology, whole-rock Sr-Nd isotopes and geochemistry of the early Jurassic Gokcedere pluton, Sakarya zone-NE Turkey: A magmatic response to roll-back of the Paleo-Tethyan oceanic lithosphere[J]. Contributions to Mineralogy and Petrology, 172(5):31.

[53] Kelemen P B, Hanghøj K, Greene A R, 2007. One view of the geochemistry of subduction-related magmatic arcs, with an emphasis on primitive andesite and lower crust[J]. Treatise on Geochemistry, 3:1-70.

[54] Kelemen P B, Yogodzinski G M, Scholl D W, 2004. Along-strike variation in the Aleutian Island arc: Genesis of high Mg# andesite and implications for continental crust[M]//Eiler, J. Inside the Subduction Factory. Washington, DC: American Geophysical Union: 223-276.

[55] Kemp A I S, Hawkesworth C J, 2014. Growth and differentiation of the continental crust from isotope studies of accessory minerals[J]. Treatise on Geochemistry, 4:379-421.

[56] Kemp A I S, Hawkesworth C J, Foster G L, et al., 2007. Magmatic and crustal differentiation history of granitic rocks from Hf-O isotopes in zircon[J]. Science, 315(5814):980-983.

[57] Kepezhinskas P, Mcdermott F, Defant M J, et al., 1997. Trace element and Sr-Nd-Pb isotopic constraints on a three-component model of Kamchatka Arc petrogenesis[J]. Geochimica et Cosmochimica Acta, 61(3):577-600.

[58] Kong X Y, Zhang C, Liu D D, et al., 2019. Disequilibrium partial melting of metasediments in subduction zones: Evidence from O-Nd-Hf isotopes and trace elements in S-type granites of the Chinese Altai[J]. Lithosphere, 11(1):149-168.

[59] Kou C H, Liu Y X, Huang H, et al., 2018. The Neoproterozoic arc-type and OIB-type mafic-ultramafic rocks in the western Jiangnan Orogen: Implications for tectonic settings[J]. Lithos, 312-313:38-56.

[60] Lai S C, Qin J F, Zhu R Z, et al., 2015a. Neoproterozoic quartz monzodiorite-granodiorite association from the Luding-Kangding area: Implications for the interpretation of an active continental margin along the Yangtze Block(South China Block)[J]. Precambrian Research, 267:196-208.

[61] Lai S C, Qin J F, Zhu R Z, et al., 2015b. Petrogenesis and tectonic implication of Neoproterozoic peraluminous granitoids from the Tianquan area, western Yangtze Block, South China[J]. Acta Petrologica Sinica, 31(8): 2245-2258 (in Chinese with English abstract).

[62] Li H K, Zhang, C, Yao, C, et al., 2013. U-Pb zircon age and Hf isotope compositions of Mesoproterozoic sedimentary strata on the western margin of the Yangtze massif[J]. Science China: Earth Sciences, 2013, 56(4):628-639.

[63] Li Q W, 2018. Petrogenesis and tectonic implications of the Neoproterozoic mafic dikes in the Yangtze Block, South China[D]. Wuhan: China University of Geosciences (in Chinese).

［64］ Li Q W, Zhao J H, 2018. The Neoproterozoic high-Mg dioritic dikes in south China formed by high pressures fractional crystallization of hydrous basaltic melts［J］. Precambrian Research, 309:198-211.

［65］ Li X H, Li W X, He B, 2012. Building of the South China Blook and its relevance to assembly and breakup of Rodinia supercontinent: Observations, interpretations and tests［J］. Bulletin of Mineralogy, Petrology and Geochemistry, 31(6):543-559 (in Chinese with English abstract).

［66］ Li X H, Li W X, Li Z X, et al., 2008b. 850-790 Ma bimodal volcanic and intrusive rocks in northern Zhejiang, South China: A major episode of continental rift magmatism during the breakup of Rodinia ［J］. Lithos, 102:341-357.

［67］ Li X H, Li Z X, Ge W C, et al., 2003. Neoproterozoic granitoids in South China: Crustal melting above a mantle plume at ca. 825 Ma［J］? Precambrian Research, 122(1-4):45-83.

［68］ Li X H, Li Z X, Sinclair J A, et al., 2006. Revisiting the "Yanbian Terrane": Implications for Neoproterozoic tectonic evolution of the western Yangtze block, South China［J］. Precambrian Research, 151(1-2):14-30.

［69］ Li X H, Li Z X, Zhou H, et al., 2002. U-Pb zircon geochronology, geochemistry and Nd isotopic study of Neoproterozoic bimodal volcanic rocks in the Kangdian Rift of South China: Implications for the initial rifting of Rodinia［J］. Precambrian Research, 113(1-2):135-154.

［70］ Li Z X, Bogdanovas V, Collins A S, et al., 2008a. Assembly, configuration, and break-up history of Rodinia: A synthesis［J］. Precambrian Research, 160(1-2):179-210.

［71］ Li Z X, Li X H, Kinny P D, et al., 1999. The breakup of Rodinia: Did it start with a mantle plume beneath South China［J］? Earth & Planetary Science Letters, 173(3):171-181.

［72］ Li Z X, Zhang L, Powell C M, 1995. South China in Rodinia: Part of the missing link between Australia-East Antarctica and Laurentia［J］? Geology, 23(5):407-410.

［73］ Lin G C, 2006. SHRIMP U-Pb zircon geochronology, geochemistry and Nd-Hf isotope of Neoproterozoic magmatic rocks in western Sichuan: Petrogenesis and tectonic significance［D］. Guangzhou: Guangzhou Institute of Geochemistry, Chinese Academy of Sciences (in Chinese with English abstract).

［74］ Ling W L, Gao S, Zhang B R, et al., 2003. Neoproterozoic tectonic evolution of the northwestern Yangtze craton, South China: Implications for amalgamation and break-up of the Rodinia Supercontinent ［J］. Precambrian Research, 122(1-4):111-140.

［75］ Liu H, Zhao J H, 2018. Neoproterozoic peraluminous granitoids in the Jiangnan Fold Belt: Implications for lithospheric differentiation and crustal growth［J］. Precambrian Research, 309:152-165.

［76］ Liu J H, Xie C M, Li C, et al., 2018, Early Carboniferous adakite-like and I-type granites in central Qiangtang, northern Tibet: Implications for intra-oceanic subduction and back-arc basin formation within the Paleo-Tethys Ocean［J］. Lithos, 296-299:265-280.

［77］ Lu Y H, Zhao Z F, Zheng Y F, 2016. Geochemical constraints on the source nature and melting conditions of Triassic granites from South Qinling in central China［J］. Lithos, 264:141-157.

［78］ Lu Y H, Zhao Z F, Zheng Y F, 2017. Geochemical constraints on the nature of magma sources for Triassic granitoids from South Qinling in central China［J］. Lithos, 284-285:30-49.

［79］ Martin H, Smithies R H, Rapp R, et al., 2005. An overview of adakite, tonalite-trondhjemite-granodiorite(TTG), and sanukitoid: Relationships and some implications for crustal evolution ［J］.

Lithos, 79(1-2):1-24.

[80] Meng E, Liu F L, Du L L, et al., 2015. Petrogenesis and tectonic significance of the Baoxing granitic and mafic intrusions, southwestern China: Evidence from zircon U-Pb dating and Lu-Hf isotopes, and whole-rock geochemistry[J]. Gondwana Research, 28(2):800-815.

[81] Middlemost E A K, 1994. Naming materials in the magma/igneous rock system[J]. Earth-Science Reviews, 37(3-4):215-224.

[82] Moyen J F, Martin H, 2012. Forty years of TTG research[J]. Lithos, 148:312-336.

[83] Munteanu M, Wilson A, Yao Y, et al., 2010. The Tongde dioritic pluton(Sichuan, SW China) and its geotectonic setting: Regional implications of a local-scale study[J]. Gondwana Research, 18(2-3):455-465.

[84] Niu Y L, O'Hara M J, Pearce J A, 2003. Initiation of subduction zones as a consequence of lateral compositional buoyancy contrast within the lithosphere: A petrological perspective [J]. Journal of Petrology, 44(5):851-866.

[85] Patiño Douce A E, 1995. Experimental generation of hybrid silicic melts by reaction of high-Al basalt with metamorphic rocks[J]. Journal of Geophysical Research, 100(B8):15623-15639.

[86] Patiño Douce A E., 1996. Effects of pressure and H_2O content on the compositions of primary crustal melts[J]. Earth and Environmental Science Transaction of the Royal Society of Edinburgh, 87(1-2), 11-21.

[87] Patiño Douce A E., 1997. Generation of metaluminous A-type granites by low-pressure melting of calc-alkaline granitoids[J]. Geology, 25(8):743-746.

[88] Patiño Douce A E, 1999. What do experiments tell us about the relative contributions of crust and mantle to the origin of the granitic magmas[J]? Geological Society, London, Special Publications, 168(1):55-75.

[89] Pearce J A, 2008. Geochemical fingerprinting of oceanic basalts with applications to ophiolite classification and the search for Archean oceanic crust[J]. Lithos, 100(1-4):14-48.

[90] Peng M, Wu Y B, Gao S, et al., 2012. Geochemistry, zircon U-Pb age and Hf isotope compositions of Paleoproterozoic aluminous A-type granites from the Kongling terrain, Yangtze Block: Constraints on petrogenesis and geologic implications[J]. Gondwana Research, 22(1):140-151.

[91] Plank T, Langmuir C H, 1998. The chemical composition of subducting sediment and its consequences for the crust and mantle[J]. Chemical Geology, 145(3-4):325-394.

[92] Qian Q, Hermann J, 2010. Formation of high-Mg diorites through assimilation of peridotite by monzodiorite magma at crustal depths[J]. Journal of Petrology, 51(7):1381-1416(36).

[93] Rapp R P, Shimizu N, Norman M D, et al., 1999. Reaction between slab-derived melts and peridotite in the mantle wedge: Experimental constraints at 3.8 GPa[J]. Chemical Geology, 160(4):335-356.

[94] Rapp R P, Watson E B, 1995. Dehydration melting of metabasalt at 8-32 kbar: Implications for continental growth and crust-mantle recycling[J]. Journal of Petrology, 36(4):891-931.

[95] Roberts M P, Clemens J D, 1993. Origin of high-potassium, calc-alkaline, I-type granitoids[J]. Geology, 21(9):825-828.

[96] Rossi J N, Toselli A J, Saavedra J, et al., 2002. Common crustal sources for contrasting peraluminous

facies in the Early Paleozoic Capillitas Batholith, NW Argentina [J]. Gondwana Research, 5(2): 325-337.

[97] Rudnick R L, Fountain D M, 1995. Nature and composition of the continental crust: A lower crustal perspective[J]. Reviews of Geophysics, 33(3):267-309.

[98] Rudnick R L, Gao S, 2014. Composition of the continental crust[J]. Treatise on Geochemistry, 4:1-51.

[99] Sami M, Ntaflos T, Farahat E S, et al., 2018. Petrogenesis and geodynamic implications of Ediacaran highly fractionated A-type granitoids in the north Arabian-Nubian shield (Egypt): Constraints from whole-rock geochemistry and Sr-Nd isotopes[J].Lithos, 304-307:329-346.

[100] Shellnutt G J, 2014. The Emeishan large igneous province: A synthesis[J]. Geoscience Frontiers, 5 (3):369-394.

[101] Shimoda G, Tatsumi Y, Morishita Y, 2003. Behavior of subducting sediments beneath an arc under high geothermal gradient: Constraints from the Miocene SW Japan arc[J]. Geochemical Journal, 37: 503-518.

[102] Shimoda G, Tatsumi Y, Nohda S, et al., 1998. Setouchi high-Mg andesites revisited: Geochemical evidence for melting of subducting sediments [J]. Earth & Planetary Science Letters, 160(3-4): 479-492.

[103] Sisson T W, Ratajeski K, Hankins W B, et al., 2005. Voluminous granitic magmas from common basaltic sources[J]. Contributions to Mineralogy and Petrology, 148(6):635-661.

[104] Smith D J, Petterson M G, Saunders A D, et al., 2009. The petrogenesis of sodic island arc magmas at Savo volcano, Solomon islands[J]. Contributions to Mineralogy and Petrology, 158(6):785-801.

[105] Smithies R H, Champion D C, 2000. The Archaean high-Mg diorite suite: Links to tonalite-trondhjemite-granodiorite magmatism and implications for Early Archaean crustal growth[J]. Journal of Petrology, 41(12):1653-1671.

[106] Stern C R, Kilian R, 1996. Role of the subducted slab, mantle wedge and continental crust in the generation of adakites from the Austral Volcanic Zone[J]. Contributions to Mineralogy and Petrology, 123(3):263-281.

[107] Sun S S, Mcdonough W F, 1989. Chemical and isotopic systematics of oceanic basalts: Implications for mantle composition and processes[J]//Saunders A D, Norry M J. Magmatism in the Ocean Basins. Geological Society, London, Special Publications, 42(1):313-345.

[108] Sun W H, Zhou M F, 2008. The~860 Ma, cordilleran-type Guandaoshan dioritic pluton in the Yangtze Block, SW China: Implications for the origin of Neoproterozoic magmatism [J]. The Journal of Geology, 116(3):238-253.

[109] Sun W H, Zhou M F, Zhao J H, 2007. Geochemistry and tectonic significance of basaltic lavas in the neoproterozoic Yanbian group, southern Sichuan Province, Southwest China[J]. International Geology Riview, 49(6):554-571.

[110] Sun W H, Zhou M F, Gao J F, et al., 2009. Detrital zircon U-Pb geochronological and Lu-Hf isotopic constraints on the Precambrian magmatic and crustal evolution of the western Yangtze Block, SW China [J]. Precambrian Research, 172(1):99-126.

[111] Sun W H, Zhou M F, Yan D P, et al., 2008. Provenance and tectonic setting of the Neoproterozoic

Yanbian group, western Yangtze Block (SW China)[J]. Precambrian Research, 167(1):213-236.

[112] Sylvester P J, 1998. Post-collisional strongly peraluminous granites[J]. Lithos, 45(1-4):29-44.

[113] Tang J, Xu W L, Niu Y L, et al., 2016. Geochronology and geochemistry of Late Cretaceous-Paleocene granitoids in the Sikhote-Alin Orogenic Belt: Petrogenesis and implications for the oblique subduction of the paleo-Pacific plate[J]. Lithos, 266-267:202-212.

[114] Tang M, Wang X L, Shu X J, et al., 2014. Hafnium isotopic heterogeneity in zircons from granitic rocks: Geochemical evaluation and modeling of "zircon effect" in crustal anatexis[J]. Earth & Planetary Science Letters, 389:188-199.

[115] Tatsumi Y, 2006. High-Mg andesites in the Setouchi volcanic belt, southwestern Japan: Analogy to Archean magmatism and continental crust formation[J]? Annual Review of Earth and Planetary Sciences, 34:467-499.

[116] Tatsumi Y, 2008. Making continental crust: The sanukitoid connection[J]. Chinese Science Bulletin, 53(11):1620-1633.

[117] Vernon R H, 1984. Microgranitoid enclaves in granites—globules of hybrid magma quenched in a plutonic environment[J]. Nature, 309(5967):438-439.

[118] Wang D, Wang X L, Cai Y, et al., 2018. Do Hf isotopes in magmatic zircons represent those of their host rocks[J]? Journal of Asian Earth Sciences, 154:202-212.

[119] Wang Q, Li X H, Jia X H, et al., 2012. Late Early Cretaceous adakitic granitoids and associated magnesian and potassium-rich mafic enclaves and dikes in the Tunchang-Fengmu area, Hainan Province(South China): Partial melting of lower crust and mantle, and magma hybridization[J]. Chemical Geology, 328:222-243.

[120] Wang Q, Xu J F, Jian P, et al., 2006. Petrogenesis of adakitic porphyries in an extensional tectonic setting, Dexing, South China: Implications for the genesis of porphyry copper mineralization[J]. Journal of Petrology, 47:119-144.

[121] Wang T, Guo L, Li S, et al., 2019. Some important issues in the study of granite tectonic[J]. Journal of Geomechanics, 25(5):899-919 (in Chinese with English abstract).

[122] Wang W, Zhou M F, Zhao X F, et al., 2014b. Late Paleoproterozoic to mesoproterozoic rift successions in SW China: Implication for the Yangtze Block-North Australia-Northwest Laurentia connection in the Columbia supercontinent[J]. Sedimentary Geology, 309:33-47.

[123] Wang X C, Li X H, Li W X, et al., 2008. The Bikou basalts in the northwestern Yangtze block, South China: Remnants of 820－810 Ma continental flood basalts[J]? Geological Society of American Bulletin, 120(11-12):1478-1492.

[124] Wang X C, Li Z X, Li X H, et al., 2011. Nonglacial origin for low-δ^{18}O Neoproterozoic magmas in the south China block: Evidence from new in-situ oxygen isotope analyses using SIMS[J]. Geology, 39(8):735-738.

[125] Wang X L, 2017. Some new research progresses and main scientific problems of granitic rocks[J]. Acta Petrologica Sinica, 33(5):1445-1458 (in Chinese with English abstract).

[126] Wang X L, Zhou J C, Griffin W L, et al., 2014a. Geochemical zonation across a Neoproterozoic orogenic belt: Isotopic evidence from granitoids and metasedimentary rocks of the Jiangnan orogen,

China[J]. Precambrian Research, 242(2):154-171.

[127] Wang X L, Zhou J C, Wan Y S, et al., 2013. Magmatic evolution and crustal recycling for Neoproterozoic strongly peraluminous granitoids from southern China: Hf and O isotopes in zircon[J]. Earth & Planetary Science Letters, 366(2):71-82.

[128] Wang Y J, Zhu W G, Huang H Q, et al., 2019. Ca. 1. 04 Ga hot Grenville granites in the western Yangtze block, Southwest China[J]. Precambrian Research, 328:217-234.

[129] Weidendorfer D, Mattsson H B, Ulmer P, 2014. Dynamics of magma mixing in partially crystallized magma chambers: Textural and petrological constraints from the basal complex of the austurhorn intrusion (SE Iceland)[J]. Journal of Petrology, 55(9):1865-1903.

[130] Whalen J B, Currie K L, Chappell B W, 1987. A-type granites: Geochemical characteristics, discrimination and petrogenesis[J]. Contributions to Mineralogy and Petrology, 95(4):407-419.

[131] Wilson M, 1989. Igneous Petrogenesis[M]. London: Unwin Hyman.

[132] Woodhead J D, Hergt J M, Davidson J P, et al., 2001. Hafnium isotope evidence for "conservative" element mobility during subduction zone processes[J]. Earth & Planetary Science Letters, 192(3): 331-346.

[133] Wu T, Wang X C, Li W X, et al., 2019. Petrogenesis of the ca. 820−810 Ma felsic volcanic rocks in the Bikou Group: Implications for the tectonic setting of the western margin of the Yangtze Block[J]. Precambrian Research, 331:105370.

[134] Xiong Q, Zheng J P, Yu C M, et al., 2009. Zircon U-Pb age and Hf isotope of Quanyishang A-type granite in Yichang: Signification for the Yangtze continental cratonization in Paleoproterozoic [J]. Chinese Science Bulletin, 54(3):436-446.

[135] Xu Y G, Zhong Y T, Wei X, et al., 2017. Permian mantle plumes and Earth's surface system evolution[J]. Bulletin of Mineralogy, Petrology, and Geochemistry, 36(3):359-373 (in Chinese with English abstract).

[136] Yang H, Liu F L, Du L L, et al., 2012. Zircon U-Pb dating for metavolcanites in the Laochanghe Formation of the Dahongshan Group in southwestern Yangtze Block, and its geological significance[J]. Acta Petrologica Sinica, 28(9):2994-3014 (in Chinese with English abstract).

[137] Zhang B, Guo F, Zhang X B, et al., 2019. Early Cretaceous subduction of Paleo-Pacific Ocean in the coastal region of SE China: Petrological and geochemical constraints from the mafic intrusions[J]. Lithos, 334-334:8-24.

[138] Zhang S B, Zheng Y F, Zhao Z F, 2010. Temperature effect over garnet effect on uptake of trace elements in zircon of TTG-like rocks[J]. Chemical Geology, 274(1-2):108-125.

[139] Zhang W, 2017. Study on the rock mass deformation and geological significance of the Southwest margin of Yangtze platform Neoproterozoic magmatic complex structure[D]. Beijing: China University of Geosciences(Beijing).

[140] Zhang W X, Zhu L Q, Wang H, et al., 2018. Generation of post-collisional normal calc-alkaline and adakitic granites in the Tongbai orogen, central China[J]. Lithos, 296-299:513-531.

[141] Zhao G C, Cawood P A, 2012. Precambrian geology of China[J]. Precambrian Research, 222-223: 13-54.

［142］ Zhao J H, Asimow P D, Zhou M F, et al., 2017. An Andean-type arc system in Rodinia constrained by the Neoproterozoic Shimian ophiolite in South China[J]. Precambrian Research, 296:93-111.

［143］ Zhao J H, Li Q W, Liu H, et al., 2018. Neoproterozoic magmatism in the western and northern margins of the Yangtze Block (South China) controlled by slab subduction and subduction-transform-edge-propagator[J]. Earth-Science Reviews, 187:1-18.

［144］ Zhao J H, Zhou M F, 2007a. Neoproterozoic adakitic plutons and arc Magmatism along the western margin of the Yangtze Block, South China[J]. The Journal of Geology, 115(6):675-689.

［145］ Zhao J H, Zhou M F, 2007b. Geochemistry of Neoproterozoic mafic intrusions in the Panzhihua district (Sichuan Province, SW China): Implications for subduction-related metasomatism in the upper mantle [J]. Precambrian Research, 152(1):27-47.

［146］ Zhao J H, Zhou M F, Wu Y B, et al., 2019. Coupled evolution of Neoproterozoic arc mafic magmatism and mantle wedge in the western margin of the South China Craton[J]. Contributions to Mineralogy and Petrology, 174(4):36.

［147］ Zhao J H, Zhou M F, Yan D P, et al., 2008a, Zircon Lu-Hf isotopic constraints on Neoproterozoic subduction-related crustal growth along the western margin of the Yangtze Block, South China [J]. Precambrian Research, 163(3-4):189-209.

［148］ Zhao J H, Zhou M F, Yan D P, et al., 2011. Reappraisal of the ages of Neoproterozoic strata in South China: No connection with the Grenvillian orogeny. Geology, 39(4):299-302.

［149］ Zhao J H, Zhou M F, Zheng J P, et al., 2013. Neoproterozoic tonalite and trondhjemite in the Huangling complex, South China: Crustal growth and reworking in a continental arc environment[J]. American Journal of Science, 313(6):540-583.

［150］ Zhao X F, Zhou M F, Li J W, et al., 2008b. Association of Neoproterozoic A- and I-type granites in south China: Implications for generation of A-type granites in a subduction-related environment[J]. Chemical Geology, 257(1-2):1-15.

［151］ Zhao X F, Zhou M F, Li J W, et al, 2010. Late Paleoproterozoic to early Mesoproterozoic Dongchuan Group in Yunnan, SW China: Implications for tectonic evolution of the Yangtze Block[J]. Precambrian Research, 182(1-2):57-69.

［152］ Zhao Z F, Gao P, Zheng Y F, 2015. The source of Mesozoic granitoids in South China: Integrated geochemical constraints from the Taoshan batholith in the Nanling range[J]. Chemical Geology, 395: 11-26.

［153］ Zheng Y F, 2003. Neoproterozoic magmatic activity and global change[J]. Chinese Science Bulletin,48 (16):1639-1656.

［154］ Zheng Y F, Wu R X, Wu Y B, et al., 2008. Rift melting of juvenile arc-derived crust: Geochemical evidence from Neoproterozoic volcanic and granitic rocks in the Jiangnan orogen, South China[J]. Precambrian Research, 163(3-4):351-383.

［155］ Zheng Y F, Wu Y B, Chen F K, et al., 2004. Zircon U-Pb and oxygen isotope evidence for a large-scale ^{18}O depletion event in igneous rocks during the Neoproterozoic[J]. Geochimica et Cosmochimica Acta, 68(20):4145-4165.

［156］ Zheng Y F, Xiao W J, Zhao G C, 2013. Introduction to tectonics of China[J]. Gondwana Research,

23(4):1189-1206.

[157] Zheng Y F, Zhang S B, Zhao Z F, et al., 2007. Contrasting zircon Hf and O isotopes in the two episodes of Neoproterozoic granitoids in South China: Implications for growth and reworking of continental crust[J]. Lithos, 96(1-2):127-150.

[158] Zhou M F, Ma Y X, Yan D P, et al., 2006a. The Yanbian Terrane (Southern Sichuan Province, SW China): A Neoproterozoic arc assemblage in the western margin of the Yangtze Block[J]. Precambrian Research, 144(1-2):19-38.

[159] Zhou M F, Yan D P, Kennedy A K, et al., 2002. SHRIMP U-Pb zircon geochronological and geochemical evidence for Neoproterozoic arc-magmatism along the western margin of the Yangtze Block, South China[J]. Earth & Planetary Science Letters, 196(1-2):51-67.

[160] Zhou M F, Yan D P, Wang C L, et al., 2006b. Subduction-related origin of the 750 Ma Xuelongbao adakitic complex (Sichuan Province, China): Implications for the tectonic setting of the giant Neoproterozoic magmatic event in South China[J]. Earth & Planetary Science Letters, 248(1-2): 286-300.

[161] Zhu G Z, Gerya T V, Yuen D A, et al., 2009. Three-dimensional dynamics of hydrous thermal-chemical plumes in oceanic subduction zones[J]. Geochemistry, Geophysics, Geosystems, 10 (11): Q11006.

[162] Zhu W G, 2004. Geochemistry characteristics and tectonic setting of Neoproterozoic mafic-ultramafic rocks in western margin of the Yangtze Craton: Exampled by the Gaojiacun complex and Lengshuiqing No. 101 complex[D]. Guiyang: Institute of Geochemistry, Chinese Academy of Sciences (in Chinese with English abstract).

[163] Zhu W G, Zhong H, Li X H, et al., 2008. SHRIMP zircon U-Pb geochronology, elemental, and Nd isotopic geochemistry of the Neoproterozoic mafic dykes in the Yanbian area, SW China [J]. Precambrian Research, 164(1-2):66-85.

[164] Zhu W G, Zhong H, Li Z X, et al., 2016. SIMS zircon U-Pb ages, geochemistry and Nd-Hf isotopes of ca. 1. 0 Ga mafic dykes and volcanic rocks in the Huili area, SW China: Origin and tectonic significance[J]. Precambrian Research, 273:67-89.

[165] Zhu Y, Lai S C, Qin J F, et al., 2019a. Geochemistry and zircon U-Pb-Hf isotopes of the 780 Ma I-type granites in the western Yangtze Block: Petrogenesis and crustal evolution [J]. International Geology Review, 61(10):1222-1243.

[166] Zhu Y, Lai S C, Qin J F, et al., 2019b. Petrogenesis and geodynamic implications of Neoproterozoic gabbro-diorites, adakitic granites, and A-type granites in the southwestern margin of the Yangtze Block, South China[J]. Journal of Asian Earth Sciences, 183:103977.

[167] Zhu Y, Lai S C, Qin J F, et al., 2019c. Neoproterozoic peraluminous granites in the western margin of the Yangtze Block, South China: Implications for the reworking of mature continental crust [J]. Precambrian Research, 333:105443.

[168] Zhu Y, Lai S C, Qin J F, et al., 2020a. Genesis of ca. 850−835 Ma high-Mg$^{\#}$ diorites in the western Yangtze Block, South China: Implications for mantle metasomatism under the subduction process[J]. Precambrian Research, 343:105738.

[169] Zhu Y, Lai S C, Qin J F, et al., 2020b. Petrogenesis and geochemical diversity of late Mesoproterozoic S-type granites in the western Yangtze Block, South China: Co-entrainment of peritectic selective phases and accessory minerals[J]. Lithos, 352-353:105326.

[170] Zhu Y, Lai S C, Zhao S W, et al., 2017. Geochemical characteristics and geological significance of the Neoproterozoic K-feldspar granites from the Anshunchang, Shimian area, Western Yangtze Block[J]. Geological Review, 63(5):1193-1208 (in Chinese with English abstract).

[171] 郭春丽,王登红,陈毓川,等,2007.川西新元古代花岗质杂岩体的锆石 SHRIMP U-Pb 年龄、元素和 Nd-Sr 同位素地球化学研究:岩石成因与构造意义[J].岩石学报,23(10):2457-2470.

[172] 赖绍聪,秦江锋,朱韧之,等,2015.扬子地块西缘天全新元古代过铝质花岗岩类成因机制及其构造动力学背景[J].岩石学报,31(8):2245-2258.

[173] 李奇维,2018.扬子板块新元古代基性脉岩成因及地质意义[D].武汉:中国地质大学.

[174] 李献华,李武显,何斌,2012.华南陆块的形成与 Rodinia 超大陆聚合−裂解:观察、解释与检验[J].矿物岩石地球化学通报,31(6):543-559.

[175] 林广春,2006.川西新元古代岩浆岩的 SHRIMP 锆石 U-Pb 年代学、元素和 Nd-Hf 同位素地球化学:岩石成因与构造意义[D].广州:中国科学院广州地球化学研究所.

[176] 王涛,郭磊,李舢,等,2019.花岗岩大地构造研究的若干重要问题[J].地质力学学报,25(5):899-919.

[177] 王孝磊,2017.花岗岩研究的若干新进展与主要科学问题[J].岩石学报,33(5):1445-1458.

[178] 徐义刚,钟玉婷,位荀,等,2017.二叠纪地幔柱与地表系统演变[J].矿物岩石地球化学通报,36(3):359-373.

[179] 杨红,刘福来,杜利林,等,2012.扬子地块西南缘大红山群老厂河组变质火山岩的锆石 U-Pb 定年及其地质意义[J].岩石学报,28(9):2994-3014.

[180] 张慰,2017.扬子地台西南缘新元古代岩浆杂岩体的构造变形与地质意义[D].北京:中国地质大学(北京).

[181] 郑永飞,2003.新元古代岩浆活动与全球变化[J].科学通报,48(16):1705-1720.

[182] 朱维光,2004.扬子地块西缘新元古代镁铁质−超镁铁质岩的地球化学特征及其地质背景:以盐边高家村杂岩体和冷水菁 101 号杂岩体为例[D].贵阳:中国科学院研究生院(地球化学研究所).

[183] 朱毓,赖绍聪,赵少伟,等,2017.扬子板块西缘石棉安顺场新元古代钾长花岗岩地球化学特征及其地质意义[J].地质论评,63(5):1193-1208.

青藏高原北羌塘榴辉岩质下地壳及富集型地幔源区
——来自新生代火山岩的岩石地球化学证据[①②]

赖绍聪 刘池阳

摘要:利用岩石地球化学的方法,研究了北羌塘新生代火山岩。结果表明,北羌塘第三纪火山岩可区分为碱性(钾玄岩质)和高钾钙碱两套不同的火山岩组合,它们分别起源于一个特殊的、不均一的富集型上地幔和一个加厚陆壳的榴辉岩质下地壳。由于青藏陆块之下软流层物质的上涌而形成幔源碱性岩浆活动,而幔源岩浆在 Moho 面的底侵作用又为下地壳中酸性高钾钙碱系列火山岩的起源提供了热动力条件。该区两套不同系列和源区类型的火山岩正是在这种特殊的构造环境中形成的。

1 引言

青藏高原北部新生代火山岩出露面积大,岩性岩相复杂,对于探讨青藏高原岩石圈演化过程具有重要意义,而且青藏高原隆升机制对全球地质构造演化及环境变迁均有重大影响。近年来,国内外学者已就青藏高原新生代火山岩的岩石学、地球化学以及同位素地质学等方面做了大量研究并取得了丰硕成果(邓万明,1993,1998;邓万明等,1998,1999;刘嘉麒,1999;赖绍聪,1999;迟效国等,1999;Arnaud et al.,1992;Miller et al.,1999)。然而,相形之下对青藏高原尤其是高原核部的羌塘地区第三纪火山岩源区性质和岩浆起源机制的专题研究却明显滞后(邓万明,1998;王碧香等,1999)。本文拟对北羌塘新生代碱性(钾玄岩质)及高钾钙碱岩系 2 个不同系列的火山岩岩石学与痕量元素地球化学进行对比研究,进而探讨该区上地幔性质和下地壳物质组成以及岩浆起源机制。

2 新生代火山岩地质概况

羌塘微板块北部最主要的地层包括三叠世的若拉岗日群砂页岩(T_3)和侏罗纪的雁石坪组(J_2ys)碎屑岩、石灰岩、火山岩,以及白垩纪和老第三纪的陆相断陷盆地碎屑沉积岩系。区内地质构造比较简单,主要断裂带可分为北西西和北东东两组(图 1),褶皱比较平缓,背斜紧闭而向斜宽缓,呈轴向近东西向的箱状褶曲(邓万明,1998)。羌塘北部第三纪火山岩较为发育,在石水河、浩波湖、多格错仁、枕头崖、雁石坪等地均有分布,主要

① 原载于《岩石学报》,2001,17(3)。
② 国家自然科学基金项目(40072029)和国家重点基础研究发展规划(G1998040800)资助。

见于羌北地层分区的第三纪石坪顶组。火山岩产状主要为熔岩被,与下伏的地层呈明显的角度不整合接触关系。我们的样品主要取自半岛湖-浩波湖-石水河一带(图1)。

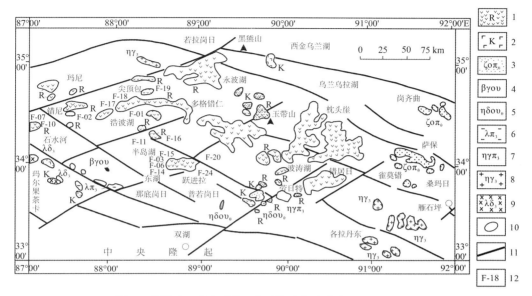

图 1 羌塘地区燕山晚期-喜马拉雅期岩浆岩区域分布图
1.第三纪火山岩;2.白垩纪火山岩;3.喜马拉雅早期石英正长斑岩;4.喜马拉雅早期石英二长闪长玢岩;
5.喜马拉雅早期玄武粗安玢岩;6.燕山晚期流纹斑岩;7.燕山晚期二长花岗斑岩;8.燕山晚期二长花岗岩;
9.燕山晚期花岗闪长岩;10.超浅成侵入岩;11.断裂构造;12.取样位置及样品编号

3 岩石学及岩石化学

北羌塘第三纪火山岩岩石新鲜,无明显的蚀变和后期交代现象。以斑状结构和无斑隐晶结构为主,部分样品发育气孔及杏仁构造。斑状结构岩石的斑晶为他形粒状橄榄石、长条状辉石、角闪石及斜长石,基质见有粗玄结构、间粒间隐结构、粗面结构、交织结构及玻晶交织结构等。根据化学成分分析结果(表1),本区火山岩可区分为碱性系列和钙碱系列两套不同的火山岩岩石组合(图2)。

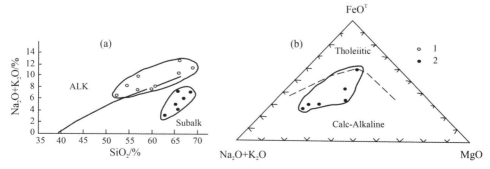

图 2 火山岩 SiO$_2$-(K$_2$O+Na$_2$O)图解(a)和 AFM 图解(b)
Alk:碱性;SubAlk:亚碱性;Tholeiiti:.拉斑系列;Calc-Alkaline:钙碱系列。
○本区碱性系列火山岩;●本区亚碱性钙碱系列火山岩

表 1　北羌塘第三系火山岩化学成分（%）及微量稀土元素（μg/g）分析结果

系列	高钾钙碱						碱性								
岩性	安山岩		英安岩				钾质粗面玄武岩	橄榄玄粗岩		安粗岩			粗面岩		
取样位置	石水河		尖顶包	石渠河	浩波湖	合作湖		半岛湖			浩波湖			半岛湖	
编号	F-07	F-10	F-18	F-19	F-17	F-02	F-03	F-06	F-15	F-16	F-11	F-01	F-20	F-24	F-14
SiO_2	59.58	62.87	63.83	64.33	64.85	67.45	51.13	53.4	54.58	55.78	59.55	60.82	65.33	65.48	67.05
TiO_2	1.70	0.64	0.74	0.73	0.77	0.50	1.23	1.25	1.19	0.94	0.77	0.82	0.59	0.64	0.39
Al_2O_3	11.74	14.22	14.24	15.24	14.32	15.25	12.16	10.44	10.51	10.7	14.30	15.56	13.52	12.13	13.05
Fe_2O_3	2.67	2.10	2.05	2.89	2.57	1.49	4.22	3.01	2.97	3.43	2.20	1.72	2.31	2.78	0.87
FeO	7.93	3.75	2.80	1.33	1.14	1.72	3.10	4.04	3.71	2.35	3.19	3.03	1.38	1.89	1.76
MnO	0.10	0.08	0.08	0.03	0.05	0.04	0.12	0.12	0.11	0.11	0.08	0.07	0.07	0.05	0.07
MgO	3.85	3.33	4.17	2.08	2.27	1.75	8.12	8.47	8.09	5.39	5.60	4.29	0.85	1.32	0.69
CaO	4.27	4.60	4.96	4.39	4.91	3.63	10.12	7.31	6.31	8.08	5.62	5.04	2.26	3.37	2.17
Na_2O	2.70	2.59	2.04	3.00	2.42	2.92	3.27	2.08	1.59	1.84	3.44	4.04	3.23	2.21	2.44
K_2O	0.28	1.53	2.90	3.94	3.32	3.97	2.92	5.96	5.45	7.74	4.18	4.00	9.20	8.00	8.50
P_2O_5	0.46	0.23	0.43	0.45	0.55	0.30	1.58	1.43	1.32	1.68	0.55	0.55	0.26	0.72	0.29
H_2O^+	4.08	2.98	0.94	0.91	1.18	1.16	1.97	2.01	2.09	1.11	0.44	0.28	0.38	0.75	2.7
H_2O^-	0.51	0.67	0.35	1.19	1.07	0.27	0.62	0.97	1.53	1.28	0.55	0.17	0.23	0.73	0.45
Total	99.87	99.59	99.53	100.51	99.42	100.45	100.56	100.49	99.45	100.43	100.47	100.39	99.61	100.07	100.43
$Mg^\#$	0.40	0.51	0.61	0.49	0.54	0.51	0.69	0.69	0.69	0.64	0.66	0.63	0.30	0.35	0.32
Cs	3.4	10.5	6.54	2.23	2.19	6.14	6.65	8.34	5.71	14.2	2.63	2.5	18.8	7.00	14.9
Rb	9.95	61.3	74.1	79.7	47.9	89.5	18.7	257	229	277	106	101	328	225	276
Ba	267	256	1 300	1 590	1 574	1 276	3 676	2 588	2 597	4 447	1 397	1 547	969	4 503	902
Th	5.97	6.54	14.2	18.3	10.8	11.6	24.6	16.5	15.7	71.6	21.8	16.1	41.5	62.5	80.7
U	0.71	1.47	3.10	2.22	1.70	2.63	4.84	4.28	3.95	14.1	4.98	2.77	23.7	10.7	15.3
Ta	0.56	0.61	0.67	0.76	1.05	0.73	1.29	1.09	1.19	2.07	0.73	1.24	4.73	1.96	2.79
Nb	9.7	7.32	12.9	15.8	19.5	8.12	26.1	22.1	21.8	44	12.7	18.8	89	38.9	53.4
Sr	120	251	1 523	1 574	1 449	915	3 729	1 438	1 579	3 458	1 356	1 596	1 680	4 122	1 493
Hf	4.91	2.88	4.49	5.52	4.29	2.18	8.7	9.4	7.25	14.9	4.67	4.9	25.1	15.1	9.97
Zr	181	122	196	273	207	97.3	406	366	256	594	212	215	199	626	328

续表

编号	高钾钙碱									碱 性					
岩性	安山岩		英安岩				钾质粗面玄武岩	橄榄玄粗岩		安粗岩			粗面岩		
取样位置	石水河		尖顶包	石渠河	浩波湖	合作湖	石武岩	半岛湖			浩波湖		半岛湖		
编号	F-07	F-10	F-18	F-19	F-17	F-02	F-03	F-06	F-15	F-16	F-11	F-01	F-20	F-24	F-14
Y	34	15.5	14.3	9.64	6.72	3.00	24.6	20.8	21.1	30.1	9.24	6.48	20.5	28.2	19.9
V	267	122	84.9	53.5	59.4	45.2	133	123	121	96	83.5	65.2	43	60.7	23
Cr	10.3	55.6	143	114	146	26.8	456	403	437	203	279	139	8.95	22.8	14.1
Co	22.6	14.6	14.6	5.36	11.3	4.02	34.9	34.9	33.8	20.3	20.8	15.5	—	2.06	—
Ni	7.89	13.7	109	95.4	91.3	15.2	252	327	355	80.6	202	120	3.02	12.3	5.78
Cu	30.9	53.9	31.5	34.9	27.1	21.3	157	57.1	51.9	52.3	36.9	38.6	24.4	16.8	24.2
Zn	144	92.7	85.1	76.2	61.2	59.4	118	101	88.3	101	80	93.9	90.3	90.4	68.9
La	20.6	15.1	40.7	46.8	30.6	9.36	125	60.5	61.7	168	43.2	32.2	147	172	115
Ce	45.3	32.7	80.2	84.9	61.6	28.7	63.9	124	128	330	107	78.2	362	331	124
Pr	5.61	3.47	8.29	9.71	6.62	2.23	28.1	14.4	14.7	36.1	8.48	6.22	27.4	33.8	20.9
Nd	24.9	14.1	31.7	36.4	25.7	8.75	114	58.9	59.1	139	32.2	23.6	95.7	126	74.5
Sm	5.91	2.91	5.29	5.49	4.14	1.59	18.3	9.79	9.82	22	4.79	3.76	13.4	18.5	11
Eu	1.72	0.85	1.46	1.49	1.13	0.46	4.95	2.72	2.67	5.5	1.22	1.03	3.1	4.7	2.49
Gd	6.60	2.87	4.34	3.86	2.85	1.1	12.6	7.69	7.51	15.3	3.49	2.73	9.29	12.9	7.74
Tb	1.07	0.47	0.54	0.048	0.35	0.15	1.39	0.93	0.95	1.68	0.4	0.33	1.07	1.43	0.94
Dy	6.51	2.94	2.92	2.19	1.5	0.82	5.65	4.47	4.57	7.05	1.97	1.4	4.7	6.16	4.25
Ho	1.84	0.78	0.71	0.51	0.39	0.2	1.26	1.11	1.07	1.47	0.49	0.34	1.09	1.42	1.02
Er	4.09	1.73	1.53	1.03	0.78	0.41	2.47	2.21	2.20	2.97	0.99	0.72	2.31	2.93	2.19
Tm	0.65	0.27	0.22	0.15	0.09	0.48	0.32	0.32	0.30	0.38	0.14	0.084	0.34	0.42	0.31
Yb	4.80	2.17	1.76	1.19	0.85	0.54	2.35	2.43	2.20	2.96	1.14	0.79	2.67	3.08	2.57
Lu	0.66	0.30	0.24	0.17	0.10	0.053	0.32	0.31	0.30	0.35	0.16	0.58	0.32	0.39	0.33
$(La/Yb)_N$	2.78	4.50	14.96	25.45	23.29	11.22	34.42	16.11	18.15	36.72	24.52	26.37	35.62	36.13	28.95
$(Ce/Yb)_N$	2.28	3.64	11.02	17.25	17.52	12.85	6.57	12.34	14.07	26.95	22.69	23.93	32.78	25.98	11.66
δEu	0.85	0.9	0.91	0.95	0.96	1.02	0.95	0.93	0.92	0.88	0.88	0.95	0.81	0.89	0.85

由中国科学院地球化学研究所资源与环境测试分析中心分析(1998)。其中，常量元素采用湿法分析，微量及稀土元素采用 ICP-MS 法分析。

3.1 碱性系列火山岩

本区碱性系列火山岩为一套钾质粗面玄武岩-橄榄玄粗岩-安粗岩-粗面岩岩石组合（图3），主要分布于半岛湖及浩波湖以南地区。其中，钾质粗面玄武岩类 SiO_2 含量为 51.13%，岩石 TiO_2（1.23%）低于大陆内部拉斑玄武岩和碱性玄武岩 TiO_2 平均值（2.2%）（Pearce,1983），而 K_2O（2.92%）、P_2O_5（1.58%）含量则明显高于正常钙碱系列玄武岩（Wilson,1989）；钾质粗面玄武岩的另一特点是 Al_2O_3 含量（12.16%）较低，而 Fe_2O_3、FeO、MgO 含量较高。由钾质粗面玄武岩→橄榄玄粗岩→安粗岩→粗面岩，岩石的化学成分特征具明显演化规律，SiO_2 含量逐渐升高，平均值分别由 51.13%→53.99%→58.72%→65.95%；K_2O 含量明显增加，由 2.92%→5.71%→5.31%→8.57%，符合碱性岩浆系列的正常演化趋势。岩石中 TiO_2 和 P_2O_5 含量则呈明显降低的趋势，TiO_2 平均值由 1.23%→1.22%→0.84%→0.54%，P_2O_5 则由 1.58%→1.38%→0.92%→0.42%；而岩石中 Al_2O_3 含量较为稳定，虽略有升高趋势，但不明显。总体而言，本区碱性系列火山岩以高钾和高磷含量，而 TiO_2、Al_2O_3 偏低，低于正常大陆内部火山岩为其显著特征。

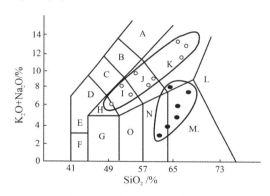

图 3　火山岩 TAS 分类图解

A:响岩；B:碱玄质响岩；C:响岩质碱玄岩；D:碧玄岩；E:碱玄岩；F:苦橄玄武岩；G:玄武岩；H:粗面玄武岩；
I:橄榄玄粗岩；J:安粗岩；K:粗面岩；L:流纹岩；M:英安岩；N:安山岩；O:玄武安山岩。
○本区碱性系列火山岩；●本区亚碱性钙碱系列火山岩。
据 Le Bas(1986)

该组岩石在 SiO_2-K_2O 图上（文中未附）均位于钾玄岩系列范围内，表明该组岩石具陆内造山带钾玄岩系列火山岩特征（邓晋福等,1996;Turner et al.,1995）。从该组岩石的化学成分变异特征（图4）可以看出，从钾质粗面玄武岩→橄榄玄粗岩→安粗岩→粗面岩，岩石的 $Mg^{\#}$ 值逐渐降低，具明显变化规律，钾质粗面玄武岩和橄榄玄粗岩具较高的 $Mg^{\#}$ 值（0.69）。通常将玄武岩类的镁值（$Mg^{\#}$）作为识别原生玄武岩浆的一个重要标志，一般认为，原生玄武岩浆的 $Mg^{\#}$ 值应为 0.68~0.75（Freg,1978）或 0.65~0.75（邓晋福,1983）[①]。因此看来，本区钾质粗面玄武岩和橄榄玄粗岩大体具有原生岩浆或进化程度较

① 邓晋福.熔浆-矿物平衡热力学.北京:武汉地质学院北京研究生部,1983.

低的、近似于原生岩浆的岩石类型和性质,它们的地球化学特征将在一定程度上反映源区的物质组成和特性。而安粗岩的 $Mg^\#$ 值($Mg^\# = 0.63 \sim 0.66$,平均 0.64)仍较高,仅略低于原生岩浆的 $Mg^\#$ 值(0.65~0.75)范围,这表明本区安粗岩类应为原生岩浆经过较低程度的进化衍生而成。而本区粗面岩 $Mg^\#$ 值($Mg^\# = 0.30 \sim 0.35$,平均 0.32)明显低于其他 3 类碱性岩石,远离原生岩浆的 $Mg^\#$ 值(0.65~0.75)范围,说明粗面岩是本区原生碱性岩浆经过较强烈的结晶分异演化而成。随着 $Mg^\#$ 值降低,该组岩石中 SiO_2 含量增高;TiO_2、P_2O_5 含量降低,K_2O 含量则呈明显的迅速增高的趋势,而 FeO、CaO 含量总体呈下降趋势,表明该组岩石为一套同源岩浆火山岩岩石系列(Wilson,1989)。

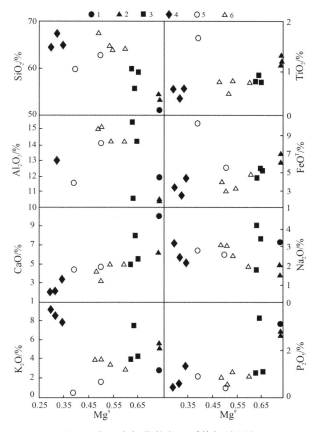

图 4　火山岩氧化物与 $Mg^\#$ 值标绘图解

1.钾质粗面玄武岩;2.橄榄玄粗岩;3.安粗岩;4.粗面岩;5.安山岩;6.英安岩

　　值得注意的是,在图 4 中,本区碱性系列火山岩自钾质粗面玄武岩→橄榄玄粗岩→安粗岩,大体呈连续递进的演化趋势。而安粗岩和粗面岩之间却存在一个间断,这与岩石 $Mg^\#$ 值的变化规律相对应,表明本区碱性系列火山岩在化学成分变化上的这种不连续性特征很可能与原生岩浆在过渡岩浆房中产生的结晶分异作用有关。事实上,由于青藏陆壳的水平挤压缩短和加厚可以更好地封闭壳底岩浆池(海),从而使本区幔源成因的碱性岩浆在 Moho 底部滞留,并产生底侵和结晶分异作用,其结果是造成本区碱性系列火山岩中进化程度较高的粗面岩和低进化、接近原生岩浆性质的钾质粗面玄武岩、橄榄玄粗岩以及安粗岩之间出现一个化学成分变化上的不连续性。

3.2 钙碱系列火山岩

本区钙碱系列火山岩为一套安山岩-英安岩岩石组合(图3),主要出露于石水河-浩波湖以北地区。SiO_2 含量较为稳定,变化在 $59.58\% \sim 67.45\%$ 范围内,平均为 63.82%。TiO_2 含量($0.50\% \sim 1.70\%$,平均 0.85%)略低于大陆裂谷同类岩石 TiO_2 平均值(1.16%)(Pearce,1983),K_2O 含量变化大($0.28\% \sim 3.97\%$,平均 2.66%)。岩石 P_2O_5 含量平均为 0.40%,MgO 含量大多低于 4%。与本区碱性系列火山岩比较,本区钙碱系列火山岩 K_2O 含量明显较低。然而,需要指出的是,北羌塘第三纪钙碱系列火山岩 K_2O 含量相对于正常钙碱系列火山岩而言,仍然表现为较高含量,对 K_2O 的含量,不同于通常的岛弧区钙碱系列火山岩,其 K_2O 显著偏高,在 SiO_2-K_2O 图中(文中未附)大多属高钾钙碱系列火山岩,具陆内火山岩高钾的典型地球化学特征。该组火山岩成分稳定,未见玄武质等基性岩石端元,它们与来自大陆地壳局部熔融的壳源中酸性火山岩组合具有一致的特征(Wilson,1989)。上述分析表明,北羌塘第三纪碱性和高钾钙碱性两组火山岩具有完全不同的岩石组合类型和化学成分演化规律。

4 微量及稀土元素地球化学特征

4.1 碱性系列火山岩

从表1和图5中可以看到,本区碱性系列火山岩中 Cr 和 Ni 与 $Mg^\#$ 值具有显著的正相关关系,钾质粗面玄武岩和橄榄玄粗岩具有最高的 Cr、Ni 含量,分别高达 $403 \sim 456\ \mu g/g$ 和 $252 \sim 355\ \mu g/g$;而粗面岩类 Cr、Ni 含量最低,分别为 $8.95 \sim 22.8\ \mu g/g$ 和 $3.02 \sim 12.3\ \mu g/g$,从而说明,在该组火山岩中,钾质粗面玄武岩和橄榄玄粗岩最具原生岩浆性质(Wilson,1989),而粗面岩类则为进化程度较高的岩浆冷凝结晶的产物。

需要指出的是,本区碱性系列火山岩中大离子亲石元素 Rb、Ba、Sr 具有很高的丰度值(表1,图5),远高于大洋拉斑玄武岩、岛弧拉斑玄武岩和岛弧钙碱系列火山岩平均值(Pearce,1983),除 Ba 与 $Mg^\#$ 具正相关关系外,Rb 和 Sr 与 $Mg^\#$ 值的相关性不明显,钾质粗面玄武岩、橄榄玄粗岩和粗面岩均具有较高的 Rb、Sr 丰度,表明本区碱性系列火山岩大离子亲石元素的富集并不完全取决于岩浆的演化机理,而应与源区物质组成具有密切的联系(Wilson,1989)。从图5中可以看到,在粗面岩与钾质粗面玄武岩、橄榄玄粗岩、安粗岩之间,同样存在一个微量元素演化的不连续性,这与图4中主量元素所显示的变化特征相吻合,可能与本区幔源碱性岩浆在 Moho 面及其之下的滞留、底侵和结晶分异作用有关。

本区第三纪碱性系列火山岩中,钾质粗面玄武岩 $(La/Yb)_N = 34.42$,$(Ce/Yb)_N = 6.57$,$\delta Eu = 0.95$。橄榄玄粗岩 $(La/Yb)_N$ 介于 $16.11 \sim 18.15$,平均为 17.13;$(Ce/Yb)_N$ 介

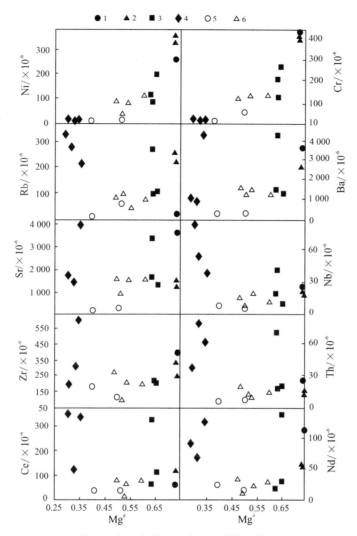

图5 火山岩微量元素与 Mg# 值标绘图解

1.钾质粗面玄武岩;2.橄榄玄粗岩;3.安粗岩;4.粗面岩;5.安山岩;6.安英岩

于 12.34~14.07,平均为 13.21;δEu 介于 0.92~0.93。安粗岩类 $(La/Yb)_N = 24.52$~36.72,平均为 29.30;$(Ce/Yb)_N = 22.69~26.95$,平均为 24.52;$\delta Eu = 0.88~0.95$,平均为 0.90。而本区粗面岩类 $(La/Yb)_N = 28.95~36.13$,平均为 33.57;$(La/Yb)_N = 11.66$~32.78,平均为 23.47;δEu 介于 0.79~0.89,平均为 0.83。从而表明,本区碱性系列火山岩均属轻稀土强烈富集型,且基本不显示 Eu 异常。从稀土元素球粒陨石标准化配分型式图中(图 6a~d)也可以看出,本区碱性系列火山岩均为右倾负斜率轻稀土强烈富集型,Eu 基本无异常。

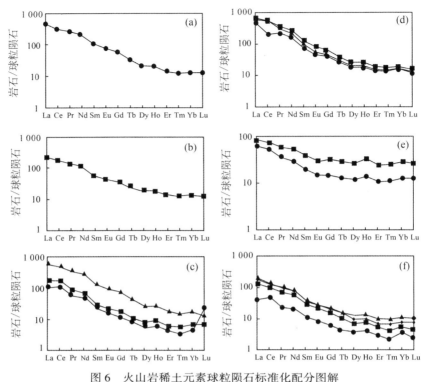

图6　火山岩稀土元素球粒陨石标准化配分图解

(a)钾质粗面玄武岩;(b)橄榄玄粗岩;(c)安粗岩;(d)粗面岩;(e)安山岩;(f)英安岩

4.2　钙碱系列火山岩

从图7e、f中可以看到,本区高钾钙碱系列火山岩不相容元素原始地幔标准化配分型式图总体呈右倾型式。自安山岩→英安岩,曲线略有抬高,负斜率呈增大的趋势,Ti谷逐渐加深,说明Ti的相对亏损与岩浆分异过程有关,可能归因于钛铁氧化物的分离结晶(Wilson,1989)。K、U、Th等元素的富集度逐渐增高,说明它们在岩浆分异过程中的不相容元素性质,显示了青藏陆内火山岩总体高钾的共同特点。自安山岩→英安岩,岩石中Rb、Sr丰度呈升高趋势,Rb由较强的相对亏损转变为较弱的相对亏损,而Sr则由相对亏损的低谷状态转变为相对富集的低峰状态,说明Rb、Sr等大离子亲石元素富集于岩浆演化的晚期阶段,符合钙碱系列岩浆演化的普遍规律。需要指出的是,本区新生代高钾钙碱系列安山岩和英安岩中均存在明显的Nb、Ta谷,Nb、Ta呈明显的相对亏损状态,这与典型的岛弧火山岩的地球化学特征(Wlso,1989;Pearce,1983)十分类似。

本区高钾钙碱系列安山岩类$(La/Yb)_N$介于2.78~4.50,平均为3.64;$(Ce/Yb)_N$介于2.28~3.64,平均为2.96,表明岩石属轻稀土低度富集型,这与本区碱性系列火山岩均强烈富集轻稀土的特征明显不同。岩石δEu介于0.85~0.90,平均为0.875,说明岩石中仅有微弱的Eu亏损现象。本区钙碱系列英安岩类$(La/Yb)_N$介于11.22~25.45,平均为

18.73;$(Ce/Yb)_N$ 介于 11.02~17.52,平均为 14.66,表明岩石属轻稀土中强富集型,其轻稀土富集程度明显低于本区碱性系列火山岩中 SiO_2 含量相当的岩石类型。岩石 δEu 介于 0.91~1.02,平均为 0.96,说明岩石基本无 Eu 异常。从稀土元素球粒陨石标准化配分图解(图 6e)中可以看出,安山岩和英安岩类均为右倾负斜率轻稀土富集型,安山岩类轻稀土部分斜率陡,而重稀土部分则相对较平缓。

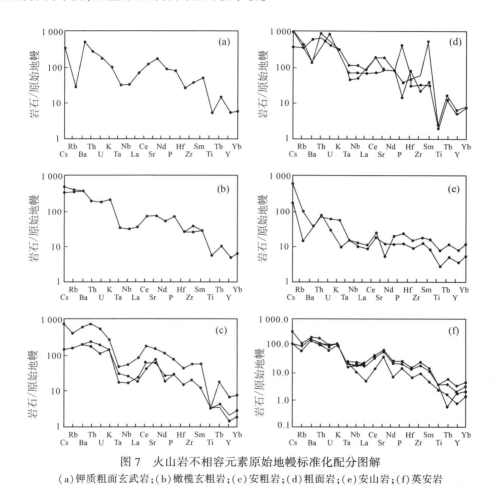

图 7　火山岩不相容元素原始地幔标准化配分图解
(a)钾质粗面玄武岩;(b)橄榄玄粗岩;(c)安粗岩;(d)粗面岩;(e)安山岩;(f)英安岩

5　岩石成因和源区性质的讨论

北羌塘第三纪碱性系列(钾玄岩质)火山岩组合,无论是其常量元素还是微量和稀土元素均具有明显的演化规律,随着岩石 $Mg^{\#}$ 值降低,自钾质粗面玄武岩→橄榄玄粗岩→安粗岩→粗面岩,SiO_2、K_2O、CaO、TiO_2、FeO^T 等常量元素,以及 Ni、Cr、Ba 等微量元素具明显的演化趋势,这表明它们为一组同源岩浆火山岩系列。其中,钾质粗面玄武岩和橄榄玄粗岩类具较高的 $Mg^{\#}$ 值(0.69),这表明本区钾质粗面玄武岩和橄榄玄粗岩基本代表了源自上地幔的原生岩浆类型或进化程度较低的类似于原生岩浆的岩石类型,安粗岩($Mg^{\#}=$

0.63~0.66,平均 0.64)为弱进化岩浆结晶的产物,粗面岩($Mg^\# = 0.30\sim0.35$,平均 0.32)则是高度进化岩浆冷凝结晶的产物。该组火山岩钾及其相关大离子亲石元素的高含量,可能暗示它们乃是源区低程度部分熔融的产物(Mckenzie et al.,1995)。同时,高钾质还说明源区应存在富钾相。本区碱性系列火山岩高 K_2O 含量,K_2O/Na_2O 大多大于 1,在 SiO_2-K_2O 图中(文中未附)落入 Shoshonite 区内,均表明它们应为钾玄岩质火山岩(Morrison,1980)。值得注意的是,本区碱性系列火山岩的高 K_2O 含量不仅表现在粗面岩和玄粗岩中,而且在低硅含量($SiO_2 = 51.13\%\sim54.58\%$)的、代表原生岩浆性质的钾质粗面玄武岩和橄榄玄粗岩中同样具有很高的 K_2O 含量($2.92\%\sim5.96\%$,平均 4.78%),这种特征表明,该组岩石中钾及其相关大离子亲石元素的高含量并不能简单地归因于岩浆分馏作用(fractionation),而更主要的应取决于岩浆体系的源区特征(Platt et al.,1994)。Meen(1987)的研究结果表明,钾玄岩中钾的富集主要受高压下高铝玄武质母岩浆中以斜方辉石为主的分离作用影响,这种分离作用将产生钾的高度富集,而 SiO_2 含量升高却很少。然而,本区碱性火山岩中 K_2O 与 SiO_2 具有明显的共同增高的趋势(图4),这与 Meen(1987)提出的富钾机理是不吻合的。实验结果(Mengel et al.,1989)表明,含 K_2O 约 3.5% 的玄武质熔浆在高压下是饱含金云母的,这一 K_2O 含量值与本区钾质粗面玄武岩接近。因此,本区碱性系列火山岩原生岩浆中 K_2O 的丰度值应与 Mengel 等(1989)实验结果中饱含金云母的岩浆体系类似。由此看来,本区碱性系列火山岩中 K_2O 及其相关大离子亲石元素的高含量的确反映了源区的地球化学特征,表明在上地幔岩浆起源区很可能存在类似金云母类的富钾矿物相。这与本区钾质粗面玄武岩不相容元素原始地幔标准化图谱中钾的相对富集程度略低于 Th 和 La 的特征相吻合(图7a)。

同位素研究结果表明,青藏高原北部新生代火山岩大多具有高$^{87}Sr/^{86}Sr$、低$^{143}Nd/^{144}Nd$ 和高 Pb 同位素组成特点,各地区火山岩$^{87}Sr/^{86}Sr$ 值普遍高于原始地幔值(0.704 4),一般都介于 0.705~0.708(解广轰等,1992;邓万明,1998;邓万明等,1998),最高可达 0.713 700($\varepsilon_{Nd} = -5.62$,藏北新生代流纹岩)和 0.715 520($\varepsilon_{Nd} = -11.86$,狮泉河新生代粗面岩)(Turner et al.,1996)。这表明,它们应来源于一种富集型地幔源区,在火山岩原始岩浆形成和演化过程中可能有大量再循环而进入地幔的地壳物质组分,而且在岩浆源区占有重要地位。事实上,青藏高原在板块碰接这一特定的构造条件下,由于强烈的挤压应力和陆壳的缩短和加厚,完全有可能使大量的地壳物质被带入地幔(Molnar et al.,1993),从而形成一特殊的加厚陆壳和富集型上地幔。而对于富集成分的成因可能存在 2 种解释:一种解释可以归因于上地幔交代作用或地幔变质作用;然而这套火山岩中 Nb、Ta 和 Ti 的亏损乃是上地壳沉积岩和岛弧区岩浆作用的典型地球化学标志,因而更合理的解释则是这一富集组分的形成与古老板块(古洋壳)俯冲作用带入深部并滞留在深部的地壳物质有关。

因此,若主元素、微量元素、稀土元素及同位素所提供的地球化学信息的确代表了青藏高原北部大陆地幔的主要特征,则该区地幔将是强烈富集了不相容元素的、不均一的富集地幔,而古老沉积物和古洋壳物质再循环进入地幔体系对于形成这种特殊类型的富集地幔具有重要意义。由此看来,本区第三纪碱性系列火山岩乃是地球层圈间物质交换过程和壳/幔物质再循环的最终产物。

本区钙碱系列安山岩和英安岩类成分稳定,无论是岩石类型、碱性程度还是轻稀土富集程度,均与本区碱性系列火山岩明显不同,它们乃是一套壳源中酸性火成岩类。然而需要指出的是,这套火山岩不同于通常的消减带或碰撞带钙碱质火山岩系,主要体现在2个方面:一是本区钙碱性安山岩和英安岩具轻稀土富集型稀土配分型式,但却并不显示明显的 Eu 亏损,δEu 在 0.85~1.02 内变化,平均为 0.93,基本无 Eu 异常。这与岛弧区钙碱岩系通常具显著负 Eu 异常(Wilson,1989;Pearce,1983;Marlina et al.,1999)的特征明显不同。二是本区钙碱系列安山岩和英安岩 K_2O 含量较高,大多属高钾钙碱系列。实验岩石学与相平衡研究(Huang et al.,1981,1986;Stern et al.,1981;邓晋福,1987;Patiño,1996;Patiño et al.,1995,1998)表明:①陆壳岩石的局部熔融在 ≤1 GPa(30~40 km 厚的陆壳)时生成花岗岩(狭义)岩浆,1.5 GPa(55 km 厚的陆壳)时生成正长岩岩浆(此时熔融系统中还有斜长石存在);②约 1.7 GPa(60 km 厚的陆壳)固相线上斜长石已不存在,低于固相线温度时 1.5 GPa 斜长石已不存在(转变为单斜辉石);③安山质岩浆的液相线矿物 ≤1 GPa 时为斜长石±辉石,>1 GPa 时为辉石±石榴子石±角闪石。这样,我们可以知道,花岗岩包括过碱性花岗岩起源于正常或减薄的陆壳内,以及双倍陆壳的中、上部;不管通过熔融作用还是分异过程,花岗岩岩浆总与斜长石处于平衡过程,因此,总是伴随负 Eu 异常;在岩石圈根内形成的碱性正长岩-石英正长岩岩浆则因为不曾与斜长石平衡过(不管熔融抑或分异过程),所以不会出现负 Eu 异常。有无负 Eu 异常这个标志,同样适用于 A 型花岗岩类以外的中酸性火成岩,包括安山岩和英安岩及其相应的侵入岩(邓晋福等,1996)。它们的岩浆形成或直接源于陆壳岩石,或由幔源玄武岩浆与陆壳相互作用产生,当深度大于 50~60 km 以后,陆壳将由榴辉岩相岩石(无斜长石)构成,因此,当安山岩、英安岩岩浆形成于加厚的陆壳底部(相当于榴辉岩相的源区岩石)时,就不会有负 Eu 异常。这样无负 Eu 异常的中酸性火成岩,标志着一个加厚的相当于榴辉岩质(无斜长石相)陆壳的存在(邓晋福等,1996)。

根据 La/Sm-La 图解(图 8a、b),可以很容易地判别一组相关岩石的成岩作用方式(Allegre et al.,1978)。从图 8a、b 中可以看到,本区高钾钙碱系列中酸性火山岩乃是源区岩石部分熔融的产物,而碱性(钾玄岩系)火山岩为一组同源岩浆结晶分异演化系列。岩浆成因理论(Allegre et al.,1978;Wilson,1989)认为,Ce 属于超亲岩浆元素,Y 属于亲岩浆元素,这两类元素构成的图解的不同趋势将反映相关岩石组合源区部分熔融程度的差异。在图 8c、d 中,本区高钾钙碱岩系投影趋势靠近 Y 轴,为源区较高程度部分熔融的产物;而碱性岩(钾玄岩)系投影趋势靠近 Ce 轴,乃是源区较低程度部分熔融的产物。从而表明,本区高钾钙碱和碱性 2 个不同系列的火山岩有其各自独立的岩浆源区,乃是加厚陆壳基底和富集型上地幔分别部分熔融的产物。事实上,本区高钾钙碱中酸性火山岩系不可能是碱性(钾玄岩)岩系的分异产物。因为钾玄岩系岩浆分异将向着更加富碱的方向演化,而在其分异晚期中酸性岩浆产物中不会出现钙碱系列的演化端元。

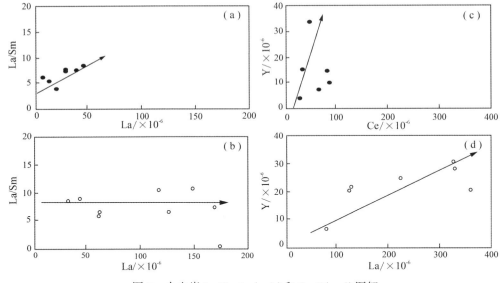

图 8 火山岩 La/Sm-La(a、b)和 Ce-Y(c、d)图解
●高钾钙碱火山岩系;○碱性(钾玄岩质)火山岩系

由上述可以看出,本区第三纪钙碱系列火山岩乃是直接起源于加厚的陆壳底部,其源区物质应相当于榴辉岩的组成。正是由于青藏陆块之下软流层物质的上涌而形成幔源的碱性(钾玄岩质)岩浆活动及其在 Moho 面以上的底侵作用,从而为下地壳中酸性钙碱系列火山岩的起源提供了热动力条件。另外,青藏陆壳的水平挤压缩短和加厚作用可以更好地封闭壳底岩浆池(海),使底侵岩浆有更充分的条件与陆壳物质相互作用,包括陆壳岩石的熔融作用以及岩浆结晶分离作用等。羌塘北部新生代第三纪碱性(钾玄岩质)和高钾钙碱 2 个不同的火山岩系列正是在这种特定的构造环境中形成的。

6 结语

北羌塘第三纪火山岩可以区分为碱性(钾玄岩质)和高钾钙碱性 2 个不同的系列。碱性系列主要岩石类型为钾质粗面玄武岩-橄榄玄粗岩-安粗岩-粗面岩,为一套强烈富集轻稀土和部分大离子亲石元素的幔源岩浆系列,并具有很高的$^{87}Sr/^{86}Sr$、$^{143}Nd/^{144}Nd$ 和 Pb 同位素比值,它们揭示了青藏高原北部陆下地幔为一特殊的富集型上地幔,古老沉积物和古洋壳物质再循环进入地幔体系对于形成这种特殊类型的富集地幔具有重要意义;而北羌塘第三纪这套碱性系列火山岩则是由于青藏高原在板块碰接这一特定构造条件下,壳/幔物质再循环的最终产物。高钾钙碱系列火山岩主要岩石类型为安山岩和英安岩类,它们属于典型的壳源岩浆系列,轻稀土富集和无负 Eu 异常表明其源区物质组成相当于榴辉岩质,从而揭示了青藏高原北部具有一加厚的陆壳,其下地壳岩浆源区具榴辉岩相的物质组成。由于青藏陆块之下软流层物质的上涌而形成幔源碱性岩浆活动,而青藏陆壳的挤压缩短和加厚可以较好地封闭壳底岩浆池(海),从而使幔源岩浆在 Moho 面下的底侵作用为下地壳中酸性高钾钙碱系列火山岩的起源提供了热动力条件,该区两套不同系列和源区类型的火山岩正是在这种特殊的构造环境中形成的。

参考文献

[1] Allegre C J, Minster J F, 1978. Quantitative method of trace element behavior in magmatic processes. Earth & Planetary Science Letters, 38：1-25.

[2] Arnaud N O, Vidal P, Tapponnier P, et al., 1992. The high K_2O volcanism of northwestern Tibet：Geochemistry and tectonic implications. Earth & Planetary Science Letters, 111：351-367.

[3] Chi Xiaoguo, Li Cai, Jin Wei, et al., 1999. The Cenozoic volcanism evolutionary and uplifting mechanism of the Qinghai-Tibet plateau. Geological Review, 45(Suppl.)：978-986 (in Chinese with English abstract).

[4] Deng Jinfu, 1987. Phase equilibrium and petrogenesis. Wuhan：Wuhan Geological College Press：42-71 (in Chinese).

[5] Deng Jinfu, Zhao Hailing, Mo Xuanxue, et al., 1996. Contineneal roots-plume tectonics of China：Key to the continental dynamics. Beijing：Geological Publishing House：17-20 (in Chinese).

[6] Deng Wanming, 1998. Cenozoic intraplate volcanic rocks in the Northern Qinghai-Xizang plateau. Beijing：Geological Publishing House：1-168 (in Chinese).

[7] Deng Wanming, 1993. Trace element and Sr, Nd isotopic features of the Cenozoic potassium-volcanic rocks from northern Qinghai-Tibet plateau. Acta Petrologica Sinica, 9(4)：379-387 (in Chinese with English abstract).

[8] Deng Wanming, Sun Hongjuan, 1998. Features of isotopic geochemistry and source region for the intraplate volcanic rocks from northern Qinghai-Tibet plateau. Earth Science Frontiers, 5(4)：307-317 (in Chinese with English abstract).

[9] Deng Wanming, Sun Hongjuan, 1999. The Cenozoic volcanism and the uplifting mechanism of the Qinghai-Tibet plateau. Geological Review, 45(Suppl)：952-958 (in Chinese with English abstract).

[10] Frey F A, 1978. Integrated models of basalt petrogenesis：A study of quartze tholeiites to olivine melilities from south easthern Australia utilizing geochemical and experimental petrological data. Journal of Petrology, 119：463-513.

[11] Huang W L, Wyllie P J, 1986. Phase relationships of gabbrotonalite-granite-H_2O at 15 kbar with applications to differentiation and anatexis. American Mineralogist, 71：301-316.

[12] Huang W L, Wyllie P J, 1981. Phase relationships of S-type granite with H_2O to 35 kbar：Muscovite granite from Harney Peak, South Dakota. Journal of Geophysical Research, 86：10515-10529.

[13] Lai Shaocong, 1999. Petrogenesis of the Cenozoic volcanic rocks from the northern part of the Qinghai-Tibet plateau. Acta Petrologica Sinica, 15(1)：98-104 (in Chinese with English abstract).

[14] Le Bas M J, 1986. A chemical classification of volcanic rocks based on the total alkali-silica diagram. Journal of Petrology, 27：745-750.

[15] Liu Jiaqi, 1999. Volcanoes in China. Beijing：Science Press：53-135 (in Chinese).

[16] Marlina A E, John F, 1999. Geochemical response to varying tectonic settings：An example from southern Sulawesi(Indonesia). Geochimica et Cosmochimica Acta, 63(7/8)：1155-1172.

[17] McKenzie D, O'Nions R K, 1995. The source regions of ocean island basalts. Journal of Petrology, 36：

133-159.

[18] Meen J K, 1987. Formation of shoshonites from calc-alkaline basalt magmas: Geochemical and experimental constraints from the type locality.Contributions to Mineralogy and Petrology,97:333-351.

[19] Mengel K,Green D H, 1989.Stability of amphibole and phlogopite in metasomatised peridotite under water-saturated and water-undersaturated conditions. In: Kimberlites and Related Rocks, Vol.1 Special Publication,Geological Society of Australia,14:571-581.

[20] Miller C, Schuster R, Klotzli U, et al., 1999. Post-collisional potassic and ultrapotassic magmatism in SW Tibet: Geochemical and Sr-Nd-Pb-O isotopic constraints for mantle source characteristics and petrogenesis.Journal of Petrology,40(9):1399-1424.

[21] Molnar P,England P, Martinod J, 1993. Mantle dynamics,uplift of the Tibetan plateau and the Indian Monsoon. Reviews in Geophysics,31:3557-3596.

[22] Morrison G W, 1980.Characteristics and tectonic setting of the shoshonite rock association.Lithos,13: 97-108.

[23] Patiño Douce A E, 1996.Effects of pressure and H_2O content on the compositions of primary crustal melts.Earth Sciences,87:11-21.

[24] Patiño Douce A E, Beard J S, 1995.Dehydration-melting of biotite gneiss and quartz amphibolite from 3 to 15 kbar.Journal of Petrology,36:707-738.

[25] Patiño Douce A E, McCarthy T C, 1998. Melting of crustal rocks during continental collision and subduction.Netherlands: Kluwer Academic Publishers: 27-55.

[26] Pearce J A, 1983.The role of sub-continental lithosphere in magma genesis at destructive plate margins. In: Hawkesworth, et al. Continental Basalts and Mantle Xenoliths.Nantwich:Shiva Press: 230-249.

[27] Platt J P,England P C, 1994.Convective removal of lithosphere beneath mountain belts: Thermal and mechanical consequences. American Journal of Science,294:307-336.

[28] Stern C R,Wyllie P J, 1981.Phase relationships of I-type granite with H_2O to 35 kbar: The Dinkey lakes biotite-granite from the Sierra Nevada batholith.Journal of Geophysical Research,86: 10412-10422.

[29] Turner S, Arnaud N, Liu J, et al., 1996.Post-collision, shoshonitic volcanism on the Tibetan plateau: Implications for convective thinning of the lithosphere and the source of ocean island basalts.Journal of Petrology,37:45-71.

[30] Turner S,Hawkesworth C, 1995.The nature of the sub-continental mantle: Constraints from the major element composition of continental flood basalts.Chemical Geology,120:295-314.

[31] Wang Bixiang, Ye Hefei, Peng Yongmin, 1999. Isotopic geochemistry features and its significance of the Mesozoic-Cenozoic volcanic rocks from Qiangtang basin, Qinghai-Tibet plateau. Geological Review, 45 (Suppl.):946-951 (in Chinese with English abstract).

[32] Wilson M, 1989. Igneous petrogenesis.London: Unwin Hyman Press:295-323.

[33] Xie Guanghong,Liu Congqiang,Zengtian Zhangzheng, et al, 1992. Geochemical features of the Cenozoic volcanic rock from Qinghai-Tibet plateau and its adjacent area: Evidence for existence of an ancient enriched mantle. In: Liu Ruoxin. Geochemistry and Chronology of the Cenozoic Volcanic Rocks in China. Beijing: Seismic Publishing House: 400-427 (in Chinese with English abstract).

[34] 王碧香,叶和飞,彭勇民,1999.青藏羌塘盆地中新生代火山岩同位素地球化学特征及其意义.地质

论评,45(增刊):946-951.

[35] 邓万明,1998.青藏高原北部新生代板内火山岩.北京:地质出版社:1-168.

[36] 邓万明,1993.青藏北部新生代钾质火山岩微量元素和 Sr,Nd 同位素地球化学研究.岩石学报,9 (4):379-387.

[37] 邓万明,孙宏娟,1998.青藏北部板内火山岩的同位素地球化学与源区特征.地学前缘,5(4): 307-317.

[38] 邓万明,孙宏娟,1999.青藏高原新生代火山活动与高原隆升关系.地质论评,45(增刊):952-958.

[39] 邓晋福,1987.岩石相平衡与岩石成因.武汉:武汉地质学院出版社:42-71.

[40] 邓晋福,赵海玲,莫宣学,等,1996.中国大陆根柱构造:大陆动力学的钥匙.北京:地质出版社: 17-20.

[41] 刘嘉麒,1999.中国火山.北京:科学出版社:53-135.

[42] 迟效国,李才,金巍,等,1999.藏北新生代火山作用的时空演化与高原隆升.地质论评,45(增刊): 978-986.

[43] 赖绍聪,1999.青藏高原北部新生代火山岩成因机制.岩石学报,15(1):98-104.

[44] 解广轰,刘丛强,增田彰正,等,1992.青藏高原周边地区新生代火山岩的地球化学特征:古老富集 地幔存在的证据.见:刘若新.中国新生代火山岩年代学与地球化学.北京:地震出版社:400-427.

青藏高原北部新生代火山岩的成因机制①②

赖绍聪

摘要: 利用电子探针和化学成分分析结果,采用矿物对温度计方法及熔浆-矿物平衡热力学计算方法,研究了青藏高原北部玉门及可可西里岩区新生代火山岩形成的温压条件。结果表明,玉门及可可西里岩区新生代火山岩的形成温度为 630~1 039 ℃,形成压力为 2.3~4.0 GPa。由此推断,青藏高原北部以钾玄岩质岩浆活动为主体的新生代火山岩起源于加厚的陆壳底部或壳幔混合带,以及直接来源于软流圈顶部地幔岩的局部熔融。青藏高原北部软流圈埋深约为 75~130 km。

1 引言

青藏高原被认为是印度板块和欧亚大陆碰撞的结果,是世界上碰撞构造的最重要实例,长期以来一直为国际地学界所瞩目。随着板块构造学说的兴起,这里更被视为研究和解决造山带地质演化和大陆岩石圈发展模式的理想地区,是解决亚洲乃至全球构造问题的一个关键地区。青藏高原新生代火山岩起源于加厚的陆壳底部及壳幔混合带,或直接来源于软流圈顶部地幔岩的局部熔融。通过对它们的研究,不仅可以为深部地质作用过程提出有效的岩石学约束,而且还是进一步探讨高原造山隆升机制的重要"窗口"。然而,多年来有关青藏高原北部新生代火山岩的研究程度较低,尤其是关于这套火山岩的形成温度和压力条件、岩浆起源深度以及青藏高原北部地区软流圈埋深的报道较少。本文将利用矿物对温度计、熔浆-矿物平衡计算等岩石学、岩石物理化学方法探讨火山岩的成因机制,在此基础上推演青藏高原北部新生代时期的软流圈埋深,从而为研究青藏高原的形成演化和动力学机制提供重要的岩石学证据。

2 区域地质概况

青藏高原是中国新生代以来火山活动较强烈的地区之一,火山岩分布极为广泛,北起西昆仑、祁连山区,南达喜马拉雅冈底斯地区,东至秦岭横断山地区,西抵喀喇昆仑,形成一系列规模巨大的火山杂岩带及岩区(潘桂棠等,1990)。

① 原载于《岩石学报》,1999,15(1)。

② 国家自然科学基金重点项目(49234080)、地质矿产部"八五"深部地质项目(8506201,8506207)及西北大学科研基金(97NW23)资助。

玉门新生代火山岩区地处 NWW 向的祁连山构造带与 NEE 向的阿尔金构造带的交汇部位,属青藏高原的北部边缘(潘桂棠等,1990)。该岩区主要由红柳峡和旱峡两地的新生代晚期火山岩体组成。样品取自红柳峡岩颈和岩流。红柳峡更新世火山颈位于玉门市北西约 40 km 处,由碱玄岩和粗玄岩组成,岩颈周围为白垩-第三系灰黑色页岩夹灰色泥质砂岩。岩颈与围岩界线清晰,接触面近于直立。由于岩浆的上冲作用,使围岩发生牵引和揉皱。在岩颈南 100 m 处,有一玄武岩流覆于白垩系-第三系页岩、泥质砂岩之上,岩流出露长 100 m、宽 30 m、厚 7 m,呈北东-南西方向延伸。旱峡位于玉门市之西约 15 km 处,为切入祁连山北麓的一个河谷,并切割了白垩-第三系地层。旱峡河谷中的火山岩呈岩流产出,并成北西西向的长丘出露。

可可西里新生代火山岩区地处青藏高原北部腹地。该区新生代以来曾广泛发生大陆火山作用,以喷发溢流形式形成大小不等的熔岩被及次火山岩体,现今多呈现海拔 5 000 m 左右的熔岩台地(孙延贵,1992)。在岩浆溢出或侵位于近地表的过程中,受先存北西西的构造带制约,区内形成数条北西西的火山活动带。可可西里北缘带则是最北部的一条。它分布在可可西里与博卡雷克塔格山之间,沿东昆仑山西段南麓,东起大帽山,经勒斜武担湖后进入新疆,青海境内延伸约 200 km,火山岩主体为中新世(14～24 Ma)(孙延贵,1992)。

3 新生代火山岩系列与组合

青藏高原新生代火山岩主体为一套陆内造山带钾玄岩(Shoshonite)-安粗岩-粗面岩-流纹岩组合(Lai Shaocong,1996),它们以高钾质为特征,全碱含量高,均大于 5%,K_2O/Na_2O 比值高,当 SiO_2 含量约为 50% 时 K_2O/Na_2O 大多大于 0.6,而 SiO_2 含量约为 55% 时 K_2O/Na_2O 大多大于 1.0;Al_2O_3 含量高且变化大,大多在 12%～18% 内变化。青藏陆内造山带钾玄岩的岩石学与地球化学特征类似岛弧-大陆边缘弧钾玄岩(赖绍聪等,1996),但是这套火山岩形成于印度-亚洲板块碰撞以后,所以我们将其称为陆内造山带钾玄岩系列。如果对青藏陆内造山带钾玄岩与岛弧-大陆边缘弧钾玄岩的钛族元素做一比较,就可以看出,青藏陆内造山带钾玄岩的 TiO_2(1.30%)、Zr(320×10^{-6})、Nb(37×10^{-6})含量要比岛弧-大陆边缘弧钾玄岩($TiO_2 = 0.85\%$,$Zr = 150 \times 10^{-6}$,$Nb = 5 \times 10^{-6} \sim 7 \times 10^{-6}$)高些(Condie,1982),处于岛弧-大陆边缘弧钾玄岩与大陆裂谷碱性玄武岩($TiO_2 = 2.20\%$,$Zr = 800 \times 10^{-6}$,$Nb = 50 \times 10^{-6} \sim 90 \times 10^{-6}$)的中间位置(Condie,1982)。它暗示,青藏陆内造山带钾玄岩既有弧火山岩特征又具板内火山岩特征,这正与陆内构造环境的双重性(既是造山又在板内)符合(邓晋福等,1996a)。

4 岩浆及岩石形成的温度条件

根据电子探针分析结果(赖绍聪等,1996),利用二长石温度计(Stormer,1975)获得岩石形成温度如表 1 中所列。二长石温度计是基于 Ab 组分在斜长石和钾长石中的分配系数是一个固定值并随着岩石形成温度的不同做规律性变化而提出的。因此,它所获得的温度值应主要反映岩石的形成温度,该温度应低于岩浆源区的起源温度。

可可西里含透长石巨晶粗面岩中 Opx 和 Cpx 共生,其矿物晶体化学式分别为

Opx:$(Mg_{0.764} Ca_{0.04} Na_{0.025} Fe^{2+}_{0.167} Mn_{0.004})^{M2}_{1.00} (Mg_{0.734}$

$Al_{0.085} Cr_{0.013} Fe_{0.16} Ti_{0.004})^{M1}_{0.996} (Si_{1.889} Al_{0.088})_{1.977} O_6$

Cpx:$(Ca_{0.794} Mg_{0.124} Fe_{0.04} Mn_{0.002} Na_{0.039})^{M2}_{0.999} (Mg_{0.66}$

$Fe_{0.211} Al_{0.075} Cr_{0.007} Ti_{0.048})^{M1}_{1.001} (Si_{1.845} Al_{0.075})_{1.92} O_6$

据此,利用二辉石温度计(Wood et al.,1973)求得岩石形成温度为:$T = 1\ 312.73\ K = 1\ 039.73\ ℃$。该温度反映了单斜辉石与斜方辉石构成平衡共生对时的共结温度。由于辉石是粗面质岩石中较早结晶的矿物,因此该温度值应高于岩石的成岩温度而与岩浆源区温度接近或略低。

表 1　玉门及可可西里新生代火山岩二长石温度计测温结果

岩　区	岩　性	Ab 分子%		温度 /℃	备　注
		斜长石中	钾长石中		
玉门	橄榄玄粗岩	84.6	42.2	659.8	斑晶
可可西里	粗安岩	62.1	33.0	784.8	Or 斑晶及其 Pl 反应边
		48.1	33.0	991.5	斑晶
	粗安岩	80.0	32.4	633.0	
芒康	粗面英安岩	72.8	30.8	666.8	斑晶
	粗面岩	65.1	37.2	792.6	

根据可可西里洪水河岩丘火山玻璃的电子探针分析结果(表 2)以及玻璃中斜长石斑晶的化学成分(An = 38.9,Ab = 53.3,Or = 7.8)(赖绍聪等,1996),利用斜长石地质温度计(Kudo et al.,1970),求得火山玻璃淬火温度为:$T = 1\ 174.5\ K = 901.5\ ℃$。显然,该温度值更接近于岩石学意义上的岩石形成温度。与表 1 中二长石温度计获得的本区岩石形成温度值(633~991 ℃)比较,二者的测定结果基本吻合。

表 2　玻璃基质的组成

氧化物	质量/%	分子数	原子数	mol 分数(X)
SiO_2	65.66	1 092.8	1 092.8	$X_{Si} = 0.740$
Al_2O_3	14.46	141.7	283.4	$X_{Al} = 0.192$
CaO	3.07	54.8	54.8	$X_{Ca} = 0.037$
Na_2O	1.40	22.6	45.2	$X_{Na} = 0.031$
总计			1 476.2	1.000

数据由中国地质大学(北京)电子探针室分析(1993)。

5　透长石巨晶的形成条件

可可西里粗安岩中含透长石巨晶,巨晶粒度达 5 cm × 2 cm,呈完好的短柱状自形晶,晶体内部成分十分均一,仅见少量斜长石细小晶粒包体。衍射分析结果表明,巨晶的

Ragland 系数 δ 绝对值为 0.86,应属高透长石系列,单斜有序度 S_m(0.068)与 δ 所反映的长石结构状态完全一致。长石有序度的本质是长石晶格中 Al 的占位率。我们采用 Kamencev 和 Cmetannikova(1977)的计算方法求取了巨晶透长石的 Al 占位率,结果表明,巨晶长石中 Al 在 T_{1o}、T_{1m}、T_{2o}、T_{2m} 中的分配率分别为 0.339 89,0.226 13,0.216 99 和 0.216 99,其 Thompson 系数 Y(0.11)和 Z(0.13)均很小,长石有序化程度很低,应属一种高结构状态的长石类型。

Zeuisaki(1972)在三峰法的基础上提出了结构参数 η,它与 $2\theta_{060}$ 及 $2\theta_{204}$ 的关系如下:

$$\eta = 6.68 \times 2\theta_{060} - 7.44 \times 2\theta_{204} + 99.182$$

η 是碱性长石有序度的标志,且有 $S_m \approx 1.6\eta$ 的关系。长石结构状态的研究首先是与长石形成温度联系起来的,正路系数 η 与钾长石的形成温度关系密切,利用 η 与钾长石形成温度的关系图解(Zeuisaki,1972)测得可可西里新生代粗安岩中长石巨晶的形成温度约为 840 ℃。然而,对于天然的长石而言,并不意味着可用 η 参数直接测定出长石结晶的温度,因为测得的只能是保留这个结构状态时的最低温度。也就是说,长石结晶时的结构状态更高,随着冷却结构状态亦随之降低,但到某一程度结构状态就保留下来了(即以亚稳状态保存下来)。因此,利用 η 参数测得的可可西里粗安岩中长石巨晶保留结构状态的最低温度 840 ℃ 显然代表的是长石结晶温度的一个最低下限值,巨晶长石的起始结晶温度应更高。

根据可可西里粗安岩中透长石巨晶及其所含斜长石包体的化学成分,利用二长石温度计获得的长石形成温度为 842.8 ℃(表 3),该温度与 η 系数获得的长石形成温度接近。

长石中 An 分子在高压下为不稳定矿物,在 1.0 GPa 时可以在高温下发生不一致熔融,形成刚玉 + 熔体。但钠长石和透长石均可稳定于较高的压力之下。可可西里粗安岩中透长石巨晶内部光性均一,无环带和双晶,X 光未见出熔条纹,矿物边部及核部成分变化不大,这些信息均暗示巨晶是在较高温度和压力下缓慢冷却充分结晶的产物。成分分析(表 4)表明,巨晶透长石要比岩石中普通斑晶含 An 低,说明巨晶应来自比普通斑晶深度更大、压力更高的部位。

表 3　透长石巨晶二长石温度计测温结果

岩　性	Ab 分子%		温度/℃
	斜长石中	碱性长石中	
粗安岩	70.00	27.70	842.8

表 4　透长石巨晶及普通碱性长石斑晶中 An 分子(%)含量

编　号	产　地	岩　性	An 分子%	备注
2SB6	可可西里	粗安岩	0.9	斑晶
2SB1	可可西里	粗安岩	0.6	斑晶
2SB1	可可西里	粗安岩	0.2	巨晶
2SB1	可可西里	粗安岩	0.2	巨晶

数据由中国地质大学(北京)电子探针室分析(1993)。

　　可可西里粗安岩化学成分在 Q-Or-Ab 相图(图1a)上,投影点落在分离结晶线 qm(热谷)的右方、同结线 WS 的下方(P 点)。再将化学成分计算所得的 An、Ab 和 Or 投影到四面体的 An-Ab-Or 面(图1b)上,可以看出,投影点位于二长石面 $HGEF$ 的上方,为斜长石首晶区。这说明,在低压(0.2 GPa)时,斜长石将首先从熔体中晶出。若降温缓慢,晶出矿物将与熔浆发生反应以适应新的环境。随着温度的进一步降低,斜长石继续晶出,熔体成分沿 PB 变化,至 A 点熔体成分到达二长石面,于是斜长石、钾长石同时结晶。至 B 点熔体成分到达石英–长石面 $WXGS$。然后沿同结线 GH 长石、石英共同结晶,直到该线上的最低点 H,结晶作用最后结束。因此,可可西里粗安岩在浅部岩浆房中的结晶作用大体是按照斜长石—钾长石—石英的顺序结晶的。

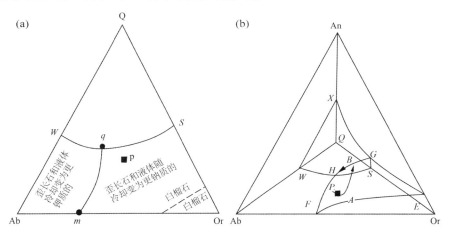

图1　可可西里粗安岩化学成分标准矿物在 Ab-Qr-Q 相图(a)
和 An-Ab-Or-Q 四面体图(b)上的投影
据 Carmichael(1963)

　　显然,低压条件下钾长石并没有良好的结晶环境和生长条件。相反,斜长石却有较长的结晶路线和较好的生长环境,岩石中首先结晶的将是斜长石而不是钾长石。据此推断,可可西里粗安岩中的透长石巨晶不可能是在低压条件下形成的。压力(P_{H_2O})对于 Q-Ab-Or 相图的结晶作用有着重要影响。P_{H_2O} 增大,将使同结线 WS 向下方(靠近 Ab-Or 边界)移动。毫无疑问,压力是影响钾长石巨晶形成的一个重要因素,压力增高有利于钾长石在岩浆体系中首先结晶并形成巨晶。另外,晶体生长时的岩浆过冷度、冷却速率、矿物成核率和结晶速度、散热率以及熔体的黏度均影响巨晶的形成。

　　巨晶成因的另一个焦点是关于巨晶是寄主岩浆结晶产物还是外来捕虏晶的问题。一些研究者根据巨晶矿物常常与地幔岩包体共生、常见碎裂现象及棱角状外形等,称其为捕虏晶,并认为它们是被寄主玄武岩浆捕获的地幔或地壳中已有晶体的碎块。镜下观察表明,可可西里粗安岩中透长石巨晶均未见矿物扭折带、塑性变形、波状消光及集合体(塑性变形核幔构造)等形态,而这类现象在幔源或壳源包体的矿物成分中则易见到。与外源捕虏晶不同的是,本区透长石巨晶均具有岩浆结晶的高温无序结构状态,呈自形晶特征,而且均呈单晶产出,其成分与寄主粗安岩具有大体协调一致的基本特点。因此,本区透长石巨晶应为钾质碱性岩浆在深部结晶析出的产物。透长石巨晶在深部开始晶出并逐渐生长形成巨晶,当巨晶随着岩浆体系缓慢上升时,其结晶作用逐渐减弱,当岩浆体系中出现斜长石细小晶粒的初始结晶时,表明透长石巨晶的结晶作用已趋于结束,在这一阶段,透长石巨晶(尤其是其边部)包裹少量斜长石微晶的颗粒是有可能的。因此,表3中所获得的温度值(842.8 ℃)可能代表了巨晶长石结晶完结阶段及岩石中正常斜长石晶体初始结晶阶段的温度条件,该温度应与透长石巨晶保留其结构状态的温度值,即用 η 系数所获得的温度值(840 ℃)较接近,而低于巨晶长石的起始结晶温度。

6 岩浆起源压力的估测

对于岩浆起源深度和压力的推算是一件并不容易的工作。高温高压熔融实验(Ghiorso et al.,1980)和熔浆-矿物平衡热力学计算结果(Carmichael et al.,1974)表明,随着岩浆起源深度加大,SiO_2 活度 α_{SiO_2} 减小,而 α_{SiO_2} 则大致与 SiO_2 含量呈正比(图2)。利用这一规律,我们可以大体估算出青藏高原原生玄武岩浆或进化程度较低的、近似于原生岩浆的玄武岩浆的形成深度和压力(表5)(赖绍聪等,1996)。但由于岩浆进化的影响,使岩浆成分发生变化,偏离了原始岩浆的成分,其中最具特征的变化是随着进化程度增高 SiO_2 含量升高。因此,图2获得的压力显然应低于岩浆源区的实际压力。

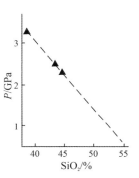

图2 岩浆形成深度与 SiO_2 含量的关系
据邓晋福等(1996b)

表5 青藏高原新生代火山岩起源深度与压力

产　地	岩　性	SiO_2/%	$Mg^\#$	P/GPa	深度/km
西昆仑	碱玄岩	43.17	0.62	2.58	85.1
大红柳滩	碱玄岩	44.89	0.65	2.25	74.3
礼县	橄榄钾霞岩	38.65	0.65	3.30	108.9

基于矿物-硅酸盐熔体平衡热力学,我们可以用玄武岩中组分的活度(a_i)计算岩浆与上地幔橄榄岩平衡的压力和温度,从而获得岩浆源区的温压条件。在组成不同的玄武岩中,橄榄石通常都是最早结晶的矿物相,在自然界和实验室中均如此。简单系统的实验表明,Fo-Fa 为完全固熔体,与共存的熔浆相比,橄榄石更富镁而贫铁。这样,橄榄石-熔浆平衡的结果可以帮助我们估算玄武岩岩浆的液相线温压条件。据此,我们利用缓冲反应:

$$Fe_2SiO_4(liq) \rightleftharpoons Fe_2SiO_4(Fa)$$
$$Mg_2SiO_4(liq) \rightleftharpoons Mg_2SiO_4(Fo)$$

计算了玉门新生代碱玄岩熔浆中橄榄石的矿物-熔体平衡温度和压力,这个温度和压力值大体可代表玉门碱玄岩岩浆的液相线温压条件,并趋近于碱玄岩岩浆的源区温压条件。计算结果表明(表6),橄榄石-熔体平衡压力为3.72 GPa,这个压力值指示了大约120 km的碱玄岩岩浆起源深度。

表 6　玉门新生代碱玄岩橄榄石–熔体平衡热力学计算结果

淬火温度/K	液相线矿物理论组成		组分活度（10^{-4} GPa 压力下）		φ 值		平衡条件	
	X_{FeO}^{Ol}	X_{MgO}^{Ol}	$\alpha_{Fe_2SiO_4}^{liq}$	$\alpha_{Mg_2SiO_4}^{liq}$	$\varphi_{Fe_2SiO_4}$	$\varphi_{Mg_2SiO_4}$	T/K	P/GPa
1 263.5	0.066	0.934	2.123×10^{-3}	8.587×10^{-3}	87.288	566.58	1 430	3.72

计算方法据邓晋福(1983)。

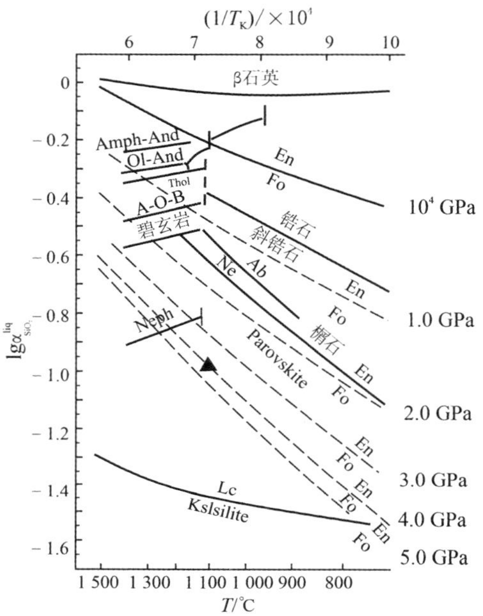

图 3　岩浆中 $\lg\alpha_{SiO_2}$ 与温度、压力的关系

据 Ghiorso et al.(1980)

Carmichael et al.(1974;图 3)的研究表明，含白榴石的碱性玄武岩浆原生岩浆，当温度在 1 100 ℃ ± 时，其 $-\lg\alpha_{SiO_2}$ 处在 0.7~1.4 范围内。对于青藏高原可可西里山北部地区的白榴石碱玄岩，我们取其 $-\lg\alpha_{SiO_2}$ 为 0.7~1.4 范围内的一个平均值，约为 1.0;另据以二辉石温度计等获得的温度值为参考，取 $T=1\,100$ ℃。那么，其起源压力应在 4.0 GPa 左右，该压力相当于大约 130 km 的岩浆起源深度。

需要指出的是，对于玄武岩浆起源深度和压力的推算，主要应选择具有原生玄武岩浆性质或进化程度较低的、近似于原生岩浆的玄武岩样品和类型。原生岩浆直接来源于源岩局部熔融，它在从源区上升达地表过程中无化学变异。通常将玄武岩的镁值 Mg# [Mg/(Mg + Fe^{2+})]作为识别原生玄武岩浆的一个重要标志。一般认为，原生玄武岩浆的镁值应为 0.68~0.75(Frey,1978)或 0.65~0.75(邓晋福,1983)[①]。本文中估算压力采用的玄武岩样品，其 Mg#值大多在 0.62~0.68 范围内(赖绍聪等,1996),大体上符合原生岩浆或进化程度较低的近似于原生岩浆的性质。因此，所获得的深度值和压力基本上能反映本区原生玄武岩浆的起源深度和压力。

7　软流圈埋深及岩石成因的讨论

各种方法定义的软流圈，因其概念不同，所获得的岩石圈底界亦不同。Ringwood(1975)与 Condie(1982)定义的软流圈概念，是一个容易蠕变变形的薄弱层，向下可延伸约 700 km，它们常分为上、下两部分，上部软流圈大致与地震波低速层相吻合。低速层以低的地震波速度、低 Q 值和高的电导率为特征，Condie 认为只有初始熔融才能满足解释低速层的 3 个主要特征。同时，低速层突变的边界，以及低速层位于浅部时所出现的高

---

① 邓晋福.熔浆–矿物平衡热力学.北京:武汉地质学院北京研究生部,1983.

地表热流亦支持初始熔融这一观点。玄武岩岩浆起源于上地幔的局部熔融,原生玄武岩岩浆起源的深度为软流圈顶界的确定提供了岩石学约束。这样,岩石学与地震波速定义的上部软流圈的概念是一致的,它们的联合可为岩石圈底界提出更好的约束。

新生代时期,青藏高原火山岩主要集中分布于北部边缘地区和东缘,它们大多不含上地幔橄榄岩包体,大多是进化岩浆。因此,在上述的研究中我们只能选取 Mg 值最高、SiO_2 含量最低的玄武质岩石作为近似的原生岩浆来讨论,并将其起源压力和深度近似地看作软流圈顶界面的埋深。这样,根据上述研究结果,我们获得的青藏高原北部地区软流圈埋深的参数值约为 75~130 km。地球物理获得的高原周缘软流圈顶界为 104 km(宋仲和等,1986),或 90~130 km(周兵等,1991;安昌强等,1993),或 67~74 km(庄真等,1992)。由此看来,我们采用岩石学方法获得的软流圈埋深与地球物理模型大致是吻合的。

同位素研究结果(解广轰等,1992)表明,青藏高原新生代火山岩可能主要来源于一种富集型的地幔源区。火山岩大多具有高 $^{87}Sr/^{86}Sr$、低 $^{143}Nd/^{144}Nd$ 和高 Pb 同位素组成的特点,火山岩 $^{87}Sr/^{86}Sr$ 值普遍高于原始地幔值(0.704 4)。这表明,火山岩原始岩浆形成和演化过程中可能有大量再循环而进入地幔的地壳物质组分,而且在岩浆源区占有重要地位。事实上,青藏高原北部在板块碰接这一特定构造条件下,由于强烈的挤压应力和陆壳的缩短和加厚,完全有可能使大量的地壳物质被带入地幔,从而形成一特殊的加厚陆壳底部壳幔混合带。由这种不均一的富集型壳幔混合带起源的岩浆将带有类似岛弧火山岩的显著的地球化学烙印。青藏高原特殊的构造背景与高原北部这一套特殊的钾玄岩火山岩组合的岩浆起源和形成与这种特殊的富集型上地幔类型有着直接的成生关系。

在青藏北缘上千千米的新生代火山岩中,主要是以钾玄岩质岩浆活动为主体,它们起源于加厚的陆壳底部或壳幔混合带,以及直接来源于地幔岩的局部熔融。这种陆内造山钾玄岩系列火山岩是因造山带外侧稳定大陆的岩石圈根的阻挡所致。由于克拉通岩石圈根的阻挡,造山带下面的软流层物质在边界处上涌形成幔源岩浆及其在 Moho 面以上的底侵作用。陆壳的水平挤压缩短作用可更好地封闭底侵的壳底岩浆池(海),使底侵岩浆有更充分的条件与陆壳物质相互作用,包括陆壳岩石的熔融作用、幔源岩浆与壳源岩浆的混合作用、岩浆结晶分离作用等。青藏北缘新生代火山岩正是在这种特定的构造环境中形成的(图4)。

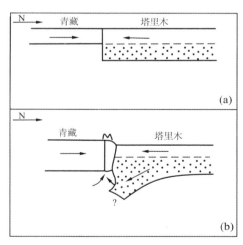

图4　青藏高原北缘新生代火山岩形成模式示意图

(a)青藏板块向北挤压及塔里木岩石圈根的阻挡作用;(b)青藏地壳的水平缩短与加厚及北缘新生代火山岩的形成

8　结语

青藏高原北部新生代火山岩主要是以陆内造山带钾玄岩系列岩浆活动为主体,它们起源于加厚的陆壳底部或壳幔混合带,以及直接来源于地幔岩的局部熔融。这套火山岩的形成与新生代期间青藏板块向北挤压和塔里木岩石圈根的阻挡作用,以及青藏地壳的水平缩短加厚有直接成因联系。玉门及可可西里岩区新生代火山岩形成温度约为630~1 039 ℃,岩浆起源压力在2.3~4.0 GPa 范围内,由此推断,青藏北部地区新生代时期的软流圈埋深约为75~130 km,这一认识对于进一步研究青藏高原的造山隆升模式及探讨陆内造山带深部动力学过程具有重要的科学意义。

参考文献

[1] An Changqiang, Song Zhonghe, Chen Guoying, et al., 1993.3-D shear velocity structure in north-west China.Acta Geophysica Sinica,36(3): 317-325 (in Chinese with English abstract).

[2] Carmichael I S E,Turner F J,Verhoogen J,1974.Igneous Petrology.New York: McGraw-Hill:40-46.

[3] Carmichael I S E,1963.The crystallization of feldspar in volcanic acid liquids.J.Geol.Soc.,119: 95-113.

[4] Condie K C,1982.Plate tectonic and crustal evolution.New York:Pergamon Press:110-310.

[5] Deng Jinfu,Zhao Hailing,Mo Xuanxue, et al.,1996a.Continental roots-plume tectonics of China: Key to the continental dynamics.Beijing: Geological Publishing House:17-20 (in Chinese).

[6] Deng Jinfu,Zhao Hailing,Luo Zhaohua, et al., 1996b.Asthenosphere geochemistry and mantle fluids deduced from basaltic volcanic rocks.In: Geochemistry of Mantle Fluids and Asthenosphere(asthenoliths) (Chief editor: Du Letian). Beijing: Geological Publishing House: 58-96 (in Chinese with English abstract).

[7] Frey F A,1978.Intergrated models of basalt petrogenesis: A study of quartz-tholeiites to olivine melilities from south eastern Australia utilizing geochemical and experimental petrological data. J Petrol, 119: 463-513.

[8] Ghiorso M S, Carmichael I S E, 1980. A regular solution model for metaluminous silicate liquids: Applications to geothermometry, immiscibility, and the source regions of basic magmas. Contrib Mineral Petrol,71: 323-342.

[9] Kamencev E Y, Cmetannikova O G, 1977.The composition and order degree testing for feldspar using powder method. Mineralogical Magazine of the Soviet Union, 106: 476-481 (in Russian with English abstract).

[10] Kudo A M,Weill D F,1970.An igneous plagioclase thermometer. Contrib Mineral Petrol,25(1): 52-65.

[11] Lai Shaocong, 1996.Cenozoic volcanism and tectonic evolution in the northern margin of the Qinghai-Tibet plateau.Journal of Northwest University,26(1): 99-104.

[12] Lai Shaocong,Deng Jinfu,Zhao Hailing, 1996.Volcanism and tectonic evolution in the northern margin of Qinghai-Tibet plateau. Xi'an:Shaanxi Science and Technology Press:95-133 (in Chinese).

[13] Pan Guitang, Wang Peisheng, Xu Yaorong et al., 1990.Cenozoic tectonic evolution of Qinghai-Tibet plateau.Beijing: Geological Publishing House:32-70 (in Chinese).

[14] Ringwood A E, 1975. Composition and petrology of the Earth's mantle. New York: McGraw-Hill Book Company:618-650.

[15] Song Zhonghe, An Changqiang, Chen Lihua et al., 1986.The velocity structure of *P* wave for upper mantle in China continent and marginal sea.Journal of Seism,8(3): 263-274 (in Chinese with English abstract).

[16] Stormer J R,1975.A practical two-feldspar geothermometer. Amer Miner,60:7-8.

[17] Sun Yangui, 1992.Characteristics of the Miocene epoch volcanic rock zone in the north margin of Hoh Xil area.Geology of Qinghai,(2): 13-25 (in Chinese with English abstract).

[18] Wood B J, Banno S, 1973. Garnet-orthopyroxene relationships in simple and complex systems. Contrib Mineral Petrol, 42:109-124.

[19] Xie Guanghong, Liu Congqiang, Zengtian Zhangzheng, et al., 1992. Geochemical features of the Cenozoic volcanic rock from Qinghai-Tibet Plateau and its adjacent area: Evidence for existence of an ancient enrichment mantle. In: Liu Ruoxin. Geochemistry and Chronology of the Cenozoic Volcanic Rocks in China. Beijing: Seismic Publishing House:400-427 (in Chinese).

[20] Zeuisaki,1972.The composition and texture(Al/Si order degree) determining for feldspar using X-ray powdered crystal method.Journal of Mineralogy,10:413-425 (in Japanese with English abstract).

[21] Zhou Bin, Zhu Jieshou, Chun Kinyip, 1991.Three-dimensional shear velocity structure beneath Qinghai-Tibet and its adjacent area.Acta Geophysica Sinica,34(4):426-441 (in Chinese with English abstract).

[22] Zhuang Zhen, Fu Zhuwu, Lu Ziling, et al., 1992.3-D shear velocity model of crust and upper mantle beneath the Tibetan plateau and its adjacent regions. Acta Geophysica Sinica, 35(6): 694-709 (in Chinese with English abstract).

[23] 邓晋福,赵海玲,莫宣学,等,1996a.中国大陆根-柱构造:大陆动力学的钥匙.北京:地质出版社, 17-20.

[24] 邓晋福,赵海玲,罗照华,等,1996b.玄武岩反演软流层地球化学与地幔流体.见:杜乐天.地幔流体与软流层(体)地球化学.北京:地质出版社:58-96.

[25] 孙延贵,1992.可可西里北缘中新世火山活动带的基本特征.青海地质,(2):13-25.

[26] 安昌强,宋仲和,陈国英,等,1993.中国西北地区剪切波三维速度结构.地球物理学报,36(3): 317-325.

[27] 庄真,傅竹武,吕梓龄,等.1992.青藏高原及附近地区地壳与上地幔剪切波三维速度结构.地球物理学报,35(6):694-709.

[28] 宋仲和,安昌强,陈立华,等.1986.中国大陆和边缘海的上地幔 *P* 波速度结构.地震学报,8(3): 263-274.

[29] 周兵,朱介寿,秦建业,1991.青藏高原及邻近区域的 *S* 波三维速度结构.地球物理学报,34(4): 426-441.

[30] 赖绍聪,邓晋福,赵海玲,1996.青藏高原北缘火山作用与构造演化.西安:陕西科学技术出版社: 95-133.

[31] 解广轰,刘丛强,增田彰正,等,1992.青藏高原周边地区新生代火山岩的地球化学特征:古老富集地幔存在的证据.见:刘若新.中国新生代火山岩年代学与地球化学.北京:地震出版社:400-427.

[32] 潘桂棠,王培生,徐耀荣,等,1990.青藏高原新生代构造演化.北京:地质出版社:32-70.

青藏高原新生代埃达克质岩的厘定及其意义[①②]

赖绍聪

摘要: 常量、微量及 Sr-Nd-Pb 同位素研究表明,青藏高原藏北石水河-浩波湖-多格错仁北部分布的一套新近纪(9.4~26.9 Ma)安山质-英安质-流纹质火山岩具有埃达克质岩的地球化学特征。岩石 $SiO_2 > 58\%$,$Sr > 350 \times 10^{-6}$,低 Y 和 Yb 含量,高 La/Yb 比值,无 Eu 异常。岩石 $^{87}Sr/^{86}Sr = 0.706\ 365 \sim 0.708\ 156$,$^{208}Pb/^{204}Pb = 38.955 \sim 39.052$,$^{207}Pb/^{204}Pb = 15.651 \sim 15.672$,$^{206}Pb/^{204}Pb = 18.679 \sim 18.839$,$^{143}Nd/^{144}Nd = 0.512\ 411 \sim 0.512\ 535$,$\varepsilon_{Nd} = -4.43 \sim -2.01$,充分表明它们为一套典型的壳源中酸性火山岩系,源自高原加厚陆壳下部的一个榴辉岩质源区的部分熔融。

埃达克岩是新近厘定出的一种新的火成岩系列,最先在美国的阿留申群岛中发现,原指由俯冲的年轻洋壳局部熔融形成的火成岩[1-5]。新近的研究表明,埃达克岩也可以由俯冲期间的其他过程产生,如沿俯冲板片的撕裂边或遗留在地幔中的板片残余等[6]。值得特别注意的是,主要是与下地壳熔融而不是与俯冲板片有关的埃达克岩类型及其成因,已引起国内外学术界的广泛关注[7-8]。一类模型认为,下地壳熔融出现在玄武质岩浆底侵下地壳底部时[9];另一种模型认为,在大陆地壳很厚的区域,下地壳可能变成榴辉岩相,从而拆沉到地幔中,导致下地壳下部或拆沉的下地壳上部与相对热的地幔接触,进而引发下地壳熔融和埃达克岩的形成[10-11]。因此,若下地壳熔融也能形成埃达克岩的,则埃达克岩这一术语就不应仅仅局限于与板片熔融有关的过程[6]。埃达克岩的研究在我国尚处于起步阶段[12-16],国内部分学者[7-8,17]已提出 O 型(与俯冲板片有关)和 C 型(与加厚陆壳下部的局部熔融有关)两类埃达克岩,尽管在学术界尚存在很大争议[18-21],但这的确是一个值得探索的新领域。本文报道了青藏高原藏北地区出露的一套具埃达克岩地球化学特征的新生代火山岩组合,并对其成因进行了初步探讨。

1 地质概况

青藏高原藏北是我国目前研究程度相当低的地区之一,对该区研究具有重要意义。

① 原载于《地学前缘》,2003,10(4)。
② 国家自然科学基金资助项目(40072029,40272042);教育部高等学校优秀青年教师教学科研奖励计划和澳大利亚 GEMOC 国家重点实验室共同资助。

藏北地区新近纪火山岩较为发育,在自色哇、雅根错-多尔索洞错-太平湖-多格错仁,兹格丹错-孕尔-祖尔肯山-西金乌兰湖-雁石坪等地均有分布,主要是在羌北地层分区中,且主要见于新近纪石坪顶组。火山岩产状为熔岩被,与下伏的地层呈明显的角度不整合接触关系,火山岩呈厚50~200 m 的熔岩被覆盖在新近纪唢纳湖组(N_1s)或侏罗纪雁石坪组(J_2ys)之上,呈陆相中心式喷发的溢流火山岩,岩石类型以熔岩为主,偶见火山碎屑岩。本区埃达克质岩主体分布在石水河-浩波湖-多格错仁以北地区(图1),主要岩石类型为安山岩-英安岩-流纹岩类,为一套典型的中酸性火山岩系列。

野外地质调查表明,该套火山岩不整合覆盖在新近纪唢纳湖组(N_1s)之上,因此其形成时代应在新近纪-第四纪时期。另据部分 K-Ar 法年代学分析资料表明,这套埃达克质岩的形成年龄在9.40~26.94 Ma 范围内。例如,玛尼地区出露的埃达克质辉石安山岩全岩 K-Ar 年龄为22.05 Ma 和26.94 Ma[22],尖顶包埃达克质英安岩全岩 K-Ar 年龄为10.06 Ma[22],多格错仁和永波湖地区出露的埃达克质岩全岩 K-Ar 年龄为10.06 Ma和9.4 Ma。因此,藏北埃达克质岩的主体应形成于新近纪。

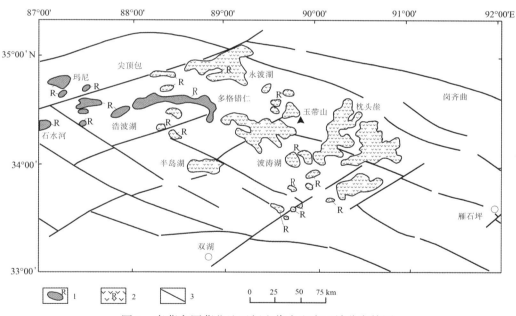

图1　青藏高原藏北地区新生代火山岩区域分布简图
1.新近纪埃达克质岩;2.新生代钾质、超钾质火山岩;3.断裂

2　岩石学和岩石化学特征

藏北埃达克质火山岩岩石新鲜,无明显蚀变和后期交代现象。以斑状结构和无斑隐晶结构为主,部分样品发育气孔及杏仁构造。斑状结构岩石镜下见角闪石、黑云母及斜长石斑晶,在部分安山岩中可见辉石斑晶。基质见有交织结构及玻晶交织结构等。根据化学成分分析结果(表1),该组火山岩属于亚碱性系列岩石组合(图2)。

表1 青藏高原新近纪埃达克质岩常量(%)及微量(×10⁻⁶)元素分析结果

样品	Lai02	Lai07	Lai10	Lai11	Lai14	Lai39	Lai41	Lai35	Lai16	Lai20	Lai22	Lai24
岩性	安山岩	安山岩	安山岩	安山岩	安山岩	安山岩	安山岩	英安岩	英安岩	英安岩	英安岩	英安岩
SiO_2	61.66	58.18	60.59	60.89	61.75	60.53	58.39	63.11	66.06	66.18	63.43	66.25
TiO_2	0.82	0.75	0.80	0.77	0.82	0.77	0.83	0.64	0.47	0.59	0.57	0.57
Al_2O_3	15.49	14.37	15.42	15.59	15.61	14.93	16.91	16.26	15.43	15.69	14.94	16.07
Fe_2O_3	1.36	1.44	2.38	1.54	1.27	2.92	5.13	3.35	1.98	2.92	3.07	3.13
FeO	3.00	3.80	1.16	3.12	3.10	1.54	0.32	0.50	0.83	0.60	0.27	0.33
MnO	0.08	0.09	0.05	0.08	0.07	0.07	0.06	0.04	0.04	0.02	0.05	0.01
MgO	4.07	5.82	2.21	4.51	4.03	4.11	2.79	1.38	1.35	1.03	2.32	1.09
CaO	5.18	5.94	5.65	5.69	5.14	5.42	6.97	5.13	3.46	3.55	5.15	3.50
Na_2O	4.69	3.86	4.68	4.03	4.70	2.83	4.12	3.73	3.87	4.53	4.40	4.38
K_2O	2.92	3.06	2.82	2.48	2.93	4.36	2.40	2.76	3.13	3.15	2.84	3.13
P_2O_5	0.28	0.28	0.33	0.27	0.28	0.44	0.34	0.21	0.13	0.18	0.19	0.18
H_2O^+	0.32	0.75	1.65	0.98	0.46	1.16	0.65	1.57	2.12	1.46	1.38	1.45
H_2O^-	0.04	0.17	0.47	0.15	0.02	0.17	0.25	0.80	0.28	0.56	0.12	0.60
CO_2	0.08	1.10	1.36	0.29	0.17	0.24	0.99	0.86	0.25	0.21	1.48	0.28
Total	99.99	99.61	99.57	100.39	100.35	99.50	100.16	100.34	99.40	100.67	100.21	100.97
$Mg^{\#}$	0.67	0.71	0.58	0.68	0.67	0.67	0.54	0.45	0.52	0.40	0.62	0.42
Li	11.64	19.13	19.57	11.81	11.05	14.93	10.01	13.08	5.85	10.11	7.62	11.63
Be	2.69	2.77	2.47	2.79	2.83	4.60	3.04	2.90	3.14	2.93	2.87	2.96
Sc	10.26	13.01	8.32	12.72	9.64	10.56	12.21	9.46	5.87	7.18	7.23	7.45
Ti	5 540	4 679	5 251	4 957	5 417	4 743	4 709	4 093	3 275	3 967	3 694	3 879
V	82.00	95.52	74.74	104.59	81.17	74.89	72.31	84.17	61.66	56.94	54.93	50.53
Cr	152.26	268.19	149.85	149.63	150.41	110.60	68.05	58.86	41.07	76.45	50.84	55.33
Co	16.17	20.91	14.47	16.86	15.85	15.75	13.15	11.64	6.31	5.88	10.29	4.92
Ni	96.38	148.07	75.45	87.12	93.43	65.63	57.29	42.47	25.20	41.36	41.10	34.66
Cu	26.44	27.89	19.36	19.73	24.32	21.80	20.07	20.02	13.25	16.53	21.55	20.71
Zn	63.47	54.15	40.64	59.37	62.08	60.07	46.01	55.30	52.38	55.87	57.16	54.42
Ga	18.45	15.76	18.66	18.69	18.98	17.91	17.55	20.40	20.50	19.00	18.98	20.63
Rb	80.06	79.19	59.06	60.34	81.38	139.66	56.19	71.52	99.24	81.27	78.02	85.62
Sr	1 249	1 130	1 289	1 177	1 282	1 415	1 243	1 234	1 117	946	955	991
Y	12.77	15.84	11.47	17.54	12.90	15.38	17.10	12.45	9.23	10.31	10.31	9.35
Zr	193.91	182.43	175.02	172.08	192.95	257.63	156.41	181.33	170.73	233.96	214.39	237.06
Nb	13.42	8.89	13.61	9.30	13.45	13.71	12.50	6.71	5.03	7.79	7.45	7.46
Mo	1.49	1.23	0.92	1.36	1.49	1.90	0.99	0.68	1.31	1.08	1.11	0.89
Cd	0.05	0.04	0.04	0.05	0.04	0.05	0.04	0.02	0.03	0.02	0.05	0.02
Sn	1.73	1.75	1.62	1.94	1.70	2.42	2.88	1.59	1.80	1.95	1.85	1.82
Sb	0.24	0.61	0.22	0.29	0.25	0.27	0.38	0.19	0.30	0.20	0.13	0.15
Cs	2.44	2.42	2.09	7.18	2.48	5.87	1.34	1.29	3.75	1.85	2.05	1.44
Ba	1 217	1 517	1 269	1 095	1 197	1 900	1 135	1 247	1 222	1 700	1 224	1 263
La	48.86	60.48	49.30	44.63	48.59	87.25	55.65	43.08	37.97	54.20	55.14	56.51

续表

样品	Lai02	Lai07	Lai10	Lai11	Lai14	Lai39	Lai41	Lai35	Lai16	Lai20	Lai22	Lai24
岩性	安山岩	安山岩	安山岩	安山岩	安山岩	安山岩	安山岩	英安岩	英安岩	英安岩	英安岩	英安岩
Ce	91.49	112.35	89.34	83.30	89.86	157.01	104.31	79.94	69.42	93.13	97.24	94.64
Pr	10.50	13.19	10.25	9.58	10.40	18.40	11.92	9.38	7.89	10.47	10.89	10.77
Nd	37.88	46.76	35.81	34.05	36.94	62.67	43.39	33.09	28.29	34.77	37.36	36.32
Sm	6.02	7.34	5.87	6.05	5.82	9.37	7.38	5.09	4.74	5.32	5.45	5.08
Eu	1.75	2.08	1.75	1.72	1.73	2.46	1.97	1.57	1.37	1.64	1.41	1.41
Gd	4.56	5.35	4.28	4.86	4.51	6.72	5.76	3.74	3.53	3.96	3.85	3.66
Tb	0.59	0.71	0.55	0.67	0.57	0.82	0.78	0.48	0.44	0.49	0.49	0.45
Dy	2.39	2.97	2.26	3.17	2.43	3.20	3.53	2.06	1.73	1.85	2.02	1.76
Ho	0.44	0.56	0.40	0.61	0.43	0.55	0.63	0.40	0.31	0.33	0.38	0.33
Er	1.12	1.49	1.03	1.69	1.13	1.35	1.67	1.06	0.82	0.86	0.96	0.87
Yb	0.99	1.29	0.86	1.45	0.94	1.09	1.47	0.93	0.67	0.73	0.82	0.70
Lu	0.14	0.19	0.12	0.22	0.14	0.16	0.21	0.14	0.10	0.10	0.12	0.10
Hf	4.47	4.30	4.15	4.26	4.42	6.43	4.32	4.63	4.25	5.36	4.91	5.39
Ta	0.73	0.50	0.74	0.50	0.72	0.77	0.64	0.34	0.29	0.38	0.34	0.35
W	1.56	1.87	1.58	2.53	1.63	1.83	1.09	0.92	1.93	1.44	0.77	0.68
Pb	31.66	39.86	25.92	39.31	31.41	30.48	34.57	39.30	43.39	28.61	27.67	30.99
Th	13.69	23.26	13.15	12.98	13.83	28.72	13.20	15.00	16.53	19.21	18.23	19.46
U	3.07	4.99	2.87	3.18	3.09	6.26	1.77	3.47	4.63	3.39	3.35	3.04

样品	Lai28	Lai33	Lai34	Lai37	Lai38	Lai29	Lai32	Lai18	Lai25	Lai27	Lai40
岩性	英安岩	英安岩	英安岩	英安岩	英安岩	英安岩	英安岩	流纹岩	流纹岩	流纹岩	流纹岩
SiO_2	69.05	64.58	67.37	66.34	68.07	64.31	69.58	71.69	71.39	70.61	71.26
TiO_2	0.35	0.57	0.50	0.46	0.36	0.56	0.29	0.28	0.27	0.27	0.29
Al_2O_3	14.53	15.30	15.73	15.58	15.38	15.95	15.11	14.55	15.31	15.54	15.60
Fe_2O_3	2.31	2.43	2.81	3.07	2.14	2.66	1.66	0.78	1.37	1.22	0.38
FeO	0.29	0.87	0.06	0.06	0.09	0.98	0.21	0.70	0.34	0.18	0.22
MnO	0.01	0.05	0.03	0.05	0.04	0.04	0.02	0.04	0.01	0.00	0.00
MgO	0.50	2.42	0.72	1.71	0.85	2.35	0.67	0.47	0.62	0.73	0.28
CaO	2.54	3.91	3.60	3.75	3.70	3.95	2.86	2.12	2.38	1.81	2.92
Na_2O	3.94	3.44	4.23	3.82	4.20	4.06	3.73	3.93	4.02	3.28	3.86
K_2O	2.83	3.27	3.40	3.06	3.37	3.80	3.55	3.71	3.78	4.13	3.58
P_2O_5	0.11	0.19	0.16	0.14	0.10	0.33	0.07	0.07	0.05	0.05	0.02
H_2O^+	1.39	1.96	0.54	1.23	0.94	0.74	1.25	1.04	0.76	1.76	0.67
H_2O^-	0.99	0.20	0.36	0.17	0.12	0.28	0.71	0.38	0.28	0.84	0.16
CO_2	0.19	0.23	0.33	0.21	1.00	0.24	0.61	0.20	0.20	0.02	0.74
Total	99.04	99.41	99.84	99.65	100.35	100.24	100.32	99.96	100.78	100.47	99.99
$Mg^\#$	0.31	0.62	0.37	0.56	0.47	0.59	0.45	0.41	0.45	0.55	0.51
Li	8.65	11.72	10.35	7.63	14.16	9.28	17.76	14.34	12.36	19.99	13.91
Be	3.03	2.94	3.45	2.88	3.17	3.34	3.13	3.05	3.16	3.77	3.02
Sc	4.16	6.77	5.67	6.77	4.40	9.27	4.39	2.48	3.80	2.50	2.33

样品	Lai28	Lai33	Lai34	Lai37	Lai38	Lai29	Lai32	Lai18	Lai25	Lai27	Lai40
岩性	英安岩	英安岩	英安岩	英安岩	英安岩	英安岩	英安岩	流纹岩	流纹岩	流纹岩	流纹岩
Ti	2 071	3 622	3 144	2 845	2 288	3 531	1 677	1 449	1 794	1 743	1 531
V	38.01	58.33	33.38	51.11	30.55	76.22	31.78	20.94	25.96	21.85	21.35
Cr	11.47	49.76	19.01	19.13	7.34	19.21	5.68	4.08	5.49	2.87	4.62
Co	3.20	9.05	5.57	7.22	4.63	9.77	3.50	2.85	3.09	2.45	1.12
Ni	5.96	40.77	15.35	10.91	6.91	19.64	2.59	2.51	2.45	1.23	1.03
Cu	9.59	16.05	13.50	10.41	12.65	17.18	14.22	7.68	10.58	14.14	6.59
Zn	23.20	59.84	46.30	44.89	39.68	45.87	35.58	29.24	38.69	46.23	13.36
Ga	15.29	19.77	19.43	18.30	18.81	19.26	17.88	11.36	18.84	20.02	15.18
Rb	93.14	83.08	110.92	116.14	140.64	112.74	156.86	118.59	175.60	185.70	136.16
Sr	777	982	825	850	545	1634	420	340	379	357	380
Y	8.63	11.47	8.59	11.98	7.37	15.48	5.46	5.66	4.16	3.80	3.65
Zr	83.52	225.95	180.39	80.30	119.00	140.74	86.04	72.11	86.96	78.07	84.83
Nb	4.46	7.60	5.82	5.77	4.59	6.98	4.17	3.70	4.24	4.53	3.81
Mo	0.50	1.44	0.70	0.76	1.02	0.59	0.55	1.30	0.90	0.37	1.04
Cd	0.02	0.03	0.01	0.01	0.02	0.02	0.01	0.04	0.01	0.01	0.02
Sn	1.07	1.86	1.22	2.02	1.50	1.74	1.17	2.16	2.06	1.78	1.49
Sb	7.52	0.14	0.25	0.54	0.50	0.50	0.31	0.52	0.44	0.14	0.30
Cs	52.77	2.11	2.71	6.44	7.16	4.84	5.71	14.37	5.83	6.48	5.52
Ba	6 116	1 181	1 309	1 131	1 116	1 704	1 156	1 175	1 164	1 056	1 157
La	23.89	57.13	41.38	31.39	26.46	71.83	19.39	25.90	24.48	31.43	25.80
Ce	44.25	96.90	74.80	59.58	47.81	136.55	35.43	47.20	41.37	53.90	43.80
Pr	4.97	11.70	8.56	6.77	5.38	16.18	3.94	5.03	4.58	5.73	4.80
Nd	17.54	40.86	30.05	24.03	18.66	59.18	13.78	16.96	15.12	18.74	15.54
Sm	2.88	5.97	4.70	4.28	3.41	8.79	2.32	2.94	2.33	2.81	2.70
Eu	1.53	1.57	1.35	1.25	0.98	2.32	0.75	0.87	0.72	0.77	0.77
Gd	2.12	4.30	3.46	3.44	2.57	5.91	1.84	2.30	1.68	1.79	1.89
Tb	0.31	0.53	0.40	0.46	0.34	0.77	0.24	0.30	0.22	0.24	0.24
Dy	1.45	2.14	1.67	2.11	1.45	3.01	1.02	1.23	0.89	0.84	0.88
Ho	0.30	0.39	0.30	0.41	0.26	0.54	0.19	0.21	0.16	0.13	0.14
Er	0.89	1.00	0.73	1.14	0.69	1.40	0.49	0.55	0.37	0.34	0.35
Yb	0.87	0.83	0.63	0.99	0.54	1.21	0.43	0.44	0.29	0.27	0.29
Lu	0.13	0.12	0.09	0.15	0.08	0.18	0.06	0.06	0.04	0.03	0.04
Hf	2.28	5.24	4.64	2.39	3.36	3.84	2.70	2.51	2.71	2.60	2.89
Ta	0.31	0.35	0.32	0.40	0.35	0.46	0.37	0.35	0.39	0.39	0.34
W	0.95	0.88	0.83	1.08	1.51	1.09	1.89	2.99	1.51	1.26	1.49
Pb	26.14	25.56	33.25	28.35	32.24	44.49	34.22	30.63	33.79	34.86	30.73
Th	11.20	18.27	18.64	13.55	17.29	25.45	14.64	18.14	19.04	27.64	19.89
U	3.43	3.61	3.82	4.35	5.02	4.30	2.84	7.95	3.47	4.59	5.75

SiO$_2$ ~ H$_2$O$^-$ 采用 XRF 法分析,Li ~ U 采用 ICP-MS 法分析,由澳大利亚 Macquarie 大学 GEMOC 国家重点实验室分析(1999)。

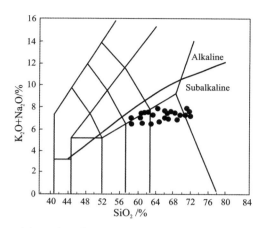

图 2 火山岩 SiO_2-(K_2O+Na_2O)(TAS)图解

Alkaline：碱性系列；Subalkaline：亚碱性系列

本区埃达克质岩 $SiO_2 > 58\%$，$Al_2O_3 > 14\%$，$MgO < 6\%$ 且变化较大（$0.28\% \sim 5.82\%$，平均 2.00%），$Na_2O > 2.83\%$（$2.83\% \sim 4.70\%$，平均 4.01%），大部分样品 $Na_2O > K_2O$，$Na_2O/K_2O = 0.65 \sim 1.72$（平均 1.28）。该组岩石 MgO 含量在安山岩中较高，平均为 3.93%；而在英安岩和流纹岩中较低，且从安山岩→英安岩→流纹岩，Mg 含量呈逐渐降低的趋势，具明显的变化规律。

Na-K-Ca 图解常用于区分埃达克岩和正常岛弧火山岩系（图 3）。从图中可以看到，本区火山岩投影点位于典型埃达克岩、TTG 和岛弧区之间，表明本区火山岩在一定程度上显示了埃达克岩的地球化学特征，但 K 含量较典型埃达克岩偏高。已有的研究表明，在角闪–榴辉岩相转化带深度范围内，因局部熔融而产生埃达克质熔体的过程中，通常由于斜长石的分解而导致熔体中相对富 Na。然而，埃达克岩或埃达克质岩中亦可相对富集 K，这主要取决于熔体与固相线的相对位置[23-24]。

图 4 显示了埃达克岩中 MgO 与 SiO_2 的相互关系。从图中可以看到，本区火山岩投影点均位于典型埃达克岩区内，并反映了其 MgO 含量较正常岛弧钙碱系列火山岩偏高的地球化学特征。实验岩石学研究表明[25]，在 $1 \sim 4$ GPa 的条件下，玄武质岩石局部熔融形成的埃达克岩熔体，若受到地幔橄榄岩或幔源熔体的混染，其 MgO 含量和 Mg# 值将迅速升高，从而造成部分埃达克岩的高 MgO 含量特征。本区埃达克质岩的高 MgO 含量特征，很可能与青藏高原广泛发育的新生代幔源钾质和超钾质岩浆活动及其在加厚陆壳底部的底侵作用有关。

3 地球化学特征

痕量元素分析结果（表 1）表明，本区埃达克质火山岩具有特征的高 Sr 和 Sr/Y 比值，低 Y 和重稀土含量低的地球化学特征。岩石 $Sr > 340 \times 10^{-6}$（$340 \times 10^{-6} \sim 1\ 634 \times 10^{-6}$，平均 935×10^{-6}），$Y < 18 \times 10^{-6}$（$3.65 \times 10^{-6} \sim 17.54 \times 10^{-6}$，平均 10.47×10^{-6}），$Yb < 1.5 \times 10^{-6}$（$0.27 \times$

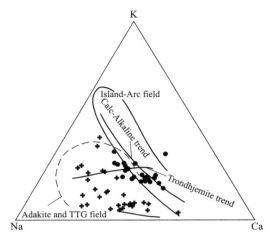

图 3 Na-K-Ca 图解(据 Defant et al., 2002)[6]

Calc-alkaline trend 据 Nockholds et al. (1953)[26]; Trondhjemitic trend 据 Barker et al.(1981)[27];

Island arc field, Adakite and TTG field 据 Defant et al. (1993)[5];

十代表变质玄武岩熔融实验结果(据 Rapp et al., 1999)[25]; ●代表本区火山岩

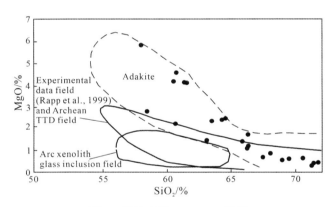

图 4 埃达克岩 MgO-SiO₂ 图解

据 Defant et al. (2002)[6]

$10^{-6} \sim 1.47 \times 10^{-6}$, 平均 0.81×10^{-6}), Sr/Y > 60(67~121, 平均 90), La/Yb > 27(27~118, 平均 60)。

在 Sr/Y-Y 图解中(图 5),本区火山岩投影点均处在 Adakites 区内,显示了典型的埃达克岩的痕量元素地球化学特征,与来自 Cook Island, N-AVZ 和 Aleutians 的埃达克岩及埃达克质高 Mg 安山岩成分特征十分类似[28-29]。

本区埃达克质岩(La/Yb)$_N$ = 19.61 ~ 84.80(平均 42.94), (Ce/Yb)$_N$ = 14.06 ~ 56.32(平均 29.67),δEu = 0.89 ~ 1.81(平均 1.01),从而表明该组火山岩强烈富集轻稀土,但却无明显 Eu 异常,这与典型埃达克岩的稀土元素地球化学特征完全相同,而和正常岛弧钙碱系列中酸性火山岩以及正常板内中酸性火山岩显著不同,表明藏北这套新近纪中酸性火山岩有其自身独特的成因机制。

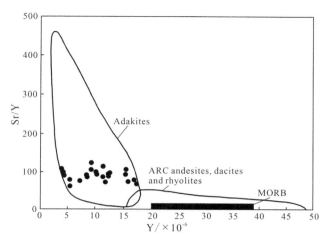

图 5　青藏高原埃达克质岩 Sr/Y-Y 图解

据 Defant et al.（1990）[1]

本区埃达克质岩具有高 Sr、相对低 Nd 的同位素地球化学特征（表 2），$^{87}Sr/^{86}Sr =$ 0.706 365～0.708 156（平均 0.707 366），$\varepsilon_{Sr} = +105.5 \sim +128.7$（平均 119.82）；$^{143}Nd/^{144}Nd =$ 0.512 411～0.512 535，平均为 0.512 474，$\varepsilon_{Nd} = -2.01 \sim -4.43$（平均 -3.20）。

表 2　青藏高原新近纪埃达克质岩 Sr-Nd-Pb 同位素分析结果

样　　品	Lai07	Lai11	Lai29	Lai40
岩　　性	安山岩	安山岩	英安岩	流纹岩
$^{206}Pb/^{204}Pb$	18.779 ± 1	18.679 ± 13	18.758 ± 10	18.839 7 ± 10
$^{207}Pb/^{204}Pb$	15.651 ± 15	15.672 ± 11	15.660 1 ± 10	15.657 2 ± 9
$^{208}Pb/^{204}Pb$	39.012 2 ± 36	38.955 5 ± 27	38.965 0 ± 24	39.052 5 ± 25
$^{87}Rb/^{86}Sr$	0.188 6	0.196 1	0.067 21	1.308
$^{87}Sr/^{86}Sr$	0.706 950 ± 12	0.708 156 ± 11	0.706 365 ± 17	0.707 991 ± 14
ε_{Sr}	+113.88	+131.13	+105.51	+128.77
$^{147}Sm/^{144}Nd$	0.090 67	0.101 4	0.090 42	0.099 67
$^{143}Nd/^{144}Nd$	0.512 411 ± 8	0.512 450 ± 8	0.512 500 ± 7	0.512 535 ± 9
ε_{Nd}	-4.43	-3.67	-2.69	-2.01
T_{DM}/Ma	916	950	804	822

$\varepsilon_{Nd} = [(^{143}Nd/^{144}Nd)_S/(^{143}Nd/^{144}Nd)_{CHUR} - 1] \times 10^4$，$(^{143}Nd/^{144}Nd)_{CHUR} = 0.512\ 638$。

$\varepsilon_{Sr} = [(^{87}Sr/^{86}Sr)_S/(^{87}Sr/^{86}Sr)_{UR} - 1] \times 10^4$，$(^{87}Sr/^{86}Sr)_{UR} = 0.698\ 990$。

$T_{DM} = \dfrac{1}{\lambda}\ln\{1 + [(^{143}Nd/^{144}Nd)_S - 0.513\ 15]/[(^{147}Sm/^{144}Nd)_S - 0.213\ 7)]\}$。

S = 样品，Rb 衰变常数 $\lambda = 1.42 \times 10^{-11} a^{-1}$；Sm 衰变常数 $\lambda = 6.54 \times 10^{-12} a^{-1}$；$\varepsilon_{Nd}$、$\varepsilon_{Sr}$ 和同位素比值未做年龄校正。由中国地质科学院同位素室分析（2002）。

根据 $^{143}Nd/^{144}Nd$-$^{87}Sr/^{86}Sr$ 相关图解（图 6），本区埃达克质岩的 Sr-Nd 同位素变化特征与 Cordillera Blanca Batholith 十分类似，表明其明显不同于俯冲板片熔融形成的埃达克岩类，而与新生玄武岩类底侵至下地壳诱发的 C 型埃达克质岩类似[2,10,28]。

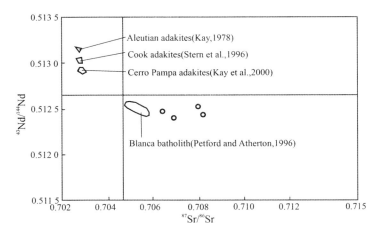

图 6　青藏高原埃达克质岩 $^{143}Nd/^{144}Nd$-$^{87}Sr/^{86}Sr$ 图解

本区埃达克质岩 $^{206}Pb/^{204}Pb$ = 18.679~18.839(平均18.764)，$^{207}Pb/^{204}Pb$ = 15.651~15.672(平均15.660)，$^{208}Pb/^{204}Pb$ = 38.955~39.052(平均38.996)。在 Pb 同位素成分系统变化图(图7)中，本区岩石主要位于陆壳(下地壳与上地壳之间)区内，表明它们应为一套壳源中酸性火山岩系列[30]。

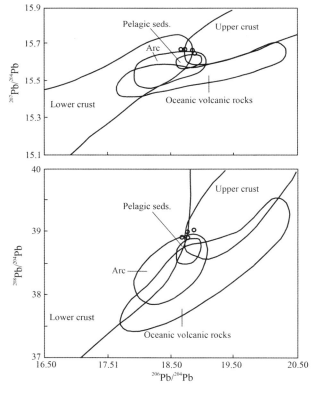

图 7　青藏高原埃达克质岩 Pb 同位素组成特征

原图据 Zartman et al.(1981)[30]

4 关于岩石成因及其大陆动力学意义的讨论

上述研究表明,青藏高原藏北地区出露的这套新近纪中酸性火山岩显示了特征的埃达克岩的地球化学性质。其 $SiO_2 > 58\%$,高 Sr 和 $Sr/Y(Sr > 340 \times 10^{-6}, Sr/Y > 60)$,低 Y 和 $HREE(Y < 18 \times 10^{-6}, Yb < 1.5 \times 10^{-6})$,与通常的板内和岛弧区钙碱系列火山岩有显著区别。高 SiO_2 含量($> 58\%$)说明,它们并非地幔橄榄岩局部熔融的幔源岩石系列,而是一套陆壳岩石在特定条件下局部熔融产生的壳源中酸性岩石系列。由于石榴石优选富集 Y 和重稀土,而斜长石的分解将使熔体中大量富集 Sr,因此本区火山岩的特殊地球化学特征表明,它们应源自石榴石稳定的相当于榴辉岩相的源区类型。随着青藏高原的陆壳增厚,下地壳将由角闪岩相转变为石榴石榴辉岩相,这时斜长石将被分解,并向熔体中释放大量的 Sr 和 Eu,在这种条件下,由青藏高原加厚陆壳下部局部熔融产生的壳源中酸性岩浆必然具有埃达克质岩的地球化学特征。

以上研究结果表明,本区新近纪中酸性火山岩乃是直接起源于加厚的陆壳底部,其源区物质应相当于榴辉岩的组成。

事实上,大陆地壳可以部分熔融产生岩浆,壳源岩浆的成分及其多样性主要取决于熔融压力、含水流体相的存在和参与程度以及源区岩石的化学成分和矿物相。由于大陆碰撞造山带中地壳岩石处于更高的压力和温度条件下,因而碰撞造山带成为壳源岩浆发育的有利地区。藏北作为青藏高原的核部,在新近纪已产生明显的陆壳增生和加厚[31-32],且是典型的大陆碰撞造山带。大陆碰撞最显著的作用就是可以将大量的地壳岩石埋深到超过正常陆壳厚度的位置。这主要通过推覆、不均匀缩短加厚和俯冲来实现。同时,碰撞带岩石圈地幔亦可以增厚或减薄(通过重力不稳定性或热侵蚀),并强烈地影响造山带下部的热流值。如果产生岩石圈地幔拆沉或幔源岩浆的底侵作用,则加厚陆壳底部的温度将明显升高[33-34]。青藏高原核部新近纪特殊的构造环境和已明显加厚的陆壳完全具备起源下地壳熔融岩浆的地质条件,而大量的幔源钾玄岩系岩浆的上侵[22,31,35-37]和在 Moho 面附近的底侵作用更有利于下地壳局部熔融。另外,大量的幔源岩浆囤积在下地壳底部形成岩浆池,这种囤积作用也将诱发大规模变质作用和壳内熔融[33,34]。正是由于青藏陆块之下软流层物质的上涌而形成幔源的碱性(钾玄岩质)岩浆活动及其在 Moho 面以上的底侵作用,从而为下地壳中酸性火山岩的起源提供了热动力条件。藏北新近纪埃达克质火山岩正是在这种特定的构造环境中形成的。

5 结语

青藏高原藏北石水河-浩波湖-多格错仁地区出露的新近纪中酸性火山岩乃是典型的壳源岩浆系列,是加厚的陆壳基底局部熔融的产物。岩石具有 $SiO_2 > 58\%$,高 Sr 和 $Sr/Y(Sr > 340 \times 10^{-6}, Sr/Y > 60)$,低 Y 和 $HREE(Y < 18 \times 10^{-6}, Yb < 1.5 \times 10^{-6})$,高 ε_{Sr} 和低 ε_{Nd} 值,轻稀土富集和无负 Eu 异常的特殊地球化学特征,属于典型的 C 型埃达克质岩石,其源区物质组成相当于榴辉岩相,从而揭示了青藏高原藏北地区在新近纪期间已经具有

一加厚的陆壳,其下地壳岩浆源区具榴辉岩相的物质组成。由于青藏陆块之下软流层物质的上涌而形成幔源碱性岩浆活动,而青藏陆壳的挤压缩短和加厚可以较好地封闭壳底岩浆池(海),从而使幔源岩浆在 Moho 面下的底侵作用为下地壳中酸性埃达克质火山岩的起源提供热动力条件,该区埃达克质火山岩正是在这种特殊的构造环境中通过加厚陆壳底部壳源岩石的局部熔融形成的。

参考文献

[1] Defant M J, Drummond M S. Derivation of some modern arc magmas by melting of young subducted lithosphere[J]. Nature, 1990, 347:662-665.

[2] Kay R W. Aleutian magnesian andesites: Melts from subducted Pacific Ocean crust[J]. J Volcanol Geotherm Res, 1978, 4:117-132.

[3] Defant M J, Richerson M, De Boer J Z, et al. Dacite genesis via both slab melting and differentiation: Petrogenesis of La Yeguada volcanic complex[J]. Panama Journal of Petrology, 1991, 32:1101-1142.

[4] Defant M J, Jackson T E, Drummond M S, et al. The geochemistry of young volcanism throughout western Panama and southeastern Costa Rica: An overview[J]. Journal of Geology Society (London), 1992, 149: 569-579.

[5] Defant M J, Drummond M S. Mount St Helens: Potential example of the partial melting of the subducted lithosphere in a volcanic arc[J]. Geology, 1993, 21:547-550.

[6] Defant M J, Xu J F, Kepezhinskas P, et al. Adakites: Some variations on a theme[J]. Acta Petrologica Sinica, 2002, 18(2):129-142.

[7] Zhang Qi, Qian Qing, Wang Erqi, et al. An east China plateau in mid-late Yanshanian period: Implication from adakites[J]. Chinese Journal of Geology, 2001, 36(2):129-143 (in Chinese).
张旗, 钱青, 王二七, 等. 燕山中晚期的中国东部高原: 埃达克岩的启示[J]. 地质科学, 2001, 36(2):129-143.

[8] Zhang Qi, Wang Yan, Qian Qing, et al. The characteristics and tectonic-metallogenic significance of the adakites in Yanshan period from eastern China[J]. Acta Petrologica Sinica, 2001, 17(2):236-244 (in Chinese).
张旗, 王焰, 钱青, 等. 中国东部燕山期埃达克岩的特征及其构造-成矿意义[J]. 岩石学报, 2001, 17(2):236-244.

[9] Atherton M P, Petford N. Generation of sodium-rich magmas from newly underplated basaltic crust[J]. Nature, 1993, 362:144-146.

[10] Kay S M, Ramos V A, Marquez Y M. Evidence in Cerro Pampa volcanic rocks for slab-melting prior to ridge-trench collision in southern South America[J]. Journal of Geology, 1993, 101:703-714.

[11] Kay S M, Coira B, Viramonte J. Young mafic back-arc volcanic rocks as guides to lithospheric delamination beneath the Argentine Puna Plateau, Central Andes[J]. J Geophys Res, 1994, 99: 14323-14339.

[12] Cai Jianhui, Yan Guohan, Chang Zhaoshan, et al. Petrological and geochemical characteristics of the Wanganzhen complex and discussion on its genesis[J]. Acta Petrologica Sinica, 2003, 19(1):81-92 (in Chinese).

蔡剑辉，阎国翰，常兆山，等.王安镇岩体岩石地球化学特征及成因探讨[J].岩石学报，2003，19（1）：81-92.

[13] Hou Zengqian, Mo Xuanxue, Gao Yongfeng, et al.Adakite, A possible host rock for porphyry copper deposits：Case studies of porphyry copper belts in Tibetan Plateau and in Northern Chile[J].Mineral Deposits, 2003, 22(1)：11-22 (in Chinese).

侯增谦，莫宣学，高永丰，等.埃达克岩：斑岩铜矿的一种可能的重要含矿母岩：以西藏和智利斑岩铜矿为例[J].矿床地质，2003,22(1)：11-22.

[14] Xu Jifeng, Shinjo R, Defant M J, et al.Origin of Mesozoic adakitic intrusive rocks in the Ningzhen area of east China：Partial melting of delaminated lower continental crust[J]? Geology, 2002, 30：1111-1114.

[15] Luo Zhaohua, Ke Shan, Chen Hongwei.Characteristics, petrogenesis and tectonic implications of adakite[J].Geological Bulletin of China, 2002, 21(7)：436-440 (in Chinese).

罗照华，柯珊，湛宏伟.埃达克岩的特征、成因及构造意义[J].地质通报，2002,21(7)：436-440.

[16] Qian Qing, Chung Sunlin, Lee Tungyi, et al. Geochemical characteristics and petrogenesis of the Badaling high Ba-Sr granitoids：A comparison of igneous rocks from North China and the Dabie-Sulu Orogen[J].Acta Petrologica Sinica, 2002, 18(3)：275-292 (in Chinese).

钱青，钟孙霖，李通艺，等.八达岭基性和高 Ba-Sr 花岗岩地球化学特征及成因探讨：华北和大别-苏鲁造山带中生代岩浆岩的对比[J].岩石学报，2002,18(3)：275-292.

[17] Zhang Qi, Wang Yan, Liu Wei, et al. Adakite：Its characteristics and implications[J].Geological Bulletin of China, 2002, 21(7)：431-435 (in Chinese).

张旗，王焰，刘伟，等.埃达克岩的特征及其意义[J].地质通报，2002, 21(7)：431-435.

[18] Chen Bin.Characteristics and genesis of the Bayan Bold pluton in Southern Sonid Zuoqi, Inner Mongolia：Typical island arc magmatic rocks instead of adakitic rocks[J].Geological Review, 2002, 48(3)：261-266 (in Chinese).

陈斌.内蒙古苏尼特左旗白音宝力道岩体特征与成因：是岛弧岩浆岩而不是埃达克质岩[J].地质论评，2002, 48(3)：261-266.

[19] Ge Xiaoyue, Li Xianhua, Chen Zhigang, et al.Geochemistry and petrogenesis of Jurassic high Sr/low Y granitoids in eastern China：Constrains on crustal thickness[J].Chinese Science Bulletin, 2002, 47(11)：962-968.

[20] Liu Hongtao, Sun Shihua, Liu Jianming, et al.The Mesozoic high-Sr granitoids in the northern marginal region of North China Craton：Geochemistry and source region[J].Acta Petrologica Sinica, 2002, 18(3)：257-274 (in Chinese).

刘红涛，孙世华，刘建明，等.华北克拉通北缘中生代高锶花岗岩类：地球化学与源区性质[J].岩石学报，2002,18(3)：257-274.

[21] Li Wuping, Li Xianhua, Lu Fengxiang.Genesis and geological significance for the middle Jurassic high Sr and low Y type volcanic rocks in Fuxin area of west Liaoning, northeastern China[J].Acta Petrologica Sinica, 2001, 17(4)：523-532 (in Chinese).

李伍平，李献华，路凤香.辽西中侏罗世高 Sr 低 Y 型火山岩的成因及其地质意义[J].岩石学报，2001, 17(4)：523-532.

［22］ Deng Wanming.Cenozoic intraplate volcanic rocks in the northern Qinghai-Xizang plateau［M］.Beijing: Geological Publishing House, 1998:1-168（in Chinese）.
邓万明.青藏高原北部新生代板内火山岩［M］.北京:地质出版社,1998:1-168.

［23］ Rapp R P.A review of experimental constraints on adakite petrogenesis［C］.In:Symposium on adakite-like rocks and their geodynamic significance. Beijing, China, 2001:10-13.

［24］ Rapp R P, Xiao L, Shimizu N.Experimental constraints on the origin of potassium-rich adakites in eastern China［J］.Acta Petrologica Sinica, 2002, 18(3):293-302.

［25］ Rapp R P, Shimizu N, Norman M D, et al.Reaction between slab-derived melts and peridotite in the mantle wedge:Expermental constraints at 3. 8 GPa［J］. Chem Geol, 1999, 160:335-356.

［26］ Nockholds S R, Allen R.The geochemistry of some igneous rock series［J］.Geochim Cosmochim Acta, 1953, 4:105-142.

［27］ Barker F, Arth J G, Hudson T.Tonalites in crustal evolution［J］.Royal Soc Lond Phil Trans（Ser A）, 1981, 301:293-303.

［28］ Stern C R, Kilian R.Role of the subducted slab, mantle wedge and continental crust in the generation of adakites from the Andean Austral volcanic zone［J］.Contrib Mineral Petrol, 1996, 123:263-281.

［29］ Yogodzinski G M, Kay R W, Volynets O N, et al. Magnesian andesite in the western Aleutian Komandorsky region:Implications for slab melting and processes in the mantle wedge［J］.Geol Soc Am Bull, 1995, 107:505-519.

［30］ Zartman R E, Doe B R.Plumbotectonics: The model［J］.Tectonophysics, 1981, 75:135-162.

［31］ Turner S, Arnaud N, Liu Jiaqi, et al.Post-collision, shoshonitic volcanism on the Tibetan plateau: Implications for convective thinning of the lithosphere and the source of ocean island basalts［J］.Journal of Petrology, 1996, 37(1):45-71.

［32］ Chung Sunlin, Lo Chinghua, Lee Tungyi, et al. Diachronous uplift of the Tibetan plateau starting 40 Myr ago［J］.Nature, 1998, 394:769-773.

［33］ Patino D A E, McCarthy T C.Melting of crustal rocks during continental collision and subduction［M］. Netherlands:Kluwer Academic Publishers, 1998: 27-55.

［34］ Butler R W H, Harris N B W, Whittington A G.Interactions between deformation, magmatism and hydrothermal activity during active crustal thickening:A field example from Nanga Parbat, Pakistan Himalayas［J］.Mineralogical Magazine, 1997, 61:37-52.

［35］ Lai Shaocong.Petrogenesis of the Cenozoic volcanic rocks from the northern part of the Qinghai-Tibet plateau［J］.Acta Petrologica Sinica, 1999, 15(1):98-104（in Chinese）.
赖绍聪.青藏高原北部新生代火山岩成因机制［J］.岩石学报,1999,15(1):98-104.

［36］ Miller C, Schuster R, Klotzli U, et al.Post-collisional potassic and ultrapotassic magmatism in SW Tibet: Geochemical and Sr-Nd-Pb-O isotopic constraints for mantle source characteristics and petrogenesis［J］.Journal of Petrology, 1999, 40(9):1399-1424.

［37］ Arnaud N O, Vidal P, Tapponnier P, et al.The high K_2O volcanism of northwestern Tibet:Geochemistry and tectonic implications［J］.Earth & Planetary Science Letters, 1992, 111:351-367.

青藏高原新生代三阶段造山隆升模式：
火成岩岩石学约束[①②]

赖绍聪

摘要：从岩石大地构造学的角度，分析讨论了青藏高原新生代岩浆作用的特点、差异、成对性及其对高原隆升深部动力学过程的岩石学约束，在此基础上提出青藏高原是以冈底斯-羌塘造山带为核心，通过3次造山幕事件而形成的高原隆升新模式。

青藏高原位于亚洲大陆的南部，地处巨型特提斯-喜马拉雅构造域的东段。该区被认为是印度和欧亚大陆碰撞的结果，是世界上碰撞构造的最重要实例。青藏高原有许多科学问题有待人们去解决，高原隆起问题是其中最引人注目的一个问题。多年来，大多数学者认为，青藏高原自上新世开始产生强烈隆升，隆起性质具有整体断块上升的特点。而新近的一些研究成果已开始充分地注意到了高原隆升过程的阶段性、不均一性以及高原南部和北部总体构造背景的明显差异性[1-11]。本文将从火成岩岩石大地构造学的角度探讨高原的隆升机制。

1　青藏高原新生代岩浆作用及其深部动力学意义

岩浆来自上地幔或深部地壳，火山喷发或侵入是上地幔、深部地壳对流在地表或浅部地壳的表现。因此，对火成岩-岩浆喷出或侵入产物的岩石学详细研究必能提供许多上地幔-深部地壳的信息，使我们有可能研究整个陆壳及上地幔结构及其区域变化特征。

青藏高原是中国新生代以来岩浆活动较强烈的地区之一。岩浆岩分布极为广泛，北起西昆仑、祁连山区，南达羌塘、冈底斯、喜马拉雅地区，东至秦岭横断山地区，西抵喀喇昆仑，形成一系列巨大的火山-岩浆杂岩带及岩区（图1）。

①　原载于《矿物学报》，2000，20（2）。

②　国家重点基础研究发展规划（G1998040800）、国家自然科学基金重点项目（49234080）、地质矿产部"八五"深部地质项目（8506201，8506207）及西北大学科研基金（97NW23）资助。

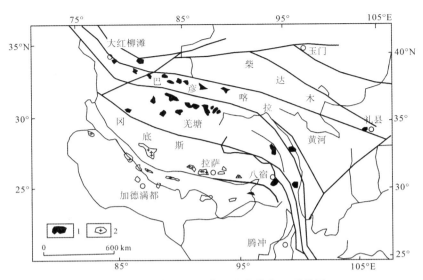

图1　青藏高原新生代火成岩分布地质简图
1.青藏高原北部新生代火山岩;2.青藏高原南部新生代白云母/二云母花岗岩

1.1　青藏高原北部新生代火山作用

1.1.1　岩石系列与组合

　　青藏高原北部新生代火山岩主体为一套钾质粗面玄武岩-橄榄玄粗岩-安粗岩-粗面岩岩石组合。主要岩石类型为碱性橄榄玄武岩、橄榄玄粗岩、橄榄粗面岩、粗安岩等。部分岩石属玄武岩-安山玄武岩-安山岩及英安岩-流纹岩岩石组合,但它们所占的比例不高。青藏高原北部新生代火山岩绝大部分属于碱性系列火山岩,仅少数岩石属于亚碱性系列(表1)。在 SiO_2-K_2O 图(图2)上,投影点总体反映出一个不十分清晰的高硅尾,这种特点并非典型的碱性趋势。在 SiO_2-K_2O 图上的另一个重要特征是, K_2O/SiO_2 值在低 SiO_2 区较陡,而在高硅区则较平缓甚至出现负斜率。这与世界典型岛弧钾玄岩组合的岩石化学特征和成分变异趋势具有完全相同的特点[16]。青藏高原北部新生代火山岩还具有低铁富集,在 AFM 图上具平缓的趋势;玄武岩类硅近饱和,很少出现标准矿物 Ne 和 Q;全碱含量均较高,均大于5%; K_2O/Na_2O 高,当 SiO_2 为50%左右时, K_2O/Na_2O 大多大于0.6,而当 SiO_2 约为55%时, K_2O/Na_2O 大多大于1.0; Al_2O_3 含量高且变化较大,大多在12%~18%范围内变化。据此,青藏高原北部新生代火山岩主体乃是一套钾玄岩岩石组合。这表明,青藏高原新生代钾玄岩的岩石学与地球化学特征类似于岛弧-大陆边缘弧钾玄岩,但是这套火山岩形成于印度-亚洲板块碰撞以后,也就是说它们既有弧火山岩特征又显示了板内形成环境,这正与陆内构造环境的双重性(既是造山又在板内)相符合。因此,我们将其称为陆内造山带钾玄岩系列。

表 1 青藏高原新生代火山岩代表性岩石化学成分(%)分析结果

序号	产地	岩性	SiO$_2$	TiO$_2$	Al$_2$O$_3$	Fe$_2$O$_3$	FeO	MnO	MgO	CaO	Na$_2$O	K$_2$O	P$_2$O$_5$	烧失量	总量
1	玉门红柳峡	碱玄岩	48.34	1.67	17.48	7.48	2.27	0.10	5.41	6.64	4.80	2.30	0.67	1.76	99.55
2	中昆仑普鲁	橄榄粗安岩	53.46	2.06	15.09	2.18	6.01	0.12	5.29	5.77	3.24	3.90	1.02	0.89	99.03
3	中昆仑乌鲁克库勒	碱玄岩	48.31	2.02	14.33	3.39	5.60	0.14	5.53	7.15	3.86	3.43	1.06	3.88	98.70
4	中昆仑乌鲁克库勒	粗安岩	54.79	1.93	14.06	1.66	6.27	0.12	3.75	6.24	2.80	4.23	1.00	2.36	99.21
5	中昆仑乌鲁克库勒	石英安粗岩	59.39	1.74	14.39	1.48	5.2	0.10	2.85	4.79	3.18	4.24	0.85	1.01	99.22
6	中昆仑乌鲁克库勒	粗面英安岩	67.91	0.64	13.86	1.20	1.94	0.07	0.77	2.64	3.84	4.80	0.31	1.43	99.41
7	中昆仑阿塔木帕下	石英安粗岩	57.40	2.23	14.64	1.44	6.05	0.12	2.71	5.06	3.04	4.16	1.14	0.94	98.93
8	中昆仑雄鹰台	辉石玄武岩	46.11	0.58	6.14	4.76	3.33	0.09	24.71	2.02	1.01	1.31	0.26	9.72	100.4
9	中昆仑雄鹰台	安山玄武岩	55.14	1.68	15.63	3.78	3.40	0.12	3.36	5.98	4.41	3.72	0.80	2.04	99.29
10	中昆仑雄鹰台	石英安粗岩	57.59	1.48	15.54	3.31	3.05	0.09	2.64	5.14	3.62	4.10	0.90	1.67	99.14
11	礼县	粗安岩	58.09	1.47	15.43	2.44	4.64	0.072	2.93	4.61	3.90	3.50	0.64	1.29	99.64
12	礼县	似长岩	38.10	3.25	15.74	6.22	5.10	0.16	9.42	12.15	1.55	0.62	1.37	0.67	100.48
13	礼县	橄榄霞石岩	39.10	3.02	8.48	5.08	6.22	0.18	16.73	12.16	1.92	1.2	1.35	4.00	99.63
14	礼县	橄榄霞石岩	38.77	2.84	7.26	5.50	5.01	0.15	17.36	14.06	1.40	0.86	1.50	3.76	99.98
15	礼县	橄榄霞石岩	39.23	3.05	8.41	5.14	6.17	0.20	16.48	12.65	1.85	0.91	1.30	3.99	99.59
16	礼县	橄榄霞石岩	38.04	2.84	7.78	4.28	6.25	0.17	16.69	12.94	1.62	1.30	1.46	4.15	99.34
17	礼县	橄榄霞石岩	39.73	3.09	7.96	8.44	2.38	0.19	14.25	14.64	2.10	1.16	1.24	2.56	99.67
18	礼县	似橄榄辉钾霞岩	40.90	2.86	9.64	5.63	5.35	0.16	13.76	13.54	2.54	1.77	0.97	2.35	99.59
19	礼县	似橄榄辉钾霞岩	38.68	3.6	9.71	8.12	4.06	0.18	11.63	14.18	3.27	2.87	1.37	1.84	99.67
20	礼县	似橄榄辉钾霞岩	38.59	3.38	9.70	9.98	1.87	0.22	12.02	14.25	2.50	1.86	1.50	3.05	99.70
21	礼县	似橄榄辉钾霞岩	37.87	3.90	9.13	6.85	4.81	0.20	11.43	15.51	3.72	2.90	1.77	1.24	99.48

续表

序号	产地	岩性	SiO_2	TiO_2	Al_2O_3	Fe_2O_3	FeO	MnO	MgO	CaO	Na_2O	K_2O	P_2O_5	烧失量	总量
22	礼县	似长岩	39.40	3.96	9.51	4.14	7.46	0.19	12.84	13.80	2.60	2.10	1.08	2.14	99.96
23	礼县	似长岩	39.13	3.64	9.35	4.84	6.65	0.18	13.62	13.05	2.96	1.74	1.28	2.52	99.11
24	礼县	似长岩	38.85	3.90	9.42	5.07	6.94	0.19	13.13	13.47	2.8	2.43	1.28	1.64	99.61
25	礼县	似长岩	39.57	3.35	9.44	5.38	6.23	0.18	13.88	13.21	2.29	1.07	1.17	3.23	99.85
26	礼县	似长岩	39.23	3.40	9.20	6.69	4.55	0.18	14.26	13.47	1.26	0.88	1.13	4.44	99.66
27	三江芒康	粗面岩	65.9	0.47	16.02	2.68	0.47	0.044	0.79	2.21	4.15	5.00	0.20	1.82	100.50
28	狮泉河左左	粗面岩	65.21	0.68	14.40	1.56	1.26	0.05	1.22	2.80	3.28	6.53	0.42	1.92	99.33
29	狮泉河朗久	粗面岩	62.40	0.88	14.34	2.08	1.66	0.05	2.27	3.03	3.06	6.62	0.40	2.79	99.58
30	三江玉龙	粗面岩	66.77	0.43	16.19	2.30	0.48	0.01	0.71	1.54	3.99	5.48	0.28	2.10	100.28
31	三江玉龙	粗面岩	65.55	0.49	16.23	2.30	0.25	0.01	0.45	2.31	3.99	6.08	0.30	2.80	100.76
32	三江玉龙	粗面英安岩	66.07	0.44	16.8	3.09	0.10	0.01	0.62	0.45	2.44	5.89	0.22	4.10	100.23
33	三江玉龙	粗面英安岩	67.11	0.45	15.54	2.78	0.39	0.06	0.88	1.37	3.41	5.16	0.21	2.70	100.06
34	三江玉龙	粗面岩	62.74	0.61	15.02	4.08	0.43	0.07	2.34	3.45	3.71	5.16	0.40	1.32	99.33
35	三江玉龙	粗面岩	65.96	0.47	15.92	3.05	0.59	0.02	0.82	1.46	3.76	5.36	0.21	2.56	100.18
36	北羌塘	粗面玄武岩	48.25	1.23	12.87	3.33	4.05	0.14	9.31	10.08	4.43	1.95	1.13	2.66	99.43
37	北羌塘	粗面玄武岩	43.94	1.27	10.42	3.75	4.22	0.15	9.43	10.47	4.35	0.91	1.66	8.86	99.43
38	北羌塘	粗面玄武岩	50.46	1.32	11.63	2.42	4.88	0.15	9.83	7.61	2.57	4.89	1.00	2.81	99.57
39	北羌塘	粗面玄武岩	49.82	2.00	13.26	1.42	10.38	0.12	4.36	5.50	4.24	0.16	0.37	8.42	100.05
40	北羌塘	粗面玄武岩	51.35	1.22	13.04	5.10	1.93	0.12	4.1	10.05	4.26	1.25	1.57	5.98	99.97
41	北羌塘	粗面玄武岩	47.62	1.23	16.73	1.30	6.25	0.11	5.32	7.70	5.04	0.77	0.33	8.38	100.78
42	北羌塘	粗面玄武岩	50.33	1.32	11.76	2.34	4.99	0.14	9.89	7.51	2.38	4.84	1.02	3.09	99.62

续表

序号	产地	岩性	SiO$_2$	TiO$_2$	Al$_2$O$_3$	Fe$_2$O$_3$	FeO	MnO	MgO	CaO	Na$_2$O	K$_2$O	P$_2$O$_5$	烧失量	总量
43	北羌塘	橄榄玄粗岩	52.84	1.45	14.28	6.32	0.07	0.19	0.95	8.49	3.67	3.63	0.59	7.52	100.01
44	北羌塘	橄榄玄粗岩	55.22	0.85	14.86	4.61	1.13	0.10	4.09	8.08	3.99	3.52	0.43	2.98	99.86
45	北羌塘	橄榄玄粗岩	53.70	0.98	12.14	4.08	1.99	0.13	6.07	8.83	2.11	5.84	1.22	2.70	99.80
46	北羌塘	粗面安山岩	61.66	0.82	15.49	1.36	3.00	0.08	4.07	5.18	4.69	2.92	0.28	0.44	99.99
47	北羌塘	粗面安山岩	58.18	0.75	14.37	1.44	3.80	0.09	5.82	5.94	3.86	3.06	0.28	2.02	99.61
48	北羌塘	粗面安山岩	60.59	0.8	15.42	2.38	1.16	0.05	2.21	5.65	4.68	2.82	0.33	3.48	99.57
49	北羌塘	粗面安山岩	60.89	0.77	15.59	1.54	3.12	0.08	4.51	5.69	4.03	2.48	0.27	1.42	100.39
50	北羌塘	粗面安山岩	61.75	0.82	15.61	1.27	3.10	0.07	4.03	5.14	4.70	2.93	0.28	0.65	100.35
51	北羌塘	粗面安山岩	56.45	1.49	14.82	3.52	2.79	0.09	3.23	6.45	3.96	4.05	0.69	2.56	100.1
52	北羌塘	粗面安山岩	56.52	0.41	18.92	2.07	0.8	0.12	0.77	3.13	4.77	7.33	0.05	4.66	99.55
53	北羌塘	粗面安山岩	57.53	0.41	19.70	2.13	0.75	0.13	0.93	2.58	4.27	7.38	0.06	4.52	100.39
54	北羌塘	粗面安山岩	60.53	0.77	14.93	2.92	1.54	0.07	4.11	5.42	2.83	4.36	0.44	1.57	99.50
55	北羌塘	粗面安山岩	58.39	0.83	16.91	5.13	0.32	0.06	2.79	6.97	4.12	2.40	0.34	1.89	100.16
56	北羌塘	粗面岩	64.82	0.36	16.08	1.67	0.75	0.08	0.52	1.93	3.44	6.48	0.12	3.04	99.29
57	北羌塘	粗面岩	64.31	0.56	15.95	2.66	0.98	0.04	2.35	3.95	4.06	3.80	0.33	1.26	100.24
58	北羌塘	粗面岩	63.11	0.64	16.26	3.35	0.50	0.04	1.38	5.13	3.73	2.76	0.21	3.23	100.34
59	北羌塘	粗面岩	61.35	0.67	15.53	4.76	0.09	0.07	1.14	4.30	3.14	6.09	0.42	1.71	99.27
60	北羌塘	粗面岩	66.09	0.47	15.43	1.98	0.83	0.04	1.35	3.46	3.87	3.13	0.13	2.65	99.40

1,12,27,36~60 由本文提供, 西北大学大陆动力学省级重点实验室采用 XRF 法分析。

2~10 据文献[12];11,13~21 据文献[14];22~26 据文献[18];28~35 据文献[16]。

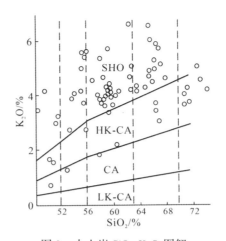

图 2　火山岩 SiO_2-K_2O 图解

SHO:钾玄岩系;HK-CA:高钾钙碱岩系;CA:钙碱岩系;LK-CA:低钾钙碱岩系

1.1.2　微量及稀土元素地球化学

Morrison[16]的研究表明,岛弧及大陆边缘弧钾玄岩化学成分总的特点是高 Al_2O_3、高 Fe_2O_3/FeO、高全碱、高 K_2O 和大离子亲石元素(P、Rb、Sr、Ba、Pb、LREE),低 TiO_2 和低硅饱和度。与钾有关的元素含量高,其丰度是碱性橄榄玄武岩的 2 倍,是岛弧拉斑玄武岩的 10 倍。青藏高原北部陆内造山带钾玄岩组合与岛弧及大陆边缘弧钾玄岩组合比较,具有以下微量元素地球化学特征。

(1)Ti、V、Cr、Mn、Fe、Co、Ni、Cu、Zn 组。本区新生代火山岩与岛弧钾玄岩比较,青藏高原北部新生代火山岩 Cu、V 含量明显偏低。然而,青藏新生代火山岩中相容元素 Cr、Co、Ni 含量均明显高于岛弧钾玄岩(表2),说明其原始岩浆起源深度较大或者部分熔融程度较高,从而使岩石中富集了 Cr、Co、Ni 等典型的幔源元素[17]。本区新生代火山岩球粒陨石标准化配分形式(图3),以适度不相容元素 Ti 的正异常和相容元素 Cr、Co、Ni 的负异常为特征。

(2)不相容元素组。本区新生代火山岩中 Ba、Sr、Th、Zr 等较强的不相容元素含量大多略高于岛弧钾玄岩。而 Rb、Y 含量较为接近,差异不大(表2),随着 SiO_2 含量升高,具有类似的变化规律。球粒陨石标准化的不相容元素配分曲线(图4)存在如下规律:①自基性向酸性演化,曲线由平缓型逐渐上升为右倾形式。②有 K、Rb 和 Th 峰,它反映了本区火山岩中钾族元素的富集。同时,随着岩浆分异程度的增大,K、Rb、Th 含量有增高的趋势,说明它们在分异过程中的不相容元素性质。③有 Ti 谷。随着分异程度的逐步增大,Ti 谷的深度逐步增大,这显然与钛铁氧化物的分离结晶有关。由上可见,本区新生代火山岩不仅具有钾玄岩组合富大离子亲石元素的共同特征,而且相对富集 Cr、Co、Ni 等幔源元素,说明其岩浆起源深度可能较大,与上地幔及加厚陆壳底部的部分熔融有关。

表 2 青藏高原新生代火山岩代表性岩石微量元素($\times 10^{-6}$)分析结果

序号	1[12]	2	3	4	5	6[16]
产地	中昆仑	可可西里	玉门	礼县	芒康	
岩性	橄榄粗安岩	粗安岩	碱玄岩	似长岩	粗面岩	岛弧钾玄岩
Rb	100.6	125	44.8	67.1	229	59
Ba	1 576.3	1 810	1 918	1 575	1 460	683
Th		3.25	6.3	15.2	35.1	1.28
K	32 362	29 043	19 085	5 148	41 490	22 737
Nb	35.1					
La	151.5	152	49.9	131	71.5	20.74
Ce	290	284	99	253	136	46.41
Sr	1 079.5	1 166	1 300	1 528	1 224	943
P	4 453	2 794	2 925	5 981	873	1 921
Hf		11.7	5.46	9.07	7.92	
Zr	429.5	497	251	300	258	67
Sm	16.3	15.7	7.86	17.9	10.1	4.88
Ti	12 350	8 813	10 012	19 484	2 818	4 976
Tb	1.75	1.29	1.09	1.72	0.926	0.658
Eu	3.7	3.02	2.49	5.51	2.13	1.49
Cr	157.3	33.9	189	221	62.1	156
Mn	930	558	775	1239	341	1317
Fe	61 991	53 202	70 002	83 225	22 401	64 154
Co	35.2	17.1	41.1	52.3	9.25	24
Ni	100.1	156	90.8	380	139	50
Zn	117.8	223	8.14	9.24	56.7	

2~5 由本文提供,由中国科学院高能物理研究所采用中子活化法分析。

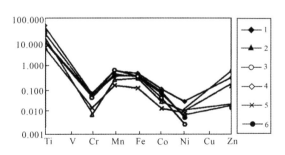

图 3 球粒陨石标定的新生代火山岩
过渡族金属元素配分型式
1.橄榄粗安岩;2.粗安岩;3.碱玄岩;
4.似长岩;5.粗面岩;6.岛弧钾玄岩

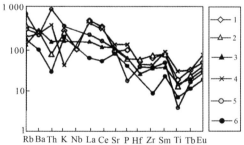

图 4 不相容元素球粒陨石配分型式
1.橄榄粗安岩;2.粗安岩;3.碱玄岩;
4.似长岩;5.粗面岩;6.岛弧钾玄岩

青藏高原北部各岩区新生代火山岩轻、重稀土分异显著,LREE/HREE 介于 3~15,平均为 7.27;Sm/Nd 绝大多数介于 0.10~0.20,均小于 0.33;δEu 平均为 0.82,均大于 0.70。火山岩稀土元素球粒陨石标准化配分形式均为右倾负斜率轻稀土富集型。各岩区火山岩多数呈较为平滑的、斜率相似的、近于平行的一组曲线。Eu 处无显著凹陷,Eu 亏损不明显。新生代火山岩轻、重稀土分异明显,轻稀土强烈富集,但 Eu 亏损却不明显的特征可能暗示一个重要信息,即在岩浆源区并未出现熔体-斜长石的平衡,局部熔融形成岩浆时,固相残余物中无斜长石相。斜长石相的缺失,反映了较高的岩浆起源压力条件,源区物质组成可能是类似于榴辉岩的加厚的陆壳底部,起源压力最小不低于 1.5 GPa。

1.1.3 岩浆起源与岩石成因机制

利用二长石温度计获得新生代橄榄玄粗岩(玉门)、粗安岩及粗面岩(可可西里)的形成温度主要为 780~990 ℃[18];二长石温度计是基于 Ab 组分在斜长石和钾长石中的分配系数是一个固定值,并随着岩石形成温度的不同做规律性变化而提出的。因此,它所获得的温度值应主要反映岩石的成岩温度,该温度应低于岩浆源区的起源温度。二辉石温度计求得可可西里含透长石巨晶粗面岩形成温度为 1 039.73 ℃[18];由于辉石是粗面质岩石中较早结晶的矿物,因此该温度值应高于岩石的成岩温度而与岩浆源区温度接近或略低。根据可可西里英安流纹岩火山玻璃及斜长石斑晶的化学成分,利用斜长石地质温度计求得火山玻璃淬火温度为 901.5 ℃[18]。显然,该温度值更接近于岩石学意义上的岩石形成温度。

高温高压熔融实验和熔浆-矿物平衡热力学计算结果表明,随着岩浆起源深度加大,α_{SiO_2}(SiO$_2$ 活度)减小,α_{SiO_2} 大致与 SiO$_2$ 含量呈正比关系。利用这一规律,我们获得的青藏高原新生代原生岩浆或进化程度较低的、近似于原生岩浆的玄武岩浆的形成深度和压力如表 3 所示。

表 3 青藏高原新生代火山岩起源深度与压力

产　地	岩　性	SiO$_2$/%	Mg$^\#$	P/GPa	深度/km
西昆仑	碱玄岩	43.17	0.62	2.58	85.1
大红柳滩	碱玄岩	44.89	0.65	2.25	74.3
礼县	橄榄钾霞岩	38.65	0.65	3.30	108.9

计算方法据[19]。

基于矿物-硅酸盐熔体平衡热力学,我们计算了玉门新生代碱玄岩熔浆中橄榄石的矿物-熔体平衡温度和压力,其计算结果 1 430 K、3.72 GPa(表 4)指示了大约 120 km 的碱玄岩岩浆起源深度。

青藏高原新生代火山岩主要来源于一种富集型的地幔源区[20]。由这种富集型壳幔混合带起源的岩浆将带有类似于岛弧火山岩的显著的地球化学烙印。在青藏北缘上千千米的新生代火山岩中,主要是以钾玄岩质岩浆活动为主体,它们起源于加厚的陆壳底部或壳幔混合带,以及直接来源于地幔岩的局部熔融。这种陆内造山钾玄岩系列火山岩是由于造山带外侧稳定大陆的岩石圈根的阻挡所致,由于克拉通岩石圈根的阻挡,造山带下面的软流层物质在边界处上涌形成幔源岩浆及其在 Moho 面以上的底侵作用。陆壳的水平挤压缩短作用可更好地封闭底侵的壳底岩浆池(海),使底侵岩浆有更充分的条件与陆壳物质相互作用,包括陆壳岩石的熔融作用、幔源岩浆与壳源岩浆的混合作用,岩浆结晶分离作用等。青藏北缘新生代火山岩正是在这种特定的构造环境中形成的(图5)。

表4 玉门新生代碱玄岩橄榄石-熔体平衡热力学计算结果

淬火温度 /K	液相线矿物 理论组成		组分活度 (10⁵ GPa 压力下)		φ 值		平衡条件	
	X^{Ol}_{FeO}	X^{Ol}_{MgO}	$\alpha^{liq}_{Fe_2SiO_4}$	$\alpha^{liq}_{Mg_2SiO_4}$	$\varphi_{Fe_2SiO_4}$	$\varphi_{Mg_2SiO_4}$	T/K	P/GPa
1 263.5	0.066	0.934	$2.123×10^{-3}$	$8.587×10^{-3}$	87.288	566.58	1 430	3.72

计算方法据邓晋福①。

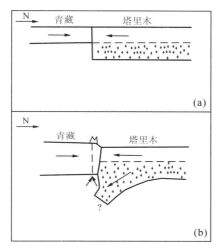

图5 青藏高原北缘新生代火山岩形成模式示意图
(a)青藏板块向北挤压及塔里木岩石圈根的阻挡作用;
(b)青藏地壳的水平缩短与加厚及北缘新生代火山岩的形成

1.2 青藏高原南部新生代岩浆作用

青藏高原南部边缘新生代时期主要以白云母/二云母花岗岩的侵入活动为特色,而很少发育类似青藏北部地区的陆内造山带钾玄岩质火山活动。白云母/二云母花岗岩侵入岩带可看作陆内俯冲作用与2个陆壳叠置的岩石学记录[21]。因此,青藏陆内造山带的南缘新生代是陆内俯冲性质。白云母/二云母花岗岩岩浆是由再循环的表壳泥质沉积物的熔融作用产生,没有幔源物质的贡献,同时也没有幔源玄武质火成岩与它们共生在一起,表明造山带南缘壳热幔冷,在陆内俯冲与陆壳叠置的同时,地幔内则是一个冷的壳下岩石圈向下快速会聚的过程,它亦暗示陆壳与壳下岩石圈可能沿 Moho 有大的构造拆离[22]。地球物理探测已基本证实,喜马拉雅地区上地壳和中地壳交界处有一个低速高导层存在[23]。

---

① 邓晋福.熔浆-矿物平衡热力学.北京:武汉地质学院北京研究生部,1983.

2 青藏高原新生代火成岩带的成对性

青藏高原新生代时期岩浆活动的一个显著特点,是火成岩均分布于造山带两侧的边缘地带。例如,青藏高原北缘分布有于田-玉门火山岩带,南缘有高喜马拉雅白云母花岗岩与二云母花岗岩侵入岩带,而其内部常常缺乏岩浆活动。这样,陆内造山火成岩的分布可为辨认造山带边界提供标志,由此确定造山带空间的分布范围[22]。

源于上地幔和壳幔混合带的青藏北部新生代火山作用具有界定不同时期高原北部边界的重要意义,以钾玄岩系列为主的火成岩组合为陆内挤压造山带所特有,以钾玄岩系列为主的火成岩组合是陆内造山带边界的标志[26-27]。根据形成时代(表5),青藏高原北部与高原造山隆升有关的新生代火山岩可以划分为近东西向的3个带。

表5 青藏高原新生代火山岩形成年龄(Ma)

岩 带	序号	产 地	年龄值/Ma	时 代
北羌塘	1	狮泉河	30.08(K-Ar)	主要年龄为 20~38 Ma,主体渐新世
	2	巴毛穷宗	20.00(K-Ar)	
	3	巴毛穷宗	28.00(K-Ar)	
	4	巴毛穷宗	27.80(K-Ar)	
	5	巴毛穷宗	28.30(K-Ar)	
	6	巴毛穷宗	28.60(K-Ar)	
	7	囊谦	38.70(^{40}Ar/^{39}Ar)	
可可西里	8	水晶坝	14.20(K-Ar)	主要年龄为 14~24 Ma,主体中新世
	9	可可西里	19.09(K-Ar)	
	10	可可西里	16.42(K-Ar)	
	11	可可西里	24.55(K-Ar)	
	12	可可西里	21.24(K-Ar)	
	13	可可西里	17.04(K-Ar)	
	14	可可西里	18.27(K-Ar)	
	15	可可西里	22.31(Rb-Sr 等时线)	
	16	可可西里	17.75(K-Ar)	
于田-	17	普鲁	1.43(K-Ar)	主要年龄 <2 Ma,主体更新世
玉门	18	普鲁	1.21(K-Ar)	
	19	乌鲁克库勒	2.80(K-Ar)	
	20	乌鲁克库勒	0.074(热发光)	
	21	阿塔木帕下	0.56(热发光)	
	22	雄鹰台	1.075(热发光)	
	23	鲸鱼湖	0.629(热发光)	
	24	木孜塔格	4.60(^{40}Ar/^{39}Ar)	
	25	黑石湖北	0.067(热发光)	

1 据日土幅区调报告;2~6,20~25 据文献[12];7~8 据文献[15];9~16 据文献[24];17~19 据文献[25]。

（1）北羌塘新生代火山岩带（38～20 Ma）。38 Ma 左右，青藏高原成为完全的陆内环境，高原的雏形形成，并开始了新生代的高原造山隆升作用。而北羌塘渐新世火山岩带则代表了当时青藏高原的北缘。起源于加厚陆壳底部或上地幔的该套陆内造山带钾玄岩反映了当时高原北缘特定的构造背景。

（2）可可西里新生代火山岩带。中新世时期（24～14 Ma），青藏高原的北部边界向北扩展到巴颜喀拉北部，而可可西里新生代火山岩带则代表了这一时期青藏高原北缘的火山活动。

（3）于田-玉门新生代火山岩带。其形成年龄 < 2 Ma 至晚近时期。这一火山岩带代表了更新世以来至现代的青藏高原北部边界。

青藏高原作为一个整体，其南界和北界的构造背景及其差异对于高原造山隆升有重要意义。那么，南缘岩浆活动是否也具有同样的规律性呢？我们知道，高喜马拉雅主中央逆冲断层（MCT）是中新世造山带的南边界，那里分布有中新世白云母/二云母花岗岩，白云母/二云母花岗岩是陆内俯冲的岩石学纪录[21-22]。因此，白云母花岗岩带亦是陆内造山带边界的一个标志。值得注意的是，高原南部同样具有 3 条不同时代的白云母/二云母花岗岩带：冈底斯地区渐新世（35～23 Ma）[22] 白云母花岗岩带，拉轨岗日、高喜马拉雅白云母/二云母花岗岩带（23～10 Ma）[22] 以及低喜马拉雅第四系及晚近时期可能以隐伏（?）形式存在的白云母/二云母花岗岩带。3 条火山岩（钾玄岩）带与 3 条白云母花岗岩带分别代表了 3 个不同时期青藏高原的北部和南部边界，它们成对出现，表征高原造山隆升过程中南部陆内俯冲、北部稳定陆块阻挡的高原隆升动力学背景。

3　青藏高原造山带扩展三阶段造山隆升模式

造山过程的幕式事件是陆内造山带形成的一个重要特征，但长期以来它并未引起足够的重视，常常把印度-欧亚大陆的碰撞及其后的造山看作是一个连续过程。青藏高原的加厚陆壳是在印度板块像推土机式前进时使亚洲地壳产生水平方向缩短和垂直方向拉长形成的，这将是一个渐进的复杂的动力学过程。岩浆活动则是深部动力学过程的直接反映，青藏高原新生代三期成对的火成事件与岩浆总体产生于挤压构造环境相一致，高原第四纪及晚近时期岩浆活动主要产生于高原周缘地带，说明软流圈物质是沿岩石圈地幔的构造薄弱带侵蚀上升的。青藏高原地壳增厚与软流圈对增厚的岩石圈根部带的侵蚀作用是同步发生的，火山活动的旋回性是受深部热地幔物质的上升和岩石圈的水平挤压缩短这 2 种作用的相互消长所控制。在水平挤压应力达到岩石圈地幔的断裂极限以前，上地幔软流圈内压与岩石圈的重力和构造超压保持着动态平衡，当岩石圈地幔发生断裂活动时，水平构造应力通过岩石圈的缩短、增厚或侧向滑移被不断释放，上地幔内压则随着岩石圈构造增厚而不断增大，从而导致软流圈物质沿岩石圈构造薄弱带（应力释放区）扩展上升，产生火山活动。火山旋回间歇期应力充分释放，地壳进入相对稳定的以重力均衡作用为主的阶段，之后地壳又开始新的应力积累，进入下一个构造-岩浆旋回的演化阶段。青藏高原边缘火成岩的巨大差异，暗示造山带边缘构造性质与深部过程的不同与不对称性。岩浆活动的阶段性是造山幕的表现与标志。渐新世、中新世与更新世三期成对的火成岩事件揭示了青藏陆内造山过程的相应三次造山幕,从火成岩分布的范围与特征来看,第二造山幕(中新世)的造山作用强度最大。不少学者主要强调来自印度大陆一方对青藏高原形成的意义,这无疑是正确的,但却忽视了青藏高原陆内造山过程中造山带向两侧水平扩展(生长)的问题。事实上,青藏陆内造山过程是以冈底斯-羌塘造山带为核心,逐渐向南、北两侧水平扩展的,通过 3 次造山幕事件,在更新世以来才形成了现今青藏高原的范围(图 6)。

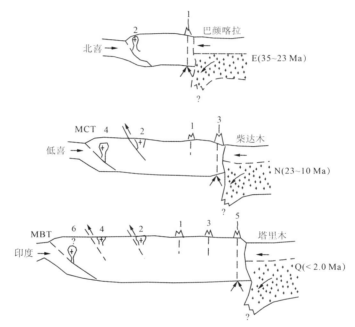

图 6　青藏高原造山带扩展三阶段造山隆升模式图

1.北羌塘;2.南冈底斯;3.可可西里;4.拉轨岗日、高喜马拉雅;5.于田-玉门;
6.低喜马拉雅(?)。其中,1,3,5 为钾玄岩系列火山岩带;2,4,6 为白云母/二云母花岗岩带

致谢　本文是笔者博士学位论文的一部分。承蒙导师邓晋福教授、赵海玲教授指导,在此致谢。

参考文献

[1] Kazuo A, Asahiko T.Two-phase uplift of higher Himalayas since 17 Ma.Geology, 1992, 20:391-394.

[2] Yamashita N, Sato S, Inomata M.Qinghai-Tibet plateau:Geology and its formation.Earth Science, 1993, 43(5):333-334.

[3] Wortel M J R, Hansen U, Sabadini R.Convective removal of thermal boundary lager of thickened continental lithosphere:A brief summary of causes and consequences with special reference to the Cenozoic tectonics of the Tibetan plateau and surrounding regions.Tectonophysics, 1992, 223(1-2): 67-73.

［4］ Rat S L, Frisch W, Chen C, et al.Deformation and motion along the southern margin of the Lasa Block (Tibet)prior or and during the India-Asia collision.Journal of Geodynamics,1992,16(1-2):21-54.

［5］ 高锐.青藏高原地壳上地幔地球物理调查研究成果综述(上).中国地质,1995(4):26-28.

［6］ 肖序常,李廷栋.青藏高原岩石圈结构、隆升机制及对大陆变形的影响.地质论评, 1998, 44 (1):112.

［7］ 吴功建,肖序常.揭示青藏高原的隆升:青藏高原亚东-格尔木地学断面.地球科学,1996,21(1): 34-40.

［8］ 郑剑东.青藏高原西北缘地球动力学初探.地震地质,1996,18(2):119-127.

［9］ 高名修.青藏高原南缘现今地球动力学研究.地震地质,1996,18(2):143-155.

［10］ 许志琴,姜枚.青藏高原北部隆升的深部构造物理作用.地质学报,1996,70(3):195-206.

［11］ 李廷栋.青藏高原隆升的过程和机制.地球学报,1995,(1):1-9.

［12］ 邓万明.中昆仑造山带钾玄岩质火山岩的地质地球化学和时代.地质科学,1991,(3):201-213.

［13］ 叶唯坤.甘肃礼县地区碱性超基性火山岩的特征及成因探讨.地质科技情报,1991,10(增刊): 102-112.

［14］ 喻学惠.甘肃好梯超镁铁煌斑岩中深源包体及巨晶.地质科技情报,1991,10(增刊):95-101.

［15］ 潘桂棠、王培生、徐耀荣、等.青藏高原新生代构造演化.北京:地质出版社,1990:32-70.

［16］ Morrison G W.Characteristics and tectonic setting of the shoshonite rock association.Lithos,1980,13: 97-108.

［17］ 赖绍聪、邓晋福、赵海玲.青藏高原北缘火山作用与构造演化.西安:陕西科学技术出版社,1996: 95-133.

［18］ 赖绍聪.青藏高原北部新生代火山岩的成因机制.岩石学报,1999,15(1):98-104.

［19］ 邓晋福、赵海玲、罗照华、等.玄武岩反演软流层地球化学与地幔流体.见:杜乐天.地幔流体与软流层(体)地球化学.北京:地质出版社,1999:58-96.

［20］ 解广轰、刘丛强、增田彰正、等.青藏高原周边地区新生代火山岩的地球化学特征:古老富集地幔存在的证据.见:刘若新.中国新生代火山岩年代学与地球化学.北京:地震出版社,1992:400-427.

［21］ 邓晋福,赵海玲,赖绍聪,等.白云母/二云母花岗岩形成与陆内俯冲作用.地球科学,1994,19(2): 139-147.

［22］ 邓晋福,赵海玲,莫宣学,等.中国大陆根-柱构造:大陆动力学的钥匙.北京:地质出版社,1996: 22-26.

［23］ Nelson K D, Zhao W J, Brown L D, et al.Partially molten middle crust beneath southern Tibet: Synthesis of project INDEPTH result.Science,1996,274:1684-1688.

［24］ 孙延贵.可可西里北缘中新世火山活动带的基本特征.青海地质,1992,(2):13-25.

［25］ 刘嘉麒,买卖提依明.西昆仑第四纪火山的分布与 K-Ar 年龄.中国科学:B 辑,1990,(2):180-187.

［26］ 赖绍聪.青藏高原可可西里及芒康岩区新生代火山岩中的长石及石榴子石巨晶.西北大学学报, 1995,25(6):701-704.

［27］ Lai Shaocong.Cenozoic volcanism and tectonic evolution in the northern margin of Qinghai-Tibet Plateau. Journal of Northwest University,1996,26(1):99-104.

青藏高原北羌塘新生代高钾钙碱岩系火山岩角闪石类型及痕量元素地球化学[①②]

赖绍聪　伊海生　刘池阳　Suzanne Y O'Reilly

摘要：利用电子探针和激光探针剥蚀系统(LA-ICP-MS)对北羌塘新第三纪高钾钙碱岩系英安岩中角闪石的主元素和微量、稀土元素进行了分析。结果表明，本区角闪石均属钙质角闪石亚类，主元素特征指示该套火山岩为陆壳局部熔融岩浆系列。角闪石强烈富集 Sc、Ti、V、Cr、Co、Ni 等弱不相容亲铁元素，而相对亏损 Th、U、Pb、Rb 等强不相容的大离子亲石元素。稀土元素丰度高，且无 Eu 异常，指示北羌塘这套高钾钙碱岩系火山岩可能是青藏高原加厚的相当于榴辉岩相物质组成的下部陆壳脱水熔融的产物。

1　引言

青藏高原新生代火山岩中专题性和深入的矿物学工作非常薄弱(邓万明,1998;赖绍聪,1999a、b),特别是造岩矿物痕量元素和稀土元素的精确分析资料以及对造岩矿物痕量及稀土元素富集规律、演化趋势和特征的专题研究几乎是空白。本文利用电子探针和激光探针剥蚀系统(LA-ICP-MS)对北羌塘新第三纪高钾钙碱岩系英安岩中的角闪石进行了主元素和痕量、稀土元素的系统分析测定,从中获得了一些有价值的地质地球化学信息。

2　区域地质背景

羌塘北部新第三纪火山岩较为发育,主要见于羌北地层分区的新第三纪石坪顶组。这些火山岩产状为熔岩被,不整合覆盖在新第三纪唢纳湖组(N_1s)或侏罗纪雁石坪组(J_2ys)之上。近年来,国内外学者已就青藏高原新生代火山岩做了大量研究工作(邓万明,1989,1991,1993;刘嘉麒,1999; 邓万明等,1998,1999;赖绍聪等,1996;杨德明等,1999; Turner et al., 1996; Miller et al., 1999; Arnaud et al., 1992; Ugo Pognente,1990),识别出超钾质、钾玄岩系和高钾钙碱岩系 3 个火山岩系列,并对超钾质和钾玄岩系的岩石

---

①　原载于《岩石学报》,2002,18(1)。

②　国家自然科学基金(40072029)、国土资源部 146C002001(乌兰乌拉湖)1:25 万区域地质调查项目(2001300009281)及澳大利亚 GEMOC 国家重点实验室资助。

地球化学、同位素特征和岩石成因进行了深入探讨。然而,对高原北部尤其是北羌塘具有特殊意义的高钾钙碱岩系火山岩的专题研究却较为滞后(邓万明,1998;王碧香等,1999;迟效国等,1999)。本区钙碱系列火山岩为一套安山岩-英安岩-流纹岩组合,主要出露于石水河-浩波湖-多格错仁以北地区。

3　样品及分析方法

样品取自北羌塘浩波湖、骆驼峰、合作湖一带。岩石呈肉红色、灰褐色,十分新鲜,斑状结构,块状构造。斑晶约占全岩的 30%~35%。主要斑晶矿物为斜长石(无色、浅灰色,玻璃光泽,粒度 2~5 mm,镜下聚片双晶发育,环带结构清晰);碱性长石(无色透明,具卡氏双晶,部分颗粒具环带结构,粒度 2~5 mm);石英(无色透明,一轴晶);角闪石(黄绿色-棕红色,多色性强,横断面见典型的闪石式解理,柱面斜消光,消光角大多 < 15°);黑云母(棕色-深棕色,极强多色性,一组极完全解理)。岩石基质具玻质结构,由棕红色火山玻璃和少量雏晶组成,正交光下仅具微弱的光性反应。

将岩石磨制成标准激光探针片(厚约 100 μm),镜下观察,拍摄 1:8 薄片表面结构及斑晶矿物分布图像,选定待测斑晶矿物颗粒;数码显微镜录入待测点坐标,激光探针分析(使用 PE 公司 Elan6100-LA-ICP-MS 仪器),电子探针对应点分析(使用法国 SX50 型仪器);利用电子探针获得的矿物主元素含量值对相应点激光探针分析结果进行校正,最终获得被测矿物常量及微量、稀土元素分析结果。全部实验工作均在 Macquarie 大学 GEMOC 国家重点实验室完成。

4　结果与讨论

4.1　主元素特征及角闪石类型划分

角闪石类造岩矿物的化学成分相当复杂,其标准的晶体化学式可表示为

$$A_{0-1}B_2C_5{}^{VI}T_8{}^{IV}O_{22}(OH)_2$$

其中,A 位主要是 K、Na,其次是部分 Ca 的占位;B 位是八面体配位的阳离子,本文中主要是 Mg、Ca 和部分 Na;C 位也是八面体配位的阳离子,包括 Al^{VI}、Ti、Cr、Fe、Mn 和 Mg 等;T 位是 Si 和 Al^{VI} 以及部分 Ti 占位的 8 个四面体配位的阳离子,本文中角闪石 T 位仅有 Si 和 Al^{IV},未出现 Ti。我们按 23 个氧为基础对角闪石的晶体化学式进行了统一的计算和处理,并按 T→C→B→A 的顺序先后依次填充。本区高钾钙碱岩系英安岩中角闪石主元素电子探针分析结果及晶体化学计算结果列于表 1 中,从表中可以看到:

角闪石主要氧化物含量方面十分稳定,变化不大。矿物晶体化学特征主要表现为:$(Ca+Na)_B \geqslant 1.34$,$Na_B < 0.67$,$Ti < 0.50$,$(Na+K)_A \geqslant 0.50$,$Fe > Al^{VI}$,Si 较高,均大于 6.25。全部角闪石的 Mg/(Mg+Fe)(表 1 中标注为 Mg#)在 0.53~0.79 范围内变化,且以大于 0.70 为主。

根据国际矿物协会和矿物名称委员会的角闪石分类方案(Leake,1978;Rock and Leake,

表 1 北羌塘新第三纪高钾钙碱岩系安粗岩角闪石主元素电子探针分析结果（%）

岩区	浩波湖															骆驼峰					合作湖		
样号	Lail6	Lail6	Lail6	Lail6	Lail6	Lail6	Lail6	Lail6	Lail6	Lail6	Lail6	Lail6	Lail6	Lail6	Lail6	Lai29	Lai29	Lai29	Lai29	Lai29	Lai37	Lai37	Lai37
点号	1	2	3	4	5	6	7	8	9	10	11	12	13	14	15	16	17	18	19	20	21	22	23
SiO_2	43.61	47.03	45.12	45.84	43.06	44.08	45.27	43.40	45.41	45.71	45.61	43.97	44.79	46.48	45.87	43.44	45.26	42.64	42.03	43.82	43.35	44.79	41.36
TiO_2	1.95	1.38	1.51	1.61	2.07	1.83	1.78	1.85	1.68	1.63	1.75	1.85	1.81	1.59	1.87	1.83	1.64	1.97	1.97	1.85	1.80	1.88	1.83
Al_2O_3	10.44	7.92	9.32	8.72	10.92	9.88	9.62	10.43	9.33	8.98	9.45	10.01	9.72	8.94	9.15	9.89	9.57	10.51	10.99	9.91	10.59	9.94	11.44
Cr_2O_3	0.01	0.11	0.05	0.12	0.08	0.00	0.27	0.02	0.07	0.08	0.00	0.00	0.05	0.00	0.05	0.18	0.08	0.53	0.07	0.02	0.04	0.00	0.05
FeO	11.71	8.43	9.63	9.10	12.94	10.73	9.62	11.12	9.82	8.95	10.57	11.41	10.39	9.14	9.66	11.52	10.98	12.32	12.89	10.99	15.32	10.93	16.74
MnO	0.11	0.06	0.09	0.11	0.13	0.16	0.17	0.19	0.07	0.11	0.05	0.13	0.08	0.06	0.11	0.18	0.18	0.14	0.22	0.18	0.21	0.17	0.28
MgO	14.25	17.29	15.90	16.91	13.72	15.41	16.29	14.96	16.21	16.79	15.33	15.03	15.58	16.85	16.61	14.55	15.19	13.80	13.60	15.18	12.14	16.00	10.74
CaO	11.32	11.13	11.33	11.52	11.11	11.50	11.53	11.37	11.40	11.39	11.31	11.36	11.59	11.21	11.25	11.79	11.52	11.52	11.35	11.78	11.24	10.94	11.12
Na_2O	2.11	1.83	1.92	1.91	2.02	2.05	2.03	2.02	1.98	1.96	2.01	2.02	2.08	1.90	2.04	2.33	2.04	2.26	2.19	2.14	2.04	2.14	1.83
K_2O	0.71	0.56	0.65	0.66	0.73	0.70	0.65	0.73	0.64	0.68	0.65	0.66	0.70	0.61	0.67	1.04	0.83	0.93	1.00	1.04	1.08	0.57	1.06
NiO	0.01	0.00	0.00	0.08	0.08	0.05	0.00	0.00	0.00	0.01	0.00	0.09	0.02	0.05	0.08	0.00	0.04	0.05	0.00	0.07	0.06	0.06	0.05
Total	96.59	96.04	95.90	96.92	97.08	96.74	97.60	96.47	96.97	96.63	97.06	96.81	97.21	97.18	97.67	96.75	97.33	96.67	96.31	96.98	97.86	97.41	96.49
[O]=	23	23	23	23	23	23	23	23	23	23	23	23	23	23	23	23	23	23	23	23	23	23	23
Si(T)	6.497	6.882	6.683	6.705	6.414	6.530	6.600	6.464	6.657	6.697	6.692	6.521	6.586	6.755	6.668	6.473	6.636	6.385	6.331	6.488	6.474	6.548	6.325
$Al^{IV}(T)$	1.503	1.118	1.317	1.295	1.586	1.470	1.400	1.536	1.343	1.303	1.308	1.479	1.414	1.245	1.332	1.527	1.364	1.615	1.669	1.512	1.536	1.452	1.675
Ti(T)	-	-	-	-	-	-	-	-	-	-	-	-	-	-	-	-	-	-	-	-	-	-	-
$Al^{VI}(C)$	0.330	0.248	0.310	0.208	0.331	0.255	0.253	0.295	0.269	0.248	0.326	0.271	0.270	0.286	0.236	0.210	0.290	0.240	0.282	0.217	0.337	0.261	0.387
Ti(C)	0.219	0.151	0.168	0.177	0.232	0.204	0.196	0.208	0.186	0.179	0.193	0.206	0.200	0.174	0.205	0.205	0.181	0.222	0.223	0.206	0.202	0.206	0.210
Cr(C)	0.001	0.012	0.005	0.013	0.009	0.000	0.032	0.003	0.008	0.009	0.000	0.001	0.006	0.000	0.005	0.021	0.009	0.063	0.008	0.002	0.004	0.000	0.005
$Fe^{2+}(C)$	1.459	1.032	1.193	1.113	1.611	1.330	1.173	1.385	1.204	1.096	1.297	1.415	1.278	1.111	1.174	1.436	1.346	1.543	1.624	1.361	1.913	1.336	2.141
Mn(C)	0.014	0.008	0.011	0.014	0.017	0.020	0.021	0.024	0.009	0.014	0.007	0.016	0.011	0.007	0.013	0.023	0.022	0.018	0.028	0.023	0.027	0.022	0.036
Mg(C)	2.977	3.549	3.313	3.475	2.800	3.191	3.325	3.085	3.324	3.454	3.177	3.091	3.235	3.422	3.367	3.105	3.152	2.914	2.835	3.191	2.517	3.175	2.221
Ca(C)	-	-	-	-	-	-	-	-	-	-	-	-	-	-	-	-	-	-	-	-	-	-	-
Mg(B)	0.187	0.221	0.197	0.213	0.247	0.212	0.215	0.237	0.218	0.213	0.175	0.231	0.178	0.228	0.232	0.127	0.168	0.166	0.218	0.159	0.186	0.312	0.228

续表

岩区	浩波湖															骆驼峰					合作湖		
样号	Lai16	Lai16	Lai16	Lai16	Lai16	Lai16	Lai16	Lai16	Lai16	Lai16	Lai16	Lai16	Lai16	Lai16	Lai16	Lai29	Lai29	Lai29	Lai29	Lai29	Lai37	Lai37	Lai37
点号	1	2	3	4	5	6	7	8	9	10	11	12	13	14	15	16	17	18	19	20	21	22	23
Ca(B)	1.807	1.745	1.798	1.787	1.753	1.788	1.785	1.763	1.782	1.787	1.778	1.769	1.822	1.746	1.752	1.873	1.810	1.834	1.782	1.841	1.798	1.688	1.772
Na(B)	0.006	0.034	0.005	–	–	–	–	–	–	–	0.047	–	–	0.026	0.016	–	0.022	–	–	–	0.016	–	–
K(B)	–	–	–	–	–	–	–	–	–	–	–	–	–	–	–	–	–	–	–	–	–	–	–
Na(A)	0.604	0.485	0.546	0.542	0.583	0.589	0.574	0.583	0.563	0.557	0.525	0.581	0.593	0.509	0.559	0.673	0.558	0.656	0.640	0.614	0.574	0.607	0.544
K(A)	0.134	0.104	0.122	0.122	0.139	0.133	0.120	0.139	0.119	0.127	0.122	0.124	0.132	0.113	0.124	0.198	0.155	0.178	0.192	0.196	0.205	0.106	0.207
Ca(A)	–	–	–	0.018	0.020	0.037	0.017	0.052	0.009	0.001	–	0.037	0.004	–	–	0.009	–	0.014	0.050	0.028	–	0.026	0.049
总计	15.739	15.589	15.670	15.692	15.752	15.765	15.709	15.773	15.689	15.686	15.645	15.750	15.732	15.629	15.691	15.879	15.719	15.852	15.882	15.846	15.788	15.746	15.806
Mg#	0.68	0.79	0.75	0.77	0.65	0.72	0.75	0.71	0.75	0.77	0.72	0.70	0.73	0.77	0.75	0.69	0.71	0.67	0.65	0.71	0.59	0.72	0.53

由 Macquarie 大学 GEMOC 国家重点实验室采用电子探针法分析。表中,"—"表示根据晶体化学计量计算结果及角闪石晶体结构占位规律,该结合晶位无原子占位。

1984），本区角闪石均属于钙质角闪石亚类（图1），并可按 Si 和 Mg/（Mg+Fe）值的不同细分为 3 个不同种属：①6.25≤Si<6.50，Mg/（Mg+Fe）≥0.30，为含镁绿钙闪石质角闪石（Magnesio-Hastingsitic Hornblende）；②6.50≤Si<6.75，Mg/（Mg+Fe）≥0.50，为浅闪石质角闪石（Hastingsitic Hornblende）；③ 6.75≤Si<7.25，Mg/（Mg+Fe）>0.50，为浅闪石（Edenite）。根据 Al^{IV}-（K+Na）$_A$ 的投影关系（Deer et al.，1963），所有分析点同样都属于钙质角闪石类，投影点位于普通角闪石和浅闪石之间（图2）。

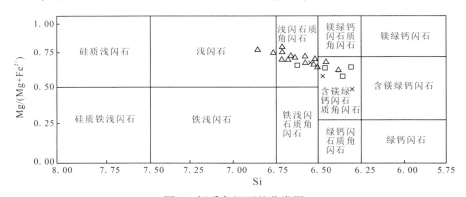

图 1　钙质角闪石的分类图

△浩波湖地区角闪石；□骆驼峰地区角闪石；×合作湖地区角闪石。

据 Leake（1987）和 Rock and Leake（1984）

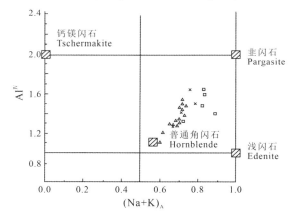

图 2　钙质角闪石的（Na+K）$_A$-Al^{IV}分类图

△浩波湖地区角闪石；□骆驼峰地区角闪石；×合作湖地区角闪石。

据 Deer et al.（1963）

其中，浩波湖英安岩中的角闪石 Al^{IV} 和（Na+K）$_A$ 相对较低，由浩波湖角闪石→合作湖角闪石→骆驼峰角闪石，Al^{IV} 和（Na+K）$_A$ 尤其是（Na+K）$_A$ 有逐渐升高的趋势。

Rock（1987）研究了煌斑岩类中的角闪石化学成分，并提出角闪石的 CaO/Na_2O-Al_2O_3/TiO_2 相关图解（图3）。从图3中可以看到，本区角闪石投影点处在超镁铁质和碱性煌斑岩区与钙碱性煌斑岩区的过渡部位，说明本区角闪石与幔源成因的煌斑岩类角闪石有明显区别，并非典型的幔源岩浆成因。根据陈光远等（1987）提出的 Mg-（Fe^{2+} +

Fe^{3+})-LiNaKCa 角闪石成因矿物族三角图解(图4),本区角闪石无一例外地均落入中酸性壳源岩浆成因区内,说明它们为一组壳源中酸性原始熔体结晶产物。这与全岩的成因岩石学研究结果是一致的(赖绍聪等,2001),而且从矿物化学的角度进一步证实了北羌塘新第三纪高钾钙碱性中酸性火山岩类,乃是加厚的青藏高原陆壳物质局部熔融的产物,而不是幔源碱性(钾玄岩质)岩浆结晶分异衍生的结果(赖绍聪等,2001)。

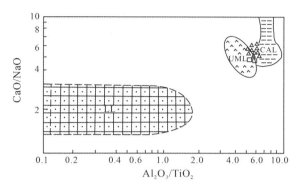

图 3　钙质角闪石的 CaO/Na_2O-Al_2O_3/TiO_2 相关图解

LL:钾镁煌斑岩中的角闪石;UML:超镁铁质和碱性煌斑岩中的角闪石;CAL:钙碱性煌斑岩中的角闪石。
△浩波湖地区角闪石;□骆驼峰地区角闪石;×合作湖地区角闪石。据 Rock(1987)

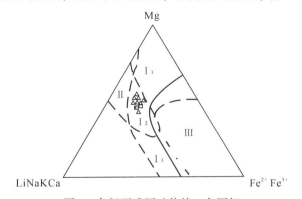

图 4　角闪石成因矿物族三角图解

Ⅰ.岩浆成因区、区域正变质成因区、超变质成因区;Ⅰ₁.超基性-基性成因区,Ⅰ₂.中-酸性成因区,Ⅰ₃.碱性成因区。
Ⅱ.接触交代成因区。Ⅲ.区域负变质成因区。△浩波湖地区角闪石;□骆驼峰地区角闪石;×合作湖地区角闪石。
据陈光远等(1987)

4.2　Rb、Sr、Ba、U、Th、Pb、Zr、Hf 和 Nb

激光探针(LA-ICP-MS)分析获得的浩波湖英安岩中角闪石的痕量及稀土元素结果已列于表2中。Rb 是典型的亲岩分散稀碱元素,Sr 和 Ba 是碱土金属族分散元素,它们在岩浆岩中不易形成独立矿物,大多与钾和钙呈类质同象替代关系(刘英俊等,1984)。分析结果(表2)表明,本区角闪石中的 Sr 和 Ba 含量分别在 $303 \times 10^{-6} \sim 945 \times 10^{-6}$(平均 431×10^{-6})和 $106 \times 10^{-6} \sim 1\ 140 \times 10^{-6}$(平均 300×10^{-6})范围内变化,均低于角闪石赋存母岩(英安岩)中 Sr($1\ 117 \times 10^{-6}$)和 Ba($1\ 219 \times 10^{-6}$)的含量值。而角闪石中 Rb 的含量($2.56 \times$

$10^{-6} \sim 25.78 \times 10^{-6}$，平均 5.66×10^{-6}）同样远低于全岩中的 Rb 的含量（99.24×10^{-6}）。说明岩石中 Rb、Sr 和 Ba 主要应富集于碱性长石、斜长石等富 K、Ca 矿物相中（刘英俊等，1984）。尽管角闪石晶体结构中的 B 位和 A 位均存在 K、Ca 的占位，并可产生 Rb、Sr 和 Ba 的类质同象替代，但相对于长石矿物而言，它并不是英安岩中的主要富 K、Ca 矿物相，因而角闪石中的 Rb、Sr 和 Ba 富集度并不高。

表 2　北羌塘浩波湖新第三纪高钾钙碱岩系英安岩角闪石微量元素（$\times 10^{-6}$）激光探针分析结果

分析点号	角闪石											英安岩*
	1	2	3	4	5	6	7	8	9	10	11	
Sc	51.78	46.25	48.58	39.42	47.16	47.92	44.08	42.65	48.82	44.93	49.87	5.87
Ti	8 951	9 386	8 651	8 827	9 184	9 641	8 100	9 148	8 509	10 800	9 286	2 818
V	392	398	431	342	448	481	367	379	359	515	349	61.66
Cr	641	223	224	155	442	114	254	286	327	334	312	41.07
Co	42.82	39.48	40.66	32.86	36.38	39.69	41.52	43.09	41.80	48.86	46.15	6.31
Ni	236	135	159	84	148	123	120	149	159	211	202	25.20
Ga	14.03	16.35	15.65	29.09	18.97	16.73	14.09	21.77	16.52	17.71	16.06	20.50
Rb	3.83	3.33	2.93	25.78	4.74	2.96	2.56	5.69	3.24	3.49	3.66	99.24
Sr	331	342	369	945	303	438	358	609	339	317	385	1 117
Y	19.93	20.43	22.57	20.17	18.93	22.38	21.65	19.01	21.53	16.60	18.26	9.23
Zr	53.58	62.81	69.96	178.36	51.65	58.96	57.41	121.02	56.99	44.62	48.86	170.73
Nb	1.81	2.43	3.57	5.24	2.17	3.06	2.75	4.18	2.13	Z.74	2.23	5.03
Ba	112	129	131	1140	106	315	113	445	116	139	556	1 219
Hf	2.19	2.98	2.72	5.64	2.42	2.51	2.53	4.31	2.33	1.91	2.03	4.25
Pb	2.64	2.41	10.63	33.95	2.99	3.16	5.95	11.99	3.63	3.97	1.87	43.28
Th	5.51	0.22	4.40	9.62	0.53	3.81	7.89	5.65	2.87	0.28	1.14	16.53
U	0.36	0.10	0.35	4.14	0.13	0.48	0.37	1.82	0.72	0.23	0.12	4.63
La	24.18	13.50	29.79	35.52	8.95	35.64	31.53	27.04	27.48	8.27	13.25	37.97
Ce	62.42	50.08	78.78	87.66	32.19	92.17	84.77	69.14	79.45	29.97	43.36	69.42
Pr	9.41	8.49	12.06	10.89	5.95	13.33	12.36	10.08	11.61	5.22	7.14	7.89
Nd	47.20	46.04	55.75	55.15	35.49	62.11	59.19	50.14	54.99	29.59	37.07	28.29
Sm	11.54	10.80	12.62	8.51	8.49	14.03	13.91	11.47	12.81	9.15	10.00	4.74
Eu	2.86	3.15	3.68	3.35	2.26	3.35	3.12	3.27	3.35	1.99	2.66	1.37
Gd	7.37	7.56	9.66	6.35	5.79	8.91	6.74	6.68	8.47	5.49	7.37	3.53
Dy	4.85	4.94	5.48	4.44	4.33	5.33	5.42	4.90	5.98	4.43	4.63	1.73
Ho	0.83	0.98	0.94	0.69	0.81	1.07	0.85	0.72	0.85	0.71	0.75	0.31
Er	2.14	2.27	1.96	2.07	1.96	2.35	2.06	2.10	1.96	2.00	1.63	0.82
Yb	1.90	1.89	1.39	1.72	1.84	1.79	1.40	1.34	1.83	1.31	1.03	0.67
Lu	0.14	0.22	0.18	0.17	0.13	0.21	0.17	0.14	0.23	0.13	0.09	0.10
δEu	0.89	1.01	0.98	1.34	0.93	0.86	0.87	1.05	0.92	0.79	0.91	0.98

表中"英安岩*"为角闪石赋存母岩全岩 ICP-MS 分析结果，其余均为角闪石激光探针分析结果。由 Macquarie 大学 GEMOC 国家重点实验室分析测定。

U、Th、Pb 均为亲石(亲氧)元素,在岩浆岩中 U、Th 与 K 关系密切,部分熔融和分离结晶过程使得 U、Th 富集于液相中,而在酸性和碱性岩中出现高含量(刘英俊等,1984)。火成岩中 Pb 主要是以类质同象形式出现的。由于 Pb^{2+} 的离子半径(1.18~1.32 Å)与 Sr^{2+}(1.12~1.27 Å)、Ba^{2+}(1.34~1.43 Å)、K^+(1.33 Å)相近,因此 Pb^{2+} 可以在许多造岩矿物的晶格中置换上述离子,其中最主要是置换 K^+,易于被含钾矿物捕获(刘英俊等,1984)。分析结果(表2)表明,本区角闪石中 U($0.10×10^{-6}$~$4.14×10^{-6}$,平均 $0.80×10^{-6}$)、Th($0.22×10^{-6}$~$9.62×10^{-6}$,平均 $3.81×10^{-6}$)和 Pb($1.87×10^{-6}$~$33.95×10^{-6}$,平均 $7.56×10^{-6}$)均明显低于全岩的 U($4.63×10^{-6}$)、Th($16.53×10^{-6}$)和 Pb($43.28×10^{-6}$)含量。这说明,角闪石并不是英安岩中 U、Th、Pb 的富集矿物相。

Zr、Hf 和 Nb 在岩浆岩中均易形成独立矿物相,如锆石、铌钽矿物等,亦可进入造岩矿物中,如辉石、角闪石、黑云母等(刘英俊等,1984)。本区角闪石中 Zr($44.62×10^{-6}$~$178.36×10^{-6}$,平均 $73.11×10^{-6}$)、Hf($1.91×10^{-6}$~$5.64×10^{-6}$,平均 $2.87×10^{-6}$)和 Nb($1.81×10^{-6}$~$5.24×10^{-6}$,平均 $2.94×10^{-6}$)均低于英安岩全岩的 Zr($170.73×10^{-6}$)、Hf($4.25×10^{-6}$)和 Nb($5.03×10^{-6}$)含量,但相差不大。

4.3 Sc、Ti、V、Cr、Co 和 Ni

该组元素是典型的铁族元素,在岩浆岩中通常富集于超基性和基性岩中,在中酸性岩和碱性岩中丰度值低,在岩浆演化过程中向晚期分异体逐渐降低。在角闪石的晶体结构中,Ti 是 C 位和 T 位的重要占位离子之一,Sc、V、Cr、Co 和 Ni 又可以类质同象的型式取代 Ti、Fe 和 Mg,从而在角闪石中形成富集(刘英俊等,1984)。从表2中可以看到,本区角闪石中,Sc、Ti、V、Cr、Co 和 Ni 的含量值均明显高于母岩(英安岩)中同一元素的含量值,从而说明,在中酸性岩石中,角闪石类铁镁矿物乃是铁族元素的最重要富集矿物相。

为了便于对比,我们以英安岩全岩痕量元素含量为标准值,将角闪石中痕量元素进行标准化。结果(图5)表明,配分曲线呈左倾正斜率型。自左向右,随着不相容性的降低,元素的相对亏损程度逐渐减弱,而相对富集程度逐渐增加。由 Th、U、Pb 等强不相容元素的显著亏损状态,到 La、Sr、Hf、Zr 等中等不相容元素的弱亏损状态,变化为 Sc、V、Cr、Co、Ni 等弱不相容元素的较强富集状态,显示了明显的规律性变化。另外,在配分曲线中以 Rb、Th、U 和 Pb 的亏损程度最强,形成低"谷",且变化较大。而 Sm、Ti、Y 的富集程度要明显低于 Sc、V、Cr、Co 和 Ni。这表明,角闪石类链状硅酸盐铁镁矿物乃是中酸性岩中弱不相容元素的主要富集矿物相,同时也从另一个角度说明角闪石是中酸性岩石中较早结晶的矿物相之一。

4.4 稀土元素

分析结果(表2)表明,本区角闪石中稀土元素较为富集,稀土总量平均为 $197.17×10^{-6}$。轻、重稀土比变化在 2.69~5.36 范围内,平均为 4.15;角闪石相应的 $(La/Yb)_N$ 变

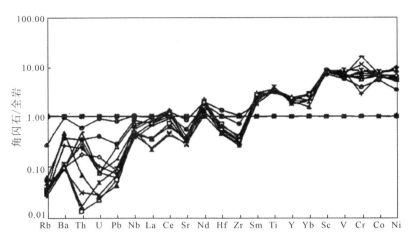

图 5　角闪石痕量元素全岩标准化配分形式

化在 3.49~16.15 范围内(平均 10.67),(Ce/Yb)$_N$ 变化在 4.86~16.82 范围内(平均 11.53),说明角闪石具有轻稀土强烈富集的元素地球化学特征。值得注意的是,本区角闪石 δEu 变化不大,为 0.79~1.34,平均为 0.96,基本上不显示 Eu 异常。

　　岩石中稀土元素 Eu 的富集与亏损主要取决于含钙造岩矿物的聚集和迁移,而这又受造岩作用的条件制约。含钙的造岩矿物主要有偏基性的斜长石、磷灰石和含钙辉石。这类矿物中 Ca^{2+} 离子半径与 Eu^{2+}、Eu^{3+} 相近,且与 Eu^{2+} 电价相同,故晶体化学性质决定了 Eu 主要以类质同象的形式进入斜长石、磷灰石、单斜辉石等造岩矿物中(王中刚等, 1989)。已有的一些研究结果表明(李昌年,1991),角闪石、黑云母等铁镁硅酸盐矿物中常见 Eu 的亏损状态。然而,本区角闪石中 Eu 并不亏损,部分颗粒中还显示了 Eu 的弱富集状态。这可能取决于以下 2 个方面的因素:①正常情况下,Eu 主要在基性岩石中富集, 而在大多数的英安–流纹岩类岩石中,均显示 Eu 的亏损状态。然而,本区新第三纪高钾钙碱系列中酸性岩石均不显示 Eu 亏损的特征,赖绍聪等(2001)认为,这一现象指示了这套岩石的源区特征,它们应为青藏高原加厚的陆壳底部脱水熔融的产物,源区物质组成相当于榴辉岩相(缺失斜长石矿物相),从而造成这套壳源中酸性岩石原始熔体中 Eu 的较高丰度值,进而对岩浆结晶过程中造岩矿物的痕量元素地球化学特征造成重要影响, 使得角闪石中富集稀土元素,并且不显示 Eu 亏损。②由于角闪石晶体结构中 A 位、B 位和 C 位均可出现 Ca 的占位(本区角闪石 Ca 主要出现在 B 位和 A 位),因而存在产生 Eu 类质同象置换 Ca^{2+} 的条件,尤其是在原始熔体中 Eu^{2+} 丰度值较高的情况下,Eu^{2+} 除了在斜长石中产生富集外,还可能在角闪石等低含钙矿物中造成 Eu^{2+} 的明显类质同象替代,从而使得本区角闪石矿物呈现 Eu 不亏损甚至弱富集的状态。

　　从稀土元素球粒陨石标准化配分型式图(图 6)中可以看到,本区角闪石总体呈平滑的右倾负斜率轻稀土富集型配分型式,在 Eu 处基本无异常。但部分颗粒的轻稀土 La、 Ce 和 Pr 有轻微的相对亏损现象,其原因有待进一步研究。

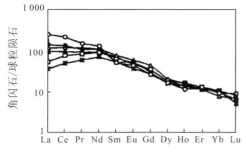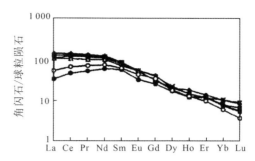

图6 角闪石稀土元素球粒陨石标准化配分型式

5 结论

北羌塘新第三纪高钾钙碱岩系英安岩中所含角闪石均属钙质角闪石亚类,并可细分为含镁绿钙闪石质角闪石、浅闪石质角闪石和浅闪石3种不同种属。其主元素特征明显不同于煌斑岩等幔源岩石系列中的角闪石,而显示为壳源中酸性岩浆成因系列,说明它们为壳源中酸性原始熔体结晶的产物,并从矿物学的角度论证了北羌塘新第三纪高钾钙碱岩系火山岩乃是青藏高原加厚陆壳局部熔融的产物。本区角闪石中较强烈地富集了不相容性弱的 Sc、Ti、V、Cr、Co、Ni 等铁镁元素,而较明显地亏损了 Th、U、Pb、Rb 等不相容性较强的大离子亲石元素。本区角闪石稀土元素富集,且不显示 Eu 的亏损,这可能暗示了本区高钾钙碱岩系中酸性火山岩起源。

参考文献

[1] Arnaud N O, Vidal P, Tapponnier P, et al., 1992. The high K_2O volcanism of northwestern Tibet: Geochemistry and tectonic implications. Earth & Planetary Science Letters, 111:351-367.

[2] Chen Guangyuan, Sun Daisheng, Yin Huian, 1987. Genetic mineralogy and prospecting mineralogy. Chongqing: Chongqing Press:555-649 (in Chinese).

[3] Chi Xiaoguo, Li Cai, Jin Wei, et al., 1999.The Cenozoic volcanism evolutionary and uplifting mechanism of the Qinghai-Tibet plateau.Geological Review, 45(Suppl):978-986 (in Chinese with English abstract).

[4] Deer W A, Howice R A, Zussman J. 1963.Rock-forming minerals.New York: John Wiley and Sons Press: 1-210.

[5] Deng Wanming, 1998.Cenozoic intraplate volcanic rocks in the pattern northern Qinghai-Xizang plateau. Beijing: Geological Publishing House:1-168 (in Chinese).

[6] Deng Wanming, 1989. Features of the Cenozoic volcanic rocks from north Ali, Tibet plateau. Acta Petrologica Sinica, 5(3):1-11 (in Chinese with English abstract).

[7] Deng Wanming, 1991. The geology, geochemistry and forming age of the shoshonites from middle Kunlun mountain.Scientia Geologies Sinica, 26(3):201-213 (in Chinese with English abstract).

[8] Deng Wanming, 1993. Trace element and Sr, Nd isotopic features of the Cenozoic potassium-volcanic rocks from northern Qinghai-Tibet plateau. Acta Petrologica Sinica, 9(4):379-387 (in Chinese with English abstract).

[9] Deng Wanming, Sun Hongjuan, 1998. Features of isotopic geochemistry and source region for the intraplate volcanic rocks from northern Qinghai-Tibet plateau.Earth Science Frontiers, 5(4):307-317 (in Chinese with English abstract).

[10] Deng Wanming, Sun Hongjuan, 1999. The Cenozoic volcanism and the uplifting mechanism of the Qinghai-Tibet plateau.Geological Review, 45(Suppl):952-958 (in Chinese with English abstract).

[11] Lai Shaocong, 1999a. Mineral chemistry of Cenozoic volcanic rocks in Yumen, Hoh Xil and Mangkang lithodistricts, Qinghai-Tibet plateau and its petrologic significance. Acta Mineralogica Sinica, 19(2): 236-244 (in Chinese with English abstract).

[12] Lai Shaocong,1999b. Petrogenesis of the Cenozoic volcanic rocks from the northern part of the Qinghai-Tibet plateau.Acta Petrologica Sinica, 15(1):98-104 (in Chinese with English abstract).

[13] Lai Shaocong, Deng Jinfu, Zhao Hailing, 1996. Volcanism and tectonic evolution in the northern margin of Qinghai-Tibet plateau.Xi'an: Shaanxi Science and Technology Press;95-133 (in Chinese).

[14] Lai Shaocong, Liu Chiyang, 2001. Enriched upper mantle and eclogitic lower crust in north Qiangtang, Qinghai-Tibet plateau.Acta Petrologica Sinica, 17(3):459-468 (in Chinese with English abstract).

[15] Leake B E, 1978. Nomenclature of amphiboles.Canada Mineral, 16(4):501-520.

[16] Li Changnian, 1991. Igneous trace element petrology. Wuhan: China University of Geosciences Publishing House;30-50 (in Chinese with English abstract).

[17] Liu Jiaqi, 1999. Volcanoes in China.Beijing: Science Press;53-135 (in Chinese).

[18] Liu Yingjun, Cao Liming, Li Zhaolin, et al., 1984. Element geochemistry.Beijing: Science Press;50-372 (in Chinese).

[19] Miller C, Schuster R,Klotzli U, et al., 1999. Post-collisional potassic and ultrapotassic magmatism in SW Tibet: Geochemical and Sr-Nd-Pb-O isotopic constraints for mantle source characteristics and petrogenesis.Journal of Petrology, 40(9):1399-1424.

[20] Rock N M S, 1987. A FORTRAN program for tabulating and naming amphibole analyses according to the International Mineralogical Association Scheme.Mineral Petrogoly,37(1):79-88.

[21] Rock N M S, Leake B E, 1984. The International Mineralogical Association amphibole nomenclature scheme computerization and its consequences.Mineral Magazine, 48(347):211-227.

[22] Tuener S, Arnaud N, Liu J, Rogers N, et al., 1996. Post collision shoshonitic volcanism on the Tibetan plateau: Implications for convective thinning of the lithosphere and the source of ocean island basalts. Journal of Petrology, 37:45-71.

[23] Ugo Pognante, 1990. Shoshonitic and ultrapotassic post-collisional dykes from northern Karakorum (Sinkiang, China).Lithos, 26:305-316.

[24] Wang Bixiang, Ye Hefei, Peng Yongmin, 1999. Isotopic geochemistry features and its significance of the Mesozoic-Cenozoic volcanic rocks from Qiangtang basin, Qinghai-Tibet plateau.Geological Review, 45 (Suppl):946-951 (in Chinese with English abstract).

[25] Wang Zhonggang, Yu Xueyuan, Zhao Zhenhua, et al., 1989. Rare earth element geochemistry. Beijing: Science Press;133-246 (in Chinese).

[26] Yang Deming, Li Cai, He Zhonghua, et al., 1999. Petrochemistry and tectonic settings of the volcanic rocks of Songwori in Nima county, Tibet.Geological Review, 45 (Suppl):972-977 (in Chinese with

English abstract).

[27] 陈光远,孙岱生,殷辉安,1987.成因矿物学与找矿矿物学.重庆:重庆出版社:555-649.

[28] 迟效国,李才,金巍,等,1999.藏北新生代火山作用的时空演化与高原隆升.地质论评,45(增刊): 978-986.

[29] 邓万明,1998.青藏高原北部新生代板内火山岩.北京:地质出版社:1-168.

[30] 邓万明,1989.西藏阿里北部的新生代火山岩:兼论陆内俯冲作用.岩石学报,5(3):1-11.

[31] 邓万明,1991.中昆仑造山带钾玄岩质火山岩的地质、地球化学和时代.地质科学,26(3):201-213.

[32] 邓万明,1993.青藏北部新生代钾质火山岩微量元素和 Sr、Nd 同位素地球化学研究.岩石学报,9 (4):379-387.

[33] 邓万明,孙宏娟,1998.青藏北部板内火山岩的同位素地球化学与源区特征.地学前缘,5(4): 307-317.

[34] 邓万明,孙宏娟,1999.青藏高原新生代火山活动与高原隆升关系.地质论评,45(增刊):952-958.

[35] 赖绍聪,1999a.青藏高原新生代火山岩矿物化学及其岩石学意义.矿物学报,19(2):236-244.

[36] 赖绍聪,1999b.青藏高原北部新生代火山岩成因机制.岩石学报,15(1):98-104.

[37] 赖绍聪,邓晋福,赵海玲,1996.青藏高原北缘火山作用与构造演化.西安:陕西科学技术出版社: 1-120.

[38] 赖绍聪,刘池阳,2001.青藏高原北羌塘榴辉岩质下地壳及富集型地幔源区.岩石学报,17(3): 459-468.

[39] 李昌年,1991.火成岩微量元素岩石学.武汉:中国地质大学出版社:30-50.

[40] 刘嘉麒,1999.中国火山.北京:科学出版社:53-135.

[41] 刘英俊,曹励明,李兆麟,等,1984.元素地球化学.北京:科学出版社:50-372.

[42] 王碧香,叶和飞,彭勇民,1999.青藏羌塘盆地中新生代火山岩同位素地球化学特征及其意义.地质 论评,45(增刊):946-951.

[43] 王中刚,于学元,赵振华,等,1989.稀土元素地球化学.北京:科学出版社:133-246.

[44] 杨德明,李才,和钟华,等,1999.西藏尼玛宋我日火山岩岩石化学特征与构造环境.地质论评,45 (增刊):972-977.

青藏高原安多岛弧型蛇绿岩地球化学及成因[①②]

赖绍聪　刘池阳

摘要:安多蛇绿岩位于西藏安多县城北侧、班公错–怒江缝合带中段。该蛇绿岩块呈近东西向展布,长约 25 km,宽约 5 km,主要由低钾拉斑玄武岩和辉长岩组成。高精度 ICP-MS 分析结果表明,玄武岩和辉长岩稀土总量较低,均具有亏损型稀土配分型式,$\sum REE = 29 \times 10^{-6} \sim 44 \times 10^{-6}$,$\sum LREE / \sum HREE = 0.90 \sim 1.06$,$(La/Yb)_N = 0.29 \sim 0.41$,$(Ce/Yb)_N = 0.42 \sim 0.60$,表明其源于 N-MORB 型亏损地幔源区。然而,相对于典型的大洋中脊玄武岩(N-MORB)而言,其 Nb 和 Ta,尤其是 Nb 含量明显偏低($Nb = 0.6 \times 10^{-6} \sim 3.13 \times 10^{-6}$,平均 1.19×10^{-6};$Ta = 0.072 \times 10^{-6} \sim 0.253 \times 10^{-6}$,平均 0.105×10^{-6}),在 N-MORB 标准化痕量元素配分图中具显著的 Nb 谷。表明安多玄武岩+辉长岩组合既非典型的洋中脊成因,又与岛弧型火山岩有一定的区别,它们很可能形成于边缘海(弧后)盆地环境,由于消减带之上的地幔对流导致新洋壳的产生而形成,是特提斯大洋岩石圈在俯冲过程中引发弧后次级扩张的产物。

1 引言

　　青藏高原新特提斯蛇绿岩出露广泛,蛇绿岩的各种岩石组合均可以找到,且主要沿班公错–怒江缝合带和雅鲁藏布江缝合带分布。在藏北地区,蛇绿岩主要形成于晚三叠–侏罗纪(程裕淇,1994),在蛇绿岩之上不整合覆盖有晚侏罗–早白垩世的浅海–陆相沉积岩系(邓万明等,1987,1990),并在丁青蛇绿岩剖面上覆硅质岩中见有早侏罗–晚三叠世放射虫化石(李秋生等,1996)。藏北地区蛇绿岩岩石组合较为复杂,国内外许多学者在该地区进行过较系统的蛇绿岩研究工作(张旗等,2001;邓万明等,1987;Pearce et al.,1988;王希斌等,1984;杨瑞瑛等,1986;Girardeau et al.,1984),识别出变质橄榄岩、堆晶岩系、席状岩墙群、玻安岩等蛇绿岩套组成端元,并对蛇绿岩的类型进行了划分。据邓万明等(1984,1987,1990)的研究结果,藏北蛇绿岩带可进一步划分为 4 个亚带:①安多岩带。

　　① 原载于《岩石学报》,2003,19(4)。

　　② 国家自然科学基金(40272042,40072029)、高等学校优秀青年教师教学科研奖励计划、国家重点基础研究发展规划项目(G1998040801)资助。

包括安多西多布敏班超基性岩体,多普尔曲堆晶杂岩体和安山岩体,安多县枕状熔岩、安多东玉多贡马超基性岩体。岩带大致呈北东向延伸,其北界以断层和侏罗系、白垩系红层相邻,南侧是安多花岗岩体。②东巧岩带。安多西南侧出露有东巧蛇绿岩。其岩石组合齐全,并以超基性岩广泛出露为特征。包括扎楚藏布、纳木喀、东巧和东风等超基性岩体,红旗山堆晶杂岩体,罗布中基性熔岩,玛尔果流纹岩和玄武岩等。为一条近东西向延伸长达 200 km 的蛇绿混杂带。③白拉岩带。位于班戈-江错地区,东西延伸近 100 km。包括白拉等地超基性岩体、堆晶辉长岩体以及玄武岩类。岩带两侧均以高角度正断层与围岩接触。④永珠岩带。西起申扎县永珠,南东东向延伸至班戈县尼昌。以出露超基性岩体、堆晶杂岩系以及安山岩和玄武岩为特征。

由此可以看出,总体而言,藏北蛇绿岩岩石组合齐全,除超基性岩、堆晶杂岩、玄武岩外,还见有安山岩和流纹岩类,它们在空间上散布在一个较为宽阔的地区,表现为强烈肢解的、孤立出露的蛇绿岩块和蛇绿混杂岩带。因此,在前人已有研究的基础上,将不同地段出露的、不同成因的火山岩块(蛇绿岩块)区分开来,利用现代高精度 ICP-MS 分析技术,分别讨论其痕量元素和稀土元素地球化学特征,将对进一步研究藏北地区蛇绿岩的成因和类型有重要意义。

本文通过对安多县北侧蛇绿岩壳层熔岩及部分辉长质岩石的地球化学精细解析,讨论了蛇绿岩的类型、成因及其源区特征。

2　蛇绿岩地质及岩石学特征

安多蛇绿(混杂)岩带,是藏北新特提斯蛇绿岩带的重要组成部分,在大地构造位置上属于班公错-怒江缝合带的中段,自安多向东、西两侧,呈北东东-南西西方向延伸 70 余千米,南北宽 15~25 km。带内蛇绿岩组成单元出露齐全,下部层位以超基性岩体为代表(如多布敏班、玉多贡马超基性岩体),岩石类型主要为纯橄岩和方辉橄榄岩;中部层位则以堆晶杂岩体和基性岩体为代表,并在安多之南出露有发育良好的席状岩墙群(邓万明等,1987,1990)。本文所研究的蛇绿岩块位于安多县城北侧(图 1),主要由玄武质火山熔岩和少量辉长岩组成(图 2),属蛇绿岩上部层位,可见辉绿岩墙穿插其中,并有少量蛇纹石化橄榄岩呈零星残片分布。安多蛇绿岩块呈近东西向展布,长约 20 km,宽约 5~6 km,其上被白垩系紫红色碎屑岩以及下第三系紫红色碎屑岩、泥岩和灰岩不整合覆盖(图 1)。玄武质火山熔岩呈黑绿色,块状构造,镜下为斑状结构。斑晶主要为基性斜长石和单斜辉石。基性斜长石斑晶可见聚片双晶,大多已产生明显的钠黝帘石化和绢云母化;辉石斑晶可见一组清晰的柱面完全解理,偶见其横断面具两组辉石式解理,有弱-中等强度的绿泥石化。岩石基质大多为霏细结构和细碧结构,由绿泥石、绿帘石、钠长石和少量磁铁矿小颗粒组成。辉长岩结构完好,为中-细粒辉长结构,块状构造。主要造岩矿物有普通辉石、基性斜长石及少量的斜方辉石和微量石英,普通辉石具微弱多色性,半自形柱状-他形粒状,部分被绿色-黄绿色绿泥石交代,含量约为 40%~45%;基性斜长石呈半自形柱状,多数已产生高岭土化和绢云母化,偶见聚片双晶,含量约为 40%。

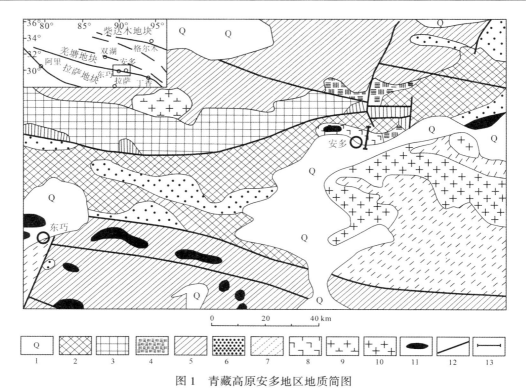

图 1　青藏高原安多地区地质简图

1.第四系;2.下第三系:紫红色碎屑岩、泥岩夹石膏、灰岩;3.第三系:紫红、灰绿色碎屑岩夹泥灰岩和石膏,少量
火山岩;4.白垩系:紫红色碎屑岩夹灰岩,火山岩;5.中侏罗统:紫红色碎屑岩夹泥灰岩,灰岩、碎屑岩夹火山岩;
6.上三叠–下侏罗统:页岩、灰岩、玄武岩、硅质岩、砂岩;7.上古生界:碳酸盐岩、碎屑岩、硅质岩、火山岩;8.安多蛇
绿岩(MORB 型玄武岩+辉长岩);9.燕山期花岗闪长岩;10.燕山期花岗岩;11.超基性岩;12.断裂;13.取样剖面位置

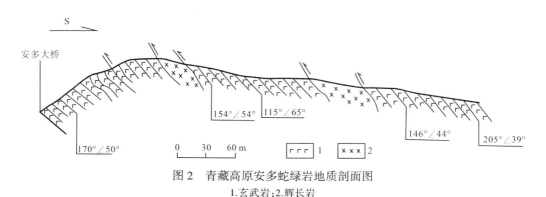

图 2　青藏高原安多蛇绿岩地质剖面图
1.玄武岩;2.辉长岩

　　我们自安多大桥向南,沿大体垂直于蛇绿岩块展布方向采集一组系统样品,首先经
镜下观察,选取新鲜的、无后期交代脉体贯入的样品,然后用牛皮纸包裹击碎成直径约
5 mm 的细小颗粒,从中挑选 200 g 左右的新鲜岩石小颗粒,用蒸馏水洗净、烘干,最后在振
动盒式碎样机(日本理学公司生产)内粉碎至 200 目。主元素采用湿法分析,痕量及稀土
元素采用 ICP-MS(酸溶)法分析。全部测试工作均由中国科学院贵阳地球化学研究所资

源与环境分析测试中心完成。

3 蛇绿岩地球化学特征

本区玄武岩和辉长岩的化学成分、微量元素及稀土元素分析结果列于表 1 中。从表 1 中可以看到,除一个样品 SiO_2 含量(55.24%)偏高、属于安山玄武岩范畴外,其余玄武岩 SiO_2 含量变化不大,介于 49.65%~52.25%,平均为 50.98%。岩石 Fe_2O_3、FeO、MgO 含量高,平均值分别为 3.65%,7.74% 和 7.01%,且 $FeO > Fe_2O_3$。本区玄武岩 TiO_2 含量为 0.77%~1.25%,平均为 1.10%,介于岛弧区火山岩(0.58%~0.85%;Pearce,1983)与典型大洋中脊拉斑玄武岩(1.5%;Pearce,1983)TiO_2 含量范围之间。本区辉长岩类 SiO_2 含量变化稍大,为 49.86%~55.34%,其他特征与本区玄武岩类似。由 SiO_2-Nb/Y 图解(图 3a)和 SiO_2-Zr/TiO_2 图解(图 3b)可以看出,本区玄武岩属于亚碱性拉斑玄武岩类。

表 1 青藏高原安多 MORB 型玄武岩、辉长岩化学成分(%)及微量元素($\times 10^{-6}$)分析结果

岩性 编号	玄武岩								安山玄武岩	辉长岩		
	AD-02	AD-03	AD-05	AD-06	AD-08	AD-11	AD-12	AD-14	AD-04	AD-17	AD-19	AD-21
SiO_2	52.25	51.29	50.86	50.25	49.65	51.89	50.17	51.49	55.24	49.86	55.34	48.89
TiO_2	1.12	1.25	1.05	1.22	0.77	1.20	1.05	1.12	1.22	1.22	1.50	0.75
Al_2O_3	14.17	14.40	15.35	15.82	15.58	14.47	16.29	14.88	12.04	15.58	12.28	18.42
Fe_2O_3	3.59	3.80	3.60	4.30	3.88	3.20	3.10	3.70	3.57	4.40	5.50	5.10
FeO	8.51	8.20	7.60	7.10	5.42	8.21	7.90	8.10	7.83	8.00	5.40	4.20
MnO	0.17	0.15	0.18	0.20	0.11	0.16	0.18	0.17	0.11	0.19	0.20	0.17
MgO	6.80	7.40	6.90	7.10	8.20	6.20	7.20	6.30	6.50	6.20	4.20	6.50
CaO	6.70	5.70	8.50	6.50	9.60	6.90	7.80	8.90	7.10	7.00	5.90	10.70
Na_2O	3.63	4.36	3.14	3.84	2.95	4.11	3.85	3.06	3.29	3.29	4.30	2.52
K_2O	0.30	0.04	0.21	0.15	0.32	0.06	0.10	0.13	0.26	0.24	0.05	0.20
P_2O_5	0.16	0.20	0.10	0.30	0.11	0.18	0.20	0.13	0.11	0.12	0.43	0.13
n.n.n	2.22	2.78	1.94	2.10	2.85	2.83	2.02	2.01	2.14	3.38	4.19	2.37
Total	99.62	99.57	99.43	99.78	99.44	99.41	99.86	99.99	99.41	99.48	99.59	99.95
Li	8.16	6.56	8.90	10.29	10.33	2.27	6.88	15.69	15.73	17.78	16.87	12.00
Sc	45.00	45.47	42.88	44.50	41.43	44.98	43.85	45.65	45.02	44.71	31.33	42.34
V	391.6	356.6	342.4	386.4	281.5	384.5	365.6	380.0	387.5	404.2	284.9	307.3
Cr	62.75	60.72	155.8	59.52	348.6	60.69	62.69	78.66	50.28	47.17	9.40	94.37
Co	55.54	60.27	51.93	55.24	64.41	54.89	60.80	63.73	77.35	50.38	75.78	60.37
Ni	43.78	45.71	60.53	43.35	86.53	42.02	49.95	52.37	41.22	36.89	22.65	55.27
Cu	8.78	0.91	30.82	2.97	1.95	1.40	7.51	13.29	25.20	7.86	23.52	28.13
Zn	75.69	58.47	80.14	85.78	57.93	94.14	62.42	38.94	35.27	65.04	56.96	44.35
Ga	15.85	14.34	16.96	14.98	13.66	14.09	13.94	17.38	16.53	18.02	21.34	16.24
As	1.47	1.73	3.14	1.64	2.46	2.57	3.17	3.16	2.10	3.00	3.05	3.99
Rb	3.38	0.25	3.22	1.79	5.02	0.89	0.93	2.40	4.32	4.42	0.48	3.75
Sr	87.58	25.19	110.0	73.20	117.2	107.2	89.59	84.77	88.82	80.50	75.37	103.7

续表

岩性	玄武岩								安山玄武岩	辉长岩		
编号	AD-02	AD-03	AD-05	AD-06	AD-08	AD-11	AD-12	AD-14	AD-04	AD-17	AD-19	AD-21
Y	33.97	33.10	30.66	35.51	22.95	33.63	32.08	35.20	32.79	37.96	78.80	26.18
Zr	65.64	68.13	57.56	64.67	33.93	66.47	58.50	60.29	60.43	67.53	209.8	44.18
Nb	1.19	1.22	0.96	1.16	0.76	1.28	0.95	0.93	0.96	1.11	3.13	0.60
Mo	0.322	0.219	0.100	0.158	0.081	0.Ill	0.180	0.236	0.156	0.136	0.159	0.118
Cd	0.287	0.035	0.050	0.086	0.040	0.069	0.034	0.030	0.044	0.024	0.071	0.056
In	0.061	0.046	0.046	0.068	0.072	0.043	0.057	0.038	0.061	0.048	0.063	0.041
Sn	0.88	1.06	0.76	1.48	1.24	1.46	1.01	1.00	0.94	0.90	1.59	0.89
Sb	1.18	0.25	0.08	0.22	0.34	1.71	0.39	0.12	0.21	0.32	0.35	0.35
Cs	1.78	0.44	2.16	0.89	2.99	0.80	0.86	1.65	3.87	3.75	0.96	2.50
Ba	25.52	11.53	33.29	38.19	40.21	32.48	32.10	26.01	36.54	71.02	32.02	59.01
Hf	2.69	2.79	2.44	2.53	1.48	2.59	2.35	2.41	2.58	2.94	7.64	1.77
Ta	0.097	0.101	0.079	0.116	0.072	0.106	0.096	0.074	0.098	0.093	0.253	0.076
W	41.50	38.98	50.07	46.67	83.50	72.18	46.34	82.23	84.79	16.54	114.7	99.57
Pb	1.085	0.662	0.554	1.250	0.630	0.572	0.321	1.092	0.658	0.474	1.184	0.691
Th	0.131	0.127	0.122	0.145	0.086	0.150	0.124	0.153	0.160	0.129	0.374	0.085
U	0.037	0.049	0.029	0.064	0.089	0.049	0.132	0.039	0.053	0.054	0.119	0.022
La	1.91	1.51	1.95	1.92	1.45	1.66	1.72	1.82	1.80	2.40	4.82	1.37
Ce	6.60	5.69	6.67	6.70	4.18	6.51	6.37	6.54	6.01	7.90	18.91	4.74
Pr	1.22	1.09	1.18	1.23	0.78	1.22	1.19	1.24	1.09	1.46	3.46	0.92
Nd	6.92	7.11	6.98	7.15	4.84	7.03	6.73	7.20	6.10	8.47	19.95	5.42
Sm	3.31	2.89	2.72	3.21	2.24	2.85	2.76	2.92	2.25	3.55	7.45	2.31
Eu	0.986	0.867	1.026	1.027	0.798	1.000	1.125	1.081	0.991	1.333	2.001	0.906
Gd	4.35	4.19	3.93	4.55	2.81	4.27	4.25	4.26	4.15	5.02	9.96	3.33
Tb	0.810	0.849	0.813	0.859	0.598	0.915	0.884	0.921	0.808	0.984	2.009	0.638
Dy	6.44	6.18	5.51	6.30	4.50	6.29	6.17	6.31	5.83	6.86	14.09	4.95
Ho	1.43	1.32	1.21	1.46	0.94	L40	1.33	1.44	1.28	1.47	3.08	1.03
Er	3.97	3.89	3.48	4.27	2.71	4.00	4.00	4.04	3.84	4.37	9.41	3.14
Tm	0.629	0.561	0.562	0.668	0.435	0.591	0.655	0.658	0.562	0.681	1.379	0.493
Yb	3.91	3.78	3.40	4.21	2.55	3.76	3.74	3.93	3.75	4.12	8.73	2.90
Lu	0.712	0.608	0.541	0.678	0.405	0.636	0.647	0.611	0.599	0.698	1.456	0.483

由中国科学院贵阳地球化学研究所分析(2001)。其中,$SiO_2 \sim P_2O_5$ 采用湿法分析;$Li \sim Lu$ 采用 ICP-MS 法分析。

本区玄武岩稀土总量较低,一般为 $29 \times 10^{-6} \sim 44 \times 10^{-6}$,平均为 40.40×10^{-6};轻、重稀土分异不明显,$\sum LREE / \sum HREE$ 十分稳定,在 $0.90 \sim 1.06$ 范围内变化,平均为 0.95;岩石 $(La/Yb)_N$ 介于 $0.29 \sim 0.41$,平均为 0.35;$(Ce/Yb)_N$ 大多介于 $0.42 \sim 0.55$,平均为 0.47;δEu 趋于 1,变化在 $0.76 \sim 1.00$ 范围内,平均为 0.89,表明岩石 Eu 异常不显著,仅有微弱的 Eu 亏损。本区安山玄武岩稀土总量为 39.06×10^{-6},$(La/Yb)_N = 0.34$,$(Ce/Yb)_N = 0.45$,$\delta Eu = 0.98$。本区辉长岩稀土总量变化略大,在 $32.62 \times 10^{-6} \sim 106.69 \times 10^{-6}$ 范围内,

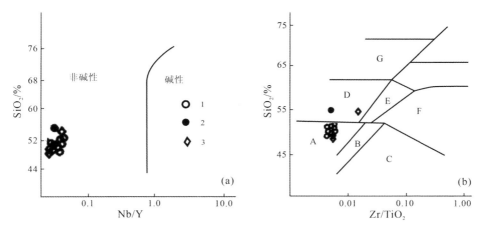

图3 火山岩 SiO_2-Nb/Y 图解(a)和 SiO_2-Zr/TiO_2 图解(b)

1.本区玄武岩类;2.本区安山玄武岩;3.本区辉长岩。A:亚碱性玄武岩类;B:碱性玄武岩类;
C:粗面玄武岩类;D:安山岩类;E:粗面安山岩类;F:响岩类;G:英安流纹岩、英安岩类。

据 Winchester et al.(1977)

平均为 62.88×10^{-6};$\sum$ LREE/$\sum$ HREE 在 0.92~1.13 内变化,平均为 1.03;岩石 $(La/Yb)_N$介于 0.34~0.42,平均为 0.39;$(Ce/Yb)_N$ 介于 0.45~0.60,平均为 0.53;δEu 变化在 0.71~1.00 范围内,平均为 0.89,与本区玄武岩类稀土元素特征十分类似。在球粒陨石标准化配分图(图4a)中,本区玄武岩显示为轻稀土亏损型分布模式,具典型的 N 型 MORB 稀土元素地球化学特征,表明它们来自亏损的软流圈地幔。而本区安山玄武岩和辉长岩类显示了同样的亏损型稀土配分型式(图4b、c),表明本区火山岩具有同源岩浆系列的特征,玄武岩和辉长岩来自同一亏损型地幔源区,它们是玄武质岩浆在喷出和中深成侵入条件下分别结晶冷凝的产物。

值得注意的是,图4c 中 AD-19 号辉长岩显示了轻微的 Eu 亏损($\delta Eu = 0.71$)。辉长岩从矿物学、地球化学角度来看,Eu 一般为正异常或平坦型,但由于辉长岩类广泛存在堆晶效应,由此产生浅色辉长岩和暗色辉长岩,并对全岩的 SiO_2 含量、斜长石 An 值等产生影响。岩石中稀土元素 Eu 的富集与亏损主要取决于含钙造岩矿物的聚集和迁移,而这又受到造岩作用的条件制约。含钙的造岩矿物主要有偏基性的斜长石、磷灰石和含钙辉石。这类矿物中 Ca^{2+} 离子半径与 Eu^{2+}、Eu^{3+}相近,且与 Eu^{2+} 电价相同,故晶体化学性质决定了 Eu 主要以类质同象的形式进入斜长石、磷灰石、单斜辉石等造岩矿物。从表1 中可以看到,AD-19 号辉长岩 SiO_2 含量高(55.34%),而 CaO 含量显著偏低(5.90%)。显然,该辉长岩中斜长石 An 牌号应相对较低,单斜辉石含量较正常辉长岩少,有可能造成 Eu 的轻微负异常。

在 Nb-Zr-Y 以及 Ti-Zr-Y 图解(图5)中,本区岩石均无一例外地落入 MORB 型玄武岩区内,与其稀土元素地球化学性质完全一致。而 Th/Yb-Ta/Yb 图解和 Ti/Y-Ti/Zr 图解(图6)则清楚地表明,该组岩石来自亏损的 MORB 型地幔源区。所有上述分析都充分说明,安多洋脊拉斑玄武岩和辉长岩为典型的洋壳蛇绿岩组成部分。

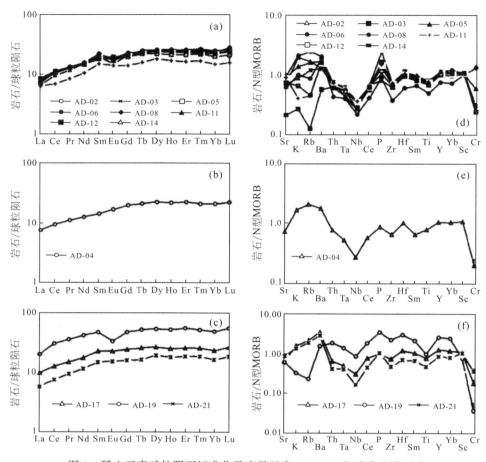

图4 稀土元素球粒陨石标准化及痕量元素 N-MORB 标准化配分型式

(a)本区玄武岩类;(b)本区安山玄武岩;(c)本区辉长岩类;(d)本区玄武岩类;(e)本区安山玄武岩;
(f)本区辉长岩类。球粒陨石标准值据 Sun and McDonough(1989);N-MORB 标准值据 Pearce(1983)。
图中编号对应表1中的样品编号

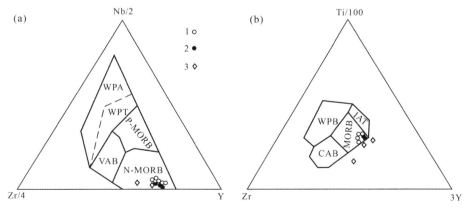

图5 火山岩 Nb-Zr-Y(a)和 Ti-Zr-Y(b)图解

1.本区玄武岩类;2.本区安山玄武岩;3.本区辉长岩类。据 Meschede(1986)

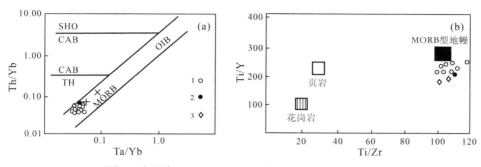

图6　火山岩 Th/Yb-Ta/Yb(a)和 Ti/Y-Ti/Zr(b)图解
1.本区玄武岩类;2.本区安山玄武岩;3.本区辉长岩类。据 Pearce(1983)

　　微量元素 N-MORB 标准化配分图解(图4d、e、f)显示,本区玄武岩和辉长岩具有十分类似的配分型式:曲线总体显示为轻微的左倾正斜率亏损型分布型式,尤其是曲线的后半部 Zr、Hf、Sm、Ti、Y、Yb 部分,具明显的左倾正斜率特征,反映了亏损地幔源区玄武岩的地球化学特性。然而,需要特别指出的是,在配分曲线中有显著的 K、Rb、Ba 和 P 的隆起,并存在明显的 Nb、Ta 尤其是 Nb 的亏损现象,这种特征的地球化学性质在一定程度上反映了岛弧火山岩的烙印,而与典型的大洋中脊 N-MORB 有明显区别。该组玄武岩 Ti/V 为 16.40~21.01(平均 18.18);Th/Ta 为 1.19~2.07(平均 1.42);Th/Y 为 0.004;Ta/Yb 十分稳定,在 0.02~0.03 范围内,平均为 0.026。从而充分表明,尽管本区火山岩显示了明显的亏损地幔源区特征,然而其富集部分大离子亲石元素以及亏损 Nb、Ta 的特征又明显不同于典型的大洋中脊拉斑玄武岩。因此,本区火山岩应有其特殊的岩浆源区类型以及特殊的岩浆起源过程。

4　蛇绿岩类型及源区性质的讨论

　　关于蛇绿岩的类型是一个十分复杂且存在争议的问题。张旗等(2001)已就此进行过详细而且精辟的论述。张旗等(2001)曾指出,蛇绿岩的基本地球化学类型有 2 种:一是岛弧型(岛弧拉斑玄武岩-IAT);二是洋脊型(洋脊拉斑玄武岩-MORB)。在消减带之上的岛弧和弧前环境形成的是 IAT 和玻安岩,不成熟的弧后盆地玄武岩兼具 IAT 和 MORB 的特征。然而,成熟的弧后盆地玄武岩为 MORB 型;IAT 和 MORB 亦可出现在岛弧蛇绿岩中,指示与弧间盆地环境有关。

　　综合本文的研究可以看到,安多蛇绿岩的主要岩石组合为拉斑玄武岩+辉长岩,它们具有完全相同的地球化学特征,归结起来有 2 个方面:一是该组岩石均属拉斑系列,具有轻稀土亏损型稀土配分型式,Ti-Zr-Y、Nb-Zr-Y、Th/Yb-Ta/Yb 和 Ti/Y-Ti/Zr 等特征痕量元素组合均一致反映了 MORB 的地球化学特征,表明它们来源于一个高度亏损的地幔源区;二是该组岩石的 N-MORB 标准化配分型式并非直线型,而是显示了 K、Rb、Ba 的低度富集和 Nb、Ta 尤其是 Nb 的明显亏损,这与典型的大洋中脊 MORB 型玄武岩明显不同,因为大洋中脊之下的玄武岩源区基本无水,通常不出现 K、Rb、Ba 等元素的富集,尤其是 Nb

的亏损。而在岛弧区,由于普遍发生洋壳和沉积物向岩石圈深部的再循环,在那样的物理化学条件下,或者由于高场强元素倾向于留在难熔矿物相(如钛酸盐类)中,或者在流体与上覆地幔楔相互作用过程中高场强元素具有较其他不相容元素高的晶/液分配系数,从而造成高场强元素的亏损。据此我们可以清楚地看到,本区岩石组合既具有亏损地幔源 MORB 的特征,同时也显示了俯冲带物质参与的地球化学烙印。在全球大地构造环境中,只有消减带之上的弧后盆地次级扩张产生的新洋壳才兼具这 2 种地球化学特征。因此,安多蛇绿岩并非典型的大洋中脊蛇绿岩,而应属于岛弧蛇绿岩的范畴。

岛弧型蛇绿岩的玄武岩通常都是 LREE 亏损的,文献中极少见有 LREE 富集的报道,且该类型玄武岩还富集部分 LILE(张旗等,2001)。这是由于岛弧蛇绿岩位于消减带之上,是由于消减带之上的地幔楔发生了地幔对流导致新洋壳的形成而出现的。岛弧洋壳之下的软流圈地幔是萃取 N-MORB 之后留下来的方辉橄榄岩,比 N-MORB 源区的地幔更加亏损 REE,因而是更难熔的。只是由于有来自消减带的水加入,降低了其固相线温度才使之再次发生部分熔融。由于地幔源区强烈亏损,同时由于消减带中带入的水富集 LILE,因此,在这种情况下形成的玄武岩必定是富集部分大离子亲石元素(如 K、Rb 和 Ba)而亏损轻稀土同时又亏损 Nb、Ta 元素的。

5　安多岛弧型蛇绿岩的大地构造意义

在班公错–怒江蛇绿岩带的藏北地区,蛇绿岩分布在一个很宽的地域内,并可细分为安多岩带、东巧岩带、白拉岩带和永珠岩带等 4 个蛇绿岩亚带(邓万明,1984,1987,1990;王希斌等,1984;汤耀庆等,1984;张旗等,2001)。蛇绿岩大部分被肢解,常呈蛇绿杂岩体产出,但蛇绿岩各组成单元在区内都能找到。本文的详细地球化学解析已充分证明,安多蛇绿岩属岛弧型蛇绿岩范畴,形成于典型的弧后盆地环境,这与前人(邓万明,1984,1987,1990;王希斌等,1984;汤耀庆等,1984;张旗等,2001)对东巧、丁青、永珠、白拉等地的蛇绿岩研究结果基本一致。班公错–怒江蛇绿岩总体处在北面羌塘地块与南面冈底斯–念青唐古拉地块之间三叠纪到侏罗纪时期,南面的冈瓦纳大陆向北俯冲,并在侏罗纪时期诱发拉张作用引起弧后扩张,形成一套弧后盆地的沉积物和蛇绿岩,东巧一带出露的晚侏罗系边缘海型复理石沉积,东巧、永珠蛇绿岩,以及本文研究的安多蛇绿岩块就是这一时期区域构造演化的典型历史记录。因此,藏北蛇绿岩的研究,尤其是利用现代高精度分析技术获得的可靠地球化学指纹对蛇绿岩类型、成因的划分,将有利于对青藏高原形成演化的深入探讨,而且对于在我国蛇绿岩研究中解析和建立典型类型、典型形成环境的蛇绿岩系(套)有重要的学术价值。

6　结语

青藏高原安多蛇绿岩主要岩石组合为低钾拉斑玄武岩+辉长岩,具有亏损型稀土配分型式,同时又显示了 Nb 和 Ta 的相对亏损。表明它们来自一个高度亏损的地幔源区,并与俯冲带物质的加入有密切成因联系,形成于消减带之上的边缘海(弧后盆地)环境,属于岛弧型蛇绿岩范畴,是由于消减带之上的地幔对流导致新洋壳的产生而形成的。

致谢 野外工作中曾得到李亚林、杨新科的帮助,肖序常院士、邓万明研究员审阅了文稿并提出了宝贵的、建设性的修改意见,在此一并表示衷心感谢!

参考文献

[1] Cheng Yuqi, 1984. Review of the regional geology of China.Beijing: Geological Publishing House:40-120 (in Chinese).

[2] Deng Wanming, 1984. Petrogenesis of the basic-ultrabasic rock belt along Dongqiao-Nujiang River in northern Xizang(Tibet).In: Hamalaya Geology(Ⅱ).Beijing: Geological Publishing House:83-98 (in Chinese with English abstract).

[3] Deng Wanming, Pearce J A, 1990. The ophiolites, Lhasa to Golmud(1985) and Lhasa to Kathmandu (1986). In: Chang C, el al. The Geological Evolution of Tibet.Beijing: Science Press:218-241 (in Chinese).

[4] Deng Wanming, Wang Fangguo, 1987. The Bangongcuo-Nujiang ophiolite zone in north Tibet. In: Wang Xibin, et al. Ophiolites in Tibet. Beijing: Geological Publishing House:138-214 (in Chinese).

[5] Girardeau J, Marcoux J, Allegre C J, et al., 1984. Tectonic environment and geodynamic significance of the Neo-Cimmerian Donqiao ophiolile, Banggong-Nujiang suture zone, Tibet.Nature, 307(5946):27-31.

[6] Li Qiusheng, Wang Jianping, 1996. Geologicai features of the ophiolite complex in the Dingqing-Nujiang river area, east Tibet. In: Zhang Qi. Study on Ophiolites and Geodynamics. Beijing: Geological Publishing House:195-198 (in Chinese with English abstract).

[7] Meschede M A, 1986. A method of discriminating between different types of mid-ocean basalts and continental tholeiites with the Nb-Zr-Y diagram. Chemical Geology, 56:207-218.

[8] Pearce J A, Deng Wanming, 1988. The ophiolites of the Tibet Geotraverse, Lhasa to Golmud(1985) and Lhasa to Kathmandu(1986).In: Chang C, et al. The Geological Evolution of Tibet.London: The Royal Society:215-238.

[9] Pearce J A, 1983. The role of sub-continental lithosphere in magma genesis at destructive plate margins. In: Hawkesworth, et al. Continental Basalts and Mantle Xenoliths.Nantwich Shiva:230-249.

[10] Sun S S, McDonough W F, 1989. Chemical and isotopic systematics of oceanic basalts: Implications for mantle composition and processes. In: Saunders A D, Norry M. Magmatism in the Ocean Basin. J Geol Soc Special Publ, 42:313-345.

[11] Tang Yaoqing, Wang Fangguo, 1984. Primary analysis of tectonic environment of the ophiolite in northern Xizang (Tibet) Lake district. In: Hamalaya Geology (Ⅱ). Beijing: Geological Publishing House:99-113 (in Chinese with English abstract).

[12] Wang Xibin, Bao Peisheng, Zhang Haixiang, 1984. A structurally disrupted ophiolite in the Lake area of northern Xizang (Tibet) and its geochemistry. In: Hanialaya Geology (Ⅱ). Beijing: Geological Publishing House:115-147 (in Chinese wilh English abstract).

[13] Winchester J A, Floyd P A, 1977. Geochemical discrimination of different magmas series and their differentiation products using immobile elements. Chemical Geology, 20:325-343.

［14］ Yang Ruiying, Huang Zhongxiang, Deng Wanming, 1986. Trace element features of the volcanic rocks from north Tibet.Nuclear Technique, 2:17-20 (in Chinese with English abstract).

［15］ Zhang Qi, Zhou Guoqing, 2001. Ophiolites of China.Beijing: Science Press:82-92 (in Chinese).

［16］ 程裕淇,1994.中国区域地质概论.北京:地质出版社:40-120.

［17］ 邓万明,1984.藏北东巧–怒江基性、超基性岩带的岩石成因.见:喜马拉雅地质(Ⅱ).北京:地质出版社:83-98.

［18］ 邓万明,Pearce J A,1990.拉萨至格尔木(1985)和拉萨至加德满都(1986)的蛇绿岩.见:青藏高原地质演化.北京:科学出版社:218-241.

［19］ 邓万明,王方国,1987.藏北班公错–怒江蛇绿岩带.见:王希斌,等.西藏蛇绿岩.北京:地质出版社:138-214.

［20］ 李秋生,王建平,1996.西藏东部丁青–怒江蛇绿混杂岩带的地质特征.见:张旗.蛇绿岩与地球动力学研究.北京:地质出版社:195-198.

［21］ 汤耀庆,王方国,1984.藏北湖区蛇绿岩形成环境浅析.见:喜马拉雅地质(Ⅱ).北京:地质出版社:99-113.

［22］ 王希斌,鲍佩声,郑海翔,1984.构造解体的藏北湖区蛇绿岩及其地球化学研究.见:喜马拉雅地质(Ⅱ).北京:地质出版社:5-147.

［23］ 杨瑞瑛,黄忠祥,邓万明,1986.藏北火山岩的微量元素特征.核技术,(2):17-20.

［24］ 张旗,周国庆,2001.中国蛇绿岩.北京:科学出版社:82-92.

青藏高原新生代火车头山碱性及钙碱性两套火山岩的地球化学特征及其物源讨论[①②]

赖绍聪　秦江锋　李永飞　隆　平

摘要:藏北羌塘火车头山新生代火山岩可区分为钙碱性及碱性2个不同的系列。钙碱性火山岩主要岩石组合为玄武岩-安山岩-英安岩,其 SiO_2 含量介于 49%~70%, $Al_2O_3 > 10\%$, $Na_2O/K_2O > 1$;其中玄武岩具平坦型稀土配分型式,LREE/HREE 为 1.3~1.8,$(La/Yb)_N$ 为 2.87~4.45,无明显 Eu 异常,δEu 为 0.96~1.09;该套岩石的 $Mg^\#$ 与 SiO_2 相关关系以及 La/Sm-La 等亲岩浆元素与超亲岩浆元素协变关系表明,它们应为幔源岩浆经分离结晶演化的产物,其岩石组合类型以及低的 Sm/Yb 值($Sm/Yb = 1.53~5.35$)表明它们的原始岩浆应来源于岩石圈地幔尖晶石二辉橄榄岩的局部熔融。本区碱性火山岩为一套典型的钾质岩石系列,主要岩石组合类型为碱玄岩-碱玄质响岩-响岩,其 SiO_2 含量介于 44%~59%,$Al_2O_3 > 14\%$,Na_2O/K_2O 介于 0.47~1.51;岩石轻稀土强烈富集,LREE/HREE 为 13.20~15.76,$(La/Yb)_N = 50.44~91.99$;其岩石组合类型以及 $Mg^\#$ 与 SiO_2 相关关系以及 La/Sm-La 协变关系同样表明,它们为共源岩浆分离结晶演化的产物;然而,其较高的 Sm/Yb 值($Sm/Yb = 2.63~13.98$)表明,它们并非地幔橄榄岩直接局部熔融的产物,岩石弱的负 Eu 异常($\delta Eu = 0.77~0.85$)以及 Th、U 的强烈富集和 Nb、Ta 的相对亏损,又反映了原始岩浆中有显著的地壳物质的贡献;该套钾质碱性系列岩石在 La/Co-Th/Co 同分母协变图上呈直线型分布,而在 La/Co-Sc/Th 异分母协变图上呈显著的双曲线分布,从而表明其源区为二源混合型,是青藏高原特殊的壳幔混合层局部熔融的产物,这些特征是新生代青藏高原壳幔层圈物质交换的重要岩石学证据。

青藏高原北部新生代火山岩的形成与青藏高原的隆升有着密切的成因联系(邓万明,1998;Ding et al.,2003;Muller et al.,1999;Lai et al.,2001)。长期以来,国内外学者针对青藏高原广泛出露的新生代火山岩已做了大量细致的研究工作,提出了Ⅱ型富集地幔源区、加厚地壳下部榴辉岩相源区及加厚地壳中部麻粒岩相源区等几种不同的新生代火

①　原载于《岩石学报》,2007,23(4)。

②　国家自然科学基金(40572050,40272042)和高等学校优秀青年教师教学科研奖励计划(教人司[2002]383号)联合资助。

山岩起源层(邓万明,1998;Ding et al.,2003;Miller et al.,1999;Chung et al.,1998;Lai et al.,2003)。然而,目前对不同火山岩系列的源区属性和地球化学模型,尤其是青藏高原颇具特色的、特殊的加厚陆壳下部壳幔混合层的局部熔融过程,可能产生的原生岩浆类型及其地球化学性质的特异性却仍然缺乏深入的研究(赖绍聪等,2006)。青藏高原北部火车头山地区分布有大量新生代火山岩(李佑国等,2005),前人已对该区火山岩进行了初步研究(刘红英等,2004;李佑国等,2005)。刘红英等(2004)对该区火山岩进行的K-Ar年代学研究表明,该区火山岩的形成时代为18.8(碱玄岩)~32.4 Ma(碧玄岩);李佑国等(2005)对该区火山岩进行的矿物学及^{39}Ar/^{40}Ar年代学研究表明,火车头山地区新生代火山岩为一套碱性火山岩,其形成时代可分为3期:第一期(34~32 Ma)主要为白榴碧玄岩,第二期(29~26 Ma)主要为响岩质碱玄岩、白榴石响岩和粗斑状霞石响岩,第三期(24~19 Ma)主要为白榴碱玄岩和白榴碱玄质响岩。

本文对火车头山地区的新生代火山岩进行的进一步地球化学研究表明,该区火山岩可以划分为碱性和钙碱性2个不同岩石系列,并提出它们可能分别是青藏高原岩石圈地幔尖晶石二辉橄榄岩以及特殊的壳幔混合层局部熔融的产物。

1 地质背景

羌塘—冈底斯位于青藏高原的核部,是我国目前研究程度相当低的地区之一,因而对该区研究具有重要意义。羌塘地区新生代火山岩较为发育,主要见于羌北地层分区的新近系石坪顶组,在羌塘中央隆起带以及南羌塘很少出露。火山岩大多呈厚50~200 m的熔岩被覆盖在古近系唢纳湖组(N_1s)或中侏罗统石坪顶组(J_2ys)之上,呈陆相中心式喷发的溢流火山岩。岩石类型以熔岩为主,偶见火山碎屑岩。这些火山岩与羌塘前古近系沉积地层呈超覆关系,在火山中心呈侵入关系(邓万明,1998)。

火车头山新生代火山岩位于西藏双湖镇北西约240 km处(图1),属于北羌塘西段地层分区。火山岩出露面积较大,主要由岩丘、岩脊和岩流组成。野外可见火山岩不整合覆盖于古近系砂砾岩之上,本文样品主要取自火车头山南部岩流及岩丘中(E87°07′04″,N34°46′08″~E87°07′37″,N34°47′59″)。岩石大多呈灰黑色、浅灰色和灰白色,斑状结构或无斑隐晶质结构,块状构造,十分新鲜,无任何蚀变和交代现象。主要岩石类型包括玄武岩、安山岩、英安岩、碱玄岩及响岩。玄武岩为斑状结构,斑晶主要为发育聚片双晶的基性斜长石,基质为玻璃质;安山岩呈砖红色,斑状结构,斑晶主要为发育环带的斜长石;英安岩呈灰黑色,斑状结构,斑晶主要为钠长石及少量石英;碱玄岩发育斑状结构,斑晶主要由透辉石、金云母、透长石及白榴石组成,基质为玻璃质;响岩呈灰褐色—深绿色,斑状结构,斑晶主要由似长石、透长石、单斜辉石和少量黑云母组成,基质由细小的透长石及单斜辉石微晶组成。在野外剖面上,玄武岩—安山岩—英安岩构成一个喷发旋回,处于下部层位;碱玄岩—响岩构成一个喷发旋回,处于上部层位。

2 火山岩岩石化学特征

火车头山地区新生代火山岩岩石化学、稀土及微量元素分析结果列于表1中。从表

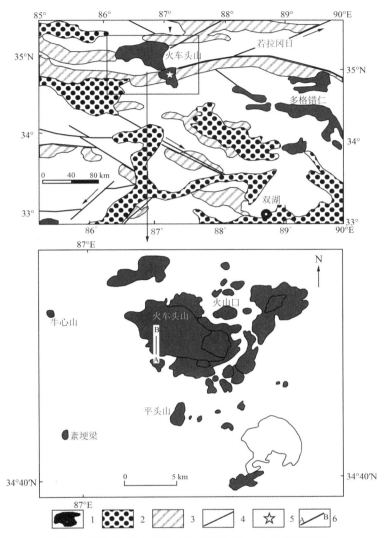

图1 藏北羌塘火车头山地区新生代火山岩分布简图

1.新生代火山岩;2.第四纪盆地;3.中新世盆地;4.断裂;5.取样位置;6.火车头山地区采样剖面位置

1和图2中可以看到,研究区内火山岩可以区分为亚碱性和碱性2个岩石系列组合(图2a)。其中,亚碱性系列火山岩主要岩石组合为玄武岩-安山岩-英安岩类,为一套典型的基性-中性-中酸性岩石组合。该套火山岩 SiO_2 含量为 48.94~69.55%;Al_2O_3 含量均大于10%且变化大,为 10.86%~18.18%。以 $Na_2O > K_2O$ 为主,Na_2O/K_2O 变化很大,介于 0.90~14.19,平均为4.53,在 SiO_2-K_2O 图解(图2b)中,样品投影点落于钙碱性-高钾钙碱性区内,而在 Na_2O-K_2O 图解(图2c)中则显示了由钠质向偏钾质过渡的特征。SiO_2-$Mg^{\#}$协变关系(图3)表明,它们乃是幔源熔体经分离结晶的火山岩。

本区碱性系列火山岩主要岩石类型为碱玄岩-碱玄质响岩-响岩(图2a),同样属于一套典型的碱性基性-中性-中酸性岩石组合。该套火山岩 SiO_2 含量为 44.33%~59.09%,

表1　火山岩常量(%)及微量(×10⁻⁶)元素分析结果

编号系列	QZ01	QZ02	QZ03	QZ04	QZ05	QZ06	QZ07	QZ08	QZ09	QZ10	QZ11
			钙碱性系列					碱性系列			
岩石	玄武岩	玄武岩	安山岩	英安岩	英安岩	碱玄岩	碱玄岩	粗面玄武岩	碱玄质响岩	响岩	响岩
SiO_2	48.94	49.54	59.78	64.98	69.55	44.33	44.93	50.11	54.33	55.04	59.09
TiO_2	1.60	1.75	0.95	0.40	0.22	1.15	1.02	1.00	0.75	0.38	0.22
Al_2O_3	18.18	10.86	13.46	17.95	15.11	16.06	14.17	14.64	17.47	18.78	18.42
Fe_2O_3	4.00	4.70	6.01	1.70	1.20	3.60	3.40	4.20	3.44	3.00	2.28
FeO	6.21	4.20	0.99	0.30	0.20	4.00	3.80	1.00	1.56	0.80	0.52
MnO	0.17	0.16	0.12	0.03	0.02	0.15	0.14	0.12	0.11	0.11	0.17
MgO	4.80	10.00	2.80	1.00	0.60	8.30	8.00	6.40	2.70	0.30	0.20
CaO	7.20	10.50	2.70	3.20	2.60	10.10	11.00	8.70	5.80	1.90	2.30
Na_2O	3.50	2.98	4.10	3.87	3.60	4.50	2.71	2.46	3.07	4.27	8.40
K_2O	0.91	0.21	1.64	3.17	4.00	3.93	4.03	3.77	6.60	8.30	5.56
P_2O_5	0.33	0.30	0.36	0.15	0.12	1.63	1.50	1.33	0.63	0.20	0.12
LOI	4.10	4.70	6.70	2.55	2.74	1.84	4.82	5.71	2.95	6.59	2.57
Total	99.94	99.90	99.61	99.30	99.96	99.59	99.52	99.44	99.41	99.65	99.75
$Mg^{\#}$	47.7	68.4	42.9	48.7	45.3	68.4	68.6	70.1	51.3	13.5	12.4
Sc	41.4	27.4	25.9	6.66	5.36	19.6	23.1	18.1	9.49	6.71	8.97
V	377	255	194	38.0	26.2	158	153	120	102	76.8	47.3
Cr	30.6	962	39.5	10.5	4.42	228	387	267	59.9	0.34	1.46
Co	46.8	68.8	35.5	83.2	109	47.8	53.3	39.0	40.1	25.1	40.3
Ni	16.5	478	11.2	6.18	1.34	133	138	133	47.4	0.46	1.34
Cs	0.45	1.76	0.70	6.54	5.82	4.29	7.05	11.2	39.1	53.9	30.6
Rb	28.8	7.01	49.0	148	206	116	228	167	207	296	355
Ba	368	334	419	1 127	1 117	5 663	3 784	4 519	3 553	802	221
Sr	283	141	166	605	387	4 768	3 591	3 728	3 607	4 260	942
Y	30.8	23.7	27.4	7.30	7.81	45.6	39.3	37.8	36.0	48.2	45.0
Zr	101	156	190	129	130	403	466	485	493	1 082	1 977
Nb	4.91	18.6	14.4	5.14	5.20	36.6	29.7	32.2	39.0	57.1	92.4
Hf	3.15	4.97	5.93	4.44	4.73	10.4	12.5	13.2	14.0	25.2	45.9
Ta	0.32	1.25	0.99	0.58	0.76	1.72	1.24	1.57	1.75	1.71	2.01
Pb	5.54	4.17	15.1	31.5	36.1	108	92.7	101	192	339	522
Th	2.44	2.77	9.59	18.4	28.1	76.6	79.9	84.0	110	182	240
U	0.54	0.62	1.76	5.85	4.52	9.26	11.8	6.15	7.31	33.0	63.4
La	12.1	10.5	28.1	28.7	36.7	289	277	266	331	336	347
Ce	28.5	30.5	60.2	52.9	65.9	584	536	473	552	571	529
Pr	3.69	4.43	6.94	5.62	6.65	70.9	58.4	54.8	59.5	55.1	41.5
Nd	16.4	20.9	26.6	19.0	22.7	256	213	196	199	165	105
Sm	4.63	5.81	5.77	3.26	3.54	39.0	32.9	30.2	29.0	22.6	13.0
Eu	1.74	1.82	1.43	0.85	0.77	9.30	7.75	7.26	6.74	5.60	2.92

续表

编号 系列	QZ01	QZ02	QZ03	QZ04	QZ05	QZ06	QZ07	QZ08	QZ09	QZ10	QZ11
		钙碱性系列						碱性系列			
岩石	玄武岩	玄武岩	安山岩	英安岩	英安岩	碱玄岩	碱玄岩	粗面 玄武岩	碱玄质 响岩	响岩	响岩
Gd	5.10	5.61	5.40	2.34	2.53	25.4	21.7	20.3	19.1	16.5	9.59
Tb	0.88	0.91	0.90	0.31	0.34	2.59	2.35	2.23	2.15	2.05	1.26
Dy	5.80	5.10	5.34	1.64	1.67	11.5	9.77	9.48	9.14	9.77	7.08
Ho	1.32	0.98	1.12	0.29	0.29	1.69	1.49	1.43	1.42	1.68	1.40
Er	3.50	2.43	3.15	0.86	0.77	4.18	3.42	3.51	3.50	4.33	4.27
Tm	0.55	0.31	0.45	0.10	0.12	0.49	0.43	0.41	0.40	0.62	0.72
Yb	3.02	1.70	2.90	0.61	0.70	2.79	2.36	2.29	2.58	3.76	4.93
Lu	0.49	0.24	0.39	0.10	0.10	0.37	0.32	0.33	0.38	0.53	0.81
$(La/Yb)_N$	2.87	4.45	6.96	33.81	37.56	74.39	84.29	83.59	91.99	64.02	50.44
$(Ce/Yb)_N$	2.63	4.99	5.77	24.08	26.15	58.19	63.09	57.51	59.44	42.16	29.77

常量化学组分由中国科学院地球化学研究所采用湿法分析;微量和稀土元素丰度由中国科学院地球化学研究所采用 ICP-MS 法分析。

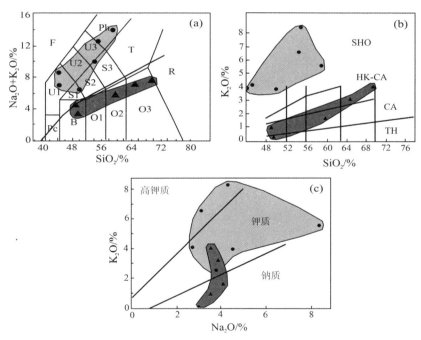

图 2　火车头山新生代火山岩的 SiO_2-(K_2O+Na_2O)系列划分图解(a)、
SiO_2-K_2O 分类命名图解(b)及 Na_2O-K_2O 图解(c)

Alkaline:碱性系列;Subalkaline:亚碱性系列;F:似长岩;U1:碱玄岩(Ol < 10%),碧玄岩(Ol > 10%);U2:响岩质碱玄岩;U3:碱玄质响岩;Ph:响岩;S1:粗面玄武岩;S2:玄武粗安岩;S3:安粗岩;T:粗面岩(q < 20%),粗面英安岩(q > 20%);Pc:苦橄玄武岩;B:玄武岩;O1:玄武安山岩;O2:安山岩;O3:英安岩;R:流纹岩;▲本区亚碱性系列火山岩;●本区碱性系列火山岩

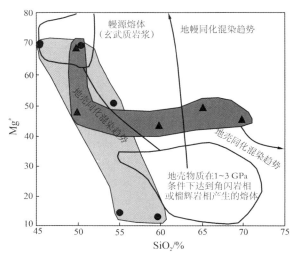

图 3　火车头山新生代火山岩的 SiO_2-$Mg^\#$ 图解

据 Stern and Kilian(1996);图例同图 2

Al_2O_3 含量(14.17%~18.78%)较高。以 $K_2O > Na_2O$ 为主, Na_2O/K_2O 介于 0.47~1.51, 平均为 0.69。在 SiO_2-K_2O 图解(图 2b)中样品点落于钾玄岩区内,而在 Na_2O-K_2O 图解(图 2c)中则显示了典型的钾质系列特征,表明它们属于一套钾质到高钾系列岩石。该套岩石基性端元 SiO_2 含量小于 45%,且其基性端元(碱玄岩)具有很高的 $Mg^\#$ 值(68.4~70.1)。通常认为是由下部陆壳玄武质岩石局部熔融形成的熔体,其 $Mg^\#$ 值小于 50,而地幔橄榄岩局部熔融形成的熔体却具有较高的 $Mg^\#$ 值(Rapp et al.,1999)。然而,从图 3 中可以看到,本区碱性火山岩的 SiO_2-$Mg^\#$ 协变关系既不同于幔源熔体,亦不同于 1~3 GPa 条件下角闪岩相及榴辉岩相陆壳物质的局部熔融熔体的变化趋势,而是介于二者之间, 符合地幔熔体分离结晶和受陆壳混染的演化趋势(Stern and Kilian,1996),说明该套火山岩具有其化学成分的特异性,表明它们并非青藏高原加厚陆壳下部局部熔融的产物,也不是高原岩石圈地幔简单熔融的结果,而应是壳幔物质交换、相互作用的最终产物。

3　微量及稀土元素地球化学特征

从图 4 中可以看到,火车头山亚碱性火山岩的不相容元素原始地幔标准化配分型式图总体呈右倾型式。玄武岩配分曲线较为平坦,从玄武岩→安山岩→英安岩,曲线右倾负斜率逐渐增高,大离子亲石元素富集度逐渐增加,Nb 和 Ta 由无明显亏损→弱亏损,Ti 谷逐渐加深,说明 Ti 的相对亏损可能与岩浆分异过程有关,归因于钛铁氧化物的分离结晶。该套火山岩 $(La/Yb)_N$ 介于 2.87~37.56, $(Ce/Yb)_N$ 介于 2.63~26.15, δEu 为 0.75~1.09,仅有微弱的负 Eu 异常。其中,基性端元(玄武岩)总体呈平坦型稀土配分型式(图 5),轻、重稀土分异弱[$(La/Yb)_N = 2.87 \sim 4.55$, $(Ce/Yb)_N = 2.63 \sim 4.99$, $\delta Eu = 0.96 \sim 1.09$],与微量元素显示的地球化学特征完全一致。从玄武岩→安山岩→英安岩,岩石轻稀土相对重稀土的富集度逐渐增加,轻、重稀土分异逐渐加强,Eu 由无异常→弱负异常

（图5），这种稀土元素变化特征完全符合钙碱系列岩浆的正常递进演化趋势（Wilson，1989）。

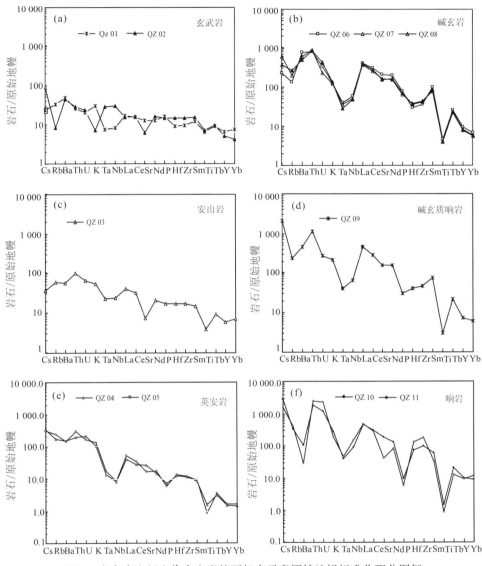

图4 火车头山新生代火山岩的不相容元素原始地幔标准化配分图解
原始地幔标准值据 Wood et al.(1979)；图中编号对应表1中的样品编号

碱性系列火山岩不相容元素原始地幔标准化配分型式与钙碱系列火山岩相比明显不同：①岩石强烈富集大离子亲石元素，有显著的 Th、U 峰；②岩石有明显的 Ti 谷；③无论是基性端元（碱玄岩）还是中酸性端元（碱玄质响岩和响岩），均显示了十分显著的 Nb、Ta 强烈亏损。表明其 Th、U 的富集和 Nb、Ta 的亏损反映了源区性质，而不能简单地归因于岩浆分异和演化，说明其岩浆源区存在壳源物质的明显贡献。然而，该套火山岩的 Y

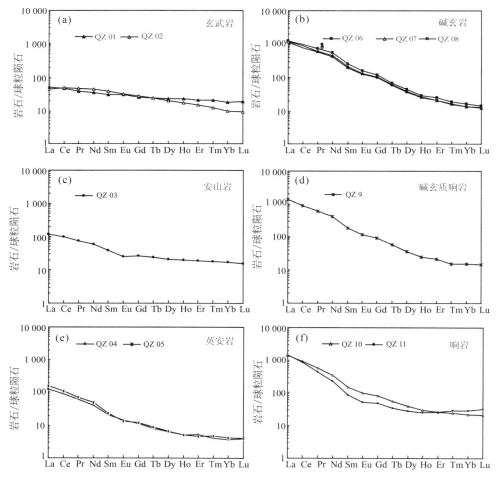

图 5 火车头山新生代火山岩的稀土元素球粒陨石标准化配分图解

球粒陨石标准值据 Sun and McDonough(1989);图中编号对应表 1 中的样品编号

和 Yb 丰度值十分稳定,分别在 $36.0×10^{-6} \sim 48.2×10^{-6}$ 和 $2.29×10^{-6} \sim 4.93×10^{-6}$ 范围内变化,平均值分别为 $41.9×10^{-6}$ 和 $3.12×10^{-6}$,明显高于地壳物质局部熔融形成的埃达克岩的相应值(王强等,2001;Defant and Drummond,1990)。这又表明,它们并非青藏高原加厚陆壳下部地壳物质直接局部熔融的产物(赖绍聪,2003;Lai et al.,2003)。因此,该套火山岩应该是高原下部特殊的壳幔混合层局部熔融的结果。本区碱性系列火山岩 $(La/Yb)_N$ 介于 $50.44 \sim 91.99$,平均为 74.79;$(Ce/Yb)_N$ 介于 $29.77 \sim 63.09$,平均为 51.69;岩石仅有微弱的负 Eu 异常,δEu 介于 $0.77 \sim 0.85$,平均为 0.83。在稀土元素球粒陨石标准化配分图解(图 5)中,碱性火山岩均为右倾负斜率轻稀土强烈富集型,其轻稀土富集度大大高于钙碱系列火山岩,表明这两套火山岩的源区性质存在明显区别。

4 岩浆起源和源区性质

根据 Alleger and Minster(1978)的研究,岩浆在分离结晶作用中随着超亲岩浆元素的富集,亲岩浆元素丰度几乎同步增长。因此,La/Sm 值基本保持为一常数。相反,在平衡部分熔融过程中,随着 La 快速进入熔体,Sm 也会在熔体中富集,但其增长的速度慢。这是因为 La 在结晶相和熔体之间的分配系数比 Sm 小,即不相容性更强。因此,La/Sm-La图解可以很容易地判别一组相关岩石的成岩作用方式。从图 6a 中可以看到,本区无论是碱性系列火山岩还是亚碱性钙碱系列火山岩,它们随着 La 丰度增大,La/Sm 值均呈逐渐增大的趋势,说明它们分别为各自独立的岩浆源区部分熔融的产物。Zr/Sm-Zr 图解(图 6b)同样表明了这一规律。值得注意的是,本区无论是碱性系列火山岩还是亚碱性

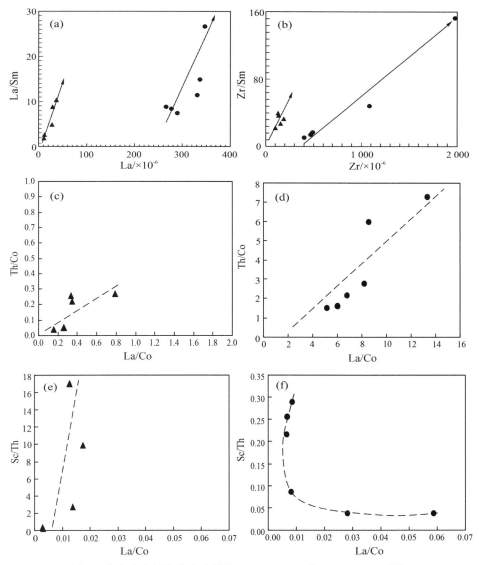

图 6　火车头山新生代火山岩的 La-La/Sm(a)和 Zr-Zr/Sm(b)图解
(Allegre and Minster, 1978)和 La/Co-Th/Co(c、d)、La/Co-Sc/Th(e、f)图解
图例同图 2

钙碱系列火山岩,它们均为一套基性-中性-中酸性岩石组合,其 SiO_2 含量分别为 44.33% ~ 59.09% 和 48.94 ~ 69.55%。也就是说,它们的基性端元的 SiO_2 含量均明显 < 53%。实验岩石学研究结果(Patiño and McCarthy,1998;Yardley and Valley,1997)表明,大陆地壳局部熔融不能产生比安山岩更基性的原生岩浆,陆壳局部熔融产物的 SiO_2 含量通常应大于 56%。很显然,火车头山两套不同的新生代火山岩系列均不能由青藏高原加厚陆壳直接局部熔融产生。

从 La/Co-Th/Co 和 La/Co-Sc/Th 图解(图 6c ~ f)中可以更加清楚地看到,本区亚碱性钙碱系列火山岩在 La/Co-Th/Co 同分母和 La/Co-Sc/Th 异分母痕量元素协变关系图上均呈线性变化,表明,它们为单一岩浆源的产物。结合其岩石组合类型、稀土及微量元素地球化学特征以及低的 Sm/Yb 值(Sm/Yb = 1.53 ~ 5.35),初步判断其应来源于青藏高原岩石圈地幔尖晶石二辉橄榄岩的局部熔融。本区碱性系列火山岩在 La/Co-Th/Co 协变关系图上呈线性变化,而在 La/Co-Sc/Th 痕量元素协变关系图上却呈明显的双曲线分布型式,表明其源区为典型的二源混合型。该套碱性火山岩较高的 Sm/Yb 值(Sm/Yb = 2.63 ~ 13.98)表明,它们并非地幔橄榄岩直接局部熔融的产物,岩石弱的负 Eu 异常(δEu = 0.77 ~ 0.85)和强烈的轻稀土富集,以及 Th、U 富集和 Nb、Ta 的相对亏损,反映了壳源物质的参与。因此,该套碱性火山岩应为青藏高原特殊的壳-幔混合层局部熔融的产物,这是新生代青藏高原壳幔层圈物质交换的重要岩石学证据。

5 讨 论

以上研究结果表明,本区新生代 2 个不同系列的火山岩应来自其各自不同的岩浆源区,具有显著的地球化学特性差异,分别起源于青藏高原岩石圈地幔尖晶石二辉橄榄岩和高原特殊的壳-幔混合层的局部熔融。

新生代火山岩与青藏高原的隆升有着密切的成因联系(邓万明,1998;Ding et al.,2003;Miller et al.,1999;Lai et al.,2001)。近年来,岩石构造组合、岩浆活动、岩浆起源与演化已成为研究大陆构造及其动力学的重要支柱和基础。火成岩化学特征直接依赖于源岩的性质、局部熔融条件与岩浆演化机理。浅部构造形态是对壳-幔深部构造的一种响应,壳-幔岩石学结构是大陆构造演化的重要记录,而深部构造与浅部构造的某些不协调是物质-热-力传送过程的记录(Deng et al.,2004)。因此,深部与浅部构造的不协调,正是我们追溯下地壳及上地幔物质组成、热状态、壳-幔层圈间相互作用以及它们对造山带深部动力学过程约束的重要依据。本文的研究表明,在青藏高原北部火车头山地区新生代火山岩中包括碱性和钙碱性 2 个系列,系统的地球化学研究表明,钙碱性系列为典型的幔源岩浆,起源于尖晶石二辉橄榄岩地幔的部分熔融;碱性系列表现出壳-幔混源的岩石系列的特征,起源于青藏高原壳-幔过渡带的部分熔融(图 7)。

值得注意的是,青藏高原具有一个特殊的、最厚可达 30 km 的壳-幔过渡带,这已成为一个不争的事实(Holblook et al.,1992;Kind et al.,2002;赵俊猛等,1999;赖晓玲等,2004)。然而,长期以来,在高原新生代岩浆作用研究过程中,未能对高原特有的壳-幔过

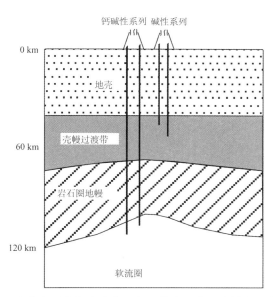

图7 青藏高原北部火车头山新生代火山岩形成模式示意图

渡带引起足够的重视。壳-幔过渡带不仅是一个地质或地震波的异常带,也是一个复杂的相变带、流变分层带和化学异常带,是壳-幔物质交换的重要场所。目前,对壳-幔过渡带的物质组成提出了一些初步解释(邓万明,1998;陈立辉,2001;吴福元,1998;张国辉等,1998;Daniel et al.,2004;Sensarma et al.,2002;Korenaga,2004):①为壳内再调整的产物。如地壳底部岩石发生部分熔融,当岩浆移出后,形成基性的残留物。②为后期热平衡事件的产物。③主体物质是幔源岩浆侵入体,该岩浆的早期结晶形成超镁铁质的堆积岩,同时岩浆遭受周围地壳物质的混染,岩浆的侵入还使原先的地壳物质发生改变等。④对壳-幔过渡带形成的另一种模式是,因软流圈物质上涌而导致岩浆的板下"热垫托作用",也就是上地幔和下地壳物质在来自深部熔体的热力作用下产生了混合,而软流圈物质上涌引起的高热流又将进一步诱发壳-幔混合层的局部熔融,从而产生一套具特殊地球化学特征的钾质碱性火山岩类(邓万明,1998;Hacker et al,2000)。如果认为上述关于壳-幔过渡带的解释为我们提供了初步的理论依据,那么以下几个关键科学问题将可能是对其进行更加深入和精细研究的重要方面:

(1)热源问题。壳-幔过渡带局部熔融的热动力来源、局部熔融的温度究竟有多高?与下地壳物质局部熔融和岩石圈地幔物质局部熔融的区别是什么?

(2)壳-幔过渡带岩石学组成模型及其地球化学模型。如何评价地幔物质和地壳物质对过渡带特殊的局部熔融岩浆的分别贡献?如何从岩石学、地球化学、同位素地球化学、矿物化学、矿物-熔体平衡模型等方面的精细解析,提出建立壳-幔过渡带岩石地球化学模型的确切依据?

(3)如何根据新生代钾质碱性火山岩岩石地球化学资料,评估地幔热、地幔物质与地壳物质的相互作用、混合和物质交换,及其对过渡带岩浆局部熔融过程和成因的贡献?

（4）幔源岩浆底侵，导致陆壳增生并形成壳-幔过渡带，对青藏高原双倍陆壳形成的贡献是什么？

上述一系列重要科学问题尚未在已有的研究工作中得到解决。因此，我们认为，将青藏高原特殊的壳-幔过渡带作为一个独立的、特殊的岩浆源区来研究乃是当前青藏高原新生代岩浆作用研究中重要的新任务。对壳-幔过渡带物质组成、热状态、地球化学性质、局部熔融特征及岩浆作用过程的详细研究，将对高原隆升机理及其大陆动力学过程的探讨产生重要影响。

参考文献

［1］Allegre C J, Minster J F, 1978. Quantitative method of trace element behavior in magmatic processes. Earth & Planetary Science Letters, 38:1-25.

［2］Chen L H, 2001. Vertical accretion of continental crust. Bulletin of Mineralogy, Petrology and Geochemistry, 20(1):26-30 (in Chinese with English abstract).

［3］Chung S L, Liu D Y, Ji J Q, et al., 2003. Adakites from continental collision zones:Melting of thickened lower crust beneath southern Tibet.Geology, 31:1021-1024.

［4］Chung S L, Lo Z H, Lee T Y, et al., 1998. Diachronous uplift of the Tibetan plateau starting 40 Myr ago. Nature,394(20):769-773.

［5］Daniel J S, Ben H, John W V, 2004. Evidence of subduction and crust-mantle mixing from a single diamond.Lithos, 77:349-358.

［6］Defant M J, Drummond M S, 1990. Derivation of some modern arc magmas by melting of young subducted lithosphere.Nature, 347:662-665.

［7］Deng J F, Mo X X, Zhao H L, et al., 2004. A new model for the dynamic evolution of Chinese lithosphere:Continental roots-plume tectonics.Earth-Science Reviews, 65:223-275.

［8］Deng W M, 1998. Cenozoic intraplate volcanic rocks in the Northern Qinghai-Xizang plateau. Beijing:Geological Publishing House:1-168 (in Chinese).

［9］Deng W M, 2003. Cenozoic volcanic activity and its geotectonic background in west China:Formative excitation mechanism of volcanic rocks in Qinghai-Xizang and adjacent districts.Earth Science Frontiers, 10(2):471-478 (in Chinese with English abstract).

［10］Ding L, Kapp P, Zhong D L, et al., 2003. Cenozoic volcanism in Tibet:Evidence for a transition from oceanic to continental sunduction.Journal of Petrology, 44(10):1833-1865.

［11］Hacker B R, Edwin G, Ratschbacher L, et al., 2000. Hot and dry deep crustal xenoliths from Tibet. Science, 287:2463-2466.

［12］Holblook W S, Mooney W D, Christensen N T, 1992. The seismic velocity structure of the deep continental crust.In:Fountain D M, et al. Continental Lower Crust.Amsterdam:Elsevier:1-43.

［13］Kind R, Yuan X, Saul J, 2002. Seismic images of crust and upper mantle beneath Tibet:Evidence for Asian plate subduction.Science, 298:1219-1221.

［14］Korenaga J, 2004. Mantle mixing and continental breakup magmatism. Earth & Planetary Science Letters, 218:463-473.

[15] Lai S C, Liu C Y, O'Reilly S Y, 2001. Petrogenesis and its significance to continental dynamics of the Neogene high-potassium calc-alkaline volcanic rock association from north Qiangtang, Tibeten Plateau. Science in China: Series D, 44(Suppl), 45-55.

[16] Lai S C, Liu C Y, Yi H S, 2003. Geochemistry and Petrogenesis of Cenozoic Andesite-dacite Associations from the Hoh Xil Region, Tibetan Plateau. International Geology Review, 45 (11): 998-1019.

[17] Lai S C, 2003. Identification of the Cenozoic adakitic rocks association from Tibetan plateau and its tectonic significance.Earth Science Frontiers, 10(4):407-415 (in Chinese with English abstract).

[18] Lai S C, Qin J F, Li Y F, et al., 2006. Geochemistry and petrogenesis of the Cenozoic volcanic rocks from Bilongcuo region, Tibetan plateau: Evidence for the partial melting of the mantle-crust transition zone.Geological Bulletin of China, 25(1):64-69 (in Chinese with English abstract).

[19] Lai X L, Zhang X K, Fang S M, 2004. Study of crust-mantle transitional zone along the northeast margin of Qinghai-Xizang plateau.Acta Seismologica Sinica, 26(2):132-139 (in Chinese with English abstract).

[20] Liu S, Hu R Z, Feng C X, et al., 2003. Cenozoic adakite-type volcanic rocks in Qiangtang, Tibet and its significance.Acta Geologica Sinica, 77(2):187-194.

[21] Liu H Y, Xia B, Deng W M, et al., 2004. Study of the K-Ar and $^{39}Ar/^{40}Ar$ dating on the high-K volcanics from Bamaoqiongzong to Qiangbaqian area, Notrh Tibet.Journal of Petrology and Minerlogy,24(1):71-75.

[22] Li Y G, Mo X X, Ma R Z, et al., 2005. Petrology and age of the Cenozoic volcanics in Huochetoushan, North Tibet, China.Journal of Chengdu University of Technology(Science & Technology Edition),32(5):441-446.

[23] Miller C, Schuster R, Klotzli U, et al., 1999. Post-collisional potassic and ultrapotassic magmatism in SW Tibet: Geochemical and Sr, Nd, Pb, O isotopic constraints for mantle source characteristics and petrogenesis. Journal of Petrology, 40:1399-1424.

[24] Patiño D A E, McCarthy T C, 1998. Melting of crustal rocks during continental collision and subduction. Netherlands:Kluwer Academic Publishers: 27-55.

[25] Rapp R P,Shimizu N,Norman M D, et al., 1999. Reaction between slab-derived melt and peridotite in the mantle wedge: Experimental constraints at 3. 8 GPa.Chemical Geology,160:335-356.

[26] Sensarma S, Palme H, Mukhopadhyay D, 2002. Crust-mantle interaction in the genesis of siliceous high magnesian basalts: Evidence from the Early Proterozoic Dongargarh Supergroup, India. Chemical Geology, 187:21-37.

[27] Shi L C, Guo T Z, Yang Y X, et al., 2004. Isotopic geochemistry and volcanic genesis and magmatic origin of the Cenozoic volcanic rocks in Hoh Xil lake area.Northwestern Geology, 37(1):19-25 (in Chinese with English abstract).

[28] Stern C R, Kilian R, 1996. Role of the subducted slab, mantle wedge and continental crust in the generation of adakites from the Andean Austral volcanic zone. Contrib. Mineral. Petrol., 123:263-281.

[29] Sun S S, McDonough W F, 1989. Chemical and isotopic systematics of oceanic basalts: Implications for mantle composition and processes. In: Saunders A D, Norry M J. Magmatism in the Ocean Basin. Geol

Soc Spec Publ, 42:313-345.

[30] Turner S, Arnaud N, Liu J Q, et al., 1996. Post-collision, shoshonitic volcanism on the Tibetan plateau: Implications for convective thinning of the lithosphere and the source of ocean island basalts. Journal of Petrology, 37(1):45-71.

[31] Wang Q, Xu J F, Zhao Z H, 2001.The summary and comment on research on a new kind of igneous rock-adakite.Advance in Earth Sciences, 16(2):201-208 (in Chinese with English abstract).

[32] Wilson M, 1989.Igneous petrogenesis.London:Unwin Hyman Press: 295-323.

[33] Wood D A, Joron J L, Treuil M, et al., 1979. Elemental and Sr isotope variations in basic lavas from Iceland and the surrounding sea floor. Contrib Mineral Petrol, 70:319-339.

[34] Wu F Y, 1998. The material exchange at the crust-mantle boundary: Evidence from igneous petrology. Earth Science Frontiers, 5(3):95-103 (in Chinese with English abstract).

[35] Xu J F, Wang Q, 2003. Tracing the thickening process of continental crust through studying adakitic rocks: Evidence from volcanic rocks in the north Tibet.Earth Science Frontiers, 10(4):401-406 (in Chinese with English abstract).

[36] Yang J S, Wu C L, Shi R D, et al., 2002. Miocene and Pleistocene shoshonitic volcanic rocks in the Jingyuhu area, north of the Qinghai-Tibet plateau.Acta Petrologica Sinica, 18(2):161-176.

[37] Yardley B W D, Valley J W, 1997. The petrologic case for a dry lower crust.Journal of Geophysical Research, 102:12173-12185.

[38] Zhang G H, Zhou X H, Sun M, et al., 1998. Highly chemical heterogeneity in the lower crust and crust-mantle transitional zone: geochemical evidences from xenoliths in Hannuoba basalt, Hebei Province. Geochimica, 27(2):153-169 (in Chinese with English abstract).

[39] Zhao J M, Zhang X K, Zhao G Z, et al., 1999. Structure of crust-mantle transitional zone in different tectonic environments. Earth Science Frontiers, 6(3):165-172 (in Chinese with English abstract).

[40] 陈立辉,2001.陆壳的垂向增生.矿物岩石地球化学通报,20(1):26-30.

[41] 邓万明,1998.青藏高原北部新生代板内火山岩.北京:地质出版社:1-168.

[42] 邓万明,2003.中国西部新生代火山活动及其大地构造背景:青藏及邻区火山岩的形成机制.地学前缘,10(2):471-478.

[43] 赖绍聪,2003.青藏高原新生代埃达克质岩的厘定及其意义.地学前缘,10(4):407-415.

[44] 赖绍聪,秦江锋,李永飞,等,2006.青藏高原比隆错新生代火山岩:壳-幔过渡带局部熔融的岩石地球化学证据.地质通报,25(1-2):64-69.

[45] 赖晓玲,张先康,方盛明,2004.青藏高原东北缘壳-幔过渡带研究.地震学报,26(2):132-139.

[46] 李佑国,莫宣学,马润则,等,2005.藏北火车头山新生代火山岩的岩石学特征与时代.成都理工大学学报(自然科学版),32(5):441-446.

[47] 刘红英,夏斌,邓万明,等,2004.藏北巴毛穷宗-羌巴欠地区火山岩 K-Ar 和 $^{39}Ar/^{40}Ar$ 年代学研究.矿物岩石,24(1):71-75.

[48] 史连昌,郭通珍,杨延兴,等,2004.可可西里湖地区新生代火山岩同位素地球化学特征及火山成因、源区性质讨论.西北地质,37(1):19-25.

[49] 王强,许继峰,赵振华,2001.一种新的火成岩:埃达克岩的研究综述.地球科学进展,16(2):201-208.

[50] 吴福元,1998.壳-幔物质交换的岩浆岩石学研究.地学前缘,5(3):95-103.

[51] 许继峰,王强,2003.Adakitic 火成岩对大陆地壳增厚过程的指示:以青藏北部火山岩为例.地学前缘,2003,10(4):401-406.

[52] 杨经绥,吴才来,史仁灯,等,2002.青藏高原北部鲸鱼湖地区中新世和更新世两期橄榄玄粗质系列火山岩.岩石学报,18(2):161-176.

[53] 张国辉,周新华,孙敏,等,1998.下地壳及壳-幔过渡带化学不均一性.地球化学,27(2):153-169.

[54] 赵俊猛,张先康,赵国泽,等,1999.不同环境下的壳-幔过渡带结构.地学前缘,6(3):165-172.

青藏高原东北缘柳坪新生代苦橄玄武岩地球化学及其大陆动力学意义[①②]

赖绍聪　秦江锋　赵少伟　朱韧之

摘要:柳坪苦橄玄武岩出露在青藏高原东北缘特殊的构造部位,位于青藏、华北和扬子三大构造域的交接转换区域。岩石形成年龄在 23~7.1 Ma 范围内,属于新近纪火山岩。岩石 SiO_2 含量介于 41.72%~42.82%,$Na_2O > K_2O$,K_2O/Na_2O 平均为 0.51,为一套典型的幔源钠质碱性玄武岩类。岩石微量及稀土元素具板内火山岩特征,Th、Rb 等元素呈较明显的富集状态,而岩石显著的低 K_2O 特征(0.48%~0.90%)明显不同于青藏高原北缘新生代钾质–超钾质火山岩系列。岩石 $^{87}Sr/^{86}Sr$(0.704 158~0.704 668),$^{143}Nd/^{144}Nd$(0.512 831~0.513 352),$^{206}Pb/^{204}Pb$(18.729 871~18.779 184),$^{207}Pb/^{204}Pb$(15.591 395~15.602 454)和 $^{208}Pb/^{204}Pb$(39.097 372~39.181 458)等同位素变化特征具有显著的混源属性,投影点位于 EM I、EM II、BSE 及 PREMA 等典型地幔储库的过渡部位,并可能存在 HIUM 地幔源的部分参与,明显不同于单一地幔源局部熔融形成的玄武岩的同位素组成特征。表明新生代期间青藏高原东缘西秦岭–松潘地区受青藏、扬子及华北三大构造体系域的控制,西秦岭–松潘构造结处于从下部地幔到上部陆壳物质的总体汇聚拼贴阶段,地幔具有显著的混合特征。柳坪苦橄玄武岩正是在这种特定的构造背景下,由于新生代青藏高原软流圈地幔物质向东流动,诱发西秦岭–松潘构造结多源混合的地幔橄榄岩局部熔融而形成的。

近年来,关于青藏高原东北缘特殊的大地构造环境,高原物质向东逃逸等问题在学术界存在重大争议,引起了地学界广泛的关注和重视(莫宣学等,2007;Mo et al.,2006)。青藏高原东北缘西秦岭–松潘地区处于中国大陆构造的主要地块与造山带聚集交接转换部位,是东西向中央造山系与南北向贺兰–川滇构造带垂向交汇区,也是青藏高原东北缘扩展跨越地带,这里地形地貌复杂、构造活动强烈、地震异常活跃,是地学研究的重点地区。该区是在中国大陆多块体拼合地质条件中,在全球三大构造动力学系统长期复合演变背景下,历经复杂的复合过程而形成的,记录与揭示着中国大陆形成与演化及大陆构

①　原载于《岩石学报》,2014,30(2)。
②　国家自然科学基金项目(41072052)和国家自然科学基金重大计划项目(41190072)联合资助。

造的重要成因信息。青藏高原东北缘的新生代火山岩作为岩石深部探针,可成为研究高原隆升机制及深部动力学、壳幔相互作用、上地幔及下地壳物质组成与热状态等重大科学问题的重要研究对象(张国伟等,2004;Shi et al.,2009)。

青藏高原东北缘新生代火山岩零星分布,对其已有较长的研究历史(Spurlin et al.,2005;Jiang et al.,2006),其火山岩以钾质-超钾质系列为主体,钠质火山岩系列出露很少。喻学惠等(2001,2003,2004,2005)、董昕等(2008)、苏本勋等(2007)和王永磊等(2007)对甘肃西秦岭礼县、宕昌一带广泛分布的新生代超钾质火山岩和碳酸岩及其中含有的地幔包体进行了十分详细的研究,提出西秦岭新生代超钾质火山岩是青藏高原新生代钾质火山岩带的重要组成部分,其成因及动力学背景与印度-欧亚大陆的俯冲碰撞作用有关等重要认识。然而,尚未见到对该地区苦橄玄武岩的报道与研究,而苦橄玄武岩的研究对该区深部地质作用过程具有重要的意义。因此,本文选择青藏高原东北缘柳坪地区新生代苦橄玄武岩进行了详细的地球化学及成因岩石学研究,并探讨了源区性质及其对高原东北缘新生代深部动力学背景的约束。

1 区域地质概况

柳坪新生代玄武岩出露在青藏高原东北缘(E104°51.487′,N33°56.694′),秦岭构造带的西延部分,天水-礼县新生代断陷盆地内。位于甘肃省礼县白关镇西南侧约 6 km 处(图 1),属于祁连-秦岭褶皱带、松潘-甘孜褶皱带和扬子古陆三大构造体系交汇的部位。火山岩呈近南北向展布,出露面积约为 4 km²。以火山通道相/或侵出相的致密块状熔岩为主,可见含气孔的熔岩、集块熔岩以及溢流作用形成的层状熔岩流。局部可见火山岩不整合覆盖于泥盆系炭质板岩、千枚岩、砂岩、石灰岩以及古近系红色砂岩、粉砂岩、页岩、黏土岩之上,并被第四系砂砾层、粉砂土、亚砂土不整合覆盖(图 1)。根据喻学惠等(2005)对西秦岭地区新生代火山岩大量的精确同位素定年结果,西秦岭新生代火山岩的喷发时代主体限制在 23~7.1 Ma,结合野外观察到的地层学约束,可以判定本区新生代火山岩应属新近纪中新世。

研究区出露的地层很简单,泥盆系主要岩性为河湖相碎屑岩和泥岩、碳酸盐岩;三叠系主要岩性为砂岩、板岩、石灰岩;古近系-新近系主要岩性为红色砂岩、粉砂岩、页岩、黏土岩;第四系主要为洪积冲积砂砾层、粉砂土、亚砂土等;火山岩北侧出露有印支期闪长岩、石英闪长岩类(图 1)。

2 岩石学特征及样品分析方法

岩石呈灰黑色,斑状结构,块状构造,时见角砾状构造。斑晶含量较低(10%±),斑晶矿物包括橄榄石、辉石以及少量自形板状斜长石(图 2a、b)。斑晶橄榄石自形程度相对较高,大部分强烈伊丁石化,单偏光下蚀变部分呈棕红色,部分斑晶具有熔蚀现象;斑晶辉石呈半自形短柱状,同样具有伊丁石化现象。基质为微晶结构,主要矿物成分有长条状斜长石微晶、细粒辉石颗粒、伊丁石化橄榄石、不均匀分散状磁铁矿。岩石中含少量气孔

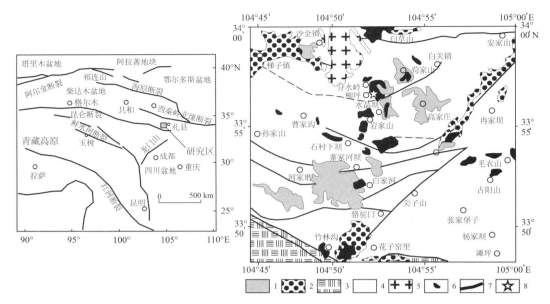

图 1   青藏高原东北缘柳坪地区地质简图

1.第四系:砂砾层、粉砂土、亚砂土;2.古近系-新近系:红色砂岩、粉砂岩、页岩、黏土岩;

3.三叠系:砂岩、板岩、石灰岩;4.泥盆系:炭质板岩、千枚岩、砂岩、石灰岩;5.印支期闪长岩、石英闪长岩;

6.新生代火山岩;7.断裂;8.取样位置

和杏仁体。杏仁成分为碳酸盐矿物,具有闪突起现象,菱形解理,解理面常有弯曲现象,高级白干涉色,波状消光,应为白云石。

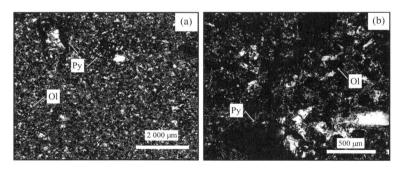

图 2   柳坪新生代苦橄玄武岩的镜下照片

Py:辉石(可见伊丁石化现象);Ol:橄榄石(强烈伊丁石化)。岩石基质为微晶结构

分析测试样品是在岩石薄片鉴定的基础上精心挑选出来的。首先经镜下观察,选取新鲜的、无后期交代脉体贯入的样品,然后用牛皮纸包裹击碎成直径约 5 mm 的细小颗粒,从中挑选 200 g 左右的新鲜岩石小颗粒,用蒸馏水洗净、烘干,最后在振动盒式碎样机(日本理学公司生产)内粉碎至 200 目。主量和微量元素分析在西北大学大陆动力学国家重点实验室完成。主量元素分析采用 XRF 法完成,微量元素用 ICP-MS 测定,微量元素样品在高压溶样弹中用 HNO_3 和 HF 混合酸溶解 2 d 后,用 VG Plasma-Quad ExCell ICP-

MS 方法完成测试,对国际标准参考物质 BHVO-1(玄武岩)、BCR-2(玄武岩)和 AGV-1(安山岩)的同步分析结果表明,微量元素分析的精度和准确度一般优于 10%,详细的分析流程见文献(刘晔等,2007)。Sr-Nd-Pb 同位素分析在西北大学大陆动力学国家重点实验室完成。Sr、Nd 同位素分别采用 AG50W-X8(200~400 mesh)、HDEHP(自制)和 AG1-X8(200~400 mesh)离子交换树脂进行分离,同位素的测试工作在该实验室的多接收电感耦合等离子体质谱仪(MC-ICP MS,Nu Plasma HR,Nu Instruments,Wrexham,UK)上采用静态模式(Static mode)进行。

3 岩石化学特征

柳坪新生代火山岩 11 个样品的常量元素分析结果及 CIPW 标准矿物计算结果列于表 1 中。从表 1 中可以看到,火山岩 SiO_2 含量为 41.72%~42.82%,平均为 42.28%;Al_2O_3 含量小于 7%,在 5.61%~6.75% 范围内变化,平均为 6.11%。岩石全碱含量相对

表 1 火山岩常量元素分析结果(wt%)及 CIPW 标准矿物计算结果

样品号	LP-03	LP-04	LP-06	LP-07	LP-08	LP-10	LP-13	LP-15	LP-16	LP-17	LP-18
常量元素分析结果/wt%											
SiO_2	42.82	42.33	42.60	42.54	41.72	42.60	42.12	42.03	42.37	41.98	41.99
TiO_2	3.61	3.57	3.57	3.58	3.46	3.71	3.60	3.57	3.63	3.62	3.61
Al_2O_3	6.00	6.42	6.35	6.51	6.75	5.61	5.82	6.13	5.75	5.94	5.92
$Fe_2O_3^T$	12.17	12.21	12.14	12.03	11.84	12.24	11.75	11.75	11.67	11.79	11.70
MnO	0.15	0.16	0.16	0.16	0.16	0.16	0.15	0.16	0.16	0.16	0.15
MgO	15.47	15.24	14.93	15.38	15.70	15.40	15.95	16.06	16.24	16.12	15.75
CaO	12.77	12.82	12.85	12.65	12.66	13.25	12.95	12.73	12.78	12.93	12.87
Na_2O	1.37	1.37	1.34	1.48	1.63	1.51	1.25	1.10	0.95	1.28	1.25
K_2O	0.73	0.71	0.72	0.80	0.90	0.80	0.59	0.51	0.48	0.61	0.60
P_2O_5	0.68	0.78	0.77	0.67	0.81	0.84	0.89	0.91	0.86	0.89	0.88
LOI	4.10	4.45	4.29	4.16	4.09	3.61	4.46	4.75	4.80	4.43	4.81
Total	99.87	100.06	99.72	99.96	99.72	99.73	99.53	99.70	99.69	99.75	99.53
$Mg^\#$	70.0	69.6	69.2	70.1	70.9	69.8	71.3	71.4	71.8	71.5	71.1
CIPW 标准矿物计算结果											
An	7.91	9.15	9.11	8.65	8.37	6.09	8.43	10.21	9.94	8.58	8.70
Di	40.6	39.4	39.7	39.5	39.2	43.2	40.0	37.6	38.2	39.7	39.6
Ol	23.7	23.9	23.2	23.8	24.4	22.6	24.4	25.5	25.4	24.8	24.2
Ne	3.36	3.68	2.89	4.43	6.73	4.97	2.85	1.43	0.13	3.39	2.74
Or	4.29	4.18	4.18	4.65	5.23	4.65	3.47	2.94	2.76	3.59	3.53
Ab	5.30	4.72	5.82	4.17	1.19	3.42	5.23	6.57	7.71	4.41	5.44
Mt	2.69	2.69	2.67	2.66	2.64	2.75	2.60	2.57	2.56	2.60	2.60
Ilm	6.79	6.72	6.72	6.72	6.51	6.98	6.79	6.73	6.85	6.81	6.83
Ap	1.40	1.59	1.57	1.38	1.66	1.72	1.81	1.85	1.74	1.83	1.79

由西北大学大陆动力学国家重点实验室采用 XRF 法分析(2012)。

较高、变化较大(1. 43%~2. 53%,平均2. 00%);全部样品均呈现 $Na_2O>K_2O$,$K_2O/Na_2O=$ 0. 46~0. 55,平均为 0. 51。岩石 $Fe_2O_3^T$(11. 67%~12. 24%,平均 11. 94%)、MgO(14. 93%~16. 24%,平均15. 66%)和CaO(12. 65%~13. 25%,平均12. 84%)含量高,这与基性岩中镁、铁、钙组分通常含量较高的普遍规律一致。值得注意的是,该套火山岩具有很高的 TiO_2 含量(3. 46%~3. 71%,平均 3. 59%),远远高于岛弧区火山岩类以及大洋岩石的 TiO_2 含量,总体显示了大陆板内玄武岩类高 TiO_2 含量特征(Pearce,1983;Wilson,1989),这与青藏高原东缘新生代期间为陆内环境的事实一致。

在 SiO_2-(K_2O+Na_2O) 系列划分图解(图3a)中,本区火山岩投影点均位于碱性系列范围内;在火山岩 TAS 分类命名图解(图3b)中,本区火山岩全部样品均位于苦橄玄武岩区内。根据火山岩 K_2O-Na_2O 系列划分图解(图4),可以清楚地看出,本区火山岩明显不同于钾质和超钾质火山岩系列,应该属于偏钠质的碱性玄武岩类,这与该套火山岩均具有 $Na_2O>K_2O$($K_2O/Na_2O=0. 46~0. 55$)的特征完全一致。CIPW 标准矿物计算结果(表1)表明,岩石中出现 Ne(霞石)标准矿物分子,而未出现 Lc(白榴石)标准矿物分子,从而充分表明,柳坪玄武岩属于钠过饱和型火山岩类。综上所述,该套火山岩应属于碱性系列钠质苦橄玄武岩类。

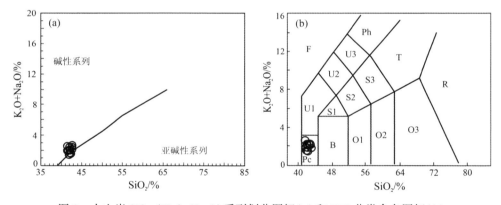

图 3　火山岩 SiO_2-(K_2O+Na_2O) 系列划分图解(a)和 TAS 分类命名图解(b)

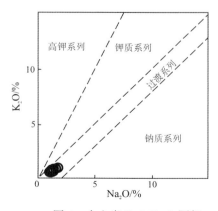

图 4　火山岩 K_2O-Na_2O 图解

4　稀土及微量元素地球化学特征

柳坪新生代火山岩11个样品的稀土及微量元素分析结果列于表2中。从表2中可以看到,柳坪苦橄玄武岩强烈富集稀土元素,稀土总量较高且变化不大,为 $569\times10^{-6}\sim596\times10^{-6}$,平均为 585×10^{-6};轻、重稀土分异明显,$\sum LREE/\sum HREE$ 为 $8.10\sim8.33$,平均为 8.23;岩石 $(La/Yb)_N$ 变化不大,介于 $50.1\sim53.7$,平均为 51.9;$(Ce/Yb)_N$ 介于 $36.6\sim38.8$,平均为 37.6;δEu 值十分稳定,为 $0.91\sim0.92$,表明岩石没有明显的 Eu 亏损。在球粒陨石标准化配分图(图5a)中,本区苦橄玄武岩显示为右倾负斜率轻稀土强烈富集型配分模式,与典型的板内玄武岩稀土元素地球化学特征基本一致,表明它们应形成于大陆板块内部的大地构造环境(Pearce,1983;Wilson,1989)。

表 2　火山岩微量及稀土元素分析结果($\times10^{-6}$)

样品号	LP-03	LP-04	LP-06	LP-07	LP-08	LP-10	LP-13	LP-15	LP-16	LP-17	LP-18
Li	17.7	18.0	18.1	18.4	18.8	13.1	16.2	18.3	14.3	16.4	16.2
Be	2.44	2.50	2.50	2.45	2.53	2.56	2.36	2.43	2.15	2.33	2.37
Sc	20.7	20.5	21.0	20.2	20.0	21.6	20.8	20.6	20.1	20.4	20.8
V	136	131	130	130	131	151	171	168	174	170	172
Cr	656	643	649	627	618	641	689	688	670	687	665
Co	76.1	96.4	74.3	73.7	73.4	78.3	76.6	78.8	73.4	70.3	131
Ni	488	476	470	479	498	469	493	491	487	491	487
Cu	88.0	85.1	88.1	87.1	87.4	93.0	94.4	93.5	72.2	90.6	91.1
Zn	128	127	126	124	126	131	127	126	121	127	124
Ga	16.9	17.2	17.4	17.1	17.2	17.1	16.9	16.9	16.4	16.6	16.4
Ge	1.46	1.44	1.45	1.46	1.43	1.50	1.48	1.47	1.46	1.45	1.46
Rb	27.5	27.0	27.1	28.9	31.5	29.6	22.0	19.5	17.5	21.6	21.4
Sr	1 094	1 113	1 108	1 084	1 177	1 283	1 465	1 502	1 555	1 432	1 453
Y	31.5	31.7	31.5	31.6	31.9	31.7	31.6	31.0	31.1	31.2	30.7
Zr	453	448	457	443	437	474	449	438	445	442	438
Nb	152	148	150	148	146	155	150	147	147	145	144
Cs	0.52	0.53	0.51	0.52	0.54	0.63	0.45	0.44	0.35	0.43	0.45
Ba	399	418	420	400	446	853	937	1054	495	552	795
Hf	9.21	9.06	9.35	9.12	8.83	9.55	9.15	8.88	9.15	8.84	8.74
Ta	6.97	6.94	7.04	6.98	6.74	7.01	6.97	6.71	6.90	6.64	6.64
Pb	4.66	5.78	5.23	4.70	4.58	6.61	5.89	6.35	4.85	5.86	6.05
Th	17.0	16.9	17.1	16.9	16.2	16.8	17.0	16.1	16.9	16.3	16.2
U	3.65	3.59	3.67	3.54	3.45	3.51	3.55	3.50	3.43	3.44	3.40
La	127	129	128	128	126	129	130	126	130	126	124
Ce	239	240	241	238	238	246	243	236	241	234	232
Pr	27.3	27.6	27.4	27.2	26.9	27.8	27.7	26.9	27.7	26.7	26.3
Nd	104	104	105	104	103	105	106	103	105	101	101

续表

样品号	LP-03	LP-04	LP-06	LP-07	LP-08	LP-10	LP-13	LP-15	LP-16	LP-17	LP-18
Sm	19.3	19.3	19.4	19.3	18.9	19.3	19.5	18.8	19.3	18.7	18.5
Eu	5.31	5.31	5.32	5.34	5.25	5.34	5.40	5.28	5.38	5.15	5.14
Gd	15.5	15.4	15.5	15.4	15.3	15.7	15.7	15.2	15.5	15.1	14.9
Tb	1.77	1.76	1.77	1.76	1.75	1.76	1.77	1.72	1.78	1.70	1.70
Dy	8.43	8.48	8.54	8.44	8.39	8.41	8.41	8.22	8.50	8.15	8.11
Ho	1.34	1.34	1.35	1.35	1.34	1.34	1.34	1.31	1.33	1.29	1.27
Er	2.86	2.85	2.87	2.86	2.86	2.84	2.81	2.78	2.81	2.75	2.65
Tm	0.33	0.32	0.33	0.32	0.33	0.33	0.32	0.31	0.32	0.31	0.31
Yb	1.82	1.79	1.80	1.81	1.79	1.82	1.74	1.72	1.74	1.71	1.68
Lu	0.25	0.24	0.25	0.24	0.24	0.25	0.24	0.23	0.24	0.23	0.23
$\sum$REE	587	589	591	587	582	596	596	579	591	573	569
$\sum$LREE/ $\sum$HREE	8.18	8.21	8.23	8.19	8.10	8.31	8.33	8.27	8.33	8.19	8.23
δEu	0.91	0.91	0.91	0.92	0.91	0.91	0.91	0.92	0.92	0.91	0.92
$(La/Yb)_N$	50.1	51.6	51.0	50.9	50.6	50.8	53.7	52.8	53.4	52.6	53.0
$(Ce/Yb)_N$	36.6	37.1	37.1	36.6	36.8	37.5	38.8	38.2	38.5	37.9	38.4

由西北大学大陆动力学国家重点实验室采用 ICP-MS 法分析(2012)。

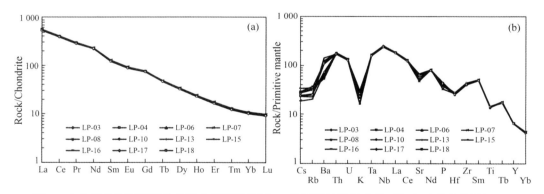

图 5　火山岩球粒陨石标准化稀土元素配分图(a)及原始地幔标准化不相容元素配分图解(b)

球粒陨石标准化值据 Sun and McDonough(1989);原始地幔标准化值据 Wood et al(1979)。

图中编号对应表 1 中的样品编号

微量元素原始地幔标准化配分图解(图 5b)显示,本区苦橄玄武岩 11 个样品具有较为一致的配分型式,曲线总体显示为隆起型配分型式。曲线的前半部元素总体呈富集状态,而曲线后半部相容元素的富集度相对较低,总体表现为板内火山岩的地球化学特性(Pearce,1983;Wilson,1989),表明它们应来自大陆板内深部的局部熔融,这与稀土元素反映的地质事实相吻合。在配分曲线中有特别显著的 K 负异常和 Sr、Ti 的轻度亏损。K 和 Sr 均是碱土金属族元素,它们在地球化学性质上有类似之处(刘英俊等,1984)。传统的元素地球化学理论认为(刘英俊等,1984),由于造岩元素中 K 与 Sr 较接近,K 易被 Sr 类质同象置换,故在岩浆作用过程中 Sr 的性状在一定程度上受 K 控制。本区火山岩亏损 K 和 Sr 的地球化学特征,恰好印证了柳坪苦橄榄玄武岩应属钠质碱性玄武岩类,与青藏高原北部广泛分布的新生代钾质-超钾质-钾玄质火山岩地球化学性质有明显不同 (Lai et al., 2001, 2003, 2011, 2007;赖绍聪和刘池阳,2001;赖绍聪等,2007)。Ti 在岩浆岩中易形成独立矿物相,主要是钛铁氧化物类。而在造岩矿物中,Ti 在链状硅酸盐中的含量最高,其次是层状硅酸盐,而架状硅酸盐中 Ti 的含量较低(刘英俊等,1984)。从而表明,本区苦橄玄武岩中 Ti 的弱亏损可能受控于岩浆中钛铁氧化物的早期轻度分离结晶。

5 同位素地球化学特征

柳坪新生代火山岩 4 个样品的 Sr-Nd-Pb 同位素分析结果列于表 3 中。从表 3 中可以看到,柳坪苦橄玄武岩总体具有中-低含量的 Sr,以及相对低 Nd 的同位素地球化学特征,岩石$^{87}Sr/^{86}Sr = 0.704\ 158 \sim 0.704\ 668$(平均 0.704 402),$\varepsilon_{Sr} = +73.94 \sim +81.23$(平均 +77.42),$^{143}Nd/^{144}Nd = 0.512\ 831 \sim 0.513\ 352$(平均 0.512 985),$\varepsilon_{Nd} = +3.76 \sim +13.93$(平均+6.77)。根据$^{143}Nd/^{144}Nd$-$^{87}Sr/^{86}Sr$ 相关图解(图 6),本区火山岩的 Sr-Nd 同位素组成特征投影在 DM、PREMA、MORB 和 BSE 之间,非常接近 PREMA(原始地幔)的位置。与北羌塘新生代钾质-超钾质火山岩比较(Lai et al., 2001, 2003, 2011, 2007;赖绍聪等,2001,2007),本区火山岩具有更高的ε_{Nd}值和相对更低的$^{87}Sr/^{86}Sr$ 同位素组成。

表 3 火山岩 Sr-Nd-Pb 同位素分析结果

样品号	LP-06	LP-07	LP-10	LP-17
$Pb/\times10^{-6}$	5.23	4.70	6.61	5.86
$Th/\times10^{-6}$	17.1	16.9	16.8	16.3
$U/\times10^{-6}$	3.67	3.54	3.51	3.44
$^{206}Pb/^{204}Pb$	18.779 184	18.729 871	18.746 492	18.760 983
2σ	0.000 828	0.000 540	0.000 916	0.000 818
$^{207}Pb/^{204}Pb$	15.602 454	15.595 391	15.598 208	15.591 395
2σ	0.000 792	0.000 522	0.000 868	0.000 722
$^{208}Pb/^{204}Pb$	39.181 458	39.097 372	39.129 018	39.207 882
2σ	0.002 100	0.001 296	0.002 180	0.001 826
$\Delta7/4$	7.58	7.41	7.51	6.67
$\Delta8/4$	85.0	82.6	83.8	89.9
$Sr/\times10^{-6}$	1108	1084	1283	1432
$Rb/\times10^{-6}$	27.1	28.9	29.6	21.6
$^{87}Rb/^{86}Sr$	0.070 84	0.077 01	0.066 61	0.043 71
$^{87}Sr/^{86}Sr$	0.704 400	0.704 380	0.704 158	0.704 668
2σ	0.000 012	0.000 011	0.000 011	0.000 011
ΔSr	44.00	43.80	41.58	46.68
ε_{Sr}	+77.39	+77.11	+73.94	+81.23
$Nd/\times10^{-6}$	105	104	105	101
$Sm/\times10^{-6}$	19.4	19.3	19.3	18.7

样品号	LP-06	LP-07	LP-10	LP-17
$^{147}Sm/^{144}Nd$	0.111 53	0.111 53	0.110 85	0.111 74
$^{143}Nd/^{144}Nd$	0.512 876	0.512 881	0.513 352	0.512 831
2σ	0.000 031	0.000 033	0.000 067	0.000 012
ε_{Nd}	+4.64	+4.74	+13.93	+3.76

$\varepsilon_{Nd} = [(^{143}Nd/^{144}Nd)_S / (^{143}Nd/^{144}Nd)_{CHUR} - 1] \times 10^4$，$(^{143}Nd/^{144}Nd)_{CHUR} = 0.512\ 638$。

$\varepsilon_{Sr} = [(^{87}Sr/^{86}Sr)_S / (^{87}Sr/^{86}Sr)_{UR} - 1] \times 10^4$，$(^{87}Sr/^{86}Sr)_{UR} = 0.698\ 990$。

$\Delta 7/4 = [(^{207}Pb/^{204}Pb)_S - 0.108\ 4 (^{206}Pb/^{204}Pb)_S - 13.491] \times 100$。

$\Delta 8/4 = [(^{208}Pb/^{204}Pb)_S - 1.209 (^{206}Pb/^{204}Pb)_S - 15.627] \times 100$。

$\Delta Sr = [(^{87}Sr/^{86}Sr)_S - 0.7] \times 10\ 000$。

ε_{Nd} 和 ε_{Sr} 未做年龄校正，由西北大学大陆动力学国家重点实验室采用 MC-ICP-MS 法分析（2012）。

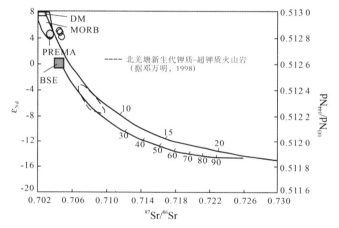

图 6　火山岩 $^{143}Nd/^{144}Nd$-$^{87}Sr/^{86}Sr$ 图解

DM：亏损地幔；PREMA：原始地幔；BSE：地球总成分；MORB：洋中脊玄武岩

柳坪苦橄玄武岩 $^{206}Pb/^{204}Pb$ = 18.729 871～18.779 184（平均 18.754 133），$^{207}Pb/^{204}Pb$ = 15.591 395～15.602 454（平均 15.596 862），$^{208}Pb/^{204}Pb$ = 39.097 372～39.181 458（平均 39.153 933）。在 Pb 同位素成分系统变化图以及 Sr-Pb、Nd-Pb 图（图 7，图 8）中，本区火山岩样品无论是在 $^{207}Pb/^{204}Pb$-$^{206}Pb/^{204}Pb$ 图解中还是在 $^{208}Pb/^{204}Pb$-$^{206}Pb/^{204}Pb$ 图解中，均位于 Th/U = 4.0 的北半球参考线（NHRL）之上，并在 $^{208}Pb/^{204}Pb$-$^{206}Pb/^{204}Pb$ 图解中具有与 BSE 接近的同位素组成，而在 $^{207}Pb/^{204}Pb$-$^{206}Pb/^{204}Pb$ 图解中显示了轻微偏高的 $^{206}Pb/^{204}Pb$ 值，处在 PREMA、BSE、MORB 和 EM Ⅱ 之间的过渡区域。

计算结果表明（表 3），柳坪苦橄玄武岩 $\Delta 8/4$Pb 值为 82.6～89.9；$\Delta 7/4$Pb 值较低，介于 6.67～7.58。通常 DUPAL 异常具有如下特征（Hart，1988）：①高 $^{87}Sr/^{86}Sr$ 值（大于 0.705 0）；②$\Delta 8/4$Pb 值大于 60，$\Delta 7/4$Pb 值亦偏高。从柳坪苦橄玄武岩 Pb 同位素特征可以看到，其偏低的 $\Delta 7/4$Pb 值和明显小于 0.705 0 的 $^{87}Sr/^{86}Sr$ 值，未显示显著的 DUPAL 异常特征。这表明，它们不同于源自青藏高原具显著 DUPAL 异常特征地幔源区的藏北新

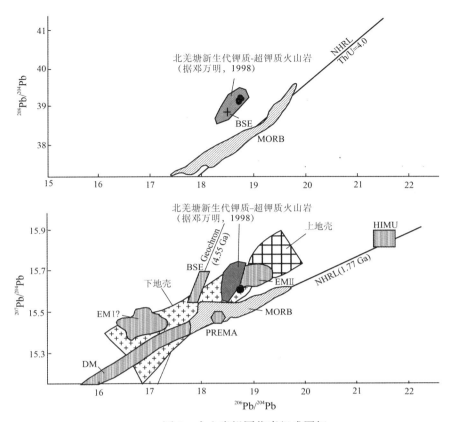

图 7　火山岩铅同位素组成图解

DM:亏损地幔;PREMA:原始地幔;BSE:地球总成分;MORB:洋中脊玄武岩;

EM Ⅰ:Ⅰ 型富集地幔;EM Ⅱ:Ⅱ 型富集地幔;HIMU:异常高²³⁸U/²⁰⁴Pb 地幔。据 Hugh(1993)

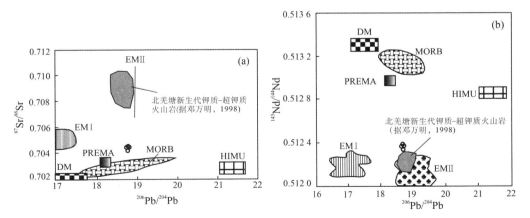

图 8　火山岩⁸⁷Sr/⁸⁶Sr-²⁰⁶Pb/²⁰⁴Pb(a)和 ¹⁴³Nd/¹⁴⁴Nd-²⁰⁶Pb/²⁰⁴Pb(b)同位素组成图解

DM:亏损地幔;PREMA:原始地幔;MORB:洋中脊玄武岩;EM Ⅰ:Ⅰ 型富集地幔;

EM Ⅱ:Ⅱ 型富集地幔;HIMU:异常高²³⁸U/²⁰⁴Pb 地幔。据 Zindler and Hart(1986)

生代钾质–超钾质火山岩类(Lai et al.，2001，2003，2011，2007；赖绍聪等，2001，2007)。

6 岩浆起源和源区性质

本文的研究资料(表1)表明，柳坪苦橄玄武岩 $Mg^\#$ 值很高，介于 69.2 ~ 71.8(平均 70.6)，符合原生玄武岩浆的 $Mg^\#$ 值范围(67 ~ 73)(Frey et al.，1978)。因此，柳坪苦橄玄武岩具有很好的原生性质，其地球化学和同位素地球化学资料能够对地幔岩浆源区性质做出有效约束。岩石低 SiO_2、贫 Al_2O_3，$Na_2O > K_2O$，尤其是具有极高的 MgO(14.93% ~ 16.24%，平均 15.66%)、TiO_2(3.46% ~ 3.71%，平均 3.59%)、Cr(618×10^{-6} ~ 689×10^{-6}，平均 658×10^{-6})、Co(70.3×10^{-6} ~ 131×10^{-6}，平均 82.0×10^{-6})和 Ni(469×10^{-6} ~ 498×10^{-6}，平均 484×10^{-6})含量，充分表明其为一套典型的幔源钠质碱性玄武岩类(Wilson，1989)。

目前，学术界对富钠火山岩的成因已提出了一些初步解释(Miyashiro，1978；Hofmann，1997；Marty and Dauphas，2003；张学诚，1995；郑海飞等，1996)，认为钠质富碱岩浆岩通常具富碱、高钠($Na_2O > K_2O$)的特点，同时富钛及轻稀土。这类岩石常常起源于钠质的富碱地幔源区，这些异常地幔源的形成可能与特殊的地幔深部动力学过程或地幔流体交代作用有关，而超深大断裂作为岩浆上升的通道，是钠质地幔富碱岩系形成的重要条件。

需要指出的是，柳坪苦橄玄武岩相对低的 Nd 同位素，以及其偏低的 Δ7/4Pb 值和明显小于 0.705 0 的 $^{87}Sr/^{86}Sr$ 值，不同于青藏高原北部源自加厚地壳下部并明显受到 EM II 型富集地幔混染的高钾钙碱性壳源中酸性火山岩，亦显著区别于青藏高原北部广泛分布的以高度富钾及强烈亏损 Nb 和 Ta 为特征的、源自青藏高原具显著 DUPAL 异常的 EM II 型富集地幔的钾质、超钾质新生代火山岩系(Lai et al.，2001，2003，2011，2007；赖绍聪等，2001，2007)。柳坪苦橄玄武岩独特的 Sr-Nd-Pb 同位素地球化学体系变化特征显示了显著的混源属性，投影点位于 EM I、EM II、BSE 及 PREMA 等典型地幔储库的过渡部位，并可能存在 HIUM 地幔源的部分参与，明显不同于单一地幔源局部熔融形成的玄武岩的同位素组成，从而表明本区玄武岩应具有其相对独立的地幔岩浆源区，是由 2 种或 2 种以上不同属性的地幔源经混合后形成的具有特殊混源特征地幔岩石再发生局部熔融的产物。Tegner et al.(1998)的研究认为，Sm/Yb 值和 Yb 含量的相关关系可有效判别地幔岩浆起源的相对深度和熔融程度，在地幔部分熔融作用中，熔体的 Sm/Yb 以及 Dy/Yb 比值随着压力增大而增大。柳坪苦橄玄武岩具有相对较高的 Sm/Yb 值(Sm/Yb = 10.53 ~ 11.20)，说明其来源深度较大，应来源于软流圈地幔尖晶石二辉橄榄岩的局部熔融。

7 深部动力学意义的讨论

上述关于柳坪钠质苦橄玄武岩成因解释为我们提供了深入探讨青藏高原东北缘深部动力学背景的初步线索。那么，青藏高原东北缘西秦岭地区为什么会产生这套特殊的、具有混源特征的钠质碱性玄武岩？软流圈地幔岩浆局部熔融的热动力又来自哪里？张国伟等(2004)的研究结果表明(图9)，青藏高原东缘西秦岭–松潘地区在新生代期间处于典型的多块体汇聚的特殊构造环境,深部动力学过程主要表现为青藏高原、扬子及华北地幔的汇聚拼合。而青藏高原在以南北为主的南、北双向挤压缩短作用下,于地壳加厚、急剧隆升形成高原的过程中,发生东、西向扩张,东部物质产生向东运动,而东部边界却总体呈现为①东部受阻的双向固态流变及其相关应变和②块体相对运动、旋转的分段有限挤出剪切走滑构造,共同组成青藏高原东部边界篱笆式的整体受阻与隔段局部有限挤出逃逸的构造组合模型。也就是说,青藏高原向东扩展,在首先产生受阻应变的同时,伴生沿不同地块间尤其是沿鄂尔多斯、上扬子四川、印度等稳定地块间的拼结带发生不等的有限剪切挤出构造,突出地表现于青藏高原东南沿红河等断裂的走滑逃逸运动和东北缘的渭河等断裂的剪切走滑,而柳坪苦橄玄武岩恰好分布在东北缘沿渭河断裂的西秦岭剪切走滑逃逸体系中(图9)。

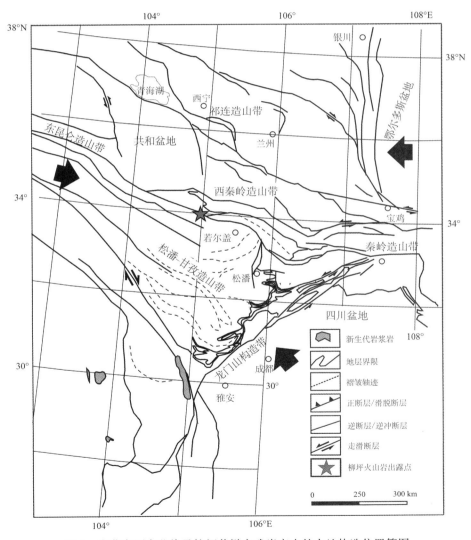

图 9　青藏高原东北缘及柳坪苦橄玄武岩产出的大地构造位置简图

众所周知,岩浆喷发和侵入活动与构造活动有着密不可分的因果关系,往往是构造扰动诱发了深部岩浆的上侵。根据 GPS 测定,青藏高原羌塘地块以北是高原内部向东运动最快的部分,自新生代以来,西秦岭是青藏高原向东挤出运动的最佳通道。新近的一些研究结果(莫宣学等,2007;Mo et al.,2006)表明,在青藏高原东北缘存在高原下软流圈物质沿"软流圈通道"的东进。作为对印度-欧亚大陆强烈碰撞的吸收与调节,高原下软流圈地幔流沿 400 km 界面向北东方向侧向流动(图 10)。因此,我们有理由认为,新生代期间青藏高原东北缘西秦岭地区具有极为独特的大地构造环境和深部动力学背景。青藏高原、扬子及华北地幔的汇聚拼合形成了该区独特的混合型地幔源区,而高原下软流圈地幔流向北东方向的侧向流动,以及西秦岭周边克拉通块体的阻挡,是形成西秦岭断裂系左行走滑特征和巨大拉分盆地的主要原因,也是诱发深部软流圈地幔橄榄岩局部熔融、导致西秦岭新生代钠质碱性玄武岩类形成的动力学机制。这也较好地解释了西秦岭新生代岩浆作用起源深度大、岩石组合与地球化学明显区别于高原内部及其周边地区新生代钾质-超钾质-钾玄质火山岩系列的原因。

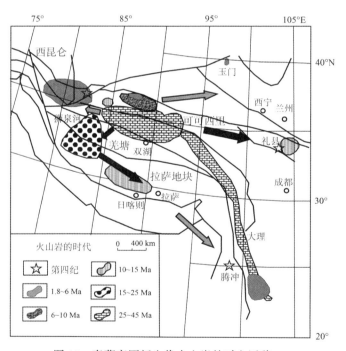

图 10　青藏高原新生代火山岩的时空迁移

据莫宣学等(2007)

参考文献

[1] Dong X, Zhao Z D, Mo X X, et al., 2008. Geochemistry of the Cenozoic kamafugites from west Qinling and its constraint for the nature of magma source region. Acta Petrologica Sinica, 24(2):238-248 (in Chinese with English abstract).

[2] Frey F A, Greend H, Roys D, 1978. Integrated models of basalt petrogenesis: A study of quartz tholeiites to olivine melilitites from southeastern Austlalia utilizing geochemical and experimental petrological data. Journal of Petrology, 19:463-513.

[3] Hart S R, 1988. Heterogeneous mantle domains: Signatures, genesis and mixing chronologies. Earth & Planetary Science Letters, 90:273-296.

[4] Hofmann A W, 1997. Mantle geochemistry: The message from oceanic volcanism. Nature, 385(6631): 219-229.

[5] Hugh R R, 1993. Using geochemical data. Singapore: Longman Singapore Publishers: 234-240.

[6] Jiang Y H, 2006. Low-degree melting of a matasomatized lithospheric mantle for the origin of Cenozoic Yulong monzogranite-porphyry, East Tibet: Geochemical and Sr-Nd-Pb-Hf isotopic constraints. Earth & Planetary Science Letters, 241(3-4):617-633.

[7] Lai S C, Liu C Y, 2001. Enriched upper mantle and eclogitic lower crust in north Qiangtang, Qinghai-Tibet Plateau: Petrological and geochemical evidence from the Cenozoic volcanic rocks. Acta Petrologica Sinica, 17(3):459-468 (in Chinese with English abstract).

[8] Lai S C, Liu C Y, O'Reilly S Y, 2001. Petrogenesis and its significance to continental dynamics of the Neogene high-potassium calc-alkaline volcanic rock association from north Qiangtang, Tibetan Plateau. Science in China: Series D, 44(Suppl 1):45-55.

[9] Lai S C, Liu C Y, Yi H S, 2003. Geochemistry and petrogenesis of Cenozoic andesite-dacite association from the Hoh Xil region, Tibetan Plateau. International Geology Review, 45(11):998-1019.

[10] Lai S C, Qin J F, Li Y F, 2007. Partial melting of thickened Tibetan crust: Geochemical evidence from Cenozoic adakitic volcanic rocks. International Geology Review, 49(4):357-373.

[11] Lai S C, Qin J F, Li Y F, et al., 2007. Geochemistry and petrogenesis of the alkaline and caic-alkaline series Cenozoic volcanic rocks from Huochetou mountain, Tibetan plateau. Acta Petrologica Sinica, 23 (4):709-718 (in Chinese with English abstract).

[12] Lai S C, Qin J F, Rodeny G, 2011. Petrochemistry of granulite xenoliths from the Cenozoic Qiangtang volcanic field, northern Tibetan Plateau: Implications for lower crust composition and genesis of the volcanism. International Geology Review, 53(8):926-945.

[13] Liu Y, Liu X M, Hu Z C, et al., 2007. Evaluation of accuracy and long-term stability of determination of 37 trace elements in geological samples by ICP-MS. Acta Petrologica Sinica, 23(5):1203-1210 (in Chinese with English abstract).

[14] Liu Y J, Cao L M, Li Z L, et al., 1984. Element Geochemistry. Beijing: Science Press: 50-372 (in Chinese).

[15] Marty B, Dauphas N, 2003. The nitrogen record of crust-mantle interaction and mantle convection from Archean to present. Earth & Planetary Science Letters, 206(3-4):397-410.

[16] Miyashiro A, 1978. Nature of alkalic volcanic rock series. Contributions to Mineralogy and Petrology, 66:91-104.

[17] Mo X X, Zhao Z D, Deng J F, et al., 2006. Petrology and geochemistry of postcollisional volcanic rocks from the Tibetan Plateau: Implications for lithosphere heterogeneity and collision-induced asthenospheric mantle flow. In: Dilek Y, Pavlides S. Postcollisional Tectonics and Magmatism in the Mediterranean

Region and Asia. Washington: The Geological Society of America: 507-530.

[18] Mo X X, Zhao Z D, Deng J F, et al., 2007. Migration of the Tibetan Cenozoic potassic volcanism and its transition to eastern basaltic province: Implications for crustal and mantle flow. Geoscience, 21(2): 255-264 (in Chinese with English abstract).

[19] Pearce J A, 1983. The role of sub-continental lithosphere in magma genesis at destructive plate margins. In: Hawks W. Continental Basalts and Mantle Xenoliths. London: Nantwich Shiva Press: 230-249.

[20] Shi D N, Shen Y, Zhao W J, et al., 2009. Seismic evidence for a Moho offset and south-directed thrust at the easternmost Qaidam-Kunlun boundary in the Northeast Tibetan Plateau. Earth & Planetary Science Letters, 288(1-2):329-334.

[21] Spurlin M S, Yin A, Horton B K, et al., 2005. Structural evolution of the Yushu-Nangqian region and its relationship to syncollisional igneous activity east-central Tibet. Geological Society of America Bulletin, 117(9):1293-1317.

[22] Su B X, Zhang H F, Wang Q Y, et al., 2007. Spinel-garnet phase transition zone of Cenozoic lithospheric mantle beneath the eastern China and western Qinling and its T-P condition. Acta Petrologica Sinica, 23(6):1313-1320 (in Chinese with English abstract).

[23] Sun S S, McDonough W F, 1989. Chemical and isotopic systematics of oceanic basalts: Implications for mantle composition and processes. Geological Society, London, Special Publications, 42(1):313-345.

[24] Tegner C, Lesher C E, Larsen L M, et al., 1998. Evidence from the rare-earth element record of mantle melting for cooling of the Tertiary Iceland plume. Nature, 395(6702):591-594.

[25] Wang Y L, Yu X H, Wei Y F, et al., 2007. The Globule Segregations in the Cenozoic kamafugite and An Inversion of Mantle Fluid, Western Qinling, Gansu Province. Geoscience, 21(2):307-317 (in Chinese with English abstract).

[26] Wilson M, 1989. Igneous Petrogenesis: An Global Tectonic Approach. London: Unwin Hyman Press: 295-323.

[27] Wood D A, Joron J L, Treuil M, et al., 1979. Elemental and Sr isotope variations in basic lavas from Iceland and the surrounding ocean sea floor. Contribtions to Mineralogy and Petrology, 70(3):319-339.

[28] Yu X H, Mo X X, Martin F, et al., 2001. Cenozoic kamafugite volcanism and tectonic meaning in west Qinling area, Gansu Province. Acta Petrologica Sinica, 17(3):366-377 (in Chinese with English abstract).

[29] Yu X H, Mo X X, Su S G, et al., 2003. Discovery and significance of Cenozoic volcanic carbonatite in Lixian, Gansu Province. Acta Petrologica Sinica, 19(1):105-112 (in Chinese with English abstract).

[30] Yu X H, Zhao Z D, Mo X X, et al., 2004. Trace elements, REE and Sr, Nd, Pb isotopic geochemistry of Cenozoic kamafugite and carbonatite from west Qinling, Gansu Province: Implication of plume-lithosphere interaction. Acta Petrologica Sinica, 20(3):483-494 (in Chinese with English abstract).

[31] Yu X H, Zhao Z D, Mo X X, et al., 2005. $^{40}Ar/^{39}Ar$ dating for Cenozoic kamafugite from western Qinling in Gansu Province. Chinese Science Bulletin, 50(23):2638-2643 (in Chinese).

[32] Zhang G W, Guo A L, Yao A P, 2004. Western Qinling-Songpan continental tectonic node in China's continental tectonics. Earth Science Frontiers, 11(3):23-32 (in Chinese with English abstract).

[33] Zhang X C, 1995. The volcanism of Kang-Dian rift zone and characteristics of its alkalic (sodic)

volcanic rock series.Yunnan Geology,14(2):81-98（in Chinese with English abstract）.

[34] Zheng H F, Xie H S, Xu Y S, et al., 1996. Origin of the sodic and potassic intermediate-acid magmas: Melting experiments on basaltic rocks at high pressures.Acta Mineralogica Sinica, 16(2):109-117（in Chinese with English abstract）.

[35] Zindler A, Hart S R, 1986. Chemical geodynamics. Annual Review of Earth and Planetary Sciences, 14 (1):493-573.

[36] 董昕,赵志丹,莫宣学,等,2008.西秦岭新生代钾霞橄黄长岩的地球化学及其岩浆源区性质.岩石学报, 24(2):238-248.

[37] 赖绍聪,刘池阳,2001.青藏高原北羌塘榴辉岩质下地壳及富集型地幔源区:来自新生代火山岩的岩石地球化学约束[J].岩石学报,17(3):459-468.

[38] 赖绍聪,秦江锋,李永飞,等,2007.青藏高原新生代火车头山碱性及钙碱性两套火山岩的地球化学特征及其物源讨论.岩石学报,23(4):709-718.

[39] 刘晔,柳小明,胡兆初,等,2007.ICP-MS测定地质样品中37个元素的准确度和长期稳定性分析.岩石学报,23(5):1203-1210.

[40] 刘英俊,曹励明,李兆麟,等,1984.元素地球化学.北京:科学出版社:50-372.

[41] 莫宣学,赵志丹,邓晋福,等,2007.青藏新生代钾质火山活动的时空迁移及向东部玄武岩省的过渡:壳幔深部物质流的暗示.现代地质,21(2):255-264.

[42] 苏本勋,张宏福,王巧云,等,2007.中国东部及西秦岭地区新生代岩石圈地幔中的相转变带及其温压条件.岩石学报,23(6):1313-1320.

[43] 王永磊,喻学惠,韦玉芳,等,2007.甘肃西秦岭新生代钾霞橄黄长岩中的球状分凝体及地幔流体反演.现代地质,21(2):307-317.

[44] 喻学惠,莫宣学,Martin F,等,2001.甘肃西秦岭新生代钾霞橄黄长岩火山作用及其构造含义.岩石学报,17(3):366-377.

[45] 喻学惠,莫宣学,苏尚国,等,2003.甘肃礼县新生代火山喷发碳酸岩的发现及意义.岩石学报,19:105-112.

[46] 喻学惠,赵志丹,莫宣学,等,2004.甘肃西秦岭新生代钾霞橄黄长岩和碳酸岩的微量、稀土和Pb-Sr-Nd同位素地球化学:地幔柱-岩石圈交换的证据.岩石学报,20(3):483-494.

[47] 喻学惠,赵志丹,莫宣学,等,2005.甘肃西秦岭新生代钾霞橄黄长岩的$^{40}Ar/^{39}Ar$同位素定年及其地质意义.科学通报,50(23):2638-2643.

[48] 张国伟,郭安林,姚安平,2004.中国大陆构造中的西秦岭-松潘大陆构造结.地学前缘,11(3):23-32.

[49] 张学诚,1995.康滇裂谷带火山活动及其碱性（钠质）火山岩系特征.云南地质,14(2):81-98.

[50] 郑海飞,谢鸿森,徐有生,等,1996.钠质与钾质中酸性岩浆的成因:玄武质岩的高压熔融实验研究.矿物学报,16(2):109-117.

昌宁-孟连缝合带干龙塘-弄巴蛇绿岩地球化学及 Sr-Nd-Pb 同位素组成研究①②

赖绍聪　秦江锋　李学军　臧文娟

摘要:本文对三江古特提斯昌宁-孟连带中段干龙塘-弄巴蛇绿混杂岩进行了详细的主量、微量元素及 Sr-Nd-Pb 同位素地球化学研究。结果表明,弄巴玄武岩包括拉斑系列和碱性系列,弄巴拉斑玄武岩具有高 TiO_2 和低 K_2O 含量的特征,$(La/Yb)_N$ 介于 $1.87 \sim 2.38$,岩石的 Sr-Nd-Pb 同位素组成和典型 MORB 十分相似,结合岩石较高的 Th/Yb 和低的 Zr/Nb 值,可以认为弄巴拉斑玄武岩具有富集型洋脊玄武岩(E-MORB)的特征,可能起源于富集的地幔源区或是亏损地幔源区和地幔柱发生交代作用的结果。弄巴碱性玄武岩具有较高的 TiO_2(2.38%)和 K_2O(2.37%)含量,$(La/Yb)_N=11.19$,富集轻稀土,表现出典型的碱性 OIB 的特征,可能是大洋板内热点浅部熔融的产物。干龙塘拉斑玄岩具有高 TiO_2、$Mg^\#$,低 K_2O 含量和亏损轻稀土等特征,表现出 N-MORB 的地球化学特征,岩石的 Sr-Nd-Pb 与 MORB 相似,表明岩石起源于亏损的地幔源区。

1　引言

　　古特提斯构造域的构造演化与中国大陆古生代洋-陆格局及中国大陆在晚古生代的拼合机制等重大科学问题具有密切关系,一直是地质研究中的焦点问题。前人曾对发育在三江地区的古生代蛇绿混杂岩进行过大量的研究工作,厘定出昌宁-孟连、金沙江-哀牢山及甘孜-理塘 3 条缝合带,其中对于昌宁-孟连带的发育时限及构造属性现今仍存在很多争论。目前,对于昌宁-孟连构造带的主要认识有:①代表古特提斯多岛洋的主支洋盆,滇西古特提斯是一个具有相当规模的多岛洋格局,最后封闭发生于晚印支期(刘本培和冯庆来,2002;张旗等,1996);②代表保山微大陆东缘与临沧岛弧之间的弧后盆地(张翼飞和段锦荪,2001)。因此,对产于昌宁-孟连构造带内的蛇绿混杂岩进行详细的地球化学分析并厘定其源区性质和成因机制,对探讨昌宁-孟连带的构造属性具有重要意义。本次研究选择昌宁-孟连带中部耿马地区弄巴-干龙塘典型蛇绿岩-火山岩剖面为解剖对象,通

　　①　原载于《岩石学报》,2010,26(11)。
　　②　国家自然科学基金项目(40872060)、陕西省教育厅省级重点实验室科研与建设计划项目(08JZ62)和大陆动力学国家重点实验室科技部专项经费联合资助。

过详细的岩石地球化学、Sr-Nd-Pb 同位素地球化学研究资料表明,该区蛇绿混杂岩主要包括 N-MORB 型、E-MORB 型及碱性洋岛型(OIB 型)火山岩,说明昌宁-孟连带曾存在一个洋盆。

2　区域地质概况

昌宁-孟连褶皱带位于保山地块和临沧地块之间,其西界是柯街-南定河断裂,东界是双江断裂。该褶皱带的东、西两侧,分别出露中元古界的澜沧群、大勐龙群、崇山群和西盟群下部,应属冈瓦纳古陆的变质基底。从岩性组合特征来看,大勐龙群、崇山群和西盟群下部均与高黎贡山群相似,可能同属一套地层,其原岩皆为优地槽型的复理石建造。澜沧群亦为一套火山岩和沉积岩组成的复理石建造。晚古生代地层最为发育,泥盆系为地槽型的硅质复理石建造及笔石页岩建造,下石炭统为基性火山岩建造,下石炭统上部-二叠系基本为一套碳酸盐建造。此外,在云县铜厂街、双江以西(小墨江)、孟连以南(曼信)等地有较多量的超镁铁质岩出露(云南省地质矿产局,1990)。

干龙塘-弄巴蛇绿构造混杂带内主要出露一套石炭-二叠系火山-沉积岩系(图 1),火山岩岩石类型主要为玄武岩类,大多已产生显著的低-中级变质作用,呈强烈片理化的玄武岩、绿泥石片岩、绿泥钠长片岩、绿帘斜长角闪岩、斜长角闪岩等岩石类型产出。火山岩常以构造岩片的形式夹在石炭-二叠纪沉积地层之中,从而构成蛇绿混杂岩系。剖面中岩石变形强烈,片理十分发育,未发现确切的变余火成堆晶层理,但局部地段可见斜长石碎斑相对集中的条纹条带,不排除属火成堆晶层理的可能性。部分绿泥片岩中可见变余斑状结构、变余杏仁状构造,原岩应属玄武岩类。

3　火山岩岩相学与样品分析方法

研究区内火山岩主要岩石类型包括弱变质致密块状玄武岩、杏仁状玄武岩以及低级变质的钠长绿泥片岩、绿帘片岩等。

致密块状玄武岩:浅灰绿、灰黑色,具间粒间隐结构,块状构造。由斜长石(55%)、普通辉石(25%)、火山玻璃(5%)及钛铁矿(5%)组成。斜长石呈长条状;火山玻璃呈不规则状,全部脱玻化;钛铁矿呈板状。

杏仁状玄武岩:灰绿色,具间粒结构,杏仁状构造。由斜长石(50%)、单斜辉石(40%)、磁铁矿(2%)和杏仁体(5%~10%)组成。斜长石呈长条状,钠黝帘石化;单斜辉石半自形状;杏仁体呈圆状或不规则状,0.1~1 mm,充填绿泥石。

钠长绿泥片岩:岩石强烈风化蚀变为土黄色,但片状构造明显。由绿泥石(80%)、钠长石(15%)和钛铁矿(2%)组成。绿泥石呈微细鳞片状定向分布构成岩石片状构造,部分绿泥石集合体不同程度保留短柱状辉石假象,其中不均匀地分布少量微细粒状绢云母化钠长石,其变晶集合体不同程度地保留原板状斜长石外形。

绿帘片岩:主要为斜长角闪绿帘片岩。岩石呈绿色,变余斑状结构。变余斑晶由斜长石(5%~20%)组成。变质重结晶明显,伴强烈绿帘石化,但仍不同程度地保留原岩浆

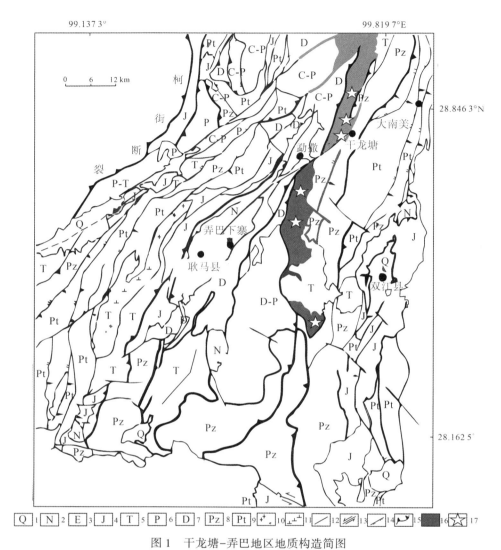

图 1　干龙塘–弄巴地区地质构造简图

1.第四系;2.新近系;3.古近系;4.侏罗系;5.三叠系;6.二叠系;7.泥盆系;8.古生界;9.新元古界;
10.中细粒(角闪)黑云二长花岗岩;11.二长花岗岩;12.断层;13.平移断层;14.逆断层;
15.分隔性逆冲推覆断层;16.蛇绿混杂带;17.取样位置。据段向东等(2006)

组构特征的半自形板状外形,长轴方向沿片理大体呈定向排列。基质由绿泥石、绿帘石、(钠)更长石组成。矿物分布不均匀,粒状矿物相对呈不规则斑块状、透镜条纹状产出。

　　我们沿垂直火山岩走向采集一组系统样品,对野外采集的样品进行详细的岩相学观察后,选择新鲜的、没有脉体贯入的样品进行主量元素、微量元素和 Sr-Nd-Pb 同位素分析。

　　主量和微量元素分析在西北大学大陆动力学国家重点实验室完成。主量元素分析采用 XRF 法完成,微量元素用 ICP-MS 测定。微量元素样品在高压溶样弹中用 HNO_3 和 HF 混合酸溶解 2 d 后,用 VG Plasma-Quad ExCell ICP-MS 方法完成测试,对国际标准参考物质 BHVO-1(玄武岩)、BCR-2(玄武岩)和 AGV-1(安山岩)的同步分析结果表明,微量元素分析的精度和准确度一般优于 10%,详细的分析流程见文献(刘晔等,2007)。Sr-Nd-Pb 同位素分析在西北大学大陆动力学国家重点实验室完成。Sr、Nd 同位素分别采用 AG50W-X8(200~400 mesh)、HDEHP(自制)和 AG1-X8(200~400 mesh)离子交换树脂进行分离;同位素的测试在该实验室的多接收电感耦合等离子体质谱仪(MC-ICP MS,Nu Plasma HR,Nu Instruments,Wrexham,UK)上采用静态模式(Static mode)进行。

4　分析结果

4.1　主量、微量元素地球化学特征

火山岩化学的主量及微量元素分析结果列于表 1 中。SiO_2-Nb/Y 图解可以有效地区分变质/蚀变火山岩的系列(Winchester and Floyd,1977)。从图 2a 中可以看到,干龙塘火山岩均属非碱性系列火山岩类。而弄巴火山岩的 6 个样品可区分为亚碱性和碱性 2 个系列。其中,样品 SH69、SH73、SH74、SH75 和 SH82 属于非碱性系列,而样品 SH85 属于碱性系列。SiO_2-Zr/TiO_2 图解被认为是划分蚀变、变质火山岩系列和岩石名称的有效图解(Winchester and Floyd.,1977),从图 2b 中可以看到,干龙塘火山岩均为亚碱性拉斑玄武岩类,而弄巴火山岩包括亚碱性拉斑玄武岩和碱性玄武岩 2 种岩石类型。

表 1　干龙塘-弄巴蛇绿岩剖面玄武岩常量元素(%)和稀土及微量元素(×10^{-6})分析结果

样品号	SH69	SH73	SH74	SH75	SH82	SH85	SH100	SH105	SH109	SH112
位　置				弄巴					干龙塘	
SiO_2	46.67	49.95	48.51	46.94	48.85	46.02	50.79	49.34	49.98	49.79
TiO_2	1.28	1.22	1.23	1.30	1.10	2.38	1.29	1.19	1.22	1.26
Al_2O_3	16.32	16.40	16.22	15.27	15.45	15.34	14.46	14.53	14.51	14.85
$Fe_2O_3^T$	11.03	9.82	10.28	10.70	10.50	11.38	10.35	10.49	10.59	10.29
MnO	0.63	0.29	0.31	0.19	0.19	0.39	0.28	0.17	0.17	0.17
MgO	8.10	7.41	7.84	8.15	7.07	8.48	8.18	7.80	7.95	7.85
CaO	6.62	5.76	6.47	9.25	8.95	5.03	9.25	11.65	10.44	10.56
Na_2O	3.28	3.52	3.35	2.99	3.24	2.82	3.45	2.52	3.06	2.93
K_2O	0.51	1.36	1.29	0.28	0.56	2.37	0.19	0.09	0.13	0.12
P_2O_5	0.09	0.10	0.09	0.11	0.09	0.37	0.08	0.09	0.08	0.10
LOI	5.00	3.79	3.97	4.33	3.64	4.94	1.20	1.63	1.38	1.61
Total	99.53	99.62	99.56	99.51	99.64	99.52	99.52	99.50	99.51	99.53
Li	41.3	37.5	34.0	32.5	19.0	81.7	8.11	4.63	5.25	7.15
Sc	31.5	33.2	36.1	35.1	29.6	20.5	43.1	43.4	41.2	42.3
V	280	303	303	298	275	237	292	289	271	276
Cr	310	287	294	253	268	37.9	239	245	236	224
Co	58.7	55.2	58.3	56.1	57.9	50.0	56.5	59.1	61.9	62.1
Ni	158	131	136	121	172	54.6	78.9	78.2	67.7	70.0

样品号	SH69	SH73	SH74	SH75	SH82	SH85	SH100	SH105	SH109	SH112
位 置	弄巴						干龙塘			
Cu	130	138	144	125	123	106	52.5	51.0	88.8	66.1
Zn	70.2	84.8	88.3	83.0	63.6	106	122	54.3	54.0	55.5
Rb	14.5	30.7	29.5	5.97	9.94	30.4	2.55	2.23	2.72	2.45
Sr	86.2	162	159	144	252	408	101	118	107	110
Y	16.4	18.2	17.8	19.3	20.0	28.2	31.3	30.5	29.7	30.8
Zr	64.6	71.1	66.4	73.1	63.0	179	79.0	72.8	71.6	75.0
Nb	5.08	5.53	5.17	6.64	4.78	40.0	1.53	1.15	1.10	1.17
Cs	2.99	1.70	1.96	1.91	1.66	4.22	0.15	0.18	0.23	0.23
Ba	109	348	330	65.8	194	858	16.2	15.2	16.2	16.1
Hf	1.67	1.79	1.70	1.83	1.56	4.00	2.04	1.83	1.85	1.89
Ta	0.33	0.38	0.35	0.45	0.33	2.44	0.15	0.13	0.14	0.13
Pb	2.08	1.37	0.97	1.15	0.91	7.95	4.11	1.21	1.06	1.32
Th	0.44	0.50	0.45	0.57	0.40	3.75	0.13	0.064	0.047	0.057
U	0.13	0.14	0.13	0.15	0.12	0.91	0.066	0.024	0.018	0.023
La	4.91	4.56	4.39	5.92	4.96	27.6	2.39	2.12	1.99	2.16
Ce	12.3	11.9	11.5	14.5	12.1	58.0	7.98	7.37	7.12	7.57
Pr	1.77	1.70	1.65	2.04	1.73	7.14	1.40	1.33	1.29	1.37
Nd	8.56	8.29	7.97	9.57	8.30	30.3	7.92	7.59	7.47	7.80
Sm	2.40	2.35	2.29	2.59	2.41	6.79	2.84	2.72	2.66	2.78
Eu	1.03	0.98	0.94	1.14	0.97	2.34	1.04	1.01	0.98	1.06
Gd	2.79	2.73	2.69	3.04	2.93	6.71	3.79	3.67	3.61	3.80
Tb	0.54	0.55	0.54	0.59	0.59	1.12	0.82	0.79	0.77	0.79
Dy	3.10	3.30	3.21	3.44	3.47	5.62	5.11	4.85	4.86	5.00
Ho	0.64	0.69	0.69	0.71	0.74	1.03	1.13	1.08	1.08	1.11
Er	1.67	1.90	1.88	1.93	2.02	2.45	3.23	3.07	3.06	3.17
Tm	0.22	0.24	0.25	0.25	0.26	0.29	0.44	0.41	0.41	0.42
Yb	1.48	1.67	1.68	1.63	1.72	1.77	3.01	2.88	2.91	2.96
Lu	0.21	0.23	0.24	0.23	0.24	0.24	0.42	0.41	0.41	0.43
ΣREE	58.02	59.29	57.72	66.88	62.44	179.6	72.82	69.80	68.32	71.22
$\Sigma LREE/$ $\Sigma HREE$	1.14	1.01	0.99	1.15	0.95	2.79	0.48	0.46	0.46	0.47
δEu	1.21	1.18	1.16	1.24	1.11	1.05	0.97	0.98	0.97	1.00
$(La/Yb)_N$	2.38	1.96	1.87	2.61	2.07	11.19	0.57	0.53	0.49	0.52
$(Ce/Yb)_N$	2.31	1.98	1.90	2.47	1.95	9.10	0.74	0.71	0.68	0.71

干龙塘拉斑玄武岩的 TiO_2 含量为 1.19% ~ 1.29%,平均为 1.24%,与大洋拉斑玄武岩(1.5%)平均值接近而高于活动陆缘和岛弧拉斑玄武岩(0.83%)(Pearce and Norry, 1979);K_2O 含量低且变化范围很小,介于 0.09% ~ 0.19%,平均为 0.13%,这与典型的洋脊拉斑玄武岩(MORB)所具有的低钾特征完全一致。岩石 SiO_2 含量低(49.34% ~

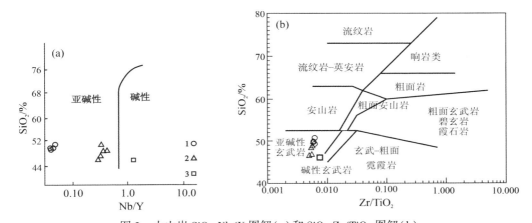

图 2　火山岩 SiO_2-Nb/Y 图解（a）和 SiO_2-Zr/TiO_2 图解（b）

1.干龙塘拉斑玄武岩；2.弄巴拉斑玄武岩；3.弄巴碱性玄武岩。据 Winchester and Floyd（1977）

50.79%），平均为 49.98%；Al_2O_3 含量高且稳定，大多为 14.46%～14.85%。还有一个显著特点是铁、镁含量高，$MgO > 7.80\%$，$Fe_2O_3^T$ 在 10.29%～10.59% 范围内变化，平均为 10.43%；$Mg^\#[=100Mg/(Mg+Fe^T)]$ 值为 63～65，与原生玄武质岩浆接近。与现代大洋洋脊拉斑玄武岩比较，CaO 含量轻微偏低（9.25%～11.65%，平均 10.48%），而 Na_2O 含量则与现代大洋洋脊拉斑玄武岩十分接近（2.52%～3.45%，平均 2.99%），这与岩石经受的轻微细碧岩化作用有关。干龙塘拉斑玄武岩 $(La/Yb)_N$ 介于 0.49～0.57，平均为 0.53；$(Ce/Yb)_N$ 介于 0.68～0.74，平均为 0.71；La/Sm 介于 0.75～0.84，平均为 0.79；δEu 值十分稳定，变化不大，介于 0.97～1.00，平均为 0.98，表明岩石基本无 Eu 的异常。在球粒陨石标准化稀土配分图（图 3a）中，显示为轻稀土亏损型配分型式，具典型的 N 型 MORB 稀土地球化学特征。干龙塘拉斑玄武岩不相容元素原始地幔标准化谱系图（图 3d）显示为明显的左倾负斜率大离子亲石元素亏损型配分型式，除 Cs 元素呈中强富集外，其他元素大多为低程度富集。具有明显的 Th、U 谷和很轻微的 Ti 谷。曲线由强不相容元素部分的左倾型式随着元素不相容性的降低逐渐趋于平缓，自 Nb→Y 曲线明显具有上翘现象，即 Nb→Y 曲线呈左倾正斜率状，说明 Zr、Sm、Tb 等不相容性较弱的元素相对于 La、Ce、Nd 等不相容性稍强的元素呈富集状态，这种现象完全符合于亏损源区起源的玄武岩浆特征。

　　弄巴拉斑玄武岩具有高 TiO_2 和相对低 K_2O 含量的特点。其 TiO_2 含量为 1.10%～1.30%，平均为 1.23%；K_2O 含量相对较低，但变化范围较宽，介于 0.28%～1.36%，平均为 0.80%；岩石 SiO_2 含量低（46.67%～49.95%），平均为 48.18%；Al_2O_3 含量大多为 15%～16.40%；岩石铁、镁含量高（$MgO = 7.07\%$～8.15%，$Fe_2O_3^T = 9.82\%$～11.0%），$Mg^\#$ 值介于 61～64，与原生玄武质岩浆接近；与现代大洋洋脊拉斑玄武岩比较，CaO 明显偏低（5.76%～9.25%，平均 7.41%），而 Na_2O 含量则略为偏高（2.99%～3.52%，平均 3.28%），这可能与海水蚀变和岩石发生绿片岩相变质作用有关。弄巴地区 5 个大洋拉斑玄武岩样品稀土总量较低，在 57×10^{-6}～67×10^{-6} 范围内变化，平均为 60.87×10^{-6}；

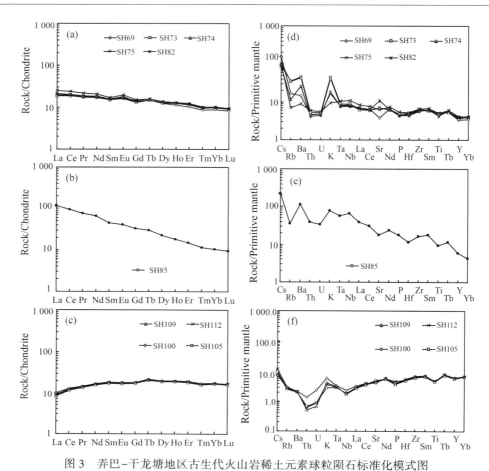

图3 弄巴-干龙塘地区古生代火山岩稀土元素球粒陨石标准化模式图
及微量元素原始地幔标准化蛛网图

(a、d)弄巴拉斑玄武岩;(b、e)弄巴碱性玄武岩;(c、f)干龙塘拉斑玄武岩。
标准化数据引自 Sun and McDonough(1989)

$(La/Yb)_N$介于1.87~2.38,平均为2.18;$(Ce/Yb)_N$介于1.90~2.47,平均为2.12。δEu值十分稳定,变化不大,介于1.05~1.24,平均为1.18,表明岩石具有弱的正 Eu 异常。在球粒陨石标准化稀土配分图(图3b)上,显示为轻稀土微弱富集的平坦型配分型式。

而本区碱性玄武岩具有极高的 TiO_2 含量,TiO_2 含量为2.38%。该组玄武岩 K_2O 含量同样很高,为2.37%,就其 TiO_2 和 K_2O 含量而言,与典型的板内火山岩完全一致。由于该组碱性玄武岩与本区具有大洋拉斑玄武岩特征的一套海相火山岩密切共(伴)生,因此初步判断其应为大洋板内洋岛火山作用的产物。其 SiO_2 含量略低于本区大洋拉斑玄武岩 SiO_2 含量,为46.0%;Al_2O_3 含量为15.34%;其 MgO 含量略高于本区大洋拉斑玄武岩,为8.48%;而 Fe_2O_3 含量与本区拉斑系列火山岩接近,差异不大。弄巴洋岛碱性玄武岩稀土总量明显高于本区洋脊拉斑玄武岩,为$179.60×10^{-6}$;其$(La/Yb)_N$ 比值(11.19)及$(Ce/Yb)_N$ 比值(9.10)相对较高,说明岩石轻、重稀土分异强烈,轻稀土富集度高。δEu值(1.05)接近于1,岩石基本没有明显的 Eu 异常。由稀土元素配分图解(图3c)可以看出,配分曲线为右倾正斜率,轻稀土强烈富集,配分曲线轻稀土部分较陡,负斜率大;而最重稀土部分曲线较为平直,在 Eu 处曲线平滑。

弄巴拉斑玄武岩不相容元素地幔平均成分标准化谱系图(图 3d)较为特殊,曲线密集重叠,除 Cs、Rb、Ba 和 K 等大离子亲石元素呈较明显的中强富集外,其他元素大多为低程度富集,与原始地幔的比值大体为 4~7,且曲线十分平缓。具有较弱的 Th 谷和很轻微的 Ti 谷,K 和 Sr 含量变化大。曲线由强不相容元素部分向弱不相容元素部分演化,曲线呈轻微的右倾型式,随着元素不相容性的降低逐渐趋于平缓。这种现象在一定程度上符合于亏损源区起源的玄武岩浆特征。而弄巴碱性玄武岩不相容元素谱系图(图 3e)明显不同于本区拉斑玄武岩类,曲线总体呈较明显的右倾富集型式,有微弱的 Th、U 谷,Ti 谷亦较为明显,说明岩浆在结晶过程中可能存在 Ti-Fe 氧化物的分离结晶作用,Ti 的相对亏损与岩浆分异过程有关。

4.2 Sr-Nd-Pb 同位素地球化学特征

本文共选择 3 个样品(SH73,SH74,SH100)进行了 Sr-Nd-Pb 同位素分析(表 2)。其中,SH73 和 SH74 采自弄巴的玄武岩,SH100 采自干龙塘的玄武岩。弄巴玄武岩 2 个样品的 $^{87}Rb/^{87}Sr = 0.536 \sim 0.548$,$^{87}Sr/^{86}Sr = 0.707\ 208 \sim 0.707\ 355$,$(^{87}Sr/^{86}Sr)_i = 0.704\ 926 \sim 0.705\ 014$,$^{147}Sm/^{144}Nd = 0.171\ 7 \sim 0.173\ 4$,$^{143}Nd/^{144}Nd = 0.512\ 849 \sim 0.512\ 850$,$\varepsilon_{Nd}(t) = 4.88 \sim 4.91$。而干龙塘 MORB 型玄武岩样品的 $^{87}Sr/^{86}Sr = 0.703\ 925$,$(^{87}Sr/^{86}Sr)_i = 0.703\ 429$,$^{143}Nd/^{144}Nd = 0.513\ 047$,$\varepsilon_{Nd}(t) = +7.3$。在 $^{87}Sr/^{86}Sr$-$^{143}Nd/^{144}Nd$ 图解(图 4)中,弄巴玄武岩的 $(^{87}Sr/^{86}Sr)_i$ 值较 MORB 偏与 MORB 相近,表明岩石起源于亏损的地幔源区。而干龙塘玄武岩 SH100 落于 MORB 范围内。

表 2　干龙塘–弄巴地区玄武岩 Sr-Nd-Pb 同位素组成

样品号	SH73	SH74	SH100
岩　性	玄武岩	玄武岩	玄武岩
Pb	1.37	0.97	4.11
Th	0.50	0.45	0.13
U	0.14	0.13	0.07
$^{206}Pb/^{204}Pb$	20.247 05	19.864 411	17.497 898
2σ	0.008 48	0.006 980	0.000 856
$^{207}Pb/^{204}Pb$	15.656 257	15.681 370	15.436 702
2σ	0.006 82	0.005 600	0.000 924
$^{208}Pb/^{204}Pb$	40.611 896	40.245 117	37.378 804
2σ	0.017 160	0.014 220	0.002 400
$Sr/\times 10^{-6}$	162	159	101
$Rb/\times 10^{-6}$	30.7	29.5	2.6
$^{87}Rb/^{86}Sr$	0.548 79	0.536 944	0.073 369
$^{87}Sr/^{86}Sr$	0.707 355	0.707 208	0.703 747

续表

样品号	SH73	SH74	SH100
2σ	0. 000 011 54	0. 000 011 62	0. 000 015 32
$({}^{87}Sr/{}^{86}Sr)_i$	0. 705 014	0. 704 916	0. 703 429
${}^{147}Sm/{}^{144}Nd$	0. 171 66	0. 173 456	0. 216 555
143Nd/${}^{144}Nd$	0. 512 849	0. 512 85	0. 513 047
2σ	0. 000 010 84	0. 000 008 32	0. 000 008 16
Nd/$\times 10^{-6}$	8. 29	7. 97	7. 92
Sm/$\times 10^{-6}$	2. 35	2. 29	2. 84
$\varepsilon_{Nd}(t)$	4. 91	4. 88	7. 34

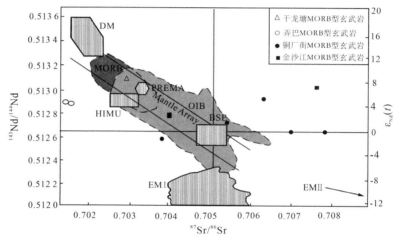

图 4　弄巴-干龙塘玄武岩${}^{87}Sr/{}^{86}Sr$-$\varepsilon_{Nd}(t)$相关图

MORB 洋中脊玄武岩、OIB 洋岛玄武岩数据引自 Zou et al.(2000)和 Barry and Kent(1998);DM、HIMU、EM I 和 EM II 地幔端元引自 Zindler and Hark(1986);铜厂街和金沙江玄武岩数据引自魏启荣等(2003)

U、Th、Pb 含量采用 ICP-MS 法测定,Sm、Nd、Rb、Sr 含量和同位素比值采用同位素稀释法测定;$\varepsilon_{Nd} = [({}^{143}Nd/{}^{144}Nd)_S/({}^{143}Nd/{}^{144}Nd)_{CHUR} - 1] \times 10^4$,$({}^{143}Nd/{}^{144}Nd)_{CHUR} = 0.512\,638$,$T_{DM} = \dfrac{1}{\lambda}\ln\{1 + [(({}^{143}Nd/{}^{144}Nd)_S - 0.513\,15)/(({}^{147}Sm/{}^{144}Nd)_S - 0.213\,7)]\}$。式中,S=样品;Rb 衰变常数 $\lambda = 1.42 \times 10^{-11}a^{-1}$;Sm 衰变常数 $\lambda = 6.54 \times 10^{-12}a^{-1}$。

弄巴玄武岩的${}^{206}Pb/{}^{204}Pb = 19.864\,4 \sim 20.247\,0$,${}^{207}Pb/{}^{204}Pb = 15.656\,3 \sim 15.681\,3$,${}^{208}Pb/{}^{204}Pb = 40.245\,1 \sim 40.611\,8$。在${}^{207}Pb/{}^{204}Pb$-${}^{206}Pb/{}^{204}Pb$ 和${}^{208}Pb/{}^{204}Pb$-${}^{206}Pb/{}^{204}Pb$ 图解(图5a、b)中,均位于 Th/U=4.0 的北半球参考线(NHRL)之上,靠近 DM 和 MORB 的范围,表明岩石起源于亏损地幔。相比弄巴玄武岩,干龙塘玄武岩 Pb 同位素明显偏高,其${}^{206}Pb/{}^{204}Pb = 13.497\,8$,${}^{207}Pb/{}^{204}Pb = 15.436\,7$,${}^{208}Pb/{}^{204}Pb = 37.378\,8$。在${}^{207}Pb/{}^{204}Pb$-${}^{206}Pb/{}^{204}Pb$ 和${}^{208}Pb/{}^{204}Pb$-${}^{206}Pb/{}^{204}Pb$ 图解(图5a、b)中,干龙塘玄武岩靠近上地壳或 HIMU 型富集地幔,结合其主微量元素地球化学特征,可以认为该套岩石起源于亏损地

幔,但岩石可能受到流体作用,导致其 Pb 含量升高、Pb 同位素比值发生变化。

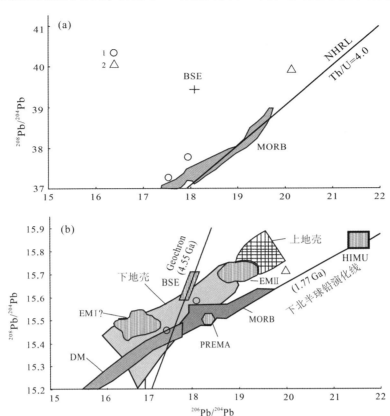

图 5 弄巴–干龙塘玄武岩 Pb 同位素组成图解
1.弄巴玄武岩;2.干龙塘玄武岩。据 Rollinson(1993)

5 讨论

5.1 玄武岩的成因类型及源区性质

Ta/Yb 主要与地幔部分熔融及幔源性质有关,对于鉴别火山岩的源区特征有着重要意义(Pearce,1983)。干龙塘拉斑玄武岩在 Th/Yb-Ta/Yb 图解(图 6a)中均位于亏损地幔(DM)附近;弄巴拉斑玄武岩具有低的 Yb 含量,在图 6a 中位于 MORB 区附近,它们均显示了来自亏损源区的总体特征。而弄巴碱性玄武岩则位于 OIB 趋势线上。

Zr 和 Y 是蚀变及变质过程中十分稳定的痕量元素,而火山岩中 Ti 丰度与火山岩源区物质组成及火山岩的形成环境有着密切关系(Pearce,1983)。该组玄武岩 Ti/V 为 20～43,平均为 31;Th/Ta 为 0.72～1.72,平均为 1.07;Th/Y 为 0.009～0.030,平均为 0.014;Ta/Yb 十分稳定,为 0.07～0.36,平均为 0.13;它们与来自亏损的软流圈地幔的 MORB 型玄武岩具有完全一致的微量元素地球化学特征(Pearce,1983)。根据 Ti/Zr、Ti/Y 比值特

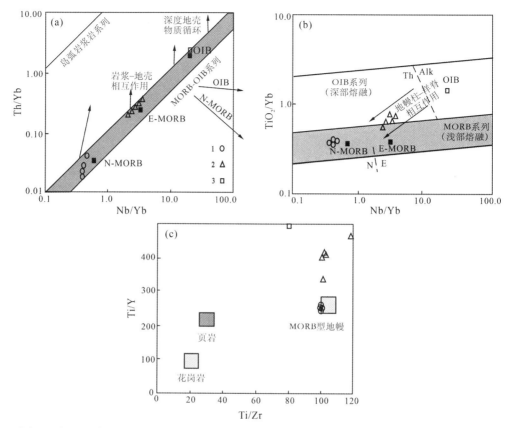

图 6　弄巴–干龙塘地区玄武岩 Nb/Yb-Th/Yb(a)、Nb/Yb-TiO₂/Yb(b) 和 Ti/Zr-Ti/Y(c) 图解
SHO:钾玄岩系列;CAB:钙碱系列;TH:拉斑系列;DM:亏损地幔;MORB:洋中脊玄武岩;
OIB:洋岛玄武岩。1.干龙塘拉斑玄武岩;2.弄巴拉斑玄武岩;3.弄巴碱性玄武岩。
据 Pearce(1983)、Hergt et al.(1991) 和 Pearce(2008)

征及从 Ti/Zr-Ti/Y 图解(图 6c),可以看到,区内干龙塘拉和弄巴斑玄武岩类均位于 MORB 型源区之内或其附近,说明它们的确为典型的亏损地幔源成因,应为典型洋壳蛇绿岩的组成部分。在 Nb/Yb-Th/Yb 和 Nb/Yb-TiO₂/Yb 图解(Pearce,2008)(图 6a、b)中,弄巴拉斑玄武岩落于 E-MORB 区域,表明岩石源区有可能曾和地幔柱发生过相互作用或是起源于较富集的地幔的低程度部分熔融作用;弄巴碱性玄武岩落于 OIB 区域,而干龙塘拉斑玄武岩则落于 N-MORB 区域,表明岩石起源于亏损的地幔源区。

高场强元素 Zr、Hf、Nb 和 Ta 在蚀变和变质作用过程中具有良好的稳定性,是岩石成因和源区性质的良好示踪剂。弄巴拉斑玄武岩具有高的 Nb/U(39~44,平均 40.5)和 Ce/Pb 比值(5.91~13.30,平均 10.47),这与原始地幔接近(Nb/U = 30,Ce/Pb = 9)(Hoffman et al.,1986)而明显高于地壳(Nb/U = 9,Ce/Pb = 3)(Taylor and McLennan,1985),这表明岩石没有受到明显的地壳物质的混染。此外,弄巴拉斑玄武岩的 Zr/Nb 比值介于 11~13,远低于 N-MORB(Zr/Nb > 30)而与 E-MORB 玄武岩(Zr/Nb = 10;Wilson,

1989)比较接近。弄巴碱性玄武岩具有较高的 Nb/U(43)和较低的 Ce/Pb(7.30)比值,其 Nb/La 比值为 1.45,明显高于典型 MORB(<1.0)(Condie,1989),具有富集地幔源区起源的洋岛玄武岩的特征。弄巴拉斑玄武岩 Zr/Nb 比值介于 51~64,与亏损型 N-MORB 相近(Wilson,1989),表明岩石起源于亏损的地幔源区,同时其 Nb/U 比值表现出极大的变化范围,其中 SH100 的 Nb/U 比值为 23,其他 3 个样品的 Nb/U 比值介于 47~61,岩石的 Ce/Pb 比值(1.94~6.72)明显小于 N-MORB(Hoffman et al.,1986),表明岩石可能受到流体的交代作用,导致其 Pb 含量升高、Ce/Pb 比值降低。

因此,可以认为,弄巴拉斑玄武岩具有富集型洋脊玄武岩(E-MORB)的特征,其可能起源于富集的地幔源区或是亏损地幔源区和地幔柱发生交代作用的结果。弄巴碱性玄武岩具有典型的碱性 OIB 的特征,可能是大洋板内热点前部熔融的产物;干龙塘拉斑玄武岩其源于亏损的地幔源区。

5.2　蛇绿岩的形成时代及构造环境

三江特提斯构造带昌宁-孟连洋的构造属性及发育时限一直存在很大争论(莫宣学等,1991,1993,2011;张翼飞和段锦荪,2001;Jian et al.,2009)。在弄巴剖面中含有丰富的紫红色、灰色含放射虫硅质岩及含放射虫泥晶灰岩,在其中已获得可靠的早石炭世和二叠纪的牙形石、放射虫。其岩石组合、沉积、喷发环境、地质时代等特征皆与周围地层明显不同(张翼飞和段锦荪,2001),除大勐龙附近曾有紫红色放射虫硅质岩报道(钱祥贵和吕伯西,2000)外,在区域上亦无相似者。特别是大洋盆地所特有的紫红色薄层状放射虫硅质岩与基性火山岩组成的喷发-沉积序列,指示了弄巴剖面火山岩为蛇绿岩的组成部分,应形成于石炭-二叠纪时期的有限洋盆环境。张翼飞和段锦荪(2001)在干龙塘地区同样构造属性的斜长角闪片岩(变质玄武岩)中获得的锆石 U-Pb 年龄为 330.69 Ma,334.15 Ma 和 349.05 Ma,从而提出昌宁-孟连洋盆的形成时期可能应该在 330~350 Ma 左右。Jian et al.(2009)对昌宁-孟连带蛇绿岩进行的岩石地球化学和锆石 SHRIMP U-Pb 年代学研究认为,昌宁-孟连带蛇绿岩的形成时代为晚二叠纪(270~264 Ma)洋壳俯冲环境,代表了古特提斯洋主洋开始发生闭合的阶段。从出露部位和岩石大地构造组合特征来看,干龙塘-弄巴蛇绿岩组合应为区域上其北部的云县铜厂街蛇绿混杂岩与其南部孟连县蛇绿岩的中间地带,三者构成一大致呈北北东或近南北向带状展布的较大规模的蛇绿构造混杂带。

Th、Nb 和 La 都是强不相容元素,可最有效地指示源区特性(李曙光,1993)。Nb、La 和 Th 在海水蚀变及变质过程中是稳定或比较稳定的元素,故利用 La/Nb-La 和 Nb/Th-Nb 图解可以区分洋脊、岛弧和洋岛玄武岩(李曙光,1993)。由图 7 中可以看出,干龙塘和弄巴拉斑玄武岩类总体均处在典型的洋中脊(MORB)火山岩范围内,而弄巴碱性玄武岩则显示为典型的洋岛碱性玄武岩(OIB)特征。根据本文前面讨论的岩石源区性质的结果,弄巴和干龙塘 MORB 型玄武岩可能形成于洋脊环境。因此,本文认为,昌宁-孟连洋应该为主洋盆,在古生代时期这里确实存在洋壳。

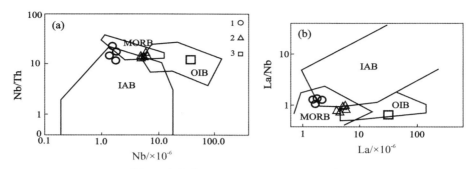

图7　火山岩 Nb/Th-Nb 和 La/Nb-La 图解

MORB:洋中脊玄武岩;OIB:洋岛玄武岩;IAB:岛弧玄武岩。

1.干龙塘拉斑玄武岩;2.弄巴拉斑玄武岩;3.弄巴碱性玄武岩。据李曙光(1993)

6　结 论

通过对弄巴-干龙塘蛇绿混杂岩中玄武岩的详细研究,可以得出如下结论:

(1)弄巴拉斑玄武岩高 TiO_2 和低 K_2O 含量,轻稀土稍显富集,$(La/Yb)_N$ 介于 1.87~2.38,岩石的 Sr-Nd-Pb 同位素组成和典型 MORB 十分相似,结合岩石较高的 Th/Yb 和低的 Zr/Nb 比值,可以认为弄巴拉斑玄武岩具有富集型洋脊玄武岩(E-MORB)的特征,可能起源于富集的地幔源区或是亏损地幔源区和地幔柱发生交代作用的结果。弄巴碱性玄武岩具有极高的 TiO_2(2.38%) 和 K_2O(2.37%) 含量,$(La/Yb)_N = 11.19$,富集轻稀土;弄巴碱性玄武岩具有典型的碱性 OIB 的特征,可能形成于是大洋板内热点地区。

(2)干龙塘拉斑玄武岩具有高 TiO_2、$Mg^\#$,低 K_2O 含量,亏损轻稀土等特征,表现出 N-MORB 的地球化学特征,岩石的 Sr-Nd-Pb 与 MORB 相似,表明干龙塘拉斑玄武岩起源于亏损的地幔源区。岩石在后期变质过程中可能受到流体的交代作用,导致其 Pb 含量升高、Ce/Pb 比值降低。

致谢　莫宣学院士和钱青博士认真、细致地审阅了全文并提出了启发性的修改意见,在此表示衷心感谢。

参考文献

[1] Barry T L, Kent R W, 1998. Cenozoic magmatism in Mongolia and the origin of central and east Asian basalts. In:Flower M F J, Chung S L, Lo C H, et al. Mantle Dynamics and Plate Interactions in East Asia. American Geophysical Union, Geodynamics Series, 27:347-364.

[2] Bureau of Geology and Mineral Resources of Yunnan Province, 1990. Regional geology of Yunnan Province. Beijing:Geological Publishing House:1-728 (in Chinese).

[3] Condie K, 1989. Geochemical changes in basalts and andesites across the Archean-Proterozoic boundary:Identification and significance. Lithos, 23(1-2):1-18.

[4] Duan X D, Li J, Zeng W T, et al., 2006. The discovery of Ganlongtang tectonic melange in the middle section of Changning-Menglian zone. Yunnan Geology, 25(1):53-62 (in Chinese with English abstract).

［5］ Hergt J M, Peate D W, Hawkesworth C J, 1991. The petrogenesis of Mesozoic Gondwana low-Ti flood basalts. Earth & Planetary Science Letters, 105:134-148.

［6］ Hofman A W, Jochum K P, Seufert M, 1986. Nd and Pb in oceanic basalts: New constraints on mantle evolution. Earth & Planetary Science Letters, 79:33-45.

［7］ Jian P, Liu D Y, Kroner A, et al., 2009. Devonian to Permian plate tectonic cycle of the Paleo-Tethys Orogen in southwest China (Ⅱ): Insights from zircon ages of ophiolites, arc/back-arc assemblages and within-plate igneous rocks and generation of the Emeishan CFB province. Lithos, 113(3-4):767-784.

［8］ Li S G, 1993. Ba-Nb-Th-La diagrams used to identify tectonic environments of ophiolite. Acta Petrologica Sinica, 9(2):146-157 (in Chinese with English abstract).

［9］ Liu B P, Feng Q L, 2002. Framework of Paleo-Tethyan Ocean of western Yunnan and its elongation towards north and south. Earth Science Frontiers, 9(3):161-171 (in Chinese with English abstract).

［10］ Liu Y, Liu X M, Hu Z C, et al., 2007. Evaluation of accuracy and long-term stability of determination of 37 trace elements in geological samples by ICP-MS. Acta Petrologica Sinica, 23(5):1203-1210 (in Chinese with English abstract).

［11］ Mo X X, Lu F X, Zhao Z H, 1991. The volcanism of Tethyan orogenic belts in Three River region: A new fact and concept. Journal of China University of Geosiences: 58-74 (in Chinese with English abstract).

［12］ Mo X X, Lu F X, Shen S Y, et al., 1993. The volcanism and mineralization process of Tethys in Three River region. Beijing: Geological Publishing House: 128-157 (in Chinese).

［13］ Mo X X, Deng J F, Dong F L, 2001. Volcanic petrotectonic assemblages in Sanjiang orogenic belt, SW china and implication for tectonics. Geological Journal of China Universities, 7(2):121-138 (in Chinese with English abstract).

［14］ Pearce J A, Norry M J, 1979. Petrogenetic implication of Ti, Zr, Y and Nb variations in the volcanic rocks. Contributions to Mineralogy and Petrology, 69:33-47.

［15］ Pearce J A, 1983. The role of sub-continental lithosphere in magma genesis at destructive plate margins. In: Hawkesworth, et al. Continental Basalts and Mantle Xenoliths. Nantwich Shiva: 230-249.

［16］ Pearce J A, 2008. Geochemical fingerprinting of oceanic basalts with applications to ophiolite classification and the search for Archean oceanic crust. Lithos, 100: 14-48.

［17］ Qian X G, Li B X, 2000. The discovery and significance of abysmal red radiolarian silica rock suite in Jinghong of the south section of Lancang River. Yunnan Geology, 19(1):24-28 (in Chinese with English abstract).

［18］ Rollinson H, 1993. Using Geochemical Data: Evaluation Presentation Interpretation. London: Longman: 352.

［19］ Sun S S, McDonough W F, 1989. Chemical and isotopic systematics of oceanic basalts: Implications for the mantle composition and processes. In: Saunders A D, Norry M J. Magmatism in Ocean Basins. London: Geological Society Special Press, 42: 313-345.

［20］ Taylor S R, McDonough W F, 1985. The Continental Crust: Its Composition and Evolution. Oxford: Blackwell Scientific Publications:312 .

［21］ Wei Q R, Shen S Y, Mo X X, et al., 2003. Charactdristics of Nd-Sr-Pb isotope systematics of the source in Paleo-Tethyan volcanic rocks in the Sanjiang area. Journal of Mineralogy and Petrology, 23(1):55-60 (in Chinese with English abstract).

[22] Wilson M, 1989. Igneous petrogenesis. London: Unwin Hyman Press: 153-190.

[23] Winchester J A, Floyd P A, 1977. Geochemical discrimination of different magmas series and their differentiation products using immobile elements. Chemical Geology, 20:325-343.

[24] Zhang Q, Zhou D J, Zhao D S, 1996. Wilson cycle of the Paleo-Tethyan orogenic belt in western Yunnan:Record of magmatism and discussion on mantle processes. Acta Petrologica Sinica, 12(1):17-28 (in Chinese with English abstract).

[25] Zhang Y F, Duan J S, 2001. Study on Tectonic Evolution of Ophilite and Lancangjiang Plate Suture in West Yunnan. Kunming: Yunnan Science and Tecnology Press (in Chinese).

[26] Zindler A, Hart S R, 1986. Chemical Geodynamics. Ann Review Earth P1anet Sci, 14:493-57l.

[27] Zou H B, Zindler A, Xu X S, et al., 2000. Major trace element and Nd-Sr and Pb isotope studies of Cenozoic basalts in SE China: Mantic sources, regional variations and tectonic significance. Chemical Geology. 17l: 33-47.

[28] 段向东, 李静, 曾文涛, 等, 2006. 昌宁–孟连带中段干龙塘构造混杂岩的发现. 云南地质, 25(1): 53-62.

[29] 李曙光, 1993. 蛇绿岩生成构造环境的 Ba-Th-Nb-La 判别图. 岩石学报, 9(2):146-157.

[30] 刘本培, 冯庆来, 2002. 滇西古特提斯多岛洋的结构及其南北延伸. 地学前缘, 9(3):161-171.

[31] 刘晔, 柳小明, 胡兆初, 等, 2007. ICP-MS 测定地质样品中 37 个元素的准确度和长期稳定性分析. 岩石学报, 23(5):1203-1210.

[32] 莫宣学, 路凤香, 赵宗贺, 1991. 三江特提斯造山带的火山作用:新的事实和概念. 中国地质大学学报:58-74.

[33] 莫宣学, 邓晋福, 董方浏, 2001. 西南三江造山带火山岩–构造组合及其意义. 高校地质学报, 7(2): 121-138.

[34] 莫宣学, 路凤香, 沈上越, 等, 1993. 三江特提斯火山作用与成矿. 北京:地质出版社: 128-157.

[35] 钱祥贵, 吕伯西, 2000. 澜沧江南段景洪猛龙深海红色放射虫硅质岩的发现及其意义. 云南地质, 19(1):24-28.

[36] 魏启荣, 沈上越, 莫宣学, 等, 2003. 三江地区古特提斯火山岩源区物质的 Nd-Sr-Pb 同位素体系特征. 矿物岩石, 23(1):55-60.

[37] 云南省地质矿产局, 1990. 云南省区域地质志. 北京:地质出版社:1-728.

[38] 张旗, 周德进, 赵大升, 1996. 滇西古特提斯造山带的威尔逊旋回:岩浆活动记录和深部过程讨论. 岩石学报, 12(1):17-28.

[39] 张翼飞, 段锦苏, 2001. 滇西蛇绿岩带地质构造演化与澜沧江板块缝合线研究. 昆明:云南科技出版社.

扬子地块西缘天全新元古代过铝质花岗岩类成因机制及其构造动力学背景[①②]

赖绍聪　秦江锋　朱韧之　赵少伟

摘要：四川西部天全地区花岗岩属于扬子地块西缘岩浆岩带，是"康滇地轴"北段的重要组成部分。岩石形成年龄为 851 ± 15 Ma（MSWD＝0.7），属于新元古代花岗岩，与扬子地块西缘和北缘大量的中酸性侵入体和火山岩具有相近的形成年龄。火夹沟花岗闪长岩为过铝质、低 SiO_2 含量、具有相对亏损的 Sr-Nd-Pb 同位素地球化学组成，结合岩石低的 Al_2O_3/TiO_2 和高的 CaO/Na_2O 比值，其应是在镁铁质岩浆底侵的条件下，成熟度较低的杂砂岩部分熔融形成的过铝质熔体，岩石较低的 SiO_2 含量表明其同化了部分镁铁质熔体。而角脚坪花岗岩具有高的 SiO_2 含量，为过铝质、富 Na 的熔体，而且具有极度亏损的 Sr-Nd 同位素组成，表明其应是亏损的玄武质岩石（洋壳或是与地幔柱有关的玄武岩）在 H_2O 饱和条件下发生低程度部分熔融形成的过铝质熔体。结合扬子西缘其他新元古代火成岩的地球化学特征及区域构造资料，我们认为，天全地区的 Na 质花岗闪长岩–花岗岩组合代表在高地温梯度条件下，玄武质岩石在 H_2O 饱和条件下发生部分熔融形成的过铝质花岗岩。

近年来，关于扬子地块西缘川西泸定–康定地区出露的新元古代浅变质火山–侵入杂岩系的成因及其形成大地构造环境在学术界存在重大争议，并引起了地学界广泛的关注和重视（陈岳龙等，2001，2004；李献华等，2002，2005，2012；沈渭洲等，2000，2002；颜丹平等，2002；李志红等，2005；林广春等，2006；刘树文等，2009；Li et al.，2002，2003a；Liu and Zhao，2012；Zhao and Cawood，2012；Zhao and Zhou，2009；Zhao et al.，2010，2011；Zhou et al.，2002a，2006，2014）。泸定–康定地区处于中国大陆构造的主要地块与造山带聚集交接转换部位，是 NE 向龙门山造山系与 NW 向鲜水河构造带交汇区，该区构造活动强烈、地震活跃，是地学研究的重点地区。川西地区新元古代岩浆作用记录了华南 Rodinia 超大陆演化历史（Li et al.，1995；廖宗廷等，2005；王江海，1998）。

泸定–康定地区的新元古代火山–侵入杂岩系在区域上有较广泛的分布。这套杂岩

① 　原载于《岩石学报》，2015，31（8）。

② 　国家自然科学基金项目（41372067）、国家自然科学基金重大计划项目（41190072）、国家自然科学基金委创新群体（41421002）和教育部创新团队（IRT1281）联合资助。

系在川西 E102°,呈北微偏东及南微偏西方向自康定–泸定–雅安一带向南经四川西昌、会理和云南元谋、易门,一直延伸到云南中部,呈带状展布,长约 800 km,宽约 50～100 km,从大地构造观点上来看,黄汲清称之为"康滇地轴"(黄汲清,1960;李春昱,1963)。长期以来,这套火山–侵入杂岩系被认为是扬子地台结晶基底的代表性变质杂岩组合。袁海华等(1987)根据这套变质杂岩具有比较典型的 TTG 组合特征,其变质程度为角闪岩相和麻粒岩相,因此认为其应形成于太古代–古元古代。然而,近年来的研究结果(陈岳龙等,2001,2004;李献华等,2002,2005,2012;沈渭洲等,2000,2002;颜丹平等,2002;李志红等,2005;林广春等,2006;刘树文等,2009;Li et al.,2002,2003b;Liu and Zhao,2012;Sun et al.,2008;Xiao et al.,2007;Zhao and Cawood,2012;Zhao and Zhou,2009;Zhao et al.,2010;Zhou et al.,2002b,2006,2014)表明,其形成年龄应该在 753～828 Ma。这套岩石的大地构造环境一直以来存在较大争议:①裂谷环境(李献华等,2002,2005;Li et al.,2002,2003a),是由于地幔柱的活动驱动了 Rodinia 超级大陆的裂解,从而在大陆裂谷环境中形成这套岩石组合;②岛弧环境(陈岳龙等,2001,2004;沈渭洲等,2000,2002;刘树文等,2009;Zhao and Zhou, 2009;Zhao et al.,2010;Zhou et al.,2002a,2006;Zhao and Cawood,2012)。显然,对于该套岩石组合的精细解析,将有助于对该区地质构造演化历史及其深部动力学过程的重新认识。本文选择泸定北东侧出露的天全新元古代花岗岩体进行了岩石学、地球化学、锆石 U-Pb 年代学及全岩 Sr-Nd-Pb 同位素地球化学分析,并探讨其岩石成因和物质来源,为扬子地块西北缘新元古代的构造背景以及在 Rodinia 超大陆的聚合–裂解演化中的作用提供了新的约束。

1　岩体地质概况及岩石学特征

研究区位于扬子地块西缘,"康滇地轴"的北段,四川省雅安地区天全县境内(图1)。区内深大断裂纵贯全区,形成以南北向和北东向为主体的断裂构造体系。已有研究结果表明(陈岳龙等,2001,2004;颜丹平等,2002;李志红等,2005;林广春等,2006;刘树文等,2009;胡建等,2007),这些侵入岩体的岩石类型主要为花岗岩、花岗闪长岩、正长花岗岩、二长花岗岩、英云闪长岩、石英闪长岩和辉长岩,其中又以中酸性岩为主。这些侵入岩体大多呈岩基、岩株或岩枝状产出,它们侵入前震旦系,并被上震旦系及显生宙地层沉积覆盖。

天全花岗岩体是"康滇地轴"北段东侧的主要花岗岩体之一,分布在天全以西以及泸定以北区域(图1)。岩体侵位于前震旦系地层之中,主体岩性为花岗岩和花岗闪长岩类。岩体东部暗色矿物含量略高,以花岗闪长岩为主,而岩体西部暗色矿物含量略低,岩性以花岗岩为主体。岩体内部局部发育有规模不等的几米到几十米宽伟晶质和细晶花岗岩脉体,伟晶岩脉和细晶岩脉常常紧密共生。

(1)花岗闪长岩。主要分布在岩体东部,呈浅灰色–灰白色,块状构造,中细粒–中粗粒花岗结构,局部见有显微文象结构。岩石主要由斜长石(40%～50%)、钾长石(20%～30%)和石英(10%～20%)组成,暗色矿物以角闪石为主,含量可达10%,黑云母含量较

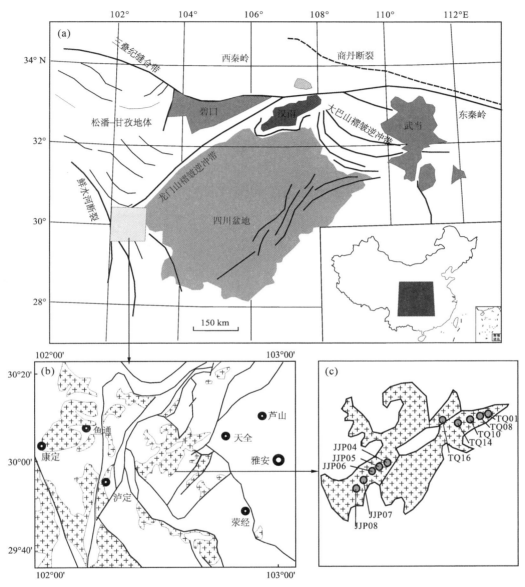

图1 扬子地块大地构造略图(a)、康定杂岩地质简图(b)及
川西天全地区新元古代花岗岩类地质简图(c)

少,副矿物有榍石、磷灰石、锆石、磁铁矿等。斜长石为岩石的主要矿物成分,主要为酸性斜长石,可见其呈较自形的柱状、板柱状晶形,柱面解理发育。斜长石有比较明显的钠黝帘石化蚀变现象,可见聚片双晶及卡钠复合连晶(图2d)。钾长石自形程度略差于斜长石,为半自形状,颗粒大小与斜长石相当,可见比较明显的高岭土化现象(图2d),卡氏双晶发育,部分颗粒可见格子双晶。石英在岩石中呈他形粒状分布于长石颗粒之间,表面裂纹较为发育,裂纹呈不规则状,有时可见石英具波状消光现象。岩石中暗色矿物以角闪石为主,柱状晶形,柱面解理发育,显著绿泥石化(图2c)。黑云母含量不高,零散分布

于岩石中。

（2）花岗岩。岩石呈灰白色-浅肉红色（图2a、b），块状构造，局部可见似片麻状构造，中粒-中粗粒自形-半自形粒状结构；主要矿物为钾长石（40%~50%）+酸性斜长石（20%~25%）+石英（20%~25%）+黑云母（5%）+角闪石（1%~2%），副矿物有榍石、磷灰石、锆石、磁铁矿等。钾长石以条纹长石和微斜长石为主（图2e、f），明显高岭土化。酸性斜长石呈半自形短柱状，轻微钠黝帘石化蚀变，可见聚片双晶，双晶纹细密，在斜长石和条纹长石的接触边界上可见蠕英结构。石英呈他形粒状。黑云母黑褐色，自形-半自形晶，一组极完全解理，颗粒边缘有轻微的氧化蚀变和铁质物分解析出现象（图2e、f）。角闪石含量较低，柱状晶形，有绿泥石化现象（图2e）。

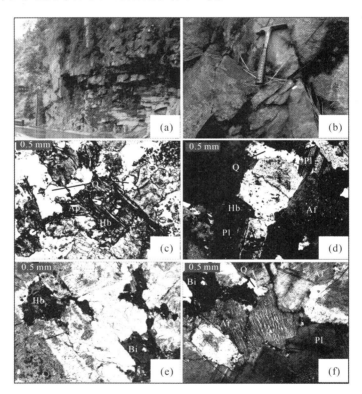

图2　川西天全新元古代花岗岩的野外（a、b）及镜下（c-f）照片
Af:钾长石；Pl:斜长石；Q:石英；Hb:角闪石；Bi:黑云母；Ap:磷灰石

2　样品分析方法

分析测试样品是在岩石薄片鉴定的基础上精心挑选出来的。首先经镜下观察，选取新鲜的、无后期交代脉体贯入的样品，然后用牛皮纸包裹击碎成直径约5~10 mm的细小新鲜岩石小颗粒，用蒸馏水洗净、烘干，最后在振动盒式碎样机（日本理学公司生产）内粉碎至200目。

主量和微量元素分析在西北大学大陆动力学国家重点实验室完成。主量元素分析采用 XRF 法完成,微量元素用 ICP-MS 测定。微量元素样品在高压溶样弹中用 HNO_3 和 HF 混合酸溶解 2 d 后,用 VG Plasma-Quad ExCell ICP-MS 方法完成测试,对国际标准参考物质 BHVO-1(玄武岩)、BCR-2(玄武岩)和 AGV-1(安山岩)的同步分析结果表明,微量元素分析的精度和准确度一般优于 10%,详细分析流程见文献(刘晔等,2007)。Sr-Nd-Pb 同位素分析在西北大学大陆动力学国家重点实验室完成。Sr、Nd 同位素分别采用 AG50W-X8(200~400 mesh)、HDEHP(自制)和 AG1-X8(200~400 mesh)离子交换树脂进行分离,同位素的测试在该实验室的多接收电感耦合等离子体质谱仪(MC-ICP MS,Nu Plasma HR,Nu Instruments,Wrexham,UK)上采用静态模式(Static mode)进行。

全岩 Pb 同位素是通过 HCl-Br 塔器进行阴离子交换分离的,Pb 同位素的分离校正值 $^{205}Tl/^{203}Tl = 2.387\ 5$。在分析期间,NBS981 的 30 个测量值得出 $^{206}Pb/^{204}Pb = 16.937 \pm 1$ (2σ),$^{207}Pb/^{204}Pb = 15.491 \pm 1(2\sigma)$ 和 $^{208}Pb/^{204}Pb = 36.696 \pm 1(2\sigma)$ 的平均值。BCR-2 标样给出的值是 $^{206}Pb/^{204}Pb = 18.742 \pm 1(2\sigma)$,$^{207}Pb/^{204}Pb = 15.620 \pm 1(2\sigma)$ 和 $^{208}Pb/^{204}Pb = 38.705 \pm 1(2\sigma)$。所有程序中 Pb 空白样的范围为 0.1~0.3 ng。

锆石首先按常规重力和磁选方法分选,最后在双目镜下挑纯,将锆石样品置于环氧树脂中,然后磨至约一半,使锆石内部暴露,锆石样品在测定之前用浓度为 3% 的稀 HNO_3 清洗样品表面,以除去样品表面的污染。锆石的 CL 图像分析在西北大学大陆动力学国家重点实验室的电子显微扫描电镜上完成。锆石 U-Pb 同位素组成分析在西北大学大陆动力学国家重点实验室激光剥蚀电感耦合等离子体质谱(LA-ICP-MS)仪上完成。激光剥蚀系统为配备有 193 nm ArF-excimer 激光器的 Geolas 200M(Microlas Gottingen Germany),分析采用激光剥蚀孔径 30 μm,激光脉冲为 10Hz,能量为 32~36mJ,同位素组成用锆石 91500 进行外标校正。LA-ICP-MS 分析的详细方法和流程见相关文献(Yuan et al.,2004)。

3 锆石 LA-ICP-MS U-Pb 定年结果

在角脚坪花岗岩中采集 1 个花岗岩样品(JJP-02)用于锆石 LA-ICP-MS 微区 U-Pb 定年分析,分析结果(表1)及锆石的 CL 图像如图 3 所示。锆石颗粒无色透明,长柱状半自形-自形晶,粒径介于 100~300 μm,长宽比为 2:1~3:1。在 CL 图像上,大部分锆石有岩浆韵律环带,个别锆石显示核边结构。共选取 36 颗锆石进行了 36 个数据点分析。其中,#9、10、14、27、28、33 和 35 等 7 个点为不谐和的年龄信息,因此其地质意义不予讨论;#3、7、16 和 23 的 $^{206}Pb/^{238}U$ 年龄明显偏年轻,获得的比较新的 $^{206}Pb/^{238}U$ 年龄零散分布在 606 ± 7 Ma 到 779 ± 9 Ma 之间,在 U-Pb 谐和图上落于谐和线的下方,代表 Pb 丢失作用的结果;其余 25 个测试点都表现出谐和的年龄信息,其 $Th = 56 \times 10^{-6} \sim 359 \times 10^{-6}$,$U = 95 \times 10^{-6} \sim 388 \times 10^{-6}$,Th/U 比值介于 0.30~1.09,代表岩浆成因的锆石;这 25 个点得到的 $^{206}Pb/^{238}U$ 加权平均年龄为 851 ± 15 Ma(MSWD = 0.7,2σ)(图4),应该代表天全新元古代花岗岩结晶年龄。

表1 川西天全地区角脚坪新元古代花岗岩锆石 LA-ICP-MS U-Th-Pb 同位素分析结果

测点号	含量/×10⁻⁶		Th/U	同位素比值								年龄/Ma							
	Th	U		$\frac{^{207}Pb}{^{206}Pb}$	2σ	$\frac{^{207}Pb}{^{235}U}$	2σ	$\frac{^{206}Pb}{^{238}U}$	2σ	$\frac{^{208}Pb}{^{232}Th}$	2σ	$\frac{^{207}Pb}{^{206}Pb}$	2σ	$\frac{^{207}Pb}{^{235}U}$	2σ	$\frac{^{206}Pb}{^{238}U}$	2σ	$\frac{^{208}Pb}{^{232}Th}$	2σ
JJP02-1	88	146	0.60	0.068 52	0.001 74	1.396 72	0.076 80	0.147 82	0.004 77	0.047 38	0.000 61	884	21	888	11	889	9	936	12
JJP02-2	56	117	0.48	0.069 00	0.001 81	1.381 50	0.080 16	0.145 19	0.004 74	0.046 31	0.000 67	899	23	881	11	874	9	915	13
JJP02-3	424	409	1.04	0.065 96	0.002 73	1.068 67	0.127 17	0.117 50	0.004 11	0.035 89	0.000 34	805	89	738	21	716	8	713	7
JJP02-4	149	303	0.49	0.079 39	0.002 09	1.310 81	0.076 44	0.119 73	0.003 99	0.048 35	0.000 65	1 182	21	850	11	729	8	954	13
JJP02-5	177	230	0.77	0.066 55	0.001 51	1.355 15	0.059 22	0.147 67	0.004 53	0.042 4	0.000 42	824	15	870	9	888	8	839	8
JJP02-6	166	173	0.96	0.066 88	0.001 81	1.318 51	0.080 55	0.142 96	0.004 74	0.044 34	0.000 52	834	24	854	12	861	9	877	10
JJP02-7	247	231	1.07	0.068 10	0.001 67	1.141 47	0.058 17	0.121 55	0.003 84	0.032 66	0.000 34	872	19	773	9	739	7	650	7
JJP02-8	359	350	1.03	0.065 91	0.001 43	1.286 92	0.050 22	0.141 61	0.004 26	0.043 17	0.000 39	804	13	840	7	854	8	854	8
JJP02-9	346	364	0.95	0.075 21	0.002 08	1.255 29	0.079 62	0.121 03	0.004 11	0.041 31	0.000 60	1 074	25	826	12	736	8	818	12
JJP02-10	86	215	0.40	0.156 18	0.004 34	2.594 20	0.162 48	0.120 46	0.004 59	0.148 38	0.002 36	2 415	19	1 299	15	733	9	2 796	42
JJP02-11	188	244	0.77	0.069 78	0.001 65	1.284 41	0.060 81	0.133 49	0.004 17	0.040 15	0.000 42	922	17	839	9	808	8	796	8
JJP02-12	113	176	0.64	0.071 01	0.002 06	1.326 89	0.106 92	0.135 52	0.004 47	0.041 05	0.000 40	958	61	858	16	819	8	813	8
JJP02-13	167	183	0.91	0.066 12	0.001 68	1.340 81	0.073 65	0.147 06	0.004 74	0.042 15	0.000 49	810	21	864	11	884	9	834	10
JJP02-14	390	755	0.52	0.079 35	0.001 89	1.316 91	0.063 18	0.120 36	0.003 81	0.046 77	0.000 54	1 181	16	853	9	733	7	924	10
JJP02-15	43	100	0.43	0.068 50	0.003 38	1.413 14	0.202 32	0.14962	0.005 61	0.045 51	0.000 75	884	105	894	28	899	10	900	15
JJP02-16	213	254	0.84	0.070 89	0.003 66	1.256 36	0.188 55	0.128 53	0.004 89	0.038 95	0.000 45	954	108	826	28	779	9	772	9
JJP02-17	61	115	0.53	0.067 86	0.003 21	1.241 87	0.169 89	0.132 73	0.004 95	0.040 42	0.000 53	864	101	820	26	803	9	801	10
JJP02-18	148	227	0.65	0.066 51	0.00152	1.340 52	0.059 19	0.146 18	0.004 50	0.043 38	0.000 45	822	15	863	9	880	8	858	9
JJP02-19	141	187	0.76	0.075 12	0.001 98	1.523 57	0.089 67	0.147 09	0.004 92	0.049 49	0.000 64	1 072	22	940	12	885	9	976	12
JJP02-20	222	223	0.99	0.065 33	0.001 80	1.212 46	0.076 53	0.134 61	0.004 53	0.042 94	0.000 53	785	26	806	12	814	9	850	10
JJP02-21	83	95	0.87	0.068 59	0.002 83	1.357 90	0.160 62	0.143 58	0.005 28	0.043 67	0.000 44	886	87	871	23	865	10	864	8
JJP02-22	230	275	0.84	0.066 78	0.001 61	1.341 40	0.066 33	0.145 68	0.004 62	0.043 82	0.000 48	831	18	864	10	877	9	867	9
JJP02-23	1155	746	1.55	0.063 79	0.003 16	0.866 53	0.124 80	0.098 53	0.003 63	0.030 21	0.000 27	735	108	634	23	606	7	602	5
JJP02-24	115	173	0.67	0.065 04	0.001 62	1.280 83	0.067 47	0.142 84	0.004 59	0.044 87	0.000 52	776	20	837	10	861	9	887	10

续表

测点号	含量/×10⁻⁶ Th	U	Th/U	同位素比值 $\frac{207\text{Pb}}{206\text{Pb}}$	2σ	$\frac{207\text{Pb}}{235\text{U}}$	2σ	$\frac{206\text{Pb}}{238\text{U}}$	2σ	$\frac{208\text{Pb}}{232\text{Th}}$	2σ	年龄/Ma $\frac{207\text{Pb}}{206\text{Pb}}$	2σ	$\frac{207\text{Pb}}{235\text{U}}$	2σ	$\frac{206\text{Pb}}{238\text{U}}$	2σ	$\frac{208\text{Pb}}{232\text{Th}}$	2σ
JJP02-25	120	183	0.65	0.067 51	0.002 32	1.315 38	0.127 74	0.141 32	0.004 98	0.043 06	0.000 43	853	73	852	19	852	9	852	8
JJP02-26	180	243	0.74	0.066 58	0.001 64	1.280 54	0.066 27	0.139 51	0.004 47	0.041 83	0.000 48	825	19	837	10	842	8	828	9
JJP02-27	641	682	0.94	0.079 95	0.003 04	1.002 51	0.108 90	0.090 94	0.003 21	0.027 19	0.000 29	1 196	77	705	18	561	6	542	6
JJP02-28	300	439	0.68	0.066 60	0.002 18	0.642 86	0.059 37	0.070 01	0.002 34	0.021 36	0.000 21	825	70	504	12	436	5	427	4
JJP02-29	234	215	1.09	0.070 91	0.001 62	1.388 93	0.061 08	0.142 06	0.004 41	0.042 21	0.000 42	955	15	884	9	856	8	836	8
JJP02-30	96	174	0.55	0.066 84	0.001 69	1.334 91	0.073 08	0.144 85	0.004 71	0.045 04	0.000 59	833	21	861	11	872	9	890	11
JJP02-31	140	259	0.54	0.068 01	0.001 67	1.242 02	0.063 72	0.132 46	0.004 26	0.039 61	0.000 49	869	19	820	10	802	8	785	10
JJP02-32	189	211	0.89	0.069 53	0.002 61	1.319 72	0.141 24	0.137 67	0.004 77	0.041 81	0.000 41	914	79	854	21	831	9	828	8
JJP02-33	86	176	0.49	0.088 26	0.002 32	1.814 43	0.105 63	0.149 11	0.005 10	0.065 26	0.000 90	1 388	20	1 051	13	896	10	1 278	17
JJP02-34	244	285	0.86	0.068 52	0.001 53	1.368 75	0.057 27	0.144 89	0.004 47	0.041 66	0.000 41	884	14	876	8	872	8	825	8
JJP02-35	190	216	0.88	0.078 09	0.002 89	1.225 58	0.128 31	0.113 83	0.004 17	0.034 13	0.000 35	1 149	75	812	20	695	8	678	7
JJP02-36	118	388	0.30	0.068 51	0.002 05	1.269 40	0.104 64	0.134 38	0.004 77	0.040 88	0.000 43	884	63	832	16	813	9	810	8

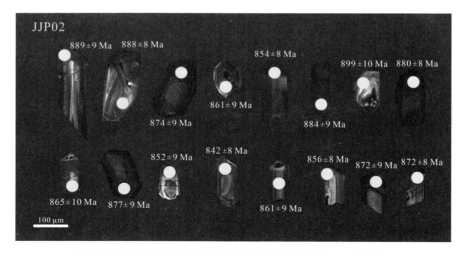

图 3　川西角脚坪新元古代花岗岩锆石阴极发光(CL)图像

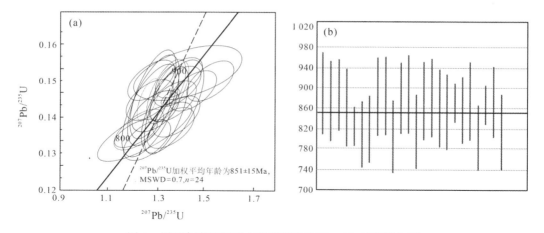

图 4　川西角脚坪新元古代花岗岩锆石 U-Pb 年龄谐和图

4　主量元素地球化学

本区花岗岩的常量及微量元素分析结果列于表 2 中。从表 2 中可以看到,取自火夹沟的 4 个花岗闪长岩的 SiO_2 含量为 64.48% ~ 65.82%,$TiO_2 = 0.46%$ ~ 0.56%,在 An-Ab-Or 岩石类型划分图解(图 5a)中均位于花岗岩与花岗闪长岩的分界线附近;岩石 CaO 含量变化较大,为 1.72% ~ 3.68%;富铝($Al_2O_3 = 15.73%$ ~ 16.20%,平均 15.95%),铝饱和指数 A/CNK = 0.96 ~ 1.18,属于准铝质-过铝质系列(图 5c)。岩石的 $K_2O = 2.42%$ ~ 3.05%,$Na_2O = 4.29%$ ~ 5.65%,$Na_2O/K_2O = 1.40$ ~ 1.96,岩石 $\sigma = 2.11$ ~ 3.37,在 SiO_2-K_2O 图解中位于高钾钙碱性系列岩石范围内(图 5b)。岩石的 MgO = 2.26% ~ 2.78%,$Mg^{\#}$ 值(48.1 ~ 52.9)略高。

表 2 川西天全地区新元古代花岗岩常量(%)及微量(×10⁻⁶)元素分析结果

样品号	TQ01	TQ08	TQ10	TQ14	TQ16	JJP04	JJP05	JJP06	JJP07	JJP08
岩 性	火夹沟花岗闪长岩					角脚坪花岗岩				
SiO₂	64.53	64.48	64.56	65.82	74.35	74.15	74.93	73.31	74.07	74.63
TiO₂	0.56	0.46	0.52	0.53	0.33	0.22	0.20	0.22	0.21	0.22
Al₂O₃	16.09	15.77	15.73	16.20	14.28	13.73	13.34	14.25	13.66	13.88
Fe₂O₃ᵀ	4.65	4.56	4.49	4.36	1.98	1.66	1.63	1.68	1.62	1.65
MnO	0.09	0.08	0.08	0.08	0.07	0.04	0.04	0.05	0.04	0.04
MgO	2.78	2.26	2.61	2.44	0.62	0.43	0.41	0.47	0.40	0.39
CaO	1.83	3.68	1.72	1.91	0.33	0.96	0.94	1.02	0.95	0.96
Na₂O	4.31	4.31	5.65	4.29	4.85	5.22	4.84	5.38	4.96	4.78
K₂O	2.93	2.42	2.87	3.05	2.02	3.07	3.13	2.96	3.01	3.08
P₂O₅	0.16	0.12	0.13	0.13	0.10	0.06	0.06	0.06	0.06	0.06
LOI	1.94	1.72	1.86	1.63	1.37	0.46	0.62	0.19	0.54	0.50
Total	99.87	99.86	100.22	100.44	100.30	100.00	100.14	99.59	99.52	100.19
Mg#	52.9	48.1	52.3	51.3	37.4	33.2	32.5	34.7	31.9	31.1
A/CNK	1.18	0.96	1.01	1.17	1.33	1.01	1.02	1.03	1.04	1.07
A/NK	1.57	1.62	1.27	1.56	1.41	1.15	1.17	1.18	1.20	1.24
Li	44.7	38.5	43.7	33.8	8.75	5.79	5.91	5.84	5.71	5.51
Be	1.49	1.40	1.36	1.42	1.68	1.81	1.69	1.80	1.82	1.70
Sc	10.2	10.0	10.1	9.23	4.41	4.11	3.95	3.89	3.95	3.96
V	77.9	81.8	79.4	74.8	15.1	9.10	8.98	9.66	8.95	8.91
Cr	11.8	20.2	20.3	18.1	1.54	1.88	7.15	2.31	5.17	2.07
Co	63.3	73.0	55.2	57.2	128	125	139	158	91.3	114
Ni	8.71	9.00	8.36	8.50	2.96	2.14	5.48	3.03	4.74	2.42
Cu	3.14	2.60	3.14	3.12	7.94	1.33	1.12	2.66	1.34	3.37
Zn	81.7	67.3	77.2	69.0	82.4	27.5	28.1	29.0	27.4	28.3
Ga	17.1	18.4	16.3	16.5	16.6	14.9	14.5	15.7	14.9	14.9
Ge	1.34	1.84	1.25	1.18	1.25	1.33	1.31	1.29	1.28	1.30
Rb	91.6	67.4	90.6	91.6	68.2	73.6	74.3	62.5	69.8	71.8
Sr	292	347	273	363	114	109	105	128	113	111
Y	22.2	20.6	19.2	17.0	24.5	26.9	26.6	24.3	26.0	25.9
Zr	177	178	150	152	217	176	164	176	168	161
Nb	6.00	5.09	5.47	4.94	8.05	7.03	7.05	6.39	7.08	6.86
Cs	3.52	1.99	3.11	4.07	1.11	0.64	0.71	0.57	0.62	0.65
Ba	875	621	744	780	542	764	791	898	765	753
Hf	4.53	4.29	3.73	3.75	5.30	4.80	4.61	4.65	4.54	4.46
Ta	0.66	0.57	0.58	0.46	0.90	0.80	0.79	0.76	0.84	0.75
Pb	7.67	10.2	7.68	6.86	3.81	12.5	14.2	11.2	12.1	12.7
Th	11.7	5.18	9.73	5.00	6.25	10.1	9.47	8.51	9.59	10.2
U	1.11	1.04	1.21	1.07	1.28	1.65	1.62	1.50	1.62	1.64
La	38.1	22.1	24.6	15.4	25.7	25.4	22.8	22.5	23.1	24.0

续表

样品号	TQ01	TQ08	TQ10	TQ14	TQ16	JJP04	JJP05	JJP06	JJP07	JJP08
Ce	68.8	39.2	45.8	31.0	50.7	50.1	46.1	44.7	46.4	48.4
Pr	7.12	4.47	4.99	3.59	6.30	5.80	5.28	5.14	5.39	5.59
Nd	24.7	17.1	18.5	14.3	24.8	22.2	20.0	19.4	20.4	21.1
Sm	4.30	3.53	3.49	2.90	4.61	4.30	3.98	3.76	3.96	4.14
Eu	0.99	0.97	0.90	0.86	1.13	0.78	0.73	0.90	0.78	0.77
Gd	4.15	3.49	3.39	2.87	4.17	4.03	3.77	3.52	3.75	3.84
Tb	0.59	0.53	0.50	0.44	0.60	0.63	0.61	0.55	0.60	0.61
Dy	3.53	3.15	3.11	2.71	3.74	4.03	3.89	3.55	3.85	3.90
Ho	0.72	0.65	0.63	0.54	0.77	0.86	0.85	0.76	0.82	0.84
Er	2.17	1.95	1.88	1.66	2.43	2.72	2.67	2.41	2.61	2.62
Tm	0.32	0.28	0.28	0.25	0.37	0.44	0.43	0.39	0.42	0.42
Yb	2.10	1.87	1.81	1.63	2.56	3.08	3.00	2.68	2.95	2.93
Lu	0.31	0.28	0.27	0.25	0.40	0.47	0.46	0.42	0.45	0.45
ΣREE	144.01	87.37	98.28	68.05	113.24	108.58	98.89	96.40	100.03	104.00
ΣLREE/ ΣHREE	3.99	2.66	3.16	2.49	2.86	2.52	2.34	2.50	2.41	2.51
δEu	0.71	0.84	0.79	0.90	0.77	0.56	0.57	0.74	0.61	0.58
$(La/Yb)_N$	13.01	8.48	9.75	6.78	7.20	5.92	5.45	6.02	5.62	5.88
$(Ce/Yb)_N$	9.10	5.82	7.03	5.28	5.50	4.52	4.27	4.63	4.37	4.59

由西北大学大陆动力学国家重点实验室采用 XRF 和 ICP-MS 法分析(2013)。

取自角脚坪的 6 个花岗岩样品的 SiO_2 = 73.31% ~ 74.93%,在 An-Ab-Or 图解(图 5a)中位于花岗岩区内;岩石的 CaO = 0.33% ~ 1.02%,岩石的 TiO_2 含量亦明显低于花岗闪长岩类(TiO_2 = 0.20% ~ 0.33%),Al_2O_3 = 13.34% ~ 14.28%,A/CNK = 1.01 ~ 1.07,除了 1 个样品的值是 1.33 以外,同样属于过铝质系列(图 5c)。岩石的 K_2O = 2.02% ~ 3.13%,Na_2O = 4.78% ~ 5.38%,Na_2O/K_2O = 1.54 ~ 2.40,在 SiO_2-K_2O 图解中位于钙碱性系列岩石范围内(图 5b)。

5 微量元素地球化学

本区岩石 10 个样品的稀土及微量元素分析结果列于表 2 中。从表 2 中可以看到,火夹沟花岗闪长岩稀土总量为 68.05×10^{-6} ~ 144.0×10^{-6},平均为 99.43×10^{-6};ΣLREE/ ΣHREE 值较为稳定,在 2.49 ~ 3.99 范围内变化,平均为 3.08;岩石的 $(La/Yb)_N$ 介于 6.78 ~ 13.0,平均为 9.51;$(Ce/Yb)_N$ 介于 5.28 ~ 9.10,平均为 6.81。δEu 值在 0.71 ~ 0.90 范围内变化,平均为 0.81,表明岩石有轻度的 Eu 亏损。角脚坪花岗岩稀土总量为 96.4×10^{-6} ~ 113.24×10^{-6},平均为 103.5×10^{-6};ΣLREE/ ΣHREE 值在 2.34 ~ 2.86 范围内变化;岩石的 $(La/Yb)_N$ 介于 5.45 ~ 7.20,平均为 6.02;$(Ce/Yb)_N$ 大多介于 4.27 ~ 5.50,平均为 4.65。δEu 在 0.56 ~ 0.77 范围内,平均为 0.64。

本区岩石 10 个样品的球粒陨石标准化稀土元素配分图解(图 6)和原始地幔标准化

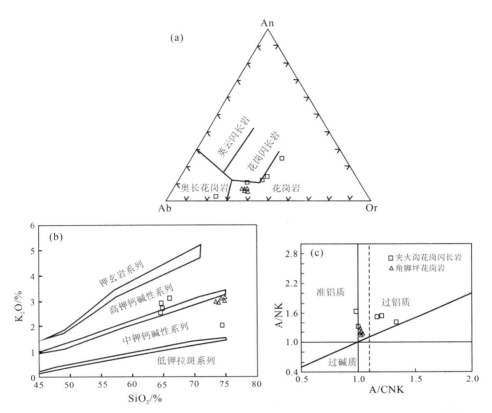

图 5　川西新元古代天全花岗岩 An-Ab-Or(a)、SiO₂-K₂O(b)和 A/CNK-A/NK(c)图解
据 Barker(1979)、Rollinson(1993)和 Maniar and Piccoli(1989)

微量元素蛛网图(图 7)显示,花岗岩和花岗闪长岩具有完全一致的配分型式,配分曲线均显示为右倾负斜率富集型配分型式。Nb 和 Ta 元素呈现显著的负异常,岩石的 Rb/Sr(0.19~0.71)、Rb/Ba(0.07~0.13)、K/Rb(245.78~392.99)以及在配分曲线上 Nb、Ta、Sr、P 的明显亏损,说明斜长石作为熔融残留相或结晶分离相存在,即在熔融过程中斜长石相没有被耗尽(Patiño Douce and Johnston,1991;Patiño Douce and Beard,1995;Patiño Douce and Harris,1998;Patiño Douce,1999)。岩石中 Zr 的富集和 Nb、Ta 的亏损表明,源区岩石中可能以陆壳组分为主(Green and Pearson,1987;Green,1995;Barth et al.,2000)。Nb、P 的亏损和 Ba 的富集显示了 I 型花岗岩的特征。Ti 在岩浆岩中易形成独立矿物相,主要是钛铁氧化物类(刘英俊等,1984;Lai et al.,2001,2003,2007,2011;赖绍聪和刘池阳,2001;赖绍聪等,2007)。

6　Sr-Nd-Pb 同位素特征

本区花岗岩和花岗闪长岩 4 个样品的 Sr-Nd-Pb 同位素分析结果列于表 3 和表 4 中。从表 3 和表 4 中可以看到,岩石的同位素地球化学特征显示,花岗闪长岩初始[87]Sr/[86]Sr 分别为 0.704 857 和 0.710 471;花岗岩具有相对较低的初始[87]Sr/[86]Sr,分别为 0.701 597 和

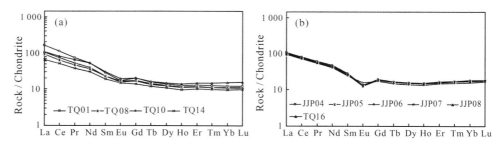

图 6　川西新元古代天全花岗岩球粒陨石标准化稀土元素配分图解

(a)火夹沟花岗闪长岩;(b)角脚坪花岗岩。标准化值据 Sun and McDonough(1989)

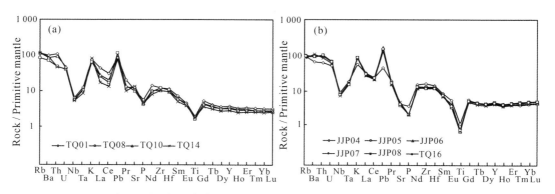

图 7　川西新元古代天全花岗岩原始地幔标准化微量元素蛛网图

(a)火夹沟花岗闪长岩;(b)角脚坪花岗岩。标准化值据 Wood et al.(1979)

表 3　川西天全新元古代花岗岩类全岩 **Sr-Nd** 同位素分析结果

| 样品号 | $^{87}Sr/^{86}Sr$ | 2SE | Sr | Rb | $^{143}Nd/^{144}Nd$ | 2SE | Nd | Sm | T_{DM} | $\varepsilon_{Nd}(t)$ | I_{Sr} |
			/×10⁻⁶				/×10⁻⁶		/Ga		
TQ08	0. 711 565	8	347	65	0. 512 274	5	17	4	1. 50	0. 9	0. 704 857
TQ14	0. 719 557	13	363	92	0. 512 245	6	14	3	1. 51	0. 6	0. 710 471
JJP04	0. 725 925	7	109	74	0. 512 410	15	22	4	1. 17	4. 4	0. 701 597
JJP07	0. 724 660	6	113	70	0. 512 609	2	20	4	0. 86	8. 3	0. 702 408

$^{87}Rb/^{86}Sr$ and $^{147}Sm/^{144}Nd$ ratios were calculated using Rb, Sr, Sm and Nd contents analyzed by ICP-MS. 由西北大学大陆动力学国家重点实验室用 XRF 和 ICP-MS 法分析(2013)。

T_{DM} represent the single-stage model age and were calculated using present-day $(^{147}Sm/^{144}Nd)_{DM} = 0. 213\ 7$, $(^{147}Sm/^{144}Nd)_{DM} = 0. 513\ 15$ and $(^{147}Sm/^{144}Nd)_{crust} = 0. 101\ 2$.

$\varepsilon_{Nd}(t)$ values were calculated using present-day $(^{147}Sm/^{144}Nd)_{CHUR} = 0. 196\ 7$ and $(^{147}Sm/^{144}Nd)_{CHUR} = 0. 512\ 638$.

$$\varepsilon_{Nd}(t) = [(^{143}Nd/^{144}Nd)_S(t)/(^{143}Nd/^{144}Nd)_{CHUR}(t)-1] \times 10^4.$$

$$T_{DM2} = \frac{1}{\lambda} \{1 + [(^{143}Nd/^{144}Nd)_S - ((^{147}Sm/^{144}Nd)_S - (^{147}Sm/^{144}Nd)_{crust})(e^{\lambda t}-1) - (^{143}Nd/^{144}Nd)_{DM}] / [(^{147}Sm/^{144}Nd)_{crust} - (^{147}Sm/^{144}Nd)_{DM}]\}.$$

表4 川西天全新元古代花岗岩类全岩 **Pb** 同位素分析结果

样品号	U/×10⁻⁶	Th/×10⁻⁶	Pb/×10⁻⁶	^{206}Pb/^{204}Pb	2SE	^{207}Pb/^{204}Pb	2SE	^{208}Pb/^{204}Pb	2SE
TQ08	1.0	5.2	10.2	18.278	4	15.629	4	38.398	12
TQ14	1.1	5.0	6.9	18.611	7	15.648	5	38.747	13
JJP04	1.7	10.1	12.5	18.337	5	15.600	5	38.154	12
JJP07	1.6	9.6	12.1	18.341	4	15.607	3	38.181	8

样品号	^{238}U/^{204}Pb	^{232}Th/^{204}Pb	(^{206}Pb/^{204}Pb)$_i$	(^{207}Pb/^{204}Pb)$_i$	(^{208}Pb/^{204}Pb)$_i$
TQ08	6.406	32.735	17.353	15.566	36.950
TQ14	9.894	47.430	17.181	15.551	36.649
JJP04	8.270	51.930	17.142	15.519	35.857
JJP07	8.392	50.964	17.128	15.524	35.927

U, Th, Pb concentrations were analyzed by ICP-MS. Initial Pb isotopic ratios were calculated for 851 Ma using single-stage model.

0.702 408。花岗闪长岩 $\varepsilon_{Nd}(t)$ 分别为+0.6 和+0.9,花岗岩的 $\varepsilon_{Nd}(t)$ 比较高,分别为+4.4 和+8.3。根据(^{87}Sr/^{86}Sr)$_i$-$\varepsilon_{Nd}(t)$ 相关图解(图8),本区花岗闪长岩具有稍高的初始 Sr 及低 $\varepsilon_{Nd}(t)$ 的特征,$\varepsilon_{Nd}(t)$ 稍微高于 BSE 成分,而花岗岩具有低初始 Sr 和高 $\varepsilon_{Nd}(t)$,$\varepsilon_{Nd}(t)$ 值介于 MORB 和初始地幔端元水平。

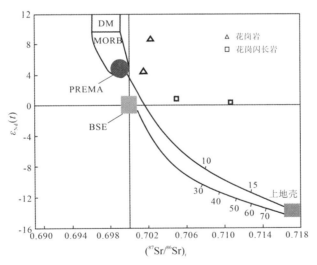

图8 川西新元古代天全花岗岩类岩石(^{87}Sr/^{86}Sr)$_i$-$\varepsilon_{Nd}(t)$图解

DM:亏损地幔;PREMA:原始地幔;BSE:地球总成分;MORB:洋中脊玄武岩

本区花岗闪长岩的初始^{206}Pb/^{204}Pb = 17.181 ~ 17.353,^{207}Pb/^{204}Pb = 15.551 ~ 15.566,^{208}Pb/^{204}Pb=36.649~36.950;本区花岗岩具有相对较低的初始 ^{206}Pb/^{204}Pb = 17.128~17.142,^{207}Pb/^{204}Pb = 15.519~15.524,^{208}Pb/^{204}Pb= 35.857~35.927;在 Pb 同位素成分系统变化图(图9)中,本区花岗质岩石无论是在^{207}Pb/^{204}Pb-^{206}Pb/^{204}Pb 图解中还是在^{208}Pb/^{204}Pb-^{206}Pb/^{204}Pb 图解中,均位于 Th/U = 4.0 的北半球参考线(NHRL)之上,并在^{208}Pb/^{204}Pb-^{206}Pb/^{204}Pb 图解中具有与 MORB 接近的同位素组成,而在

^{207}Pb/^{204}Pb-^{206}Pb/^{204}Pb 图解中则接近于下地壳的区域内,而且花岗岩有相对接近 EM I 的趋势。本区花岗闪长岩模式年龄 T_{DM} 值为 1.5 Ga 和 1.51 Ga,而花岗岩的 T_{DM} 值为 1.17 Ga和 0.86 Ga。

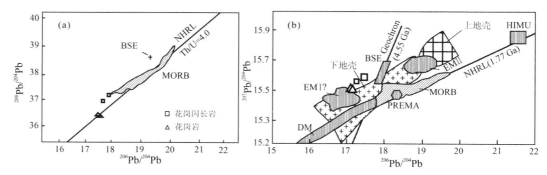

图 9　川西新元古代天全花岗岩类岩石^{206}Pb/^{204}Pb-^{208}Pb/^{204}Pb(a)和
^{206}Pb/^{204}Pb-^{207}Pb/^{204}Pb(b)图解

DM:亏损地幔;PREMA:原始地幔;BSE:地球总成分;MORB:洋中脊玄武岩;EM I:I 型富集地幔;
EM II:II 型富集地幔;HIMU:异常高^{238}U/^{204}Pb 地幔。据 Hugh(1993)

7　讨论

7.1　岩石成因类型

　　天全地区新元古代花岗岩及花岗闪长岩都表现出过铝质的特性,大多数样品的铝饱和指数 A/CNK 高于 1.1,属于强过铝质花岗岩类,铝饱和指数曾被认为是判别 I 型和 S 型花岗岩的标志(Chappell and White,1974,2001;吴福元等,2007;王德滋等,1993)。一般认为,如果形成强过铝花岗岩的源岩是泥质的,即富黏土、贫长石(<5%),则是形成于成熟的大陆克拉通环境;如果形成强过铝花岗岩的源岩是贫黏土、富长石(>5%)的,则是形成于未成熟的板块边缘(岛弧和大陆弧)的海沟俯冲带环境(钟长汀等,2007)。因此,判别强过铝花岗岩源岩性质成为判别强过铝花岗岩形成构造环境的关键。火夹沟花岗闪长岩具有高的 CaO/Na$_2$O 比值(0.30~0.85)、低的 Rb/Sr(0.19~0.33)和 Rb/Ba(0.10~0.12)比值,这表明这类岩石的源区主要为贫黏土的杂砂岩(图 10a、b)。岩石具有低的 SiO$_2$ 含量(64.48%~65.82%)及低的 Al$_2$O$_3$/TiO$_2$ 比值(28.7~34.2),这表明岩石的源区可能有幔源镁铁质熔体的混入,这些特征类似于澳大利亚 Lachlan 造山带强过铝质花岗岩(Chappell and White,2001)及华北中元古代强过铝质花岗岩(钟长汀等,2007),表明火夹沟花岗闪长岩形成于高地温梯度、成熟度较低的杂砂岩部分熔融。

　　角脚坪花岗岩具有较高的 SiO$_2$ 含量及低的 TiO$_2$ 含量,岩石同时表现出过铝质的地球化学特性,多数样品的 A/CNK 指数大于 1.1,但是这些地球化学特征并不能作为其是 S 型花岗岩的标志,在 K$_2$O-Na$_2$O 图解(图 11b)中,岩石表现出富 Na 的地球化学属性,所有样品均位于 I 型花岗岩区域内。在 Al$_2$O$_3$/TiO$_2$-CaO/Na$_2$O 岩石源区判别图解(图 10a)

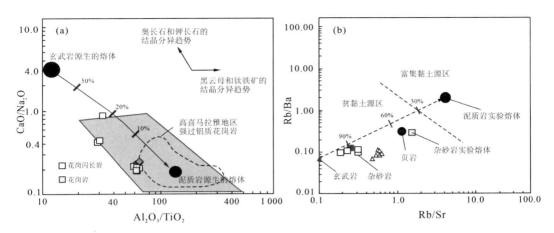

图 10　川西新元古代天全花岗岩类岩石 Al_2O_3/TiO_2-CaO/Na_2O(a)及
Rb/Sr-Rb/Ba(b)源区判别图解

据 Sylvester(1998)

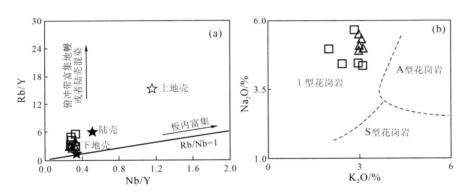

图 11　川西新元古代天全花岗岩类岩石 Nb/Y-Rb/Y(a)及 K_2O-Na_2O(b)图解

图 11a 据 Jahn et al.(1999);图 11b 据 Collins et al.(1982)

中,角脚坪花岗岩具有较高的 Al_2O_3/TiO_2 比值及高的 CaO/Na_2O 比值,表明岩石的源区有大量泥质岩的加入,但在 Rb/Sr-Rb/Ba 判别图解中,岩石具有低的 Rb/Sr 和 Rb/Ba 比值(图 10b),表明其起源于贫黏土的杂砂岩的部分熔融。结合岩石具有极度亏损的 Sr-Nd 同位素组成,Sr 同位素初始比值($^{87}Sr/^{86}Sr$)$_i$ = 0.701 597 ~ 0.702 408,$\varepsilon_{Nd}(t)$ = +4.4 ~ +8.3,接近于亏损地幔的 Sr-Nd 同位素组成(图 8),岩石的单阶段同位素 Nd 模式年龄介于 0.86 ~ 1.17 Ga,十分接近岩石的锆石 U-Pb 年龄(851 Ma),这表明岩石应起源于亏损的源区。但是,亏损地幔直接部分熔融不可能形成高 Si 的花岗质熔体(Wilson,1989),因此岩石的源区应该是亏损的玄武质岩石,这种玄武质岩石有可能是源于亏损地幔的洋壳或是源区软流圈地幔的玄武岩。实验岩石学研究表明,玄武质岩石在 H_2O 饱和条件下发生低程度部分熔融可以形成过铝质、高 Si 的 Na 质花岗岩(Rapp and Watson,1995;Petford and Atherton,1996;DePaolo and Daley,2000)。因此,本文认为,角脚坪花岗岩应该是亏损的玄武质岩石(有可能是洋壳或是亏损的地幔柱来源的玄武岩)在高温、H_2O饱和条件下形成的过铝质、Na质花岗岩。

7.2　岩石形成构造环境

沿着扬子板块的西缘出露了大量包括本区研究的花岗岩在内的新元古代花岗岩,大多数以 I 型和 S 型为主,并有少量的 A 型花岗岩体(胡建等,2007;Li et al.,2008;Zhao et al.,2008)。这些新元古代中酸性火成岩组合形成的构造环境存在极大的争议,部分学者认为是形成于活动大陆边缘(Zhou et al.,2002b;Wang et al.,2006;Wang and Zhou,2012;Yan et al.,2004;Yu et al.,2008)的岛弧岩浆杂岩,或是在地幔柱背景下岛弧地壳发生重熔作用形成的(Li et al.,2003a,b)。但是单单根据花岗岩的地球化学属性难以确定其形成的构造环境,花岗岩类的构造环境判别图解亦存在多解性(Pearce,1983,1996;Pearce et al.,1984;Whalen et al.,1987),只有在系统分析岩石源区属性及部分熔融条件的基础上,结合区域构造资料,才能逐步分析和厘定岩石形成的构造环境。

扬子地块西缘分布大量新元古代钠质石英闪长岩-奥长花岗岩-花岗闪长岩(TTG)类岩石和富 K 的花岗岩(Zhao et al.,2008),这些岩石的形成年龄为 800~650 Ma,而且这些岩石具有相对亏损的 Sr-Nd 同位素组成,被认为是由于地幔楔深部板片脱水生成的玄武质岩浆上涌导致下地壳的部分熔融产生的。Li et al.(2003a)通过对华南新元古代花岗岩类及伴生的镁铁质岩石系统的年代学和地球化学分析,提出扬子地块存在两期双峰式岩浆作用——830~795 Ma 及 780~745 Ma,作者认为这种双峰式岩浆作用在 Roninia 超大陆的其他地块,如 Australia,India,Madagascar,Seychelles,southern Africa 及 Laurentia 等地块也广泛发育,作者认为如此大规模的双峰式岩浆作用只能用地幔柱上涌导致的超大陆裂解模式来解释。

本文通过对川西天全地区的新元古代花岗闪长岩及花岗岩系统的成因分析认为,火夹沟地区的花岗闪长岩为过铝质,应该是在高地温梯度条件下,由杂砂岩组成的中元古代地壳发生部分熔融形成的过铝质熔体,而且岩石的 SiO_2 含量偏低,应该是这种过铝质熔体同化了部分幔源镁铁质熔体所致,而角脚坪地区的过铝质花岗岩具有极度亏损的 Sr-Nd 同位素组成;但在俯冲带环境下,普通俯冲洋壳由于地温梯度较低,无法直接发生部分熔融,受俯冲洋壳流体交代富集的地幔楔发生部分熔融将形成 SiO_2 含量相对较低的安山质岩浆(Wilson,1989),若是年轻俯冲洋壳(地温梯度较高)直接发生部分熔融将形成高 Sr/Y 比值的埃达克岩(Defant and Drummond,1990;Castillo,2008;Martin,1999;Martin et al.,2005),而角脚坪花岗岩明显不具有高 Sr、低 Y 含量的埃达克岩地球化学属性,因此角脚坪花岗岩不可能是俯冲洋壳直接发生部分熔融的产物。在(Yb+Ta)-Rb 和 Rb/30-Hf-3Ta 图解(图12)中,本区花岗岩和花岗闪长岩数据点全部位于火山弧花岗岩区域内。

8　结论

本文通过对扬子地块西缘天全地区花岗闪长岩及花岗岩系统的锆石 U-Pb 年代学、

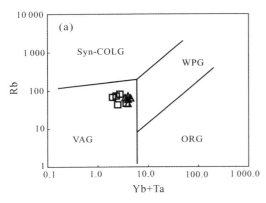
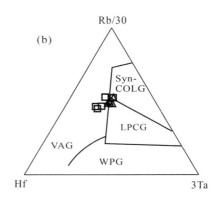

图 12　川西新元古代天全花岗岩类岩石(Y+Ta)-Rb(a)
和 Rb/30-Hf-3Ta(b)构造环境判别图解
图 12a 据 Pearce et al.(1984);图 12b 据 Harris et al.(1986)

岩石地球化学及 Sr-Nd-Pb 同位素地球化学研究,得到如下结论:

(1)天全花岗岩体的 LA-ICP-MS 锆石 U-Pb 测年结果表明其形成于 821 ± 15 Ma($MSWD = 0.7, 2\sigma$),其形成时代为新元古代,与扬子板块西缘和北缘大量的中酸性侵入体和火山岩具有相近的形成年龄。

(2)火夹沟花岗闪长岩为过铝质、低 SiO_2 含量,具有相对亏损的 Sr-Nd-Pb 同位素地球化学组成,结合岩石低的 Al_2O_3/TiO_2 和高的 CaO/Na_2O 比值,本文认为火夹沟花岗闪长岩的成因机制为:在镁铁质岩浆底侵的条件下,成熟度较低的杂砂岩部分熔融形成过铝质熔体,岩石降低的 SiO_2 含量表明其同化了部分镁铁质熔体。

(3)角脚坪花岗岩具有高的 SiO_2 含量,为过铝质、富 Na 的熔体,而且具有极度亏损的 Sr-Nd 同位素组成,表明其应是亏损的玄武质岩石在 H_2O 饱和条件下发生低程度部分熔融形成的过铝质熔体。

致谢　感谢周美夫教授和另一位审稿专家提出的中肯意见与建议。

参考文献

[1] Barker F, 1979. Trondhjemite: Definition, environment and hypotheses of origin. In: Barker F. Trondhjemites, Dacites, and Related Rocks. Amsterdam: Elsevier:1-12.

[2] Barth M G, McDonough W F, Rudnick R L, 2000. Tracking the budget of Nb and Ta in the continental crust.Chemical Geology,165(3-4):197-213.

[3] Castillo P R, 2008. Origin of the adakite high-Nb basalt association and its implications for postsubduction magmatism in Baja California, Mexico. Geol Soc Am Bull, 120:451-462.

[4] Chappell B W, White A J R, 1974. Two contrasting granite types.Pacific Geology, 8:173-174.

[5] Chappell B W, White A J R, 2001. Two contrasting granite types: 25 years later. Australian Journal of Earth Sciences, 48(4):489-499.

[6] Chen Y L, Luo Z H, Liu C, 2001. New recognition of Kangding-Mianning metamorphic complexes from

Sichuan, western Yangtze Craton: Evidence from Nd isotopic composition. Journal of China University of Geosciences: Earth Science, 26(3):279-285 (in Chinese with English abstract).

[7] Chen Y L, Luo Z H, Zhao J X, et al, 2004. Petrogenesis of Kangding complex: Evidence from zircon SHRIMP U-Pb age and lithogeochemistry. Science in China: Series D, 34(8):687-697 (in Chinese).

[8] Collins W J, Beams S D, White A J R, et al., 1982. Nature and origin of A type granites with paticular reference to Southeastern Australia. Contributions to Mineralogy and Petrology, 80(2):189-200.

[9] Defant M J, Drummond M S, 1990. Derivation of some modern arc magmas by melting of young subducted lithosphere. Nature, 347:662-665.

[10] DePaolo D J, Daley E E, 2000. Neodymium isotopes in basalts of the southwest basin and range and lithospheric thinning during continental extension. Chemical Geology, 169(1-2):157-185.

[11] Green T H, Pearson N J, 1987. An experimental study of Nb and Ta partitioning between Ti-rich minerals and silicate liquids at high pressure and temperature. Geochimica et Cosmochimica Acta, 51 (1):55-62.

[12] Green T H, 1995. Significance of Nb/Ta as an indicator of geochemical processes in the crust-mantle system. Chemical Geology, 120(3-4):347-359.

[13] Harris N B W, Pearce J A, Tindle A G, 1986. Geochemical characteristics of collision-zone magmatism. In: Coward M P, Reis A C. Collision tectonics. Geological Society, London, Special Publications, 19 (1):67-81.

[14] Hu J, Qiu J S, Wang R C, et al., 2007. Earliest response of the Neoproterozoic Rodinia break-up in the northeastern Yangtze craton: Constraints from zircon U-Pb geochronology and Nd isotopes of the gneissic alkaline granites in Donghai area. Acta Petrologica Sinica, 23(6):1321-1333 (in Chinese with English abstract).

[15] Huang J Q, 1960. Review on the basic geological and tectonic feature of China. Acta Geologica Sinica, 40(1):1-31 (in Chinese).

[16] Hugh R R, 1993. Using geochemical data. Singapore: Longman Singapore Publishers:234-240.

[17] Jahn B M, Wu F, Lo C H et al., 1999. Crust-mantle interaction induced by deep subduction of the continental crust: Geochemical and Sr-Nd isotopic evidence from post-collisional mafic-ultramafic intrusions of the northern Dabie complex, central China. Chemical Geology, 157(1-2):119-146.

[18] Lai S C, Liu C Y, 2001. Enriched upper mantle and eclogitic lower crust in north Qiangtang, Qinghai-Tibet Plateau: Petrological and geochemical evidence from the Cenozoic volcanic rocks. Acta Petrologica Sinica, 17(3):459-468 (in Chinese with English abstract).

[19] Lai S C, Liu C Y, O'Reilly S Y, 2001. Petrogenesis and its significance to continental dynamics of the Neogene high-potassium calc-alkaline volcanic rock association from north Qiangtang, Tibetan plateau. Science in China: Series D, 44(Suppl 1):45-55.

[20] Lai S C, Liu C Y, Yi H S, 2003. Geochemistry and petrogenesis of Cenozoic andesite-dacite association from the Hoh Xil region, Tibetan Plateau. International Geology Review, 45(11):998-1019.

[21] Lai S C, Qin J F, Li Y F, 2007. Partial melting of thickened Tibetan crust: Geochemical evidence from Cenozoic adakitic volcanic rocks. International Geology Review, 49(4):357-373.

[22] Lai S C, Qin J F, Li Y F, et al., 2007. Geochemistry and petrogenesis of the alkaline and caic-alkaline

series Cenozoic volcanic rocks from Huochetou mountain, Tibetan Plateau. Acta Petrologica Sinica, 23 (4):709-718 (in Chinese with English abstract).

[23] Lai S C, Qin J F, Grapes R, 2011. Petrochemistry of granulite xenoliths from the Cenozoic Qiangtang volcanic field, northern Tibetan Plateau: Implications for lower crust composition and genesis of the volcanism. International Geology Review, 53(8):926-945.

[24] Li C Y, 1963. A preliminary study of the tectonic development of the "Kangdian" axis. Acta Geologica Sinica, 43(3):214-229 (in Chinese with English abstract).

[25] Li X H, Li Z X, Zhou H, et al., 2002. U-Pb zircon geochronology, geochemistry and Nd isotopic study of Neoproterozoic bimodal volcanic rocks in the Kangdian Rift of South China: Implications for the initial rifting of Rodinia. Precambrian Research, 113(1-2):135-154.

[26] Li X H, Li Z X, Zhou H W et al., 2002. U-Pb zircon geochronological, geochemical and Nd isotopic study of Neoproterozoic basaltic magmatism in western Sichuan: Petrogenesis and geodynamic implications. Earth Science Frontiers, 9(4):329-338 (in Chinese with English abstract).

[27] Li X H, Li Z X, Ge W C, et al., 2003a. Neoproterozoic granitoids in South China: Crustal melting above a mantle plume at ca. 825 Ma? Precambrian Research, 122(1-4):45-83.

[28] Li X H, Qi C S, Liu Y, et al., 2005. Petrogenesis of the Neoproterozoic bimodal volcanic rocks along the western margin of the Yangtze Block: New constraints from Hf isotopes and Fe/Mn ratios. Chinese Science Bulletin, 50(21):2481-2486.

[29] Li X H, Li W X, Li Z X, et al., 2008. 850−790 Ma bimodal volcanic and intrusive rocks in northern Zhejiang, South China: A major episode of continental rift magmatism during the breakup of Rodinia. Lithos, 102(1-2): 341-357.

[30] Li X H, Li W X, He B, 2012. Building of the South China Block and its relevance to assembly and breakup of Rodinia supercontinent: Observations, interpretations and tests. Bulletin of Mineralogy, Petrology and Geochemistry, 31(6):543-559 (in Chinese with English abstract).

[31] Li Z H, Luo Z H, Chen Y L, et al., 2005. Geochronological and geochemical characteristics of Kangding metamorphosed intrusions. Acta Geoscientica Sinica, 26 (Suppl):87-89 (in Chinese with English abstract).

[32] Li Z X, Zhang L H, Powell C M, 1995. South China in Rodinia: Part of the missing link between Australia-East Antarctica and Laurentia. Geology, 23(5):407-410.

[33] Li Z X, Li X H, Kinny P D, et al., 2003b. Geochronology of Neoproterozoic syn-rift magmatism in the Yangtze Craton, South China and correlations with other continents: Evidence for a mantle superplume that broke up Rodinia. Precambrian Research, 122(1-4):85-109.

[34] Liao Z T, Ma T T, Zhou Z Y, et al., 2005. Review on Rodinia and tectonics in South China. Journal of Tongji University (Natural Science), 33(9):1182-1191 (in Chinese with English abstract).

[35] Lin G C, Li X H, Li W X, 2006. SHRIMP U-Pb zircon age, geochemistry and Nd-Hf isotope of Neoproterozoic mafic dyke swarms in western Sichuan: Petrogenesis and tectonic significance. Science in China: Series D, 36(7):630-645 (in Chinese).

[36] Liu S W, Yan Q R, Li Q G, et al., 2009. Petrogenesis of granitoid rocks in the Kangding Complex, western margin of the Yangtze Craton and its tectonic significance. Acta Petrologica Sinaca, 25(8):

1883-1896（in Chinese with English abstract）.

[37] Liu Y, Liu X M, Hu Z C, et al., 2007. Evaluation of accuracy and long-term stability of determination of 37 trace elements in geological samples by ICP-MS. Acta Petrologica Sinica, 23(5):1203-1210（in Chinese with English abstract）.

[38] Liu Y J, Cao L M, Li Z L, et al, 1984. Element Geochemistry. Beijing: Science Press:50-372（in Chinese）.

[39] Liu Z R, Zhao J H, 2012. Mineralogical constraints on the origin of Neoproterozoic felsic intrusions, NW margin of the Yangtze Block, South China. International Geology Review, 55(5):590-607.

[40] Maniar P D, Piccoli P M, 1989. Tectonic discrimination of granitoids. Geological Society of American Bulletin,101(5):635-643.

[41] Martin H, 1999. Adakitic Magmas: Modern analogues of Archaean granitoids. Lithos, 46(3):411-429.

[42] Martin H, Smithies R H, Rapp R, et al, 2005. Anoverview of adakite, tonalite-trondhjemite-granodiorite(TTG), and sanukitoid: Relationships and some implications for crust evolution. Lithos, 79 (1-2):1-24.

[43] Patiño Douce A E, Johnston A D, 1991. Phase equilibria and melt productivity in the pelitic system: Implications for the origin of peraluminous granitoids and aluminous granulites. Contributions to Mineralogy and Petrology, 107(2):202-218.

[44] Patiño Douce A E, Beard J S, 1995. Dehydration-melting of biotite gneiss and quartz amphibolite from 3 to 15 kbar. Journal of Petrology, 36(3):707-738.

[45] Patiño Douce A E, Harris N, 1998. Experimental constraints on Himalayan anatexis. Journal of Petrology, 39(4):689-710.

[46] Patiño Douce A E, 1999. What do experiments tell us about the relative contributions of crust and mantle to the origin of granitic magmas? In: Castro A, Fernandez C, Vigneresse J. Understanding Granites: Integrating New and Classical Techniques. Geological Society Special Publications, 168(1):55-75.

[47] Pearce J A, 1983. The role of sub-continental lithosphere in magma genesis at destructive plate margins. In: Hawkesworth C J, Norry M J. Continental Basalts and Mantle Xenoliths. London: Nantwich Shiva Press: 230-249.

[48] Pearce J A, Harris N B W, Tindle A G, 1984. Trace element discrimination diagrams for the tectonic interpretation of granitic rocks. Journal of Petrology, 25(4):956-983.

[49] Pearce J A, 1996. Sources and setting of granitic rocks. Episodes,19(4):120-125.

[50] Petford N, Atherton M, 1996. Na-rich partial melts from newly underplated basaltic crust: The Cordillera Blanca Batholith, Peru. Journal of Petrology, 37(6):1491-1521.

[51] Rapp R P, Watson E B, 1995. Dehydration melting of metabasalt at 8−32 kbar: Implications for continental growth and crust-mantle recycling. Journal of Petrology, 36:891-931.

[52] Rollinson H R, 1993. Using Geological Data: Evalution, Presentation, Interpretation. London: Person Education Limited:1-284.

[53] Shen W Z, Li H M, Xu S J, et al., 2000. U-Pb chronological study of zircons from the Huangcaoshan and Xiasuozi granites in the western margin of Yangtze plate. Geological Journal of China Universities, 6 (3):412-416（in Chinese with English abstract）.

[54] Shen W Z, Gao J F, Xu S J, et al., 2002. Geochemical characteristics and genesis of the Qiaotou basic complex, Luding County, western Yangtze Block.Geological Journal of China Universities, 8(4):380-389 (in Chinese with English abstract).

[55] Sun S S, McDonough W F., 1989. Chemical and isotopic systematics of ocean basins: Implications for mantle composition and processes. In: Saunders A D, Norry M J. Magmatism of the Ocean Basins. Geological Society, London, Special Publications,42(1):325-345.

[56] Sun W H, Zhou M F, Yan D P, et al., 2008. Provenance and tectonic setting of the Neoproterozoic Yanbian Group, western Yangtze Block (SW China).Precambrian Research, 167(1-2):213-236.

[57] Sylvester P J, 1998: Post-collisional strongly peraluminous granites.Lithos, 45:29-44.

[58] Wang D Z, Liu C S, Shen W Z, et al., 1993,. The contrast between Tonglu I-type and Xiangshan S-type clastoporphyritic lava.Acta Petrologica Sinica, 9(1):44-53 (in Chinese with English abstract).

[59] Wang J H, 1998. New advances in reconstruction of the proterozoic Rodinia supercontinent.Earth Science Frontiers, 5(4):235-242 (in Chinese with English abstract).

[60] Wang W, Zhou M F, 2012. Sedimentary records of the Yangtze Block(South China)and their correlation with equivalent Neoproterozoic sequences on adjacent continents. Sediment Geol, 265-266: 126-142.

[61] Wang X L, Zhou J C, Qiu J S, et al., 2006. LA-ICP-MS U-Pb zircon geochronology of the Neoproterozoic igneous rocks from Northern Guangxi, South China:Implications for tectonic evolution. Precambrian Research, 145(1-2):111-130.

[62] Whalen J B, Currie K L, Chappell B W, 1987. A-type granites: Geochemical characteristics, discrimination and petrogenesis. Contributions to Mineralogy and Petrology, 95(4):407-419.

[63] Wilson M, 1989. Igneous petrogenesis.London:Unwin Hyman Press:295-323.

[64] Wood D A, Joron J L, Treuil M, et al., 1979. Elemental and Sr isotope variations in basic lavas from Iceland and the surrounding sea floor. Contributions to Mineralogy and Petrology, 70(3):319-339.

[65] Wu F Y, Li X H, Yang J H, et al., 2007. Discussions on the petrogenesis of granites. Acta Petrologica Sinica, 23(6):1217-1238 (in Chinese with English abstract).

[66] Xiao L, Zhang H F, Ni P Z, Xiang H, et al., 2007. LA-ICP-MS U-Pb zircon geochronology of Early Neoproterozoic mafic-intermediate intrusions from NW margin of the Yangtze Block, South China: Implication for tectonic evolution.Precambrian Research, 154(3-4):221-235.

[67] Yan D P, Zhou M F, Song H L, et al., 2002. Where was South China located in the reconstruction of Rodinia? Earth Science Frontiers, 9(4):249-256 (in Chinese with English abstract).

[68] Yan Q R, Hanson A D, Wang Z Q, et al., 2004. Neoproterozoic subduction and rifting on the northern margin of the Yangtze Plate, China: Implications for Rodinia reconstruction. International Geology Review, 46(9):817-832.

[69] Yu J H, O'Reilly S Y, Wang L, et al., 2008. Where was South China in the Rodinia supercontinent? Evidence from U-Pb geochronology and Hf isotopes of detrital zircons.Precambrian Research, 164(1-2): 1-15.

[70] Yuan H H, Zhang S F, Zhang P, et al., 1987. A preliminary study on the formation age of the basement of the "Kangdian" axis.In:Zhang Y X, Liu B G. Letters about the Panxi continental rift valley, China (2).Beijing: Geological Publishing House:51-60 (in Chinese with English abstract).

[71] Yuan H L, Gao S, Liu X M, et al., 2004. Accurate U-Pb age and trace element determinations of zircon by laser ablation-Inductively coupled plasma mass spectrometry. Geostandards and Geoanalytical Research, 28(3):353-370.

[72] Zhao G C, Cawood P A, 2012. Precambrian geology of China. Precambrian Research, 222-223:13-54.

[73] Zhao J H, Zhou M F, 2009. Secular evolution of the Neoproterozoic lithospheric mantle underneath the northern margin of the Yangtze Block, South China.Lithos, 107(3-4):152-168.

[74] Zhao J H, Zhou M F, Zheng J P, et al., 2010. Neoproterozoic crustal growth and reworking of the Northwestern Yangtze Block: Constraints from the Xixiang dioritic intrusion, South China.Lithos, 120(3-4):439-452.

[75] Zhao J H, Zhou M F, Yan D P, et al., 2011. Reappraisal of the ages of Neoproterozoic strata in South China:No connection with the Grenvillian orogeny.Geology, 39(4):299-302.

[76] Zhao X F, Zhou M F, Li J W, et al., 2008. Association of Neoproterozoic A- and I-type granites in South China: Implications for generation of A-type granites in a subduction-related environment. Chemical Geology, 257(1-2):1-15.

[77] Zhong C T, Deng J F, Wan Y S, et al., 2007. Magma recording of Paleoproterozoic orogeny in central segment of northern margin of North China Craton: Geochemical characteristics and zircon SHRIMP dating of S-type granitoids.Geochimica, 36(6):585-600 (in Chinese with English abstract).

[78] Zhou M F, Kennedy A K, Sun M, et al., 2002a. Neoproterozoic arcrelated mafic intrusions along the northern margin of South China: Implications for the accretion of Rodinia. The Journal of Geology, 110(5):611-618.

[79] Zhou M F, Yan D P, Kennedy A K, et al., 2002b. SHRIMP U-Pb zircon geochronological and geochemical evidence for Neoproterozoic arc-magmatism along the western margin of the Yangtze Block, South China. Earth & Planetary Science Letters, 196(1-2):51-67.

[80] Zhou M F, Yan D P, Wang C L, et al., 2006. Subduction-related origin of the 750 Ma Xuelongbao adakitic complex (Sichuan Province, China): Implications for the tectonic setting of the giant Neoproterozoic magmatic event in South China. Earth & Planetary Science Letters, 248(1-2):286-300.

[81] Zhou M F, Zhao X F, Chen W T, et al., 2014. Proterozoic Fe-Cu metallogeny and supercontinental cycles of the southwestern Yangtze Block, southern China and northern Vietnam.Earth-Science Reviews, 139:59-82.

[82] 陈岳龙,罗照华,刘翠,2001.对扬子克拉通西缘四川康定-冕宁变质基底的新认识:来自 Nb 同位素的证据.地球科学,26(3):279-285.

[83] 陈岳龙,罗照华,赵俊香,等,2004.从锆石 SHRIMP 年龄及岩石地球化学特征论四川冕宁康定杂岩的成因.中国科学:D 辑,34(8):687-697.

[84] 胡建,邱检生,王汝成,等,2007.新元古代 Rodinia 超大陆裂解事件在扬子北东缘的最初响应:东海片麻状碱性花岗岩的锆石 U-Pb 年代学及 Nd 同位素制约.岩石学报,23(6):1321-1333.

[85] 黄汲清,1960.中国地质构造基本特征的初步总结.地质学报,40(1):1-31.

[86] 赖绍聪,刘池阳,2001.青藏高原北羌塘榴辉岩质下地壳及富集型地幔源区:来自新生代火山岩的岩石地球化学约束.岩石学报,17(3):459-468.

[87] 赖绍聪,秦江锋,李永飞,等,2007.青藏高原新生代火车头山碱性及钙碱性两套火山岩的地球化学

特征及其物源讨论.岩石学报,23(4):709-718.

[88] 李春昱,1963."康滇地轴"地质构造发展历史的初步研究.地质学报,43(3):214-229.

[89] 李献华,李正祥,周汉文,等,2002.川西新元古代玄武质岩浆岩的锆石 U-Pb 年代学、元素和 Nd 同位素研究:岩石成因与地球动力学意义.地学前缘,9(4):329-338.

[90] 李献华,祁昌实,刘颖,等,2005.扬子块体西缘新元古代双峰式火山岩成因:Hf 同位素和 Fe/Mn 新制约.科学通报,50(19):2155-2160.

[91] 李献华,李武显,何斌,2012.华南陆块的形成与 Rodinia 超大陆聚合–裂解–观察、解释与检验.矿物岩石地球化学通报,31(6):543-559.

[92] 李志红,罗照华,陈岳龙,等,2005.康定变质侵入岩的年代学及岩石地球化学特征.地球学报,26(增):87-89.

[93] 廖宗廷,马婷婷,周征宇,等,2005.Rodinia 裂解与华南微板块形成和演化.同济大学学报(自然科学版),33(9):1182-1191.

[94] 林广春,李献华,李武显,2006.川西新元古代基性岩墙群的 SHRIMP 锆石 U-Pb 年龄、元素和 Nd-Hf 同位素地球化学:岩石成因与构造意义.中国科学:D 辑,36(7):630-645.

[95] 刘树文,闫全人,李秋根,等,2009.扬子克拉通西缘康定杂岩中花岗质岩石的成因及其构造意义.岩石学报,25(8):1883-1896.

[96] 刘晔,柳小明,胡兆初,等,2007.ICP-MS 测定地质样品中 37 个元素的准确度和长期稳定性分析.岩石学报,23(5):1203-1210.

[97] 刘英俊,曹励明,李兆麟,等,1984.元素地球化学.北京:科学出版社:50-372.

[98] 沈渭洲,李惠民,徐士进,等,2000.扬子板块西缘黄草山和下索子花岗岩体锆石 U-Pb 年代学研究.高校地质学报,6(3):412-416.

[99] 沈渭洲,高剑峰,徐士进,等,2002.扬子板块西缘泸定桥头基性杂岩体的地球化学特征和成因.高校地质学报,8(4):380-389.

[100] 王德滋,刘昌实,沈渭洲,等,1993.桐庐 I 型和相山 S 型两类碎斑熔岩对比.岩石学报,9(1):44-53.

[101] 王江海,1998.元古宙罗迪尼亚(Rodinia)泛大陆的重建研究.地学前缘,5(4):235-242.

[102] 吴福元,李献华,杨进辉,等,2007.花岗岩成因研究的若干问题.岩石学报,23(6):1217-1238.

[103] 颜丹平,周美夫,宋鸿林,等,2002.华南在 Rodinia 古陆中位置的讨论:扬子地块西缘变质–岩浆杂岩证据及其与 Seychelles 地块的对比.地学前缘,9(4):249-256.

[104] 袁海华,张树发,张平,等,1987.康滇地轴基底时代的初步轮廓.见:张云湘,刘秉光.中国攀西裂谷文集(2).北京:地质出版社:51-60.

[105] 钟长汀,邓晋福,万渝生,等,2007.华北克拉通北缘中段古元古代造山作用的岩浆记录:S 型花岗岩地球化学特征及锆石 SHRIMP 年龄.地球化学,36(6):585-600.

[106] 张国伟,郭安林,姚安平,2004.中国大陆构造中的西秦岭–松潘大陆构造结.地学前缘,11(3):23-32.

青藏高原双湖地区二叠系玄武岩地球化学
及其大地构造意义①②

赖绍聪　秦江锋

摘要：对青藏高原羌塘地块中部双湖地区发育的二叠系碱性系列和拉斑系列玄武岩进行了详细的地球化学研究。碱性系列玄武岩富集 LILE 和 LREE,其 La/Nb 比值和 OIB 相近,Ti/V 比值明显高于典型 MORB,在微量元素构造环境判别图解中位于 OIB 区域。拉斑系列玄武岩具有相对平坦的稀土元素配分模式,与典型 MORB 相比,其 Ti/V 比值明显偏高,在微量元素构造环境判别图解中位于 MORB 和 OIB 重合的区域,表明岩石起源于一个低度富集的地幔源区。结合区域地质背景,认为双湖二叠系拉斑系列-碱性系列玄武岩组合可能形成于陆间裂谷到小洋盆环境,这套玄武岩的产出可能代表古特提斯洋沿龙木错-双湖构造带在不同地区的发育程度不同,双湖地区在二叠纪应为一个陆间裂谷到小洋盆环境。

　　青藏高原特提斯演化与冈瓦纳大陆和欧亚大陆的界线研究是国内外地质学家关注的焦点问题[1]。随着近年来对青藏高原地质研究程度的逐渐提高,李才等[1-4]根据龙木错-双湖-吉塘一带发育的放射虫硅质岩、蛇绿岩及羌塘地块南北不同的古生代沉积特征,提出龙木错-双湖-吉塘构造带代表一条古缝合带,这条缝合带可作为冈瓦纳大陆与欧亚大陆的边界。目前,关于龙木错-双湖-吉塘构造带能否作为一条板块缝合带还存在争议[1,5]。邓万明等[5]提出,羌塘双湖茶布地区的基性、超基性岩和火山岩不构成蛇绿岩组合,火山岩的地球化学属性与 MORB 有着本质的差别。火山活动发生在以陆壳为基底的初始拉张的板内裂陷槽环境。因此,龙木错-双湖-吉塘构造带中发育的古生代火成岩的深入研究对于约束这条构造带的性质,进一步探讨青藏高原古生代构造演化具有重要意义。

　　本文选取羌塘中部双湖地区东段阿木刚日二叠系玄武岩为主要研究对象(图1)。详细的岩石学和地球化学研究表明,该地区二叠系碱性系列玄武岩表现出陆间裂谷玄武岩的地球化学特征,亚碱性玄武岩表现出初始洋壳的特征,这套玄武岩的产出表明龙木错-双湖-吉塘缝合带在二叠纪期间并不具有大洋盆的环境,而主要显示为陆间裂谷-初始洋盆的构造环境。

　　①　原载于《地学前缘》,2009,16(2)。
　　②　国家自然科学基金项目(40572050,40272042)和高等学校优秀青年教师教学科研奖励计划项目(教人司[2002]383 号)资助。

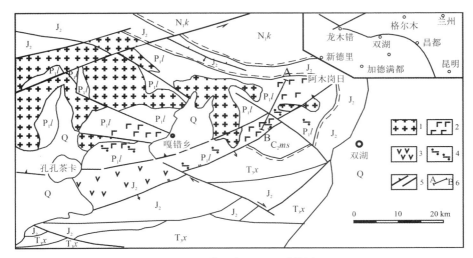

图1 西藏双湖地区地质简图

Q:第四系;N_1k:新近系康托组;J_2:中侏罗统;T_3x:上三叠统肖茶卡组;
P_1l:下二叠统鲁谷组;C_2ms:上石炭统木实热不卡群。1.花岗岩;2.玄武岩、蚀变玄武岩;
3.安山岩;4.龙木错-双湖缝合带位置;5.断裂;6.取样位置及剖面编号。据李才等[6]

1 野外地质和岩石学特征

龙木错-双湖-吉塘一带的二叠纪蛇绿岩主要出露地点有羌塘中部的红脊山、角木日、雪水河、玛依岗、日南坡和北坡,角木茶卡东、纳若、恰格勒拉和双湖以东的才多茶卡等地亦有出露,断续延伸超过450 km。蛇绿岩组合中主要岩石类型有辉石橄榄岩、橄榄辉石岩、辉长辉绿岩、橄榄辉长辉绿岩、块状玄武岩、枕状玄武岩和放射虫硅质岩。

研究区位于羌塘中央隆起的东部地区,龙木错-双湖板块缝合带以南。该地区奥陶系-泥盆系可与聂拉木和申扎地区对比,均具有稳定的台型沉积特征[3];石炭纪沉积的碎屑岩中夹有的基性火山岩具有大陆裂谷型火山岩的特点[3,5];二叠系发育玄武岩和复理石沉积[3];中、下三叠统不发育,上三叠统以碳酸盐岩沉积为主。双湖玄武岩多与基性、超基性岩共生,与二叠纪灰岩、粉砂岩和板岩以逆断层接触,可见基性岩墙穿切玄武岩的现象。玄武岩之上为硅质岩和玄武质凝灰岩、凝灰质角砾岩、玄武质角砾岩等火山碎屑岩,以及浊积岩;火山碎屑岩中见筵类化石,时代为中二叠世[3]。火山岩向西南方向延伸与侏罗系火山岩以断层接触,单层厚度从几十米到数百米不等;东部与上石炭统木实热不卡群以断层接触。

本项研究主要沿阿木岗日附近(N33°14′25.5″,E88°42′02.6″)的剖面采样(图1)。基性火山岩主要为玄武岩,倾向SWW(260°~265°,倾角40°~45°),呈层状或夹层状赋存于二叠系地层中,岩石呈灰黑、绿黑色,具斑状结构、块状构造,并可见气孔-杏仁构造,基质为隐晶质结构,斑晶矿物为板状斜长石和短柱状辉石。岩石有轻微的蚀变现象,但并不显著,主要表现为暗色矿物的绿泥石化、斜长石斑晶的钠黝帘石化等。

2 地球化学特征

2.1 火山岩系列与组合

根据本区火山岩化学成分分析结果,利用 SiO_2-(K_2O+Na_2O)图解(图2a),可以看出,本区玄武岩类可以明显地区分为两组:一组位于碱性系列区内;另一组位于亚碱性区内。Nb、Y、Zr、Ti 均为不活泼痕量元素,较少受到蚀变和变质作用的影响,对于碱性(alkaline)和非碱性(nonalkaline)系列火山岩,其 Nb/Y 值的区间范围十分稳定,尤其对于基性、中基性和中酸性火山岩,其碱性和非碱性系列的区分主要取决于 Nb/Y 值,而较少受到 SiO_2 含量变化的影响。因此,Zr/TiO_2-Nb/Y 图解可以有效地区分变质/蚀变火山岩的系列。从图2b 中可以看到,我们获得的 12 个玄武岩样品以及产于角木日地区的 13 个二叠纪玄武岩样品(引自翟庆国等[7])可以区分为碱性玄武岩和亚碱性拉斑玄武岩 2 个不同的火山岩系列,这与 SiO_2-(K_2O+Na_2O)图解所获得的结论是基本一致的。

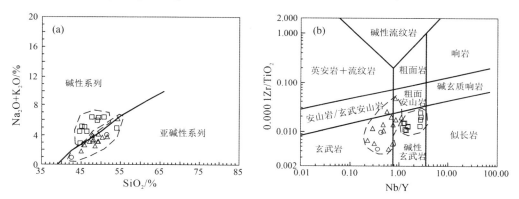

图 2 双湖二叠纪玄武岩 SiO_2-(Na_2O+K_2O)(a)和 Nb/Y-Zr/TiO_2(b)图解[8]
□本区碱性系列玄武岩;○本区拉斑系列玄武岩;△角木日拉斑玄武岩

2.2 岩石地球化学

本区碱性系列玄武岩的 SiO_2 含量较高,在 44.57% ~ 53.69% 范围内变化,其 TiO_2 具有很高的含量(2.35% ~ 3.70%),明显高于典型的岛弧火山岩类,而与板内火山岩通常具有高 Ti 含量的特征相吻合。岩石 Al_2O_3(9.44% ~ 17.17%)和 MgO(4.4% ~ 10.6%)含量变化较大,其 $Mg^\#$ 值为 42.2 ~ 62.6。岩石 K_2O 含量(0.18% ~ 2.46%)平均为 1.71%,总体具有高 Ti、高 K 的常量元素地球化学特征(表1)。

本区亚碱性拉斑系列玄武岩的 SiO_2(42.51% ~ 51.52%)和 TiO_2(1.37% ~ 2.25%)含量均明显低于本区碱性玄武岩类。岩石 Al_2O_3(14.81% ~ 15.45%)和 MgO(8.00% ~ 8.3%)含量稳定,$Mg^\#$ 值(58.4 ~ 64.6)明显高于本区碱性玄武岩类,而其 K_2O 含量(0.28% ~ 0.89%)则明显低于本区碱性玄武岩类。

表1　青藏高原双湖地区二叠纪玄武岩主量(%)及微量(×10⁻⁶)元素分析结果

表1　青藏高原双湖地区二叠纪玄武岩主量(%)及微量($\times10^{-6}$)元素分析结果

编号	碱性系列												拉斑系列												
	SH03	SH15	SH02	SH07	SH16	SH17	SH22	SH24	SH25	SH28	SL01	SL02	JMR1	JMR2	JMR3	JMR4	JMR5	JMR6	JMR7	JMR8	JMR9	JMR10	JMR11	JMR12	JMR13
SiO_2	46.42	47.74	45.92	44.57	45.22	53.96	49.40	50.75	44.82	49.09	51.52	42.51	49.36	49.28	48.53	47.8	47.09	44.98	45.87	47.94	51.58	48.10	50.28	54.25	49.37
TiO_2	2.60	2.35	3.70	3.68	3.70	2.35	3.00	3.05	3.25	3.25	1.37	2.25	1.06	1.07	2.17	2.07	1.63	2.13	0.90	1.67	0.93	1.27	1.00	0.87	0.90
Al_2O_3	17.17	16.96	12.16	12.52	9.88	15.45	15.02	13.95	9.44	12.45	15.45	14.81	14.30	13.51	17.58	21.70	17.58	19.50	13.51	17.75	15.89	154.1	13.89	14.24	14.30
Fe_2O_3	6.10	5.70	7.28	7.70	7.72	5.00	5.80	5.70	5.92	5.65	4.90	6.45	1.71	2.99	0.26	0.18	0.57	2.00	2.93	5.89	4.09	2.85	3.76	3.00	4.47
FeO	4.90	3.70	6.02	5.10	5.38	3.60	5.10	4.70	6.28	6.05	3.80	4.25	8.75	6.70	10.98	6.24	6.76	5.69	6.50	7.70	7.30	7.95	5.95	6.65	6.40
MnO	0.2	0.13	0.13	0.17	0.17	0.1	0.1	0.1	0.16	0.12	0.17	0.16	0.26	0.21	0.37	0.17	0.25	0.25	0.23	0.14	0.18	0.29	0.27	0.14	0.19
MgO	6.8	5.3	6.0	5.9	5.4	5.0	5.6	5.6	10.6	4.4	8.3	8.0	6.41	8.29	4.82	5.38	7.62	2.68	9.39	5.35	7.33	5.14	6.15	3.34	6.49
CaO	4.80	4.30	8.30	10.50	10.20	4.40	4.60	4.90	9.30	7.20	8.60	16.30	8.17	9.49	8.99	7.77	10.88	13.72	13.46	3.46	8.61	9.16	11.49	5.92	10.60
Na_2O	4.32	6.00	2.62	2.21	2.74	3.01	4.38	4.43	1.9	3.59	3.22	0.69	3.29	2.50	2.44	3.78	2.93	1.46	2.42	2.62	2.94	3.24	2.8	4.66	2.36
K_2O	0.18	0.40	2.46	2.33	2.41	1.98	1.92	1.93	1.05	2.40	0.89	0.28	0.88	0.64	0.11	0.23	0.27	0.37	0.27	0.62	0.84	0.21	0.92	1.49	0.84
P_2O_5	0.50	0.46	0.86	0.87	0.90	0.50	0.46	0.47	0.66	0.63	0.20	0.47	0.43	0.47	0.41	0.54	0.37	0.51	0.47	0.43	0.40	0.47	0.50	0.70	0.43
LOI	5.38	6.58	3.90	3.82	3.51	3.91	3.94	3.68	5.92	4.50	1.20	3.39	4.50	4.0	3.11	4.05	3.35	5.51	1.91	5.91	2.30	2.10	1.30	4.67	1.75
Total	99.37	99.62	99.35	99.37	99.33	99.26	99.32	99.26	99.3	99.33	99.62	99.56	99.77	99.85	99.77	99.91	99.75	99.7	99.56	99.48	99.89	96.78	99.41	99.93	99.4
Mg#	57.85	55.73	50.02	50.70	47.88	56.42	53.23	54.44	65.70	45.32	67.95	62.53	56.64	64.93	47.41	63.80	68.72	42.87	68.31	46.32	58.33	50.62	58.01	42.83	56.63
Cr	69.4	33.8	79.6	42.3	70.4	40.3	96.9	105	597	19.1	348	112	-	-	-	-	-	-	-	-	-	-	-	-	-
Co	53.1	36.3	54.6	42.6	56.1	36.4	45.7	50.2	71.4	45.4	43.4	38.2	-	-	-	-	-	-	-	-	-	-	-	-	-
Ni	78.1	16.2	105	31.7	70.9	10.4	45.2	43.3	304	59.3	115.0	29.3	-	-	-	-	-	-	-	-	-	-	-	-	-
Rb	52.3	9.47	65.2	3.37	69.2	75.3	69.8	76.6	36.6	76.3	25.00	3.71	29.8	20.7	4.80	17.70	11.00	13.80	9.30	3.02	21.30	5.50	28.30	30.40	29.90
Sr	409	110	412	146	356	106	337	359	195	654	269	671	194	306	223	198	335	233	252	161	406	208	343	358	349
Y	39.4	35.5	44.6	37.9	38.6	34.8	34.3	35.4	27.1	35.6	27.1	52.1	31.29	24.39	36.49	25.4	21.17	22.07	22.41	36.14	33.31	37.19	23.81	36.58	26.1
Zr	627	342	725	397	632	349	380	392	421	359	60.3	222	124	186	147	122	92.4	95.2	95.9	229	234	176	190	403	175
Nb	107	44.1	125	52.3	106	45.1	52.3	53.5	72.7	46.8	9.92	22.4	9.11	20.9	8.43	7.94	15.6	13.6	11	27	19.1	17.7	26.7	30.7	18.2
Cs	24.6	2.9	9.74	1.66	25.7	5.84	42.8	40.9	7.55	4.8	3.14	2.48	-	-	-	-	-	-	-	-	-	-	-	-	-
Ba	491	87.7	486	68.7	542	371	279	293	231	885	178	127	106	48.8	48.4	81.9	79.7	90	44.4	49.5	281	48.2	159	386	111
Hf	18.2	10.7	21.2	12.4	17.8	10.5	11.6	12.1	11.9	10.7	2.26	6.52	3.3	5.6	3.7	4	3.1	3.1	3.2	5.9	7.4	4.5	6.5	11.9	5.8

续表

编号	SH03	SH15	SH02	SH07	SH16	SH17	SH22	SH24	SH25	SH28	SL01	SL02	JMR1	JMR2	JMR3	JMR4	JMR5	JMR6	JMR7	JMR8	JMR9	JMR10	JMR11	JMR12	JMR13
	碱性系列												拉斑系列												
Ta	6.82	3.12	8.04	3.54	6.78	3.01	3.54	3.61	4.87	3.05	0.59	1.49	0.78	1.83	0.50	0.54	0.79	0.86	0.84	2.40	2.00	1.57	2.35	2.56	1.62
Pb	10.50	8.90	11.20	13.10	10.80	8.20	9.89	8.29	8.39	3.25	9.04	2.45	-	-	-	-	-	-	-	-	-	-	-	-	-
Th	15.40	11.40	18.30	12.80	14.90	11.50	10.30	11.00	8.77	6.19	0.97	3.08	2.20	2.59	3.82	3.90	2.46	2.89	2.78	6.65	7.30	4.02	2.57	10.50	2.42
U	3.64	1.41	5.15	1.24	3.48	2.80	8.71	9.43	2.02	1.77	0.61	0.76	0.44	0.75	0.78	0.74	0.54	0.52	0.57	1.12	1.90	0.81	0.74	2.01	0.63
La	99.10	47.30	114.00	56.20	95.20	51.70	49.40	49.80	64.60	42.20	6.12	31.3	10.33	18.55	13.69	15.54	11.18	12.02	10.67	23.32	27.33	18.88	17.53	45.36	19.48
Ce	227.00	106.00	250.00	114.00	221.00	114.00	115.00	120.00	146.00	97.90	16.20	71.70	23.60	42.93	30.66	32.49	24.78	26.6	22.74	49.95	59.01	40.68	44.82	106.3	41.75
Pr	27.60	12.60	29.70	13.70	26.70	13.70	13.90	14.80	17.40	12.20	2.28	8.96	3.48	6.55	4.44	4.11	3.33	3.53	3.21	7.10	8.42	5.72	6.48	15.21	5.92
Nd	108.00	51.00	117.00	56.40	106.00	54.00	57.70	60.20	68.80	51.90	11.20	38.40	14.41	26.63	19.95	18.16	13.96	14.84	13.68	28.56	33.32	24.06	26.14	58.93	25.35
Sm	19.80	10.50	22.60	11.60	19.70	11.20	12.20	12.40	12.90	11.50	3.75	9.43	4.54	6.72	5.54	4.47	3.60	3.92	3.55	7.31	7.94	6.26	6.69	13.38	6.39
Eu	5.23	2.85	5.92	3.2	5.23	2.89	3.34	3.51	3.66	3.46	1.22	2.71	1.5	2.18	1.8	1.41	1.16	1.42	1.15	2.06	2.52	2.14	2.25	3.93	2.14
Gd	15.20	9.33	17.10	10.60	14.90	9.83	10.00	10.70	10.20	10.20	4.51	10.00	5.48	6.63	6.64	4.95	4.03	4.30	4.19	8.15	7.67	7.51	6.81	11.31	6.65
Tb	1.94	1.40	2.23	1.57	1.99	1.44	1.53	1.58	1.48	1.51	0.79	1.71	0.97	1.05	1.13	0.84	0.69	0.76	0.7	1.34	1.24	1.29	1.06	1.71	1.04
Dy	10.10	7.73	11.00	9.01	9.53	7.84	8.27	8.48	7.00	8.01	5.52	10.60	6.26	5.77	7.43	5.13	4.34	4.59	4.43	7.84	7.52	8.12	5.94	9.12	5.89
Ho	1.67	1.39	1.85	1.59	1.66	1.44	1.41	1.53	1.19	1.42	1.14	2.14	1.34	1.06	1.44	1.01	0.87	0.89	0.87	1.58	1.48	1.66	1.14	1.64	1.08
Er	3.95	3.67	4.62	4.01	3.95	3.73	3.59	3.9	2.88	3.64	3.02	5.9	3.54	5.69	4.16	2.81	2.41	2.54	2.39	4.01	3.57	4.62	2.75	3.77	2.66
Tm	0.51	0.51	0.6	0.52	0.49	0.49	0.46	0.5	0.35	0.48	0.42	0.85	0.54	0.38	0.64	0.45	0.37	0.4	0.37	0.59	0.54	0.72	0.4	0.53	0.39
Yb	2.78	3.19	3.22	3.02	2.64	2.9	2.78	3.09	1.94	2.65	2.87	5.18	3.43	2.23	4.05	2.70	2.28	2.39	2.27	3.61	3.05	4.39	2.24	2.92	2.23
Lu	0.39	0.41	0.46	0.42	0.39	0.44	0.40	0.44	0.26	0.42	0.37	0.85	0.53	0.32	0.58	0.40	0.33	0.35	0.35	0.5	0.46	0.67	0.34	0.45	0.32
ΣREE	523.27	257.88	580.3	285.84	509.38	275.6	279.98	290.93	338.66	247.49	59.41	199.73	79.95	126.69	102.15	94.47	73.33	78.55	70.57	145.92	164.07	126.72	124.59	274.56	121.29

JMR-1~JMR-13 为角木日二叠纪拉斑玄武岩的数据，引自翟庆国等[7]；其余由本文提供。SiO_2~P_2O_5 由中国科学院地球化学研究所采用湿法分析；Li~Lu 由中国科学院地球化学研究所采用 ICP-MS 法分析。

2.3 稀土和微量元素地球化学

本区碱性系列玄武岩稀土元素总量较高，$\sum REE = 247 \times 10^{-6} \sim 580 \times 10^{-6}$，轻、重稀土分异显著，$(La/Yb)_N = 10.6 \sim 25.8$，$(Ce/Yb)_N = 9.2 \sim 23.2$，$(La/Sm)_N = 2.3 \sim 3.3$，岩石的 Eu 异常不显著，$Eu^*/Eu = 0.84 \sim 0.98$。球粒陨石标准化稀土元素配分曲线（图 3a、b）显示为右倾负斜率轻稀土强烈富集型，与裂谷型或洋岛型玄武岩的配分型式类似。在 N-MORB 标准化微量元素蛛网图（图 3e、f）上，碱性系列玄武岩总体表现出富集大离子亲石元素的地球化学特征。

与碱性系列玄武岩相比，本区 2 个拉斑系列玄武岩稀土元素总量明显偏低，$\sum REE = 59 \times 10^{-6} \sim 199 \times 10^{-6}$，岩石的 $(La/Sm)_N = 1.1 \sim 2.1$，$(La/Yb)_N = 1.5 \sim 4.3$，$(Ce/Yb)_N = 1.6 \sim 3.8$，轻、重稀土分异不明显，轻稀土富集度低。岩石的 $Eu^*/Eu = 0.85 \sim 0.91$，表明 Eu 异常不显著。在球粒陨石标准化稀土元素配分图（图 3c）中，表现出相对平坦的稀土元素配分模式，曲线总体呈平坦型或轻微右倾型配分型式，与洋中脊玄武岩的配分型式有较大的类似之处。在 N-MORB 标准化微量元素蛛网图（图 3g）上，本区拉斑系列玄武岩同样表现出相对平坦的配分型式，岩石的 N-MORB 比值大多为 1 ~ 10，这些地球化学特征类似于双湖西部角木日二叠纪拉斑玄武岩的地球化学特征（图 3d、h）[7]。

3 讨论

3.1 碱性系列玄武岩的成因

与原始地幔起源的初始玄武质岩浆相比，双湖碱性系列玄武岩具有较低的 $Mg^\#$ 值和 Cr、Ni、Co 等元素含量。岩石的 Nb 含量（$44.1 \times 10^{-6} \sim 125 \times 10^{-6}$）远高于典型岛弧岩石的 Nb 含量（$< 2 \times 10^{-6}$），表明该套碱性玄武岩不可能是岛弧岩浆作用的产物。大部分样品的 La/Nb 比值较小（介于 $0.86 \sim 1.14$），与 OIB 的 La/Nb 比值接近（约为 1），而远小于典型陆壳岩石的 La/Nb 比值（> 12），表明岩石没有受到明显的陆壳岩石的同化混染作用。岩石的 Ti/V 比值（$36 \sim 83$）远高于典型 MORB 的相应值（约 25），表明双湖碱性系列玄武岩起源于一个相对富集的地幔源区。碱性玄武岩 N-MORB 地幔标准化配分型式（图 3e、f）则呈较典型的隆起型（驼峰式）分布型式，以 Ba、Th、Nb 和 Ta 的较强富集为特征，这一显著的地球化学特征与岛弧火山岩和洋脊玄武岩均有明显区别，总体显示为板内火山岩的地球化学特征。在 Nb/Th-Nb 和 La/Nb-La 构造环境判别图（图 4a、b）中，本区碱性玄武岩类均无一例外地落入 OIB 区内。在 Th/Yb-Ta/Yb 图解（图 4c）中，所有样品投影点均处在 OIB 趋势线上。Nb-Zr-Y、Ti-Zr-Y 和 Hf-Th-Ta 不活动痕量元素判别图解可以有效地判别火山岩的形成环境，在相关图解（图 4d-f）中，本区拉斑和碱性玄武岩类分别落入 WPT 和 WPA 区内，与其他痕量元素判别结果以及稀土元素的分析结果完全一致。

3.2 拉斑系列玄武岩的成因

双湖拉斑系列玄武岩亦具有较低的 $Mg^\#$ 值和 Cr、Ni、Co 等元素含量。岩石具有平坦

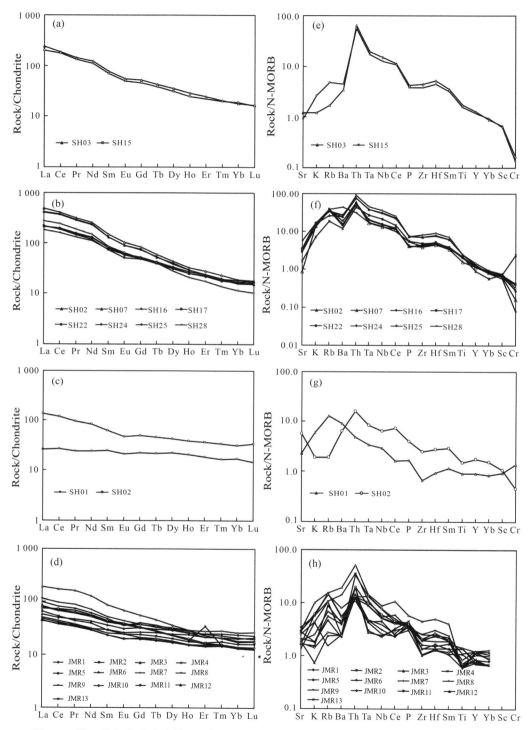

图 3　双湖二叠纪玄武岩球粒陨石标准化稀土元素图解和 N-MORB 标准化微量元素蛛网图

球粒陨石和 N-MORB 标准化值据文献[9]

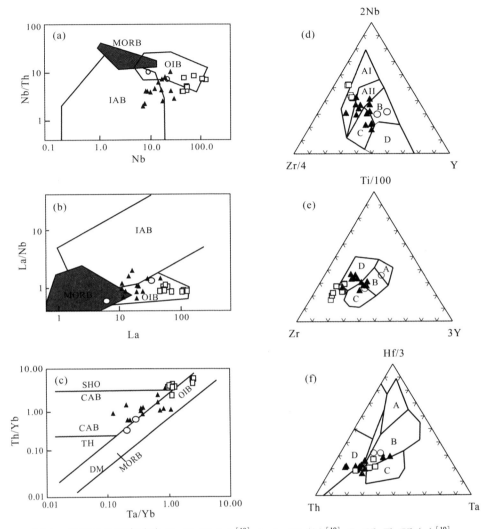

图4 双湖二叠纪玄武岩 Nb-Nb/Th(a)[10]、La-La/Nb(b)[10]、Ta/Yb-Th/Yb(c)[10]、
Nb-Zr-Y(d)[11]、Ti-Zr-Y(e)[12]和Hf-Th-Ta(f)[13]图解
□本区碱性系列玄武岩;○本区拉斑系列玄武岩;▲角木日二叠纪拉斑玄武岩(据文献[7])。
图4d中,AⅠ,AⅡ:板内碱性玄武岩;B:P型洋脊玄武岩;AⅡ,C:板内拉斑玄武岩;D:N型洋脊玄武岩;
C,D:弧火山岩。图4e中,A:洋岛拉斑玄武岩;B:岛弧拉斑、钙碱性玄武岩和MORB;C:岛弧钙碱性玄武岩;
D:板内玄武岩。图4f中,A:N-MORB;B:P-MORB;C:WPB;D:IAT

的稀土元素配分模式,与E-MORB相似。本区拉斑系列玄武岩的Nb/La=0.71~1.62,小于1.7;Hf/Th=2.11~2.32,远小于10;Zr/Y=2.22~4.26;Th/Ta=1.64~2.1,而La/Ta=10~21,Ti/V=35~45,Th/Yb=0.33~0.59,Ta/Yb=0.20~0.28。上述微量元素比值特征表明,本区拉斑玄武岩的Ti/V、Th/Ta、Th/Yb、Ta/Yb比值等与来自亏损的软流圈地幔的MORB有明显类似之处。在Hf-Th-Ta、Nb/Th-Nb、La/Nb-La以及Th/Yb-Ta/Yb等环境判别图(图4a~f)中,本区拉斑玄武岩和角木日二叠纪拉斑玄武岩表现出相似的地球化学特征,明显落入 OIB 与 MORB 重合的区域,表明岩石的源区与 OIB 和 MORB 均有一定的亲缘性(图 4a~f)。

3.3 大地构造意义

龙木错-双湖板块缝合带的厘定对于研究青藏高原古生代构造演化和古特提斯发育过程具有重要意义。近年来的大量证据支持龙木错-双湖板块缝合带的存在[1]。在羌塘中部的角木日、才玛尔错等地区发现了二叠纪蛇绿岩[7,14]。翟庆国等[14]对角木日二叠纪玄武岩的研究表明,该套岩石包括碱性系列和拉斑系列,具有洋岛和大洋中脊共有的特征,可能形成于大洋中脊且距离洋岛不远的区域,与三江地区准洋脊型玄武岩类似,说明羌塘地区早二叠世之前就可能存在洋岛型玄武岩,即存在一定规模的洋盆。此外,在羌塘中部许多地区发现含有放射虫的硅质岩:才玛尔错以南发现三叠纪放射虫硅质岩[15-18],角木日和黑石山地区发现二叠纪放射虫硅质岩[3]。朱同兴等在双湖东才多茶卡以北的灰黑色硅质岩中,获得大量晚泥盆世法门期的放射虫,在同一条剖面上还获得了晚二叠世的放射虫化石[17],为确定羌塘古特提斯洋盆的形成和持续演化时间提供了重要信息。然而,目前关于双湖地区是否存在古生代蛇绿岩以及其构造演化过程,目前还没有很好的研究。

碱性系列玄武岩和拉斑玄武岩系列组合一般产生于陆间裂谷-初始洋盆或是洋岛环境。翟庆国等[14]通过对角木日地区二叠纪拉斑系列和碱性系列玄武岩组合的研究认为,该套岩石中拉斑系列岩石产出于洋中脊环境,而碱性系列玄武岩产出于洋岛环境。本文中的拉斑系列玄武岩不同于典型的 MORB,其 LREE 稍显富集,代表有限洋盆环境。结合碱性系列玄武岩的产出,本文倾向于认为双湖二叠纪拉斑系列-碱性系列组合更有可能形成于陆间裂谷-有限洋盆环境,因此表明古特提斯洋沿龙木错-双湖缝合带在不同地域上发育程度不同。

参考文献

[1] Li C. A review on 20 years' study of the Longmu Co-Shuanghu-Lancang River suture zone in Qinghai-Xizang (Tibet) Plateau[J]. Geological Review, 2008, 54(1):105-119 (in Chinese).

[2] Li C. The Longmucuo-Shuanghu-Lanchangjiang plate suture and the north boundary of distribution of Gondwana facies Permian-Carboniferous system in northern Xizang, China[J]. Journal of Changchun University of Earth Science, 1987, 17(2):155-166 (in Chinese).

[3] Li C, Zhai Q G, Dong Y S, et al. Lungmu Co-Shanghu plate suture in the Qinghai-Tibet Plateau and records of the evolution of the Paleo-Tethys Ocean in the Qiangtang area, Tibet, China[J]. Geological Bulletin of China, 2007, 26(1):13-21 (in Chinese).

[4] Li C, Zhai Q G, Chen W. Geochronology evidence of the closure of Longmu Co-Shuanghu suture, Qinghai-Tibet Plateau: Ar-Ar and zircon SHRIMP geochronology from ophiolite and rhyolite in Guoganjianian[J]. Acta Petrologica Sinica, 2007, 23(5):911-918 (in Chinese).

[5] Deng W M, Yin J X, Wo Z P. Study on basic-ultrabasic and volcanic rocks of Chabu-Shuanghu in

Qiangtang[J].Science in China：Series D, 1996, 26(4)：296-301 (in Chinese).

[6] Li C, Li Y T, Lin Y X, et al. Sm-Nd dating of the protolith of blueschist in the Shuanghu area, Tibet [J].Chinese Geology, 2002,29(4)：355-359 (in Chinese).

[7] Zhai Q G, Li C, Cheng L R, et al. Geochemistry of Permian basalt in the Jiaomuri Area, central Qiangtang, Tibet, China, and its tectonic significance[J].Geological Bulletin of China, 2006, 25(12)： 1419-1427 (in Chinese).

[8] Winchester J A, Floyd P A.Geochemical discrimination of different magmas series and their differentiation products using immobile elements[J]. Chemical Geology, 1977, 20：325-343.

[9] Sun S S, McDonough W F.Chemical and isotopic systematics of oceanic basalts：Implications for mantle composition and processes[M]//Saunders A D, Norry M. Magmatism in the Ocean Basin. London： Journal of Geological Society Special Publisher, 1989(42)：313-345.

[10] Li S G. The Ba-Th-Nb-La diagrams for the discrimination of ophiolitic tectonic settings[J]. Acta Petrologica Sinica, 1993, 9(2)：146-157 (in Chinese).

[11] Meschede M A.Method of discriminating between different types of mid-ocean Basalts and continental tholeiites with the Nb-Zr-Y diagram[J]. Chemical Geology, 1986,56：207-218.

[12] Pearce J A, Cann J R.Tectonic setting of basaltic volcanic rocks determined using trace element analysis [J].Earth Planet. Sci. Lett., 1973,19：290-300.

[13] Pearce J A.Trace element characteristics of lava from destructive plate boundaries[M]//Trorpe R S. Andesites：Orogenic Andesites and Related Rocks. Chichester：Wiley, 1982：525-554.

[14] Zhai Q G, Li C, Cheng L R, et al. Geological features of Permian ophiolite in the Jiaomuri area, Qiangtang, Tibet, and it s tectonic significance[J].Geological Bulletin of China, 2004, 23(12)：22-24 (in Chinese).

[15] Li Y J, Wu H R, Li H S, et al.Discovery of radiolarians in the Amugang and Chasang groups and Lugu formation in northern Tibet and some related geological problems[J].Geology Review, 1997, 43(3)： 250-256 (in Chinese).

[16] Li C, Zhai Q G, Dong Y S, et al.Discovery of eclogite and its significance from the Qiangtang area, Central Tibet[J].Chinese Science Bulletin, 2006,51(9)：1095-1100.

[17] Zhu T X, Zhang Q Y, Dong H, et al.Discovery of the Late Devonian and Late Permian radiolarian cherts in tectonic mélanges in the Cêdo Caka area, Shuanghu, northern Tibet, China[J].Geological Bulletin of China, 2006, 25(12)：1413-1418 (in Chinese).

[18] Coish R A, Bramley A, Gavigan T, et al. Progressive changes in volcanism during Iapetan rifting： Comparisons with the East African Rift-Red Sea system[J].Geology, 1991,19(10)：1021-1024.

[19] 李才.青藏高原龙木错-双湖-澜沧江板块缝合带研究二十年[J].地质论评,2008,54(1)：105-119.

[20] 李才.龙木错-双湖-澜沧江板块缝合带与石炭二叠纪冈瓦纳北界[J].长春地质学院学报, 1987, 17(2)：155-166.

[21] 李才,翟庆国,董永胜,等.青藏高原龙木错-双湖板块缝合带与羌塘古特提斯洋演化记录[J].地质通报, 2007,26(1)：13-21.

[22] 李才,翟庆国,陈文.藏高原龙木错-双湖板块缝合带闭合的沉积学证据：来自果干加年山蛇绿岩与流纹岩 Ar-Ar 和 SHRIMP 年龄制约[J].岩石学报,2007,23(5)：911-918.

［23］ 邓万明,尹集祥,吕中平.羌塘茶布–双湖地区基性超基性岩、火山岩研究［J］.中国科学:D 辑,
1996,26(4):296-301.

［24］ 李才,李永铁,林源贤,等.西藏双湖地区蓝闪片岩原岩 Sm-Nd 同位素定年.中国地质,2002,29(4):
355-359.

［25］ 翟庆国,李才,程立人,等.西藏羌塘中部角木日地区二叠纪玄武岩的地球化学特征及其构造意义
［J］.地质通报,2006,25(12):1419-1427.

［26］ 李曙光.蛇绿岩生成的 Ba-Th-Nb-La 判别图［J］.岩石学报,1993,9(2):146-157.

［27］ 翟庆国,李才,程立人,等.西藏羌塘角木日地区二叠纪蛇绿岩地质特征及构造意义［J］.地质通报,
2004,23(12):22-24.

［28］ 李日俊,吴浩若,李红生,等.藏北阿木岗群、查桑群和鲁谷组放射虫的发现及有关问题讨论［J］.地
质论评,1997,43(3):250-256.

［29］ 朱同兴,张启跃,董瀚,等.藏北双湖才多茶卡地区构造混杂岩中新发现晚泥盆世和晚二叠世放射
虫硅质岩.地质通报,2006,25(12):1413-1418.

青藏高原东北缘伯阳地区第三系流纹岩地球化学及岩石成因[①②]

赖绍聪 张国伟 秦江锋 李永飞 刘 鑫

摘要:伯阳第三系流纹岩出露于青藏高原东北缘特殊的构造部位,位于青藏、华北和扬子三大构造域的交接转换区域。岩石的 SiO_2 含量介于68%~76%,$K_2O>Na_2O$,K_2O/Na_2O 平均值为1.25,为一套典型的壳源流纹岩岩石系列。岩石微量及稀土元素具有典型的板内火山岩特征,K、Th、Rb 等元素呈较明显的富集状态,而岩石显著的低 Sr 特征(19×10^{-6}~120×10^{-6})表明其并非源自加厚的下地壳,而是起源于斜长石稳定的正常下地壳。正是由于新生代期间青藏高原东北缘强烈的造山环境,加之渭河断裂的发育为下地壳物质提供了减压熔融的有利条件,从而诱发下地壳的局部熔融,形成伯阳酸性火山岩的原始岩浆。该岩浆体系沿区域断裂构造体系上升并经历了较强的结晶分异和演化,最终形成伯阳第三系流纹岩系列。

青藏高原地处巨型特提斯-喜马拉雅构造域的东段,是地球表面一个独特的地理单元,高出海平面近5 km,并具有一个2倍于正常厚度的地壳。该区被认为是印度和欧亚大陆碰撞的结果,是世界上碰撞造山带的最重要实例之一,长期以来就引起国际地学界的瞩目,被誉为"打开地球奥秘的金钥匙"。随着板块构造学说的兴起,这里更被视为研究和解决造山带地质演化和大陆岩石圈发展模式的理想区域,是解决亚洲乃至全球构造问题的一个关键地区。

近年来,关于青藏高原东北缘特殊的大地构造环境、高原物质向东的逃逸等问题在学术界存在重大争议,并引起地学界广泛的关注和重视[1-4]。事实上,火成岩岩石组合、岩浆活动、岩浆起源与演化已成为研究大陆构造及其动力学,尤其是古板块构造的重要支柱。火成岩作为岩石探针正在成为研究造山带深部过程与浅部响应的重要支柱之一,它与地球物理和岩石物理化学的基本原理的有机结合是建立各种大陆动力学模型的理论基础[5-7]。青藏高原东北缘新生代火山岩作为岩石深部探针,有可能为研究高原深部动力学过程提供重要的研究手段和基础科学资料。

① 原载于《地学前缘》,2006,13(4)。

② 国家自然科学基金资助项目(40572050,40234041)和教育部高等学校优秀青年教师教学科研奖励计划(教人司[2002]383号)资助项目。

本文选择青藏高原东北缘伯阳地区第三系流纹岩,进行了详细的地球化学及成因岩石学研究,并探讨了源区性质及其对高原东北缘新生代深部动力学背景的约束。

1　区域地质概况

伯阳酸性火山岩出露在青藏高原东北缘(N33°59.972′,E105°46.305′),位于甘肃省天水市麦积区伯阳-葡萄园地区(图1)。火山岩呈近东西向展布,出露面积约 37 km²。火山岩不整合覆盖于南侧的元古代秦岭岩群、北侧的早古生代葫芦河群变质碎屑岩系和印支期花岗岩体之上,火山岩系被新近纪甘肃群陆相沉积岩不整合覆盖,且岩石新鲜无任何变质和变形,表明该套酸性火山岩的形成时代晚于白垩纪,可能为第三纪早期岩浆活动的产物(图1)。

研究区内出露地层简单。元古宙秦岭岩群主要岩性为二云母片麻岩、角闪片麻岩、角闪斜长片麻岩、二云母斜长片麻岩、黑云母片麻岩及角闪片岩,夹少量大理岩。早古生代葫芦河群变质碎屑岩系主要岩性为绢云母石英片岩、变质粉砂岩、变质石英砂岩、石墨大理岩及绢云母板岩等。新近系甘肃群主要岩性为红色、紫红色黏土夹灰质钙结核、红色砂岩、砂砾岩及砾岩层。第四系主要为洪积冲积层(图1)。

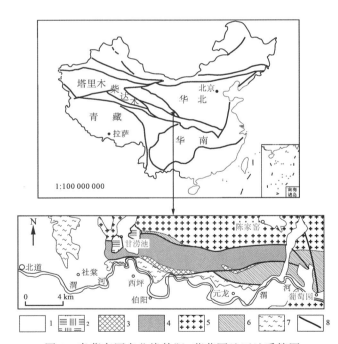

图 1　青藏高原东北缘伯阳-葡萄园地区地质简图

1.第四系;2.新近系甘肃群;3.石英正长斑岩;4.伯阳第三系酸性火山岩;5.印支期黑云母
二长花岗岩;6.早古生代葫芦河群;7.元古宙秦岭岩群片麻岩;8.断裂构造。据裴先治等(2004 修改)

2　岩石学特征及样品分析方法

伯阳新生代火山岩为一套典型的陆相酸性火山岩组合,可划分为 2 个岩性段:第一岩性段为灰绿-浅灰色流纹岩、流纹质火山角砾凝灰熔岩、流纹质晶屑岩屑熔结角砾凝灰岩、流纹质角砾凝灰熔岩及含斑流纹岩等,底部出现火山角砾岩;第二岩性段为紫红色、暗红色流纹岩、流纹质晶屑岩屑熔结角砾凝灰岩及少量流纹质角砾凝灰熔岩等。在火山岩南侧还分布有大致同时代的浅成相侵入体,呈岩脉状侵入伯阳酸性火山岩与南侧变质地层之间(图1)以及北侧其他印支期花岗岩体中。本文所采集的样品均为伯阳酸性火山岩系中的流纹质熔岩类;岩石呈褐红色、暗灰色,斑状结构,流纹构造。斑晶含量约为15%~25%,主要为自形板状透长石及长条状酸性斜长石以及单偏光镜下无色透明的石英颗粒,透长石及斜长石斑晶偶见轻微的高岭土化或绢云母化,石英斑晶可见明显的熔蚀现象,呈卵圆形颗粒。岩石基质呈霏细状微晶结构,由微细粒状脱玻化长英质颗粒组成,有时可见脱玻化球粒结构。

　　分析测试样品是在岩石薄片鉴定的基础上精心挑选出来的。首先经镜下观察,选取新鲜的、无后期交代脉体贯入的样品,然后用牛皮纸包裹击碎成直径约 5 mm 的细小颗粒,从中挑选 200 g 左右的新鲜岩石小颗粒,用蒸馏水洗净、烘干,最后在振动盒式碎样机(日本理学公司生产)内粉碎至 200 目。主元素采用湿法分析,由中国科学院贵阳地球化学研究所资源与环境分析测试中心完成,分析精度一般优于 2%~3%。痕量及稀土元素采用 VG Plasma-Quad ExCell ICP-MS(电感耦合等离子质谱仪)(酸溶)法分析,由香港大学地球科学系漆亮完成,采用国际标准样品 AMH-1 和 OU-6 标定,分析精度优于 3%~5%,分析方法参见文献[8]。

3　岩石化学特征

　　伯阳流纹岩 14 个样品的岩石化学、稀土及微量元素分析结果列于表 1 中。从表 1 中可以看到,火山岩中 SiO_2 含量为 68.08%~76.23%,平均为 73.37%。Al_2O_3 含量>11%,在 11.88%~15.80%范围内变化,平均为 13.32%。岩石全碱含量高、变化不大(7.96%~9.54%,平均 8.69%),除一个样品(XHZ22)外,其他样品均 $K_2O > Na_2O$,$K_2O/Na_2O =$ 1.10~1.55,平均为 1.25。岩石中 Fe_2O_3(0.22%~1.55%,平均 0.95%)、FeO(0.23%~2.36%,平均 0.92%)、MgO(0.01%~0.76%,平均 0.25%)和 CaO(0.50%~2.44%,平均 1.37%)含量低,这与酸性流纹岩中镁、铁、钙组分通常较低的普遍规律一致。值得注意的是,该套火山岩具有很低的 TiO_2 含量(0.01%~0.18%,平均 0.08%),低于岛弧区钙碱系列酸性火山岩类(0.50%)[9]以及大陆板内常见酸性岩类,这可能暗示该套火山岩曾经经历过一定程度的分离结晶作用,由于钛铁氧化物的早期分离结晶,从而造成岩石中偏低的 TiO_2 含量[10]。

　　在 SiO_2-(K_2O+Na_2O)系列划分图解(图 2a)和火山岩 TAS 分类命名图解(图 2b)中,本区火山岩全部样品均位于亚碱性流纹岩区内。岩石化学计算结果表明,该套火山岩的里特曼指数 $\delta[\delta = (K_2O+Na_2O)^2/(SiO_2-43\%)]$ 均小于 3.3,在 1.98~3.25 范围内变化,平均为 2.53。因此,该套火山岩应属于亚碱性钙碱系列流纹岩类。

表 1　青藏高原东北缘伯阳地区第三系流纹岩常量（%）及微量（×10⁻⁶）元素分析结果

编号	XHZ01	XHZ07	XHZ11	XHZ20	XHZ21	XHZ22	XHZ24	XHZ26	XHZ30	XHZ31	XHZ32	XHZ33	XHZ38	XHZ39
岩性	流纹岩													
SiO_2	75.27	70.92	76.10	75.22	75.08	74.34	71.30	75.45	75.86	76.23	71.02	68.08	71.11	71.14
TiO_2	0.06	0.12	0.02	0.01	0.10	0.06	0.13	0.01	0.02	0.01	0.18	0.15	0.15	0.14
Al_2O_3	11.88	13.70	12.28	13.02	12.20	13.56	13.87	12.94	12.88	12.58	14.04	15.80	14.36	13.40
Fe_2O_3	1.18	0.22	0.43	0.68	1.19	0.94	1.07	1.55	1.24	1.18	0.92	0.92	0.82	0.93
FeO	0.84	2.36	0.91	0.27	0.94	0.24	1.26	0.60	0.25	0.23	1.35	1.08	1.30	1.25
MnO	0.07	0.05	0.06	0.06	0.07	0.07	0.07	0.06	0.06	0.06	0.07	0.05	0.07	0.08
MgO	0.19	0.76	0.14	0.06	0.22	0.06	0.33	0.11	0.13	0.14	0.36	0.32	0.37	0.33
CaO	1.31	2.44	1.06	1.03	1.43	1.02	1.32	0.65	0.64	0.50	1.50	2.49	1.71	2.14
Na_2O	4.01	3.53	3.93	4.08	3.79	4.60	4.06	3.81	3.68	3.77	3.82	3.54	3.78	4.00
K_2O	4.53	5.18	4.44	4.68	4.17	4.13	5.32	4.36	4.52	4.46	5.72	5.47	5.16	5.17
P_2O_5	0.09	0.06	0.09	0.08	0.08	0.08	0.15	0.08	0.08	0.09	0.07	0.24	0.06	0.06
LOI	0.60	1.58	0.60	0.68	0.65	0.79	1.03	0.60	0.71	0.73	1.12	1.60	1.18	1.63
Total	100.03	99.92	100.06	99.87	99.91	99.88	99.91	100.21	100.08	99.97	100.17	99.74	100.08	100.26
$Mg^\#$	0.17	0.38	0.18	0.12	0.19	0.10	0.24	0.10	0.17	0.19	0.26	0.26	0.28	0.25
Li	9.26	26.9	8.32	3.47	17.0	2.40	20.6	9.69	11.8	10.5	19.0	8.68	21.0	20.3
Sc	11.0	11.3	9.26	7.49	11.0	6.74	11.4	8.76	9.41	8.28	9.45	9.18	9.04	10.0
V	3.27	20.4	4.17	2.18	6.23	1.06	8.68	5.97	6.54	5.47	7.84	10.2	7.79	7.74
Cr	5.12	25.7	4.75	1.90	6.85	4.30	2.88	2.76	3.46	3.43	4.22	4.92	2.62	4.34
Co	156	110	143	115	169	133	115	121	167	186	95.9	123	100	133
Ni	5.11	9.43	6.85	4.10	6.82	2.38	1.18	3.41	4.53	4.68	0.11	1.77	1.92	1.30
Cu	2.33	3.60	2.97	1.34	3.77	0.76	2.40	2.21	2.71	2.59	1.33	3.88	2.62	2.97
Zn	49.6	31.2	63.7	43.2	49.8	24.8	55.9	32.4	41.8	38.5	62.0	25.8	54.8	46.4
Rb	246	206	251	209	232	182	154	248	250	257	161	177	153	167
Sr	21.7	104	25.0	21.7	32.1	18.6	119	16.2	17.3	16.4	120	98.2	114	110
Y	34.4	29.0	36.7	27.6	37.3	25.0	25.1	23.7	25.3	29.7	22.0	17.7	22.2	24.8
Zr	137	192	166	183	173	177	370	148	145	154	312	379	335	358

续表

编号	XHZ01	XHZ07	XHZ11	XHZ20	XHZ21	XHZ22	XHZ24	XHZ26	XHZ30	XHZ31	XHZ32	XHZ33	XHZ38	XHZ39
岩性							流纹岩							
Nb	34.9	23.6	41.6	31.7	36.2	31.0	20.1	34.9	36.3	35.5	18.7	16.2	18.3	21.5
Cs	4.25	3.62	4.39	6.13	4.64	5.10	5.00	5.01	5.24	5.15	4.69	6.39	4.46	5.77
Ba	47.2	455	51.7	27.4	78.9	23.3	492	48.6	56.9	52.2	513	574	463	414
Hf	9.70	7.73	9.85	8.98	9.84	9.64	10.9	9.23	9.81	10.3	10.0	11.1	11.0	10.7
Ta	3.45	2.48	3.62	3.33	3.39	3.50	2.12	3.29	3.29	3.44	2.05	1.80	2.02	2.11
Pb	51.3	30.8	65.3	51.5	58.4	46.9	55.3	54.2	64.6	61.6	75.9	35.4	49.4	56.4
Th	46.3	41.5	54.2	44.2	51.2	39.6	41.0	47.3	48.2	49.9	34.0	31.3	36.4	42.7
U	13.7	12.4	12.6	6.43	18.7	6.79	6.22	4.41	4.92	5.32	6.23	5.91	5.62	6.60
La	42.4	82.4	41.9	78.2	53.0	76.9	107	27.4	28.2	40.3	90.4	92.8	95.4	110
Ce	87.3	154	92.9	121	109	116	182	51.3	69.2	66.3	149	158	162	197
Pr	10.2	15.5	11.0	13.3	11.8	12.9	17.6	7.23	8.10	9.38	15.3	15.7	17.4	19.6
Nd	38.9	50.5	38.7	47.5	41.5	45.9	58.3	26.3	28.3	33.1	52.2	51.5	58.5	61.8
Sm	9.12	9.23	9.13	9.49	9.35	8.87	9.58	6.00	6.28	7.57	8.47	7.96	9.41	9.60
Eu	0.12	0.54	0.14	0.40	0.21	0.36	1.13	0.10	0.11	0.11	0.99	1.15	1.00	0.98
Gd	7.27	8.11	8.18	7.91	8.29	7.16	8.58	4.99	5.33	6.74	6.91	6.62	7.19	8.69
Tb	1.20	1.10	1.39	1.11	1.32	1.01	1.00	0.83	0.94	1.11	0.85	0.75	0.90	1.08
Dy	7.02	5.35	7.39	5.62	6.94	5.44	4.52	4.94	5.36	6.07	4.17	3.40	4.49	4.86
Ho	1.34	1.06	1.41	1.12	1.32	1.07	0.90	0.94	1.04	1.15	0.83	0.68	0.87	0.92
Er	4.13	3.40	4.21	3.52	4.21	3.32	2.95	2.97	3.17	3.65	2.67	2.25	2.74	2.93
Tm	0.52	0.46	0.62	0.43	0.60	0.41	0.40	0.43	0.45	0.50	0.34	0.29	0.34	0.39
Yb	3.80	3.24	4.58	3.01	4.11	2.78	2.84	3.18	3.60	3.58	2.39	2.19	2.46	2.93
Lu	0.55	0.43	0.63	0.40	0.56	0.39	0.37	0.48	0.52	0.51	0.35	0.31	0.36	0.39
$(La/Yb)_N$	7.99	18.24	6.56	18.65	9.25	19.84	26.98	6.17	5.61	8.09	27.12	30.36	27.81	26.92
$(Ce/Yb)_N$	6.38	13.19	5.63	11.21	7.34	11.59	17.85	4.48	5.33	5.14	17.28	20.05	18.24	18.66
Eu/Eu^*	0.05	0.19	0.05	0.14	0.07	0.13	0.37	0.05	0.06	0.05	0.39	0.47	0.36	0.32

常量元素由中国科学院地球化学研究所应用湿法分析测定，微量及稀土元素由香港大学应用ICP-MS法分析测定（2004）。

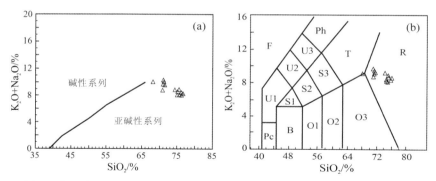

图 2 火山岩 SiO_2-(K_2O+Na_2O) 系列划分图解(a)和 TAS 分类命名图解(b)
F:似长岩;U1:碱玄岩($Ol<10\%$),碧玄岩($Ol>10\%$);U2:响岩质碱玄岩;U3:碱玄质响岩;Ph:响岩;
S1:粗面玄武岩;S2:玄武粗安岩;S3:安粗岩;T:粗面岩($q<20\%$),粗面英安岩($q>20\%$);
Pc:苦橄玄武岩;B:玄武岩;O1:玄武安山岩;O2:安山岩;O3:英安岩;R:流纹岩

4 稀土及微量元素地球化学特征

伯阳流纹岩强烈富集稀土元素,稀土总量较高且变化较大,一般为 $161×10^{-6} \sim 448×10^{-6}$,平均为 $308×10^{-6}$;轻、重稀土分异明显,$\sum LREE/\sum HREE$ 为 $2.79 \sim 9.59$,平均为 5.54;岩石(La/Yb)$_N$ 变化大,介于 $5.61 \sim 30.36$,平均为 17.11;(Ce/Yb)$_N$ 大多介于 $4.48 \sim 20.05$,平均为 11.60;δEu 值很低,在 $0.05 \sim 0.47$ 范围内变化,平均为 0.19,表明岩石具有强烈的 Eu 亏损。在球粒陨石标准化配分图(图 3)中,本区流纹岩显示为右倾负斜率轻稀土强烈富集型分布模式,与典型的板内酸性流纹岩稀土元素地球化学特征基本一致,表明它们应为来自大陆板内中、下地壳物质局部熔融形成的壳源岩浆系列。需要指出的是,强烈的轻、重稀土分异以及显著的 Eu 亏损,同样表明该套火山岩在上升过程中可能经历了一定的结晶分异作用过程,并存在较明显的斜长石分离结晶作用,这与常量元素分析所获得的结论是一致的。

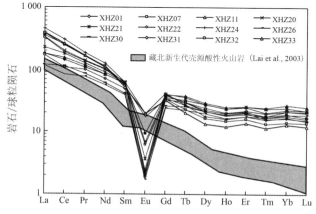

图 3 火山岩稀土元素球粒陨石标准化配分图解
球粒陨石标准值据文献[11];图中编号对应表 1 中的样品编号

　　微量元素原始地幔标准化配分图解(图4)显示,本区流纹岩14个样品具有较为一致的配分型式,曲线总体显示为右倾负斜率富集型分布型式。曲线的前半部元素总体呈富集状态,而曲线后半部相容元素富集度相对较低,总体表现为板内火山岩的地球化学特性[10],表明它们应来自大陆板内深部的局部熔融,这与稀土元素反映的地质事实相吻合。在配分曲线中有显著的 Ba 和 Sr 的负异常和 Ti 的显著亏损。Sr 和 Ba 是碱土金属族分散元素,它们在地球化学性质上有类似之处,在岩浆岩中不易形成独立矿物,大多与钾和钙呈类质同象替代关系[12]。传统的元素地球化学理论认为[12-14],由于造岩元素中 K、Ca 与 Sr 和 Ba 较接近,Ca 易被 Sr 和 Ba 置换,故岩浆作用过程中 Sr 和 Ba 的性状在较大程度上受 K 尤其是 Ca 的控制,在内生作用过程中 Sr 和 Ba 的地球化学行为在相当程度上取决于 Ca 在岩浆熔融体中的原始浓度。由于斜长石中 Ca 的离子半径与 Sr 和 Ba 以及 Eu^{2+}、Eu^{3+} 相近,故晶体化学性质决定了 Eu、Sr 和 Ba 均可以伴随钙选择性地富集于斜长石中。本区流纹岩强烈亏损 Sr 和 Ba 的微量元素地球化学特征表明:①该套火山岩应起源于斜长石稳定的下地壳源区,其起源深度应小于 35 km[15]。②岩浆源区起源的原生岩浆在上升过程中,应经历了较为显著的结晶分异作用过程,斜长石可能产生较强的分离结晶作用。正是由于这种特定的成因机制和演化过程,造成岩石中微量元素 Sr、Ba 和稀土元素 Eu 的强烈亏损。本区流纹岩低的 Sr/Y 值(<5.56,$0.55\sim5.56$,平均2.47)和较高的 Y 含量的地球化学特征($>17\times10^{-6}$,$17.66\times10^{-6}\sim37.30\times10^{-6}$,平均 21.17×10^{-6}),同样印证了上述事实。

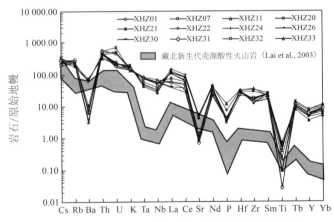

图4　火山岩不相容元素原始地幔标准化配分图解
原始地幔标准值据文献[17];图中编号对应表1中的样品编号

　　Ti 在岩浆岩中易形成独立矿物相,主要是钛铁氧化物类。在造岩矿物中,Ti 在链状硅酸盐中的含量最高,其次是层状硅酸盐,而架状硅酸盐中 Ti 的含量较低[12]。从而表明,本区流纹岩中 Ti 的强烈亏损主要受控于钛铁氧化物的早期分离结晶,这又从另一个侧面证明伯阳火山岩曾经经历过较强的结晶分异过程[10]。

　　需要指出的是,在微量元素原始地幔标准化配分图解(图4)中,本区上、下2个岩性段流纹岩 Nb、Ta 的亏损程度存在一定的区别。上岩性段暗灰色流纹岩显示较明显的 Nb、Ta 相对亏损,该组岩石中 SiO_2 含量相对较高,为 74%~76%;而下岩性段褐红色流纹岩中 Nb、Ta 亏损不明显,该组岩石中 SiO_2 含量相对略低,大多为 68%~71%。

该组流纹岩的 Ti/Y < 100 且变化大,为 1.41~50.90;Ti/Zr < 20,为 0.23~3.75,平均为 1.94。表明本区流纹岩为典型的壳源岩浆系列,为陆壳岩石局部熔融的产物,并非幔源基性岩浆分异演化的结果[9,16]。

5 同位素地球化学特征

根据裴先治等(2004)的研究结果[18],伯阳流纹岩的 $^{206}Pb/^{204}Pb$ = 18.948~18.989, $^{207}Pb/^{204}Pb$ = 15.604~15.658, $^{208}Pb/^{204}Pb$ = 38.864~39.010。在 Hugh(1993)[19] 提出的 Pb 同位素成分系统变化图(图5)中,本区流纹岩无论是在 $^{207}Pb/^{204}Pb$-$^{206}Pb/^{204}Pb$ 图解中还是在 $^{208}Pb/^{204}Pb$-$^{206}Pb/^{204}Pb$ 图解中,均位于 Th/U = 4.0 的北半球参考线(NHRL)之上,位于大陆下地壳与上地壳的过渡位置。

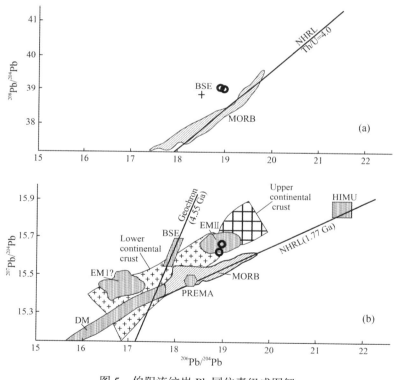

图 5 伯阳流纹岩 Pb 同位素组成图解
据 Hugh(1993)[19]

计算结果表明,本区流纹岩 Δ8/4Pb 为 32.89~42.53;Δ7/4Pb 较低,介于 5.90~10.86。通常 DUPAL 异常具有如下特征[20,21]:①高 $^{87}Sr/^{86}Sr$(大于 0.705 0);②Δ8/4Pb 大于 60,Δ7/4P 亦偏高。从伯阳流纹岩 Pb 同位素特征可以看到,其偏低的 Δ7/4Pb 和明显

小于 60 的 Δ8/4Pb 比值,未显示显著的 DUPAL 异常特征。这再次表明,它们为壳源岩浆系列,而不是源自青藏高原具显著 DUPAL 异常特征的地幔源区。

6 岩浆起源和源区性质

从图 6a 中可以看到,本区流纹岩随着 La 丰度的增高,La/Sm 值持续升高(4.56~11.69)、变化显著,充分说明它们为岩浆源区岩石部分熔融的产物。Zr/Sm-Zr 图解(图6b)亦同样表明,本区火山岩为大陆地壳局部熔融的结果。本区火山岩主体为一套酸性岩石,未见基性岩石端元,SiO_2 含量为 68.08%~76.23%,均大于 56%。实验岩石学研究结果表明[22,24],大陆地壳局部熔融不能产生比安山岩更基性的原生岩浆,陆壳局部熔融产物的 SiO_2 含量通常应大于 56%。很显然,伯阳流纹岩不能由青藏高原东北缘地幔岩石局部熔融产生,而是该区陆壳岩石直接局部熔融的产物。

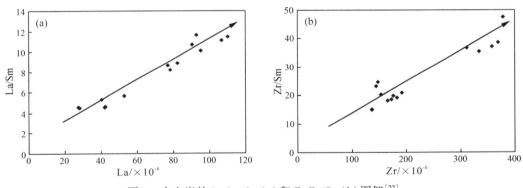

图 6 火山岩的 La-La/Sm(a)和 Zr-Zr/Sm(b)图解[22]

需要指出的是,这套火山岩不同于青藏高原北部源自加厚地壳下部并明显受到 EⅡ型富集地幔混染的高钾钙碱性壳源中酸性火山岩(图3,图4)[25-27],亦显著区别于青藏高原北部广泛分布的以高度富钾及强烈亏损 Nb 和 Ta 为特征的、源自青藏高原特殊的 EⅡ型富集地幔的钾质、超钾质新生代火山岩系[28-31],它们在成分上相当于流纹岩质岩浆系列,轻稀土强烈富集,有显著的 Ba 和 Sr 的负异常。从岩石极低的 Cr(1.90×10⁻⁶~25.66×10⁻⁶,平均 5.51×10⁻⁶)、Ni(0.11×10⁻⁶~9.43×10⁻⁶,平均 2.54×10⁻⁶)含量,可以推断,该岩浆体系并没有受到幔源岩浆的混染,与幔源物质的底侵及幔源附加热源[32]基本无关,说明伯阳酸性火山岩具有其相对独立的地壳岩浆源区。

7 深部动力学意义的讨论

以上研究结果表明,本区第三纪流纹岩是直接起源于陆壳底部斜长石稳定相区的局部熔融。由于大陆碰撞造山带中地壳岩石处于更高的压力和温度条件下,因而碰撞造山带成为壳源岩浆发育的有利地区。实验岩石学研究表明[23-24,32],在地壳下部层位 >20 km 深度时,由于局部地热异常,温度约为 900 ℃时,在有水存在的条件下,可以形成流纹岩岩浆,它上侵能力强,可上升至近地表处形成浅成–超浅成花岗岩小侵入体,或喷出地表形成流纹岩。这就表明,在大陆地壳正常热动力条件下,一般难以发生较大规模的酸性流纹岩浆活动。

张国伟等[33]的研究结果表明(图7),青藏高原受以南北向为主的双向挤压缩短作用,在地壳加厚、急剧隆升形成高原过程中,发生东西向扩张,东部物质产生向东运动,其边界总体呈现为①东部受阻的双向固态流变及其相关应变和②块体相对运动、旋转的分段有限挤出剪切走滑构造,共同组成青藏高原东部边界篱笆式的整体受阻与隔段局部有限挤出逃逸的构造组合模型。也就是说,青藏高原向东扩展,在首先产生受阻应变的同时,还沿着不同地块,尤其是沿鄂尔多斯、上扬子四川、印度等稳定地块间的拼结带发生不等的有限剪切挤出构造,突出地表现于青藏高原东南沿红河等断裂的走滑逃逸运动和东北缘的渭河等断裂的剪切走滑,而伯阳第三纪流纹岩恰好分布在东北缘沿渭河断裂的西秦岭剪切走滑逃逸体系中(图7)。

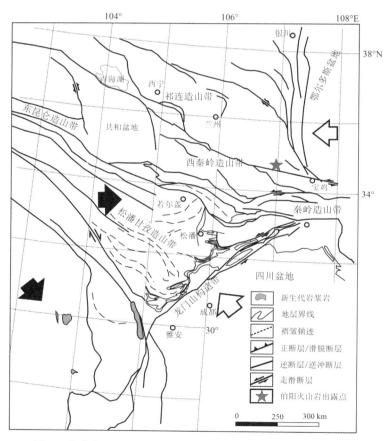

图 7　青藏高原东北缘及伯阳流纹岩产出的大地构造位置简图

结合本文研究所提供的伯岩流纹岩出露的大地构造位置、形成时代、岩石地球化学特征、局部熔融约束条件等,我们有理由认为,伯岩第三纪流纹岩的形成应与高原东北部新生代期间强烈的碰撞造山环境、沿渭河断裂的西秦岭剪切走滑逃逸构造运动以及处于较强热动力条件下的中、下地壳物质的局部减压熔融有关。该区发育的近东西向走滑断裂可为岩浆产生提供部分热源,并成为下地壳物质减压熔融的重要条件,同时为壳源酸性岩浆上升并喷发提供岩浆构造的有利通道。正是由于这种特定的热动力及构造条件在西秦岭天水地区的自然结合,形成了伯阳流纹岩的喷发,这与青藏高原东北缘分布中国最大的构造结(西秦岭-松潘构造结)[33],形成系列大陆动力学过程,产生特殊构造、岩浆、沉积学现象的事实完全吻合。

参考文献

[1] YIN An. The orogenic geological evolution of the Himalaya-Tibetan plateau [J]. Acta Geoscientia Sinica, 2001, 22(3):193-230 (in Chinese).

[2] TAPPONNIER P, PELTZER G, LE DAIN A Y, et al. Propagating extrusion tectonics in Asia: New insights from simple experiments with plasticine [J]. Geology, 1982, 10:611-616.

[3] PELTZER G, TAPPONNIER P. Formation and evolution of strike-slip fault, rifts, and basins during the India-Asia collision: An experimental approach [J]. J Geophys Res, 1988, 93:15085-15117.

[4] LELOUP P H, LACASSIN R, TAPPONNIER R, et al. Kinematics of Tertiary left-lateral shearing at the lithospheric-scale in the Ailao Shao-Red River shear zone(Yunnan, China)[J]. Tectonophysics, 1995, 251:3-84.

[5] DENG Jinfu, SU Shangguo, ZHAO Hailing, et al. Deep processes of Mesozoic Yanshanian lithosphere thinning in north China [J]. Earth Science Frontiers, 2003, 10(3):41-50 (in Chinese).

[6] MO Xuanxue, ZHAO Zhidan, DENG Jinfu, et al. Response of volcanism to the India-Asia collision [J]. Earth Science Frontiers, 2003, 10(3):135-148 (in Chinese).

[7] DENG Jinfu, MO Xuanxue, ZHAO Hailing, et al. A new model for the dynamic evolution of Chinese lithosphere: Continental roots-plume tectonics [J]. Earth-Science Reviews, 2004, 65:223-275.

[8] QI L, HU J, GREGOIRE D C. Determination of trace elements in granites by inductively coupled plasma mass spectrometry [J]. Talanta, 2000, 51:507-513.

[9] PEARCE J A. The role of sub-continental lithosphere in magma genesis at destructive plate margins [M]//Hawkesworth C J, Morry M J. Continental Basalts and Mantle Xenoliths. Nantwich Shiva: Academic Press, 1983:230-249.

[10] WILSON M. Igneous petrogenesis [M]. London:Unwin Hyman Press, 1989:295-323.

[11] SUN S S, MCDONOUGH W F. Chemical and isotopic systematics of oceanic basalts: Implications for mantle composition and processes [M]//Saunders A D, Norry M J. Magmatism in the Ocean Basin. Geol Soc Spec Publ, 1989, 42:313-345.

[12] LIU Yingjun, CAO Liming, LI Zhaolin, et al. Element geochemistry [M]. Beijing:Science Press, 1984: 50-372 (in Chinese).

[13] WANG Zhonggang, YU Xueyuan, ZHAO Zhenhua, et al. Rare earth elements geochemistry [M]. Beijing:Science Press, 1989:133-246 (in Chinese).

[14] LI Changnian. Magma rock trace element petrology [M]. Wuhan: China University of Geosciences Press, 1991:30-50 (in Chinese).

[15] DEFANT M J, DRUMMOND M S. Mount St Helens: Potential example of the partial melting of the

subducted lithosphere in a volcanic arc [J]. Geology, 1993, 21:547-550.

[16] FRANCALANCI L, TAYLOR S R, MCCULLOCH M T.Geochemical and isotopic variations in the calc-alkaline rocks of Aeolian arc, southern Tyrrhenian Sea, Italy: Constraints on magma genesis [J]. Contrib Mineral Petrol, 1993, 113:300-313.

[17] WOOD D A, JORON J L, TREUIL M, et al.Elemental and Sr isotope variations in basic lavas from Iceland and the surrounding sea floor [J]. Contrib Mineral Petrol, 1979, 70:319-339.

[18] PEI Xianzhi, DING Saping, HU Bo, et al. Geochemical characteristics and tectonic significance of Cenozoic acid volcanic rocks in Tianshui area, west Qinling Mountains [J]. Acta Petrologica et Mineralogica, 2004, 23(3):227-236 (in Chinese).

[19] HUGH R R.Using geochemical data [M].Singapore:Longman Singapore Publishers, 1993:234-240.

[20] HART S R.A large-scale isotope anomaly in the Southern Hemisphere mantle [J].Nature, 1984, 309: 753-757.

[21] HART S R.Heterogeneous mantle domains:Signatures, genesis and mixing chronologies [J]. Earth Planet Sci Lett, 1988, 90:273-296.

[22] ALLEGRE C J, MINSTER J F.Quantitative method of trace element behavior in magmatic processes [J].Earth Planet Sci Lett, 1978, 38:1-25.

[23] YARDLEY B W D, VALLEY J W.The petrologic case for a dry lower crust [J]. Journal of Geophysical Research, 1997, 102:12173-12185.

[24] PATIÑO DOUCE A E, MCCARTHY T C. Melting of crustal rocks during continental collision and subduction [M].Netherlands:Kluwer Academic Publishers, 1998: 27-55.

[25] LAI S C, LIU C Y, YI H S.Geochemistry and petrogenesis of Cenozoic andesite-dacite association from the Hoh Xil region, Tibetan plateau [J].International Geology Review, 2003, 45:998-1019.

[26] LAI Shaocong, LIU Chiyang. Enriched upper mantle and eclogitic lower crust in north Qiangtang, Qinghai-Tibet Plateau: Petrological and geochemical evidence from the Cenozoic volcanic rocks [J]. Acta Petrologica Sinica, 2001, 17(3):459-468 (in Chinese).

[27] LAI Shaocong. Mineral chemistry of Cenozoic volcanic rocks in Yumen, Hoh Xil and Mangkang lithodistricts, Qinghai-Tibet Plateau and its petrological significance [J].Acta Mineralogica Sinica, 1999, 19(2):236-224 (in Chinese).

[28] DENG Wanming, SUN Hongjuan, ZHANG Yiquan. K-Ar age of the Cenozoic volcanic rocks in the Nangqen Basin, Qinghai Province and its geological significance [J]. Chinese Science Bulletin, 2000, 45:1015-1019.

[29] DENG Wanming. Cenozoic intraplate volcanic rocks in the northern Qinghai-Xizang Plateau [M]. Beijing:Geological Publishing House, 1998: 1-168 (in Chinese).

[30] DING L, KAPP P, ZHONG D L, et al.Cenozoic volcanism in Tibet: Evidence for a transition from oceanic to continental subduction [J].Journal of Petrology, 2003, 44:1833-1865.

[31] LAI Shaocong, LIU Chiyang, O'REILLY S Y.Petrogenesis and its significance to continental dynamics of the Neogene high-potassium calc-alkaline volcanic rock association from north Qiangtang, Tibetan Plateau [J].Science in China: Series D, 2001, 44(Suppl):45-55.

[32] DENG Jinfu.Petrogenesis and phase equilibrium[M].Wuhan:Wuhan Geological College Press, 1987:

58-67（in Chinese）.

[33] ZHANG Guowei, GUO Anlin, YAO Anping. Western Qinling-Songpan continental tectonic node in China's continental tectonics [J]. Earth Science Frontiers, 2004, 11(3):23-32（in Chinese）.

[34] 尹安.喜马拉雅-青藏高原造山带地质演化[J].地球学报,2001,22(3):193-230.

[35] 邓晋福,苏尚国,赵海玲,等.华北地区燕山期岩石圈减薄的深部过程[J].地学前缘,2003,10(3):41-50.

[36] 莫宣学,赵志丹,邓晋福,等.印度-亚洲大陆主碰撞过程的火山作用响应[J].地学前缘,2003,10(3):135-148.

[37] 刘英俊,曹励明,李兆麟,等.元素地球化学[M].北京:科学出版社,1984:50-372.

[38] 王中刚,于学元,赵振华,等.稀土元素地球化学[M].北京:科学出版社,1989:133-246.

[39] 李昌年.火成岩微量元素岩石学[M].武汉:中国地质大学出版社,1991:30-50.

[40] 裴先治,丁仁平,胡波,等.西秦岭天水地区新生代酸性火山岩地球化学特征及其构造意义[J].岩石矿物学杂志,2004,23(3):227-236.

[41] 赖绍聪,刘池阳.青藏高原北羌塘榴辉岩质下地壳及富集型地幔源区[J].岩石学报,2001,17(3):459-468.

[42] 赖绍聪.青藏高原新生代火山岩矿物化学及其岩石学意义[J].矿物学报,1999,19(2):236-224.

[43] 邓万明.青藏高原北部新生代板内火山岩[M].北京:地质出版社,1998:1-168.

[44] 邓晋福.岩石相平衡与岩石成因[M].武汉:武汉地质学院出版社,1987:58-67.

[45] 张国伟,郭安林,姚安平.中国大陆构造中的西秦岭-松潘大陆构造结[J].地学前缘,2004,11(3):23-32.

青藏高原北羌塘新生代火山岩中的麻粒岩捕虏体[①②]

赖绍聪　伊海生　林金辉

摘要：北羌塘枕头崖地区新生代火山岩主要岩石类型为安山岩和英安岩类。其中，安山岩在一定程度上显示了埃达克质火山岩的性质，如高 Sr（> 1 000 × 10^{-6}）、Sr/Y > 50 以及低 Yb（< 2 × 10^{-6}）含量，表明其应源于榴辉岩相的青藏高原加厚陆壳中下部（深度 > 45 km）。而英安岩类富集 LILE，如 Rb、Ba、Th、U 和 K 等；亏损 HFSE，如 Ti、Nb、Ta 和 Sr 等，尤其是 Sr 显著亏损，表明其应源于斜长石稳定的麻粒岩相源区。该区新生代安山岩和英安岩中麻粒岩捕虏体可分为 2 种类型，即二辉石麻粒岩及单斜辉石麻粒岩。二辉石麻粒岩平衡温度为 783 ~ 818 ℃，单斜辉石麻粒岩形成压力为 0.845 ~ 0.858 GPa，来源深度约为 27.9 ~ 28.3 km，表明它们是来自青藏高原加厚陆壳中部的岩石样品，代表了本区英安岩类火山岩的源区物质组成。

麻粒岩是下地壳高温变质产物，目前出露在地表的麻粒岩大多是前寒武纪的麻粒岩，经历了长期复杂的变动，记录了不同阶段的变质历史（邵济安等，2000；韩庆军等，2000）。相比之下，以捕虏体形式存在的中新生代麻粒岩则更直接地反映了中新生代以来下地壳经历的热事件，它已经成为研究下地壳物质组成和热状态的直接证据和重要岩石探针（Gao et al.，1998；Vander and McDonough，1999；Hacker et al.，2000；邵济安等，2000；韩庆军等，2000）。

近年来，在喜马拉雅东、西构造结相继发现了麻粒岩及麻粒岩相的岩石（Yamamoto，1993；Zhong and Ding，1995；Liu and Zhong，1997；Ding et al.，2001；李德威等，2002），为喜马拉雅深部地壳的研究提供了宝贵的实物资料。然而，由于种种原因，其中主要是由于自然地理环境的限制，使得在青藏高原北部新生代火山岩中找到并获取下地壳麻粒岩捕虏体成为一件十分困难的事。因而，关于青藏高原北部这一学科领域的研究还十分薄弱，仅在北羌塘太平湖地区曾有过报道（Hacker et al.，2000）。笔者在青藏高原野外地质调查中，于北羌塘乌兰乌拉湖南侧新生代火山岩中发现了来自高原中部地壳的麻粒岩捕

① 原载于《岩石矿物学杂志》，2006，25（5）。
② 国家自然科学基金资助项目（40572050，40272042）和教育部高等学校优秀青年教师教学科研奖励计划资助。

虏体。本文简要地介绍寄主火山岩的岩石学及地球化学特征,讨论这些麻粒岩的主要矿物组成、形成温度和压力条件及其地质意义。

1　区域地质概况

羌塘-冈底斯位于青藏高原的核部,是我国目前研究程度相当较低的地区之一,因而对该区研究具有重要意义。羌塘地区第三纪火山岩较为发育,主要见于羌北地层分区的新第三纪石坪项组,在羌塘中央隆起带以及南羌塘很少出露。火山岩大多呈厚 $50 \sim 200\ m$ 的熔岩被覆盖在第三纪唢纳湖组(N_1s)或侏罗纪雁石坪组(J_2ys)之上,呈陆相中心式喷发的溢流火山岩。岩石类型以熔岩为主,偶见火山碎屑岩。这些火山岩与羌塘前第三纪沉积地层呈超覆关系,在火山中心呈侵入关系。

笔者最新的野外地质调查表明,在北羌塘乌兰乌拉湖南侧枕头崖地区广泛发育的新第三纪石坪顶组安山质-英安质火山熔岩(N_2s),主要呈岩流、岩被状不整合覆盖在渐新统沱沱河组(Et)红色砂岩、砂砾岩之上。枕头崖一件火山岩样品曾获得 $44.66 \pm 0.87\ Ma$ 的 K-Ar 年龄(郑祥身等,1996),林金辉等(2003)对本区桌子山、雅晓、乌兰乌拉山东、波涛湖等取样点采集的 7 件火山岩样品进行了系统的 $^{40}Ar/^{39}Ar$ 同位素测年,获得其坪年龄分别为 $40.82 \pm 0.97\ Ma$、$39.79 \pm 1.45\ Ma$、$42.00 \pm 1.31\ Ma$、$39.00 \pm 2.06\ Ma$、$39.40 \pm 0.79\ Ma$、$41.07 \pm 0.80\ Ma$ 和 $40.91 \pm 1.18\ Ma$,据此认为,本区火山岩主体应形成于 $45 \sim 39\ Ma$,并集中在 $40\ Ma$ 左右的始新世。火山岩出露区地层简单(图1),中侏罗统主要为紫色、杂色岩屑石英砂岩、粉砂岩、生物碎屑灰岩,底部含砾岩;上侏罗统下部为灰色生物碎屑灰岩,上部为紫红色岩屑砂岩、粉砂岩;白垩系主要为一套紫红色砂岩、粉砂岩、砾岩夹少量泥晶灰岩;第四系主要为洪积冲积层;区内还有少量喜山期超浅成流纹斑岩类出露。麻粒岩捕虏体主要见于枕头崖地区新生代英安岩和安山岩中(图1)。

2　寄主火山岩岩相学及岩石地球化学特征

枕头崖地区含麻粒岩捕虏体的新生代火山岩主要由一套灰-灰褐色安山岩、英安岩组成,见有少量灰黑色块状、气孔状安山岩流,为一套典型的中酸性火山岩组合,未见玄武质岩石端元。该套火山岩自下而上大体可划分为 2 个火山喷发旋回(图2),2 个旋回之间见一层厚约 $20 \sim 30\ m$ 的火山角砾岩。第 I 喷发旋回以安山岩为主体,第 II 喷发旋回则为英安质火山熔岩。安山岩类含斜长石、角闪石和黑云母斑晶,部分岩石中见有辉石斑晶,基质为半晶质结构,由微细粒雏晶和火山玻璃组成,可见少量磷灰石和磁铁矿。岩石总体较新鲜,偶见长石的高岭土化和暗色矿物的轻微绿泥石化。英安岩类发育气孔、杏仁构造及斑状结构、无斑隐晶结构,斑状结构英安岩含有石英、角闪石、黑云母及斜长石斑晶,基质则为交织结构和玻晶交织结构。

本区寄主火山岩的化学成分及微量元素分析结果列于表1和表2中。从表中可以看到,安山岩中 $SiO_2 = 56.59\% \sim 60.74\%$,平均为 58.21%;$Al_2O_3 = 13.78\% \sim 17.66\%$,平均为 15.37%;$MgO = 2.01\% \sim 6.10\%$,平均为 3.97%;$Na_2O > 2.50\%$($2.50\% \sim 3.90\%$,平均

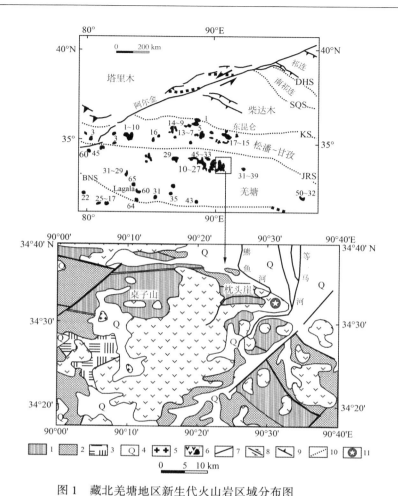

图 1　藏北羌塘地区新生代火山岩区域分布图

1.中侏罗统;2.上侏罗统;3.白垩系;4.第四系;5.酸性侵入岩;6.新生代火山岩及其形成年龄;7.断裂;
8.走滑断裂;9.推覆构造;10.缝合带;11.麻粒岩取样位置。DHS:党河南山断裂;SQS:南祁连缝合带;
KS:昆仑缝合带;JRS:金沙江缝合带;BNS:班公－怒江缝合带

3.03%),Na_2O/K_2O = 0.58 ~ 1.39(平均 0.96)。英安岩中 SiO_2 = 61.91% ~ 63.46%,平均为 62.74%;Al_2O_3 = 15.53% ~ 17.28%,平均为 16.30%;MgO = 1.26% ~ 1.82%,平均为 1.55%;Na_2O > 3.20%(3.20% ~ 4.00%,平均 3.48%),Na_2O/K_2O = 0.86 ~ 1.18(平均 0.95)。在 SiO_2-(K_2O+Na_2O)和 SiO_2-K_2O 图解(图3)中,本区寄主火山岩属于亚碱性高钾钙碱系列安山岩和英安岩类。

微量元素及稀土元素分析结果表明,本区安山岩类寄主火山岩富集 LILE,如 Cs、Rb、Ba、Th、U 和 Sr;亏损 HFSE,如 Ti、Nb 和 Ta。轻、重稀土元素分异明显,$(La/Yb)_N$ = 20.46 ~ 46.36(平均 33.01),具弱负 Eu 异常,δEu = 0.72 ~ 0.84(平均 0.78)(图4a、b)。安山岩质火山岩还显示了显著的埃达克质火山岩的性质(图5),如高 Sr(> 1 000×10^{-6}),Sr/Y > 50 以及低 Yb(< 2×10^{-6})含量,表明其应源于榴辉岩相的青藏高原加厚陆壳中下部(深度 > 45 km)(Defant and Drummond,1990,1993)。

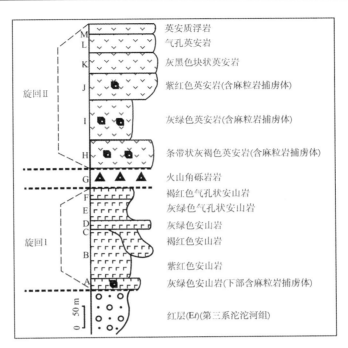

旋回Ⅱ

旋回Ⅰ

M	英安质浮岩
L	气孔英安岩
K	灰黑色块状英安岩
J	紫红色英安岩(含麻粒岩捕房体)
I	灰绿色英安岩(含麻粒岩捕房体)
H	条带状灰褐色英安岩(含麻粒岩捕房体)
G	火山角砾岩岩
F	褐红色气孔状安山岩
E	灰绿色气孔状安山岩
D	灰绿色安山岩
C	褐红色安山岩
B	紫红色安山岩
A	灰绿色安山岩(下部含麻粒岩捕房体)
	红层(E/)(第三系沱沱河组)

0　50 m

图2　北羌塘枕头崖新生代火山岩柱状图

表1　寄主安山岩常量(%)及微量($\times 10^{-6}$)元素分析结果

样号	P22H5	P10H5	P14H6	P11H6	P11H7	P7H4	P16H6	P10H6	P13H3	P12H5	P3H6
SiO_2	56.59	56.65	57.43	57.53	57.68	57.94	58.56	58.59	58.98	59.57	60.74
TiO_2	0.65	0.75	0.50	0.85	0.87	0.82	0.97	0.77	0.52	0.55	0.50
Al_2O_3	15.31	14.21	14.21	14.75	14.21	13.78	15.09	15.31	17.50	17.06	17.66
Fe_2O_3	2.60	1.80	6.93	1.80	1.62	1.00	2.50	1.50	1.15	1.10	1.40
FeO	2.90	3.50	1.97	3.60	2.68	3.60	3.00	3.10	3.05	3.00	3.50
MnO	0.13	0.03	0.16	0.12	0.06	0.01	0.10	0.04	0.14	0.01	0.34
MgO	6.10	5.31	4.57	3.66	3.33	4.62	3.87	2.68	4.31	3.26	2.01
CaO	5.45	5.03	4.56	4.13	4.73	4.25	3.68	4.63	4.43	4.88	2.80
Na_2O	3.30	2.60	3.30	2.60	2.60	2.80	2.50	2.80	3.70	3.90	3.20
K_2O	2.50	3.90	2.70	4.20	4.20	3.90	4.30	3.70	2.80	2.80	2.30
P_2O_5	0.40	0.80	0.43	0.90	0.87	0.77	0.87	0.77	0.50	0.43	0.27
LOI	3.86	4.85	2.87	4.34	6.82	5.83	3.90	5.80	2.30	3.10	4.67
Total	99.79	99.43	99.63	99.48	99.67	99.32	99.34	99.69	99.38	99.66	99.39
$Mg^{\#}$	0.685	0.668	0.493	0.577	0.609	0.672	0.589	0.539	0.674	0.616	0.449
Li	34.9	42.6	21.2	16.3	15.7	18.1	16.0	15.3	14.0	16.0	10.5
Be	1.19	3.32	2.12	3.60	3.44	4.19	3.75	3.24	1.97	2.12	1.90
Sc	17.8	15.3	12.8	16.2	16.1	15.0	16.5	14.3	13.1	13.0	14.4
V	115	97.2	86.3	113	110	107	113	104	92.7	87.9	95.8
Cr	416	298	215	363	366	348	368	303	223	221	155
Co	39.8	29.8	34.9	35.8	33.5	36.0	37.6	35.6	32.9	38.7	51.7
Ni	232	196	115	206	230	220	211	163	112	117	85.8

续表

样号	P22H5	P10H5	P14H6	P11H6	P11H7	P7H4	P16H6	P10H6	P13H3	P12H5	P3H6
Cu	25.9	38.9	14.1	52.6	47.0	41.1	60.2	36.3	15.9	17.0	17.1
Zn	54.8	79.4	56.8	74.2	94.2	66.8	83.4	55.7	57.9	54.0	66.5
Ga	12.4	13.3	14.0	14.2	13.3	13.4	13.7	14.4	15.2	14.5	14.9
Ge	1.21	1.54	1.18	1.45	1.25	1.48	1.36	1.13	1.30	1.26	1.07
As	17.1	13.8	18.3	15.9	13.6	15.3	27.9	13.6	15.5	7.33	36.6
Rb	82.9	184	98.7	219	221	197	223	197	82.8	103	120
Sr	1 165	1 379	1 653	1 548	1 546	1 611	1 555	1 476	1 629	1 554	1 003
Y	17.6	18.6	13.9	21.9	22.5	21.2	23.1	20.5	14.5	14.3	19.6
Zr	181	303	221	344	362	344	363	340	227	228	147
Nb	8.90	13.4	10.3	14.2	14.5	14.4	15.2	14.3	10.3	9.95	7.71
Mo	1.67	0.664	1.59	0.654	0.916	0.821	0.807	1.20	1.38	1.21	1.61
Cd	0.097	0.199	0.120	0.144	0.197	0.178	0.158	0.153	0.121	0.14	0.200
In	0.031	0.048	0.029	0.044	0.056	0.044	0.049	0.043	0.040	0.033	0.023
Sn	2.19	4.12	2.84	3.76	4.75	3.95	3.79	4.00	2.71	3.00	2.19
Sb	1.15	1.11	0.811	1.61	1.43	1.71	1.34	1.09	0.747	1.72	0.556
Cs	3.08	2.62	3.99	3.39	3.29	3.94	3.30	4.09	3.64	3.26	8.67
Ba	1 481	1 641	1 437	1 806	1 807	1 627	1 789	1 753	1 552	1 441	1 530
Hf	5.02	8.97	6.48	10.3	10.6	9.88	10.6	9.55	6.53	6.49	4.49
Ta	0.547	0.770	0.573	0.877	1.08	0.786	0.852	0.803	0.614	0.567	0.587
W	62.3	28.4	107	62.5	64.8	78.9	73.3	112	102	131	87.0
Tl	0.307	0.822	0.566	0.795	0.771	0.860	0.837	0.618	0.432	0.441	0.706
Pb	30.1	27.5	32.0	27.7	29.3	28.2	28.1	28.5	30.8	25.3	32.0
Bi	0.102	0.067	0.402	0.109	0.171	0.049	0.075	0.103	0.194	0.193	0.042
Th	17.6	18.2	21.1	19.7	19.6	18.5	19.3	19.3	21.7	20.8	13.0
U	3.57	3.54	4.16	3.79	3.78	3.45	3.54	3.57	4.24	4.42	3.94
La	57.5	70.7	70.1	74.4	74.1	69.1	74.6	74.7	76.6	71.8	43.3
Ce	108	138	133	152	152	139	148	147	143	136	84.7
Pr	11.0	14.8	13.2	16.4	16.8	15.5	16.1	16.0	14.1	13.5	9.07
Nd	41.0	56.6	48.5	62.6	64.2	59.1	61.2	59.3	51.0	48.8	33.3
Sm	7.16	9.15	7.30	10.4	10.5	9.38	10.1	9.49	7.74	7.24	5.89
Eu	1.61	2.10	1.66	2.21	2.37	2.27	2.30	2.10	1.73	1.76	1.42
Gd	5.19	6.78	4.95	7.66	7.58	6.74	7.52	6.91	5.49	5.14	4.60
Tb	0.660	0.784	0.596	0.924	0.993	0.837	0.951	0.885	0.653	0.591	0.586
Dy	3.26	3.96	3.01	4.58	4.60	4.13	4.66	4.02	3.05	3.02	3.31
Ho	0.633	0.679	0.492	0.762	0.795	0.727	0.805	0.694	0.500	0.500	0.634
Er	1.70	1.85	1.31	2.12	2.18	1.88	2.25	1.92	1.47	1.35	1.82
Tm	0.221	0.231	0.167	0.270	0.275	0.263	0.300	0.244	0.172	0.162	0.230
Yb	1.49	1.59	1.08	1.82	1.81	1.68	1.95	1.70	1.22	1.16	1.52
Lu	0.229	0.263	0.167	0.267	0.258	0.243	0.302	0.241	0.180	0.157	0.230

　　常量元素由中国科学院地球化学研究所采用湿法分析;微量元素由中国科学院地球化学研究所采用 ICP-MS 法分析。

表 2 寄主英安岩常量(%)及微量(×10⁻⁶)元素分析结果

样号	P4H	P25H1	P25H6	P1H5	P3H1	P2H4	P8H	P1H2	P2H9	P1H1	P24H3	P25H8
SiO_2	61.91	62.24	62.31	62.43	62.76	62.83	62.86	62.94	62.96	63.03	63.20	63.46
TiO_2	1.10	1.37	1.30	1.30	1.15	1.12	1.20	1.48	1.26	1.22	1.30	1.38
Al_2O_3	16.40	15.53	16.62	17.06	17.28	16.18	15.75	16.18	16.48	16.40	15.75	15.96
Fe_2O_3	2.21	2.20	1.90	1.45	1.40	1.85	1.65	1.40	1.50	1.45	2.73	1.80
FeO	3.19	2.50	3.50	3.25	3.20	3.51	3.55	3.20	3.50	3.49	2.27	2.90
MnO	0.06	0.14	0.13	0.12	0.08	0.10	0.05	0.12	0.07	0.13	0.08	0.12
MgO	1.55	1.26	1.62	1.52	1.61	1.66	1.51	1.52	1.82	1.54	1.61	1.42
CaO	4.09	4.88	3.41	2.61	2.97	3.08	3.85	3.08	2.76	3.14	3.13	3.28
Na_2O	3.50	3.40	3.30	4.00	3.20	3.50	3.30	3.40	3.31	3.40	3.90	3.50
K_2O	3.80	3.70	3.60	3.40	3.70	3.60	3.60	3.71	3.50	3.70	3.70	3.80
P_2O_5	0.73	0.93	0.83	0.90	0.83	0.87	0.73	0.90	0.76	1.13	0.83	0.84
LOI	0.90	1.42	1.02	1.50	1.20	1.05	1.30	1.30	1.30	1.19	1.33	1.03
Total	99.44	99.57	99.54	99.54	99.38	99.35	99.35	99.23	99.22	99.82	99.83	99.49
$Mg^{\#}$	0.363	0.347	0.374	0.394	0.413	0.383	0.369	0.400	0.422	0.386	0.389	0.377
Li	22.9	21.0	23.4	19.0	22.6	16.1	19.4	20.5	18.6	22.6	23.6	21.4
Be	3.75	2.77	7.48	2.03	2.77	2.28	2.68	2.55	2.04	3.16	2.53	2.38
Sc	9.70	7.92	15.1	8.57	8.74	9.15	8.77	8.85	9.08	9.66	8.41	8.40
V	68.9	69.7	65.8	54.7	63.3	57.1	60.7	60.8	70.4	63.2	66.8	71.7
Cr	16.2	13.6	56.0	17.5	12.9	12.5	10.6	9.61	10.7	10.4	13.2	15.7
Co	32.6	18.2	75.6	29.1	38.7	18.7	24.0	25.7	30.7	50.8	38.0	61.9
Ni	9.42	6.81	9.13	10.2	6.85	6.99	5.37	6.20	7.14	8.02	6.05	7.71
Cu	8.09	7.12	28.8	9.38	18.9	12.7	11.3	13.9	15.6	12.4	10.7	9.49
Zn	117	111	118	106	115	92.0	112	121	107	116	130	121
Ga	20.6	18.7	23.3	20.5	20.0	21.1	18.6	23.7	20.5	21.5	19.6	19.6
Ge	1.54	1.45	3.38	1.48	1.67	1.57	1.51	1.50	1.47	1.45	1.65	1.66
As	7.66	856	204	74.8	5.51	4.22	4.65	54.9	0.074	68.5	26.1	206
Rb	179	163	176	162	179	182	171	183	178	168	168	172
Sr	611	617	630	505	558	526	550	545	554	539	647	634
Y	24.0	22.8	24.0	22.0	23.5	23.0	23.2	24.6	24.8	23.2	24.7	23.8
Zr	513	538	595	537	534	546	527	599	523	557	615	521
Nb	40.8	41.6	40.0	36.0	36.3	38.1	37.2	41.5	39.4	37.8	43.1	42.8
Mo	3.16	4.44	3.33	3.67	3.22	4.90	3.10	4.06	3.45	3.89	3.24	3.21
Cd	0.164	0.192	0.698	0.275	0.163	0.230	0.168	0.283	0.218	0.248	0.245	0.195
In	0.053	0.040	0.054	0.056	0.052	0.059	0.048	0.062	0.048	0.060	0.045	0.045
Sn	4.43	4.51	7.48	4.23	4.25	5.03	4.33	5.25	4.84	4.49	4.97	5.01
Sb	0.580	0.393	0.566	0.437	0.427	0.192	0.424	0.739	0.293	0.571	0.447	0.357
Cs	2.41	3.04	4.42	3.46	2.93	2.74	2.23	3.65	2.52	3.42	2.99	3.03
Ba	1 633	1 686	1 715	1 762	1 646	1 701	1 548	1 823	1 630	1 675	1 750	1 775
Hf	13.9	14.0	16.0	16.2	14.4	14.6	12.9	16.0	13.5	14.7	15.6	15.2
Ta	1.92	1.92	1.81	1.92	1.84	1.96	1.72	2.17	2.00	2.01	1.92	1.97
W	119	54.5	443	162	185	80.8	91.0	126	137	237	199	275

样号	P4H	P25H1	P25H6	P1H5	P3H1	P2H4	P8H	P1H2	P2H9	P1H1	P24H3	P25H8
Tl	0.698	0.745	0.661	0.754	0.694	0.639	0.703	0.989	0.567	0.731	0.869	0.762
Pb	38.7	37.0	43.0	37.0	36.1	33.8	40.5	41.5	32.9	38.6	38.1	38.2
Bi	0.124	0.081	0.118	0.217	0.091	0.155	0.142	0.102	0.073	0.101	0.077	0.099
Th	33.4	33.1	29.9	31.4	30.6	35.7	31.7	34.0	31.8	30.1	34.7	33.4
U	4.19	4.12	3.59	3.83	3.99	4.33	4.00	3.92	4.17	3.85	4.13	3.97
La	129	132	146	142	135	140	129	156	132	142	145	146
Ce	223	246	271	176	222	258	235	272	224	256	247	256
Pr	25.4	26.3	27.1	26.1	26.5	26.3	24.6	29.6	25.5	27.9	28.4	28.2
Nd	91.4	93.7	93.3	94.0	92.7	88.3	87.5	103	88.9	96.6	99.9	102
Sm	13.8	13.7	12.4	14.1	13.9	13.0	13.8	15.1	14.1	14.3	15.0	15.2
Eu	2.57	2.76	3.00	3.05	2.55	2.77	2.39	2.98	2.66	2.76	2.83	2.83
Gd	9.66	10.0	9.87	11.3	10.1	10.5	9.68	11.2	10.5	10.3	10.8	10.6
Tb	1.09	1.13	1.10	1.29	1.18	1.21	1.13	1.28	1.23	1.21	1.28	1.20
Dy	5.33	5.02	5.33	5.44	5.19	5.71	4.95	5.56	5.43	5.45	5.29	5.55
Ho	0.835	0.798	0.904	0.812	0.811	0.885	0.846	0.842	0.832	0.832	0.860	0.882
Er	2.19	1.99	2.19	2.13	2.06	2.14	2.03	2.22	2.20	2.04	2.12	2.16
Tm	0.268	0.229	0.193	0.217	0.251	0.234	0.238	0.241	0.240	0.248	0.244	0.246
Yb	1.69	1.46	1.84	1.49	1.57	1.49	1.41	1.52	1.58	1.47	1.61	1.44
Lu	0.232	0.190	0.137	0.176	0.220	0.211	0.200	0.203	0.204	0.197	0.212	0.198

常量元素由中国科学院地球化学研究所采用湿法分析;微量元素由中国科学院地球化学研究所采用 ICP-MS 法分析。

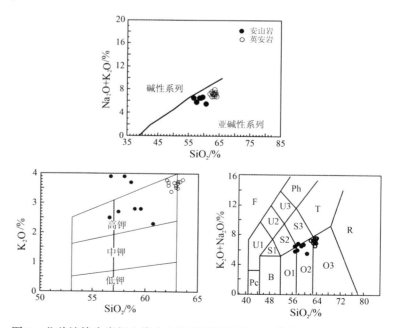

图3　北羌塘枕头崖新生代火山岩系列划分及 TAS 分类命名图解

T:粗面岩($q<20\%$),粗面英安岩($q>20\%$);R:流纹岩

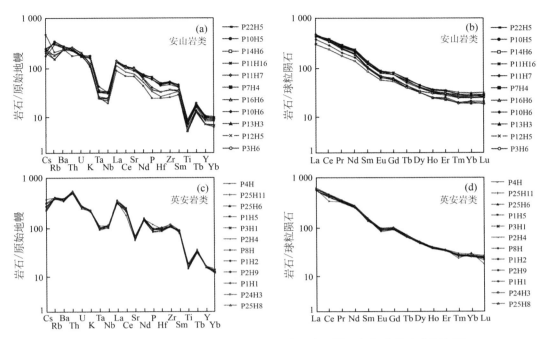

图 4 北羌塘枕头崖新生代火山岩不相容元素原始地幔标准化配分图解及
稀土元素球粒陨石标准化配分图解

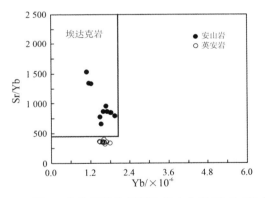

图 5 北羌塘枕头崖新生代火山岩 Yb-Sr/Yb 图解

本区英安岩类寄主火山岩富集 LILE,如 Rb、Ba、Th,U 和 K 等;亏损 HFSE,如 Ti、Nb、Ta 和 Sr 等(图 4c)。其 $(La/Yb)_N = 27.32 \sim 74.12$(平均 63.47), $\delta Eu = 0.60 \sim 0.79$(平均 0.66)。值得注意的是,本区英安岩 Sr 的显著相对亏损(图 4c)与安山岩类形成显著差别,说明它应源自斜长石稳定的麻粒岩相源区(Defant and Drummond,1990,1993)。

从 La/Sm-La 和 Zr/Sm-Zr 判别图(图 6)中可以清楚地看到,本区英安岩和安山岩类应分别来自不同的岩浆源区的局部熔融,而并非同源岩浆分离结晶的产物。

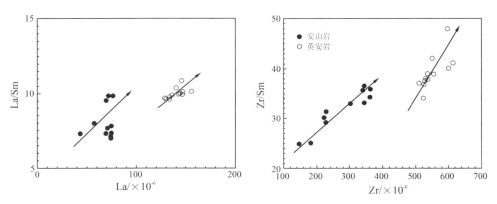

图 6 北羌塘枕头崖新生代火山岩 La-La/Sm 和 Zr-Zr/Sm 图解
引自 Allegre and Minster(1978)

3 麻粒岩岩相学特征及形成温压条件

笔者在北羌塘枕头崖新生代火山岩第 I 旋回底部灰绿色安山岩和第 II 旋回灰褐、紫红色英安岩中均发现了数量较多的厘米级麻粒岩捕虏体(图 7a) ,并见有颗粒粗大的透长石捕虏晶及少量石榴子石捕虏晶。麻粒岩捕虏体呈褐红色或呈基性程度较高的灰黑色,大小一般为 2~6 cm,最大可达 12 cm。常见块状构造(部分捕虏体具弱片麻状构造) ,中细粒粒状变晶结构(图 7b)。麻粒岩捕虏体可分为二辉石麻粒岩和单斜辉石麻粒岩 2 种主要类型:二辉石麻粒岩主要矿物组合为斜方辉石+单斜辉石+斜长石+碱性长石+黑云母;单斜辉石麻粒岩主要矿物组合为单斜辉石+斜长石+石英。

 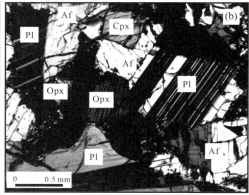

图 7 麻粒岩捕虏体手标本(a) 及二辉石麻粒岩捕虏体镜下结构和矿物组合(b,正交偏光)
Cpx:单斜辉石(clinopyroxene) ;Opx:斜方辉石(orthopyroxene) ;
Pl:斜长石(plagioclase) ;Af:碱性长石(alkaline feldspar)

本文对 P2126H10 和 P2106H 这 2 个典型的麻粒岩捕虏体进行了电子探针分析。分析结果(表 3) 表明,P2126H10 中的捕虏体为典型的二辉石麻粒岩,主要组成矿物为单斜辉石+斜方辉石+斜长石+碱性长石+黑云母。其中,斜方辉石呈无色–浅红色,多色性明显,

表3 北羊塘杭头崖地区新生代火山岩中麻粒岩捕虏体电子探针分析结果(%)

样号	P2126H10								P2106H				
点号	1	2	3	4	5	6	7	8	9	10	11	12	13
矿物	Cpx	Opx	Opx	Pl	Pl	Af	Bi	Bi	Cpx	Cpx	Pl	Pl	Q
SiO_2	51.20	49.26	51.30	54.26	54.91	64.82	36.51	35.33	47.63	48.15	57.87	57.04	99.53
TiO_2	0.15	0.11	0.11	0.00	0.04	0.19	7.11	7.09	0.42	0.38	0.00	0.08	0.00
Al_2O_3	1.01	2.30	2.81	30.61	29.45	19.24	15.56	16.50	4.12	4.59	26.01	26.09	0.03
Cr_2O_3	0.03	0.08	0.00	0.00	0.00	0.05	0.00	0.00	0.03	0.00	0.00	0.00	0.18
FeO	16.40	21.64	21.55	0.27	0.13	0.88	10.50	11.47	13.31	13.23	0.51	0.55	0.00
MnO	0.70	0.80	0.94	0.00	0.01	0.00	0.06	0.16	0.51	0.56	0.00	0.05	0.06
MgO	9.35	25.22	23.27	0.14	0.09	0.14	17.32	17.40	11.36	11.32	0.13	0.08	0.19
CaO	20.91	0.67	0.67	11.61	10.89	1.13	0.06	0.00	21.42	21.16	11.93	10.79	0.00
Na_2O	0.45	0.07	0.04	2.89	3.19	3.42	0.46	0.44	1.17	1.00	3.09	5.34	0.00
K_2O	0.00	0.00	0.00	0.76	0.88	10.75	8.97	8.98	0.00	0.00	0.49	0.66	0.02
NiO	0.00	0.02	0.00	0.07	0.18	0.00	0.00	0.03	0.06	0.00	0.01	0.00	0.00
Total	100.20	100.17	100.68	100.61	99.79	100.63	96.55	97.40	100.04	100.38	100.04	100.68	100.01
[O]=	6	6	6	8	8	8	22	22	6	6	8	8	2
Si	1.975 2	1.847 1	1.900 1	2.427 0	2.472 6	2.940 9	5.280 8	5.102 3	1.833 7	1.839 7	2.594 5	2.562 1	0.996 9
Al	0.045 9	0.101 6	0.122 7	1.613 7	1.563 0	1.028 8	2.652 6	2.808 5	0.187	0.206 7	1.374 4	1.381 2	0.000 4
Ti	0.004 4	0.003 1	0.003 1	0.000 0	0.001 4	0.006 5	0.773 4	0.770 0	0.012 2	0.010 9	0.000 0	0.002 7	0.000 0
Cr	0.000 9	0.002 4	0.000 0	0.000 0	0.000 0	0.001 8	0.000 0	0.000 0	0.000 9	0.000 0	0.000 0	0.000 0	0.001 4
Fe	0.529 1	0.678 7	0.667 5	0.010 1	0.004 9	0.033 4	1.270 1	1.385 3	0.428 6	0.422 7	0.019 1	0.020 7	0.000 0
Mn	0.022 9	0.025 4	0.029 5	0.000 0	0.000 4	0.000 0	0.007 4	0.019 6	0.016 6	0.018 1	0.000 0	0.001 9	0.000 5
Mg	0.537 6	1.409 5	1.284 7	0.009 3	0.006 0	0.009 5	3.734 0	3.745 5	0.651 9	0.644 7	0.008 7	0.005 4	0.002 8
Ca	0.864 3	0.026 9	0.026 6	0.556 4	0.525 4	0.054 9	0.000 9	0.000 0	0.883 6	0.866 2	0.573 1	0.519 3	0.000 0
Na	0.033 7	0.005 1	0.002 9	0.250 6	0.278 5	0.300 9	0.129	0.123 2	0.087 3	0.074 1	0.268 6	0.465 1	0.000 0
K	0.000 0	0.000 0	0.000 0	0.043 4	0.050 6	0.622 2	1.655 1	1.654 4	0.000 0	0.000 0	0.028 0	0.037 8	0.000 3
Ni	0.000 0	0.000 6	0.000 0	0.002 5	0.006 5	0.000 0	0.000 0	0.003 5	0.001 9	0.000 0	0.000 4	0.000 0	0.000 0

续表

样号	P2126H10								P2106H				
点号	1	2	3	4	5	6	7	8	9	10	11	12	13
矿物	Cpx	Opx	Opx	Pl	Pl	Af	Bi	Bi	Cpx	Cpx	Pl	Pl	Q
总计	4.013 9	4.100 4	4.037 0	4.913 1	4.909 2	4.998 8	15.512 0	15.612 0	4.103 8	4.083 1	4.866 7	4.996 1	1.002 3
Wo	44.76	1.27	1.34						44.99	44.80			
En	27.84	66.64	64.92						33.19	33.34			
Fs	27.40	32.09	33.73						21.82	21.86			
An				51.03	61.49	5.61					65.9	50.80	
Ab				29.47	32.59	30.77					30.88	45.50	
Or				5.10	5.92	63.62					3.20	3.70	
Ca							1.86	0.00					
Mg							74.48	73.00					
Fe							25.33	27.00					

由西安地质矿产研究所电子探针室分析（2001）。

$Fs_{32.09~33.73}En_{64.92~66.64}Wo_{1.27~1.34}$，属于典型的紫苏辉石种属。单斜辉石呈浅绿色，$Fs_{27.40}En_{27.84}Wo_{44.76}$，属于次透辉石种属。黑云母呈棕红色，富 Fe 和 Ti，$Mg/(Mg+Fe^T)$（MF）>0.5（0.73~0.75），Ti>0.3（0.7700~0.7734），属钛铁黑云母类。斜长石为他形粒状，An=51.03~61.49，属于拉长石种属。碱性长石中 Or 为 63.62，Ab 为 30.77，为钠透长石。根据 Wood 和 Banno（1973）的二辉石温度计，得到该二辉石麻粒岩平衡温度为 783~818 ℃。

P2106H 中的捕房体为典型的单斜辉石麻粒岩，其矿物组合较为简单，主要组成矿物为单斜辉石+斜长石+石英。其中，单斜辉石，$Wo_{44.80~44.99}En_{33.19~33.34}Fs_{21.82~21.86}$，为次透辉石种属。斜长石 An=50.88~65.90，仍属拉长石类。

根据 Ellis（1980）的单斜辉石–斜长石–石英组合地质压力计[16]，本文对 P2106H 中的单斜辉石麻粒岩捕房体的形成压力进行了计算，计算结果如下：

（1）斜长石（表 3 中 11、12 探针分析点的平均值）：Si^{4+}（0.9561），Ti^{4+}（0.0005），Al^{3+}（0.5110），Fe^{3+}（0.0074），Mg^{2+}（0.0026），Mn^{2+}（0.0004），Ca^{2+}（0.2026），Na^+（0.1360），K^+（0.0122），分子式为（$Na_{0.367}K_{0.033}$）$_{0.4}Ca_{0.546}Fe^{3+}_{0.02}Al_{1.378}Si_{2.578}O_8$，端元组成为 $Ab_{38.80}An_{57.70}Or_{3.5}$。

（2）单斜辉石（表 3 中 9、10 探针分析点的平均值）：Si^{4+}（1.837），Ti^{4+}（0.012），$Al^{3+(IV)}$（0.163），$Al^{3+(VI)}$（0.034），Fe^{3+}（0.080），Fe^{2+}（0.346），Mg^{2+}（0.647），Mn^{2+}（0.017），Ca^{2+}（0.782），Na^+（0.080），K^+（0.000），端元组成为 $T_{Sch16.3}(Ac+Jd)_8Hd_{36.6}Di_{39.2}$。

（3）形成压力：以 P2126H10 二辉石麻粒岩中二辉石温度计测温结果（783~818 ℃）为参考，取 T=1073K，计算获得 $lnK_d=-2.727$，单斜辉石麻粒岩捕房体形成压力值为 0.842 GPa。根据 Ellis（1980）文献中对计算结果的校正方法，得到校正后的压力值为

$p_{max}=0.858$ GPa　（相当于 28.31 km 的深度）

$p_{min}=0.845$ GPa　（相当于 27.90 km 的深度）

从而初步表明，北羌塘枕头崖新生代火山岩中单斜辉石麻粒岩捕房体的来源深度大约为 27~28 km。

4　地质意义讨论

上述初步分析资料表明，北羌塘枕头崖新生代火山岩 P2126H10 样品中的捕房体，属于典型的二辉石麻粒岩相岩石。而 P2106H 中的捕房体为单斜辉石麻粒岩，其来源深度较大，是直接来自青藏高原加厚陆壳中部的岩石样品。

寄主火山岩地球化学特征表明，本区安山岩类与英安岩类具有各自独立的岩浆源区。安山岩类显示了明显的埃达克岩属性，表明其源于青藏高原加厚陆壳下部榴辉岩相源区。而英安岩类显著的低 Sr 含量（<660×10^{-6}）特征充分表明，其源区应为斜长石稳定的麻粒岩相区。如前所述，本区英安岩和安山岩中的麻粒岩捕房体形成压力为 0.845~0.858 GPa，相当于 27~30 km 的深度，在这一深度范围内斜长石仍处在其稳定区间内。因此，有理由认为，本区英安岩类的原生岩浆应来源于约 30 km 深度的青藏高原加厚陆壳中部，麻粒岩捕房体应代表本区英安岩类的源区物质组成。

多年来,青藏高原特殊的双倍加厚陆壳性质,尤其是加厚陆壳中、下部的物质组成、热状态、局部熔融特征一直是困扰青藏高原深部地质研究的一个难题,并直接地制约着人们对高原形成演化、隆升机制、钾质–超钾质以及高钾钙碱岩系岩浆活动过程的理解和认识。目前,人们大多利用出露地表的基底变质岩系来推断高原上地壳的物质组成(Kapp et al., 2000),利用壳源原生岩浆间接反演(赖绍聪等,2001a、b)、地球物理和地热测量来推断高原下地壳及上地幔的性质。迄今为止,还没有建立在详细岩相学和微观结构基础上直接的高原中、下地壳和上地幔岩石学结构剖面,这主要是因深源样品难以获得所致。显然,北羌塘枕头崖新生代火山岩中典型麻粒岩捕房体的获得,提供了研究青藏高原特殊的加厚陆壳中部物质组成、矿物相态、地球化学模型和热状态的直接天然深源岩石探针,具有极为重要的研究价值。它将对我们深入了解青藏高原北部加厚陆壳的岩石学结构,中、下部地壳物质组成、相关系、温度、压力条件,以及壳源岩石局部熔融机理等重大学术问题的研究有所促进。

致谢　西北大学高山特聘教授帮助鉴定了本文薄片,青岛海洋大学李三忠教授、中国地质大学罗照华教授帮助计算了麻粒岩形成压力,在此致谢。

参考文献

[1] Allegre C J, Minster J F, 1978. Guantitative method of trace element behavior in magmatic processes[J]. Earth & Planetary Science Letters., 38:1-25.

[2] Defant M J, Drummond M S, 1990. Derivation of some modern arc magmas by melting of young subducted lithosphere[J]. Nature, 347:662-665.

[3] Defant M J, Drummond M S, 1993. Mount St Helens: Potential example of the partial melting of the subducted lithosphere in a volcanic arc[J]. Geology, 21:547-550.

[4] Ding L, Zhong D, Yin A, et al., 2001. Cenozoic structural and metamorphic evolution of the eastern Himalayan syntaxis(Namche Barwa)[J]. Earth & Planetary Science Letters, 192:423-438.

[5] Ellis D J, 1980. Osumilite-sapphirine-quartz granulites from Enderby Land, Antarctica: P-T conditions of metamorphis, implications for garnet-cordierite equilibria and the evolution of the deep crust[J]. Contrib Mineral Petrol, 74:201-210.

[6] Gao S, Luo T C, Zhang B R, et al., 1998. Chemical composition of the continental crust as revealed by studies in East China[J]. Geochimica et Cosmochimica Acta, 62:1959-1975.

[7] Hacker B R, Gnos E, Ratschbacher L, et al., 2000. Hot and dry deep crustal xenoliths from Tibet[J]. Science, 287:2463-2466.

[8] Han Qingjun, Shao Ji'an, 2000. Mineral chemistry and metamorphic temperature-pressure of the granulite xenoliths from Mesozoic granotoid in the Kalaqin area, Inner Mongolia[J]. Earth Science, 25(1):21-26 (in Chinese with English abstract).

[9] Kapp P, Yin A, Manning C E, et al., 2000. Blueschist-bearing metamorphic core complexes in the Qiangtang blockreveal deep crustal structure of northern Tibet[J]. Geology, 28:19-22.

[10] Lai Shaocong, Liu Chiyang, 2001a. Enriched upper mantle and eclogitie lower crust in north Qiangtang,

Qinghui-Tibet Plateau: Petrological and geochemical evidence from the Cenozoic volcanic rocks[J]. Acta Petrologica Sinica, 17(3):459-468 (in Chinese with English abstract).

[11] Lai Shaocong, Liu Chiyang, O'Reilly S Y, 2001b. Petrogenesis and its continental dynamics significance of the Neogene high-potassium calc-alkaline volcanic rocks association from north Qiangtang, Tibeten plateau[J]. Science in Chian: Series D, 44(Suppl):34-42 (in Chinese).

[12] Li Dewei, Liao Qun'an, Yuan Yanming, et al., 2002. Discovery of the basic granulite xenolith in the metamorphic rock series and its tectonic significance, middle part of the Himalaya orogenic belt[J]. Earth Science, 27(1):80 (in Chinese).

[13] Liu Y, Zhong D, 1997. Petrology of high-pressure granulites from the eastern Himalayan syntaxis[J]. J Metamorphic Geol, 15:451-466.

[14] Lin Jinhui, Yi Haisheng, Zhao Bing, et al., 2003. $^{40}Ar/^{39}Ar$ dating and its significance of the Cenozoic volcanic rocks from Zuerkenwula mountains, north Tibet[J]. Journal of Mineralogy and Petrology, 23(3):31-39 (in Chinese with English abstract).

[15] Shao Ji'an, Han Qingjun, Li Huimin, 2000. Discovery of the Mesozoic granulite xenoliths from the North China[J].Science in China: Series D, 30(Suppl):148-153 (in Chinese).

[16] Vander Hilst R D, McDonough W F, 1999. Composition, Deep Structure and Evolution of Continents [M].Elsevier:342.

[17] Wood B J, Banno S, 1973. Garnet orthopyroxene relationships in simple and complex systems[J] Contrib Mineral Petrol, 42:109.

[18] Yamamoto H, 1993. Contrasting metamorphic P-T-time paths of the Kohistan granuliyes and tectonics of the western Himalayas[J]. J Geol Soc, London, 150:843-856.

[19] Zheng Xiangshen, Bian Qiantao, Zheng Jiankang, 1996. Study on the Cenozoic volcanie rocks from Hoh Xil area, Qinghai Province[J].Acta Petrologica Sinica, 12(4):530-545 (in Chinese with English abstract).

[20] Zhong D, Ding L, 1995. Discovered high-pressure granulite from Namjagabarwa area, Tibet[J].Chinese Science Bulletin, 14:1343-1345.

[21] 韩庆军,邵济安,2000.内蒙古喀喇沁地区早中生代闪长岩中麻粒岩捕房体矿物化学及变质作用温压条件[J].地球科学,25(1):21-26.

[22] 赖绍聪,刘池阳,2001a.青藏高原北羌塘榴辉岩质下地壳及富集型地幔源区[J].岩石学报,17(3):459-468.

[23] 赖绍聪,刘池阳,O'Reilly S Y,2001b.北羌塘新第三纪高钾钙碱火山岩系的成因及其大陆动力学意义[J].中国科学:D辑,44(增刊):34-42.

[24] 李德威,廖群安,袁晏明,等,2002.喜马拉雅造山带中段核部杂岩中基性麻粒岩的发现及构造意义[J].地球科学,27(1):80.

[25] 林金辉,伊海生,赵兵,等,2003.藏北祖尔肯乌拉山地区新生代火山岩$^{40}Ar/^{39}Ar$同位素定年及其意义[J].矿物岩石,23(3):31-39.

[26] 邵济安,韩庆军,李惠民,2000.华北克拉通早中生代麻粒岩捕房体的发现[J].中国科学:D辑,30(增刊):148-153.

[27] 郑祥身,边千韬,郑健康,1996.青海可可西里地区新生代火山岩研究[J].岩石学报,12(4):530-545.

青藏北羌塘新第三纪玄武岩单斜辉石地球化学[①②]

赖绍聪　秦江锋　李永飞

摘要:目的　通过玄武岩中单斜辉石成分及微量元素地球化学的研究,探讨岩浆源区性质及其大陆动力学意义。**方法**　利用电子探针和激光探针剥蚀技术,分析了北羌塘半岛湖新第三纪粗面玄武岩中单斜辉石斑晶的常量、微量及稀土元素特征。**结果**　单斜辉石主要为透辉石和顽透辉石种属,是玄武岩浆上升过程中逐步结晶的产物;矿物中富集 Rb、Sr、Ba、Zr、Hf、Nb 和 Th、U、Pb,并存在 Sc、Ti、V 等铁族元素的低度富集,稀土元素总量平均为 857×10^{-6},轻、重稀土分异显著,轻稀土强烈富集,无明显 Eu 异常。**结论**　单斜辉石是玄武质岩石中痕量及稀土元素的重要赋存矿物相。

近年来,国内外学者已就青藏高原新生代火山岩做了大量研究,识别出超钾质、钾玄岩系和高钾钙碱岩系 3 个火山岩系列,并对超钾质和钾玄岩系的岩石地球化学、同位素特征和岩石成因进行了深入探讨[1-12]。然而,青藏高原新生代火山岩中专题性和深入的矿物学研究工作非常薄弱,特别是造岩矿物痕量元素和稀土元素的精确测定结果,以及对造岩矿物痕量及稀土元素富集规律、演化趋势和特征的专题研究还十分欠缺[13-14]。本文利用电子探针和激光探针剥蚀系统(LA-ICP-MS),对北羌塘新第三纪粗面玄武岩中的单斜辉石进行了主元素和微量、稀土元素的系统分析测定,并重点讨论了单斜辉石类型及其微量和稀土元素特征,这将有助于推动该区的火山岩研究工作。

1　地质背景及样品分析方法

羌塘北部新第三纪火山岩较为发育,在自色哇、雅根错-多尔索洞错-太平湖-多格错仁、兹格丹错-尕尔-祖尔肯乌拉山-西金乌兰湖-雁石坪等地均有分布,主要见于羌北地层分区的新第三纪石坪顶组。这些火山岩产状为熔岩被,与下伏地层呈明显的角度不整合接触关系,火山岩呈厚 50~200 m 的熔岩被覆盖在第三系唢呐湖组(M_1s)或侏罗纪雁石坪组(J_2ys)之上,为陆相中心式喷发的溢流火山岩。岩石类型以熔岩为主,偶见火山碎屑

①　原载于《西北大学学报》自然科学版,2005,35(5)。
②　国家自然科学基金资助项目(40272042,40072029)、教育部高等学校优秀青年教师教学科研奖励计划项目和澳大利亚 GEMOC 国家重点实验室资助项目。

岩。这些火山岩与羌塘前第三纪沉积地层呈超覆关系,或在火山中心呈侵入关系。

样品取自北羌塘半岛湖。岩石呈深黑色,斑状结构,块状构造,气孔发育,新鲜无蚀变。斑晶矿物主要有橄榄石(5%)、斜方辉石(5%~7%)、单斜辉石(5%)。岩石基质具典型的间粒结构,不规则排列的斜长石长条状微晶组成的间隙中,充填若干粒状辉石颗粒以及磁铁矿等副矿物小颗粒。根据镜下观察并结合样品全岩化学成分分析结果($SiO_2 = 48.25\%$,$Na_2O+K_2O=6.38\%$),定名为粗面玄武岩。

全部实验工作均在 Macquarie 大学 GEMOC 国家重点实验室完成。使用 PE 公司 Elan 6100-ICP-MS 仪+Merchantek LUV266 型激光探针。激光探针 Forward RF 发生功率为 1 080W;Nebuliser 气流量为 Ar 1.09(L/min)+He 0.85(L/min);激光波长为 UV 266 nm;测试所用外标为 NIST 610 玻璃,内标元素为 Ca(由电子探针分析提供);测定元素检测限采用泊松计数统计值(Poisson counting statistics),即 2.3x 平方根(或 2x 背景计数值)。

2 主元素特征及单斜辉石类型

辉石族矿物的主要化学成分可用通式 XYZ_2O_6 表示。式中,Z 位由 Si 和 Al 占据;Y 位(即 M_1 位)通常由 Mg、Fe^{2+}、Mn、Al、Fe^{3+}、Cr^{3+}、Ti^{4+} 和 V^{3+} 占据;X 位(即 M_2 位)的主要占位离子为 Ca、Mg、Fe^{3+}、Mn、Na 和 Li。一般根据辉石中的 X 位,即晶体结构中 M_2 位主要阳离子种类的不同而将辉石族矿物划分为以下 3 类[15]:①M_2 为 Li 的辉石－锂辉石;②M_2 主要为 Na 的辉石,如硬玉和霓石;③M_2 主要为 Ca、Mg、Fe 的辉石。其中,最重要的是顽火辉石($Mg_2Si_2O_6$)－铁辉石($FeSi_2O_6$)系列和透辉石($CaMg-Si_2O_6$)－钙铁辉石($CaMgSi_2O_6$)系列,它们构成 CaMg、CaFe 和 MgFe 的成分梯形。

本区单斜辉石电子探针分析结果列于表 1 中。从表 1 中可以看出,单斜辉石中 SiO_2 = 50.77%~53.52%,平均为 52.88%;FeO^T = 3.73%~6.11%,平均为 4.80%;MgO = 15.279%~17.47%,平均为 16.68%;CaO = 21.15%~23.33%,平均为 22.48%;基本不含钠或含钠很低(0.17%~0.55%,平均 0.30%),属典型的透辉石($CaMgSi_2O_6$)－钙铁辉石($CaFeSi_2O_6$)系列。在 CaMg-CaFe-Mg-Fe 的辉石成分梯形(图 1)中,本区单斜辉石投影点大多位于透辉石区内,少数投影点跨入顽透辉石区。

透辉石中 Al_2O_3 含量一般为 1%~3%,TiO_2 含量通常不超过 1%,Al^{3+} 既可代替 M_1 中的 Mg 和 Fe 亦可代替硅氧四面体中的 Si[15]。本区单斜辉石 Al_2O_3(1.13%~3.48%,平均 1.81%)和 TiO_2(0.22%~1.04%,平均 0.51%)与岩浆岩类透辉石化学成分特征一致。

在辉石中,Al 的配位与温压关系密切,具有重要的标型意义。即在高温低压条件下有利于 Al 在 4 次配位中代替 Si,而在低温高压条件下有利于 Al 在 6 次配位中代替其他阳离子。然而,岩浆结晶分异的演化过程是 6 次配位 Al 增加的过程,由地幔到地壳是 Al 由 6 次配位向 4 次配位转化的过程[16]。本区单斜辉石中,Al^{IV} = 0.028 1~0.119 9,平均为 0.059 1;而 Al^{VI} = 0.000 0~0.043 1,平均为 0.019 3,表明本区粗面玄武岩中的单斜辉石斑晶是幔源玄武岩岩浆在由深部向浅部运移过程中逐步结晶的产物。在单斜辉石

Al^{IV}-Al^{VI}图解(图 2)中,本区单斜辉石投影点位于残留地幔附近,表明粗面玄武岩岩浆为地幔橄榄岩局部熔融的产物。

表 1　单斜辉石斑晶电子探针(%)及激光探针(×10^{-6})分析结果

分析号	Cpx01	Cpx02	Cpx03	Cpx04	Cpx05	Cpx06	Cpx07	Cpx08	Cpx09	Cpx10	全岩*
SiO$_2$	52.60	53.42	52.70	52.52	50.77	53.52	53.43	53.35	53.16	53.32	
TiO$_2$	0.41	0.34	0.67	0.61	1.04	0.24	0.22	0.46	0.48	0.61	
Al$_2$O$_3$	1.73	1.80	1.88	1.97	3.48	1.64	1.67	1.48	1.13	1.34	
Cr$_2$O$_3$	0.62	0.69	0.12	0.11	0.11	0.04	0.00	0.80	0.42	0.23	
FeO	3.86	4.10	5.05	4.76	5.54	6.11	5.99	3.73	4.42	4.40	
MnO	0.05	0.14	0.10	0.11	0.04	0.14	0.09	0.05	0.14	0.14	
MgO	17.13	17.47	16.38	16.51	15.27	16.11	16.71	17.08	17.13	17.00	
CaO	22.73	21.95	22.99	23.14	23.33	21.15	21.63	22.29	22.79	22.83	
Na$_2$O	0.25	0.30	0.22	0.21	0.24	0.55	0.55	0.30	0.17	0.21	
K$_2$O	0.01	0.00	0.02	0.01	0.01	0.02	0.01	0.00	0.00	0.02	
NiO	0.02	0.00	0.03	0.04	0.00	0.08	0.00	0.07	0.03	0.09	
Total	99.47	100.28	100.16	99.99	99.81	99.61	100.34	99.69	99.89	100.23	
[O] =	6	6	6	6	6	6	6	6	6	6	
Si	1.9358	1.9455	1.9342	1.9300	1.8801	1.9719	1.9567	1.9540	1.9508	1.9498	
Ti	0.0114	0.0092	0.0185	0.0168	0.0289	0.0067	0.0061	0.0127	0.0133	0.0168	
Al^{IV}	0.0642	0.0545	0.0658	0.0700	0.1199	0.0281	0.0433	0.0460	0.0489	0.0502	
Al^{VI}	0.0108	0.0228	0.0155	0.0155	0.0318	0.0431	0.0288	0.0179	0.0000	0.0075	
Cr	0.0179	0.0198	0.0035	0.0033	0.0033	0.0011	0.0000	0.0233	0.0121	0.0066	
Fe	0.1187	0.1249	0.1550	0.1462	0.1714	0.1881	0.1833	0.1142	0.1357	0.1346	
Mn	0.0015	0.0044	0.0033	0.0033	0.0011	0.0044	0.0026	0.0016	0.0045	0.0042	
Mg	0.9398	0.9481	0.8961	0.9045	0.8427	0.8847	0.9123	0.9325	0.9371	0.9266	
Ca	0.8962	0.8565	0.9039	0.9111	0.9255	0.8347	0.8486	0.8748	0.8959	0.8942	
Na	0.0178	0.0212	0.0154	0.0151	0.0171	0.0391	0.0391	0.0213	0.0121	0.0149	
K	0.0006	0.0001	0.0008	0.0005	0.0003	0.0007	0.0002	0.0000	0.0000	0.0011	
Ni	0.0007	0.0000	0.0010	0.0011	0.0000	0.0024	0.0000	0.0021	0.0010	0.0026	
Sun	4.0155	4.0073	4.0129	4.0168	4.0222	4.0053	4.0209	4.0004	4.0114	4.0093	
Mg$^{\#}$	0.8880	0.8840	0.8525	0.8608	0.8310	0.8250	0.8330	0.8910	0.8730	0.8730	
Wo	0.46	0.44	0.46	0.46	0.48	0.44	0.44	0.46	0.46	0.46	
En	0.48	0.49	0.46	0.46	0.43	0.46	0.47	0.49	0.48	0.47	
Fs	0.06	0.06	0.08	0.07	0.09	0.10	0.09	0.06	0.07	0.07	
种属	透辉石	顽透辉石	透辉石	透辉石	透辉石	顽透辉石	顽透辉石	透辉石	透辉石	透辉石	
Sc	16.50	18.45	20.46	21.49	27.95	20.19	35.45	23.61	18.92	21.04	19.85
Ti	9327	10224	9213	8643	8436	10001	9878	9532	7837	9863	7373
V	196.84	245.73	212.82	233.52	196.7	231.85	228.38	235.74	184.18	222.73	158.00
Cr	145.93	116.21	53.76	275.36	321.62	115.5	425.22	63.53	82.91	182.90	455.40
Co	29.16	149.32	31.27	46.88	26.29	77.64	47.39	27.52	32.77	70.95	32.90
Ni	187.44	1893.6	104.11	185.28	135.78	576.24	303.52	104.42	163.39	502.16	212.70

续表

分析号	Cpx01	Cpx02	Cpx03	Cpx04	Cpx05	Cpx06	Cpx07	Cpx08	Cpx09	Cpx10	全岩*
Ga	13.36	59.65	19.81	5.90	18.13	30.79	21.60	26.42	20.89	23.71	14.37
Rb	89.62	119.92	89.27	64.31	47.97	66.10	54.68	85.80	67.21	99.14	38.27
Sr	2 318	4 052	2 953	2 368	4 107	3 923	3 921	4 720	3 685	5 453	2 520
Y	28.70	32.95	27.16	28.36	32.30	36.95	35.61	36.29	25.10	36.70	26.48
Zr	375.54	540.07	558.30	453.37	553.07	586.70	581.55	781.87	584.66	649.43	334.20
Nb	19.16	22.56	21.58	25.57	18.56	25.20	24.25	27.47	18.89	25.42	18.14
Ba	3 697	4 968	3 412	3 587	3 873	3 745	4 403	4 742	3 493	4 952	2 565
Hf	11.77	13.20	11.46	16.55	13.43	13.63	13.85	17.21	13.18	16.50	7.95
Pb	51.70	88.12	70.66	63.91	67.10	80.75	69.32	89.79	77.31	108.81	54.76
Th	31.70	23.50	24.07	32.76	26.96	32.88	31.69	41.15	30.43	34.89	21.45
U	5.88	5.96	5.39	6.03	6.67	7.63	7.15	9.09	7.77	8.78	4.76
La	197.00	216.84	144.54	220.30	157.95	219.25	204.70	231.78	148.96	218.50	120.00
Ce	304.58	454.62	298.82	343.70	304.03	416.55	415.61	439.75	275.48	433.66	222.80
Pr	42.27	45.44	30.95	34.88	33.22	46.16	45.65	45.44	32.44	44.20	29.41
Nd	180.56	158.26	118.32	130.26	135.79	176.04	185.67	188.92	110.22	159.90	112.90
Sm	21.92	27.95	21.26	23.66	18.31	26.34	28.56	39.83	24.53	26.80	18.70
Eu	5.65	5.80	4.31	5.96	6.00	7.41	8.11	4.47	5.71	8.71	5.23
Gd	14.80	13.00	14.80	14.57	15.93	17.96	17.87	11.77	14.69	17.62	13.19
Dy	7.22	9.17	5.91	8.42	7.81	8.33	8.81	7.83	6.80	8.11	5.80
Ho	1.29	1.20	0.66	1.39	1.34	1.18	1.39	1.59	1.25	1.38	0.97
Er	2.42	2.19	2.52	3.02	3.50	3.97	2.47	5.81	3.81	5.07	2.32
Yb	3.55	4.37	3.84	5.05	4.87	4.53	3.45	8.68	5.81	4.63	1.86
Lu	0.51	0.47	0.57	0.68	0.67	0.96	0.55	1.10	0.89	0.92	0.26
δEu	0.90	0.81	0.70	0.91	1.05	0.98	1.02	0.49	0.85	1.15	0.97
δCe	0.78	1.31	1.28	0.87	1.20	1.18	1.25	1.20	1.14	1.25	0.89

全岩*为粗面玄武岩全岩 ICP-MS 分析结果;SiO_2~NiO 为单斜辉石电子探针分析结果;Sc~Lu 为斜辉石激光探针(LA-ICP-MS)分析结果。由澳大利亚 Macquarie 大学 GEMOC 国家重点实验室分析。

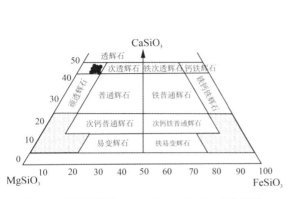

图 1　辉石分类的 CaMg-CaFe-Mg-Fe 成分梯形

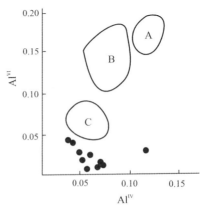

图 2　单斜辉石 Al^{IV}-Al^{VI} 图解

3　单斜辉石微量元素特征

3.1　Rb、Sr、Ba、U、Th、Pb、Zr、Hf 和 Nb

单斜辉石 XYZ_2O_6 化学组成中 Mg、Fe 为一完全类质同象系列,组成中次要类质同象代替的主要有 Mg、Fe^{2+}、Mn、Al、Fe^{3+}、Cr^{3+}、Ti^{4+}、V^{3+}、Na 和 Li 等。Rb 是典型的亲岩分散稀碱元素,Sr 和 Ba 是碱土金属族分散元素,它们在岩浆岩中不易形成独立矿物,大多与钾和钙呈类质同象替代关系[17]。分析结果表明,本区单斜辉石中 Sr 和 Ba 含量分别为 $2\,318×10^{-6}$ ~ $5\,453×10^{-6}$(平均 $3\,750×10^{-6}$)和 $3\,412×10^{-6}$ ~ $4\,968×10^{-6}$(平均 $4\,086×10^{-6}$),明显高于单斜辉石赋存母岩(粗面玄武岩)中 Sr($2\,520×10^{-6}$)和 Ba($2\,565×10^{-6}$)的含量值;单斜辉石中 Rb 的含量($47.97×10^{-6}$ ~ $119.92×10^{-6}$,平均 $78.40×10^{-6}$)同样明显高于全岩中 Rb 的含量($38.27×10^{-6}$)(表 1)。尽管火成岩类岩石中 Rb、Sr 和 Ba 主要应富集于碱性长石、斜长石等富 K、Ca 矿物相中[17],但对于玄武质岩石而言,K_2O 含量通常较低,碱性长石仅作为次要矿物存在,Na_2O 主要参与基性斜长石的组成,而岩石中的 CaO 则主要存在于基性斜长石和高钙含量的单斜辉石中。正是由于单斜辉石晶体结构中 X 位存在 Ca 的占位,并可产生 Rb、Sr 和 Ba 的类质同象替代,从而使单斜辉石成为玄武岩中(除长石类矿物外)另一重要的 Rb、Sr 和 Ba 富集矿物相。

U、Th 和 Pb 均为亲石(亲氧)元素,在岩浆岩中 U、Th 与 K 关系密切[17]。火成岩中 Pb 主要以类质同象形式出现。由于 Pb^{2+} 的离子半径($1.18×10^{-10}$ ~ $1.32×10^{-10}$ m)与 Sr^{2+}($1.12×10^{-10}$ ~ $1.27×10^{-10}$ m)、Ba^{2+}($1.34×10^{-10}$ ~ $1.43×10^{-10}$ m)、K^+($1.33×10^{-10}$ m)相近,因此,Pb^{2+} 可以在许多造岩矿物的晶格中置换上述离子[17]。分析结果表明,本区单斜辉石中 U($5.39×10^{-6}$ ~ $9.09×10^{-6}$,平均 $7.04×10^{-6}$)、Th($23.50×10^{-6}$ ~ $41.15×10^{-6}$,平均 $33.15×10^{-6}$)和 Pb($51.70×10^{-6}$ ~ $108.81×10^{-6}$,平均 $76.75×10^{-6}$)含量略高于粗面玄武岩全岩的 U($4.76×10^{-6}$)、Th($21.45×10^{-6}$)和 Pb($54.76×10^{-6}$)含量,但差别不大(表 1)。这说明,玄武质岩石相对酸性和碱性岩石而言,其 U、Th、Pb 丰度较低[17],而单斜辉石也并非粗面玄武岩中 U、Th、Pb 的主要富集矿物相。

Zr、Hf 和 Nb 在岩浆岩中均易形成独立矿物相,如锆石、铌钽矿物等,亦可进入造岩矿物中,如辉石、角闪石、黑云母等[17]。本区单斜辉石中 Zr($375.54×10^{-6}$ ~ $781.87×10^{-6}$,平均 $566.46×10^{-6}$)、Hf($11.46×10^{-6}$ ~ $17.21×10^{-6}$,平均 $14.08×10^{-6}$)和 Nb($18.56×10^{-6}$ ~ $25.57×10^{-6}$,平均 $22.87×10^{-6}$)含量均高于粗面玄武岩全岩 Zr($334.20×10^{-6}$)、Hf($7.95×10^{-6}$)和 Nb($18.14×10^{-6}$)含量,但相差不大,富集度(元素矿物中丰度/元素岩石中丰度)仅为 1.3 ~ 1.8。由此说明,Zr、Hf 和 Nb 在玄武岩中有 2 种不同的富集趋势:一是以类质同象形式进入辉石等暗色矿物中并形成低度富集;二是形成少量的锆石、铌钽矿等独立矿物相。

3.2　Sc、Ti、V、Cr、Co 和 Ni

该组元素是典型的铁族元素,在岩浆岩中通常富集于超基性和基性岩中。在单斜辉石的晶体结构中,Ti^{4+}、V^{3+}、Cr^{3+}均是 Y 位的重要占位离子之一,Sc 和 Co、Ni 又可以类质同象的形式取代 Ti、Fe 和 Mg,从而在单斜辉石中形成一定程度的富集[17]。然而,首先尽管 Ti、Cr 可以类质同象替代单斜辉石中的 Fe 和 Mg,但由于 Ti、Cr 在岩浆岩中极易形成独立矿物相,因而在造岩矿物中 Ti、Cr 仅在链状硅酸盐中含量较高;其次是层状硅酸盐,而在架状和岛状硅酸盐中含量均较低。本区单斜辉石(表1)中 Sc、Ti、V、Cr、Co 和 Ni 的含量值变化较大,但其平均值(分别为 $22.41×10^{-6}$,$9\,295×10^{-6}$,$218.85×10^{-6}$,$178.29×10^{-6}$,$53.92×10^{-6}$和 $415.59×10^{-6}$)除 Cr 明显偏低外,其他元素大多略高于母岩(粗面玄武岩)中同一元素的含量值。这说明,铁族元素在玄武质岩石中除形成独立的副矿物(如钛铁矿、铬铁矿、钒钛磁铁矿等)外,还可以类质同象形式进入单斜辉石等富铁镁的暗色矿物相中并形成低度富集。

为了便于对比,本文以粗面玄武岩全岩痕量元素含量为标准值,将单斜辉石中痕量元素进行标准化。结果表明,配分曲线总体呈较为平直的曲线,除 Cr 有明显的相对亏损以及 Co、Ni 含量变化较大外,其他元素均呈程度不同的低度相对富集状态(图3)。尤其是重稀土元素 Yb 呈较显著的相对富集状态,自左向右由 Rb 至 Y,随着不相容性降低,元素的相对弱富集程度并无显著变化。这表明,单斜辉石中富含丰富的痕量元素,是玄武质岩石中不相容元素的重要富集矿物相。

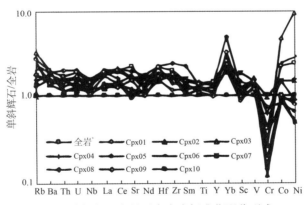

图3　单斜辉石痕量元素全岩标准化配分型式

3.3　稀土元素

表1的分析结果表明,本区单斜辉石中稀土元素较为富集,稀土总量为 $656×10^{-6}$ ~ $1\,023×10^{-6}$,平均为 $857×10^{-6}$;轻、重稀土比为 9.87 ~ 14.35,平均为 12.05;相应的 $(La/Yb)_N$ 为 27~43(平均31),$(Ce/Yb)_N$ 为 13~33(平均22),说明单斜辉石具有轻稀土强烈富集的元素地球化学特征。

岩石中稀土元素 Eu 的富集与亏损主要取决于含钙造岩矿物的聚集和迁移,而这又受造岩作用的条件制约。含钙造岩矿物主要有偏基性的斜长石、磷灰石和含钙辉石。这类矿物中 Ca^{2+} 的离子半径与 Eu^{2+}、Eu^{3+} 相近且与 Eu^{2+} 的电价相同,故晶体化学性质决定了 Eu 主要以类质同象的形式进入斜长石、磷灰石、单斜辉石等造岩矿物中[18]。本区单斜辉石 δEu 值变化较大(0.49~1.15,平均 0.94),总体上不显示明显的 Eu 异常。

从图 4 稀土元素球粒陨石标准化配分型式中可以看出,本区粗面玄武岩中单斜辉石稀土配分曲线总体呈右倾负斜率轻稀土强烈富集型配分型式;Eu 处平滑,基本无异常;稀土元素自 Ho 至 Lu,曲线转变为右倾负斜率,重稀土部分有明显的上翘现象。为了便于对比,我们在图 4 中列出了对应的粗面玄武岩的全岩稀土配分曲线,可以看到本区单斜辉石的稀土配分曲线与其赋存母岩(粗面玄武岩)的稀土配分曲线在轻稀土和中稀土部分完全吻合,不同之处是粗面玄武岩不存在重稀土的上翘现象。

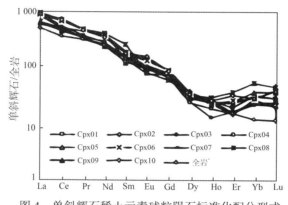

图 4　单斜辉石稀土元素球粒陨石标准化配分型式

控制矿物稀土配分的因素应主要来自 3 个方面[18]:①矿物的结晶构造是否允许某些稀土离子进入;②是否有离子半径适合的元素可供置换;③给定结晶构造位置键力和电荷是否有利,离子半径是否适合。除此以外,母岩浆的地球化学性状以及矿物结晶时的物化条件也是决定矿物稀土配分的重要因素。本区单斜辉石中,X 位和 Y 位 Mg、Fe、Ca 的占位,以及 Ti、Rb、Sr、Ba 的较强富集和 Th、U、Zr、Hf、Sc 等元素的低度富集,均有利于稀土元素的广泛类质同象。然而,母岩浆中较高的稀土丰度($\sum REE = 559.92 \times 10^{-6}$)以及 Eu 不亏损的地球化学模型又为单斜辉石捕获稀土元素提供物质条件,从而造成本区单斜辉石中稀土总量高、强烈富集轻稀土、Eu 不亏损的特殊稀土配分型式。

4　结论

北羌塘半岛湖新第三纪粗面玄武岩中单斜辉石斑晶属典型的透辉石-钙铁辉石系列,在辉石成分梯形图中主要位于透辉石区内,其 Al^{VI} 和 Al^{IV} 相对量比关系表明它们为在粗面玄武岩浆上升过程中逐步结晶而形成,玄武岩浆为地幔橄榄岩局部熔融的产物。本区单斜辉石中富含 Rb、Sr、Ba、Th、U、Pb、Zr、Hf 及 Sc、Ti、V 等微量元素,均呈不同程度的相对富集状态,表明单斜辉石是玄武岩中重要的微量元素赋存矿物相。正是由于单斜辉石中 Ca、Mg、Fe 的占位,以及 Rb、Sr、Ba、Zr、Ti、V、Sc 等一系列元素的相对富集,为稀土元素的广泛类质同象替代提供了前提条件,从而造成单斜辉石中稀土总量高、轻稀土强烈富集、Eu 不亏损等特定的地球化学特征。

参考文献

[1] 邓万明.青藏高原北部新生代板内火山岩[M].北京:地质出版社,1998:1-168.

[2] 赖绍聪.青藏高原新生代火山岩矿物化学及其岩石学意义[J].矿物学报,1999,19(2):236-244.

[3] 赖绍聪.青藏高原北部新生代火山岩成因机制[J].岩石学报,1999,15(1):98-104.

[4] 刘嘉麒.中国火山[M].北京:科学出版社,1999:53-135.

[5] 邓万明,孙宏娟.青藏北部板内火山岩的同位素地球化学与源区特征[J].地学前缘,1998,5(4):307-317.

[6] 邓万明,孙宏娟.青藏高原新生代火山活动与高原隆升关系[J].地质论评,1999,45(增刊):952-958.

[7] 赖绍聪,邓晋福,赵海玲.青藏高原北缘火山作用与构造演化[M].西安:陕西科学技术出版社,1996:1-120.

[8] 杨德明,李才,和钟华,等.西藏尼玛宋我日火山岩岩石化学特征与构造环境[J].地质论评,1999,45(增刊):972-977.

[9] TURNER S, ARNAUD N, LIU J. et al. Post-collision, shoshonitic volcanism on the Tibetan plateau: Implications for convective thinning of the lithosphere and the source of ocean island basalts[J].Journal of Petrology, 1996,37(1):45-71.

[10] MILLER C, SCHUSTER, KLOTZLI U, et al. Post-collisional potassic and ultrapotassic magmatism in SW Tibet geochemical and Sr-Nd-Pb-O isotopic constrains for mantle source characteristics and petrogenesis[J].Journal of Petrology, 1999,40(9):1399-1424.

[11] ARNAUD N O, VIDAL P, TAPPONNIER P, et al. The high K_2O volcanism of northwestern Tibet geochemistry and tectonic implication[J].Earth & Planetary Science Letters,1992,111:351-367.

[12] UGO P.Shoshonitic and ultrapotassic post collisional dykes from northern Karakorum(Sinkiang, China)[J]. Lithos, 1990, 26:305-316.

[13] 赖绍聪,伊海生,刘池阳,等.青藏高原北羌塘新生代高钾钙碱岩系火山岩角闪石类型及痕量元素地球化学[J].岩石学报,2002,18(1):17-24.

[14] 赖绍聪,伊海生,刘池阳,等.青藏高原北羌塘新生代火山岩黑云母地球化学及其岩石学意义[J].自然科学进展,2002,12(3):311-314.

[15] 王濮,潘兆橹,翁玲宝.系统矿物学.中册[M].北京:地质出版社,1984:266-373.

[16] 陈光远,孙岱生,殷辉安.成因矿物学与找矿矿物学[M].重庆:重庆出版社,1987:222-287.

[17] 刘英俊,曹励明,李兆麟,等.元素地球化学[M].北京:科学出版社,1984:50-372.

[18] 王中刚,于学元,赵振华,等.稀土元素地球化学[M].北京:科学出版社,1989:133-246.

秦岭-大别勉略结合带蛇绿岩及其大地构造意义[①②]

赖绍聪　张国伟

摘要:秦岭-大别勉略结合带是秦岭-大别造山带的组成部分和中国大陆最后拼合的主要具体结合带之一,该带是一个复杂的、包括不同成因岩块的蛇绿构造混杂带。带内蛇绿岩主要出露在南秦岭略阳-勉县-五里坝一带以及大别山南缘随县-京山一带。带内超基性岩类主要为方辉橄榄岩和纯橄榄岩,稀土特征为轻稀土亏损,Eu 富集型;辉绿岩均为轻稀土富集型。变质火山岩可区分为3 种类型:一为轻稀土亏损的洋脊拉斑玄武岩,Ti/V、Th/Ta、Th/Yb、Ta/Y 值表明其为 MORB 型玄武岩,代表本区消失了的洋壳岩石;第二类为初始洋壳型变质玄武岩,以黑沟峡和大别南缘周家湾岩片为代表;第三类为岛弧火山岩组合。这表明,勉略洋盆在晚古生代-早中生代曾经历过一个较完整的有限洋盆的发生、发展与消亡过程,这期间秦岭已成为一独立的岩石圈微板块。

勉略结合带是新近发现的一个蛇绿构造混杂带,它指秦岭造山带南缘,以勉县-略阳蛇绿构造混杂岩带为代表,东西延展,向西可连接昆仑,向东则为巴山-大别山南缘逆冲推覆掩盖,局部残留,原是秦岭造山带中除商丹板块主缝合带以外又一新的板块缝合带,现今亦是一个东西向横贯我国大陆中部的以逆冲推覆断裂构造为骨架的巨型复合构造带。蛇绿岩主体部分出露于略阳-勉县-巴山弧上下高川、五里坝一带,向东可延伸至大别山南缘随州花山地区,构成秦岭造山带第二条重要的、分隔秦岭与扬子板块的主缝合构造带[1]。无论勉略缝合带抑或勉略蛇绿岩的发现和厘定,均属近年来秦岭造山带构造研究中的重大进展。上述发现使得对秦岭造山带的认识由过去简单的华北与扬子两大板块沿商丹带碰撞的构造体制转变为华北、秦岭微板块和扬子等 3 个板块沿商丹带和勉略带碰撞的构造体制。我们最新的研究结果表明[2],勉略带出露的蛇绿岩向东可延伸至大别山南缘,而向西有可能延伸至东昆仑阿尼玛卿山一带(孙勇面告),从而使得其大地构造意义将更为重要。关于南秦岭勉县-略阳结合带蛇绿岩的讨论,是一个十分重要且目前又存在较大争议的地质问题,它关系到整个秦岭造山带主造山期基本构造格架与造

① 原载于《地质论评》,1999(增刊)。
② 国家自然科学基金秦岭重大项目(49290100)、重点项目(49234080)和陕西省教委专项科研基金及西北大学科研基金(97NW23)资助。

山演化过程。而且,勉略结合带作为秦岭组成部分和中国大陆最后拼接的主要具体结合带之一,其组成、结构与形成演化的研究,对于认识中国大陆最后拼合过程及其性质和特征,显然具有重要的科学意义。

1 略阳-勉县-五里坝区段蛇绿岩与火山岩

1.1 地质分布

勉略缝合带在略阳-勉县-五里坝地区出露较好,近东西向延伸近160 km。向西已追索至甘肃康县、文县一带,向东沿巴山弧形断裂已追索至西乡县五里坝。该区段包括西部略阳-勉县断裂带及其东延的巴山弧形逆冲推覆隐伏构造带,是一个具复杂组成与构造演化的蛇绿构造混杂带。勉县-略阳蛇绿构造混杂带原称三河口群,它南以略阳断裂与前寒武系碧口群相邻,北以状元碑断裂与志留系白水江群相邻。构造带内主要由强烈剪切的震旦系-寒武系和泥盆系-石炭系逆冲推覆岩片组成,形成自北向南的叠瓦逆冲推覆构造。其中,震旦系-寒武系主要为含砾泥质岩、泥质碎屑岩、火山碎屑岩、碳酸盐岩和镁质碳酸盐岩组成;泥盆系为深水浊积岩、泥质碳酸盐岩和泥质岩;石炭系为碳酸盐岩。该带缺失奥陶系、志留系岩层,与南、北两侧发育志留系形成鲜明对照。蛇绿混杂岩和变质火山岩亦以构造岩片形式卷入该构造带(图1)。

1.2 超镁铁质岩岩石学与地球化学

本区断续出露有超基性、基性岩体214个,超镁铁质岩主要为致密块状的蛇纹岩或强烈片理化的蛇纹片岩及少量滑镁岩和菱镁岩。蛇纹岩岩石大多呈黑绿-黄绿色,具网环结构、网格结构,蛇纹石含量可达90%以上,以胶蛇纹石、叶蛇纹石为主,含少量纤维蛇纹石。本区超镁铁质岩类为低铝-贫铝型,且以贫铝型为主,Al_2O_3 含量大多小于2%。A.H.扎瓦里斯基数值特征 $a = 0.27 \sim 0.96$,$m' = 81.8 \sim 88.08$,$f' = 8.98 \sim 15.05$,$S = 36.49 \sim 39.05$,具有方辉橄榄岩和纯橄榄岩的化学成分特点;m/f 值较高,大多在10左右,属镁质超基性岩的范畴。其 SiO_2-$FeO^*/(FeO^*+MgO)$ 和 Al_2O_3-CaO-MgO 组合特征与世界典型蛇绿岩带的超镁铁质岩类型及成分特点类似。

与原始地幔平均成分比较,本区超镁铁质岩 Ta 呈富集状态,且随着元素不相容性逐渐降低,La、Ce、Nd、Hf、Ti、Y 等不相容元素逐渐出现亏损状态。岩石稀土含量低,$(La/Yb)_N = 0.40 \sim 1.24$(平均0.70),$(Ce/Yb)_N = 0.48 \sim 1.23$(平均0.84),$\delta Eu = 2.72 \sim 3.61$(平均3.22),属轻稀土亏损及 Eu 富集型,与 Puerto Rico 深海沟蛇纹岩稀土特征类似[3]。

总之,本区超镁铁质岩属贫铝、贫碱的镁质超基性岩类。其原岩类型主要为方辉橄榄岩和纯橄榄岩类,并具有上地幔变质橄榄岩的化学成分特点,与世界典型蛇绿岩带的超镁铁质岩类型及成分特点类似。它们应为本区蛇绿岩的组成端元,属于古洋幔上部层位的一部分。

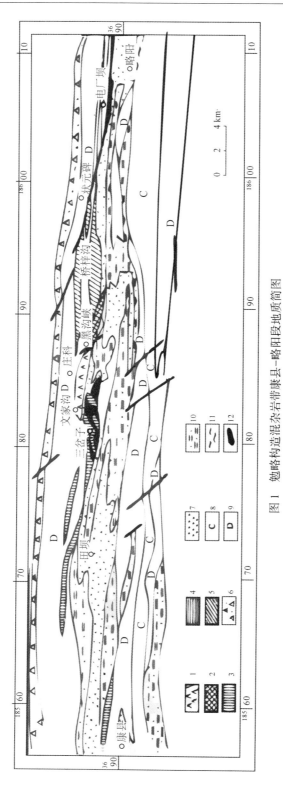

图 1　勉略构造混杂岩带岩带康县-略阳段地质简图

1.文家沟-庄科南火山岩岩块;2.黑沟峡火山岩岩块;3.三岔子岛弧火山混杂岩岩块;4.桥梓沟火山岩岩块;5.略阳北-横现河火山岩岩块;6.断裂构造混杂岩带;
7.顺层分布的碳质、碳硅质、碳泥质、泥硅质酸岩;8.石炭系略阳灰岩;9.泥盆系碳酸岩、泥质岩、碎屑岩;10.震旦-寒武系为主的含碎泥质岩、泥质碎屑岩、泥硅质碎屑岩、火山碎屑岩;11.大古代鱼洞子杂岩;12.超镁铁质岩岩块。

据陕西区域地质调查队秦岭构造组简化

1.3　辉长岩及堆晶辉长岩系

勉略蛇绿构造混杂带中新鲜、结构完好的辉长岩和堆晶辉长岩主要出露在勉县关帝坪一带。辉长岩为中-粗粒辉长结构、块状构造。主要造岩矿物有普通辉石、基性斜长石及少量的斜方辉石和微量石英。石英含量一般为 1%~2%，斜方辉石<5%，基性斜长石含量为 35%~45%，普通辉石含量为 45%~55%，主要副矿物有钛铁矿、磁铁矿、黄铁矿、锆石、磷灰石、金红石等。堆晶辉长岩主要见于勉县关帝坪辉长岩体中，具典型的火成堆积结构。堆积岩主要有 2 种类型：一是辉石中堆积岩，它由自形程度较高的普通辉石粗大晶体组成，辉石粒度一般在 0.3~1.5 cm 左右，最大可达 2~3 cm。岩石中仅含少量后堆积基性斜长石，其自形程度较差，呈填隙状分布在辉石晶粒之间的空隙之中。二是斜长石-辉石堆积岩或辉石-斜长石堆积岩，由基性斜长石相对集中的浅色条带与普通辉石相对集中的深色条带以垂直分带的形式重复交替出现，构成韵律层，层的厚度可自几毫米至十几厘米不等。

辉长岩类 SiO_2 含量变化于 41%~47%范围内，$\sum FeO/(\sum FeO+MgO)$ 为 0.6~0.7，属高铝强碱质辉长岩类。其扎氏数值特征较为稳定，$a=5.8~10.29$，$m'=41.57~52.47$，$f'=47.53~58.43$，$S=59\pm$，m/f 值低（0.71~1.10），属铁质基性岩类。

不相容元素特征表明，本区辉长岩类 Cs、Rb、U、K、Ta、Nb 等强烈不相容元素表现为总体上的富集特征，而岩石中 La、Sr、Hf、Ti 与原始地幔比较均呈中-弱富集状态，与本区超基性岩类（蛇纹岩）中该组元素的亏损状态恰成互补特征，表明辉长岩与超基性岩类在源区特征及成因方面的相关性。

本区辉长岩类 $(La/Yb)_N=4.46~11.73$，平均为 8.10；$(Ce/Yb)_N=3.80~8.54$，平均为 6.17；$La/Sm=2.45~3.48$，平均为 2.97；$\delta Eu=0.94~1.55$，平均为 1.25。稀土配分曲线具有右倾负斜率轻稀土富集型配分型式，Eu 的正异常不显著或具弱的正 Eu 异常。

1.4　辉绿岩墙群

带内辉绿岩及辉长-辉绿岩大多呈岩墙状产出，在三岔子、桥梓沟十分发育。受剪切变形影响，矿物已发生显著的定向排列，手标本观察浅色矿物（基性斜长石）呈米粒状，暗色矿物（普通辉石）呈不对称眼球状，镜下岩石具碎裂结构或粗糜棱结构。部分样品中见有长石旋转碎斑系，基性斜长石大多已蚀变为高岭土及绢云母，普通辉石明显绿泥石化。

与辉长岩类比较，本区辉绿岩墙群 SiO_2 含量明显偏高（50%~55%），碱质较富（K_2O+Na_2O 介于 5.18%~6.13%），而 Al_2O_3（14%~15.70%）、CaO（5.53%~7.89%）含量却明显低于辉长岩类，显示了一定递进岩浆演化序列的化学成分特点。相对于辉长岩类其化学成分的另一特点，是 MgO 含量略高且变化大（4.84%~8.29%），而 $\sum FeO$ 含量略低于辉长岩类。反映了其与下部辉长岩类在成因及岩浆演化方面的一定渊源关系。扎氏数值特征计算结果表明，本区辉绿岩墙 a（9.17~12.96）、S（61.57~64.75）、m'（<60.76~64.16）均略高于辉长岩类；其 m/f 值较低（0.79~1.79），与辉长岩类差异不大，仍具有铁

质基性岩类的化学成分特点。

本区辉绿岩强不相容元素富集度高、弱不相容元素富集度低,随着元素不相容性降低,富集度逐渐减弱,与本区辉长岩不相容元素总体趋势一致。如果说辉长岩在一定程度上承袭了源区的地球化学特征,那么辉绿岩则更多地反映了一种递进岩浆演化趋势,不相容元素符合岩浆演化过程中的普遍规律。

勉县-略阳地区由于构造混杂作用和蛇绿岩的肢解,难以观察到辉长岩与岩墙群之间的确切关系,但微量元素地球化学却显示了辉绿岩墙与本区辉长岩之间并无显著差异,而且在相当程度上具有递进演化的趋势,无法用不同岩浆源来加以解释,看来把辉绿岩墙群作为脉动式岩浆活动稍晚期的产物更为合理[4]。

本区辉绿岩(辉长辉绿岩)类$(La/Yb)_N = 3.09 \sim 6.51$,平均为 4.69;$(Ce/Yb)_N = 2.16 \sim 4.75$,平均为 3.21;$La/Sm = 3.32 \sim 4.15$,平均为 3.69;$\delta Eu$ 值$(0.76 \sim 1.06)$平均为 0.92。稀土配分曲线仍为右倾负斜率轻稀土富集型,但曲线较辉长岩平缓,负斜率略小,且无 Eu 的正异常,除一个样品略具负 Eu 异常外,其他样品 Eu 基本无异常。

从上述的分析结果可以看到,勉略带中堆晶辉长岩、辉长岩及辉绿岩墙群具有明显的亲缘关系和成因联系,显示了同源岩浆分异演化的趋势,它们与带内超镁铁质岩在微量元素和稀土元素特征上都显示了明显的承袭性和互补性。从而说明,辉长岩及辉绿岩群应为勉略蛇绿岩的组成部分,属于古勉略洋洋壳的中下部层位。

1.5 火山岩岩石学与地球化学

1.5.1 文家沟-庄科南洋脊型玄武岩地球化学特征

文家沟-庄科南变质玄武岩呈长约 5 km、宽约 $300 \sim 700$ m、WNW-ESE 向展布的构造岩片,向西延伸至三岔子岛弧火山岩的北侧文家沟,向东延伸至庄科村南侧。该岩片东端与黑沟峡双峰式变质火山岩块相邻,由剪切构造片理带分隔,分属 2 个不同的岩片和岩石构造组合类型(图 1)。文家沟-庄科南火山岩片北与泥盆系泥质岩、碎屑岩和泥质碳酸盐岩接触,界面为一向北倾的逆冲推覆构造带,南侧为顺层分布的碳质、碳泥质、碳硅质强剪切基质;该组玄武岩具有相对高 TiO_2 含量$(0.92\% \sim 1.86\%$,平均 $1.31\%)$的特点,与现代大洋洋脊拉斑玄武岩 TiO_2 含量及变化范围接近;岩石 $Fe_2O_3 + FeO$、MgO 含量高,具有特征的大洋拉斑演化趋势,即随着 MgO 含量降低,$Fe_2O_3 + FeO$ 含量迅速增加。该组玄武岩$(La/Yb)_N = 0.30 \sim 1.07$(平均 0.51),$(Ce/Yb)_N = 0.33 \sim 1.01$(平均 0.54),$\delta Eu = 0.84 \sim 1.13$,岩石基本无 Eu 异常。显示为轻稀土亏损型配分型式,具典型的 N 型 MORB 稀土元素地球化学特征。该组玄武岩 $Ti/V \approx 22$,$Th/Ta \approx 1$,$Th/Y = 0.04 \sim 0.17$,$Ta/Yb = 0.03 \sim 0.09$,与来自亏损的软流圈地幔的 MORB 型玄武岩十分类似。

1.5.2 三岔子岛弧火山岩地球化学特征

岛弧火山岩主要集中分布于三岔子、桥梓沟及略阳以北横现河一带,均为非碱性系列火山岩。玄武岩具有相对低 TiO_2 的特点(0.68%),Fe_2O_3、FeO 含量也低于文家沟-庄科南洋脊拉斑玄武岩。而安山岩类 SiO_2 含量均大于 57%,平均为 60.25%,属高硅安山岩;具低钾–中钾高硅岛弧安山岩类总体化学成分特点。

三岔子岛弧拉斑玄武岩$(La/Yb)_N = 6.59$，$(Ce/Yb)_N = 4.02$，$\delta Eu = 0.98$，岩石轻、重稀土已明显分异，无 Eu 异常。而安山岩类$(La/Yb)_N = 2.78 \sim 13.24$(平均 5.84)，$(Ce/Yb)_N = 1.82 \sim 6.66$(平均 3.52)，$\delta Eu = 0.85 \sim 1.02$(平均 0.93)，存在明显的稀土分异，轻稀土中度富集，Eu 异常不明显。三岔子岛弧火山岩 Th > Ta，Nb/La < 0.6，Th/Ta 大多在 3 ~ 15 范围内，Th/Yb = 0.68 ~ 2.74，Ta/Yb = 0.10 ~ 0.84，总体上显示为弧火山岩的地球化学特征。

1.5.3　桥梓沟火山岩地球化学特征

桥梓沟火山岩样品均属非碱性系列火山岩，其中玄武岩和玄武安山岩类 TiO_2 含量(0.89% ~ 1.04%，平均 0.89%)略高于三岔子岛弧拉斑玄武岩，但明显低于文家沟–庄科南洋脊玄武岩。而安山岩$(SiO_2 = 57.40\%)$仍属高硅安山岩的范畴。稀土元素分析结果表明，桥梓沟玄武岩类$(La/Yb)_N = L84 \sim 2.81$(平均 2.35)，$(Ce/Yb)_N = 1.31 \sim 2.56$(平均 1.94)，$\delta Eu = 1.26 \sim 1.15$(平均 1.21)，岩石轻、重稀土分异不明显，轻稀土略有富集，具弱正 Eu 异常。而玄武安山岩$(La/Yb)_N = 4.70$，$(Ce/Yb)_N = 2.41$，$\delta Eu = 0.99$，轻、重稀土已产生分异，轻稀土低度富集，基本无 Eu 异常；安山岩$(La/Yb)_N = 4.59$，$(Ce/Yb)_N = 3.38$，$\delta Eu = 0.88$，轻稀土仍为低–中度富集，Eu 具微弱的亏损现象。其 Nb/La < 0.63，Th/Ta = 2.74 ~ 4.25，Th/Yb = 0.92，Ta/Yb = 0.22 ~ 0.34，总体仍具典型岛弧火山岩的地球化学特征。

1.5.4　黑沟峡初始洋型双峰式火山岩

李曙光等[5]的研究结果表明，该火山岩系主要由玄武岩及少量英安岩、流纹岩组成，缺少中性岩石，表现出双峰式火山岩特征，说明它们形成于大陆裂谷环境。然而，该火山岩系与一般陆内裂谷双峰式火山岩不同，它们的钾含量很低，与低钾的洋中脊玄武岩或低钾岛弧拉斑玄武岩类似。其中，玄武质岩石均属拉斑系列，仅酸性岩属钙碱系列。与原始地幔标准值比较，该组玄武岩痕量元素具有如下特征：①Nb 与 La 含量大致相等，Nb 未显示出负异常，Ba 也未显示出正异常，这与岛弧火山岩不同；②具有高 Th、Pb 异常和低 Rb、K 异常，表明该玄武岩来自 MORB 型地幔源并较少受陆壳混染影响，而酸性岩则源于具有陆壳特征的源区；③除 Th 和 Pb 以外，其他痕量元素大致与 N 型 MORB 类似，而普遍低于 OIB，具有扁平的 REE 模型。综合上述特征，该玄武岩应属于 MORB 型而不是 OIB 和岛弧型，说明该裂谷已拉张成洋盆，洋壳已开始形成。然而，该玄武岩与典型 N 型 MORB 的不同之处是 Th 和 Pb 含量高，该特征又与一些大陆溢流玄武岩类似，这恰好反映了该玄武岩是由初始大陆裂谷向成熟洋盆转化阶段的产物。

1.5.5　鞍子山角闪岩相变质基性火山岩

新近研究表明[4]，在鞍子山一带除分布有均质辉长岩和堆晶辉长岩(出露于关帝坪)以及超基性岩块外，还在该区见有角闪岩相变质基性火山岩，它们主要环绕鞍子山超基性岩体分布或呈团块状出露在超基性岩体之中，这些斜长角闪岩多呈块状外貌，与变质的沉积岩系为断层接触，未见其和后者呈互层出现，根据其化学成分进行原岩恢复，显示它们为一套正变质的镁铁质岩石。岩石的 TiO_2 含量为 1.09% ~ 1.57%，与 MORB 岩石相当;MgO 含量为 4.34% ~ 8.18%,低于 MORB 的平均值,它们均为亚碱性拉斑系列火山岩。稀土配分可分为 2 种类型,即 LREE 亏损型和 REE 平坦型。亏损型岩石(La/Yb)$_N$ = 0.22~0.44,表现出 N-MORB 的典型特征。它们的痕量元素配分型式与现代 N-MORB 岩石十分相似。总的来看,鞍子山角闪岩相变质基性玄武岩与典型蛇绿岩的镁铁质岩石地球化学特征完全相同,应源于一个类似于亏损洋幔的源区,这表明它们应为勉略蛇绿岩的组成部分。

2 花山蛇绿构造混杂带

我们最新的初步研究表明[2],勉略带向东经巴山弧,过南阳盆地后在襄(樊)-广(济)断裂带的三里岗-三阳区段残存有花山蛇绿构造混杂岩,因中新生代襄广陆内逆冲推覆断裂及其后多次不同方向构造变形的叠加改造以至变形变位而呈透镜状残块出露于襄广断裂带南部,具有复杂的物质组成。剪切叠置有不同时期、不同性质的蛇绿岩、火山岩及沉积岩等构造岩块或岩片,共同构成襄广带内一明显的蛇绿构造混杂岩——花山蛇绿构造混杂岩块。该构造混杂带由湖北随州三里岗经周家湾至京山三阳,长约100 km,宽约 5 ~ 10 km,由多条断裂为骨架,包括众多不同属性构造岩块及变质玄武岩、辉长岩和少量超基性岩岩块,它正位于秦岭-大别微板块的东段南部边缘和扬子板块的北部边缘,它将秦岭-大别地层区和扬子地层区严格分开,断裂构造混杂带以北为秦岭-大别造山带中随县群变质火山岩和上覆的 Z-S 变质火山沉积岩系,而南侧则属于扬子克拉通地块大洪山群变质基底和典型扬子型 Z-T 未变质的地层。显然该断裂是秦岭-大别微板块与扬子板块的分界断裂(图2)。

2.1 花山(周家湾)初始洋型变质玄武岩

周家湾变质玄武岩主体为非碱性拉斑系列火山岩,岩石 SiO$_2$ 含量均低于53%,属基性岩 SiO$_2$ 含量范畴,SiO$_2$ 含量平均为 47.71%。Fe、Mg 含量高,且绝大多数样品中 FeO > Fe$_2$O$_3$。TiO$_2$ 含量高,大多在 1.5% ~ 2.1% 范围内变化,平均为 1.84%。就 TiO$_2$ 含量而言,本区火山岩与洋脊拉斑玄武岩十分类似(1.5%)[6],明显高于活动大陆边缘及岛弧区拉斑玄武岩的 TiO$_2$ 含量值(0.83%)[6]。

本区变质玄武岩稀土总量较低,一般为 100×10^{-6} ~ 120×10^{-6};轻、重稀土分异不明显,ΣLREE/ΣHREE 十分稳定,在 0.93 ~ 1.14 范围内变化,平均为 0.995;(La/Yb)$_N$ 介于 1.3~2.0,平均为 1.74;(Ce/Yb)$_N$ 大多介于 1.2~2.0,平均为 1.59;La/Sm 略大一些,介于 1.5 ~ 2.5,平均为 2.06。δEu 趋近 1 且十分稳定,变化很小,平均为 1.05,表明岩石基本无 Eu 异常,与 N 型 MORB 的稀土元素地球化学特征接近,但不同的是轻稀土不存在亏损现象。

与原始地幔平均值比较,本区变质玄武岩不相容元素具有以下特点:有弱的 Nb 负异常,Nb < La,表明其微弱的 Nb 的相对亏损;具有低 Th 含量的特点。有弱的 Ti 负异常,在所有样品中 Ti 都显示微弱的相对亏损状态。La、Ce、Nd、P、Hf、Zr、Sm、Tb、Y 等不活动痕

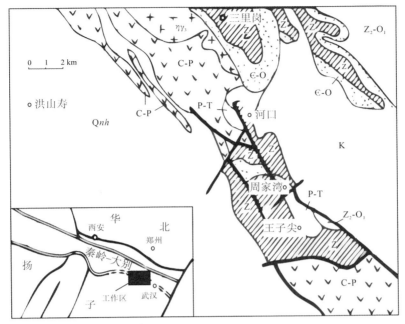

图 2 随州花山(周家湾)地区地质简图

Qnh:青白口系花山群;Z:震旦系;Z₂-O₁:下震旦统-下奥陶统;∈-O:寒武系-奥陶系
P-T:三叠系-二叠系;K:白垩系;C-P:火山岩;ηγ₃:二长花岗岩

量元素既无明显的相对亏损亦无显著的相对富集。

本区变质玄武岩 Th/Yb 值均小于 0.30,在 0.30~0.09 范围内变化,平均为 0.23;Ta/Yb值很小,一般不大于 0.16,平均为 0.13;Ta/Yb 值主要与地幔部分熔融及幔源性质有关,而与消减组分的加入关系不大;Th 是不相容元素,它不像 K、Ba、Rb、Sr 等大离子亲石元素那样容易受到变质作用和蚀变作用的影响,对于鉴别火山岩(玄武岩)的源区特征有其重要意义。本区变质玄武岩的 Th/Yb 和 Ta/Yb 值均处于 MORB 的范围内[7],表明本区变质玄武岩应来自亏损的地幔源区。

需要指出的是,该组玄武岩与典型的大洋盆地 N 型 MORB 略有不同,其 Nb < La、La/Ta值(25.3)表明 La 相对于 Ta 呈明显的富集状态,与原始地幔标准值比较存在弱的 Nb 负异常,其 Th 含量略低于典型 N 型 MORB,这种特殊的地球化学特征与雷克雅内斯洋脊玄武岩十分类似,反映了一种初始型有限洋盆的大地构造环境。因此,周家湾玄武岩应可视为小洋盆(初始洋)型蛇绿岩的组成端元,即为古洋壳/准洋壳的上部层位组成部分。

2.2 竹林湾基性火山岩

竹林湾基性火山岩由 3 个无根岩片组成,各岩片与下伏花山群粉砂岩或板岩均以平缓的逆冲断层相接触。主要由变质玄武岩(细碧岩)、枕状熔岩组成。发育杏仁构造和完整的枕状构造。主要元素地球化学表明,竹林湾基性熔岩属亚碱性系列,为拉斑质玄武岩。SiO_2 含量稳定且较高,平均为 50.36%,与 MORB 的 SiO_2 含量(50.19%~50.68%)相当,而低于岛弧拉斑玄武岩含量(51.90%);Al_2O_3 含量平均值为 13.88%,低于岛弧拉斑玄武岩平均值(16.00%),而与 MORB 的 Al_2O_3 含量(14.86%~15.60%)相近;TiO_2 含量变化于 1.41%~2.09% 范围内,平均值为 1.77%。

竹林湾基性火山岩以 LREE 轻微富集为特征,$(La/Yb)_N$ 平均值为 1.64;轻稀土分异不明显,$(La/Sm)_N$ 平均值为 1.12。$\sum REE$ 平均值为 103.15×10^{-6},是球粒陨石的 19 倍。

微量元素表现为 Ba、Th 的富集和以高场强元素 Ce、Zr、Hf、Sm、Y、Yb 不分异为特征。同时,高场强元素含量十分贴近 N-MORB 标准值,显示竹林湾基性火山岩具有与 MORB 相同的地球化学性质。

上述地球化学研究证明,竹林湾基性火山岩具有 MORB 性质,排除了岛弧、洋岛、板内拉斑玄武岩的可能性。与地幔微量元素平均值比较,其 Rb、Nd、Nb 有负异常,但其相对于 N-MORB 并不亏损,而且丰度值较高,因而可以排除存在消减组分影响的可能性,证明原岩并非岛弧拉斑玄武岩。这种地球化学特征,特别是 Nb 低谷是由陆壳混染造成的,暗示竹林湾基性火山岩形成于初始小洋盆构造环境。

3 勉略蛇绿岩形成时代及其大地构造意义

在勉县-略阳结合带中发育有泥盆系深水浊积岩系,表明当时洋盆已打开;在略阳三岔子、石家庄一带采集的、与蛇绿岩密切共生的硅质岩中发现了放射虫动物群[8],其地质时代为早石炭世。说明在古生代中期(D-C)沿勉略一带出现了古特提斯洋北侧新的分支。勉县-略阳结合带黑沟峡变质火山岩系的 Sm-Nd 等时线年龄为 242 ± 21 Ma,Rb-Sr 全岩等时线年龄为 221 ± 13 Ma,指示了火山岩的变质年龄[5],它表明勉略洋盆在三叠纪已闭合。黑沟峡位于庄科以东及桥梓沟以西,火山岩为一套双峰式组合,代表勉略洋盆发育早期由初始大陆裂谷向成熟洋盆转化阶段的产物。而庄科洋壳蛇绿岩和三岔子岛弧火山岩则应属于勉略洋发育成熟阶段和中后期的产物,表明勉略洋在古生代晚期-中生代早期已成为具有一定规模的有限洋盆。

三岔子及桥梓沟弧火山岩的确定,表明在晚古生代-早中生代勉略洋发育及演化期间,秦岭已成为一独立的岩石圈微板块,其南缘应具有活动大陆边缘的构造属性,勉略洋古洋壳自南向北的俯冲消减产生了一套与洋壳俯冲有关的弧火山岩组合。这说明,由于勉略洋的发育,秦岭自泥盆纪开始从扬子板块北缘分离出来而具有其独自的发展与演化,秦岭并非华北与扬子陆块之间的简单碰撞产物。

勉略构造带洋壳蛇绿岩和弧火山岩 2 种不同岩石-构造组合的确定,表明勉略洋盆在 $D-C-T_2$ 期间曾经经历过一个较完整的有限洋盆的发生、发展与消亡过程,它对于确立华北-秦岭陆块与扬子陆块的碰撞时代和秦岭造山带的形成与演化均有重要的大地构造意义。

勉略缝合带从勉略向西经文县、玛曲、花石峡连接昆仑,向东经巴山弧形带而直通大别南缘,成为纵贯大别-秦岭-昆仑的巨型断裂构造(混杂)带。大别南缘周家湾变质玄武岩-辉长岩岩片以及竹林湾枕状玄武岩片就处在这个巨型断裂构造(混杂)带内。由于受燕山期阳平关-巴山弧-襄阳-广济巨大向南的推覆构造的强烈逆冲掩盖,致使该缝合带在大别南缘一带失去原貌,蛇绿岩、火山岩及超镁铁质岩仅有零星出露,周家湾变质玄武岩-辉长岩构造岩片以及竹林湾枕状玄武岩片就是其中之一。周家湾变质玄武岩-辉长岩构造岩片的形成时代从其中夹有确凿化石依据的 P、T_{1-2} 岩块,其上又为白垩纪红层覆盖,可以初步判定其为印支期形成[①]。前面的研究证明,该火山岩系代表一种初始洋的大地构造环境。初始洋是当岩石圈上部伸展变薄已达到软流圈等势面的深度时,软流圈物质沿轴部贯入、溢出、新洋壳开始形成,大陆岩石圈板块彻底分裂并开始向两侧离散,于是形成了具有扩张脊的小型洋盆,它已显著区别于大陆裂谷的大地构造性质,其基底已不再是陆壳而是洋壳或准洋壳,成为类似于红海、亚丁湾或加利福尼亚湾的大地构造环境。这表明,古生代晚期-中生代早期,由于秦岭第二条缝合带(勉略缝合带)在本区的发育,而使秦岭-大别微板块与扬子板块完全分离,从而开始了其各自相对独立的地质演化过程,直至印支期南北板块的相继碰撞,形成秦岭-大别碰撞造山带。

4 结语

勉略蛇绿岩在西段略阳-勉县-五里坝区段以及大别南缘花山北侧周家湾一带出露较好,带内超镁铁质岩出露广泛,多已蚀变为蛇纹岩类,原岩主要为方辉橄榄岩和纯橄榄岩类,其稀土特征为轻稀土亏损,$(La/Yb)_N = 0.4 \sim 1.24$,$(Ce/Yb)_N = 0.48 \sim 1.23$,具 Eu正异常。辉长岩类变形强烈,具堆晶和辉长-辉绿结构,稀土特征为弱富集型;辉绿岩墙均为轻稀土富集型。玄武岩有 3 类:①轻稀土亏损的洋脊拉斑玄武岩,其$(La/Yb)_N = 0.30 \sim 1.07$(平均 0.51),$(Ce/Yb)_N = 0.33 \sim 1.01$(平均 0.54),$\delta Eu = 0.84 \sim 1.13$,岩石基本无 Eu 异常,$Ti/V \approx 22$,$Th/Ta \approx 1$,$Th/Y = 0.04 \sim 0.17$,$Ta/Yb = 0.03 \sim 0.09$,表明其为来自亏损的软流圈地幔的 MORB 型玄武岩,代表本区消失了的洋壳岩石,指示本区晚古生代-早中生代的一个古洋盆。②初始洋壳型变质玄武岩以黑沟峡和大别南缘周家湾岩片为代表。③轻稀土富集的岛弧拉斑玄武岩类,其$(La/Yb)_N = 1.84 \sim 4.70$,$(Ce/Yb)_N = 1.82 \sim 3.38$,且 $Th > Ta$,$Nb/La < 0.6$,Th/Ta 大多为 $3 \sim 15$,$Th/Yb = 0.68 \sim 2.74$,$Ta/Yb = 0.10 \sim 0.84$,总体上显示为岛弧火山岩的地球化学特征。总之,由构造、岩石组合和地球化学等综合特征表明,勉略结合带是一具有岛弧火山岩、洋壳蛇绿岩残块等复杂构成的蛇绿构造混杂带。

参考文献

[1] 张国伟,孟庆任,赖绍聪.秦岭造山带的结构构造.中国科学:B 辑,1995,25:994-1003.

[2] 赖绍聪,张国伟,董云鹏.秦岭-大别勉略缝合带湖北随州周家湾变质玄武岩地球化学及其大地构

① 张国伟.国家自然科学基金秦岭重大项目总结报告.西安,1996.

造意义.矿物岩石,1998,18(2):1-8.

[3] Henderson P.Rare Earth Element Geochemistry. Amsterdam：Elsevier Science Publishers，1984：103-106.

[4] 赖绍聪.秦岭造山带勉略缝合带超镁铁质岩的地球化学特征.西北地质,1997,77(3):36-45.

[5] 李曙光,孙卫东,张国伟,等.南秦岭勉略构造带黑沟峡变质火山岩的年代学和地球化学:古生代洋盆及其闭合时代的证据.中国科学:D辑,1996,26(3):223-230.

[6] Pearce J A.玄武岩判别图使用指南.国外地质,1984(4):1-13.

[7] Hergt J M，Peate D W,Hawkesworth C J.The petrogenesis of Mesozoic Gondwana low-Ti flood basalts. Earth Planet Sei Lett，1991,105：134-148.

[8] 殷鸿福,杜远生,许继峰,等.南秦岭勉略古缝合带中放射虫动物群的发现及其古海洋意义.地球科学,1996, 21:184.

陕西西乡群火山-沉积岩系形成构造环境：
火山岩地球化学约束[①②]

赖绍聪　李三忠　张国伟

摘要：详细的地球化学解析表明，西乡群火山岩系具有 Nb、Ta 亏损等弧岩浆系列特征，其中白勉峡组火山岩与一个部分亏损的地幔源区有关，形成于洋内岛弧（或初始岛弧）的大地构造环境。而局限于柳树店-孙家河-三郎铺一带分布的孙家河组、三郎铺组和大石沟组火山-沉积岩系可能为一外来构造移置体，形成于泥盆-石炭纪，与一个活动大陆边缘及加积增生岛弧型地壳裂陷形成的初始弧间盆地环境有关，并在区域上与勉略缝合带相关联，原应为该缝合带的一个组成部分。

1　引　言

陕西省西乡县柳树店-孙家河-三郎铺-白勉峡地区位于扬子地块边缘，习惯称其为汉南-米仓山隆起，或称汉南地块。新中国成立前将这里的地层岩石统称为汉南杂岩。20 世纪 60 年代进行 1:20 万区调，圈出了区内的各类侵入岩体，余下的变质火山-沉积岩系称西乡群（黄懿，1948；陕西省区域地层表编写组，1983）。1974—1980 年，西安地质学院西乡群专题科研组对汉南地区进行了 1:5 万地质调查和西乡群专题研究，进一步划分了地层，将白龙塘-白勉峡-曾溪以北的岩层定名为三花石群，其南为西乡群（图 1）；并根据变质程度和同位素年代将三花石群定为中元古代，西乡群划为晚元古代（陕西省地质矿产局，1989；陶洪祥等，1982，1993）。王宗起等的最新研究结果表明（王宗起等，1999），在西乡群孙家河组上、中、下各段火山岩所夹泥、硅质岩层中，均发现了放射虫化石，将其时代厘定为晚泥盆-早石炭世。这一重要发现对南秦岭地区传统地质认识提出了挑战。因而，重新分析和精确厘定西乡群火山-沉积岩系的形成大地构造环境，对于重新认识该套火山-沉积岩系的大地构造归属具有重要意义。本文依据西乡群孙家河组、三郎铺组、大石沟组和白勉峡组中火山岩的岩石地球化学特征，对该套火山-沉积岩系形成大地构造环境进行了重新划分和厘定。

---

①　原载于《岩石学报》，2003，19(1)。

②　国家自然科学基金重点项目(49732080)和教育部高等学校骨干教师资助计划及陕西省教委专项科研基金资助。

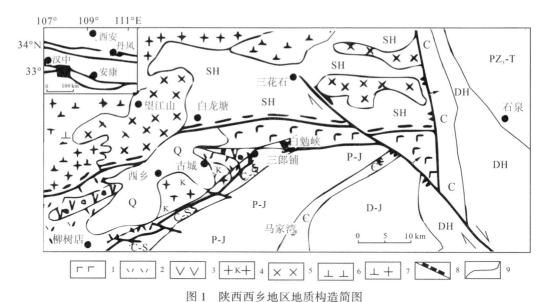

图 1　陕西西乡地区地质构造简图

1.白勉峡组火山岩；2.孙家河组火山–沉积岩；3.三郎铺组和大石沟组火山–沉积岩；4.钾长花岗岩；
5.辉长岩；6.闪长岩；7.中酸性侵入岩；8.韧性剪切带；9.野外取样剖面位置

2　区域地质概况

　　综合已有的划分命名方案(陶洪详等,1982;陕西省地质矿产局,1989),西乡群应包括白勉峡组的变质中基性火山岩夹细碎屑岩;孙家河组和大石沟组的中、酸性为主的火山岩和沉积岩夹层;以及三郎铺组的砂砾岩和火山岩。白勉峡组火山岩以基性熔岩为主,其主要岩石类型有玄武岩、玄武安山岩、安山岩、安山质凝灰岩等。火山碎屑岩与陆源碎屑岩互层,喷溢火山熔岩以夹层产出。孙家河组主要由基性–中基性–酸性火山岩和凝灰岩、沉凝灰岩、泥岩、硅质岩组成,其上被三郎铺组砂砾岩不整合覆盖,火山岩主要岩石类型为中酸性–中基性火山碎屑岩以及玄武质–安山质火山熔岩。火山熔岩类主要为灰绿色、褐紫色玄武岩,褐紫色安山岩以及少量杂色英安岩和流纹岩。为一套低绿片岩相浅变质火山岩系。三郎铺组为一套厚度巨大的紫红色砾岩、砂砾岩、砂岩和粉砂泥岩,夹较多基性–酸性火山熔岩及火山碎屑岩。三郎铺组由下到上大致构成 5 个大旋回层,每个旋回均以砾岩、砂砾岩、砂岩或凝灰质砂岩等陆源沉积开始,向上为玄武岩、流纹岩等喷发岩,形成火山喷发与沉积交互的旋回层。火山岩以基性熔岩和酸性熔岩为主导,未见中性火山岩类,显示了双峰式火山岩的岩石组合特征。大石沟组下部为灰紫色玄武岩、杏仁状玄武岩;中部为灰紫色玄武岩、杏仁状玄武岩夹紫红色杏仁状安山岩,含凝灰质细砂岩;上部为紫红色凝灰质砂砾岩、凝灰砂岩、紫红色安山岩夹紫色玄武岩。岩性较稳定,与三郎铺组陆相砂砾岩过渡、相变,受断裂破坏未见顶。为明显的陆上喷发,在竹林坡和大石沟可见到爆发角砾岩。具多个旋回层,每个旋回自下而上依次为凝灰质砂砾岩→安山岩→玄武岩。

3 样品与分析方法

我们在西乡县柳树店–孙家河–三郎铺–白勉峡地区,沿垂直火山岩走向采集一组系统样品,首先经镜下观察,去除有后期交代脉体贯入的样品,然后用牛皮纸包裹击碎成直径约 5 mm 的细小颗粒,从中细心挑选 200 g 左右的新鲜岩石小颗粒,HCl 浸泡 24 h,洗净烘干,最后在振动盒式碎样机(日本理学公司生产)内粉碎至 200 目。除 G05、G06 号样品外,其余样品主元素均采用湿法分析,痕量及稀土元素采用 ICP-MS(酸溶)法分析。全部测试工作(除 G05、G06 外)均由中国科学院地球化学研究所资环测试中心完成。考虑到我们对火山岩环境的判别主要依赖 Ta、Nb、Th、La、Yb、Zr、Y 等不活动痕量元素,而国内部分学者提出,在 ICP-MS 分析方法中,由于溶样稀释过程中,存在部分难溶矿物未完全溶解而造成分析结果中某些元素偏低(如 Zr、Hf、Nb、Ta 等)的可能性。为慎重起见,我们将该批次 ICP-MS 分析样品全部送中国科学院高能物理研究所采用中子活化法进行复测。结果表明,2 种方法获得的分析结果(如 Ta、Th、Yb、Zr 和 Hf 等)基本一致,符合规定的误差范围。其中,Ta 中子活化/Ta ICP-MS 平均为 1.131 7,Th 中子活化/Th ICP-MS 平均为 1.158 7,Yb 中子活化/Yb ICP-MS 平均为 1.042 2,Zr 中子活化/Zr ICP-MS 平均为 0.907 0,Hf 中子活化/Hf ICP-MS 平均为 0.815 6。这说明,本文所采用的地球化学元素分析结果具有较高的分析精度和很好的可信度。

4 火山岩地球化学特征及其形成环境

本区火山岩化学成分及微量元素、稀土元素分析结果列于表 1、表 2 和表 3 中。考虑到本区火山岩曾遭受过一定的蚀变作用并可能受到过微弱的变质作用影响,本文将通过对火山岩岩石–构造组合类型、岩浆系列、稀土及痕量元素地球化学特征的分析研究,来阐明火山岩形成环境及其大地构造意义。痕量元素尽可能采用相对不活动的高场强元素及其比值所提供的地球化学约束。SiO_2-Nb/Y 图解可以有效地区分变质/蚀变火山岩的系列(Winchester et al.,1977)。从图 2a 中可以看到,本区火山岩均属非碱性系列火山岩。SiO_2-Zr/TiO_2 图解被认为是划分蚀变、变质火山岩系列和岩石名称的有效图解(Winchester et al.,1977),从图 2b 中可以看到,本区火山岩主要岩石类型为亚碱性玄武岩、亚碱性安山岩和流纹岩类。

分析结果(表 1、表 2 和表 3)表明,白勉峡组火山岩总体具有高钛的特点,TiO_2 平均为 1.55%,与大洋拉斑玄武岩(1.5%)平均值接近(Pearce,1984),而高于活动陆缘和岛弧拉斑玄武岩(0.83%)(Pearce,1984)。该组中玄武岩类稀土总量较低,变化不大,平均为 135.78×10^{-6}。LREE/HREE 值平均为 1.27,岩石(La/Yb)$_N$ 介于 1.31~4.15,平均为 2.71;(Ce/Yb)$_N$ 介于 1.43~3.82,平均为 2.53;δEu 值平均为 0.97。说明玄武岩轻重稀土分异不强,基本无 Eu 异常(图 3a)。该组玄武岩 Nb<La、Nb/La 值均小于 0.64,平均为 0.48;Th/Ta 值介于 3~6,平均为 4.43;Th/Yb 值介于 0.26~0.98,平均为 0.54。值得注意的是,白勉峡玄武岩 Ta/Yb 值很低且稳定,平均为 0.12,均小于 0.20,这与活动陆缘环

境(大陆边缘弧)钙碱性玄武岩(其 Ta/Yb 值一般均 > 0,20)明显不同(Pearce,1984),而与洋内岛弧拉斑玄武岩的特征十分相似。白勉峡安山岩类地球化学特征与玄武岩接近,仅轻稀土富集度略高(图 3b)。岩石微量元素 N 型 MORB 标准化配分型式被认为是判别火山岩形成环境的有效途径(Pearce,1983,1984)。

表1　白勉峡组火山岩的主元素(%)和微量元素(×10^{-6})分析结果

岩性	玄武岩							安山岩		
编号	B02	B04	B07	B08	B09	B12	B13	B03	B10	B11
SiO_2	47.26	48.61	52.51	51.52	50.21	52.63	52.41	54.96	56.21	54.12
TiO_2	2.14	1.58	0.63	1.09	2.09	1.54	1.79	0.61	2.11	1.88
Al_2O_3	14.82	16.31	13.77	15.13	14.15	16.27	15.67	12.21	12.01	15.14
Fe_2O_3	10.87	10.49	6.52	8.95	6.32	3.92	3.95	2.54	4.46	3.80
FeO	4.66	3.60	3.22	3.46	7.97	6.67	7.68	5.52	7.92	6.14
MnO	0.30	0.22	0.15	0.20	0.26	0.17	0.26	0.16	0.21	0.21
MgO	6.54	5.81	7.76	4.37	4.45	4.66	4.92	9.98	3.72	4.50
CaO	5.14	5.31	9.57	9.77	7.74	5.10	4.73	5.63	7.32	5.90
Na_2O	3.87	4.78	1.67	2.48	4.00	4.45	3.77	1.87	2.22	3.70
K_2O	0.85	0.36	0.09	0.38	0.21	0.77	1.13	0.08	0.13	1.37
P_2O_5	0.27	0.22	0.12	0.15	0.20	0.16	0.19	0.17	0.21	0.20
H_2O^+	2.36	2.42	3.25	2.08	2.28	2.84	2.99	4.95	2.88	2.28
H_2O^-	0.52	0.75	0.36	0.46	0.58	0.33	0.23	1.00	0.30	0.34
总量	99.60	100.46	99.62	99.77	100.46	99.51	99.72	99.68	99.70	99.58
Sc	43.4	42.7	41.0	40.3	40.9	28.1	28.1	29.5	32.9	27.1
V	406.2	362.5	266.6	330.9	382.3	229.1	243.7	200.0	349.0	247.2
Cr	125.0	173.5	330.0	185.6	116.3	118.1	166.7	678.7	75.7	117.8
Co	44.8	42.9	40.2	47.6	40.5	40.4	40.6	44.1	30.3	36.2
Ni	34.0	33.8	60.8	69.0	42.1	50.8	61.4	224.6	25.9	45.7
Cu	76.7	91.5	62.4	21.3	111.5	73.4	47.6	69.8	128.9	68.5
Zn	145.1	118.5	73.2	91.4	123.6	144.3	133.6	233.0	116.8	103.5
Ga	21.1	21.8	13.3	23.5	23.1	21.0	21.8	14.4	22.5	20.5
Rb	21.4	8.6	1.5	12.4	3.3	18.8	30.3	1.9	1.5	29.7
Sr	202.2	334.3	581.8	336.0	385.0	321.8	312.8	153.8	322.6	427.0
Y	51.1	43.2	13.1	37.9	51.9	32.5	35.5	16.6	66.0	33.7
Zr	202.0	173.0	37.6	131.0	227.0	170.0	197.0	99.4	308.0	108.0
Nb	5.3	4.8	1.9	6.3	8.3	6.3	7.4	7.9	12.1	7.0
Sn	1.68	1.56	0.60	2.19	2.09	1.55	1.83	0.92	3.15	1.59
Cs	0.85	0.40	0.07	0.33	0.12	0.54	0.72	0.14	0.26	0.53
Ba	291.8	217.9	58.0	127.4	160.7	354.6	589.9	94.3	91.8	565.5
Hf	6.26	5.58	1.33	4.14	6.65	5.20	6.03	3.06	9.97	4.01
Ta	0.35	0.31	0.13	0.49	0.60	0.42	0.53	0.36	0.99	0.52
W	0.18	0.33	0.23	0.38	0.39	0.50	0.85	0.50	0.78	0.55

续表

岩性	玄武岩							安山岩		
编号	B02	B04	B07	B08	B09	B12	B13	B03	B10	B11
Th	1.40	1.06	0.52	1.56	2.77	2.78	2.74	2.35	5.40	2.48
U	0.32	0.25	0.15	0.37	0.75	0.65	0.58	0.55	2.83	0.73
La	9.4	7.5	6.1	10.8	16.6	16.5	18.7	12.1	26.6	20.2
Ce	27.6	21.2	13.2	26.5	36.7	39.2	45.7	25.7	59.8	45.5
Pr	4.62	3.93	2.0	4.01	5.75	5.84	6.51	3.02	8.03	6.31
Nd	21.9	18.8	8.0	18.0	25.1	22.8	25.2	11.3	33.4	26.1
Sm	6.51	5.60	1.91	5.07	6.70	5.30	6.02	2.69	8.71	6.16
Eu	2.18	2.04	0.75	1.77	2.08	1.83	2.01	0.81	2.46	2.12
Gd	8.05	7.33	2.22	6.15	8.22	5.72	6.58	2.84	10.46	6.46
Tb	1.30	1.09	0.37	0.99	1.37	0.90	1.03	0.41	1.72	1.01
Dy	8.58	7.34	2.24	6.44	8.89	5.61	6.23	2.71	11.36	5.96
Ho	1.76	1.50	0.44	1.30	1.81	1.08	1.20	0.56	2.29	1.18
Er	5.65	4.64	1.43	4.06	5.88	3.46	3.75	1.75	7.34	3.60
Tm	0.76	0.68	0.21	0.58	0.83	0.46	0.51	0.26	1.05	0.49
Yb	4.87	4.09	1.22	3.49	5.04	2.85	3.38	1.60	6.59	3.02
Lu	0.67	0.60	0.17	0.51	0.70	0.38	0.46	0.23	0.92	0.45

$SiO_2 \sim H_2O^-$ 由中国科学院地球化学研究所采用湿法分析(1999);Sc~Lu 由中国科学院地球化学研究所采用 ICP-MS 分析(1999)。

表2 孙家河火山岩的主元素(%)和微量元素($\times 10^{-6}$)分析结果

岩性	安山岩				玄武岩					
编号	SJ01	SJ02	SJ07	SJ15	SJ03	SJ04	SJ09	SJ10	SJ11	SJ12
SiO_2	53.16	55.23	56.27	59.88	49.52	52.14	52.12	51.21	51.49	50.74
TiO_2	1.09	1.02	0.98	0.85	1.24	1.11	1.23	1.27	1.26	1.53
Al_2O_3	18.11	17.42	16.89	15.54	18.48	16.55	17.55	16.84	17.03	17.24
Fe_2O_3	5.32	4.72	2.44	2.44	4.53	3.26	4.25	4.57	4.53	4.40
FeO	4.27	2.83	5.81	4.32	4.70	4.94	5.23	5.86	5.52	6.10
MnO	0.18	0.15	0.16	0.16	0.25	0.15	0.18	0.19	0.20	0.22
MgO	4.22	2.42	2.80	2.30	3.93	6.19	4.56	5.62	4.80	4.93
CaO	4.78	7.65	4.11	3.56	7.33	7.59	4.96	4.79	5.42	6.87
Na_2O	5.45	4.95	4.60	4.74	3.92	2.28	3.91	3.69	3.44	4.10
K_2O	0.28	0.25	2.39	2.75	1.76	1.59	2.01	1.50	1.57	0.52
P_2O_5	0.14	0.23	0.14	0,21	0.17	0.16	0.19	0.16	0.19	0,20
H_2O^+	2.13	2.69	2.66	2.52	3.26	3.22	3.35	3.94	3.70	3.04
H_2O^-	0.48	0.68	0.35	0.51	0.61	0.51	0.71	0.53	0.53	0.46
总量	99.61	100.24	99.60	99.78	99.70	99.69	100.25	100.17	99.68	100.35
Sc	21.5	19.2	21.1	14.4	23.6	21.8	26.7	26.3	26.3	28.4
V	206.7	185.3	193.7	120.8	231.3	202.4	220.9	229.4	229.3	246.6
Cr	54.2	39.2	54.3	74.2	47.5	143.5	72.6	76.5	64.0	93.7

续表

岩性	安山岩				玄武岩					
编号	SJ01	SJ02	SJ07	SJ15	SJ03	SJ04	SJ09	SJ10	SJ11	SJ12
Co	29.7	21.0	27.1	18.1	30.0	38.0	33.8	36.3	33.7	36.4
Ni	23.6	17.0	26.9	15.1	23.1	105.8	31.6	33.7	29.1	32.2
Cu	46.0	56.0	74.4	56.8	48.5	48.7	59.7	56.3	52.6	157.9
Zn	87.5	67.6	98.5	135.4	93.4	87.1	88.8	101.8	146.0	320.7
Ga	19.9	21.7	21.4	19.1	22.8	18.7	20.5	20.4	19.3	20.3
Rb	7.9	3.3	45.0	50.4	48.5	36.1	60.1	52.8	47.1	20.0
Sr	567.3	814.4	479.1	345.3	476.4	565.9	419.2	445.7	506.5	363.3
Y	25.0	23.3	20.6	23.7	29.5	19.7	26.1	27.4	24.9	28.1
Zr	143	142	138	157	177	118	129	150	126	133
Nb	5.0	4.6	5.0	5.5	6.0	4.8	4.9	5.8	4.8	5.1
Sn	1.09	1.09	1.45	1.61	1.65	1.40	1.15	1.65	1.17	1.11
Cs	0.39	0.10	0.81	1.51	1.94	1.20	3.90	1.99	2.00	1.13
Ba	156.8	176.8	855.2	930.2	544.7	465.0	594.3	509.1	707.5	192.0
Hf	4.35	4.11	4.49	5.08	5.01	3.56	4.07	4.56	3.99	4.15
Ta	0.32	0.28	0.34	0.37	0.38	0.32	0.32	0.41	0.33	0.35
W	0.36	0.43	0.77	0.62	0.61	0.34	0.43	1.32	0.46	0.72
Th	2.97	2.32	3.88	3.86	3.56	1.78	2.99	3.44	3.31	3.49
U	0.81	0.64	0.80	0.72	0.95	0.40	0.76	0.97	0.84	0.89
La	20.5	16.8	19.7	21.4	25.8	16.2	21.8	24.8	22.5	26.6
Ce	44.8	38.7	40.0	44.6	53.3	33.8	46.9	52.9	49.2	52.2
Pr	5.93	5.21	5.74	6.03	7.54	4.18	6.38	6.87	6.45	6.76
Nd	22.1	20.3	22.3	24.0	29.1	16.8	25.1	28.2	25.6	28.1
Sm	5.10	4.48	4.86	5.24	6.16	3.60	5.63	5.87	5.79	5.99
Eu	1.56	1.51	1.57	1.58	2.02	1.25	1.80	1.90	1.79	1.84
Gd	4.78	4.48	4.53	4.82	6.00	3.65	5.22	5.71	5.36	5.71
Tb	0.69	0.67	0.64	0.68	0.86	0.54	0.73	0.79	0.76	0.78
Dy	4.18	3.99	3.85	3.92	5.03	3.33	4.60	4.68	4.38	4.67
Ho	0.80	0.78	0.71	0.79	0.95	0.68	0.86	0.88	0.88	0.93
Er	2.48	2.47	2.27	2.50	2.95	2.19	2.71	2.81	2.64	2.80
Tm	0.36	0.34	0.31	0.35	0.40	0.31	0.36	0.40	0.39	0.43
Yb	2.25	2.14	1.92	2.41	2.59	1.73	2.22	2.47	2.22	2.43
Lu	0.31	0.32	0.28	0.30	0.38	0.23	0.33	0.37	0.32	0.36

$SiO_2 \sim H_2O^-$ 由中国科学院地球化学研究所采用湿法分析(1999);Sc~Lu 由中国科学院地球化学研究所采用 ICP-MS 分析(1999)。

表3 三郎铺组和大石沟组火山岩的主元素(%)和微量元素($\times 10^{-6}$)分析结果

岩性	流纹岩				玄武岩				安山岩			
编号	S01	S02	S03	S04	G05	G06	T05	T06	T03	T11	T13	T14
SiO_2	78.58	79.85	76.11	79.45	48.85	50.00	47.38	48.56	55.65	58.05	53.06	59.11

续表

岩性	流纹岩				玄武岩				安山岩			
编号	S01	S02	S03	S04	G05	G06	T05	T06	T03	T11	T13	T14
TiO_2	0.29	0.36	0.55	0.28	1.05	1.06	2.71	2.71	1.06	0.90	0.93	0.95
Al_2O_3	8.69	7.80	9.60	6.96	16.67	16.63	13.06	12.76	16.24	15.38	15.24	15.41
Fe_2O_3	1.47	1.58	2.43	1.41	7.55	7.86	9.42	10.70	4.22	6.19	5.83	6.32
FeO	0.62	0.58	0.72	0.62	2.51	2.62	5.86	5.14	4.90	1.15	1.25	1.34
MnO	0.08	0.06	0.07	0.09	0.16	0.18	0.22	0.22	0.14	0.12	0.16	0.10
MgO	0.22	0.17	0.34	0.07	7.81	7.78	4.87	4.94	3.85	3.95	3.03	4.26
CaO	0.23	0.19	0.48	0.30	9.53	9.54	7.27	5.11	3.84	6.89	15.87	1.87
Na_2O	3.16	4.30	3.10	4.19	2.73	2.41	4.04	4.10	3.66	2.99	0.26	5.16
K_2O	4.31	2.69	4.96	4.66	0.27	0.21	0.38	0.19	2.06	0.89	0.29	1.75
P_2O_5	0.15	0.17	0.13	0.17	0.24	0.25	0.18	0.18	0.21	0.23	0.19	0.12
H_2O^+	1.15	1.26	0.67	0.97			3.22	3.38	3.35	2.66	3.76	2.21
H_2O^-	0.58	0.56	0.46	0.37	2.73*	1.91*	0.95	1.54	0.56	0.87	0.58	1.57
总量	99.53	99.57	99.62	99.54	100.10	100.45	99.56	99.53	99.74	100.27	100.45	100.17
Sc	2.5	2.0	3.3	1.4	27.2	27.5	38.9	42.5	19.7	21.7	17.9	22.2
V	11.2	32.3	26.4	11.8	153.0	148.0	459.1	497.1	203.4	159.8	229.8	167.8
Cr	26.1	34.3	35.4	41.9	359.0	360.0	80.5	73.2	256.9	126,0	95.8	134.2
Co	2.4	2.3	3.1	1.8	85.0	84.0	43.1	44.4	39.0	25.4	20.6	27.3
Ni	7.3	7.7	9.0	10.1	125.0	112.0	43.7	38.9	113.5	48.9	37.6	55.4
Cu	11.0	10.4	16.5	13.9	57.0	78.0	54.1	58,9	41.4	22,4	25.8	30.8
Zn	33.8	26.6	41.2	20.7	55.6	53.2	121.4	128.5	91.3	82.8	81.9	77.5
Ga	17.0	14.9	18.8	16.2	15.0	17.0	21.9	21.9	24.1	21.7	34.4	17.2
Rb	116.8	58.3	110.4	104.7	16.2	9.43	8.3	4.1	53.7	39.4	3.7	61.0
Sr	66.2	84.1	86.1	34.2	471.0	458.0	350.7	253.9	240.4	683.0	107.2	292.9
Y	19.5	12.4	16.4	10.1	23.0	21.0	47.4	49.9	20.0	22.5	27.8	22.5
Zr	249.0	301.0	413.0	224.0	55.3	58.5	214.0	213.0	145.0	132.0	176.0	137.0
Nb	9.3	8.8	11.3	9.9	1.0	2.0	7.3	6.8	8.9	4.1	5.9	4.3
Sn	3.10	2.57	2.70	2.53			1.97	1.79	1.18	1.45	1.59	1.81
Cs	3.47	2.03	3.82	3.26	0.899	1.44	0.45	0.25	3.12	1.36	0.09	2.29
Ba	589.8	763.9	730.3	689.2	171.0	223.0	229.2	165.8	596.3	127.0	87.5	635.8
Hf	8.16	8.86	12.1	7.1	1.67	1.47	6.56	6.42	4.28	4.13	5.42	4.19
Ta	0.88	0.77	0.88	0.91	0.143	0.508	0.51	0.49	0.65	0.33	0.44	0.33
W	2.03	2.20	3.61	2.25	21.8	25.4	0.50	0.53	1.03	0.59	0.47	0.57
Th	9.72	8.56	8.92	5.25	0.425	0.354	1.92	1.85	4.26	3.84	4.52	3.95
U	1.03	1.73	2.05	0.95	1.12	1.08	0.58	0.58	1.00	0.88	1.17	0.84
La	23.2	19.5	25.0	16.6	7.17	7.71	15.5	16.1	20.9	16.3	19.1	16.0
Ce	47.3	38.0	50.8	30.3	16.0	17.4	36.3	37.5	37.7	34.8	40.8	34.2
Pr	5.15	4.34	5.61	3.59			5.74	5.65	5.02	4.50	5.39	4.52
Nd	17.1	14.5	18.3	11.6	10.2	11.1	23.9	25.0	18.5	16.8	19.2	15.9
Sm	2.99	2.46	3.46	1.91	2.94	3.21	6.52	6.54	3.89	3.70	4.13	3.84

续表

岩性 编号	流纹岩				玄武岩				安山岩			
	S01	S02	S03	S04	G05	G06	T05	T06	T03	T11	T13	T14
Eu	0.56	0.53	0.78	0.37	1.15	1.26	2.32	2.34	1.24	1.11	1.17	1.17
Gd	3.10	2.08	2.95	1.60	3.37	3.89	7.66	8.18	3.96	4.12	4.73	3.97
Tb	0.47	0.32	0.44	0.24	0.56	0.703	1.24	1.26	0.58	0.60	0.73	0.61
Dy	3.21	1.92	2.52	1.60			8.02	8.23	3.49	3.73	4.38	3.78
Ho	0.61	0.40	0.53	0.33			1.55	1.66	0.66	0.75	0.94	0.76
Er	2.09	1.33	1.82	1.12			5.24	5.20	2.05	2.36	2.94	2.45
Tm	0.32	0.21	0.27	0.17			0.72	0.74	0.29	0.33	0.41	0.34
Yb	2.15	1.38	1.93	1.11	1.60	1.69	4.35	4.54	1.72	2.05	2.55	2.15
Lu	0.29	0.20	0.29	0.17	0.244	0.258	0.58	0.64	0.25	0.29	0.35	0.29

G05 和 G06 样品: $SiO_2 \sim P_2O_5$、V、Cu、Ga、Y、Nb 由西北大学大陆动力学重点实验室采用 XRF 法分析, * 为烧失量; 其他元素由中国科学院高能物理研究所采用中子活化法分析。其余样品 $SiO_2 \sim H_2O^-$ 由中国科学院地球化学研究所采用湿法分析(1999); $Sc \sim Lu$ 由中国科学院地球化学研究所采用 ICP-MS 分析(1999)。S01 ~ S04, G05 ~ G06 为三郎铺组; T03 ~ T14 为大石沟组。

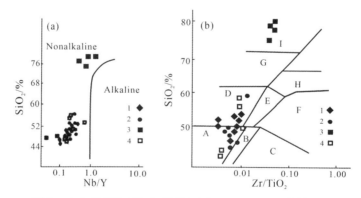

图 2　火山岩 SiO_2-Nb/Y 图解(a)和 SiO_2-Zr/TiO_2 图解(b)

Alkaline: 碱性系列; Nonalkaline: 非碱性系列; A: 亚碱性玄武岩类; B: 碱性玄武岩类; C: 粗面玄武岩、碧玄岩
霞石岩; D: 安山岩类; E: 粗面安山岩类; F: 响岩类; G: 英安流纹岩、英安岩; H: 粗面岩类; I: 流纹岩类。
1.白勉峡组火山岩; 2.孙家河组火山岩; 3.三郎铺组火山岩; 4.大石沟组火山岩。

据 Winchester et al.(1977)

　　从图 4a、b 中可以看到,白勉峡火山岩总体显示为高 Ba、Nb 和 Ta 亏损的配分型式。这种配分型式与大陆板内火山岩的"驼峰式"配分型式明显不同,而更类似于弧岩浆系列的地球化学特征。显然,如果我们的微量元素分析资料是可靠的,那么将白勉峡组火山岩认定为板内环境产物是不能令人信服的(张国伟等,1988; 夏林圻等,1996)。我们更倾向于认为,该组火山岩形成于与俯冲作用有关的大地构造环境(Pearce,1984; Wilson,1989)。

　　孙家河组玄武岩类稀土总量平均为 153.07×10^{-6},略高于白勉峡玄武岩,其轻、重稀土分异(LREE/HREE 值平均 2.56)和轻稀土富集程度[岩石(La/Yb)$_N$ 平均 7.21,

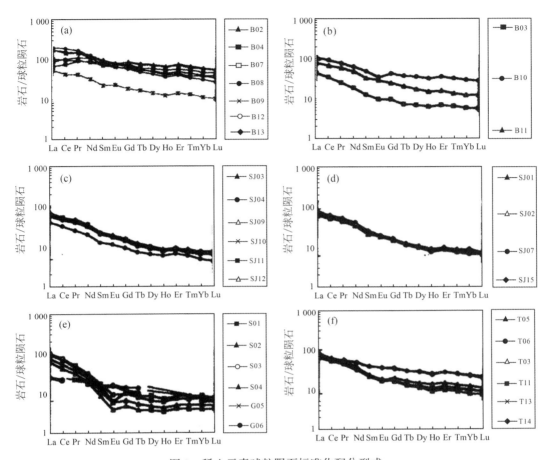

图 3 稀土元素球粒陨石标准化配分型式

(a)白勉峡玄武岩;(b)白勉峡安山岩;(c)孙家河玄武岩;(d)孙家河安山岩;(e)三郎铺流纹岩和玄武岩;
(f)大石沟火山岩。球粒陨石标准值据 Sun and McDonough(1989);图中编号对应表 1、表 2 和表 3 中的样品编号

$(Ce/Yb)_N$ 平均 5.85]也都明显高于白勉峡玄武岩(图 3c、d)。岩石 $Th/Ta(8\sim10,$ 平均 8.78)、$Nb/La(<0.30)$、$Th/Yb(1.03\sim1.49,$ 平均 1.35)、$Ta/Yb(0.14\sim0.18,$ 平均 0.16)值总体上显示为岛弧火山岩的地球化学特征。从图 4c、d 中可以看到,孙家河组玄武岩和安山岩类均呈特征的"三隆起"形态,以 K、Rb、Ba 和 Th 的较强富集并伴有 Ce 和 Sm 的弱富集为特色。这与大陆边缘弧钙碱性玄武岩的微量元素配分型式完全一致(Pearce, 1983;Wilson,1989)。

　　大石沟组玄武岩 LREE/HREE 值平均为 1.17,$(La/Yb)_N(2.55)$、$(Ce/Yb)_N(2.30)$ 和 $\delta Eu(0.99)$ 值与孙家河组玄武岩基本一致。而安山岩类稀土总量平均为 120.32×10^{-6},LREE/HREE(平均 2.20)和 δEu(平均 0.89)值表明其轻、重稀土分异略有增强,δEu 值略有降低但不明显。大石沟组玄武岩 $Nb/La(0.42\sim0.47)$、$Th/Ta(3.76\sim3.78)$、$Th/Yb(0.41\sim0.44)$ 和 $Ta/Yb(0.11\sim0.12)$ 值同样表明其典型的岛弧岩浆成因的地球化学特点,这与岩石 N 型 MORB 标准化配分图解显示的特征是一致的(图 4f)。

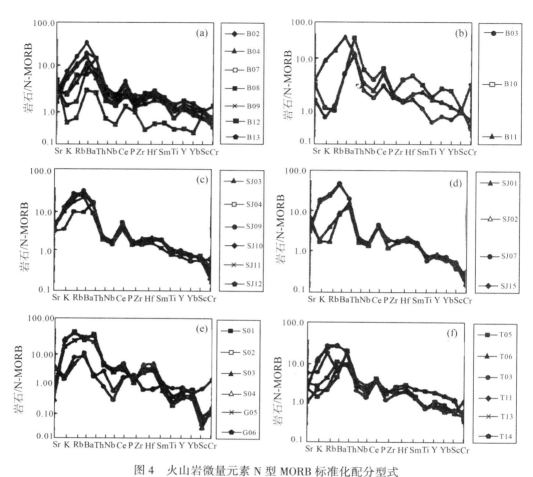

图 4　火山岩微量元素 N 型 MORB 标准化配分型式

（a）白勉峡玄武岩；（b）白勉峡安山岩；（c）孙家河玄武岩；（d）孙家河安山岩；（e）三郎铺流纹岩和玄武岩；

（f）大石沟火山岩。N-MORB 标准值据 Pearce（1984）；图中编号对应表 1、表 2 和表 3 中的样品编号

我们获得的三郎铺组 2 个玄武岩样品的（La/Yb）$_N$ 为 3.21～3.27,（Ce/Yb）$_N$ 为 2.78～2.86,δEu 值为 1.08～1.11。表明岩石属轻稀土轻微富集型,Eu 亦有微弱的富集现象。该组玄武岩 Nb/La 值为 0.14～0.26,平均 0.20;Th/Ta 值为 0.70～2.97,平均为 1.84;Th/Yb 值为 0.21～0.27,平均为 0.24;Ta/Yb 值为 0.09～0.30,平均为 0.20。在稀土元素球粒陨石标准化配分型式图（图 3e）上可以看到,三郎铺玄武岩稀土曲线为平坦型,与白勉峡尤其是孙家河和大石沟组玄武岩配分曲线有较大差异,其轻稀土（如 La ＝ $7.17×10^{-6}$～$7.71×10^{-6}$,Ce ＝ $16.0×10^{-6}$～$17.4×10^{-6}$）丰度值也显著低于孙家河和大石沟组玄武岩类,从而表明三郎铺组玄武岩的源区类型和形成机制应与孙家河、大石沟组玄武岩类有差异。而三郎铺组流纹岩稀土总量平均值仅为 $109.88×10^{-6}$,岩石（La/Yb）$_N$ 介于 7.74～10.73,平均为 9.48;（Ce/Yb）$_N$ 介于 6.11～7.65,平均为 7.16;δEu 值平均为 0.66。这表明,三郎铺组流纹岩与本区白勉峡、孙家河和大石沟组玄武岩并非同源岩浆分异演化的产物。因为,如果流纹岩和玄武岩为共源岩浆系列,则流纹岩的稀土总量应

明显高于玄武岩类,且其 Eu 亏损亦应十分显著(Marlina et al.,1999;Coish et al.,1982)。另外,从图 3e 中可以看到,自三郎铺玄武岩→流纹岩,轻稀土富集度增高,Eu 由微弱富集转变为弱–中等亏损。说明三郎铺组玄武岩和流纹岩类应为具有成因联系的一套双峰式岩石组合。据此可以看出,三郎铺玄武岩和流纹岩尽管在空间上与孙家河、大石沟及白勉峡组火山岩密切相伴,但它们的岩浆源区有明显差异,并非同源岩浆分异演化的产物。值得注意的是,在岩石 N 型 MORB 标准化配分图解(图 4e)中,三郎铺组玄武岩除 Rb、Ba 和 Ce、P 相对富集外,还显示 Nb、Ta 尤其是 Nb 的相对亏损。而三郎铺组流纹岩类则更明显地显示 K、Rb、Ba、Th 和 Ce 的较强富集,以及 Nb、Ta 的相对亏损。从而表明,三郎铺组火山岩有其自身的独特性,其玄武岩和流纹岩类具有裂陷环境下双峰式岩石组合以及 Nb、Ta 亏损等弧火山岩系列的双重特征。

　　Th、Nb、La 都是强不相容元素,可最有效地指示源区特征(李曙光,1993)。Nb、La、Th 在海水蚀变及变质过程中是稳定或比较稳定的元素,故利用 La/Nb-La 和 Nb/Th- Nb 图解可以区分洋脊、岛弧和洋岛玄武岩(李曙光,1993)。从图 5 中可以看出,本区火山岩均处在典型的弧火山岩范围内。Ta/Yb 比值主要与地幔部分熔融及幔源性质有关,对于鉴别火山岩的源区特征有重要意义(Pearce,1983)。区内玄武岩在 Th/Yb-Ta/Yb 图解(图 6)中均位于 MORB-OIB 趋势线的上方,处于活动陆陆缘火山岩区域。这种特征的地球化学指纹,表明本区火山岩总体形成于大陆边缘弧的大地构造环境。

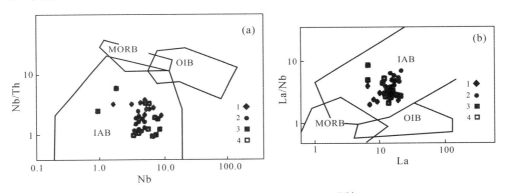

图 5　火山岩 Nb/Th-Nb 和 La/Nb-La 图解

1.白勉峡组火山岩;2.孙家河组火山岩;3.三郎铺组火山岩;4.大石沟组火山岩。据李曙光(1993)

　　Zr 和 Y 是蚀变及变质过程中十分稳定的痕量元素,而火山岩中 Ti 丰度与火山岩源区物质组成及火山岩的形成环境有着密切的关系(Pearce,1983)。根据 Ti/Zr、Ti/Y 比值特征及 Ti/Zr、Ti/Y 图解(图 6)可以看到,区内孙家河组、大石沟组火山岩样品投影点均位于壳源与 MORB 型源区之间,说明它们既非典型的壳源成因亦非典型的 MORB 型幔源成因,而是兼具这 2 种源区的特征,这正是弧火山岩特有的地球化学指纹(Hergt et al.,1991),说明岩浆应来源于俯冲带楔形地幔区的局部熔融。值得注意的是,孙家河组火山岩中玄武岩类 K_2O 含量介于 0.52%~2.01%,平均为 1.49%,其 Ta/Yb 值平均为 0.18,在 Th/Yb-Ta/Yb 图(图 6)中处在活动陆缘钙碱系列火山岩范畴内,玄武岩轻稀土为弱–中

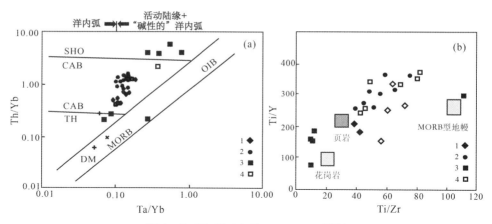

图 6 Ta/Yb-Th/Yb 和 Ti/Zr-Ti/Y 图解

1.白勉峡组火山岩;2.孙家河组火山岩;3.三郎铺组火山岩;4.大石沟组火山岩。

据 Pearce(1983)和 Hergt et al.(1991)

等富集型;而且在孙家河组火山岩中除钙碱质玄武岩外,还出现了大量安山质甚至流纹质的中酸性火山岩类。这些特征说明,它们与洋内岛弧环境的火山岩组合明显不同,应属于大陆边缘弧(活动陆缘)的岩石组合和特点(Pearce,1984;Wilson,1989)。通常,洋内岛弧火山岩组合以拉斑质玄武岩和玄武安山岩为主体,较少出现酸性火山岩类,其玄武岩类钾含量低,且 Ta/Yb 值大多<0.1(Pearce,1983)。因此,我们认为,孙家河组火山岩应形成于大陆边缘弧(活动陆缘)的大地构造环境。而三郎铺双峰式火山岩与本区其他岩组火山岩不同,其玄武岩类投影点位于 MORB 型源区附近,流纹岩则位于花岗岩型源区附近(图6),表明它们与本区其他火山岩组在源区类型及成因上有明显差异,且三郎铺组流纹岩的稀土配分型式表明它们并非孙家河组、大石沟组玄武质岩石的结晶分异产物。从岩石组合和沉积特征来看(王宗起,1998)[①],三郎铺组双峰式火山岩与该组砂砾岩相间互层;由于岩浆的幕式喷发而形成沉积旋回,陆相冲积扇和湖泊沉积,岩相在横向上变化很大,局部有火山坍塌堆积。王宗起(1998)的研究结果还表明,西乡城东、西的三郎铺组古流向相反。据此,本文认为,三郎铺组双峰式火山岩很可能形成于裂陷环境。事实上,由于部分地壳也可以由岛弧拼贴加积增生形成,由这种岛弧加积增生形成的地壳局部熔融形成的中酸性岩浆将具有岛弧岩石的组成特征(如 Nb、Ta 亏损等)。因此,三郎铺流纹岩应为地壳局部熔融的产物,形成于岛弧型地壳的裂陷环境。而三郎铺组玄武岩类既具有弧火山岩系列特征,同时又显示了部分亏损地幔源特征,说明它们形成于岛弧型地壳裂陷的晚期阶段,其总体大地构造环境应相当于陆缘弧或洋内弧岛弧型地壳分裂而形成的初始弧间盆地类型。这与其沉积类型和沉积岩岩相学特征(王宗起,1998)[①]是一致的。而白勉峡组火山岩除总体具有岛弧的特征外,部分样品显示为 MORB 型源区

① 王宗起,1998.南秦岭中段碰撞造山及其与陆缘盆地演化的耦合关系[博士学位论文].北京:中国科学院地质研究所.

特征(图6),且其 TiO$_2$ 含量明显偏高(平均1.55%),说明该组火山岩岩浆起源与孙家河组和大石沟组有所不同,可能与一个部分亏损的地幔源区有成因联系。更值得注意的是,该组火山岩与典型的大陆边缘弧以安山质中性岩浆活动为特色且大多伴有流纹质等酸性火山岩和大量火山碎屑岩的大地构造环境有所不同,是以玄武质岩石为主体,酸性火山岩和火山碎屑岩不发育,说明白勉峡火山岩的形成环境有一定的特殊性,可能产于洋内岛弧(或初始岛弧)的大地构造环境。

对于西乡群火山岩的形成环境历来存在争议,主要有3种不同的意见:一是岛弧(陶洪祥等,1993;凌文黎等,1996);二是裂谷(张国伟等,1988);三是大陆溢流(夏林圻等,1996)。而我们的研究表明,分布在柳树店-古城-三郎铺-白勉峡一带的原西乡群火山岩大体可解析为三套岩石-构造组合类型:①白勉峡组火山岩与一个部分亏损的地幔源区有关,类似洋内岛弧(或初始岛弧)的形成环境;②孙家河组和大石沟组属于典型的活动大陆边缘岩浆活动产物;③而三郎铺组火山岩,无论是其双峰式组合类型,微量元素、稀土元素特征还是典型的陆源碎屑沉积系列(王宗起,1998)①,均表明它是加积增生岛弧型地壳的裂陷产物,其形成大地构造环境大体相当于初始的弧间盆地类型。

5 关于地层时代及其大地构造意义的讨论

南秦岭西乡群多年来一直被认为是前寒武纪地层。王宗起等(1999)在该群孙家河组上、中、下各段火山岩所夹泥、硅质岩层中均发现了放射虫化石,从而确定了该组下段为上泥盆统-下石炭统,中、上段为下石炭统。尽管这一结果与已有的有关西乡群的大量同位素年龄测定资料存在极大的矛盾,但泥盆-石炭纪化石的确认已成为难以否认的事实,这起码说明在原划西乡群火山-沉积岩系中存在泥盆-石炭纪地层的组成部分(或构造岩片)。然而,孙家河组火山岩中出现的泥盆-石炭纪化石在区域上是否具有普遍意义,尚值得推敲。在无新的化石证据和新的同位素资料的前提下,仅据孙家河组中发现的放射虫而将南秦岭地区广泛分布的原西乡群地层全部划归泥盆-石炭纪,显然证据不足。我们的野外地质调查表明,三郎铺组火山-沉积岩不整合覆盖在孙家河组之上,其底部的砾岩层中含有大量火山岩砾石,这些砾石经野外观察和室内鉴定,表明主要为紫红色、肉红色安山岩和流纹岩,它们与孙家河组顶部层位的火山岩岩石类型、岩性、结构构造完全相同;而大石沟组火山-沉积岩系岩性较稳定,它们与三郎铺组陆相砂砾石呈过渡和相变关系。这说明,三郎铺组和大石沟组火山-沉积岩形成时代应晚于孙家河组而并非晚元古代的地层体系。白勉峡组火山岩与孙家河-三郎铺-大石沟组火山-沉积岩系呈明显的构造接触关系,接触带附近见有强烈的韧性变形和构造片理化现象,且白勉峡组火山岩的岩石类型、组合、地球化学特征均与孙家河-三郎铺-大石沟组火山-沉积岩系有差异。显然,已有的资料尚不足以证明白勉峡组火山岩为泥盆-

---

① 王宗起,1998.南秦岭中段碰撞造山及其与陆缘盆地演化的耦合关系[博士学位论文].北京:中国科学院地质研究所.

石炭纪地层体系。

鉴于西乡群火山-沉积岩系复杂的地质现象,客观地进行分析,并对其成因提出新的建议,对于该区地质演化历史的再认识将是有益的。基于以上的研究结果,本文提出 2 种可能的成因解释建议:①西乡群火山岩均具有显著的 Nb、Ta 亏损,岩石 Th/Ta、Nb/La、Th/Yb 及 Ta/Yb 比值等特征微量元素指纹亦显示其明显的弧岩浆系列的特征,它们总体应与一个活动大陆边缘的大地构造环境有关,并经历由初始的洋内岛弧(白勉峡)→典型的大陆边缘弧(孙家河组、大石沟组)→岛弧拼贴增生地壳初始裂陷(三郎铺组)的一个复杂岩浆弧发展演化过程。②局限于南秦岭西乡地区孙家河-三郎铺一带分布的原西乡群孙家河组、三郎铺组和大石沟组火山-沉积岩系为一外来构造移置体,形成于泥盆-石炭纪,与勉略有限洋盆的发育时代相一致(冯庆来等,1996;李曙光等,1996),它们的形成应与勉略缝合带的发展与演化密切相关。其岩石地球化学特征与勉县-略阳地区桥梓沟岛弧火山岩和三岔子陆缘弧火山岩具有一定的可对比性(张国伟,1995;Lai Shaocong et al.,1996;赖绍聪等,1997,1998),表明该套火山岩在区域上可能与勉略带相连,形成于勉略有限洋盆发育期间的一个活动大陆边缘构造环境或勉略洋发育期间形成的一个拼贴加积增生岛弧型地壳裂陷形成的初始弧间盆地环境有关。它们原应是勉略结合带的一个组成部分,其现在所处的部位显然是构造就位所致,因其后来所受的构造改造移位而另行出露于扬子陆块的北部边缘(图 7)。

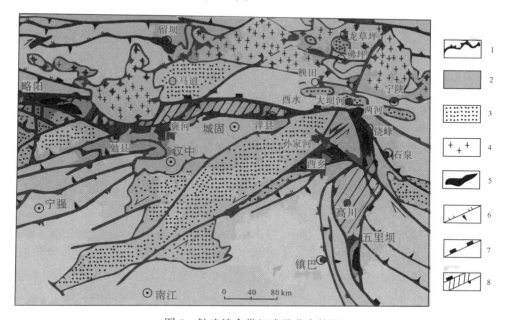

图 7 勉略缝合带组成及分布简图

1.中新生代沉积盆地;2.显生宙;3.前寒武系基底;4.花岗岩;5.岛弧火山岩;
6.断裂构造;7.缝合带边界;8.勉略缝合带;9.逆冲推覆断裂;10.走滑断裂

上述 2 种可能的成因解释中,我们倾向于后者。

6 结论

西乡群火山-沉积岩系位于扬子陆块的北部边缘,火山岩具有 Nb、Ta 亏损等显著的弧岩浆系列的特点,并可区分为 3 种不同的岩石-构造组合类型。白勉峡组火山岩以玄武质岩石为主体,与一个局部亏损的地幔源区有关,形成于洋内岛弧(或初始岛弧)的大地构造环境;孙家河组和大石沟组火山岩产于典型的活动大陆边缘构造环境;而三郎铺组火山-沉积岩系以双峰式火山岩和陆缘粗碎屑沉积岩系为特征,与一个加积增生岛弧型地壳的裂陷形成的初始弧间盆地环境有关。局限于柳树店-孙家河-三郎铺一带分布的原西乡群孙家河组、三郎铺组和大石沟组火山-沉积岩系形成于泥盆-石炭纪,可能为一外来构造移置体,并在区域上与勉略逢合带相关联,原应是勉略结合带的一个组成部分,其现在所处部位显然是构造就位所致。

参考文献

[1] Bureau of Geology and Mineral Resources of Shaanxi Province, 1989. Regional geology of Shaanxi Province. Beijing: Geological Publishing House:1-698 (in Chinese).

[2] Coish R A, Hickey R, Frey F A, 1982. Rare earth element geochemistry of the Betts Cove ophiolite, Newfoundland: Complexities in ophiolite formation. Geochim. Cosmochim. Acta, 46:2117-2134.

[3] Editor Group of Shaanxi Regional Strata, 1983. Regional strata table of northwest area of China—fascicle of Shaanxi Province. Beijing: Geological Publishing House: 1-258 (in Chinese).

[4] Feng Qinglai, Du Yuansheng, Yin Hongfu, et al., 1996. Carboniferous radiolaria fauna firstly discovered in Mian-Lue ophiolitic melange belt of south Qinling mountains. Science in China: Series D, 39(Suppl): 87-92.

[5] Hergt J M, Peate D W, Hawkesworth C J, 1991. The petrogenesis of Mesozoic Gondwana low-Ti flood basalts. Earth Planet Sci Lett, 105:134-148.

[6] Huang Yi, 1948. Presinian crystalline rock in Xinji-Moujiaba area, south Shaanxi Province. Geological Review, 13(1-2):131-132 (in Chinese).

[7] Lai Shaocong, Zhang Guowei, 1996. Geochemical features of ophiolite in Mianxian-Lueyang suture zone, Qinling orogenic belt. Journal of China University of Geosciences, 7(2):165-172.

[8] Lai Shaocong, Zhang Guowei, Yang Yongcheng, et al., 1998. Geochemistry of the ophiolite and island-arc volcanic rocks in the Mianxian-Lueyang suture zone, southern Qinling and their tectonic significance. Geochimica, 27(3):283-293 (in Chinese with English abstract).

[9] Lai Shaocong, Zhang Guowei, Yang Yongcheng, et al., 1997. Petrology and geochemistry features of the metamorphic volcanic rocks in Mianxian-Lueyang suture zone, south Qinling.Acta Petrologica Sinica, 13 (4):563-573 (in Chinese with English abstract).

[10] Ling Wenli, Zhang Benren, Zhang Hongfei, et al., 1996. Isotopic geochemical evidence for the oceanic crust subduction and crust/mantle recirculation during middle-late Proterozoic era in north margin of Yangtze plate.Earth Science, 21(3):332-335 (in Chinese with English abstract).

[11] Li Shuguang, 1993. The Ba-Th-Nb-La diagrams for the discrimination of ophiolitic tectonic settings.Acta

Petrologica Sinica, 9(2):146-157 (in Chinese with English abstract).

[12] Li Shuguang, Sun Weidong, Zhang Guowei, et al., 1996. Chronology and geochemistry of metavolcanic rocks from Heigouxia Valley in the Mian-Lue tectonic zone, south Qinling: Evidence for a Paleozoic oceanic basin and its close time. Science in China: Series D, 39(3):301-310.

[13] Marlina A E, John F, 1999. Geochemical response to varying tectonic settings: An example from southern Sulawesi(Indonesia). Geochimica et Cosmochimica Acta, 63(7/8): 1155-1172.

[14] Pearce J A, 1984. A users guide to basalt discrimination diagrams. Overseas Geology, (4):1-13 (in Chinese).

[15] Pearce J A, 1983. The role of sub-continental lithosphere in magma genesis at destructive plate margins. In: Hawkesworth, et al. Continental Basalts and Mantle Xenoliths. Nantwich Shiva, 230-249.

[16] Sun S S, McDonough W F, 1989. Chemical and isotopic systematics of oceanic basalts: Implications for mantle composition and processes. In: Saunders A D, Norry M J. Magmatism in the Ocean Basin. Geol. Soc. Special Publ., (42):313-345.

[17] Tao Hongxiang, Cheng Xiangrong, Feng Hongru, et al., 1982. Strata classification and comparison for the Xixiang Group, south Hanzhong. Journal of Xi'an College of Geology, 4(1):32-44 (in Chinese with English abstract).

[18] Tao Hongxiang, He Huiya, Wang Quanqing, et al., 1993. Tectonic evolutionary history of northern margin of Yangtze plate. Xi'an: Northwest University Press:1-135 (in Chinese).

[19] Wang Zongqi, Cheng Haihong, Li Jiliang, et al., 1999. Discovery and its geological significance of the radiolariae fossil in the Xixiang Group, south Qinling. Science in China: Series D, 29(1):38-44.

[20] Wilson M, 1989. Igneous petrogenesis. London: Unwin Hyman Press:153-190.

[21] Winchester J A, Floyd P A, 1977. Geochemical discrimination of different magmas series and their differentiation products using immobile elements. Chemical Geology, 20: 325-343.

[22] Xia Linqi, Xia Zuchun, Xu Xueyi, 1996. Identification and the geological significance for the Proterozoic continental flood basalt from Xixiang Group, south Qinling. Geological Review, 42(6):513-522 (in Chinese with English abstract).

[23] Zhang Guowei, Mei Zhichao, Zhou Dingwu, et al., 1988. Formation and evolution of the Qinling tectonic belt. Xi'an: Northwest University Press:1-15 (in Chinese with English abstract).

[24] Zhang Guowei, Meng Qingren, Lai Shaocong, 1995. Structure and tectonics of the Qinling orogenic belt. Science in China: Series B, 25:994-1003.

[25] 王宗起,陈海泓,李继亮,等,1999.南秦岭西乡群放射虫化石的发现及其地质意义.中国科学:D辑,29(1):38-44.

[26] 冯庆来,杜远生,殷鸿福,等,1996.南秦岭勉略蛇绿混杂带中放射虫的发现及其意义.中国科学:D辑,26(增刊):78-82.

[27] 张国伟,孟庆任,赖绍聪,1995.秦岭造山带的结构构造.中国科学:B辑,25:994-1003.

[28] 张国伟,梅志超,周鼎武,等,1988.秦岭造山带的形成及其演化.见:张国伟,梅志超,周鼎武,等.秦岭造山带的形成及其演化.西安:西北大学出版社:1-15.

[29] 李曙光,1993.蛇绿岩生成构造环境的 Ba-Th-Nb-La 判别图.岩石学报,9(2):146-157.

[30] 李曙光,孙卫东,张国伟,等,1996.南秦岭勉略构造带黑沟峡变质火山岩的年代学和地球化学:古

生代洋盆及其闭合时代的证据.中国科学:D辑,26(3):223-230.

[31] 陕西省区域地层表编写组,1983.西北地区区域地层表.陕西省分册.北京:地质出版社:1-258.

[32] 陕西省地质矿产局,1989.陕西省区域地质志.北京:地质出版社:1-698.

[33] 夏林圻,夏祖春,徐学义,1996.南秦岭元古宙西乡群大陆溢流玄武岩的确定及其地质意义.地质论评,42(6):513-522.

[34] 凌文黎,张本仁,张宏飞,等,1996.扬子克拉通北缘中、新元古代洋壳俯冲及壳幔再循环作用的同位素地球化学证据.地球科学,21(3):332-335.

[35] 陶洪祥,何恢亚,王全庆,等,1993.扬子板块北缘构造演化史.西安:西北大学出版社:1-135.

[36] 陶洪祥,陈祥荣,冯鸿儒,等,1982.汉南西乡群的地层划分与对比.西安地质学院学报,4(1):32-44.

[37] 黄懿,1948.陕南牟家坝新集一带之震旦纪前结晶岩.地质论评,13(1-2):131-132.

[38] 赖绍聪,张国伟,杨永成,等,1997.南秦岭勉县-略阳结合带变质火山岩岩石地球化学特征.岩石学报,13(4):563-573.

[39] 赖绍聪,张国伟,杨永成,等,1998.南秦岭勉县-略阳结合带蛇绿岩与岛弧火山岩地球化学及其大地构造意义.地球化学,27(3):283-293.

南秦岭勉略带两河弧内裂陷火山岩组合地球化学及其大地构造意义[①②]

赖绍聪　张国伟　杨瑞瑛

摘要：两河火山岩岩片位于秦岭微板块与扬子板块的分界断裂－巴山弧形构造混杂带内。岩石由亚碱性拉斑系列玄武质岩石和钙碱性英安岩、流纹岩组成。基性岩和酸性岩均具有高 Ba，低 Th、U，显著的 Nb、Ta 亏损和 Ti 的负异常等地球化学特征，玄武岩的 Th/Yb-Ta/Yb 和 Ti/Zr-Ti/Y 不活动痕量元素组合特征指示这套火山岩可能产于弧间盆地环境，是勉略洋盆在古生代晚期－中生代早期发育期间洋壳俯冲及弧内裂陷的岩浆作用产物。该岩片可能是勉略缝合带在巴山弧地区出露的重要岩石学证据。

1　引言

秦岭"八五"重大项目在研究过程中，初步厘定勉略结合带的勉县－略阳区段是一个蛇绿构造混杂带(Lai Shaocong et al.,1996；赖绍聪等,1997,1998；许继峰等,1996)，并初步确定它是被后期构造强烈改造而成残存状态，应成为秦岭造山带主造山期板块构造的第二个主缝合带，对秦岭造山带形成与演化具有重要作用与意义(张国伟等,1995)。但在"八五"重大项目后期未能进行深入系统地研究，仅对勉县－略阳等几个点进行了初步解剖，遗留下很多重要问题亟待解决，其中最突出的一个问题就是勉略结合带的属性及其东西延展，从而成为国家自然科学基金"九五"秦岭重点项目的主要研究目标。事实上，勉县－略阳蛇绿构造混杂带自勉县、鞍子山向东的延伸情况，目前尚无岩石地球化学方面的确切证据，已有的研究工作仅到达鞍子山地区，该结合带是否延伸至巴山弧形构造带并继而向东延伸至大别南缘(Dong Yunpeng et al.,1999)，仍是目前学术界有重大争议的热点议题。本文拟对巴山弧两河岩区出露的火山岩残片进行研究，从而提出勉略结合带东延至巴山弧形构造带的火山岩岩石地球化学证据。

2　区域地质概况

研究区位于略阳－勉县蛇绿构造混杂带以东，处在秦岭微板块的南部边缘与扬子板

①　原载于《岩石学报》,2000,16(3)。

②　国家自然科学基金秦岭重点项目(49732080)、中国科学院 LNAT 核分析技术联合开放实验室(97B006)及陕西省教委专项科研基金资助。

块的北部边缘,隶属巴山弧形逆冲推覆构造带的转折部位,它是分隔秦岭微板块与扬子板块的重要分界线,实际为一宽500~1 000 m的狭窄的构造混杂带,总体呈北西—南东向狭长弧形展布。混杂带由2条主干逆冲推覆断裂所夹持,带内包含不同时期、不同性质与不同变形特征的地层、岩体或构造岩块(王根宝等,1997)。本区扬子板块北缘除缺失部分泥盆—石炭纪地层外,寒武—三叠系均为稳定台地型建造,秦岭微板块由于其构造复杂,许多问题尽管尚有争议,然而除泥盆系与志留系之间有地区性不整合外,其他地层基本连续,但建造类型与岩石组合和扬子板块北缘已截然不同;而构造混杂带内则缺失中寒武到下泥盆统,且泥盆—石炭系由边缘陆相冲积扇群体系直接过渡为浊积岩及硅质岩与钙屑浊积岩,与两侧有明显差异(王根宝等,1997)。两河火山岩以构造岩片的形式卷入该构造带内(图1)。

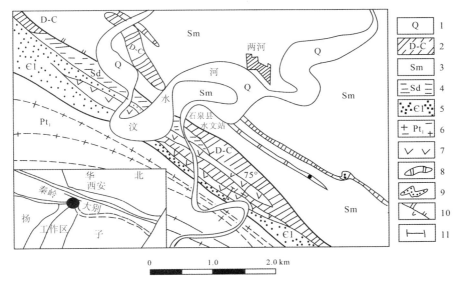

图1 两河地区地质构造简图

1.第四系砂砾沉积;2.泥盆—石炭系中细粒石英闪长岩;3.志留系梅子垭岩组,片岩及结晶灰岩;4.志留系大贵坪岩组,硅质岩及含炭硅质岩;5.寒武系鲁家坪岩组,灰岩、钙质片岩、千枚岩;6.元古代花岗片麻岩套;7.两河双峰式火山岩片;8.大理岩,结晶灰岩条带;9.变质砂岩;10.混杂带边界断裂;11.取样剖面

两河火山岩岩片分布在汶水河两岸,呈宽约50~200 m、长约3~5 km的2条火山岩构造岩片。野外观察表明,火山岩与混杂带内寒武、志留及泥盆—石炭系地层、岩体均为构造接触,界面为北倾的逆冲推覆构造带。火山岩岩性变化不大,层序清楚。下部为深色块状玄武岩,上部为玄武岩与浅色英安岩、流纹岩互层,英安岩和流纹岩所占比例不大,呈薄层状与玄武岩层交替出现,浅色层单层厚大多10~20 cm,个别厚达40 cm,最薄的仅为3~5 cm,并见有流纹构造(图2)。两河地区2条火山岩岩片岩石类型及岩性组合完全相同(图2),玄武岩与英安岩、流纹岩的互层关系表明它们应为同时代岩石组合,且玄武岩所占比例较大,英安岩和流纹岩出露较少。玄武岩镜下可见斑状结构和无斑隐晶结构2种类型,对于斑状结构的岩石斑晶含量低,主要斑晶矿物为具有聚片双晶的基性斜

长石和自形-半自形的辉石颗粒,斜长石斑晶有明显的帘石化及绢云母化,辉石斑晶的边缘大多绿泥石化,部分颗粒已全部蚀变为绿泥石。岩石基质为间粒结构,由斜长石微晶和辉石、磁铁矿小颗粒组成,辉石小颗粒大多已绿泥石化,但仍可见部分新鲜的辉石小颗粒。英安、流纹岩类可见明显的剪切片理化现象,矿物具明显定向性排列,基质已发生重结晶。岩石总体为斑状结构,斑晶为正长石和具细密聚片双晶的酸性斜长石,岩石隐约可见流纹构造,并见有流纹绕过斑晶的现象。暗色矿物主要为黑云母,均已绿泥石化,副矿物见有磁铁矿和锆石。基质为霏细结构-微晶结构,由长英质微细晶粒组成。

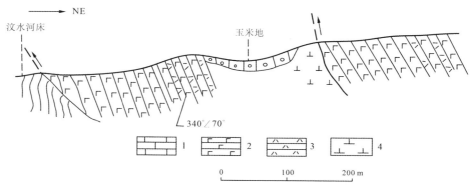

图 2   两河地区火山岩地质剖面图
1.石灰岩;2.深色玄武岩;3.英安岩和流纹岩;4.中细粒石英闪长岩

我们的样品采自石泉县水文站南侧、汶水河北岸,沿垂直火山岩岩片走向采集一组系统样品并经镜下观察,挑选较新鲜的玄武岩和英安岩、流纹岩进行了室内分析。结果表明,该组火山岩应为弧内裂陷的岩浆活动产物,形成于弧间盆地的大地构造环境。

3   地球化学特征

两河火山岩岩片主要岩石类型为玄武岩和英安、流纹岩(图3),其化学成分及微量元素和稀土元素分析结果列于表1中。从表1中可以看到,本区玄武质岩石 H_2O 含量($H_2O^+ + H_2O^-$)大多为 1.70% ~ 3.97%,平均为 3.21%,表明本区基性火山岩遭受过一定的蚀变作用并可能受到过微弱的变质作用影响,这与显微镜下的薄片观察结果是一致的。这种蚀变/微弱变质作用可能影响部分活泼元素(如 K、Na、Cs、Rb、Sr 等)的地球化学行为,本文将重点对那些不活动元素(如 Nb、Ta、Zr、Hf、Th、REE、Ti 等)进行元素地球化学讨论。

3.1   火山岩系列与组合

Nb、Y 均为不活动痕量元素,较少受到蚀变和变质作用的影响。对于碱性(alkaline)和非碱性(nonalkaline)系列火山岩,其 Nb/Y 值的区间范围十分稳定,尤其对于基性、中基性和中酸性火山岩,其碱性和非碱性系列的区分主要取决于 Nb/Y 值,而较少受到 SiO_2

含量变化的影响。因此,SiO$_2$-Nb/Y图解可以有效地地区分变质/蚀变火山岩的系列。我们获得的玄武岩样品和英安岩、流纹岩样品均落入非碱性区(图4),说明本区火山岩属非碱性系列。由于亚碱性钙碱系列和亚碱性拉斑系列这2个系列岩浆演化趋势是截然不同的,变质和蚀变作用只能使其演化趋势变得模糊,而不能改变之。因此,对于它们的区分,一般的岩浆系列判别图解仍然适用。AFM图解(图5)表明,本区玄武岩类均属拉斑系列火山岩,具明显的富铁趋势,即随着MgO含量降低,Fe$_2$O$_3$和FeO含量迅速升高;而英安岩、流纹岩类属钙碱性系列,具有明显的富碱趋势。上述分述结果表明,两河火山岩由拉斑系列玄武岩类和钙碱系列英安流纹岩类共同组成。

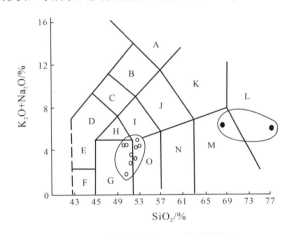

图3 两河火山岩TAS分类图解

A:响岩;B:碱玄质响岩;C:响岩质碱玄岩;D:碧玄岩;E:碱玄岩;F:苦橄玄武岩;G:玄武岩;H:粗面玄武岩;I:玄武粗安岩;J:粗安岩;K:粗面岩;L:流纹岩;M:英安岩;N:安山岩;O:玄武安山岩。

据Le Bas(1986)

表1 两河火山岩的主元素(%)和微量元素(×10^{-6})分析结果

编号	QL01	QL03	QL04	QL06	QL09	QL11	QL12	QL14	QL08	QL10	QL15	QL13
岩性	玄武岩	玄武岩	玄武岩	玄武岩	玄武岩	玄武岩	玄武岩	玄武岩	玄武岩	英安岩	流纹岩	流纹岩
SiO$_2$	53.28	52.55	51.96	50.78	50.28	53.04	50.46	51.88	52.81	68.25	77.37	80.75
TiO$_2$	0.87	1.47	1.36	1.18	0.90	1.19	1.13	1.35	1.23	0.68	0.39	0.34
Al$_2$O$_3$	16.02	14.82	14.90	15.90	15.30	15.38	14.36	14.64	15.20	13.54	9.60	7.63
Fe$_2$O$_3$	4.59	6.58	5.62	4.91	3.59	5.93	5.84	5.23	4.26	2.86	1.85	1.46
FeO	3.79	6.48	6.77	6.10	5.23	6.48	5.90	6.52	5.66	1.87	0.96	0.72
MnO	0.24	0.29	0.26	0.24	0.16	0.32	0.27	0.29	0.25	0.19	0.07	0.07
MgO	6.51	4.39	5.07	6.06	10.59	4.59	5.65	4.93	4.13	1.53	0.58	0.33
CaO	8.86	6.26	6.87	8.13	6.09	4.27	9.83	7.93	7.93	2.93	2.10	1.62
Na$_2$O	3.78	3.26	2.80	3.54	3.18	4.65	1.91	2.69	2.74	4.71	3.73	4.24
K$_2$O	0.69	0.03	0.67	0.85	1.29	0.43	0.03	0.26	1.51	1.38	1.90	1.39
P$_2$O$_5$	0.10	0.21	0.21	0.16	0.11	0.15	0.21	0.16	0.33	0.19	0.08	0.21
H$_2$O$^+$	1.49	3.06	2.87	2.30	2.54	3.45	3.66	3.53	3.17	1.22	1.08	0.68
H$_2$O$^-$	0.21	0.31	0.26	0.28	0.41	0.40	0.31	0.29	0.34	0.21	0.14	0.15

编号	QL01	QL03	QL04	QL06	QL09	QL11	QL12	QL14	QL08	QL10	QL15	QL13
岩性	玄武岩	玄武岩	玄武岩	玄武岩	玄武岩	玄武岩	玄武岩	玄武岩	玄武岩	英安岩	流纹岩	流纹岩
Total	100.43	99.71	99.62	100.43	99.67	100.28	99.56	99.70	99.56	99.56	99.85	99.59
Hf	5.14	4.64	2.18	3.75	3.21	4.25	3.44	4.45	4.31	8.71	1.15	2.19
Ta	0.20	0.23	0.33	0.18	0.14	0.20	0.14	0.24	0.24	0.53	0.18	0.48
W	0.40	0.46	0.59	0.54	1.88	0.46	0.79	0.25	0.98	0.74	0.84	0.44
Pb	3.10	7.60	5.10	1.50	1.60	3.90	7.20	9.60	6.00	4.30	3.40	1.10
Th	0.43	1.10	0.88	0.85	1.16	1.32	0.61	1.61	0.75	1.39	9.03	6.60
U	0.11	0.21	0.25	0.22	0.27	0.33	0.13	0.30	0.22	0.45	1.16	0.72
Sc	34.50	33.80	36.60	37.20	26.00	32.00	34.20	33.30	29.60	15.00	3.00	5.50
V	176.00	359.20	342.10	302.10	220.50	251.90	309.80	319.00	267.40	72.70	50.30	51.60
Cr	104.70	40.10	65.60	170.90	633.70	43.50	106.60	61.30	77.70	47.90	26.30	27.90
Co	35.30	40.30	37.30	43.60	48.10	40.90	41.10	47.70	29.90	8.30	3.04	2.70
Ni	47.80	19.50	32.70	44.90	235.60	19.20	36.60	24.50	21.70	15.40	8.00	7.10
Cu	39.40	42.90	60.90	55.50	68.90	29.40	57.60	46.70	42.60	11.10	9.20	11.00
Zn	163.20	131.40	116.00	96.20	80.00	164.50	104.70	130.60	212.50	125.80	28.20	21.80
Ga	17.50	20.90	20.00	18.50	16.80	21.30	20.50	19.80	19.50	18.10	13.10	13.80
Rb	17.20	1.30	16.10	24.00	44.00	11.60	1.50	5.20	36.80	29.40	26.30	17.50
Sr	318.70	670.60	457.60	331.20	362.40	258.70	671.70	543.20	343.80	254.00	115.90	82.30
Y	28.70	33.50	33.50	27.10	18.50	32.00	24.90	33.60	28.80	90.80	15.20	21.60
Zr	189.00	163.00	66.30	124.00	99.10	141.00	119.00	153.00	155.00	279.00	28.70	59.70
Nb	3.60	4.20	5.20	2.70	2.20	3.60	2.70	3.90	4.20	12.80	4.80	5.70
Mo	0.29	0.64	2.30	0.64	0.26	0.28	0.67	0.34	0.23	0.57	0.58	0.77
Cs	0.38	0.09	0.34	0.53	0.98	0.32	0.08	0.17	0.65	0.80	0.87	0.57
Ba	282.30	589.10	651.40	230.20	308.90	205.00	94.90	370.10	407.20	436.90	891.90	592.90
La	11.60	15.80	18.50	9.20	11.10	15.50	10.30	13.70	13.40	26.60	21.70	24.40
Ce	26.30	36.40	41.50	20.90	25.50	34.40	23.10	32.60	30.10	65.60	39.80	52.70
Pr	3.67	5.08	5.19	3.10	3.49	4.89	3.33	4.58	4.29	9.83	4.44	6.51
Nd	16.80	20.20	21.70	14.20	14.90	19.90	14.40	19.10	16.10	43.90	14.40	20.70
Sm	4.15	5.51	5.21	3.58	3.21	4.89	3.72	4.80	4.02	11.63	2.64	4.28
Eu	1.72	1.94	1.59	1.35	1.20	1.57	1.31	1.65	1.46	2.01	1.35	1.34
Gd	4.58	5.55	5.48	4.18	3.48	5.19	3.98	5.31	4.65	12.69	2.59	4.14
Tb	0.76	0.87	0.91	0.73	0.53	0.81	0.65	0.86	0.73	2.13	0.37	0.60
Dy	4.86	5.69	5.78	4.47	3.32	5.18	4.23	5.38	4.82	14.65	2.27	3.62
Ho	0.96	1.10	1.10	0.89	0.64	1.05	0.84	1.10	0.94	2.94	0.50	0.73
Er	3.02	3.68	3.73	2.86	1.94	3.27	2.71	3.68	3.27	9.99	1.57	2.38
Tm	0.43	0.50	0.54	0.40	0.27	0.48	0.39	0.51	0.44	1.38	0.23	0.35
Yb	2.83	3.23	3.38	2.52	1.73	3.02	2.58	3.14	2.73	8.33	1.50	2.31
Lu	0.42	0.46	0.49	0.38	0.25	0.47	0.35	0.46	0.40	1.12	0.21	0.35

$SiO_2 \sim H_2O^-$ 由中国科学院地球化学研究所采用湿法分析(1999);Hf~Lu 由中国科学院地球化学研究所采用 ICP-MS 分析(1999)。

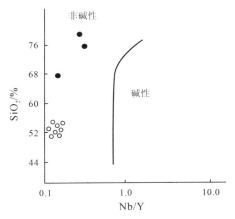

图 4 两河火山岩 SiO₂-Nb/Y 图解

alkaline：碱性系列；nonalkaline：非碱性系列。

据 Winchester and Floyd(1977)

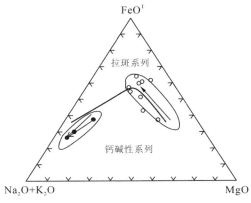

图 5 两河火山岩 AFM 图解

Tholeiitic：拉斑系列；Cal-Alkaline：钙碱系列；

○玄武岩类；●英安流纹岩类

本区基性岩类 SiO₂% 含量稳定,介于 50.28%~53.28%,变化不大,平均为 51.89%,属玄武岩 SiO₂ 含量范畴。Fe₂O₃、FeO、MgO 含量高,且绝大多数样品 FeO>Fe₂O₃。TiO₂含量介于 0.87%~1.47%,平均为 1.19%。就 TiO₂ 含量而言,本区玄武岩类介于典型的洋脊拉斑玄武岩(1.5%)和典型的活动大陆边缘及岛弧拉斑玄武岩(0.83%)(Pearce,1983)之间,具特殊的过渡性地球化学特征。而本区英安流纹岩类则具有高 SiO₂% 含量(68.25%~80.75%,平均 75.46%),低 TiO₂ 含量(0.34%~0.68%,平均 0.47%)和 Fe₂O₃+FeO、MgO 含量低的地球化学特点。

3.2 火山岩稀土元素地球化学

分析结果(表 1)表明,本区玄武岩稀土总量较低,一般为 90×10⁻⁶~150×10⁻⁶,平均为 117.87×10⁻⁶,轻、重稀土分异不明显,ΣLREE/ΣHREE 值十分稳定,在 1.20~1.94 范围内变化,平均为 1.52;岩石(La/Yb)ₙ 介于 2.62~4.60,平均为 3.42;(Ce/Yb)ₙ 大多介于 2.30~4.09,平均为 3.01;δEu 值趋近于 1 且十分稳定,变化范围很小,平均为 1.03,表明岩石基本无 Eu 异常。本区英安流纹岩类稀土总量较高且变化大,为 108.77×10⁻⁶~303.60×10⁻⁶,平均为 186.14×10⁻⁶,有较弱的轻、重稀土分异,ΣLREE/ΣHREE 值平均为 2.53;岩石(La/Yb)ₙ 介于 2.29~10.38,平均为 6.75;(Ce/Yb)ₙ 介于 2.19~7.37,平均为 5.30;岩石 δEu 值变化大,样品 QL10 具负 Eu 异常(δEu=0.50),样品 QL13 基本无 Eu 异常(δEu=0.96),而样品 QL15 具有正 Eu 异常(δEu=1.56)。在球粒陨石标准化稀土配分图(图 6)中,本区玄武质岩石表现为一组较为平滑的右倾负斜率轻稀土弱富集型配分曲线,Eu 处无异常。而英安流纹岩类则具有略强的轻、重稀土分异,轻稀土部分负斜率较大,而重稀土部分负斜率较小,曲线较为平缓,Eu 处由正异常→无异常→负异常。

值得注意的是,本区玄武岩与流纹岩的稀土丰度和曲线很接近(图 6),这表明玄武岩和流纹岩并非同源岩浆分异演化的产物。因为,如果流纹岩与玄武岩为共源岩浆系列,则流纹岩的稀土总量应当明显高于玄武岩类,且它们的稀土分布将显示递进演化的规律性变化,流纹岩通常有明显的负 Eu 异常。而本区流纹岩无 Eu 异常或为正 Eu 异常。另外,本区英安岩的稀土丰度较流纹岩高(图 6),且具负 Eu 异常和平坦型配分型式,而流纹岩则为轻稀土富集型。稀土特征暗示,本区玄武岩、英安岩和流纹岩 3 种岩性不是同源岩浆分异演化的产物,尽管它们在空间上密切相伴且为同时代产物,然而它们的岩浆源区深度和源区物质组成应有明显不同,应为中下地壳和上地幔在不同深度和压力条件下局部熔融的产物。这表明,本区火山岩组合的成因及构造环境有其特殊性,不同于通常的大陆裂谷双峰式火山岩组合。

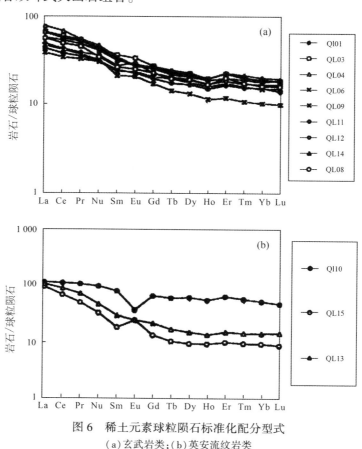

图 6　稀土元素球粒陨石标准化配分型式
(a)玄武岩类;(b)英安流纹岩类

3.3　火山岩微量元素地球化学

近年来,火山作用过程中微量元素地球化学研究已经从以现代和新生代火山岩为主扩展到中生代-古生代以至更老的造山带火山岩。微量元素中的不活动元素由于具有相对的稳定性,受后期热事件影响较小,从而其丰度、组合、元素比值及其演化特征已成为探讨火山作用过程微量元素地球化学特征、恢复和重溯古火山事件的发生、演化及其构造岩浆环境的重要地球化学指纹。

微量元素的原始地幔标准化图解显示,本区玄武质岩石不相容元素具有以下特点(图7a):有明显的 Nb、Ta 谷,Nb<La,表明了显著的 Nb、Ta 相对亏损;有元素 Ba 的峰,显示了 Ba 的相对富集,这是岛弧火山岩的典型地球化学特征(Francalanci et al.,1993);同时,低 Th、U 特点亦反映该玄武岩浆体系可能受到了陆壳物质的混染(Viramonte et al.,1999);有弱的 Ti 谷,在所有样品中 Ti 都显示了微弱的相对亏损状态。而 Ce、Nd、Hf、Zr、Sm、Tb、Y 等不活动痕量元素在图解中显示为较为平滑的右倾负斜率曲线,既无明显的相对亏损亦无显著的相对富集。本区玄武质岩石 Th>Ta,Th/Ta 值大多在 2.15~8.29,平均为 4.78。Nb<La、Nb/La 值均小于 0.31;Th/Yb 值介于 0.15~0.67,平均为 0.35;Ta/Yb 值介于 0.05~0.10 且十分稳定,平均为 0.076。总体上仍然显示为岛弧火山岩的地球化学特征(Marlina et al.,1999)。这与岩石在 Hf/3-Th-Ta 构造环境判别图解(图8)中所获得的判别结果是一致的。

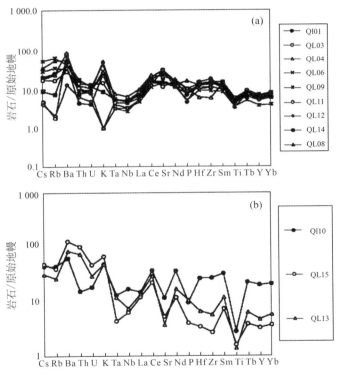

图7 火山岩不相容元素原始地幔标准化配分型式
(a)玄武岩类;(b)英安流纹岩类

本区英安质和流纹质岩石不相容元素谱系图(图7b)总体显示为斜率不大的右倾模式,随着元素不相容性降低富集度逐渐减弱。除此以外,岩石中依然保持了高 Ba,低 Th、U 特征和 Nb、Ta 的显著负异常,以及更强的 Ti 负异常。这表明,本区酸性和基性两组火山岩具有十分相似的微量元素地球化学指纹。

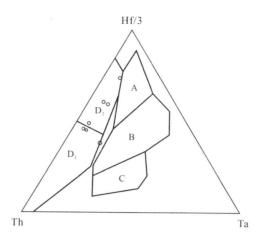

图8　火山岩 Hf/3-Th-Ta 图解

A:亏损型大洋中脊玄武岩;B:富集型大洋中脊玄武岩及板内玄武岩;
C:板内碱性玄武岩;D₁:钙碱性玄武岩;D₂:岛弧拉斑玄武岩

Ta/Yb 值主要与地幔部分熔融及幔源性质有关,Th 是不相容元素,它不像 K、Ba、Rb、Sr 等大离子亲石元素那样容易受到蚀变和变质作用的影响,对于鉴别火山岩(玄武岩)的源区特征具有重要意义。本区玄武岩在 Th/Yb-Ta/Yb 图解(图 9a)中均位于 MORB-OIB 趋势线的上方,处于钙碱性区域与拉斑质区域的过渡部位,且十分靠近 MORB 区;这种特殊的地球化学指纹,表明该组玄武岩总体具有洋内岛弧的大地构造环境,与一个亏损的地幔源区有着密切成因联系,但又受到明显的陆壳物质的混染(张旗等,1995;Wilson,1989)。

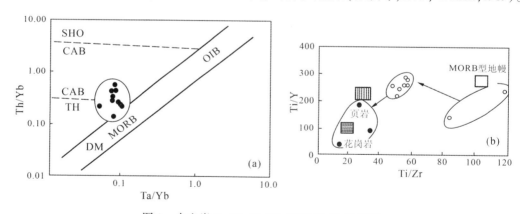

图9　火山岩 Ta/Yb-Th/Yb 和 Ti/Zr-Ti/Y 图解

○玄武岩类;●英安流纹岩类。据 Pearce(1983)和 Herge et al.(1991)

本区玄武质岩石 Ti/Zr 值大多介于 27~120,平均为 58.2;Ti/Y 值较为稳定,介于 180~300,平均为 248.4;而英安质和流纹质岩石具有较低的 Ti/Zr(15~80,平均43.4)和 Ti/Y 值(45~150,平均97.7)。Zr 和 Y 是蚀变及变质过程中十分稳定的不活动痕量元素,而火山岩中 Ti 丰度与火山岩源区物质组成及火山岩的形成环境有着十分密切的关系(Pearce,1983)。因此,根据 Ti/Zr、Ti/Y 比值特征及 Ti/Zr、Ti/Y 图解(图9b),同样可以证明本区英安质和流纹质岩石主要来自壳源岩石的局部熔融,而本区玄武岩类除 2 个样品落在 MORB 型源区附近外,大多数样品投影点位于壳源与 MORB 型源区之间,说明这套玄武岩浆具有其特殊性,既带有洋内岛弧环境亏损地幔源区的地球化学烙印,又体现了明显的陆壳物质的参与(Herge et al.,1991)。

4 关于岩石成因及其大地构造意义的讨论

综合上述微量元素地球化学特征可以看出,两河火山岩以其高 Ba,低 Th、U,显著的 Nb、Ta 亏损和 Ti 的负异常为特征,充分表明它们应为一套岛弧型岩浆活动的产物(Marlina et al., 1999;Wilson, 1989)。且玄武质岩石的 Th/Yb-Ta/Yb 和 Ti/Zr-Ti/Y 不活动痕量元素组合特征,指示它们应来源于一个洋内岛弧的大地构造环境,岩浆起源与一个亏损的地幔源区有直接成因联系,同时又显示了显著的陆壳物质参与的地球化学烙印。更值得注意的是,本区火山岩与典型的大陆边缘弧以安山质中性岩浆活动为特色的大地构造环境明显不同,而是以玄武质-英安流纹质火山岩组合为特色,缺乏中性岩类,从岩石类型和组合来看,类似双峰式火山岩套,表明它们是一套裂陷环境中的岩浆活动产物(Viramonte et al., 1999)。然而,本区火山岩组合的稀土元素和痕量元素特征表明,它们与通常的大陆裂谷双峰式火山岩明显不同,玄武岩、英安岩和流纹岩 3 种岩类不具有同源岩浆分异演化的特征,而属于地壳和上地幔不同深度、不同压力和不同源区性质下局部熔融的产物。

在全球大地构造环境中,只有弧内裂陷环境才有这种特殊的较为复杂的岩浆活动特征(Wilson,1989)。弧内裂陷环境具有过渡壳或不成熟陆壳基底,这与大陆裂谷环境有所不同,它的形成与深部岩浆上升使弧地壳隆起而产生的拉张构造有关,并同火山和构造原因的局部沉降有关,常常是弧间盆地发育初期阶段的产物。

由于岩浆弧地壳深处的扩张作用,使得弧内裂陷环境的岩浆活动具有类似双峰式岩石组合的特点(图 10)。但由于洋内岛弧常常被弧后次级海底扩张形成的边缘海盆所分隔,而弧后的次级海底扩张造成洋内弧火山前锋后侧的一个局部亏损楔形地幔源区,当俯冲洋壳进入 100~150 km 深处时,洋壳中角闪岩大量脱水转变为石英榴辉岩,水进入上部部分亏损的地幔楔而引发含水部分熔融,产生含水橄榄拉斑玄武岩浆,这种岩浆在上升过程中可能产生部分橄榄石、铬尖晶石的分离结晶,结果派生出具有洋内岛弧特征的拉斑质岩石类型。显然,这种岩浆从源区特征来看,与 MORB 型玄武岩浆有某些相似之处,在很大程度上都是由于一个部分亏损的地幔橄榄岩局部熔融产生的。但是,由于它们的局部熔融是在含水条件下发生的,而与洋脊之下基本无水的熔融不同,而且来自俯冲洋壳的 SiO_2、K_2O、LILE 和 LREE 参与了岩浆的起源过程,从而将使得这种岩浆带有显著的陆壳物质混染的地球化学信息(图 10)。这种岩浆作用和岩浆的底劈上隆,使得弧内裂陷进一步发育,并由于高热流而引起岛弧地壳的局部熔融,这种局部熔融产生的酸性岩浆,其熔融机制在一定程度上类似地壳的深熔作用,但其局部熔融程度和范围却远不如地壳深熔机制广泛,所产生的酸性岩浆数量亦较为有限。岛弧地壳的局部熔融产生的

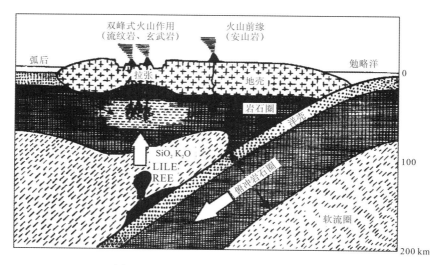

图 10　两河弧内裂陷火山岩形成模式图

酸性岩浆将具有显著的弧岩浆系列地球化学特征(如 Nb、Ta 的强烈亏损等),而流纹岩和英安岩则是低成熟度的岛弧地壳不同深度处局部熔融的产物,从而构成本区具有特殊地球化学指纹的弧内裂陷火山岩组合(图 10)。

　　秦岭造山带勉略缝合带的发现和初步厘定是近年来秦岭造山带研究中的一项重大进展,它使得对秦岭造山带的认识由过去简单的华北与扬子两大陆块碰撞构造体制转变为华北、秦岭微板块和扬子 3 个陆块碰撞构造体制。勉略缝合带从勉略向西经文县、玛曲、花石峡连接昆仑,向东经巴山弧形带而直通大别南缘,成为纵贯大别–秦岭–昆仑的巨型断裂构造(混杂)带(张国伟等,1995)。本区两河火山岩岩片就处在这个巨型断裂构造(混杂)带内。

　　在勉县–略阳–巴山弧结合带中发育有泥盆系深水浊积岩系,表明当时洋盆已打开,在略阳三岔子、石家庄一带采集的、与蛇绿岩密切共生的硅质岩中发现了放射虫动物群,其地质时代为早石炭世(殷鸿福等,1996)。这说明,在古生代中期(D-C)沿勉略一带出现了古特提斯洋北侧新的分支。勉县–略阳结合带黑沟峡变质火山岩系的 Sm-Nd 等时线年龄为 242 ± 21 Ma,Rb-Sr 全岩等时线年龄为 221 ± 13 Ma,指示了火山岩的变质年龄(李曙光等,1996),它表明勉略洋盆在三叠纪已闭合。两河火山岩总体显示为洋内岛弧弧内裂陷及初始弧间盆地的大地构造环境,其基性端元所显示的岛弧火山岩的特征与勉县–略阳地区桥梓沟岛弧火山岩和三岔子岛弧火山岩具有明显的可对比性(赖绍聪,1997,1998),它们的形成应与勉略洋盆的发育有关,代表勉略洋盆发育成熟及中后期(洋壳俯冲和弧后扩张)阶段的岩浆活动产物。

　　勉略构造带是一个复杂的包括不同成因岩块的混杂带,大比例尺地质填图和已有研究以及本文的研究工作均表明,该带中分布有蛇绿岩块(古洋壳残片)、岛弧火山岩块、裂谷–洋盆转化阶段火山岩块、沉积岩块等。因此,将不同地方出露的、不同成因的火山岩块区分开来,分别论其地球化学特征和成因,方能得出正确的认识。

　　需要指出的是,弧火山岩系及其相关岩石组合是与蛇绿岩密切相关并常常相伴出现的岩石组合,古造山带及缝合带研究中,在缺乏蛇绿岩或其组成端元出露的情况下,典型的弧岩浆系亦可作为曾经发育古洋盆并存在古洋壳俯冲的重要证据。

巴山弧两河弧内裂陷(初始弧间盆地)火山岩岩片的厘定,表明勉略洋盆向东至少已延伸至巴山弧地区,同时说明勉略洋盆在 D-C-T$_2$ 期间曾经经历过一个较完整的有限洋盆的发生、发展与消亡过程,它对于确立华北-秦岭陆块与扬子陆块的碰撞时代和秦岭造山带的形成与演化均有重要的大地构造意义。

5 结论

巴山弧两河火山岩以其高 Ba,低 Th、U,显著的 Nb、Ta 亏损和 Ti 的负异常为特征,充分表明它们应为一套岛弧型岩浆活动的产物,且玄武质岩石的 Th/Yb-Ta/Yb 和 Ti/Zr-Ti/Y 不活动痕量元素组合特征,指示它们应来源于一个洋内岛弧的大地构造环境,岩浆起源与一个亏损的地幔源区有直接成因联系,同时又显示了显著的陆壳物质参与的地球化学烙印。它们的形成与深部岩浆上升使弧地壳隆起而产生的拉张构造有关,是弧间盆地发育初期阶段的产物,由于岩浆弧地壳深处的扩张作用,使得弧内裂陷环境的岩浆活动具有类似双峰式岩石组合的特点,从而形成两河地区出露的这一套特殊的火成岩组合类型。它们是勉略洋盆发育成熟和中后期洋壳俯冲和弧后扩张阶段的岩浆活动产物,是勉略缝合带在巴山弧地区出露的重要岩石学证据。

参考文献

[1] Dong Yunpeng, Zhang Guowei, Lai Shaocong, et al., 1999. An ophiolitic tectonic melange first discovered in Huashan area, south margin of Qinling orogenic belt, and its tectonic implications. Science in China: Series D, 42(3):292-302.

[2] Francalanci L, Taylor S R, McCulloch M T, et al., 1993. Geochemical and isotopic variations in the calc-alkaline rocks of Aeolian arc, southern Tyrrhenian Sea, Italy: Constraints on magma genesis. Contrib Mineral Petrol, 113:300-313.

[3] Hergt J M, Peate D W, Hawkesworth C J, 1991. The petrogenesis of Mesozoic Gondwana low-Ti flood basalts. Earth Planet Set Lett, 105:134-148.

[4] Lai Shaocong, Zhang Guowei, 1996. Geochemical features of ophiolite in Mianxian-Lueyang suture zone, Qinling orogenic belt. Journal of China University of Geosciences, 7(2):165-172.

[5] Lai Shaocong, Zhang Guowei, Yang Yongcheng, et al., 1998. Geochemistry of the ophiolite and island arc volcanic rock in Mianxian-Lueyang suture zone, southern Qinling and their tectonic significances. Geochimica, 27(3):283-293 (in Chinese with English abstract).

[6] Lai Shaocong, Zhang Guowei, Yang Yongcheng, et al., 1997. Petrology and geochemistry features of the metamorphic volcanic rocks in Manxian-Lueyang suture zone, south Qinling. Acta Petrologica Sinica, 13(4):563-573 (in Chinese with English abstract).

[7] Le Bas M J, 1986. A chemical classification of volcanic rocks based on the total alkali-silica diagram. J Petrol, 27:745-750.

[8] Li Shuguang, Sun Weidong, Zhang Guowei, et al., 1996. Chronology and geochemistry of metavolcanic rocks from Heigouxia Valley in Mian-Lue tectonic zone, south Qinling: Evidence for a Paleozoic oceanic basin and its close time.Science in China: Series D, 26(3):223-230 (in Chinese).

[9] Marlina A E, John F, 1999. Geochemical response to varing tectonic settings: An example from southern Sulawesi(Indonesia).Geochemica et Cosmochimica Acta, 63(7/8):1155-1172.

[10] Pearce J A, 1983.The role of sub-continental lithosphere in magma genesis at destructive plate margins. In: Hawkesworth, et al. Continental Basalts and Mantle Xenoliths. Nantwich Shiva: 230-249.

[11] Viramonte J G, Kay S M, Becchio R, et al., 1999. Cretaceous rift related magmatism in central-western south America.Journal of South American Earth Sciences,12:109-121.

[12] Wang Genbao, Wu Wenren, Zhang Shengquan, 1997. The characteristic of the geological body between Lueyang and Shiquan in Shaanxi, China. Geology of Shaanxi, 15(1):1-11(in Chinese with English abstract).

[13] Wilson, 1989. Igneous petrogenesis.London: Unwin Hyman Press:153-190.

[14] Winchester J A, Floyd P A, 1977. Geochemical discrimination of different magmas series and their differentiation products using immobile elements. Chemical Geology., 20:325-343.

[15] Xu Jifeng, Han Yinwen, 1996. High radiogenic Pb-isotope composition of ancient MORB-type rocks from Qinling area: Evidence for the presence of Tethyan-type oceanic mantle.Science in China: Series D,26 (Suppl):34-41 (in Chinese).

[16] Yin Hongfu, Du Yuansheng, Xu Jifeng, et al., 1996. Carboniferous radiolaria fauna firstly discovered in Mian-Lue ophiolitic melange belt of south Qinling mountains .Earth Sciences, 21:184 (in Chinese).

[17] Zhang Guowei, Meng Qinren, Lai Shaocong, 1995. Structure and tectonic of the Qinling orogenic belt. Science in China: Series B, 25:994-1003 (in Chinese).

[18] Zhang Qi, Zhang Zhongqing, Sun Yong, et al., 1995. Trace element and isotopic geochemistry of metabasalts from Dafeng Group(DFG) in Shangxian-Danfeng area, Shaanxi Province. Acta Petrologica Sinica, 11(1):43-54 (in Chinese with English abstract).

[19] 赖绍聪,张国伟,杨永成,等,1997.南秦岭勉县−略阳结合带变质火山岩岩石地球化学特征.岩石学报,13(4):563-573.

[20] 赖绍聪,张国伟,杨永成,等,1998.南秦岭勉县−略阳结合带蛇绿岩与岛弧火山岩地球化学及其大地构造意义.地球化学,27(3):283-293.

[21] 李曙光,孙卫东,张国伟,等,1996.南秦岭勉略构造带黑沟峡变质火山岩的年代学和地球化学:古生代洋盆及其闭合时代的证据.中国科学:D辑,26(3):223-230.

[22] 王根宝,吴闻人,张升全,1997.略阳−石泉边界地质体特征.陕西地质,15(1):1-11.

[23] 许继峰,韩吟文,1996.秦岭古 MORB 型岩石的高放射性成因铅同位素组成:特提斯型古洋幔存在的证据.中国科学:D辑,26(增刊):34-41.

[24] 殷鸿福,杜远生,许继峰,等,1996.南秦岭勉略古缝合带中放射虫动物群的发现及其古海洋意义.地球科学,21:184.

[25] 张国伟,孟庆任,赖绍聪,1995.秦岭造山带的结构构造.中国科学:B辑,25:994-1003.

[26] 张旗,张宗清,孙勇,等,1995.陕西商县−丹凤地区丹凤群变质玄武岩的微量元素和同位素地球化学.岩石学报,11(1):43-54.

南秦岭勉县-略阳结合带变质火山岩岩石地球化学特征[①②]

赖绍聪　张国伟　杨永成　陈家义

摘要：勉县-略阳结合带变质火山岩以基性和中基性岩石为主体,见有少量英安质火山岩。可区分为两类岩石-构造组合类型:一类为低钾高钛、轻稀土亏损的拉斑玄武岩,Ti/V、Th/Ta、Th/Yb、Ta/Yb 值表明其应属于 MORB 型玄武岩;另一类为岛弧火山岩组合,以钙碱性安山岩类为主体,并有少量岛弧拉斑玄武岩类。

1　地质概况

勉县-略阳结合带是新近厘定的秦岭造山带中仅次于商丹缝合带的又一重要板块缝合构造带(张国伟等,1995),它是近年来秦岭造山带构造研究的一项重要进展。它的发现和厘定,使得对秦岭造山带的认识由过去简单的华北与扬子两大陆块碰撞构造体制转变为华北、秦岭微板块和扬子 3 个陆块碰撞的构造体制(张国伟,1993;张国伟等,1995)。

勉县-略阳结合带地处南秦岭与扬子板块的结合部位,在勉县-略阳地区近东西向延伸近 160 km,向西已追索至甘肃康县、文县一带,向东沿巴山弧形断裂已追索至西乡县五里坝。该结合带包括西部略阳-勉县断裂带及其东延的巴山弧形逆冲推覆隐伏构造带,是一个组成复杂和构造演化较复杂的蛇绿构造混杂带。勉县-略阳蛇绿构造混杂带原称三河口群,它南从略阳断裂与前寒武碧口群相邻,北从状元碑断裂与志留系白水江群相邻。构造带内主要由强烈剪切的震旦-寒武系和泥盆-石炭系逆冲推覆岩片组成,形成自北向南的叠瓦逆冲推覆构造。其中,震旦-寒武系主要由含砾泥质岩、泥质碎屑岩、火山碎屑岩、碳酸盐岩和镁质碳酸盐岩组成;泥盆系为深水浊积岩、泥质碳酸盐岩和泥质岩;石炭系为碳酸盐岩(杨宗让等,1990)。该带缺失奥陶、志留系岩层,与南、北两侧发育志留系而形成鲜明对照。蛇绿混杂岩和变质火山岩亦以构造岩片形式卷入该构造带(图1)。蛇绿混杂岩以略阳三岔子地区最为典型,它由强烈剪切变形的变质海相火山岩、辉长岩、超基性岩(蛇纹岩)及辉绿岩岩墙群(Lai Shaocong et al.,1996)组成,本文的研究对象就是这套与蛇绿混杂岩有关的,与辉长岩、辉绿岩岩墙群及超基性岩密切共存的变质火山岩。其中,轻稀土亏损的 MORB 型玄武岩分布在文家沟-庄科一带,呈长约 10 km、宽

①　原载于《岩石学报》,1997,13(4)。
②　国家自然科学基金秦岭重大项目及陕西省教委专项科研基金资助。

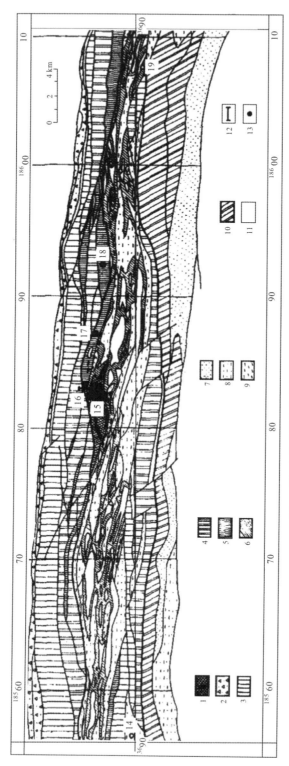

图 1 勉－略构造混杂岩带康县－略阳段构造地质简图

1.蛇绿岩,超镁铁质岩岩块;2.由碎裂岩、角砾岩,各种糜棱岩组成的断裂构造混杂岩带;3.泥盆系泥质碳酸盐,碎屑岩和少量泥质碳酸盐; 4.泥盆系泥质碳酸盐带;5.上古生界中生界中基性火山岩,火山碎屑岩,碳泥质,碳硅质,碳酸盐质;6.顺层分布的碳质,碳泥质强剪切基质;7.泥盆系踏坡群陆源碎屑,砂砾岩;8.震旦－寒武系为主的碳酸盐岩;9.太古代鱼洞子杂岩,泥质碎屑岩,泥质碎屑岩,火山碎屑岩;10.石炭系略阳灰岩;11.震旦－寒武系为主的碳酸盐岩,镁质碳酸盐岩; 12.偏桥沟－三岔子地质剖面位置;13.采样位置;14.康县;15.三岔子;16.文家沟;17.庄科;18.桥梓沟;19.略阳。

据陕西区调队秦岭构造组(1995)

约 300~700 m 的构造岩片,北与泥盆系泥质岩、碎屑岩和泥质碳酸盐接触,界面为一向北倾的逆冲推覆构造带,南侧为顺层分布的碳质、碳泥质、碳硅质强剪切基质,我们的样品采自文家沟和庄科(图1)。而岛弧火山岩组合则主要集中分布在三岔子、桥梓沟及略阳以北横现河一带,它们与辉长岩及超基性岩密切共存(图2)、关系复杂,接触界面大多为推覆构造界面。我们的样品主要采自偏桥沟、三岔子剖面以及桥梓沟和巴山弧形构造带的五里坝地区。

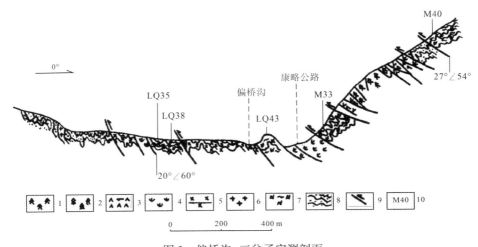

图 2　偏桥沟-三岔子实测剖面

1.含辉纯橄岩;2.铬铁矿化纯橄岩;3.方辉橄榄岩;4.蛇纹岩;5.层状辉长岩;6.斜长花岗岩;

7.变质中-基性火山岩;8.含硅质千枚岩;9.断层;10.采样位置及编号。

据陕西区调队秦岭构造组(1995)

2　变质火山岩地球化学特征

本文根据 Le Bas(1986)的 TAS 图解(图3),采用去水后化学成分进行投影,分类结果表明,本区火山岩主要岩石类型为玄武岩、玄武安山岩、安山岩及少量英安岩,且以基性和中基性岩石占主导。

勉县-略阳结合带的变质火山岩为一套低绿片岩相浅变质火山岩。关于变质作用过程中元素的行为,目前还了解不多且争论很大。本文将通过对火山岩岩石-构造组合类型、岩浆系列、稀土及痕量元素地球化学特征的分析研究,来阐明火山岩形成环境及其大地构造意义。痕量元素尽可能采用相对不活动的高场强元素及其比值所提供的地球化学约束。

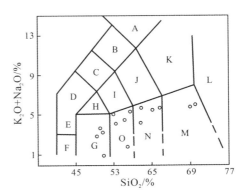

图 3　火山岩 TAS 分类图解

A:响岩;B:碱玄质响岩;C:响岩质碱玄岩;D:碧玄岩;

E:碱玄岩;F:苦橄玄武岩;G:玄武岩;H:粗面玄武岩;

I:玄武粗安岩;J:粗安岩;K:粗面岩;L:流纹岩;

M:英安岩;N:安山岩;O:玄武安山岩。

据 Le Bas(1986)

2.1 火山岩系列及主成分变化趋势

SiO_2-Zr/TiO_2 图解（图 4）被认为是划分蚀变、变质火山岩系列的有效图解（Winchester and Folyd，1977）。从图 3 可以看到，本区火山岩均属亚碱性火山岩。在确定亚碱性特征之后，再进一步对火山岩进行钙碱和拉斑系列的划分并不困难。因为这 2 个系列岩浆的演化趋势截然不同，变质或蚀变作用只能使其演化趋势变得模糊而不能改变之，故一般的图解仍然适用。从 SiO_2-FeO^T/MgO 图解（图 5）中可以看到，本区亚碱性系列火山岩可区分为拉斑玄武岩系列和钙碱性系列。拉斑系列火山岩可进一步区分为两组：一组具有相对高 TiO_2 含量（0.92%~1.86%，平均 1.31%），与现代大洋拉斑玄武岩 TiO_2 含量及变化范围接近（Dmitrier et al.，1989）；低 K_2O 含量且变化范围大（0.04%~0.95%，平均 0.47%）；SiO_2 含量低（47.28%~47.90%，平均 48.82%），Al_2O_3 含量高（12.00%~14.68%），Fe_2O_3+FeO、MgO 含量高，且 FeO 明显高于 Fe_2O_3；与现代大洋拉斑玄武岩比较，CaO 含量偏低，Na_2O 含量较高，这与岩石经受的细碧岩化作用有关（Gillis et al.，1993；赖绍聪，1995，1996）。该组拉斑玄武岩具有特征的大洋拉斑演化趋势，即随着 MgO 含量降低，Fe_2O_3+FeO 含量迅速增加。另一组拉斑玄武岩、玄武安山岩具有相对低 TiO_2 含量（0.68%~1.04%，平均 0.89%）的特点；需要指出的是，该组火山岩 K_2O 含量低，不具有成熟岛弧高 K_2O 含量的特点。在 AFM 图上（文中未附）随着 MgO 含量降低，最初出现弱的富铁趋势，尔后迅速转变为贫铁趋势，具初始岛弧拉斑玄武岩成分演化特点。其 SiO_2（45.00%~53.30%，平均 49.42%）、Al_2O_3（15.36%~18.50%，平均 16.69%）含量高于本区洋脊拉斑玄武岩，而 Fe_2O_3、FeO 含量低于本区洋脊拉斑玄武岩。

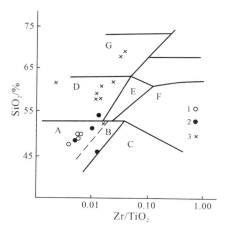

图 4　火山岩 SiO_2-Zr/TiO_2 图解

A：亚碱性玄武岩类；B：碱性玄武岩类；C：粗面玄武岩、碧石岩、霞玄岩；D：安山岩类；E：粗面安山岩类；F：响岩类；G：流纹英安岩、英安岩。1.本区 MORB；2.本区岛弧拉斑玄武岩；3.本区岛弧钙碱性火山岩。

据 Winchester and Floyd（1977）

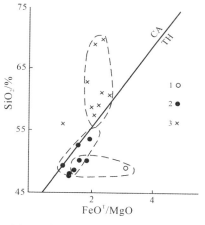

图 5　火山岩 SiO_2-FeO^T/MgO 图解

1.本区 MORB；2.本区岛弧拉斑系列火山岩；3.本区岛弧钙碱性火山岩。

据 Miyashiro（1975）

本区大多数钙碱性系列安山岩类 SiO_2 含量大于 57%，平均为 58.34%，属高硅安山岩（Gill，1981）；K_2O 含量低（0.20% ~ 1.02%，平均 0.46%），以低钾–中钾安山岩类为主；$lg\tau$-$lg\sigma$ 图解（文中未附）均位于 B 区，具岛弧低钾–中钾安山岩类总体化学成分特点。英安岩类火山岩主要见于巴山弧形构造五里坝一带，具岛弧（造山带）火山岩化学成分特点（表 1）。

需要指出的是，变质作用和蚀变作用使得火山岩的成分尤其是主成分产生一定程度的改变，岩石系列的化学演化趋势将产生一定程度的离散。但上述特点仍可反映本区火山岩主元素的一般特点。

2.2 微量元素地球化学

2.2.1 洋脊拉斑玄武岩微量元素地球化学

比较本区主元素显示大洋拉斑演化趋势的一组拉斑玄武岩的微量元素与原始地幔微量元素的平均值（Wood，1979）（图 6a），可以看出，该组拉斑玄武岩微量元素配分曲线总体显示为左倾正斜率亏损型地球化学特征，曲线 K、Ta、Sr 含量变化大，具轻微的 Ti 谷，Zr、Sm、Tb、Y 等不相容性较弱的元素相对于 La、Ce、Nd 等不相容性稍强的元素略呈富集状态特征。

本区洋脊拉斑玄武岩 Nb/La 值（1.62 ~ 3.25）均大于 1.5，平均为 2.39；Hf/Th 值为 10 ~ 13.5，大多大于 10；Zr/Y 值十分稳定，约为 2.5；Th/Ta≈1。而 La/Ta 值多为 12 ~ 18；Ti/V 值稳定，平均为 22.13；Th/Yb（0.04 ~ 0.17）、Ta/Yb（0.03 ~ 0.09）值大体处在 MORB 或 DM 的范畴之内。上述微量元素比值特征表明，本区洋脊玄武岩 Ti/V、Th/Ta、Th/Yb、Ta/Yb 等值与来自亏损的软流圈地幔的 MORB 十分类似。

2.2.2 岛弧火山岩微量元素地球化学

本区岛弧火山岩不相容元素谱系（图 6b）不同于本区洋脊拉斑玄武岩，曲线总体呈略向右倾的平坦型式，自基性向中酸性演化，Ti 谷略有加深。Th、U、K 等元素富集度逐渐增高。本区岛弧火山岩大多 Th > Ta，Nb/La < 0.8，Th/Ta 值大多介于 3 ~ 12，Th/Yb 值（0.26 ~ 2.85；玄武岩平均 0.405，玄武安山岩平均 1.30，安山岩平均 1.39，英安岩平均 2.73）和 Ta/Yb 值（0.10 ~ 0.95；玄武岩平均 0.57，玄武安山岩平均 0.23，安山岩平均 0.29，英安岩平均 0.31）总体上显示了弧火山岩的地球化学特征。

2.3 稀土元素地球化学

本区洋脊拉斑玄武岩基本无 Eu 异常，δEu 介于 0.84 ~ 1.13，平均为 1.00，在球粒陨石标准化配分图（图 7a）中显示为轻稀土亏损型配分形式，$(La/Yb)_N$ 平均为 0.51，$(Ce/Yb)_N$ 平均为 0.54，具典型的 N 型 MORB 稀土地球化学特征。本区岛弧火山岩具右倾斜轻稀土富集型配分形式（图 7b），其中玄武岩类轻稀土富集度低，轻、重稀土分异不明显，$(La/Yb)_N$ 值（1.84 ~ 2.81，平均 2.33）及 $(Ce/Yb)_N$ 值（1.31 ~ 2.56，平均 1.94）较低，而岩石的 δEu（1.15 ~ 1.26，平均 1.21）大于 1.00，岩石具弱的正 Eu 异常。玄武安山岩和安山

表 1　变质火山岩的主元素（%）和微量元素（μg/g）分析结果

样品编号	LQ49	L Q50	LQ51	M40	LQ23	LQ25	M33	M46	LQ24	LQ35	LQ38	LQ43	M30	M49	M10	M13
采样位置	庄科	庄科	庄科	文家沟	桥梓沟	桥梓沟	三岔子	桥梓沟	桥梓沟	三岔子	三岔子	三岔子	三岔子	桥梓沟	五里坝	五里坝
岩石名称	绿泥石片岩	绿泥钠长片岩	绿泥钠长片岩	绿泥钠长片岩	绿泥钠长片岩	绿泥钠长片岩	绿泥钠长片岩	绿泥钠长片岩	浅色泥钠长片岩	浅色泥钠长片岩	浅色绿泥钠长片岩	浅色绿泥钠长片岩	浅色绿泥钠长片岩	绿泥钠长片岩	浅色绿泥钠长片岩	浅色泥钠长片岩
SiO_2	49.60	49.90	48.50	47.28	48.30	53.50	50.86	45.00	57.40	61.00	60.40	58.50	61.48	52.04	68.33	67.22
Al_2O_3	12.00	13.90	14.40	14.68	15.40	17.50	18.50	15.36	16.00	15.50	17.00	14.40	17.35	15.51	14.02	14.94
Fe_2O_3	3.50	4.81	6.15	3.89	6.89	2.08	4.59	2.15	3.65	3.46	2.30	2.39	1.19	1.96	2.67	2.67
FeO	10.10	7.19	6.90	11.25	4.10	6.68	5.10	6.36	4.10	4.10	4.74	5.61	4.10	5.93	2.44	2.55
CaO	3.63	5.55	7.53	8.84	10.30	7.40	5.28	8.64	8.27	3.30	2.95	4.59	2.01	4.33	1.50	1.12
MgO	7.00	6.91	8.36	4.69	7.81	4.38	6.02	7.72	3.51	3.16	2.63	3.86	3.17	6.86	2.06	2.32
K_2O	0.95	0.70	0.04	0.20	0.03	0.02	0.20	0.20	0.24	1.02	0.92	0.44	0.20	0.20	2.39	1.76
Na_2O	0.83	3.19	3.22	2.72	1.03	4.40	4.74	3.49	3.97	4.43	6.12	4.70	6.83	4.80	3.43	4.01
TiO_2	1.32	0.92	1.13	1.86	0.97	1.04	0.68	0.89	0.96	0.99	0.80	1.03	0.48	0.66	0.63	0.67
MnO	0.15	0.15	0.18	0.21	0.19	0.18	0.15	0.15	0.17	0.13	0.14	0.14	0.11	0.13	0.12	0.14
P_2O_5	0.15	0.14	0.15	0.12	0.17	0.23	0.21	0.13	0.25	0.27	0.25	0.28	0.14	0.30	0.09	0.08
H_2O	5.58	5.02	3.44	3.49	4.12	2.56	3.51	4.63	1.64	2.44	1.96	2.60	2.25	4.22	2.11	1.56
CO_2	3.39	1.45	0.05	1.23	0.38	0.38	0.47	5.29	0.05	0.19	0.05	1.64	0.28	3.59	0.94	0.66
总量	98.20	99.83	100.05	100.469	9.69	100.35	100.31	100.01	100.21	99.99	100.26	100.18	100.3	100.12	100.43	99.70
La	1.89	1.23	1.59	5.20	7.14	19.9	16.6	8.22	19.1	15.9	13.7	11.2	22.5	21.1	40.5	42.6
Ce	4.63	4.46	5.42	13.1	13.6	27.3	27.1	20.0	37.6	34.4	26.5	19.7	30.3	26.7	63.5	62.0
Nd	3.98	5.42	6.87	10.2	7.37	14.1	14.7	10.0	19.8	22.6	17.1	12.5	14.9	14.2	30.6	30.6
Sm	2.27	2.23	2.63	3.51	2.77	4.69	3.65	2.76	4.43	5.49	4.42	4.01	3.17	3.44	6.61	6.21
Eu	1.32	0.784	0.956	1.47	1.27	1.43	1.07	1.05	1.30	1.50	1.32	1.43	0.746	0.981	1.39	1.50
Gd	5.32	3.65	3.89	4.73	3.49	4.73	2.95	2.80	4.56	6.34	4.79	4.68	2.03	3.19	6.34	5.74
Tb	0.99	0.717	0.876	0.775	0.677	0.825	0.438	0.398	0.837	1.14	0.796	0.81	0.313	0.542	0.948	0.975
Ho	1.59	1.06	1.45	1.10	0.957	1.17	0.586	0.553	1.14	1.45	1.04	1.12	0.42	0.757	1.19	1.39

续表

样品编号	LQ49	L Q50	LQ51	M40	LQ23	LQ25	M33	M46	LQ24	LQ35	LQ38	LQ43	M30	M49	M10	M13
采样位置	庄科	庄科	庄科	文家沟	桥梓沟	桥梓沟	三岔子	桥梓沟	桥梓沟	三岔子	三岔子	三岔子	三岔子	桥梓沟	五里坝	五里坝
岩石名称	绿泥石片岩	绿泥钠长片岩	绿泥钠长片岩	绿泥钠长片岩	绿泥钠长片岩	绿泥钠长片岩	绿泥钠长片岩	绿泥钠长片岩	浅色绿泥钠长片岩	浅色绿泥钠长片岩	浅色绿泥钠长片岩	浅色绿泥钠长片岩	浅色绿泥钠长片岩	绿泥钠长片岩	浅色绿泥钠长片岩	浅色绿泥钠长片岩
Tm	0.615	0.432	0.627	0.486	0.407	0.467	0.259	0.270	0.449	0.526	0.392	0.449	0.179	0.322	0.467	0.558
Yb	3.41	2.59	3.48	3.13	2.51	2.74	1.63	1.89	2.69	3.02	2.25	2.61	1.10	2.01	2.79	3.23
Lu	0.455	0.352	0.421	0.451	0.353	0.393	0.244	0.295	0.359	0.419	0.302	0.383	0.191	0.289	0.444	0.447
Hf	2.02	1.97	1.64	1.78	1.57	3.48	1.92	1.70	3.65	4.06	3.43	3.55	2.13	3.27	6.41	6.58
Ta	3.65	0.095	0.105	0.278	2.38	0.922	0.182	0.357	0.581	0.676	0.221	2.20	0.237	0.482	0.907	0.898
Th	0.151	0.146	0.153	0.517	0.652	2.53	2.73	1.04	2.47	2.22	2.27	1.78	3.01	5.61	7.95	8.42
U	0.235	0.249	0.259	0.251	0.322	0.643	0.789	0.099	0.744	0.728	0.834	0.717	1.29	1.65	1.37	1.54
Nb	4.2	4.0	3.9	8.4	6.1	12	7.1	8.0	12	2.6	6.8	6.3	8.5	11	15	17
Sr	75	55	132	438	455	654	862	342	669	3.6	307	584	378	254	158	126
Zr	75	54	64	72	49	138	73	70	136	13	128	129	117	122	237	244
Y	29	25	28	29	21	24	17	19	23	1.3	22	23	14	19	31	32

主化学成分由中国地质科学院测试研究所采用湿法分析(1995);La~U 由中国科学院高能物理研究所采用中子活化法分析(1995);Nb~Y 由北京有色冶金设计研究总院中心化验室采用 XRF 法分析(1995)。

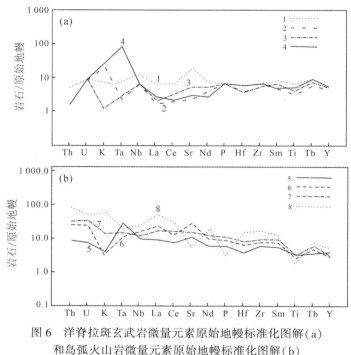

图 6 洋脊拉斑玄武岩微量元素原始地幔标准化图解(a)
和岛弧火山岩微量元素原始地幔标准化图解(b)
1.M40;2.LQ50;3.LQ51;4.LQ49;5.玄武岩;6.玄武安山岩;7.安山岩;8.英安岩。
原始地幔平均值据 Wood(1979)

岩类(La/Yb)$_N$ 值大多为 2.78~13.24,平均为 5.60;(Ce/Yb)$_N$ 介于 1.82~6.66,平均为 3.29,说明岩石存在明显的轻、重稀土分异现象,轻稀土中度富集;岩石的 δEu 值平均为 0.94,接近 1.00,无明显 Eu 异常。英安岩类与基性和中基性岩类比较,轻、重稀土分异更为明显,(La/Yb)$_N$ 值平均为 8.96,轻稀土强烈富集,岩石负 Eu 异常明显,δEu 值在 0.65~0.76 范围内变化。

2.4 微量元素地球化学与板块构造环境

Th、Nb、La 都是强不相容元素,它们的分配系数相近。因此,它们的比值尤其是 Th、La 与 Nb 的比值(Nb 分配系数居中)在部分熔融和分离结晶过程中基本保持不变,从而可最有效地指示源区特征(Sun and McDonough,1989)。Nb、La、Th 在海水蚀变及变质过程中是稳定或比较稳定的元素。利用 La/Nb-La 和 Nb/Th-Nb 图解(图8)可以区分洋脊、岛弧、洋岛玄武岩(李曙光,1993)。根据主元素、微量元素和稀土元素识别的本区洋脊拉斑玄武岩和岛弧火山岩可以从图 8 中被明显地区分开来,说明本区变质火山岩存在洋脊型和岛弧型 2 种主要的岩石-构造组合类型,它们在主元素演化趋势、微量元素及其比值、稀土元素以及形成环境诸方面存在明显区别。

3 讨论

勉县–略阳结合带黑沟峡变质火山岩系中的变质玄武岩具有类似 MORB 的痕量元素

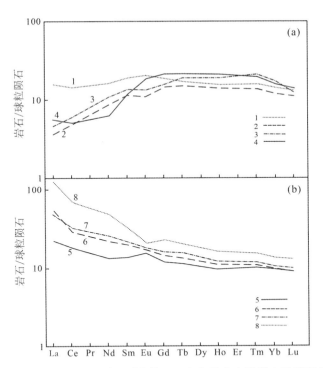

图 7　洋脊拉斑玄武岩稀土元素配分图解（a）和岛弧火山岩稀土元素配分图解（b）
1.M40；2.LQ50；3.LQ51；4.LQ49；5.玄武岩；6.玄武安山岩；7.安山岩；8.英安岩

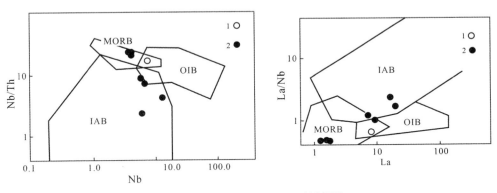

图 8　Nb/Th-Nb 和 La/Nb-La 判别图解
1.本区 MORB；2.本区岛弧玄武岩。
据李曙光（1993）

特征（李曙光等，1996），与本文中洋脊型拉斑玄武岩的地球化学特征十分类似，属同一岩石–构造组合类型；黑沟峡变质火山岩系的 Sm-Nd 等时线年龄为 242 ± 21 Ma，Rb-Sr 全岩等时线年龄为 221 ± 13 Ma（李曙光等，1996），它们在误差范围内一致；该同位素年龄的真实地质含义尚值得讨论，但由于 Rb-Sr 体系的变质过程中同位素均一化尺度很大，其变质岩全岩等时线年龄一般指示其变质时代；而且火山岩在低级变质条件下稀土元素可以有明显的活动性,其 Nd 同位素可被均一化并给出变质时代(Li Shuguang et al.,1990),因此,黑沟峡变质火山岩 221 Ma 和 242 Ma 的同位素年龄值很可能指示的是火山岩的变质年龄(李曙光等,1996)而不是岩石的形成年龄。在勉县-略阳结合带中发育有泥盆系深水浊积岩系,表明当时洋盆已打开;在略阳三岔子、石家庄一带采集的、与蛇绿岩密切共生的硅质岩中发现了放射虫动物群,其地质时代为早石炭世(殷鸿福等,1996);秦岭微板块自身的地质演化特征表明,泥盆纪以来它是有别于华北和扬子的独立岩石圈微板块,它有与扬子统一相似的基底(Pt_{1-2})和震旦-志留的属扬子板块北缘的被动陆缘沉积岩系,因此早古生代它仍属扬子板块,但 $D-T_2$ 显然不同于华北和扬子而独具特色(张国伟等,1995)。说明在古生代中期(D-C)沿勉略一带出现了古特提斯洋北侧新的分支,从扬子板块北缘分裂出秦岭。勉略洋盆经 D、C、P 直至 T_2,洋盆最终闭合消失,秦岭与扬子俯冲碰撞,从而使勉略构造带成为秦岭造山带中另一重要的板块结合带。

本区变质火山岩有 2 种不同的岩石构造组合:一类为岛弧型火山岩。其中,玄武岩类主要为拉斑质的,很少出现钙碱性玄武岩,中性、中基性岩则均为钙碱性系列,在三岔子地区这套火山岩与超基性岩、辉长岩及含放射虫硅质岩密切共存,其中,超基性岩主要为纯橄榄岩和方辉橄榄岩,这套杂岩与消减作用有关,可能代表了一套岛弧蛇绿岩组合。另一类火山岩为洋脊型拉斑玄武岩组合,其轻稀土显示亏损特征,地球化学指纹显示其属 MORB 型玄武岩,它以构造岩片的型式出露于三岔子蛇绿岩块北侧庄科一带,未见其与岛弧型火山岩有互层关系,经初步推断,它很可能代表本区消失了的洋壳岩石,是勉县-略阳结合带中残留的古洋壳残片,我们将对此做进一步研究。

4 结 论

勉县-略阳结合带变质火山岩可区分为 2 种组合类型:一类为轻稀土亏损的洋脊拉斑玄武岩,其 Ti/V、Th/Ta、Th/Yb、Ta/Yb、Ce/Y 值表明其属 MORB 型玄武岩,可能代表了勉县-略阳结合带中消失了的洋壳岩石。另一类为岛弧火山岩组合,可细分为岛弧拉斑玄武岩和岛弧钙碱性火山岩 2 个系列,它们与超基性岩、辉长岩及含放射虫硅质岩密切共存,指示本区一套岛弧蛇绿岩组合。

参考文献

[1] 李曙光,1993.蛇绿岩生成构造环境的 Ba-Th-Nb-La 判别图.岩石学报,9(2):146-157.

[2] 李曙光,孙卫东,张国伟,等,1996.南秦岭勉略构造带黑沟峡变质火山岩的年代学和地球化学:古生代洋盆及其闭合时代的证据.中国科学:D 辑,26(3):223-230.

[3] 张国伟,1993.秦岭造山带基本构造的再认识.见:IGCP 第 321 项中国工作组.亚洲的增生.北京:地震出版社:95-98.

[4] 张国伟,孟庆任,赖绍聪,1995.秦岭造山带的结构构造.中国科学:B 辑,25(9):994-1003.

[5] 杨宗让,胡永祥,1990.陕西略阳一带古板块缝合线存在标志及南秦岭板块构造的演化关系.西北地质,(2):13-20.

[6] 殷鸿福,杜远生,许继峰,等,1996.南秦岭勉略古缝合带中放射虫动物群的发现及其古海洋意义.地

球科学,21(4):184.

[7] 赖绍聪,邓晋福,赵海玲,1996.青藏高原北缘火山作用与构造演化.西安:陕西科学技术出版社.

[8] 赖绍聪,邓晋福,赵海玲,1995.柴达木北缘古生代蛇绿岩及其构造意义.现代地质,10(1):18-28.

[9] Dmitrive L V,Sobolev A V,Reisner M G,1989.Quenched glasses of TOR:Petrochemical classification and distribution in Atlantic and Pacific oceans.Abstracts of 28th International Geological Congress,Ⅰ:399.

[10] Gillis K M ,Thompson G,1993.Metabasalts from the Mid-Atlantic Ridge:New insights into hydrothermal system in slow-spreading crust. Contrib Mineral Petrol,113:502-523.

[11] Gill J B,1981.Orogenic andesites and plate tectonics .Heidelberg:Springer-Verlag:358-368.

[12] Lai Shaocong ,Zhang Guowei,1996.Geochemical features of the ophiolite in Mianxian-Lueyang suture zone,Qinling orogenic belt.Journal of China University of Geosciences ,7(2):165-172.

[13] Le Bas M J,1986.A chemical classification of volcanic rocks based on the total alkali-silica diagram. J Petrol,27:745-750.

[14] Li Shuguang,Hart S K , Wu Tieshan,1990.Rb-Sr and Sm-Nd isotopic dating of an early Precambrian spilite-keratophyer sequence in the Wutaishan area,North China: Preliminary evidence for Nd-isotopic homogenization in the mafic and felsic lavas during low-grade metamorphism. Precambrian Res,47: 191-203.

[15] Miyashiro A,1975.Classification,characteristics and origin of ophiolites. J Geol,83:249-281.

[16] Sun S S,McDonough W F,1989.Chemical and isotopic systematics of oceanic basalts:Implications for mantle composition and processes.In:Saunders A D ,Norry M J.Magmatism in the Ocean Basin. Geol Soc Special Publ,42:313-345.

[17] Winchester J A, Floyd P A,1977.Geochemical discrimination of different magma series and their differentiation products using immobile elements. Chemical Geology,20:325-343.

[18] Wood D A,1979.A variably veined suboceanic upper mantle genetic significance for mid-ocean ridge basalts from geochemical evidence.Geology,7:499-503.

勉略结合带五里坝火山岩的地球化学研究及其构造意义①②

赖绍聪　张国伟

摘要:五里坝火山岩位于扬子与秦岭微板块的分界断裂——巴山弧两河-饶峰-石泉-高川蛇绿构造混杂带内,岩石为一套双峰式火山岩组合,由亚碱性玄武岩和亚碱性英安流纹岩组成。基性岩和酸性岩均具有显著的 Nb、Ta 亏损,玄武岩的 Th/Yb-Ta/Yb 和 Ti/Zr-Ti/Y 不活动痕量元素组合特征指示这套双峰式火山岩具有岛弧火山岩的地球化学特征,形成于特殊的洋内岛弧弧内裂陷的大地构造环境。五里坝火山岩应是勉略洋盆在古生代晚期-中生代早期发育期间洋壳俯冲及裂陷的岩浆作用产物。它可能是勉略缝合带在巴山弧地区出露的重要岩石学证据。

1 前言

关于南秦岭勉略结合带的讨论,是一个十分重要且目前又存在较大争议的地质问题,它关系整个秦岭造山带主造山期基本构造格架与造山演化过程。勉略结合带作为秦岭组成部分和中国大陆最后拼接的主要具体结合带之一,其组成、结构与形成演化的研究,对于认识中国大陆最后拼合过程及其性质和特征,显然具有重要的科学意义。已有的研究表明,该结合带在勉县-略阳区段发育良好,构成一个复杂的、包括不同成因岩块的蛇绿构造混杂带(张国伟等,1995;Lai et al.,1996;赖绍聪等,1997,1998;许继峰等,1996,1997;李亚林等,1999;李三忠等,2000)。但事实上,勉县-略阳蛇绿构造混杂带自勉县、鞍子山向东的延伸情况,目前尚无岩石地球化学方面的确切证据,已有的研究工作仅到达鞍子山地区(许继峰等,2000),该结合带是否延伸至巴山弧形构造带并继而向东延伸至大别南缘(Dong Yunpeng et al.,1999),仍是目前学术界有重大争议的热点议题。本文对巴山弧五里坝岩区出露的火山岩的厘定,将为勉略结合带东延至巴山弧形构造带提供重要的岩石地球化学证据。

---

①　原载于《大地构造与成矿学》,2002,26(1)。

②　国家自然科学基金重点项目(49732080)、中国科学院 LNAT 核分析技术联合开放实验室(97B006)及陕西省教委专项科研基金资助。

2 区域地质概况

勉县-略阳蛇绿构造混杂带向东经巴山弧,在巴山弧形构造两河-饶峰-石泉-高川区段残存有一构造混杂带,是因中新生代陆内逆冲推覆断裂及其后多次不同方向构造变形的叠加改造以至变形变位而呈透镜状残块出露于巴山弧形断裂带内,具有复杂的物质组成。剪切叠置有不同时期、不同性质的火山岩及沉积岩等构造岩块或岩片,共同构成巴山弧形构造带内一明显的构造混杂岩带。该构造混杂带由巴山弧两河经饶峰、石泉至高川、五里坝,长约 60 km,宽约 5~10 km,由多条断裂为骨架,包括众多不同属性构造岩块及变质玄武岩、辉长岩和少量超基性岩岩块(王根宝等,1997),它正位于秦岭-大别微板块的南部边缘和扬子板块的北部边缘,它将秦岭-大别地层区和扬子地层区严格分开。本区扬子板块北缘除缺失部分泥盆-石炭纪地层外,寒武-三叠系均为稳定台地型建造,秦岭微板块由于其构造复杂,许多问题尽管尚有争议,然而除泥盆系与志留系之间有地区性不整合外,其他地层基本连续,但建造类型与岩石组合和扬子板块北缘已截然不同;而构造混杂带内泥盆-石炭系由边缘陆相冲积扇群体系直接过渡为浊积岩及硅质岩与钙屑浊积岩,与两侧有明显差异(王根宝等,1997)(图 1)。

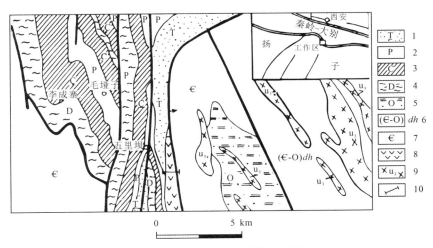

图 1　五里坝地区地质构造简图

1.三叠系:泥灰岩、白云质灰岩、砂砾岩及黑色页岩;2.二叠系:灰岩、硅质岩及钙质页岩;3.石炭系:灰岩夹页岩,白云质灰岩,钙质砂页岩,4.泥盆系:灰岩、泥灰岩夹页岩,生物灰岩及少量石英砂岩;5.奥陶系:泥板岩及千枚岩;6.洞河群灰岩,片岩及硅质岩;7.寒武系:灰岩、页岩及粉砂岩;8.火山岩;9.辉长岩;10.取样剖面

本区火山岩分布在五里坝东南侧,近南-北向延伸分布,宽约 50~600 m,长约 6~8 km。其东侧与寒武系地层呈断层接触,界面为一东倾的低角度逆冲推覆构造。火山岩西南侧地层依次为三叠系、二叠系、石炭系及泥盆系。野外地质调查表明(图 2),五里坝火山岩与西南侧三叠系地层接触带附近未见明显的脆性断裂构造带发育,但接触带附近的火山玄武岩有强烈的片理化现象,表明五里坝火山岩与三叠系地层之间为一韧性剪切构造带。该组火山岩为一套玄武岩-英安流纹岩双峰式火山岩组合,岩性较为简单,变

化不大。下部为深色片理化玄武岩,中上部为玄武岩与英安流纹岩互层,酸性火山岩所占比例不大,单层厚一般 5～15 m,最厚的可达 50 m 左右(图2)。玄武岩与英安流纹岩互层关系表明它们应为同时代岩石组合。

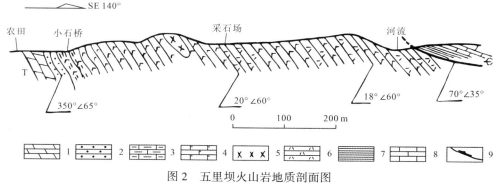

图 2　五里坝火山岩地质剖面图
1.三叠系白云质灰岩;2.三叠系变质砂岩;3.强片理化玄武岩;4.玄武岩;5.辉长岩;6.英安流纹岩

　　玄武质岩石镜下可见变余斑状结构,斑晶含量低,主要斑晶矿物为基性斜长石和辉石,斜长石斑晶已明显蚀变,蚀变产物为细小粒状的绿帘石和钠长石,斑晶轮廓仍清晰可见,且隐约可见聚片双晶;辉石斑晶大多绿泥石化,部分颗粒已全部蚀变为绿泥石。岩石基质为间粒结构,由斜长石(钠长石)微晶和辉石(大多已绿泥石化)、磁铁矿小颗粒组成。英安流纹岩类可见剪切片理化现象,基质已发生重结晶。岩石总体为斑状结构,斑晶为正长石和具细密聚片双晶的酸性斜长石。基质为微晶结构,由长英质微细晶粒组成。

3　地球化学特征

3.1　火山岩系列的划分

　　五里坝火山岩成分分析结果已列于表 1 中。从表 1 中可以看到,本区玄武质岩石 H_2O 含量($H_2O^+ + H_2O^-$)介于 3.00%～3.26%,平均为 3.14%;英安流纹岩类 H_2O 含量介于 1.72%～3.82%,平均为 2.61%,表明本区火山岩尤其是基性火山岩曾遭受过一定的蚀变作用并可能受到过微弱的变质作用影响。本文将通过对火山岩岩石-构造组合类型、岩浆系列、稀土及痕量元素地球化学特征的分析研究,来阐明火山岩形成环境及其大地构造意义。痕量元素尽可能采用相对不活动的高场强元素及其比值所提供的地球化学约束。

　　Nb、Y 均为不活泼痕量元素,较少受到蚀变和变质作用的影响,对于碱性(alkaline)和非碱性(nonalkaline)系列火山岩,其 Nb/Y 值的区间范围十分稳定,尤其对于基性、中基性和中酸性火山岩,其碱性和非碱性系列的区分主要取决于 Nb/Y 值而较少受到 SiO_2含量变化的影响。因此,SiO_2-Nb/Y 图解可以有效地区分变质/蚀变火山岩的系列(Winchester et al.,1997)。从图 3 中可以看到,本区火山岩均属非碱性系列火山岩。

SiO_2-Zr/TiO_2 图解被认为是划分蚀变、变质火山岩系和岩石名称的有效图解（Winchester et al.，1997），从图 3 中可以看到，本区火山岩主要可分为亚碱性玄武岩和亚碱性英安流纹岩两类。

表 1　五里坝火山岩的主元素（%）和微量元素（×10^{-6}）分析结果

编号	WL03	WL04	WL05	WL06	WL08	WL15	WL16	WL18	WL22
岩性	玄武岩	玄武岩	玄武岩	英安流纹岩	英安流纹岩	英安流纹岩	英安流纹岩	英安流纹岩	英安流纹岩
SiO_2	48.16	47.53	47.24	65.11	66.73	66.95	63.95	68.15	67.09
TiO_2	1.97	1.75	2.06	0.69	0.64	0.82	0.99	0.69	0.68
Al_2O_3	13.40	13.41	13.53	14.07	14.47	12.39	13.71	12.89	14.48
Fe_2O_3	7.50	5.41	6.87	4.33	2.88	2.45	2.56	2.06	2.54
FeO	7.29	8.68	8.45	2.50	2.83	3.31	3.98	3.07	2.74
MnO	0.27	0.29	0.37	0.20	0.13	0.13	0.17	0.12	0.14
MgO	5.85	6.88	5.99	2.24	2.40	2.45	2.27	2.39	2.44
CaO	8.92	9.75	8.47	2.39	1.71	2.47	1.78	1.27	1.65
Na_2O	2.90	2.56	2.80	2.11	3.23	3.22	3.21	3.53	3.12
K_2O	0.68	0.78	0.88	3.57	2.94	2.66	2.76	2.55	3.05
P_2O_5	0.11	0.18	0.16	0.16	0.21	0.13	0.20	0.24	0.20
H_2O^+	2.66	2.59	2.61	2.29	1.27	2.08	3.79	2.44	1.62
H_2O^-	0.60	0.41	0.56	0.42	0.45	0.63	0.30	0.32	0.32
Total	100.31	100.22	99.99	100.08	99.89	99.69	99.67	99.72	100.07
Sc	38.5	40.5	38.6	12.8	12.7	11.4	14.5	10.5	13.2
V	385.1	368.9	401.6	110.8	86.9	85.1	103.4	84.8	91.5
Cr	101.5	153.8	124.2	66.0	86.5	85.3	86.7	83.1	51.3
Co	47.1	47.4	49.5	25.7	15.1	18.3	18.0	14.6	12.4
Ni	50.7	66.6	60.1	45.1	35.8	35.4	37.8	35.2	21.9
Cu	121.8	99.9	124.8	22.7	21.8	28.6	55.2	26.7	31.0
Zn	172.9	143.3	170.3	116.4	92.6	95.5	110.6	85.7	75.6
Ga	21.4	20.2	21.1	21.4	19.6	18.4	20.1	18.5	17.6
Rb	17.1	13.7	14.1	116.5	96.7	76.6	67.5	72.7	85.2
Sr	471.9	356.7	333.7	208.1	180.4	146.6	118.0	159.2	203.4
Y	37.7	34.4	37.6	28.1	30.9	29.4	35.9	25.4	25.0
Zr	168	148	169	201	183	194	244	217	177
Nb	10.9	9.2	11.0	13.0	12.0	14.2	15.6	11.9	8.9
Sn	2.13	1.84	1.96	2.54	2.57	2.32	2.71	2.04	1.91
Cs	3.51	0.66	0.89	3.74	3.15	2.76	3.04	2.69	3.07
Ba	585.8	564.4	497.8	1075.6	966.9	695.7	706.6	901.6	742.0
Hf	5.77	4.62	5.53	6.32	6.09	6.42	7.82	6.83	5.89
Ta	0.76	0.63	0.75	0.96	0.79	0.94	1.03	0.83	0.61
W	1.49	1.14	1.39	1.35	0.75	0.81	1.02	0.68	0.65
Pb	103.4	74.5	105.6	43.8	15.3	12.8	17.9	10.0	5.9
Th	1.94	1.65	1.81	8.44	8.02	7.06	6.02	6.82	5.88

续表

编号	WL03	WL04	WL05	WL06	WL08	WL15	WL16	WL18	WL22
岩性	玄武岩	玄武岩	玄武岩	英安流纹岩	英安流纹岩	英安流纹岩	英安流纹岩	英安流纹岩	英安流纹岩
U	0.46	0.38	0.42	1.21	1.26	1.35	1.08	1.28	0.92
La	17.2	15.7	17.2	32.6	35.9	30.8	27.5	32.0	27.2
Ce	40.9	37.6	41.9	69.7	75.5	67.7	54.8	73.1	52.9
Pr	5.7	5.21	5.74	7.79	8.05	8.03	7.37	7.05	6.08
Nd	21.8	19.6	22.5	26.7	28.6	27.3	29.4	26.3	23.1
Sm	5.89	5.21	5.85	5.41	5.76	5.46	6.36	4.85	4.68
Eu	2.01	1.93	2.07	1.43	1.23	1.15	1.36	1.1	1.12
Gd	6.6	6.17	6.85	5.25	5.43	4.87	6.25	4.52	4.13
Tb	1.1	0.99	1.08	0.82	0.82	0.78	0.99	0.71	0.66
Dy	6.51	6.02	6.55	4.83	5.03	4.83	6.09	4.14	4.01
Ho	1.3	1.21	1.31	0.94	0.98	0.95	1.19	0.83	0.83
Er	4.05	3.51	3.94	2.89	3.28	3.25	4.04	2.67	2.66
Tr	0.59	0.48	0.55	0.42	0.47	0.48	0.52	0.39	0.40
Yb	3.23	3.03	2.97	2.69	3.01	2.97	3.38	2.56	2.44
Lu	0.49	0.42	0.41	0.39	0.43	0.42	0.49	0.36	0.35

$SiO_2 \sim H_2O^-$ 由中国科学院地球化学研究所采用湿法分析(1999);$Sc \sim Lu$ 由中国科学院地球化学研究所采用 ICP-MS 分析(1999)。

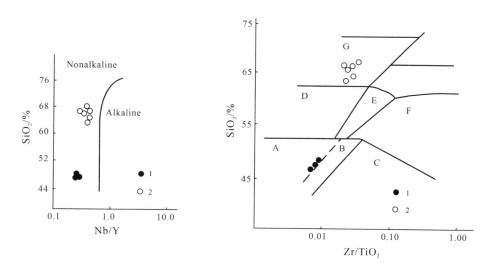

图 3　火山岩 SiO_2-Nb/Y 图解和 SiO_2-Zr/TiO_2 图解

Alkaline:碱性系列;Nonalkaline:非碱性系列;A:亚碱性玄武岩类;B:碱性玄武岩类;C:粗面玄武岩、碧玄岩、霞石岩;D:安山岩类;E:粗面安山岩类;F:响岩类;G:英安流纹岩、英安岩。1.本区玄武岩类;2.本区英安流纹岩类。

据 Winchester and Floyd(1997)

　　本区玄武岩类 SiO_2 含量稳定,介于 47.24% ~ 48.16%,平均为 47.64%,属玄武岩 SiO_2 含量范畴。Fe_2O_3、FeO、MgO 含量高,且以 FeO > Fe_2O_3 为主。TiO_2 含量高,平均为

1.93%,就 TiO_2 含量而言,本区玄武岩类与洋脊拉斑玄武岩(1.5%)类似(Pearce,1983)。而本区英安流纹岩类则具有高 SiO_2 含量(63.95%~68.15%,平均 66.33%),低 TiO_2 含量(0.64%~0.99%,平均 0.75%)和 Fe_2O_3+FeO、MgO 含量低的地球化学特点。

3.2 稀土元素地球化学

分析结果(表1)表明,本区玄武岩类稀土总量较低,一般在 140×10^{-6} ~ 155×10^{-6} 范围内,平均为 151.02×10^{-6} ,轻、重稀土分异不明显,$\sum$ LREE/$\sum$ HREE 值十分稳定,为 1.52~1.56,平均为 1.53;岩石 $(La/Yb)_N$ 介于 3.72~4.15,平均为 3.90;$(Ce/Yb)_N$ 大多介于 3.45~3.92,平均为 3.63;δEu 值趋近1且十分稳定,变化很小,平均为 1.01,表明岩石基本无 Eu 异常。本区英安流纹岩类稀土总量略高于玄武岩类,在 155×10^{-6} ~ 205×10^{-6} 范围内,平均为 185.20×10^{-6} ,有较弱的轻、重稀土分异,$\sum$ LREE/$\sum$ HREE 值平均为 2.93;岩石 $(La/Yb)_N$ 值介于 5.84~8.97,平均为 7.92;$(Ce/Yb)_N$ 介于 4.50~7.93,平均为 6.49;岩石 δEu 介于 0.65~0.81,平均为 0.71,表明岩石具弱的负 Eu 异常(图4)。本区玄武岩和英安流纹岩稀土丰度值差异不大,英安流纹岩仅有弱的轻、重稀土分异和弱的 Eu 亏损。这表明,玄武岩和英安流纹岩并非同源岩浆分异演化的产物。因为,如果流纹岩和玄武岩为共源岩浆系列,则流纹岩的稀土总量应明显高于玄武岩类,且其 Eu 亏损应十分显著。据此可以看出,本区玄武岩和英安流纹岩尽管在空间上密切相伴且为同时代的产物,但它们的岩浆源区又有明显差异,应为上地幔和地壳不同深度处分别局部熔融的产物。

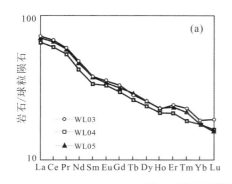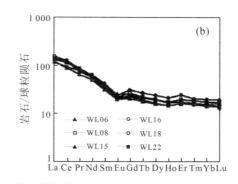

图4 稀土元素球粒陨石标准化配分型式

(a)玄武岩类;(b)英安流纹岩类。球粒陨石标准值据 Sum and McDonough(1949);
图中编号对应表1中的样品编号

3.3 微量元素地球化学

本区玄武岩类 Th/Ta 值为 0.31~0.32,十分稳定。Nb<La,Nb/La 值为 0.32~0.34;Th/Yb 值为 0.03;Ta/Yb 值为 0.11。本区玄武岩类 Nb/La<0.35、Zr/Y<4.5 的特点与洋内岛弧拉斑玄武岩的地球化学特征十分类似(Francalanci et al.,1993;Viramonte et al.,1999)。全部玄武岩的 Ta/Yb 比值均小于 0.2,这与活动陆缘环境(大陆边缘弧)钙碱性

玄武岩明显不同。特别值得注意的是,岛弧型蛇绿岩中的玄武岩是拉斑质的,很少出现钙碱性的玄武岩;岛弧型蛇绿岩中拉斑玄武岩的 Th/Yb 比值很低(如阿曼蛇绿岩,Th/Yb 值为 0.05～0.1)(Pearce,1983),这与本区玄武岩特征有类似之处(本区玄武岩均为拉斑质,且 Th/Yb=0.03)。然而,本区玄武岩均是 LREE 富集型的,这恰是岛弧玄武岩的 REE 特征,而岛弧蛇绿岩中的拉斑玄武岩都是 LREE 亏损的。如特罗多斯、阿曼、贝茨科夫、沃瑞诺斯的例子(Pearce,1983;Coish et al.,1982;Beccaluva et al.,1984)。从上述特征来看,本区玄武岩总体上应属于洋内岛弧火山岩的地球化学特征(Marlina et al.,1999)。英安流纹岩类 Th/Ta(0.22～0.30,平均0.26)、Nb/La(0.66～0.88,平均0.78)、Th/Yb(0.02～0.03,平均0.025)和 Ta/Yb(0.10)值与本区玄武岩类十分接近。这表明,本区酸性和基性两组火山岩具有十分相似的微量元素地球化学指纹。

微量元素组合特征是反映火山岩形成构造背景的有效途径,本区火山岩微量元素 N 型 MORB 标准化分配型式(图5)表明,玄武岩类配分曲线与南桑德威奇洋内岛弧拉斑玄武岩的配分曲线十分相近(李曙光,1983);而英安流纹岩类配分曲线总体而言具有典型的岛弧火山岩的分布型式。以 K、Rb、Ba 的较强富集并伴有 Ce 和 Sm 的弱富集为特征。这表明,本区火山岩的微量元素配分型式总体仍然反映了岛弧火山岩的特征。

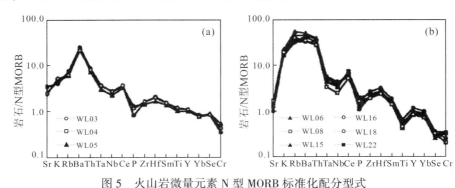

图5 火山岩微量元素 N 型 MORB 标准化配分型式

(a)玄武岩类;(b)英安流纹岩类。N-MORB 标准值据 Pearce(1984);图中编号对应表1中的样品编号

Th、Nb、La 都是强不相容元素,它们的分配系数相近。因此,它们的比值尤其是 Th、La 与 Nb 的比值(Nb 分配系数居中)在部分熔融和分离结晶过程中基本保持不变,从而可最有效地指示源区特征(Hergt et al.,1991)。Nb、La、Th 在海水蚀变及变质过程中是稳定或比较稳定的元素,故利用 La/Nb-La 和 Nb/Th-Nb 图解可以区分洋脊、岛弧、洋岛玄武岩(Hergt et al.,1991)。从图6中可以看到,本区火山岩均处在典型的弧火山岩范围内。

本区玄武岩类 Ti/Zr 值介于 70.3～73.1,平均为 71.4;Ti/Y 值介于 305～328,平均为315;而英安流纹岩类具有较低的 Ti/Zr(19～25,平均 22.1)和 Ti/Y 值(124～166,平均155)。Zr 和 Y 是蚀变及变质过程中十分稳定的不活动痕量元素,而火山岩中 Ti 丰度与火山岩源区物质组成及火山岩的形成环境有十分密切的关系(Pearce,1983)。因此,根据 Ti/Zr、Ti/Y 比值特征及 Ti/Zr、Ti/Y 图解(图6),可以看到,本区英安流纹岩类源区与壳源岩石有密切关系,而本区玄武岩类投影点位于壳源与 MORB 型源区之间,说明这套玄

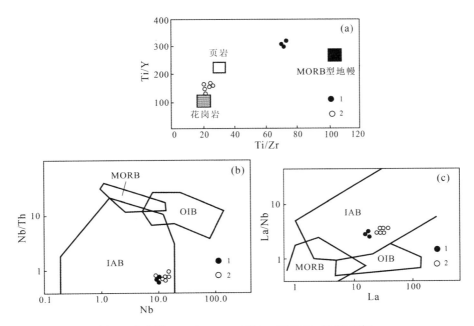

图6 火山岩 Nb/Th-Nb、La/Nb-La 和 Ti/Zr-Ti/Y 图解
1.玄武岩类;2.英安流纹岩类。MORB:洋中脊玄武岩;OIB:洋岛玄武岩;IAB:岛弧玄武岩。
图6a 据 Hergt et al.(1991);图6b、c 据李曙光(1993)

武岩浆具有其特殊性,带有洋内岛弧环境亏损地幔源区的地球化学烙印(Wilson,1989)。

4 关于岩石成因及其大地构造意义的讨论

综合上述微量元素地球化学特征可以看出,五里坝火山岩以其显著的 Nb、Ta 亏损为特征,表明它们应为一套岛弧型岩浆活动的产物(Marlina et al.,1999;李曙光等,1996)。且玄武质岩石的 Th/Yb-Ta/Yb 和 Ti/Zr-Ti/Y 不活动痕量元素组合特征,指示它们应来源于一个洋内岛弧的大地构造环境。更值得注意的是,本区火山岩与典型的大陆边缘弧以安山质中性岩浆活动为特色的大地构造环境明显不同,而是以玄武质–英安流纹质双峰式火山岩组合为特色,表明它们是一套裂陷环境中的岩浆活动产物(Viramonte et al.,1999)。在全球大地构造环境中,只有弧内裂陷环境才有这种特殊的较为复杂的岩浆活动特征(李曙光等,1996)。弧内裂陷环境具有过渡壳或洋壳基底,它的形成与深部岩浆上升使弧地壳隆起而产生的拉张构造有关,并同火山和构造原因的局部沉降有关,常常是弧间盆地发育初期阶段的产物。由于岩浆弧地壳深处的扩张作用,使得弧内裂陷环境的岩浆活动具有双峰式岩石组合的特点(图7)。

秦岭造山带勉略缝合带的发现和初步厘定是近年来秦岭造山带研究中的一项重大进展,它使得对秦岭造山带的认识由过去简单的华北与扬子两大陆块碰撞构造体制转变为华北、秦岭微板块和扬子3个陆块碰撞构造体制。勉略缝合带从勉略向西经文县、玛曲、花石峡连接昆仑,向东经巴山弧形带而直通大别南缘,成为纵贯大别–秦岭–昆仑的巨

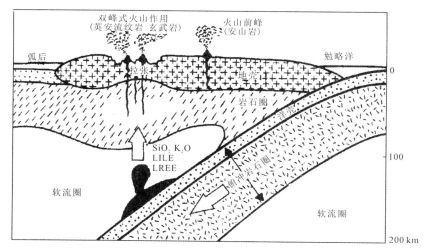

图7　五里坝火山岩形成模式图

型断裂构造(混杂)带(张国伟等,1995;殷鸿福等,1996)。本区五里坝双峰式火山岩就处在这个巨型断裂构造(混杂)带内。五里坝双峰式火山岩总体显示为洋内岛弧弧内裂陷的大地构造环境,其基性端元所显示的岛弧火山岩的特征与勉县-略阳地区桥梓沟岛弧火山岩和三岔子岛弧火山岩具有明显的可对比性(赖绍聪等,1997,1998),它们的形成应与勉略洋盆的发育有关,代表勉略洋盆发育成熟及中后期(洋壳俯冲和弧后扩张)阶段的岩浆活动产物。

　　五里坝弧内裂陷双峰式火山岩的厘定,表明勉略洋盆向东至少已延伸至巴山弧地区,同时说明勉略洋盆在D-C-T期间曾经经历过一个较完整的有限洋盆的发生、发展与消亡过程,它对于确立华北-秦岭陆块与扬子陆块的碰撞时代和秦岭造山带的形成与演化均有重要的大地构造意义。

5　结论

　　巴山弧五里坝火山岩以其显著的 Nb、Ta 亏损为特征,表明它们具有岛弧型岩浆活动的特征。玄武质岩石的 Th/Yb-Ta/Yb 和 Ti/Zr-Ti/Y 不活动痕量元素组合特征,指示其应来源于一个洋内岛弧的大地构造环境,它们的形成与深部岩浆上升使弧地壳隆起而产生的拉张构造有关,是弧间盆地发育初期阶段的产物。五里坝火山岩是勉略洋盆发育成熟和中后期洋壳俯冲和弧后扩张阶段的岩浆活动产物,是勉略缝合带在巴山弧地区出露的重要岩石学证据。

参考文献

[1] Winchester J A, Floyd P A, 1977. Geochemical discrimination of different magmas series and their differentiation products using immobile elements [J].Chemical Geology,20:325-343.

[2] Coish R A, Hickey R, Frey F A, 1982. Rare earth element geochemistry of the Betts Cove ophiolite,

Newfoundland：Complexities in ophiolite formation［J］.Geochim Cosmochim Acta, 46：2117-2134.

［3］ Pearce J A, 1983. The role of sub-continental lithosphere in magma genesis at destructive plate margins. In：Hawkesworth, et al. Continental Basalts and Mantle Xenoliths. Nantwich Shiva：230-249.

［4］ Pearce J A, 1984.玄武岩判别图使用指南［J］.国外地质,（4）：1-13.

［5］ Beccaluva L, Ohnenstetter D, Ohnenstetter M, 1984. Two magmatic series with island arc affinites within the Vourinos ophiolite［J］.Contr Mineral Petrol, 85：253-271.

［6］ Sun S S, McDonough W F, 1989. Chemical and isotopic systematics of oceanic basalts：Implications for mantle composition and processes［J］. In：Saunders A D, Norry M J. Magmatism in the Ocean Basin. Geol Soc Special Publ, 42：313-345.

［7］ Wilson, 1989. Igneous petrogenesis［M］.London：Unwin Hyman Press：153-190.

［8］ Hergt J M, Peate D W, Hawkesworth C J, 1991. The petrogenesis of Mesozoic Gondwana low-Ti flood basalts［J］. Earth Planet Sci Lett, 105：134-148.

［9］ 李曙光,1993.蛇绿岩生成构造环境的 Ba-Th-Nb-La 判别图［J］.岩石学报,9(2)：146-157.

［10］ Francalanci L, Taylor S R, McCulloch M T, et al., 1993. Geochemical and isotopic variations in the calc-alkaline rocks of Aeolian arc, southern Tyrrhenian Sea, Italy：Constraints on magma genesis.Contrib Mineral Petrol, 113：300-313.

［11］ 张国伟,孟庆任,赖绍聪,1995.秦岭造山带的结构构造［J］.中国科学：B 辑,25：994-1003.

［12］ 李曙光,孙卫东,张国伟,等,1996.南秦岭勉略构造带黑沟峡变质火山岩的年代学和地球化学：古生代洋盆及其闭合时代的证据［J］.中国科学：D 辑,26(3)：223-230.

［13］ 许继峰,韩吟文,1996.秦岭古 MORB 型岩石的高放射性成因铅同位素组成：特提斯型古洋幔存在的证据［J］.中国科学：D 辑,26(增刊)：34-41.

［14］ 殷鸿福,杜远生,许继峰,等,1996.南秦岭勉略古缝合带中放射虫动物群的发现及其古海洋意义［J］.地球科学,21：184.

［15］ Lai Shaocong, Zhang Guowei,1996. Geochemical features of ophiolite in Mianxian-Lueyang suture zone, Qinling orogenic belt［J］. Journal of China University of Geosciences, 7(2)：165-172.

［16］ 赖绍聪,张国伟,杨永成,等,1997.南秦岭勉县–略阳结合带变质火山岩岩石地球化学特征［J］.岩石学报,13(4)：563-573.

［17］ 许继峰,于学元,李献华,等,1997.高度亏损的 N-MORB 型火山岩的发现：勉略古洋盆存在的新证据［J］.科学通报,42(22)：2414-2418.

［18］ 王根宝,吴闻人,张升全,1997.略阳-石泉边界地质体特征［J］.陕西地质,15(1)：1-11.

［19］ 赖绍聪,张国伟,杨永成,等,1998.南秦岭勉县–略阳结合带蛇绿岩与岛弧火山岩地球化学及其大地构造意义［J］.地球化学,27(3)：283-293.

［20］ 李亚林,张国伟,王根宝,等,1999.陕西勉略地区两类混杂岩的发现及其地质意义［J］.地质论评,45(2)：192.

［21］ Dong Yunpeng, Zhang Guowei, Lai Shaocong, et al., 1999. An ophiolitic tectonic melange first discovered in Huashan area, south margin of Qinling orogenic belt, and its tectonic implications［J］. Science in China：Series D,42(3)：292-302.

［22］ Marlina A E, John F, 1999. Geochemical response to varying tectonic settings：An example from southern Sulawesi(Indonesia)［J］.Geochimica et Cosmochimica Acta, 63(7/8)：1155-1172.

[23] Viramonte J G, Kay S M, Becchio R, et al., 1999. Cretaceous rift related magmatism in central-western south America [J].Journal of South American Earth Sciences, 12:109-121.

[24] 李三忠,张国伟,李亚林,等,2000.勉县地区勉略带内麻粒岩的发现及构造意义[J].岩石学报,16 (2):220-226.

[25] 许继峰,于学元,李献华,等,2000.秦岭勉略带中鞍子山蛇绿杂岩的地球化学:古洋壳碎片的证据 及意义[J].地质学报,74(1):39-50.

秦岭造山带勉略缝合带超镁铁质岩的地球化学特征[①][②]

赖绍聪

摘要：勉略缝合带中广泛出露的超镁铁质岩构造块体是 D-T$_2$ 期间勉略洋盆古洋壳残片的重要标志之一，属贫铝、贫碱的镁质超基性岩类，其原岩类型主要为方辉橄榄岩和纯橄榄岩。稀土特征有 2 种类型：轻稀土亏损、Eu 富集型；以及轻稀土低度富集、Eu 弱亏损型。与原始地幔比较，本区超镁铁质岩中 Cs、Rb、Th、U、K、Ta、Nb 等强不相容元素大多呈富集状态，暗示古地幔经历过一种富集大离子亲石元素的上地幔流体交代作用。

勉略缝合带是近年来新厘定的秦岭造山带中仅次于商丹缝合带的又一重要板块缝合构造带，它是分划扬子与秦岭两大板块而关系到整个秦岭-大别造山带形成与演化的新突出来的秦岭关键地质问题，对其中大量存在的超镁铁质和镁铁质岩石的系统深入研究是勉略缝合带研究中的重要问题之一。

1 区域地质概况

勉略缝合带地处南秦岭与扬子板块的结合部位，在勉略地区近东西向延伸近 160 km，向西已追索至甘肃康县、文县一带；向东沿巴山弧形断裂已追索至西乡县五里坝。该带包括西部略阳-勉县断裂带及其东延的巴山弧形逆冲推覆隐伏构造带。在勉略地区，它由略阳、状元碑等几条主干断裂为骨架，包括前寒武、震旦-寒武、泥盆-石炭等众多构造岩块，构成典型的蛇绿构造混杂带，呈宽约 1~5 km，东西向数百千米延伸，现今以强烈构造剪切基质包容大量构造岩块，自北向南成叠瓦状逆冲推覆构造出露。由于遭受晚华力西-印支期构造消减和燕山期断裂改造，蛇绿岩成弧形零星分布[1]。带内断续出露有超基性、基性岩体 214 个，超镁铁质岩大多强烈蛇纹石化，且变形强烈而呈蛇纹片岩，主要原岩类型为纯橄榄岩和方辉橄榄岩，有豆荚状铬铁矿产出，与超镁铁质岩产出并密切伴生的还有一套基性及中基性海相火山岩。鞍子山一带超镁铁质岩体之上有钠长角闪片岩出露，地球化学特征显示其原岩亦属基性火山岩。在该带中，特别是在超镁铁质岩、中基性火山岩中或旁侧均有辉绿岩、辉长-辉绿岩墙群，三岔子超镁铁质岩体南侧

① 原载于《西北地质》，1997,18(3)。
② 陕西省教委专项科研基金资助。

有大面积辉长岩产出。在三岔子、鞍子山超基性岩体旁侧见有硅质岩出露。

2 岩石学及岩石化学特征

带内超镁铁质岩主要为致密块状的蛇纹岩或强烈片理化的蛇纹片岩及少量滑镁岩和菱镁岩。蛇纹岩岩石大多呈墨绿-黄绿色,具网环结构、网格结构,蛇纹石可达90%以上,以胶蛇纹石、叶蛇纹石为主,有少量纤维蛇纹石。网环常由纤维蛇纹石组成,网眼由胶蛇纹石及星点状磁铁矿组成。有些岩石网环由碳酸盐及铁质组成,网眼为叶蛇纹石、纤维蛇纹石及碳酸盐矿物。主要副矿物有磁铁矿、铬铁矿、钛铁矿、锆石、金红石等。部分样品具假斑结构,假斑晶为绢石。少数薄片中见变余斑状结构,褐红色、棕红色残余斑晶为高正突起的伊丁石化橄榄石假象。滑石菱镁矿化蛇纹岩大多为纤-叶蛇纹石组合,具纤状交织结构。组成矿物以纤-叶蛇纹石(约40%)、菱镁矿(约30%)、滑石(约10%)、绢石(10%以上)为主,金属矿物为磁铁矿、铬铁矿及少量磁黄铁矿。本区超镁铁质岩的化学成分(表1)具有如下变化规律。

表1 超镁铁质岩岩石化学成分(%)

编 号	LQ14	LQ33	LQ34	LQ15
取样位置	杜家院子	电厂坝	三岔子	煎茶岭
岩 性	蛇纹岩	蛇纹岩	蛇纹岩	蛇纹岩
Si_2O	39.60	41.00	41.10	38.25
Al_2O_3	1.20	2.74	1.27	1.23
Fe_2O_3	8.56	3.57	4.07	6.00
FeO	3.81	3.81	3.45	1.58
CaO	0.12	0.11	0.07	0.29
MgO	35.10	36.20	37.30	38.99
K_2O	0.19	0.24	0.29	0.20
Na_2O	0.02	0.37	0.02	0.07
TiO_2	0.03	0.07	0.01	0.05
MnO	0.19	0.11	0.11	0.10
P_2O_5	0.09	0.09	0.09	0.05
H_2O	10.9	11.60	11.60	11.32
CO_2	0.19	0.19	0.05	2.08
总量	100.00	100.10	99.43	100.21

由中国地质科学院测试研究所采用湿法分析(1995)。

(1)全部样品中CaO含量均很低,CaO在方辉橄榄岩和纯橄榄岩中是一种少量组分,而在二辉橄榄岩中含量较高,CaO主要含于单斜辉石中,说明本区超镁铁质岩中单斜辉石含量低。

(2)岩石中H_2O含量很高(11%~12%),说明岩石蚀变较强,普遍存在蛇纹石化现象,这与野外及镜下的观察结果一致。蛇纹石化作用除加入水以外基本是一个等化学作用过程[2]。

（3）超镁铁质岩类为低铝–贫铝型，且以贫铝型为主，Al_2O_3 含量大多小于 2%。

（4）超镁铁质岩尤其是上地幔变质橄榄岩一般 K_2O、Na_2O 含量均枯竭，微量的碱可能含在辉石中（Coleman，1977）[3]。本区超镁铁质岩 K_2O+Na_2O 含量很低，在 0.61% ~ 0.21% 范围内，属贫碱质超镁铁质岩类。

（5）A.H.扎瓦里斯基数值特征（表 2）表明，本区超镁铁质岩 $a = 0.27 \sim 0.96$, $m' = 81.8 \sim 88.08$, $f' = 8.98 \sim 15.05$, $s = 36.49 \sim 39.05$, 具有方辉橄榄岩和纯橄榄岩的化学成分特点；m/f 较高，大多在 10 左右，属镁质超基性岩的范畴。

表 2　超镁铁质岩的主要数值特征

编　号	LQ14	LQ33	LQ34	LQ15
取样位置	杜家院子	电厂坝	三岔子	煎茶岭
岩　性	蛇纹岩	蛇纹岩	蛇纹岩	蛇纹岩
a	0.27	0.96	0.39	0.37
b	61.51	60.31	60.49	62.85
c	0.13	0.11	0.07	0.30
s	38.10	38.62	39.05	36.49
f'	15.05	9.29	9.48	8.98
m'	81.80	84.16	87.33	88.08
a'	3.16	6.56	3.19	2.93
n	13.04	70.59	8.82	34.38
Q	−24.48	−24.79	−22.75	−28.07
h	66.92	45.70	51.52	77.37
m/f	5.44	9.06	9.21	9.80
$Z_1(Ol)$	74.47	77.65	69.50	86.18
$Y_1(Opx)$	25.53	22.35	30.50	13.82

（6）根据化学成分换算获得的矿物组成表明，本区超镁铁质岩原岩组成矿物主要是橄榄石和斜方辉石，具方辉橄榄岩和纯橄榄岩的矿物组成特点。

（7）SiO_2-$FeO^T/(FeO^T+MgO)$ 和 Al_2O_3-CaO-MgO 图解（图 1，图 2）表明，本区超镁铁

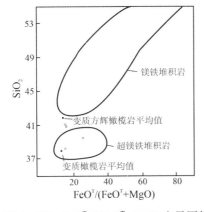

图 1　SiO_2-$FeO^T/(FeO^T+MgO)$ 变异图解

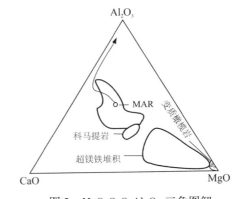

图 2　MgO-CaO-Al_2O_3 三角图解

质岩具有上地幔变质橄榄岩的化学成分特点,且以方辉橄榄岩和纯橄榄岩为主要岩石类型,与世界典型蛇绿岩带的超镁铁质岩类型及成分特点类似(Coleman,1977)[3]。

3 微量元素地球化学

近年来的研究结果表明,微量元素在熔体-矿物中的分配系数各不相同,这有利于我们分析岩浆作用过程及源区性质。本区超镁铁质岩微量元素分析结果见表3和表4。

表 3　超镁铁质岩过渡族金属元素含量(×10⁻⁶)特征

编　号	LQ14	LQ15	LQ33	LQ34	地幔	球粒陨石
取样位置	杜家院子	煎茶岭	电厂坝	三岔子		
岩　性	蛇纹岩	蛇纹岩	蛇纹岩	蛇纹岩		
Ti	180	300	420	60	1 230	720
V	58	47	70	148	59	94
Cr	5 610	2 930	3 560	2 030	1 020	3 460
Mn	1 471	775	852	852	1 000	2 590
Fe	89 495	54 253	54 590	55 290	67 000	219 000
Co	114	127	96	87.2	105	550
Ni	1 900	1 750	1 960	2 110	2 400	12 100
Cu					26	140
Zn	54.1	8.73	30.6	42.9	53	460

地幔据 Bougault 估算(1974);球粒陨石据 Mason(1971)。Ti、Mn、Fe 由中国地质科学院测试研究所采用湿法分析(1995);其余由北京有色冶金设计研究院中心化验室采用 XRF 法分析(1995)。

表 4　超镁铁质岩亲石元素含量(×10⁻⁶)特征

编　号	LQ14	LQ15	LQ33	LQ34	原始地幔	球粒陨石
取样位置	杜家院子	煎茶岭	电厂坝	三岔子		
岩　性	蛇纹岩	蛇纹岩	蛇纹岩	蛇纹岩		
Cs	1.93	39.2	1.38	1.07	0.019	
Rb	2.6	2	2	29	0.86	0.35
Ba	11	14	10	530	7.56	6.9
Th	0.245	1.01	0.210	0.210	0.096	0.042
U	0.246	0.239	0.405	0.388	0.027	
K	1 577	1 660	1 992	2 407	252	120
Ta	2.45	0.091 9	1.56	1.37	0.043	
Nb	2.8	3.4	3.1	6.7	0.62	0.35
La	0.427	1.64	0.356	0.160	0.71	0.328
Ce	1.13	4.04	0.983	0.863	1.90	0.865
Sr	2.9	9.3	7.8	274	23	11.8
Nd	1.07	2.27	0.888	0.843	1.29	
P	393	218	393	393	90.4	46
Hf	0.16	0.668	0.169	0.153	0.35	0.2

续表

编 号	LQ14	LQ15	LQ33	LQ34	原始地幔	球粒陨石
取样位置	杜家院子	煎茶岭	电厂坝	三岔子		
岩 性	蛇纹岩	蛇纹岩	蛇纹岩	蛇纹岩		
Zr	11	19	13	140	11	6.84
Sm	0.346	0.457	0.286	0.333	0.385	0.203
Ti	180	300	420	60	1526	620
Tb	0.105	0.080 5	0.099 9	0.096 9	0.099	0.052
Y	3.3	2.3	3.5	28	4.87	2.0
Eu	0.482	0.112	0.476	0.373		0.073
(Yb)	0.223	0.225	0.500	0.258		(0.22)

原始地幔据 Wood(1979);球粒陨石据 Thompson(1982)。Ba、Nb、Rb、Sr、Zr、Y 由北京有色冶金设计研究院中心化验室采用 XRF 法分析;K、P、Ti 由中国地质科学院测试所采用湿法分析;其余由中国科学院高能物理研究所采用中子活化法分析(1995)。

3.1 Ti、V、Cr、Mn、Fe、Co、Ni、Cu、Zn 组

该组元素属过渡族金属元素。分配系数 D 小于 0.2 的元素是 Ti 和 V,属适度不相容元素;D 约等于 1 的元素是 Mn、Fe,为适度相容元素;而 D 大于 1 的元素是 Cr、Co 和 Ni,为相容元素。与地幔标准值比较,蛇纹岩中 Ti 含量明显偏低,而 Cr 含量则显著偏高,其他元素与地幔标准值相对较接近。岩石/地幔标准化配分型式(图3)清楚地表明,蛇纹岩中存在适度不相容元素 Ti 的低谷和相容元素 Cr 的峰,其他元素基本无亏损及富集现象。这种特征表明,本区上地幔产生过一定程度的局部(部分)熔融,从而使得部分熔融的残余物在一定程度上亏损不相容元素而富集部分相容元素。

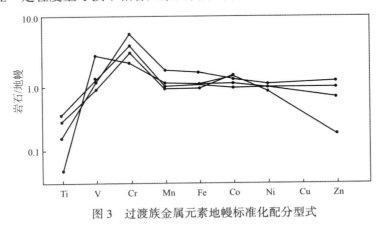

图3 过渡族金属元素地幔标准化配分型式

3.2 不相容元素组

采用 Holm[4] 设计的不相容元素地幔平均成分标准化图解(spidergram)来探讨本区上地幔性质、局部熔融程度及残余相地球化学特征。原始地幔平均成分以 Wood 等[5] 为标准。从图4中可以看到:

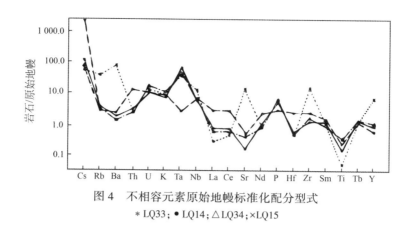

图 4 不相容元素原始地幔标准化配分型式

＊LQ33；● LQ14；△LQ34；×LQ15

（1）存在 La、Ce、Sr、Hf、Ti 等适度不相容元素的谷，说明本区上地幔的确产生过一定程度的局部（部分）熔融。

（2）三岔子蛇纹岩与其他蛇纹岩比较，Sr 不是亏损而是富集且具有更强的 Rb、Ba、Zr、Y 富集状态；而煎茶岭蛇纹岩除 Sr、Ti 这 2 个适度不相容元素外，其他不相容元素含量均高于原始地幔平均值，呈弱－中强富集状态。这说明，本区超镁铁质岩微量元素特征在总体趋势一致的前提下不同区域存在细微的差别。

（3）必须指出的是，本区超镁铁质岩 Cs、Rb、Th、U、K、Ta、Nb 等强烈不相容元素大多呈富集状态，随着自左向右元素不相容性的逐渐降低，曲线逐渐趋于平缓，La、Ce、Sr、Nd、Ti、Y 等适度不相容元素逐渐出现亏损状态。

高温高压实验岩石学结果表明，方辉橄榄岩和纯橄榄岩主要为原始上地幔岩石熔出部分玄武质岩浆后的固相难熔残留物。石榴石二辉橄榄岩中熔出≥20％的玄武岩熔浆后，难熔的残留物相当于方辉橄榄岩，当熔出≥45％的熔浆后，残留物相当于纯橄榄岩。另外，即使方辉橄榄岩和纯橄榄岩发生部分熔融，其最初的熔浆成分亦很富 Mg，这与玄武岩岩浆的成分是不相适应的。元素不相容性的含义在于，强不相容元素在熔融发生的早期阶段就从源区进入熔体相，它们最容易保存于残余熔体相中，基本上不进入早期晶出及分离的晶体相，而相对富集于岩浆演化的晚期产物中。通常，原始地幔或亏损地幔产生局部（部分）熔融，熔出一定比例的玄武质熔浆，强不相容元素将明显地富集于熔体相中，而在难熔残留物中出现不相容元素的显著亏损状态。然而，本区超镁铁质岩中 Cs、Rb、Th、U、K、Ta、Nb 等强不相容元素明显高于原始地幔的平均成分而呈富集状态。造成这一现象的原因可能有以下 2 个方面：①一种解释是这些橄榄岩是由至少 2 个在地球化学上有区别的组分混合形成的，即反映橄榄岩整体特征并控制了主要矿物、主要元素及相容微量元素含量的组分 A 和占橄榄岩的一小部分但控制了不相容微量元素的丰度并进入主要矿物和副矿物的组分 B。组分 A 具有部分熔融残留体的地球化学特征；而组分 B 大大地富集不相容元素，被解释为是一种流动的液体，在它渗透与组分 A 混合之前与组分 A 并没有关系。这种两组分或更多组分的模式对上地幔作用和地幔不均一性的形成有着重要的意义。②本区超镁铁质岩均已被蛇纹石化,在蛇纹石化及其他低压或低温矿物形成过程中,类似 LREE 的不相容元素组分进入岩石中的可能性是存在的,但其作用机理尚不清楚。

3.3 微量元素比值特征

(1)本区超镁铁质岩 Nb/La 值高,介于 2.07~41.88,以三岔子蛇纹岩 Nb/La 值最大,远高于原始地幔的 Nb/La 值;Zr/Y 值介于 3.00~8.00,平均为 5.08,略高于原始地幔值(2.26);Zr/Nd 值与原始地幔接近或略高,但三岔子蛇纹岩却出现 Zr/Nd 的特高值,达到166.07,表明岩石中 Zr 呈强富集状态(表 5)。

表 5　超镁铁质岩微量元素比值特征

编　号	LQ14	LQ15	LQ33	LQ34		
取样位置	杜家院子	煎茶岭	电厂坝	三岔子		
岩　性	蛇纹岩	蛇纹岩	蛇纹岩	蛇纹岩	原始地幔	球粒陨石
Nb/La	6.56	2.07	8.71	41.88	0.87	1.07
Hf/Th	0.65	0.66	0.80	0.73	3.65	4.76
Zr/Y	3.33	8.26	3.71	5.00	2.26	3.42
Th/Ta	0.10	10.99	0.13	0.15	2.23	
La/Ta	0.17	17.85	0.23	0.12	16.51	
Ti/V	3.10	6.38	6.00	0.41	20.85	7.66
La/Yb	1.91	7.29	0.71	0.62		1.49
Th/Yb	1.10	4.49	0.42	0.81		0.19
Ta/Yb	10.99	0.41	3.12	5.31		
Zr/Nb	3.39	5.56	4.19	20.90	17.74	19.54
Zr/Nd	10.28	8.37	14.64	166.07	8.53	

(2)岩石中 Hf/Th 值低,小于 0.80;Th/Ta、La/Ta 值大多很低,均不超过 0.23。但煎茶岭蛇纹岩例外,它具有很高的 Th/Ta(10.99)和 La/Ta(17.85)值,反映了本区不同超镁铁质岩块体之间存在的微量元素地球化学差异。

(3)较低的 Ti/V 值显示了 Ti 相对于原始地幔的亏损状态。而 Zr/Nb 值低于原始地幔同样表明了不相容性较强的元素 Nb 相对于不相容性弱的元素 Zr 更趋于富集。然而,三岔子蛇纹岩的 Zr/Nb 值却高于原始地幔的 Zr/Nb 值。

(4)Ta/Yb 值主要与地幔部分熔融及幔源性质有关。亏损地幔的 Ta/Yb 值一般很低,而本区超镁铁质岩大多显示了比亏损地幔高得多的 Ta/Yb 值,只有煎茶岭蛇纹岩的Ta/Yb 值为 0.41,但仍高于亏损地幔的 Ta/Yb 值(<0.1)。

总之,各种特征的微量元素比值仍然显示了本区超镁铁质岩相对富集强不相容元素的微量元素地球化学特征。同时,揭示了不同超镁铁质岩块地球化学特征的差异性,它从另一个角度显示了地幔不均一性的客观事实。

4 稀土元素地球化学

在岩石学研究中,稀土元素是一组特别有意义的元素组,它们的习性、浓度和相对丰度可为研究岩浆起源、演化和岩石成因提供重要信息。从表6中可以看到,杜家院子、电厂坝及三岔子蛇纹岩稀土含量低,$(La/Yb)_N$ 介于 0.40~1.24,平均为 0.70;$(Ce/Yb)_N$ 介于 0.48~1.23,平均为 0.84,表明岩石属轻稀土亏损型;其 δEu 值介于 2.72~3.61,平均为 3.22,说明岩石中 Eu 具有较强的富集特征。而煎茶岭蛇纹岩稀土元素含量明显高于其他 3 个样品,其 $(La/Yb)_N$ = 4.34,δEu = 0.68,具有轻稀土富集及 Eu 中度亏损的特征。从稀土元素球粒陨石标准化配分型式图(图5)中可以看到,本区超镁铁质岩具有两类不同的配分型式:一类为右倾负斜率轻稀土富集型,Eu 处具明显凹陷,其 La 含量可达球粒陨石值的 5 倍左右;另一类大体呈左倾型式,但斜率很小,且最重稀土部分略有下滑,Eu 处为一明显的峰。

表 6　超镁铁质岩稀土元素含量($\times 10^{-6}$)

编　号	LQ14	LQ15	LQ33	LQ34	
取样位置	杜家院子	煎茶岭	电厂坝	三岔子	
岩　性	蛇纹岩	蛇纹岩	蛇纹岩	蛇纹岩	球粒陨石*
La	0.427	1.64	0.356	0.16	0.34
Ce	1.13	4.04	0.983	0.863	0.91
Nd	1.07	2.27	0.888	0.843	0.64
Sm	0.346	0.457	0.286	0.333	0.195
Eu	0.482	0.112	0.476	0.373	0.073
Gd	0.571	0.566	0.558	0.532	0.26
Tb	0.105	0.0805	0.100	0.097	0.047
Ho	0.138	0.111	0.154	0.145	0.078
Tm	0.0432	0.0397	0.075	0.052	0.032
Yb	0.223	0.225	0.500	0.258	0.22
Lu	0.03	0.0223	0.079	0.032	0.034
$(La/Yb)_N$	1.24	4.72	0.46	0.40	
$(Ce/Yb)_N$	1.23	4.34	0.48	0.81	
La/Sm	1.23	3.59	1.24	0.48	
δEu	3.33	0.68	3.61	2.72	

*据 Wakita 等(1971)12 个球粒陨石平均值;由中国科学院高能物理研究所采用中子活化法分析(1995)。

变质橄榄岩是组成蛇绿岩套的基本单元。在已研究的蛇绿岩套中,方辉橄榄岩是主要的岩石类型(Coleman,1977)[3],其次为纯橄榄岩。从表2的计算结果可以看到,本区超镁铁质岩中 LQ15 的 Ol 含量最高,其原岩可能为纯橄榄岩,而 LQ14、LQ33 及 LQ34 则以方辉橄榄岩为其最可能的原岩类型。在超镁铁质岩中,稀土元素赋存相橄榄石、斜方辉石、单斜辉石具有不同的矿物稀土配分型式,单斜辉石多富钙,是稀土元素的主要赋存

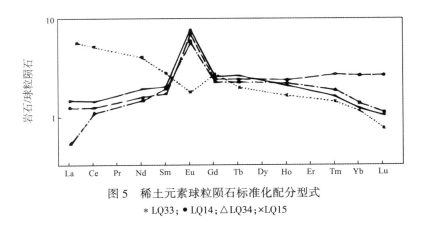

图 5　稀土元素球粒陨石标准化配分型式
* LQ33；● LQ14；△ LQ34；×LQ15

相,配分型式为一组相对较平直的曲线;橄榄石则相对富集轻稀土,呈右倾分配型式;而斜方辉石则明显亏损轻稀土,其配分曲线为左倾正斜率轻稀土亏损型。由此看来,本区 4 个超镁铁质岩样品的稀土配分型式可能在一定程度上与原岩类型有关。要解释岩石中的 Eu 正异常现象是一件困难的事。然而,蛇纹石化过程中 Eu^{2+} 的优先活化(Sun and Nesbitt, 1977)[6] 可能是造成超镁铁质岩中 Eu 正异常的原因之一。P. Henderson (1984)[7] 以此来解释 Troodos 方辉橄榄岩中出现的 Eu 正异常。另外,对于本区超镁铁质岩稀土地球化学特征的解释,还应考虑上地幔交代作用及上地幔不均一性的影响。

5　超镁铁质岩类型及其构造意义

　　世界典型蛇绿岩中的变质橄榄岩主要有 2 种岩石类型,即方辉橄榄岩和纯橄榄岩[3]。勉略蛇绿岩带中超镁铁质岩属上地幔变质橄榄岩,主要为方辉橄榄岩并有少量纯橄榄岩。按常量元素可将地幔橄榄岩划分为弱亏损型和强亏损型,前者 Al_2O_3 和 CaO 含量均为 1.3% ~ 3.5%,Mg/(Mg+Fe)为 88 ~ 90;后者 Al_2O_3 和 CaO 均小于 1.3%,Mg/(Mg+Fe)为 90.5 ~ 91.1[8]。按此划分,本区超镁铁质岩主要应为强亏损型地幔岩。从稀土元素特征来看,4 个样品中有 3 个为轻稀土弱亏损型,1 个为轻稀土富集型。稀土元素在地幔岩中主要赋存在石榴石和单斜辉石中,少量赋存在斜方辉石和橄榄石中。因此,随着部分熔融程度的提高,残留地幔橄榄岩的稀土丰度将降低,并且应更明显地亏损轻稀土,其他不相容元素亦应明显亏损。然而,本区超镁铁质岩中部分强不相容元素强烈富集(K、Rb、Ba 等)。常量元素、稀土元素与微量元素地球化学特征所反映的这一矛盾现象可能暗示,古地幔在经历较高程度的部分熔融之后又经历了富含强不相容元素的流体的交代富集事件,从而造成变质橄榄岩相对富集强不相容元素的这一特征。

6　结语

　　本区超镁铁质岩属贫铝、贫碱的镁质超基性岩类。其原岩类型主要为方辉橄榄岩和纯橄榄岩类,并具有上地幔变质橄榄岩的化学成分特点,与世界典型蛇绿岩带的超镁铁质岩类型及成分特点类似。其稀土特征可分为两类:一类为轻稀土亏损、Eu 富集型;另一类为轻稀土低度富集及 Eu 弱亏损型。与原始地幔比较,本区超镁铁质岩中 Cs、Rb、Th、U、K、Ta、Nb 等强不相容元素大多呈富集状态,暗示古地幔在经历较高程度的部分熔融之后又经历了富含强不相容元素的上地幔流体交代富集事件。

秦岭微板块自身的地质记录证明,泥盆纪以来它是有别于华北和扬子的独立的岩石圈微板块,它有与扬子统一相似的基底(Pt_{1-2})和震旦-志留的属扬子板块北缘的被动陆缘沉积岩系,因此早古生代它仍属扬子板块,但 $D-T_2$ 它显然不同于华北和扬子而独具特色[9-10]。说明在古生代中期(D-C),随着整个古特提斯洋的扩张开裂,秦岭从泥盆纪开始再度扩张,沿勉略带出现了古特提斯洋北侧新的分支,从扬子板块北缘分裂出秦岭。略阳黑沟峡变质火山岩 Sm-Nd 等时线年龄(241 ± 4.4 Ma)和 Rb-Sr 等时线年龄(220 ± 8.3 Ma),以及勉略带北侧出露的一列印支期俯冲型花岗岩带($219.9 \sim 205.7$ Ma)(张国伟等,1995),反映了该缝合带蛇绿岩所代表的洋壳俯冲消失后两侧陆块的碰撞年龄。由此说明,勉略洋盆由 D-C-P 直至 T_2,洋盆最终闭合消失,秦岭与扬子俯冲碰撞,从而使勉略缝合带成为秦岭造山带中另一重要的板块俯冲碰撞带。而本区广泛出露的超镁铁质岩构造块体则是勉略洋盆古洋壳残片的重要标志之一。

参考文献

[1] 张国伟.秦岭造山带基本构造的再认识.见:亚洲的增生.北京:地震出版社,1993:95-98.

[2] Coleman R G.Plate tectonic emplacement of upper mantle perdotites along continental edges. J Geophys Res, 1971, 76:1212-1222.

[3] Coleman R G.Ophiolites.Berlin:Spring-Verlag, 1977:17-89.

[4] Holm P E. The geochemical fingerprints of different tectonomagmatic environments using hygromagmatophile element abundances of tholeiitic basalts and andesites.Chemical Geology, 1985, 51: 303-323.

[5] Wood D A, Joron J L, Treuil M.A re-appraisal of the use of trace elements to classify and discriminate between magma series erupted in different tectonic settings. Earth Planet Sci Lett, 1979, 45:326-336.

[6] Sun S S, Nesbitt R W.Chemical heterogeneity of the Archean mantle:Composition of the earth and mantle.Earth Planet Sci Lett, 1977, 35:429-448.

[7] Henderson P. Rare earth element geochemistry. Elsevier Science Publisher B.V., 1984:103-106.

[8] 邓晋福,叶德隆,赵海玲,等.下扬子地区火山作用深部过程与盆地形成.武汉:中国地质大学出版社, 1992:122-141.

[9] 张国伟,孟庆任,赖绍聪.秦岭造山带的结构构造.中国科学:B 辑,1995,25:994-1003.

[10] 钟建华,张国伟.陕西秦岭泥盆纪盆地群构造沉积动力学研究.中国石油大学学报, 1997, 21(1): 1-5.

滇西二叠系玄武岩及其与东古特提斯演化的关系[①②]

赖绍聪　秦江锋　臧文娟　李学军

摘要：目的　研究云南祥云地区二叠系玄武岩和东古特提斯洋在三江地区演化历史之间的关系。**方法**　运用地球化学及 Sr-Nd-Pb 同位素特征分析。**结果**祥云地区二叠系玄武岩属钙碱性系列，$TiO_2 = 1.41\% \sim 2.05\%$（平均 1.69%），$K_2O = 0.13\% \sim 3.04\%$（平均 1.19%），轻稀土中度富集。岩石形成于大陆溢流环境，属于中国南方广泛分布的峨眉山玄武岩中的低钛玄武岩类。该组玄武岩微量及稀土元素地球化学显示出显著的过渡属性，总体表现为板内玄武岩特征，但又具有大洋拉斑玄武岩的部分特征，并在一些特征元素组合方面指示了俯冲物质（或陆壳）的混染。岩石具有富集的同位素地球化学特征，$(^{87}Sr/^{86}Sr)_i = 0.706\,350 \sim 0.706\,635$，$^{143}Nd/^{144}Nd = 0.512\,355 \sim 0.512\,381$，$\varepsilon_{Nd}(t) = -3.99 \sim -3.30$，$T_{DM} = 1.14 \sim 1.18\,Ga$。**结论**　本区玄武岩可能形成于东古特提斯主洋盆地紧邻的大陆边缘环境，其地幔源区具有大陆富集地幔＋大洋亏损地幔的混源特征，并在其源区内或岩浆形成演化过程中受到过俯冲物质（或陆壳）的混染。

东古特提斯洋在三江地区的构造演化历史一直是地质学界研究的热点问题，区内发育的大量古生代和早中生代火山岩可以为反演该区区域构造演化及壳幔相互作用机制提供重要的信息[1-4]。因此，对东古特提斯域内火山岩的岩石大地构造属性及深部动力学的研究，对反演东古特提斯构造域古板块构造的演化历史和古洋陆格局具有重要科学意义。

峨眉山玄武岩系于 1929 年由赵亚曾命名，它是指出露于峨眉山的晚二叠世早期的玄武岩。后来的研究表明，该套玄武岩的展布范围为云南、贵州、四川 3 省[5]。

对于峨眉山玄武岩的成因研究已有悠久的历史，并积累了大批研究资料[2-3,5-6]。近年来，特别是自将地幔柱理论引入峨眉山玄武岩研究中以来[2-3,6]，峨眉山玄武岩的成因研究又成为地质学界研究的热点问题[4]。Chung 等[6]根据短时间内大量玄武岩的喷发及苦橄岩等的研究，首先提出了峨眉山玄武岩为地幔柱与岩石圈作用的产物。徐义刚等[2]凭借苦橄岩中橄榄石斑晶等的研究证明了峨眉山玄武岩与地幔柱活动有关，并通过

①　原载于《西北大学学报》自然科学版，2009，39（3）。
②　国家自然科学基金资助项目（40872060）、陕西省教育厅省级重点实验室科研与建设计划基金资助项目（08JZ62）和西北大学大陆动力学国家重点实验室科技专项基金资助项目（BJ081337）。

玄武岩的化学地层学研究,较为系统地论述了地幔柱活动和与高钛及低钛玄武岩的成因联系[1]。但是,同时应该注意的是,峨眉山玄武岩主要产于扬子地块西缘三江构造带内。三江地区自早古生代至早中生代经历了古特提斯洋的整个发育过程,峨眉山玄武岩的形成时代和古特提斯洋在三江地区的发育时限相吻合。因此,二叠纪大规模岩浆喷发的触发机制以及峨眉山玄武岩发育与东古特提斯演化的关系是一个值得仔细思考的问题。

本文选择滇西祥云地区作为研究区,系统采集了该区二叠系玄武岩样品,采样剖面覆盖了该地区较为完整的玄武岩层。本文利用这些样品中典型玄武岩类的主量、微量元素及 Sr-Nd-Pb 同位素特征,探讨该区二叠系玄武岩的地球化学性质、源区特征及其与东古特提斯演化的关系。

1 区域地质概况及岩相学特征

峨眉山玄武岩以整合的形式直接覆盖于早二叠世茅口组灰岩之上,并被下三叠统以假整合的形式覆盖,因此其喷发时代应在早二叠世至早三叠世之间。峨眉山玄武岩分布范围总体为一长轴近南北向的菱形,覆盖面积 $30×10^4$ km²,露头面积 7 538 km²,平均厚度705m,具南西厚、北东薄的特点。其喷发形式多以中心裂隙式溢流为主,南北向深大断裂带是玄武岩浆喷发的主要通道。其喷发时代及喷出相,自西而东,从早至晚,由海相转为陆相。其中,西区喷发始于早二叠世、延续到晚二叠世,以海相喷发为主;攀西及以东广大地区属晚二叠世早期陆相喷溢[7]。

云南祥云地区位于扬子板块构造域与三江特提斯交接部位的盐源-丽江陆架裂陷褶皱造山带,区域构造线以北东向及南北向为主,断裂发育并具多期活动特征。一般认为,扬子地块西缘自震旦纪到中生代,该区处于非造山环境,只表现与拉张裂陷有关的地裂活动,并伴以宽缓的台隆和台坳。该区经历了从古生代海相到中生代晚期的海陆过渡相到陆相的转变,这可能反映为古特提斯洋向东俯冲进而在扬子陆块西缘形成前陆隆起和隆后裂陷盆地。古特提斯洋在二叠纪开始发生了一次扩张事件,川西及滇西地区一些蛇绿岩和弧后扩张脊的出现为特提斯洋大规模向大陆岩石圈之下俯冲提供了证据,这次扩张事件一直持续到早中三叠纪。扬子地块西缘构造活动总体处于全球性陆块聚集敛合和联合古陆形成背景之下,又受到大区域伸展-裂解背景制约,表现为大陆伸展以及大的台隆和台坳的构造格局。

祥云北部宾川地区的二叠系玄武岩在峨眉山玄武岩的分布区中厚度最大(可达5 384 m),岩性亦较为复杂[3],是研究峨眉山火成岩岩浆活动的理想地区之一(图1)。祥云与宾川临近,该区二叠纪火山岩的发育情况与宾川地区相似,主要有二叠世玄武岩组,其次是上二叠世黑泥哨组。依据玄武岩的喷发间隙、岩性组合及沉积岩夹层等特征,晚二叠世玄武岩大体可分为上下 2 个组,4 个喷发旋回:旋回 I 主要为玄武岩、玄武质凝灰岩;旋回 II 为玄武质角砾岩、玄武岩、杏仁状玄武岩;旋回 III 主要以出现肉眼可辨认的斜长石斑晶玄武岩夹层为特征,中上部夹有少量安山玄武岩夹层并伴生有苦橄岩类侵入体;旋回 IV 的喷发基本上与黑泥哨期沉积同时进行,火山喷发与沉积呈互为消长关系。

从整个玄武岩来看,每一旋回间的韵律清楚,岩性组合自下而上为致密状玄武岩、杏仁状玄武岩及凝灰岩。玄武岩流中的火山碎屑岩或凝灰岩层代表火山爆发相的产物,而块状玄武岩、杏仁状玄武岩为火山溢流相的产物。

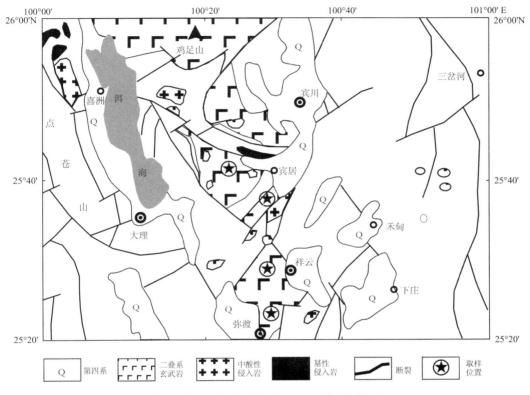

图1 祥云地区二叠系玄武岩地质分布简图

据文献[7]

研究区内二叠纪玄武岩主要岩石类型包括块状无斑玄武岩、斜斑玄武岩、杏仁状玄武岩等。

(1)块状无斑玄武岩。岩石呈灰黑色,致密块状构造,无斑隐晶质-微细粒显晶质结构。岩石在显微镜下显示典型的半晶质结构,由细长条状基性斜长石构成三角形格架,其间充填辉石及磁铁矿细小颗粒以及玻璃质物质,构成典型的间粒间隐(拉斑玄武结构)。玻璃质常有脱玻化现象,略有光性反映,但无法分辨其颗粒边界,形成脱玻化雏晶结构。

(2)斜斑玄武岩。岩石呈灰黑色,块状构造,斑状结构。斑晶成分主要为宽板状基性斜长石,偶见少量橄榄石及辉石斑晶。斑晶含量为10%~20%,常出现斜长石聚斑,这部分斜长石可能属于堆晶斜长石。基质中以斜长石(30%~50%)和玄武玻璃(30%~45%)为主,有少量磁铁矿。

(3)杏仁状玄武岩。岩石呈灰黑色,块状构造,杏仁状构造,杏仁体较大(直径0.2~

1.5 cm),主要由方解石、绿泥石和玉燧充填。显微斑状结构,斑晶为斜长石、橄榄石、单斜辉石,常含有相对较多的斜长石斑晶(2%~10%)。基质主要由斜长石、单斜辉石、钛－铁氧化物和火山玻璃组成。杏仁状玄武岩的次生蚀变明显,斜长石常蚀变为钠黝帘石、黏土及绢云母等。

2 化学成分特征

SiO$_2$-Zr/TiO$_2$ 是划分变质火山岩系列的有效图解[8]。从图 2 中可以看到,本区火山岩主要为亚碱性玄武岩。在所分析的样品(表 1)中,6 个样品为亚碱性玄武岩,仅 1 个样品的 SiO$_2$ 含量较高,属于亚碱性安山岩类(SH207)。据此认定,本区火山岩主体属亚碱性钙碱系列玄武岩类。AFM 图解表明,本区亚碱性系列火山岩可进一步划分为钙碱性火山岩系列范畴,投影点显示出比较清楚的富碱趋势(图 3)。

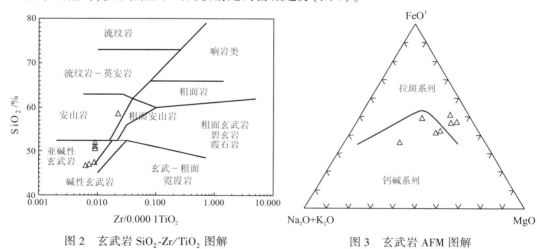

图 2　玄武岩 SiO$_2$-Zr/TiO$_2$ 图解　　　　图 3　玄武岩 AFM 图解

表 1　祥云地区二叠系玄武岩常量元素(%)和稀土及微量元素(×10^{-6})分析结果

样　品	SH182	SH192	SH199	SH200	SH203	SH206	SH207
岩石	玄武岩	玄武岩	玄武岩	玄武岩	玄武岩	玄武岩	安山岩
SiO$_2$	52.12	50.61	47.51	51.25	46.99	46.95	58.66
TiO$_2$	2.05	1.69	1.85	1.66	1.41	1.46	1.13
Al$_2$O$_3$	13.97	12.87	13.94	13.07	13.98	13.84	16.55
Fe$_2$O$_3$^{T}	10.96	10.61	12.16	10.79	10.67	10.85	6.68
MnO	0.14	0.14	0.14	0.14	0.14	0.14	0.11
MgO	4.96	6.89	9.48	8.28	8.52	8.60	3.60
CaO	7.84	10.13	5.28	5.75	12.47	11.88	5.39
Na$_2$O	4.29	1.10	2.17	1.94	1.64	1.72	3.62
K$_2$O	0.47	0.73	2.63	3.04	0.13	0.14	3.33
P$_2$O$_5$	0.32	0.17	0.18	0.17	0.18	0.19	0.45
LOI	2.39	4.60	4.29	3.48	3.37	3.76	0.25
Total	99.51	99.54	99.63	99.57	99.50	99.53	99.77

续表

样　品	SH182	SH192	SH199	SH200	SH203	SH206	SH207
Li	4. 78	6. 00	11. 4	8. 43	9. 23	9. 28	20. 4
Sc	33. 2	30. 0	31. 8	29. 3	33. 9	32. 8	14. 7
V	228	267	281	260	274	268	110
Cr	181	301	286	279	778	774	69. 7
Co	46. 7	64. 6	51. 3	52. 8	64. 9	54. 7	84. 3
Ni	11. 3	68. 0	68. 8	63. 9	40. 1	37. 9	40. 7
Cu	22. 8	65. 0	67. 4	68. 0	28. 6	30. 9	20. 4
Zn	85. 1	79. 0	98. 6	93. 6	83. 1	84. 9	73. 7
Rb	8. 85	18. 2	71. 9	84. 2	4. 32	4. 69	99. 2
Sr	122	116	564	540	401	431	571
Y	35. 6	28. 8	30. 7	28. 2	23. 3	24. 0	29. 3
Zr	188	153	165	150	101	105	255
Nb	16. 3	14. 9	16. 2	14. 8	8. 53	8. 92	29. 2
Cs	0. 33	0. 48	1. 02	0. 87	0. 37	0. 40	1. 49
Ba	79. 7	128	925	958	66. 2	77. 6	791
Hf	4. 63	3. 87	4. 20	3. 89	2. 54	2. 64	5. 84
Ta	1. 01	1. 06	1. 13	1. 04	0. 58	0. 59	1. 77
Pb	2. 08	3. 98	4. 12	5. 37	1. 76	1. 51	20. 7
Th	3. 61	5. 39	5. 93	5. 40	1. 39	1. 45	23. 9
U	1. 01	1. 23	1. 34	1. 21	0. 38	0. 30	2. 74
La	23. 5	22. 3	23. 8	22. 1	11. 7	12. 2	63. 9
Ce	53. 9	48. 4	51. 9	47. 4	27. 3	28. 5	123
Pr	6. 98	6. 04	6. 47	5. 83	3. 69	3. 81	13. 4
Nd	30. 1	25. 4	27. 1	24. 6	16. 6	17. 2	48. 4
Sm	6. 76	5. 63	6. 05	5. 50	4. 03	4. 16	7. 98
Eu	1. 92	1. 67	1. 77	1. 66	1. 63	1. 75	1. 77
Gd	6. 79	5. 52	5. 94	5. 43	4. 22	4. 39	6. 43
Tb	1. 21	0. 98	1. 06	0. 96	0. 78	0. 79	1. 00
Dy	6. 56	5. 21	5. 64	5. 21	4. 27	4. 32	5. 22
Ho	1. 33	1. 06	1. 14	1. 01	0. 86	0. 89	1. 03
Er	3. 53	2. 76	2. 96	2. 74	2. 29	2. 33	2. 76
Tm	0. 45	0. 35	0. 38	0. 34	0. 29	0. 29	0. 36
Yb	3. 05	2. 34	2. 49	2. 33	1. 93	1. 97	2. 50
Lu	0. 42	0. 33	0. 35	0. 31	0. 27	0. 27	0. 35
$\sum$REE	182. 10	156. 79	167. 75	153. 62	103. 16	106. 87	307. 40
$\sum$LREE/$\sum$HREE	2. 09	2. 31	2. 31	2. 30	1. 70	1. 72	5. 28
δEu	0. 86	0. 90	0. 89	0. 92	1. 20	1. 24	0. 73
$(La/Yb)_N$	5. 53	6. 84	6. 86	6. 80	4. 35	4. 44	18. 33
$(Ce/Yb)_N$	4. 91	5. 75	5. 79	5. 65	3. 93	4. 02	13. 67

由西北大学大陆动力学国家重点实验室分析。其中,常量元素采用 XRF 法分析;微量及稀土元素采用 ICP-MS 法分析(2008)。

本区玄武岩中 SiO_2 含量为 46.95% ~ 52.12%，有一个安山岩样品的 SiO_2 含量为 58.66%；Al_2O_3 含量低且相对较稳定，大多为 12.87% ~ 13.98%，仅安山岩（SH207）的含量较高，可达 16.55%。其另一个显著特点是 Fe、Mg 含量高，除安山岩外，其他 6 个玄武岩样品的 $Fe_2O_3^T$ 含量均在 10% 以上，而玄武岩类的 MgO 含量最高可达 9.48%，玄武岩类的 $Mg^\#$ 值介于 51.3 ~ 65，远低于橄榄岩地幔起源的原始玄武质岩浆，表明岩石经历过一定程度的结晶分异作用。安山岩样品的 $Mg^\#$ 值为 55.7。值得注意的是，本区玄武岩 K_2O 含量的变化范围很宽（0.13% ~ 3.04%，平均 1.19%），且 6 个玄武岩样品中有 4 个样品的 K_2O 含量低于 0.8%。该组玄武岩中 TiO_2 = 1.41% ~ 2.05%，平均为 1.69%，其 TiO_2 含量与现代大洋洋脊拉斑玄武岩 TiO_2 含量及变化范围较为接近（1.50%）（表 2），但明显低于大陆板内拉斑玄武岩 TiO_2 的平均含量（2.20%）[11]。

表 2　现代太平洋与大西洋洋脊拉斑玄武岩类型及平均成分（%）（引自文献[9]）

类　型	TOR1	TOR2	TOR-Fe	TOR-FeTi	TOR-Na	TOR-K
样品数	1 602	1 982	1 200	141	351	504
SiO_2	50.81	50.75	51.13	50.63	51.58	51.11
TiO_2	1.10	1.61	1.69	3.28	1.77	2.10
Al_2O_3	15.52	15.54	14.19	12.15	15.90	15.71
FeO	9.53	10.09	12.12	16.76	9.58	10.26
MgO	8.26	7.57	6.87	4.74	6.78	6.40
CaO	12.45	11.40	11.44	9.59	10.69	10.57
Na_2O	2.19	2.87	2.38	2.64	3.38	3.11
K_2O	0.11	0.13	0.13	0.18	0.26	0.69
$Mg^\#$	60.7	57.2	50.2	33.6	55.8	52.5

3　稀土及微量元素的地球化学特征

6 个玄武岩样品的稀土总量在 103×10^{-6} ~ 182×10^{-6} 范围内（表 1），平均为 145×10^{-6}；轻、重稀土分异不明显（$\Sigma LREE / \Sigma HREE$ = 1.70 ~ 2.31），岩石 $(La/Yb)_N$ 介于 4.35 ~ 6.86，$(Ce/Yb)_N$ 介于 3.93 ~ 5.79，La/Sm 值介于 2.90 ~ 4.02，δEu = 0.86 ~ 1.24，平均为 1.00，基本无 Eu 异常。在球粒陨石标准化稀土配分图（图 4）上，显示为右倾负斜率轻稀土弱–中度富集型配分型式。仅一个安山岩样品（SH207）的轻稀土富集程度较高，且轻度 Eu 负异常（δEu = 0.73）。

本区玄武岩不相容元素地幔平均成分标准化蛛网图（图 5）表明，曲线总体较平缓，尤其是低钾的 4 个玄武岩样品，除有 Rb、K、Ti 的轻度亏损外，其他元素基本无明显的异常，这与大洋拉斑玄武岩类似，表明其源区应为亏损或轻度亏损的地幔源区。本区钾含量相对较高的 2 个玄武岩样品，其曲线密集重叠，显示 Cs、Rb、Ba、K 的中度富集，其他元素大多为低程度富集，具有明显的 Sr 谷和很轻微的 Ti 谷。曲线由强不相容元素部分的左倾型式随着元素不相容性降低逐渐趋于平缓，这种现象同样区别于典型大陆板内玄武岩驼峰式的微量元素配分形式。在 Cr-Y[11]、Ti-Zr[12] 图解和 Nb-Zr-Y[13] 判别图（图 6）中，本区玄武岩类均位于 WPB 与 MORB 或 WPB 与 IAB 的重叠区内,这与其微量元素组合所显示的特征完全一致。

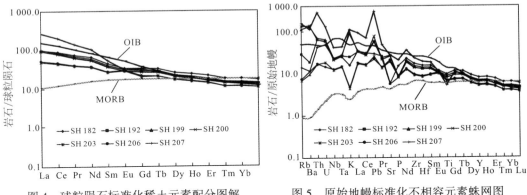

图 4 球粒陨石标准化稀土元素配分图解
球粒陨石、MORB 及 OIB 标准值引自文献[10]

图 5 原始地幔标准化不相容元素蛛网图

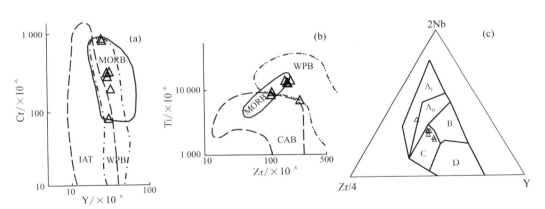

图 6 玄武岩 Cr-Y(a)、Ti-Zr(b) 和 Nb-Zr-Y(c) 判别图[11-13]
MORB:洋中脊玄武岩;WPB:板内玄武岩;IAT:岛弧拉斑玄武岩;CAB:钙碱性玄武岩;A_I、A_{II}:板内碱性玄武岩;
A_{II}、C:板内拉斑玄武岩;B:P 型洋脊玄武岩;D:N 型洋脊玄武岩;C、D:弧玄武岩

4 Sr-Nd-Pb 同位素地球化学特征

Sr-Nd-Pb 同位素分析同样在西北大学大陆动力学国家重点实验室完成。Sr、Nd 同位素分别采用 AG50W-X8(200~400 mesh)、HDEHP(自制)和 AG1-X8(200~400 mesh)离子交换树脂进行分离,同位素的测试在该实验室的多接收电感耦合等离子体质谱仪(MC-ICP MS, Nu Plasma HR, Nu Instruments, Wrexham, UK)上采用静态模式(Static mode)进行。

本文共选择 2 个样品(SH203,SH206)进行了 Sr-Nd-Pb 同位素分析(表 3)。这 2 个样品均属于钙碱性玄武岩,其 $^{87}Rb/^{87}Sr = 0.031$,$^{87}Sr/^{86}Sr = 0.706\ 683 \sim 0.706\ 702$;$(^{87}Sr/^{86}Sr)_i = 0.706\ 350 \sim 0.706\ 635$;$^{147}Sm/^{144}Nd = 0.146\ 0 \sim 0.146\ 8$;$^{143}Nd/^{144}Nd =$

$0.512\ 355 \sim 0.512\ 381$；$\varepsilon_{Nd}(t) = -3.99 \sim -3.30$，$T_{DM} = 1.14 \sim 1.18\ Ga$。在 $^{87}Sr/^{86}Sr$-$^{143}Nd/^{144}Nd$ 图解（图 7）中，祥云二叠纪玄武岩表现出和洋岛玄武岩（OIB）不同的演化趋势，而与宾川地区的低钛玄武岩表现出相似的同位素地球化学特征，表明其可能来源于富集地幔的部分熔融。

表 3　云南祥云地区二叠纪火山岩 Sr-Nd-Pb 同位素组成

编　号	SH203	SH206
岩性	玄武岩	玄武岩
U	0.38	0.3
Th	1.39	1.45
Pb	1.76	1.51
$^{206}Pb/^{204}Pb$	$19.778\ 9 \pm 23$	$19.780\ 9 \pm 25$
$^{207}Pb/^{204}Pb$	$15.672\ 2 \pm 18$	$15.668\ 3 \pm 18$
$^{208}Pb/^{204}Pb$	$40.550\ 6 \pm 5$	$40.893\ 5 \pm 8$
Rb	4.32	4.69
Sr	401	431
$^{87}Rb/^{86}Sr$	0.031	0.031
$^{87}Sr/^{86}Sr$	$0.706\ 683 \pm 9$	$0.706\ 702 \pm 21$
ε_{Sr}	31.253	31.516
Sm	7.75	6.45
Nd	30.1	17.2
$^{147}Sm/^{144}Nd$	0.146 8	0.146
$^{143}Nd/^{144}Nd$	$0.512\ 355 \pm 9$	$0.512\ 381 \pm 8$
ε_{Nd}	-3.92	-9.39
T_{DM}/Ma	1 140	1 180

U、Th 和 Pb 丰度采用 ICP-MS 法分析；Sm、Nd、Rb、Sr 及其同位素比值采用同位素稀释法分析（西北大学大陆动力学国家重点实验室，2008）。

ε_{Nd} 的计算公式为

$\varepsilon_{Nd} = [(^{143}Nd/^{144}Nd)_m/(^{143}Nd/^{144}Nd)_{CHUR} - 1] \times 10^4$。式中，$(^{143}Nd/^{144}Nd)_{CHUR} = 0.512\ 638$。

ε_{Sr} 的计算公式为

$\varepsilon_{Sr} = [(^{87}Sr/^{86}Sr)_m/(^{87}Sr/^{86}Sr)_{UR} - 1] \times 10^4$。式中，$(^{87}Sr/^{86}Sr)_{UR} = 0.698\ 990$。

T_{DM} 的计算公式为

$T_{DM} = \frac{1}{\lambda} \ln\{[(^{143}Nd/^{144}Nd)_S - (^{143}Nd/^{144}Nd)_{DM}]/[(^{147}Sm/^{144}Nd)_S - (^{147}Sm/^{144}Nd)_{DM}] + 1\}$。式中，$\lambda = 6.54 \times 10^{-12} a^{-1}$，$(^{143}Nd/^{144}Nd)_{DM} = 0.513\ 15$，$(^{147}Sm/^{144}Nd)_{DM} = 0.213\ 7$。

本区玄武岩 $^{206}Pb/^{204}Pb = 19.778\ 9 \sim 19.780\ 9$，$^{207}Pb/^{204}Pb = 15.672\ 2 \sim 15.668\ 3$，$^{208}Pb/^{204}Pb = 40.550\ 7 \sim 40.893\ 6$。在 Hugh[14] 提出的 Pb 同位素成分系统变化图（图 8）中，本区玄武岩无论是在 $^{207}Pb/^{204}Pb$-$^{206}Pb/^{204}Pb$ 图解中还是在 $^{208}Pb/^{204}Pb$-$^{206}Pb/^{204}Pb$ 图解中，均位于 Th/U = 4.0 的北半球参考线（NHRL）之上，明显区别于 EM Ⅰ、EM Ⅱ、BSE、PREMA 等典型地幔源的同位素组成，并显示了显著偏高的 ^{207}Pb 和 ^{208}Pb 同位素组成，表明岩浆受到明显的地壳物质的混染。

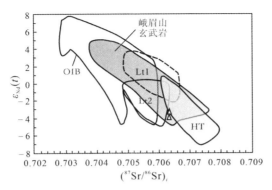

图7 云南祥云二叠纪玄武岩 $\varepsilon_{Nd}(t)$ -^{87}Sr/^{86}Sr 图解

Lt1：Ⅰ型低钛玄武岩；Lt2：Ⅱ型低钛玄武岩；HT：高钛玄武岩（引自文献[4]）。
OIB 和峨眉山玄武岩的范围引自文献[6]

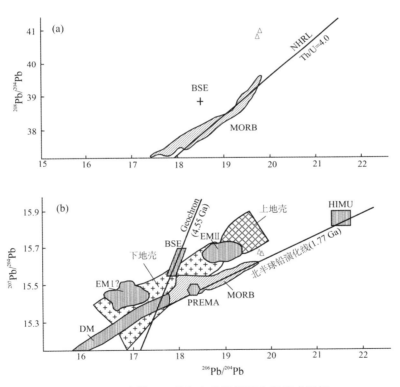

图8 云南祥云二叠纪玄武岩铅同位素组成图解
据文献[14]

5 岩浆起源与演化

祥云二叠纪玄武岩的 TiO_2 含量（1.41% ~ 2.05%）中等，Ti/Y 比值介于 345 ~ 362（<500），相当于峨眉玄武岩中的低 Ti 玄武岩[1,3-4]。在球粒陨石标准化稀土元素配分图解和

表 4 祥云二叠纪玄武岩和 OIB 端元及主要化学储库不相容元素比值

	Zr/Nb	La/Nb	Ba/Nb	Ba/Th	Rb/Nb	Th/Nb	Th/La	Ba/La
原始地幔	14.8	0.94	9	77	0.91	0.117	0.125	9.6
N-MORB	30	1.07	4.3	60	0.36	0.071	0.067	4
大陆地壳	16.2	2.2	54	124	4.7	0.44	0.204	25
GLOSS	14.54	3.2	86.8	112	6.4	0.77	0.24	26.9
HIMU OIB	3.2~5	0.66~0.77	4.9~5.9	63~77	0.35~0.38	0.078~0.101	0.107~0.133	6.8~8.7
EM I MORB	5.0~13.1	0.78~1.32	9.1~23.4	80~204	0.69~1.41	0.094~0.130	0.089~0.147	11.2~19.1
EM II MORB	4.4~7.8	0.79~1.19	6.4~11.3	57~105	0.58~0.87	0.105~0.168	0.108~0.183	7.3~13.5
LT1	11.0~14.1	1.14~1.65	5.98~16.6	23~57	0.6~1.7	0.10~0.49	0.16~0.30	5.20~14.14
LT2	6.27~11.30	0.6~0.87	4.17~42.00	4~466	0.47~3.10	0.09~0.18	0.14~0.21	0.7~17.5
HT	6.6~8.7	0.73~1.04	2.3~16.8	22~139	0.16~1.50	0.10~0.14	0.11~0.16	2.88~20.70
祥云玄武岩	10~11	1.36~1.49	4.8~64	22~177	0.52~5.6	0.16~0.36	0.11~0.24	3.4~38.0

原始地幔、N-MORB、大陆地壳、HIMU OIB、EM I OIB 和 EM II OIB 元素比值据文献[17]；GLOSS（全球俯冲沉积物）元素比值据文献[18]。

原始地幔标准化不相容元素蛛网图中,岩石相比 N-MORB 富集轻稀土和大离子亲石元素,表现出和 OIB 相似的地球化学特征。同时,岩石中没有 Nb、Ta、Ti 等元素的负异常,明显不同于岛弧起源的玄武质岩浆。

Saunders[15]指出,较高程度部分熔融产生的岩浆其产物火山岩的稀土分异型式在很大程度上反映了岩浆源区的特点,强不相容元素由于它们在部分熔融和分离结晶过程中始终富集于液相之中,其比值也反映了岩浆源区特征,大离子半径(LIL)元素和高场强(HFS)元素之间的比值都将反映岩浆源区的特点。玄武岩中较低的 Ce/Yb 比值说明有较高的熔融程度或以尖晶石为主要残留相(薄岩石圈)。与之相反,较高的 Ce/Yb 比值说明有较低的熔融程度或以石榴石为主要残留相(厚岩石圈)。该区玄武岩的 Ce/Yb 比值介于 14~20,表明这套玄武岩起源于较浅的尖晶石–石榴石稳定区,与峨眉山玄武岩中的低 Ti 玄武岩相似[3]。Nb、Zr、Nd 这 3 个元素无论在岩浆的演化过程还是在后生蚀变、变质过程中,其比值变化都很小。从表 4 中可以看到,本区玄武岩 Zr/Nb、La/Nb、Ba/Nb、Ba/Th、Rb/Nb、Th/Nb、Th/La、Ba/La 比值都与峨眉山玄武岩中 I 型低 Ti 玄武岩(LT1)极为相似[3]。峨眉山 I 型低 Ti 玄武岩被认为起源于地幔柱事件早期,由地幔柱提供的热导致富集岩石圈地幔发生熔融,因此具有较多的壳源岩浆的特征。另外,该系列岩浆是地幔源区部分熔融作用的产物,其(Ce/Yb)$_N$ 比值(3.93~5.79)应该在很大程度上反映了源区的特点,这意味着岩浆源区的轻稀土是相对富集的,但富集程度并不高,这又有别于典型的大陆溢流玄武岩。此外,云祥地区玄武岩表现出较高的 Th/Yb 和 Ta/Yb 比值,在 Th/Yb-Ta/Yb 图解(图 9)中,火山岩无一例外均落入活动大陆边缘区域,表明岩浆的源区有明显的壳源物质加入。因此,本区玄武岩源区性质具有显著的特殊性。

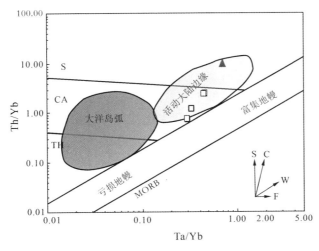

图 9　云南祥云地区玄武岩 Th/Yb-Ta/Yb 图解
据文献[16]

从前面的分析可知,祥云地区出露的玄武岩,其总体环境属于大陆玄武岩类,属于中国南方广泛分布的峨眉山玄武岩中低 Ti 玄武岩类。它们的地球化学特征显示了显著的独特性,总体表现为板内玄武岩特征,但同时具有大洋(OIB)拉斑玄武岩的部分特征,并在一些特征元素方面指示了俯冲物质(或陆壳)的混染。因此,本区玄武岩可能形成于东古特提斯主洋盆地紧邻的大陆边缘环境,其地幔源区具有大陆富集地幔+大洋亏损地幔的混源特征,并在其源区内或岩浆形成演化过程中受到过俯冲物质(或陆壳)的混染。

6 火山岩形成时代及构造背景

岩石中TiO_2、MnO、P_2O_5的相对含量可以区分玄武岩类岩石(SiO_2 = 45% ~ 54%)的5种不同的大地构造背景。因此,用Ti_2O-MnO-P_2O_5图解[19]可以有效地用于区分未产生细碧岩化或中强细碧岩化、沸石化的绿片岩相绿岩系的构造背景。从图10中可以看到,本区玄武岩均处在MORB与OIT的边界线上,这恰好印证了其常量元素具有过渡属性的地球化学特征。

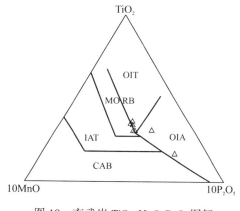

图10　玄武岩TiO_2-MnO-P_2O_5图解
据文献[19]

按照中国二叠系新的三分划分方案,峨眉山玄武岩活动应发生在乐平统早期(P_{31}),根据国际二叠系年代地层系统,乐平统下界的年代应为258 Ma,可以与宣威组对应的吴家坪组的上界,年代大约为253.40 Ma。如果考虑盐源–丽江岩区玄武岩此时喷发于中二叠系晚期,而松潘–甘孜岩区峨眉山玄武岩此时喷发已很微弱,可以将峨眉山玄武岩浆活动的主喷发期时限大致厘定为257~259 Ma较为合适[7]。

古特提斯洋在中国西南地区即为金沙江洋盆,其向西俯冲发生于石炭纪–早三叠世,扬子西南缘在古生代具有被动大陆边缘特征。可见,本区玄武岩的构造背景最有可能就是随着东古特提斯洋的演化,在250 Ma左右,由于洋壳的俯冲而诱发的大陆后侧伸展作用,伴随邻区断陷盆地的形成,导致东古特提斯洋大陆边缘裂谷型火山岩喷发,从而形成祥云地区的这套特殊的玄武岩类。

参考文献

[1] Xu Y G, Chung S L, Jahn B M, et al. Petrologic and geochemical constrints on the petrogenesis of

Permian-Triassic Emeishan flood basalts in southwestern China[J]. Lithos,2001,58:145-168.

［2］ 徐义刚,钟孙霖.峨眉山大火成岩省:地幔柱活动的证据及其熔融条件[J].地球化学,2001,30(1):1-9.

［3］ 黄开年,杨瑞英,王小春,等.峨眉山玄武岩微量元素地球化学的初步研究[J].岩石学报,1988,4:49-60.

［4］ 肖龙,徐义刚,梅厚钧,等.云南宾川地区峨眉山玄武岩地球化学特征:岩石类型及随时间演化规律[J].地质科学,2003,38(4):478-494.

［5］ 张招崇,王福生,范蔚茗,等.峨眉山玄武岩研究中的一些问题的讨论[J].岩石矿物学杂志,2001,20(3):239-247.

［6］ Chung S L, Jahn B M. Plume-lithosphere interaction in generation of the Emeishan flood basalts at the Permian-Triassic boundary[J]. Geology,1995,23:889-892.

［7］ 云南省地质矿产局.云南省区域地质志[M].北京:地质出版社,1990:1-728.

［8］ Winchester J A, Floyd P A. Geochemical discrimination of different magmas series and their differentiation products using immobile elements[J]. Chemical Geology,1977,20:325-343.

［9］ Wilson M. Igneous Petrogenesis[M]. London:Unwin Hyman Press,1989:153-190.

［10］ Sun S S, McDonough W F. Chemical and isotopic systematics of oceanic basalts: Implications for mantle composition and processes[J]. Geol Soc Special Publ,1989,42:313-345.

［11］ Pearce J A. A users guide to basalt discrimination diagrams[J]. Overseas Geology,1984(4):1-13 (in Chinese).

［12］ Pearce J A. The role of sub-continental lithosphere in magma genesis at destructive plate margins[M]// Hawkesworth. Continental Basalts and Mantle Xenoliths. London: Nantwich Shiva,1983:230-249.

［13］ Meschede M. A method of discrimination between different types of mid-ocean ridge basalts and continental tholeiites with the Nb-Zr-Hf diagram[J]. Chemical Geology,1986,56:207-218.

［14］ Hugh R R.Using geochemical data[M]. Singapore:Longman Singapore Publishers, 1993:234-240.

［15］ Saunders A D, Norry M J, Tarney J. Origin of MORB and chemically depleted mantle reservoirs:Trace element constrains[J]. Jour Petrol,1988,29:415-445.

［16］ 李曙光.蛇绿岩生成构造环境的 Ba-Th-Nb-La 判别图[J].岩石学报,1993,9(2):146-157.

［17］ Weaver B L. The origin of ocean island basalt end-member composition:Trace element and isotopic constraints[J]. Earth & Planetary Science Letters,1991,104:381-397.

［18］ Plank T, Langmuir C H. The chemical composition of subducting sediment and its consequences for the crust and mantle[J]. Chemical Geology, 1998,145:325-394.

［19］ Mullen E D. MnO-TiO$_2$-P$_2$O$_5$: A minor element discriminant for basaltic rocks of oceanic environments and its implications for petrogenesis[J]. Earth & Planetary Science Letters, 1983,62:53-62.

西秦岭竹林沟新生代碱性玄武岩地球化学及其成因[①②]

赖绍聪　朱韧之

摘要：目的　研究出露在甘肃礼县竹林沟地区的新生代火山岩成因及其大陆动力学意义。**方法**　运用系统的岩石学、地球化学和 Sr-Nd-Pb 同位素地球化学特征分析。**结果**　竹林沟火山岩具有低 SiO_2（40.72% ~ 42.47%）、高 TiO_2（3.32% ~ 3.62%）含量，全碱含量高（$K_2O+Na_2O=2.59\% \sim 3.40\%$），以及 $Na_2O >$ K_2O，$K_2O/Na_2O=0.68 \sim 0.75$ 的特征，属于典型的碱性系列钠质苦橄玄武岩-碱玄岩类。火山岩高的 $Mg^{\#}$ 值（63.0 ~ 69.8）表明其原生岩浆的属性，岩石富集轻稀土，$(La/Yb)_N=39.3 \sim 41.9$，$(Ce/Yb)_N=27.8 \sim 29.8$，Ba、Th、Nb、Ta 等元素呈显著的富集状态，具有典型的板内火山岩特征，而 K 和 Rb 含量较低，呈相对亏损状态。岩石 $^{87}Sr/^{86}Sr$（0.704 189 ~ 0.704 418）、$^{143}Nd/^{144}Nd$（0.512 803 ~ 0.512 906）、$^{206}Pb/^{204}Pb$（18.643 446 ~ 18.685 488）、$^{207}Pb/^{204}Pb$（15.591 105 ~ 15.594 871）、$^{208}Pb/^{204}Pb$（39.042 692 ~ 39.077 318）等同位素变化特征具有显著的混源属性，投影点位于 EM I、EM II、BSE 及 PREMA 等典型地幔储库的过渡部位，不同于单一地幔源局部熔融形成的玄武岩的同位素组成特征。**结论**　结合西秦岭新生代的总体构造背景，竹林沟钠质苦橄玄武岩-碱玄岩可能起源于一个特殊的多源混合地幔的局部熔融作用。新生代期间，青藏、扬子及华北三大构造体系域在西秦岭-松潘地区的强烈汇聚拼贴作用导致的深部地幔混合和这套特殊的钠质碱性玄武岩的产出有密切的成因关系。

　　西秦岭造山带是秦岭造山带的西延部分，地处东西向秦-祁-昆中央造山系与南北向贺兰-川滇构造带垂向交汇区，也是青藏高原东北缘扩展跨越地带，是联结古亚洲构造域、特提斯构造域和滨太平洋构造域的一个典型构造结，是中国中央造山系中一个十分关键的部位。同时，西秦岭也是中国东部和西部、南部和北部地壳结构、地壳厚度和地球物理场发生变化的转折带和重大梯度带，记录与揭示着中国大陆形成与演化及大陆构造的重要成因信息[1]。

　　本文选择西秦岭礼县竹林沟地区新生代钠质碱性玄武岩为研究对象，通过详细的岩

①　原载于《西北大学学报》自然科学版，2012，42（6）。
②　国家自然科学基金资助项目（41072052）和国家自然科学重大计划基金资助项目（41190072）。

石学、地球化学、同位素地球化学及成因岩石学研究,探讨火山岩源区性质及新生代期间西秦岭的深部动力学背景。

1 区域地质背景及火山岩岩石学特征

西秦岭地区广泛出露一套新生代碱性火山岩类,火山岩主要沿临潭-凤县断裂和洮坪断裂喷发或侵入。火山岩分布相对较为集中,形成 2 个主要的火山岩区:一个出露在礼县白河-宕昌-好梯一带;另一个分布在礼县-洮坪一带。

竹林沟玄武岩属于白河-宕昌-好梯岩区,出露在甘肃礼县白河镇西南约 8 km 处(E104°50′,N33°49′)。火山岩以 2 个紧邻的、近椭圆形致密块状熔岩丘产出,呈近东西向展布,出露面积约 6 km²。其局部可见火山岩不整合覆盖于泥盆系炭质板岩、千枚岩、砂岩、石灰岩以及古近系红色砂岩、粉砂岩、页岩、黏土岩之上,并被第四系砂砾层、粉砂土、亚砂土不整合覆盖(图 1)。研究区内出露地层简单,主要有泥盆系、三叠系、古近系-新近系及第四系。泥盆系主要岩性为河湖相碎屑岩和泥岩、碳酸盐岩;三叠系主要岩性为砂岩、板岩、石灰岩;古近系-新近系主要岩性为红色砂岩、粉砂岩、页岩、黏土岩;第四系主要为洪积冲积砂砾层、粉砂土、亚砂土等(图 1)。

岩石呈灰黑色,斑状结构,块状构造,有时见有角砾状构造。无显著蚀变和交代现象。斑晶成分主要为伊丁石化橄榄石、短柱状弱伊丁石化辉石和弱钠黝帘石化自形板状斜长石。基质为间隐结构,主要矿物成分有板条状斜长石微晶、细粒辉石颗粒、微量伊丁石化橄榄石、不均匀分散状磁铁矿以及部分脱玻化微晶物质。

根据喻学惠等对西秦岭地区新生代火山岩大量的精确同位素定年结果[2],西秦岭新生代火山岩的喷发时代主体限制在 22～7.1 Ma,结合野外观察到的地层学约束,可以判定本区新生代火山岩应属新近纪中新世。

2 分析方法

对野外采集的样品进行详细的岩相学观察后,选择新鲜的、没有脉体贯入的样品进行主量元素、微量元素及 Sr-Nd-Pb 同位素分析。主量元素、微量元素分析在西北大学大陆动力学国家重点实验室完成。主量元素采用 XRF 法完成,微量元素用 ICP-MS 测定。微量元素样品在高压溶样弹中用 HNO_3 和 HF 混合酸溶解 2d 后,用 VG Plasma-Quad ExCell ICP-MS 方法完成测试,对国际标准参考物质 BHVO-1(玄武岩)、BCR-2(玄武岩)和 AGV-1(安山岩)的同步分析结果表明,微量元素的分析精度和准确度一般优于 5%,详细的分析流程见文献[3]。

Sr-Nd-Pb 同位素分析同样在西北大学大陆动力学国家重点实验室完成。Sr、Nd 同位素分别采用 AG50W-X8(200～400 mesh)、HDEHP(自制)和 AG1-X8(200～400 mesh)离子交换树脂进行分离,同位素的测试在该实验室的多接收电感耦合等离子体质谱仪(MC-ICP MS,Nu Plasma HR,Nu Instruments, Wrexham, UK)上采用静态模式(Static mode)进行。Nd 同位素标样 La Jolla 的测定值为 $^{143}Nd/^{144}Nd = 0.511\,859 \pm 6(2\sigma, n = 20)$,美国国家

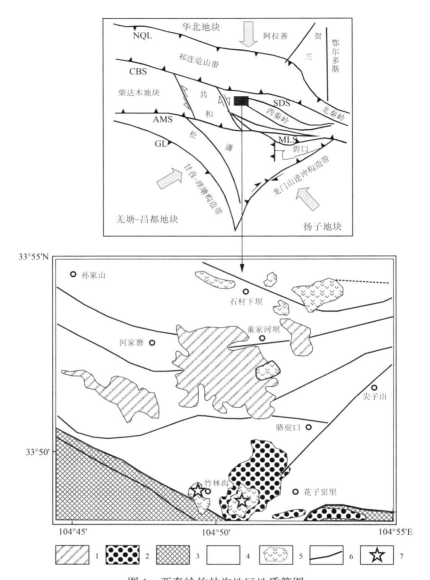

图 1　西秦岭竹林沟地区地质简图

1.第四系:砂砾层、粉砂土、亚砂土;2.古近系-新近系:红色砂岩、粉砂岩、页岩、黏土岩;3.三叠系:砂岩、板岩、石灰岩;4.泥盆系:炭质板岩、千枚岩、砂岩、石灰岩;5.新生代火山岩;6.断裂;7.取样位置。CBS:柴北缘古缝合带;SDS:商丹古缝合带;AMS:阿尼玛卿古缝合带;NQL:北祁连缝合带;MLS:勉略古缝合带;GL:甘孜-理塘缝合带

标准局 Sr 同位素国际标样 NIST SRM 987 测定值为 $^{87}Sr/^{86}Sr = 0.710\,250 \pm 12\,(2\sigma, n = 15)$。Sr 和 Nd 的同位素组成分别用 $^{86}Sr/^{88}Sr = 0.119\,4$ 和 $^{146}Nd/^{144}Nd = 0.721\,9$ 校正仪器的质量分馏。全岩 Pb 同位素组成用 $^{205}Tl/^{203}Tl = 2.387\,5$ 校正仪器的质量分馏,国际 Pb 同位素标样 NBS981 的测试结果为 $^{206}Pb/^{204}Pb = 16.937 \pm 1\,(2\sigma)$, $^{207}Pb/^{204}Pb = 15.491 \pm 1\,(2\sigma)$, $^{208}Pb/^{204}Pb = 36.696 \pm 1\,(2\sigma)$;BCR-2 标样的测试结果为 $^{206}Pb/^{204}Pb = 18.742 \pm 1\,(2\sigma)$, $^{207}Pb/^{204}Pb = 15.620 \pm 1\,(2\sigma)$, $^{208}Pb/^{204}Pb = 38.705 \pm 1\,(2\sigma)$。Pb 全流程空白值为 0.1~0.3 ng。

3 分析结果

3.1 主量元素地球化学特征

竹林沟火山岩岩石化学分析结果及 CIPW 标准矿物计算结果列于表 1 中。从表 1 中可以看到,岩石的 SiO_2 含量较低,介于 40.72%~42.47%,平均为 41.49%;TiO_2 质量百分含量很高(3.32%~3.62%,平均 3.46%),明显高于岛弧区火山岩(0.58%~0.85%)[4] 和典型大洋中脊拉斑玄武岩(1.5%)[4],而与板内碱性玄武岩 TiO_2 质量百分含量(2.20%)[4] 较为接近,这与该套火山岩产于大陆板内环境的地质事实完全一致。在 SiO_2-(K_2O+Na_2O) 火山岩系列划分图解(图 2a)中,该套火山岩全部位于碱性区内;在 TAS 火山岩分类图解(图 2b)上,该套火山岩位于苦橄玄武岩和碱玄岩的过渡区域。岩石 Na_2O = 1.54%~2.02%,K_2O = 1.05%~1.38%,Na_2O+K_2O = 2.59%~3.40%,且 Na_2O > K_2O,K_2O/Na_2O = 0.68~0.75,这表明,该套火山岩为钠质碱性系列玄武岩类。这与 CIPW 标准矿物计算中出现似长石标准矿物分子 Ne(霞石)的结果是一致的。

表 1 火山岩常量元素分析结果(%)及 CIPW 标准矿物计算结果

编 号	ZLG-08	ZLG-11	ZLG-12	ZLG-01	ZLG-03	ZLG-05	ZLG-10	ZLG-13
岩 性	苦橄玄武岩	苦橄玄武岩	苦橄玄武岩	碱玄岩	碱玄岩	碱玄岩	碱玄岩	碱玄岩
取样位置	竹林沟	竹林沟	竹林沟	竹林沟	竹林沟	竹林沟	竹林沟	竹林沟
常量元素分析结果/%								
SiO_2	42.47	41.19	41.72	41.37	42.12	40.97	40.72	41.36
TiO_2	3.54	3.47	3.32	3.52	3.44	3.32	3.41	3.62
Al_2O_3	7.78	8.50	8.11	7.55	7.79	8.18	8.68	8.04
$Fe_2O_3^T$	11.72	11.66	11.49	12.20	11.28	11.56	11.44	12.03
MnO	0.16	0.16	0.15	0.13	0.13	0.15	0.15	0.17
MgO	11.81	11.10	12.33	11.33	11.67	12.11	12.40	11.88
CaO	13.91	14.58	13.95	14.81	14.59	14.35	13.72	14.44
Na_2O	1.54	1.64	1.65	1.93	1.82	2.02	1.82	1.96
K_2O	1.05	1.14	1.18	1.36	1.27	1.38	1.36	1.37
P_2O_5	0.77	0.93	0.81	0.75	0.84	0.81	0.90	0.88
LOI	4.84	5.29	4.86	4.62	4.61	4.66	4.91	3.82
Total	99.59	99.66	99.57	99.57	99.56	99.51	99.51	99.57
$Mg^\#$	64.8	63.5	66.3	63.0	65.5	65.8	69.8	64.4
CIPW 标准矿物计算结果								
An	11.16	12.34	11.11	7.79	9.32	9.13	11.18	9.02
Di	42.52	43.51	42.46	47.14	46.68	41.73	34.21	44.02
Ol	16.23	14.59	17.17	14.1	14.22	17.04	22.79	16.03
Ne	5.23	7.47	7.51	8.75	8.29	9.16	8.11	8.89
Or	6.12	3.33	5.25		3.95			

续表

编　号	ZLG-08	ZLG-11	ZLG-12	ZLG-01	ZLG-03	ZLG-05	ZLG-10	ZLG-13
岩　性	苦橄玄武岩	苦橄玄武岩	苦橄玄武岩	碱玄岩	碱玄岩	碱玄岩	碱玄岩	碱玄岩
取样位置	竹林沟	竹林沟	竹林沟	竹林沟	竹林沟	竹林沟	竹林沟	竹林沟
Ab	3.19							
Mt	2.59	2.57	2.56	2.73	2.56	2.62	2.53	2.69
Ilm	6.68	6.56	6.26	6.6	6.53	6.28	6.32	6.83
Ap	1.57	1.89	1.66	1.53	1.72	1.66	1.83	1.81
Lc		2.61	1.28	6.25	2.77	6.34	6.11	6.29

由西北大学大陆动力学国家重点实验室采用 XRF 法分析(2012)。

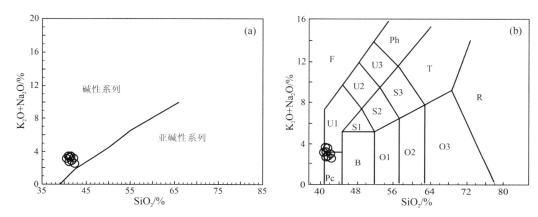

图 2　火山岩 SiO_2-(K_2O+Na_2O)系列划分图解(a)和 TAS 分类命名图解(b)
F:似长岩;U1:碱玄岩($Ol<10\%$),碧玄岩($Ol>10\%$);U2:响岩质碱玄岩;U3:碱玄质响岩;
Ph:响岩;S1:粗面玄武岩;S2:玄武粗安岩;S3:安粗岩;T:粗面岩($q<20\%$),粗面英安岩($q>20$);
Pc:苦橄玄武岩;B:玄武岩;O1:玄武安山岩;O2:安山岩;O3:英安岩;R:流纹岩

岩石的 Al_2O_3 质量百分含量较低,介于 $7.55\% \sim 8.68\%$,铝饱和指数 A/CNK[Al_2O_3/(Na_2O+K_2O+CaO)]介于 $0.42 \sim 0.51$,表明岩石属于准铝质。该套火山岩的 MgO = $11.10\% \sim 12.40\%$, $Fe_2O_3^T = 11.28\% \sim 12.20\%$,镁指数[$Mg^\# = 100Mg/(Mg+Fe^T)$]介于 $63.0 \sim 69.8$。其高的 $Mg^\#$ 值表明形成该套岩石的岩浆进化程度较低,具有原生岩浆属性。

3.2　微量及稀土元素地球化学特征

竹林沟火山岩稀土及微量元素分析结果已列于表 2 中。从表 2 中可以看到,竹林沟苦橄玄武岩和碱玄岩具有完全一致的稀土元素特征,均表现为强烈富集稀土元素(稀土总量较高,为 $408 \times 10^{-6} \sim 486 \times 10^{-6}$,平均 427×10^{-6});轻、重稀土分异明显,$\sum LREE/\sum HREE$ 值较为稳定,其值为 $6.94 \sim 7.32$,平均为 7.10;岩石($La/Yb)_N$ 介于 $39.3 \sim 41.9$,平均为 40.3;($Ce/Yb)_N$ 大多介于 $27.8 \sim 29.8$,平均为 28.9;δEu 值趋近于 1 且十分稳定,变化在 $0.92 \sim 0.95$ 范围内,表明岩石基本没有 Eu 的异常。在球粒陨石标准化配分图(图

3a、b)中,本区苦橄玄武岩和碱玄岩均显示为右倾负斜率轻稀土中强富集型分布模式,与典型的板内碱性玄武岩稀土元素地球化学特征完全一致,表明它们应来自大陆板内深部地幔橄榄岩的局部熔融。

表2　火山岩微量及稀土元素(×10⁻⁶)分析结果

编　号	ZLG-08	ZLG-11	ZLG-12	ZLG-01	ZLG-03	ZLG-05	ZLG-10	ZLG-13
岩　性	苦橄玄武岩	苦橄玄武岩	苦橄玄武岩	碱玄岩	碱玄岩	碱玄岩	碱玄岩	碱玄岩
取样位置	竹林沟	竹林沟	竹林沟	竹林沟	竹林沟	竹林沟	竹林沟	竹林沟
Li	48.2	57.4	34.3	35.2	27.8	35.4	28.6	18.4
Be	1.85	1.89	1.93	1.92	1.78	1.91	2.11	2.15
Sc	23.7	21.7	23.4	24.4	24.9	23.1	21.0	21.5
V	206	207	199	199	203	205	200	214
Cr	291	276	296	318	347	307	247	227
Co	61.3	64.2	66.8	70.6	71.1	76.1	67.6	63.3
Ni	241	240	240	254	273	272	229	209
Cu	77.7	72.5	71.1	80.3	60.6	68.1	69.0	53.4
Zn	127	125	121	122	119	120	123	131
Ga	18.1	18.7	17.4	17.6	17.0	17.4	18.5	22.2
Ge	1.42	1.34	1.35	1.41	1.36	1.34	1.33	1.41
Rb	25.5	26.8	32.8	30.1	34.3	38.8	36.7	40.8
Sr	1 077	1 100	1 105	1 001	1 111	1 311	1 164	1 049
Y	26.3	26.8	26.8	26.7	26.1	25.7	28.2	30.0
Zr	335	331	328	337	313	309	330	372
Nb	126	128	121	124	114	118	127	146
Cs	0.84	0.87	0.43	1.08	0.71	0.54	0.55	1.26
Ba	492	1 812	1 115	995	1 825	1 590	716	428
Hf	7.18	6.89	6.93	7.20	6.73	6.60	6.79	7.53
Ta	6.11	6.11	5.78	5.96	5.44	5.60	6.08	6.90
Pb	5.47	5.30	4.63	4.52	3.79	4.74	6.23	5.77
Th	13.4	13.2	13.0	12.6	12.1	12.3	13.3	15.2
U	1.78	1.98	2.40	2.17	2.39	2.45	1.90	3.09
La	92.1	90.3	91.1	87.7	87.3	87.1	93.8	106
Ce	170	168	168	165	162	163	170	195
Pr	19.5	19.5	19.3	18.7	18.8	18.9	19.6	22.2
Nd	74.4	73.4	73.7	72.4	71.5	71.5	73.9	84.1
Sm	14.0	14.0	13.8	13.7	13.6	13.5	13.9	15.6
Eu	3.98	4.09	4.01	3.95	3.97	3.96	4.05	4.44
Gd	11.6	11.9	11.8	11.5	11.5	11.5	11.8	13.0
Tb	1.35	1.36	1.36	1.33	1.31	1.31	1.38	1.53
Dy	6.65	6.69	6.74	6.57	6.50	6.46	6.89	7.54
Ho	1.07	1.10	1.10	1.08	1.06	1.05	1.14	1.23

续表

编　号	ZLG-08	ZLG-11	ZLG-12	ZLG-01	ZLG-03	ZLG-05	ZLG-10	ZLG-13
岩　性	苦橄玄武岩	苦橄玄武岩	苦橄玄武岩	碱玄岩	碱玄岩	碱玄岩	碱玄岩	碱玄岩
取样位置	竹林沟	竹林沟	竹林沟	竹林沟	竹林沟	竹林沟	竹林沟	竹林沟
Er	2.36	2.41	2.40	2.35	2.28	2.28	2.49	2.69
Tm	0.28	0.28	0.28	0.28	0.27	0.28	0.30	0.32
Yb	1.59	1.64	1.64	1.60	1.56	1.55	1.70	1.82
Lu	0.22	0.23	0.22	0.23	0.21	0.22	0.24	0.25
ΣREE	426	422	422	413	408	408	430	486
ΣLREE/ΣHREE	7.28	7.06	7.06	7.00	7.03	7.11	6.94	7.32
δEu	0.93	0.94	0.94	0.93	0.95	0.95	0.94	0.92
$(La/Yb)_N$	41.5	39.6	39.8	39.3	40.2	40.2	39.5	41.9
$(Ce/Yb)_N$	29.7	28.6	28.4	28.6	28.8	29.1	27.8	29.8
Sr/Y	40.9	41.0	41.2	37.5	42.6	51.0	41.3	35.0
Nb/Ta	20.6	20.9	20.9	20.8	21.0	21.1	20.9	21.2
Sm/Yb	8.79	8.55	8.42	8.58	8.71	8.69	8.17	8.61

由西北大学大陆动力学国家重点实验室采用 ICP-MS 法分析(2012)。

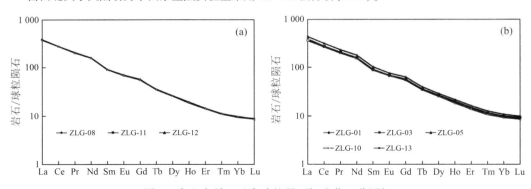

图3　火山岩稀土元素球粒陨石标准化配分图解

(a)苦橄玄武岩;(b)碱玄岩。球粒陨石标准值据 Sun and McDonough(1989)[13];图中编号对应表1中的样品编号

微量元素原始地幔标准化配分图(图4a、b)显示,本区苦橄玄武岩和碱玄岩具有十分一致的配分型式,曲线总体显示为隆起型分布型式。曲线的前半部元素总体呈较显著的富集状态,Ba、Th 尤其是 Nb 和 Ta 显著富集,而曲线后半部相容元素 Nd、Hf、Sm、Y 和 Yb等富集度相对较低,总体表现为 OIB 型玄武岩的地球化学特性[5],同样表明它们应来自大陆板内深部地幔橄榄岩的局部熔融,这与稀土元素反映的地质事实相吻合。然而,需要特别指出的是,在配分曲线中有显著的 K 和 Rb 的负异常,这种特殊的地球化学性质与青藏高原北部广泛分布的新生代钾质、超钾质火山岩明显不同[6-11],在一定程度上反映了本区钠质碱性火山岩特有的元素地球化学烙印。正是由于 Rb 是典型的亲岩分散稀碱元素,在岩浆岩中不易形成独立矿物,大多与钾呈类质同象替代关系[12],从而造成竹林沟苦橄玄武岩和碱玄岩中 K 和 Rb 的共同亏损现象。从图4中还可以看到,本区玄武岩不相

容元素原始地幔标准化配分型式图中,存在弱的 Ti 负异常,说明 Ti 的相对弱亏损可能与岩浆轻度分异过程有关,归因于钛铁氧化物的早期弱分离结晶作用[5]。

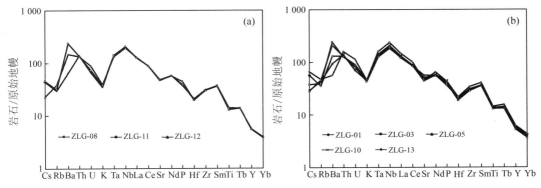

图 4 火山岩不相容元素原始地幔标准化配分图解

(a)苦橄玄武岩;(b)碱玄岩。原始地幔标准值据 Wood et al.(1979)[14];图中编号对应表 1 中的样品编号

本区苦橄玄武岩的 Sr = 1 077×10⁻⁶ ~ 1 105×10⁻⁶,Ba = 492×10⁻⁶ ~ 1 812×10⁻⁶,Y = 26.3×10⁻⁶ ~ 26.8×10⁻⁶,Sr/Y = 40.9 ~ 41.2。而碱玄岩的 Sr = 1 001×10⁻⁶ ~ 1 311×10⁻⁶,Ba = 428×10⁻⁶ ~ 1 825×10⁻⁶,Y = 25.7×10⁻⁶ ~ 30.0×10⁻⁶,Sr/Y = 35.0 ~ 51.0(平均值 41.5)。由此可以看出,苦橄玄武岩和碱玄岩的 Sr、Ba 和 Y 含量并没有显著区别,岩石的 Sr/Y 比值亦十分接近。此外,苦橄玄武岩的 Nb/Ta 值介于 20.6 ~ 20.9,而碱玄岩的 Nb/Ta 值介于 20.8 ~ 21.2,从而充分表明,本区苦橄玄武岩和碱玄岩为同源岩浆系列[5]。

3.3 同位素地球化学特征

竹林沟玄武岩 3 个样品的 Sr-Nd-Pb 同位素分析结果已列于表 3 中。从表 3 中可以看到,本区玄武岩具有中等含量的 Sr,以及相对低 Nd 的同位素地球化学特征,$^{87}Sr/^{86}Sr$ = 0.704 189 ~ 0.704 418(平均 0.704 279),ε_{Sr} = + 74.38 ~ + 77.65(平均 + 75.66),$^{143}Nd/^{144}Nd$ = 0.512 803 ~ 0.512 906(平均 0.512 847),ε_{Nd} = +3.5 ~ +5.5(平均+4.3)。

表 3 火山岩 Sr-Nd-Pb 同位素分析结果

编 号	ZLG-01	ZLG-03	ZLG-13
岩 性	碱玄岩	碱玄岩	碱玄岩
Pb/×10⁻⁶	4.52	3.79	5.77
Th/×10⁻⁶	12.6	12.1	15.2
U/×10⁻⁶	2.17	2.39	3.09
$^{206}Pb/^{204}Pb$	18.643 446	18.656 486	18.685 488
2σ	0.002 020	0.001 332	0.000 760
$^{207}Pb/^{204}Pb$	15.591 105	15.592 384	15.594 871
2σ	0.001 802	0.001 152	0.000 908
$^{208}Pb/^{204}Pb$	39.042 692	39.051 474	39.077 318
2σ	0.004 520	0.003 280	0.002 200

续表

编 号	ZLG-01	ZLG-03	ZLG-13
岩 性	碱玄岩	碱玄岩	碱玄岩
$\Delta 7/4$	7.92	7.90	7.84
$\Delta 8/4$	87.6	86.9	86.0
$Sr/\times 10^{-6}$	1 001	1 111	1 049
$Rb/\times 10^{-6}$	30.1	34.3	40.8
$^{87}Rb/^{86}Sr$	0.087 09	0.089 27	0.112 57
$^{87}Sr/^{86}Sr$	0.704 189	0.704 229	0.704 418
2σ	0.000 010	0.000 011	0.000 010
ΔSr	41.89	42.29	44.18
ε_{Sr}	+74.38	+74.95	+77.65
$Nd/\times 10^{-6}$	72.4	71.5	84.1
$Sm/\times 10^{-6}$	13.7	13.6	15.6
$^{147}Sm/^{144}Nd$	0.114 63	0.114 81	0.112 53
$^{143}Nd/^{144}Nd$	0.512 832	0.512 906	0.512 803
2σ	0.000 034	0.000 025	0.000 004
ε_{Nd}	+4.0	+5.5	+3.5

$\varepsilon_{Nd} = \left[(^{143}Nd/^{144}Nd)_S / (^{143}Nd/^{144}Nd)_{CHUR} - 1 \right] \times 10^4$，$(^{143}Nd/^{144}Nd)_{CHUR} = 0.512\ 638$。

$\varepsilon_{Sr} = \left[(^{87}Sr/^{86}Sr)_S / (^{87}Sr/^{86}Sr)_{UR} - 1 \right] \times 10^4$，$(^{87}Sr/^{86}Sr)_{UR} = 0.698\ 990$。

$\Delta 7/4 = \left[(^{207}Pb/^{204}Pb)_S - 0.108\ 4 (^{206}Pb/^{204}Pb)_S - 13.491 \right] \times 100$。

$\Delta 8/4 = \left[(^{208}Pb/^{204}Pb)_S - 1.209 (^{206}Pb/^{204}Pb)_S - 15.627 \right] \times 100$。

$\Delta Sr = \left[(^{87}Sr/^{86}Sr)_S - 0.7 \right] \times 10\ 000$。

ε_{Nd} 和 ε_{Sr} 未做年龄校正。下角 S 代表样品。由西北大学大陆动力学国家重点实验室分析（2012）。

根据 $^{143}Nd/^{144}Nd$-$^{87}Sr/^{86}Sr$ 相关图解（图5），本区玄武岩位于地幔演化线上，充分表明了岩石的幔源岩浆属性。同时，其 Sr-Nd 同位素变化特征具有显著的混源属性，不同于由均匀的地幔源区岩石局部熔融形成的玄武岩的同位素组成特征，从而表明本区玄武岩应是由2种或2种以上不同属性的地幔源经混合后再发生局部熔融的产物。

本区玄武岩 $^{206}Pb/^{204}Pb = 18.643\ 446 \sim 18.685\ 488$（平均18.661 807），$^{207}Pb/^{204}Pb = 15.591\ 105 \sim 15.594\ 871$（平均15.592 787），$^{208}Pb/^{204}Pb = 39.042\ 692 \sim 39.077\ 318$（平均 39.057 161）。在 Pb 同位素成分系统变化图（图6）中，本区玄武岩无论是在 $^{207}Pb/^{204}Pb$-$^{206}Pb/^{204}Pb$ 图解中还是在 $^{208}Pb/^{204}Pb$-$^{206}Pb/^{204}Pb$ 图解中，均位于 Th/U=4.0 的北半球参考线（NHRL）之上，明显区别于 EM Ⅰ、EM Ⅱ、BSE 及 PREMA 等典型地幔源的同位素组成，同样表明了多源混合的同位素地球化学属性。

Sr-Pb 和 Nd-Pb 同位素系统变化图解（图7）同样表明了竹林沟玄武岩的混源特征。从图7中可以看到，竹林沟玄武岩的地幔源区可能主要包含了 EM Ⅰ、EM Ⅱ、BSE 和 PREMA 的组成部分。表4列出的各类型地幔端元同位素组成的对比特征，更加充分地证明了竹林沟玄武岩的多源混合成因特征。

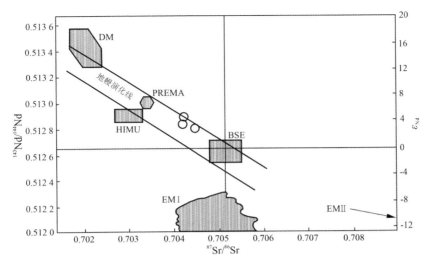

图5 火山岩^{143}Nd/^{144}Nd-^{87}Sr/^{86}Sr 图解

DM:亏损地幔;PREMA:原始地幔;BSE:地球总成分; EM I:I 型富集地幔;

EM II:II 型富集地幔;HIMU:异常高^{238}U/^{204}Pb 地幔

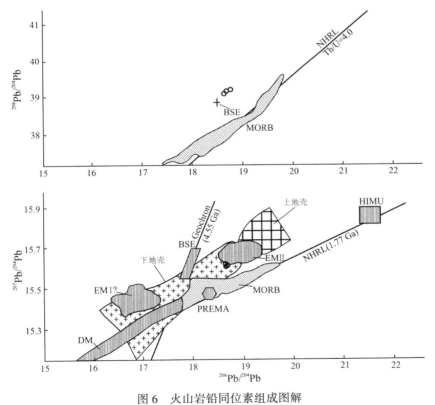

图6 火山岩铅同位素组成图解

DM:亏损地幔;PREMA:原始地幔;BSE:地球总成分;MORB:洋中脊玄武岩;

EM I:I 型富集地幔;EM II:II 型富集地幔;HIMU:异常高^{238}U/^{204}Pb 地幔。

据 Hugh(1993)[15]

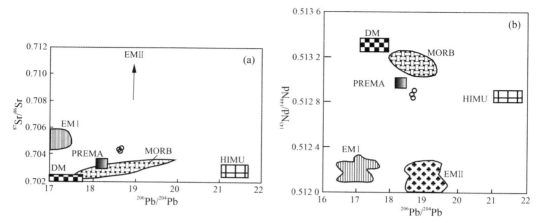

图 7 火山岩 $^{87}Sr/^{86}Sr$-$^{206}Pb/^{204}Pb$(a)和 $^{143}Nd/^{144}Nd$-$^{206}Pb/^{204}Pb$(b)同位素组成图解

DM:亏损地幔;PREMA:原始地幔;MORB:洋中脊玄武岩;EM I:I 型富集地幔;

EM II:II 型富集地幔;HIMU:异常高 $^{238}U/^{204}Pb$ 地幔。

据 Zindler and Hart(1986)[16]

表 4 各类型地幔端元的同位素组成对比特征

地幔端元类型	$^{143}Nd/^{144}Nd$	$^{87}Sr/^{86}Sr$	$^{206}Pb/^{204}Pb$
DM	0.513 1~0.513 3	0.702 0~0.702 4	15.5~17.8
HIMU	~0.512 8	0.702 6~0.703 0	21.0~22.0
EM I	0.512 3~0.512 4	0.704 5~0.706 0	16.5~17.5
EM II	0.512 7~0.512 9	~0.707	18.5~19.5
PREMA	0.513 0	0.703 5	18.3
BSE	0.512 438	0.704 5	17.35~17.5
竹林沟火山岩	0.512 803~0.512 906	0.704 189~0.704 418	18.643 446~18.685 488

地幔端元组成据 Wilson(1993)[17]。

4 岩石成因及其大陆动力学意义

综合上述,竹林沟苦橄玄武岩-碱玄岩具有高 Mg$^{\#}$值特征(平均 65.4),指示其具有原生岩浆性质,其地球化学和同位素地球化学资料能够对地幔岩浆源区性质做出有效约束。岩石低 SiO_2 质量百分含量、贫 Al_2O_3,$Na_2O > K_2O$,尤其是较高的 MgO(11.10%~12.40%)、TiO_2(3.32%~3.62%)及较高的 Cr(227×10^{-6}~347×10^{-6})、Co(61.3×10^{-6}~76.1×10^{-6})、Ni(209×10^{-6}~273×10^{-6})质量含量,充分表明它们为一套典型的幔源钠质碱性玄武岩类。

Tegner et al(1998)的研究认为[18],Sm/Yb 比值和 Yb 含量的相关关系可有效判别地幔岩浆起源的相对深度和熔融程度,在地幔部分熔融作用中,熔体的 Sm/Yb 以及 Dy/Yb 比值随压力增大而增大。竹林沟苦橄玄武岩-碱玄岩具有相对较高的 Sm/Yb 值(Sm/Yb=8.17~8.79),说明其来源深度较大,应来源于软流圈地幔尖晶石二辉橄榄岩的局部熔融。

需要指出的是，柳坪苦橄玄武岩独特的 Sr-Nd-Pb 同位素地球化学体系变化特征显示了显著的混源属性，投影点位于 EM Ⅰ、EM Ⅱ、BSE 及 PREMA 等典型地幔储库的过渡部位，明显不同于单一地幔源局部熔融形成的玄武岩的同位素组成，从而表明本区玄武岩应具有其相对独立的地幔岩浆源区，是由 2 种或 2 种以上不同属性的地幔源经混合后形成的具有特殊混源特征地幔岩石再发生局部熔融的产物。

张国伟等的研究结果表明[1]，西秦岭地区在新生代期间处于典型的多块体汇聚的特殊构造环境，其深部动力学过程主要表现为青藏高原、扬子及华北地幔的汇聚拼合。而青藏高原在以南北为主的南、北双向挤压缩短作用下，于地壳加厚、急剧隆升形成高原过程中，发生东、西向扩张，东部物质产生向东运动。也就是说，青藏高原向东扩展，在首先产生受阻应变的同时，伴生沿不同地块间，尤其是沿鄂尔多斯、上扬子四川、印度等稳定地块间的拼结带发生不等的有限剪切挤出构造，突出地表现于青藏高原东南沿红河等断裂的走滑逃逸运动和西秦岭的渭河等断裂的剪切走滑，而竹林沟苦橄玄武岩-碱玄岩恰好分布在沿渭河断裂的西秦岭剪切走滑逃逸体系中。

因此，我们有理由认为，新生代期间青藏高原东北缘西秦岭地区具有极为独特的大地构造环境和深部动力学背景。青藏高原、扬子及华北地幔的汇聚拼合形成了该区独特的混合型地幔源区，而西秦岭断裂系左行走滑和巨大拉分盆地诱发了深部软流圈地幔橄榄岩局部熔融，从而形成西秦岭竹林沟新生代苦橄玄武岩-碱玄岩类岩浆活动。

5　结　论

（1）竹林沟碱性玄武岩属于典型的钠质苦橄玄武岩-碱玄岩类，形成于新生代新近纪中新世，具有典型的板内火山岩特征。

（2）竹林沟碱性玄武岩起源于软流圈地幔，是由 2 种或 2 种以上不同属性的地幔源经混合后形成的具有特殊混源特征的地幔尖晶石二辉橄榄岩经过局部熔融而形成的。

（3）新生代期间青藏、扬子及华北三大构造体系域在西秦岭-松潘地区的强烈汇聚拼贴作用导致的深部地幔混合，是形成竹林沟钠质碱性玄武岩的直接原因。

参考文献

[1] 张国伟,郭安林,姚安平.中国大陆构造中的西秦岭-松潘大陆构造结[J].地学前缘,2004,11(3):23-32.

[2] 喻学惠,赵志丹,莫宣学,等.甘肃西秦岭新生代钾霞橄黄长岩的$^{40}Ar/^{39}Ar$ 同位素定年及其地质意义[J].科学通报,2005,50(23):2638-2643.

[3] 刘晔,柳小明,胡兆初,等.ICP-MS 测定地质样品中 37 个元素的准确度和长期稳定性分析[J].岩石学报,2007,23(5):1203-1210.

[4] PEARCE J A.The role of sub-continental lithosphere in magma genesis at destructive plate margins[M]//HAWKS W.Continental Basalts and Mantle Xenoliths.London:Nantwich Shiva Press,1983:230-249.

[5] WILSON M.Igneous petrogenesis[M].London:Unwin Hyman Press,1989:295-323.

［6］ LAI S C, LIU C Y, O'REILLY S Y. Petrogenesis and its significance to continental dynamics of the Neogene high-potassium calc-alkaline volcanic rock association from north Qiangtang, Tibetan Plateau ［J］. Science in China: Series D, 2001, 44(Suppl):45-55.

［7］ LAI S C, LIU C Y, YI H S. Geochemistry and petrogenesis of Cenozoic andesite-dacite association from the Hoh Xil region, Tibetan Plateau［J］.International Geology Review, 2003, 45:998-1019.

［8］ LAI S C, QIN J F, RODNEY G. Petrochemistry of granulite xenoliths from the Cenozoic Qiangtang volcanic field, northern Tibetan Plateau: Implications for lower crust composition and genesis of the volcanism［J］. International Geology Review, 2011, 53(8):926-945.

［9］ LAI S C, QIN J F, LI Y F. Partial melting of thickened Tibetan crust: Geochemical evidence from Cenozoic adakitic volcanic rocks［J］.International Geology Review, 2007,49(4):357-373.

［10］ 赖绍聪,刘池阳.青藏高原北羌塘榴辉岩质下地壳及富集型地幔源区:来自新生代火山岩的岩石地球化学约束［J］.岩石学报, 2001, 17(3):459-468.

［11］ 赖绍聪,秦江锋,李永飞,等.青藏高原新生代火车头山碱性及钙碱性两套火山岩的地球化学特征及其物源讨论［J］.岩石学报, 2007, 23(4):709-718.

［12］ 刘英俊,曹励明,李兆麟,等.元素地球化学［M］.北京:科学出版社, 1984:50-372.

［13］ SUN S S, MCDONOUGH W F. Chemical and isotopic systematics of oceanic basalts: Implications for mantle composition and processes［J］. Geol Soc Spec Publ, 1989, 42:313-345.

［14］ WOOD D A, JORON J L, TREUIL M, et al. Elemental and Sr isotope variations in basic lavas from Iceland and the surrounding sea floor［J］. Contrib Mineral Petrol, 1979, 70:319-339.

［15］ HUGH R R. Using geochemical data［M］. Singapore: Longman Singapore Publishers, 1993:234-240.

［16］ ZINDLER A, HART S R. Chemical geodynamics［J］. Annu Rev Earth Planet Sci, 1986,14:493-573.

［17］ WILSON M. Geochemical signatures of oceanic and continental basalts: A key to mantle dynamics［J］. J Geol Soc London, 1993, 150:977-990.

［18］ TEGNER C, LESHER C E, LARSEN L M, et al. Evidence from the rare-earth element record of mantle melting for cooling of the Tertiary Iceland plume［J］. Nature, 1998, 395:591-594.

川西北塔公石英闪长岩地球化学特征
和岩石成因[①②]

赖绍聪　赵少伟

摘要：川西北塔公地区位于青藏高原东部，属于松潘-甘孜造山带的东南部边缘。塔公石英闪长岩侵位于晚三叠世地层中，岩体的 K-Ar 同位素年龄为 134～136 Ma，形成于早白垩世。岩石 SiO_2 质量分数为 61.37%～62.25%，A/CNK = 0.93～0.95，K_2O+Na_2O 介于 5.46%～5.77%，$\sigma = 1.62～1.74$，样品属于亚碱性准铝质高钾钙碱系列石英闪长岩类。岩石 $Mg^\#$ 值较高，总体具有高 Sr、低 Nd 含量的同位素地球化学特征。$^{87}Sr/^{86}Sr = 0.712\ 589～0.713\ 009$，$I_{Sr} = 0.709\ 503～0.709\ 878$，$^{143}Nd/^{144}Nd = 0.512\ 135～0.512\ 196$，$\varepsilon_{Nd}(t)$ 均为负值（-8.6～-7.5），Nd 模式年龄为 1.33～1.41 Ga，Hf 模式年龄为 1.13～1.37 Ga。该岩石是在早白垩世期间川西北地区陆缘-陆内造山环境下，由松潘-甘孜造山带古老的下地壳镁铁质物质局部熔融形成的晚碰撞-碰撞后非分异 I 型花岗岩类。

松潘-甘孜造山带位于青藏高原东部，经历了由古特提斯到新特提斯的 2 个连续造山事件。许志琴等认为松潘-甘孜造山带是由北部劳亚板块（昆仑地体）、东部扬子板块及西部羌塘-昌都板块等 3 个不同方位的板块之间俯冲、碰撞及陆内汇聚的结果[1-3]。松潘-甘孜造山带北侧以阿尼玛卿印支缝合带与劳亚板块相隔，西侧以义敦岛弧带（包括甘孜-理塘印支蛇绿混杂岩带、金沙江东蛇绿混杂岩带及义敦岛弧岩浆岩带）与羌塘-昌都微板块比邻，东缘以龙门山-锦屏山与扬子克拉通相连。许志琴等研究认为，松潘-甘孜造山带内广泛发育巨厚的三叠纪复理石沉积[2]。由于经历了特提斯演化的复杂历史，故区内构造形迹十分复杂，其主要变形过程发生在晚三叠世[1-3]。

松潘-甘孜造山带内广泛出露中生代花岗岩。这些花岗岩类侵位于三叠系地层中，它们是松潘-甘孜造山带构造发展过程中的一个重要组成部分。袁海华等对松潘-甘孜造山带内的花岗岩类进行了部分岩石地球化学和年代学研究[4-9]，初步揭示了该区花岗岩类的时空分布和岩石地球化学特征。Roger 等认为松潘-甘孜造山带造山过程中大型滑脱构造所产生的剪切热能可能是造成源区物质部分熔融形成花岗岩的主要原因[6]；胡

①　原载于《地球科学与环境学报》，2015，37（3）。

②　国家自然科学基金项目（41372067）、国家自然科学基金重大研究计划项目（41190072）、国家自然科学基金创新研究群体项目（41421002）和教育部创新团队发展计划项目（IRT1281）。

健民等则认为这些花岗岩的形成很可能与部分地幔热源的参与有关[9];同时,胡健民等在该区花岗岩中获得部分太古代的锆石,从而提出松潘–甘孜造山带可能存在古老的结晶基底[9]。很显然,对该区中生代花岗岩类的进一步深入研究,对于澄清松潘–甘孜造山带内中生代花岗岩类的形成时代、岩石学及地球化学特征、岩浆起源过程及岩浆源区性质等重要问题,以及探讨松潘–甘孜造山带基底性质及地质演化历史具有十分重要的科学意义。本文选择四川省康定县新都桥北侧出露的塔公石英闪长岩进行系统的岩石学、地球化学和 Sr-Nd-Pb 同位素分析,并探讨其岩石成因和物质来源,为该区晚中生代岩浆作用过程及其地质构造演化历史提供了新的重要约束。

1　地质背景及岩相学特征

松潘–甘孜造山带呈 EW 向延伸、东宽西窄的三角形形态(图 1)。造山带内 5~10 km 厚的三叠系复理石沉积整合覆盖于 4~6 km 厚的震旦系–古生界地层之上。松潘–甘孜造山带东部的龙门山断裂带附近出露有前震旦系结晶基底。四川塔公地区属于松潘–甘孜造山带的东南部边缘(图 1)。

塔公石英闪长岩位于四川省康定县新都桥以北 31 km 处的塔公乡南侧(图 1);区内深大断裂纵贯全区,形成以 NW-SE 向为主体的断裂构造体系;区内中生代花岗岩类广泛出露,分布面积较大。这些花岗岩体的岩石类型主要为花岗岩、花岗闪长岩、正长花岗岩、二长花岗岩、英云闪长岩和石英闪长岩等;花岗质侵入岩体大多呈岩基、岩株或岩枝状产出。

塔公石英闪长岩侵位于上三叠统地层中。该区上三叠统地层主要为卡尼期–诺尼期的侏倭组、新都桥组、两河口组及雅江组。其岩性主要为一套巨厚的陆屑浊积复理石建造,古生物化石以瓣腮为主[10]。

塔公石英闪长岩呈浅灰色–暗灰色,新鲜无蚀变(图 2a),呈中粒–中细粒半自形粒状结构、块状构造(图 2b),主要组成矿物有斜长石(体积分数 40%~45%)、角闪石(25%~30%)、石英(10%~15%)、钾长石(约 10%)、黑云母(5%~10%)等。副矿物(体积分数约 3%)主要有榍石、磷灰石、锆石以及磁铁矿。斜长石粒径为 2~3 mm,呈半自形长条板状,An 牌号为 35~40,镜下发育钠长石双晶(图 2c、d),部分颗粒见有环带结构;碱性长石主要为条纹长石,自形程度不如斜长石;角闪石呈墨绿色、自形短柱状,常和黑云母相互交生;石英呈他形粒状分布在长石中。

2　分析方法

分析测试的样品是在岩石薄片鉴定的基础上精心挑选出来的。首先经镜下观察,选取新鲜的、无后期交代脉体贯入的样品,先粗碎成直径为 5~10 mm 的小颗粒,经蒸馏水洗净和烘干之后在碎样机内粉碎至 200 目(孔径 0.071 mm)待分析测试。

主量和微量元素测试在西北大学大陆动力学国家重点实验室完成。主量元素采用 XRF 法,微量元素用 ICP-MS 测定。微量元素样品用 HNO_3 和 HF 混合酸溶解 2d 后,用

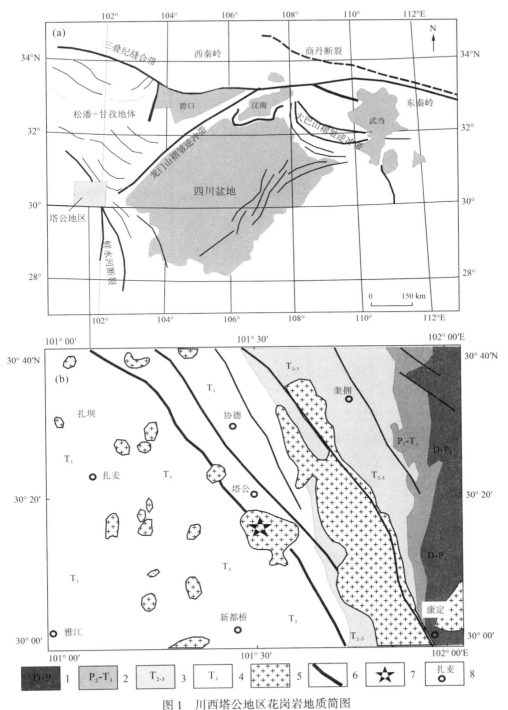

图 1　川西塔公地区花岗岩地质简图

(a)四川盆地及周缘地质构造;(b)塔公地区花岗岩类地质构造。

1.泥盆系-二叠系下统;2.二叠系上统-三叠系中统;3.中-上三叠统;

4.上三叠统;5.花岗岩类;6.断裂构造;7.取样位置;8.地名

图 2　塔公石英闪长岩的野外及镜下照片

（a）岩石野外露头；（b）石英闪长岩手标本；（c）石英闪长岩结构及主要组成矿物（单偏光）；
（d）石英闪长岩结构及主要矿物（正交偏光）。Af：钾长石；Pl：斜长石；Q：石英；Hb：角闪石；Bi：黑云母

VG Plasma-quad ExCell ICP-MS 完成测试。对国际标准参考物质 BHVO-1（玄武岩）、BCR-2（玄武岩）和 AGV-1（安山岩）的同步分析结果表明，微量元素分析的精度和准确度优于 10%。详细的分析流程见文献[11]。Sr-Nd-Pb 同位素分析在西北大学大陆动力学国家重点实验室完成，Sr、Nd 同位素分别采用 AG50W-X8（200～400 目，孔径 0.038～0.071 mm）、HDEHP 和 AG1-X8（200～400 目，孔径 0.038～0.071 mm）离子交换树脂进行分离，同位素测试在该实验室的多接收电感耦合等离子体质谱仪（MC-ICP MS，Nu Plasma HR，Nu Instruments，Wrexham，UK）上采用静态模式（Static mode）进行[12]。

3　结果分析

3.1　主量元素

塔公石英闪长岩的主量元素分析结果列于表 1 中。从表 1 中可以看出，SiO_2 含量（质量分数，下同）为 61.37%～62.25%，平均为 61.95%，在 R_1-R_2 图解（图 3a）中样品均位于二长闪长岩与英云闪长岩之间；K_2O 含量为 3.22%～3.59%，Na_2O 含量为 2.15%～2.27%，K_2O/Na_2O 值为 1.44～1.65，全碱含量（K_2O+Na_2O）为 5.46%～5.77%，里特曼指数为 1.62～1.74，在 SiO_2-K_2O 图解中样品位于高钾钙碱性系列岩石范围内（图 3b）；CaO 含量为 5.22%～5.61%，平均为 5.41%；TiO_2 含量（0.60%～0.63%）不高，样品富铝（Al_2O_3 含量 15.80%～16.30%，平均 16.09%），铝饱和指数（A/CNK）为 0.93～0.95，样品属于准铝质系列（图 3c）；MgO 含量为 2.92%～3.15%，$Mg^\#$ 值较高，为 47.8～48.3。综上

所述,本区岩石为亚碱性准铝质高钾钙碱系列石英闪长岩类。

表 1　塔公石英闪长岩主量(%)、微量和稀土(×10⁻⁶)元素分析结果以及 CIPW 标准矿物计算结果

样品编号	TG01	TG02	TG05	TG06	TG08	TG09
SiO_2	62.12	61.37	61.98	61.99	62.25	61.96
TiO_2	0.63	0.60	0.63	0.62	0.62	0.60
Al_2O_3	16.06	16.15	15.80	16.06	16.16	16.30
$Fe_2O_3^T$	6.04	6.01	6.27	6.04	6.12	5.84
MnO	0.10	0.10	0.10	0.10	0.10	0.10
MgO	2.98	3.03	3.15	3.04	3.06	2.92
CaO	5.22	5.61	5.38	5.38	5.42	5.45
Na_2O	2.18	2.24	2.15	2.20	2.24	2.27
K_2O	3.59	3.22	3.44	3.47	3.42	3.34
P_2O_5	0.16	0.16	0.16	0.16	0.15	0.15
LOI	0.71	1.04	0.69	0.70	0.69	0.76
Total	99.79	99.53	99.75	99.76	100.23	99.69
$Mg^\#$	47.8	48.3	48.2	48.3	48.1	48.0
A/CNK	0.95	0.93	0.93	0.94	0.94	0.94
A/NK	2.15	2.26	2.18	2.18	2.19	2.22
Q	16.64	16.29	16.67	16.55	16.50	16.67
An	23.27	24.45	23.14	23.54	23.69	24.29
Di	1.19	1.86	1.96	1.63	1.64	1.39
Or	20.99	18.88	20.11	20.29	19.88	19.58
Ab	18.35	18.85	18.09	18.52	18.77	19.11
Hy	15.70	15.57	16.14	15.66	15.74	15.21
Mt	1.47	1.44	1.51	1.45	1.47	1.41
Ilm	1.18	1.14	1.18	1.16	1.16	1.12
Ap	0.34	0.34	0.34	0.34	0.32	0.32
Li	47.8	49.3	47.1	47.9	47.4	45.3
Be	2.21	2.30	2.23	2.23	2.29	2.28
Sc	17.5	19.3	19.5	18.6	18.7	17.7
V	106	105	109	106	108	103
Cr	58.3	59.9	62.3	57.7	58.9	55.9
Co	83.7	73.6	90.5	67.1	68.1	78.5
Ni	20.9	19.0	18.1	18.1	18.5	17.9
Cu	14.0	13.9	14.3	15.8	14.0	12.6
Zn	67.4	67.0	69.4	65.9	68.5	65.7
Ga	18.8	18.8	18.5	18.6	18.8	18.8
Ge	1.52	1.52	1.55	1.51	1.52	1.48
Rb	162	146	155	155	155	150
Sr	280	286	275	279	279	286
Y	24.5	26.8	26.6	26.0	26.1	24.7
Zr	183	193	217	181	175	152

续表

样品编号	TG01	TG02	TG05	TG06	TG08	TG09
Nb	14.8	14.1	14.5	14.2	14.5	14.0
Cs	6.09	5.24	5.83	5.86	5.79	5.63
Ba	615	560	603	597	589	588
Hf	4.73	4.97	5.54	4.70	4.48	4.03
Ta	1.25	1.19	1.19	1.16	1.19	1.19
Pb	22.9	23.8	21.7	23.0	22.3	22.4
Th	13.3	10.4	12.3	12.7	13.1	10.3
U	1.91	3.12	2.28	2.66	7.20	2.44
La	26.1	19.3	25.1	26.5	24.4	19.9
Ce	51.2	41.0	50.0	52.2	48.8	40.4
Pr	5.90	5.00	5.86	6.01	5.68	4.88
Nd	23.1	20.9	23.6	23.8	23.0	20.1
Sm	4.75	4.81	5.09	5.00	4.90	4.50
Eu	1.03	1.05	1.04	1.05	1.05	1.07
Gd	4.35	4.54	4.63	4.55	4.49	4.19
Tb	0.66	0.71	0.71	0.70	0.69	0.65
Dy	3.96	4.31	4.32	4.19	4.21	3.97
Ho	0.80	0.88	0.87	0.84	0.86	0.80
Er	2.33	2.57	2.56	2.49	2.52	2.37
Tm	0.34	0.38	0.38	0.37	0.37	0.35
Yb	2.23	2.45	2.45	2.37	2.37	2.25
Lu	0.33	0.36	0.37	0.35	0.36	0.33
$\sum$REE	151.58	135.06	153.51	156.40	149.67	130.45
$\sum$LREE/$\sum$HREE	2.84	2.14	2.58	2.74	2.57	2.29
δEu	0.68	0.68	0.64	0.66	0.67	0.74
$(La/Yb)_N$	8.41	5.66	7.33	8.00	7.37	6.34
$(Ce/Yb)_N$	6.39	4.66	5.65	6.11	5.70	4.99

由西北大学大陆动力学国家重点实验室采用 XRF 和 ICP-MS 法分析(2013)。Q 为石英;An 为钙长石;Di 为透辉石;Qr 为正长石;Ab 为钠长石;Hy 为紫苏辉石;Mt 为磁铁矿;Ilm 为钛铁矿;An 为磷灰石。

3.2 微量元素

塔公石英闪长岩的微量元素分析结果列于表 1 中。在稀土元素球粒陨石标准化配分模式(图 4)中,岩石均显示为右倾负斜率轻稀土元素富集型。岩石稀土元素总含量为 $130.45×10^{-6}$ ~ $156.40×10^{-6}$,平均为 $146.11×10^{-6}$;$\sum$LREE/$\sum$HREE 值较稳定,为 2.14 ~ 2.84,平均为 2.53;$(La/Yb)_N$ 值为 5.66 ~ 8.41,平均为 7.18;$(Ce/Yb)_N$ 值为 4.66 ~ 6.39,平均为 5.58;Eu 异常为 0.64 ~ 0.74,平均为 0.68。岩石样品的稀土元素总含量较高,轻、重稀土元素分异强,Eu 亏损明显,符合中酸性侵入岩类稀土元素化学成分演化趋势[13-14]。

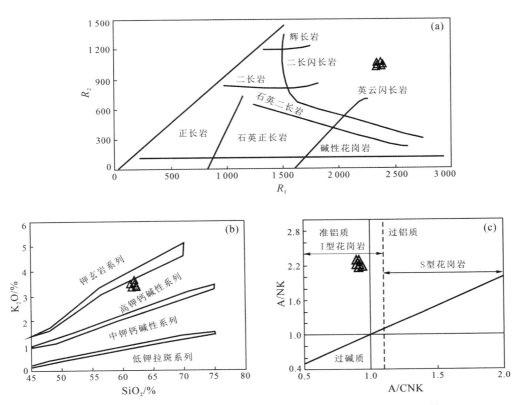

图3 塔公石英闪长岩 R_1-R_2(a)、SiO_2-K_2O(b)和 A/NK-A/CNK(c)图解

$R_1 = 4SiO_2 - 11(Na^2O + K_2O) - 2(Fe_2O_3{}^T + TiO_2)$;$R_2 = 6CaO + 2MgO + Al_2O_3$。

图件引自文献[15]~[17]

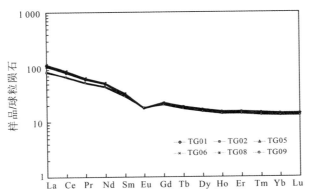

图4 塔公石英闪长岩球粒陨石标准化稀土元素配分模式

球粒陨石标准值引自文献[18]

  原始地幔标准化微量元素蛛网图(图5)显示,石英闪长岩样品具有完全一致的配分型式。配分曲线均显示为右倾负斜率富集型配分型式,曲线的前半部分元素总体呈富集状态,而曲线后半部分相容元素富集度相对较低;元素 Nb、Ta 和 Sr 呈现轻微的负异常,

元素 P 和 Ti 负异常较明显,而元素 Zr 显示弱的正异常。

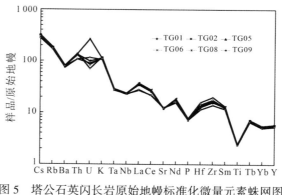

图 5 塔公石英闪长岩原始地幔标准化微量元素蛛网图

原始地幔标准值引自文献[19]

3.3 Sr-Nd-Pb 同位素特征

塔公石英闪长岩 3 个样品的 Sr-Nd-Pb 同位素分析结果列于表 2 中。从表 2 中可以看出,岩石总体具有较高 Sr 含量以及相对低 Nd 含量的同位素地球化学特征。岩石 $^{87}Sr/^{86}Sr$ 值为 0.712 589 ~ 0.713 009,平均为 0.712 794;$(^{87}Sr/^{86}Sr)_i$ 值为 0.709 503 ~ 0.709 878;$\varepsilon_{Sr}(t)$ 值为 73.29 ~ 78.61,平均为 75.98。$^{143}Nd/^{144}Nd$ 值为 0.512 135 ~ 0.512 196,平均为 0.512 164;$\varepsilon_{Nd}(t)$ 值为 -8.6 ~ -7.5。根据 $^{143}Nd/^{144}Nd$-$^{87}Sr/^{86}Sr$ 图解(图 6),本区岩石的 Sr-Nd 同位素组成投影在高 Sr 含量和相对低 Nd 含量的区域。

塔公石英闪长岩 $^{206}Pb/^{204}Pb$ 值为 18.754 7 ~ 18.777 5,平均为 18.767 2;$^{207}Pb/^{204}Pb$ 值为 15.687 5 ~ 15.690 6,平均为 15.688 6;$^{208}Pb/^{204}Pb$ 值为 39.025 4 ~ 39.105 0,平均为 39.064 1。在 Pb 同位素组成图解(图 7)中,本区岩石无论是在 $^{207}Pb/^{204}Pb$-$^{206}Pb/^{204}Pb$ 图解中还是在 $^{208}Pb/^{204}Pb$-$^{206}Pb/^{204}Pb$ 图解中,均位于 Th/U = 4.0 的北半球参考线(NHRL)之上,并在 $^{208}Pb/^{204}Pb$-$^{206}Pb/^{204}Pb$ 图解中具有与地球总成分(BSE)接近的同位素组成,而在 $^{207}Pb/^{204}Pb$-$^{206}Pb/^{204}Pb$ 图解中则处在下地壳的区域内。

表 2 塔公石英闪长岩 Sr-Nd-Pb 同位素分析结果

样品编号	TG05	TG06	TG08
Pb/$\times 10^{-6}$	21.7	23.0	22.3
Th/$\times 10^{-6}$	12.3	12.7	13.1
U/$\times 10^{-6}$	2.28	2.66	7.20
$^{206}Pb/^{204}Pb$	18.769 5	18.754 7	18.777 5
2σ	0.000 3	0.000 5	0.000 4
$^{207}Pb/^{204}Pb$	15.687 6	15.687 5	15.690 6
2σ	0.000 2	0.000 4	0.000 3
$^{208}Pb/^{204}Pb$	39.105 0	39.025 4	39.061 9
2σ	0.000 6	0.001 1	0.000 9

样品编号	TG05	TG06	TG08
$\Delta 7/4$	16.198 6	16.349 0	16.411 9
$\Delta 8/4$	78.567 5	72.396 8	73.290 3
$Sr/\times 10^{-6}$	275	279	279
$Rb/\times 10^{-6}$	155	155	155
$^{87}Rb/^{86}Sr$	1.630 0	1.610 0	1.610 0
$^{87}Sr/^{86}Sr$	0.713 009	0.712 783	0.712 589
2σ	0.000 010	0.000 006	0.000 007
ΔSr	130.1	127.8	125.9
$\varepsilon_{Sr}(t)$	78.61	76.04	73.29
I_{Sr}	0.709 878	0.709 697	0.709 503
$Nd/\times 10^{-6}$	23.6	23.8	23.0
$Sm/\times 10^{-6}$	5.09	5.00	4.90
$^{147}Sm/^{144}Nd$	0.130 400	0.127 000	0.128 800
$^{143}Nd/^{144}Nd$	0.512 196	0.512 161	0.512 135
2σ	0.000 005	0.000 005	0.000 005
$\varepsilon_{Nd}(t)$	−7.5	−8.1	−8.6
T_{DM}/Ma	1.33	1.37	1.41
$^{176}Hf/^{177}Hf$	0.282 618	0.282 602	0.282 511
2σ	0.000 003	0.000 004	0.000 003
T_{DM}/Ma	1.13	1.17	1.37

$\varepsilon_{Nd} = [(^{143}Nd/^{144}Nd)_S/(^{143}Nd/^{144}Nd)_{CHUR} - 1] \times 10^4$，$(^{143}Nd/^{144}Nd)_{CHUR} = 0.512 638$。

$\varepsilon_{Sr} = [(^{87}Sr/^{86}Sr)_S/(^{87}Sr/^{86}Sr)_{CHUR} - 1] \times 10^4$，$(^{87}Sr/^{86}Sr)_{CHUR} = 0.698 990$。

$\Delta 7/4 = [(^{207}Pb/^{204}Pb)_S - 0.108 4(^{206}Pb/^{204}Pb)_S - 13.491] \times 100$。

$\Delta 8/4 = [(^{208}Pb/^{204}Pb)_S - 1.209(^{206}Pb/^{204}Pb)_S - 15.627] \times 100$。

$\Delta Sr = [(^{87}Sr/^{86}Sr)_S - 0.7] \times 10 000$。

下标 S 表示样品的比值，下标 CHUR 表示球粒陨石均一源与样品同时的比值。$\varepsilon_{Nd}(t)$ 和 $\varepsilon_{Sr}(t)$ 采用 135 Ma 做年龄校正。由西北大学大陆动力学国家重点实验室采用 MC-ICP-MS 法分析(2013)。

4　讨论

4.1　岩石成因类型

在塔公石英闪长岩中普遍出现了 I 型花岗岩的典型矿物学标志角闪石，岩石的副矿物组合中常见榍石、磁铁矿而未见富铝矿物，从而明显区别于 S 型花岗岩[20]。本区岩石 SiO_2 含量为 61.37% ~ 62.25%，A/CNK 值为 0.93 ~ 0.95，$K_2O + Na_2O$ 值为 5.46% ~ 5.77%，里特曼指数为 1.62 ~ 1.74，样品属于准铝质系列，主量元素特征与 I 型花岗岩较一致。王德滋等认为元素 Rb 和 K 有相似的地球化学性质[21]，随着壳幔分离和陆壳的逐渐演化，Rb 富集于成熟度高的地壳中；元素 Sr 和 Ca 有相似的地球化学行为，Sr 富集于成

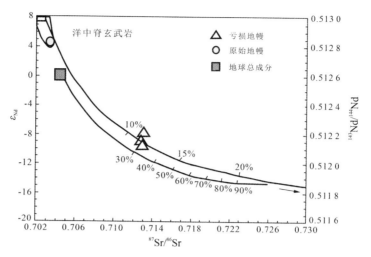

图6 岩石$^{143}Nd/^{144}Nd$-$^{87}Sr/^{86}Sr$图解和ε_{Nd}-$^{87}Sr/^{86}Sr$图解

图中百分比为部分熔融程度

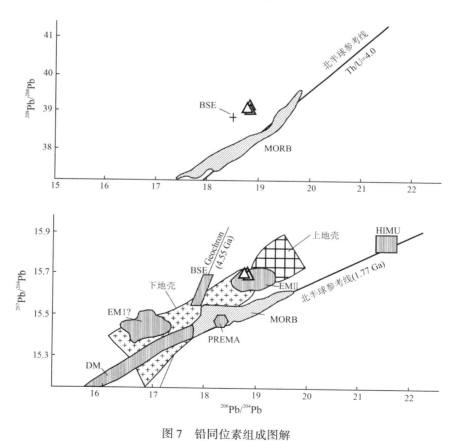

图7 铅同位素组成图解

DM:亏损地幔;PREMA:原始地幔;BSE:地球总成分;MORB:洋中脊玄武岩;EM I:I型富集地幔;

EM II:II型富集地幔;HIMU:异常高$^{238}U/^{204}Pb$地幔。图件引自文献[22]

熟度低、演化不充分的地壳中。因此,Rb/Sr 比值能灵敏记录源区物质的性质。当 Rb/Sr>0.9 时,样品为 S 型花岗岩;当 Rb/Sr<0.9 时,样品为 I 型花岗岩[21]。本区石英闪长岩 Rb/Sr 值为 0.51~0.58,平均为 0.55,样品明显属于 I 型花岗岩。

地球化学特征表明,本区岩石 Ga 含量较低(18.5×10⁻⁶~18.8×10⁻⁶),10 000Ga/Al 值变化范围很小(2.18~2.21)且低于 Whalen 等建议的 A 型花岗岩下限(2.60)[23]。在以 10 000Ga/Al 值为基础的多种判别图解中,它们均投影在 I、S 和 M 型花岗岩区内(图 8a~c)。在区分 A 型和分异 I 型花岗岩的(Na₂O+K₂O)/CaO-(Zr+Nb+Ce+Y)图解(图 8d)中,本区岩石均位于非分异的钙碱性花岗岩区域。因此,塔公石英闪长岩应该属于非分异的 I 型花岗岩类。

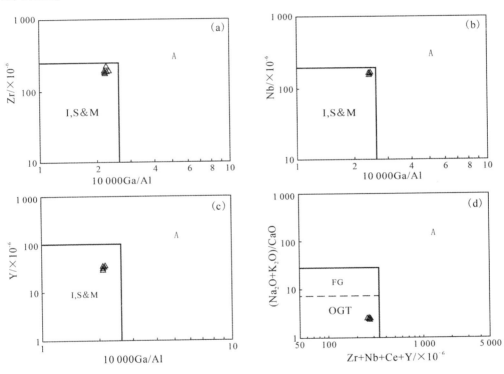

图 8 花岗岩成因类型判别图(图件引自文献[23])

A:A 型花岗岩;M:M 型花岗岩;S:S 型花岗岩;I:I 型花岗岩;FG:分异的 M-、I-和 S-型酸性花岗岩;
OGT:非分异的 M、I 和 S 型酸性花岗岩

4.2 岩浆源区性质

Allegre 等研究认为,岩浆在分离结晶作用中亲岩浆元素的丰度随着超亲岩浆元素的富集呈同步增长趋势[24]。因此,岩浆在分离结晶作用中 La/Sm 比值基本保持为一常数。而在平衡部分熔融过程中,随着源区物质中元素 La 快速进入熔体,元素 Sm 亦会在熔体中富集,但元素 Sm 丰度的增长速度比元素 La 要慢。这是因为元素 La 在结晶相和熔体

之间的分配系数比元素 Sm 要小得多。因此，La/Sm-La 图解（图 9a）可以有效地判别一组相关岩石的成岩作用方式。从图 9 可以看出，随着元素 La 丰度增高，本区石英闪长岩 La/Sm 值同步快速增高，充分说明它们为源区岩石局部熔融的产物。Zr/Sm-Zr 图解（图 9b）反映了同样的规律。

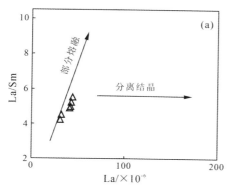
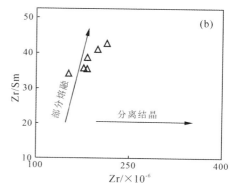

图 9　塔公石英闪长岩 La-La/Sm 图解和 Zr-Zr/Sm 图解

图件引自文献［24］

在原始地幔标准化微量元素蛛网图（图 5）中，本区岩石中元素 Nb、Ta、Sr、P 轻微亏损以及元素 La、Zr、Hf、Nd 等轻微正异常，说明斜长石可能作为熔融残留相或结晶分离相存在，即在熔融过程中斜长石相可能没有被完全耗尽[25-28]。岩石中元素 Zr 的富集和元素 Nb、Ta 的亏损表明，源区岩石中可能以陆壳组分为主[29-31]。元素 Ti 在岩浆岩中易形成独立矿物相，主要是钛铁氧化物类；而在造岩矿物中，元素 Ti 在链状硅酸盐中的含量最高，其次是层状硅酸盐，架状硅酸盐中元素 Ti 的含量较低[32]，表明本区岩石中元素 Ti 的亏损可能受控于岩浆中副矿物钛铁氧化物的早期分离结晶[33-41]。

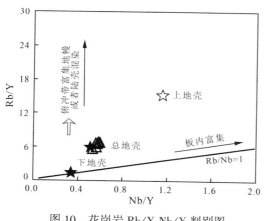

图 10　花岗岩 Rb/Y-Nb/Y 判别图

图件引自文献［45］

本区石英闪长岩中元素 Eu 具有弱的负异常，La/Nb 值（1.41～1.87，平均 1.64）大于 1.0，区别于幔源岩浆系列[42]。在高场强元素 Rb/Y-Nb/Y 判别图解（图 10）中，数据点位于总地壳附近，说明该石英闪长岩的源岩应该主要来自陆壳物质。

同位素分析是示踪岩浆岩类源区物质组成与性质的重要手段。本区岩石的 $^{143}Nd/^{144}Nd$-$^{87}Sr/^{86}Sr$ 图解（图 6）显示了显著的高 Sr 含量和相对低 Nd 含量的同位素地球化学特征，这与陆壳物质局部熔融形成的岩浆岩类完全吻合。$^{208}Pb/^{204}Pb$-$^{206}Pb/^{204}Pb$ 图解显示的样品同位素组成与地球总成分的同位素组成十分接近，而 $^{207}Pb/^{204}Pb$-$^{206}Pb/^{204}Pb$ 图解显示的样品同位素组成处在下地壳的区域内（图 7）。这充分表明，本区岩石并非幔源岩浆系列而是来源于下地壳的局部熔融,并且与稀土及微量元素比值提供的成因信息完全一致。

值得注意的是,岩石 Mg# 值(47.8~48.3)偏高,$\varepsilon_{Nd}(t)$ 值均为负值(-8.6~-7.5),说明岩浆可能起源于镁铁质的下地壳。而本文所获得的本区岩石 Nd 模式年龄(T_{DM})为 1.33~1.41 Ga,Hf 模式年龄(T_{DM})为 1.13~1.37 Ga,二者基本一致,即中元古代中晚期。该模式年龄(以中元古代为主)不是特提斯洋壳应该具有的,而是与扬子板块周边晋宁期花岗岩的 Nd 模式年龄和碎屑锆石年龄比较接近[43-44]。这表明,松潘-甘孜造山带的基底性质可能不是洋壳,其结晶基底可能是古扬子板块的重要组成部分。

4.3 岩石形成环境及地质意义

野外地质特征表明,塔公石英闪长岩侵位于晚三叠世地层中,其形成年龄应该晚于晚三叠世。根据《四川省区域地质志》[46],塔公岩体的 K-Ar 同位素年龄为 134~136 Ma。因此,可以初步判定塔公石英闪长岩体形成于早白垩世。

在 Rb-Y+Nb 图解(图 11a)中,本区石英闪长岩数据点位于后碰撞花岗岩区域内。在 Rb/30-Hf-3Ta 图解(图 11b)中,本区岩石主要位于火山弧花岗岩与晚碰撞-碰撞后花岗岩的交界区域附近。结果表明,本区石英闪长岩应该形成于后碰撞或碰撞后的大地构造环境。

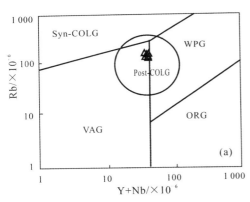 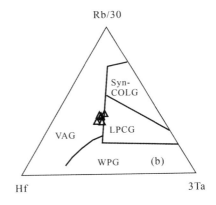

图 11 微量元素构造环境判别图解

Post-COLG:后碰撞花岗岩;WPG:板内花岗岩;VAG:火山弧花岗岩;
Syn-COLG:同碰撞花岗岩;ORG:洋中脊花岗岩;LPCG:晚碰撞-碰撞后花岗岩。
图件引自文献[47]和[48]

川西北地区属于松潘-甘孜造山带,在中生代主要遭受了华北陆块与扬子陆块碰撞后的板内汇聚作用,新生代又受到了印度板块与欧亚板块碰撞作用的影响。近年来的研究表明,川西北花岗岩形成于中生代陆内收缩的褶皱造山过程[1-3]。晚三叠世之后,川西北地区结束了主要沉积历史,进入陆缘-陆内造山时期,大量中生代岩浆侵位,这些岩体主要侵位于三叠纪浅变质岩系中[6]。岩体多呈圆形或长条状产出,其中岩体形态呈圆形者多横跨不同方向的褶皱,沿褶皱叠加所形成的穹隆状背斜核部侵入,岩体边缘常可见到片麻状构造[7]。各岩体的侵位时代不大相同,自印支晚期至燕山晚期乃至喜山期皆有岩浆活动[8]。

塔公石英闪长岩形成于早白垩世期间(134~136 Ma),属于燕山晚期-喜山早期岩浆活动,说明松潘-甘孜造山带花岗质岩浆活动至少可以延续至喜山早期,印证了松潘-甘孜造山带的构造岩浆演化历史。塔公石英闪长岩属于亚碱性准铝质高钾钙碱系列,其偏高的 $Mg^\#$ 值,尤其是高 Sr、低 Nd 含量的同位素地球化学特征和 $\varepsilon_{Nd}(t)$ 值($-8.6 \sim -7.5$),明显区别于幔源岩浆系列,表明其来源于下地壳镁铁质物质的局部熔融,没有幔源物质明显参与。岩浆起源应该与松潘-甘孜造山带造山过程中大型滑脱构造所产生的剪切热能造成源区物质部分熔融密切相关,这与 Roger 等的研究结果[6]基本一致,说明塔公石英闪长岩是由于川西北地区在燕山晚期-喜山早期总体处于陆缘-陆内造山的构造环境下,剪切热能造成下地壳镁铁质物质局部熔融而形成的晚碰撞-碰撞后 I 型花岗岩类。该区岩石的 Nd 和 Hf 模式年龄(1.13~1.41 Ga)与胡健民等在该区花岗岩中获得部分太古代锆石的事实[9]完全吻合,亦与赵永久等在川西老君沟和孟通沟花岗岩研究中获得的 Nd 模式年龄(1.23~1.44 Ga)[49]一致,均反映了松潘-甘孜造山带的基底性质不是洋壳,松潘-甘孜造山带不属于特提斯残留洋盆,而是具有类似于扬子板块的中元古代陆壳基底。因此,松潘-甘孜造山带结晶基底可能是古扬子板块的重要组成部分。

5 结论

(1)川西北塔公闪长石 SiO_2 含量为 61.37%~62.25%,铝饱和指数为 0.93~0.95,K_2O/Na_2O 值为 1.44~1.65,里特曼指数为 1.62~1.74,样品属于亚碱性准铝质高钾钙碱系列石英闪长岩类。

(2)塔公石英闪长岩是早白垩世期间,川西北地区在陆缘-陆内造山环境下,由松潘-甘孜造山带古老的下地壳镁铁质物质局部熔融形成的晚碰撞-碰撞后非分异 I 型花岗岩类。

(3)松潘-甘孜造山带的基底性质不是洋壳,其结晶基底可能是古扬子板块的重要组成部分。

参考文献

[1] 许志琴,侯立玮,王大可,等."西康式"褶皱及其变形机制:一种新的造山带褶皱类型[J].中国区域地质,1991(1):1-9.

[2] 许志琴,侯立玮,王宗秀,等.中国松潘-甘孜造山带的造山过程[M].北京:地质出版社,1992.

[3] 许志琴,张建新,徐惠芬,等.中国主要大陆山链韧性剪切带及动力学[M].北京:地质出版社,1997.

[4] 袁海华,张志兰,张平.龙门山老君沟花岗岩的隆升及冷却史[J].成都地质学院学报,1991,18(1):17-22.

[5] 袁海华,张志兰.龙门山冲断带西侧印支-燕山期花岗岩类岩石年代学研究[M]//罗志立.龙门山造山带的崛起和四川盆地的形成与演化.成都:成都科技大学出版社,1994:330-337.

[6] ROGER F, MALAVIEILLE J, LELOUP PH, et al. Timing of Granite Emplacement and Cooling in the Songpan-Garze Fold Belt(Eastern Tibetan Plateau)with Tectonic Implications[J].Journal of Asian Earth Sciences, 2004, 22:465-481.

[7] 侯立玮,付小方.松潘-甘孜造山带东缘穹隆状变质地质体[M].成都:四川大学出版社,2002.

[8] 王全伟,姚书振,骆耀南.川西北微细浸染型金矿床区域成矿动力学模式[J].四川地质学报,2004,24(1):4-9.

[9] 胡健民,孟庆任,石玉若,等.松潘-甘孜地体内花岗岩锆石 SHRIMP U-Pb 定年及其构造意义[J].岩石学报,2005,21(3):867-880.

[10] 王晖,阮林森,郭建秋,等.四川雅江盆地三叠纪晚期沉积地球化学特征及其大地构造意义[J].西北地质,2012,45(2):88-98.

[11] 刘晔,柳小明,胡兆初,等.ICP-MS 测定地质样品中 37 个元素的准确度和长期稳定性分析[J].岩石学报,2007,23(5):1203-1210.

[12] YUAN H L,GAO S,LIU X M, et al. Accurate U-Pb Age and Trace Element Determinations of Zircon by Laser Ablation-inductively Coupled Plasma-mass Spectrometry [J]. Geostandards and Geoanalytical Research, 2004,28(3):353-370.

[13] PEARCE J A.The Role of Sub-continental Lithosphere in Magma Genesis at Destructive Plate Margins [M]//HAWKS W. Continental Basalts and Mantle Xenoliths. London: Nantwich Shiva Press, 1983: 230-249.

[14] WILSON M.Igneous Petrogenesis[M].London: Unwin Hyman Press,1989.

[15] BARKER F. Trondhjemite: Definition, Environment and Hypotheses of Origin [J]. Developments in Petrology, 1979,6:1-12.

[16] ROLLINSON H R.Using Geologcal Data: Evalution, Presentation, Interpretation[M]. London: Pearson Education Limited, 1993.

[17] MANIAR P D, PICCOLI P M. Tectonic Discriminaton of Granitoids[J]. Geological Society of American Bulletin, 1989,101(5):635-643.

[18] SUN S S, MCDONOUGH W F. Chemical and Isotopic Systematics of Ocean Basins: Implications for Mantle Compostion and Processes [J]. Geological Society, London, Special Publications, 1989, 42: 313-345.

[19] WOOD D A, JORON J L, TREUIL M, et al. Elemental and Sr Isotope Variations in Basic Lavas from Iceland and the Surrounding Ocean Floor[J]. Contributions to Mineralogy and Petrology, 1979,70(3): 319-339.

[20] CHAPPELL B W, WHITE A J R. Two Contrasting Granite Types[J]. Pacific Geology, 1974,8: 173-174.

[21] 王德滋,刘昌实,沈渭洲,等.桐庐 I 和相山 S 型两类碎斑熔岩对比[J].岩石学报,1993,9(1):44-54.

[22] HUGH R R.Using Geochemical Data[M].Singapore: Longman Singapore Publishers,1993.

[23] WHALEN J B, CURRIE K L, CHAPPELL B W. A-type Granites: Geochemical Characteristics, Discrimination and Petrogenesis[J]. Contributions to Mineralogy and Petrology,1987,95:407-419.

[24] ALLEGRE C J, MINSTER J F. Quantitative Models of Trace Element Behavior in Magmatic Processes

[J]. Earth & Planetary Science Letters, 1978, 38:1-25.

[25] PATIÑO DOUCE A E, JOHNSTON A D.Phase Equilibria and Melt Productivity in the Pelitic System: Implications for the Origin of Peraluminous Granitoids and Aluminous Granulites[J].Contributions to Mineralogy and Petrology, 1991,107(2):202-218.

[26] PATIÑO DOUCE A E, BEARD J S. Dehydration-melting of Biotite Gneiss and Quartz Amphibolite from 3 to 15 kbar[J].Journal of Petrology, 1995, 36(3):707-738.

[27] PATIÑO DOUCE A E, HARRIS N.Experimental Constraints on Himalayan Anatexis[J].Journal of Petrology, 1998, 39(4): 689-710.

[28] PATIÑO DOUCE A E. What Do Experiments Tell Us About the Relative Contributions of Crust and Mantle to the Origin of Granitic Magmas[J]. Geological Society, London, Special Publications, 1999,168:55-75.

[29] GREEN T H, PEARSON N J. An Experimental Study of Nb and Ta Partitioning Between Ti-rich Minerals and Silicate Liquids at High Pressure and Temperature[J]. Geochimica et Cosmochimica Acta,1987,51(1):55-62.

[30] GREEN T H. Significance of Nb/Ta as an Indicator of Geochemical Processes in the Crust-mantle System [J]. Chemical Geology, 1995,120(3/4):347-359.

[31] BARTH M G, MCDONOUGH W F, RUDNICK R L.Tracking the Budget of Nb and Ta in the Continental Crust[J]. Chemical Geology, 2000, 165(3/4):197-213.

[32] 刘英俊,曹励明,李兆麟,等.元素地球化学[M].北京:科学出版社,1984.

[33] 赖绍聪,刘池阳,O'REILLY S Y.北羌塘新第三纪高钾钙碱火山岩系的成因及其大陆动力学意义[J].中国科学:D辑,地球科学,2001,31(增):34-42.

[34] LAI S C, LIU C Y, YI H S. Geochemistry and Petrogenesis of Cenozoic Andesite-dacite Association from the Hoh Xil Region, Tibetan Plateau[J].International Geology Review, 2003,45(11):998-1019.

[35] LAI S C, QIN J F, LI Y F. Partial Melting of Thickened Tibetan Crust: Geochemical Evidence from Cenozoic Adakitic Volcanic Rocks[J]. International Geology Review, 2007, 49(4):357-373.

[36] LAI S C, QIN J F, RODNEY G. Petrochemistry of Granulite Xenoliths from the Cenozoic Qiangtang Volcanic Field, Northern Tibetan Plateau: Implications for Lower Crust Composition and Genesis of the Volcanism[J].International Geology Review, 2011,53(8): 926-945.

[37] 赖绍聪,刘池阳.青藏高原北羌塘榴辉岩质下地壳及富集型地幔源区:来自新生代火山岩的岩石地球化学证据[J].岩石学报,2001,17(3):459-468.

[38] 赖绍聪,秦江锋,李永飞,等.青藏高原新生代火车头山碱性及钙碱性两套火山岩的地球化学特征及其物源讨论[J].岩石学报,2007,23(4):709-718.

[39] 赖绍聪,秦江锋,赵少伟,等.青藏高原东北缘柳坪新生代苦橄玄武岩地球化学及其大陆动力学意义[J].岩石学报,2014,30(2):361-370.

[40] 赖绍聪,朱韧之.西秦岭竹林沟新生代碱性玄武岩地球化学及其成因[J].西北大学学报:自然科学版,2012,42(6):975-984.

[41] 赖绍聪,秦江锋,李学军,等.昌宁-孟连缝合带干龙塘-弄巴蛇绿岩地球化学及Sr-Nd-Pb同位素组成研究[J].岩石学报,2010,26(11):3195-3205.

[42] DEPAOLO D J, DALEY E E.Neodymium Isotopes in Basalts of the Southwest Basin and Range and Lithospheric Thinning During Continental Extension [J]. Chemical Geology, 2000, 169 (1/2):

157-185.

[43] 徐士进,王汝成,沈渭洲,等.松潘-甘孜造山带中晋宁期花岗岩的 U-Pb,Rb-Sr 同位素定年及其大地构造意义[J].中国科学:D 辑,地球科学,1996,26(1):52-58.

[44] 凌洪飞,徐士进,沈渭洲,等.格宗、东谷岩体 Nd、Sr、Pb、O 同位素特征及其与扬子板块边缘其他晋宁期花岗岩对比[J].岩石学报,1998,14(3):269-277.

[45] JAHN B M, WU F Y, LO C H, et al. Crust-mantle Interaction Induced by Deep Subduction of the Continental Crust: Geochemical and Sr-Nd Isotopic Evidence from Post-collisional Mafic-ultramafic Intrusions of the Northern Dabie Complex, Central China [J]. Chemical Geology, 1999, 157(1/2): 119-146.

[46] 四川省地质矿产局.四川省区域地质志[M].北京:地质出版社,1991.

[47] PEARCE J A.Sources and Setting of Granitic Rocks [J].Epsodes,1996,19(4):120-125.

[48] HARRIS N B W, PEARCE J A, TINDLE A G. Geochemical Characteristics of Collision-zone Magmatism[J].Geological Society, London, Special Publications, 1986,19:67-81.

[49] 赵永久,袁超,周美夫,等.川西老君沟和孟通沟花岗岩的地球化学特征、成因机制及对松潘-甘孜地体基底性质的约束[J].岩石学报,2007,23(5): 995-1006.

柴达木北缘发现大型韧性剪切带[①②]

赖绍聪　邓晋福　杨建军　周天祯　赵海玲　罗照华　刘厚祥

　　柴达木北缘韧性剪切带发育于元古界达肯大坂群中深变质岩以及上奥陶统浅变质火山岩中，是本次研究工作中首次发现并厘定。该韧性剪切带北起苏干湖，经赛什腾山、绿梁山、锡铁山至沙柳河，总体呈北西向展布，全长约 600 km。带内变形强度并不均一，形成以一系列糜棱岩带为代表的线状强应变域和以弱剪切变形为代表的弱应变域交替出现、相间配置的复合式韧性剪切变形带，总宽大约在 20~30 km 左右。

　　野外观察表明，柴达木北缘韧性剪切带内发育大量的剪切褶皱、塑性流变组构、黏滞型石香肠、S-C 组构、拉伸线理及剪切透镜体。广泛发育有长英质糜棱岩，以及以中基性火山岩为原岩的糜棱岩，并见有少量碳酸质糜棱岩。它们大多具有条纹条带构造、碎斑结构。基质粒度为 0.1~1.5 mm，基质含量为 40%~85%，动态重结晶十分明显，重结晶颗粒呈拉长状、压扁状，边缘不整齐，呈缝合线状。镜下常见的显微变形组构有 σ 旋转碎斑系、拔丝构造、带状石英、波状消光、亚颗粒、云母鱼、多米诺骨牌式构造等。

　　柴达木北缘韧性剪切带产状变化较大，呈波状起伏，总体倾向北东，倾角为 30°~60°，拉伸线理指向 SSW-NNE，结合 S-C 组构、剪切褶皱及不对称眼球状构造，判明该剪切带为由北北东向南南西的逆冲剪切，属韧性逆冲型剪切带，并在平面上有较弱的走滑现象。该剪切带形成于加里东末期。

　　初步认为，加里东晚期柴达木北缘古洋盆逐渐闭合，洋壳自南向北俯冲到祁连板块之下，最后大洋消失。俯冲作用携带柴达木板块继续下插。于是，柴达木北缘成为陆陆碰撞型造山带，柴达木北缘地区由北东向南西形成祁连超叠壳楔、柴达木北缘碰撞混杂岩带，以及柴达木俯冲壳楔，并在南祁连分布有 γ_3^3 的 I 型花岗岩。这类花岗岩的存在，表明在加里东晚期，南祁连可能为一活动大陆边缘，而柴达木北缘韧性剪切带就是在加里东末期，柴达木板块与祁连板块产生陆陆碰撞褶皱造山过程中形成的。

①　原载于《现代地质》，1993，7(1)。
②　国家自然科学基金重点资助项目和地质矿产部"八五"重点科技攻关项目。

柴达木北缘大型韧性剪切带构造特征[①②]

赖绍聪　邓晋福　杨建军　周天祯　赵海玲　罗照华　刘厚祥

摘要:柴达木北缘韧性剪切带发育于元古界达肯大坂群中深变质岩以及上奥陶统浅变质火山岩中,属中角度逆冲型韧性剪切带,形成于地壳中深层次,与加里东末期柴达木板块由南向北下插到祁连板块之下,以及祁连板块自北向南的仰冲,即祁连、柴达木板块的陆陆碰撞作用有直接的成因联系。该韧性剪切带为本次研究工作中首次发现,对其构造特征的研究和厘定,将有助于柴达木北缘大地构造环境及变质变形历史的深入研究。

柴达木北缘韧性剪切带北起苏干湖-鱼卡-大柴旦-托素湖,南以柴达木盆地为界,包括赛什腾山、绿梁山、锡铁山、阿姆尼克山、茶卡南山等。总体呈北西南东向展布,全长约600 km(图1)。区内元古界达肯大坂群(Pt_1)为一套中深变质岩系,地层总体产状与韧性剪切带一致;下古生界只见到上奥陶统(O_3)一套中基性变质火山岩、碎屑岩及碳酸盐岩,其地层走向亦具北西南东向延展的特点。达肯大坂群与上奥陶统地层之间为构造接触。

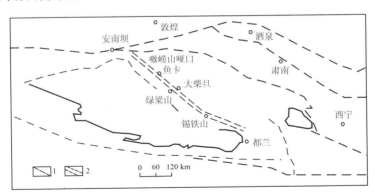

图 1　柴达木北缘韧性剪切带大地构造位置略图
1.深大断裂;2.韧性剪切带

柴达木北缘韧性剪切带主要是沿先期强烈构造置换作用形成的构造层理(片理、面理)发育的顺层韧性剪切带。由于应变强弱不同以及岩石性质的差异,形成了以韧性剪切带为代表的线状强应变域和以弱剪切变形为代表的弱应变域的交替出现,从而构成规

①　原载于《河北地质学院学报》,1993,16(6)。
②　国家自然科学基金与地质矿产部地学大断面基金联合资助。

模巨大的强韧性剪切带和弱剪切带变形岩石相间配置的巨大复合式逆冲型韧性剪切带,总宽为 20~30 km。

1 柴达木北缘韧性剪切带宏观构造标志

韧性剪切带是岩石中的线状高应变带,是地壳较深层次下的一种断层构造型式。它通常以塑性变形为特点,具有特征的变形组构。

1.1 剪切褶皱

柴达木北缘韧性剪切带中发育有露头及手标本尺度的剪切不协调褶皱,大多是先期面理、先期成分层或变质分异条带的再褶皱或递进褶皱变形。其轴面与主剪面(C 面理)方向近于平行或仅有较小的交角。大体可分为两类:一类为饼状褶皱或舌状褶皱,其垂直 x 轴的断面(yz 面)褶皱呈半封闭的"Ω"形,垂直于 y 轴断面上为同斜或不协调褶皱;另一类为 B 型褶皱,其枢纽垂直于剪切运动方向,大多为不协调褶皱(图 2a)。

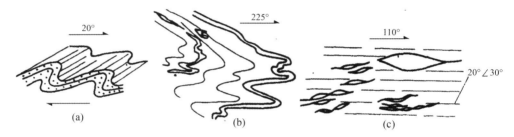

图 2 柴达木北缘韧性剪切带中发育的变形组构
(a)剪切褶皱(灰狼沟,1:4 素描);(b)塑性流变组构(鱼卡,1:20 素描);(c)黏滞型石香肠(灰狼沟,1:5 素描)

1.2 塑性流变组构

在柴达木北缘茶卡、鱼卡、大柴旦等地分布的初糜棱岩、糜棱岩中均见有塑性流变组构,流变体通常为硅质或长英质变质分异条带,形态十分复杂(图 2b)。

1.3 黏滞型石香肠

香肠体大多为变质分异条带,它们在剪切应力作用下被拉伸,形成不对称透镜体状。香肠体之间常可见细颈相连,有时在细颈处断开,形成石香肠,反映了强干层在强塑性条件下的韧性变形作用(图 2c)。

1.4 S-C 构造

韧性剪切进一步强化了早期面理和变质分异条带,构成宏观的 C 面理,它与剪切带边界平行,为一组连续的剪切滑劈理,主要由层状硅酸盐矿物及拉长的粒状矿物定向排列而成。S 面理是由糜棱岩中矿物颗粒或集合体的长轴优选方向所示的一组不连续面状构造,它与 C 面理小角度斜交,交角一般为 20°~30°。

1.5 拉伸线理

拉伸线理具有透入性构造特征,在糜棱岩中的片理面上都可见到,尤其是在 C 面理上到处可见,其方向代表剪切运动方向。主要为矿物拉伸线理,由绢云母、绿泥石矿物集合体及粒状矿物或其集合体的拉长定向排列构成,区域上比较稳定。大柴旦糜棱岩中的拉伸线理指向 SSW200°,向 NNE20°方向倾伏,反映了由北向南的韧性剪切作用。

1.6 剪切透镜体

在灰狼沟奥陶系变质火山岩及蛇绿混杂堆积岩中,受韧性变形的变质火山岩和糜棱岩化、片理化蛇纹岩中见有角闪片岩剪切透镜体,其边缘明显糜棱岩化,形成宽约 15 cm的糜棱岩带,向中心部位糜棱岩化及片理化减弱。透镜体内部由于递进剪切作用,发育了与剪切透镜体边界(C 面理)斜交的不连续面理及糜棱条带,代表了 S 面理的方向(图3a)。绿梁山达肯大坂群长英质初糜棱岩中的斜长角闪岩剪切透镜体同样具有上述特征,透镜体长轴与拉伸线理方向一致(图 3b)。

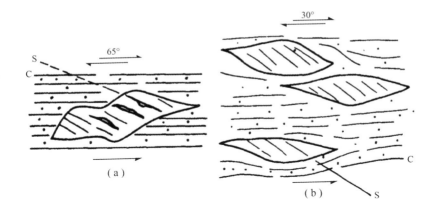

图 3 柴达木北缘韧性剪切带中发育的剪切透镜体
(a)灰狼沟蛇纹片岩中的角闪片岩透镜体(1:100 素描);
(b)绿梁山长英质初糜棱岩中的斜长角闪岩透镜体(1:10 素描)

2 糜棱岩类特征

柴达木北缘韧性剪切带中,元古界达肯大坂群以及上奥陶统变质火山岩均受到不同程度的韧性变形,广泛发育长英质糜棱岩以及中基性糜棱岩类,并可见少量碳酸质糜棱岩(表1,图版1)。这些糜棱岩类岩石宏观上常具条纹条带状构造,表现为层状硅酸盐矿物与粒状矿物分别聚集而成的不同颜色及成分的条纹条带,彼此相间平行排列,糜棱叶理较发育,叶理面上可见矿物拉伸线理。粒状矿物及其集合体多呈拉长状或透镜状,部分透镜状集合体具明显的鱼头状构造及拖尾构造。微观上,岩石大多具有碎斑结构及糜梭结构,碎斑主要为斜长石和石英。

表 1 柴达木北缘韧性剪切带糜棱岩特征简表

编 号	产 地	糜棱岩类型	结构构造	基质粒度/mm	基质含量/%	主要微观构造	糜棱岩原岩
BY92-187	嗷唠山	中基性糜棱岩	条纹条带构造 碎斑结构	0.2~0.5	65~85	σ 旋转碎斑系,拖尾及拔丝构造,带状石英,波状消光,亚颗粒,云母鱼	变质火山岩
BY92-28	沙柳河	长英质糜棱岩	条带构造 糜棱结构 碎斑结构	0.5~0.1	50~60	云母鱼,不对称眼球,旋转碎斑,波状消光及扭折带	片麻岩
BY92-77	大柴旦	长英质初糜棱岩	条带构造 碎斑结构	1.5~0.5	40~50	旋转碎斑系,多米诺构造,不对称眼球	长石石英片岩
BY92-131	绿梁山	花岗质初糜棱岩	条带构造 碎斑结构	1.0~0.5	40	不对称眼球,拔丝构造,波状消光,带状石英	混合岩
BY92-14	灰狼沟	碳酸质糜棱岩	糜棱结构 碎斑结构	0.3~0.1	70~80	拖尾构造,旋转碎斑,不对称眼球	大理岩

2.1 旋转碎斑系

在长英质糜棱岩中最为发育。岩石在韧性基质的剪切流动过程中,相对较强硬的矿物如斜长石、石英等发生旋转,碎斑两侧不对称发育有楔状结晶尾,共同构成旋转碎斑系(图版 2)。结晶尾主要由动态重结晶的细粒晶粒以及碎斑的细小碎粒组成(图版 3)。碎斑周围的韧性基质中叶理非常发育,显示韧性流变特点。以 σ 型碎斑系为主,δ 型碎斑系不常见。

2.2 多米诺构造

斜长石在剪切作用下沿其键力较弱的面(如解理面)产生一系列相互平行的微破裂,并沿破裂面发生一定的剪切位移,显示晶内剪切破裂位移构造。周围叶理绕过碎晶,并呈现出不对称特点,显示明显的韧性流变。

2.3 波状消光及扭折

长石及石英晶粒常见有波状消光及带状消光现象(图版 4)。云母类矿物则常出现扭折,解理弯曲,呈 S 型(图版 5)。

2.4 动态重结晶

动态重结晶是变形或产生位错的颗粒在构造作用的同时(同构造期),为消除形变及位错引起的不平衡,使变形晶体恢复到未变形状态而产生的一种动态恢复过程。镜下可见动态重结晶颗粒多呈压扁拉长状,原始边界一般被破坏而成弯曲状、锯齿状或缝合线状,呈不稳定态(图版6)。

3 柴达木北缘韧性剪切带类型、剪切指向及形成时代

柴达木北缘韧性剪切带总体走向北西、倾向北东,主剪面产状变化较大(表2),呈波状起伏。倾角一般为30°~60°,最大可达67°。

表 2 柴达木北缘韧性剪切带产状特征

产出位置	岩石类型	产状类型	产 状
灰狼沟	中基性初糜棱岩	糜棱叶理	20°∠30°
灰狼沟	长英质初糜棱岩	糜棱叶理	330°∠45°
沙柳河	花岗质初糜棱岩	糜棱叶理	0°∠41°
沙柳河	长英质初糜棱岩	长英质条带	15°∠65°
鱼卡	蛇纹片岩	片理	30°∠40°
大柴旦	长英质糜棱岩	糜棱页理	20°∠61°
嗷唠山垭口	中基性糜棱岩	糜棱页理	32°∠67°

韧性剪切带中判定运动方向的关键是糜棱岩的拉伸线理,但拉伸线理只给定走向不能确定剪切指向。柴达木北缘韧性剪切带拉伸线理大多指向 SSW-NNE;结合 S-C 组构、剪切不协调褶皱和不对称眼球状构造(图4),判断该剪切带总体指向应为由北北东向南南西的逆冲剪切。

图 4 柴达木北缘韧性剪切带剪切指向的判定
1 : 10 素描

目前,国内外对剪切带的分类方案各不相同,分类依据主要有发育环境、区域构造应力场以及产状等。根据许志琴(1984)分类方案,柴达木北缘韧性剪切带应介于韧性推覆剪切带与韧性逆剪切带之间,属于韧性逆冲型剪切带。

柴达木北缘韧性剪切带所产生的变形作用是本区一次重要的构造变形作用。伴随韧性剪切作用,在元古界达肯大坂群变质岩系中形成了大量的重结晶矿物,如变晶黑云母等。据达肯大坂群糜棱岩化片麻岩中黑云母的同位素年龄测定(K-Ar 法),最大值为402 Ma[①],它反映了变晶黑云母的形成年龄。本文认为,柴达木北缘韧性剪切带的发育应

---

① 林坤,等.青海省柴达木盆地北缘超基性岩及以铬为主的成矿特征与找矿方向的研究,1978.

与变晶黑云母同时或近于同时。另外,柴达木北缘早古生代地层仅见有上奥陶统,其上被晚古生代上泥盆统陆相粗碎屑岩、火山岩及海陆交互相碎屑岩以角度不整合覆盖①。因此,柴达木北缘剪切带可能形成于加里东末期。

4 柴达木北缘韧性剪切带形成环境及动力学模式

研究表明,古山链中许多大型韧性剪切带往往与板块运动过程中产生的深部简单剪切机制有关。无论是洋-陆俯(仰)冲或者是陆-陆碰撞,在其板块聚合带都将表现为构造变形的高应变带。

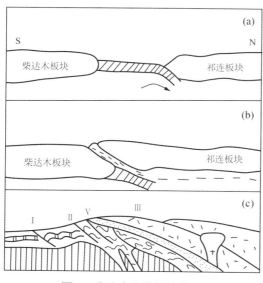

图 5 柴达木北缘韧性剪切带
形成的大地构造背景

I.柴达木俯冲壳楔;II.柴达木北缘碰撞蛇绿混杂岩带;
III.祁连超叠壳楔;IV.活动大陆边缘I型花岗岩;
V.柴达木北缘韧性剪切带

柴达木北缘蛇绿混杂岩带是柴达木板块与祁连板块的接合部位。元古宇经早期克拉通化构成本区硅质大陆地壳,形成塔里木-阿拉善地块、柴达木和中祁连地块。晚期晋宁地质事件使地块集结而成地台,成为欧亚板块组分。早古生代阶段,在全球性地裂作用下,地台分裂,地壳发展进入裂陷槽阶段。生物地层记录表明,地台从中寒武世开始分裂,由北而南依次出现北祁连裂陷槽、拉鸡山裂陷槽、柴达木周边裂陷槽,还有陆缘海盆沉积(南祁连山)、地台盖层沉积(欧龙布鲁克)②。柴达木北缘裂陷槽在古生代进一步演化,成为古洋盆。加里东中、晚期,柴达木北缘海盆逐渐闭合,洋壳自南向北下插到祁连板块之下(图 5a),至加里东末期大洋闭合。俯冲作用携带柴达木板块继续下插,祁连板块则自北向南逆冲到柴达木板块之上,柴达木北缘成为陆-陆碰撞型造山带(图 5b)。从而在柴达木北缘地区,自北向南形成了祁连超叠壳楔、柴达木北缘碰撞混杂岩带以及柴达木俯冲壳楔,并在南祁连地区广泛分布有加里东晚期 γ_3^3 的 I 型花岗岩,表明加里东晚期南祁连为一活动大陆边缘(图 5c)。

柴达木北缘韧性逆冲型剪切带就是在加里东末期,伴随柴达木板块与祁连板块之间的陆-陆碰撞而形成的。柴达木北缘韧性剪切带的发现及其构造特征的厘定,对于重新认识柴达木北缘蛇绿混杂岩带的大地构造含义有重要意义。

① 苟国朝,张新虎.中国西部祁连山-北山地区古板块构造的基本轮廓.甘肃地质科技情报,1990(2).

② 王云山.青藏高原北部构造发展的主要阶段.青海地质,1991,18(2).

致谢 本文是国家自然科学基金会重点资助项目,以及地质矿产部"八五"重点科技攻关项目"格尔本–额济纳旗地学断面多学科综合调查研究"的一部分。野外工作中得到青海省区调综合地质大队和甘肃省酒泉地质矿产调查队的大力协助,在此深表谢意。

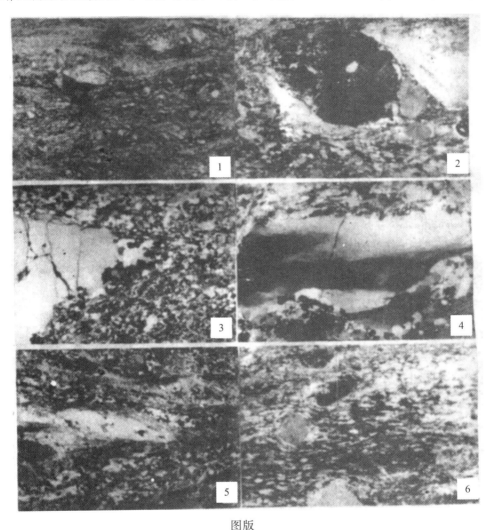

图版

1.碳酸质糜棱岩,单偏光,×40;2.斜长石 σ 型旋转碎斑,正交偏光,×40;
3.石英 σ 型旋转碎斑及其结晶尾,正交偏光,×40;4.石英的带状消光现象,正交偏光,×40;
5.云母鱼,正交偏光,×40;6.糜棱岩基质中的动态重结晶现象,正交偏光,×40

参考文献

[1] 王云山,陈基娘.青海省及毗邻地区变质地带与变质作用.北京:地质出版社,1987.

[2] 许靖华.中国南方大地构造的几个问题.地质科技情报,1987,6(2):13-27.

柴达木北缘古生代蛇绿岩及其构造意义[①②]

赖绍聪　邓晋福　赵海玲

摘要: 柴达木北缘古生代奥陶纪期间具有大洋构造环境,该蛇绿构造混杂带中浅变质大洋拉斑玄武岩-辉长岩-角闪片岩-榴辉岩代表了不同俯冲深度上的古洋壳残片,它们与洋岛火山岩和蛇绿岩残片均是恢复和鉴别古大洋环境的重要标志。

多年来,关于柴达木北缘加里东期构造环境归属的定性讨论意见分歧很大,归结已有的观点,有"优地槽"说、"大洋盆地"说、"弧后盆地"说、"岛弧背景"说和"古裂谷环境"说等[1-4]。但迄今为止,尚无人对柴达木北缘加里东期是否发育古洋盆以及古洋壳的存在形式和鉴别标志提出过确切的论证。

1　蛇绿岩带的地质特征

柴达木北缘蛇绿岩带北起苏干湖-鱼卡-大柴旦-托素湖,南以柴达木盆地为界,包括赛什腾山、绿梁山、锡铁山、阿姆尼克山、茶卡南山等,呈北西向展布,全长约 600 km,宽约 20~30 km。该蛇绿岩带由超基性岩、辉长岩与古生代上奥陶统海相火山岩共同组成(图 1)。带内超基性岩呈带状分布、分段集中、成群出现。超基性岩常与辉长岩体相伴出现,岩性变化大、分异差。

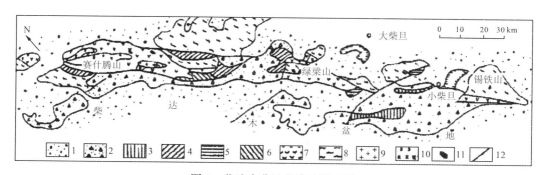

图 1　柴达木盆地北缘地质略图
1.第四系;2.第三系;3.白垩系;4.侏罗系;5.下石炭统;6.上泥盆统;7.上奥陶统绿岩系;
8.元古界;9.华力西期花岗岩;10.加里东期辉长岩;11.加里东期超基性岩;12.断裂。据文献[3]

①　原载于《现代地质》,1996,10(1)。
②　国家自然科学基金重点资助项目(49234080)及地质矿产部"八五"重点科技攻关项目(8506201)。

柴达木北缘海相火山岩从火山岩分区角度来看,属柴达木周边火山岩带的北亚带。这套浅变质绿岩相千枚岩、片岩及其海相火山岩的研究始于20世纪50年代。20世纪70年代初,青海省地质局第五地质队在赛什腾山变质火山岩的大理岩夹层中发现了珊瑚、腕足化石,后经青海省地质局第一区调队在马海幅区调过程中采集,由林宝玉鉴定为 *Agetolites* cf. *multitabula* Lin, *Orthis* sp., *Favistella* sp., *Plasmoporella* sp., *Agetolites* cf. *mirabilis* Sokolov, *Dalmanella* sp.? *Orthamhonites* sp.等。锡铁山变质火山岩的大理岩夹层中发现有牙形刺化石及其碎片,由李晋僧鉴定为三角脊牙形刺相似种:*Ambalodus* cf. *triangularis* Bransan and Mehl[5]。变质火山岩全岩 Rb-Sr 等时线年龄为464.6 Ma(邬介人等,1987)[3],从而肯定了这套变质火山岩的时代为晚奥陶世。

出露于柴达木北缘绿梁山东段胜利口一带的超基性岩具有石榴子石橄榄岩的岩石特征,含镁铝榴石,沿南北向断裂展布,多呈孤立的小岩体。石榴子石橄榄岩中有纯橄岩透镜体,外见蛇纹岩包裹。还见有脉状、透镜状、球状榴辉岩。在落凤坡岩体中,纯橄岩与辉石岩往往混杂在一起。在这2种岩石的接触部位,辉石晶体中包有他形不规则状橄榄石晶体,而橄榄石晶体间亦有他形之辉石晶体。2种矿物分别构成集合体,接触界线多呈锯齿状。这2种岩石具有岩浆堆晶岩的特点。

出露在茶卡南山-灰狼沟一带的蛇绿岩,以蛇纹石化橄榄岩和蛇纹岩为主体,内有中粒辉长岩。岩带中还见有大理岩、钙铝榴石透辉石岩+硬玉岩、角闪片岩构造块体,块体周边均为塑性变形的片理化带。

出露在沙柳河一带的超基性岩体构造变形十分强烈,一些大的岩块被韧-脆性破碎带所围绕,并有辉绿岩墙穿插。蛇纹岩本身片理化十分强烈,与其呈构造接触的变质火山岩主要为石榴石+绿泥石构造片岩,石榴石呈眼球状。与蛇纹岩相伴出现的辉长岩体明显糜棱岩化。

在鱼卡一带的蛇绿岩中,橄榄岩均已蛇纹石化,并与蚀变辉长岩交替出现。蛇纹岩均呈构造块体,片理化强烈,辉长岩与变质火山岩片理化方向一致或同时片理化(图2)。

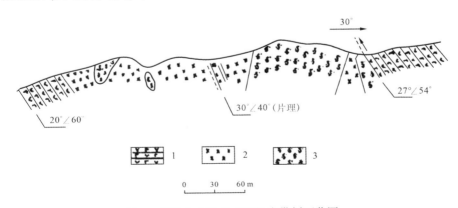

图2 柴达木北缘鱼卡蛇绿岩带剖面草图
1.变质火山岩;2.辉长岩;3.蛇纹岩

　　与蛇纹岩、辉长岩配套组合的奥陶系海相火山岩以绿泥石片岩为主，并有交替出现的片状、片理化大理岩，大理岩中有时出现蛇纹片岩小块体，表明该蛇绿构造混杂岩带实际上是一条韧性剪切糜棱岩化-片岩带[6]。

2　蛇绿岩带的岩石学特征

　　由超基性岩、辉长岩、熔岩及火山碎屑岩构成的柴达木北缘蛇绿构造混杂岩带，其主要岩性岩石学特征如下。

2.1　超基性岩

　　(1)石榴子石橄榄岩。呈浅绿-黑绿色，斑状结构，块状构造。斑晶由镁铝榴石、金云母、蛇纹石(橄榄石假象)组成。镁铝榴石呈蚕豆状、浑圆状，含量一般为15%~20%，粒径一般为5 mm±，多已蚀变，由绿泥石及闪石组成。有的为残晶。部分斑晶被透闪石及斜黝帘石交代，中心有残晶，边缘有一圈橄榄石，环边斑晶中见有橄榄石(假象)、透辉石包体。基质以蛇纹石为主(见橄榄石残晶)，并有少量的金云母、铬尖晶石、磁铁矿、辉石、滑石及碳酸盐矿物等。

　　(2)纯橄岩。呈灰绿、黄绿色，网环状结构，块状及片状构造。岩石多已蚀变，以蛇纹石为主，见有橄榄石残晶及少量铬尖晶石、铬绿泥石、磁铁矿、碳酸盐矿物。有些岩石中见少量绢石(5%)。网环由纤维蛇纹石组成，网眼由胶蛇纹石及尘点状磁铁矿组成。有些岩石网环由碳酸盐及铁质组成，网眼为叶蛇纹石、纤维蛇纹石及碳酸盐矿物。

　　(3)方辉橄榄岩。呈灰-黄绿色，网环状结构、鳞片变晶结构、变余半自形粒状结构，块状构造，有时呈片状构造。岩石多已蚀变，主要由蛇纹石、绢石(8%~20%)、滑石、绿泥石及少量铬尖晶石、磁铁矿组成。在部分岩石中见有少量橄榄石残晶。

　　(4)单斜辉石岩。呈灰-黄绿色，粒状结构，块状构造。具蛇纹石化，见有大量的次透辉石残晶。

　　(5)蛇纹岩。呈黑绿-浅灰绿色，鳞片变晶结构、纤维变晶结构，块状构造、片状构造。主要有蛇纹石(为叶蛇纹石和纤维蛇纹石)，另有少量碳酸盐矿物、绿泥石、磁铁矿、铬尖晶石。岩石中一般无橄榄石、辉石残晶。

2.2　辉长岩

　　(1)橄榄辉长岩。呈灰黄绿、灰绿色，细-中粒辉长结构、嵌晶含长结构，块状构造。主要由拉长石(33%~75%)、单斜辉石(10%~43%)、橄榄石(15%±)及少量角闪石、黑云母、磁铁矿组成。

　　(2)辉长岩。呈灰绿-深灰色，中细粒辉长结构，块状构造。主要由拉长石(39%~50%)、普通辉石(38%~55%)及少量角闪石、黑云母、钛铁矿、磷灰石组成。

2.3　熔岩及火山碎屑岩

柴达木北缘蛇绿构造混杂岩带中火山岩岩性复杂,详细的岩石学和地球化学研究[①]表明,本区火山岩可以区分为 3 种主要的岩石构造组合类型:①岛弧火山岩,在 TiO_2-MnO-P_2O_5 图解中位于岛弧拉斑和岛弧钙碱性火山岩区内,在 SiO_2-(K_2O+Na_2O) 图(图 3)中均位于亚碱性区,在 $lg\tau$-$lg\sigma$ 图中位于 B 区,它们代表了岛弧背景下的一套火山岩组合。②大洋拉斑玄武岩,在 TiO_2-MnO-P_2O_5 图解中位于 MORB 区,在 SiO_2-(K_2O+Na_2O) 图解中位于亚碱性区,在 SiO_2-Fe^T/MgO 图解中位于拉斑玄武岩区内,在 $lg\tau$-$lg\sigma$ 图解中跨越 A-B 区。可以认为,这类火山岩代表了柴达木北缘蛇绿构造混杂岩带中的大洋拉斑玄武岩构造块体。③柴达木北缘火山岩中存在洋岛碱性玄武岩,综合其地球化学特征表明,它们代表来源于古洋盆大洋岛屿或海山的火山岩构造块体。微量元素 MORB 标准化分布型式以及 Hf/3-Th-Ta 图解等印证了上述构造-岩石组合分类。

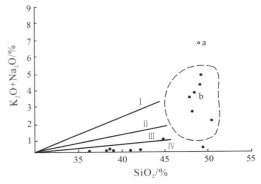

图 3　SiO_2-(K_2O+Na_2O) 图解

超基性岩:Ⅰ.强碱质区;Ⅱ.碱质区;Ⅲ.弱碱质区;
Ⅳ.贫碱质区。虚线投影区:基性(辉长)岩;
a.戴里碱性辉长岩;b.戴里钙碱性辉长岩

洋脊及洋岛火山岩组合是柴达木北缘古生代洋盆的重要证据之一。柴达木北缘岛弧型火山岩是以钙碱系列+拉斑系列火山岩为主,未见钾玄岩等成熟岛弧的典型火山岩组合,而且拉斑系列火山岩主要岩石类型是玄武岩和玄武安山岩,说明柴达木北缘火山岛弧应属于半成熟-成熟的一种岛弧类型。

3　蛇绿岩带基性、超基性岩岩石化学特征

柴达木北缘蛇绿构造混杂岩带超基性岩、辉长岩岩石化学分析结果见表1。从表1中可以看出,石榴子石橄榄岩的岩石化学成分与金云母蛇纹岩成分较接近,但前者 SiO_2、Al_2O_3、CaO、K_2O+Na_2O 含量较低,MgO、NiO 含量较高;碳酸盐化石榴子石橄榄岩 SiO_2、Fe_2O_3+FeO、MgO 含量较低,CaO、CO_2 含量较高。金云母蛇纹岩 $m/s=8.17$,$B/s=1.49$,$s=40.27$,$ac=5.0$,$f=7.9$,$m=46.8$,为橄榄岩。

强蚀变岩石主要位于纯橄岩、辉橄岩岩石区,部分位于橄榄岩区。纯橄岩多含有少量辉石矿物组分,$ac=0.6\sim1.5$,$m=55.8\sim60.2$,$f=4.8\sim6.6$,$s=33.7\sim37.0$;部分辉橄岩 $ac=0.7\sim0.8$,$s=36.8\sim38.9$,f 值较低、m 值高,属方辉橄榄岩;另一部分辉橄岩可能为二辉橄榄岩;橄榄辉长岩与辉长岩一般 m 值高、s 值低。

---

① 赖绍聪,邓晋福,等.柴达木北缘古生代海相火山岩及其构造背景,1994.

表1 超基性岩、辉长岩岩石化学成分（%）

岩体名称	岩石类型	SiO₂	TiO₂	Al₂O₃	Cr₂O	Fe₂O₃	FeO	MnO	MgO	NiO	CaO	K₂O	Na₂O	P₂O₅	s	f	m	ac	m/f	B/s
灰狼沟	含辉纯橄岩	38.06	0.01	0.38		7.06	1.48	0.11	38.63		0.35	0.02	0.04	0.03	37.0	6.4	55.8	0.8	8.73	1.72
沙柳河	方辉橄榄岩	40.33	0.01	0.42	0.55	6.73	2.05	0.08	38.07	0.22	0.35	0.03	0.03	0.03	38.9	6.8	53.7	0.7	8.10	1.58
	橄榄岩	42.93	0.04	1.46	0.30	6.93	1.80		30.80	0.14	4.59	0.05	0.06	0.03	41.9	10.6	44.7	2.8	6.80	1.39
	单斜辉石岩	49.89	0.02	0.76	0.32	4.98	3.78	0.15	30.66		3.25	0.03	0.08	0.03	46.5	9.5	42.6	1.4	6.50	1.16
	纯橄岩	36.26	0.01	0.27	0.51	6.35	0.55	0.03	39.56	0.35	0.37	0.02	0.06	0.03		5.5	58.1	0.61	1.20	1.82
	含辉纯橄岩	38.53	0.01	0.45	0.51	5.94	0.60	0.03	38.87	0.28	0.35	0.01	0.02	0.05	37.6	4.9	56.6	0.91	1.80	1.68
	方辉橄榄岩	38.78	0.01	1.00	0.32	5.39	0.45	0.07	39.88	0.29	0.24	0.02	0.02	0.12	57.0	5.0	57.0	0.81	3.10	1.70
胜利沟口	辉长岩	49.65	0.90	10.13		5.89	5.87	0.11	8.28		8.91	1.19	2.72	0.12	49.8	16.5	12.4	21.3	1.28	1.01
鹰峰南	辉长岩	47.85	2.16	15.39		2.78	11.97	0.14	4.88		8.27	0.74	2.40	0.07	48.0	14.8	7.3	30.0	0.60	1.09
滩洞山	辉长岩	48.60	0.35	14.37		2.05	7.78	0.14	9.30		11.36	0.38	2.06	0.02	49.9	7.0	14.3	28.3	1.69	1.18
柴旦西山	辉长岩	50.84	0.27	15.24		1.23	5.58	0.06	12.48		10.34	0.19	1.53	0.23	47.5	8.6	17.4	26.5	3.33	1.11
鱼卡	辉长岩	49.07	0.67	17.99		2.09	4.42	0.12	8.17		8.85	1.00	3.50	0.03						
绿梁山	石榴石橄榄岩	40.06	0.02	1.84	0.25	4.44	2.62	0.88	37.94	0.32	1.47	0.11	0.09	0.01						
	碳酸盐化石榴石橄榄岩	11.13	0.10	1.96	0.01	0.28	0.59		13.48		39.18	0.32	0.07	0.09						
	榴辉岩	44.90	0.54	7.62	0.31	2.14	7.40	0.15	23.49		6.75	0.44	0.64	0.02						
	纯橄岩	38.45	0.01	0.56	0.33	3.90	2.67	0.09	41.20	0.38	1.22	0.15	0.06	0.03						
	金云母蛇纹	42.38	0.06	2.94	0.11	5.41	2.32	0.06	33.12	0.24	3.47	0.13	0.20	0.03	40.27	7.9	46.8	5.0	8.17	1.49

鱼卡辉长岩由本文提供，国家地震局地质研究所分析（1993）；其余引自《青海地质》（1991）。

超基性岩 m/f 值主要介于 8.1～12.5,属镁质超基性岩;辉长岩 m/f 值主要介于 1.28～4.23,属铁质基性岩类。

在 SiO_2-(K_2O+Na_2O) 图解中,超基性岩位于贫碱质区,辉长岩主要位于钙碱性辉长岩平均值投影点附近。K_2O+Na_2O 含量大部分较低。在 Al_2O_3-SiO_2 图解(图4)中,超基性岩位于贫铝质区;基性岩大部分 Al_2O_3 含量较高。

柴达木北缘辉长岩 SiO_2 含量比较稳定,介于 47%～51%,而 $\sum FeO/(\sum FeO+MgO)$ 比值变化较大,介于 0.35～0.80,反映在 SiO_2-$\sum FeO/(\sum FeO+MgO)$ 相关图(图5)上,投影点较分散,

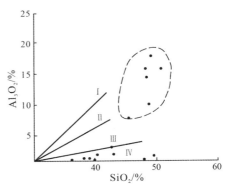

图 4 Al_2O_3-SiO_2 图解

超基性岩:Ⅰ.高铝质区;Ⅱ.铝质区;Ⅲ.低铝质区;
Ⅳ.贫铝质区。虚线区:基性(辉长)岩

但主要仍落在镁铁堆积岩区内。在 Al_2O_3-CaO-MgO 图解(图6)中,柴达木北缘辉长岩类大多落入镁铁堆积岩区内或其附近,与洋中脊玄武岩平均成分比较接近。

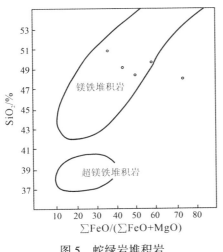

图 5 蛇绿岩堆积岩
SiO_2-$\sum FeO/(\sum FeO+MgO)$ 变异图
据文献[7]

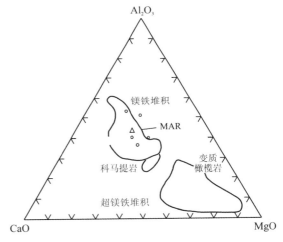

图 6 堆积岩的 MgO-CaO-Al_2O_3 三角图
MAR:洋中脊玄武岩平均值。
据文献[7]

4 蛇绿岩形成的温压条件及其构造意义

4.1 榴辉岩及其地质意义

柴达木北缘榴辉岩与石榴石橄榄岩的发现,表明它是一条高压变质带[8]。石榴石橄榄岩原生矿物以橄榄石为主(30%),其次为石榴石(5%)、尖晶石(5%)、斜方辉石(<1%)。次生矿物为角闪石、蛇纹石、绿泥石、磁铁矿、金云母等。金云母具有多色性,但

显示正吸收,不同于原生金云母。柴达木北缘超基性岩中产出脉状、团块状、具变质结构的石榴石+透辉石组合,其中石榴石含镁铁榴石高达66%,属 Coleman 等的 A 型榴辉岩。岩相学、矿物化学资料显示其显然不具有稳定克拉通下部岩石的特征,而是大洋岩石圈的物质产物。其上地幔平衡的 P-T 条件为 $25×10^8$ Pa 和 850 ℃左右,显示造山带高压变质岩的地温特征。它们是该地区古生代洋壳俯冲、大陆碰撞的产物。

4.2 斜长角闪岩、角闪片岩构造块体:变质洋壳的另一种表现形式

野外地质研究发现,柴达木北缘灰狼沟蛇纹岩以及锡铁山西段蛇纹岩中包裹有斜长角闪岩和角闪片岩构造块体,大者宽 1.6~2.0 m,长约 5.0 m;小者长、宽仅数十厘米。灰狼沟斜长角闪岩块体有明显的糜棱岩化现象,片理化十分明显,岩石中出现糜棱条带,旋转碎斑清晰可见。岩石具细粒柱状变晶结构,片状或块状构造。主要由角闪石和斜长石组成,角闪石含量约占45%,斜长石约占50%,另见少量绿帘石、榍石、磁铁矿。角闪石为长柱状、针状,呈蓝绿-淡绿色多色性。斜长石为细粒集合体或板柱状,双晶不发育。锡铁山蛇纹岩中包裹的角闪片岩构造块体具有片状构造,镜下为柱状-粒状变晶结构。主要组成矿物为角闪石、石英、斜长石,并见有少量绿帘石、磁铁矿。角闪石为柱状,多色性不强,呈浅绿-淡黄绿色,含量约占50%;斜长石为短柱状、板状,可见到聚片双晶,含量约占30%±;石英为细粒状,表面光洁,含量约占15%。

化学成分分析结果(表2)表明,锡铁山西段角闪片岩块体与灰狼沟糜棱岩化斜长角闪岩的化学成分有较大差异,前者 SiO_2、Na_2O 含量明显较低,而 MgO 含量则大大高于后者。在 $MgO-CaO-FeO^T$ 图解中,二者均落入正斜长角闪岩区内,说明它们是基性火山岩的变质产物(图7)。

表2　斜长角闪岩、角闪片岩化学成分(%)

岩 性	SiO_2	TiO_2	Al_2O_3	Fe_2O_3	FeO	MnO	MgO	CaO	K_2O	Na_2O	P_2O_5	H_2O^+	CO_2	总量	位置
糜棱岩化斜长角闪岩	57.69	0.58	14.44	1.95	5.37	0.20	1.90	6.47	0.40	7.60	0.17	2.03	0.70	99.50	灰狼沟
角闪片岩	49.50	0.47	16.03	1.36	6.60	0.13	9.29	10.03	0.40	3.90	0.13	2.07	0.33	100.24	锡铁山

由国家地震局地质研究所分析(1993)。

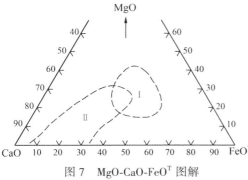

图7　$MgO-CaO-FeO^T$ 图解

Ⅰ.正斜长角闪岩;Ⅱ.副斜长角闪岩。● 本区斜长角闪岩、角闪片岩投影点。据文献[9]

在变质作用过程中,常量元素有较大的活动性,容易发生交代作用以及成分迁出和带入,而稀土元素以及一些痕量元素却具有相对的稳定性。稀土分析结果(表3)表明,灰狼沟糜棱岩化斜长角闪岩 $\delta Eu = 0.622$,$(La/Yb)_N = 6.58$,属轻稀土弱-中等富集型,Eu 亏损较明显,说明玄武岩早期结晶过程中可能有斜长石分离结晶,另一个原因可能与糜棱岩化过程中元素的迁移有关。锡铁山角

闪片岩 δEu = 0.88,(La/Yb)$_N$ = 1.95,Eu 亏损不明显,轻、重稀土分异很弱。在稀土元素配分图(图8)上,我们可以看到,2 个样品均具有较为平坦的分布型式,尤其是锡铁山角闪片岩,属平坦型洋脊拉斑玄武岩配分型式,而灰狼沟糜棱岩化斜长角闪岩相对富集轻稀土。

表3 斜长角闪岩、角闪片岩稀土元素丰度(×10^{-6})

岩 性	位 置	La	Ce	Nd	Sm	Eu	Gd	Tb	Yb	Lu	Sm/Nd	(La/Yb)$_N$	δEu
糜棱岩化斜长角闪岩	灰狼沟	18.6	38.5	18.6	3.94	0.885	4.87	0.793	1.83	0.271	0.21	6.58	0.62
角闪片岩	锡铁山	4.42	9.95	6.34	1.52	0.532	2.29	0.384	1.47	0.216	0.24	1.95	0.88

由中国科学院高能物理研究所分析(中子活化法)(1993)。

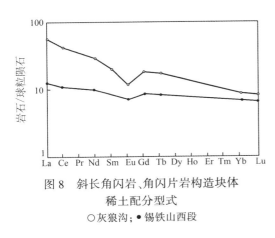

图8 斜长角闪岩、角闪片岩构造块体
稀土配分型式
○灰狼沟;●锡铁山西段

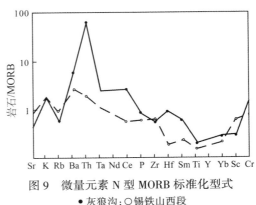

图9 微量元素 N 型 MORB 标准化型式
●灰狼沟;○锡铁山西段

根据微量元素分析结果(表4),作出(N 型)MORE 标准化曲线(图9)。从图9中可以看出,灰狼沟斜长角闪岩标准化曲线 K、Ba、Th、Ta、Ce 富集度较高,Ti、Yb、Sc 略有亏损,从曲线总体特征来看类似于拉斑玄武岩;而锡铁山角闪片岩 K、Ba、Th 低度富集,Ti、Yb、Hf、Sm 略有亏损,总体而言,十分接近大洋拉斑玄武岩的微量元素特征,可能在变质作用过程中有大离子亲石元素带入而亲铁元素有带出现象。

根据电子探针获得的斜长角闪岩和角闪片岩中角闪石、斜长石的化学成分(表5),利用斜长石、角闪石中 Ca/(Ca+Na+K)与温度的关系图(图10),求得岩石的形成温度为:灰狼沟糜棱岩化斜长角闪岩小于 400 ℃;锡铁山角闪片岩约为 450 ℃,相当于高绿片岩相至低角闪岩相的温度范围。

L.P.Plyusnina(1982)提出斜长石–角闪石地质温压计(图11)。其中,Ca$_{Pl}$ = X_{Ca}^{Pl} = $\dfrac{Ca}{Ca+Na+K}$,代表斜长石中 Ca 的摩尔分数;ΣAl_{Hb} 为普通角闪石单位分子式中 Al 离子的总数。将灰狼沟和锡铁山西段斜长角闪岩和角闪片岩投影到图11中,可以看出,二者形成时的温压条件有一定的差异。灰狼沟糜棱岩化斜长角闪岩形成时的温度、压力较低,$T \approx$ 470 ℃,$P \approx$ 100 MPa;而锡铁山角闪片岩 $T \approx$ 520 ℃,$P \approx$ 520 MPa,反映了一种较高压力下的产物。前者温压偏低显然与后期糜棱岩化的退变质作用改造有关。

表 4　斜长角闪岩、角闪片岩微量元素分析结果

岩　性	位　置	Sr	K₂O/%	Rb	Ba	Th	Ta	Nb	Ce	P₂O₅/%
糜棱岩化斜长角闪岩	灰狼沟	88.3	0.4	2.5	163	13	0.686		38.5	0.17
角闪片岩	锡铁山	169	0.4	3.01	80.5	0.593	0.321		9.95	0.13
N 型 MORB*		120	0.15	2	20	0.2	0.18	0.35	10.0	0.12

岩　性	位　置	Zr	Hf	Sm	TiO₂/%	Y	Yb	Sc	Cr
糜棱岩化斜长角闪岩	灰狼沟	92.4	3.58	3.94	0.58		1.83	23.1	636
角闪片岩	锡铁山	94.2	0.89	1.52	0.47		1.47	43.2	372
N 型 MORB*		90	2.4	3.3	1.5	30	3.4	40	250

由中国科学院高能物理研究所分析(中子活化法)(1993)。分析结果除注明者外,其值均为 $n \times 10^{-6}$; *据 Pearce(1983)。

表 5　角闪石、斜长石化学成分电子探针分析结果(%)

岩　性	矿　物	位　置	Na₂O	MgO	Al₂O₃	SiO₂	K₂O	CaO	TiO₂	MnO
糜棱岩化斜长角闪岩	角闪石	灰狼沟	1.05	15.43	2.26	59.46	0.05	10.14	0.11	0.29
	斜长石		11.10	0.04	19.86	68.13	0.19	1.27	0.00	0.00
角闪片岩	角闪石	锡铁山	1.27	14.16	9.59	47.38	0.21	11.66	0.64	0.27
	斜长石		9.36	0.05	22.65	63.92	0.05	3.92	0.00	0.03

岩　性	矿　物	位　置	Cr₂O₃	NiO	FeO	总　量	$\dfrac{Ca}{Ca+Na+K}$	$\sum Al_{Hb}$
糜棱岩化斜长角闪岩	角闪石	灰狼沟	0.19	0.25	9.21	98.46	0.839	0.368
	斜长石		0.00	0.00	0.06	100.64	0.059	
角闪片岩	角闪石	锡铁山	0.16	0.36	11.81	97.51	0.821	1.645
	斜长石		0.03	0.00	0.00	100.00	0.188	

由中国地质大学电子探针室分析(1993)。$\sum Al_{Hb}$ 为单位分子式中 Al 离子的总数。

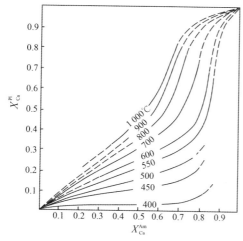

图 10　角闪石-斜长石地质温度计
据文献[10]

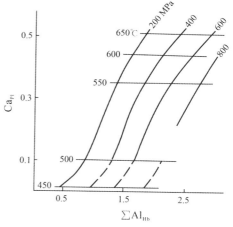

图 11　普通角闪石-斜长石地质温压计
据 L.P.Plyusnina(1982);转引自文献[11]

综合上述常量、微量及稀土元素特征,可以推测,柴达木北缘蛇纹岩中的角闪片岩和斜长角闪岩块体可能代表了一种变质的大洋壳玄武岩,它们可能是在俯冲作用过程中,洋壳玄武岩随俯冲洋壳到达一定深度后经变质作用而成。

换言之,柴达木北缘蛇绿构造混杂岩带实际上是一典型的陆-陆碰撞造山带,由于构造混杂作用,以及变质作用的改造而使大洋型、岛弧型岩石组合混杂堆积,而洋脊玄武岩-浅变质大洋玄武岩-辉长岩(堆晶辉长岩)-角闪片岩(片理化角闪岩)-榴辉岩实质上代表了古洋壳及其俯冲过程中不同深度和温压条件下再循环洋壳的产物和不同表现形式。

5　结论

柴达木北缘蛇绿岩套的存在是古生代存在洋盆的标志,蛇绿岩是古洋壳的残片。发育与不发育大洋俯冲的岩浆活动是鉴别活动与被动大陆边缘的主要标志。柴达木北缘古生代岛弧型火山岩的存在,说明奥陶纪末期南祁连为一活动大陆边缘。以俯冲杂岩与蛇绿岩的构造岩片为主构成的柴达木北缘构造混杂岩带是识别陆-陆碰撞的主要标志。奥陶纪末期,柴达木北缘洋盆逐渐闭合,大洋消减,洋壳由南向北俯冲到祁连陆块之下,最终洋盆消失,发生柴达木-祁连陆块的陆-陆碰撞,形成柴达木北缘蛇绿(陆-陆碰撞)构造混杂岩带。

参考文献

[1] 王荃,刘雪亚.我国西部祁连山区的古海洋地壳及其大地构造意义.地质科学,1976(1):42-54.

[2] 向鼎璞,戴天富.北祁连山火山成因硫化物矿床区域成矿特征.矿床地质,1985,4(1):64-69.

[3] 邬介人,任秉琛,张莓,等.青海锡铁山块状硫化物矿床的类型及地质特征.中国地质科学院西安地质矿产研究所所刊,1987(20):1-30.

[4] 肖序常,陈国铭,朱志直.祁连山古蛇绿岩带的地质构造意义.地质学报,1978(4):281-295.

[5] 青海省地质矿产局.青海省区域地质志.北京:地质出版社,1991.

[6] 赖绍聪,邓晋福,杨建军,等.柴达木北缘发现大型韧性剪切带.现代地质,1993,7(1):125.

[7] Coleman R G.Ophiolites. Berlin: Springer-Verlag,1977.

[8] 杨建军,朱红,邓晋福,等.柴达木北缘石榴子石橄榄岩的发现及其意义.岩石矿物学杂志,1994,13(2):97-104.

[9] 王仁民,贺高品,陈珍珍,等.变质岩原岩图解判别法.北京:地质出版社,1985.

[10] Перчук Л Л. Вависимость коаффцццента распреденпл кащцл между сосуществующими амфиболям ц плагиоклазами от температуры,Док.АН СССР, 60, 1966.

[11] 吴汉泉,冯益民,霍有光,等.甘肃玉门昌马地区的蓝闪片岩.中国地质科学院西安地质矿产研究所所刊,1991(32):1-13.

柴达木北缘奥陶纪火山作用与构造机制[①②]

赖绍聪 邓晋福 赵海玲

摘要：柴达木北缘奥陶系海相火山岩(洋脊及洋岛火山岩组合)是柴北缘奥陶纪古洋盆存在的重要证据。奥陶纪末期，柴北缘洋盆逐渐闭合，洋壳自南向北下插到祁连陆块之下。大洋消失后，俯冲作用携带柴达木陆块继续下插，祁连陆块则自北向南逆冲到柴达木陆块之上，柴北缘成为陆-陆碰撞造山带。从而在柴达木北缘地区，自北而南形成了祁连超叠壳楔、柴北缘碰撞混杂岩带以及柴达木俯冲壳楔的三单元结构模式。

1 区域地质背景

柴达木北缘锡铁山-绿梁山-赛什腾山晚奥陶世海相火山岩带呈北西西-南东东狭长带状分布，出露宽度 2~12 km。岩带在北西西方向与祁连加里东地槽褶皱带接合，南东东方向断续延至沙柳河一带并与昆仑褶皱带并拢，为一连通祁连、昆仑的晚奥陶世海相火山岩带(图 1)。岩带两侧与元古代达肯大坂群为断层接触。上覆盖层有上泥盆统、下石炭统、侏罗系、白垩系以及第三系沉积，与火山岩呈断层或超覆不整合接触。

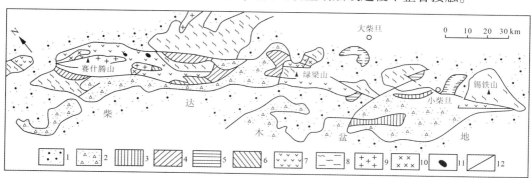

图 1 柴达木盆地北缘地质略图

1.第四系;2.第三系;3.白垩系;4.侏罗系;5.下石炭统;6.上泥盆统;7.上奥陶统绿岩系;8.元古界(长城-蓟县系);9.华力西期花岗岩;10.加里东期辉长岩;11.加里东期超基性岩;12.断裂。

据邬介人等(1987)

① 原载于《西安地质学院学报》，1996，18(3)。
② 岩石大地构造及地球化学专业国家自然科学基金及地质矿产部地学断面基金资助。

2　岩石及岩石化学特征

根据 SiO_2-(K_2O+Na_2O) 相关图解（图 2），火山岩投影点大多位于亚碱性区，仅少数点位于碱性火山岩区，说明柴达木北缘古生代海相火山岩以亚碱性系列火山岩为主体。从 SiO_2-FeO^T/MgO 图解中可以看到，柴北缘古生代亚碱性火山岩存在钙碱和拉斑两大火山岩系列，且以前者为主（图 3）。

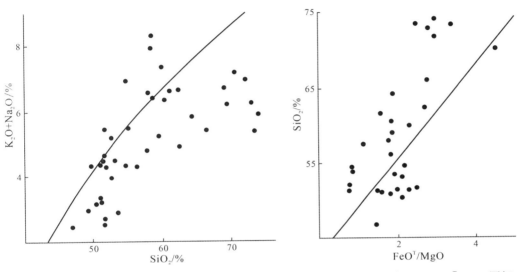

图 2　柴北缘火山岩 SiO_2-(K_2O+Na_2O)图解
据 Irvine 等(1971)

图 3　柴北缘火山岩 SiO_2-FeO^T/MgO 图解

硅-碱关系及组合指数图（图 4）表明，柴北缘古生代海相火山岩 Rittmann 组合指数变化范围较大，为 1～5，但大多数样品的 δ 值介于 1～3。总体而言，柴北缘火山岩在硅-碱组合指数图上具有 2 种不同的投影点分布特点：一是呈连续的 δ 值稳定的分布趋势，它反映了一组同源火山岩的低压分异作用，δ 值无明显间断。这种分布趋势以赛什腾山地区火山岩为代表。另一种趋势表现为投影点呈团块状密集分布，主要集中在中基性岩段，δ 值变化大。这可能暗示绿梁山-大柴旦-小柴旦-锡铁山矿区一带的基性、中基性火山岩并非同源岩浆演化的结果。

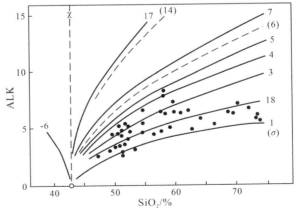

图 4　硅-碱关系及组合指数图解
据 Rittmann(1962)

3 微量元素地球化学特征

近年来,火山作用过程中微量元素地球化学研究已经从以现代和新生代火山岩为主扩展到中生代-古生代以至更老的造山带火山岩。微量元素中的不活动元素由于具有相对的稳定性,受后期热事件影响较小,从而其丰度、组合、元素比值及演化特征已成为探讨火山作用过程微量元素地球化学特征,恢复和重溯古火山事件的发生、演化及其构造岩浆环境的重要地球化学指数。

研究 Ni、Cr、Co、V 等元素在玄武质岩浆中的表现,有助于反映它们的岩浆源和构造背景,不同构造环境中上述元素的丰度不同(表1)。

表1 不同构造环境中 Cr、Ni、Co、V 丰度($\times 10^{-6}$)变化

元　素	Cr	Ni	Co	V
大陆裂谷	140~220	110~170		
大陆泛流高原	90~180	80~150		
岛弧	20~100	10~30	20~30	200~400
锡铁山	68~93	31~47	35~42	185~241
绿梁山	338~582	110~222	31~42	112~185

显然,柴北缘锡铁山地区火山岩的 Ni、Cr、Co、V 丰度与岛弧区火山岩十分接近,而绿梁山地区火山岩的 Ni、Cr 显著偏高。这说明,柴北缘锡铁山一带火山岩具有岛弧火山岩的微量元素特征,而绿梁山地区玄武岩微量元素丰度与岛弧型火山岩有较大区别。

由球粒陨石标准化配分曲线(图5)可以看出如下规律:Rb 和 Th 呈强富集状态,体现了它们在岩浆作用过程中的不相容元素性质。无论是玄武岩还是英安岩都存在 Ti 谷,表明该组火山岩与球粒陨石比较,TiO_2 呈亏损状态,且英安岩中 TiO_2 含量较玄武岩更低,这可能与钛铁氧化物的分离结晶有关。英安岩中 Sr 谷不明显,P、Hf 则明显呈负异常,而玄武岩中 P、Hf 呈低度富集状态。上述特征反映了本区不同类型火山岩不相容元素特征的差异性,这种差异可能与火山岩形成时的构造背景不同有关。

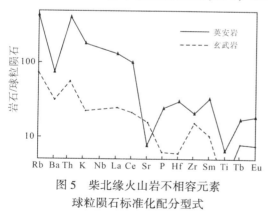

图5 柴北缘火山岩不相容元素
球粒陨石标准化配分型式

4 稀土元素地球化学特征

柴北缘古生代海相火山岩稀土元素配分曲线(图6)表明,不同类型火山岩稀土元素地球化学特征有所不同:

(1)玄武岩类基性火山岩主要表现为 LREE 略微富集的弱分离型式,Eu 亏损不明显,各稀土元素的丰度与球粒陨石稀土含量之比值变化范围不超过 3~50。这种稀土元素分布型式与大洋拉斑玄武岩或岛弧拉斑玄武岩类似。

（2）中基性岩及中酸性岩类（安山玄武岩、英安岩）的稀土分配形式表明，中基性安山玄武岩具有较为平坦的稀土配分曲线，轻稀土富集度很低，与玄武岩类较为接近。而英安岩的轻稀土富集较为明显，Eu亏损亦略强。

（3）酸性岩类（流纹岩、流纹英安岩）的配分曲线特征是轻稀土部分负斜率大、富集明显，重稀土部分曲线相对较为平缓。轻稀土在富集程度上以 La-Eu 递次减量富集，呈一舒缓状；重稀土亏损以 Gd-Lu 的曲线各具不同程度的亏损特征。岩石 δEu 值为 0.70 和 0.57，具中等亏损。

综合上述稀土元素特征，它们反映了柴北缘大洋型拉斑玄武岩和半成熟-成熟岛弧火山岩系列的地球化学特征。

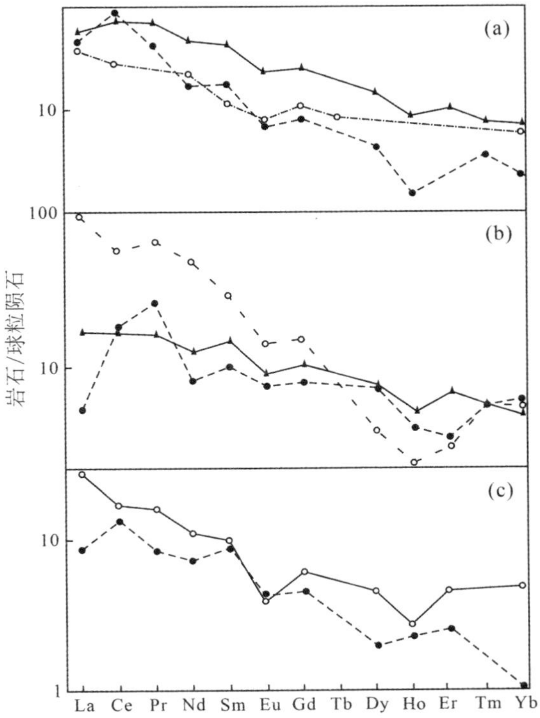

图6　柴北缘火山岩稀土元素配分型式
（a）玄武岩类；（b）中性岩类；（c）酸性岩类

5　火山作用大地构造背景

在 lgτ-lgσ 图解中，柴北缘古生代海相火山岩投影点主要集中分布在 b 区和 a 区，这表明该套火山岩可能来自 2 种或 2 种以上的不同构造背景。b 区投影点与日本岛弧火山岩类似，反映了柴北缘火山岩以一套岛弧钙碱系列+岛弧拉斑系列火山岩为主体。而 a 区投影点则反映了较为复杂的构造背景，它们大多与夏威夷大洋岛屿碱性玄武岩的平均值比较接近（图7）。

在 TiO_2-$10MnO_2$-$10P_2O_5$ 图解（图8）中，柴北缘火山岩主要位于 3 个不同的构造区：Ⅰ.处在岛弧拉斑玄武岩和岛弧钙碱性火山岩区内，这些岩石样品在 SiO_2-(K_2O+Na_2O) 图解中位于亚碱性区，在 lgτ-lgσ 图解中位于 b 区，从而可以认为，它们代表了岛弧背景下的一套火山岩组合。Ⅱ.投影点位于 MORB 洋中脊拉斑玄武岩区内的右下方，在 SiO_2-(K_2O+Na_2O) 图解中，它们位于亚碱性区，在 SiO_2-FeO^T/MgO 图解中它们位于拉斑玄武岩区内，在 lgτ-lgδ 图解中它们跨越 a~b 区。大体可以认为，这类火山岩代表了柴北缘蛇绿构造混杂岩带中的大洋拉斑玄武岩构造块体。Ⅲ.需要特别指出的是，利用 TiO_2-$10MnO_2$-$10P_2O_5$ 图解可以较为明显地看出，柴北缘古生代海相火山岩中存在洋岛碱性玄武岩，这些岩石样品在 SiO_2-(K_2O+Na_2O) 图解中全部位于碱性系列范围内，而且在 lgτ-lgδ 图解中均位于 a 区（即稳定区火山岩类）。综合其地球化学特征，本文认为，它们代表了柴北缘蛇绿混杂岩带中来源于古洋盆大洋岛屿或海山的火山岩构造块体。

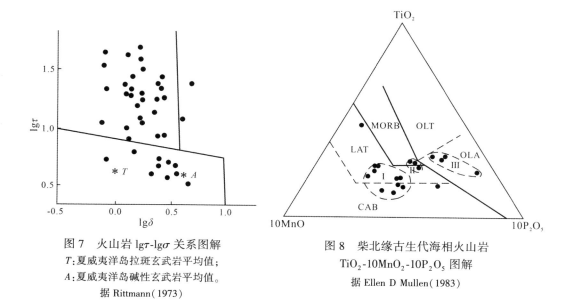

图 7 火山岩 lgτ-lgσ 关系图解
T: 夏威夷洋岛拉斑玄武岩平均值;
A: 夏威夷洋岛碱性玄武岩平均值。
据 Rittmann(1973)

图 8 柴北缘古生代海相火山岩
TiO₂-10MnO₂-10P₂O₅ 图解
据 Ellen D Mullen(1983)

柴北缘高桥玄武岩配分形式与岛弧钙碱性玄武岩十分类似,曲线表现为三隆起型式,即 K、Rb、Ba、Th 的高度富集以及 Ce、Zr、Sm 的低度富集,从而说明柴北缘确实存在岛弧型火山活动,与前面的相关论述一致(图9)。

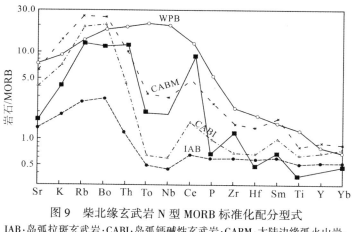

图 9 柴北缘玄武岩 N 型 MORB 标准化配分型式
IAB: 岛弧拉斑玄武岩; CABI: 岛弧钙碱性玄武岩; CABM: 大陆边缘弧火山岩;
WPB: 板内玄武岩; □: 柴北缘玄武岩

6 火山作用与板块构造演化

6.1 大洋扩张速率及洋盆宽度的估算

根据 Sugisaki(1976)提出的火山岩 K₂O、Na₂O、θ 与板块运动速度(扩张–闭合速率)之间的相关性图解,利用柴北缘古生代海相火山岩中大洋拉斑玄武岩(洋脊型玄武岩)的化学成分,求得北祁连晚古生代洋盆的宽度大约为 1 000 km(表 2,表 3)。其大洋脊扩张速率大约为 2.5 cm/a,该扩张速率高于现代大西洋(平均 1.66 cm/a)和现代印度洋(平均 1.80 cm/a)的洋脊扩张速率,但低于现代太平洋中脊的扩张速率(3.95 cm/a)。

表 2　估算的柴北缘晚奥陶世古洋盆扩张速率

时代	K_2O		Na_2O		θ		扩张速率/(cm/a)
	K_2O/%	平均值	Na_2O/%	平均值	θ	平均值	(据 K_2O 平均值)
O_3	0.30	0.17	3.02	3.67	40.01	41.16	2.5
	0.04		4.32		42.30		

表 3　估算的柴北缘晚奥陶世古洋盆宽度

时间间隔/Ma	20(O_3)
宽度/km	1 000

6.2　板块闭合速率与闭合的洋盆宽度估算

利用柴北缘古生代海相火山岩中的弧火山岩平均化学成分估算了柴北缘洋盆的闭合速率,平均为 6.0 cm/a(表 4),该闭合速率十分接近南安第斯的闭合速率(5.2 cm/a)。

表 4　柴北缘地区古板块估算闭合速率

时代	SiO_2/%	K_2O		Na_2O		θ		闭合速率/(cm/a)			
		K_2O/%	平均值	Na_2O/%	平均值	θ	平均值	据 K_2O	据 Na_2O	据 θ 值	平均值
O_3	57~61	0.24	0.60	6.20	5.60	38.64	40.78		2.4	8.1	6.0
		0.24		5.04		43.01					
		0.17		6.47		39.94					
		1.73		4.67		41.54					
	61~65	2.17	2.38	2.80	3.49	47.77	46.11	5.7	7.8		
		4.24		1.68		49.18					
		0.74		6.00		41.39					

由于柴达木北缘地区古生代海相火山岩发育时间较短,难以确切地认定俯冲作用起始时间,如果以 O_3 的 20 Ma 作为俯冲作用的时间间隔(Δt),那么俯冲作用造成的古洋盆闭合宽度应为

20 000 000(a)×6.0(cm/a) = 120 000 000(cm) = 1 200(km)

说明洋盆闭合宽度大于洋脊扩张形成的古洋盆宽度(约 1 000 km),这可能暗示柴达木北缘地区古生代晚期除洋盆已完全闭合外,还应有 200 km 的地壳缩短(?)。

6.3　柴达木北缘板块构造演化的岩石学模型

柴达木北缘蛇绿构造混杂岩带是柴达木陆块与祁连陆块的接合部位。奥陶纪晚期,柴达木北缘海盆逐渐闭合,洋壳自南向北下插到祁连陆块之下,至奥陶纪末期大洋闭合。

俯冲作用携带柴达木陆块继续下插,祁连陆块则自北向南逆冲到柴达木陆块之上,从而在柴达木北缘地区,自北向南形成了祁连超叠壳楔、柴达木北缘碰撞混杂岩带以及柴达木俯冲壳楔,并在南祁连地区分布有加里东晚期 γ_3^3 的 I 型花岗岩,表明加里东晚期南祁连为一活动大陆边缘(图 10)。

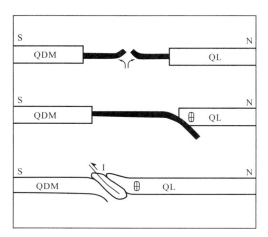

图 10　柴达木北缘板块构造演化示意图
QDM:柴达木陆块;QL:祁连陆块;1:柴达木北缘蛇绿构造混杂岩带

参考文献

[1] 邬介人,任秉琛,张莓,等.青海锡铁山块状硫化物矿床的类型及地质特征.中国地质科学院西安地质矿产研究所所刊,1987(20):1-30.

[2] Mullen E D.MnO/TiO$_2$/P$_2$O$_5$: A minor element discriminant for basaltic rocks of oceanic environments and its implications for petrogenesis. Earth & Planetary Science Letters,1983,27:53-62.

[3] Sugisaki R.Chemical characteristics of volcanic rocks:Relation to plate movements. Lithos,1976,9:17-30.

北祁连山岛弧型火山岩地球化学特征[①②]

赖绍聪　隆　平

摘要：火山岩系列及组合表明，晚元古至寒武纪期间，北祁连岛弧具有较低的成熟度，自 $O_1 \rightarrow O_2 \rightarrow O_3$ 岛弧火山岩具有成熟度连续升高的演化规律；中晚奥陶世，岛弧钾玄岩系列火山岩的出现，标志着北祁连岛弧达到较高的成熟度；奥陶纪晚期，北祁连洋盆已基本闭合；至早志留世，仅在局部地区还有弧火山活动，且以钙碱系列火山岩为主，其成因与残余洋盆的活动有关。

1　地质分布与岩石类型

岛弧火山岩在北祁连海相火山岩中占有较大的比例，具有广泛的分布范围，岩石类型多样，基性-中性-酸性岩均有，且时间跨度大。元古代（Pt_2）弧火山岩以基性火山岩为主体，代表一种成熟度较低的岛弧类型；中寒武统（ϵ_2）弧火山岩以中基性岩为主；奥陶系（$O_1 \rightarrow O_3$）火山岩在北祁连地区出露很广，除岛弧型火山岩外，还存在洋脊及洋岛型火山岩；早志留（S_1）是北祁连地区火山活动的衰退时期，仅沿北侧有零星而微弱的间歇性火山活动，弧火山岩仅见于甘肃南泥沟，以中性火山岩为主，以弧火山岩为特征，不发育洋脊型及洋岛型火山岩。北祁连洋盆至奥陶纪末期已基本关闭，因此，早志留弧火山岩代表一种残余洋盆弧火山活动。由此看来，北祁连地区至少具有两类弧火山岩：①扩张俯冲同步型弧火山岩；②俯冲同步型（无扩张作用）弧火山岩。

2　常量元素地球化学特征

根据 115 组化学分析资料（转引自夏林圻等，1991）[1]，北祁连岛弧火山岩主要为亚碱性系列火山岩，并可进一步区分为钙碱和拉斑 2 个火山岩系列（图 1）。钙碱系列火山岩富碱特点明显，而拉斑系列火山岩演化趋势不清晰，仅少数样品为岛弧钾玄岩系列火山岩。

与现代火山弧玄武岩（Lofgren，1981）[2]相比，北祁连基性弧火山岩具有以下岩石化学特点：① SiO_2 含量变化较大，介于 46% ～ 55%，最高可达 55.87%，平均为 50.61%，高于北祁连洋脊型玄武岩 SiO_2 含量平均值（47.97）[3]；② Al_2O_3 含量明显偏低，大多数变化在

① 原载于《西北大学学报》自然科学版，1996，26（5）。

② 国家自然科学基金及地质矿产部地学断面基金联合资助。

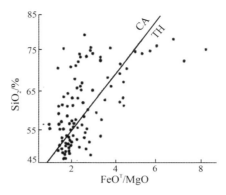

图1 北祁连岛弧火山岩 SiO_2-FeO^T/MgO 图解

12%~18%范围内,平均为 15.29%,低于现代火山弧玄武岩 Al_2O_3 含量的下限值,但高于北祁连洋脊型火山岩 Al_2O_3 含量平均值(13.86%);③TiO_2 含量变化大,大多低于 1.2%,最低为 0.26%,但少数样品可达 1.7% 或 2.71%,平均为 0.98%,与现代火山弧玄武岩接近;④K_2O 含量大多低于 1.5%,但明显高于北祁连洋脊型火山岩 K_2O 含量,前者 K_2O 含量平均为 0.63%,后者仅为 0.35%;⑤P_2O_5 含量低,大多低于 0.26%,而 Na_2O/K_2O 比值变化很大,这可能与细碧岩化作用有关。

北祁连岛弧火山岩中中性岩类(安山岩、角斑岩)具有以下岩石化学特征:①SiO_2 含量高,绝大多数样品>57%,按 Gill(1981)[4] 的划分,属高硅安山岩类,平均值为 61.51%;②K_2O 含量较低,按 K_2O-SiO_2 图解,大多数样品属低钾安山岩,部分位于中钾安山岩区,极少数落入高钾区内;③与现代岛弧安山岩类相比,本区中性岩类 Na_2O 含量明显偏高,而 CaO 含量显著偏低。这可能与北祁连岛弧火山岩所经受的细碧岩化蚀变作用和低级变质作用有关。

酸性岩类是北祁连岛弧火山岩的重要组成部分,其化学成分特点如下:①高硅、低钛,SiO_2 含量均>70%,最高可达 79%,平均为 74.09%,TiO_2 含量平均值仅为 0.26%。②富铝、贫钙,Al_2O_3 含量大多在 10%~13%范围内变化,平均为 12.30%;CaO 含量低,平均为 1.37%。③铁镁含量低,K_2O、Na_2O 含量变化大,尤其是 K_2O 含量变化大,大多以 Na_2O>K_2O 为主,这显然与蚀变过程中 Na_2O 的带入有一定关系。

北祁连岛弧火山岩 σ 指数变化不大,大多为 1~3,岩石具有共同的演化趋势,大致按 σ=1.8 的曲线方向演化,反映了北祁连主体岛弧火山岩具有同源的分异演化趋势。

3 稀土元素地球化学特征

3.1 基性岩类(细碧岩、玄武岩)稀土元素特征

基性岩类火山岩 $(La/Yb)_N$ 比值低,在 0.7~3 范围内变化;La/Sm 比值与 $(La/Yb)_N$ 比值类似,介于 1~3,说明岩石轻、重稀土分异不明显,轻稀土略有富集,但富集度不高。

与北祁连洋脊型及洋岛型火山岩比较,本区基性岛弧型火山岩 La/Sm 及(La/Yb)$_N$ 比值略高。从稀土元素配分图解(图 2a)中可以看出,配分曲线较为平直、斜率小。除面碱沟细碧岩略有负 Eu 异常外,其他地区细碧岩基本无 Eu 异常。

3.2 中性岩类(角斑岩、安山岩)稀土元素特征

北祁连中性岛弧火山岩(La/Yb)$_N$ 比值大多在 3~12 范围内变化,平均为 6.84,说明岩石存在明显的轻、重稀土分异,轻稀土中等富集。稀土元素配分曲线(图 2b)反映了同样的特征,具有中-强负 Eu 异常,说明岩石曾产生过一定程度的斜长石分离结晶。

3.3 酸性岩类(石英角斑岩)稀土元素特征

与中、基性岩类相比,酸性岩具有更强的负 Eu 异常和更为明显的轻、重稀土分异,轻稀土强烈富集。配分曲线(图 2c)中轻稀土部分较陡、负斜率大,而重稀土部分曲线较为平直。

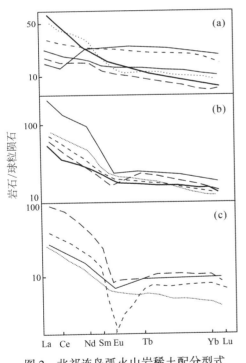

图 2 北祁连岛弧火山岩稀土配分型式
(a)基性岛弧火山岩;(b)中性岛弧火山岩;
(c)酸性岛弧火山岩

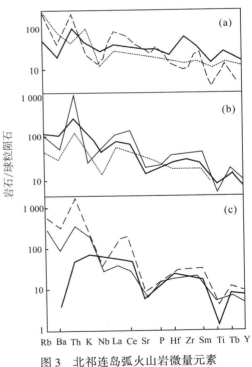

图 3 北祁连岛弧火山岩微量元素
球粒陨石标准化型式
(a)基性岛弧火山岩;(b)中性岛弧火山岩;
(c)酸性岛弧火山岩

从上述稀土元素特征可以看出,北祁连岛弧火山岩由基性→中性→酸性岩,稀土元素具有连续递进的演化规律,轻稀土富集度逐渐增高,Eu 亏损逐渐增强。这表明,北祁连岛弧火山岩可能具有同源性,是由共同的原生岩浆分异演化而成。

4   微量元素地球化学特征

（1）北祁连岛弧火山岩自基性向酸性演化，配分曲线由平缓型逐渐上升，成为右倾型式（图 3a～c）。

（2）有 Rb、Th、K 峰，但以 Th 峰最为明显，在大多数岩石中都具有 Rb、Th、K 的正异常，反映了钾族元素呈富集状态。同时，随着岩浆分异程度增大，由基性岩→中性岩→酸性岩，Rb、Th、K 的含量有增高的趋势，说明它们在分异过程中的不相容元素性质。

（3）有 Nb 谷。Nb 的负异常普遍存在，但随着岩浆分异程度增加，由基性→中性→酸性岩，Nb 谷的深度基本不变或变化不大。这说明，Nb 谷的存在可能在很大程度上继承了初始岩浆中微量元素的特点，而与岩浆分异作用关系不大。

（4）有 Ba、Sr 谷。在基性岩中 Ba、Sr 的负异常并不明显，而随着岩浆分异程度增大，Ba、Sr 谷逐渐加深，在酸性岩中 Ba、Sr 已呈强负异常，说明它们是在岩浆分异过程中形成的。

（5）有 Ti 谷，且随着岩浆分异 Ti 谷的深度逐渐加大。这可能与钛铁氧化物的分离结晶有关。

可见，北祁连岛弧火山岩以富集大离子半径元素和贫化高场强元素为特征。

5   构造背景的地球化学判别

在 lgτ-lgσ 图解（图 4）中，北祁连岛弧火山岩大多位于 b 区（造山带及岛弧火山岩区）。部分样品点落入 c 区。这可能有 2 种原因：①是由拉斑和钙碱系列火山岩分异演化派生的碱性火山岩类；②由于细碧岩化和变质作用过程中 Na$_2$O 的带入，造成投影点向 σ 增大的方向偏移。

北祁连岛弧火山岩在 TiO$_2$-10MnO$_2$-10P$_2$O$_5$ 图解（图 5）中均位于 IAT 和 CAB 区，说明该图解对于低度变质和经受过一定细碧岩化作用的变质火山岩仍然有一定的判别效果。

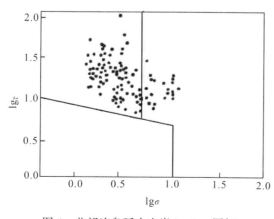

图 4   北祁连岛弧火山岩 lgτ-lgσ 图解

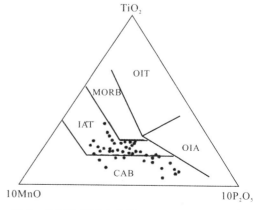

图 5   北祁连岛弧火山岩 TiO$_2$-MnO$_2$-P$_2$O$_5$ 图解

在 Hf-Th-Ta 图解(图 6)中,北祁连岛弧火山岩绝大多数投影点位于岛弧区内或十分接近 Th 角的位置,个别投影点进入 MORB 和 MORB+WPB 区内。

微量元素组合特征是反映火山岩形成构造背景的有效途径,北祁连岛弧火山岩微量元素 N 型 MORB 标准化分布型式(图 7)表明,曲线大多具有典型的岛弧火山岩的分布型式,可细分为 2 种类型:①以 Sr、K、Rb、Ba 和 Th 的较强富集并伴有 Ce、P 和 Sm 的低度富集为特征,代表钙碱系列岛弧火山岩的分布特征;②以 K、Rb、Ba、Th 的选择性富集,以及由 Ta 至 Yb 的低丰度值为特征。它们代表一套拉斑玄武质岛弧火山岩组合,从而说明北祁连岛弧火山岩以拉斑系列和钙碱系列为主。

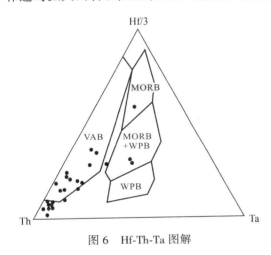

图 6　Hf-Th-Ta 图解

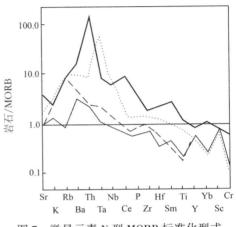

图 7　微量元素 N 型 MORB 标准化型式

6　北祁连岛弧钾玄岩系列火山岩

北祁连山石灰沟一带存在岛弧钾玄岩系列火山岩(夏林圻等,1991),它们位于火山岩层位的最上部,形成最晚,在整个火山岩系中所占比例不到 10%。除石灰沟外,在白银厂一带可能也存在少量钾玄岩(粗面玄武岩、橄榄玄粗岩等)。

北祁连岛弧钾玄岩系列火山岩具有以下特征:①全碱含量高,K_2O+Na_2O 含量均大于 5%,大多在 5.7%~9.0% 范围内,最高可达 11.6%;②K_2O/Na_2O 比值高,大多为 0.66~1.44;③TiO_2 含量低,均小于 1.04%;④Al_2O_3 含量高且变化大,在 13.6%~18% 范围内。岩石在 SiO_2-K_2O 图解(图 8)中均位于钾玄岩区内。

稀土元素以强烈富集轻稀土为特征,$(La/Yb)_N = 15.57~16.53$;$La/Sm = 6.89~8.72$。微量元素则以富集 Rb、Sr、Ba、K 等元素为特征。微量元素 N 型 MORB 标准化曲线具有典型的岛弧火山岩的分布型式,K、Rb、Ba、Th 强烈富集,而 Ce、P、Sm 等为中等富集。北祁连岛弧钾玄岩系列火山岩的出现是岛弧演化达到成熟阶段的重要标志。

7　北祁连岛弧的发展与演化

弧火山活动是洋壳板块俯冲的结果。随着俯冲作用的发生、发展与演化,岛弧将经

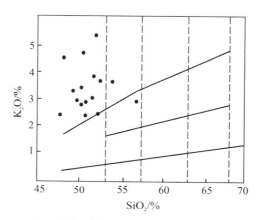

图 8　北祁连岛弧钾玄岩 SiO_2-K_2O 图解

历一个由不成熟→半成熟→成熟的演化过程。不成熟岛弧地壳是薄且铁镁质的,或者可以认为是一种大洋型地壳;而成熟岛弧的地壳则是厚且相对偏长英质的,可称为大陆型地壳;大陆边缘火山岩弧(如 Andes)常具有大陆型地壳,与成熟岛弧大陆型地壳类似或更厚。从这个角度来看,它们可以近似地看做成熟的岛弧或代表比成熟岛弧更高的演化阶段。

随着岛弧的产生与演化,火山岩逐渐堆积并达地壳厚度,火山岩的平均成分逐渐向长英质的和富钾方向演化,火山岩逐渐由以拉斑系列为主演化为以钙碱系列为主。随着岛弧的进一步演化,花岗质岩石开始产出,花岗质岩石与蛇绿质岩石含量的比例增加。同时,钙碱系列岩石/拉斑系列岩石的比例亦增加。当岛弧成熟度很高时蛇绿岩消失,而钙碱系列岩石/拉斑系列岩石比值接近 1 或更高,并可能出现高钾系列(钾玄岩)岩石。

因此,考察不同时期弧火山岩的岩石组合和系列变化,将是判别岛弧成熟度及其演化的重要途径。

(1)分布在青海熬油沟一带的元古代岛弧火山岩均为基性岩类,属拉斑系列火山岩,不具有明显的富铁趋势,代表一种建立在洋壳基础上成熟度很低的初始岛弧类型。

(2)北祁连寒武系岛弧火山岩可区分为 2 个系列:一是岛弧拉斑系列,在已有的分析数据中,它占的比例不高且富硅趋势不明显;二是岛弧钙碱系列,在 AFM 图上无富铁趋势,表现为单一的富碱趋势。总体而言,岩系中 SiO_2 含量介于 55% ~ 65% 的中性岩类占有较高比例,表明寒武系岛弧具有中等的成熟度,应属半成熟-成熟岛弧类型。

(3)奥陶系海相火山岩在北祁连地区分布最为广泛,自 O_1→O_2→O_3 岛弧火山岩具有连续的演化规律。中、晚奥陶系拉斑系列岛弧火山岩均具有较为明显的富硅趋势,SiO_2 与 FeO^T/MgO 同步增长。从岩石组合来看,早、中奥陶基性岩占有较大比例,晚奥陶中酸性岩占的比例较高。至中晚奥陶,石灰沟、白银厂一带出现岛弧钾玄岩系列火山岩,标志着北祁连岛弧已具有较高的成熟度,属成熟期岛弧类型。

(4)奥陶纪末期,北祁连洋盆已基本闭合,至早志留世,仅在局部地区还有弧火山活动,且以钙碱系列火山岩为主,其成因机制可能与残余洋盆的活动有关。

致谢 本文承蒙邓晋福、赵海玲教授精心指导,在此深表谢意。

参考文献

[1] 夏林圻,夏祖春,任有祥,等.祁连、秦岭山系海相火山岩.武汉:中国地质大学出版社,1991.

[2] Lofgren G E. Petrology and chemistry of terrestrial, Lunar and Meteoritic Basalts. In：Members of the Basaltic Volcanism Study Project. Basaltic Volcanism on the Terrestrial Planets. New York：Pergamon Press,1981.

[3] 赖绍聪,邓晋福,赵海玲.青藏高原北缘火山作用与构造演化.西安:陕西科学技术出版社,1996.

[4] Gill J B. Orogenic Andesites and Plate Tectonics. New York：Springer-Verlag,1981.

北祁连奥陶纪洋脊扩张速率及
古洋盆规模的岩石学约束①②

赖绍聪 邓晋福 赵海玲

摘要:北祁连奥陶纪期间为一多岛洋,由中间微陆块分隔的 3 个相对独立的洋盆联合组成。火山岩可区分为洋脊型、洋岛(海山)型及岛弧型 3 种主要的构造岩石组合类型。根据火山岩化学成分计算获得 3 个洋盆的扩张速率分别为 4. 45 cm/a,0. 75 cm/a 和 0. 8 cm/a;闭合速率分别为 4. 05 cm/a,3. 10 cm/a 和 4. 87 cm/a。奥陶纪末期,3 个洋盆相继闭合,形成下伏的中南祁连陆块-北祁连陆-陆碰撞构造混杂带-上叠的阿拉善陆块 3 个构造单元叠置的构造格局。

沿板块闭合(扩张)边缘分布的火山岩其化学成分与板块闭合(扩张)速率关系密切,岩浆成因、岩浆类型与板块运动存在着直接的联系[1]。追索洋盆打开与扩张→洋壳俯冲消减→碰撞造山的复杂历史及其动力学模型,无疑是一项十分困难而复杂的任务,主要是要较准确地识别大洋岩石组合、俯冲岩石组合与碰撞岩石组合及其空间配置关系。肖序常、王荃等[2-3]对祁连山地区洋脊玄武岩做过论证。夏林圻、夏祖春、任有祥、冯益民、邬介人等[4-8]对北祁连海相火山岩及其成矿作用进行过深入细致的岩石学、地球化学研究。夏林圻等[9]认为,北祁连是一个典型的活动大陆边缘沟-弧-盆体系。我们的野外地质调查表明:①北祁连奥陶纪海相火山岩是一套变质海相火山岩,经历过复杂的构造变动和多期韧(脆)性变形。②具有不同大地构造背景的火山岩块体可以在空间上紧密伴生;成熟度差异很大的弧火山岩出现在同一构造带中。③不同特征的火山岩块体常以构造滑动面为接触边界,形成不同特点火山岩构造块体的复杂组合。我们采用地质地球化学的方法识别洋脊、洋岛(海山)及岛弧等不同构造背景的火山岩组合,进而恢复古构造演化特征及北祁连陆-陆碰撞造山带的模式。

1 北祁连奥陶系海相火山岩岩石构造组合类型

1.1 北祁连洋脊型火山岩

北祁连山洋脊型火山岩主要发育在青海玉石沟一带,在苏优河、九个泉等地亦有分

① 原载于《矿物岩石》,1997,17(1)。
② 国家自然科学基金(49234080)及地质矿产部地学断面基金(8506201)联合资助。

布,其中以玉石沟地区发育最为完整、典型。北祁连山洋脊型火山岩主要是一套亚碱性火山岩,具特征的大洋拉斑(MORB)演化趋势,随着 MgO 含量降低,Fe_2O_3+FeO 含量迅速增加。主要元素具有高 TiO_2(1.2%～3.2%)、低 K_2O(0.07%～0.14%)、低 SiO_2(平均47.97%)含量的特点。具平坦型稀土配分型式,微量元素 Nb、Nd、Zr 及 Zr/Nb、Zr/Nd 比值与世界 MORB 平均值十分接近。

1.2 北祁连洋岛(海山)型火山岩

北祁连山洋岛(海山)型火山岩大多零星分布在北祁连山东段蛟龙掌–老虎山–民乐一线,北祁连西段见于玉石沟一带。大多以构造块体的形式分布于北祁连古生代蛇绿构造混杂岩带中,可区分为碱性和亚碱性 2 个系列。亚碱性玄武岩总体表现为拉斑演化趋势,但不同于岛弧拉斑玄武岩和洋脊拉斑玄武岩,以初始出现明显的富铁趋势、尔后逐渐转变为贫铁(富碱)趋势为特征,显示了一种过渡类型的拉斑玄武岩浆演化趋势。硅–碱关系及组合指数清楚地表明,北祁连洋岛(海山)型火山岩具有 2 种不同的演化特征:一种是随着 SiO_2 含量增高,K_2O+Na_2O 含量缓慢增加,代表了北祁连亚碱性拉斑系列洋岛(海山)火山岩主元素变化趋势;另一种表现为随着 SiO_2 含量增高,K_2O+Na_2O 含量迅速升高,代表了北祁连洋岛碱性玄武岩主元素演化特征。北祁连洋岛(海山)型火山岩稀土元素特征可分为 3 种类型:①以民乐和老虎山细碧岩为代表,$(La/Yb)_N$ 及 La/Sm 比值低,轻、重稀土分异不明显,$(La/Yb)_N$ 介于 1.0～1.5,La/Sm 比值介于 1.5～2.0,类似于大洋拉斑玄武岩稀土元素特征,它代表了北祁连亚碱性拉斑系列洋岛玄武岩的稀土元素分布类型。②以石灰沟白榴碱玄岩为代表,$(La/Yb)_N$ 介于 23～30,La/Sm 比值介于 6～7,轻、重稀土分异明显,轻稀土强烈富集,它代表了北祁连洋岛碱性玄武岩系列的稀土元素分布类型。③以大克岔辉石细碧玢岩为代表,$(La/Yb)_N$ 介于 3～4,La/Sm 比值约为 3,轻稀土弱富集,介于典型的洋岛拉斑玄武岩和洋岛碱性玄武岩之间。稀土元素配分型式同样反映了上述 3 种类型的稀土分布特征。民乐及老虎山细碧岩稀土配分曲线较为平直、斜率小,具有正 Eu 异常,表明在岩石结晶过程中没有显著的斜长石分离结晶。大克岔细碧玢岩具有右倾负斜率轻稀土富集型分布型式,但轻稀土富集度不高,Eu 为负异常;石灰沟白榴碱玄岩则具有较为典型的轻稀土强烈富集型分布型式,负 Eu 异常亦十分显著,说明岩浆在演化过程中存在明显的斜长石分离结晶作用。上述稀土元素特征表明,北祁连洋岛(海山)型火山岩稀土元素具有递进延续的演化规律,可能暗示了拉斑系列与碱性系列岩浆具有共同的岩浆来源,由于构造环境及物理化学条件的差异而使派生岩浆向不同的方向演化,从而形成 2 个不同系列的火山岩组合。

1.3 北祁连岛弧型火山岩

岛弧型火山岩在北祁连古生代海相火山岩、蛇绿构造混杂岩带中占有较大的比例,具有广泛的分布范围。岩石类型多样,从基性–中性–酸性岩均有,以亚碱性系列为主体。可进一步区分为钙碱系列和拉斑系列。其中,钙碱系列火山岩无富铁趋势,而富碱特点很明显,但拉斑系列演化趋势不清晰。与现代火山弧玄武岩相比,北祁连基性弧火山岩具有 SiO_2 含量变化大(46% ~ 55%)、Al_2O_3 含量偏低(平均 5.29%)、TiO_2 含量大多低于 1.2%、K_2O 含量大多低于 1.5% 的特点。北祁连中性岛弧火山岩属于高硅、高钠(可能受到细碧岩化作用的影响),低钾、低钙的岛弧型安山岩(角斑岩)类。酸性岩化学成分特点是:高硅(SiO_2 > 70%,平均 74.09%),低 TiO_2 (平均 0.26%);富 Al_2O_3 (平均 12.30%),贫 CaO (平均 1.37%);铁镁质量分数低,K_2O 、Na_2O 质量分数变化大的特点。稀土元素总体特征表现为,由基性→中性→酸性岩,轻稀土富集程度逐渐增高,Eu 亏损逐渐增强。微量元素 MORB 标准化型式反映了典型的岛弧火山岩分布型式。

2　火山作用与板块构造演化

奥陶系海相火山岩构成了北祁连山古生代海相火山岩的主体,在空间上具有较为明显的分布规律和配置关系。至南向北,近东西分布的奥陶系海相火山岩有逐渐变新的趋势。早奥陶洋脊及洋岛型火山岩大多集中分布在玉石沟-川刺沟-大克岔一带,并存在与其配套的早奥陶系弧火山岩组合,中晚奥陶世海相火山岩大多分布在祁连-门源-永登以北地区,并可大体分为 2 个带:①肃南-永登洋脊及洋岛型火山岩带以及配套的弧火山岩;②张掖-景泰洋脊及洋岛型火山岩带及其配套的弧火山岩。在上述 3 条火山岩带之间存在元古代(Pt)结晶基底构造块体(如牛心山、小草东、门源、干禅寺、小八宝、托勒牧场等地均有元古界北大河群变质基底构造岩块零星出露)。据此,尽管陆-陆碰撞造山作用使得北祁连山古生代海相火山岩空间配置发生了很大的变化,但总体分布格局和空间配置关系仍可识别。3 条洋脊(洋岛)型火山岩带代表了 3 个相互独立的扩张中脊,它们被元古代结晶基底所分隔,构成了奥陶系北祁连山 3 个相对独立的古洋盆。其中,玉石沟-大克岔洋盆的大洋扩张作用主要发生在早奥陶世(O_1);而肃南-永登洋盆和张掖-景泰洋盆的发育时间则主要是在中晚奥陶世(O_2 - O_3)。从而说明,祁连地区在奥陶纪时期可能为一多岛洋,其中存在一些元古代结晶基底的微陆块(图 1)。

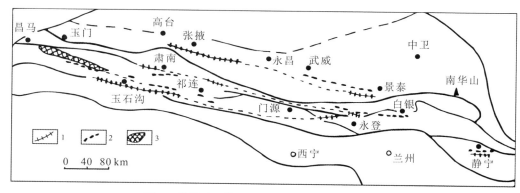

图 1　北祁连山构造分区及古洋盆体系示意图
1.扩张洋脊;2.岛弧;3.结晶基底(Pt)

3　古洋盆扩张速率及洋盆宽度的估算

Sugisaki[1]提出了火山岩的 K_2O、Na_2O、θ[$\theta=SiO_2-47(K_2O+Na_2O)/Al_2O_3$]与大洋扩张(闭合)速率之间的相关性图解。式中,SiO_2 为质量分数,Na_2O、K_2O、Al_2O_3 为分子数。从表1中可以看出,北祁连奥陶系古洋盆的扩张主要发生在早奥陶世(玉石沟-川刺沟-大克岔洋盆),扩张速率达 4.45 cm/a。该扩张速率与现代太平洋中脊扩张速率较接近(平均 3.95 cm/a),而远大于现代大西洋和印度洋的扩张速率。而中、晚奥陶世(肃南-永登洋和张掖-景泰洋)扩张速率明显降低,分别为 0.75 cm/a 和 0.80 cm/a。有了扩张速率后,只要有时间间隔,就可以估算出洋盆扩张的宽度。设定玉石沟-大克岔洋盆的主要扩张时间为早奥陶,而肃南-永登洋和张掖-景泰洋主要扩张时间为中晚奥陶世(O_2-O_3),则估算的洋盆宽度见表2。

表1　估算的北祁连奥陶系古洋盆扩张速率

分　区	时代	K_2O/% (平均值)	Na_2O/% (平均值)	θ (平均值)	扩张速率/(cm/a) (据 K_2O 平均值)
玉石沟-大克岔洋盆	O_1	0.11	4.04	25.95	4.45
肃南-永登洋盆	O_{2-3}	0.95	3.69	26.40	0.75
张掖-景泰洋盆	O_{2-3}	0.81	2.91	26.77	0.80

表2　估算的北祁连奥陶系古洋盆宽度

分　区	玉石沟-大克岔洋	肃南-永登洋	张掖-景泰洋
时间间隔 Δt/Ma	27(O_1)	40(O_{2-3})	40(O_{2-3})
宽度/km	2 403	600	640

4　板块闭合速率与闭合的洋盆宽度估算

据 Sugisaki[1]方法求得的北祁连3个洋盆的闭合速率(表3)与北祁连各洋盆闭合速率较接近(3~4.87 cm/a),与伊朗闭合速率类似。需要指出的是,当大洋板块发生俯冲作用时,洋盆逐渐缩小直至闭合。从现代板块活动来看,俯冲作用时,洋脊的扩张仍在进行。因此,洋盆的纯缩小将是由俯冲引起的洋盆缩小的宽度减去同一时间内洋脊扩张的宽度(表4)。从表中可以看到,玉石沟-大克岔洋盆早奥陶世的扩张宽度大于闭合宽度,说明该洋盆一直延续到中晚奥陶才会完全闭合。肃南-永登洋和张掖-景泰洋在中晚奥陶世的闭合宽度均大于洋脊扩张宽度,说明晚奥陶世洋盆应已闭合,而且可能伴随有"地壳缩短"——碰撞造山作用的发生。

5　北祁连地区板块构造演化的岩石学模型

综合上述分析,我们将北祁连地区奥陶纪板块构造演化过程概略地表示在图2中。

表3 奥陶系洋盆闭合速率

分 区	K₂O/%（平均值）	Na₂O/%（平均值）	θ（平均值）	闭合速率/（cm/a）			
				据 K₂O	据 Na₂O	据 θ	平均值
玉石沟-大克岔洋	0.73	4.17	28.67	5.23	3.00	3.92	4.05
肃南-永登洋	0.84	5.10	24.35	3.55	2.40	3.35	3.10
张掖-景泰洋	0.50	4.74	31.15	5.61	4.31	4.69	4.87

表4 估算的洋盆闭合宽度

分 区	时间间隔 Δt/Ma	俯冲导致的闭合宽度/km	俯冲期的扩张宽度/km	纯闭合宽度/km
玉石沟-大克岔洋	27（O₁）	1 094	2 403	−1 309
肃南-永登洋	40（O₂₋₃）	1 240	600	640
张掖-景泰洋	40（O₂₋₃）	1 948	640	1 308

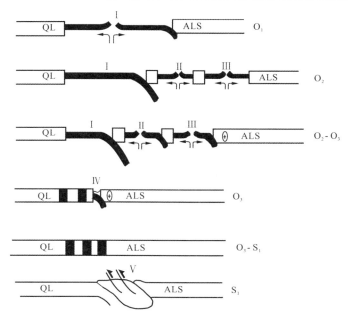

图2 北祁连地区板块构造演化岩石学模型

QL:中南祁连陆块;ALS:阿拉善。Ⅰ.玉石沟-大克岔洋;Ⅱ.肃南-永登洋;
Ⅲ.张掖-景泰洋;Ⅳ.残余洋盆;Ⅴ.北祁连陆-陆碰撞造山带

（1）早奥陶世以大洋扩张为主的阶段。玉石沟-大克岔首先发育洋盆,其扩张速率较大,洋盆宽度亦较大。

（2）中-晚奥陶世,北祁连多岛洋格局形成,以微陆块分隔的3个洋盆均已成形,但北部的肃南-永登洋和张掖-景泰洋规模相对较小,大洋扩张速率亦不大。在此期间,玉石沟-大克岔洋盆已开始闭合。

（3）奥陶纪末期（以大洋俯冲闭合为主的阶段）玉石沟-大克岔洋、肃南-永登洋和张掖-景泰洋相继闭合。

（4）早志留世初期,北部地区局部（如武威南泥沟）尚存在残余洋盆的活动,阿拉善南缘可能还有大陆边缘弧形的岩浆（花岗岩）活动。但北祁连主体已进入"地壳缩短"的陆-陆碰撞造山阶段,形成下伏的中南祁连陆块-北祁连陆-陆碰撞构造混杂带-上叠的阿拉善陆块的三单元大地构造格局。

参考文献

[1] Sugisaki R. Chemical characteristics of volcanic rocks：Relation to plate movement. Lithos,1976(9)：17-30.

[2] 肖序常,陈国铭,朱志直.祁连山古蛇绿岩带的地质构造意义.地质学报,1978(4):281-295.

[3] 王荃,刘雪亚.我国西部祁连山区的古海洋地壳及其大地构造意义.地质科学,1976(1):42-54.

[4] 夏林圻,夏祖春,徐学义.北祁连山构造-火山岩浆演化动力学.西北地质科学,1995(16):1-28.

[5] 夏祖春,夏林圻,徐学义.北祁连山元古代末-寒武纪海相火山作用与成矿作用关系.西北地质科学,1995(16):29-37.

[6] 任有祥,彭礼贵,李智佩,等.白银矿田折腰山大型古火山口及其在成矿作用中的地位.西北地质科学,1995(16):38-49.

[7] 冯益民,何世平.祁连山及其邻区大地构造基本特征:兼论早古生代海相火山岩的成因环境.西北地质科学,1995(16):92-103.

[8] 邬介人,于浦生,黄玉春.北祁连清水沟-白柳沟地区铜、多金属成矿地质条件分析.西北地质科学,1995(16):50-68.

[9] 夏林圻,夏祖春,任有祥,等.祁连-秦岭山系海相火山岩.武汉:中国地质大学出版社,1991.

聚敛型板块边缘岩浆作用及其相关沉积盆地[①②]

赖绍聪　钟建华

摘要:概括性地介绍了聚敛型板块边缘大地构造环境中的岩浆活动及其所形成的火成岩岩石-构造组合类型,并以此为线索,将板块构造、岩石圈运动与沉积盆地的形成有机地结合起来,简要地分析和介绍了聚敛型板块边缘的主要沉积盆地类型及其沉降机理。指出盆地形成是板块构造、岩石圈运动在地壳浅部的一种表现形式,岩石圈板块运动直接受深部作用过程的制约,火山喷发或侵入是上地幔、深部地壳对流在地表或浅部地壳的表现。因此,对火成岩岩石组合或系列的研究,将为沉积盆地的形成与演化提出重要的深部动力学约束。

随着板块学说的建立,岩浆成因和火成岩成分变化规律被赋予了全新的地质构造含义。不同火成岩岩石系列与全球构造的关系引起了地学界的广泛重视。目前,人们已经识别出地球上有 3 种主要的岩浆系列,即拉斑玄武质、钙碱质及碱质系列,每个系列都由侵位于地壳中或喷出于其上的一组紧密相关的岩浆岩石组合组成。当用板块构造理论考虑问题时,人们进一步认识到,这 3 种岩浆系列以及火成岩石的共生组合有着完全不同的分布特点。Ringwood (1969)[1] 提出了按板块构造环境进行岩浆分类的意见。Dikinson(1971)[2]首次提出"岩石构造组合"的概念。Condie(1989)[3]按照板块构造模式将岩石构造组合的概念系统化,讨论了其成因,并提出其生成环境可分为板块边缘和板块内部两大类。80 年代以来,把火成岩岩石学与大地构造学密切结合的研究有了更大的发展,人们系统地总结了不同的岩浆系列以及板内、边缘盆地、岛弧等各种构造环境的岩浆作用、火成岩组合以及岩浆成因机制,从而使得火成岩大地构造学作为一门新的地质学科且日趋完善。沉积盆地的形成与发育与板块构造的演化有着十分密切的关系。当把各种类型的沉积盆地纳入板块构造范畴内时,则可将这些沉积盆地归结为 4 类(表 1)。本文将简要介绍聚敛型板块边缘岩浆作用特点及与聚敛型板块边缘相关的沉积盆地。

1　俯冲带岩浆活动及与俯冲带有关的沉积盆地

1.1　俯冲带岩浆活动及其火成岩组合

俯冲带的岩浆活动主要发生在岩浆弧的范围内,距海沟轴约 150~300 km,平行于海

① 原载于《地学前缘》,1998,5(增刊)。
② 陕西省教委专项科研基金(PJ96220)资助。

表 1　按板块构造环境的沉积盆地分类及其相关岩浆系列

内容	板块内部				离散边缘（大洋脊）	汇聚边缘（俯冲带）	转换带
	大洋	大陆					
		裂谷系	克拉通区	碰撞带			
主要盆地类型	大型大洋盆地	陆内裂谷盆地 陆间裂谷盆地 坳拉谷盆地 大陆边缘裂谷盆地	克拉通盆地 褶皱带盆地 （山间盆地，山前盆地，小型断陷盆地）	边缘前陆盆地 残留洋盆地	洋中脊中轴裂谷盆地	海沟盆地 弧前盆地 弧内盆地 弧间盆地 弧后盆地 （边缘海盆地）弧后前陆盆地	横向地堑 转换挤压盆地 转换拉张盆地
主要岩浆	拉斑玄武岩 碱性岩 （孤立洋岛，火山岛链，海山，海底高原）	双峰火山杂岩 拉斑玄武岩 碱性岩	金伯利岩 碱性岩 （高钾岩系）高原溢流玄武岩 火成碳酸盐	碱性岩 钙碱质岩系	拉斑玄武岩 （低钾）	岛弧拉斑玄武岩 钙碱质岩系 碱性岩 （钾玄岩系）	拉斑玄武岩 （低钾）碱性岩 双峰式(？)

沟呈弧形展布。主要岩石系列有岛弧拉斑玄武岩系列、钙碱系列、岛弧碱性系列（或钾玄岩系列），以及它们之间的过渡类型。岛弧火山岩以高 K_2O、Al_2O_3，低 TiO_2 含量为特征，不同于其他环境下形成的火山岩。岛弧拉斑系列火山岩主要有拉斑玄武岩、安山岩和少量英安岩。它与洋脊拉斑系列的主要区别是：氧化物成分变化范围较宽，铁镁含量比较高，SiO_2 含量较高（53%），K、Rb、Sr、Ba 含量较高，Ni、Cr 含量低，稀土丰度偏低，$^{87}Sr/^{86}Sr$ 较高（0.703 5～0.706 0）。钙碱系列主要有安山岩、英安岩、高铝玄武岩、流纹岩等。与岛弧拉斑系列相比，很少有铁的富集，SiO_2 含量较高（59%），明显地富集大离子亲石元素，略微富集轻稀土元素，$^{87}Sr/^{86}Sr$ 略高（低钾组 0.703～0.707；高钾组 0.704～0.710），并随着 SiO_2 含量增加，K_2O 含量增长较快[4]。岛弧碱性系列火山岩以钾玄岩组合为代表。它是成熟岛弧的代表性岩石组合，主要特征为[5]：玄武岩硅近饱和，很少出现标准矿物 Ne 和 Q。低铁富集，含碱量高（$Na_2O+K_2O>5\%$）。K_2O/Na_2O 比值高，当 SiO_2 含量约为 50% 时，>6；当 SiO_2 含量约为 55% 时，>1.0。在 SiO_2-K_2O 图解中，低 SiO_2 部分有陡的正倾（当 SiO_2=45%～57% 时，斜率<0.5；当 $SiO_2 \geqslant 57\%$ 时，斜率为 0 或负值）。富集 P、Rb、Sr、Ba、Pb 和轻稀土（与 K 的富集吻合），低 TiO_2 含量（<1.3%）；Al_2O_3 含量高且变化大（14%～19%），Fe_2O_3/FeO 比值高（>0.5）。

　　岛弧火山岩以爆发相为特征，火山碎屑物质体积可占整个火山岩体积的 80% 以上，而洋中脊和大洋岛则要低得多。另外，由火山岩屑、侵入岩屑及变质岩屑构成的砂岩、泥岩经常与火山岩互层，这种互层系是识别岛弧火山岩系的重要标志之一。俯冲带的岩浆岩，自海沟向大陆方向常具明显的水平分带性。一般均随着与海沟轴距离增加，依次分布为拉斑系列、钙碱系列和碱性系列。这种随着与海沟轴的距离和俯冲带深度的增加，火山岩成分有规律的变化叫作成分的极性，它可指示俯冲带倾斜的方向（图 1）。在火山岩成分极性中,最有指示意义的是当 SiO_2 含量一定时,K_2O 含量随着俯冲带深度(h)增大而增加,K-h 成线性正相关关系。当 SiO_2 含量为 60% 时,这种关系可表示为[3]

$$h = 89.3K_2O - 43$$

式中,K_2O 为质量分数,h 的单位为 km。据此式可估算火山岩对应的俯冲带深度。计算得到拉斑系列对应的俯冲带深度 < 150 km,碱性系列 > 200 km。

岛弧火山岩成分变化与地壳厚度的变化亦有对应关系。据统计,当 SiO_2 含量固定时,安山岩的 K_2O 质量分数与地壳厚度(c)成正比。当 SiO_2 含量为 60% 时,K-c 关系可表示为[3]

$$c = 18.2K_2O + 0.45$$

式中,K_2O 为质量分数,c 的单位为 km。据此得出各系列对应的地壳厚度是:拉斑系列 < 20 km,钙碱系列为 20~30 km,碱性系列 > 25 km。

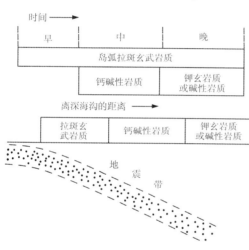

图 1 俯冲带火山岩系列的成分极性:
空间和时间分布
据 Wilson(1989)

不同俯冲带闭合速率的差异将引起火山岩成分产生变化,闭合速率越慢火山岩愈偏碱性。一般情况下,闭合速率为 8~9 cm/a 的高速组,主要为拉斑或拉斑+钙碱系列;闭合速率为 3~6 cm/a 的中速组,主要为钙碱或拉斑+钙碱系列;闭合速率 < 2 cm/a 的低速组,则以出现更多的碱性系列或以碱性系列为主[6]。

岛弧火山活动是洋壳板块俯冲作用的结果。随着俯冲作用的发生、发展与演化,岛弧将经历一个不成熟-半成熟-成熟的演化过程。

不成熟岛弧地壳是薄且铁镁质的,或者可以认为是一种大洋型地壳;而成熟岛弧的地壳则是厚且相对偏长英质的,可称为大陆型地壳。大陆边缘火山岩弧(如 Andes)常具有大陆型地壳,与成熟岛弧大陆型地壳类似或更厚。从这个角度来说,它们可以近似地看作成熟岛弧或代表比成熟岛弧更高的演化阶段[7]。

随着岛弧的产生与演化,火山岩逐渐堆积并达到地壳厚度,火山岩的平均成分逐渐向长英质和富钾方向演化,火山岩逐渐由以拉斑系列为主演化为以钙碱系列为主。随着岛弧的进一步演化,花岗质岩石开始产出,花岗质岩石与蛇绿质岩石的比例增加。同时,w(钙碱系列岩石)/w(拉斑系列岩石)比值增大。当岛弧成熟度很高时,蛇绿岩消失,而 w(钙碱系列岩石)/w(拉斑系列岩石)比值接近于 1 或更高,并可能出现高钾系列(钾玄岩)岩石。

根据俯冲带(岛弧区)岩浆活动构造环境及岩浆成因差异,可将其进一步划分为 3 种主要的亚类:洋内岛弧环境、活动大陆边缘(边缘弧)及弧后盆地(边缘海盆地)。

1.1.1 洋内岛弧环境

洋内岛弧是指大洋岩石圈板块俯冲到另一洋壳板块之下形成的火山岛弧或岛链,它常常被弧后次级海底扩张形成的边缘海盆所分隔(图2)。当洋壳板块俯冲时,其上层的海洋沉积物常在弧前区形成一个增生楔。通常认为,洋内岛弧环境的玄武质岩浆活动主要与俯冲板片之上的地幔楔形区的部分熔融有关。

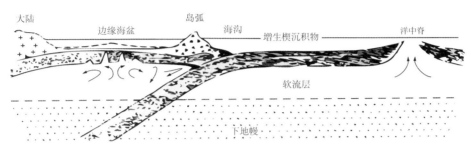

图2 洋内岛弧和边缘海盆
据 Wilson(1989)

当俯冲洋壳进入80(或70)~100 km 深处后,洋壳中角闪岩大量脱水转变为石英榴辉岩,水进入地幔楔引起带水的部分熔融,产生含水橄榄拉斑玄武岩浆,它在上升过程中分异出橄榄石、铬尖晶石,结果派生出岛弧拉斑系列的主要岩石类型——玄武安山岩(SiO_2 含量为53%)。显然,这种岩浆与洋脊拉斑玄武岩浆相似,在很大程度上都是由于地幔橄榄岩熔融产生的,因而具有相似的稀土分布型式。但是,岛弧拉斑玄武岩浆的熔融是在含水条件下发生的,而与洋脊之下基本在无水条件下发生的熔融不同,因而两者的元素含量亦有区别。岛弧拉斑玄武岩的 SiO_2 含量和 Fe/Mg 比值较高,Cr、Ni 含量较低,可以用低中压含水条件下具铬尖晶石包裹体的橄榄石的充分分解来解释。由于较易进入角闪石的 K、Rb、Ba、Sr 等元素,在角闪石脱水后不易进入固相的石榴石、单斜辉石中,因而随水带入地幔楔,使在产生的岩浆中其含量高于洋脊拉斑玄武岩。至于岛弧拉斑玄武岩比洋脊拉斑玄武岩的 Ti、Y、Hf 和 Zr 含量低,则与榍石可能是在高压含水条件下地幔或消亡洋壳熔融后的一种残余矿物有关,榍石富 Ti 且易于吸收 Y、Hf 和 Zr 及稀土元素。另外,在<80 km 深处,俯冲洋壳本身的熔融亦可直接产生岛弧拉斑玄武岩岩浆。

1.1.2 活动大陆边缘

活动大陆边缘岩浆活动主要是指大陆边缘弧火山活动,与洋内岛弧环境不同的是,仰冲在俯冲洋壳之上的不是洋壳板块,而是大陆岩石圈板块。

陆缘弧岩浆活动以钙碱质系列火山岩为主导,安山岩是其主要的岩石类型。岛弧地带安山岩的形成一般都要经历复杂的变异作用过程,包括不同源岩形成的熔浆的相互混合,含 H_2O 液体对上覆地幔的作用,相对富 SiO_2(与地幔橄榄岩相比)的熔浆与地幔橄榄岩的反应,在深处形成的富含 H_2O 的岩浆在上升过程中不可避免的结晶分离作用,以及岩浆与地壳岩石的相互作用等[8]。

安山岩岩浆可能直接导源于俯冲的大洋壳。当洋壳下降到 > 100 km 后,玄武岩–辉长岩转变为石英榴辉岩,石英榴辉岩局部熔融形成原生的 SiO_2 中等含量的熔浆,从 100~150 km 的俯冲带上升的这种 SiO_2 中等含量的含水的熔浆进入消减带上面的地幔楔形区。这种熔浆在这样的深度与地幔橄榄岩是不能平衡共存的,亦即与 Ol 是不能平衡共存的,因此与 Ol 发生反应形成辉石(Ol+富 SiO_2 液体——Py),使橄榄岩转变为辉石岩。由于新形成的辉石岩的比重小于上覆地幔橄榄岩以及其中隙间液体的存在,使辉石岩具有很大的活动性,它从消减带以"底辟"方式上升。含水辉石岩底辟岩块在上升过程中开始发生熔融,类似从上升的地幔橄榄岩底辟岩块中形成玄武岩岩浆的模式。在 > 100 km 深处,辉石岩可能是含 Ga 的,在较浅处 Ga 不稳定,其组分进入辉石固熔体中。对于从 100~150 km 深处消减带上升的含水辉石岩底辟岩块来说,如果在 100~60 km 内发生局部熔融,熔浆的分离形成均一的独立岩浆,则具 Ol 拉斑玄武岩–Q 拉斑玄武岩组成;如果在 60~40 km 内发生局部熔浆分离,则形成玄武–安山岩岩浆;如果在 40~20 km 内局部熔浆从上升的底辟岩块中分离出去,则形成安山岩岩浆[9-10]。

1.1.3　弧后盆地(边缘海盆)

弧后(边缘)盆地是半封闭的盆地,或处在岛弧体系之间的一系列小海盆。一般认为它们是弧后区次级海底扩张的产物(图3)。

边缘海盆可能有多种成因,但至少其中某些海盆具有的性质所表明的成因类似在扩张洋脊处形成大洋岩石圈那样的作用过程。从这些海盆中获取的拉斑玄武岩类岩石岩石学和地球化学资料,在常量元素和微量元素、同位素比值方面及模式和标准成分方面都类似洋脊的拉斑玄武岩类。其化学性质多半可归因于低压下的分离结晶作用。它们在成分上的变化范围与 MORB 部分一致。最可能的成因是橄榄质地幔的分离熔融和在缓慢扩张(半速率 1~2 cm/a)岩石圈中的侵位,未必是俯冲洋壳的熔融,也未必会和岛弧拉斑玄武岩有亲缘关系。推测边缘海盆玄武岩化学上的微小变化是受到熔融分

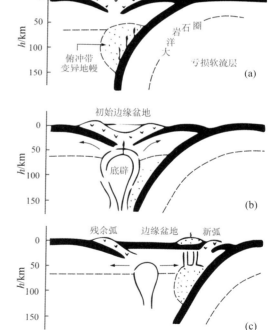

图 3　弧后(边缘海)盆地发育示意图
(a)正常岛弧岩浆作用;(b)岩浆作用和底劈体部分熔融导致边缘盆地雏形的形成;(c)边缘盆地的发展使岛弧破裂。
据 Wilson(1989)

离的深度、地幔熔融的范围或随后分离结晶的范围所控制的。一般来说,这些玄武岩的演化有点像 MORB,化学上的变化范围可能与海盆下温度梯度的差异有关。边缘海盆作

为地幔分离熔融产生新洋壳的所在地而具有明显的重要性。对于弄清楚造山带的演化和弄清楚常被认作洋壳碎块的蛇绿岩的成因,它们同样重要[11]。

弧后扩张中心玄武岩地球化学特征的变化取决于几个不同的因素,包括部分熔融程度、$p(H_2O)$、$p(O_2)$、地幔源区的均一程度以及岩浆房中高位结晶分异的程度。另外,俯冲板块中派生的流体相可能是另一重要因素[12]。就主元素而言,大部分弧后盆地玄武岩与富集型 MORB 类似。而痕量元素地球化学特征变化更为复杂,既具 MORB 的特征,同时又显示了一定岛弧玄武岩的特征。这一现象表明,受俯冲影响的部分地幔组分可能卷入了弧后盆地扩张中心玄武岩岩浆的形成过程中,从而使这类玄武岩带有岛弧拉斑玄武岩的烙印。在弧后盆地拉张初期,俯冲中派生流体相对岩浆形成的影响最为显著,随着盆地的拉开其影响逐渐减弱。弧后区源区组分可能既包括亏损及富橄榄岩的大洋岩石圈,又包含相对富二辉橄榄岩底辟上升的岩石圈地幔[13]。

1.2 与俯冲带有关的沉积盆地

俯冲带具有较为复杂的构造特征,与其有关的沉积盆地主要包括海沟盆地、弧前盆地、弧间盆地和弧后(边缘海)盆地(图4)。

(1)海沟盆地。海沟盆地是大洋板块俯冲下插、岩石圈弯曲下降到弧沟系之下的结果。俯冲板块的下弯和沉降是其主要形成机制。这个以大洋壳为基底的地形深渊中并无显著的岩浆活动,海沟盆地内的火成岩主要为消减洋壳中的变质拉斑玄武岩、辉长岩、橄榄岩,以及部分岛弧拉斑和岛弧钙碱系列岩石,它们以构造岩块的形式混杂堆积在俯冲杂岩之中。

(2)弧前盆地。弧前盆地发生在弧–沟间隙区内,即海沟轴与岩浆弧之间的地段。弧前盆地的基底有的是陆壳或大陆性过渡壳,有的是因俯冲增生而圈闭的残留洋壳,或直接跨覆在岩浆弧与俯冲杂岩或

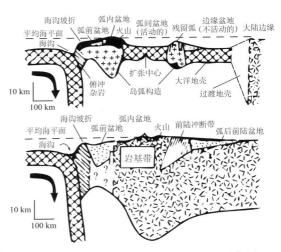

图 4 洋内岛弧与陆缘弧体系沉积盆地示意图
据 Dikinson(1979)

岩浆弧、残留洋壳与俯冲杂岩之上。俯冲引起的地幔冷却和俯冲剥蚀以及沉积负载均衡下降,是弧前盆地沉降的主要原因。弧前盆地底部常见大洋拉斑或岛弧拉斑玄武岩以及深成辉长岩,盆地内侧因岩浆弧的火山活动可能出现岛弧拉斑或钙碱质熔岩流,以及火山碎屑岩、凝灰岩,它们与盆地中的沉积岩系成指状交互穿插。

(3)弧内盆地。弧内盆地通常平行于弧的走向延伸,是以断层为界的张裂盆地,基底为过渡壳或陆壳,它的形成可能与深部岩浆上升使弧地壳隆起产生的拉张构造有关,也可能同火山和构造原因的局部沉降有关,还可能同初期弧间盆地发育有关。由于岩浆弧

地壳深处的扩张作用,使得弧间盆地内的岩浆活动类似于双峰式(?)火山岩系,以玄武岩-流纹安山岩套为特征,其岩浆成分较岛弧岩浆更偏酸性和碱性且更富于爆发性。

(4)弧间盆地。位于岩浆弧与残弧之间的弧间盆地,被认为是由弧内扩张作用从弧内盆地演变而来。而残弧就是从岩浆弧分裂出去的残留地质体。这种拉张作用,既可使洋内弧分裂,亦可使陆缘弧分裂。由于弧间盆普遍进行着海底扩张,因而其岩浆活动与弧后盆地有类似之处,深海钻探表明弧间盆地中常见玄武岩枕状岩流,其成分大多类似洋脊拉斑玄武岩,它们与海底扩张有关。然而,与弧后盆地不同的是,部分玄武岩具有岛弧系列玄武岩的成分特征,从而表明弧间盆地具有 2 种不同类型的岩浆活动。

(5)弧后(边缘海)盆地。边缘海盆位于大陆与岛弧或残弧之间,以略厚(<20 km)的大洋型地壳基底为特征。位于大陆与岛弧之间的边缘海盆,可能因陆缘岩浆弧分离而形成,与弧间盆地在本质上没有多大区别。部分边缘海盆是由陆缘弧或大陆边缘地壳裂陷扩张形成的,其演化过程与裂谷带的演化类似。弧后盆地的形成可能归结于俯冲大洋岩石圈板片顶面摩擦生热,使地幔克服黏滞阻力而浮升,产生大量热的低密度异常地幔或岩浆以底辟方式上升,引起地表迅速拉张,而高热流导致弧后地壳扩张[10]。另外,洋脊随俯冲板片潜没到弧后区以及俯冲引起的弧后拉张应力状态亦可能是边缘海盆形成的重要原因。弧后盆地的岩浆作用以类似洋中脊的低钾拉斑玄武岩系为典型特征,它们是由于橄榄质地幔分离熔融和在缓慢扩张岩石圈中侵位的结果。

(6)弧后前陆盆地。弧后前陆盆地位于陆缘山弧或陆缘岛弧后侧紧邻的大陆板块周围地带,基底全部为陆壳。这个盆地对于岩浆弧而言为弧后盆地,对于大陆板块内部而言是前陆盆地。弧后前陆盆地与边缘海盆地的区别不仅表现在基底地壳的不同,还表现在盆地边缘的弧侧有与弧平行并向弧后(向大陆)逆冲的褶皱冲断带存在,因此盆地内的应力状态通常是挤压的或中性的。盆地的沉降作用,部分是大陆板块边缘沿陆内俯冲带进入岩浆弧下引起岩石圈挠折的反应,部分是褶皱冲断岩片的构造负载引起均衡沉降的结果。钙碱性安山岩、碱性岩系以及高钾质陆缘弧后岩浆活动产物乃是弧后前陆盆地中主要的火成岩组合类型。

2 碰撞带岩浆活动及与碰撞带有关的沉积盆地

2.1 碰撞带岩浆活动及其火成岩组合

俯冲作用进一步发展,必定导致岛弧与大陆或大陆与大陆的碰撞并形成缝合带或碰撞造山带。沉积盆地经过陆内裂谷—陆间裂谷—大洋扩张和大洋裂谷—边缘裂谷—大洋盆地—俯冲作用导致大洋消减和弧沟系的形成—直到碰撞产生缝合带和残留洋盆,构成一个完整的威尔逊旋回。

碰撞带以不同的火成岩组合、相对复杂的岩石类型为特征。与陆-陆碰撞带有关的岩浆作用可以分为 4 个阶段,每个阶段都包括一个特征的源区:①碰撞期前。来源于碰撞以前的火山弧,仍属弧火山活动类型。②同碰撞期。在地壳增厚时期内导致含白云母花岗岩的侵位。在地壳仰冲作用期间,从湿的沉积楔排出的挥发分能够渗透到上浮的热的冲掩岩片中而引起深熔。地壳熔融的结果使 Rb、F 和 B(可能还有 Ta)发生富集,这些元素在挥发相中被迁移;而 REE、Zr 和 Hf 这些元素是亏损的,它们被集中在熔融的残余物中。冲掩岩片底部的温度取决于碰撞前热流量、冲掩岩片厚度和剪切热。同碰撞花岗岩的发育程度受碰撞期间地壳加厚的程度控制。③碰撞晚期到碰撞期后。形成在微量元素特征上与火山弧岩浆作用相似的钙碱性岩套。像火山弧岩浆一样,它们被认为是由俯冲的大洋岩石圈上面富 LILE 的地幔楔形成的,但有可能与下部地壳的熔融体混染而受到改变。地壳熔融可以由下地壳热释放和上地幔绝热减压或者碰撞期后次要俯冲而产生的幔源岩浆造成。④碰撞期后。以碱性岩为特征,碱性岩浆作用具有板内地球化学特性并可能发育在没有被俯冲作用水化的任何被切割的地幔区。上地幔熔融可能由绝热减压引起,接着是地壳增厚和侵蚀。它也可能由碰撞期后的像海西造山带的裂谷构造或像阿拉伯盾的走滑断层作用所引起。如果岩石圈构造允许适量的地幔挥发分释放或岩浆进入地壳,那么,实际上碰撞期后岩浆作用能发育在碰撞事件的任何阶段。

　　岛弧与大陆的碰撞发生在岛弧与被动陆缘之间,被动陆缘的前导洋壳在岛弧之下俯冲,当洋壳完全消失时,大陆因质轻而不能俯冲,于是大陆与岛弧碰撞缝合在一起。它与陆-陆碰撞不同的是,蛇绿岩、蓝片岩、混杂堆积等俯冲组合位于陆侧与洋侧的岩浆弧之间;主要的逆冲断层都是向洋侧倾斜、向陆逆冲的。

2.2　与碰撞带有关的沉积盆地

　　(1)边缘前陆盆地。边缘前陆盆地位于毗邻主缝合线的褶皱冲断带与大陆之间的大陆基底之上并平行于缝合带延伸,大体同地槽术语中的边缘坳陷类似。该盆地可能是在地壳碰撞的渐进发展过程中,由于大陆块周边的部分俯冲作用使大陆岩石圈下弯而形成,因此初期的边缘前陆盆地是同造山的。随着这种俯冲过程被地壳碰撞所制止,这个盆地将同整个造山带一起上升,而褶皱冲断带的构造负载以及沉积负载又使盆地相对于造山带继续沉降,接受造山后的沉积。

　　(2)残留洋盆地。陆块之间的缝合带的形成通常不是同时而是跨时的。因为,只有当彼此碰撞的陆块边缘能够相互嵌合并且引起地壳碰撞的板块运动矢量又恰恰合乎需要时,碰撞才会沿边界全长同时发生。在一般情况下,碰撞总是分段进行的,已经缝合的段和尚待缝合的段同时存在,这 2 个地段之间的构造转变点将随着时间转移,而在转变点的前面存在残留洋盆地。

3　结语

　　盆地形成是板块构造、岩石圈运动在地壳浅部的一种表现形式。不同的大地构造环境形成不同类型的盆地。岩石圈板块的运动直接受深部作用过程的制约。岩石圈-软流圈的物质组成、结构与温度分布是研究岩石圈动力学最重要的参数。对岩石圈-软流圈的物质组成、结构、温度分布约束的岩石学方法主要来自 3 个方面,即火山岩-侵入岩、深源包体和变质岩的研究。岩浆来自上地幔或深部地壳,火山喷发或侵入是上地幔、深部地壳对流在地表或浅部地壳的表现。对火成岩(岩浆的喷出或侵入的产物)岩石学的研究必能提供许多上地幔-深部地壳的信息。因此,根据不同大地构造环境下形成的岩石组合,特别是火成岩岩石组合或系列,提出沉积盆地形成与演化的动力学约束,这无疑是一项十分有意义的前沿研究。火成岩岩石构造组合、大地构造环境与沉积盆地形成机理分析的有机结合,必将推动沉积盆地尤其是含油气盆地综合研究工作的进一步发展。

参考文献

[1] Ringwood A E. Composition and evolution of the upper mantle. Am Geophys Union Mon, 1969(13): 1-17.

[2] Dickinson W R. Plate tectonic models for orogeny at continental margins. Nature, 1971(232):41-42.

[3] Condie K C. Plate Tectonics and Crustal Evolution. New York:Pergamon Press, 1989:10-200.

[4] Sajona F G. High field strength element enrichment of Pliocene island arc basalts,Zamboanga Peninsula, western Mindanao(Philippines). Journal of Petrology,1996,37(3):693-726.

[5] Morrison G W. Characteristics and tectonic setting of the shoshonite rock association. Lithos,1980(13): 97-108.

[6] Miyashiro A. Classification,characteristics, and origin of ophiolites. J Geol,1975(83):249-281.

[7] Floyd P A, Kelling G, Gokcen S L, et al. Arc-related origin of volcaniclastic sequences in the Misis complex, Southern Turkey. J Geol,1992(100):221-230.

[8] Arculus R J. The significance of source versus process in the tectonic controls of magma genesis. Journal of Volcanology and Geothermal Research,1987,32:1-12.

[9] Nicholls J, Russell J K. Modern methods of igneous petrology: Understanding magmatic processes. Reviews in Mineralogy, 1990,24:108-123.

[10] Yoshiyuki T. Subduction Zone Magmatism.Cambridge:Blackwell Science Press,1995:40-85.

[11] Louden K E. Formation of oceanic crust at slow spreading rates: New constrains from an extinct spreading center in the Labrader Sea. Geology, 1996,24(9):771-774.

[12] Bea F. Residence of REE, Y, Th and U in granites and crustal protoliths: Implications for the chemistry of crustal melts. Journal of Petrology,1996,37(3):521-552.

[13] Kaj H,Hans U S. The petrology of the tholeiites through melilite nephelinites on Gran Canaria, Canary Islands: Crystal fractionation, accumulation, and depths of melting. Journal of Petrology, 1993(34): 573-597.

江西南城震旦系周潭群变质岩地球化学特征[①②]

赖绍聪 徐海江

摘要：周潭群变质岩主要岩石类型的 SiO_2 含量为 58%~73%，K_2O+Na_2O 含量大多为 4%~6%。稀土配分型式均为右倾负斜率轻稀土富集型，全部样品均出现负 Eu 异常。岩石中 Sn、Sb、S、Co、Ni、Hg、Mo 含量低于克拉克值，但 Li、Rb、Cs 等碱性元素含量偏高，特别是微量元素组合 Au、Ag、As、Pb、Zn 含量明显高于克拉克值。周潭群变质岩形成年龄为 672±72 Ma，相当于震旦系底部层位，变质相应属低角闪岩相，其原岩体系应为一套复理石或类复理石泥砂岩建造。

南城地区位于华南褶皱系赣中南褶隆的东北侧，即赣西南坳陷所属的大湖山-芙蓉山隆断束与武夷山隆起所属的宁都-南城拗断束的交接部位。区内经历了多期构造运动，特别是加里东运动和燕山运动，形成了本区的主干构造。区内出露最老的地层是震旦系周潭群；古生代只有寒武系出露；中生代三叠系和侏罗系零星分布；白垩系较发育，主要为一套陆相碎屑岩系。

1 周潭群变质岩主要岩石类型

周潭群变质岩是金溪-南城-临川-乐安一带一个重要的构造-岩石-地层单位，由一套区域中-浅变质岩组成，主要岩性有变粒岩、片麻岩、片岩以及各类混合岩。

（1）黑云变粒岩。呈灰黑色，具细粒均粒他形粒状变晶结构。黑云母含量约为 25%，斜长石及钾长石占 40%，石英占 35% 左右。石英常具波状消光现象。有时含夕线石或其与石英组成的眼球。该岩性是本区变质岩主要岩性之一，在实测剖面中约占 20%~30%。

（2）石榴黑云变粒岩。呈灰褐色，矿物有黑云母、斜长石、石英和石榴石。具粒状鳞片变晶结构。黑云母呈红棕色，半定向排列，含量约为 25%；斜长石呈近等轴粒状紧密镶嵌，双晶不发育，含量约为 30%；石英呈等轴粒状，有时细粒变晶石英连晶形成似脉状，含量约为 35%。石榴石呈粒状，自形或半自形晶，有时具有强烈蚀变（绿泥石化和绿帘石化），含量约为 10%。

（3）斜长片麻岩。呈灰黑色，矿物有黑云母、石英、斜长石等，具鳞片粒状变晶结构。黑云母具明显定向排列，斜长石、石英具半定向排列。黑云母含量为 25%，石英约为

---

① 原载于《现代地质》，1994，8(3)。
② 国家黄金局科研课题(89-A-3-3)的一部分。

45%,斜长石约为30%。有时见夕线石、石榴石。该岩性在实测剖面中约占15%~20%。

（4）黑云母片岩。矿物为黑云母和石英,粒度为0.1~0.5 mm,有时出现白云母和夕线石。具鳞片变晶结构。黑云母具明显定向排列,石英呈细粒状,有时有少量钾长石。黑云母含量为50%~60%,石英含量约为20%,钾长石含量在10%以下。白云母和夕线石密切伴生,沿片理发育。该岩性在实测剖面中约占20%。

（5）夕线石二云母片岩。夕线石含量为5%~15%,黑云母、白云母含量为50%~70%,石英约为5%~20%,见少量斜长石和石榴石。夕线石大多呈束状、毛发状集合体。该岩性在实测剖面中约占10%。

（6）花岗片麻岩。由黑云母、钾长石、石英、斜长石和角闪石等组成。具粒状变晶结构。黑云母、角闪石等片柱状矿物具定向排列,粒度一般为0.3~1.0 mm,个别云母和角闪石达2 mm以上。黑云母、角闪石等暗色矿物含量为10%~20%。该岩性出露较少。

（7）条带状混合岩。浅色的脉体与暗色的残留基体之间呈条带状互层。脉体成分约占全岩的30%,主要为长英质及花岗质脉体。组成矿物是石英、钾长石和少量斜长石,有时见有黑云母。脉体大多平行于片理分布。基体物质主要是变粒岩和黑云母片岩,具细粒他形粒状变晶结构或细粒鳞片变晶结构,组成矿物主要是黑云母、石英、斜长石以及少量钾长石。

2 岩石化学特征

岩石化学分析结果（表1）表明：

（1）周潭群变质岩主要岩石类型的SiO_2含量变化范围为58%~73%。

（2）K_2O+Na_2O含量大多为4%~6%,K_2O/Na_2O比值极不稳定。

（3）Al_2O_3含量均较高,一般不低于11%,最高达18.58%;且SiO_2与Al_2O_3含量具反消长关系。

（4）FeO含量明显高于Fe_2O_3,氧化率$FeO/(Fe_2O_3+FeO)$系数介于0.77~0.91,说明岩石形成深度较大,处于相对还原的物理化学环境。

（5）按H.П.谢勉年科利用A、F、M、C系数值划分,周潭群变质岩系应属铝硅酸盐岩类变质岩系列（表2）。A、F、M、C系数值的计算公式如下：

$$A = \frac{Al_2O_3 \times 100}{Al_2O_3 + MgO + CaO + (FeO + 2Fe_2O_3)}$$

$$F = \frac{(FeO + 2Fe_2O_3) \times 100}{Al_2O_3 + MgO + CaO + (FeO + 2Fe_2O_3)}$$

$$M = \frac{MgO \times 100}{Al_2O_3 + MgO + CaO + (FeO + 2Fe_2O_3)}$$

$$C = \frac{CaO \times 100}{Al_2O_3 + MgO + CaO + (FeO + 2Fe_2O_3)}$$

$$A + F + M + C = 100$$

表1　周潭群变质岩化学成分及其尼格里·P数值特征

| 样号 | 岩性 | 分析结果/% | | | | | | | | | | | | | | | al | fm | c | alk | Si | Ti | K | mg |
		SiO_2	Al_2O_3	Fe_2O_3	FeO	CaO	MgO	MnO	K_2O	Na_2O	TiO_2	P_2O_5	H_2O^+	H_2O^-	n.n.n.	Σ								
MF-03	花岗片麻岩	71.66	15.04	0.53	1.80	1.11	1.35	0.05	3.59	3.38	0.28	0.11			1.06	99.96	45.26	20.2	6.1	28.4	365	1.22	0.41	0.52
MF-04	条带状混合岩	73.61	12.77	0.33	3.20	1.44	1.35	0.10	1.55	3.86	0.35	0.07			0.72	99.35	39.81	26.4	8.3	25.5	390	1.58	0.21	0.41
MF-06	夕线石片岩	63.39	16.89	1.17	5.79	0.55	3.11	0.20	4.61	1.16	0.68	0.05			2.21	99.81	39.62	41.8	2.4	16.2	252	2.15	0.72	0.44
MF-08	片麻岩	68.84	13.04	1.31	5.29	2.00	2.71	0.13	2.20	2.38	0.70	0.19			0.95	99.74	33.42	41.3	9.4	15.9	299	2.35	0.38	0.42
MF-09	变粒岩	65.88	15.10	0.78	4.65	1.44	2.79	0.12	2.08	3.69	0.78	0.13			1.94	99.38	36.91	36.2	6.5	20.4	274	2.49	0.27	0.48
MF-10	混合片麻岩	58.02	18.58	1.01	7.68	1.22	3.90	0.12	4.27	1.22	1.05	0.24			2.34	99.65	37.53	44.7	4.3	13.4	199	2.89	0.71	0.45
MF-11	黑云母片岩	63.30	16.42	1.09	5.86	1.44	3.59	0.06	3.79	1.67	0.92	0.21			1.13	99.48	36.59	42.3	5.9	15.2	240	2.50	0.60	0.48
MF-12	条带状混合岩	70.38	11.82	0.62	5.49	1.33	2.71	0.10	2.93	2.22	0.60	0.24			1.12	99.02	32.4	42.7	6.4	18.4	327	2.23	0.47	0.76
MF-13	云母石英片岩	65.63	14.56	1.27	5.53	1.66	3.35	0.12	2.71	3.11	0.70	0.19			0.85	99.68	33.3	41.3	7.0	18.4	255	2.10	0.37	0.47
JQK-8_上	混合片麻岩	62.30	13.74	2.58	6.25	0.92	3.49	0.19	3.80	1.48	0.44	0.22	1.62	0.32	2.17	99.20	31.76	49.4	3.8	15.1	242	1.28	0.63	0.41
JQK-8_F	混合片麻岩	69.40	10.78	1.15	5.06	1.55	2.56	0.19	3.42	1.30	0.31	0.36	1.15	0.20	2.27	99.50	30.9	44.2	8.2	16.6	330	1.17	0.63	0.42
JQMX-2	混合岩	63.05	13.22	1.59	6.02	1.51	2.71	0.33	3.52	1.48	0.32	0.20	2.78	0.38	3.26	99.99	32.9	44.7	6.9	15.5	264	1.02	0.61	0.38
K-34-1	黑云母石英片岩	68.98	12.73	1.25	4.59	1.70	2.47	0.19	2.00	2.60	0.68	0.24			1.78	99.21	34.6	39.6	8.3	17.5	309	2.49	0.33	0.43

MF-03~MF-13 由江西冶金地质勘探公司实验室分析(1989),其余由华东地质学院工业分析系分析(1988)。

表2　潭群变质岩 A、M、F、C 数值特征

编　号	岩　性	A	F	M	C
MF-03	花岗片麻岩	63.5	13.3	14.6	8.6
MF-04	条带状混合岩	53.6	20.6	14.6	11.2
MF-06	夕线石片岩	47.7	27.3	22.1	2.9
MF-08	片麻岩	39.9	28.0	20.9	11.2
MF-09	变粒岩	46.5	23.6	21.7	8.2
MF-10	混合片麻岩	43.4	28.4	23.2	5.0
MF-11	黑云母片岩	43.3	25.8	23.9	7.0
MF-12	条带状混合岩	39.9	29.2	23.0	7.9
MF-13	云母石英片岩	41.0	26.6	23.8	8.6
JQK-8$_{上}$	混合片麻岩	37.7	33.4	24.4	4.5
JQK-8$_{下}$	混合片麻岩	37.5	29.9	22.7	9.9
JQMX-2	混合岩	39.5	31.7	20.5	8.3
K-34-1	黑云母石英片岩	42.4	26.8	20.7	10.2

3　稀土元素特征

　　稀土元素在变质作用过程中活动性差,对于原岩类型的识别以及变质岩形成方式及演化过程有一定的指示意义。从表3中可以看出:

　　(1)周潭群变质岩中稀土元素总量($\sum$REE)较高而且变化大,为 $160\times10^{-6} \sim 320\times10^{-6}$。不同岩性的$\sum$REE 总量有所差异,花岗片麻岩含量较高而变粒岩偏低,其他岩性规律性不明显。

　　(2)从轻、重稀土比值(LREE/HREE)以及 La/Yb、Sm/Nd 等比值可以确定周潭群变质岩为轻稀土富集型。LREE/HREE 比值为 2~5,个别样品可达 17.76;La/Yb 比值为10~25;Sm/Nd 比值为 0.3~1.3,说明周潭群变质岩在变质作用过程中轻、重稀土发生了一定程度的分馏。

　　(3)全部样品均出现负 Eu 异常,属于 Eu 亏损型,δEu 值为 0.5~0.9。

　　周潭群变质岩稀土元素配分型式(图1)具有下列特征:

　　(1)所有样品的稀土配分曲线均为右倾负斜率轻稀土富集型。轻稀土部分曲线较陡,负斜率较大,而重稀土部分曲线相对较平直。重稀土变化较小,轻稀土的变化支配着稀土总量的变化。

　　(2)部分样品在 Eu 处形成明显凹陷,反映出负 Eu 异常的特征。

　　(3)部分样品最重稀土部分略有上翘现象,说明最重稀土有轻微富集但不明显。

　　(4)周潭群变质岩不同岩性的稀土配分曲线较为相似,反映了变质岩原岩沉积环境的一致性以及变质岩原岩类型的相似性。

表 3　周潭群变质岩稀土元素含量(×10⁻⁶)及特征

样　号	岩　性	La	Ce	Pr	Nd	Sm	Eu	Gd	Tb	Dy	Ho	Er
	里德球粒陨石	0.378	0.976	0.138	0.716	0.230	0.086 6	0.311	0.056 8	0.390	0.086 8	0.255
MF-03	花岗片麻岩	90.39	147.35	16.81	46.07	5.31	1.21	3.92	0.97	2.34	0.64	1.48
MF-04	条带状混合岩	50.02	65.14	10.41	30.67	5.26	1.26	4.27	1.05	3.61	0.88	2.13
MF-06	夕线石片岩	44.27	83.85	13.99	40.54	7.48	1.50	7.01	1.56	5.83	1.48	3.84
MF-08	片麻岩	41.93	74.61	10.44	36.22	5.60	1.46	4.80	0.97	3-77	0.90	2.05
MF-09	变粒岩	39.02	72.95	11.46	35.08	6.01	1.55	5.35	1.16	4.65	1.16	2.81
MF-10	混合片麻岩	49.76	91.99	11.76	42.48	7.42	1.08	6.27	0.99	4.76	0.93	1.89
MF-11	黑云母片岩	49.35	91.99	13.28	46.41	7.30	1.74	6.91	1.33	5.64	1.28	2.80
MF-12	条带状混合岩	38.38	69.54	9.82	34.95	5.92	1.69	5.71	1.08	4.57	0.93	1.87
MF-13	云母石英片岩	35.48	67.07	11.22	35.31	5.84	1.49	4.90	1.18	3.94	0.99	2.33
K-34-1	变粒岩	33.60	40.70	5.38	21.69	9.06	1.56	7.46	0.85	4.79	0.61	3.15
K-34-2	混合花岗岩	46.30	59.10	4.36	23.06	6.64	1.47	5.73	0.77	3.05	0.44	1.14
K-34-3	黑云斜长片麻岩	39.48	52.92	5.90	24.09	6.99	1.56	6.25	0.77	4.97	0.52	2.89
K-34-7	片麻岩	46.30	48.52	10.79	23.58	8.19	1.64	6.33	2.47	6.10	0.70	3.67
K-34-8	片麻岩	36.41	41.60	4.96	24.61	7.76	1.12	6.07	0.60	5.40	0.52	3.15

样　号	岩　性	Tm	Yb	Lu	Y	ΣREE	LREE	HREE	LREE/HREE	δEu	La/Yb	Sm/Nd
	里德球粒陨石	0.039 9	0.249	0.038 7								
MF-03	花岗片麻岩	0.46	0.47	0.11	6.90	324.43	307.14	17.29	17.76	0.78	126.5	0.36
MF-04	条带状混合岩	0.47	1.79	0.33	16.24	193.53	162.76	30.77	5.29	0.80	18.4	0.53
MF-06	夕线石片岩	0.96	4.29	0.74	30.98	248.32	191.63	56.69	3.38	0.63	6.8	0.57
MF-08	片麻岩	0.39	1.74	0.31	18.20	203.39	170.26	33.13	5.14	0.85	15.9	0.48
MF-09	变粒岩	0.69	2.50	0.42	24.17	208.98	166.07	42.91	3.87	0.83	10.3	0.53
MF-10	混合片麻岩	0.38	1.41	0.25	20.13	241.50	204.49	37.01	5.53	0.48	23.3	0.54
MF-11	黑云母片岩	0.53	2.04	0.36	27.04	258.00	210.07	47.93	4.38	0.74	15.9	0.49
MF-12	条带状混合岩	0.35	1.20	0.22	19.44	195.67	160.30	35.37	4.56	0.89	21.1	0.53
MF-13	云母石英片岩	0.54	1.77	0.33	17.52	189.91	156.41	33.50	4.67	0.84	13.2	0.51
K-34-1	变粒岩	0.26	1.93	0.53	23.47	155.04	111.98	43.05	2.60	0.58	11.5	1.30
K-34-2	混合花岗岩	0.08	0.62	0.35	18.74	166.12	140.93	30.91	4.56	0.74	49.2	0.90
K-34-3	黑云斜长片麻岩	0.35	1.93	0.44	24.33	173.27	130.92	42.44	3.08	0.73	13.5	0.90
K-34-7	片麻岩	0.61	2.55	0.79	28.90	191.13	139.00	52.12	2.67	0.70	11.9	1.08
K-34-8	片麻岩	0.17	1.58	0.35	24.49	158.79	116.46	42.34	2.74	0.51	15.2	0.98

由江西省地质矿产局测试中心分析(1989)。

4　微量元素特征

变质岩的类型是由主要元素的相对含量决定的。但在变质过程中,微量元素的组合和丰度是变质岩系的重要特征之一。

分析结果(表 4)表明,周潭群变质岩中主要岩石的微量元素具有以下地球化学特征:

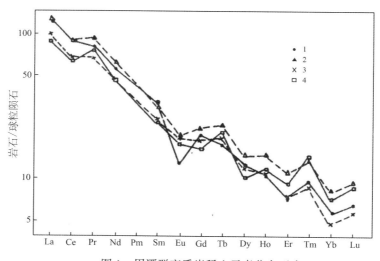

图 1　周潭群变质岩稀土元素分布型式

1.混合片麻岩；2.黑云母片岩；3.条带状混合岩；4.云母石英片岩

表 4　周潭群变质岩微量元素含量（×10⁻⁶）

样　号	岩　性	Co	V	Ni	Cu	S	Hg	Mo	Sn	Cr
	地壳*	18	90	58	47	470	0.083	1.1	25	83
MF-03	花岗片麻岩	5.36	27.3	5.3	7.2	0.009	0.028	1.2	1	7.5
MF-04	条带状混合岩	8.26	46.7	20.8	19.0	0.27	0.012	0.83	2	50.3
MF-06	夕线石片岩	18.2	112	52.6	38.5	0.279	0.012	2.1	2.9	94.2
MF-08	片麻岩	16.76	102	29.0	39.9	0.044	0.011	0.55	1	72.9
MF-09	变粒岩	17.4	143	46.8	19.8	0.004	0.011	0.75	2.8	102
MF-10	混合片麻岩	29.0	171	66.1	48.0	0.096	0.012	1.3	3.4	135
MF-11	黑云母片岩	19.9	139	50.7	7.5	0.009	0.011	0.6	10	98.6
MF-12	条带状混合岩	16.6	80.9	32.8	86.2	0.087	0.012	1.3	2.6	78.5
MF-13	云母石英片岩	16.7	108	44.7	94.3	0.113	0.012	0.67	1.5	90.3
样　号	岩　性	Li	Zn	Rb	Cs	As	Sb	Pb	Au	Ag
	地壳*	32	83	150	3.7	1.7	0.5	16	0.004 3	0.07
MF-03	花岗片麻岩	16.4	60.0	110.87	7.86	7.3	0.22	33	0.001 2	0.09
MF-04	条带状混合岩	43.3	101	97.15	3.93	7.3	0.24	18	0.005 3	0.098
MF-06	夕线石片岩	82.5	112	278.89	11.79	17.5	0.25	27	0.002 3	0.37
MF-08	片麻岩	60.4	77.0	97.15	3.93	6.8	0.20	8.7	0.002 6	0.14
MF-09	变粒岩	43.3	98.0	70.87	3.93	11	0.17	22	0.004 6	0.11
MF-10	混合片麻岩	66.4	147	283.46	23.59	8	0.16	10	0.017	0.15
MF-11	黑云母片岩	51.3	120	182.88	9.6	6.8	0.22	16	0.006 1	0.096
MF-12	条带状混合岩	35.5	116	131.45	7.86	7.5	0.24	17	1.2	0.11
MF-13	云母石英片岩	34.1	184	121.16	7.86	7.3	0.16	40	0.015	0.08

由江西省地质矿产局测试中心分析（1989）；*据 A.П.维诺格拉多夫（1962）。

（1）大多数样品的微量元素含量服从正态分布。部分样品偏离正态分布，说明可能遭受过多次地球化学作用的叠加。

（2）岩石中 Sn、Sb、S 含量明显低于克拉克值，Co、Ni、Hg、Mo 含量略为偏低，而 Li、Rb、Cs 等碱性元素含量则略为偏高；V、Cr 等基性元素丰度值较为稳定，在克拉克值附近波动。

（3）需要指出的是，微量元素组合 Au、Ag、As 以及 Pb、Zn 丰度值明显偏高，地层中这种特定的较高含量元素组合为本区金矿成矿作用创造了有利条件。

（4）岩石中 Cu 的丰度值不稳定，但它往往与岩石中 Au 含量呈正相关关系。

5　原岩恢复

在尼格里·P 四面体图解（图 2）中，周潭群变质岩主要岩石的投影点均落在沉积岩区，说明该变质岩系为副变质岩。

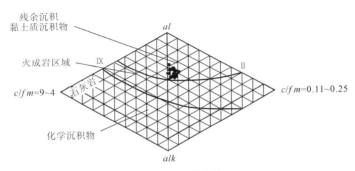

图 2　尼格里四面体图解

在 $\sum$REE-La/Yb 图解（图 3）中，投点处在沉积岩区内或其附近。

在西蒙南[($al+fm$)-($c+alk$)]-Si 图解（图 4）中，周潭群变质岩主要岩石类型的投影点均落在泥质沉积岩和砂质沉积岩范围内，说明原岩应为一套泥砂质沉积物。为了进一

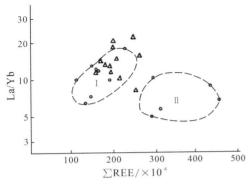

图 3　变质岩 La/Yb-$\sum$REE 图解

Ⅰ.沉积岩区；Ⅱ.火成岩区。△本区变质岩；
○湖北变质岩。据吴国谋（1983）

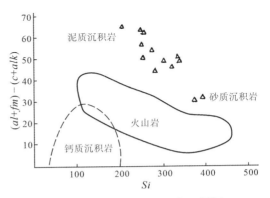

图 4　[($al+fm$)-($c+alk$)]-Si 图解

据文献[3]

步区分原岩类型,采用利克(al-alk)-c 图解(图 5)和佩蒂约翰 lg(Na₂O/K₂O)-lg(SiO₂/Al₂O₃)图解(图 6),结果表明,本区周潭群主要变质岩投影点大多位于杂砂岩和长石质黏土区范围内。值得注意的是,在范德坎普 Si-mg 图解(图 7)中,投影点跨越火山岩区和沉积岩区,与火山沉积岩趋势接近,说明原岩泥砂质建造中可能含有一定量的火山凝灰物质,它可能与裂谷拉张阶段的海底火山喷发有关。综合上述分析,可以推断,本区周潭群变质岩原岩体系应为一套复理石或类复理石泥砂岩建造。

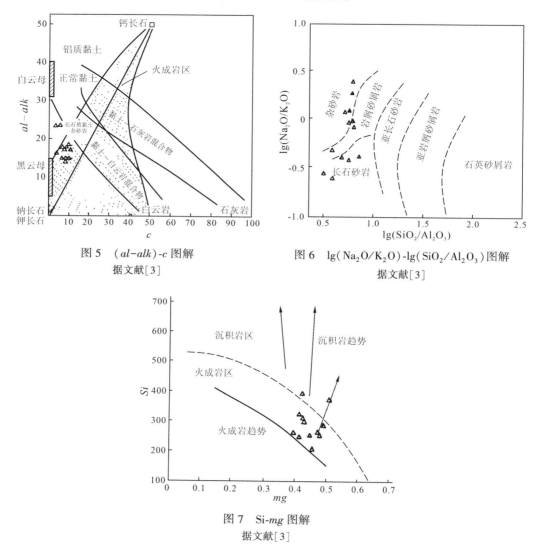

图 5 (al-alk)-c 图解
据文献[3]

图 6 lg(Na₂O/K₂O)-lg(SiO₂/Al₂O₃)图解
据文献[3]

图 7 Si-mg 图解
据文献[3]

6 形成年龄

将一组变粒岩样品进行 Rb-Sr 等时线年龄测定(表 5),求得回归方程 $y = a + bx$。式中,$a = 0.711\ 9 \pm 0.001\ 4$,$b = 1.444 \times 10^3$,相关系数 $r = 0.957\ 5$,等时线年龄为 676 ± 72 Ma,大体相当于震旦系底部层位。

该变质岩系的$^{87}Sr/^{86}Sr$初始比值为0.7119,说明其原岩物质应主要来自地壳。

表5　Rb-Sr 等时线年龄测定结果

样　号	$Rb/×10^{-6}$	$Sr/×10^{-6}$	$^{87}Rb/^{86}Sr$	$^{87}Sr/^{86}Sr$
RS-1	194.96	116.07	4.8660	0.75712±0.00003
RS-3	99.391	169.76	1.6923	0.73408±0.00002
RS-5	120.84	141.86	2.4616	0.73056±0.00002
RS-7	107.59	99.137	3.1409	0.74720±0.00002
RS-11	125.31	209.53	1.7279	0.72942±0.00001
RS-12	108.15	336.75	0.92692	0.71861±0.00001

由宜昌地质矿产研究所分析(1990)。

7　变质相讨论

南城地区周潭群变质岩矿物成分比较简单,而矿物共生关系较复杂,大致可归纳为以下几种矿物共生组合:

(1)Bi+Or+Pl+Q;

(2)Bi+Pl+Q;

(3)Pl+Bi+Q+(Or)+Alm;

(4)Sil+Ms+Bi+Pl+(Alm)+Q;

(5)Q+(Bi)+Pl+Hb+Or。

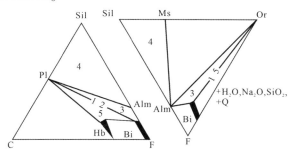

图8　变质岩矿物共生图解
图中黑色区域代表固溶体

根据上述几种矿物共生组合,作出本区矿物共生图解(图8)。结合周潭群变质岩中岩石矿物组合特征,以及 Hb、Sil、Pl、Alm 等矿物的出现,推断该变质岩系的变质相应属低角闪岩相。

参考文献

[1] 贺同兴,卢兆良,李树勋,等.变质岩岩石学.北京:地质出版社,1980:168-177.

[2] 王中刚,于学元,赵振华,等.稀土元素地球化学.北京:科学出版社,1989:290.

[3] 王仁民,贺高品,陈珍珍,等.变质岩原岩图解判别法.北京:地质出版社,1986:5-29.

江西茅排金矿床含金韧性剪切带构造特征①

赖绍聪 隆 平

摘要:茅排韧性剪切带是茅排金矿床主要控矿构造,属左行韧性平移剪切带,形成于加里东末期。带内剪切不协调褶皱、黏滞型石香肠、塑性流变组构、拉伸线理以及波状消光、拔丝构造等宏观及微观韧性变形组构十分发育。该剪切带控制了茅排金矿床的空间定位,金矿化局限于剪切带内,剪切热能是地层中金活化的重要动力源,剪切带为含金热液的运移和金的沉淀提供了有利通道和空间,并为晚期脆性构造叠加形成富矿体创造了前提。

近年来,韧性剪切变质带的研究逐渐引起了人们的广泛重视,成为前寒武纪古老变质岩带中最重要的构造形式之一。在前寒武纪变质岩区发现的一些大型、特大型金矿床,其地质产状均直接与韧性剪切带有关[1]。

1 茅排韧性剪切带的地质背景

茅排金矿区位于华南褶皱系赣中南褶隆的东北侧,即赣西南拗陷所属的大湖山–芙蓉山隆断束与武夷山隆起所属的宁都–南城拗断束的交接部位。区内经历了多期构造运动,特别是加里东运动和燕山运动,形成了本区的主干构造。区内出露最老的地层是震旦系周潭群(Z_1zh);古生代只有寒武系出露;中生代三叠系和侏罗系零星分布;白垩系较发育,为本区的沉积盖层,主要为一套陆相碎屑岩系(图1)。

茅排金矿床位于武夷–云开变质混合岩带南段。武夷–云开变质混合岩带沿安远–鹰潭深大断裂分布。它断续延伸上千千米,在其南段已发现河台大型金矿床,北段以金溪岩体为中心,并同中段的黎川岩体、广昌岩体一起共同构成混合岩田。金溪岩体的东侧分布有黄通–黄狮渡–茅排金矿化带,该矿化带长 40 km、宽约 1 km,大致呈北东向,往南逐渐变为北北东向。从北向南,黄通、金窠、黄狮渡、茅排等金矿床依次排列在这个矿化带上。

茅排韧性剪切带是茅排金矿床的主要控矿构造。该剪切带南起鹿马际,北至徐坊,长约 7 km、宽约 1 km,走向北东 30°~40°。它由 Ss 及 Sc 两组面理组成。Ss 面理主要由片岩、片麻岩及变粒岩中矿物颗粒的长轴优选方向显示出来,呈一组连续面状构造。它表现为一系列不协调褶皱,其北西翼产状较缓,倾角 30°~40°。Sc 面理主要表现为若干

---

① 原载于《西北地质》,1997,18(3)。

条强烈的片理化带和塑性变形带。其产状陡立,倾角 70°~80°,走向 20°~30°,倾向北西。Sc 面理带的分布具有等间距性,大约每 30 m 出现一条,是金矿化及晚期脆性构造叠加的有利部位。茅排韧性剪切带的边界具有渐变性质,是由面理产状变化形成的渐变分带。

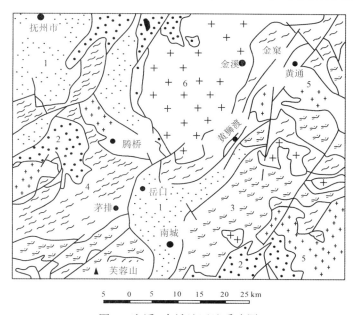

图 1　金溪-南城地区地质略图

1.白垩系上统、砖红色砂岩、砂砾岩;2.侏罗系上统、长石石英砂岩、砂砾岩;3.震旦系上统碳质板岩、石墨片岩;4.震旦系下统硅质岩、混合岩、变粒岩、片麻岩等;5.燕山期花岗岩;6.加里东期花岗岩

2　茅排韧性剪切带的宏观及微观构造标志

韧性剪切带是岩石中的线状高应变带,是地壳较深层次下的一种断层构造形式。它通常以塑性变形为特点,具有特征的变形组构。茅排地区存在大量剪切褶皱、塑性流变组构、黏滞型石香肠、片理置换以及区域片理走向的变化。这些都充分证明茅排韧性剪切带的存在。

2.1　宏观构造标志

(1)剪切不协调褶皱。茅排剪切带中发育了大量的剪切不协调褶皱,可分为两类:一类为眼形褶皱,其一端封闭另一端撒开,垂直 X 轴的断面(YZ)褶皱呈封闭的圆形或椭圆形。在垂直 Y 轴断面上,则为同斜或不协调褶皱。野外观察表明,茅排韧性剪切带中的眼形褶皱,其 X 轴大多平行于拉伸线理方向,即平行于 NE20°~30°方向的剪切面理 Sc。因此,属 A 型褶皱。在茅排韧性剪切带中发育的另一类褶皱为 B 型褶皱,其枢纽垂直于剪切方向。它们大多为不协调褶皱,常以石英脉、长英质脉或伟晶岩脉的褶皱表现出来。

(2)黏滞型石香肠。在茅排韧性剪切带中可见到黏滞型石香肠。香肠体是在早期区域变质及混合岩化过程中,变质分异作用形成的硅质脉及长英质脉。它们在剪切应力作用下被拉成不对称透镜体。在 2 个香肠体之间,常可见很细的细颈相连,似有藕断丝连之势。这类石香肠的形成,说明硅质脉等处于韧性状态,在拉伸流动过程中细颈化。有时,在细颈处断开,形成石香肠,反映了强烈的塑性变形作用。

(3)塑性流变组构。茅排地区存在大量塑性流变组构,通常流变体为硅质脉及长英质脉,形态十分复杂。

(4)置换构造。茅排地区经历了三期变形作用。伴随区域变质及混合岩化作用,产生的长英质脉常沿 S_1 结晶片理方向发育,代表了 S_1 方向。在韧性剪切作用下,S_1 被剪切片理置换而使长英质条带褶曲。野外常见 M 型、N 型置换。

(5)拉伸线理。在茅排韧性剪切带中,拉伸线理主要表现在剪切应力作用下石英的拉长变细,有时形成杆状构造,其最大长宽比可达 18:1。线理走向约 NE30°左右,与剪切片理(Sc)延伸方向一致。另外,在茅排韧性剪切带中见有硅线石生长线理,针状硅线石平行 Sc 面理排列,有时呈透镜状硅线石集合体,或透镜状硅线石+石英集合体。它们是茅排韧性剪切带中递进变形、变质的产物。它由石英脉或长英质脉在韧性剪切变形作用中,逐步被剪切拉伸、石香肠化、构造砾石化。当剪切应力增强时,石英砾石产生压熔并与长石、云母解离,在重结晶中析出的铝形成同构造生长的硅线石。它围绕石英砾石定向分布;剪切应力进一步增强、递进变形的发展,石英砾石全部或大部分被硅线石取代,形成硅线石"米粒构造"。在硅线石"米粒"中,可见石英核(具拔丝构造)。从而说明,这种平行 Sc 面理定向排列的硅线石及硅线石集合体就是剪切带中形成的一种同构造矿物生长线理。

2.2   微观构造标志

(1)石英的拔丝构造。在硅线石"米粒"中,可见石英核,鱼头状,头大尾小,呈拖尾状,拔丝构造明显,其定向与 Sc 带平行。

(2)波状消光。经受塑性变形的晶粒,在正交偏光镜下常显示不均匀消光现象,可分为波状消光、带状消光及扭折带。茅排地区由于剪切作用,岩石中的石英、长石、云母等矿物经受挤压或旋转,晶格发生位错。在薄片中,常见矿物波状消光影呈扇状连续地扫过颗粒。它是剪切塑性变形的产物。

(3)扭折现象。茅排韧性剪切带中云母类矿物扭折现象比较发育,解理弯曲,呈"S"形,同时可见波状消光。

(4)长石的微裂隙。在单偏光镜下,长石晶粒中可见微破裂(略定向),呈"人"字形或不规则状,界面平直紧闭,局限于晶内,无或少有充填物。它是在剪切应力作用下的破裂。这种破裂不仅可以判断剪应力的存在,而且可以通过统计分析推断其应力方向。

(5)岩组分析。在茅排 Sc 带构造片岩、糜棱岩中取样测定作出岩组图(图 2)。F_{51}、F_{53} 均是糜棱岩环带 I 型,BC 面。F_{51} 呈半斜对称,F_{53} 呈斜方对称,极密间夹角约为 20°~40°。

总之,我们已追索的地方都可见比较清楚的韧性剪切构造组构,从而充分证明茅排韧性剪切带的存在。

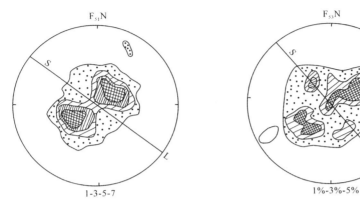

图 2　岩组分析极密图

由黄国夫测定

3　茅排韧性剪切带剪切指向的判定

前已述及,茅排韧性剪切带由 Ss 面理和 Sc 面理组成。Ss 面理大多呈 NE50°~60°走向,而 Sc 面理一般为 NE20°~30°走向。事实上,Sc 与 Ss 面理的夹角能够反映剪切带的剪切指向。Ss∧Sc 锐角指示了本侧的运动方向。因此,茅排韧性剪切带应为左行剪切机制。

4　茅排韧性剪切带形成时代的确定

茅排韧性剪切带所产生的变形作用,是茅排地区周潭群变质岩中能够查明的一次最重要的构造变形作用。在这次变形作用中形成了大量的重结晶矿物,如变晶黑云母等。根据黑云母 K-Ar 法年龄测定,年龄值为 376~399 Ma。它反映了变晶黑云母的形成时间,说明本区最近一期主要变质时期为加里东末期(表1)。

表 1　K-Ar 法同位素地质年龄测定结果

样品编号	实验编号	样品名称	K /%	^{40}Ar /$(10^{-69}/g)$	$^{40}Ar/^{40}K$	测定年龄 /Ma	采用方法
JQK-44	150	Bi	6.18	0.370 60	0.025 39	391.3	体积
88-04	160	Bi	6.87	0.213 22	0.026 04	399.8	体积
JQK-4	158	Bi	6.87	0.205 60	0.024 74	376.2	体积

由江西省地质科学研究所分析(1987);Bi 代表黑云母。

本文认为,茅排韧性剪切带的发育应与本区最晚一期主变质作用同时或略晚。因此,黑云母变晶的形成年龄(376~399 Ma)基本上代表了韧性剪切带的形成时代,即茅排韧性剪切带形成于加里东末期。

5　剪切应变与茅排金矿床形成机制

　　近年来,在赋存于前寒武纪变质岩地区金矿床的各种类型中,受韧性剪切带控制的热液蚀变型金矿床逐渐引起了人们的重视。前寒武纪变质岩区发现的一些大型、特大型金矿床,其地质产状均直接与韧性剪切带有关。本文的研究表明,茅排韧性剪切带对于茅排金矿床的形成和空间定位起到了重要的控制作用。主要表现为如下几点:

　　(1)韧性剪切带控制了茅排金矿的空间定位。茅排地区变质岩系中有 2 个含金量高的层位,即周潭群片麻岩及混合岩,以及寒武系底部与震旦系顶部的碳硅层[2]。而茅排金矿床则发育在这套富金层位与茅排北东向韧性剪切带的交叉复合部位。因此,矿源层与平移剪切带的交汇部位是茅排金矿的定位场。

　　(2)金矿化局限于韧性剪切带内。目前的勘探结果表明,茅排金矿床的矿体延伸方向平行于韧性剪切带的延伸方向,矿体基本不超出韧性剪切带的范围。

　　(3)韧性剪切作用为地层中金的再活化提供了剪切热能。加里东晚期,由于构造应力变化,本区由原受南北向挤压转变为受南北向力偶作用。这种剪切作用使得地壳深部较高温度和压力下的低熔矿物发生选择性重熔。它和高温下形成的具化学活性的热液(包括部分变质热液)一起组成了富含碱金属、铝硅酸盐及硅质的碱性流体,即混合岩化热液,为地层中金的再活化提供了热能。即:剪切作用→深部低熔矿物(选择熔融)+具化学活性热液→富硅质高温碱性流体(热能)→金活化。

　　(4)韧性剪切带为含金热液提供了有利的通道。剪切作用可以使矿物晶格发生变形并使扩散作用增强。强烈的扭曲又使矿物解体,从而释放出金。金以络合物形式在剪切带中迁移。韧性剪切变形-变质作用出现在区域变质作用的峰期之后。变形地质体自深部向浅部回返过程中,变形-变质作用一开始便产生了一系列效应:打破原来含金变质流体在矿源层内与变质岩之间的物化平衡关系,导致含金流体从矿源层中迁出进入韧性剪切带。在韧性剪切变质带的演化过程中,诱导出显微裂隙并建立起高的流体压力梯度。这一过程的重复,促进了含金液体沿剪切变质带上升,从而又加强了含金流体从矿源层中迁出,最终使大量含金流体集中在韧性剪切带中并随之演化向浅部迁移。

　　(5)韧性剪切带为金沉淀提供有利的成矿空间。在矿床成矿期的构造应力场中,当矿液从导矿构造进入配矿构造以后,由于孔隙压力增高或有效围压降低,促使后者发生扭性滑移。一旦滑移产生的拖曳作用使断层旁侧的容矿构造被打开,断层中的矿液就乘隙涌入处于低围压状态的容矿构造中。矿液流移后,裂隙中孔隙压力随之降低或有效围压随之升高,而断层滑移造成的应力释放又使滑移面上的剪应力降低。这样,矿床的构造环境趋于稳定,矿液就封闭在容矿构造中。这无疑为金沉淀提供了有利的成矿空间。

　　(6)早期金矿化受到韧性剪切带的改造和叠加富集。加里东早中期,本区受区域变质热液及混合岩化热液作用,形成了一些小而分散的贫硫化物的石英脉。到加里东晚期,南北向挤压转变为剪切作用。一方面,这种剪切作用可以使原贫矿石英脉矿物晶格变形并使扩散作用增强,从而释放出金。在递进变形过程中迁移到剪切带的局部膨胀带、张裂隙和小断裂中,使金在强裂变形带中富集。另一方面,在岩石韧性剪切过程中,混合岩化热液沿断裂交代各种原岩,形成线状分布的混合杂岩带。同时,金以络合物形式溶于酸性溶液中而被迁移。含矿热液进入剪切带后,当温度降至300~400 ℃时,首先从矿液中沉淀出大量的石英和粗晶黄铁矿。成矿期的构造应力作用使粗晶黄铁矿或早期形成的贫矿石英脉变形。随着金属硫化物的大量析出,成矿热液性质由酸性向中性或偏碱性转化。原来稳定的金络合物变得不稳定,在还原条件下,金连同容矿岩石的硫化物一起发生沉淀。同时,SiO_2 的溶解度大大降低,从溶液中大量析出。这样,原有部分金矿化在韧性剪切带的剪切应力和流体作用下改造、再活化迁移,在有利部位使前期贫矿石英脉被叠加富集,使矿化更富。

(7)韧性剪切带是晚期脆性构造叠加的有利部位,从而为晚期脆性叠加形成富矿体提供了前提。从区域地质背景分析,茅排金矿床位于华南加里东褶皱系赣中南武夷隆起区的西缘。本区晚元古裂谷体系发育并受巨型断裂控制。由于该巨型断裂宽度大、切割深,对金元素从深部向上运移极为有利。在裂谷发育初期阶段有较强的海底火山喷发和中基性岩流溢出。中晚期以泥砂质复理石建造为主,从而形成一套火山–沉积岩系地层。这套地层在加里东期受区域变质作用和混合岩化作用,形成一套片岩、片麻岩、变粒岩及混合岩。在变质作用过程中,特别是混合岩化作用及混合岩化热液,对原始地层中金的活化迁移有重要作用。原始地层中的金部分活化,形成含金混合岩化(变质)热液,为金矿成矿准备了物质条件,从而造成周潭群中金的预富集,形成一套富金层位和局部低品位金矿化。加里东末期,伴随强烈的构造运动,本区产生了一系列韧性剪切作用。由于剪切热造成递进变质及韧性剪切带中的递进变形作用,使富金层位中的金再次活化迁移并在韧性剪切带中的有利部位形成金矿化。韧性剪切带是后期脆性构造叠加的有利部位。当由混合岩化作用及韧性剪切带形成的早期金矿化再次受到燕山期脆性构造以及与煌斑岩和深熔隐伏岩体有关的含金岩浆热液叠加作用时,便形成了茅排金矿床的晚期金矿化和高品位富矿体[3-5]。

参考文献

[1] 博伊尔 R W.金的地球化学及金矿床.北京:地质出版社,1984.

[2] 赖绍聪,徐海江.江西南城震旦系周潭群变质岩地球化学特征.现代地质,1994,8(3):281-290.

[3] 赖绍聪,徐海江.江西茅排金矿区含金煌斑岩特征及其与金矿化的关系.黄金,1993,14(8):7-10.

[4] Liu Xiaodong, Xu Haijiang, Lai Shaocong. Stable isotopic geochemistry of ore-forming solutions and genesis of a gold deposit in Maopai, Jiangxi Province, China. In: Kharaka, Maest. Water-Rock Interaction. Balkema(USA) ,1992:1601-1604.

[5] Lai Shaocong.Geochemistry characteristics of lamprophyer and its relationship with gold mineralization in Maopai area,China. GSA Abstracts with Programs, 1992,24(7):688.

江西茅排金矿区含金煌斑岩特征
及其与金矿化的关系①

赖绍聪　徐海江

摘要: 本文探讨了江西茅排金矿区范围内广泛分布的煌斑岩基本特征及其与金矿化的关系。根据野外观察及室内分析结果,确定了本区煌斑岩的类型、矿物成分、岩石化学、微量元素及稀土元素和金含量,并讨论了煌斑岩与茅排金矿床燕山期矿化作用的关系。

1　区域地质背景

茅排金矿区位于华南褶皱系赣中南褶隆的东北侧,即赣西南拗陷所属的大湖山-芙蓉山隆断束与武夷山隆起所属的宁都-南城拗断束的交接部位。区内经历了多期构造运动,特别是加里东运动和燕山运动,形成了本区的主干构造。区内出露最老的地层是震旦系周潭群(Z_1zh);古生代只有寒武系地层出露;中生代三叠系和侏罗系地层零星分布;白垩系较发育,为本区的沉积盖层,主要为一套陆相碎屑岩系。

茅排金矿床位于武夷-云开变质混合岩带南段。武夷-云开变质混合岩带沿安远-鹰潭深大断裂分布。它断续延伸上千千米,在其南段已发现河台大型金矿床,北段以金溪岩体为中心并同中段的黎川岩体、广昌岩体一起共同构成混合岩田。金溪岩体的东侧分布有黄通-黄狮渡-茅排金矿化带,该矿化带长40 km,宽约1 km,大致呈北东向,往南逐渐变为北北东向。从北向南,黄通、金窠、黄狮渡、茅排等金矿床依次排列在该矿化带上。

2　煌斑岩地质特征及岩石类型

茅排地区燕山期岩浆活动频繁,形成了大量的煌斑岩脉,其简要地质特征如下。

(1)本区煌斑岩大多呈脉状或不规则脉状产出,长十几米到上百米,宽一般为1~2 m到十几米。部分煌斑岩脉可呈岩墙状产出。

(2)煌斑岩主要充填于北东、北北东以及北西向两组断裂构造体系中,与燕山期构造体系相配套,是本区燕山期岩浆活动的产物。

(3)脉岩边部与围岩接触处冷凝边不明显,仅结晶程度略有差异。

(4)煌斑岩脉中常可见气孔及杏仁构造。岩石多具斑状结构,斑晶有时呈聚斑状,亦

---

①　原载于《黄金》,1993,14(8)。

有煌斑岩呈全晶质似斑状结构。

茅排金矿床矿区范围内出露的煌斑岩主要有斜云煌岩和斜闪煌斑岩 2 种类型。

斜云煌岩：岩石呈灰绿色，具斑状结构，斑晶主要为黑云母、斜长石和角闪石。斜长石呈板柱状自形晶，镜下可见具环带结构的长石，经测定其成分为 An ＝ 40 ~ 60。角闪石呈长柱状晶形，有时可见简单双晶，还可见锆石、磷灰石等矿物包体。黑云母晶体较细小，呈褐色，见六边形自形晶。其他矿物有钾长石、绿帘石、普通辉石等。副矿物有磁铁矿、黄铁矿、磷灰石等。

斜闪煌斑岩：岩石呈灰黑-黑色，致密块体，具典型的斑状结构。斑晶主要为角闪石，有少量斜长石。角闪石呈长柱状，玻璃光泽，镜下见暗化边，具淡黄-棕色多色性。斜长石呈自形、半自形粒状聚斑，环带构造明显。基质为角闪石和斜长石微晶，角闪石微晶已全部暗化。主要蚀变类型为绿泥石化和碳酸盐化。在与围岩接触的内侧有微量棱角尖锐的外来石英晶屑。

3　岩石化学、微量元素及稀土元素特征

3.1　岩石化学特征

本区煌斑岩的化学成分分析结果列于表 1 中。从表 1 中可以看出，斜云煌岩 SiO_2 含量 ＜45％，属超基性岩范畴。$FeO+MgO$ 含量高达 14％；K_2O+Na_2O 含量为 4％，K_2O/Na_2O 比值接近于 1。另外，CaO、P_2O_5 和 TiO_2 含量较高。这些化学成分特征表现在矿物成分上是岩石富含黑云母、角闪石等暗色矿物，磷灰石作为副矿物十分普遍，而 CaO 则主要存在于斜长石中。斜闪煌斑岩 SiO_2 含量在 48％左右，属基性岩 SiO_2 含量范围。$FeO+MgO$ 含量及 K_2O+Na_2O 总量与斜云煌岩类似。

表 1　煌斑岩的化学成分

样　号	岩　性	化学成分/%							
		SiO_2	Al_2O_3	Fe_2O_3	FeO	CaO	MgO	MnO	K_2O
JQMX-1	斜云煌岩	41.82	12.62	2.61	9.50	8.99	4.59	0.68	2.02
M87-1	斜闪煌斑岩	48.99	15.01	3.96	4.99	7.61	7.76	0.18	1.65
MF-07	斜闪煌斑岩	47.79	14.62	3.02	6.67	8.20	9.72	0.18	1.78

样　号	岩　性	化学成分/%						
		Na_2O	TiO_2	P_2O_5	H_2O^+	H_2O^-	n.n.n.	Σ
JQMX-1	斜云煌岩	2.06	1.06	0.74	4.66	0.15	7.95	98.80
M87-1	斜闪煌斑岩	2.95	1.36	0.46			4.58	99.50
MF-07	斜闪煌斑岩	2.76	1.28	0.51			2.85	99.33

JQMX-1、M87-1 由华东地质学院工业分析系分析（1988）；MF-07 由江西冶金地质勘探公司实验室分析（1989）。

CIPW 标准矿物计算结果（表 2）表明，斜云煌岩 SiO_2 极不饱和，出现微量 Ne 标准矿物。而斜闪煌斑岩则属 SiO_2 不饱和-略过饱和，可出现微量 Q 标准矿物分子。

表 2　煌斑岩 CIPW 标准矿物计算结果

编号	岩性	Q	Or	Ab	An	Di			Hy		Ol		Mt	Ilm	AP	Ne
						Wo	En	Fs	En'	Fs'	Fo	Fu				
JQMX-1	斜云煌岩		5.45	8.40	18.16	19.71	9.86	9.86			9.86	9.47	4.15	3.63	1.30	0.16
M87-l	斜闪煌斑岩	0.44	3.70	10.24	18.08	8.93	7.69	1.24	34.14	5.51			5.45	3.70	0.87	
MF-07	斜闪煌斑岩		4.36	10.32	18.12	12.61	10.09	2.52	9.63			23.89	4.36	3.67	0.92	

在火山岩硅-碱组合指数与种属名称图（图1）中，斜云煌岩的投影点落在霞石玄武岩-玻基辉橄岩的范围内，斜闪煌斑岩投影点位于碱性玄武岩区域内。

3.2　微量元素特征

微量元素的组合和丰度是煌斑岩的重要特征之一。分析结果（表3）表明，茅排金矿区煌斑岩微量元素具有以下特点：

（1）岩石中 Co、Ni、V、Cr 等基性元素明显高于克拉克值；而 Li、Rb、Cs 等碱性元素则明显低于克拉克值，与基性、超基性岩的一般特征相吻合。

（2）Cu、Pb、Zn 等元素较稳定，与地壳克拉克值接近，但高于基性、超基性岩中的平均值。

（3）需要指出的是，岩石中 Au、Ag、As 微量元素组合的丰度值明显偏高，岩石中这种特定的高含量元素组合为本区金成矿作用创造了有利条件，具有找矿意义。

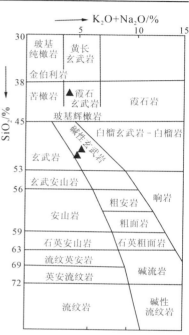

图 1　火山岩硅-碱组合指数与种属名称图

据邱家骧（1979）

3.3　稀土元素特征

本区煌斑岩稀土元素含量和配分型式如表4和图2所示。煌斑岩稀土总量较低，一般不超过 170×10^{-6}。轻、重稀土分异明显，LREE/HREE 值为 2~4。δEu 值均小于 1 或接近于 1，说明 Eu 略有亏损但不强烈。

在稀土配分曲线中，煌斑岩的配分型式与周潭群片麻岩的稀土配分型式有明显区别：一是曲线较为平缓，轻、重稀土分异不如片麻岩强烈；二是 Eu 亏损程度较轻；三是最重稀土部分有明显上翘现象。从而说明，茅排地区出露的各种脉岩主要是岩浆作用的产物，与区域变质岩之间没有明显的相似性和亲缘关系。

4　煌斑岩与金矿化的关系

目前，在世界范围内发现了越来越多的例子，都表明钙碱性煌斑岩恰好是与 Au 矿化同时形成的。在某些情况下，Au 与煌斑岩的关系要比其他任何岩类的关系密切。

表3 斜闪煌斑岩微量元素含量(×10⁻⁶)

Co	Ni	V	Cr	Li	Cu	Zn	Pb	Rb	Cs	S	As	Hg	Sb	Mo	Sn	Au	Ag
41.2	109	206	344	30.7	52.8	95.3	3.0	45.72	3.93	0.157	6.5	0.012	0.15	0.47	1.0	0.770 5	1.957 5

由江西省地质矿产局测试中心分析(1989)。

表4 煌斑岩稀土元素含量(×10⁻⁶)

样 号	岩 性	La	Ce	Pr	Nd	Sm	Eu	Gd	Tb	Dy
MB7-1	斜闪煌斑岩	17.05	24.73	1.20	11.32	2.24	0.78	5.03	0.60	1.74
MB7-2	斜云煌岩	17.99	22.63	4.79	16.55	4.05	1.30	8.59	0.94	2.79
XB5-03	斜云煌岩	18.59	31.26	2.31	15.86	4.31	1.12	3.99	0.60	2.88
XB5-06	斜云煌岩	28.65	45.75	4.96	22.63	8.19	1.64	11.71	1.62	5.75
MF-07	斜闪煌斑岩	30.74	57.89	9.33	32.77	6.00	1.91	5.33	1.03	4.03

样 号	岩 性	Ho	Er	Tm	Yb	Lu	Y	∑REE	LREE/HREE	δEu
MB7-1	斜闪煌斑岩	0.26	0.96	0.09	0.88	0.35	15.67	82.9	2.24	0.714
MB7-2	斜云煌岩	0.44	1.49	0.18	0.97	0.53	19.60	102.8	1.89	0.678
XB5-03	斜云煌岩	0.44	1.75	0.18	1.23	0.35	19.20	104.1	2.40	0.836
XB5-06	斜云煌岩	0.61	2.80	0.26	1.67	0.70	26.10	139.0	4.11	0.517
MF-07	斜闪煌斑岩	0.93	2.05	0.36	1.55	0.27	18.47	172.7	4.08	1.020

由江西省地质矿产局测试中心分析(1989)。

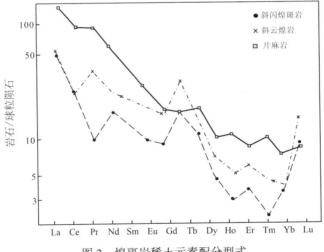

图2 煌斑岩稀土元素配分型式

煌斑岩具有高度搬运金的能力,它是在富挥发分的条件下由位于极深部(>150 km)的交代地幔而来。这种体积小且富含 H_2O、CO_2、F、K、Ba、Rb 等的煌斑岩熔体是萃取任何粒间金的最佳载体。当这种富金煌斑岩向上侵位时,便使金从深部源区析出并随着煌斑岩岩浆有效地向上搬运到地壳中的理想位置。

茅排地区煌斑岩十分发育,矿区内及矿区外围均有出露。根据13个样品的分析结果(表5),本区煌斑岩金丰度很高,为 0.012~0.48 g/t,其平均值比一般煌斑岩高出一个数量级,最高可达 2.67 g/t。一般认为,金含量高于 10×10^{-9} 的煌斑岩即可作为找金远景区的标志。因此,茅排地区的煌斑岩具有携带大量深源金的良好条件。有些煌斑岩本身就是金矿石,当煌斑岩切割早期金矿石英脉时,金矿化明显富集,交切部位往往出现富矿矿囊。Rb-Sr同位素研究(含矿石英包裹体 Rb-Sr 同位素测定)结果表明,茅排地区金矿床燕山期成矿年龄为 120 Ma,与本区煌斑岩形成年龄(时代)相同。H、O 同位素研究指出,茅排金矿床燕山期成矿作用成矿介质为岩浆热液,与煌斑岩和燕山期隐伏花岗岩的活动有关。更重要的是,含矿石英的包裹体中含较高的 H_2、CH_4 和 CO_2 等气体,与煌斑岩包体的气相成分有一定的相似性。从而说明,茅排金矿床燕山期金矿化主要与煌斑岩携带的深源金在隐伏深熔花岗岩体岩浆热液的活化驱动下产生的叠加富集有关。其形成模式可概括如下:深源金富集于煌斑岩中,煌斑岩携带金向浅部运移,并通过分异以及地壳混染等作用与壳源花岗质岩石发生联系,从而使得壳源隐伏花岗岩与 Au 发生了间接联系(图 3)。也就是说,煌斑岩携带深源金进入地壳后,与隐伏岩体相互作用形成含金岩浆热液,这些热液沿燕山期断裂构造体系上升,对早期金矿化产生叠加富集形成茅排金矿床燕山期岩浆热液型金矿化。目前,煌斑岩已成为茅排地区重要的金矿找矿标志之一。

表 5　煌斑岩金丰度值

岩　性	样品数	Au/(g/t)	取样位置
斜云煌岩	4	0.032	茅排水电站
斜云煌岩	2	0.480	茅排小溪
斜云煌岩	3	0.012	茅排-许家公路上
斜闪煌斑岩	2	0.038	K-62

由华东地质学院工业分析系分析(1988,1989)。

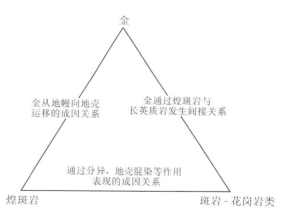

图 3　金矿床、煌斑岩与长英质(花岗岩类–斑岩)岩的成因三角图

内蒙古正镶白旗碎斑熔岩岩石学特征
及其岩相划分[①]

赖绍聪　徐海江

摘要:白旗碎斑熔岩为不规则穿状体,可分为边缘玻质碎斑熔岩、过渡霏细碎斑熔岩、中心粒状碎斑熔岩和根部花岗斑岩4个岩性带。从玻质碎斑熔岩到粒状碎斑熔岩,斑晶碎裂度逐渐减弱,珠边结构在粒状碎斑熔岩中最发育,根部花岗斑岩与正常次火山岩相近。碎斑熔岩中钾长石有序度低,指示了岩石高温成因特征。白旗碎斑熔岩属太平洋岩系钙碱质系列,原始岩浆由来源于上地幔和下地壳熔体的混熔作用形成。

1　区域地质概况

正镶白旗地区位于中朝准地台内蒙古地轴的北缘,属内蒙古地槽华力西晚期褶皱带,温都尔庙-多伦复背斜的东部。区内出露地层简单,主要有构成盆地基底的太古界变质岩系;下二叠统三面井组硬砂岩及安山岩类,不整合于太古界地层之上;构成盆地盖层的是晚侏罗世张家口组火山凝灰岩、粗面质熔结凝灰岩、流纹斑岩等。区内断裂构造不甚发育,主要可分为近东西向以及北东向两组。褶皱构造主要表现为一系列北北东向展布的背斜和向斜。

2　碎斑熔岩的特征

2.1　地质特征

白旗中生代火山盆地为呈北东向展布的长圆形,面积约 1 900 km²。碎斑熔岩体位于盆地的中心部位,长约 30~40 km,宽约 15~20 km,面积约 600 km²(图1)。白旗碎斑熔岩体是一中间厚四周薄、暴露地表的不规则穿状体,与我国东南沿海诸省出露的碎斑熔岩产状较为相似。边缘相岩石往往超覆于外围张家口组粗面岩、流纹岩和凝灰岩之上,局部亦可见碎斑熔岩倒灌张家口组凝灰岩中的现象。岩体中未发现任何残留顶盖以及火山碎屑岩或沉积岩夹层,碎斑熔岩附近的沉积岩中没有明显的接触变质现象。在地形上,白旗岩体表现为较高的正地形特征,与周围其他岩性出露区相对高差为 30~150 m。

---

①　原载于《岩石学报》,1990(1)。

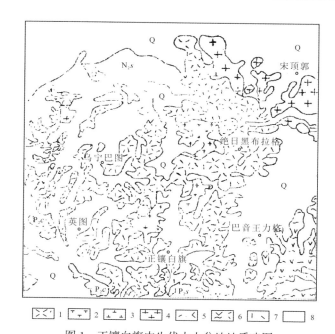

图1　正镶白旗中生代火山盆地地质略图

1.碎斑熔岩;2.花岗斑岩;3.石英二长岩;4.燕山期花岗岩;5.张家口组流纹斑岩段;6.张家口组凝灰岩段;
7.二叠系三面井组;8.第三系上新统(N_2s)和第四纪沉积物(Q)

岩体具有明显分带性。依据岩石基质粒度和结构构造类型,可将白旗岩体划分为边缘相玻质碎斑熔岩、过渡相霏细碎斑熔岩、中心相粒状碎斑熔岩和根部相花岗斑岩4条岩相带,相互之间逐渐过渡,无明确界线。这种相带变化在我国东南沿海的中生代碎斑熔岩中普遍存在,说明我国碎斑熔岩体岩性分带特征具有横向可对比性,这种相带特征与岩体产状及侵位冷凝过程有直接关系,并有助于恢复碎斑熔岩体剥蚀前的原始形态。

白旗碎斑熔岩中含有大量岩屑,分布很有规律,在边缘相中一般小而多,粒径大多小于50 cm;过渡相中数量减少,粒径增大。而在中心和根部相中变得大而少,一般在十几到数十厘米之间。因此,岩屑的分布对于岩相划分和寻找火山活动中心有一定指示意义。按岩屑来源可将其分为以下两类。

(1)同源岩屑。如流纹岩、凝灰岩岩屑等。碎斑熔岩侵出体形成于火山活动旋回的晚期。在其以前的火山作用主要表现为多阶段强烈爆发和喷溢活动,形成碎屑岩和熔岩的岩性组合。这些岩石被后来侵出的碎斑熔岩包裹,形成同源岩屑。

(2)火山基底岩石碎屑。如黑色变质岩岩屑,在白旗碎斑熔岩中普遍存在。另外,还常见下伏二叠系三面井组硬砂岩、安山岩等岩屑,它们都是由火山基底岩石崩碎而成的。碎斑熔岩中岩屑的广泛存在,是它与正常熔岩和次火山岩区别的重要特征之一。

2.2　岩石特征

白旗碎斑熔岩是一种特殊的火山岩,既不属熔岩、次火山岩,亦不是正常火山碎屑岩,以其特有的碎斑结构和珠边结构有别于其他岩石。全岩以斑状结构为主,斑晶主要是碎裂状、碎屑状钾长石、石英;基质是熔岩,且结构变化大。边缘、过渡、中心和根部相岩石的主要特征可描述如下。

(1)边缘相玻质碎斑熔岩。岩石呈灰色,致密块状,具玻基斑状和霏细斑状结构。玻璃基质占 51.82%,且大多已脱玻化,重结晶的微晶均小于 0.06 mm。斑晶组合主要为钾长石(24.2%)+石英(16.5%)+黑云母(3.6%)(表1)。钾长石为低透长石,$Z = (T_{1o} + T_{1m}) - (T_{2o} + T_{2m}) = 2T_1 - 1 = 0.3616$,$Y = T_{1o} - T_{1m} = 0.0506$,红外有序度 $\theta = 0.15$(表2,表3)。石英常被熔蚀,有时见六方双锥晶形 β 石英的假象;黑云母有明显的暗化现象,有时几乎整个颗粒都被磁铁矿所覆盖。石英的熔蚀结构和六方双锥晶形以及钾长石的高结构状态,指示玻质碎斑熔岩的火山成因特征。黑云母的高暗化度主要与岩石中挥发分的散失有关,指示该相位于侵出体边缘,保持挥发分的能力很差。

玻质碎斑熔岩中斑晶碎裂极为强烈和普遍,碎裂度为 93.4%,碎散度为 62.1%(表1)。

岩石基质具玻基熔离结构和流动构造,可见色泽不同和深浅不一的玻璃质流纹呈涡流状绕过斑晶的现象。大量流动构造的存在,说明岩浆侵位过程中曾发生一定规模的漫流作用。这也可解释超覆于张家口组火山岩之上的地质产状。

岩石中还见有大量飘带状、枝杈状、透镜状脱玻条带、团块,构成双重或缺乏分层的单一脱玻结构。这种条带是熔离作用和挥发分局部富集的产物。

表1　各类岩石实际矿物含量(%)

岩石名称	测定薄片数	斑晶						基质					碎裂度	碎散度
		钾长石	石英	斜长石	黑云母	角闪石	总和	钾长石	石英	斜长石	黑云母	角闪石		
玻质碎斑熔岩	3	24.2	16.5	3.6	2.5	0.27	48.2			51.82			93.4	62.1
霏细碎斑熔岩	3	29.1	12.9	4.5	2.2	0.96	50.5			49.55			93.4	35.5
粒状碎斑熔岩	3	27.2	8.6	11.6	3.4	1.23	51.9	21.8	10.0	0.63	1.97	0.42	80.4	30.3
花岗斑岩	3	38.2	6.8	20.0	2.9	1.98	69.9	14.6	9.0	3.19	1.54	0.53		

碎裂度 = (A+B+C)/(A+B+C+D),碎散度 = A/(A+B+C+D)。式中,A 是碎屑状斑晶,B 是碎而不散状斑晶,C 是碎裂状斑晶,D 是晶形状斑晶。

表2　钾长石光学特征

编号	岩石名称	光性特征				矿物名称
		2V(Np)	SM	ST	Δ	
L29	花岗斑岩	61		0.43	0.20	中正微
L17		34	0.91			低透
L35		58		0.35		中正
		60		0.40		中正
L21		58		0.35	0.30	中正微
		53.5		0.24	0.33	中正微

续表

编号	岩石名称	光性特征				矿物名称
		$2V(Np)$	SM	ST	Δ	
L14	粒状	58		0.35		中正
	碎斑	38	0.94			低透
	熔岩	20	0.78			低透
G-3		60		0.40		中正
		44	1.00			低透
L19		50		0.15		高正
		53.5		0.24		高正
L24	霏细	45		0.025	0.20	正微
	碎斑	48		0.10		高正
G-14	熔岩	44	1.00	0		低透
		46		0.05		高正
L25		46		0.05		高正
		50		0.15		高正
G-7		42	0.98			低透

表 3　钾长石 X 射线衍射及红外分析结果

样品	岩石名称	T_{1o}	T_{1m}	Thompson 系数		θ
				Y	Z	
L29	花岗斑岩	0.337 8	0.287 3	0.050 5	0.252 0	0.40
L17		0.371 3	0.295 5	0.075 8	0.333 6	0.30
L35		0.372 6	0.322 0	0.050 6	0.389 2	0.20
L28		0.404 8	0.303 7	0.101 1	0.417 0	0.35
L21		0.372 6	0.322 0	0.050 6	0.389 2	0.30
L14	粒状	0.418 7	0.317 6	0.101 1	0.472 6	0.15
L18	碎斑熔岩	0.353 0	0.307 7	0.025 3	0.361 4	0.10
G-3		0.340 4	0.340 4	0	0.361 6	0.30
L19		0.404 8	0.300 7	0.104 1	0.411 0	0.30
L24	霏细	0.457 9	0.306 2	0.151 7	0.528 2	0.30
L25	碎斑熔岩	0.378 3	0.302 5	0.075 8	0.361 6	0.25
G-7		0.416 1	0.264 6	0.151 5	0.361 6	0.15
G-14	玻质碎斑熔岩	0.365 7	0.315 1	0.050 6	0.361 6	0.15

　　(2)过渡相霏细碎斑熔岩。岩石呈灰色、灰褐色,霏细碎斑结构,块状构造,斑晶组合与边缘相基本一致,但钾长石斑晶的数量略有增加,且出现不典型的珠边结构。钾长石 $Z=0.361\ 6\sim0.528\ 2$,$Y=0.075\ 8\sim0.151\ 7$,光学测定 $2V=-42\sim-50$,$SM=0.98\sim1.00$,$ST=0\sim0.15$,为低透-高正长石。斜长石的光学测定 $An=15\sim30$,$S=0.1\sim0.3$,X 衍射分析的 $ISS=0.35$ 和 $An=20$(表 4)。黑云母暗化现象不明显。岩石中脆性矿物碎裂明显,破碎度为 93.4%。

表4 斜长石 X 射线衍射及光学测定结果

编号	岩 性	衍射分析		光学测定	
		ISS	An/mol%	An	S
L35	花岗斑岩	0.98	31	20~40	0.4~0.7
L19	粒状	0.45	7	20~30	0.2~0.5
L14	碎斑熔岩	0.51	9		
G-3		0.53	21		
L25	霏细碎斑熔岩	0.35	20	15~30	0.1~0.3

岩石基质主要由微晶长石和石英组成,出现少量黑云母微晶,粒度为 0.06~0.1 mm,可见霏细结构、显微嵌晶结构、球粒结构等。流动构造仍可见到,但被霏细颗粒所掩盖而变得不清晰。

(3)中心相粒状碎斑熔岩。它是白旗碎斑熔岩侵出体的主体岩性,具典型的粒状碎斑结构,斑晶为钾长石、石英和少量斜长石及零星分布的黑云母,占全岩的 51.96%。表2 和表 3 列出的 Z、Y、$2V$、SM、ST 值表明钾长石为低透-高正或中正长石,表4 列出的斜长石的光学和 X 射线测定的 An、S 和 ISS 值,表明它是一种有序化较低的奥长石。

该相岩石中珠边结构十分发育,这种结构是指钾长石周边发育有一圈同成分、同光性方位并在其间散布有石英珠点状客晶的齿状边。在珠边中靠近钾长石主晶一侧石英珠粒较细,靠近基质一侧石英珠粒较粗(表5),珠粒的这种变化趋势说明珠边形成过程中物理化学条件发生了规律性变化。有意思的是,在薄片中发现 2 个交生在一起的钾长石和斜长石斑晶,二者共有一条珠边。而且,钾长石斑晶外围的珠边宽度大,嵌布的石英珠粒也多,而斜长石外围的珠边宽度小。嵌布的石英珠粒相对较少(图2),这种现象说明珠边结构对于钾长石斑晶具有优先性,镜下观察表明:①珠边结构可以具有核心斑晶,但亦可不具核心斑晶(可能核心斑晶已全部或大部被熔蚀);②核心斑晶常呈碎屑状,说明珠边结构的形成晚于斑晶的碎裂或近于同时;③核心斑晶的熔蚀港湾常被珠边填平补齐,说明熔蚀在前、珠边形成在后;④在正常次火山岩和正常火山碎屑岩中无此种结构,因此珠边结构被粒状碎斑熔岩所特有;⑤珠边结构亦见于斜长石和石英中,石英斑晶的珠边结构就是钾长石构成珠粒。

表5 粒状碎斑熔岩中钾长石珠边宽

样号	颗粒	斑晶粒度/cm	珠边宽/mm	石英珠粒直径/mm
L47	1	1.2×0.65	0.07	0.010~0.015
	2	0.6×0.25	0.05	0.015~0.005
	3	0.4×0.45	0.075	0.020~0.005
L26	1	1.3×0.7	0.06~0.12	0.015~0.004
	2	0.8×0.45	0.10~0.085	0.015~0.005
	3	0.4×0.3	0.08	0.010~0.003
G-3	1	0.85×0.45	0.08~0.05	0.022~0.005
	2	1.40×0.8	0.08	0.015~0.003
	3	0.9×0.68	0.05~0.11	0.020~0.002

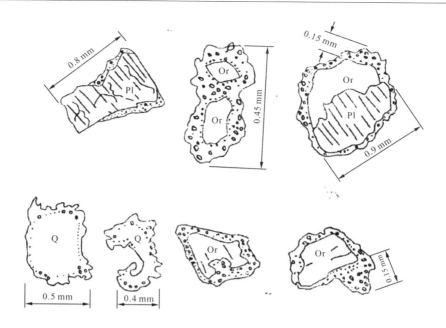

图 2　粒状碎斑熔岩中发育的珠边结构素描

我们认为,珠边结构的形成与碎斑熔岩的特殊侵出产状密切相关,是熔浆侵出地表斑晶被熔蚀后再生长而成的一种熔蚀再生边。

岩石基质为全晶质微花岗结构和微嵌晶结构,粒度一般为 0.15~0.25 mm,可出现一定量的黑云母。

(4)根部相花岗斑岩。岩石为斑状结构,斑晶组合略有差异,斜长石增多,并可出现角闪石。从表 2 和表 3 中列出的 Z、Y、$2V$、SM、ST 和 Δ 值可以看出钾长石是中正及中正微斜长石。表 4 的资料表明,斜长石是有序程度较高的奥长石到中长石。斑晶矿物的熔蚀现象已不明显,碎裂结构不发育,仅有少数斑晶具碎裂纹,钾长石没有明显的珠边结构,基质为细粒、微粒状花岗结构,占全岩的 29.11%,粒度为 0.05~0.40 mm。

根部相花岗斑岩已完全具备次火山岩的特征,在斑晶基质的部分特征上继承了粒状碎斑熔岩的部分特征。从而说明,花岗斑岩是碎斑熔岩侵出体不可分割的一部分,是侵出体根部特定成岩环境下结晶的产物。

白旗碎斑熔岩的副矿物组合属于磁铁矿型,主要有磁铁矿(365~4 424 g/t)、锆石(54~72 g/t)、钛铁矿(14~16 g/t)和磷灰石(4~15 g/t),还含有少量黄铁矿和闪锌矿硫化物、石榴石以及角闪石和电气石等富挥发分矿物。

2.3　岩石化学特征

碎斑熔岩 SiO_2 含量高,为 70%~75%(表 6);而 Fe、Mg 含量低,为 2%~3%,花岗斑岩略高。CaO 含量一般不超过 1.5%,与岩石中斜长石的 An 较低是吻合的。碎斑熔岩和花岗斑岩的 Na_2O+K_2O 含量普遍大于 7%,大都为 8%~10%,且 $K_2O>Na_2O$(表 6,表 7)。

表6 火山岩的化学成分

原编号	岩性	化学成分/%												
		SiO_2	Al_2O_3	Fe_2O_3	FeO	MgO	CaO	Na_2O	K_2O	TiO_2	P_2O_5	MnO	烧失量	总量
F-01	流纹	73.12	13.52	1.62	0.31	0.26	0.93	4.03	5.13	0.20	0.07	0.03	0.52	100.06
F-02	质	72.76	13.37	1.29	0.65	0.18	1.10	3.84	5.13	0.20	0.07	0.03	0.44	99.42
F-03	碎斑	74.52	12.85	1.26	0.28	0.15	0.93	3.84	5.08	0.17	0.06	0.02	0.50	99.76
F-04	熔岩	71.98	13.72	1.56	0.67	0.15	1.29	4.03	5.28	0.37	0.07	0.05	0.76	100.17
F-05		71.56	14.13	1.35	0.42	0.72	1.15	4.03	5.38	0.20	0.07	0.03	0.56	100.04
F-06		70.90	14.26	1.28	0.67	0.61	1.15	4.08	5.38	0.24	0.07	0.04	0.86	100.00
F-08		73.84	12.70	1.05	1.09	0.19	1.10	3.93	5.05	0.17	0.06	0.05	0.56	99.99
F-11		71.72	13.96	1.55	0.78	0.26	1.47	3.93	5.40	0.23	0.07	0.05	1.02	100.74
B-1		70.40	14.33	1.81	0.50	0.51	0.86	4.30	5.06	0.24	0.05	0.05	0.85	99.31
B-4		72.52	13.65	1.34	0.50	0.42	1.00	3.96	5.13	0.19	0.05	0.05	0.70	99.93
B-6		73.66	12.72	1.48	0.57	0.51	0.69	3.57	4.90	0.14	0.04	0.05	0.70	99.47
B-8		75.64	11.77	1.29	0.48	0.93	0.50	2.92	4.82	0.10	0.02	0.05	0.90	99.90
F-07	花岗	68.26	14.83	1.45	1.17	0.41	2.23	4.08	5.18	0.43	0.14	0.07	1.46	100.23
B-2	斑岩	69.14	14.42	2.68	0.46	0.46	1.44	4.30	4.75	0.43	0.16	0.05	0.47	99.25
B-3		70.28	15.25	1.84	1.22	1.25	0.60	4.40	4.88	0.37	0.08	0.06	0.40	100.92

由华东地质勘探局261大队实验室化学组分析(1987)。

表7 岩石化学指数一览表

原编号	岩石名称	Q+A+P=100%			D.I.	A.R.	τ	σ	K_2O+Na_2O	$\dfrac{K_2O}{Na_2O}$	$\dfrac{FeO}{Fe_2O_3}$
		Q	A	P							
F-01	流纹	28.98	62.88	8.14	91.91	3.52	47.86	2.79	9.16	1.27	0.16
F-02	质	29.77	61.67	8.55	90.88	3.26	47.86	2.70	8.97	1.34	0.34
F-03	碎斑	31.83	62.40	5.77	93.10	3.52	52.48	2.52	8.92	1.32	0.18
F-04	熔岩	26.99	64.82	8.18	90.86	3.32	26.30	2.99	9.31	1.31	0.30
F-05		25.36	64.96	9.68	89.79	3.23	50.12	3.10	9.41	1.33	0.24
F-06		24.46	65.74	9.80	89.35	3.25	42.66	3.21	9.46	1.32	0.34
F-08		30.89	64.34	4.77	92.30	3.65	50.12	2.61	8.98	1.28	0.51
F-11		26.55	63.92	9.53	89.89	3.08	52.05	3.03	9.33	1.37	0.33
B-1		24.77	66.40	9.21	89.32	3.61	41.69	3.20	9.36	1.18	0.22
B-4		28.34	62.42	9.24	90.54	3.35	51.29	2.80	9.02	1.30	0.27
B-6		33.29	59.80	6.90	90.67	3.21	66.07	2.34	8.47	1.37	0.28
B-8		40.22	54.95	4.83	90.41	2.82	89.13	1.84	7.74	1.65	0.27
F-07	花岗	21.72	64.26	14.02	85.18	2.83	25.12	3.39	9.26	1.27	0.45
B-2	斑岩	24.16	62.17	13.67	86.37	3.37	23.44	3.13	9.05	1.10	0.15
B-3		24.82	69.81	5.37	88.78	3.50	29.51	3.16	9.28	1.11	0.40

在Strecheisen的火山岩分类图中,投影点均落在碱长流纹岩和流纹岩范围内(图3)。在里特曼指数变异图(图4)中,碎斑熔岩和花岗斑岩的投影点落在圣弗兰西斯科山钙碱质岩系曲线和拉森峰岩系曲线之间,岩石平均$\sigma=2.85$,属于太平洋岩系钙碱质系列岩

石。在图 5 中,投影点均落在 AF 线靠 A 端,表现出高碱低铁贫镁的特点。利用里特曼组合指数 σ 和戈蒂尼指数 τ 构成 σ-τ 对数坐标图(图 6),白旗碎斑熔岩、花岗斑岩的投影点均落在 B 区,即造山带(岛弧区)火山岩,这与白旗岩体所处的大地构造位置是吻合的。

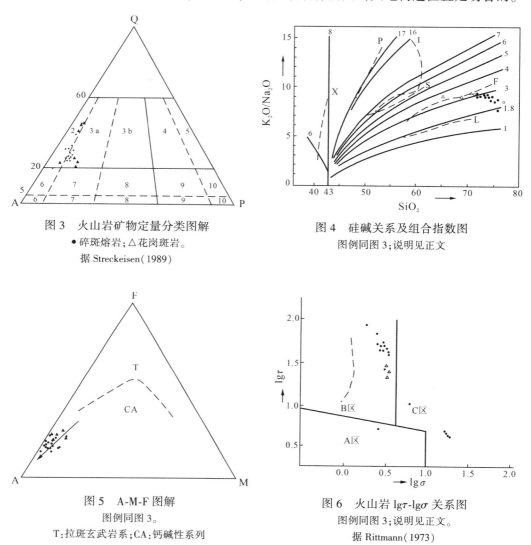

图 3　火山岩矿物定量分类图解
●碎斑熔岩;△花岗斑岩。
据 Streckeisen(1989)

图 4　硅碱关系及组合指数图
图例同图 3;说明见正文

图 5　A-M-F 图解
图例同图 3。
T:拉斑玄武岩系;CA:钙碱性系列

图 6　火山岩 lgτ-lgσ 关系图
图例同图 3;说明见正文。
据 Rittmann(1973)

综上所述,白旗碎斑熔岩体从边缘相到中心相至根部相,岩石特征具有如下规律性。

(1)岩石结构由细到粗、由复杂到简单,构造则由边缘相的流动构造、板状节理构造发展到中心相柱状节理构造。

(2)斑晶碎裂程度逐渐减弱,由边缘相碎屑状斑晶为主逐渐过渡到中心相以碎而不散和仅具碎裂纹的斑晶为主,到了根部相斑晶无明显碎裂现象。珠边结构则从无到有,在中心相粒状碎斑熔岩中最发育,至根部相花岗斑岩又趋于消失。

(3)矿物成分在边缘相含较多的石英斑晶,中心相则以钾长石斑晶为主,至根部相钾长石、斜长石占主导,石英次之,并可出现一定量的角闪石。

3　碎斑熔岩的成因机制

白旗碎斑熔岩的$^{87}Sr/^{86}Sr$初始比为 0.708 26,在上地幔及大陆壳锶同位素演化图中落在玄武岩增长线与大陆壳增长线之间,说明原始岩浆可能是来源于上地幔和来源于地壳熔体发生混溶的产物。这样产生的岩浆运移到地壳上部,逐渐聚集在一个相对稳定的岩浆房中,形成富含斑晶的黏稠岩浆。

在构造应力作用下,富晶岩浆不断上冲,当达到某一部位时挥发分产生汽化膨胀,发生地下隐爆,使岩浆中部分长石、石英晶体炸碎,同时将部分基底岩石炸碎,混入岩浆之中形成岩屑。由于岩浆的快速上冲作用,在火山通道中形成高速带,其时悬浮于岩浆上部众多的斑晶快速向高速轴区移动,在狭窄的通道内相互摩擦,形成潜裂纹,一旦侵出地表,地表的高温低压作用进一步加深了各种矿物的熔蚀效应和破碎崩解作用。

由于大量挥发分散失,岩浆逐渐失去爆发力。这种粥状岩浆沿早期火山塌陷形成的火山通道机械地向上侵涌到火山塌陷形成的凹地内。同时,深部岩浆不断补充,使侵出的岩体越来越大,在火山口中央部位,粥状岩浆形成一个似岩丘状地质体,同时向四周漫流,构成一个中央厚、四周薄的不规则蘑菇状地质体。

碎斑熔岩侵位后,其表层以极快的速度散失热量、快速冷却,从而形成基质以玻璃质为主的边缘相岩石。由于边缘相玻质岩壳起到了一定的隔热贮温贮压作用,过渡相相对于表层冷却较慢,形成以霏细物质为主的过渡相碎斑熔岩。岩体的中心部位由于玻质外壳和过渡相的屏蔽隔热作用,加上来自下部岩浆热源的补充,成核密度比钾长石大的石英快速成核,形成粒状碎斑熔岩。因钾长石的生长速度较快,势必会包围石英珠粒,形成该相中广为发育和特有的珠边结构。穿状岩体的根部无论其储热条件还是其挥发分的保留条件,都与次火山岩的成岩环境接近,因而形成了与正常次火山岩相当的花岗斑岩。

4　正镶白旗碎斑熔岩的岩相划分

碎斑熔岩的岩相划分是一个长期争论不休的问题,经历了一个漫长的发展过程。对白旗碎斑熔岩体,不能采用单一的分相方法,必须全面衡量,力求反映碎斑熔岩蘑菇状地质体的总体特征。岩体边缘相、过渡相岩石中流动构造发育,在相当程度上具有火山溢流相特征;而中心相岩石是侵出体主体岩性,应属侵出相;岩体根部,在粒状碎斑熔岩之下,岩石所处的深度条件和岩性特征已完全符合次火山岩相岩石的划分标准。因此,白旗碎斑熔岩体实际上是一个边缘火山溢流相、中心火山侵出相、根部逐渐变化为次火山岩相的三相并存的复杂地质体(图7)。正是由于碎斑熔岩特殊的侵位冷凝过程,造成其边缘溢流、中心不断隆起、根部逐渐变化为次火山岩结晶条件的这样一种多相并存的复杂成岩环境。

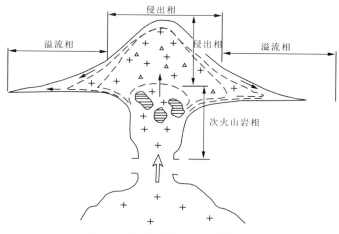

图 7　碎斑熔岩体岩相划分模式

参考文献

[1] 陶奎元,黄光昭,王美星,等.中国东南部碎斑熔岩基本特征及成因机理的探讨.南京地质矿产研究所所刊,1985,6(1):1-23.

[2] 徐海江,赖绍聪.相山及邻区七个火山盆地火山岩岩性特征及成因探讨.现代地质,1988,2(4):440-450.

[3] 高同德,张学权,万国良,等.内蒙古白旗-蓝旗一带碎斑流纹岩岩石学和地球化学特征.铀矿地质,1987,3(4):224-229.

[4] 赖绍聪.内蒙古正镶白旗中生代火山盆地侏罗系火山岩化学成分特征.华东地质学院学报,1988,11(4):313-327.

内蒙古正镶白旗碎斑熔岩地球化学特征[①]

赖绍聪 徐海江

摘要：正镶白旗碎斑熔岩是一种特殊成因的火山岩，属太平洋岩系钙碱质系列火山岩，以富亲石微量元素为特征。稀土配分属 Eu 亏损且轻稀土富集型。形成白旗碎斑熔岩的原始岩浆来自地壳深部，是上地幔与地壳共同混熔分异的产物。

1 区域地质概况

正镶白旗地区位于中朝准地台内蒙古地轴的北缘，属内蒙古地槽华力西晚期褶皱带，温都尔庙-多伦复背斜的东部。区内出露地层简单，主要有构成盆地基底的太古界变质岩系；下二叠统三面井组硬砂岩及安山岩类，并不整合于太古界之上；构成盆地盖层的是晚侏罗世张家口组火山凝灰岩、粗面质熔结凝灰岩、流纹斑岩等。区内断裂构造不发育，主要可分为近东西向以及北东向两组。褶皱构造主要表现为一系列北北东向展布的背斜和向斜。

白旗中生代火山盆地呈北东向展布的长圆形，碎斑熔岩体位于盆地的中心部位，面积约 600 km²。岩体具有明显的分带性，从边缘向中心或从上到下依次出现下列岩性：边缘相玻质碎斑熔岩、过渡相霏细碎斑熔岩、中心相粒状碎斑熔岩、根部相花岗斑岩（赖绍聪等，1990）。

2 造岩元素特征

白旗地区碎斑熔岩和花岗斑岩的化学成分列于表 1 中。由表 1 可以看出，碎斑熔岩 SiO_2 含量高，为 70%~75%，属流纹岩 SiO_2 含量范围。而 Fe、Mg 含量低，为 2%~3%，花岗斑岩略高。CaO 含量一般不超过 1.5%。碎斑熔岩和花岗斑岩碱质较富，Na_2O+K_2O 含量普遍大于 7%，大多为 8%~10%，且 $K_2O>Na_2O$。

在里特曼硅碱关系及组合指数变异图中，岩石平均 $\sigma=2.85$，属于太平洋岩系钙碱质系列岩石。

---

① 原载于《地球化学》，1992(1)。

表 1 火山岩的化学成分

原编号	岩　性	化学成分/%											
		SiO_2	$A1_2O_3$	Fe_2O_3	FeO	MgO	CaO	Na_3O	K_2O	TiO_2	P_2O_5	MnO	LOI	总量
F-01	玻质碎	73.12	13.52	1.62	0.31	0.26	0.93	4.03	5.13	0.20	0.07	0.03	0.52	100.06
B-8	斑熔岩	75.64	11.77	1.29	0.48	0.93	0.50	2.92	4.82	0.10	0.02	0.05	0.90	99.90
B-l	霏细碎	70.40	14.33	1.81	0.50	0.51	0.86	4.30	5.06	0.24	0.05	0.05	0.85	99.31
F-02	斑熔岩	72.76	13.37	1.29	0.65	0.18	1.10	3.84	5.13	0.07	0.07	0.03	0.44	99.42
F-03		74.52	12.85	1.26	0.28	0.15	0.93	3.84	5.08	0.17	0.06	0.02	0.50	99.76
F-04	粒状碎	71.98	13.72	1.56	0.67	0.15	1.29	4.03	5.28	0.37	0.07	0.05	0.76	100.17
F-05	斑熔岩	71.56	14.13	1.35	0.42	0.72	1.15	4.03	5.38	0.07	0.07	0.06	0.56	100.04
F-06		70.90	14.26	1.28	0.67	0.61	1.15	4.08	5.38	0.24	0.07	0.04	0.86	100.00
F-08		73.84	12.70	1.05	1.09	0.19	1.10	3.93	5.05	0.17	0.06	0.06	0.56	99.99
F-11		71.72	13.96	1.55	0.78	0.26	1.47	3.93	5.40	0.23	0.07	0.05	1.02	100.74
B-4		72.52	13.65	1.34	0.50	0.42	1.00	3.96	5.13	0.19	0.07	0.05	0.70	99.93
B-6		73.66	12.72	1.48	0.57	0.51	0.69	3.57	4.90	0.14	0.04	0.05	0.70	99.47
F-07	花岗	68.26	14.83	1.45	1.17	0.41	2.23	4.08	5.18	0.43	0.14	0.07	1.46	100.23
B-2	斑岩	69.14	14.42	2.68	0.46	0.46	1.44	4.30	4.75	0.43	0.16	0.06	0.47	99.25
B-3		70.28	15.25	1.84	1.22	1.25	0.60	4.40	4.88	0.37	0.08	0.06	0.40	100.92

由华东地质勘探局 261 大队实验室化学组分析(1987)。

3　微量元素特征

　　形成火山岩的原始岩浆在由深部向地表运移的过程中,主要元素、微量元素均发生规律性变化。微量元素的组合、比值和丰度与原始岩浆的性质有关。

3.1　微量元素的丰度特征

　　(1)Li、Rb、Cs、U、Th、F 等亲石元素含量高(表 2)。一般都高于克拉克值,且随着岩石中 SiO_2 含量增高有增加的趋势(图 1)。其中,Li、Rb、Th、F 的这种富集趋势最为明显,而 Cs 的丰度变化范围较小。

　　(2)Cu、Pb、Zn 乃典型的亲硫元素。白旗碎斑熔岩中 $Cu < 10 \times 10^{-6}$,变化幅度小;Pb 含量略高,其值为 $10 \times 10^{-6} \sim 30 \times 10^{-6}$。而 Zn 含量远大于克拉克值,但随着岩石 SiO_2 含量增高其富集趋势不明显。

　　(3)Ti、V、Cr、Mn、Co、Ni、Mo 等元素的含量大多低于克拉克值。随着岩石 SiO_2 含量增高,这些元素的含量均呈降低的趋势。其中,Ti、V、Mn 变化幅度较大,而 Co、Ni 变化不显著。

3.2　微量元素的比值特征

　　(1)K/Rb 值。白旗碎斑熔岩和花岗斑岩中 K/Rb 值在 100~210 范围内变化,随着岩石 SiO_2 含量增高,K/Rb 值呈降低的趋势,说明 Rb 有明显的富集现象(图 2)。

表2 岩石中微量元素含量(×10⁻⁶)

编号	岩性	Ti	V	Cr	Mn	Co	Ni	Cu	Zn	Mo	Pb	U	Th	F	Li	Rb	Cs	SiO₂	D.I.
B-8	玻质碎斑熔岩	600	5.6	5.6	387	6.0	3.1	3.8	247.6	3.3	10.0	8.8	51.7	1 900	65.6	394.9	8.6	75.64	90.41
B-1	霏细碎斑熔岩	1 421	15.8	14.0	387	3.1	4.6	6.2	190.4	2.7	26.0	9.2	31.0	800	27.0	228.6	8.0	70.40	89.32
B-6	粒状碎斑熔岩	840	11.0	7.4	387	5.3	5.4	4.7	106.6	2.6	6.5	5.8	40.5	1 220	45.2	299.7	8.6	73.66	90.67
B-4		1140	7.4	6.4	387	4.5	5.9	3.9	145.7	1.1	27.3	7.7	35.9	1 120	29.2	266.0	9.1	72.52	90.54
B-3	花岗斑岩	2 218	14.8	6.3	465	3.1	3.8	4.2	142.8	2.3	10.4	7.5	27.2	1 000	21.9	195.3	5.4	70.28	88.78
B-2	花岗斑岩	2 578	21.5	9.1	465	4.6	4.2	5.3	166.6	2.6	10.4	5.1	28.7	720	24.8	191.2	8.0	69.14	86.37

由华东地质勘探局261大队实验室分析(1987)。

表3 岩石中稀土元素含量(×10⁻⁶)

编号	岩性	La	Ce	Pr	Nd	Sm	Eu	Gd	Tb	Dy	Ho	Er	Tm	Yb	Lu	Y
/	球粒陨石*	0.32	0.94	0.12	0.60	0.20	0.073	0.31	0.050	0.31	0.073	0.21	0.033	0.19	0.031	1.96
B-8	玻质碎斑熔岩	69.47	152.46	16.76	49.39	9.89	0.32	7.37	1.42	8.12	1.60	4.61	0.77	5.16	0.68	45.57
B-1	霏细碎斑熔岩	67.70	134.02	15.94	47.37	8.76	1.06	5.84	1.08	5.14	1.01	2.70	0.45	2.66	0.35	25.61
B-4	粒状碎斑熔岩	80.89	136.19	19.52	59.10	10.98	1.06	7.77	1.40	7.04	1.32	3.57	0.58	3.41	0.48	35.68
B-6		73.00	138.06	17.18	51.47	9.41	0.72	6.86	1.26	6.85	1.36	3.68	0.62	3.91	0.53	36.48
B-3	花岗斑岩	71.95	141.58	18.02	55.96	10.09	1.28	6.94	1.20	5.79	1.11	2.82	0.45	2.49	0.34	26.55
B-2	花岗斑岩	74.50	144.74	18.35	58.90	10.58	1.39	7.60	1.31	6.52	1.25	3.32	0.53	3.04	0.42	32.82
B-9	片麻状混合岩	41.22	91.38	12.72	47.34	8.06	3.65	5.86	0.97	4.91	0.97	2.66	0.45	2.93	0.46	23.20

*据Herrmann(1970)。由湖北省地质矿产局测试中心分析(1987)。

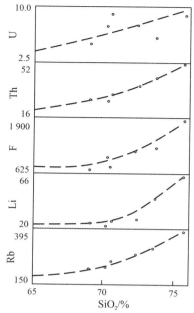

图 1　SiO$_2$ 与 U、Th、F、Li、Rb 关系图解

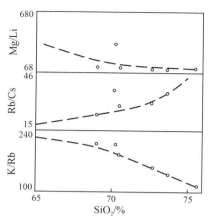

图 2　SiO$_2$ 与微量元素比值关系

（2）Rb/Cs 值。本区火山岩中，随着岩石 SiO$_2$ 含量增高，Rb/Cs 值逐渐增加。

（3）Mg/Li 值。Li 与 Mg 可在镁铁硅酸盐中呈类质同象置换，因此，Mg/Li 值在岩浆作用过程中有着明显的升降规律。本区火山岩中 Mg/Li 值在 350~70 范围内变化，且随着岩石 SiO$_2$ 含量增高呈规律降低，与岩浆演化过程中 Mg/Li 值变化的一般规律一致。

（4）白旗碎斑熔岩和花岗斑岩中微量元素对 Co/Ni 值为 0.7~2.0，变化规律不明显；而 Th/U 值则介于 3~7，较为稳定。

4　稀土元素特征

稀土元素在岩浆演化过程中相对于造岩元素更为稳定，对于原始岩浆的性质、形成方式和演化过程等均有重要的指示意义。

4.1　稀土元素丰度及其演化趋势

白旗地区碎斑熔岩、花岗斑岩以及基底太古界片麻状混合岩的稀土分析结果列于表 3 中。由表 3 可以看出，碎斑熔岩和花岗斑岩中稀土总量较高，为 320×10^{-6} ~390×10^{-6}。其中，LREE 为 270×10^{-6} ~330×10^{-6}，HREE 为 40×10^{-6} ~75×10^{-6}，∑REE 平均为 353.76×10^{-6}。正常火山岩的 ∑REE（包括 Y 在内）变化范围为 154.79×10^{-6} ~484.19×10^{-6}，平均为 311.09×10^{-6}，略低于白旗碎斑熔岩和花岗斑岩的 ∑REE 平均值。通常，陆壳物质重熔产生的岩石可能具有较高的稀土元素含量，从而说明白旗火山岩的原始岩浆可能与深部壳源物质的部分重熔有一定关系。在火山岩的稀土特征参数中，Sm/Nd 值介于 0.18~0.20，均小于 0.33；δEu 值为 0.14~0.49，均小于 0.7。而 LREE/HREE 为 3.75~6.27（表 4）。这些特征参数说明，白旗碎斑熔岩和花岗斑岩都属于富轻稀土元素型，岩浆在侵出地表以前曾发生过分异作用，因而轻、重稀土发生了一定程度的分馏并导致 Eu

亏损。

相关分析表明,SiO_2与稀土总量和轻、重稀土分量均呈正相关。在岩石化学指数中,稀土丰值主要与 D.I.、A.R.呈正相关,说明随着岩浆分异程度增高、碱度率加大,稀土丰度逐步增高。

表4 岩石中稀土元素特征参数

编号	岩 性	ΣREE	HREE	LREE	LREE/HREE	δEu	Sm/Nd
B-8	玻质碎斑熔岩	357.38	75.30	282.08	3.75	0.14	0.20
B-1	霏细碎斑熔岩	319.69	44.84	274.85	6.13	0.46	0.18
B-4	粒状碎斑熔岩	385.26	61.25	324.01	5.29	0.36	0.19
B-6		351.39	61.55	289.84	4.71	0.29	0.18
B-3	花岗斑岩	346.57	47.69	298.88	6.27	0.48	0.18
B-2		365.27	56.81	308.46	5.43	0.49	0.18

4.2 稀土元素球粒陨石标准化型式

白旗碎斑熔岩和花岗斑岩中稀土元素分布曲线均为右倾负斜率轻稀土富集型。轻稀土部分曲线陡、负斜率大;而重稀土部分曲线较为平直,均在 Eu 处形成一个强烈凹陷。需要指出的是,基底片麻状混合岩的稀土分布曲线与碎斑熔岩和花岗斑岩有一定的相似性。区别主要有两点:一是片麻状混合岩为正 Eu 异常;二是片麻状混合岩最重稀土不具有上翘现象。从而说明,白旗火山岩的稀土元素特征与基底岩石的稀土元素特征既有区别同时又有一定的承袭性(图3)。

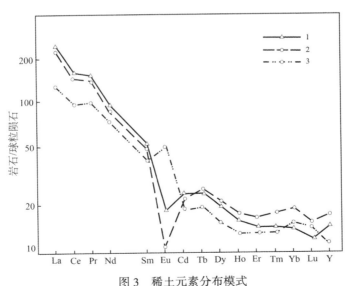

图3 稀土元素分布模式

1.花岗斑岩平均值;2.碎斑熔岩平均值;3.片麻状混合岩

5 同位素特征

5.1 氧同位素特征

白旗碎斑熔岩的氧同位素($\delta^{18}O$)组成变化范围为 8‰～12‰(表 5),平均为 9.975‰。这个值与南京大学划分的同熔型花岗岩特征值($\delta^{18}O‰ = 8～10$)极为接近,但略显偏高。据 G.福尔(1983)的研究结果,火成岩的 $\delta^{18}O‰$ 一般都小于 10;通常,地幔物质($\delta^{18}O‰ = 6±0.5$)经分异作用最终产物的 $\delta^{18}O$ 含量不会超过 9‰。结合稀土元素研究结果,我们认为,形成碎斑熔岩的原始岩浆是深部物质熔融的结果,且不可能是单一的地幔物质熔融的产物,必定有壳源物质加入,从而造成略高于同熔型花岗岩的 $\delta^{18}O$ 值。

碎斑熔岩和花岗斑岩中石英的 $\delta^{18}O$ 值变化范围为 9‰～13‰,平均为 10.36‰,高于全岩氧同位素平均值。说明白旗碎斑熔岩和花岗斑岩中已发生了同位素分馏,$\delta^{18}O$ 相对富集于石英之中。

表 5　氧同位素特征

编号	岩　性	样品名称	$\delta^{18}O‰$
HL14	玻质碎斑熔岩	全岩	8.733
HL24	霏细碎斑熔岩		9.724
HL12	粒状碎斑熔岩		12.016
HL18			9.426
HL24	霏细碎斑熔岩	石英	9.336
HL25			13.341
HL12	粒状碎斑熔岩		9.878
HL18			10.210
HL35	花岗斑岩		9.034

由中国地质科学院矿床研究所分析(1987)。

5.2 铷-锶同位素特征

利用全岩 Rb-Sr 等时线法测定本区火山岩系中碎斑熔岩的成岩年龄为 119.3±3.0 Ma,初始锶值($^{87}Sr/^{86}Sr$)$_0$ 为 0.708 26±0.000 7(表 6)。据北京铀矿地质研究所资料,白旗–蓝旗一带碎斑熔岩 Rb-Sr 等时线年龄为 142.2±3.7 Ma(高同德等,1987),说明火山作用时间大致相当于侏罗系顶部层位并延续到了白垩纪。

测得的 $^{86}Sr/^{87}Sr$ 初始值(0.708 26)及年龄值(119.3 Ma)在上地幔及大陆壳 Sr 同位素演化图中落在大陆壳增长线与玄武岩增长线之间。这种"中等初始值"说明,该火山岩原始岩浆来源比较复杂,它不可能由单一上地幔物质所形成,也不是完全的大陆地壳硅铝质岩的产物,结合岩石化学、微量元素及稀土元素研究结果,可以推断,该火山岩系原始岩浆就是上地幔和地壳物质共同混熔分异而成。燕山期强烈的构造运动产生的地热异常以及库拉板块向欧亚板块的俯冲作用是促使深部物质熔化的热源。

表6 碎斑熔岩 **Rb-Sr** 同位素分析结果

编号	Rb/×10⁻⁶	Sr/×10⁻⁶	⁸⁷Rb/⁸⁶Sr	⁸⁷Sr/⁸⁶Sr	处理结果
D-2	248.82	171.92	4.203 0	0.714 80	等时线年龄:
D-4	242.18	173.18	4.062 8	0.715 34	$T=119.3\pm3.0$ Ma
D-3	250.53	180.50	4.030 7	0.715 38	初始⁸⁷Sr/⁶Sr 值:
D-5	258.91	164.66	4.566 2	0.716 09	$R_0=0.708\ 26\pm0.000\ 7$
D-7	298.37	126.60	6.844 3	0.719 69	相关系数:
D-8	303.09	114.88	7.661 7	0.721 36	$r=0.993\ 1$

由中国地质科学院宜昌地质矿产研究所分析(1987)。

6 岩浆及岩石形成的温压条件

将白旗碎斑熔岩体主要岩石(碎斑熔岩、花岗斑岩)的岩石化学分析资料的相关数据投影到 Q-Or-Ab 相图(图4)中并作成分趋势线,它与各恒压最低点的连线交于一点,该点处在 6×10^7 Pa 左右的水汽压范围。当岩浆中晶液处于平衡的条件下,该交点大致代表了岩石结晶时的水汽压,也就是岩浆房中矿物晶出时的水汽压力。

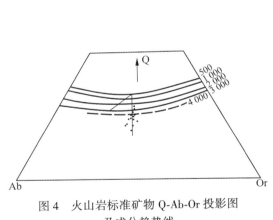

图4 火山岩标准矿物 Q-Ab-Or 投影图及成分趋势线

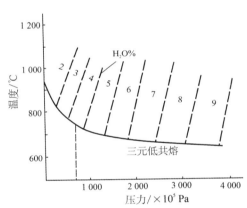

图5 $NaAlSi_3O_8$-$KAlSi_3O_8$-SiO_2-H_2O 系统中压力和温度关系图解

图中 2~9 为岩浆中水的百分含量值。

据 Tuttle and Bowen(1985)

根据岩浆中水压与含水量和矿物晶出温度的关系(图5),得出矿物的晶出温度约为750 ℃,与二长石测温结果(表7)比较一致。这是矿物的共结温度,即矿物晶出时的最低温度。另外,从图5中还可得出岩浆含水量约为3.5%。如果按 3.3 km/10⁸ Pa 计算,则 6×10^7 Pa相当于 1.98 km 的深度,即岩浆房顶部所处的深度约为 1.98 km。利用岩石中石英斑晶的熔融包裹体进行淬火法测温,测得白旗碎斑熔岩的成岩温度在 1 100 ℃ 左右;和其他许多报道中提到的一样,包裹体测温结果都高于各种地质温度计计算出来的温度。

表 7　二长石温度计测温结果

编号	岩　性	Ab/分子%		温度/℃
		斜长石中	钾长石中	
L35	花岗斑岩	54.36	31.17	842
L12	粒状碎斑熔岩	58.94	28.13	742
L18		52.12	29.85	847
L25	霏细碎斑熔岩	54.56	26.80	765

由南京大学现代测试中心分析。

7　结　论

（1）白旗碎斑熔岩总体化学成分表现为高硅、偏碱、基性组分较低的特征,属于太平洋岩系钙碱质系列岩石,化学成分类型属于流纹岩类。

（2）白旗碎斑熔岩中微量元素总的特征表现为 Li、Rb、Cs、U、Th、F 等亲石元素丰度值高;相反,Ti、V、Cr、Co、Ni 等基性元素丰度值低。

（3）白旗碎斑熔岩的稀土配分属轻稀土富集型,Eu 亏损明显,轻、重稀土已发生了一定程度的分馏。

（4）形成白旗碎斑熔岩的原始岩浆来自地壳深部,是上地幔与地壳共同混熔分异的产物。

参考文献

[1] 高同德,张学权,万国良,等.内蒙古白旗-蓝旗一带碎斑流纹岩岩石学和地球化学特征.铀矿地质,1987(4):224-229.

[2] 赖绍聪,徐海江.内蒙古正镶白旗碎斑熔岩岩石学特征及其岩相划分.岩石学报,1990(1):56-65.

[3] 福尔 G.同位素地质学原理.北京:科学出版社,1983:286-289.

内蒙古正镶白旗碎斑熔岩长石特征及其岩石学意义①

赖绍聪　徐海江

摘要：正镶白旗碎斑熔岩是一种特殊成因的火山岩,是岩浆沿火山通道侵出地表的产物。碎斑熔岩中钾长石主要为低透长石、高正长石、中正长石和中正微长石;斜长石则以更长石为主,其有序度低,指示了岩石高温火山成因的特征。从岩体边缘相到中心相至根部相,长石类型、化学成分和有序度具有一定的变化规律,反映了岩体不同岩相带成岩条件的差异性。

1　区域地质概况

正镶白旗地区位于中朝准地台内蒙古地轴的北缘,属内蒙古地槽华力西晚期褶皱带,温都尔庙–多伦复背斜的东部。区内出露地层简单,主要有太古界变质岩系;下二叠统三面井组硬砂岩及安山岩类并不整合于太古代地层之上,它们共同构成火山盆地的基底。构成盆地盖层的是晚侏罗世张家口组火山凝灰岩、粗面质熔结凝灰岩和流纹斑岩等。区内断裂构造不发育,主要可分为近东西向和北东向两组。褶皱构造主要表现为一系列北北东向展布的背斜和向斜。

2　碎斑熔岩的地质特征

正镶白旗中生代火山盆地呈北东向展布的长圆形,碎斑熔岩体位于盆地的中心部位,长 30~40 km,宽 15~20 km,面积约 600 km²(图 1)。正镶白旗碎斑熔岩是一中间厚四周薄、暴露于地表的不规则穹状地质体,与我国东南沿海诸省出露的碎斑熔岩产状较为相似[1]。岩体具有明显分带性,从边缘向中心或从上到下依次出现玻质碎斑熔岩、霏细碎斑熔岩、粒状碎斑熔岩和花岗斑岩,它们分别构成白旗碎斑熔岩体的边缘相、过渡相、中心相和根部相[2]。

3　碎斑熔岩长石特征

长石矿物是中酸性岩石的重要组成部分,其成分和结构状态的差异在相当程度上反映了岩浆物理化学条件的变化以及岩浆成分的分异。

---

① 原载于《矿物学报》,1992,12(1)。

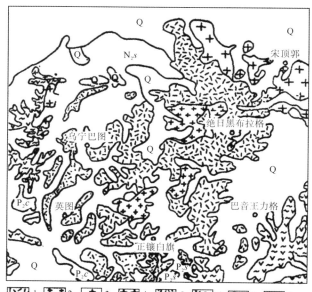

图 1　正镶白旗中生代火山盆地地质略图

1.碎斑熔岩;2.花岗斑岩;3.石英二长岩;4.燕山期花岗岩;5.张家口组流纹斑岩段;6.张家口组凝灰岩段;
7.二叠系三面井组;8.第三系上新统(N_2s)和第四纪沉积物(Q)

3.1　钾长石的特征

碎斑熔岩各岩相带岩石中均有钾长石出现,它是重要的碎斑矿物之一。

3.1.1　钾长石的有序度与光轴角

玻质-霏细碎斑熔岩中,钾长石$-2V$ 为 42°~50°(表 1),以低透长石和高正长石为主;对于低透长石,SM 已接近于 1;对于高正长石,其三斜有序度较低,在 0.025~0.100 范围内,刚进入三斜有序化进程。粒状碎斑熔岩中,$-2V$ 的变化范围略宽,最低 20°、最高 60°,集中在 38°~58°范围内。花岗斑岩的钾长石$-2V$ 大多集中在 53°~61°范围内,以中正长石和中正微斜长石为主,三斜有序度在 0.24~0.43 范围内,三斜度为 0.20~0.33。

3.1.2　钾长石的衍射分析

正镶白旗碎斑熔岩各岩相带岩石中钾长石的 X 射线衍射分析结果列于表 2 中。将衍射数据投影到"三峰法"图解(图 2)上,投影点处在透长石和正长石系列之间。Ragland 系数 $\delta' = \dfrac{9.063 + 2\theta_{060} - 2\theta_{204}}{0.205}$ 计算结果亦得出同样的结论[4]。其中,玻质碎斑熔岩和霏细碎斑熔岩 δ' 绝对值稍大(集中在 0.47 左右),最靠近透长石;粒状碎斑熔岩 δ' 绝对值略小(0.08~0.47);而花岗斑岩则变化范围较大(δ' 为-0.28~-0.86)。

表1　钾长石的结构状态和光轴角

编号	岩石名称	光 性 特 征				矿物名称[3]
		2V(Np)	SM	ST	Δ	
L29	花岗斑岩	61		0.43	0.20	中正微长石
L17		34	0.91			低透长石
L35		58		0.35		中正长石
		60		0.40		中正长石
L21		58		0.35	0.30	中正微长石
		53.5		0.24	0.33	中正微长石
L14	粒状	58		0.35		中正长石
	碎斑熔岩	38	0.94			低透长石
		20	0.78	0.40		低透长石
G-3		60		0		中正长石
		44	1.00	0.15		低透长石
L19		50		0.24		高正长石
		53.5				高正长石
L24	霏细	45		0.025	0.20	高正微长石
	碎斑熔岩	48		0.10		高正长石
G-14		44	1.00	0		低透长石
		46		0.05		高正长石
L25		46		0.05		高正长石
		50		0.15		高正长石
G-7		42	0.98			低透长石

表2　钾长石X射线衍射分析结果

样号	岩石名称	$2\theta_{060}$	$2\theta_{204}$	$\Delta2\theta_{1\bar31-131}$	δ'	Sm	η	$T/℃$
L29	花岗斑岩	41.62	50.86	0.075	−0.863 4	0.074 9	−1.194 8	760
L17		41.72	50.90	0.060	−0.570 7	0.173 3	−0.824 4	680
L35		41.72	50.84	0.080	−0.375 6	0.243 5	−0.557 2	610
L28		41.76	50.90	0.040	−0.278 0	0.288 9	−0.378 0	570
L21		41.76	50.90	0.040	−0.375 6	0.243 5	−0.557 2	610
L14	粒状	41.72	50.84	0.080	−0.082 9	0.355 6	−0.126 0	520
L18	碎斑熔岩	41.78	50.86	0.080	−0.473 2	0.211 9	−0.675 6	640
G-3		41.72	50.88	0.020	−0.473 2	0.208 4	−0.690 8	650
L19		41.74	50.90	0.060	−0.278 0	0.288 9	−0.378 0	560
L24	霏细	41.88	50.92	0.075	−0.112 2	0.415 5	0.095 6	480
L25	碎斑熔岩	41.72	50.88	0.040	−0.473 2	0.211 9	−0.675 6	640
G-7		41.72	50.88	0.060	−0.473 2	0.208 4	−0.690 8	650
G-14	玻质碎斑熔岩	41.74	50.90	0.090	−0.473 2	0.211 9	−0.676 6	640

我们还用 Гораценко 和 Кухаренко 提出的经验公式

$$Sm=\frac{14.267+(2\theta_{060}-1.098\times2\theta_{\bar204})}{0.57}$$

计算了钾长石的单斜有序度[6]，它与拉格兰系数 δ' 所反映的钾长石结构状态变化趋势大体吻合。

表3是采用 Авнина 计算方法①获得的白旗碎斑熔岩各岩相带岩石中钾长石的铝占位率以及 Thompson 系数。显然，钾长石三斜有序度(Y)均很低，而单斜有序度(Z)则反映出一定的规律性。玻质、霏细碎斑熔岩单斜有序度最低，Z 值集中在 0.361 6 附近；粒状碎斑熔岩单斜有序度稍高，而花岗斑岩的单斜有序度变化较大。

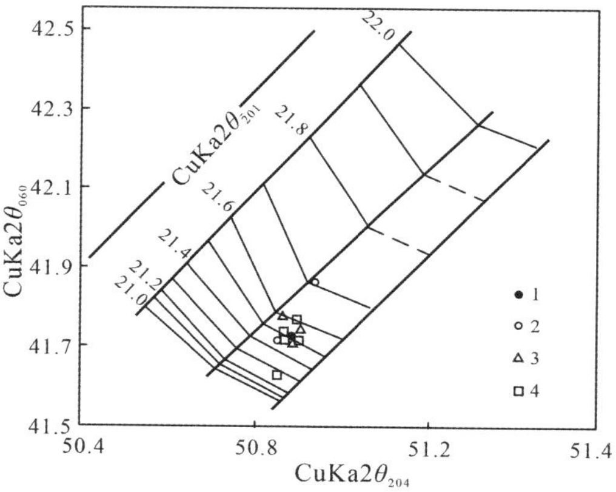

图2　长石在"三峰法"图解中的投影[5]
1.玻质碎斑熔岩；2.霏细碎斑熔岩；
3.粒状碎斑熔岩；4.花岗斑岩

3.1.3　钾长石的红外有序度

钾长石中由于 Si/Al 有序度不同，使结构的对称度发生了变化，从而可用红外光谱测定长石的有序度。从分析结果(表4)中不难发现，红外有序度 θ 所反映的钾长石结构状态变化趋势与光学测定结果基本一致。

表3　钾长石 T_1、T_2 位铝占位率

样号	岩石名称	T_{1o}	T_{1m}	T_{2o}	T_{2m}	Thompson 系数	
						Y	Z
L29	花岗斑岩	0.337 8	0.287 3	0.187 5	0.187 5	0.050 5	0.252 0
L17		0.371 3	0.295 5	0.166 6	0.166 6	0.075 8	0.333 6
L35		0.872 6	0.322 0	0.152 7	0.152 7	0.050 6	0.389 2
L28		0.404 8	0.303 7	0.147 5	0.147 5	0.101 1	0.417 0
L21		0.372 6	0.322 0	0.152 7	0.152 7	0.050 6	0.388 2
L14	粒状	0.418 7	0.317 6	0.131 8	0.131 8	0.101 1	0.472 6
L18	碎屑熔岩	0.353 0	0.327 7	0.159 6	0.159 6	0.025 3	0.361 4
G-3		0.340 4	0.340 4	0.159 6	0.159 6	0	0.361 6
L19		0.404 8	0.300 7	0.148 8	0.148 8	0.104 1	0.411 0
L24	霏细	0.457 9	0.306 2	0.118 0	0.118 0	0.151 7	0.528 2
L25	碎斑熔岩	0.378 3	0.302 2	0.159 6	0.159 6	0.075 8	0.361 6
G-7		0.416 1	0.264 6	0.159 6	0.159 6	0.151 5	0.361 6
G-14	玻质碎斑熔岩	0.365 7	0.315 1	0.159 6	0.159 6	0.050 6	0.361 6

综合上述分析，正镶白旗碎斑熔岩体各岩相带岩石中钾长石光学有序度及红外有序度总的变化趋势是：从玻质碎斑熔岩、霏细碎斑熔岩→粒状碎斑熔岩→花岗斑岩有序度大体上呈逐渐升高的趋势。钾长石类型则从以低透长石、高正长石为主逐渐变化为以中正长石、中微斜长石为主。反映了各岩相带岩石形成环境的差异性。

---

① 束金赋.长石 X 射线分析.武汉：武汉地质学院测试中心，1985.

3.1.4 钾长石的化学成分

用电子探针分析方法,测得白旗碎斑熔岩各岩相带岩石中钾长石 Or 含量一般在 60%以上(表5);An 含量很低,一般不超过 3%;而 Ab 大多在 20%~30%。

表4 钾长石红外分析结果

编号	岩 性	V_1/cm^{-1}	V_2/cm^{-1}	θ
L29	花岗斑岩	638	540	0.40
L17		639	543	0.30
L28		638	541	0.35
L21		637	541	0.30
L35		638	544	0.20
L19	粒状	637	541	0.30
L14	碎斑熔岩	637	544	0.15
L18		636	544	0.10
G-3		638	542	0.30
L42	霏细	638	542	0.30
L25	碎斑熔岩	635	540	0.25
G-7		636	544	0.15
G-14	玻质碎斑熔岩	636	543	0.15

表5 长石成分电子探针分析结果

样品	岩石名称	类型	成分/%					分子/%		
			Na$_2$O	K$_2$O	CaO	Al$_2$O$_3$	SiO$_2$	An	Ab	Or
L35	花岗斑岩	Or	3.00	9.69	0.44	20.45	66.42	2.62	31.17	66.20
		Pl	4.79	1.51	5.48	25.30	62.93	34.36	54.36	11.28
			2.78	9.80	0.57	20.55	66.30	3.26	29.19	67.55
		Or	2.90	7.91	0.34	17.74	71.11	2.17	35.02	62.82
L16	粒状	Or	2.89	9.71	0.43	20.66	66.30	2.50	30.42	67.08
	碎斑熔岩		2.65	9.19	0.47	18.85	68.84	2.82	29.57	67.61
		Or	2.99	9.11	0.62	20.41	66.88	3.67	32.06	64.27
L08		Pl	5.51	2.70	5.35	34.89	51.56	29.58	55.14	15.28
		Or	0.13	10.64	0.26	18.58	70.39	2.33	2.11	95.56
		Pl	4.18	0.90	5.90	26.31	62.71	40.53	52.16	7.32
		Or	2.64	9.32	0.31	20.45	67.45	1.85	29.85	68.30
L12		Pl	4.74	1.39	4.30	24.92	64.65	29.57	58.94	11.49
L18		Or	2.41	9.11	0.31	20.44	67.73	1.91	28.13	69.97
			2.66	8.4	0.33	20.86	67.75	2.14	31.73	66.13
L05		Or	2.39	6.47	0.61	17.00	73.54	4.74	34.27	60.99
L32	霏细	Or	2.77	9.36	0.43	20.62	66.82	2.59	30.25	67.15
	碎斑熔岩		1.67	6.10	0.41	13.93	77.90	3.83	28.32	67.86
			2.42	10.38	0.42	20.43	66.35	2.50	25.47	72.03
			2.10	15.73	0.33	28.60	53.24	1.57	18.91	79.57
		Or	2.32	9.43	0.24	20.47	67.54	1.55	26.80	71.65
L25		Pl	4.24	1.11	5.09	25.34	64.22	36.12	54.56	9.32

Or 代表钾长石;Pl 代表斜长石。由南京大学现代测试中心电镜室分析(1987)。

3.1.5 钾长石的形成温度

正路系数 η 与钾长石的形成温度关系密切。根据图 3 获得白旗碎斑熔岩体各岩相带岩石中钾长石的形成温度,最低为 430 ℃、最高为 760 ℃,大多集中在 610~680 ℃(表 2)。

需要指出的是,该温度是长石保留结构状态的最低温度,而不是长石起始结晶的温度。冷却快时即保留高温结构状态,冷却慢时即保留低温结构状态。所以,本区碎斑熔岩体各岩相带的岩石中钾长石大约在 610 ℃时其结构状态就已基本稳定下来。

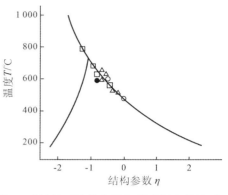

图 3 碱性长石结构参数与形成温度的关系
图例同图 2

3.2 斜长石的特征

正镶白旗碎斑熔岩各岩相带岩石中均可出现斜长石,主要以斑晶形式存在。An 一般在 10~40 号内变化,但以小于 30 号的更长石为主。光学有序度在 0.1~0.7 范围内变化(表 6),兼具火山岩和次火山岩的特征。而且,从霏细碎斑熔岩→粒状碎斑熔岩→花岗斑岩,斜长石光学有序度呈逐渐升高的趋势。根据衍射分析结果,利用苏叶图解获得的结构状态指数 ISS 在 0.35~0.98 范围内,花岗斑岩最高,粒状碎斑熔岩次之,霏细碎斑熔岩最低。

表 6 斜长石 X 射线衍射及光学测定结果

编号	岩　性	衍射分析		光学测定	
		ISS	An/%	An/%	S
L35	花岗斑岩	0.98	31	20~40	0.4~0.7
L19	粒状	0.45	7	20~30	0.2~0.5
L14	碎斑熔岩	0.51	9		
G-3		0.53	21		
L25	霏细碎斑熔岩	0.35	20	15~30	0.1~0.3

ISS 为斜长石结构状态指数;S 为斜长石光学有序度。

Korll-Ribble 提出在已知斜长石 An、Ab、Or 的情况下测定其 T_{1o}-T_{1m} 的图解[8](图 4),利用该图测得正镶白旗碎斑熔岩和花岗斑岩的 T_{1o}-T_{1m} 分别为 0.164 4 和 0.239 8。

斜长石 $\Delta d_{1\bar{3}1-131}$ 以及 An 与其保留结构状态的最低温度密切相关(图 5)。将探针分析获得的斜长石 An 值以及衍射分析获得的 $\Delta d_{1\bar{3}1-131}$ 投影到图中,从而得出正镶白旗碎斑熔岩和花岗斑岩中斜长石保留结构状态的最低温度大约是 300~470 ℃。其中,霏细碎斑熔岩最高,而花岗斑岩最低。说明碎斑熔岩冷却快,保留了较高温的结构状态;而花岗斑岩处于岩体根部,冷却较慢,保留了较低温的结构状态。从而证明,从玻质碎斑熔岩、霏细碎斑熔岩→粒状碎斑熔岩→花岗斑岩,即从岩体边缘相→过渡相→中心相→根部相,岩石绝热条件逐渐变好,冷却时间逐渐变长。

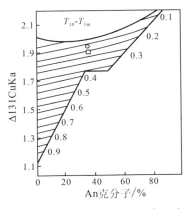

图 4　斜长石 $\Delta2\theta_{1\bar{3}1-131}$ 与有序程度
$T_{1o}\text{-}T_{1m}$ 和成分的关系[8]
图例同图 2

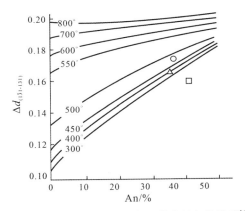

图 5　斜长石 $\Delta d_{1\bar{3}1-131}$ 与成分和形成温度的关系[9]
图例同图 2

4　岩浆形成的温度和压力条件及其结晶演化趋势

将正镶白旗碎斑熔岩体各岩相带岩石的化学分析资料的相关数据投影到 Q-Qr-Ab 相图(图 6)中并作成分趋向线,它与各恒压最低点的连线交于一点,该点处于 60 MPa 左右的水汽压范围内。当岩浆中晶液处于平衡的条件下时,该点大致代表了岩石结晶时的水汽压,也就是岩浆房中矿物晶出时的水汽压。

根据岩浆中水压与含水量和矿物晶出温度的关系(图 7),得出矿物晶出温度约为750 ℃,与二长石测温结果比较略偏低(表 7)。这是矿物的共结温度,即矿物晶出时的最低温度。另外,从图 7 中还可得出岩浆含水量约为 3.5%。如果按 33 km/GPa 计算,60 MPa 相当于 1.98 km 的深度,即岩浆房顶部的深度大约是 1.98 km。

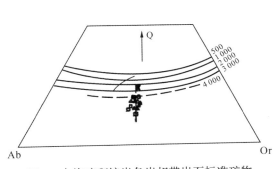

图 6　白旗碎斑熔岩各岩相带岩石标准矿物
Ab、Or 和 Q 的投影及成分趋向线[10]
图例同图 2

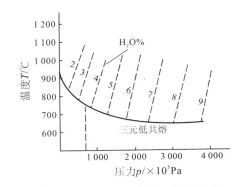

图 7　$NaAlSi_3O_8\text{-}KAlSi_3O_8\text{-}SiO_2\text{-}H_2O$
系统中压力和温度的关系[11]

为了从理论上深入探讨岩浆演化过程及岩浆中矿物的结晶顺序,特别是对长石矿物,我们采用 Carmichael 设计的表示酸性熔体中长石结晶路线的 An-Ab-Or-Q 四面体来表达岩浆房中岩浆演化的趋势[12]。

表7 二长石温度计测量结果

岩 性	Ab 分子%		温度/℃
	斜长石中	钾长石中	
花岗斑岩	54.36	31.79	858
粒状碎斑熔岩	55.41	30.86	827
霏细碎斑熔岩	54.56	25.95	789

正镶白旗碎斑熔岩各岩相带岩石的平均化学成分在 Q-Or-Ab 相图(为卡迈克尔四面体的底切面)上,投影点落在分离结晶线 qm(热谷)的右方、同结线 WS 的下方(P 点)(图 8)。再将平均化学成分计算所得的 An-Ab-Or 投影到四面体的 An-Ab-Or 面(图 9)上,可以看出,投影点在二长石面 HGEF 的上方,为斜长石结晶区。这说明,斜长石将首先从熔浆中晶出。若降温缓慢,晶出矿物将与熔浆发生反应以适应新的环境。若降温迅速,则晶出的斜长石来不及与熔浆反应完全而形成环带。正镶白旗碎斑熔岩中斜长石环带不发育,说明岩浆在过渡岩浆房中相对稳定的时间较长。随着温度进一步降低,斜长石不断晶出,熔体成分沿 PA 变化。至 A 点,熔体成分到达二长石面,于是斜长石、钾长石同时结晶。至 B 点,熔体成分到达石英-长石面 WXGS。然后,沿同结线 GH 长石、石英共同结晶,直到该线上的最低点 H,结晶作用最后结束。因此,可以推断,白旗碎斑熔岩的原始岩浆在过渡岩浆房中的结晶作用大体是按照斜长石→钾长石→石英的顺序结晶的,但熔体往往不能最后到达 H 点。因为,当熔浆还未完全结晶时,构造应力已促使过渡岩浆房中的富晶粥状岩浆上涌侵出地表,使温压条件发生急剧变化,从而改变了熔浆的结晶路线,边缘相玻质碎斑熔岩形成了具玻璃基质的火山岩,提前结束了结晶路线上的结晶过程。只有在根部相花岗斑岩及粒状碎斑熔岩中结晶作用相对较完全,这可能是造成粒状碎斑熔岩中斜长石大多以斑晶形式存在的重要原因。

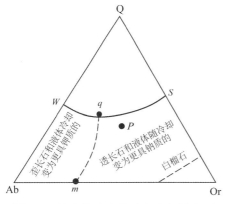

图 8 正镶白旗碎斑熔岩各岩相带岩石
平均化学成分标准矿物
在 Ab-Or-Q 相图上的投影[12]

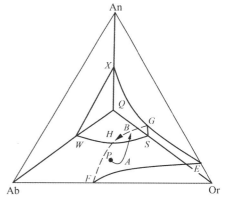

图 9 正镶白旗碎斑熔岩各岩相带岩石
平均成分标准矿物
在 An-Ab-Or-Q 四面体中的投影[12]

5 结语

正镶白旗碎斑熔岩体各岩相带岩石中钾长石含钠较高,斜长石主要为更长石。岩体各岩相带岩石中斜长石有序度具有规律性变化,从边缘相→过渡相→中心相→根部相,有序度呈逐渐升高趋势,反映了各岩相带岩石形成环境的差异性。钾长石光学有序度和红外有序度反映了与斜长石有序度同样的变化规律,而钾长石 X 射线衍射分析结果规律不明显。白旗碎斑熔岩体边缘相具有火山喷溢的特征,中心相和根部相则由于贮热条件较好、冷却较慢,形成粒状碎斑熔岩和具次火山岩特征的花岗斑岩,过渡岩浆房中矿物的结晶作用大体上是按照斜长石、钾长石、石英的顺序结晶的,因此,斜长石主要以斑晶形式出现,在基质中少见。

长石的成分及其结构状态是岩浆从岩浆房开始结晶到侵出地表冷凝成岩整个过程中岩浆的成分、温度、压力等因素综合作用的结果。岩浆的成分和岩浆房的温度、水汽压力及其变化状态决定了长石的晶出状态和成分特征,而冷却过程中温度、过冷度、挥发分含量等,则是影响长石结构状态的重要因素。因此,长石的成分和结构状态对于岩石的成因具有重要的指示意义。

参考文献

[1] 陶奎元,黄光昭,王美星,等.中国东南部碎斑熔岩基本特征及成因机理的探讨.南京地质矿产研究所所刊,1985,6(1):1-23.

[2] 赖绍聪,徐海江.内蒙古正镶白旗碎斑熔岩岩石学特征及其岩相划分.岩石学报,1990(1):56-65.

[3] 苏树春.碱性长石的光学鉴定.北京:地质出版社,1982:7.

[4] Ragland P C. Composition and structural state of the potassic phase in perthites as related to petrogenesis of a granite pluton. Lithos, 1970,3:167-189.

[5] Wright T L. X-ray and optical study of alkali feldspar Ⅱ. An X-ray method for determining the composition and structural state from measurement of 2θ values for three reflections. Amer Mineral, 1968,53:84-104.

[6] Гораценко, В В, Кухаренко, А А. Методика исследования структурного состояния щелочных полевых шпатов и их рациональ ная номенклатура, сб. Минералогия и Геохимия, 1975,5:67-97.

[7] 正路徹セ.X 射线粉末法によルカリチヲッの组成およひの构造(Al/Si 秩序无秩)决定.矿物学杂志,1972,10:413-425.

[8] Kroll, H, Ribble P H. Determinative diagrams for Al-Si order in plagioclase. Amer Mineral, 1980,65:449-457.

[9] 叶大年,金成伟.X 射线粉末法及其在岩石学中的应用.北京:科学出版社,1984:262.

[10] Lipman P W. Water Pressures during differentiation and crystallization of some ash-flow magmas from southern Nevada. Amer Jour Sci, 1966,264:810-826.

[11] Tuttle O F, Bowen N L. Origin of granite in the light of expermental studies in the system $NaAlSi_3O_8$-$KAlSi_2O_8$-SiO_2-H_2O. Geol Soc Amer Mem, 1958,74:84-89.

[12] Carmichael I S E. The crystallization of feldspar in volcanic acid liquids. J Geol Soc London, 1963,119:95-131.

内蒙古白旗地区火山碎斑熔岩矿物
红外光谱特征研究[①]

赖绍聪　隆　平

摘要：正镶白旗碎斑熔岩和花岗斑岩中钾长石主要为高正长石和低透长石，有序度低，反映了白旗火山岩形成温度较高；钾长石有序度具明显的变化规律，反映了各相带岩石形成环境的差异性。各相带中石英的红外光谱反映了与钾长石相同的温度变化规律；岩石中锆石主要以晶质锆石为主；磁铁矿的红外光谱特征则表明碎斑熔岩形成于高氧化条件的侵出相环境。

红外光谱是矿物学研究的重要手段之一。测定造岩矿物及副矿物红外特征参数及特征谱带，有利于了解矿物的形成环境，对于探讨岩石成因有重要指示意义。本文旨在探讨白旗碎斑熔岩中钾长石、石英、锆石及磁铁矿 4 种矿物的红外光谱特征及其岩石学意义。

1　区域地质背景

白旗地区位于中朝准地台内蒙古地轴的北缘，属内蒙古地槽华力西晚期褶皱带，温都尔庙–多伦复背斜的东部。区内出露地层简单，主要有构成盆地基底的太古界变质岩系；下二叠统三面井组硬砂岩及安山岩类，并不整合于太古界之上；构成盆地盖层的是晚侏罗世张家口组火山凝灰岩、粗面质熔结凝灰岩和流纹斑岩等。区内断裂构造不发育，主要可分为近东西向以及北东向两组。褶皱构造主要表现为一系列北北东向展布的背斜和向斜。

白旗中生代火山盆地呈北东向展布的长圆形，碎斑熔岩体位于盆地的中心部位，面积约为 600 km^2。岩体具有明显的分带性，从边缘向中心或从上到下依次出现下列岩性：边缘相玻质碎斑熔岩、过渡相霏细碎斑熔岩、中心相粒状碎斑熔岩和根部相花岗斑岩[1]。

2　钾长石红外光谱特征

红外吸收光谱法是测定长石有序度比较新的一种方法。矿物结构的对称程度对红外光谱有很大影响。钾长石中由于 Si/Al 有序度不同，使结构对称度发生变化，从而可用红外光谱测定长石有序度。研究表明，在 600 ~ 650 cm^{-1} 范围内（用 V_1 表示）和 500 ~

①　原载于《西北地质》，1997，18（3）。

550 cm^{-1} 范围内(用 V_2 表示)出现了 2 个吸收带,其频率位置的偏移与长石中 Si/Al 有序度密切相关。据库兹涅佐娃(1971)经验公式[2],有:$\theta = 0.05(\Delta V - 90)$。式中,$\theta$ 为红外有序度,$\Delta V = V_1 - V_2$。分析结果(图 1,表 1)表明,玻质碎斑熔岩中钾长石红外有序度最低,为 0.15;而霏细碎斑熔岩和粒状碎斑熔岩稍高,为 0.1~0.3;花岗斑岩中钾长石红外有序度大都高于 0.3,为 0.3~0.4。

利用红外光谱分析可以求得钾长石 4 个不同四面体位置上的铝占位率,公式如下[2]:

$$T_{1o} + T_{1m} = 0.55 + 0.45\theta$$
$$T_{1o} - T_{1m} = 1.89(D_2/D_1 - 0.25)$$
$$T_{2o} = T_{2m} = (1 - T_1)/2$$

显然,要求得($T_{1o} - T_{1m}$),必须先导出红外特征值 D_2/D_1(称为光密度比)。根据 Lambere 定律[3-4],光密度 $D = KL = \lg(I_0/I)$。式中,K 为消光系数或吸光系数;I_0 为入射光强度;I 为透射光强度;L 为透过介质层的厚度。如果不考虑背景的吸收和其他干扰因素,认为 I_0 为 100%,则 I_0/I 即为红外图谱上纵坐标表示的透过率的倒数。由于背景的吸收和其他干扰因素的存在,实际上不可能这样简单,因而引入光密度比 D_2/D_1 的概念。

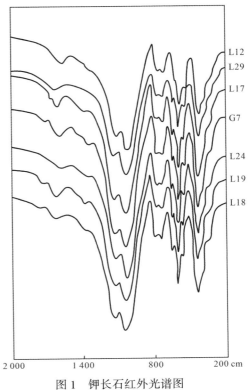

图 1　钾长石红外光谱图

测试条件:仪器 Pye Unicam SP300A 型,溴化钾压片法

表 1　钾长石红外分析结果

编号	岩性	V_1/cm^{-1}	V_2/cm^{-1}	θ	矿物名称
L29	花岗斑岩	638	540	0.40	高正长石
L17	花岗斑岩	639	543	0.30	高正长石
L28	花岗斑岩	638	541	0.35	高正长石
L21	花岗斑岩	637	541	0.30	高正长石
L35	花岗斑岩	638	544	0.20	透长石
L19	粒状碎斑熔岩	637	541	0.30	透长石
L18	粒状碎斑熔岩	636	544	0.10	透长石
G-3	粒状碎斑熔岩	638	542	0.30	高正长石
L24	霏细碎斑熔岩	638	542	0.30	高正长石
L25	霏细碎斑熔岩	635	540	0.25	高正长石
G-7	霏细碎斑熔岩	636	544	0.15	透长石
G-14	玻质碎斑熔岩	636	543	0.15	透长石

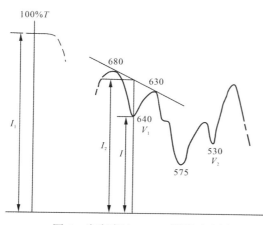

图 2 光密度比 D_2/D_1 测量示意图

我们的研究表明，D_2 是在 $600 \sim 650$ cm^{-1} 范围内 V_1 吸收峰的光密度，应该在 $630 \sim 680$ cm^{-1} 位置最大透过率的谱线上取切线定基线，按如图 2 所示进行测量，即 $D_2 = \lg(I_2/I_1)$。D_1 则是将 $4\,000 \sim 2\,000$ cm^{-1} 范围内整个谱图的基线透过率定为 I_1（常是扫描开始落笔的起点），I 值与测定 D_2 时相同：$D_1 = \lg(I_1/I)$。依据上述方法求出 D_2、D_1 并代入库兹涅佐娃给出的公式，即可求出 T_{1o}、T_{1m}、T_{2o}、T_{2m} 这 4 个位置上的铝占位率，计算结果列于表 2 中。由 Thompson 系数 Y、Z 可以看出，玻质-霏细碎斑熔岩属火山溢流相，相当于地表喷出条件，形成温度高、冷却快，钾长石的有序度最低；粒状碎斑熔岩贮温条件略好，钾长石的有序度略高；而花岗斑岩则属次火山岩，冷却较为缓慢，长石的有序度最高。

表 2 钾长石红外测定铝占位率

样品	岩石名称	D_1	D_2	T_{1o}	T_{1m}	T_{2o} (T_{2m})	Thompson 系数	
							Y	Z
L29	花岗斑岩	0.140 1	0.037 5	0.381 7	0.348 3	0.135 0	0.033 4	0.460 0
L17	花岗斑岩	0.230 4	0.079 2	0.431 0	0.254 0	0.157 5	0.177 0	0.370 0
L28	花岗斑岩	0.342 4	0.122 2	0.454 8	0.252 7	0.146 3	0.202 0	0.415 0
L21	花岗斑岩	0.100 4	0.037 2	0.456 4	0.228 6	0.157 5	0.227 8	0.370 0
L35	花岗斑岩	0.298 2	0.106 5	0.421 2	0.218 8	0.180 0	0.202 0	0.280 0
L19	粒状碎斑熔岩	0.241 8	0.071 0	0.383 7	0.301 3	0.157 5	0.082 4	0.370 0
L14	粒状碎斑熔岩	0.324 8	0.098 3	0.358 5	0.259 0	0.157 5	0.099 5	0.370 0
L18	粒状碎斑熔岩	0.261 3	0.080 6	0.352 8	0.242 2	0.202 5	0.110 5	0.190 0
G-3	粒状碎斑熔岩	0.274 4	0.089 1	0.413 1	0.271 9	0.157 5	0.141 2	0.370 0
L25	霏细碎斑熔岩	0.216 1	0.068 2	0.393 2	0.269 3	0.168 7	0.124 0	0.325 0
L24	霏细碎斑熔岩	0.191 7	0.054 3	0.373 9	0.311 1	0.157 5	0.062 9	0.370 0
G-7	霏细碎斑熔岩	0.282 9	0.076 9	0.329 4	0.288 1	0.191 2	0.041 1	0.235 0
G-14	玻质碎斑熔岩	0.201 1	0.064 0	0.373 2	0.244 3	0.191 2	0.129 0	0.235 0

3 石英红外光谱特征

在石英的红外图谱中，$800 \sim 780$ cm^{-1} 双峰位置是其特征谱带，对于石英的类型和形成温度有指示意义。分析结果（图 3，表 3）表明，碎斑熔岩和花岗斑岩中石英均为 α 石英，J_A 大于 J_B（J_A、J_B 分别代表 800 cm^{-1} 和 778 cm^{-1} 谱带透过率）。这说明，碎斑熔岩中石英形成后随着温度的下降已发生了相变，由高温 β 石英转变成了低温 α 石英。而 $J_A - J_B$ 差值的大小与石英形成温度有直接关系,高温石英的 778 cm^{-1} 和 779 cm^{-1} 的 2 个峰值近于相等;而低温石英 $J_A > J_b$;差值越大,形成温度越低。本区火山岩中 $J_A - J_B$ 发生规律性变化,霏细碎斑熔岩中该差值为 0.017~0.013;粒状碎斑熔岩为 0.010~0.020;花岗斑岩最高,其值为 0.021。说明霏细碎斑熔岩中石英形成温度最高,其次为粒状碎斑熔岩,而花岗斑岩中石英形成温度最低。在石英红外图谱中,1 600~1 800 cm^{-1} 间的杂峰主要与有机质、水等物质有关。在较纯净的石英中,这些杂峰在一定程度上归结于流体包裹体的发育程度。由图 3 可以看出,从霏细碎斑熔岩→粒状碎斑熔岩→花岗斑岩,1 600~1 800 cm^{-1} 间的杂峰发育程度呈逐渐增强趋势。从而说明,霏细碎斑熔岩中流体包裹体发育差,而花岗斑岩中石英流体包裹体较发育,粒状碎斑

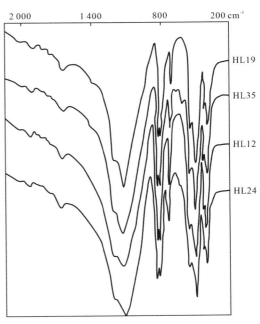

图 3 石英红外光谱图
测试条件同图 1

熔岩则介于上述两者之间。这可能与它们的形成环境有一定关系。霏细碎斑熔岩处于侵出体边部,挥发分散失强烈,因而流体包裹体不发育;而花岗斑岩为侵出体根部相,形成深度相对较大,挥发分相对易于保持,因而流体包裹体较发育。

表 3 石英红外分析结果

编号	岩性	V_1	V_2	$J_A - J_B$	类型	温度	流体包裹体
HL35	花岗斑岩	796	778	0.021	α	低	发育
HL19	粒状碎斑熔岩	796	779	0.019	α	↓	发育
HL18	粒状碎斑熔岩	797	778	0.010	α	↓	较发育
HL12	粒状碎斑熔岩	796	774	0.022	α	↓	较发育
HL25	霏细碎斑熔岩	796	776	0.013	α	↓	不太发育
HL24	霏细碎斑熔岩	797	778	0.012	α	高	不太发育

4 锆石红外光谱特征

红外分析是研究锆石的有效途径之一。锆石在红外光谱上出现了 3 个特征谱带:430 cm^{-1},610 cm^{-1} 和 880~1 000 cm^{-1}(图 4)。前 2 个是 $[SiO_2]^{-4}$ 四面体变形振动吸收带,后 1 个是 Si-O 振动吸收带。研究表明,610 cm^{-1} 及 880~1 000 cm^{-1} 谱带与锆石的变生程度有密切关系。变生锆石 3 个谱带形状变得宽而扁平,有些样品在 800~1 000 cm^{-1} 的谱带还可分裂成双峰。从图 4 中不难看出,本区火山岩中的锆石红外谱带均较窄小而尖锐,800~1 000 cm^{-1} 以单峰形式为主,说明其变生程度较低,以晶质锆石为主。为了定量

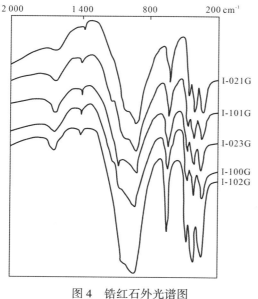

图 4　锆红石外光谱图
测试条件同图 1

说明谱带的变化情况,引入变量 Δ,且 $\Delta = H/M$(H 为吸收谱带的高度,M 是它的半高宽),Δ_{610} 的计算结果列于表 4 中。其值均大于 3.5,按中国科学院贵阳地球化学研究所高振敏的划分[5],均属晶质锆石。一般认为,U、Th 等元素含量与锆石的变生程度密切相关。依据辐射损伤的观点,放射性元素衰变时产生 α 粒子和反冲核的作用,α 粒子质量较大,它以高速冲击处于正常晶格结点位置的原子,使其产生大幅度运动,以致离开原来的位置,出现原子位移,产生晶格缺陷,导致晶体结构部分破坏,从而使锆石变生。据此可以推断,本区火山岩中锆石 U、Th 等放射性元素含量相对较低。锆石中 U、Th 含量与岩浆分异演化过程中 U、Th 的富集程度密切相关。低 U、Th 锆石反映了岩浆演化过程中 U、Th 的富集程度较低。当然,引起锆石变生的原因除 U、Th 辐射损伤矿物晶格外,可能还与晶格的原始缺陷、异价类质同象置换以及电价平衡的破坏等因素有关。

表 4　锆石红外分析结果

编　号	岩石名称	$V_{800\sim1\,000}$	H_{610}	M_{610}	Δ_{610}	锆石类型
I-101G	玻质碎斑熔岩	单峰	18.5	3.5	5.29	晶质锆石
I-021G	霏细碎斑熔岩	单峰	22.0	3.0	7.33	晶质锆石
I-023G	花岗斑岩	单峰	20.0	5.5	3.64	晶质锆石

5　磁铁矿红外光谱特征

磁铁矿是岩浆岩中最为常见的副矿物之一。本区的火山岩中,磁铁矿含量可达 3%,大多为八面体或变形的八面体歪晶,其次为菱形十二面体。火山岩中磁铁矿常部分氧化为 Fe_2O_3(赤铁矿),在红外图谱(图 5)中,560 cm^{-1} 为磁铁矿的特征峰,其强度最大;而 1 080 cm^{-1} 和 460 cm^{-1} 为赤铁矿的特征峰。从 1 080 cm^{-1} 峰值来看,碎斑熔岩最为发育,花岗斑岩较差。说明从花岗斑岩→碎斑熔岩,磁铁矿中的赤铁矿组分相对含量有增高的趋势,这种趋势实质上代表 Fe^{3+} 即氧化度

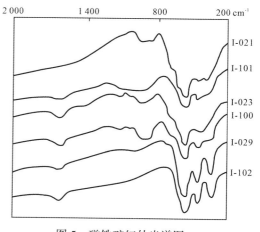

图 5　磁铁矿红外光谱图
测试条件同图 1

的递增方向。从而说明,花岗斑岩形成于氧化条件较差、深度稍大的次火山岩环境,而碎斑熔岩则形成于氧化度较高的侵出相环境。

6 结 语

白旗碎斑熔岩和花岗斑岩中钾长石、石英、锆石及磁铁矿的红外光谱分析表明,钾长石主要为高正长石和低透长石,有序度低,反映了白旗火山岩形成温度较高;从玻质碎斑熔岩→霏细碎斑熔岩→粒状碎斑熔岩→花岗斑岩,钾长石有序度呈逐渐增高的趋势,反映了各相带岩石形成环境的差异性;各相带中石英的红外光谱反映了与钾长石相同的温度变化规律;白旗火山岩中的锆石主要以晶质锆石为主;岩石中磁铁矿的红外光谱特征则说明,碎斑熔岩形成于高氧化度的侵出相环境,而花岗斑岩则为次火山岩相岩石。

红外光谱在岩石学、成因矿物学、矿床学研究中有着广泛的应用前景,它对于地质科学的精确化和定量化有重要促进作用,不失为地质研究的重要测试手段之一。

参考文献

[1] 赖绍聪,徐海江.内蒙古正镶白旗碎斑熔岩岩石学特征及其岩相划分.岩石学报,1990(1):56-65.
[2] 叶大年,金成伟.X射线粉末法及其在岩石学中的应用.北京:科学出版社,1984.
[3] 苗春省,高新国.长石有序度测定及其在地质上的应用.北京:地质出版社,1983.
[4] 刘高魁.长石的红外光谱及其在测定硅铝有序度上的应用.地质地球化学,1978(11).
[5] 高振敏,潘晶铭.花岗岩中锆石的变生因素研究.矿物学报,1981(3).

内蒙古白旗地区火山碎斑熔岩
斜长石成分及其有序度①

赖绍聪　隆　平

摘要：白旗碎斑熔岩中斜长石以更长石为主，其有序度低，指示了岩石高温火山成因的特征。从岩体边缘相到中心相至根部相，长石类型、化学成分和有序度具有一定的变化规律，反映了岩体不同岩相带成岩条件的差异性。

1　区域地质概况

正镶白旗地区位于中朝准地台内蒙古地轴的北缘，属内蒙古地槽华力西晚期褶皱带，温都尔庙-多伦复背斜的东部。区内出露地层简单，主要有构成盆地基底的太古界变质岩系；下二叠统三面井组硬砂岩及安山岩类，不整合于太古界之上；构成盆地盖层的是晚侏罗世张家口组火山凝灰岩、粗面质熔结凝灰岩、流纹斑岩等。区内断裂构造不甚发育，主要可分为近东西向以及北东向两组。褶皱构造主要表现为一系列北北东向展布的背斜和向斜。

2　碎斑熔岩地质特征

白旗中生代火山盆地呈北东向展布的长圆形，面积约为 1 900 km²。碎斑熔岩体位于盆地的中心部位，长 30~40 km，宽约 15~20 km，面积约为 600 km²。白旗碎斑熔岩体是一中间厚四周薄、暴露地表的不规则穹状体，与我国东南沿海诸省出露的碎斑熔岩产状较为相似。边缘相岩石往往超覆于外围张家口组粗面岩、流纹岩和凝灰岩之上，局部亦可见碎斑熔岩倒灌张家口组凝灰岩中的现象。岩体中未发现任何残留顶盖以及火山碎屑岩或沉积岩夹层，碎斑熔岩附近的沉积岩中没有明显的接触变质现象。在地形上，白旗岩体表现为较高的正地形特征，与周围其他岩性出露区相对高差为 30~150 m。

岩体具有明显分带性。依据岩石基质粒度和结构构造类型，可将白旗岩体划分为边缘相玻质碎斑熔岩、过渡相霏细碎斑熔岩、中心相粒状碎斑熔岩和根部相花岗斑岩 4 个岩相带，相互之间逐渐过渡，无明确界线。这种相带变化在我国东南沿海的中生代碎斑熔岩中普遍存在[1]，说明我国碎斑熔岩体岩性分带特征具有横向可对比性，这种相带特征与岩体产状及侵位冷凝过程有直接关系，有助于恢复碎斑熔岩体剥蚀前的原始形态。

---

① 原载于《西北地质》，1997，18（3）。

3 斜长石特征及其化学成分

白旗地区碎斑熔岩中斜长石含量较低,一般不超过20%。多为半自形-自形晶,无色或灰白色。镜下呈浑浊状,常发生明显的绢云母化,聚片双晶发育。碎裂程度不如钾长石高,有时沿(010)和(001)解理裂开成阶梯状。中心相岩石中的斜长石可出现断续的不完整珠边结构,且珠边中嵌布的珠粒数量较少[2]。大多以斑晶形式出现,在基质中亦有分布,但含量较少。粒径在0.2~4.0 mm范围内变化。

斜长石是$NaAlSi_3O_8$和$CaAl_2Si_2O_8$类质同象系列矿物。从表1中可以看出,本区火山岩中更、中长石均可出现,An一般为30~40,斜长石号码的变化趋势与全岩化学成分中SiO_2含量密切相关,随着全岩酸性程度增高,斜长石号码逐渐变小,而且与全岩化学成分的酸性程度相比,斜长石号码略偏基性[2],符合火山岩中矿物成分变化的一般规律。

表1 斜长石化学成分电子探针分析结果(%)

样号	岩 性	Na_2O	K_2O	CaO	Al_2O_3	SiO_2	An	Ab	Or
L35	花岗斑岩	4.79	1.51	5.48	25.30	62.93	34.36	54.36	11.28
L08	粒状碎斑熔岩	5.51	2.70	5.35	34.89	51.56	29.58	55.14	15.28
L18	粒状碎斑熔岩	4.18	0.90	5.90	26.31	62.71	40.53	52.16	7.32
L12	粒状碎斑熔岩	4.74	1.39	4.30	24.92	64.65	29.57	58.94	11.49
L25	霏细碎斑熔岩	4.24	1.11	5.09	25.34	64.22	36.12	54.56	9.32

4 斜长石的有序度测定

费氏台测定结果(表2)表明,本区火山岩中斜长石有序度较低,在0.1~0.7范围内变化,兼具火山岩和次火山岩的特征。其中,霏细碎斑熔岩有序度最低,在0.1~0.3范围内变化,属典型的火山岩特征;粒状碎斑熔岩斜长石光学有序度略高,在0.2~0.5范围内变化,仍表现出火山成因特征;而花岗斑岩中斜长石有序度可达0.4~0.7,显示了一定次火山岩相成因的斜长石特征。从霏细碎斑熔岩→粒状碎斑熔岩→花岗斑岩,斜长石光学有序度呈逐渐升高的趋势,反映了不同相带岩石成岩条件的差异性。

5个样品的斜长石衍射分析结果列于表3中。苏树春、叶大年通过斜长石晶格常数与成分之间的关系分析,提出了用E函数($E=2\theta_{204}-2\theta_{400}$)配合其他函数鉴定斜长石的方法,将衍射分析结果投影到E-$\Delta2\theta_{131}$图(图1)中,即可同时得出斜长石的成分和结构状态指数ISS(表2)。从表2中可以看出,花岗斑岩有序度最高,ISS值达0.98;粒状碎斑熔岩较低,ISS值在0.45~0.53;而霏细碎斑熔岩有序度最低,ISS值为0.35。从而显示出:霏细碎斑熔岩→粒状碎斑熔岩→花岗斑岩,斜长石有序度呈逐渐增高的趋势,斜长石的号码介于7~30号,处在钠长石和酸性斜长石范围内。

对于斜长石的成分,我们用柏留斯坦(1974)提出的公式[5]:

$$An = -119 + 237 \times 2\theta_{204~113}$$

进行计算(表2),与苏-叶图解的结果比较大体吻合,但斜长石牌号略高。

表 2　斜长石衍射及光学测定结果

编号	岩　性	衍射分析			光学测定	
		ISS	An/mol%	An	An	S
L35	花岗斑岩	0.98	31	27.94	20~40	0.4~0.7
L19	粒状碎斑熔岩	0.45	7	4.24		
L14	粒状碎斑熔岩	0.51	9	—	20~30	0.2~0.5
G-3	粒状碎斑熔岩	0.53	21	23.20		
L25	霏细碎斑熔岩	0.35	20	23.20	15~30	0.1~0.3

表 3　斜长石衍射分析结果

编号	岩　性	$2\theta_{131}$	$2\theta_{1\overline{3}1}$	$2\theta_{204}$	$2\theta_{400}$	$2\theta_{1\overline{1}3}$	$\Delta 2\theta_{131}$	$E_{204~400}$
L35	花岗斑岩	31.36	29.64	51.32	49.76	50.70	1.72	1.56
L19	粒状碎斑熔岩	31.34	29.68	51.30	49.88	50.78	1.66	1.42
L14	粒状碎斑熔岩	31.42	29.78	51.26	49.84	50.78	1.64	1.42
G-3	粒状碎斑熔岩	31.44	29.68	51.36	49.82	50.76	1.76	1.54
L25	霏细碎斑熔岩	31.50	29.68	51.32	49.76	50.72	1.82	1.56

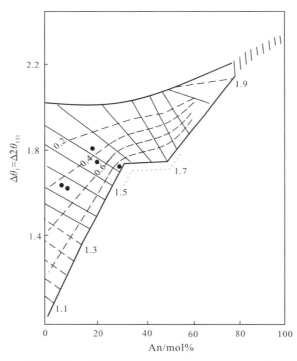

图 1　E 函数和 $\Delta\theta_1$ 同时测定斜长石结构状态指数 ISS 和成分图解

据苏树春等(1981)[3]

　　这里必须说明,结构状态指数 ISS 只是斜长石与高温或低温状态的相对偏离程度,并不是斜长石有序度。斜长石有序度的直接反映仍然是 Al 在 T_{1o}、T_{1m} 中的分布状态,它不仅与温度有关还与成分有关。Korll-Ribbe(1980)提出[4],在已知斜长石 An、Ab、Or 的情

况下测定其 $(T_{1o}-T_{1m})$ 的图解。我们利用 3 个斜长石样品电子探针分析所获得的 An、Ab、Or,以及衍射分析测定的 $\Delta 2\theta_{131}$ 值投影到 Korll 的图解(图 2)中,并用 Korll 提出的公式:

$$T_{1o}-T_{1m}=\{\Delta 2\theta_{131}-a_1-a_2 N_{An}-0.35a_4\,|N_{An}-0.33|\}/\{a_3-a_4\,|N_{An}-0.33|\}$$

$$T_{1o}=0.25(1+An)+0.75(T_{1o}-T_{1m})$$

精确地计算出斜长石 T_{1o}、T_{1m}、T_{2o}、T_{2m} 这 4 个不同的 Si-O 四面体位置中 Al 的占位率,结果一并列于表 4 中。式中,$a_1=12.011\,0$;$a_2=0.247\,0$;$a_3=0.860\,0$;$a_4=0.201\,2$;$\Delta 2\theta_{131}$ 为 Or% 修正后之值;N_{An} 为钙长石分子%。从表 4 中可以看出,本区岩石中斜长石 $T_{1o}-T_{1m}$ 为 0.16~0.24,相差不大。其中,霏细碎斑熔岩最小,为 0.164 4;而花岗斑岩最大,为 0.239 8。说明花岗斑岩形成环境可能属于次火山岩范畴。

Simth(1972)研究发现[5],斜长石 Δd_{131} 以及 An 与其保留结构状态的最低温度密切相关,并给出了它们之间的关系图解。利用探针分析获得的斜长石 An 值,以及衍射分析获得的 Δd_{131}(表 3)投影到图 3 中,从而得出本区岩石中斜长石保留结构状态的最低温度大约为 300~470 ℃(表 4)。其中,霏细碎斑熔岩最高,为 470 ℃。这说明,霏细碎斑熔岩冷却最快,斜长石在 470 ℃就已基本稳定下来,保留了较高温结构状态;花岗斑岩冷却较慢,在 320 ℃时斜长石结构基本稳定。这与斜长石有序度的研究结果完全吻合,说明从霏细碎斑熔岩→粒状碎斑熔岩→花岗斑岩,岩石贮温条件逐渐变好,冷却时间逐渐变长。

表 4 斜长石 T_1 和 T_2 位铝占位率

岩 性	T_{1o}	T_{1m}	T_{2o}	T_{1m}	Δd_{131}	$T/℃$
花岗斑岩	0.515 8	0.276 0	0.276 0	0.276 0	0.162	320
碎斑熔岩	0.463 6	0.299 2	0.299 2	0.299 2	0.170	470

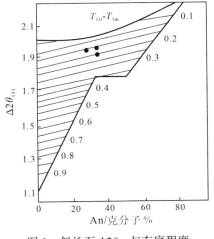

图 2 斜长石 $\Delta 2\theta_{131}$ 与有序程度
$T_{1o}-T_{1m}$ 和成分的关系

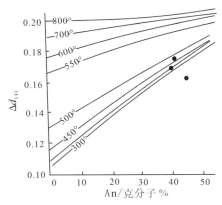

图 3 斜长石 Δd_{131} 与成分和
形成温度的关系

5 结 语

白旗碎斑熔岩中斜长石主要以斑晶形式出现,在基质中少见,且以更长石为主,从玻质碎斑熔岩→霏细碎斑熔岩→粒状碎斑熔岩→花岗斑岩,即从岩体边缘相→过渡相→中心相→根部相,斜长石有序度呈逐渐升高的趋势,反映了岩体不同相带成岩条件的差异性。斜长石的成分及其结构状态,是岩浆从岩浆房开始结晶到侵出地表冷凝成岩整个过程中岩浆的成分、温度、压力等因素综合作用的结果,它对于火山岩岩石的成因研究具有重要指示意义。

参考文献

[1] 陶奎元,黄光昭,王美星,等.中国东南部碎斑熔岩基本特征及成因机理的探讨.南京地质矿产研究所所刊,1985,6(1):1-23.

[2] 赖绍聪,徐海江.内蒙古正镶白旗碎斑熔岩岩石学特征及其岩相划分.岩石学报,1990(1):56-65.

[3] 苏树春.碱性长石的光学鉴定.北京:地质出版社,1982.

[4] Kroll H, Ribble P H. Determinative diagram for Al-Si order in plagioclase. Amer Mineral, 1980,65:449-457.

[5] 叶大年,金成伟.X射线粉末法及其在岩石学中的应用.北京:科学出版社,1985.

岩浆作用的物理过程研究进展[①②]

赖绍聪

摘要:概略地介绍了 20 世纪 80 年代以来硅酸盐熔体及硅酸盐晶-液悬浮体的密度、黏度、熔体结构、流体动力学等方面的研究动向及其对岩浆作用、岩浆运移、岩浆侵位机制的动力学约束条件,硅酸盐熔体的结构是制约熔体黏度的主导因素,化学成分对熔体黏度的控制是通过改变熔体结构来实现的,黏度在一定程度上决定着岩浆的迁移、侵位和喷发方式。密度和浮力是岩浆上升侵位的重要约束,地壳是岩浆上升的一个密度过滤器,岩浆最终由于浮力消失而停止上升。

1 引言

岩浆活动不仅是一个复杂的化学过程,而且是一个复杂的物理过程。对岩浆作用的全面认识不仅要从化学过程去了解,还必须从物理过程去探索。几十年来,火成岩岩石学主要研究岩浆体系的化学作用过程,包括成因岩石学、岩石物理化学与热力学和地球化学等,并取得了巨大进展。岩石学研究发展到目前,必将导致岩浆物理性质及流体动力学的研究,以解决火成岩岩石学中尚不能解决的难题,比如岩浆从源岩中的分凝机制、岩浆房中晶体的分离对流以及岩浆的上升侵位过程和岩浆的混合作用过程等,从而使火成岩岩石学研究的定量化大大向前迈进一步。

2 岩浆的物理性质

近年来,岩石学工作者发现,很多火成岩岩石学特征不能用化学的和物理化学的原理来解释。因此,人们开始重视岩浆物理性质和流体动力学性质的研究,其中岩浆(硅酸盐熔体)的密度、黏度及熔体结构是最重要的 3 个方面,它们是影响硅酸盐熔体动力学行为最重要的物理参数,在岩浆起源和演化的一系列动力学过程中,都受到岩浆的黏度、密度等物理性质的制约。

① 原载于《地球科学进展》,1999,14(2)。

② 陕西省教委专项科研基金"秦岭造山带勉县-略阳地区蛇绿岩地球化学及超镁铁质糜棱岩型金矿床"(PJ96220)和西北大学科研基金"大别山南缘随州-京山地区蛇绿混杂岩带火山岩同位素年代学及地球化学"(97NW23)资助。

2.1 岩浆(硅酸盐熔体)的密度

硅酸盐熔体密度的获得主要有 2 个途径:一是通过实验的方法进行硅酸盐熔体密度的测定;二是利用实验结果拟合的密度公式进行硅酸盐熔体密度的计算[1]。实验测定的方法:在压力大于 $1.013×10^5$ Pa 时可用落球法测量密度,在常压下可用阿基米德原理测定。目前,野外原地测量密度数据最精确的方法是由井眼精细重力测定。尽管硅酸盐熔体的密度值对于研究岩浆作用的物理过程具有十分重要的意义,但目前所获得的有关硅酸盐熔体可靠的密度数据并不多,这主要是由于硅酸盐熔体的密度测量是一件较为困难的工作。硅酸盐玻璃与硅酸盐熔体之间的密度差可达 10%,同时,总体成分、温度和压力也是影响硅酸盐熔体密度值的重要因素[1-2]。

常压无水条件下岩浆密度的计算最早是由 Bottinga 等[3]提出的,他们考虑了 2 个方面的问题,即组成的偏摩尔体积(V_i)和总组成无关,也就是说组分是理想混合,没有过剩偏摩尔体积。后来,他们发现在 SiO_2-Al_2O_3 体系中偏摩尔体积并不是与总组成无关,因为铝酸盐中 Al 有 2 种配位,即 Al^{IV} 和 Al^{VI},因此 V_{Al} 与总组成有关。

高压下含水硅酸盐的密度计算,需要对水进行修正,通常水压越高,含水量越多、岩浆密度 ρ 越小。对于压力的修正则采用 Stolper 提出的状态方程,即利用 Birch-Murnagham 状态方程[4]。压力对固体和液体的影响是不一样的[5]。例如,在含斜长石的玄武岩岩浆中,可以看出,低压下 An_{90} 在岩浆中发生沉降,而在高压下则发生 An_{90} 的漂浮作用,这可以解释为什么斜长岩大多形成年代比较早的原因。

除原生岩浆的密度外,分异密度亦具有重要意义。在正在结晶的体系中,流体动力学实验和理论研究表明,分离结晶期间即使出现一个相当小的密度变化,对岩浆房的动力学演化都有重要影响。分异密度 ρ_c 被定义为:在发生分离结晶作用的熔体中,被分离结晶作用移走的液体相,即进入矿物的液体组成的那些化学组成的摩尔质量与摩尔体积的比值。也就是由于分离结晶作用选择性地移出液体组分的密度。其表达式为:$\rho_c = \sum Y_i M_i / \sum Y_i V_i = M_c / V_c$。式中,$\rho_c$ 为分异密度,Y_i 为移走的矿物中 i 组分的摩尔分数的比值($\sum Y_i = 1$),V_i 为组分 i 的偏摩尔体积。

岩浆的密度对岩浆上升有重要的约束作用,地壳是岩浆上升的一个密度过滤器,它只允许密度比它小的岩浆通过其上升抵达地表,阻止密度比它大的岩浆通过,致使密度大的岩浆停留在地壳某个部位形成岩浆房。熔体的密度在岩浆上升过程中的重要作用必须重视,但我们也不能忽略,除了熔体和围岩之间形成的局部密度差外,还有其他因素同样影响着熔体能否上升通过地壳并喷发,如熔体的黏度以及熔体流动必须通过的管道的宽度都是另一些重要的变量。

2.2 岩浆(硅酸盐熔体)的黏度

黏度是岩浆的另一个重要物理性质,它决定着岩浆的迁移、侵位和喷发方式。岩浆黏度对火山喷发类型及地貌形态有重要影响,酸性、碱性的熔浆黏度较大,流动性小,多呈爆发式喷发,形成陡峭的层状火山锥或穹形火山体。与酸性岩形成明显对照,玄武质熔浆黏性较小,多呈宁静溢流喷发,富流动性,常常形成熔岩平原或盾形火山。但除了这些地表效应外,岩浆黏度在地下深处岩浆作用过程中亦起着重要作用,如岩浆的分凝和上升、岩浆的对流和分异、晶体的生长和沉降、渗滤压和岩浆冷凝速率等都与黏度有关[6-8]。

硅酸盐熔体的结构特征是制约熔体黏度的主导因素,熔体结构的变异是其中黏流作用发生的原因,化学成分对熔体黏度的控制是通过改变熔体结构来实现的[9]。SiO_2 熔体中仅存在 Si-O 键,而 $NaAlSi_3O_8$ 熔体中存在 Si-O 键、Al-O 键和 Na-O 键,Na-O 键在熔体结构中通过 O 与 Si-O 键相联结并使之与相连的 Si-O 键的键强变弱。因此,熔体结构单元中与 Na-O 键相联结的 Si-O 键最易断开,并因此导致流变作用发生。Bottinga 等[10]用统计的方法设计了依岩石化学成分计算熔体黏度的方法,此方法展示了硅酸盐熔体的化学成分对熔体黏度的制约关系,但它仅仅适用于不含水和挥发性组分的体系。Shaw[11]对此做了改进,使之能适用于自然界的硅酸盐熔体。然而,这种黏度的计算方法未考虑压力对熔体黏度的制约关系,虽然压力对熔体黏度的影响相对成分而言微不足道,但在熔体所受的压力远远大于其中的流体分压时(地壳深部环境),压力对熔体黏度进行影响作用就不能被忽略。为解决这一问题,Persikov 等[12]在对含挥发性组分的岩浆熔体黏度进行一系列测定实验后,依 Arrhenius 方程给出了计算岩浆熔体黏度的近似公式:

$$\lg\eta = E/4.576T - 3.5 + \alpha(p - p_f)$$

式中,E 为活化能,α 为黏度压力系数,p 为压力,p_f 为熔体中的流体分压,T 为温度。SiO_2 熔体是最简单的硅酸盐熔体,它仅由 $[SiO_4]$ 单元组成,其中仅存在 Si-O 键,在均匀的熔体中,所有的 Si-O 键的键强都相同,这种熔体中黏流的发生只能是由于其结构中的缺陷所导致的 Si-O 键随机断开与复合的结果[13]。水的增加使成网分子解聚,从而降低熔体黏度。悬浮晶体对黏度有重大影响,悬浮晶越多黏度越大,当悬浮晶体的含量超过一定值时,熔体呈非牛顿液体。压力对黏度亦有重大影响:早期的实验表明,压力增加黏度增大;20 世纪 80 年代的实验证明,压力升高,有些熔体的黏度不仅不会升高反而会降低。1985 年以后,人们发现熔体可分为两类:A 型熔体,压力在升高的情况下黏度将会降低,如 Jd(硬玉)、Ab(钠长石)熔体,这类熔体占多数;而 B 型熔体的黏度则随着压力的升高而增大,如 Di(透辉石)熔体,这类熔体占少数。黏度大对于岩浆源区中岩浆熔体和固体部分的分离有利;同时,由于源区深度大、压力大,岩浆容易发生分凝作用[14];2 种岩浆黏度差异大时,不能混合(只能产生机械混合)。因此,熔体黏度对于岩浆上升、岩浆分异都有重要影响。

Dingwell 等[15]的研究表明,硅酸盐熔体具有膨胀性,熔体结构随着温度升高而发生膨胀。这表明,在高温条件下熔体中的空隙随着温度降低而变小。在所有情况下,黏度都随着温度升高而减小。在给定温度下黏度数值的差别是由于样品间总体成分的差别造成的[16]。富 SiO_2 熔体的黏度数据稀少[1,10]。尽管造岩硅酸盐熔体物理性质的资料很重要,但有效的数据相对来说很少。大多数可靠数据是在 1.013×10^5 Pa 下获得的。这里强调指出,由于硅酸盐熔体相对于矿物具有大数值的可压缩性和热膨胀性,把这些数据外推到不同于获得数据时的物理条件是困难的。天然岩浆是熔体和晶体的悬浮液,这种悬浮液的黏度可以通过考虑晶体与熔体质量比和它们的单独黏度来计算。但是,这种悬浮液的流变性质不同于纯的液体。首先,硅酸盐熔体表现为牛顿液体,而晶-液悬浮体可以用宾汉液体作最适当的模型。也就是说,悬浮液体具有最终屈服强度,而纯液体则没有。其次,在晶-液比例基础上建立的悬浮体的黏度并不是其质量(或体积)比例的线性函数,需要考虑晶体的形态、粒度和粒度分布。Shaw[11]得出结论:悬浮体的黏度在绝热条件下可近似地用爱因斯坦-罗斯科方程来描述:

$$\eta_r = (1-1.35\psi)^{-2.5}(均一球体)$$

$$\eta_r = (1-\psi)^{-2.5}(一系列变化的粒度)$$

式中,ψ为固体的体积分数;η_r为悬浮体对同样温度下纯液体的黏度。

2.3 岩浆(硅酸盐熔体)的熔体结构

过去认为晶体是有序的,而岩浆熔体是无序的。现在认为岩浆是近程有序、远程无序,岩浆中分子有聚合作用。与矿物的结构类似,岩浆的结构是我们了解岩浆的化学、物理、热力学性质的重要依据之一。硅酸盐熔体的基本结构单元是 Si-O 四面体,熔体中各种元素均以离子或离子团的形式存在,其中氧的结构类型有 3 种:①桥氧(O^0),指连接 2 个 Si-O 四面体的氧,与 Si^{4+} 或取代 Si^{4+} 的四次配位阳离子连接;②非桥氧(O^-),指连接一个 Si^{4+} 和一个非四面体配位金属阳离子的氧;③自由氧(O^{2-}),指连接 2 个非四面体配位金属阳离子的氧。金属阳离子在硅酸盐熔体中的赋存方式及行为取决于各自争夺氧的能力。电荷大、半径小、电离势大的阳离子,如 Si^{4+}、Ti^{4+}、P^{5+}、Al^{3+}、Fe^{3+} 等,争夺氧的能力强,在熔体中与桥氧呈四次配位,结构上常构成四面体的中心离子,起形成网格、增强聚合度的作用,这种阳离子称之为成网离子;电荷小、半径大、活动性较大的阳离子,如 K^+、Na^+、Ca^{2+}、Mg^{2+} 等,争夺氧的能力弱,在熔体中与非桥氧或自由氧呈六次或更高次配位,位于四面体之间,起减弱熔体聚合度的作用,这种阳离子称之为变网阳离子。可见,硅酸盐熔体中,3 种结构类型的氧的数目可反映出熔体的聚合度[17]。继 Bottinga 等[3]提出成网、变网分子之后,20 世纪 80 年代,Mysen[18]利用拉曼光谱致力于直接测定硅酸盐熔浆的结构,取得了重要进展。首先是发现了岩浆中存在多种阴离子单元,即结构单元,它们是架状、层状、链状与岛状结构单元,其对应的 NBO/T 分别为 0,1,2,4。随后发现 Al 优先分布于具 NBO/T 最小的结构单元中。从而,提出了一个基于化学组成对天然界岩浆结构的计算模型。在这个计算模型中把 Fe^{3+} 归入变网分子。1987 年,Mysen[19]的实验结果解决了 Fe^{3+} 在岩浆中的配位问题。

事实上,Fe 是天然岩浆在地球上造岩条件下唯一的一个不止一种氧化状态的主要元素,侵入岩、火山岩 $Fe^{3+}/\sum Fe$ 很早就已用于推测岩浆的 T-f_{O_2} 历史。由于现代光谱分析手段被应用到 Fe^{3+}、Fe^{2+} 和熔体之间详尽的作用特征上,这为 T-f_{O_2} 关系和天然岩浆的其他机制的研究提供了大量信息。这种相互作用依赖于 Fe^{3+} 和 Fe^{2+} 周围氧的多面体配位情况如下。

Fe^{3+}(四面体配位):4Fe(Ⅳ)O$_2^-$→4Fe^{2+}+O$_2$+2O^{2-}

Fe^{2+}(八面体配位):4Fe^{3+}(Ⅵ)+2O^{2-}→4Fe^{2+}+O$_2$

配位转换:Fe(Ⅳ)O$_2^-$→Fe^{3+}(Ⅵ)+2O^{2-}

解聚:Fe^{3+}(Ⅳ)→Fe^{3+}(Ⅵ)

在实验过程中,很难解释 Fe^{2+} 优先进入四面体配位而 Mg^{2+}、Ca^{2+} 却进入八面体配位。四面体配位的 Fe^{2+} 在晶体硅酸盐中极少。光谱观察指出,对含铁氧化物的硅酸盐熔体(Fe^{3+}/∑Fe>0.5),Fe^{2+} 是四面体配位的,即 Fe^{3+} 全部进入成网分子;而对还原熔体(Fe^{3+}/∑Fe<0.3),Fe^{2+} 是八面体配位的,即 Fe^{3+} 全部进入变网分子。在中间状态 Fe^{3+}/∑Fe 为 0.5~0.3 时,Mossbouer 光谱资料证明,四面体配位和八面体配位的 Fe^{3+} 共存,即 Fe^{3+} 按比例进入成网与变网分子。对 FeO$_2^-$ 络合物(合成体)化学计算只与 Fe$_3$O$_4$ 相似(50%Fe^{3+} 四面体配位和 50%Fe^{3+} 八面体配位+Fe^{2+} 八面体配位),而且 Fe^{3+} 作为变网分子存在[19-20]。

Fe^{3+} 从四面体→八面体配位转变,表面上是受 Fe^{3+}/∑Fe 控制,实质上导致 NBO/T 增加,最简单的形式可以写作:4SiO$_2$+Fe(Ⅳ)O$_2^-$→Fe(Ⅵ)$^{3+}$+2Si$_2$O$_5^{2-}$。在 f_{O_2} 和 Al(Al+Si)一定的条件下,Al 硅酸盐熔体更加趋于解聚,由于温度高,Fe^{3+}/∑Fe 将降低。

目前,关于熔体结构的研究还存在以下问题[20-22]:①控制氧在变网离子周围分配机制的研究还不够深入;②尽管控制硅酸盐熔体结构主要因素的研究取得了很大进展,但就目前的资料和通常的模式而言,仍有很大缺陷;③高压下岩浆作用过程几乎没有系统的资料;④与变网离子的结构作用有关的研究还处于定性阶段;⑤对岩浆运移过程,如扩散和对流中熔体结构的变化,还需做进一步的研究。

3　岩浆流体动力学

研究岩浆房中的流体动力学问题,目前主要从以下 3 个方面入手:一是双扩散对流作用;二是岩浆房的再充填作用;三是岩浆房的边界作用过程。其中,尤以双扩散对流作用具有重要意义[23-24]。一种液体发生双扩散对流必须具备 2 个条件:①2 种性质(常为热与物质的分子扩散速度)差异大;②溶液具有密度(ρ)梯度。

双扩散对流是从海洋对流研究开始的。海水具有盐梯度和温度梯度,因此具有双扩散对流现象,岩浆房中同样具有这种条件。

瓦尔克认为,正常的对流作用是一释放浮力位能的流体运动,其结果是产生密度不稳定性。例如,当一流体从其下面加热,热的有浮力的液体上升,于是发生了热对流作用。已知热对流比热扩散速度快,热扩散又比物质扩散速度快。对浮力而言,有 2 种或更多的相竞争的和方向相反的影响,如温度使浮力不稳定化,而化学成分使浮力稳定化。为了使流体的对流运动能够发生,则要将温度控制到使温差的消除大大快于物质被扩散到消除成分差别。双扩散对流作用就是在上述条件下,流体既有热扩散又有物质扩散的对流作用。将双扩散对流作用运用到解释层状侵入体的旋回和韵律层的成因,是一个有生命力的新观点[1]。

　　岩浆液态不混溶作用,是指原来均一的一种岩浆(或熔体),演化到一定温度、压力条件下不再稳定,分成 2 种或 2 种以上成分不同、互不混溶的岩浆(或熔体)。该假说作为一种重要的岩浆分异演化方式,已在月海玄武岩,地球上的超基性岩、玄武岩、煌斑岩、碳酸岩、花岗岩中找到了证据[25-27],同时被一系列 K_2O-FeO-Al_2O_3-SiO_2 体系、CaO-Na_2O-Al_2O_3-SiO_2-CO_2 体系、花岗岩-F-H_2O 体系和天然岩石熔融的实验研究结果所证实[26-31],因而受到地学界的极大关注。人们已逐渐认识到,通过对岩浆液态不混溶作用的研究,不仅可加深对岩浆演化过程、演化机理的了解,解释岩浆岩岩石类型的多样性及特殊岩浆岩组合的成因,同时还有助于正确地认识某些矿床的成矿作用,获取壳幔分异信息,深入探讨地球的形成过程。

　　关于层状岩浆房中岩浆的抽吸作用仍缺乏详细的研究[32],岩浆熔体动力学方法在岩浆体系喷发序列成因解释中的应用还很少,岩浆动力学的模拟实验结果表明,深部岩浆库中的岩浆沿着一个狭窄的通道上升,到达浅部过渡岩浆房,在这个过程中常常产生岩浆的混合作用(这可能是造成带状岩浆房的重要原因之一)。迄今为止,深部岩浆房中成分梯度(带状岩浆房效应)与岩浆抽吸熔体动力学之间的确切关系并不明了。

4　岩浆的侵位机制

　　岩浆的侵位机制也是当今火成岩研究的一个热点。无论是岩浆的主动侵位还是被动侵位,浮力都是岩浆上升的主要驱动力,并且岩浆侵位还不同程度地与重熔时的体积膨胀、构造挤压、地震抽吸作用以及地壳高位的蒸汽压有关。此外,岩浆上升亦与围岩的韧性差(即产生的黏滞力大小)有关。1989 年,Ramsay[33] 提出了一个关于深成侵入体的气球膨胀模式:把形成中的侵入岩体近似地看成一个正在充气膨胀的球,而促使膨胀和使围岩变形的岩浆压力是静水压力。如果深部存在一个岩浆囊,则岩浆每次单独脉动必须在岩浆上升之前就积累到某一临界体积才能进行,这是一种“刺穿式底辟作用”机制。另一种是“膨胀式底辟作用”机制,即像气球充气膨胀那样把新岩浆挤到热岩体内部,这些新岩浆可能来自深部,也可能是仍在活动的继续上升的核部岩浆。Pitcher[13] 认为,天然岩浆实际上是周期性侵入的。

　　1945 年,Grout[35] 提出了岩浆上升的底辟机制,后来 Ramberg[36] 又对此进行了更加深入细致的研究。目前,底辟作用已经成为解释花岗岩浆上升和侵位的一种重要模式[37]。岩浆从深部底辟上升过程中有以下特点:

　　(1)当底辟上升的岩浆上升一定距离后,它就逐渐变为球状体,这是由于底辟岩浆与围岩的黏度差造成的。

　　(2)岩浆底辟上升过程中,由于黏滞拖曳机制,将会诱发岩浆内部的环流作用。

　　(3)底辟体内的形变及应变模式主要归结于作用于球体表面的黏滞拖曳机制引起的环流作用,对于从源区上升数个直径距离的底辟体而言,这种环流和内部形变十分明显。

　　(4)片麻岩穹隆以及富水花岗岩浆,其底辟上升的距离一般均较小,大多只有底辟体直径的一倍和两倍;但对于下地壳起源的干花岗岩而言,则可上升较远的距离。

目前比较公认的花岗岩浆产生、上升和侵位的过程：岩浆由于浮力作用而上升，岩浆的浮升可以起始于一个水平层位，或者是从一个局部的、分散的源区开始的。围绕底辟体的围岩发生蠕流作用从而维持底辟体的持续上升，这种上升可以沿着一个垂向构造带或者是其他类型的构造薄弱带。岩浆在底辟上升过程中由于黏滞拖曳机制产生内部环流，最后岩浆侵位于地壳中的同构造期构造活动带或者是构造不活动带（构造期后），最终由于浮力的消失岩浆停止上升。

新近的研究表明，分离结晶作用和岩浆的晶/液比亦是影响岩浆上升侵位的重要因素。缓慢上升侵位的岩浆体系将产生相对较为充分的高压分离结晶作用，从而使得岩浆在到达地表之前已产生较充分的结晶作用，晶/液比的增高又使得岩浆体系更难上升，从而形成侵入岩或次火山岩；相反，快速上升的岩浆高压分离结晶作用相对迟缓，低的晶/液比更易使岩浆喷出地表而形成喷出岩[38-39]。

岩浆物理性质和流体动力学是当前国际火成岩岩石学的前沿课题之一，是研究岩浆作用的重要方面。它对于研究和探讨火成岩中长期以来存在的一些疑难问题具有重要意义，这项研究在国际上刚刚起步，必将成为火成岩岩石学研究中大有可为的全新领域。

参考文献

［1］赵海玲.岩浆物理性质和流体动力学.北京：地震出版社，1995：1-122.

［2］托鲁基安 Y S，贾德 W R，罗伊 R F，等.岩石与矿物的物理性质.单家增，李继亮，等译.北京：石油工业出版社，1990：6-80.

［3］Bottinga Y，Weill D F.Densities of liquid silicate systems calculated from partial molar volums of oxide components.Am J Sci，1970，267(2)：169-182.

［4］Stolper E. Water in silicate glasses：An infrared spectroscopic study.Contrib Mineral Petrol，1982，81：1-17.

［5］Stebbins J F，Sykes D.The structure of $NaAlSi_3O_8$ liquid at high pressure：New constraints from NMR spectroscopy.Am Mineral，1990，75：943-946.

［6］Poe B T，McMillan P F，Austen A C，et al. Al and Si coodination in SiO_2-Al_2O_3 glasses and liquids：A study by NMR and IR spectroscopy and MD simulations.Chemical Geology，1992，96：333-349.

［7］Stebbins J F，Farnan I，Xue A.The structure and dynmaics of alkali silicate liquids：A review from NMR spectroscopy.Chemical Geology，1992，96：371-385.

［8］Sisson T W，Grove T L.Experimental investigations of the role of the H_2O in calc-alkaline differentiation and subduction zone magmatism.Contrib Mineral Petrol，1993：143-166.

［9］朱永峰，赵永超，郭光军.一种计算 $NaAlSi_3O_8$ 熔体黏度的理论方法.岩石学报，1997，13(2)：173-179.

［10］Bottinga Y，Weill D F.The viscosity of magmatic silicate liquids：A model for calculation.Amer J Sci，1972，272：438-475.

［11］Shaw H R.Viscosity of magmatic silicate liquids：An empirical method of prediction.Amer J Sci，1972，272：870-893.

［12］Persikov E S，Zharlkov V A，Bukhtiyarov P G，et al.The effect of volatiles on the properties of magmatic melts.Eur J Mineral, 1990, 2:621-642.

[13] Baker D R. Trace diffusion of network formers and multicomponent diffusion in dacitic and rhyolitic melts.Geochim Cosmochim Acta, 1992, 56:617-631.

[14] Bottinga Y, Weill D F. Density calculations for silicate liquids: Revised method for aluminosilicate composition.Geochimica et Cosmochemica Acta, 1982, 46:909-919.

[15] Dingwell D B,Webb S L.Relaxation in silicate melts. Eur J Mineral, 1990, 2:427-449.

[16] Knoche R, Dingwell D B, Webb S L.Temperature-dependent thermal expansivities of silicate melts:The system anorthite-diopside. Geochim Cosmochim Acta, 1992, 56:689-699.

[17] 金志升, 黄智龙, 朱成明.硅酸盐熔体结构与岩浆液态不混溶作用.地质地球化学,1997(1):60-64.

[18] Mysen B O.The structure of silicate melts: Implications for chemical and physical properties of natural magma. Reviews of Geophysics and Space Physics,1982, 20(3):353-383.

[19] Mysen B O. Magmatic silicate melts: Relations between bulk composition, Structure and properties.The Geochemical Society Special Publication, 1987(1):375-399.

[20] Farnan I, Grandintetti P J, Baktisberger J H, et al. Quantification of the disorder in network-modified silicate glasses. Nature, 1992, 358:31-35.

[21] Mysen B O. Relationships between silicate melt structure and petrologic processes. Earth-Science Reviews, 1990, 27,(3-4):281-365.

[22] 朱永峰, 张传清.硅酸盐熔体结构学.北京:地质出版社,1996:22-89.

[23] 邓晋福.岩浆的密度、结构及流体动力学.地质科技情报, 1989, 8(3):11-17.

[24] Huppert H E. Replenishment of magma chambers by light inputs. Journal of Geophysical Research, 1986,91(6):6113-6122.

[25] Church A A, Jones A P. Slicate-carbonate immiscibility at Oldoinyo Lengai.Journal of Petrology, 1995, 26(4):869-889.

[26] Lee W J, Wyillie P J.Liquid immiscibility in the join $NaAlSi_3O_8$-$CaCO_3$ to 2.5 GPa and the origin of calciocarbonatite magmas. Journal of Petrology, 1996, 37(5):1125-1152.

[27] 黄智龙, 朱成明, 金志升, 等.煌斑岩类与花岗岩类液态分离高温高压初步实验.贵阳:贵州科技出版社, 1996:198-111.

[28] Cheney S M, Dean C P.Liquid phase relations in the CaO-MgO-Al_2O_3-SiO_2 system at 3.0 GPa: The aluminous pyroxene thermal divide and high-pressure fractionation of picritic and komatitic magmas. Journal of Petrology, 1998, 39(1):3-27.

[29] Neuvile D R, Courtial P, Dingwell D B, et al. Thermodynamic and geological properties of rhyolite and andesitemelts. Contrib Mineral Patrol, 1993, 113:572-581.

[30] Lee W J,Wyillie P J. Petrogenesis of carbonatite magmas from mantle to crust, constrained by the system CaO-($MgO+FeO^*$)-(Na_2O+K_2O)-($SiO_2+Al_2O_3+TiO_2$)-CO_2. Journal of Petrology, 1998, 39(3): 495-517.

[31] Milholland C S, Presnall D C. Liquidus phase relations in the CaO-MgO-Al_2O_3-SiO_2 system at 3.0 GPa, the aluminous pyroxene thermal divide and high-pressure fractionation of picritic and komatiitic magmas. Journal of Petrology, 1998, 39(1):3-27.

[32] Kurt M K, Jon P D. The origin and evolution of large-volume silicic magma system: Long valley Caldera.

International Geology Review, 1997, 39(11):1038-1052 .

[33] Ramsay J G. Emplacement kinematics of a granite diapir: The chindamore batholith, Zimbabwe. Jour Struct Geology, 1989, 11:191-209.

[34] Pitcher W S. The nature, ascent and emplacement of granitic magmas. J Geol Soc Lond, 1979, 136: 62-627.

[35] Grout F F. Scale models of structures related to batholiths. Am Jour Sci, 1945, 243:260-284.

[36] Ramberg H. Gravity deformation of the earth's crust in theory, experiments and geological application. London: Academic Press, 1981: 452.

[37] Alexander R C. Flow and fabric development during the diapiric rise of magma. J Geol, 1990, 98(5): 681-697.

[38] Geist D, Naumann T, Larson P. Evolution of galapagos magmas: Mantle and crustal fractionation without assimilation. Journal of Petrology, 1998, 39(5):953-971.

[39] March B D. On the interpretation of crystal size distributions in magmatic systems. Journal of Petrology, 1998, 39(4):553-599.

岩浆氧逸度及其研究进展[①]

赖绍聪　周天祯

摘要: 岩浆熔体的氧逸度是岩石学研究中的一个重要物理化学参数。本文从氧逸度的概念、估算方法、影响因素等方面综述了近年来基性及酸性岩浆氧逸度的研究成果。

1　概　述

氧逸度 f_{O_2}(Oxygen fugacity)是指有效的氧分压(Oxygen partial pressure)。氧分压是指混合气体总压力之下氧的分压力,用 P_{O_2} 表示。对于理想气体来说,氧逸度就是氧分压。而对于实际气体,氧逸度是校正后的有效氧分压,它的大小与温度、压力以及气体本身的性质有关。f_{O_2} 一般是通过矿物和岩石中的铁、铜、锰、镍以及铈等变价元素的含量及价态来确定的。尤其是铁的价态,常常被用作衡量 f_{O_2} 大小的标志。

岩浆的氧逸度及其有关问题,一直是天然岩石及实验岩石学的重要研究课题之一。除温度、浓度、压力外,氧逸度也是重要的物理化学参数之一。随着实验岩石学的发展,高精分析测试手段的应用以及热力学数据的逐渐完善,岩浆氧逸度的估算和有关参数的实验测定已有了重要进展。但是,迄今为止,关于氧化还原状态,岩浆氧逸度的变化趋势、变化规律及其控制因素等,仍然存在着很大的争议。

2　氧逸度的测定及估算方法

氧逸度可以用直接测定和间接估算的方法来确定。

2.1　直接测定法

直接测定 f_{O_2} 的方法需要专门的手段。例如,Darken 和 Gurry(1945)曾用混合气体法测定 f_{O_2};又如 Sato 和 Wright(1966)曾用氧探针(Oxygen probe)对夏威夷基性熔岩的 f_{O_2} 进行了直接测定。

对于二辉橄榄岩或地幔衍生相的氧逸度,还可通过测定氧化物或硅酸盐相本身固有的氧逸度(Intrinsic oxygen fugacity)来评价,即 EMF 技术(Delano,1981;Arculus et al.,

---

①　原载于《青海地质》,1993(2)。

1984；Virgo et al.，1988）。但利用 EMF 技术评价氧逸度时，如果被测样品中存在哪怕是微量的碳，测试结果将出现很大的偏差。

2.2 热力学计算方法

以基性岩浆为例。通常认为，基性岩浆，特别是玄武岩浆，是由地幔尖晶石二辉橄榄岩部分熔融形成的。尖晶石二辉橄榄岩的矿物组合一般是橄榄石、斜方辉石、普通辉石和尖晶石，如果各相之间是平衡共生的，那么下列反应

$$6Fe_2SiO_4 + O_2 = 6FeSiO_3 + 2Fe_3O_4$$

其铁的氧化还原状态将受到氧逸度控制。

我们知道，硅酸盐熔体中 Fe^{3+}/Fe^{2+} 比值主要受湿度和氧逸度控制。根据大量实验数据，已经获得熔体中 Fe^{3+}/Fe^{2+}、温度、氧逸度和成分之间的经验公式（莫宣学，1984）：

$$\ln f_{O_2}^{P,T} = \frac{1}{a}\left\{\ln(X_{Fe_2O_3}/X_{FeO}) - \frac{6}{T} - c - \sum d_i X_i\right\} + \left(\frac{0.521\,26}{T} - 8.126\times10^{-5}\right)(P-1)$$

式中，X_i 是岩石中主要氧化物的 mol 分数。主要氧化物包括 SiO_2、Al_2O_3、Fe_2O_3、FeO、MgO、CaO、Na_2O 和 K_2O。而次要氧化物为 TiO_2、MnO、Cr_2O_3、P_2O_5 等，但它们不参加计算。所有铁都需换算为 FeO。a、b、c 及回归常数 d（Sack，1980）如下：$a = 0.218\,130$，$b = 13\,184.7$，$c = -4.499\,33$；$d_{SiO_2} = -2.150\,36$，$d_{Al_2O_3} = -8.351\,63$，$d_{FeO} = -4.495\,08$，$d_{MgO} = -5.436\,39$，$d_{CaO} = 0.073\,113$，$d_{Na_2O} = 3.541\,48$，$d_{K_2O} = 4.186\,88$。

因此，如果玻璃熔岩中 FeO、Fe_2O_3 浓度已知，则可求得这种氧化还原状态下的氧逸度值。

2.3 利用固溶体矿物组成的热力学方法

利用岩石中暗色矿物成分，固溶体组成可以间接估算岩浆的氧逸度，归纳起来有以下几种常用方法：①利用钛铁氧化物的固溶体组成求 f_{O_2}；②利用橄榄石的 Fa 量求 f_{O_2}；③利用无钙辉石的 Fs 量求 f_{O_2}；④利用黑云母成分求 f_{O_2}；⑤利用角闪石成分求 f_{O_2}；⑥利用稀土元素 Eu 求 f_{O_2}。具体计算步骤详见文献（周珣若等，1987）。

需要指出的是，在利用热力学计算方法估算岩浆氧逸度时，必须注意以下几个问题：①标准态热力学数据常常不一致。同时，固体-熔体混合模式亦不尽相同。因此，这种估算往往不是唯一的。②我们常常很难确定矿物（如尖晶石）中三价铁的数量，电子探针只能给出全铁量，需根据 R_3O_4 的理想配比估算三价铁，但这样估算的三价铁往往与穆斯堡尔测定的结果差别很大。③采用热力学方法的前提是矿物平衡共生，特别是 Fe/Mg 交换反应是达到平衡的，但这种假定对于许多高温尖晶石二辉橄榄岩不适用。

3 氧逸度的表示方法——相对氧逸度的提出

I.S.E.Carmichael（1986）指出，在高于液相线温度条件下有氧缓冲剂处于平衡的天然硅酸盐熔体具有近于恒定的 Fe^{3+}/Fe^{2+} 比值，这一发现或者说这一客观事实，使得任一基

性熔岩在任一温度下的氧逸度均可求得,并可以很方便地与同样温度下的氧缓冲剂进行比较。于是,他提出了相对氧逸度的概念。相对氧逸度 ΔNNO 定义为,同样温度下:

$$\lg f_{O_2}(样品) - \lg f_{O_2}(NNO)$$

式中,NNO 是指 Ni-NiO 氧缓冲剂。

使用 ΔNNO 的好处是,它与温度相对独立(Independent of temperature)。因为它是同一温度下样品氧逸度与 NNO 氧缓冲剂氧逸度之间的差值。

4 基性及酸性岩浆的氧化还原状态

统计结果(图 1)表明,大洋玄武岩 ΔNNO 值最低,为 -3.5～-1.5;其次是隐晶玄武岩,为 -0.5～-1.5;玄武-安山岩和安山岩的 ΔNNO 值在 -0.5～+2.5 范围内变化,前者峰值在 0.5 附近,后者峰值在 1.3 附近;煌斑岩类 ΔNNO 值变化范围较宽,其值亦最高。玄武岩-玄武安山岩-安山岩显示了喷发过程中,从早到晚逐渐富硅,氧化程度亦呈逐渐增高的趋势。显然,不同种类、不同形成环境、不同成因的基性熔岩氧逸度的变化范围很宽,ΔNNO 值变化范围超过 7～8 个数量级。而含石英的熔岩和火山灰流所代表的酸性岩浆,其 ΔNNO 值变化范围较小,比基性岩的变化范围要窄。

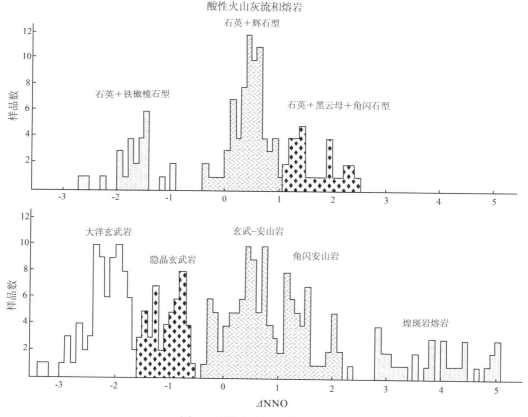

图 1　基性及酸性岩浆的氧逸度

据 I.S.E. Carmichael(1991)

5　影响岩浆氧化还原状态的主要因素

5.1　斑晶沉淀对熔体氧化还原状态的影响

（1）MORB 岩浆（洋中脊玄武岩岩浆）：MORB 岩浆通常含有少量的 Fe^{3+}，假定它没有外界氧的加入及本身氧的散失，则在其早期结晶过程中，当含有少量或不含 Fe^{3+} 的橄榄石斑晶相对于尖晶石而言占主导地位时，残余熔体中的 Fe^{3+}/Fe^{2+} 比值就会增高，ΔNNO 值亦相应增高。

（2）对于云煌岩岩浆则相反。尽管它高度富集 Fe^{3+}，但早期结晶的金云母斑晶却主要是含 Fe^{3+}，其 Fe^{3+}/Fe^{2+} 比值高。因此，云煌岩岩浆中金云母的早期结晶将使残余熔体向低 Fe^{3+}/Fe^{2+} 比值的方向演化，导致 ΔNNO 值相应降低。

（3）如果 MORB 岩浆或云煌岩岩浆中共存的 Fe-Ti 氧化物在较低温度时最终结晶沉淀，那么这 2 种残余熔体氧逸度的差异将很小，这时它们将无法反映原始的近液相线岩浆的物理化学及氧逸度条件。

（4）在近于多重饱和的熔体中，早期铁镁质矿物的沉淀对 ΔNNO 值的改变不大。

5.2　地质去气作用对熔体氧化还原状态的影响

研究表明（Anderson and Wright，1972），玄武质岩浆喷发时将丢失 75% 的硫。硫的去气作用将影响熔体的氧化还原状态，如下式所列：

$$FeS(liq)+2Fe_2O_3(liq)=S_2(gas)+6FeO(liq)$$

$$FeS(liq)+3Fe_2O_3(liq)=SO_2(gas)+7FeO(liq)$$

但这种影响的程度并不高，对熔体氧逸度的影响范围一般不超过 0.5 lg 单位。

5.3　大气降水对熔体氧化还原状态的影响

Hidreth（1984）分析了黄石火山岩区（Yellowstone volcanic field）154 个流纹岩样品中石英斑晶的氧同位素，发现石英中的 ^{18}O 比熔体富集大约 1 per mil。他认为，熔体 ^{18}O 的降低与大气降水有关，这是由于熔体与大气降水之间的同位素交换作用而使熔体 ^{18}O 降低。当流纹质岩浆与 5% 的 ^{18}O 值为 -l0 per mil 的大气降水作用后，流纹质岩浆的 ^{18}O 值将由 +7 变到 +5.5 per mil。因此，岩浆和大气降水之间的氧同位素交换的广度和速度是明显的。

尽管大气降水的加入改变了岩石的氧同位素成分，但氧逸度却十分稳定。在黄石地区火山灰流凝灰岩中，^{18}O 从 -6.3 降低到 -1.0 per mil，而氧逸度 f_{O_2} 仅略有升高，一般不超过 0.5 lg 单位。

5.4　溶解水对熔体氧化还原状态的影响

下述反应描述了酸性熔体中铁产生氧化的一种可能机制（Sato，1978）：

$$2FeO+H_2O = Fe_2O_3+H_2$$

在这个反应中,H_2 从系统中扩散散失,将使反应向正方向进行。如果 H_2 能够逃逸,只需相当于 FeO 含量 12% 的水就可将全部铁氧化掉。但这一理论是建立在岩浆中水的活性很高这一假定基础上的。事实上,当水的含量在 4% 以下时,几乎所有的水都将与熔浆反应形成羟基离子团。因此,水的活性实际上非常低。这就说明,渗透在岩浆中的水之所以对酸性岩浆的氧化还原状态影响甚微,原因就是这些水会立即与酸性熔体反应而形成 OH 离子团。因此,在浅部酸性岩浆中氧化还原状态如此稳定,与低浓度的水含量以及水与酸性熔体之间的反应生成 OH 离子团有关。基性岩浆中氧化还原状态同样可以不受水的吸收和运移的影响。

5.5　压力对硅酸盐熔体氧逸度的影响

由于基性岩浆起源比酸性岩浆要大得多,因此,基性岩浆的某些低压下的参数要外推到地幔时就必须对其进行压力修正。

1 巴(10^{-5} Pa)时硅酸盐熔体的氧逸度可以通过如下反应方程式进行校正,而成为高压下的氧逸度:

$$4FeO(liq)+O_2 = 2Fe_2O_3(liq)$$

在一定温度下,有

$$(\ln f_{O_2})^{Pbars} - (\ln f_{O_2})^{1bar} = \frac{1}{RT}\int(2\overline{V}_{Fe_2O_3} - 4\overline{V}_{FeO})dP$$

式中,$\overline{V}_{Fe_2O_3}$、$\overline{V}_{FeO}$ 分别是硅酸盐熔体中 Fe_2O_3 和 FeO 的偏摩尔体积。

然而,在高达 20~30 千巴($10^3 \times 10^5$ Pa)的范围内,压力对熔体氧逸度的影响和对固态氧缓冲剂的影响几乎是相同的。因此,相对氧逸度 ΔNNO 值是相对稳定的。

6　结语

岩浆氧逸度是火成岩岩石学研究中的一个重要参数,同时在矿物学、矿床学以及地球化学等领域中有着广泛的用途,受到人们的广泛重视。它对于评价岩浆演化及岩浆成因、岩浆岩的侵位深度和形成环境以及暗色矿物的稳定性等方面具有重要意义。最新的研究结果表明,不同类型岩浆熔体的氧逸度变化范围较宽,尽管在岩浆形成、演化和侵位冷凝过程中,氧逸度受到各种外界因素的影响,但却在很大程度上承袭了岩浆源区的特征,是岩浆源区性质的直接反应。

参考文献

[1] 周珣若,王方正.岩石物理化学.郑州:河南科学技术出版社,1987.

[2] 邓晋福.岩石相平衡与岩石成因.武汉:武汉地质学院出版社,1987.

[3] Ian S E Carmichael. The redox states of basic and silicic magmas:A reflection of their source regions. Contributions to Mineralogy and Petrology, 1991,106.

[4] Virgo D, Luth R W, Moats M A, et al. Constraints on the oxidation state of the mantle: An electrochemical and ^{57}Fe Mossbauer study of mantle derived ilmenites. Geochim Cosmochim Acta, 1988,52.

[5] Ian S E Carmichael, et al. Oxidation-reduction relations in basic magma: A case for homogeneous equilibria.Earth Planet Sci Lett, 1986,78.

[6] Sato M. Oxygen fugacity of basaltic magmas and the role of gas-forming elements.Geophys Res Lett, 1978,5.

[7] Takeru Yanagi, et al. Petrochemical evidence for coupled magma chambers beneath the Sakuragima volano, Kyushu, Japan.Geochemical Journal, 1991,25.

岩浆侵位机制的动力学约束①

赖绍聪

岩浆的侵位过程和侵位过程中岩浆体内的流变学特征及有关的流动组构特征的研究,是岩浆运移物理过程研究中的一个重要方面。这些方面的内容,将使我们能够从更广阔的角度去研究岩浆及岩浆作用。目前,底辟作用已经成为解释花岗岩浆上升和侵位的一种重要模式。岩浆由于浮力作用而上升,岩浆的浮升可以起始于一个水平层位,或是从一个局部的、分散的源区开始。围绕底辟体的围岩发生蠕流作用从而维持底辟体的持续上升,这种上升可以沿一个垂向构造带或者是其他类型的构造薄弱带进行。岩浆在底辟上升过程中由于黏滞拖曳机制而产生内部环流,最后岩浆侵位于地壳中的同构造期构造活动带,或者是构造不活动带(构造期后的),最终由于浮力消失岩浆停止上升。在岩浆源区,部分熔融产生的熔融物与固态残余物的混合物作为一个整体,紧密黏合在一起,以底辟的形式向上运移。在此作用期间,熔融物可以逐渐析出或从其残余物中游离出来,最后在地壳一定深度位置上定位,形成侵入岩体,或者继续上升喷出地表。岩浆从深部底辟上升的过程有以下特点:①底辟上升的岩浆上升一定距离后,逐渐变为球状体。这是由于底辟岩浆与围岩的黏度差造成的,已从大量的模拟实验和理论分析中得到证实。②底辟岩浆在上升过程中其黏度在很大程度上取决于温度。③岩浆在底辟上升过程中,由于黏滞拖曳机制,将会诱发岩浆内部的环流作用(internal circulation)。④底辟体内的形变及应变模式主要与球体表面由于黏滞拖曳机制引起的环流有关。对于从源区上升数个直径距离的底辟体而言,这种环流和内部形变十分明显。⑤片麻岩穹隆以及富水花岗岩浆,其底辟上升的距离一般均较小,大多只有底辟体直径的一倍或两倍,但对于下地壳起源的干花岗岩而言,则可以上升较远的距离。

理论计算和实验测定的综合结果表明,玻璃熔体和结晶岩石的黏度具有相似的曲线斜率,而部分熔融体却在窄小的温度范围内发生黏度的显著变化。这种变化主要与临界熔融百分比有关。一般花岗岩的临界熔融百分比为 20%~40%。当熔融百分比由临界点以下向临界点以上过渡时,部分熔融的岩浆体则以晶体交织状的固态蠕动向悬浮状流体转变,这种转变引起了黏度的迅速变化。在临界比以下,部分熔体的流变特征相对而言更类似于结晶岩石的高温蠕动,而在临界比以上部分熔融体的流变特征则更接近玻璃熔体。另外,部分熔融的花岗质岩浆主要以一种晶液粥的形式上升,这种糊状岩浆的黏度(10^8~10^{17}Pa·s)比纯熔体黏度(10^3~10^8Pa·s)要高得多。这种晶液粥在上升过程中黏

①　原载于《地学前缘》,1998,5(增刊)。

度将不断减小。因为在上升过程中,由于释压而产生了进一步熔融,使熔体比增高,或者是由于流动分异使熔体与晶体分离。由于底辟侵入体内环流造成强烈的温度梯度和流变学差异,使得底辟侵入体中可以同时存在不同的流动机理。例如,当底辟体中心部位出现矿物优选定向组构时,其边部可能正在产生强烈的贯穿页理。同样的道理,当岩体中心部位还是均一时,其边缘部位可能正在产生强烈的矿物优选定向组构,反映了从边缘向中心逐渐由固态蠕流向岩浆流体过渡的特征。

分离结晶对岩浆氧逸度的影响[①]

赖绍聪

　　岩浆氧逸度是火成岩岩石学研究中的一个重要参数,对于评价岩浆演化及岩浆成因、岩浆岩的侵位深度和形成环境以及暗色矿物的稳定性等方面有着重要意义。最新的研究结果表明,不同类型岩浆熔体的氧逸度变化范围较宽,尽管在岩浆形成、演化和侵位冷凝过程中, 氧逸度受到各种外界因素的影响,但却在很大程度上承袭了岩浆源区的特征,是岩浆源区性质的直接反映(I.S.E. Carmichael,1991)。

　　在影响岩浆氧逸度的众多因素中,斑晶沉淀(分离结晶)具有较为重要的意义,它对相对氧逸度 $\Delta NNO[\Delta NNO = lgf_{O_2}(样品) - lgf_{O_2}(NNO)$。式中,NNO 是指 Ni-NiO 氧缓冲剂。I.S.E. Carmichael,1986]的影响主要表现在以下 4 个方面:

　　(1)MORB 岩浆(洋中脊玄武岩岩浆):MORB 岩浆通常含有少量的三价铁离子,假定它没有外界氧的加入和自身氧的散失,则在其早期结晶过程中,当含有少量或不含 Fe^{3+} 的橄榄石斑晶相对于尖晶石而言占主导地位时,残余熔体中的 Fe^{3+}/Fe^{2+} 比值就会增高,ΔNNO 也会相应增高。

　　(2)对于云煌岩岩浆则相反。尽管它高度富集 Fe^{3+},但早期结晶的金云母斑晶却主要含 Fe^{3+},其 Fe^{3+}/Fe^{2+} 比值高。因此,云煌岩岩浆中金云母的早期结晶将使残余熔体向低 Fe^{3+}/Fe^{2+} 比值的方向演化,故 ΔNNO 值相应降低。

　　(3)如果 MORB 岩浆或云煌岩岩浆中共存的 Fe-Ti 氧化物在较低温度时最终结晶沉淀,则这 2 种残余熔体氧逸度的差异将很小。这时它们将无法反映原始的近液相线岩浆的物理化学及氧逸度条件。

　　(4)在近于多重饱合的熔体中,早期铁镁质矿物的沉淀对 ΔNNO 值的改变不大。

① 原载于《地学前缘》,1994,1(1-2)。

南秦岭早古生代玄武岩的岩浆源区及演化过程①②

张方毅　赖绍聪③　秦江锋　朱韧之　赵少伟　杨　航　朱　毓　张泽中

摘要:南秦岭地区早古生代玄武岩中发育的大量单斜辉石斑晶为研究火山岩的深部演化过程及源区属性提供了重要载体。本文通过对早古生代玄武岩及其中的单斜辉石斑晶进行矿物学、岩石学及地球化学分析,讨论火山岩的演化历程及源区属性。电子探针分析结果表明,玄武岩单斜辉石斑晶属于透辉石,其成分与全岩成分并不平衡,暗示岩石经历了单斜辉石的堆晶作用。通过质量平衡计算得到了与单斜辉石斑晶平衡的熔体并计算了单斜辉石结晶的温压条件,结果显示,单斜辉石斑晶结晶压力为 7.6~14.0 kbar,温度为 1 201~1 268 ℃。高压下的分离结晶作用导致单斜辉石成为主要的结晶相。重建后的玄武岩具有高镁、高钙、富钛,富集高场强元素 Nb、Ta,亏损 Rb、K、Sr 和 P,Dy/Yb 比值高的地球化学特征,指示其源区为含单斜辉石、磷灰石及石榴石的交代岩石圈地幔。同地区发现的玄武质角砾亦具高镁及高钙的特征,其富集 Ba、Nb、Ta、Ti 及低 Dy/Yb 比值表明源区为含单斜辉石、角闪石及尖晶石的交代岩石圈地幔。

秦岭造山带是分隔中国南北大陆的复合型碰撞造山带,北部的商丹缝合带及南部的勉略缝合带将其划分为北秦岭及南秦岭 2 个构造单元(张国伟等,1996,2001;赖绍聪等,2003)。南秦岭构造带处于秦岭造山带与扬子板块的接合部位,其构造位置的特殊性及构造演化的复杂性长久以来受到学者的广泛关注(赵国春等,2003;Dong et al., 2017;Zhao and Asimow, 2018)。在南秦岭北大巴山地区早古生代地层中广泛出露一套由碱性超镁铁质-镁铁质岩脉、双峰式碱性火山杂岩(碱性玄武岩和粗面岩)及少量碳酸岩-正长岩杂岩组成的岩浆杂岩带,为秦岭造山带早古生代构造演化、深部地幔状态和地球动力学过程等问题的探讨提供了重要的地质载体(张成立等,2002,2007;Xu et al., 2008;王存智等,2009;邹先武等,2011;陈虹等,2014;万俊等,2016)。前人已对区内的基性岩墙、碱性玄武岩及其携带的幔源捕虏体开展了岩石学、矿物学及地球化学研究(黄月华等,1992;黄月华,1993;夏林圻等,1994;徐学义等,1996,1997,2001;Wang et al., 2015)。多数学者认为该套岩系中的粗面岩与玄武岩为同期岩浆产物,共同构成了双峰式火山岩组

① 原载于《岩石学报》,2020,36(7)。
② 国家自然科学基金项目(41772052)和国家自然科学基金委创新群体项目(41421002)联合资助。
③ 通讯作者。

合,代表了早古生代晚期南秦岭被动陆缘裂陷拉张作用的产物(黄月华等,1992;张成立等,2002,2007;Zhang et al.,2017);部分学者则认为这套基性岩墙和碱质火山杂岩形成于弧后拉伸环境(王宗起等,2009;Wang et al.,2015);此外,还有学者认为碱质火山岩与伴生的沉积岩地层形成于大洋板内环境(向忠金等,2010,2016)。前人研究多聚焦于碱质火山岩及超镁铁质–镁铁质岩脉,但对同期产出的钙碱质/拉斑质岩浆岩却鲜有报道。共生岩石组合研究的缺失也是造成碱性岩石成因及构造属性争议的原因。本文以岚皋地区新发现的亚碱性玄武岩为研究对象,通过系统的矿物学及岩石地球化学研究,探讨火山岩的演化过程、源区属性及其深部动力学过程,为认识秦岭造山带早古生代岩浆作用及构造背景提供进一步的参考和制约。

1 地质背景及岩石学特征

南秦岭构造带北侧以商丹缝合带为界与北秦岭相接,南侧以勉略缝合带为界与扬子板块毗邻(张国伟等,2001;Dong and Santosh,2016)。南秦岭在晚古生代之前属于扬子板块北缘的一部分,并接受被动陆缘沉积(Dong and Santosh,2016)。研究区位于南秦岭北大巴山造山带内部(图1a),区内主要出露早古生代地层,局部出露郧西群与耀岭河群等中–新元古代浅变质岩系。研究区内发育有大量 NWW-SEE 向逆冲推覆断层,其中以红椿坝断裂和大巴山弧形断裂为主要断裂(图1b)。

南秦岭构造带内岩浆活动主要包括新元古代与早古生代两期,新元古代岩浆活动以武当地块内的基性岩墙群以及凤凰山地区的花岗岩为主(李建华等,2012;Zhao and Asimow,2018),而早古生代岩浆活动则以北大巴山紫阳–岚皋地区发育的碱性岩墙群及火山岩为代表(张成立等,2002,2007)。南秦岭早古生代碱性岩墙群主要由辉绿岩、闪长岩、正长岩及辉石岩组成,集中出露于紫阳县红椿坝–瓦房店断裂以南的早古生代地层中(图1b),其结晶年龄为 410~450 Ma(王存智等,2009;Wang et al.,2015;向忠金等,2016;Zhang et al.,2017)。脉体宽数十米至百余米,长达数百米到数千米不等,沿区域构造线呈北西–南东向展布。岩脉多呈顺层侵入或小角度切割早古生代及之前地层。岩脉以辉绿岩为主,多具辉绿结构,主要矿物包括斜长石、单斜辉石及角闪石,副矿物包括钛磁铁矿、磷灰石及榍石(张方毅等,2020)。

碱质火山杂岩主要出露于北大巴山岚皋–平利地区,杂岩体呈 NWW-SEE 向展布,与区域内构造线及岩脉走向基本一致(图1b)。岩性主要包括基性火山岩及粗面岩两类。前人将出露于岚皋地区的碱性玄武质火山杂岩命名为滔河口组,时代为早志留世(李育敬,1989)。滔河口组主要由碱性玄武岩、火山角砾岩及凝灰岩组成,内部夹少量正常海相沉积岩。该组与下伏奥陶系板岩、泥质灰岩及下志留统灰岩、页岩呈断层接触关系,与上覆中志留统笔石页岩呈整合接触关系(雏昆利和端木和顺,2001)。垂向上具有下部为碱性玄武岩,上部为火山碎屑岩与碳酸盐岩组合的结构特征(向忠金等,2010)。金云母Ar-Ar 定年结果显示,这套火山杂岩形成于 446~408 Ma,与碱性岩墙为同期岩浆活动(向忠金等,2016;Wang et al.,2017)。

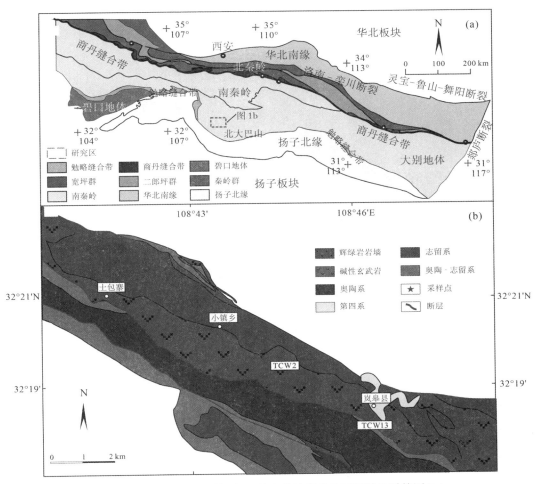

图1 秦岭造山带构造简图(a)及南秦岭岚皋地区区域地质简图(b)

图1a据Dong and Santosh(2016);图1b据向忠金等(2010)

2 样品采集和岩相学特征

本文研究的玄武岩样品(TDW2)采自岚皋县铜洞湾(图1b)。玄武岩整体呈暗灰绿色(图2a),具斑状结构(图2c),块状构造。斑晶矿物以单斜辉石为主,前人将该套玄武岩定名为辉石玢岩(图2c;黄月华等,1992),仅在部分金伯利岩亚类及辉橄玢岩中发现少量橄榄石假象(徐学义等,2001)。此外,还在部分火山岩中发现少量钛闪石与斜长石斑晶(陈友章等,2010;Wang et al., 2015)。本文所研究的玄武岩样品中单斜辉石为唯一的斑晶矿物,其含量为20%~40%,自形程度较高,粒径为0.5~4 mm。单斜辉石发育环带结构,自核部至边部Mg含量逐渐降低,而Fe含量逐渐升高。单斜辉石富铁的边部会出现少量磁铁矿及榍石的包裹体,反映了辉石与熔体再平衡作用。玄武岩基质具间隐至间粒结构,主要由斜长石、单斜辉石微晶、玻璃质、磷灰石、榍石及绿泥石组成。部分样品中发

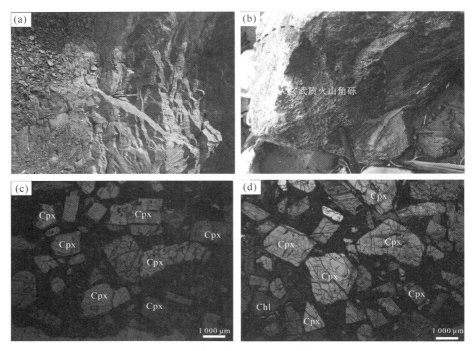

图2   南秦岭玄武岩岩相学特征
(a)玄武岩野外照片;(b)玄武质火山角砾野外照片;(c)玄武岩正交偏光镜下照片;
(d)玄武质火山角砾正交偏光镜下照片。Cpx:单斜辉石;Chl:绿泥石

育有杏仁构造,杏仁内部填充有方解石。

玄武质火山角砾样品(TDW13)采自岚皋县方垭村(图1b)。火山角砾岩呈深灰色至灰黑色,角砾成分复杂,主要包括玄武质角砾、凝灰质角砾及少量地壳岩石捕掳体。角砾大小变化较大,粒径由1~20 cm不等,多呈棱角状或不规则状,部分呈浑圆状,无分选,颗粒支撑。胶结物由细粒岩屑、单斜辉石晶屑及火山灰组成。本文所采火山角砾样品为大块的玄武质火山角砾(图2b),角砾整体呈灰黑色,具斑状结构(图2d)。斑晶为单斜辉石,含量为25%~50%,自形程度高,粒径为0.5~8 mm。基质主要由斜长石、单斜辉石微晶、磷灰石、榍石及绿泥石组成。

3   样品分析方法

分析测试工作在西北大学大陆动力学国家重点实验室完成。单斜辉石的主量元素分析在JXA-8230型电子探针仪上完成,加速电压15 kV,束流10 nA,束斑半径1 μm,标准样品由SPI公司提供。

分析测试全岩样品是在岩石薄片鉴定的基础上,选取新鲜的、无后期交代脉体贯入的样品,用小型颚式破碎机击碎成直径约5~10 mm的细小颗粒,然后用蒸馏水洗净、烘干,最后用玛瑙研钵托盘在振动式碎样机中碎至200目。

主量和微量元素分析在西北大学大陆动力学国家重点实验室完成。主量元素分析采用 XRF(RIX2100-XRF)法完成,分析相对误差一般低于 5%。微量元素用 Agilent 7500a ICP-MS 进行测定,分析精度和准确度一般优于 10%,详细的分析流程见文献(刘晔等,2007)。

Sr-Nd 同位素分析在西北大学大陆动力学国家重点实验室完成。Sr、Nd 同位素分别采用 AG50W-X8(200~400 mesh)和 HDEHP(自制)AG1-X8(200~400 mesh)离子交换树脂进行分离,同位素测试在该实验室的多接收电感耦合等离子体质谱仪(MC-ICP-MS,Nu Plasma HR,Nu Instruments,Wrexham,UK)上采用静态模式(Static mode)进行。

4 分析结果

4.1 全岩主量元素特征

南秦岭地区玄武岩和玄武质角砾的主量元素和微量元素分析结果列于表 1 中。玄武岩样品 SiO_2 含量为 44.96%~45.62%,岩石 TiO_2 含量较高,为 3.26%~3.53%。$Fe_2O_3^T$ 含量为 11.63%~12.10%,MgO 含量为 12.57%~13.20%,$Mg^\#$ 值为 72。CaO 含量高,为 16.46%~16.60%,CaO/Al_2O_3=2.65~2.68。与区域内广泛分布的碱性岩石不同,岩石全碱含量低,Na_2O=0.68%~0.99%,K_2O=0.27%~0.29%,在 SiO_2-(K_2O+Na_2O) 系列划分图解(图 3)中,所有样品投影点均位于亚碱性系列范围内,总体上玄武岩具高镁、高钙、富钛、贫硅的特征。

表 1 南秦岭玄武岩及玄武质火山角砾主量(wt%)及微量($\times 10^{-6}$)元素分析结果

样品号	TDW2-1	TDW2-2	TDW2-3	TDW2-4	TDW13-1	TDW13-2	TDW13-3
岩 性	玄武岩				玄武质角砾		
SiO_2	44.96	45.62	45.33	45.49	42.97	42.32	42.63
TiO_2	3.27	3.53	3.28	3.26	2.96	2.93	2.92
Al_2O_3	6.16	6.20	6.20	6.21	7.70	7.78	7.78
$Fe_2O_3^T$	12.1	11.65	11.63	11.71	13.23	13.48	13.42
MnO	0.14	0.14	0.14	0.14	0.21	0.22	0.22
MgO	13.2	12.72	12.57	12.7	11.26	11.22	11.14
CaO	16.46	16.6	16.45	16.58	17.16	17.05	17.29
Na_2O	0.68	0.99	0.89	0.82	0.73	0.71	0.73
K_2O	0.29	0.28	0.28	0.27	0.32	0.33	0.28
P_2O_5	0.36	0.37	0.35	0.34	0.23	0.22	0.22
LOI	2.07	1.84	2.43	2.50	2.86	3.25	3.31
Total	99.69	99.94	99.55	100.02	99.63	99.51	99.94
FeO^T	10.9	10.5	10.5	10.5	11.9	12.1	12.1
$Mg^\#$	71.8	71.8	71.6	71.7	66.5	66.0	65.9
CaO/Al_2O_3	2.67	2.68	2.65	2.67	2.23	2.19	2.22
Li	16.4	15.1	14.1	14.8	14.0	15.3	14.0
Be	1.95	2.02	1.96	1.97	5.47	5.53	5.43

续表

样品号	TDW2-1	TDW2-2	TDW2-3	TDW2-4	TDW13-1	TDW13-2	TDW13-3
岩　性	玄武岩				玄武质角砾		
Sc	53.7	53.2	50.8	52.0	59.3	57.4	60.2
V	326	331	319	314	335	332	338
Cr	778	736	732	770	566	568	565
Co	59.9	58.5	70.4	67.9	76.7	85.9	70.6
Ni	209	199	214	228	208	208	220
Cu	184	211	190	177	209	212	201
Zn	90.7	81.7	82.4	82.5	88.8	91.5	96.5
Ga	13.4	12.8	13.0	12.9	16.5	16.9	16.9
Ge	1.91	1.90	1.86	1.86	2.08	2.08	2.07
Rb	10.5	10.3	10.6	10.2	12.7	13.3	12.0
Sr	275	301	289	285	244	237	290
Y	19.3	20.0	19.3	19.0	14.3	14.1	14.1
Zr	182	190	180	177	119	117	117
Nb	54.3	57.4	54.6	53.7	28.3	28.1	27.5
Cs	0.64	0.55	0.52	0.54	0.34	0.37	0.33
Ba	188	214	225	213	372	397	312
La	39.1	42.5	41.6	41.2	20.6	20.4	20.9
Ce	80.1	86.3	84.0	83.2	42.3	41.9	42.3
Pr	9.70	10.35	9.76	9.57	5.29	5.21	5.24
Nd	37.2	39.4	38.1	37.5	22.2	21.9	22.0
Sm	7.14	7.40	7.14	7.07	4.53	4.46	4.49
Eu	2.21	2.32	2.24	2.20	1.46	1.46	1.44
Gd	6.41	6.68	6.37	6.32	4.18	4.12	4.15
Tb	0.85	0.88	0.84	0.82	0.58	0.57	0.58
Dy	4.45	4.62	4.31	4.28	3.13	3.08	3.12
Ho	0.77	0.79	0.74	0.73	0.55	0.54	0.55
Er	1.88	1.96	1.82	1.81	1.39	1.37	1.40
Tm	0.24	0.25	0.23	0.23	0.18	0.18	0.18
Yb	1.36	1.39	1.33	1.31	1.09	1.08	1.07
Lu	0.19	0.20	0.19	0.18	0.15	0.15	0.15
Hf	4.98	5.13	4.81	4.75	3.70	3.67	3.72
Ta	3.69	3.86	3.56	3.48	1.82	1.81	1.77
Pb	0.78	0.71	1.00	0.99	3.03	4.23	2.64
Th	4.41	4.66	4.54	4.49	2.30	2.30	2.24
U	0.80	0.95	0.93	0.88	0.42	0.43	0.42
$\sum$REE	191.6	205.0	198.6	196.4	107.6	106.5	107.7
La/Yb	28.66	30.46	31.20	31.49	18.99	18.93	19.51
Dy/Yb	3.27	3.32	3.23	3.28	2.88	2.86	2.91
Eu/Eu*	1.00	1.01	1.02	1.01	1.03	1.04	1.02
Dy/Dy*	0.86	0.86	0.83	0.84	0.86	0.86	0.87

$Dy/Dy^* = Dy_N/(La_N^{4/13} Yb_N^{9/13})$。式中，$N$ 代表球粒陨石标准化数值(据 Davidson et al., 2013)。

玄武质角砾与玄武岩成分类似,SiO_2含量为42.32%~42.97%,TiO_2含量为2.93%~2.96%,MgO含量为11.14%~11.26%,$Mg^{\#}$值介于66~67。CaO含量为17.05%~17.29%,CaO/Al_2O_3=2.19~2.23。全碱含量低,Na_2O=0.71%~0.73%,K_2O=0.28%~0.33%,在SiO_2-(K_2O+Na_2O)系列划分图解(图3)中,所有样品投影点亦都位于亚碱性系列范围内,总体上具高镁、高钙、更富钛、贫硅的特征。

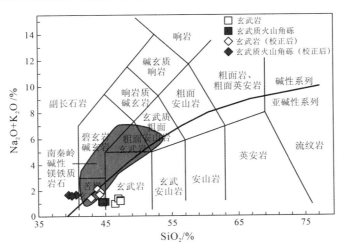

图3　南秦岭玄武岩及玄武质角砾岩 TAS 分类图

据 Le Bas et al.(1986)。所有样品已标准化至100%。南秦岭早古生代碱性镁铁质岩石引自 Wang et al.(2017)

4.2　全岩微量元素特征

南秦岭地区玄武岩稀土总量高,一般为191.6×10^{-6}~205.0×10^{-6},平均值为197.9×10^{-6}(表1)。岩石 La/Yb 值介于28.7~31.5,平均值为30.5,轻、重稀土分馏较为明显。Dy/Yb 介于3.2~3.3,平均值为3.3。在球粒陨石标准化稀土元素配分图(图4b)中表现为右倾的曲线。样品无 Eu 异常,Eu/Eu^{*}值为1.00~1.02。在原始地幔标准化微量元素蛛网图(图4a)中,所有样品都显示出富集强不相容元素 Th、U、Nb 和 Ta 而亏损 Rb、K、Sr、P、Zr 和 Hf 的分布特点,总体上具有板内玄武岩微量元素的一般特征。

玄武质角砾稀土总量亦较高,为106.5×10^{-6}~107.7×10^{-6}。角砾 La/Yb 介于18.9~19.5,平均值为19.1,轻、重稀土分馏较为明显。Dy/Yb 平均值为2.9。在球粒陨石标准化稀土元素配分图(图4b)中,玄武质角砾显示为右倾负斜率轻稀土富集型配分模式,与典型的板内玄武岩稀土元素地球化学特征基本一致。在原始地幔标准化微量元素蛛网图(图4a)中,所有样品都显示出富集强不相容元素 Ba、Nb 和 Ta 而亏损 Rb、K、Th、U、Zr 和 Hf 的分布特点,总体上亦具有板内玄武岩微量元素的一般特征。与玄武岩相比,玄武质角砾微量元素含量相对较低,而强不相容元素 Ba 和 Pb 含量较高。

4.3　Sr-Nd 同位素特征

南秦岭地区玄武岩和玄武质角砾的全岩 Sr-Nd 同位素分析结果列于表2中。各样品

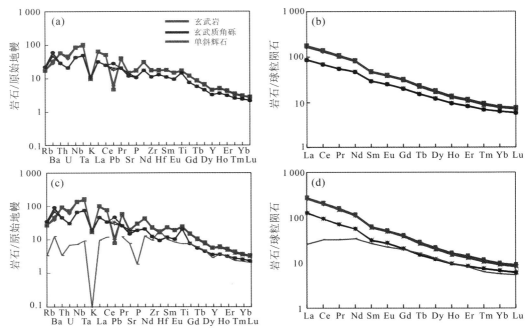

图 4 南秦岭玄武岩及玄武质角砾原始地幔标准化微量元素蛛网图（a）和
球粒陨石标准化稀土元素配分图解（b）及其校正后的对应图（c、d）
原始地幔标准化值据 McDonough and Sun（1995）；球粒陨石标准化值据 Sun and McDonough（1989）；
单斜辉石成分据向忠金等（2010）

的初始 $^{87}Sr/^{86}Sr$ 比值及 $\varepsilon_{Nd}(t)$ 以 $t=420$ Ma（黄月华等，1992；Wang et al.，2017）计算。玄武岩的初始 $^{87}Sr/^{86}Sr$ 比值为 0.703 995～0.704 370，$\varepsilon_{Nd}(t)$ 为 2.0～3.5。玄武质角砾具与玄武岩类似的同位素组成，初始 $^{87}Sr/^{86}Sr$ 比值为 0.704 036～0.704 071，$\varepsilon_{Nd}(t)$ 为 2.8～3.0。在（$^{87}Sr/^{86}Sr$）$_i$-$\varepsilon_{Nd}(t)$ 图解（图 5）中，所有样品与南秦岭地区碱性岩浆相似，均显示了地幔起源的特征。

表 2 南秦岭玄武岩及玄武质角砾全岩 Sr-Nd 同位素分析结果

| 样品号 | $^{87}Sr/^{86}Sr$ | 2σ | Sr | Rb | $^{143}Nd/$ | 2σ | Nd | Sm | $(^{87}Sr/^{86}Sr)_i$ | $\varepsilon_{Nd}(t)$ |
			/×10⁻⁶		^{144}Nd		/×10⁻⁶			
TDW2-1	0.704 659	0.000 006	275	10.5	0.512 518	0.000 009	37.2	7.1	0.703 995	2.0
TDW2-2	0.704 774	0.000 008	301	10.3	0.512 568	0.000 012	39.4	7.4	0.704 180	3.1
TDW2-3	0.704 662	0.000 008	289	10.6	0.512 561	0.000 006	38.1	7.1	0.704 030	3.0
TDW2-4	0.704 991	0.000 009	285	10.2	0.512 587	0.000 007	37.5	7.1	0.704 370	3.5
TDW13-1	0.704 938	0.000 007	244	12.7	0.512 588	0.000 010	22.2	4.5	0.704 036	3.0
TDW13-2	0.705 046	0.000 006	237	13.3	0.512 580	0.000 009	21.9	4.5	0.704 071	2.8

$\varepsilon_{Nd}(t) = [(^{143}Nd/^{144}Nd)_S/(^{143}Nd/^{144}Nd)_{CHUR} - 1] \times 10^4$；$(^{143}Nd/^{144}Nd)_{CHUR} = 0.512\ 638$；$(^{147}Sm/^{144}Nd)_{CHUR} = 0.196\ 7$；初始同位素组成根据 $t=420$ Ma 校正。

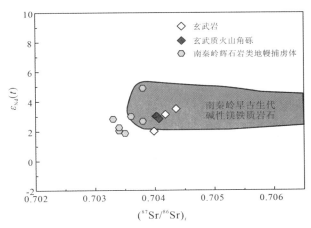

图5 南秦岭玄武岩及玄武质角砾($^{87}Sr/^{86}Sr)_i$-$\varepsilon_{Nd}(t)$图解

南秦岭地区辉石岩类地幔捕房体据 Xu et al.(1999);南秦岭地区早古生代碱性镁铁质岩石
数据引自张成立等(2007)、陈虹等(2014)和 Zhang et al.(2017)

4.4 单斜辉石斑晶地球化学特征

本文选取南秦岭铜洞湾地区的玄武岩样品(TDW2)进行电子探针分析测试,分析结果列于表3中。单斜辉石斑晶 SiO_2 含量为 49.94% ~ 53.82%,TiO_2 含量为 0.89% ~ 2.49%。CaO 含量较高,为 22.66% ~ 23.35%。FeO 含量为 3.85% ~ 6.55%,MgO 含量为 13.64% ~ 17.37%,$Mg^\#$ 值为 79 ~ 89。根据国际矿物学会辉石成分分类方案(Morimoto,1988),所有辉石均属于透辉石($En_{41-48}Fs_{6-11}Wo_{46-49}$)。部分单斜辉石斑晶发育有环带,由核部至边部 SiO_2、MgO 含量逐渐降低,而 TiO_2、FeO、Al_2O_3 含量逐渐升高。

5 讨论

5.1 单斜辉石与熔体的平衡状态及熔体成分的重建

全岩地球化学组分是各种深部岩浆动态过程叠加的结果,在实际应用时往往很难区分岩浆成因过程(Moyen,2019)。在熔体产生至就位过程中,熔体成分会受到分离结晶、携带捕房体、矿物堆晶及地壳同化混染等多种因素的影响产生变化。在利用全岩地球化学组分讨论岩浆起源时,确定合理的熔体成分是必不可少的先决条件。南秦岭基性玄武岩与玄武质角砾具高 $Mg^\#$ 值(66~72),接近与地幔橄榄岩平衡的原始岩浆成分($Mg^\# > 68$;Frey et al.,1978)。然而,玄武岩中的高单斜辉石斑晶含量(20% ~ 30%)及高 CaO/Al_2O_3 比值(2.19 ~ 2.68),反映了单斜辉石堆晶作用亦是影响全岩地球化学组分的重要因素。为了约束玄武岩的熔体组分,首先需要确定单斜辉石与熔体的平衡状态。

单斜辉石与熔体之间的平衡状态,可以由辉石与熔体之间的 Fe-Mg 分配系数即($^{Cpx-liq}Kd_{Fe-Mg}$)来评估。在基性岩浆体系中,与熔体平衡的单斜辉石 $^{Cpx-liq}Kd_{Fe-Mg}$ 一般介于

表 3 南秦岭玄武岩中单斜辉石斑晶主量元素（%）分析结果

样品号 产状	TDW2-1 核部	TDW2-2 核部	TDW2-3 边部	TDW2-4 核部	TDW2-5 核部	TDW2-6 边部	TDW2-7 核部	TDW2-8 边部	TDW2-9 边部	TDW2-11 边部	TDW2-12 核部	TDW2-13 边部	TDW2-14 核部	TDW2-15 核部	TDW2-16 边部
SiO_2	53.45	53.41	50.73	53.81	53.16	50.36	53.82	49.94	51.91	50.52	52.41	51.39	52.01	52.33	51.65
TiO_2	1.06	1.16	1.85	0.89	1.10	2.49	0.90	2.12	1.55	2.10	1.38	1.66	1.52	1.31	1.64
Al_2O_3	1.93	1.69	3.31	1.39	1.88	3.82	1.35	3.75	2.69	3.30	2.10	2.91	2.31	2.42	2.41
FeO	4.32	4.26	5.98	3.85	4.22	6.55	3.86	5.81	5.10	6.08	4.69	5.67	5.03	5.04	6.12
MnO	0.04	0.00	0.10	0.07	0.00	0.17	0.02	0.10	0.10	0.06	0.04	0.10	0.04	0.07	0.09
MgO	16.39	16.16	15.31	16.91	16.61	13.64	17.37	14.75	15.80	14.96	15.72	15.40	15.60	15.95	15.08
CaO	23.34	23.23	22.66	23.33	23.07	22.70	23.35	22.96	22.20	22.66	23.13	23.31	23.25	23.35	22.82
Na_2O	0.16	0.20	0.25	0.27	0.21	0.34	0.18	0.32	0.25	0.28	0.32	0.20	0.26	0.21	0.24
K_2O	0.00	0.00	0.00	0.00	0.01	0.00	0.00	0.00	0.01	0.00	0.00	0.02	0.00	0.00	0.00
Cr_2O_3	0.24	0.41	0.42	0.48	0.25	0.05	0.31	0.42	0.27	0.00	0.22	0.10	0.34	0.31	0.12
SrO	0.11	0.14	0.15	0.11	0.14	0.21	0.15	0.20	0.12	0.20	0.17	0.18	0.16	0.16	0.17
NiO	0.10	0.02	0.00	0.02	0.03	0.05	0.01	0.06	0.00	0.00	0.06	0.00	0.00	0.03	0.00
Total	101.16	100.67	100.76	101.12	100.68	100.36	101.32	100.42	100.00	100.15	100.23	100.95	100.52	101.18	100.35
$Mg^\#$	87.1	87.1	82.0	88.7	87.5	78.8	88.9	81.9	84.7	81.4	85.7	82.9	84.7	85.0	81.4
En	46	46	44	47	47	41	48	43	46	43	45	44	44	45	43
Fs	7	7	10	6	7	11	6	9	8	10	8	9	8	8	10
Wo	47	47	47	47	47	49	46	48	46	47	48	47	48	47	47
$^{Cpx-liq}Kd_{Fe-Mg}$	0.35	0.36	0.53	0.31	0.34	0.65	0.30	0.53	0.43	0.55	0.40	0.50	0.43	0.43	0.55
$^{Cpx-liq}Kd_{Fe-Mg}^{*}$	0.23	0.24	0.35	0.20	0.23	0.43	0.20	0.35	0.29	0.36	0.27	0.33	0.29	0.28	0.36
P/kbar	7.6	7.8	12.1	–	8.7	–	–	14.0	11.5	13.2	9.6	11.0	8.5	9.7	9.7
T/℃	1 243	1 253	1 209	–	1 263	–	–	1 203	1 268	1 222	1 244	1 210	1 201	1 230	1 215
深度/km	25	26	40	–	29	–	–	46	38	43	32	36	28	32	32

$^{Cpx-liq}Kd_{Fe-Mg}$ 代表单斜辉石与全岩成分之间的平衡常数，$^{Cpx-liq}Kd_{Fe-Mg}^{*}$ 代表单斜辉石与校正后熔体成分之间的平衡常数。* 代表单斜辉石与校正后熔体成分之间的平衡常数。单斜辉石结晶温度（T）及压力（P）根据 Putirka（2008）提出的单斜辉石-熔体平衡压力计 32c $[P=-57.9+0.047\ 5T-40.6(X_{FeO}^{Cpx})+0.676(H_2O^{liq})-153(X_{FeO}^{liq}X_{SiO_2}^{liq})+6.89(X_{Al}^{Cpx}/X_{AlO_{1.5}}^{liq})]$ 和单斜辉石温度计 32d $\{T=(93\ 100+544P)/[61.1+36.6(X_{Ti}^{Cpx})+10.9(X_{Fe}^{Cpx})-0.95(X_{Al}^{Cpx}+X_{Cr}^{Cpx}-X_{Na}^{Cpx}-X_{K}^{Cpx})+0.395(\ln a_{En})^2]\}$ 计算，估计标准误差为 1.5 kbar 及 58 ℃，详细计算过程见文献（Putirka，2008）。

0.22~0.36(Putirka，2008)。南秦岭玄武岩单斜辉石斑晶$^{Cpx-liq}Kd_{Fe-Mg}$为0.30~0.55,平均值为0.44,绝大多数单斜辉石斑晶处于与熔体平衡的范围之外(图6)。斑晶与熔体的不平衡可能由矿物尺度的不均一性造成,结晶于早期的斑晶核部通常会具更高的$Mg^{\#}$值而与全岩成分不平衡。然而,玄武岩中大部分单斜辉石的核部则是由于其$Mg^{\#}$值低而与全岩成分不平衡,这说明矿物尺度的不均一性并非是造成矿物与熔体不平衡的原因。单斜辉石统一较高的$^{Cpx-liq}Kd_{Fe-Mg}$表明单斜辉石斑晶结晶于更加分异的熔体之中,结合玄武岩中的高单斜辉石斑晶含量,本文认为玄武岩全岩中高$Mg^{\#}$及CaO/Al_2O_3比值是由于单斜辉石的堆晶作用造成的。尽管高$Mg^{\#}$及CaO/Al_2O_3比值还有可能由碳酸盐化橄榄岩、榴辉岩或受碳酸岩熔体交代形成的异剥橄榄岩部分熔融产生,但是实验岩石学结果表明碳酸盐化地幔岩石产生的硅酸盐熔体(Si>35%)的CaO/Al_2O_3比值并不能超过2(Dasgupta et al.，2006，2007;Médard et al.，2006),所以单斜辉石的堆晶作用是造成南秦岭玄武岩中高$Mg^{\#}$及CaO/Al_2O_3比值的主要原因。

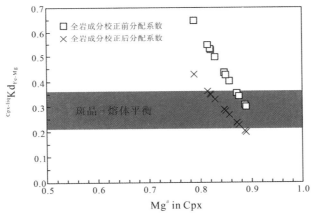

图6　玄武岩中单斜辉石$Mg^{\#}$-$^{Cpx-liq}Kd_{Mg-Fe}$图解

据Giacomoni et al.(2016)

由于单斜辉石堆晶作用的存在,在使用玄武岩全岩地球化学成分时需要校正其影响。本文根据质量守恒定律,用全岩成分逐步减去观测到的平均单斜辉石成分。在校正过程中,每一步减去5%的单斜辉石,然后验证校正后的全岩成分与单斜辉石是否达到平衡。如此循环往复,直到校正后的熔体成分与单斜辉石平衡。计算结果表明,减去40%单斜辉石组分可以使绝大多数辉石与全岩成分达到平衡,这也与岩相学观察结果一致(图6)。由于单斜辉石中不仅包含主量元素,其晶格中还能容纳大量的微量元素(Adam and Green，2006),在重建熔体成分时还需将全岩微量元素进行校正。通过对比本文中单斜辉石成分与前人分析结果,我们选用向忠金等(2010)中$Mg^{\#}$值最高的单斜辉石样品ZJ10的微量元素成分对全岩微量元素进行校正。校正后的熔体成分见表4,下文岩浆源区讨论中将采用校正后的熔体成分作为研究对象。

表4　南秦岭玄武岩及玄武质火山角砾主量(%)及微量(×10⁻⁶)元素校正后结果

样品号	TDW2-1	TDW2-2	TDW2-3	TDW2-4	TDW13-1	TDW13-2	TDW13-3	Cpx
岩　性		玄武岩				玄武质角砾		单斜辉石
SiO_2	43.09	43.81	44.11	44.06	40.43	39.71	39.96	51.81
TiO_2	4.64	5.06	4.69	4.63	4.16	4.14	4.10	1.51
Al_2O_3	8.99	9.00	9.11	9.08	11.79	12.00	11.95	2.47
FeO^T	15.41	14.62	14.77	14.82	17.38	17.89	17.72	5.08
MnO	0.20	0.20	0.20	0.20	0.32	0.34	0.34	0.07
MgO	12.37	11.42	11.39	11.52	9.22	9.26	9.04	15.64
CaO	13.15	13.23	13.26	13.37	14.66	14.64	14.94	22.92
Na_2O	1.01	1.54	1.38	1.25	1.11	1.08	1.11	0.25
K_2O	0.50	0.48	0.48	0.46	0.56	0.58	0.49	0.00
P_2O_5	0.62	0.64	0.61	0.59	0.40	0.39	0.38	0.00
Cr_2O_3	0.02	0.01	0.01	0.02	0.00	0.00	0.00	0.00
CaO/Al_2O_3	1.46	1.47	1.46	1.47	1.24	1.22	1.25	9.27
Rb	16.2	15.9	16.2	15.7	19.8	20.9	18.7	2.02
Sr	356	400	380	372	304	293	381	153
Y	23.9	25.1	24.0	23.4	15.6	15.3	15.3	12.4
Zr	237	250	233	229	131	128	129	99.8
Nb	87.4	92.5	87.8	86.3	44.0	43.7	42.7	4.76
Ba	259	302	321	300	564	607	466	82.5
La	61.0	66.6	65.2	64.5	30.2	29.9	30.7	6.21
Ce	120	131	127	125	57.3	56.7	57.4	19.8
Pr	14.1	15.2	14.2	13.9	6.75	6.62	6.66	3.10
Nd	51.4	55.0	52.7	51.9	26.4	25.9	26.1	16.0
Sm	9.18	9.61	9.19	9.06	4.82	4.72	4.76	4.08
Eu	2.82	3.01	2.88	2.81	1.57	1.57	1.54	1.29
Gd	7.94	8.39	7.88	7.80	4.23	4.13	4.18	4.11
Tb	1.02	1.07	0.99	0.97	0.57	0.55	0.57	0.60
Dy	5.30	5.58	5.06	5.01	3.09	3.01	3.08	3.19
Ho	0.91	0.94	0.86	0.86	0.55	0.54	0.55	0.55
Er	2.23	2.36	2.14	2.12	1.42	1.38	1.43	1.35
Tm	0.29	0.30	0.27	0.27	0.19	0.19	0.19	0.16
Yb	1.61	1.66	1.56	1.52	1.15	1.14	1.13	0.99
Lu	0.22	0.23	0.22	0.21	0.16	0.15	0.16	0.14
Hf	4.81	5.08	4.54	4.43	2.69	2.63	2.72	5.22
Ta	5.93	6.21	5.71	5.57	2.80	2.78	2.73	0.34
Pb	1.29	1.18	1.67	1.65	5.06	7.05	4.40	0.00
Th	7.17	7.59	7.38	7.31	3.65	3.65	3.55	0.27
U	1.24	1.50	1.46	1.37	0.61	0.62	0.61	0.14
La/Yb	37.8	40.0	41.7	42.4	26.3	26.3	27.3	6.3
Dy/Yb	3.3	3.4	3.2	3.3	2.7	2.6	2.7	3.2
Dy/Dy*	0.80	0.80	0.76	0.77	0.73	0.72	0.73	

单斜辉石微量数据引自向忠金等(2010)。

　　校正后的玄武岩成分与校正前相比,其 SiO_2(43.09%~44.11%)与 MgO(11.39%~12.37%)含量略有降低,而 TiO_2(4.63%~5.06%)、Na_2O(1.01%~1.54%)及 K_2O(0.46%~0.50%)含量升高。在原始地幔标准化微量元素蛛网图(图4)中,所有样品微量元素配分模式并无明显变化,仅含量略有升高。玄武质角砾的校正结果与玄武岩类似,校正后的 SiO_2(39.71%~40.43%)与 MgO(9.04%~9.26%)含量降低,而 TiO_2(4.10%~4.16%)、Na_2O(1.08%~1.11%)及 K_2O(0.49%~0.58%)含量升高。校正后的成分在 SiO_2-(K_2O+Na_2O)系列划分图解(图3)中,所有样品均属于碱性系列。本文研究的南秦岭地区玄武岩与玄武质角砾的岩相学特征及微量元素组成与区域内碱性镁铁质岩浆类似(向忠金等,2010),均表现为以单斜辉石斑晶为主,具板内玄武岩微量元素组成。此外,玄武岩同位素特征与区域内的碱性镁铁质岩浆一致,均表现为略为亏损的地幔组成(图5),同位素特征的一致性指示了玄武岩与碱性镁铁质岩石的成因联系,亦验证了全岩成分校正的合理性。

5.2　单斜辉石结晶温压条件

　　对与校正后全岩成分达到平衡的单斜辉石斑晶,本文采用 Putirka(2008)提出的单斜辉石-熔体平衡压力计 32c 和单斜辉石温度计 32d 来确定辉石结晶的温压条件。在计算时需要输入的温压参数则通过 Putirka et al.(1996)提出的单斜辉石温压计来计算。计算结果表明,单斜辉石斑晶结晶压力为 7.6~14.0 kbar,温度为 1 201~1 268 ℃(图7)。单斜辉石平衡温度与压力说明,南秦岭玄武岩经历了自 46 km 开始至 25 km 结束的变压分离结晶作用,且单斜辉石的堆晶作用可能发生于 25 km 左右的岩浆房中。

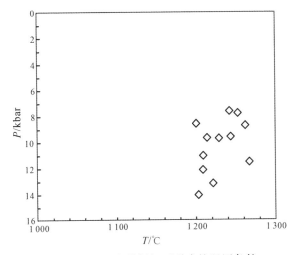

图 7　玄武岩中单斜辉石形成的温压条件

　　正常镁铁质岩浆分异过程是以橄榄石分离结晶为首要晶出相,随后根据岩浆含水量的不同会先后晶出单斜辉石或斜长石等矿物(Herzberg and Asimow,2008)。然而,在南秦岭地区玄武岩中,单斜辉石却是占主导地位的分离结晶矿物,本文认为,造成这种现象主要有 2 个原因:①随着压力升高,单斜辉石的稳定区间会逐渐增大而橄榄石的稳定区间会逐渐减小(O'Hara,1968)。在压力大于 1.2 GPa 时,单斜辉石会取代橄榄石成为首要的晶出矿物(Rankenburg et al.,2004)。单斜辉石温压计结果表明,南秦岭玄武岩自 1.4 GPa 时开始结晶,在此压力条件下单斜辉石会成为首先结晶的矿物而非橄榄石。②校正后的熔体成分具高 CaO 含量(16.46~16.60%)及高 CaO/Al_2O_3 比值(2.65~2.68)的特征,高钙的原始熔体亦会稳定单斜辉石,使其成为主要的晶出矿物(如 Rooney et al.,2017)。这两者共同作用,造就了南秦岭玄武岩以单斜辉石分离结晶为主导的岩浆分异过程。

5.3 岩浆起源及源区性质

南秦岭早古生代玄武岩具明显的贫 SiO_2(<45%),高 MgO(>9%)、FeO(>14%),富 CaO(>13%)、TiO_2(>4%)及不相容元素的 HIMU 型板内岩浆特征(Jackson and Dasgupta,2008)。实验岩石学结果表明,在高压下石榴石橄榄岩低程度的部分熔融可产生富碱贫硅的熔体(Kushiro,1996;Wasylenki et al.,2003),石榴石作为残留相亦可提高熔体的 CaO 含量。然而,部分熔融实验及理论计算结果显示,无挥发分的石榴石橄榄岩并不能产生南秦岭玄武岩中如此高的 CaO 含量(Jackson and Dasgupta,2008)。在 CO_2 挥发分存在的部分熔融过程中,CO_2 会稳定斜方辉石,产生贫 SiO_2、富 CaO 的熔体。碳酸盐化地幔橄榄岩部分熔融可以解释南秦岭玄武岩的大多数地球化学特征,然而部分熔融过程中 Ti 为中度不相容元素,其在岩浆中的含量更多地受源区含量控制。正常的地幔橄榄岩中含有较低的 TiO_2,即使是极低程度的部分熔融亦不能产生高 Ti 含量的岩浆(Prytulak and Elliott,2007)。要产生富 Ti 的岩浆需要源区含有特殊的富集组分。当前研究认为,再循环洋壳形成的碳酸盐化榴辉岩或岩石圈地幔中存在的单斜辉石岩或异剥橄榄岩是可以产生高 TiO_2、高 CaO 玄武质岩浆的潜在源区(Dasgupta et al.,2006;Médard et al.,2006;Pilet et al.,2008)。

岩石中关于稀土元素的参数 Dy/Dy* 可以有效地反映源区的矿物组成成分(Davidson et al.,2013)。Dy/Dy* 是显示稀土元素配分曲线凹凸程度的指标。在地幔条件下,单斜辉石、角闪石及磷灰石是重要的稀土及微量元素富集矿物。相对于轻稀土(LREE)和重稀土(HREE)元素,这些矿物晶格倾向于容纳更多的中稀土(MREE;Adam and Green,2006;Prowatke and Klemme,2006;Tiepolo et al.,2007)。当源区残留这些矿物时,熔体的稀土元素配分曲线会有凹向下的趋势。无论校正单斜辉石堆晶作用与否,南秦岭玄武岩的 Dy/Dy* 值均小于 1(表 1,表 4),指示该特征为熔体的原生特征,证明了岩浆源区残留有富集中稀土的矿物。岩石的高 CaO 及富 FeO 的特征指示,单斜辉石是源区的重要组成矿物。在微量元素蛛网图中,南秦岭玄武岩具明显的 K 负异常,暗示源区存在残留的角闪石或金云母矿物。部分熔融实验结果表明,与角闪石产生的熔体为富钠质,而与金云母产生的熔体则为富钾质(Médard et al.,2006;Pilet et al.,2008;Condamine and Médard,2014),南秦岭玄武岩钠质(Na_2O/K_2O = 2.0~3.2)的特征指示角闪石是更可能的源区组分。然而,全岩中 Na$_2$O 含量较低,暗示源区角闪石含量较低。磷灰石是控制地幔中 REE 及 Th-U 含量的重要矿物,南秦岭玄武岩中 Sr 和 P 的负异常及高的 Th/U 比值(图4c)指示磷灰石亦是岩浆源区重要的残留相矿物之一。

玄武质火山角砾具有与玄武岩类似的主量及微量元素地球化学特征。与玄武岩相比,火山角砾 MgO 含量较低,更加富集 Ba 和 Ti(图4c),表明其源区存在更多的角闪石(Pilet et al., 2008)。整体微量元素含量更低,Sr 和 P 的负异常并不明显,暗示其源区的磷灰石含量较少。

岩浆起源的相对深度及熔融程度可以用稀土元素的比值 La/Yb 及 Dy/Yb 的相关关系来判别。在地幔部分熔融过程中,轻稀土与重稀土比值 La/Yb 主要受部分熔融程度控制,而中稀土与重稀土 Dy/Yb 比值则主要受控于残留石榴子石。在 La/Yb-Dy/Yb 图解(图8)中,南秦岭玄武岩接近石榴石交代岩脉部分熔融曲线,而玄武质角砾则接近尖晶石交代岩脉熔融曲线,指示其形成于更浅部的岩石圈地幔内。

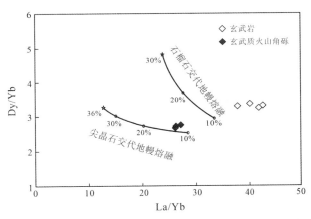

图8 南秦岭玄武岩及玄武质火山角砾 Dy/Yb-La/Yb 图解
底图据 Zhang et al.(2020)

南秦岭岚皋地区早古生代碱性玄武岩内发育有大量金云角闪辉石岩类地幔捕虏体(黄月华等,1992;徐学义等,1996,1997),这些地幔捕虏体主要由单斜辉石、角闪石及金云母组成,副矿物包括磷灰石、榍石及钛铁矿,部分捕虏体具很高的磷灰石含量,可达到主要造岩矿物级别(徐学义等,1997)。这类特殊的地幔捕虏体的发现亦支持了南秦岭早古生代岩石圈地幔内存在大量受强烈交代的富磷灰石、角闪石及单斜辉石的区域,同时印证了本文的观点。

综合这些特征,本文认为,南秦岭玄武岩形成于石榴石相地幔源区,其源区主要包含单斜辉石、少量角闪石及副矿物磷灰石。玄武质火山角砾则形成于浅部尖晶石相地幔源区,其源区矿物组成主要有单斜辉石、角闪石及少量磷灰石。

5.4 构造意义

南秦岭玄武岩样品在原始地幔标准化蛛网图中表现出 Nb、Ta 和 Ti 正异常的典型板内玄武岩的特征,其主量元素特征亦与 HIMU 型板内岩浆类似。这些地球化学特征表明,这期岩浆活动可能发生于洋岛或裂谷环境中。本文研究认为,南秦岭玄武岩起源于富单斜辉石交代岩石圈地幔部分熔融,这种富集高场强元素的交代岩石圈地幔往往形成于硅酸盐熔体侵入岩石圈地幔内,随之冷却、固结、分离结晶成为具不同矿物组分的地幔交代体的过程中(Pilet et al., 2011)。在熔体交代岩石圈的过程中,随着深度降低,会逐渐结晶出早期以单斜辉石+少量橄榄石及石榴石为代表到晚期以角闪石+单斜辉石+金云母为代表的堆晶体(Pilet et al., 2010)。微量元素特征表明,南秦岭玄武岩为富单斜辉石、磷灰石,含少量角闪石及石榴石的岩石圈地幔部分熔融产物,而玄武质角砾的源区则为富单斜辉石,含更多角闪石、更少磷灰石的尖晶石相岩石圈地幔,结合玄武岩与玄武质角砾同位素特征的一致性,我们认为玄武岩与玄武质角砾代表了同一期次、不同深度下形成的地幔交代体熔融产物。这种富集单斜辉石及含挥发分矿物的岩石圈地幔交代体往往发现于与裂谷活动有关的地质背景中(Davies and Lloyd, 1989;Panter et al., 2018)。南秦岭内与玄武岩同时期的辉绿岩脉表现了大规模顺层侵位的特点,这种脉体顺构造薄弱层侵位则与伸展或裂谷活动密切相关(Gudmundsson and Loetveit,2005;陈虹等,2014)。在滔河口组中与火山岩互层的沉积岩中发现了丰富的笔石及牙形石化石,证明了在早古生代南秦岭地区发育有富碳富硅裂谷盆地(雒昆利和端木和顺,2001)。这些证据都指示,大规模伸展裂陷背景下交代岩石圈地幔的熔融是造成南秦岭地区早古生代岩浆活动的主要原因。

6 结 论

本文通过对南秦岭地区的玄武岩及玄武质火山角砾进行详细的矿物学、岩石学和地球化学等方面的研究,主要得出以下结论:

(1)南秦岭玄武岩单斜辉石斑晶属于透辉石,其成分与全岩地球化学成分并不平衡。全岩成分受单斜辉石堆晶作用的影响。

(2)单斜辉石斑晶结晶温度为 1 201~1 268 ℃,压力为 7.6~14.0 kbar。单斜辉石为主导的分离结晶作用是由高的结晶压力及全岩高 CaO 含量共同造成的。

(3)校正后的主量元素及微量元素特征表明,南秦岭玄武岩为富单斜辉石、磷灰石,含少量角闪石及石榴石的岩石圈地幔部分熔融产物。而玄武质角砾的源区则为富单斜辉石,含更多角闪石、更少磷灰石的尖晶石相岩石圈地幔。

致谢 3 位匿名审稿人对本文提出了建设性修改意见,在此致以衷心感谢。

参考文献

[1] Adam J, Green T, 2006. Trace element partitioning between mica-and amphibole-bearing garnet lherzolite and hydrous basanitic melt: 1. Experimental results and the investigation of controls on partitioning behaviour. Contributions to Mineralogy and Petrology, 152(1):1-17.

[2] Chen H, Tian M, Wu G L, Hu J M, 2014. The Early Paleozoic alkaline and mafic magmatic events in

Southern Qinling Belt, Central China: Evidences for the break-up of the Paleo-Tethyan ocean. Geological Review, 60(6):1437-1452 (in Chinese with English abstract).

[3] Chen Y Z, Liu S W, Li Q G, Dai J Z, Zhang F, Yang P T, Guo L S, 2010. Geology, Geochemistry of Langao mafic volcanic rocks in South Qinling Orogenic Belt and its tectonic implications. Acta Scientiarum Naturalium Universitatis Pekinensis, 46(4):607-619 (in Chinese with English abstract).

[4] Condamine P, Médard E, 2014. Experimental melting of phlogopite-bearing mantle at 1 GPa: Implications for potassic magmatism. Earth & Planetary Science Letters, 397:80-92.

[5] Dasgupta R, Hirschmann M M, Stalker K, 2006. Immiscible transition from carbonate-rich to silicate-rich melts in the 3 GPa melting interval of eclogite + CO_2 and genesis of silica-undersaturated ocean island lavas. Journal of Petrology, 47(4):647-671.

[6] Dasgupta R, Hirschmann M M, Smith N D, 2007. Partial melting experiments of peridotite + CO_2 at 3 GPa and genesis of alkalic ocean island basalts. Journal of Petrology, 48(11):2093-2124.

[7] Davidson J, Turner S, Plank T, 2013. Dy/Dy*: Variations arising from mantle sources and petrogenetic processes. Journal of Petrology, 54(3):525-537.

[8] Davies G R, Lloyd F E, 1989. Pb-Sr-Nd isotope and trace element data bearing on the origin of the potassic subcontinental lithosphere beneath southwest Uganda//Ross J, Jaques A L, Ferguson J, Green DH, O'Reilly S Y, Danchin R V, Janse A J A. Kimberlites and Related Rocks. Sydney: Geological Society of Australia:784-794.

[9] Dong Y P, Santosh M, 2016. Tectonic architecture and multiple orogeny of the Qinling Orogenic Belt, Central China. Gondwana Research, 29(1):1-40.

[10] Dong Y P, Sun S S, Yang Z, Liu X M, Zhang F F, Li W, Cheng B, He D F, Zhang, G W, 2017. Neoproterozoic subduction-accretionary tectonics of the South Qinling Belt, China. Precambrian Research, 293:73-90.

[11] Frey F A, Green D H, Roy S D, 1978. Integrated models of basalt petrogenesis: A study of quartz tholeiites to olivine melilitites from south eastern Australia utilizing geochemical and experimental petrological data. Journal of Petrology, 19(3):463-513.

[12] Giacomoni P P, Coltorti M, Bryce J G, Fahnestock M F, Guitreau M, 2016. Mt. etna plumbing system revealed by combined textural, compositional, and thermobarometric studies in clinopyroxenes. Contributions to Mineralogy and Petrology, 171(4):34.

[13] Gudmundsson A, Loetveit I F, 2005. Dyke emplacement in a layered and faulted rift zone. Journal of Volcanology and Geothermal Research, 144(1-4):311-327.

[14] Herzberg C, Asimow P D, 2008. Petrology of some oceanic island basalts: PRIMELT2. XLS software for primary magma calculation. Geochemistry, Geophysics, Geosystems, 9(9):Q09001.

[15] Huang Y H, Ren Y X, Xia L Q, Xia Z C, Zhang C, 1992. Early Palaeozoic bimodal igneous suite on northern Daba mountains Gaotan diabase and Haoping trachyte as examples. Acta Petrologica Sinica, 8(3):243-256 (in Chinese with English abstract).

[16] Huang Y H, 1993. Mineralogical characteristics-of phlogopite-amphibole-pyroxenite mantle xenoliths included in the alkali mafic-ultramafic subvolcanic complex from Langao County, China. Acta Petrologica Sinica, 9(4):366-378 (in Chinese with English abstract).

[17] Jackson M G, Dasgupta R, 2008. Compositions of HIMU, EM1, and EM2 from global trends between radiogenic isotopes and major elements in ocean island basalts. Earth & Planetary Science Letters, 276 (1-2):175-186.

[18] Kushiro I, 1996. Partial melting of a fertile mantle peridotite at high pressures: An experimental study using aggregates of diamond//Basu A, Hart S. Earth Processes: Reading the Isotopic Code. Geophysical Monograph, American Geophysical Union, 95:109-122.

[19] Lai S C, Zhang G W, Dong Y P, Pei X Z, Chen L, 2004. Geochemistry and regional distribution of ophiolites and associated volcanics in Mianlüe suture, Qinling-Dabie Mountains. Science in China: Series D, 47(4):289-299.

[20] Le Bas M J, Maitre R W, Streckeisen A, Zanettin B, 1986. A chemical classification of volcanic rocks based on the total alkali-silica diagram. Journal of Petrology, 27(3):745-750.

[21] Li J H, Zhang Y Q, Xu X B, Dong S W, Li T D, 2012. Zircon U-Pb LA-ICP-MS dating of Fenghuangshan pluton in Northern Daba Mountains and its implications to tectonic settings. Geological Review, 58(3):581-593 (in Chinese with English abstract).

[22] Li Y J, 1989. The establishment of the Lower Silurian Taohekou Formation and its relationship with the Doushangou Formantion and the Baiyaya Formation in Langao County of Shaanxi. Geology of Shaanxi, 7 (2):7-14 (in Chinese with English abstract).

[23] Liu Y, Liu X M, Hu Z C, Diwu C R, Yuan H L, Gao S, 2007. Evaluation of accuracy and long-term stability of determination of 37 trace elements in geological samples by ICP-MS. Acta Petrologica Sinica, 23(5):1203-1210 (in Chinese with English abstract).

[24] Luo K L, Duanmu H S, 2001. Timing of early Paleozoic basic igneous rocks in the Daba mountains. Regional Geology of China, 20(3):262-266 (in Chinese with English abstract).

[25] McDonough W F, Sun S S, 1995. The composition of the Earth. Chemical Geology, 120(3-4):223-253.

[26] Médard E, Schmidt M W, Schiano P, Ottolini L, 2006. Melting of amphibole-bearing wehrlites: An experimental study on the origin of ultra-calcic nepheline-normative melts. Journal of Petrology, 47(3): 481-504.

[27] Morimoto N, 1988. Nomenclature of pyroxenes. Mineralogy and Petrology, 39(1):55-76.

[28] Moyen J F, 2019. Granites and crustal heat budget//Post-Archean Granitic Rocks: Contrasting Petrogenetic Processes and Tectonic Environments. Geological Society, London, Special Publications, 491:77-100.

[29] O'Hara M J, 1968. The bearing of phase equilibria studies in synthetic and natural systems on the origin and evolution of basic and ultrabasic rocks. Earth-Science Reviews, 4:69-133.

[30] Panter K S, Castillo P, Krans S, Deering C, McIntosh W, Valley J W, Kitajima K, Kyle P, Hart S, Blusztajn J, 2018. Melt origin across a rifted continental margin: A case for subduction-related metasomatic agents in the lithospheric source of alkaline basalt, NW Ross Sea, Antarctica. Journal of Petrology, 59(3):517-558.

[31] Pilet S, Baker M B, Stolper E M, 2008. Metasomatized lithosphere and the origin of alkaline lavas. Science, 320(5878):916-919.

[32] Pilet S, Ulmer P, Villiger S, 2010. Liquid line of descent of a basanitic liquid at 1.5 GPa: Constraints

on the formation of metasomatic veins. Contributions to Mineralogy and Petrology, 159(5):621-643.

[33] Pilet S, Baker M B, Müntener O, Stolper E M, 2011. Monte Carlo simulations of metasomatic enrichment in the lithosphere and implications for the source of alkaline basalts. Journal of Petrology, 52 (7-8):1415-1442.

[34] Prowatke S, Klemme S, 2006. Trace element partitioning between apatite and silicate melts. Geochimica et Cosmochimica Acta, 70(17):4513-4527.

[35] Prytulak J, Elliott T, 2007. TiO_2 enrichment in ocean island basalts. Earth & Planetary Science Letters, 263(3-4):388-403.

[36] Putirka K D, Johnson M, Kinzler R, Longhi J, Walker D, 1996. Thermobarometry of mafic igneous rocks based on clinopyroxene-liquid equilibria, 0-30 kbar. Contributions to Mineralogy and Petrology, 123(1):92-108.

[37] Putirka K D, 2008. Thermometers and barometers for volcanic systems. Reviews in Mineralogy and Geochemistry, 69(1):61-120.

[38] Rankenburg K, Lassiter J C, Brey G, 2004. Origin of megacrysts in volcanic rocks of the Cameroon volcanic chain: Constraints on magma genesis and crustal contamination. Contributions to Mineralogy and Petrology, 147(2):129-144.

[39] Rooney T O, Nelson W R, Ayalew D, Hanan B, Yirgu G, Kappelman J, 2017. Melting the lithosphere: Metasomes as a source for mantle-derived magmas. Earth & Planetary Science Letters, 461: 105-118.

[40] Sun S S, McDonough W F, 1989. Chemical and isotopic systematics of oceanic basalts: Implications for mantle composition and processes//Saunders A D, Norry M J. Magmatism in the Ocean Basins. Geological Society, London, Special Publications, 42(1): 313-345.

[41] Tiepolo M, Oberti R, Zanetti A, Vannucci R, Foley S F, 2007. Trace-element partitioning between amphibole and silicate melt. Reviews in Mineralogy and Geochemistry, 67(1):417-452.

[42] Wan J, Liu C X, Yang C, Liu W L, Li X W, Fu X J, Liu H X, 2016. Geochemical characteristics and LA-ICP-MS zircon U-Pb age of the trachytic volcanic rocks in Zhushan area of Southern Qinling Mountains and their significance. Geological Bulletin of China, 35(7): 1134-1143 (in Chinese with English abstract).

[43] Wang C Z, Yang K G, Xu Y, Cheng W Q, 2009. Geochemistry and LA-ICP-MS zircon U-Pb age of basic dike swarms in north Daba Mountains and its tectonic significance. Geological Science and Technology Information, 28(3):19-26 (in Chinese with English abstract).

[44] Wang G, Wang Z Q, Zhang Y L, Wang K M, Wu Y D, 2017. Devonian alkaline magmatism in south Qinling, China: Evidence from the Taohekou Formation, Northern Daba Mountain. International Geology Review, 59(1-4):1737-1763.

[45] Wang K M, Wang Z Q, Zhang Y L, Wang G, 2015. Geochronology and geochemistry of mafic rocks in the Xuhe, Shaanxi, China: Implications for petrogenesis and mantle dynamics. Acta Geologica Sinica (English Edition), 89(1):187-202.

[46] Wang Z Q, Yan Q R, Yan Z, Wang T, Jiang C F, Gao L D, Li Q G, Chen J L, Zhang Y L, Liu P, Xie C L, Xiang Z J, 2009. New division of the main tectonic units of the Qinling orogenic belt, Central

China. Acta Geologica Sinica, 83(11):1527-1546 (in Chinese with English abstract).

[47] Wasylenki L E, Baker M B, Kent A J R, Stolper E M, 2003. Near-solidus melting of the shallow upper mantle: Partial melting experiments on depleted peridotite. Journal of Petrology, 44(7): 1163-1191.

[48] Xia L Q, Xia Z C, Zhang C, Xu X Y, 1994. Petro-geochemistry of Alkali Mafic-ultramafic Subvolcanic Complex in Northern Daba Mountains. Beijing: Geological Publishing House:62-75 (in Chinese).

[49] Xiang Z J, Yan Q R, Yan Z, Wang Z Q, Wang T, Zhang Y L, Qin X F, 2010. Magma source and tectonic setting of the porphyritic alkaline basalts in the Silurian Taohekou Formation, North Daba Mountain: Constraints from the geochemical features of pyroxene phenocrysts and whole rocks. Acta Petrologica Sinica, 26(4):1116-1132 (in Chinese with English abstract).

[50] Xiang Z J, Yan Q R, Song B, Wang Z Q, 2016. New evidence for the ages of ultramafic to mafic dikes and alkaline volcanic complexes in the North Daba Mountains and its geological implication. Acta Geologica Sinica, 90(5):896-916 (in Chinese with English abstract).

[51] Xu C, Campbell I H, Allen C M, Chen Y J, Huang Z L, Qi L, Zhang G S, Yan Z F, 2008. U-Pb zircon age, geochemical and isotopic characteristics of carbonatite and syenite complexes from the Shaxiongdong, China. Lithos, 105(1-2):118-128.

[52] Xu X Y, Huang Y H, Xia L Q, Xia Z C, 1996. Characteristics of phlogopite-amphibole pyroxenite xenoliths from Langao County, Shaanxi Province. Acta Petrologica et Mineralogica, 15(3):193-202 (in Chinese with English abstract).

[53] Xu X Y, Huang Y H, Xia L Q, Xia Z C, 1997. Phlogopite-amphibole-pyroxenite xenoliths in Langao, Shaanxi Province, China: Evidence for mantle metasomatism. Acta Petrologica Sinica, 13(1):1-13 (in Chinese with English abstract).

[54] Xu X Y, Huang Y H, Xia L Q, Xia Z C, 1999. Features of the Early Palaeozoic mantle beneath Langao County and its formation mechanism. Acta Geologica Sinica, 73(3): 356-365.

[55] Xu X Y, Xia L Q, Xia Z C, Huang Y H, 2001. Geochemical characteristics and petrogenesis of the Early Paleozoic alkali lamprophyre complex from Langao County. Acta Geoscientia Sinica, 22(1):55-60 (in Chinese with English abstract).

[56] Zhang C L, Gao S, Zhang G W, Liu X M, Yu Z P, 2002. Geochemistry of Early Paleozoic alkali dyke swarms in South Qinling and its geological significance. Science in China: Series D, Earth Sciences, 46 (12):1292-1306.

[57] Zhang C L, Gao S, Yuan H L, Zhang G W, Yan Y X, Luo J L, Luo J H, 2007. Sr-Nd-Pb isotopes of the Early Paleozoic mafic-ultramafic dykes and basalts from South Qinling belt and their implications for mantle composition. Science in China: Series D, Earth Sciences, 50(9):1293-1301.

[58] Zhang F Y, Lai S C, Qin J F, Zhu R Z, Yang H, Zhu Y, 2020. Geochemical characteristics and geological significance of Early Paleozoic alkali diabases in North Daba Mountain. Acta Petrologica et Mineralogica, 39(1):35-46 (in Chinese with English abstract).

[59] Zhang F Y, Lai S C, Qin J F, Zhu R Z, Zhao S W, Zhu Y, Yang H, 2020. Vein-plus-wall rock melting model for the origin of Early Paleozoic alkali diabases in the South Qinling Belt, Central China. Lithos, 370-371:105619.

[60] Zhang G S, Liu S W, Han W H, Zheng H Y, 2017. Baddeleyite U-Pb age and geochemical data of the

mafic dykes from South Qinling: Constraints on the lithospheric extension. Geological Journal, 52 (6198):272-285.

[61] Zhang G W, Meng Q R, Yu Z P, Sun Y, Zhou D W, Guo A L, 1996. Orogenesis and dynamics of the Qinling Orogen. Science in China: Series D, 39(3): 225-234.

[62] Zhang G W, Zhang B R, Yuan X C, Xiao Q H, 2001. Qinling Orogenic Belt and Continental Dynamics. Beijing: Science Press:1-855 (in Chinese with English abstract).

[63] Zhao G C, Hu J M, Meng Q R, 2003. Geochemistry of the basic sills in the western Wudang block: The evidences of the Paleozoic underplating in South Qinling. Acta Petrologica Sinica, 19(4):612-622 (in Chinese with English abstract).

[64] Zhao J H, Asimow P D, 2018. Formation and evolution of a magmatic system in a rifting continental margin: Neoproterozoic arc- and MORB-like dike swarms in South China. Journal of Petrology, 59(9): 1811-1844.

[65] Zou X W, Duan Q F, Tang C Y, Cao L, Cui S, Zhao W Q, Xia J, Wang L, 2011. SHRIMP zircon U-Pb dating and lithogeochemical characteristics of diabase from Zhenping area in North Daba Mountain. Geology in China, 38(2):282-291 (in Chinese with English abstract).

[66] 陈虹,田蜜,武国利,胡健民,2014.南秦岭构造带内早古生代碱基性岩浆活动:古特提斯洋裂解的证据.地质论评,60(6):1437-1452.

[67] 陈友章,刘树文,李秋根,代军治,张帆,杨朋涛,郭丽爽,2010.南秦岭岚皋基性火山岩的地质学、地球化学及其构造意义.北京大学学报(自然科学版),46(4):607-619.

[68] 黄月华,任有祥,夏林圻,夏祖春,张诚,1992.北大巴山早古生代双模式火成岩套:以高滩辉绿岩和蒿坪粗面岩为例.岩石学报,8(3):243-256.

[69] 黄月华,1993.岚皋碱性镁铁-超镁铁质潜火山杂岩中金云角闪辉石岩类地幔捕房体矿物学特征.岩石学报,9(4):366-378.

[70] 赖绍聪,张国伟,董云鹏,裴先治,陈亮,2003.秦岭-大别勉略构造带蛇绿岩与相关火山岩性质及其时空分布.中国科学:D辑,33(12):1174-1183.

[71] 李建华,张岳桥,徐先兵,董树文,李廷栋,2012.北大巴山凤凰山岩体锆石 U-Pb LA-ICP-MS 年龄及其构造意义.地质论评,58(3):581-593.

[72] 李育敬,1989.陕西岚皋下志留统滔河口组的建立及其陡山沟组、白崖垭组关系的探讨.陕西地质,7(2):7-14.

[73] 刘晔,柳小明,胡兆初,第五春荣,袁洪林,高山,2007.ICP-MS 测定地质样品中 37 个元素的准确度和长期稳定性分析.岩石学报,23(5):1203-1210.

[74] 雒昆利,端木和顺,2001.大巴山区早古生代基性火成岩的形成时代.中国区域地质,20(3):262-266.

[75] 万俊,刘成新,杨成,刘万亮,李雄伟,付晓娟,刘虹显,2016.南秦岭竹山地区粗面质火山岩地球化学特征、LA-ICP-MS 锆石 U-Pb 年龄及其大地构造意义.地质通报,35(7):1134-1143.

[76] 王存智,杨坤光,徐扬,程万强,2009.北大巴基性岩墙群地球化学特征、LA-ICP-MS 锆石 U-Pb 定年及其大地构造意义.地质科技情报,28(3):19-26.

[77] 王宗起,闫全人,闫臻,王涛,姜春发,高联达,李秋根,陈隽璐,张英利,刘平,谢春林,向忠金,2009.秦岭造山带主要大地构造单元的新划分.地质学报,83(11):1527-1546.

［78］夏林圻,夏祖春,张诚,徐学义,1994.北大巴山碱质基性–超基性潜火山杂岩岩石地球化学.北京:地质出版社:62-75.

［79］向忠金,闫全人,闫臻,王宗起,王涛,张英利,覃晓锋,2010.北大巴山志留系滔河口组碱质斑状玄武岩的岩浆源区及形成环境:来自全岩和辉石斑晶地球化学的约束.岩石学报,26(4):1116-1132.

［80］向忠金,闫全人,宋博,王宗起,2016.北大巴山超基性、基性岩墙和碱质火山杂岩形成时代的新证据及其地质意义.地质学报,90(5):896-916.

［81］徐学义,黄月华,夏林圻,夏祖春,1996.岚皋金云角闪辉石岩类捕虏体特征.岩石矿物学杂志,15(3):193-202.

［82］徐学义,黄月华,夏林圻,夏祖春,1997.岚皋金云角闪辉石岩类捕虏体:地幔交代作用的证据.岩石学报,13(1):1-13.

［83］徐学义,夏林圻,夏祖春,黄月华,2001.岚皋早古生代碱质煌斑杂岩地球化学特征及成因探讨.地球学报,22(1):55-60.

［84］张成立,高山,张国伟,柳小明,于在平,2002.南秦岭早古生代碱性岩墙群的地球化学及其地质意义.中国科学:D 辑,32(10):819-829.

［85］张成立,高山,袁洪林,张国伟,晏云翔,罗静兰,罗金海,2007.南秦岭早古生代地幔性质:来自超镁铁质、镁铁质岩脉及火山岩的 Sr-Nd-Pb 同位素证据.中国科学:D 辑,37(7):857-865.

［86］张方毅,赖绍聪,秦江锋,朱韧之,杨航,朱毓,2020.北大巴山早古生代辉绿岩地球化学特征及其地质意义.岩石矿物学杂志,39(1):35-46.

［87］张国伟,孟庆任,于在平,孙勇,周鼎武,郭安林,1996.秦岭造山带的造山过程及其动力学特征.中国科学:D 辑,26(3):193-200.

［88］张国伟,张本仁,袁学诚,肖庆辉,2001.秦岭造山带与大陆动力学.北京:科学出版社:1-855.

［89］赵国春,胡健民,孟庆任,2003.武当地块西部席状基性侵入岩群地球化学特征:南秦岭古生代底侵作用的依据.岩石学报,19(4):612-622.

［90］邹先武,段其发,汤朝阳,曹亮,崔森,赵武强,夏杰,王磊,2011.北大巴山镇坪地区辉绿岩锆石 SHRIMP U-Pb 定年和岩石地球化学特征.中国地质,38(2):282-291.

腾冲地块梁河早始新世花岗岩成因机制及其地质意义[①][②]

赵少伟　赖绍聪[③]　秦江锋　朱韧之　甘保平

摘要: 腾冲地块梁河地区芒东和青木寨花岗岩是新特提斯洋演化过程中重要的壳源岩浆活动产物。岩石形成年龄为 48~51 Ma,属于早始新世,与腾冲地块西缘盈江地区大量的酸性和基性侵入岩的形成年龄相近。梁河地区的早始新世花岗岩具有高硅、钾的特征,属于准铝质-强过铝质高钾钙碱性 S 型花岗岩。这些花岗岩具有高的初始 $^{87}Sr/^{86}Sr$ 比值和富集的 Nd 同位素组分,Nd 模式年龄显示源岩应为中元古代的地壳岩石。同时,芒东花岗岩具有高的 CaO/Na_2O 和相对低的 Al_2O_3/TiO_2、Rb/Sr 和 Rb/Ba 比值,说明源区为变质杂砂岩。而青木寨花岗岩具有低的 CaO/Na_2O 和 Al_2O_3/TiO_2、相对高的 Rb/Sr 和 Rb/Ba 比值,指示其源岩以变泥质岩为主。结合区域内中-新生代岩浆活动特征,我们认为,芒东和青木寨花岗岩是印度-亚洲大陆东向初始碰撞或同碰撞时期挤压背景下,腾冲地块中下地壳成熟度较低的杂砂岩以及成熟度较高的泥岩在高温条件下部分熔融的产物。

1　引言

新特提斯洋的最终俯冲消减,导致印度-亚洲大陆的碰撞和青藏高原的抬升,进而对亚洲及邻区的河流分布、洋陆格局、气候变化及生物演化有着重大的影响(Clift et al., 2008)。同时,现今的印度洋形成于新特提斯洋的南部,是印度大陆在早侏罗世从冈瓦纳大陆裂解,向北漂移,新特提斯洋逐渐俯冲消减以及印度-亚洲大陆碰撞的结果,并且印度洋洋中脊的跃迁亦可能与新特提斯洋的俯冲息息相关(李三忠等,2015a、b)。因此,限制印度-亚洲大陆碰撞时间以及碰撞方式对于解释和理解相关地质事件尤为重要。对于新特提斯洋北向俯冲和碰撞的相关研究,现阶段的研究成果相对比较成熟,包括对古地磁数据、岩浆活动、变质事件以及地层沉积学的研究(Zhu et al., 2011;Yi et al., 2011;Chu et al., 2011;Chung et al., 2005;Rowley, 1996;Leech et al., 2005)。但关于新特提斯洋东

① 原载于《岩石学报》,2017,33(1)。
② 国家自然科学基金项目(41190072,41421002)资助。
③ 通讯作者。

向俯冲和陆陆碰撞的研究程度相对较低,而云南三江地区是特提斯构造域的东段部分,为特提斯域构造演化及其相关岩浆作用的研究保存了重要的地质信息,能够很好地约束新特提斯洋东向俯冲及印度-亚洲陆陆碰撞过程中的岩浆活动。腾冲地块及高黎贡带内出露大面积的中新生代火成岩(季建清等,2000a、b;马莉燕等,2013;Ma et al.,2014;Xu et al.,2012;Wang et al.,2014,2015),这些火成岩的形成与新特提斯洋的演化密切相关,是新特提斯洋东向俯冲及陆陆碰撞过程中的岩浆响应,对反演新特提斯洋构造演化过程及俯冲碰撞过程中壳内物质的热反应有着重要意义。密支那-那邦岛弧岩浆带被认为是新特提斯洋东向闭合、印度大陆和亚洲大陆东向碰撞的结果,而腾冲地块应是大洋俯冲及陆陆碰撞的活动陆缘弧地区。本文通过对腾冲地块梁河地区始新世花岗岩岩石学、地球化学及同位素年代学的精细研究,反演新特提斯洋东向闭合和陆陆碰撞过程中壳源岩浆活动的属性和特征。

2　地质背景

　　研究区位于青藏高原东南缘南部、云南省梁河县境内,大地构造位置上属于腾冲地块(图1)。腾冲地块东侧以高黎贡带为界与保山地块相邻,西侧以抹谷变质带和实皆断裂为界与西缅地块相接,东南缘以瑞丽断裂为界(Replumaz and Tapponnier,2003)。

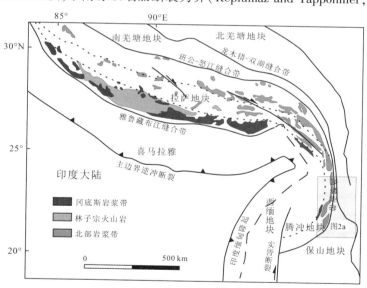

图 1　西藏喜马拉雅大地构造略图

据 Qi et al.(2015)

　　腾冲地块的变质基底为元古宙的高黎贡群,以片岩、片麻岩、混合岩、斜长角闪岩和少量的大理岩为主,变质程度达到绿片岩相-角闪岩相。在晚古生代,腾冲地块被认为是冈瓦纳大陆北缘的一部分(Li et al.,2014),直到晚中生代拼贴到欧亚大陆之上(Morley et al.,2001)。而在腾冲地块之上,发育大量的中-新生代火成岩(Xu et al.,2008,2012;Ma et al.,2014;Wang et al.,2007,2014,2015;Zhao et al.,2016;Chen et al,2015;Qi et al.，2015；Guo et al.，2015），以花岗质和镁铁质深成岩以及玄武质火山岩为主。早白垩世花岗岩成南北向带状分布在高黎贡带西侧，结晶年龄为126~118 Ma，其地球化学性质与拉萨地块北缘同期花岗岩一致，被认为是班公-怒江洋洋壳俯冲和大洋闭合过程中的岩浆活动产物（Xu et al.，2012；杨启军等，2006；Zhu et al.，2015）。腾冲-梁河一带的晚白垩世花岗岩主要以S型强过铝质壳源岩石为主，其结晶年龄为64~76 Ma（Qi et al.，2015；Chen et al.，2015；Zhao et al.，2016；Xu et al.，2012）。始新世岩浆活动主要发育在那邦-铜壁关一带，岩性主要为花岗岩和基性岩，其结晶年龄为50~55 Ma，被认为与新生地壳的增长有关（Ma et al.，2014；Wang et al.，2014，2015）；而季建清等（2000a）认为，那邦地区呈大小不等的透镜状、似层状，赋存在同碰撞成因的片麻状花岗闪长岩岩体内的变质基性岩是新特提斯洋东向闭合过程中的残留洋壳上部组成部分。新生代的火山岩主要以玄武岩或安山质玄武岩为主，其形成年龄主要集中在5.5~4.0 Ma、3.9~0.9 Ma、0.8~0.01 Ma（Wang et al.，2007）。芒东花岗岩位于腾冲地块内部梁河县正南方，岩体以复式的花岗岩基产出，由早白垩世黑云母花岗岩和花岗闪长岩组成，始新世的黑云母花岗岩和似斑状黑云母花岗岩侵入。但由于两期花岗岩的岩性没有明显的区别，野外很难区分岩体之间的界限。青木寨花岗岩位于梁河县正西方，岩体以黑云母花岗岩为主（图2）。

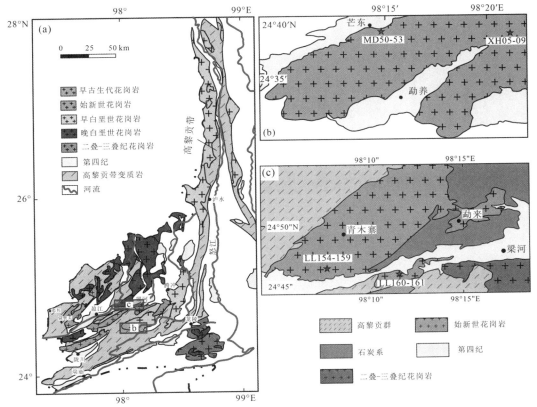

图2 腾冲地块地质简图（a）及芒东花岗岩体地质简图（b）和青木寨花岗岩体地质简图（c）

图2a据 Xu et al.（2008）

3 岩石学特征及样品分析方法

3.1 岩石学特征

芒东花岗岩呈灰白色,主要为黑云母花岗岩,块状构造,粗粒自形−半自形等粒结构或似斑状结构(斑晶为钾长石,以条纹长石和微斜长石为主),主要组成矿物为碱性长石、酸性斜长石、石英和黑云母,副矿物主要是锆石、针状磷灰石和榍石(图3)。碱性长石主要是钾长石、条纹长石和微斜长石,可见明显的格子双晶,酸性斜长石成自形−半自形板状,可见聚片双晶,双晶纹细密,在斜长石和条纹长石的接触边界上可见蠕虫结构。石英呈他形粒状。黑云母呈黑褐色自形−半自形晶,具有一组极完全解理,颗粒边缘具有轻微的氧化蚀变和铁质物质分解析出现象。各矿物的百分比含量为:碱性长石(45%~50%)+酸性斜长石(25%)+石英(20%~25%)+黑云母(5%)。

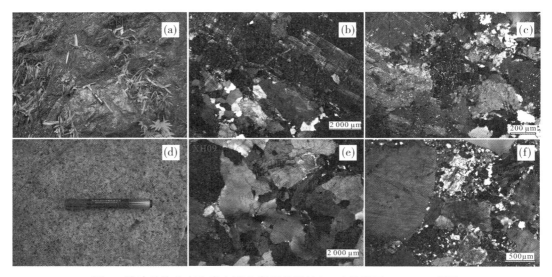

图3 腾冲地块芒东和青木寨花岗岩的野外(a、d)及镜下(b、c、e、f)照片

青木寨花岗岩呈灰白色,以黑云母花岗岩为主,块状构造,等粒结构,主要组成矿物为:钾长石(20%~25%)+微斜长石、条纹长石(30%~35%)+酸性斜长石(20%)+石英(>20%)+黑云母(<5%)。钾长石可见简单双晶,微斜长石具有明显的格子双晶,条纹长石具有条纹结构,酸性斜长石可见聚片双晶,双晶纹细密。黑云母呈半自形晶,具有一组极完全解理,在花岗岩中呈簇状产出(图3)。

3.2 样品分析方法

分析测试样品是在岩石薄片鉴定的基础上精心挑选出来的。首先经镜下观察,选择新鲜的、无后期交代脉体贯入的样品,用小型颚式破碎机击碎成直径约 5~10 mm 的细小颗粒,然后用蒸馏水洗净、烘干,最后用玛瑙研钵托盘在振动式碎样机中碎至 200 目,将随后的粉末样品用二分之一均一缩分法分为 2 份,一份用来做化学成分分析测试,一份作为备份。

主量和微量元素分析在中国科学院贵阳地球化学研究所完成。主量元素测试采用 XRF 法完成,微量及稀土元素使用仪器 Bruker Aurora M90 ICP-MS 进行测试,分析精度均优于 5%,详细分析流程见文献(Qi et al.,2000)。Sr-Nd 同位素分析亦在中国科学院贵阳地球化学研究所完成。Sr-Nd 同位素首先采用离子交换树脂进行分离,然后利用 Neptune Plus 多接收电感耦合等离子体质谱仪(MC-ICP-MS)测定,详细方法和流程见文献(Chu et al.,2009)。

锆石单矿物首先采用常规重力和磁选方法分选,最后在双目镜下挑纯。锆石分选是在河北省区域地质矿产调查研究所实验室完成的。在进行单矿物分析过程中,首先将锆石样品置于环氧树脂中,打磨露出约 1/3,然后进行抛光,再利用超声波在纯净水里进行清洗,以去除样品表面的污染物。锆石的 CL 图像分析在西北大学大陆动力学国家重点实验室的电子显微扫描电镜上完成。锆石 U-Pb 同位素组成分析在西北大学大陆动力学国家重点实验室激光剥蚀电感耦合等离子体质谱(LA-ICP-MS)仪上完成。激光剥蚀系统配备有 193nm ArF-excimer 激光器的 Geolas 200M(Microlas Gottingen Germany),分析采用激光剥蚀孔径 30 μm,激光脉冲为 10 Hz,能量为 32~36 mJ,同位素组成用锆石 91500 进行外标校正。LA-ICP-MS 分析的详细方法及其流程见文献(Yuan et al.,2004)。

4 锆石 LA-ICP-MS U-Pb 定年结果

选取芒东花岗岩中的 2 个黑云母花岗岩和青木寨 1 个黑云母花岗岩样品用于 LA-ICP-MS 微区锆石 U-Pb 定年分析,分析结果列于表 1 中,锆石的 CL 图像如图 4 所示。

(1)似斑状黑云母花岗岩(MD50)。锆石颗粒无色透明,自形-半自形长柱状,粒径为 150~300 μm,长宽比介于 1.5:1~3:1。在 CL 图像上,锆石大部分具有不规则的带状分布,可能因结晶过程中熔体中流体过多所致。个别锆石具有岩浆韵律环带,指示其岩浆成因特征(图 4)。共进行了 24 个谐和数据点分析,,其 $Th = 38 \times 10^{-6} \sim 1\,058 \times 10^{-6}$,$U = 158 \times 10^{-6} \sim 938 \times 10^{-6}$,$Th/U = 0.24 \sim 1.27$,$^{206}Pb/^{238}U$ 的年龄为 47~53 Ma,加权平均年龄为 50 ± 1 Ma(MSWD=2.8,$n=24$),代表似斑状黑云母花岗岩的结晶年龄(图 5a)。

(2)黑云母花岗岩(XH09)。锆石颗粒无色透明,长柱状自形晶,粒径介于 100~300 μm,长宽比为 1.5:1~2.5:1。在 CL 图像上,锆石显示出明显的振荡环带,指示岩浆其成因特征(图 4)。选取 24 个谐和数据点分析,其 $Th = 301 \times 10^{-6} \sim 4\,020 \times 10^{-6}$,$U = 197 \times 10^{-6} \sim 1\,891 \times 10^{-6}$,$Th/U = 0.65 \sim 3.21$,$^{206}Pb/^{238}U$ 的年龄为 46~51 Ma,加权平均年龄为 48 ± 1 Ma(MSWD=3.9,$n=24$),代表黑云母花岗岩的结晶年龄(图 5b)。

(3)黑云母花岗岩(LL159)。锆石颗粒无色透明,柱状自形晶,粒径为 100~200 μm,长宽比介于 1:1~2:1。在 CL 图像中,锆石具有明显的振荡环带,指示其岩浆成因(图 4);同时,部分锆石中显示明亮的核,可能为捕获晶。对共 26 个点进行分析,其中 1 个点获得 $^{206}Pb/^{238}U$ 年龄为 508 ± 4 Ma,代表捕获锆石的结晶年龄。其他 25 个点获得年龄谐和,

表 1 腾冲地块梁河地区芒东和青木寨始新世花岗岩 LA-ICP-MS 锆石 U-Th-Pb 分析结果

测点号	Th	U	Th/U	同位素比值						年龄/Ma					
	/×10⁻⁶			$^{207}Pb/^{235}U$	2σ	$^{206}Pb/^{238}U$	2σ	$^{208}Pb/^{238}Th$	2σ	$^{207}Pb/^{235}U$	2σ	$^{206}Pb/^{238}U$	2σ	$^{208}Pb/^{238}Th$	2σ
似斑状黑云母花岗岩															
MD50-1	573	563	1.02	0.058 49	0.004 84	0.008 20	0.000 13	0.002 58	0.000 03	58	5	53	1	52	1
MD50-2	1 058	831	1.27	0.054 82	0.006 21	0.007 76	0.000 13	0.002 44	0.000 03	54	6	50	1	49	1
MD50-3	595	628	0.95	0.056 32	0.007 73	0.007 37	0.000 13	0.002 30	0.000 04	56	7	47	1	46	1
MD50-4	281	332	0.85	0.058 76	0.005 00	0.008 01	0.000 16	0.002 58	0.000 09	58	5	51	1	52	2
MD50-5	365	427	0.85	0.053 23	0.005 42	0.007 38	0.000 13	0.002 32	0.000 03	53	5	47	1	47	1
MD50-6	328	373	0.88	0.054 59	0.005 20	0.007 67	0.000 17	0.002 47	0.000 10	54	5	49	1	50	2
MD50-7	751	738	1.02	0.047 87	0.003 64	0.007 54	0.000 11	0.002 48	0.000 09	47	4	48	1	50	2
MD50-8	38	158	0.24	0.047 67	0.004 84	0.007 51	0.000 15	0.002 86	0.000 57	47	5	48	1	58	11
MD50-9	248	392	0.63	0.049 24	0.006 68	0.007 72	0.000 15	0.002 46	0.000 16	49	6	50	1	50	3
MD50-10	343	455	0.75	0.059 34	0.008 51	0.008 25	0.000 27	0.009 92	0.001 40	59	8	53	2	200	28
MD50-11	67	159	0.42	0.049 87	0.004 95	0.007 85	0.000 16	0.002 67	0.000 26	49	5	50	1	54	5
MD50-12	344	448	0.77	0.055 18	0.007 25	0.007 76	0.000 16	0.002 44	0.000 06	55	7	50	1	49	1
MD50-13	611	506	1.21	0.049 89	0.003 49	0.007 86	0.000 14	0.002 58	0.000 08	49	3	51	1	52	2
MD50-14	642	662	0.97	0.054 46	0.005 05	0.007 81	0.000 17	0.002 39	0.000 09	54	5	50	1	48	2
MD50-15	1 053	938	1.12	0.052 59	0.005 20	0.007 47	0.000 11	0.002 35	0.000 03	52	5	48	1	48	1
MD50-16	122	209	0.58	0.053 36	0.007 47	0.007 91	0.000 21	0.002 50	0.000 13	53	7	51	1	51	3
MD50-17	320	365	0.88	0.056 48	0.005 30	0.007 99	0.000 17	0.002 52	0.000 10	56	5	51	1	51	2
MD50-18	192	263	0.73	0.052 46	0.010 53	0.008 26	0.000 23	0.002 83	0.000 34	52	10	53	1	57	7
MD50-19	185	317	0.58	0.050 81	0.005 42	0.007 75	0.000 16	0.002 46	0.000 11	50	5	50	1	50	2
MD50-20	400	441	0.91	0.051 75	0.005 65	0.007 71	0.000 12	0.002 44	0.000 06	51	5	50	1	49	1
MD50-21	707	639	1.11	0.053 00	0.008 29	0.008 07	0.000 27	0.002 43	0.000 15	52	8	52	2	49	3
MD50-22	585	625	0.94	0.059 34	0.006 31	0.007 96	0.000 20	0.002 47	0.000 11	59	6	51	1	50	2
MD50-23	594	599	0.99	0.049 37	0.009 35	0.007 60	0.000 15	0.002 42	0.000 14	49	9	49	1	49	3
MD50-24	468	482	0.97	0.051 15	0.002 99	0.007 84	0.000 12	0.002 37	0.000 06	51	3	50	1	48	1
黑云母花岗岩															
XH09-1	612	519	1.18	0.054 40	0.004 82	0.007 95	0.000 11	0.002 51	0.000 03	54	5	51	1	51	1

续表

| 测点号 | Th | U | Th/U | 同位素比值 | | | | | | 年龄/Ma | | | | | |
	/×10⁻⁶			$^{207}Pb/^{235}U$	2σ	$^{206}Pb/^{238}U$	2σ	$^{208}Pb/^{238}Th$	2σ	$^{207}Pb/^{235}U$	2σ	$^{206}Pb/^{238}U$	2σ	$^{208}Pb/^{238}Th$	2σ
XH09-2	564	532	1.06	0.051 79	0.003 77	0.007 83	0.000 13	0.002 32	0.000 07	51	4	50	1	47	1
XH09-3	771	516	1.49	0.047 29	0.003 78	0.007 45	0.000 11	0.002 42	0.000 07	47	4	48	1	49	1
XH09-4	451	254	1.78	0.069 46	0.008 06	0.007 87	0.000 22	0.002 38	0.000 09	68	8	51	1	48	2
XH09-5	532	197	2.69	0.052 60	0.005 75	0.007 49	0.000 17	0.002 28	0.000 06	52	6	48	1	46	1
XH09-6	949	503	1.89	0.064 75	0.005 51	0.007 57	0.000 16	0.002 37	0.000 06	64	5	49	1	48	1
XH09-7	1 362	1 093	1.25	0.052 35	0.009 08	0.007 39	0.000 29	0.002 27	0.000 15	52	9	47	2	46	3
XH09-8	301	302	1.00	0.048 23	0.009 77	0.007 58	0.000 20	0.002 42	0.000 16	48	9	49	1	49	3
XH09-9	472	385	1.23	0.065 69	0.007 56	0.007 42	0.000 21	0.002 42	0.000 11	65	7	48	1	49	2
XH09-10	699	218	3.21	0.057 70	0.007 92	0.007 36	0.000 21	0.002 29	0.000 07	57	8	47	1	46	1
XH09-11	508	419	1.21	0.059 93	0.010 56	0.007 31	0.000 30	0.002 15	0.000 15	59	10	47	2	43	3
XH09-12	441	255	1.73	0.061 78	0.005 08	0.007 38	0.000 14	0.002 16	0.000 06	61	5	47	1	44	1
XH09-13	1 177	805	1.46	0.051 30	0.002 79	0.007 83	0.000 09	0.002 32	0.000 04	51	3	50	1	47	1
XH09-14	392	515	0.76	0.063 05	0.004 95	0.007 71	0.000 15	0.002 43	0.000 10	62	5	50	1	49	2
XH09-15	4 020	1 345	2.99	0.054 67	0.002 34	0.007 46	0.000 08	0.002 34	0.000 02	54	2	48	1	47	0
XH09-16	579	415	1.40	0.047 24	0.005 16	0.007 25	0.000 10	0.002 30	0.000 05	47	5	47	1	47	1
XH09-17	397	289	1.37	0.058 01	0.005 47	0.007 82	0.000 16	0.002 39	0.000 08	57	5	50	1	48	2
XH09-18	666	547	1.22	0.054 44	0.006 07	0.007 54	0.000 11	0.002 37	0.000 03	54	6	48	1	48	1
XH09-19	2 404	1 891	1.27	0.055 14	0.005 23	0.007 31	0.000 12	0.002 28	0.000 02	54	5	47	1	46	0
XH09-20	383	592	0.65	0.061 30	0.006 09	0.007 45	0.000 11	0.002 30	0.000 03	60	6	48	1	47	1
XH09-21	1 024	745	1.37	0.052 04	0.005 12	0.007 54	0.000 11	0.002 38	0.000 03	52	5	49	1	48	1
XH09-22	1 246	1 275	0.98	0.046 67	0.002 19	0.007 17	0.000 08	0.002 21	0.000 04	46	2	46	1	45	1
XH09-23	677	584	1.16	0.067 35	0.008 31	0.008 00	0.000 16	0.002 46	0.000 03	66	8	51	1	50	1
XH09-24	557	592	0.94	0.059 58	0.004 85	0.007 53	0.000 11	0.002 34	0.000 02	59	5	48	1	47	0
黑云母花岗岩															
LL159-1	196	452	0.43	0.053 77	0.003 93	0.008 28	0.000 13	0.003 19	0.000 14	53	4	53	1	64	3
LL159-2	419	855	0.49	0.053 46	0.004 54	0.008 14	0.000 15	0.003 01	0.000 13	53	4	52	1	61	3
LL159-3	378	535	0.71	0.053 46	0.003 48	0.008 13	0.000 12	0.002 69	0.000 08	53	3	52	1	54	2

续表

| 测点号 | Th | U | Th/U | 同位素比值 | | | | | | 年龄/Ma | | | | | |
	/×10⁻⁶			$^{207}Pb/^{235}U$	2σ	$^{206}Pb/^{238}U$	2σ	$^{208}Pb/^{238}Th$	2σ	$^{207}Pb/^{235}U$	2σ	$^{206}Pb/^{238}U$	2σ	$^{208}Pb/^{238}Th$	2σ
LL159-4	361	477	0.76	0.050 27	0.004 06	0.007 67	0.000 12	0.002 58	0.000 08	50	4	49	1	52	2
LL159-5	1 109	1 725	0.64	0.052 78	0.002 99	0.007 68	0.000 10	0.002 58	0.000 07	52	3	49	1	52	1
LL159-6	310	2 320	0.13	0.050 21	0.001 86	0.007 55	0.000 07	0.003 13	0.000 12	50	2	49	0	63	2
LL159-7	206	291	0.71	0.053 30	0.007 04	0.008 11	0.000 20	0.002 98	0.000 15	53	7	52	1	60	3
LL159-8	356	525	0.68	0.051 08	0.003 83	0.007 89	0.000 13	0.002 72	0.000 09	51	4	51	1	55	2
LL159-9	191	409	0.47	0.656 11	0.014 52	0.081 96	0.000 60	0.028 51	0.000 44	512	9	508	4	568	9
LL159-10	324	492	0.66	0.052 66	0.004 50	0.008 24	0.000 15	0.002 62	0.000 10	52	4	53	1	53	2
LL159-11	462	555	0.83	0.054 87	0.003 89	0.008 30	0.000 13	0.002 56	0.000 07	54	4	53	1	52	1
LL159-12	356	325	1.1	0.055 26	0.005 75	0.007 88	0.000 17	0.002 62	0.000 10	55	6	51	1	53	2
LL159-13	239	380	0.63	0.052 86	0.003 38	0.008 25	0.000 11	0.002 93	0.000 08	52	3	53	1	59	2
LL159-14	514	422	1.22	0.052 15	0.004 73	0.008 02	0.000 15	0.002 67	0.000 08	52	5	52	1	54	2
LL159-15	486	607	0.8	0.048 85	0.003 50	0.007 69	0.000 14	0.002 54	0.000 10	48	3	49	1	51	2
LL159-16	1 379	1 051	1.31	0.056 13	0.003 26	0.008 13	0.000 11	0.002 67	0.000 05	55	3	52	1	54	1
LL159-17	198	333	0.59	0.050 86	0.006 07	0.007 79	0.000 20	0.002 91	0.000 16	50	6	50	1	59	3
LL159-18	214	329	0.65	0.049 73	0.001 99	0.007 83	0.000 11	0.002 73	0.000 16	49	2	50	1	55	3
LL159-19	148	199	0.74	0.047 96	0.006 70	0.007 55	0.000 17	0.002 43	0.000 15	48	6	49	1	49	3
LL159-20	673	799	0.84	0.053 49	0.003 95	0.007 63	0.000 13	0.002 63	0.000 08	53	4	49	1	53	2
LL159-21	347	891	0.39	0.051 83	0.002 79	0.008 06	0.000 10	0.002 61	0.000 09	51	3	52	1	53	2
LL159-22	217	313	0.69	0.053 26	0.005 82	0.008 02	0.000 18	0.002 40	0.000 13	53	6	51	1	48	3
LL159-23	685	1 895	0.36	0.050 71	0.002 46	0.007 90	0.000 09	0.002 48	0.000 08	50	2	51	1	50	2
LL159-24	423	878	0.48	0.049 07	0.002 27	0.007 70	0.000 07	0.002 45	0.000 06	49	2	49	1	50	1
LL159-25	125	142	0.88	0.053 16	0.007 40	0.008 25	0.000 19	0.002 86	0.000 13	53	7	53	1	58	3
LL159-26	146	257	0.57	0.050 48	0.006 29	0.007 95	0.000 18	0.002 55	0.000 17	50	6	51	1	51	3

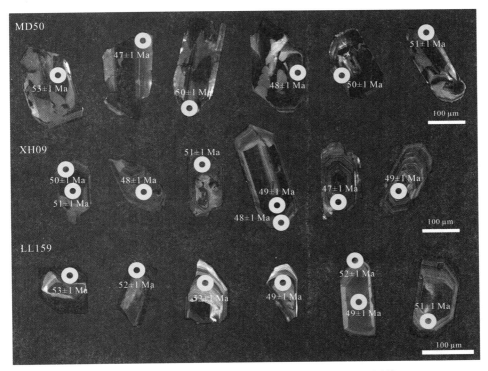

图 4 芒东和青木寨花岗岩代表性锆石阴极发光(CL)图像

其 $Th = 125 \times 10^{-6} \sim 1\ 397 \times 10^{-6}$，$U = 142 \times 10^{-6} \sim 2\ 320 \times 10^{-6}$，$Th/U = 0.13 \sim 1.31$，$^{206}Pb/^{238}U$ 的年龄为 $49 \sim 53$ Ma，加权平均年龄为 51 ± 1 Ma($MSWD = 4.7$，$n = 25$)，代表黑云母花岗岩的结晶年龄(图 5c)

综上所述，梁河地区芒东和青木寨花岗岩的形成时代为早始新世，年龄为 $48 \sim 51$ Ma。

5 岩石化学特征

5.1 主量元素特征

研究区内花岗岩的主量、微量元素分析结果列于表 2 中。这些花岗岩具有高 Si、富 K 的特征，其 $SiO_2 = 67.67\% \sim 76.98\%$，$K_2O = 4.07\% \sim 6.22\%$，$Na_2O = 2.45\% \sim 3.60\%$，$K_2O/Na_2O = 1.20 \sim 2.23$，岩石的里斯特曼指数 σ 为 $1.86 \sim 3.31$，属于高钾钙碱性系列(图 6a)。岩石具有高的 CaO($0.55\% \sim 2.97\%$)、Al_2O_3($11.97\% \sim 16.16\%$)含量，铝饱和指数 A/CNK = $0.79 \sim 1.15$，属于准铝质到弱过铝质(图 6b)。同时，花岗岩中的 $TiO_2 = 0.10\% \sim 0.40\%$，$MgO = 0.15\% \sim 1.10\%$，其 $Mg^{\#}$ 值为 $19 \sim 45$。

5.2 稀土及微量元素特征

花岗岩的稀土元素总量变化范围较大，$\sum REE = 90 \times 10^{-6} \sim 415 \times 10^{-6}$。所有样品基本

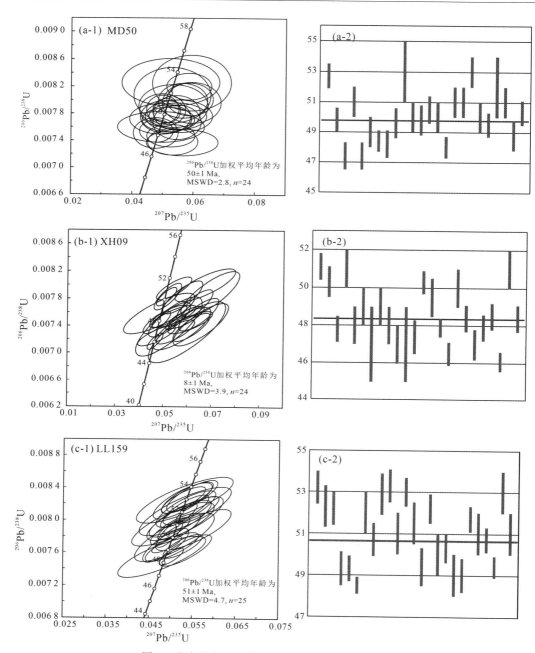

图 5　芒东和青木寨花岗岩锆石 U-Pb 年龄谐和图

具有相似的稀土配分模式,曲线呈右倾型,轻稀土明显富集(图 7b),(La/Yb)$_N$ = 7~38,重稀土具有较弱的分异,(Gd/Yb)$_N$ = 2~3,岩石具有明显的 Eu 负异常,δEu = 0.20~0.68。岩石具有较高的 Sr、Rb、Ba 和较低的 Yb、Y 含量,同时在原始地幔标准化微量元素蛛网图(图 7a)中,岩石具有明显的富集大离子亲石元素 LILE(如 Rb、K 等),亏损高场强元素(如 Nb、Ta、Ti 等)的特征。

表2 芒东和青木寨花岗岩主量(%)及微量(×10⁻⁶)元素分析结果

样品号	XH05	XH06	XH07	MD52	MD53	LL154	LL155	LL156	LL157	LL160	LL161
岩 性	黑云母花岗岩			似斑状黑云母花岗岩		黑云母花岗岩				黑云母花岗岩	
位 置	N:24°38.485′ E:98°21.462′			N:24°39.349′ E:98°14.344′		N:24°47.189′ E:98°8.843′				N:24°47.123′ E:98°12.662′	
SiO₂	73.16	70.95	71.32	67.67	67.87	76.66	76.71	76.98	76.72	72.36	72.58
TiO₂	0.35	0.35	0.35	0.40	0.40	0.14	0.14	0.13	0.14	0.19	0.10
Al₂O₃	12.13	13.78	13.54	16.16	15.87	11.97	12.46	12.01	12.32	14.39	15.00
MgO	0.44	0.50	0.49	1.10	1.10	0.17	0.15	0.16	0.16	0.46	0.29
Fe₂O₃ᵀ	1.99	2.11	2.23	3.26	3.17	1.45	1.46	1.40	1.51	1.82	0.97
CaO	1.75	1.55	1.63	2.90	2.97	0.57	0.71	0.55	0.65	1.23	0.96
Na₂O	3.60	3.40	3.47	3.31	3.38	2.45	2.71	2.47	2.91	3.00	2.81
K₂O	5.82	6.22	5.83	4.58	4.07	5.47	5.48	5.49	5.37	5.74	6.20
MnO	0.06	0.06	0.07	0.05	0.05	0.02	0.02	0.02	0.02	0.03	0.02
P₂O₅	0.08	0.08	0.09	0.14	0.15	0.04	0.04	0.03	0.04	0.15	0.16
LOI	0.38	0.61	0.73	0.74	0.90	0.59	0.56	1.10	0.55	0.87	0.95
Total	99.77	99.61	99.74	100.29	99.93	99.53	100.44	100.34	100.39	100.24	100.04
A/CNK	0.79	0.91	0.90	1.03	1.03	1.09	1.07	1.09	1.05	1.08	1.15
Mg#	34	36	34	44	45	21	19	21	20	37	41
Li	15.5	16.5	17.6	35.8	35.4	36.2	28.5	25.9	30.0	6.73	6.35
Be	2.64	2.33	2.5	5.6	5.78	4.69	5.22	4.70	5.51	12.0	7.65
Sc	13.7	12.5	12.4	14.1	15.1	2.48	2.32	1.65	2.53	3.58	2.37
V	22.5	21.8	24	48.8	48.8	6.87	6.56	5.63	6.16	13.4	5.66
Cr	3.33	5.92	3.33	15.8	14.2	1.67	2.16	5.84	1.26	6.79	2.50
Co	29.3	29.7	39.3	35.9	31.6	162	179	135	117	125	56.5
Ni	1.98	2.49	2.09	22.4	7.15	3.69	2.95	4.79	2.65	4.40	2.12
Cu	3.7	3.59	3.92	13.4	7.2	1.86	1.89	1.79	1.41	1.44	0.45
Zn	71.3	67.1	62.1	73.8	71.2	27.9	30.1	26.6	27.6	58.3	15.9
Ga	15.8	15.2	15.6	19.2	19	16.1	16.6	13.8	17.1	18.1	16.8
Ge	1.06	1.04	1.09	1.16	1.13	1.46	1.47	1.42	1.53	1.30	1.44
Rb	159	173	168	239	226	321	316	316	325	287	283
Sr	180	178	197	239	233	54.2	59.5	49.6	57.6	101	95.1
Y	26	25.9	26.8	21.9	22	33.6	36.0	26.4	39.1	29.9	20.6
Zr	175	178	235	154	164	147	148	145	157	114	82.1
Nb	19.7	18.6	19	12.9	12.8	20.1	16.3	19.4	24.2	15.1	9.10
Cs	3.07	2.96	3.29	10.3	10	10.7	8.45	9.73	9.43	5.97	5.15
Ba	305	323	397	566	479	145	148	126	137	333	348
La	104	85.3	100	40.9	39.7	50.0	56.4	44.6	66.1	31.8	18.1
Ce	193	167	198	81.8	76.2	86.7	103	82.7	122	65.2	36.0
Pr	20.5	17.8	20.1	8.71	8.16	10.3	11.7	9.00	13.7	7.38	4.13
Nd	64.4	57	64.7	28.5	27	35.2	40.0	30.6	46.6	27.0	14.8

样品号	XH05	XH06	XH07	MD52	MD53	LL154	LL155	LL156	LL157	LL160	LL161
岩　性	黑云母花岗岩			似斑状 黑云母花岗岩		黑云母花岗岩				黑云母花岗岩	
位　置	N:24°38.485′ E:98°21.462′			N:24°39.349′ E:98°14.344′		N:24°47.189′ E:98°8.843′				N:24°47.123′ E:98°12.662′	
Sm	10.2	9.15	9.85	5.01	5.02	6.74	7.52	5.68	8.74	6.23	3.62
Eu	1.45	1.40	1.56	1.11	1.03	0.49	0.51	0.43	0.51	0.70	0.57
Gd	7.90	7.60	8.25	4.92	4.67	5.87	6.38	4.85	7.41	5.72	3.43
Tb	1.06	1.03	1.08	0.67	0.66	0.92	0.97	0.75	1.11	0.93	0.59
Dy	5.09	5.09	5.08	3.66	3.65	5.36	5.68	4.39	6.41	5.11	3.43
Ho	0.9	0.91	0.91	0.73	0.7	1.08	1.13	0.87	1.26	0.95	0.64
Er	2.54	2.58	2.57	1.98	1.98	3.19	3.35	2.58	3.72	2.59	1.83
Tm	0.32	0.33	0.34	0.28	0.26	0.48	0.50	0.39	0.57	0.36	0.28
Yb	1.98	2.05	2.09	1.7	1.63	3.22	3.37	2.58	3.76	2.29	1.87
Lu	0.27	0.28	0.29	0.24	0.22	0.46	0.49	0.37	0.54	0.32	0.27
Hf	4.41	4.58	5.9	3.87	4.01	4.63	4.77	4.66	4.92	3.44	2.51
Ta	1.52	1.32	1.4	1.44	1.39	1.69	0.99	2.09	2.20	1.89	1.65
Pb	24.9	28.2	27.5	40.8	41.6	32.6	34.2	34.1	34.3	67.1	66.6
Th	37.59	41.93	48.07	32.85	32.96	64.6	65.2	59.3	66.2	28.4	18.2
U	2.27	2.96	3.85	15.00	20.29	6.71	7.86	7.10	7.66	5.00	3.65
$(La/Yb)_N$	37.7	29.9	34.3	17.3	17.5	11.2	12.00	12.4	12.6	9.95	6.92
$(Gd/Yb)_N$	3.30	3.07	3.27	2.40	2.37	1.51	1.56	1.55	1.63	2.07	1.52
δEu	0.49	0.51	0.53	0.68	0.65	0.24	0.23	0.25	0.20	0.36	0.49
$\sum REE$	414	358	415	180	171	210	241	190	283	157	90

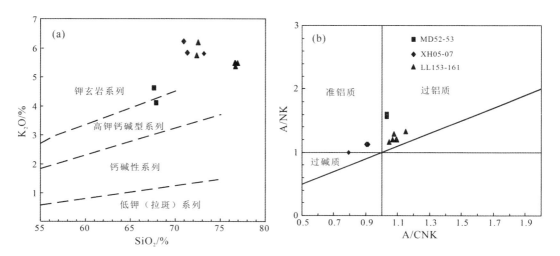

图 6　芒东和青木寨花岗岩 SiO_2-K_2O 图解(a)和 A/NK-A/CNK 图解(b)

图 6a 据 Rollinson(1993);图 6b 据 Maniar and Piccoli(1989)

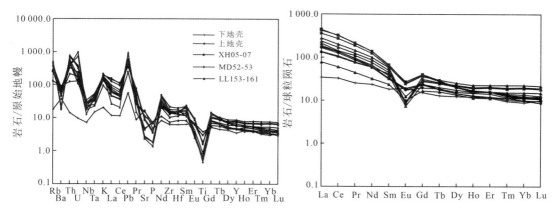

图 7　芒东和青木寨花岗岩原始地幔标准化微量元素蛛网图(a)和球粒陨石标准化
稀土元素配分图解(b)

标准化值据 Sun and McDonough(1989)

5.3　Sr-Nd 同位素特征

选取芒东似斑状黑云母花岗岩和黑云母花岗岩各 1 个样品(MD52 和 XH05)及青木寨黑云母花岗岩 1 个样品(LL154),进行全岩 Sr-Nd 同位素分析,分析结果列于表 3 中。

从表 3 中可以看到,岩石的同位素地球化学特征显示花岗岩具有高的初始$^{87}Sr/^{86}Sr$ 比值,为 0.710 254~0.725 863。花岗岩的 $\varepsilon_{Nd}(t)$ 为 -11.4 和 -4.6,二阶段模式年龄为 1.05~1.52 Ga。在$^{87}Sr/^{86}Sr$-$\varepsilon_{Nd}(t)$相关图解(图 8)中显示出壳源特征,与腾冲地块中下地壳的同位素特征相似(Wang et al.,2014),但与腾冲地块那邦地区的始新世花岗岩类 Sr-Nd 同位素明显不同(Ma et al.,2014)。

表 3　芒东和青木寨花岗岩全岩 Sr-Nd 同位素分析结果

样品号	$^{87}Sr/^{86}Sr$	2σ	Sr	Rb	$^{143}Nd/^{144}Nd$	2σ	Nd	Sm	T_{DM}	$\varepsilon_{Nd}(t)$	I_{Sr}
			/×10⁻⁶				/×10⁻⁶		/Ga		
XH05	0.712 070	11	180	159	0.512 229	6	64.4	10.2	1.24	-7.3	0.710 254
MD52	0.727 922	11	239	239	0.512 024	10	28.5	5.01	1.52	-11.4	0.725 863
LL154	0.724 694	8	54.2	321	0.512 376	23	35.2	27	1.05	-4.6	0.712 503

Rb、Sr、Nd、Sm 根据 ICP-MS 测试。

T_{DM}代表二阶段模式年龄,计算中所需详细参数及公式如下:当今的 $(^{147}Sm/^{144}Nd)_{DM} = 0.213\ 7$; $(^{143}Nd/^{144}Nd)_{DM} = 0.513\ 15$;$(^{147}Sm/^{144}Nd)_{crust} = 0.101\ 2$;$(^{147}Sm/^{144}Nd)_{CHUR} = 0.196\ 7$;$(^{143}Nd/^{144}Nd)_{CHUR} = 0.512\ 638$。

$$\varepsilon_{Nd}(t) = \left[(^{143}Nd/^{144}Nd)_S(t)/(^{143}Nd/^{144}Nd)_{CHUR}(t) - 1 \right] \times 10^4;$$

$$T_{DM} = \frac{1}{\lambda} \left\{ 1 + \left[(^{143}Nd/^{144}Nd)_S - ((^{147}Sm/^{144}Nd)_S - (^{147}Sm/^{144}Nd)_{crust})(e^{\lambda t} - 1) - (^{143}Nd/^{144}Nd)_{DM} \right] / \right.$$
$$\left. \left[(^{147}Sm/^{144}Nd)_{crust} - (^{147}Sm/^{144}Nd)_{DM} \right] \right\},\ \lambda = 6.54 \times 10^{-12}/a。$$

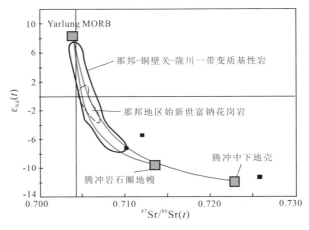

图 8　芒东和青木寨花岗岩^{87}Sr/^{86}Sr-$\varepsilon_{Nd}(t)$图解

6　讨论

6.1　岩石成因

芒东和青木寨花岗岩的地球化学特征显示出准铝质-强过铝质高钾钙碱性特征，A/CNK = 0.79~1.15；同时，岩石具有高的 K_2O 和低的 Na_2O 含量，其 K_2O/Na_2O 比值为 1.2~2.2。因此，芒东和青木寨花岗岩应为准铝质-弱过铝质高钾钙碱性的 S 型花岗岩。在微量元素蛛网图(图 7a)中，花岗岩显示出高场强元素 Nb、Ta、Ti 和 P 亏损，大离子亲石元素 Rb 和 K 富集。在稀土图中显示出轻稀土的富集和重稀土的亏损。这种微量元素和稀土元素的配分模式，反映出源区中的角闪石、钛铁矿、石榴子石等富 Nb、Ta、Ti 矿物含量较少或者这些矿物作为熔融残留物保留在源区。而这些花岗岩中具有高的 HREE 含量，如 Y = 20.6×10^{-6}~39.1×10^{-6}，说明源区的残留相矿物可能是角闪石而不是石榴子石。同时，低的 Sr 含量(49.6×10^{-6}~233×10^{-6}) 和明显的 Eu 负异常，说明岩浆形成于长石稳定区、石榴子石不稳定区。Patiño Douce and Beard(1995)通过实验表明，当片麻岩和石英角闪岩在脱水熔融时石榴石在源区残留相出现的压力≥12.5 kbar。也就是说，梁河地区芒东和青木寨花岗岩的岩浆形成深度在正常的地壳范围内(< 40 km)。

芒东和青木寨花岗岩的 Sr-Nd 同位素显示高的初始 Sr 比值和低的 $\varepsilon_{Nd}(t)$ 值，说明这些花岗岩为壳源岩石部分熔融的产物。Nd 同位素二阶段模式年龄为 1.05~1.52 Ga，说明其源岩是腾冲地块中元古代地壳岩石。芒东花岗岩具有高的 CaO/Na_2O 比值(0.45~0.88)，相对较低的 Rb/Sr(0.85~1) 和 Rb/Ba(0.42~0.54) 比值，显示源区主要为贫黏土的杂砂岩，而青木寨花岗岩具有低的 CaO/Na_2O 比值(0.22~0.41)、高的 Rb/Sr(2.85~6.38) 和 Rb/Ba(0.81~2.52)，指示其源区主要为泥质岩(图 9a、b)，这与实验岩石学的结果是一致的(图 9c)。Al_2O_3/TiO_2 比值能够很好地指示岩浆形成时的温度，当比值小于 100 时，花岗岩熔体温度大于 875 ℃；当比值大于 100 时，熔体温度小于 875 ℃(Sylvester，

1998)。芒东和青木寨花岗岩具有低的 Al_2O_3/TiO_2 比值(34~92,LL161 除外),表明芒东和青木寨花岗岩是在高温条件下部分熔融形成的,这与从 Pb-Ba 相关图解(图9d)中得到的结果一致。因此,芒东花岗岩应为腾冲地块中下地壳中元古代变质杂砂岩高温条件下部分熔融的产物,而青木寨花岗岩的源岩应该为中元古代变泥质岩。

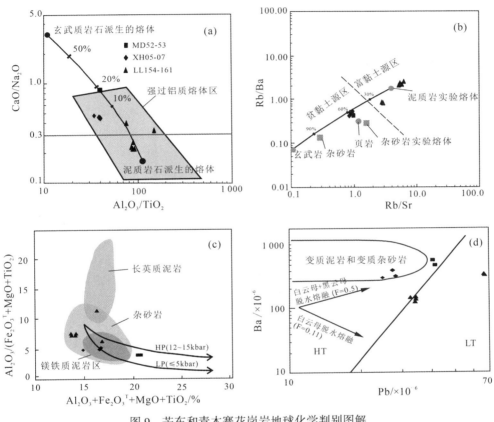

图9　芒东和青木寨花岗岩地球化学判别图解

(a) Al_2O_3/TiO_2-CaO/Na$_2$O(Sylvester, 1998);(b) Rb/Sr-Rb/Ba(Sylvester, 1998);
(c)(Al_2O_3+Fe$_2$O$_3^T$+MgO+TiO$_2$)-Al_2O_3/(Fe$_2$O$_3^T$+MgO+TiO$_2$)(Patiño Douce, 1999);
(d)Pb-Ba(Fingre and Schiller, 2012)

6.2　岩石形成构造环境及地质意义

腾冲地块上的晚白垩世-始新世岩浆带被认为是拉萨地块的冈底斯岩浆带经喜马拉雅东构造结南迦巴瓦的南延部分(Xu et al., 2012)。季建清等(2000a)在腾冲地块那邦地区发现具有 MORB 属性的麻粒岩相变质基性岩,认为是新特提斯洋洋壳的上部组成部分,是由于板片断离折返地表的麻粒岩相岩石。这些岩石学证据指示新特提斯洋向东俯冲及随后印度-亚洲大陆的东向碰撞。在大洋俯冲及碰撞期间,岛弧地区会形成大量的岩浆作用,对这些岩浆作用的形成时代和岩石学的研究能够很好地约束新特提斯洋东向俯冲和陆陆碰撞的时间及方式。关于印度-亚洲大陆的北向初始碰撞时间,前人已经做了很多工作,主要通过古地磁、沉积学、生物地层学、岩石学等学科(Guillot et al., 2003;Rowley, 1996;Yin and Harrison, 2000;Aitchison et al., 2007;van Hinsbergen et al., 2012;Leech et al., 2005;Bouihol et al., 2013;White et al., 2012;Yi et al., 2011;Chen et al., 2010;Ding et al., 2001, 2005;Zhang et al., 2010;Clementz et al., 2010)。现阶段比较认可的初始碰撞时间为60 Ma左右(Wu et al., 2014;Hu et al., 2015),并且碰撞是在拉萨地块中部开始发生的,向两侧逐渐扩展(Wu et al., 2014),比如东部的Kohistan-Ladakh岛弧地区的初始碰撞时间大约为50 Ma(Bouihol et al., 2013)。但是,关于印度-亚洲大陆东向初始碰撞时间,现阶段仍然存在争议。经岩石学的研究表明,新特提斯洋东向俯冲的板片发生断离的时间为40~42 Ma(Xu et al., 2008);Ding et al.(2001)和Zhang et al.(2010)利用麻粒岩相高压变质年龄,提出印度-亚洲大陆在青藏高原东部碰撞的时间应该早于45~40 Ma。因此,印度-亚洲大陆东向初始碰撞的时间可能为57~52 Ma(Xu et al., 2008)。这与三维数值模拟的研究结果一致,碰撞带发生板片断离的时间一般发生在初始碰撞之后约10~20 Myr(van Hunen and Allen, 2011)。

近年来的研究表明,腾冲地块盈江-梁河一带发育大量的早始新世岩浆作用,岩石类型多样,从花岗质岩石到镁铁质岩石均有分布,这些岩石的侵位时间基本是在50~55 Ma,被认为是活动大陆边缘岛弧地区岩浆作用的产物(马莉燕等,2013;Ma et al., 2014;Wang et al., 2014, 2015)。Wang et al.(2014)对盈江县城的那邦-铜壁关一带的变质基性岩进行了锆石U-Pb定年、地球化学和同位素分析。结果表明,由西向东,基性岩中的富集组分逐渐增多,可能与俯冲的沉积物或者俯冲流体交代岩石圈地幔有关,同时表明新特提斯洋的东向俯冲过程。Ma et al.(2014)也对那邦地区的始新世花岗岩进行地球化学和同位素分析,表明这些花岗岩在形成过程中有幔源岩浆参与。我们最近的工作亦表明,腾冲地块西部的花岗岩从西向东,由那邦经铜壁关到陇川县城一带,始新世花岗岩亦显示出富集组分逐渐增加的地球化学特征(未发表成果)。本文所研究的花岗岩处于腾冲地块内部,其侵位时间与那邦地区变质基性岩和花岗岩的侵位时间一致,为50 Ma左右。地球化学特征显示这些花岗岩是地壳内变质杂砂岩和泥质岩部分熔融的结果,同位素研究表明,这些花岗岩的形成与幔源岩浆作用无关,但是,起源于幔源的镁铁质岩浆可能对这些纯壳源花岗岩提供了必要的热源。由于印度-亚洲大陆东向的初始碰撞时间可能为57~52 Ma(Xu et al., 2008),因此这些始新世的岩浆作用为初始碰撞时期或者同碰撞时期的岩浆作用,这与Rb-(Y+Nb)判别图解(图10)得到的结果一致。腾冲地块西部那邦地区的基性岩及花岗岩由于陆陆碰撞,导致俯冲板片后撤,引起软流圈物质上涌,导致岩石圈地幔或者上涌的软流圈地幔减压发生部分熔融,形成基性岩浆,而基性岩浆的底侵作用和侵位导致那邦地区的地壳物质熔融,形成混合岩浆(Wang et al., 2014;Ma et al., 2014)。而在腾冲地块内部,在初始碰撞到陆陆碰撞时期的挤压背景下,中下地壳的变质杂砂岩和变质泥质岩发生部分熔融,形成本区芒东和青木寨的花岗质岩浆。

7 结论

(1)梁河境内芒东和青木寨花岗岩具有高Si、富K的特征,其A/CNK比值为0.79~

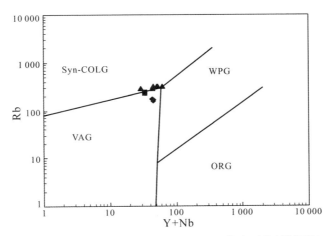

图 10　芒东和青木寨花岗岩(Y+Nb)-Rb 构造环境判别图解

据 Pearce et al.(1984)

1.15,属于高钾钙碱性准铝质–强过铝质 S 型花岗岩。岩石总体富集大离子亲石元素、亏损高场强元素,具有明显的 Eu 负异常。地球化学特征和同位素数据显示,这些花岗岩分别为腾冲地块中下地壳中元古代变质杂砂岩和泥质岩高温条件下部分熔融的结果。

(2)芒东和青木寨花岗岩的结晶年龄为 48~50 Ma,是印度–亚洲大陆初始碰撞到同碰撞时期挤压背景下岩浆弧壳内的岩浆响应。

参考文献

[1] Aitchison J C, Ali J R, Davis A M, 2007. When and where did India and Asia collide? Journal of Geophysical Research, 112(B5):B05423.

[2] Bouilhol P, Jagoutz O, Hanchar J M, Dudas F Q, 2013. Dating the India-Eurasia collision through arc magmatic records. Earth & Planetary Science Letters, 366:163-175.

[3] Chen J S, Huang B C, Sun L S, 2010. New constraints to the onset of the India-Asia collision: Paleomagnetic reconnaissance on the Linzizong Group in the Lhasa Block, China. Tectonophysics, 489(1-4):189-209.

[4] Chen X C, Hu R Z, Bi X W, Zhong H, Lan J B, Zhao C H, Zhu J J, 2015. Petrogenesis of metaluminous A-type granitoids in the Tengchong-Lianghe tin belt of southwestern China: Evidences from zircon U-Pb ages and Hf-O isotopes, and whole-rocks Sr-Nd isotopes. Lithos, 212-215:93-110.

[5] Chu M F, Chung S L, O'Reilly S Y, Pearson N J, Wu F Y, Li X H, Liu D Y, Ji J Q, Chu C H, Lee H Y, 2011. India's hidden inputs to Tibetan orogeny revealed by Hf isotopes of Transhimalayan zircon and host rocks. Earth & Planetary Science Letters, 307(3-4):479-486.

[6] Chu Z Y, Chen F K, Yang Y H, Guo J H, 2009. Precise determination of Sm, Nd concentrations and Nd isotopic compositions at the nanogram level in geological samples by thermal ionization mass spectrometry. Journal of Analytical Atomic Spectrometry, 24(11):1534-1544.

[7] Chung S L, Chu M F, Zhang Y Q, et al., 2005. Tibet tectonic evolution inferred from spatial and temporal variations in post-collisional magmatism. Earth-Science Reviews, 68(3-4):173-196.

［8］ Clementz M, Bajpai S, Ravikan V, Thewissen J G M, Saravanan N, Singh I B, Prasad V, 2010.Early Eocene warming events and the timing of terrestrial faunal exchange between India and Asia.Geology, 39 (1):15-18.

［9］ Clift P D, Hodges K V, Heslop D, Hannigan R, Long H V, Calves G, 2008.Correlation of Himalayan exhumation rates and Asian monsoon intensity.Nature Geoscience, 1(12):875-880.

［10］ Ding L, Zhong D L, Yin A, Kapp P, Harrison T M, 2001.Cenozoic structural and metamorphic evolution of the eastern Himalayan syntaxis(Namche Barwa).Earth & Planetary Science Letters, 192 (3):423-438.

［11］ Ding L, Kapp P, Wan X Q, 2005.Paleocene-Eocene record of ophiolite obduction and initial India-Asia collision, south central Tibet.Tectonics, 24(3):TC3001.

［12］ Finger F, Schiller D, 2012.Lead contents of S-type granite and their petrogenetic significance. Contributions to Mineralogy and Petrology, 164(5):747-755.

［13］ Guillot S, Garzanti E, Baratoux D, Marquer D, Mahéo G, Sigoyer J D, 2003.Reconstructing the total shortening history of the NW Himalaya. Geochemistry, Geophysics, Geosystems, 4(7):1064.

［14］ Guo Z F, Cheng Z H, Zhang M L, Zhang L H, Li X H, Liu J Q, 2015.Post-collisional high-K calc-alkaline volcanism in Tengchong volcanic field, SE Tibet:Constraints on Indian eastward subduction and slab detachment.Journal of the Geological Society, 172(5):624-640.

［15］ Hu X M, Garzanti E, Moore T, Raffi I, 2015.Direct stratigraphic dating India-Asia collision onset at the Selandian(Middle Paleocene, 59 ± 1 Ma).Geology, 43(10):859-862.

［16］ Ji J Q, Zhong D L, Chen C Y, 2000a.Geochemistry and genesis of Nabang metamorphic basalt, Southwest Yunnan, China: Implications for the subduction slab break-off. Acta Petrologica Sinica, 16 (3):443-442 (in Chinese with English abstract).

［17］ Ji J Q, Zhong D L, Zhang L S, 2000b.Kinematics and dating of Cenozoic strike-slip faults in the Tengchong area, West Yunnan: Implications for the block movement in the southeastern Tibet Plateau. Scientia Geologica Sinica, 35(3):336-349 (in Chinese with English abstract).

［18］ Leech M L, Singh S, Jain A K, Klemperer S L, Manickavasagam R M, 2005.The onset of India-Asia continental collision: Early, steep subduction required by the timing of UHP metamorphism in the western Himalaya. Earth & Planetary Science Letters, 234(1-2):83-97.

［19］ Li D P, Luo Z H, Chen Y L, Liu J Q, Jin Y, 2014.Deciphering the origin of the Tengchong block, West Yunnan: Evidence from detrital zircon U-Pb ages and Hf isotopes of Carboniferous strata. Tectonophysics, 614:66-77.

［20］ Li S Z, Suo Y H, Liu X, Zhao S J, Yu S, Dai L M, Xu L Q, Zhang Z, Liu W Y, Li H M, 2015a. Tectonic reconstruction and mineralization models of the Indian Ocean: Insights from SWIR.Geotectonica et Metallogenia, 39(1):30-43 (in Chinese with English abstract).

［21］ Li S Z, Suo Y H, Yu S, Zhao S J, Dai L M, Cao H H, Zhang Z, Liu W Y, Zhang G Y, 2015b. Morphotectonics and tectonic processes of the Southeast Indian Ocean.Geotectonica et Metallogenia, 39 (1):15-29 (in Chinese with English abstract).

［22］ Ma L Y, Fan W M, Wang Y J, Cai Y F, Liu H C, 2013.Zircon U-Pb Geochronology and Hf isotopes of the granitic gneisses in the Nabang area, western Yunnan Province. Geotectonica et Metallogenia, 37

（2）:273-283（in Chinese with English abstract）.

[23] Ma L Y, Wang Y J, Fan W M, Geng H Y, Cai Y F, Zhong H, Liu H C, Xing X W, 2014. Petrogenesis of the Early Eocene I-type granites in West Yingjiang(SW Yunnan)and its implications for the eastern extension of the Gangdese batholiths.Gondwana Research, 25(1):401-419.

[24] Maniar P D, Piccoli P M, 1989.Tectonic discrimination of granitoids.Geological Society of American Bulletin, 101(5):635-643.

[25] Morley C K, Woganan N, Sankumarn N, Hoon T B, Alief A, Simmons M, 2001.Late Oligocene-Recent stress evolution in rift basins of Northern and Central Thailand: Implications for escape tectonics. Tectonophysics, 334(2):115-150.

[26] Patiño Douce A G, Beard J S, 1995.Dehydration-melting of biotite gneiss and quart amphiolite from 3 to 15 kbar.Journal of Petrology, 36(3):707-738.

[27] Patiño Douce A E, 1999.What do experiments tell us about the relative contributions of crust and mantle to the origin of granitic magma//Castro A, Fernandez C, Vigneresse J L. Understanding Granites: Integrating New and Classical Techniques. Geological Society, London, Special Publications, 168: 55-75.

[28] Pearce J A, Harris N B W, Tindle A G, 1984.Trace element discrimination diagrams for tectonic interpretation of the granitic rocks.Journal of Petrology, 25(4):956-983.

[29] Qi L, Hu J, Gregoire D C, 2000.Determination of trace elements in granites by inductively coupled plasma mass spectrometry.Talanta, 51(3):507-513.

[30] Qi X X, Zhu L H, Grimmer J C, Hu Z C, 2015.Tracing the Transhimalayan magmatic belt and the Lhasa block southward using zircon U-Pb, Lu-Hf isotopic and geochemical data:Cretaceous-Cenozoic granitoids in the Tengchong block, Yunnan, China.Journal of Asian Earth Sciences, 110:170-188.

[31] Replumaz A, Tapponnier P, 2003.Reconstruction of deformed collision zone between India and Asia by backward motion of lithospheric blocks.Journal of Geophysical Research Solid Earth, 108(B6):12-19.

[32] Rollinson H R, 1993. Using Geochemical Data: Evaluation, Presentation, Interpretation. London: Longman Scientific & Technical.

[33] Rowley D B, 1996. Age of initiation of collision between India and Asia:A review of stratigraphic data. Earth & Planetary Science Letters, 145:1-13.

[34] Sun S S, McDonough W F, 1989.Chemical and isotopic systematics of oceanic basalts: Implications for mantle composition and processes//Saunders A D, Norry M J. Magmatism in the Ocean Basins. Geological Society, London, Special Publications, 42:313-345.

[35] Sylvester P J, 1998.Post-collisional strongly peraluminous granites.Lithos, 45:29-44.

[36] van Hinsbergen D J J, Lippert P C, Dupont-Nivet G, McQuarrie N, Doubrovine P V, Spakman W, Torsvik T H, 2012.Greater India Basin hypothesis and a two-stage Cenozoic collision between India and Asia. Proceeding of the National Academy of Sciences of the United States of America, 109(20): 7659-7664.

[37] van Hunen J, Allen M B, 2011.Continental collision and slab break-off: A comparison of 3-D numerical models with observations. Earth & Planetary Science Letters, 302(1-2):27-37.

[38] Wang Y, Zhang X M, Jiang C S, Wei H Q, Wan J L, 2007.Tectonic controls on the late Miocene-

Holocene volcanic eruptions of the Tengchong volcanic field along the southeastern margin of Tibetan plateau.Journal of Asian Earth Sciences, 30(2):375-389.

[39] Wang Y J, Zhang L M, Cawood P A, Ma L Y, Fan W M, Zhang A M, Zhang Y Z, Bi X W, 2014. Eocene supra-subduction zone mafic magmatism in the Sibumasu block of SW Yunnan:Implications for Neotethyan subduction and India-Asia collision.Lithos, 206-207:384-399.

[40] Wang Y J, Li S B, Ma L Y, Fan W M, Cai Y F, Zhang Y H, Zhang F F, 2015.Geochronological and geochemical constraints on the petrogenesis of Early Eocene metagabbroic rocks in Nabang (SW Yunnan) and its implications on the Neotethyan slab subduction. Gondwana Research, 27 (4): 1474-1486.

[41] White L T, Ahmad T, Lister G S, Ireland T R, Forster M A, 2012.Is the switch from I- to S-type magmatism in the Himalayan Orogen indicative of the collision of India and Eurasia? Australian Journal of Earth Sciences, 59(3):321-340.

[42] Wu F Y, Ji W Q, Wang J G, Liu C Z, Chung S L, Clift P D, 2014.Zircon U-Pb and Hf isotopic constraints on the onset time of India-Asia collision.American Journal of Science, 314(2):548-579.

[43] Xu Y G, Lan J B, Yang Q J, Huang X L, Niu H N, 2008.Eocene break-off of the Neo-Tethyan slab as inferred from intraplate-type mafic dykes in the Gaoligong orogenic belt, eastern Tibet. Chemical Geology, 255(3-4):439-453.

[44] Xu Y G, Yang Q J, Lan J B, Luo Z Y, Huang X L, Shi Y B, Xie L W, 2012.Temporal-spatial distribution and tectonic implications of the batholiths in the Gaoligong-Tengliang-Yingjiang area, western Yunnan:Constraints from zircon U-Pb ages and Hf isotopes.Journal of Asian Earth Sciences, 53: 151-175.

[45] Yang Q J, Xu Y G, Huang X L, Luo Z Y, 2006.Geochronology and geochemistry of granites in the Gaoligong tectonic belt, western Yunnan:Tectonic implications.Acta Petrologica Sinica, 22(4):817-834 (in Chinese with English abstract).

[46] Yi Z Y, Huang B C, Chen J S, Chen L W, Wang H L, 2011.Paleomagnetism of Early Paleogene marine sediments in southern Tibet, China: Implications to onset of the India-Asia collision and size of Greater India. Earth & Planetary Science Letters, 309(1-2):153-165.

[47] Yin A, Harrison T M, 2000.Geologic evolution of the Himalayan-Tibetan Orogen.Annual Review of Earth and Planetary Sciences, 28(1):211-280.

[48] Yuan H L, Gao S, Liu X M, Li H M, Gunther D, Wu F Y, 2004.Accurate U-Pb age and trace element determinations of zircon by laser ablation-inductively coupled plasma-mass spectrometry.Geostandard and Geoanalytical Research, 28(3):353-370.

[49] Zhang Z M, Zhao G C, Santosh M, Wang J L, Dong X, Liou J G, 2010.Two stages of granulite facies metamorphism in the eastern Himalayan syntaxis, South Tibet:Petrology, zircon geochronology and implications for the subduction of Neo-Tethys and the Indian continent beneath Asia. Journal of Metamorphic Geology, 28(7):719-733.

[50] Zhao S W, Lai S C, Qin J F, Zhu R Z, 2016.Tectono-magmatic evolution of the Gaoligong belt, southeastern margin of the Tibetan Plateau:Constraints from granitic gneisses and granitoid intrusions. Gondwana Research, 35:238-256.

［51］ Zhu D C, Zhao Z D, Niu Y L, Mo X X, Chung S L, Hou Z Q, Wang L Q, Wu F Y, 2011.The Lhasa Terrane:Record of a microcontinent and its histories of drift and growth. Earth & Planetary Science Letters, 301(1-2):241-255.

［52］ Zhu R Z, Lai S C, Qin J F, Zhao S W, 2015.Early-Cretaceous highly fractionated I-type granites from the northern Tengchong block, western Yunnan, SW China:Petrogenesis and tectonic implications. Journal of Asian Earth Sciences, 100:145-163.

［53］ 季建清,钟大赉,陈昌勇,2000a.滇西南那邦变质基性岩地球化学与俯冲板片裂离.岩石学报,16 (3):433-442.

［54］ 季建清,钟大赉,张连生,2000b.滇西南新生代走滑断裂运动学、年代学及对青藏高原东南部块体运动的意义.地质科学,35(3):336-349.

［55］ 李三忠,索艳慧,刘鑫,赵淑娟,余珊,戴黎明,许立青,张臻,刘为勇,李怀明,2015a.印度洋构造过程重建与成矿模式:西南印度洋洋中脊的启示.大地构造与成矿学,39(1):30-43.

［56］ 李三忠,索艳慧,余珊,赵淑娟,戴黎明,曹花花,张臻,刘为勇,张国堙,2015b.西南印度洋构造地貌与构造过程.大地构造与成矿学,39(1):15-29.

［57］ 马莉燕,范蔚茗,王岳军,蔡永丰,刘汇川,2013.那邦地区花岗片麻岩的锆石 U-Pb 年代学及 Hf 同位素组成特征.大地构造与成矿学,37(2):273-283.

［58］ 杨启军,徐义刚,黄小龙,罗震宇,2006.高黎贡构造带花岗岩的年代学和地球化学及其构造意义. 岩石学报,22(4):817-834.

扬子板块北缘碧口地区阳坝花岗闪长岩体成因研究及其地质意义①②

秦江锋　赖绍聪③　李永飞

摘要：本文对出露于勉略缝合带南侧碧口地区的阳坝岩体进行了系统的岩石学、锆石 U-Pb 年代学和地球化学研究，重点讨论了阳坝岩体的岩石成因、成岩物质来源及其地质意义。岩体的主体岩性为花岗闪长岩，其中广泛发育代表岩浆混合作用的暗色微粒包体。锆石 LA-ICP-MS 定年结果表明，阳坝花岗闪长岩的成岩年龄为 215.4 ± 8.3 Ma，晚于秦岭造山带的主造山期。在地球化学特征上，寄主花岗闪长岩显示部分埃达克岩的地球化学特征，具体表现为 $SiO_2 \geqslant$ 56%，$Al_2O_3 > 15\%$，$Na_2O > K_2O$，$Mg^\#(50.8 \sim 54.5) > 47$，富集 LILE 和 LREE，$Sr > 900$ μg/g，Sr/Y 比值($65 \sim 95$)> 65，负 Eu 异常不明显($\delta Eu = 0.84 \sim 0.89$)，亏损 HREE、Y($Y = 9.51 \sim 14.5$ μg/g，$Yb = 0.74 \sim 1.20$ μg/g，$Y/Yb = 11.12 \sim 15.10$)，REE 强烈分异[$(La/Yb)_N = 22.18 \sim 29.51$]。但是，花岗闪长岩相对高的 K_2O 含量和 HREE 相对平坦的特征更类似于中国东部中生代 C 型埃达克岩，暗示其可能是由加厚基性下地壳脱水部分熔融形成的，岩石的高 $Mg^\#$ 值暗示其受到地幔物质混染。暗色微粒包体显示钾玄岩的地球化学特征，具体表现为 $SiO_2 \leqslant$ 63%，$\sigma(4.54 \sim 6.18) > 3.3$，$K_2O$ 含量($4.22\% \sim 6.04\%$)高，大多数样品的 $K_2O/Na_2O > 1$；在 K_2O-SiO_2 图中，所有样品均落入钾玄岩区域，暗色微粒包体强烈富集 LILE 和 LREE 及明显的 Nb、Ta 和 Ti 负异常暗示其可能起源于曾经受到俯冲流体交代的富集地幔。在 Harker 图解中，寄主花岗闪长岩和暗色微粒包体的主量和微量元素表现出混合成因的演化趋势，表明岩体可能是富集的岩石圈地幔发生部分熔融产生的基性岩浆和其所诱发的加厚下地壳酸性岩浆混合的产物。结合秦岭地区已有研究成果，本文的研究认为，阳坝岩体的形成可能代表了西秦岭地区在秦岭主造山晚期或造山期后发生的下地壳的拆沉作用和幔源岩浆的底侵作用。

---

①　原载于《岩石学报》，2005，21(3)。

②　国家自然科学基金重点资助项目(40234041)和西北大学地质学系国家基础科学人才培养基地创新基金资助项目(XDCX03-04)联合资助。

③　通讯作者。

1　引言

　　秦岭-大别造山带等中央造山系南缘的勉-略(勉县-略阳)构造带是中国大陆构造中划分南北连接东西的重要构造带(张国伟等,2004;赖绍聪等,2003)。新的研究(张国伟等,2002,2004;赖绍聪等,2003)表明,勉略构造带原是秦岭-大别造山带中除商丹古缝合带以外又一条印支期板块拼合的古缝合带,同时还揭示其应是中国大陆于印支期完成主体拼合的主要缝合带。沿勉略缝合带发育的一条长约400 km的呈东西向展布的印支期花岗岩带(Sun et al.,2002),对这些花岗岩进行详细的年代学、地球化学研究,进一步划分其构造属性,对于恢复和重建勉略古缝合带,探索秦岭-大别造山带的构造格局、形成演化和中国大陆如何完成主体拼合及其大陆动力学特征具有重要意义(张国伟等,2004)。

　　本文主要以勉略缝合带南侧碧口地区阳坝花岗闪长岩岩体(图1)为例,通过详细的岩石学、地球化学及锆石 LA-ICP-MS U-Pb 年代学研究,结合前人的研究成果,探讨该岩体的成因及其地质意义。

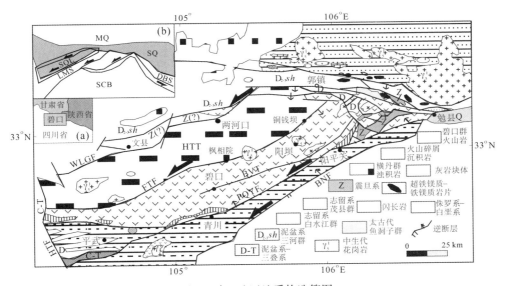

图 1　碧口地区地质构造简图

MQ:中秦岭;SQ:南秦岭;SCB:华南板块;SQL:西南秦岭;LMS:龙门山;MCS:米仓山;DBS:大巴山;
HTT:横丹群浊积岩系;BVT:碧口群火山岩系;HTF:虎崖-土城断裂;WLGF:文县-两河口-郭镇断裂;
FTF:枫相院-铜钱坝断裂;PQYF:平武-青川-阳平关断裂;BNF:北川-南坝断裂。

据闫全人等(2004)修改

2　地质背景及野外岩石学特征

　　阳坝花岗闪长岩岩体出露于扬子板块北缘勉略缝合带南侧康县南部阳坝镇一带,侵位于中晚元古代碧口群变质沉积-火山岩中,其围岩已发生明显的角岩化和钾长石化;岩体呈近浑圆形,分布面积约 30 km²。岩石呈灰白色,中–粗粒等粒自形–半自形结构,块状构造,主要矿物组成为斜长石(35%~40%)+条纹长石(15%~20%)+钾长石(约 10%)+石英(15%~20%)+黑云母(12%左右)+普通角闪石(8%左右),副矿物以榍石和磷灰石为主,其次为褐帘石、斜黝帘石、磁铁矿、锆石等。黑云母多发生变形,在斜长石和条纹长石的接触边界上可见蠕英石。

岩体中大量发育暗色微粒包体,包体形态多样,如倒水滴状、不规则状,一般为 2×3 cm²~4×10 cm²,大者可达 1×1.5 m²,其形态特征表明暗色微粒包体是呈液态的岩浆侵入花岗闪长质岩浆中结晶的产物;包体与寄主岩界线截然,个别包体周围发育索列特(Soret)扩散分带(边部有黑云母富集边,周围发育宽窄不一的钾长石浅色环带)(Blundy et al.,1992),镜下观察包体具有淬火结构和交代残余结构,表现为发育大量针状磷灰石、长柱状角闪石及角闪石斑晶中的辉石残余颗粒,另外在暗色微粒包体中可见可能是来自寄主岩石的斜长石、石英捕虏晶。

3 分析方法

对野外采集的样品进行详细的岩相学观察,选择新鲜的、没有脉体贯入的样品进行主量元素和微量元素分析。主量和微量元素分析均在西北大学大陆动力学重点实验室完成,分析结果见表 1。主量元素分析用 XRF 光谱测定,分析精度一般优于 2%;微量元素分析用 XRF 玻璃饼熔样,以保证样品中副矿物全部溶解,然后在 ICP-MS 上测定,分析精度一般优于 2%~5%。锆石按常规重力和磁选方法进行分选,在双目镜下挑纯,将锆石样品置于环氧树脂中,然后磨至约一半,使锆石内部暴露,用于阴极发光(CL)研究和锆石 LA-ICP-MS U-Pb 同位素组成分析,阴极发光分析在中国科学院地质与地球物理研究所电子探针仪上完成。锆石 U-Pb 同位素组成分析在西北大学大陆动力学重点实验室激光剥蚀电感耦合等离子体质谱(LA-ICP-MS)仪上完成。激光剥蚀系统是配备有 193 nm ArF-excimer 激光器的 Geolas 200M(Microlas Gottingen Germany),分析采用激光剥蚀孔径 30 μm,剥蚀深度 20~40 μm,激光脉冲为 10 Hz,能量为 32~36 mJ,同位素组成用锆石 91500 进行外标校正。LA-ICP-MS 分析的详细方法和流程见文献(袁洪林等,2003),U-Th-Pb 含量分析见文献(Gao et al.,2002)。

表 1 阳坝岩体的主量(%)、微量(μg/g)元素分析结果

样品号 岩 性	YBG-01	YBG-02	YBG-03	YBG-04	YBG-05	YBG-06	YBG-07	YBG-08	YBG-09
					花岗闪长岩				
SiO_2	67.92	68.55	67.97	66.60	67.49	67.26	67.53	68.19	67.73
TiO_2	0.33	0.32	0.30	0.36	0.37	0.36	0.34	0.33	0.31
Al_2O_3	15.87	16.05	16.36	16.18	15.84	15.81	15.96	15.66	16.23
$Fe_2O_3^T$	2.68	2.62	2.38	2.96	2.65	2.84	2.55	2.53	2.42
MnO	0.05	0.05	0.05	0.05	0.05	0.05	0.05	0.05	0.05
MgO	1.51	1.42	1.43	1.76	1.53	1.65	1.49	1.44	1.40

续表

样品号	YBG-01	YBG-02	YBG-03	YBG-04	YBG-05	YBG-06	YBG-07	YBG-08	YBG-09
岩　性					花岗闪长岩				
CaO	2.80	2.68	2.89	2.91	2.75	2.90	2.70	2.71	2.76
Na_2O	4.80	4.56	4.92	4.73	4.59	4.66	4.53	4.56	4.76
K_2O	3.44	3.67	3.22	3.59	3.62	3.43	3.84	3.47	3.57
P_2O_5	0.17	0.18	0.17	0.21	0.18	0.18	0.18	0.17	0.16
LOS	0.36	0.36	0.34	0.38	0.44	0.38	0.35	0.41	0.45
Total	99.93	100.46	100.03	99.73	99.51	99.52	99.52	99.52	99.84
$Mg^{\#}$	53.0	52.0	54.5	54.3	53.5	53.7	53.8	53.2	53.6
La	34.0	37.2	31.9	36.5	41.9	40.4	47.0	42.2	37.3
Ce	65.8	69.9	59.2	68.5	80.3	77.2	85.6	76.7	70.5
Pr	7.13	7.15	6.19	7.34	8.76	8.28	8.88	8.13	7.68
Nd	27.2	26.0	22.8	27.0	33.2	31.8	33.1	30.5	29.2
Sm	4.44	3.90	3.50	4.30	5.48	5.21	5.15	4.81	4.69
Eu	1.15	1.06	0.96	1.08	1.41	1.33	1.35	1.24	1.21
Gd	3.77	3.36	2.96	3.58	4.52	4.30	4.42	4.10	3.93
Tb	0.42	0.36	0.32	0.40	0.55	0.52	0.51	0.48	0.47
Dy	2.03	1.76	1.56	1.95	2.58	2.47	2.37	2.25	2.23
Ho	0.38	0.31	0.28	0.35	0.44	0.43	0.42	0.39	0.39
Er	0.99	0.83	0.75	0.92	1.21	1.17	1.12	1.06	1.07
Tm	0.14	0.12	0.11	0.14	0.17	0.17	0.16	0.15	0.16
Yb	0.96	0.82	0.74	0.92	1.20	1.18	1.11	1.06	1.07
Lu	0.16	0.13	0.12	0.15	0.19	0.19	0.18	0.18	0.18
Cs	2.78	2.77	2.28	4.56	2.76	3.44	2.80	2.39	2.81
Rb	86.2	81.7	89.2	98.0	95.5	100	88.7	96.7	95.3
Ba	892	1 288	899	883	1 224	1 131	1 483	1 123	990
Th	13.9	16.7	11.5	15.1	14.1	13.8	17.5	15.3	19.0
U	1.95	1.74	1.79	1.56	2.13	2.57	2.11	1.62	2.10
Ta	0.65	0.54	0.50	0.69	0.75	0.74	0.68	0.73	0.67
Nb	9.53	8.50	8.17	10.3	10.6	10.4	9.28	9.09	9.27
Sr	934	972	1 047	916	1 000	1 014	1 015	1 002	1 033
Hf	3.70	3.59	3.35	3.61	3.92	4.51	3.98	4.14	3.88
Zr	154	165	170	171	150	175	159	155	150
Y	12.7	11.7	11.2	13.2	14.5	13.8	13.0	12.6	12.5
Sc	5.32	4.53	5.02	5.14	5.37	5.93	4.99	5.17	4.69
V	49.3	48.7	42.8	55.0	44.9	49.9	43.5	44.7	43.2
Ni	16.9	16.1	15.7	17.3	16.9	15.8	14.0	15.5	13.5
Cr	27.18	22.93	28.13	22.01	29.02	26.75	21.47	30.04	20.33
Co	135	128	154	140	166	170	161	197	172
Ga	19.8	19.7	20.6	20.3	19.7	20.1	19.4	20.2	20.5
Ge	0.99	1.20	1.14	1.35	1.00	1.07	1.08	1.05	1.00

续表

样品号	YBG-01	YBG-02	YBG-03	YBG-04	YBG-05	YBG-06	YBG-07	YBG-08	YBG-09
岩 性					花岗闪长岩				
K/Rb	331.30	372.78	299.41	303.85	314.50	284.13	359.39	297.72	310.68
Sr/Y	73.76	83.35	93.15	69.19	69.13	73.42	78.29	79.74	82.51
Y/Yb	13.20	14.28	15.10	14.35	12.07	11.72	11.67	11.81	11.70
δEu	0.84	0.88	0.89	0.82	0.84	0.83	0.84	0.83	0.84
$(La/Yb)_N$	23.92	30.82	28.94	26.74	23.62	23.16	28.59	26.82	23.58
Nb/Ta	14.64	15.78	16.19	14.92	14.14	14.18	13.63	12.43	13.77

样品号	YBG-10	YBG-11	YBG-17	YBG-20	YBG-21	YBG-22	YBG-23	YBG-24
岩 性	花岗闪长岩				闪长质包体			
SiO_2	67.87	69.08	61.33	56.39	57.41	61.08	61.15	56.42
TiO_2	0.30	0.26	0.56	0.92	0.79	0.57	0.54	0.93
Al_2O_3	16.04	16.48	15.14	17.36	16.01	15.21	15.14	17.36
$Fe_2O_3^T$	2.47	2.05	4.69	5.69	5.69	4.65	4.49	5.75
MnO	0.05	0.04	0.10	0.10	0.09	0.10	0.10	0.10
MgO	1.42	1.06	3.39	3.56	4.16	3.45	3.39	3.62
CaO	2.72	2.29	4.33	5.14	4.80	4.45	4.42	5.12
Na_2O	4.64	4.98	3.41	4.90	4.07	3.31	3.35	4.89
K_2O	3.62	3.71	5.72	4.27	5.21	6.04	5.88	4.22
P_2O_5	0.17	0.12	0.52	0.71	0.82	0.53	0.52	0.71
LOS	0.41	0.40	0.34	0.48	0.63	0.58	0.53	0.58
Total	99.71	100.47	99.52	99.52	99.68	99.97	99.51	99.70
$Mg^{\#}$	53.4	50.8	59	55.6	59.3	59.7	60.1	55.7
La	41.5	30.5	151	101.5	84.8	102.4	99.8	89.7
Ce	76.8	55.2	293	192	162	195	193	166
Pr	8.14	5.96	35.2	21.0	17.1	21.6	21.0	17.4
Nd	30.4	22.5	122	79.7	62.6	81.9	78.7	64.0
Sm	4.79	3.40	19.4	13.7	9.9	14.0	13.5	10.0
Eu	1.29	0.94	4.42	3.09	2.55	3.29	3.17	2.61
Gd	4.06	2.93	15.3	11.23	8.55	11.53	11.09	8.73
Tb	0.47	0.34	1.54	1.25	0.95	1.28	1.22	0.97
Dy	2.23	1.63	6.31	5.35	4.31	5.42	5.25	4.37
Ho	0.39	0.29	0.90	0.83	0.72	0.82	0.81	0.72
Er	1.07	0.81	2.40	2.13	1.92	2.12	2.05	1.93
Tm	0.16	0.12	0.29	0.28	0.25	0.27	0.27	0.26
Yb	1.09	0.85	1.89	1.83	1.67	1.78	1.76	1.71
Lu	0.18	0.15	0.27	0.27	0.25	0.26	0.26	0.25
Cs	2.33	2.64	6.10	4.17	4.21	3.68	3.59	4.46
Rb	96.9	95.4	126	231	108	230	208	125
Ba	1 370	1 142	1 967	2 219	1 462	2 405	2 341	1 481
Th	17.3	13.7	49.4	36.2	22.0	34.6	35.2	22.5

续表

样品号	YBG-10	YBG-11	YBG-17	YBG-20	YBG-21	YBG-22	YBG-23	YBG-24
岩 性	花岗闪长岩		闪长质包体					
U	2.02	1.58	4.98	3.67	4.71	3.37	3.58	4.34
Ta	0.70	0.65	1.11	0.79	1.63	0.81	0.78	1.64
Nb	8.83	8.44	21.1	14.6	30.1	14.9	14.2	30.7
Sr	1 037	905	1 906	877	1 109	843	854	1 089
Hf	4.31	4.15	7.79	6.83	5.90	6.22	6.38	5.99
Zr	167	151	325	276	249	236	260	253
Y	12.7	9.51	27.1	25.6	22.1	25.8	24.6	22.0
Sc	5.21	3.19	13.7	12.5	12.6	12.3	11.5	13.1
V	43.4	31.8	131	99	130	96.8	94.9	131
Ni	14.7	10.6	22.2	32.5	13.7	31.9	30.8	12.1
Cr	23.93	14.26	31.84	44.88	21.02	48.00	38.40	9.78
Co	171	169	59.5	69.5	43.5	57.6	65.0	46.8
Ga	20.8	20.4	23.4	21.0	22.2	20.0	19.7	22.4
Ge	0.97	1.02	1.45	1.58	1.30	1.67	1.54	1.25
K/Rb	309.84	322.55	376.32	153.52	400.16	217.48	234.47	279.30
Sr/Y	81.66	95.21	70.23	34.20	50.27	32.69	34.70	49.40
Y/Yb	11.69	11.13	14.35	14.00	13.19	14.51	13.97	12.86
δEu	0.87	0.89	0.76	0.74	0.83	0.77	0.77	0.83
$(La/Yb)_N$	25.79	24.14	54.08	37.43	34.27	38.94	38.27	35.33
Nb/Ta	12.64	13.01	18.96	18.53	18.44	18.32	18.14	18.70

$Mg^\# = 100Mg^{2+}/[Mg^{2+}+Fe^{2+}(全铁)]$。式中，$Fe^{2+}(全铁) = wt\%(Fe_2O_3^T)/80$。

数据由西北大学教育部大陆动力学重点实验室采用 XRF、ICP-MS 方法测定(2004)。

4 分析结果

4.1 岩石地球化学特征

花岗闪长岩和暗色微粒包体的主量和微量元素分析结果(表 1)表明：

花岗闪长岩的 $SiO_2 = 67.26\% \sim 69.08\%$，平均为 67.84%；低钛($TiO_2 = 0.31\% \sim 0.36\%$)；富 Al_2O_3($15.81\% \sim 16.36\%$)，铝指数 $Al_2O_3/(Na_2O+CaO+K_2O)$ 摩尔比为 $0.948 \sim 1.005$，属于准铝质–铝质系列(图 2)；富钠($Na_2O = 4.53\% \sim 4.98\%$，$K_2O = 3.22\% \sim 3.84\%$，$Na_2O/K_2O = 1.18 \sim 1.40$)；碱含量偏高，$K_2O+Na_2O$ 介于 $8.09\% \sim 8.69\%$，$\sigma = 2.55 \sim 2.93$，在 $K_2O\text{-}SiO_2$ 图(图 7j)中，样品全部落于高钾钙碱性区域；$MgO = 1.40\% \sim 1.76\%$，镁指数($Mg^\#$)偏高($Mg^\# = 50.8 \sim 54.5 > 45$)；在 $K_2O\text{-}Na_2O$ 图(图 3)中，样品全部落于 I 型花岗岩类区域，反映了源区以火成岩为主；岩石富集大离子亲石元素(LILE)Rb、Sr、Ba、K 等和轻稀土(LREE)，亏损高场强元素(HFSE)Nb、Ta、P 等，重稀土(HREE)和 Y(图 4，图 5)，$Sr > 900 \mu g/g$，高 Sr/Y 比值($65.12 \sim 95.21$)，在 $Sr\text{-}Sr/Y$ 图(图 8a)中，样品都

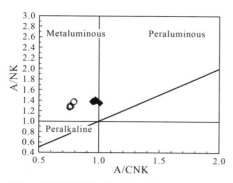

图2 阳坝花岗闪长岩和暗色微粒包体的
A/CNK-A/NK 图
◆花岗闪长岩(主岩);○暗色微粒包体

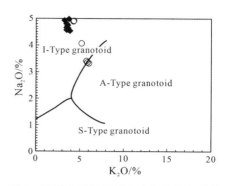

图3 阳坝花岗闪长岩和暗色微粒包体的
K_2O-Na_2O 图解
符号含义同图2

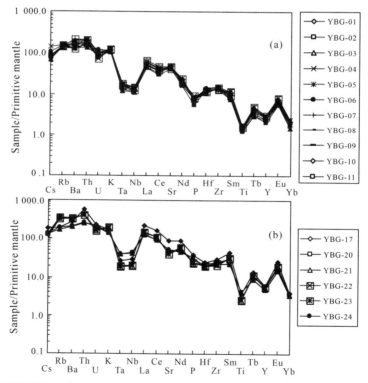

图4 阳坝花岗闪长岩(a)和暗色微粒包体(b)不相容元素原始地幔标准化蛛网图
原始地幔标准化值引自 Sun and McDonough(1989)

落在埃达克岩范围内;岩石的稀土含量中等偏低,$\sum REE = 125.62 \sim 181.62$ μg/g(平均 173 μg/g),轻、重稀土高度分异,$(La/Yb)_N = 22.18 \sim 29.51$,$Yb = 0.74 \sim 1.20$ μg/g;在稀土配分模式图上,重稀土(HREE)相对平坦(图5a),Eu 异常不明显,$\delta Eu [\delta Eu = 2Eu_N/(Sm_N + Gd_N)] = 0.84 \sim 0.89$。

暗色微粒包体的 SiO_2 含量在 56.39% ~ 61.33% 范围内变化,平均为 58.96% ≤63%;

富含碱质,$K_2O+Na_2O=9.11\%\sim9.35\%$,$\sigma=4.54\sim6.18$;富钾,$K_2O/Na_2O=0.87\sim1.75$,大多数样品的 $K_2O/Na_2O>1$,在 $K_2O\text{-}SiO_2$ 图(图 7j)中,包体样品全部落在钾玄岩系列区域内;$Al_2O_3=15.14\%\sim17.36\%$,铝饱和指数在 $0.75\sim0.79$ 范围内变化,属准铝质;与典型的碱性玄武岩相比,低钛($TiO_2=0.54\%\sim0.93\%$)、贫铁($Fe_2O_3^T\leqslant9\%$),因此有理由认为暗色微粒包体属于钾玄岩系列(邓晋福等,1996);MgO 含量($3.39\%\sim4.16\%$)较高,$Mg^\#=55.6\sim60.1$,与原生岩浆接近。在不相容元素蛛网图(图 4b)中,暗色微粒包体的 Rb、Ba、U(Th)、K、La、Nd 构成峰,Nb、Ta、P、Ti 构成谷;稀土含量偏高,ΣREE 值为 $357.49\sim654.90$ μg/g,平均为 472 μg/g;轻、重稀土分异强烈(图 5b),$(La/Yb)_N=32.82\sim51.78$;具有中等–弱的负 Eu 异常,$\delta Eu=0.75\sim0.84$。

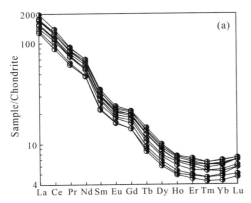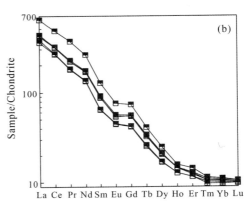

图 5　阳坝花岗闪长岩(a)和暗色微粒包体(b)稀土元素球粒陨石标准化配分模式图

球粒陨石标准化值引自 Sun and McDonough(1989)

4.2　锆石 LA-ICP-MS U-Pb 定年结果

阳坝花岗闪长岩中选出的锆石的 CL 图像如图 6a 所示,多数锆石颗粒为自形晶,粒径介于 $100\sim200$ μm,显示出明显的岩浆锆石所特有的韵律环带(吴元保等,2004),多数锆石颗粒内部有继承性锆石颗粒。本研究用 30 μm 的激光剥蚀斑径对样品锆石进行了 LA-ICP-MS 定年分析,共完成 28 颗锆石 28 个点的测试,由于部分锆石颗粒较小,在分析测试过程中这些颗粒直接被激光击穿,导致数据不可用,故本文只选择其中 15 个信号好的数据,分析结果见表 2。

锆石的 U、Th 含量分别为 $444.76\sim973.36$ μg/g 和 $221.88\sim847.17$ μg/g,Th/U 比值均大于 0.5,介于 $0.53\sim2.36$,应属岩浆型锆石(Hoskin et al.,2003)。由于普通铅校正,对于大于 1 Ga 年龄的锆石用 $^{207}Pb/^{206}Pb$ 年龄合适,对于年轻的锆石用 $^{206}Pb/^{238}U$ 年龄合适(Griffin et al.,2004)。我们利用 Isoplot(ver 2.49;Ludwig,1991)程序对样品锆石进行了谐和曲线的投影和 $^{206}Pb/^{238}U$ 加权平均年龄的计算。可以看出,在 $^{206}Pb/^{238}U\text{-}^{207}Pb/^{235}U$ 谐和图(图 6b)中,所有分析点都集中在一致线及其附近的一个很小的区域内,所得 $^{206}Pb/^{238}U$ 的加权平均年龄为 215.4 ± 8.3 Ma(MSWD = 5.2,2σ)。

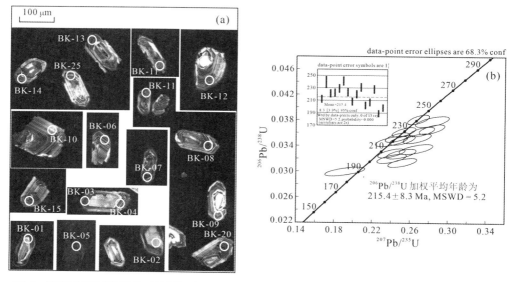

图6 阳坝花岗闪长岩锆石的阴极发光电子图像(a)及锆石 LA-ICP-MS U-Pb 年龄谐和图(b)

5 问题讨论

5.1 岩体成因和岩浆来源

如前所述,阳坝岩体中广泛发育暗色微粒包体,显示出岩浆混合的典型特征:①暗色微粒包体的形态特征表明其进入寄主岩石中时是呈液态的,暗色微粒包体普遍发育淬火结构:颗粒边界不发育的长石微晶、针状角闪石和磷灰石,其中磷灰石的长宽比可达 20∶1~30∶1,这些特征是岩浆快速冷凝淬火的主要的矿物学标志(Hibbard,1991;Sparks et al.,1986)。②暗色微粒包体中普遍发育大颗粒斜长石捕虏晶,这种具有反环带结构和熔蚀环的斜长石,其内核应是寄主岩浆结晶的产物,而外环则是寄主岩浆中的斜长石在岩浆混合过程中迁移至温度较高的偏基性岩浆中后边部受熔蚀再生长的产物,横跨包体和岩石两侧的长石斑晶中发育的细小矿物包裹体亦表明,这些捕虏晶是酸性岩浆中早期结晶的长英质矿物搬运到包体中及其边缘的结果(王晓霞等,2002;Dider and Barbarin,1991)。③个别暗色微粒包体周围的索列特(Soret)扩散分带(包体边部的黑云母富集边及周围的钾长石浅色环带)亦表明,包体岩浆温度较高且包体和岩石之间有明显的物质交换(Blundy et al.,1992;曲晓明等,1997)。由以上岩相学特征可初步认为,暗色微粒包体是高温偏基性岩浆侵入花岗闪长质岩浆中淬冷的产物。

暗色微粒包体属于准铝质岩石,这排除了它是富云包体的可能性(Dider and Barbarin,1991);在 Harker 图解(图7)中,寄主花岗闪长岩和暗色微粒包体具有明显的成分间断和不同的演化趋势,且暗色微粒包体较高的 Rb/Sr 比值、$\sum REE$ 和(La/Yb)$_N$ 值及较低的 δEu 值[花岗闪长岩的 Rb/Sr = 0.085~0.107,(La/Yb)$_N$ = 22.18~29.51,δEu =

表 2　阳坝花岗闪长岩锆石的 LA-ICP-MS U-Pb 定年结果

样品号	含量			$\frac{^{232}Th}{^{238}U}$	比　值						年龄/Ma					
	$\frac{^{206}Pb^{(a)}}{/(\mu g/g)}$	$\frac{^{238}U}{/(\mu g/g)}$	$\frac{^{232}Th}{}$		$\frac{^{207}Pb^*}{^{206}Pb^*}$	1σ	$\frac{^{207}Pb^*}{^{235}U}$	1σ	$\frac{^{206}Pb^*}{^{238}U}$	1σ	$\frac{^{207}Pb^*}{^{206}Pb^*}$	1σ	$\frac{^{207}Pb^*}{^{235}U}$	1σ	$\frac{^{206}Pb^*}{^{238}U}$	1σ
BK-01	0	540.77	395.71	1.37	0.057 8	0.002 6	0.266 4	0.011 7	0.033 4	0.000 5	523	68	240	9	212	3
BK-02	0	517.74	393.50	1.32	0.054 5	0.002 3	0.283 4	0.011 8	0.037 7	0.000 6	390	66	253	9	239	4
BK-03	0	571.45	286.63	1.99	0.052 5	0.001 9	0.252 0	0.008 9	0.034 8	0.000 5	307	54	228	7	221	3
BK-04	0	663.31	736.19	0.9	0.055 2	0.002 0	0.267 3	0.009 8	0.035 1	0.000 5	422	56	241	8	222	3
BK-05	0	717.38	457.15	1.57	0.054 6	0.001 8	0.272 4	0.008 9	0.036 2	0.000 5	397	48	245	7	229	3
BK-06	0	843.68	832.01	1.01	0.051 2	0.001 5	0.268 5	0.007 7	0.038 0	0.000 5	250	41	242	6	241	3
BK-07	0	732.41	675.20	1.08	0.050 8	0.001 8	0.246 8	0.008 5	0.035 2	0.000 5	231	54	224	7	223	3
BK-08	0	817.42	572.97	1.43	0.053 3	0.002 1	0.240 6	0.009 4	0.032 8	0.000 5	341	62	219	8	208	3
BK-09	0	444.76	832.98	0.53	0.050 3	0.002 4	0.240 3	0.011 1	0.034 6	0.000 5	209	78	219	9	220	3
BK-10	0	973.36	929.89	1.05	0.056 2	0.001 8	0.283 1	0.008 9	0.036 6	0.000 5	460	45	253	7	231	3
BK-11	0	628.6	339.72	1.85	0.054 7	0.002 3	0.240 8	0.0102 0	0.031 9	0.000 5	402	67	219	8	202	3
BK-12	0	523.88	221.88	2.36	0.055 8	0.002 4	0.250 9	0.010 4	0.032 6	0.000 5	443	65	227	8	207	3
BK-13	0	787.93	485.17	1.62	0.051 0	0.001 7	0.253 5	0.008 3	0.036 1	0.000 5	239	50	229	7	228	3
BK-14	0	891.59	847.17	1.05	0.046 6	0.003 4	0.191 7	0.013 8	0.029 8	0.000 5	30	164	178	12	189	3
BK-15	0	551.61	295.23	1.87	0.058 5	0.002 4	0.252 1	0.010 2	0.031 3	0.000 5	549	62	228	8	198	3

上角标(a)表示普通 Pb 含量,样品点的普通 Pb 含量用 Excel 宏程序 ComPbCorr#3-151(Andersen,2002)计算获得,但由于普通 Pb 含量低于检出限,故未对普通 Pb 进行校正。

Pb* 为放射性成因 Pb。

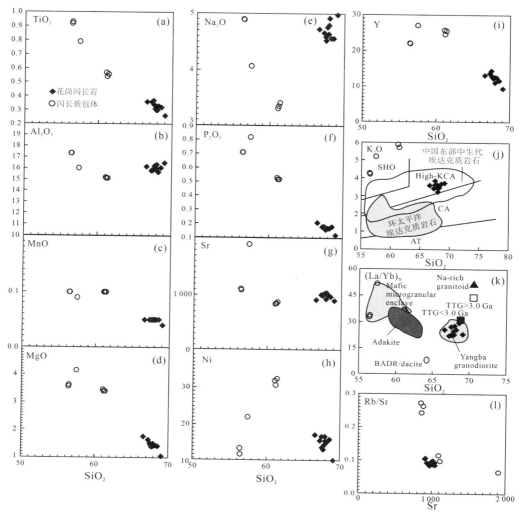

图 7　阳坝花岗闪长岩和暗色微粒包体 Harker 图解

SiO_2-K_2O 图解据 Peccerillo et al.(1976),环太平洋埃达克质岩和中国东部埃达克质岩范围引自吴福元等(2002);

SiO_2-$(La/Yb)_N$ 图解中 Adakite 和岛弧火山岩范围引自 Defant and Drummond(1990)、

Martin(1999)和 Smithes(2000)。图中氧化物含量为%,微量元素含量为 μg/g

0.84~0.89;暗色微粒包体的 Rb/Sr=0.11~0.27,$(La/Yb)_N$=32.82~51.78,δEu=0.75~
0.84],这些特征都表明暗色微粒包体和寄主花岗闪长岩是不同源的(Reid et al.,1983)。

　　作为酸性端元的阳坝花岗闪长岩具有与埃达克岩相似的地球化学性质(图8),主要表现为:SiO_2≥56%,Al_2O_3>15%,Na_2O>K_2O,富集 LILE 和 LREE,负 Eu 异常不明显,亏损 HREE 和 Y(Y=9.51~14.5 μg/g,Yb=0.74~1.20 μg/g,Y/Yb=11.12~15.10),REE强烈分异,Sr>900 μg/g,Sr/Y>65。但与典型的埃达克岩相比,岩石 K_2O 含量明显偏高(图7j),HREE 相对平坦,在 SiO_2-$(La/Yb)_N$ 图(图7k)中,阳坝花岗闪长岩亦表现出与典型埃达克岩不同的演化趋势,这表明阳坝花岗闪长岩可能有其独特的源区特征和成因机制。

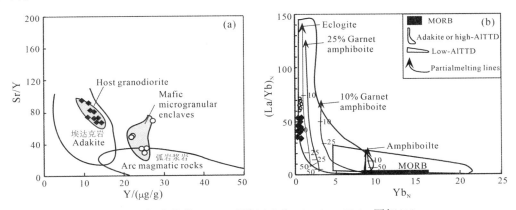

图 8　阳坝岩体的 Y-Sr/Y 图解(a)和 Yb_N-$(La/Yb)_N$ 图解(b)

图 8a 据 Defant and Drummond(1993)和 Defant et al.(2002);图 8b 据 Drummond et al.(1990)

运用 La/Sm 和 Zr/Sm 元素对特殊的地球化学性质可以判断岩浆岩的成因(Allegre et al.,1978;Lai et al.,2003),由图 7 和图 9 可以看出,阳坝花岗闪长岩在成岩过程中没有经过明显的结晶分异,因此其地球化学特征可较为准确地反演其源区矿物组成特征。石榴石强烈富集 HREE,而角闪石相对更富集中稀土(MREE)(Green,1994)。因此,当石榴石为主要残留相时,熔体表现为 HREE 的强烈亏损,这时 Y/Yb > 10,$(Ho/Yb)_N$ > 1.2;当角闪石为主要残留相时,熔体表现为 HREE 相对平坦[Y/Yb ≈ 10,$(Ho/Yb)_N$ ≈ 1](吴福元等,2002;葛小月等,2002),阳坝花岗闪长岩的相关地球化学参数为:Y/Yb = 11.12 ~ 15.10,平均值为 12.61;$(Ho/Yb)_N$ 值介于 0.99 ~ 1.15,平均值为 1.07,这暗示阳坝花岗闪长岩残留相可能为角闪石和石榴石各占一定的比例。Sr 在石榴石、角闪石和单斜辉石中分配系数很小(分别为 0.015,0.058 和 0.2),而在斜长石中分配系数很大(杨进辉等,2003),因此,花岗闪长岩的 Sr 正异常和高 Sr/Y 比值表明,在岩浆源区斜长石已不稳定并开始发生熔融,残留相不存在或很少有斜长石。典型 MORB 的 $Mg^\#$ 值约为 60,因此,由其部分熔融产生熔体的 $Mg^\#$ 值应远低于 60(肖龙等,2004);Rapp et al.(1997)的研究表明,

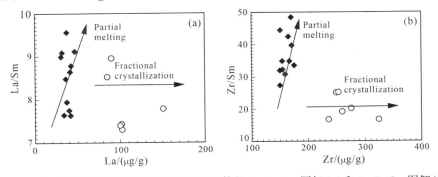

图 9　阳坝岩体中花岗闪长岩和暗色微粒包体的 La-La/Sm 图解(a)和 Zr-Zr/Sm 图解(b)

据 Allegre et al.(1978)和 Lai et al.(2003)

玄武岩部分熔融产生熔体的 Mg# < 45，而阳坝花岗闪长岩的 Mg# 值高达 50.8 ~ 54.5，因此，这可被认为是受地幔物质混染的标志(Yogodzinski，1995；Rapp et al.，1999)。

由以上论述可知，在阳坝花岗闪长岩的源区，角闪石和石榴石各占一定的比例，很少或没有斜长石，结合其高 Mg# 值的特征，可以认为其是加厚的基性下地壳脱水熔融达到麻粒岩相或含石榴石的麻粒岩相产生的熔体受地幔物质混染的产物。

如前所述，暗色微粒包体表现出钾玄岩的地球化学特征。前人的研究认为，钾玄岩有 2 种可能的成因机制：富集地幔的部分熔融(Roger et al.，1987；Bacon，1990；王德滋等，1996)；玄武质岩浆的高压结晶分离作用(Meen，1987)。

暗色微粒包体强烈富集 Rb、Ba、U(Th)、K 等大离子亲石元素(LILE)和 LREE，轻、重稀土分异强烈，同时其 Nb/Ta 比值(18.13 ~ 18.95，平均 18.51)接近于原始地幔(PM)值(Nb/Ta = 17.5 ± 2.0)，Mg# 值略低于原生玄武质岩浆(68 ~ 75)(Freg，1978)，图 9 显示暗色微粒包体所代表的偏基性岩浆经历了明显的结晶分异作用。上述特征表明，暗色微粒包体可能起源于富集地幔的部分熔融。虽然在 Harker 图解中 K_2O 和 SiO_2 含量的正相关性表明玄武质岩浆的高压结晶分离作用的存在，但是这种玄武质岩浆亦极有可能起源于富集地幔的部分熔融。Nb、Ta、Ti 等高场强元素的负异常通常被解释为陆壳物质的混染或俯冲流体的交代作用，但是暗色微粒包体中 Nb、Ta、Ti 等元素的丰度明显高于寄主花岗闪长岩中的相应值，同时，阳坝岩体的产出位置亦排除了其与勉略洋的北向俯冲有关的可能性。因此，Nb、Ta、Ti 等高场强元素的负异常很可能是其源区地球化学性质的反映(Turner et al.，1996)。

上述特征表明，暗色微粒包体可能是曾经受到俯冲流体交代的富集地幔部分熔融产生的熔体经历了高度结晶分异的产物，它的形成代表了一次幔源岩浆底侵事件。

由以上论述可以推断，阳坝岩体是壳-幔岩浆混合作用的产物。

5.2 地球动力学意义

目前的研究认为，秦岭造山带沿南秦岭勉略带-大别山的碰撞主要发生在中生代，形成南秦岭造山带并最终完成扬子与华北板块的全面碰撞(李曙光等，1996；赖绍聪等，2003；张国伟等，2002，2004；Lai et al.，2004)。阳坝花岗闪长岩的锆石 LA-ICP-MS U-Pb 年龄为 215.4 ± 8.3 Ma，和勉略带北侧印支期花岗岩的锆石 U-Pb 年龄(220 ~ 205 Ma)(Sun et al.，2002)在误差范围内一致，都稍晚于秦岭造山带的主造山期(242 ± 21 Ma)(李曙光等，1996)。因此，它们两者可能都和印支期华北与扬子板块的碰撞有密切关系。综合考虑以下几个方面的因素，我们认为，阳坝岩体可能是西秦岭地区在印支期南秦岭造山带造山晚期或后造山期增厚基性下地壳发生拆沉作用的产物：

(1)华北与扬子板块的碰撞主要发生在 254 ~ 220 Ma(Zhang et al.，2001；Hacker，1998)，Li et al.(1993)明确提出碰撞的确切时间应在 245 Ma；大别地区超高压变质片麻岩的峰期变质年龄(锆石 U-Pb 法)为 238 ± 1 Ma(Li et al.，1997；从柏林等，1999)；Zhang et al.(2001)测得的具 A 型特征的面理化的石榴石花岗岩的年龄为 237 ± 4 Ma 和 227 ± 5 Ma，

并认为其属于后碰撞花岗岩;西秦岭地区印支期发生碰撞的时期要比大别山地区晚(张国伟等,2001,2004;Lai et al.,2004),但是现有研究认为在中、西秦岭地区沿勉略带印支期发生碰撞峰期时间至少在 242±21 Ma(李曙光等,1996),其中可代表碰撞年龄的绿片岩的峰期变质年龄为 240 Ma(Yin et al.,1991);王晓霞等(2003)对西秦岭地区老君山、秦岭梁岩体(锆石 U-Pb 年龄为 214~217 Ma;卢欣祥等,1999)的研究认为其应侵位于后碰撞环境。如果将 240 Ma 作为碰撞峰期年龄,则阳坝花岗闪长岩侵位年龄至少晚了 17~33 Ma;而对典型碰撞造山带的研究认为,后碰撞花岗岩的出现只比碰撞峰期年龄晚 26 Ma(如高喜马拉雅地区)或 10~20 Ma(如阿尔卑斯)(Sylvester,1998)。由此看来,阳坝花岗闪长岩显然应侵位于后碰撞环境(post-collision),或者至少是由同碰撞到后碰撞的转折阶段。

(2)阳坝岩体中,寄主花岗闪长岩和暗色微粒包体分别表现出埃达克岩和钾玄岩的地球化学特征,这表明碧口地区印支期同时存在 2 种性质的岩浆活动。目前研究认为,埃达克质岩的物质来源和成因模式主要有 4 种:①年轻俯冲洋壳的部分熔融(Defant and Drummond,1990);②玄武质岩浆的地壳混染与分离结晶过程(Castillo et al,,1999);③增厚玄武质下地壳的脱水熔融(Atherton and Petford,1993;赖绍聪,2003;Lai et al.,2003;张旗等,2001b);④拆沉下地壳的熔融(Xu et al.,2002;Gao et al.,2004)。大量研究亦认为,钾玄岩系列岩石主要起源于与俯冲有关的富钾和 LILE 交代地幔,只有极少数产于板内裂谷或离散大陆边缘环境(Morrison,1980;Foley et al.,1992)。

阳坝花岗闪长岩侵位于勉略缝合带以南,地球化学研究表明其只可能是增厚玄武质下地壳的脱水熔融或拆沉下地壳的熔融的产物;而暗色微粒包体产出的时空位置亦表明其不太可能是勉略洋壳的北向俯冲碰撞的产物。因此,暗色微粒包体极有可能是具有钾玄岩性质的偏基性岩浆在造山晚期或造山后伸展环境下底侵作用的产物。

(3)阳坝岩体的构造形式亦显示出一种相对拉张环境下岩体被动侵位的型式。阳坝岩体呈椭圆形,岩体没有显示明显的岩浆面理和变形面理,包体亦没有明显的定向;野外观察显示,岩体清楚地切割了碧口群绿片岩的片理,而在岩体边界没有明显的接触变形带(图 1)。这些特征与挤压环境下主动侵位的岩体(如秦岭地区灰池子岩体)(Wang et al.,2000)的构造型式明显不同;而且更为重要的是,与阳坝岩体同期的迷坝、光头山、鹰咀岩等岩体均切割了勉略构造带、铜钱-枫相院等脆性、韧性断裂带,并没有被错动的迹象,这些特征都表明这些岩体应侵位于勉略带主变形期之后,显示出后构造环境的特点。

综合考虑以上因素,我们研究认为,阳坝含暗色微粒包体的花岗闪长岩的形成机制可能为:勉略洋板块在早三叠世沿勉略缝合带向北插入微秦岭陆块之下,华北和扬子发生大规模陆-陆碰撞并导致地壳明显增厚;当洋壳俯冲到一定深度后,由于温压条件的变化转变为榴辉岩相,榴辉岩的密度明显高于地幔岩,这将导致俯冲板片的断离作用进而引起地幔物质的上涌和底侵作用;由底侵岩浆带来的热量引发基性下地壳发生部分熔融,从而产生具有部分埃达克岩性质的熔体和含石榴石的残留相,造成下地壳密度的相对增大(即使下地壳部分熔融产生的残余体是含石榴石的麻粒岩,也可以获得较大的密度)(Gao et al.,1998),这可能导致岩石圈拆沉、去根作用加速,造成岩石圈的减薄和大陆伸展作用,同时在造山环境下,不断上涌的幔源岩浆注入花岗闪长质岩浆房中并与之发生不同程度的混合,最终形成本文研究的阳坝岩体。

因此,阳坝岩体的成因研究不仅可以示踪中生代时期碧口地区的下地壳物质组成,而且对解释西秦岭地区在华北、扬子两大陆块碰撞后的岩石圈减薄、构造体制的转换及恢复和重建勉略古缝合带,探索秦岭-大别造山带的构造格局和形成演化具有重要意义。

6 结论

由以上论述可以得出以下结论:

(1)地质学、岩石学、地球化学的详细研究表明,岩体属于壳-幔混合成因,寄主花岗闪长岩是基性下地壳部分熔融受地幔物质混染的产物,暗色微粒包体是底侵的幔源岩浆经一定程度分异演化侵入寄主花岗闪长质岩浆房中淬火结晶并与其发生混合作用的产物。

(2)寄主花岗闪长岩的锆石 LA-ICP-MS U-Pb 年龄为 215.4 ± 8.3 Ma,晚于勉略构造带的主碰撞期,这可能是由于勉略洋的北向俯冲造成的地壳增厚效应,后续的俯冲板片断离作用和下地壳拆沉作用引起地幔物质的上涌和底侵作用,导致下地壳热通量增高,诱发增厚基性下地壳的部分熔融,从而形成具部分埃达克性质的花岗闪长质岩浆。

致谢 本研究受国家自然科学基金重点资助项目(40234041)和西北大学地质学系国家基础科学人才培养基地创新基金资助项目(XDCX03-04)联合资助。在锆石样靶制作过程中得到刘良教授、张安达博士、胡兆初博士热心指导和帮助;柳小明高级工程师和第五春荣在锆石同位素数据分析过程中给予热心帮助;两位匿名审稿老师认真细致地审阅了本文,并提出了启发性的修改意见,在此一并表示衷心感谢!

参考文献

[1] Atherton M P, Petford N, 1993. Generation of sodium-rich magmas from newly underplated basaltic crust. Nature, 362:144-146.

[2] Allegre C J, Minster J F, 1978. Quantitative method of trace element behavior in magmatic processes. Earth & Planetary Science Letters, 38:1-25.

[3] Andersen T, 2002. Correction of common lead in U-Pb analyses that do not report ^{204}Pb. Chemical Geology, 192:59-79.

[4] Blundy J D, Sparks R S J, 1992. Petrogenesis of mafic inclusion in granitoids of the Adamello Massif, Italy. J Petrol, 33(5):1039-1101.

[5] Bacon C R, 1990. Calc-alkaline, shoshonite and primitive tholeiitic lavas from monogenetic volcanics near Crater Lake, Orogen. J Petrol, 31:135-166.

[6] Castillo P R, Janney P E, Solidum R U, 1999. Petrology and geochemistry of Camiguin island, southern Philippiness: Insight to the source of adakites and other lavas in a complex arc setting. Contributions to Mineralogy and Petrology, 134:33-51.

[7] Cong B L, Wang Q C, 1999. Progress of ultrahigh-pressure metamorphic rocks in the Dabieshan-Sulu Region of China. Chinese Science Bulletin, 44(11):1127-1141 (in Chinese).

[8] Deng J F, Zhao H L, Mo X X, Wu Z X, Luo Z H, 1996. Continental roots-plume tectonics of China Key to the continental dynamics. Beijing: Geological Publishing Houses:1-110.

[9] Dider J, Barbarin B, 1991. Macroscopic features of mafic microgranular enclaves//Dider J, Barbarin B. Enclaves and Granite Petrology. Amsterdam: Elsevier:253-262.

[10] Defant M J, Drummond M S, 1993. Derivation of some modern arc magma by the partial melting of young subduction lithosphere. Nature, 347:662-665.

[11] Defant M J, Xu J F, Kepezhinskas P, 2002. Adakites: Some variations on a theme. Acta Petrologica Sinica, 18(2):129-142.

[12] Drummond M S, Defant M J, 1990. A model for trondhjemite-tonalite-dacite genesis and crustal growth via slab melting: Archean to modern comparisons. J Geophys Res, 95:21503.

[13] Foley S F, Peccerillo A, 1992. Potassic and ultrapatassic magmas and their origin. Lithos, 28:181-185.

[14] Green T H, 1994. Experimental studies of trace-element partitioning applicable to igneous petrogenesis Sedona 16 years later. Chemical Geology, 117:1-36.

[15] Gao S, Zhang B R, Jin Z M, Kern H, 1999. Lower crustal delamination in Qinling-Dabie Orogenic Belt. Science in China: Series D, 42(4):423-433.

[16] Gao S, Zhang B R, Jin Z M, 1998. How mafic is the lower continental crust. Earth & Planetary Science Letters, 161:101-117.

[17] Gao S, Liu X M, Yuan H L, 2002. Determination of forty two major and trace element in USGS and NIST SRM glasses by laser ablation inducitely coupled plasma-mass spectrometry. Geostandards Newsletter, 26(2):181-195.

[18] Gao S, Roberta L R, Yuan H L, Liu X M, Liu Y S, Xu W L, Ling W L, John A, Wang X C, Wang Q H, 2004. Recycling of lower continental crust in the North China Craton. Nature, 424:392-397.

[19] Ge X Y, Li X H, Chen Z G, Li W P, 2002. Geochemistry and petrogenesis of the Yanshanian medium-felsic high Sr and low Y igneous rocks in the eastern China: Constraints on the thickness of continental crust in the east China. Chinese Science Bulletin, 47(11):962-968.

[20] Griffin W L, Belousova E A, Shee S R, 2004. Crustal evolution in the northern Yilarn Craton: U-Pb and Hf-isotope evidence from detrital zircons. Precambrian Research, 131(3-4):231-282.

[21] Hacker R B, Ratsehbacher L, Webb L, 1998. U-Pb zircon ages constrain the architecture of the ultrahigh-pressure Qinling-Dabie Orogen, China. Earth & Planetary Science Letters, 161:215-230.

[22] Hoskin P W O, Black L P, 2000. Metamorphic zircon formation by solid-state recrystallization of protolith igneous zircon. J Metamorphic Geol, 18:423-439.

[23] Lai S C, Zhang G W, Dong Y P, Pei X Z, Chen L, 2004. Geochemistry and regional distribution of ophiolite and associated volcanics in Mianlüe suture, Qinling-Dabie Mountains. Science in China: Series D, 47:289-299.

[24] Lai S C, Liu C Y, 2001. Enriched upper mantle and eclogitic lower crust in north Qinghai-Tibet Plateau. Acta Petrologica Sinica, 17(3):459-468 (in Chinese with English abstract).

[25] Lai S C, 2003. Identification of the Cenozoic adakitic rock association from Tibetan Plateau and its

tectonic significance. Earth Science Frontiers (China University of Geosciences, Beijing), 10(4):407-415 (in Chinese with English abstract).

[26] Lai S C, Liu C Y, Yi H S, 2003. Geochemistry and petrogenesis of Cenozoic andesite-dacite associations from the Hoh Xil region, Tibetan Plateau. International Geology Review, 45(11):998-1019.

[27] Li S G, Huang F, Li H, 2002. Post-collisional lithosphere delamination of Dabie-Sulu orogen. Chinese Science Bulletin, 47(3):259-263.

[28] Li S G, Sun W D, Zhang G W, Chen J Y, Yang Y C, 1996. Chronology and geochemistry of metavolcanic rocks from Heigouxia Valley in Mianlue tectonic arc, South Qinling: Observation for a Paleozoic oceanic basin and its close time. Science in China: Series D, 39:300-310.

[29] Li S G, Xiao Y L, Liou D L, 1993. Collision of the North China and Yangtze Blocks and formation of coesite-bearing eclogites: Timing and processes. Chemical Geology, 109:89-111.

[30] Li S G, Li H, Chen Y, 1997. Chronology of ultrahigh-pressure metamorphism in the Dabie Mountains and Su-Lu terrene: Ⅱ. U-Pb isotope system of zircon. Science in China: Series D, 27(3):200-206.

[31] Lu X X, Wei X D, Xiao Q H, Zhang Z Q, Li H M, Wang W, 1999. Geochronological studies of rapakiv granites in Qinling and its geological implications. Geological Journal of China Universities, 15(4):372-377 (in Chinese with English abstract).

[32] Ludwig K R, 1991. ISOPLOT: A plotting and regression program for radiogenic-isotope data. US Geological Survey Open-File Report, 39.

[33] Martin H, 1999. The adakitic magmas: Modern analogue of Archean granotoids. Lithos, 46:411-429.

[34] Meen J K, 1987. formation of shoshonites from calc-alkaline basalt magmas: Geochemical and experimental constraints from the type locality. Contributions to Mineralogy and Petrology, 97:333-351.

[35] Morrison G W, 1980. Characteristics and tectonic setting of the shoshonite rock association. Lithos, 13:97-108.

[36] Qu X M, Wang H N, Rao B, 1997. A study on the genesis of dioritic enclaves in Guojialing granite. Acta Minerallogica Sinica, 17(3):302-309 (in Chinese with English abstract).

[37] Rogers N W, Hawkesworth C J, Mattey D P, 1987. Sediment subduction and the source of potassium in orogenic leucites. Geology, 15:451-453.

[38] Rapp R P, Shimizu N, Norman M D, Applegate, 1999. Reaction between slab-derived melt and peridotite in the mantle wedge: Experimental constraints at 3.8 GPa. Chemical Geology, 160:335-356.

[39] Rapp R P, 1997. Heterogeneous source regions for Archean granitoids//Wit M J, Ashwal L D. Greenstone Belts. Oxford: Oxford University Press: 35-37.

[40] Reid J B J, Evans O C, Fates D G, 1983. Magma mixing in granitic rocks of the central Sierra Nevada, California. Earth & Planetary Science Letters, 66:243-261.

[41] Sun S S, McDonough W F, 1989. Chemical and isotopic systemmatics of oceanic basalts: Implication for the mantle composition and process//Saunder A D, Norry M J. Magmatism in the ocean basins. Geological Society of London Special Publications, 42:313-345.

[42] Sun W D, Li S G, Y D Chen, Li Y J, 2002. Timing of synorogenic granotoids in the south Qinling, central China: Constraints on the evolution of the Qinling-Dabie Orogenic Belt. J Geology, 110:457-468.

[43] Smithes R H, 2000. The Archean tonalite-trondhjemite-granodiorite (TTG) series is not an analogue of

Cenozoic adakite. Earth & Planetary Science Letters, 182:115-125.

[44] Silva M V G, Neiva A M R, Whitehouse M J, 2000. Geochemistry of enclaves and host granite from the Nelas area, central Portugal. Lithos, 50:153-170.

[45] Sparks R S J, Marshall L A, 1986. Thermal and mechanical constrints on mixing between mafic and silicic magmas. J Volcanol Geothern Res, 29:99.

[46] Sylvester P J, 1998. Post-collisional strongly peraluminous granites. Lithos,45:29-44.

[47] Sun D Y, Wu F Y, Lin Q, Lu X P, 2001. Petrogenesis and crust-mantle interaction of early Yanshanian Baishishan pluton in Zhangguangcai Range. Acta Petrologica Sinica, 17(2):227-235 (in Chinese with English abstract).

[48] Wang X X, Wang T, Lu X X, Xiao Q H, 2002. Petrographic evidence of hybirdization of magmas of the Laojunshan and Qinlingliang rapakivi-textured granites in the north Qinling and its significance. Geological Bulletin of China, 21(8-9):525-529 (in Chinese with English abstract).

[49] Wang X X, Wang T, Lu X X, Xiao Q H, 2003. Laojunshan and Qinlingliang rapakiv-textured granitoids in North Qinling and their tectonic setting: A possible orogenic-type rapaldvi gramtoids.Acta Petrologica Sinica, 19(4):650-660 (in Chinese with English abstract).

[50] Wang D Z, Ren Q J, Qiu J S, Chen K R, Xu Z W, Zeng J H, 1996. Characterisitics of volcanic rocks in the shoshonite province, eastern China and their metallogenesis. Acta Geologica Sinica, 70:23-34 (in Chinese with English abstract).

[51] Wang T, Wang X X, Li W P, 2000. Evaluation of multiple emplacement mechanisms of Huichizi granite pluton, Qinling orogenic belt, Central China. J Struct Geol, 22(4):505-518.

[52] Wu F Y, Ge W C, Sun D Y, 2002. The definition, discrimination of adakites and their geological role// Xiao Q H, Deng J F, MaD Q, et al. The ways of investigation on granotoids. Beijing: Geological Publishing House: 172-191 (in Chinese with English abstract).

[53] Wu Y B, Zheng Y F, 2004. Gensis of zircon and its constraints on the interpretation of U-Pb age. Chinese Science Bulletin, 49(15):1554-1569.

[54] Xiao L, Rapp R P, Xu J F, 2004. The role of deep processes controls on variation of composition of adakitic rocks. Acta Petrologica Sinica, 20(2):219-228 (in Chinese with English abstract).

[55] Xu J F, Shinjo R, Defant M J, Wang Q, Rapp R P, 2002. Origin of the Mesozoic adakitic intrusive rocks in the Ningzhen area of east China: Partial melting of delaminated lower continental crust? Geology, 30:1111-1114.

[56] Yang J H, Chu M F, Liu W, Zhai M G, 2003. Geochemistry and petrogenesis of the Guojialing granodiorites from the northwestern Jiaodong Peninsula, eastern China. Acta Petrologica Sinica, 19(4): 692-700.

[57] Yin Q, Jagoutc, Kroner A, 1991. Precambrian(?)blueschist/coesite-bearing ecologite belt in central China.Terra Abstract, 3:85-86.

[58] Yan Q R, Ander D. H, Wang Z Q, Yan Z, Peter A. D, Wang T, Liu D Y, Song B, Jiang C F, 2004. Geochemistry and tectonic setting of the Bikou volcanic terrane on the northern margin of the Yangtze plate. Acta Petrologica et Mineralogica, 23(1):1-11 (in Chinese with English abstract).

[59] Yogodzinski C M, Kay R W, Bolynets O N, 1995. Magnesian andesite in the western Aleutian

Komandorsky region: Implication for the slab melting and processes in the mantle wedge. Geol Soc Am Bull, 107:505-519.

[60] Yuan H L, Wu F Y, Gao S, Liu X M, Xu P, Sun D Y, 2003. Determination of zircons from cenozoic intrusions in Northeastern China by laser ablation ICP-MS. Chinese Science Bulletin, 48(4): 1511-1520.

[61] Zhang G W, Cheng S Y, Guo A L, Dong Y P, Lai S C, Yao A P, 2004. Mianlue paleo-suture on the southern margin of central orogenic system in Qingling-Dabie-with a discussion of the assembly of the main part of the continent of China. Geological Bulletin of China, 23(9-10):846-853 (in Chinese with English abstract).

[62] Zhang G W, Zhang B R, Yuan X C, Chen J Y, 2002. Qinling Orogenic Belt and Continental Dynamics. Beijing: Science Press:1-855 (in Chinese with English abstract).

[63] Zhang H F, Zhong Z Q, Gao S, Zhang B R, Li H M, 2001. U-Pb zircon age of the foliated garnet-bearing granites in western Dabie Mountains, Central China. Chinese Science Buletin, 46(19): 1657-1661.

[64] Zhang Q, Wang Y, Qian Q, Yang J H, Wang Y L, Zhao T P, Guo G J, 2001. The characteristics and tectonic-metaliogenic significances of the adakites in Yanshan period from eastern China. Acta Petrologica Sinica, 17(2):236-244.

[65] 从柏林,王清晨,1999.大别山−苏鲁超高压变质带研究的最新进展.科学通报,44(11):1127-1141.

[66] 邓晋福,赵海玲,莫宣学,吴宗絮,罗照华,1996.大陆根−柱构造:大陆动力学的钥匙.北京:地质出版社:1-110.

[67] 高山,张本仁,金振民,Kern H,1999.秦岭−大别造山带下地壳的拆沉作用.中国科学:D辑,29(6): 532-541.

[68] 葛小月,李献华,陈志刚,李伍平,2002.中国东部燕山期高Sr低Y型中酸性火成岩的地球化学特征及成因:对中国东部地壳厚度的制约.科学通报,47(6):474-480.

[69] 赖绍聪,张国伟,董云鹏,裴先治,陈亮,2003.秦岭−大别勉略构造带蛇绿岩与相关火山岩的性质及其时空分布.中国科学,33:1174-1183.

[70] 赖绍聪,刘池阳,2001.青藏高原北羌塘榴辉岩质下地壳及富集型地幔源区.岩石学报,17(3): 459-468.

[71] 赖绍聪,2003.青藏高原新生代埃达克质岩的厘定及其意义.地学前缘(中国地质大学,北京),10 (4):407-415.

[72] 李曙光,黄方,李晖,2001.大别−苏鲁造山带碰撞后的岩石圈拆离.科学通报,46(17):1487-1491.

[73] 李曙光,孙卫东,张国伟,陈家义,杨永成,1996.南秦岭勉略构造带黑沟峡变质火山岩的年代学和地球化学:古生代洋盆及其闭合时代的证据.中国科学:D辑,26(3):223-230.

[74] 卢欣祥,尉向东,肖庆辉,张宗清,李惠民,王卫,1999.秦岭环斑花岗的年代学研究及意义.高校地质学报,5(4):373-377.

[75] 曲晓明,王鹤年,饶冰,1997.郭家岭花岗闪长岩岩体中暗色微粒包体的成因研究.矿物学报,17 (3):302-309.

[76] 孙德有,吴福元,林强,路孝平,2001.张广才岭燕山早期白石山岩体成因与壳幔相互作用.岩石学报,17(2):227-235.

［77］王晓霞,王涛,卢欣祥,肖庆辉,2002.北秦岭老君山、秦岭梁环斑结构花岗岩岩浆混合的岩相学证据及其意义.地质通报,21(8-9):523-529.

［78］王晓霞,王涛,卢欣祥,肖庆辉,2003.北秦岭老君山、秦岭梁环斑结构花岗岩及构造环境:一种可能的造山带型环斑花岗岩.岩石学报,19(4):650-660.

［79］王德滋,任启江,邱检生,陈克荣,徐兆文,曾家湖,1996.中国东部橄榄安粗岩省的火山岩特征及其成矿作用.地质学报,70:23-34.

［80］吴福元,葛文春,孙德有,2002.埃达克质岩的概念、识别标志及其地质意义//肖庆辉,邓晋福,马大铨,等.花岗岩研究思维与方法.北京:地质出版社:172-191.

［81］吴元保,郑永飞,2004.锆石成因矿物学研究及其对 U-Pb 年龄解释的制约.科学通报,49(16):1589-1604.

［82］肖龙,Rapp R P,许继峰,2004.深部过程对埃达克质岩石成分的制约.岩石学报,20(2):219-228.

［83］杨进辉,朱美妃,刘伟,翟明国,2003.胶东地区郭家岭花岗闪长岩的地球化学特征及成因.岩石学报,19(4):692-700.

［84］袁洪林,吴福元,高山,柳小明,徐平,孙德有,2003.东北地区新生代侵入岩的激光锆石探针 U-Pb 年龄测定与稀土元素成分分析.科学通报,48(4):1511-1520.

［85］闫全人,Ander D H,王宗起,闫臻,Peter A D,王涛,刘敦一,宋彪,姜春发,2004.扬子板块西北缘碧口群火山岩系的 SHRIMP 年代、Sr-Nd-Pb 同位素特征及其意义.岩石矿物学杂志,23(1):1-11.

［86］张国伟,程顺有,郭安林,董云鹏,赖绍聪,姚安平,2004.秦岭–大别中央造山系南缘勉略古缝合带的再认识:兼论中国大陆主体的拼合.地质通报,23(9-10):846-853.

［87］张国伟,张本仁,袁学诚,陈家义,2002.秦岭造山带与大陆动力学.北京:科学出版社:1-855.

［88］张旗,王焰,钱青,杨进辉,王元龙,赵太平,郭光军,2001.中国东部埃达克岩的特征及其构造成矿意义.岩石学报,17(2):236-244.

碧口火山岩系地球化学特征及
Sr-Nd-Pb 同位素组成
——晋宁期扬子北缘裂解的证据①②

李永飞　赖绍聪③　秦江锋　刘　鑫　王　娟

摘要:碧口火山岩系的形成环境及构造属性是解决扬子板块前寒武纪构造格局与演化的关键问题之一。最新的研究发现,碧口火山岩系含有洋中脊玄武岩、洋岛碱性玄武岩、洋岛拉斑玄武岩等几种残余洋壳的组成单元以及与大洋俯冲有关的弧火山岩体系。总体上各岩石组成单元之间呈构造接触,表明碧口火山岩系为一蛇绿混杂岩带,结合已有研究资料,暗示新元古代晋宁造山运动晚期扬子陆块北缘曾经发育并存在过一个古洋盆。同时,其同位素地球化学显示 Dupal 异常,表明洋盆可能发育于南半球位置,并且火山岩地幔源区可能受俯冲板片相变脱水作用而具有 EMI 和 EMII 富集端元成分。综合现有岩石地球化学资料,新元古代晋宁期碧口蛇绿混杂岩系代表了当时扬子板块北缘一个局部裂解事件。

秦岭造山带中夹持残存着众多前寒武纪古老变质岩块和岩层, 其中包括新太古代、古元古代结晶杂岩系和中新元古代变质沉积-火山岩系。它们不仅是研究秦岭造山带形成演化的主要地质基础, 而且也是探索我国早期大陆地壳地质历史的关键地质体之一[1]。位于扬子北缘的碧口火山岩系就是其中一个重要组成部分。由于该岩系所处的特殊构造部位, 关于其构造属性、归属、性质、特征, 目前仍存在较大争议。本文试图通过对碧口火山岩系构造属性的厘定, 从而为解决上述问题提供一个基础线索。因此, 能够详尽地解决诸类问题, 不仅关系到整个扬子板块北缘在中、新元古代时期的基本构造格局与演化过程, 而且对于认识扬子板块北缘的早期大地构造格局与形成演化过程, 具有重要的科学意义。

1　地质构造背景

碧口火山岩系分布在扬子板块西北缘、秦岭造山带西南侧的碧口微地块上,南以平武-青川-阳平关断裂为界,北以枫相院-铜钱坝断裂为界,西南侧为虎崖关-土城断裂,

①　原载于《中国科学》D 辑:地球科学, 2007, 37(S1)。
②　国家自然科学基金重点项目(40234041)资助。
③　通讯作者。

呈 NEE 向展布于碧口地块的南部。碧口火山岩系总体为一套巨厚的浅变质海相火山岩-沉积变质岩系(图 1)。东部勉略宁地区主要以火山岩为主,西部以沉积岩为主,东部变质浅,西部变质深,二者为过渡关系。东部火山岩主要以玄武岩为主,还有少量流纹岩、安山岩和钾质流纹岩。西部地区的沉积岩,主要为泥质岩、碎屑岩,局部出露浊积岩夹少量的火山岩及火山碎屑岩,现已变质成各种片岩。

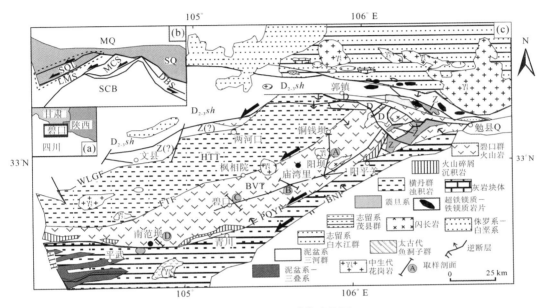

图 1　碧口地区地质构造简图

MQ:中秦岭;SQ:南秦岭;SCB:华南板块;SQL:西南秦岭;LMS:龙门山;MCS:米仓山;DBS:大巴山;
HTT:横丹群浊积岩系;BVT:碧口群火山岩系;HTF:虎崖关-土城断裂;WLGF:文县-两河口-郭镇断裂;
FTF:枫相院-铜钱坝断裂;PQYF:平武-青川-阳平关断裂;BNF:北川-南坝断裂。
据闫全人等(2004)[2]

绿帘石阳起石片岩为灰绿色致密块状,显微纤状变晶结构,变质矿物为阳起石、绿帘石、绿泥石、白云母、石英。变余斑状结构中变斑晶为阳起石和绿帘石变晶集合体。基质极细,以隐晶质的绿帘石微晶、纤状变晶阳起石和鳞片状绿泥石为主,其中变晶绿帘石集合体的外形保留斜长石或辉石晶屑的轮廓。绿泥石片岩为灰绿色,变斑状结构,片状构造。变质矿物组合主要为绿泥石、阳起石和黝帘石。岩石主要由变晶新生的鳞片状绿泥石、细小粒状的黝帘石和少量的阳起石、黄铁矿、石英等定向排列组成。

2　主量元素地球化学特征

碧口火山岩属于浅变质火山岩系(绿片岩相),其化学成分分析结果列于表 1 中。结合闫全人等[2]的分析结果,本区玄武岩类 SiO_2 含量变化较大,除个别样品 SiO_2 含量较低外,大部分样品介于 43.33%~55.84%,平均为 47.81%。岩石 Fe_2O_3 和 FeO 含量高,MgO含量低,平均分别为 5.56%,7.74% 和 5.94%。

表1 碧口火山岩主量(%)及微量(μg/g)元素分析结果

样 品	BKE08	BKL19	BKE04	BKE06	BKE10	BKL01	BKL06	BKL08	BKL13
类 型	岛弧	洋岛碱性				洋中脊玄武岩			
SiO_2	56.22	46.22	43.33	47.37	44.38	46.55	47.21	47.71	47.78
TiO_2	0.98	2.34	2.44	1.21	2.36	1.29	1.02	0.86	1.14
Al_2O_3	14.19	17.59	18.12	16.58	17.94	15.50	16.23	15.60	16.76
Fe_2O_3	2.78	3.64	5.28	2.21	6.15	1.79	3.28	2.58	2.78
FeO	6.66	8.90	8.28	11.06	9.16	10.59	8.56	10.22	7.01
FeO^T	9.16	12.18	13.03	13.05	14.69	12.20	11.51	12.54	9.51
$Fe_2O_3^T$	10.11	13.43	14.39	14.38	16.23	13.44	12.7	13.82	10.49
MnO	0.28	0.17	0.30	0.24	0.31	0.21	0.19	0.19	0.24
MgO	5.55	4.81	7.44	7.43	7.27	8.92	7.21	6.57	6.00
CaO	5.35	7.65	4.78	3.72	4.61	9.68	9.70	9.47	10.57
Na_2O	2.19	4.83	3.66	3.17	3.89	2.82	2.00	2.79	2.68
K_2O	0.72	0.86	0.44	1.13	0.37	0.07	0.12	0.17	0.06
P_2O_5	0.75	0.59	1.14	0.87	0.96	0.54	0.70	0.65	0.75
LOI	4.03	2.10	4.62	4.72	2.35	1.93	3.66	3.24	4.34
Total	99.7	100.1	99.83	99.71	99.75	99.89	99.88	100.05	100.14
$Mg^\#$	52.33	41.74	50.84	50.82	47.25	57.03	53.17	48.74	53.36
Ba	196	277	196	714	160	5.37	12.2	15.2	10.4
Rb	22.4	23.4	12.3	31.4	9.55	0.21	0.13	0.98	0.11
Sr	526	563	18.4	57.8	20.8	111	143	70.3	216
Y	57.2	32.1	54.6	17.5	52.7	24.7	20.9	21.7	33.0
Zr	219	374	200	79.6	205	77.5	60.3	59.6	71.3
Nb	14.9	64.8	7.51	3.51	8.01	3.87	2.96	2.84	3.32
Th	9.67	7.58	0.70	0.27	0.70	0.34	0.26	0.27	0.37
Pb	18.8	11.8	0.79	2.07	0.97	1.14	1.39	1.57	2.87
Ga	23.6	24.5	26.2	21.4	24.3	15.1	16.3	17.6	19.2
Ni	177	42.2	58.1	63.6	58.3	124	107	121	124
V	89.5	159	284	189	299	303	222	327	296
Cr	245	39.0	125	221	129	264	210	182	215
Hf	6.57	9.33	6.08	2.77	5.64	2.51	2.14	1.91	2.18
Cs	0.94	1.13	0.54	1.55	0.44	0.04	0.03	0.67	0.02
Sc	24.5	18.3	52.1	45.4	52.6	53.4	43.1	43.7	57.4
Ta	1.28	4.46	0.70	0.32	0.65	0.38	0.31	0.28	0.34
Co	61.1	47.7	79.4	65.9	71.4	66.3	60.3	67.4	64.9
Li	89.3	74.1	71.3	80.3	64.8	58.1	45.4	65.1	57.2
Be	1.66	2.64	1.72	1.58	1.47	1.00	0.79	0.88	0.71
U	2.18	1.99	0.20	0.07	0.18	0.12	0.09	0.08	0.10
La	35.60	58.80	6.73	3.57	11.10	5.47	3.58	2.93	4.72
Ce	74.80	121.00	17.50	9.73	29.60	14.00	9.82	7.52	12.00
Pr	8.36	14.9	2.88	1.39	4.40	2.07	1.56	1.20	1.73

续表

样　品	BKE08	BKL19	BKE04	BKE06	BKE10	BKL01	BKL06	BKL08	BKL13
类　型	岛弧	洋岛碱性	洋中脊玄武岩						
Nd	33.2	57.2	16.6	7.61	21.8	10.6	8.24	5.85	8.84
Sm	8.33	10.9	6.57	2.65	7.16	3.23	2.52	1.98	3.16
Eu	2.46	3.71	1.83	0.98	1.93	1.09	0.91	0.72	1.32
Gd	9.00	9.68	7.13	2.91	7.64	3.47	2.77	2.49	3.91
Tb	1.51	1.44	1.46	0.60	1.55	0.73	0.59	0.54	0.74
Dy	8.94	7.22	9.76	3.92	9.81	4.90	4.06	3.67	4.71
Ho	2.02	1.23	2.29	0.83	2.12	1.04	0.89	0.78	1.14
Er	6.71	3.45	7.37	2.34	6.81	2.97	2.49	2.51	3.90
Tm	0.90	0.41	0.99	0.29	0.96	0.39	0.33	0.35	0.54
Yb	6.05	2.68	6.61	2.11	6.75	2.95	2.46	2.44	3.58
Lu	0.80	0.36	0.89	0.32	0.91	0.42	0.38	0.36	0.48
Eu/Eu*	0.86	1.08	0.81	1.07	0.79	0.99	1.05	0.99	1.15
$(La/Yb)_N$	4.23	15.70	0.73	1.21	1.18	1.33	1.04	0.86	0.95
$(Ce/Yb)_N$	2.31	8.44	0.49	0.86	0.82	0.89	0.74	0.58	0.63

样　品	BKL23	BKL26	BKL33	BKL37	BKL43	BKL30	(GPH04)	(GPH05)	(GPH06)
类　型	洋中脊玄武岩								
SiO_2	48.94	43.44	45.66	32.19	40.66	48.14	50.49	40.14	47.86
TiO_2	1.28	1.08	0.60	2.38	1.81	0.59	1.20	1.90	1.27
Al_2O_3	14.53	15.71	14.74	21.38	19.02	14.46	12.16	12.60	13.94
Fe_2O_3	7.22	6.26	6.00	2.71	2.30	6.56	2.27	12.50	1.95
FeO	6.31	7.47	6.14	14.27	11.67	5.84			
FeO^T	12.81	13.1	11.54	16.71	13.74	11.74			
$Fe_2O_3^T$	14.16	14.48	12.75	18.41	15.14	12.98	14.65	13.96	12.41
MnO	0.21	0.23	0.20	0.29	0.25	0.16	0.18	0.13	0.16
MgO	5.53	6.77	4.18	11.43	9.01	4.22	6.63	7.72	7.42
CaO	9.58	10.96	9.22	7.89	8.43	7.80	8.21	10.85	9.92
Na_2O	3.08	2.62	5.94	1.04	0.95	6.37	1.86	3.50	1.88
K_2O	0.30	0.39	0.07	0.08	0.06	0.09	0.13	0.03	0.01
P_2O_5	0.85	1.15	0.88	1.21	0.92	0.76	0.13	0.18	0.11
LOI	2.32	3.61	6.25	4.81	5.10	4.77	4.82	10.93	5.39
Total	100.15	99.69	99.88	99.68	100.18	99.76	99.71	100.48	99.66
$Mg^\#$	43.85	48.32	39.60	55.39	54.34	39.40	47.51	52.52	54.46
Ba	76.0	116	3.94	5.19	10.3	2.18	157	5.88	10.0
Rb	5.98	12.5	0.37	0.32	0.92	0.13	3.86	0.67	0.04
Sr	134	98.9	97.8	71.6	164	92.0	188	235	127
Y	30.0	27.0	21.5	40.0	40.3	20.1	35.1	22.1	24.5
Zr	101	65.3	79.3	174	142	78.5	74.6	107	66.4
Nb	5.13	3.37	3.84	7.64	6.41	3.20	4.28	10.30	2.99
Th	0.47	0.28	0.31	0.71	0.55	0.27	0.51	0.73	0.22

样 品 类 型	BKL23	BKL26	BKL33	BKL37	BKL43	BKL30	（GPH04）	（GPH05）	（GPH06）
					洋中脊玄武岩				
Pb	0.79	0.40	6.54	1.92	3.22	2.87	4.66	4.44	5.12
Ga	16.2	17.7	16.6	20.2	18.0	16.2	16.1	16.2	16.0
Ni	68.5	87.2	119	77.6	76.0	108	59.2	257	65.0
V	380	254	193	267	257	164	353	246	290
Cr	75.2	183	153	164	158	147	74.3	432	126
Hf	2.94	2.70	2.34	5.34	4.35	2.42	2.24	2.91	1.93
Cs	0.17	0.44	0.11	0.04	0.09	0.08	2.88	0.04	0.03
Sc	47.5	41.8	37.3	61.8	56.0	32.8	43.4	38.3	40.6
Ta	0.40	0.38	0.36	0.65	0.60	0.38	0.31	0.69	0.22
Co	62.2	70.6	62.6	87.5	73.0	63.9	71.3	68.6	59.3
Li	10.8	38.3	32.5	88.9	66.6	31.6	33.5	49.7	44.4
Be	0.55	0.40	0.56	0.64	0.66	0.54	1.07	0.53	0.75
U	0.14	0.13	0.09	0.11	0.12	0.07	0.17	0.13	0.11
La	6.06	3.74	5.04	7.28	8.13	7.20	4.65	7.53	3.30
Ce	16.5	10.5	13.0	18.9	20.9	15.6	11.4	18.3	8.96
Pr	2.48	1.61	1.99	3.24	3.21	2.09	1.77	2.84	1.48
Nd	11.6	9.35	10.2	17.8	16.8	10.1	10.8	15.2	9.6
Sm	3.50	3.22	3.22	6.40	5.58	3.18	3.03	3.85	2.64
Eu	1.46	1.13	1.17	1.78	2.00	1.20	1.07	1.33	0.97
Gd	4.44	2.96	3.63	6.81	5.79	3.17	3.65	4.01	3.08
Tb	0.92	0.65	0.68	1.36	1.15	0.56	0.73	0.71	0.61
Dy	5.83	4.77	4.06	8.64	7.38	3.64	4.77	3.98	3.86
Ho	1.19	1.11	0.86	1.78	1.67	0.8	1.11	0.81	0.87
Er	3.60	3.38	2.56	5.20	5.23	2.51	2.94	1.99	2.30
Tm	0.54	0.39	0.34	0.63	0.65	0.29	0.48	0.30	0.36
Yb	4.03	2.86	2.27	4.00	4.25	1.84	3.19	1.90	2.35
Lu	0.56	0.42	0.32	0.59	0.60	0.27	0.46	0.28	0.34
Eu/Eu^*	1.13	1.10	1.04	0.82	1.07	1.14	0.98	1.02	1.04
$(La/Yb)_N$	1.08	0.94	1.59	1.31	1.37	2.81	1.05	2.85	1.01
$(Ce/Yb)_N$	0.76	0.68	1.07	0.88	0.92	1.58	0.67	1.80	0.71

括号内样品由西北大学大陆动力学国家重点实验室采用 XRF、ICP-MS 方法测定（2004），其余样品主量由中国科学院地球化学研究所硅酸岩全分析测定（2003），微量由香港大学分析测定（2003）。$Mg^\# = 100Mg^{2+}/(Mg^{2+}+Fe_2O_3^T/80)$。

　　在 SiO_2-(K_2O+Na_2O) 图解（图 2a）上，样品显示为碱性和亚碱性 2 种系列，由于在蚀变和区域变质过程中，活动性组分不能反映岩石的原岩性质，所以 $Zr/0.0001TiO_2$-Nb/Y 图解通常被认为是划分蚀变、变质火山岩系列的有效图解，并且能够有效地划分出变质火山岩的属性。在图 2b 中除 2 个样品落入碱性区域范围内外，其余样品均落入亚碱性玄武岩范围内，而亚碱性样品在 $Zr/10000P_2O_5$-Nb/Y 图解（图 2c）中明显属于拉斑系列。

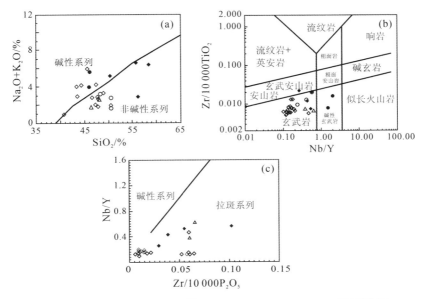

图 2 火山岩 SiO_2-(K_2O+Na_2O)[3]（a）、$Zr/0.000\ 1TiO_2$-Nb/Y 图解[4]（b）
和 $Zr/10\ 000P_2O_5$-Nb/Y 图解[5]（c）

◇洋中脊玄武岩；●洋岛碱性玄武岩；△洋岛拉斑玄武岩；◆岛弧玄武岩；○玻安质岩

3 稀土元素地球化学特征

根据痕迹元素地球化学特征,本区岩石可以分为洋脊型玄武岩、洋岛拉斑玄武岩、洋岛碱性玄武岩、岛弧玄武岩和玻安质岩五类。

3.1 洋脊型玄武岩类

本区洋脊型玄武岩分布较广,在碧口镇南-姚渡-广坪河-托河乡南-铜钱坝北一带均有出露,岩石主要为深黑色绿泥石片岩、阳起石片岩类,其中在托河乡南-铜钱坝北一带与本区的岛弧玄武岩及洋岛玄武岩呈明显的构造接触关系,接触带为强烈的片理化构造带。

本区洋脊型火山岩稀土总量较低,并且变化范围较大,介于 $33×10^{-6}$ ~ $112×10^{-6}$,是球粒陨石的 10~15 倍。$(La/Yb)_N$ 介于 0.73~2.85;在球粒陨石标准化配分图[6]（图 3a）中显示为平坦型分布模式,具 N 型 MORB 稀土元素地球化学特征,暗示亏损的地幔源区[7]。

3.2 洋岛型玄武岩类

洋岛火山岩广泛分布在铜钱坝北-托河乡南区段,均以构造岩片的形式卷入混杂带内。岩石类型可区分为洋岛拉斑玄武岩和洋岛碱性玄武岩两类,二者以构造接触关系出现在混杂带内。

区内洋岛拉斑玄武岩类稀土总量相对较低,大多为 $88×10^{-6}$ ~ $107×10^{-6}$,$(La/Yb)_N$ 介

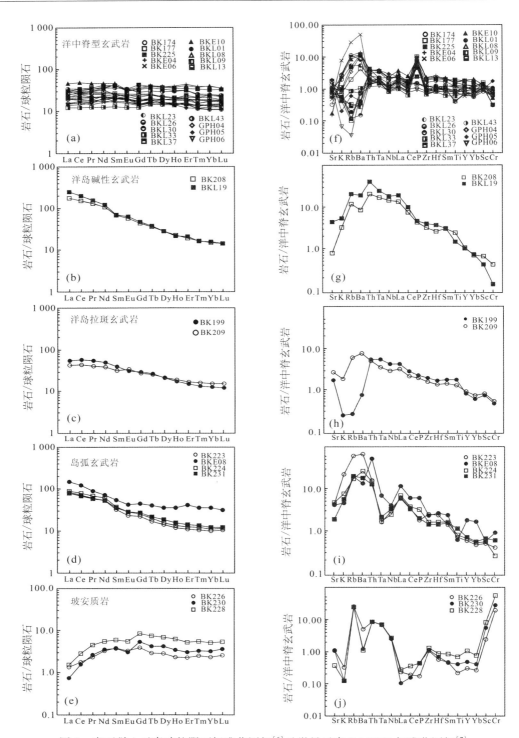

图3 岩石稀土元素球粒陨石标准化图解[6]及微量元素 N-MORB 标准化图解[7]

BK174,BK177,BK225,BK208,BK199,BK209,BK223,BK224,BK231,BK226,BK230,BK228 数据引自文献[2]

于 2.80~4.38,说明岩石属轻稀土弱–中等富集型。

区内洋岛碱性玄武岩稀土总量明显偏高,在 $237×10^{-6}$ ~ $293×10^{-6}$ 内变化,(La/Yb)$_N$ 介于 11.84~15.71;在稀土元素球粒陨石标准化配分型式图(图 3b、c)中,本区洋岛玄武岩类显示为轻稀土强烈富集。

上述分析表明,铜钱坝北–托河乡南这一区段内,洋岛拉斑和洋岛碱性火山岩的稀土元素特征具有明显的演化规律。由洋岛拉斑玄武岩向洋岛碱性玄武岩,稀土总量呈逐渐增高的趋势,(La/Yb)$_N$ 逐渐增高,轻、重稀土分异程度,轻稀土富集度逐渐增高,符合大洋板内洋岛型火山作用岩浆演化的正常趋势[8]。

3.3　岛弧玄武岩类

本区岛弧玄武岩的稀土总量较高,一般为 $113×10^{-6}$ ~ $138×10^{-6}$;(La/Yb)$_N$ 介于 4.22~8.07;(Ce/Yb)$_N$ 介于 2.31~4.70,为轻稀土中等富集型;具有微弱负 Eu 异常,δEu 值介于 0.86~0.92。在球粒陨石标准化配分图(图 3d)中,表现为轻稀土明显富集分配模式。

3.4　玻安质岩

本区玻安质岩稀土总量很低,一般为 $7×10^{-6}$ ~ $14×10^{-6}$;(La/Yb)$_N$ 介于 0.23~0.58,显示出轻稀土明显亏损的特点;在球粒陨石标准化配分图(图 3e)中,本区玻安质岩表现出轻稀土(LREE)亏损,各稀土元素含量为球粒陨石的 0.7~8 倍,这与通常见到的玻安岩具有 LREE 富集或稀土配分模式呈 U 型不同。Falloon[9] 在研究北 Tonga 洋脊中的玻安岩时,根据岩石的微量元素特征将玻安岩分为东、西两组,其中东组玻安岩亦具有 Y-REE 低、LREE 亏损的特征,与本区玻安质岩石 REE 分布模式相似。

4　微量元素地球化学特征及构造环境

4.1　洋脊型玄武岩类

微量元素的 N-MORB 标准化配分图解[7](图 3f)显示,除 Ba、Rb、K 等活动性较强的大离子亲石元素变化较大外,其他元素自左至右随着元素不相容性降低,显示高场强(HFSE)不分异的特点。曲线总体贴近 N-MORB 的特征,表明其源区性质与 MORB 相当。曲线中几乎无 Nb 和 Ta 的亏损现象。该组玄武岩 Ti/V 值为 20~43;Th/Ta 值为 0.72~1.72;Th/Y 值为 0.01~0.03;Ta/Yb 比值十分稳定,为 0.07~0.36,表明它们来自亏损的软流圈[10]。

在 Nb-Zr-Y、Ti-Zr-Y 和 Hf-Th-Ta 图解(图 4a~c)中,该组玄武岩明显落入 MORB 型玄武岩区内。上述分析充分说明,本区洋脊拉斑玄武岩为典型的洋壳蛇绿岩组成部分,代表一个洋盆发育期间古洋壳残片。

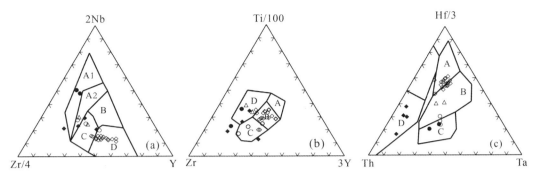

图 4 碧口火山岩 Nb-Zr-Y[15]（a）、Ti-Zr-Y[16]（b）和 Hf-Th-Ta[17]（c）

（a）A1，A2：板内碱性玄武岩；B：P 型洋脊玄武岩；A2，C：板内拉斑玄武岩；D：N 型洋脊玄武岩；C，D：弧火山岩。
（b）A：洋岛拉斑玄武岩；B：岛弧拉斑、钙碱性玄武岩和 MORB；C：岛弧钙碱性玄武岩；D：板内玄武岩。
（c）A：N-MORB；B：P-MORB；C：WPB；D：IAT。图符同图 2

4.2 洋岛型玄武岩类

在铜钱坝北–托河乡南区段混杂带内，洋岛拉斑玄武岩 N-MORB 标准化配分型式图（图 3h）总体呈大离子元素强烈富集型。除 Rb、Ba、Sr 和 K 这些活动性元素变化较大外，其余微量元素丰度均较为稳定。岩石/N-MORB 值大约为 7~10；而本区洋岛碱性玄武岩 N-MORB 地幔标准化配分型式（图 3g），以 Ba、Th、Nb 和 Ta 的较强富集为特征，总体显示板内火山岩的地球化学特征。自洋岛拉斑玄武岩向洋岛碱性玄武岩，Ti 的亏损逐渐增强，而 Ba、Th、Nb、Ta 的富集度却逐渐升高，反映了洋岛火山作用正常的岩浆演化趋势[10]。

在 Nb-Zr-Y、Ti-Zr-Y 和 Hf-Th-Ta 图解（图 4a~c）中，本区洋岛拉斑和洋岛碱性玄武岩类分别落入 WPT 和 WPA 区内，与其他痕量元素判别结果以及稀土元素的分析结果完全一致。

上述分析充分表明，洋岛拉斑和洋岛碱性两类玄武岩具有同源岩浆演化趋势，为洋岛火山作用岩浆结晶分异演化的产物。

4.3 岛弧玄武岩类

本区岛弧拉斑玄武岩的微量元素 N-MORB 标准化配分曲线（图 3i）总体呈现右倾分布型式，斜率较大，具有明显的 Nb、Ta 谷。其 Th/Ta 值为 5.97~9.69，Nb/La 值均介于 0.42~0.65；Zr/Y 值平均为 5.56（除样品 BK223 外）；Th/Yb 值介于 1.47~1.75。在 Nb-Zr-Y、Ti-Zr-Y 和 Hf-Th-Ta 图解（图 4a~c）中，本区岛弧火山岩全部落入弧火山岩区，与稀土元素反映的地球化学特征完全一致。

4.4 玻安质岩

本区玻安质岩石明显较典型玻安岩富集 Cr、Ni 等难熔元素，而高场强元素（Zr、Y）与典型玻安岩基本相当；Zr、Yb、Y 分别为球粒陨石的 5~6 倍、1.8~4 倍和 1.8~4.6 倍，远低于大洋中脊玄武岩(MORB)的 Zr、Y 与球粒陨石的比值(15 倍和 14 倍)[11]，而与典型玻安岩的特征一致。由于活动性元素在蚀变作用过程中地球化学行为的指示意义不明显，在微量元素 N-MORB 蛛网图(图 3j)中，高场强元素 HFSE(Zr、Ti、Y、P)几乎都低于 N-MORB 参考线(=1)以下，表明该玻安质岩石来源于一个相对于 N-MORB 更为亏损的地幔源区。Falloon[9] 提出，这种玻安岩是由于先期地幔橄榄岩经部分熔融萃取出大洋中脊玄武岩后的残余地幔在有水参与的情况下形成的。在 Nb-Zr-Y、Ti-Zr-Y 和 Hf-Th-Ta 图解(图 4a~c)中，样品主要落在岛弧玄武岩区，这与目前发现的玻安岩均分布在弧前环境的特点一致[12-14]。

5 同位素地球化学特征

已有的研究资料表明，玄武质火山岩的地球化学和同位素地球化学资料能对地幔岩浆源区性质做出有效约束。但是，只有在对岩浆作用过程详细分析的基础上，才能为其源区性质的判断提供有效约束，因为岩浆作用过程中的同化混染或岩浆混合作用很容易大大改变岩石的同位素组成。

本文 MORB 型玄武岩稀土配分曲线(图 3a)显示出了一个亏损的地幔源区。通常 Ti/Y、Ba/Nb 和 Ba/Zr 比值是地壳混染作用十分灵敏的指示剂。在图 5 中，本区 MORB 型玄武岩和玻安质岩明显位于 N-MORB 与 E-MORB 区域附近，洋岛玄武岩位于 OIB 与 E-MORB 之间，而岛弧火山岩位于 N-MORB、E-MORB 与下地壳之间，但在其微量元素标准化图解(图 3i)中并未显示出明显的正 Sr 和负 Zr 异常，说明并非受到俯冲带物质的加入，可能是由楔形地幔的交代作用所致。综上分析，碧口火山岩可能并未遭受明显的陆壳物质混染。

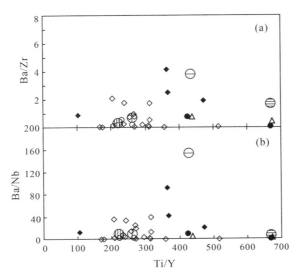

图 5 Ti/Y-Ba/Zr(a) 和 Ti/Y-Ba/Nb(b) 图解
⊕标准洋中脊玄武岩[18];①富集型洋中脊玄武岩[18];⊖洋岛玄武岩[11];⊝平均下地壳[19]。其余图符同图 2

5.1 Sr-Nd 同位素体系

如表2中所示(部分样品见文献[2]),本区 MORB 型玄武岩2个样品($^{87}Sr/^{86}Sr$)$_i$ 值为 0.704 33~0.706 63,$\varepsilon_{Nd}(t)$ 值为 -2.4~+6.4,显示其火山岩源区为一种亏损地幔[21];而另一个样品(BKL01)具有明显的高($^{87}Sr/^{86}Sr$)$_i$ 值(0.707 3)和相对较低的 $\varepsilon_{Nd}(t)$ 值(-3.5),表明其来源于一个较富集的地幔。在($^{87}Sr/^{86}Sr$)$_i$-$\varepsilon_{Nd}(t)$ 协变图(图 6a)中,各样品点明显有向富 Sr 方向偏移的趋势,这可能是由于海水蚀变的原因[23]。

表2 碧口火山岩 Sr-Nd-Pb 同位素组成[a),b)]

样 品 类 型	BKL19 OIB	BKL01 MORB	BKL06 MORB
U/(μg/g)	1.99	0.12	0.09
Th/(μg/g)	7.58	0.34	0.26
Pb/(μg/g)	11.8	1.14	1.39
$^{206}Pb/^{204}Pb$	18.763	18.017	17.91
$^{207}Pb/^{204}Pb$	15.928	15.833	15.814
$^{208}Pb/^{204}Pb$	40.069	39.157	38.945
$^{87}Rb/^{86}Sr$	0.120 5	0.005 5	0.002 7
Rb/(μg/g)	23.4	0.21	0.13
Sr/(μg/g)	563	111	143
$^{87}Sr/^{86}Sr$	0.710 419±24	0.707 353±22	0.706 668±28
($^{87}Sr/^{86}Sr$)$_i$	0.708 931	0.707 284	0.706 635
Sm/(μg/g)	10.9	3.23	2.52
Nd/(μg/g)	57.2	10.6	8.24
$^{147}Sm/^{144}Nd$	0.115	0.185	0.185
$^{143}Nd/^{144}Nd$	0.512 371±18	0.512 388±14	0.512 696±12
($^{143}Nd/^{144}Nd$)$_i$	0.511 717 8	0.511 364	0.511 668
Δ207/204	40.3	38.9	38.2
Δ208/204	175.7	174.6	166.5

a)($^{87}Sr/^{86}Sr$)$_i$ 根据 t = 846 Ma 计算。

b)校品校正所用参数如下:$^{147}Sm/^{144}Nd_{CHUR}$ = 0.196 7,$^{143}Nd/^{144}Nd_{CHUR}$ = 0.512 638,$^{147}Sm/^{144}Nd_{DM}$ = 0.213 7,$^{143}Nd/^{144}Nd_{DM}$ = 0.513 15[24],λ_{Sm} = 6.54×10^{-12}[25];λ_{Rb} = 1.42×10^{-11};λ_5 = 0.984 85×10^{-9}(^{235}U 衰变常数);λ_8 = 0.155 125×10^{-10}(^{238}U 衰变常数);λ_2 = 0.494 75×10^{-10}(^{232}Th 衰变常数)。

本区洋岛玄武岩一个样品(BKL19)的($^{87}Sr/^{86}Sr$)$_i$ 值为 0.708 9,$\varepsilon_{Nd}(t)$ 值为 +3.8;如果不考虑蚀变作用对 Sr 同位素体系的影响,在($^{87}Sr/^{86}Sr$)$_i$-$\varepsilon_{Nd}(t)$ 协变图(图 6a)中应该更靠近 OIB-OPB 区域,位于板内玄武岩的演化趋势线上,说明其火山岩源区相当于一种近原始的地幔物质[21],可能与地幔柱有关。

本区弧火山岩的($^{87}Sr/^{86}Sr$)$_i$ 值为 0.703 3~0.710 4,$\varepsilon_{Nd}(t)$ 值为 -6.4~+6.4。其中,一个样品点[($^{87}Sr/^{86}Sr$)$_i$ = 0.703 3,$\varepsilon_{Nd}(t)$ = +6.4]明显继承了 MORB 的源区特征,在图

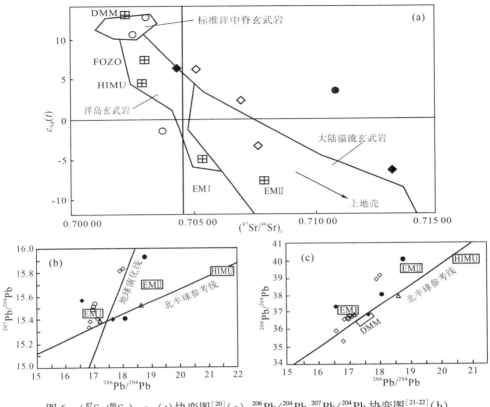

图6 $(^{87}Sr/^{86}Sr)_i$-$\varepsilon_{Nd}(t)$ 协变图[20](a)、$^{206}Pb/^{204}Pb$-$^{207}Pb/^{204}Pb$ 协变图[21-22](b)
和$^{206}Pb/^{204}Pb$-$^{208}Pb/^{204}Pb$ 协变图[21,22](c)
图符同图2

6a 中位于 MORB 附近;而另一个点由于蚀变作用的影响,明显具有高的$(^{87}Sr/^{86}Sr)_i$值
$(0.710\,4)$,表现出 EMⅡ端元组分的特点。本区玻安质岩石的$(^{87}Sr/^{86}Sr)_i$值为$0.701\,0\sim$
$0.703\,1$;$\varepsilon_{Nd}(t)$值为$-1.8\sim+12.8$,在图6a 中明显位于 DMM 区附近,表明其可能源于亏
损的上地幔。

5.2 Pb-Pb 同位素体系

本区岩石 Pb 同位素组成(表2,部分样品见文献[2])变化范围较大,表明火山岩源
区 Pb 同位素组成相对比较复杂。

本区洋中脊玄武岩的火山岩$^{206}Pb/^{204}Pb$ 值为 16.6 ~ 18.1,$^{207}Pb/^{204}Pb$ 值为 14.3 ~
15.8,$^{208}Pb/^{204}Pb$ 值为35.9~39.2,各平均值与现今南半球的 Pb 同位素组成相近[21,26]。

本区洋岛火山岩的$^{206}Pb/^{204}Pb$ 值为 17.2 ~ 18.8,$^{207}Pb/^{204}Pb$ 值为 15.4 ~ 15.9,
$^{208}Pb/^{204}Pb$ 值为36.8~40.1,与 Kerguelen, TristadCunha 和 Gough 岛的玄武岩 Pb 同位素
组成相似[21,26-27]。

本区岛弧火山岩的$^{206}Pb/^{204}Pb$ 值为 16.574 ~ 17.631,$^{207}Pb/^{204}Pb$ 值为 15.403 ~

15.570, $^{208}Pb/^{204}Pb$ 值为 36.833～37.292;本区玻安质岩的 $^{206}Pb/^{204}Pb$ 值为 16.952～17.023, $^{207}Pb/^{204}Pb$ 值为 15.482～15.538, $^{208}Pb/^{204}Pb$ 值为 36.590～36.782;Pb 同位素组成亦显示了弧火山岩的源区继承了 MORB 源区物质的特征。

6　关于碧口火山岩系的讨论

6.1　碧口火山岩系形成环境

长期以来,对于碧口火山岩的构造属性存在着多种不同的认识。自 20 世纪 70 年代以来,一些研究者曾提出碧口群是蛇绿岩套的组成部分,形成于岛弧、洋脊、洋岛环境,并提出存在碧口群蛇绿混杂岩带[28-30]。20 世纪 80 年代,大多数有关碧口群的论著几乎都认为碧口群是蛇绿岩型火山岩系。自 20 世纪 90 年代以来,已有人开始对这一论点提出质疑[31]。

本文研究结果表明:扬子板块西北缘碧口火山岩系为一个复杂的、包括有不同成因岩块的蛇绿混杂带。该带中分布有蛇绿岩块(古洋壳残片)、洋岛拉斑玄武岩块、洋岛碱性玄武岩和岛弧火山岩类。在蛇绿岩带的研究过程中,无论洋脊型拉斑玄武岩还是洋岛拉斑玄武岩或洋岛碱性玄武岩,它们均是古洋壳的表征,分别代表了大洋扩张脊岩浆活动的产物以及残余的古洋壳碎片,成为大陆裂解和洋盆存在的直接证据[32];而本区岛弧火山岩系列及其相关的岩石组合(岛弧与玻安质岩)与洋中脊、洋岛玄武岩密切相关并且共生,为曾经发育古洋盆并存在古洋壳俯冲这一结论提供了重要证据[33]。

Hart[21] 在研究全球 Pb 同位素分布时,发现南半球大洋玄武岩普遍具有 Dupal 异常,并且强调典型的 Dupal 异常应满足 $\Delta^{208}Pb/^{204}Pb > 60$, $(^{87}Sr/^{86}Sr)_i > 0.705\,0$ 的条件;而邢光福[34] 在讨论南极乔治王岛的 Dupal 异常时提出广义的 Dupal 异常条件: $\Delta^{207}Pb/^{204}Pb > 3$, $\Delta^{208}Pb/^{204}Pb > 10$。

从表 2 中可以看出,碧口火山岩的 Δ208/204 值大部分大于 10,Δ207/204 值大于 3,其中 8 个样品(部分样品见文献[2])完全符合邢光福所规定的广义 Dupal 异常,并且一部分样品明显具有 Hart 定义的 $(^{87}Sr/^{86}Sr)_i > 0.705\,0$, $\Delta^{208}Pb/^{204}Pb > 60$ 的典型 Dupal 异常[21],在 $^{207}Pb/^{204}Pb$-$^{206}Pb/^{204}Pb$ 图解(图 6b)和 $^{208}Pb/^{204}Pb$-$^{206}Pb/^{204}Pb$ 图解(图 6c)中,本区岩石的铅同位素成分点大部分落在北半球参考线以上,表明本区火山岩具有 Dupal 同位素异常,说明新元古代时期碧口火山岩系产出的位置,存在着与现今印度洋一致的 Dupal 异常地幔域,暗示碧口火山岩系新元古时期可能位于南半球位置。这表明,新元古时期碧口火山岩系产出位置可能就是南半球冈瓦纳大陆的一部分,由于经历了后期不同阶段的地质构造演化过程,从冈瓦纳大陆分离出来并向北漂移到了现在的位置。

6.2　扬子板块裂解的讨论

碧口群火山岩系西段的董家河变质火山岩与超基性岩、辉长岩密切共生,为一典型的蛇绿岩套,是碧口火山岩系的重要组成部分[35]。最新研究结果表明:该蛇绿岩带中辉

长岩中锆石在 $^{206}Pb/^{238}U-^{207}Pb/^{235}U$ 谐和图中,交点年龄为 839.2 ± 8.2 Ma(MSWD = 1.4, 2σ) [35],这与碧口群火山岩系中段基性火山岩的锆石年龄 840 ± 10 Ma [36]完全吻合,表明这套辉长岩与基性火山岩为同一时期形成的产物,说明碧口火山岩系的形成时代为新元古代(晋宁运动晚期)。

新元古代在整个地球历史中是一段十分重要且具有特殊意义的地史阶段,在经过中元古代相对平静的地质历史以后,从中元古代晚期开始,一些分散的古陆块逐步汇聚,形成"罗迪尼亚"超大陆,而该超大陆在新元古代晚期发生裂解,在许多陆块上形成大规模的包含火山喷发及侵入岩在内的岩浆活动[37]。新元古代这种岩浆活动在中国古陆块上也有不同程度的反映,特别是在塔里木和扬子陆块及边缘的造山带中保存了中元古代末期–新元古代早期汇聚、新元古代晚期裂解的信息[37]。

陆松年等[37]根据秦岭造山带及扬子陆块资料,认为 810 Ma 左右为晋宁造山运动的结束时间,亦为扬子陆内裂解的起始时间。同时,他在研究北秦岭松树沟小洋盆的时候,认为 839 ± 19 Ma 黑云母花岗岩的侵位,说明北秦岭松树沟洋盆缩小和封闭、北秦岭变质地体拼贴于扬子大陆北缘,而后扬子陆块内部及边缘进入了一个新的构造旋回,一个更大规模的裂解作用在中、南秦岭及扬子陆块内部启动[37]。显然, 839.2 ± 8.2 Ma 左右碧口火山岩系所表征曾经有古洋盆发育并存在古洋壳俯冲这一事实,说明扬子陆块边缘局部地段可能要先于总体裂解时间。也就是说,当北秦岭松树沟洋盆缩小和封闭、北秦岭拼贴于扬子陆块这段时期内,处于强烈的热构造活动状态中的扬子陆块可能某些局部区段已裂解形成洋盆了。

大量地质事实表明,晋宁早期环扬子周边均存在大洋板块俯冲作用[38],并且扬子陆块通过晋宁期构造拼合已形成统一的地块[39-40]。但是,作为扬子北缘的秦岭区仍持续处于扩张状态,直到震旦纪早、中期,并且已开始成为介于华北和扬子 2 个地块间的(包括众多陆壳块体群的裂谷与小洋盆系列)持续中元古代扩张区的岛海区[41]。本文的研究表明,在 839.2 ± 8.2 Ma 碧口火山岩系中存在大量表征洋壳的玄武岩类,且同位素地球化学显示与现今印度洋、南大西洋洋壳玄武岩相似,说明在 839.2 ± 8.2 Ma 左右晋宁造山运动即将完毕的时期,扬子陆块北缘可能存在着局部的小洋盆系列,从而表明碧口火山岩区当时是属于扬子陆块北缘处于持续扩张的秦岭区域。因此,新元古代碧口火山岩系可能代表了晋宁期扬子板块北缘的局部裂解事件,这将为进一步解决扬子板块前寒武纪构造格局与演化提供有效约束。

6.3　关于火山岩的源区与性质

在同位素的协变图(图 6a)中,本区洋中脊玄武岩与洋岛玄武岩均不同程度地指示了火山岩源区包含了 EM Ⅱ 端元混合的成因信息;在 Pb-Pb 同位素体系(图 6b、c)中,本区洋中脊玄武岩与洋岛玄武岩显示了源区与 EM Ⅰ、EM Ⅱ 端元混合的信息。综合本区大地构造背景,对于这种混合成因并且具有不同程度的 Dupal 异常(表 2)的火山岩源区,可能是洋壳或沉积物再循环进入地幔[42]的结果,并与大洋板块俯冲时相变脱水作用而造成火山岩源区含有 EM Ⅰ、EM Ⅱ 端元的成因信息这一事实基本吻合。

7 结 论

(1)通过对碧口火山岩系不同区段的岩石地球化学研究表明,该套火山岩为一个复杂的、包括有不同成因岩块的蛇绿混杂带,为该区曾经发育过古洋盆提供了重要证据。

(2)同位素地球化学研究,其源区具有 EM Ⅰ、EM Ⅱ 端元混合特征并具有 Dupal 异常,表明扬子陆块北缘新元古代晋宁造山运动晚期曾经发育并存在过一个类似现今印度洋、南大西洋及南太平洋的南半球位置的古洋盆。

(3)在新元古时期扬子陆块构造拼合形成统一地块的过程中,碧口古洋盆的存在表明扬子板块北缘此时期存在着某一局部区段的裂解,它可能是扬子板块对于新元古代大陆裂解的一种响应,这将对于解决扬子板块前寒武纪构造格局与演化历史具有重要意义。

参考文献

[1] 张国伟,于在平,董云鹏,等.秦岭区前寒武纪构造格局与演化问题探讨.岩石学报,2000,16(1): 11-21.

[2] 闫全人,Hanson Andrew D,王宗起,等.扬子板块北缘碧口群火山岩的地球化学特征及其构造环境. 岩石矿物学杂志,2004,23(1):1-11.

[3] Irvine T N, Baragar W R A.A guide to the chemical classification of the common volcanic rocks.Can J Earth Sci, 1975,8:523-548.

[4] Pearce J A.A users guide to basalt discrimination diagrams.In: Wyman D A. Trace Element Geochemistry of Volcanic Rocks: Applications for Massive Sulphide Exploration: Geochem. Short Course Notes-Geol Assoc Can, 1996, 12:79-113.

[5] Winchester J A, Floyd P A. Geochemical magma type discrimination: Application to altered and metamorphosed igneous rocks. Earth & Planetary Science Letters, 1976,28:459-469.

[6] Sun S S, McDonough W F.Chemical and isotopic systematics of oceanic basalts: Implications for mantle composition and processes.In: Saunders A D, Norry M. Magmatism in the Ocean Basin.J Geol Soc Special Publ, 1989,(42):313-345.

[7] Pearce J A. A users guide to basalt discrimination diagrams. Overseas Geology, 1984,(4):1-13 (in Chinese).

[8] Saunder A D.The rare earth element characteristics of igneous rocks from Ocean basins.In: Henderson. Rare Element Geochemistry. Amsterdam: Elsevier,1984:205-236.

[9] Falloon T J, Crawford A J.The petrogenesis of high-calcium boninite lavas dredged from the northern Tonga ridge. Earth & Planetary Science Letters, 1991,102:375-394.

[10] Pearce J A.The role of sub-continental lithosphere in magma genesis at destructive plate margins. In: Hawkesworth C J, Norry M J. Continental Basalts and Mantle Xenoliths.Nantwich Shiva, 1983:230-249.

[11] Sun S S.Lead isotope study of young volcanic rocks from mid-ocean ridges, ocean islands and island arcs. Phil Trans R Soc, Lond,1980,A297:409-445.

[12] Meijer A.Primitive arc volcanism and a boninite series: Examples from western Pacific island arcs. In: Hayes D F.Tectonic and Geological Evolution of Southeast Asia Seas and Islands.Am Geophys Union Mongogr,1980,23:269-282.

[13] Falloon T J, Crawford A J. The petrogenesis of high-calcium boninite lavas dredged from the northern Tonga ridge. Earth & Planetary Science Letters,1991,102:375-394.

[14] Crawford A J, Falloon T J, Green D H.Classification, petrogenesis and tectonic setting of boninites. Crawford A J.Boninites. London: Academic Division of Unwin Hyman Ltd, 1989:1-49.

[15] Meschede M A.Method of discriminating between different types of mid-ocean Basalts and continental tholeiites with the Nb-Zr-Y diagram. Chem Geol, 1986,56:207-218.

[16] Pearce J A, Cann J R. Tectonic setting of basaltic volcanic rocks determined using trace element analysis. Earth & Planetary Science Letters, 1973,19:290-300.

[17] Pearce J A.Trace element characteristics of lava from destructive plate boundaries.In: Trorpe R S. Andesites: Orogenic Andesites and Related Rocks.Chichester:Wiley,1982:525-554.

[18] Humphris S E, Thompson G, Schilling J G, et al.Petrological and geochemical variations along the Mid-Atlantic Ridge between 46°S and 32°S: Influence of the Tristan da Cunha mantle plume. Geochim Cosmichim Acta, 1985, 49:1445-1464.

[19] Weaver B L, Tarney J.Estimating the composition of the continental crust: An empirical approach. Nature, 1984, 310:575-577.

[20] Condie K C. Mantle Plumes and Their Record in Earth History. Cambridge: Cambridge University Press,2001.

[21] Hart S R.A large-scale isotope anomaly in the Southern Hemisphere mantle. Nature, 1984, 309: 753-757.

[22] Zindler A, Hart S R.Chemical geodynamics. Annu Rev Earth Planet Sci,1986,14:493-571.

[23] 刘丛强, 解广轰, 增田彰正.中国东部新生代玄武岩的地球化学: Ⅱ.Sr、Nd、Ce 同位素组成.地球化学, 1995, 24(3):203-214.

[24] Peucat J J, Vidal P, Bernard-Griffiths J,et al.Sr,Nd,Pb isopopic systematics in the Archean low to high-grade transion zone of Southern India: Syn-accretion granulites. J Geol,1988,97:537-550.

[25] Lugmair G W, Marti K.Lunar initial ^{143}Nd/^{144}Nd: Differential evolution of the lunar crust and mantle. Earth & Planetary Science Letters,1978,39:3349-3357.

[26] Hart S R. Heterogeneous mantle domains: Signatures, genesis and mixing chronologies. Earth & Planetary Science Letters, 1988, 90:273-296..

[27] Hofmann A W. Mantle geochemistry: The message from oceanic volcanism.Nature, 1997, 385(16): 219-229.

[28] 赵祥生,马少龙,邹湘华,等.秦岭碧口群时代、层序、火山作用及含矿性研究.中国地质科学院西安地质矿产研究所所刊, 1990, 29:1-28.

[29] 陶洪祥,何恢亚,王全庆,等.扬子板块北缘构造演化史.西安:西北大学出版社,1993:1-141.

[30] 王根宝.陕西省勉略宁地区碧口群基底构造碰合带的发现及其意义.陕西地质科技情报, 1995,20 (1):13-26.

[31] 徐学义, 夏祖春, 夏林圻.碧口群火山旋回及其地质构造意义.地质通报,2002(8-9):478-485.

[32] 赖绍聪,张国伟,裴先治,等.南秦岭康县-琵琶寺-南坪构造混杂带蛇绿岩与洋岛火山岩地球化学及其大地构造意义.中国科学:D 辑,地球科学,2003,1(33):10-19.

[33] 赖绍聪,张国伟,杨瑞瑛.南秦岭勉略带两河弧内裂陷火山岩组合地球化学及其大地构造意义.岩石学报,2000,16(3):317-326.

[34] 邢光福,沈渭洲,王德滋,等.南极乔治王岛中-新生代岩浆岩 Sr-Nd-Pb 同位素组成及源区特征.岩石学报,1997,13(4):473-487.

[35] 赖绍聪,李永飞,秦江锋.碧口群西段董家河蛇绿岩地球化学及 LA-ICP-MS 锆石 U-Pb 定年.中国科学:D 辑,地球科学,37(增刊Ⅰ):262-270.

[36] 闫全人,王宗起,闫臻,等.碧口火山岩的时代:SHRIMP 锆石 U-Pb 测年结果.地质通报,2003,22(6):456-459.

[37] 陆松年,李怀坤,陈志宏.塔里木与扬子新元古代热-构造事件特征、序列和时代扬子与塔里木连接(YZ-TAR)假设.地学前缘,2003(10):321-326.

[38] 沈渭洲,徐士进,高剑峰,等.四川石棉蛇绿岩套的 Sm-Nd 年龄及 Nd-Sr 同位素特征.科学通报,2002,47(22):1897-1900.

[39] 张国伟,梅志超,周鼎武,等.秦岭造山带的形成及其演化. 西安:西北大学出版社,1988:1-92.

[40] 张宗清,刘敦一,付国民,等.北秦岭变质地层同位素年代研究.北京:地质出版社,1994:1-191.

[41] 陆松年,陈志宏,李怀坤.秦岭造山带中-新元古代(早期)地质演化.地质通报,2003(2):107-112.

[42] 魏启荣,沈上越,莫宣学,等.三江中段 Dupal 同位素异常的识别及其意义.地质地球化学,2003,31(1):36-41.

南秦岭晚三叠世胭脂坝岩体的地球化学特征及地质意义①②

骆金诚　赖绍聪③　秦江锋　李海波　李学军　臧文娟

摘要: 本文对出露于佛坪穹窿东部宁陕地区的胭脂坝岩体进行了详细的岩石学、锆石 U-Pb 年代学和地球化学特征研究,讨论了胭脂坝岩体的岩石成因、成岩物质来源及其地质意义。岩体主要由黑云母花岗岩组成。锆石 LA-ICP-MS U-Pb 定年结果表明,胭脂坝黑云母花岗岩的成岩年龄为 200 ± 4 Ma。该花岗岩的地球化学特征为富硅(70.09 % ~ 73.35 %)、富碱($Na_2O + K_2O = 7.49\%$ ~ 8.59%),A/CNK = 1.01 ~ 1.08,里特曼指数 $\sigma = 2.07$ ~ 2.62,钾含量大于钠($K_2O/Na_2O = 1.12$ ~ 1.39)和高 CaO/Na_2O 值(> 0.3),微量元素主要富集 Rb、Th、U、K,亏损 Nb、Ta、Sr、Ba、P 和 Ti,稀土总量为 129.98×10^{-6} ~ 189.97×10^{-6},轻稀土富集$[LREE/HREE = 8.00$ ~ 10.73,$(La/Yb)_N = 8.62$ ~ 15.68$]$,Eu 亏损明显($\delta Eu = 0.41$ ~ 0.50)。这些特征表明,胭脂坝岩体属于高钾钙碱性系列,为准铝-弱过铝质壳源 S 型花岗岩。结合对区域地质背景的全面分析表明,可能是印支运动晚期的造山作用造成本区地壳加厚,之后在伸展-减薄的背景下,中部地壳深度的变质砂屑质岩石通过黑云母脱水发生部分熔融而形成的产物。

秦岭造山带是构成中国大陆的重要单元,它是由多期不同的构造运动叠加改造而形成的复合型造山带(张国伟等,2001)。在南秦岭构造带中,宁陕断裂带以西出露 3 个大型中生代花岗岩体群,自西向东依次为光头山岩体群、五龙岩体群(包括华阳、五龙、老城、西岔河和胭脂坝岩体)和东江口岩体群(严阵等,1985),这些岩体主要以岩基的形式侵入古生代地层中,沿勉略缝合带北侧发育成一条长约 400 km、呈东西展布的印支期花岗岩带。这些花岗质岩体是在中生代强烈的构造-岩浆-成岩/成矿作用过程中,大量的岩浆侵入而形成的独具特色的多种类型的花岗质岩石系列,与秦岭造山带中生代的成矿作用有密切联系。因而中生代以来花岗岩的成因,对于研究南秦岭板块构造演化和深部地球动力学乃至多金属成矿作用等问题均具有重要意义。目前大量的研究表明,南秦岭

① 原载于《地质论评》,2010,56(6)。

② 教育部博士点基金项目(20096101110001)、国家自然科学基金资助项目(40872060)和西北大学地质学系国家基础科学人才培养基地创新基金资助项目(XDCX08-08)。

③ 通讯作者。

造山带在 220～205 Ma 期间发育大量高钾钙碱性 I 型花岗岩(孙卫东等, 2000; 张成立等, 2005, 2008; 秦江锋等, 2007; 王娟等, 2008a、b; 弓虎军等, 2009a、b)。从年代学和岩石学特征上来看,佛坪穹窿东部宁陕地区的胭脂坝岩体的形成时代明显偏晚,而且岩石表现出具有 S 型花岗岩的特征。因此,胭脂坝花岗岩的成因研究对于探讨秦岭造山带晚三叠纪的构造化学及地壳物质部分熔融机理具有重要作用。前人(严阵等, 1985; 李先梓等, 1993; 张本仁等, 1994)认为胭脂坝花岗岩为陆壳重熔形成,但是岩浆源区的物质组成和熔融机理,以及其与秦岭造山带内 220～205 Ma 形成的高钾钙碱性 I 型花岗岩的成因联系还需要进一步研究。

有鉴于此,本文通过详细的岩石学、地球化学及锆石 LA-ICP-MS U-Pb 年代学研究,结合前人的研究成果,探讨了胭脂坝岩体(图 1)的成因机制和地质意义,以期为解释南秦岭印支期花岗岩的成因和反演秦岭造山带演化过程提供新的资料。

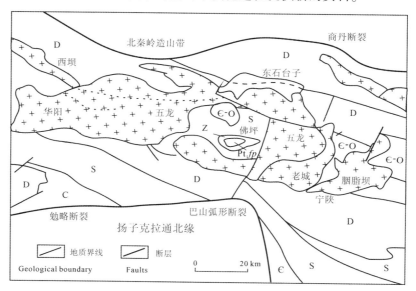

图 1　南秦岭宁陕地区晚三叠世花岗岩地质简图

Pt₁fp:古元古界佛坪群;∈:寒武系;O:奥陶系;D:泥盆系;S:志留系;γ:二长花岗岩、斜长花岗岩、黑云母花岗岩。

据张宏飞等(1997)修改

1　地质概况及花岗岩岩相学

胭脂坝岩体分布于宁陕岩体群东部,出露面积约为 530 km²,呈一不规则状岩体,侵入古生代地层中。北部围岩主要是泥盆纪砂岩、灰岩、片岩和大理岩等;南部围岩主要为寒武纪到石炭纪地层,其中以泥盆纪地层为主,岩性包括砂岩、片岩、板岩、千枚岩、白云质灰岩和大理岩等;西部与老城岩体石英闪长岩相接(张宏飞等, 1997)。岩体边部常分布有大量的花岗岩脉,岩体与围岩一般呈明显的切层侵入关系,并形成数米至几十米宽的角岩带(严阵等, 1985),围岩有不同程度的热变质,岩体中缺乏或很少含有暗色包体。岩石为灰白色,中-细粒全晶质,自形-半自形结构,块状构造,主要矿物组成为钾长石

（35%～40%）、斜长石（20%～25%）、石英（25%～30%）、黑云母（5%～8%），副矿物为磷灰石、石榴石、褐帘石、独居石、磁铁矿、锆石等。钾长石中微斜长石含量较多，多发育格子双晶。斜长石为无色板状半自形晶，An＝5～20，为钠-更长石，在斜长石与条纹长石的接触边界处可见蠕石英，部分发生钠黝帘石化和绢云母化，石英可见波状消光和裂纹。

2 实验分析方法

在对野外采集的样品进行详细的岩相学观察后，选择新鲜的、没有脉体贯入的样品进行主量元素、微量元素分析。本文涉及的所有测试分析均在西北大学大陆动力学国家重点实验室完成。主量元素采用湿法分析，相对误差一般小于5%。微量元素采用XRF玻璃饼熔样，以保证样品中的副矿物全部溶解，然后在ICP-MS上测定，相对误差小于10%。

在胭脂坝黑云母花岗岩体中，采集用于挑选锆石同位素年龄的样品（图1），采样地点坐标为N33°32′46.3″，E108°36′56.5″。均采自天然新鲜的露头，样品的破碎和锆石的挑选在河北省区域地质调查大队地质实验室完成。在双目镜下挑纯后，将锆石样品置于环氧树脂中，磨至约一半，使锆石内部暴露，用于阴极发光（CL）研究和锆石LA-ICP-MS U-Pb同位素组成分析，样品在测定之前首先用体积百分比为3%的HNO_3清洗样品表面，以除去样品表面的污染物；然后进行透射光和反射光照相，并在英国Gatan公司生产的Mono CL3+阴极发光装置系统上进行阴极发光（CL）照相分析。锆石U-Pb同位素组成分析在西北大学大陆动力学重点实验室激光剥蚀电感耦合等离子体质谱（LA-ICP-MS）仪上完成。LA-ICP-MS分析的详细方法和流程见文献（袁洪林等，2003）。

3 分析结果

3.1 主量元素

从表1中可以看出，胭脂坝黑云母花岗岩具有较高的SiO_2含量（70.09%～73.35%），平均为71.93%；低TiO_2含量（0.23%～0.56%），平均为0.28%；富Al_2O_3含量（14.32%～15.42%），铝指数A/CNK＝1.01～1.08＜1.1，属于准铝质-过铝质系列（图2）；富钾（Na_2O＝3.47%～4.22%，K_2O＝3.27%～4.81%，绝大部分K_2O/Na_2O值介于1.12～1.39），P_2O_5＝0.09%～0.19%。碱质量分数偏高（Na_2O+K_2O＝7.49%～8.59%）。里特曼指数σ＝2.07～2.62；MgO＝0.35%～0.81%，镁指数（$Mg^\#$）较低（$Mg^\#$＝30～34＜45）。在K_2O-SiO_2图（图3）中，样品全部落在高钾钙碱性区域，总体表现高硅、高钾、高K_2O/Na_2O值，为准铝到弱过铝的高钾钙碱性花岗岩系列。

3.2 微量及稀土元素地球化学特征

在原始地幔标准化的微量元素蛛网图（图4b）中显示，本区花岗岩以富集Rb、Th、K、Nd等，贫Ba、Nb、Ta、La、P、Eu和Ti等，明显亏损Ba、Sr、Ti、P为特征，属于典型低Ba-Sr花岗岩。岩体的Rb/Sr值（0.3～1.16，平均值0.85）和Rb/Nb值（7.38～14.33，平均值12.60）

表1　南秦岭宁陕地区胭脂坝岩体主量元素(%)和微量元素(μg/g)分析结果

分析编号	XK-04	XK-11	XK-12	XK-14	YZB-01	YZB-02	YZB-03	YZB-04	YZB-06	YZB-07	YZB-08	YZB-16
SiO_2	70.09	71.99	73.35	71.18	71.86	72.34	72.32	71.93	71.13	72.01	72.98	71.92
TiO_2	0.56	0.29	0.24	0.32	0.24	0.24	0.24	0.23	0.24	0.24	0.24	0.23
Al_2O_3	15.28	14.71	14.57	15.42	14.44	14.62	14.57	14.40	14.85	14.36	14.32	14.5
$Fe_2O_3^T$	3.27	2.03	1.64	2.17	1.91	1.89	1.92	1.90	1.88	1.86	1.86	1.87
MnO	0.06	0.03	0.03	0.05	0.04	0.04	0.04	0.04	0.04	0.04	0.04	0.04
MgO	0.81	0.43	0.35	0.48	0.47	0.49	0.46	0.48	0.45	0.45	0.46	0.46
CaO	2.33	1.60	1.46	1.64	1.62	1.46	1.75	1.51	1.77	1.68	1.58	1.64
Na_2O	4.22	3.75	3.63	4.06	3.67	3.47	3.74	3.50	3.81	3.65	3.47	3.57
K_2O	3.27	4.54	4.70	4.53	4.50	4.81	4.30	4.77	4.75	4.47	4.52	4.57
P_2O_5	0.19	0.10	0.09	0.12	0.08	0.08	0.08	0.08	0.08	0.07	0.07	0.07
烧失量	0.37	0.42	0.36	0.41	0.71	0.93	0.87	0.71	0.63	0.69	0.71	0.77
Total	100.45	99.89	100.42	100.38	99.54	100.37	100.29	99.55	99.63	99.52	100.25	99.64
A/CNK	1.04	1.05	1.06	1.06	1.04	1.08	1.04	1.05	1.01	1.03	1.06	1.05
A/NK	2.04	1.77	1.75	1.80	1.77	1.77	1.81	1.74	1.73	1.77	1.79	1.78
Li	103.0	85.3	68.4	106.0	82.4	81.5	71.1	70.6	76.2	75.9	87.3	66.5
Be	3.05	2.53	2.45	3.46	3.62	3.59	3.48	3.81	3.68	3.54	3.52	3.56
Sc	7.68	5.58	4.56	5.65	4.98	4.83	4.82	4.87	4.85	4.83	5.18	4.86
V	40.6	21.5	18.1	27.4	25.3	23.4	24.3	23.9	24.3	24.0	26.4	24.0
Cr	7.04	3.79	5.41	25.80	7.66	3.74	3.54	3.33	3.81	3.26	3.26	3.35
Co	145	181	195	165	198	198	193	196	181	208	206	185
Ni	3.77	1.71	2.33	21.00	2.91	1.63	1.62	1.56	1.69	2.31	1.37	1.61
Cu	14.90	1.84	1.73	5.57	8.02	12.40	21.60	9.15	7.61	8.54	3.97	9.97
Zn	85.1	61.6	49.2	64.3	45.3	48.1	46.8	45.8	46.9	47.9	48.9	45.1
Ga	21.3	19.3	18.6	21.7	18.8	18.5	18.2	18.7	19.0	18.6	18.8	18.7
Ge	1.22	1.28	1.26	1.44	1.38	1.30	1.33	1.41	1.42	1.39	1.36	1.39
Rb	130	141	133	180	205	216	209	191	205	201	209	205
Sr	436	267	265	303	200	187	187	206	209	202	198	201
Y	25.4	25.4	20.0	26.6	23.3	24.1	20.7	24.2	24.1	22.1	20.9	21.7
Zr	231	175	158	210	152	146	150	157	153	147	143	144
Nb	17.7	10.9	9.47	13.0	16.7	17.0	14.6	15.6	17.3	15.8	15.3	15.5
Cs	6.42	4.25	3.68	12.00	8.12	8.92	8.53	7.71	8.65	7.81	11.10	7.17
Ba	788	898	870	1 084	695	736	732	664	732	711	664	709
La	38.2	40.5	35.3	37.6	32.8	28.5	31.4	35.1	34.9	28.9	28.8	31.6
Ce	75.1	81.0	70.3	74.7	63.0	55.0	60.3	67.1	67.2	55.7	55.9	61.2
Pr	8.30	8.95	7.78	8.05	6.64	5.79	6.42	7.13	7.19	5.97	5.86	6.40
Nd	33.0	34.6	30.0	30.7	24.2	21.3	23.1	25.8	26.5	22.0	22.0	23.6
Sm	6.58	6.87	5.96	5.95	4.73	4.27	4.49	5.00	5.07	4.46	4.33	4.58
Eu	0.96	0.88	0.85	0.92	0.68	0.66	0.67	0.70	0.72	0.67	0.66	0.70
Gd	5.74	6.00	5.08	5.06	4.12	3.92	3.84	4.35	4.36	3.95	3.76	3.99
Tb	0.88	0.89	0.74	0.80	0.67	0.66	0.61	0.71	0.71	0.64	0.60	0.64

分析编号	XK-04	XK-11	XK-12	XK-14	YZB-01	YZB-02	YZB-03	YZB-04	YZB-06	YZB-07	YZB-08	YZB-16
Dy	4.64	4.62	3.73	4.44	3.77	3.90	3.37	3.92	3.93	3.59	3.33	3.57
Ho	0.88	0.88	0.70	0.89	0.77	0.81	0.67	0.80	0.80	0.73	0.67	0.71
Er	2.24	2.26	1.77	2.44	2.13	2.24	1.82	2.19	2.18	1.99	1.84	1.93
Tm	0.32	0.33	0.26	0.38	0.34	0.36	0.28	0.34	0.34	0.31	0.29	0.30
Yb	1.92	1.94	1.50	2.33	2.13	2.23	1.78	2.14	2.20	1.97	1.80	1.91
Lu	0.26	0.27	0.22	0.34	0.31	0.33	0.26	0.31	0.32	0.29	0.26	0.28
Hf	5.45	4.53	4.28	5.54	4.26	4.06	4.16	4.38	4.30	4.14	4.06	3.98
Ta	1.26	0.87	0.78	1.15	2.16	2.34	1.83	2.17	2.33	2.02	1.83	2.26
Pb	21.1	27.4	28.3	27.1	29.9	30.8	30.1	28.9	31.4	30.2	29.6	30.6
Th	15.9	21.5	18.3	14.3	22.6	20.6	22.5	23.4	23.2	21.4	21.9	23.4
U	1.56	2.15	1.81	2.10	9.90	10.60	6.48	7.31	9.97	7.31	5.55	7.58
ΣREE	179.03	189.97	164.23	174.64	146.35	129.98	138.94	155.59	156.4	131.24	130.01	141.34
δEu	0.47	0.41	0.46	0.50	0.46	0.49	0.48	0.45	0.46	0.48	0.49	0.49
Nb/Ta	13.97	12.59	12.11	11.28	7.70	7.30	8.00	7.20	7.42	7.80	8.33	6.84
$(La/Yb)_N$	13.43	14.09	15.86	10.87	10.37	8.62	11.86	11.08	10.67	9.88	10.82	11.14
Rb/Sr	0.30	0.53	0.50	0.59	1.02	1.16	1.12	0.93	0.98	0.99	1.05	1.02

稍高于中国东部(分别为 0.31 和 6.8;高山等,1999)和全球(分别为 0.32 和 4.5;Taylor and McLennan,1985)上地壳的平均值。稀土含量中等偏低,$\Sigma REE = 129.98 \times 10^{-6} \sim 189.97 \times 10^{-6}$(平均含量 153.14×10^{-6}),具有较高的 $(La/Yb)_N$ 值($8.62 \sim 15.68$,平均值 11.52)和 LREE/HREE 值($8.00 \sim 10.73$,平均值 9.49),因而稀土元素对球粒陨石标准化分配曲线呈明显的右倾分配模式(图 4a),反映了岩浆作用过程中轻、重稀土之间发生了明显的分异作用。$(La/Sm)_N$ 值较高($3.47 \sim 4.53$,平均值 4.22),$(Gd/Yb)_N$ 值较低($1.42 \sim 2.73$,平均值 1.86),亦表明轻稀土元素之间的分馏相对明显而重稀土元素之间的分馏相对较弱,Eu 异常明显,$\delta Eu = 0.41 \sim 0.50$,平均值为 0.47。

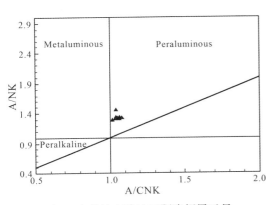

图 2 南秦岭宁陕地区胭脂坝黑云母花岗岩的 A/NK-A/CNK 图解

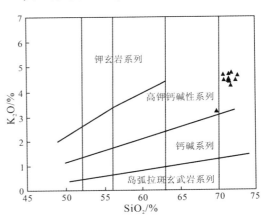

图 3 南秦岭宁陕地区胭脂坝黑云母花岗岩的 $K_2O\text{-}SiO_2$ 图解

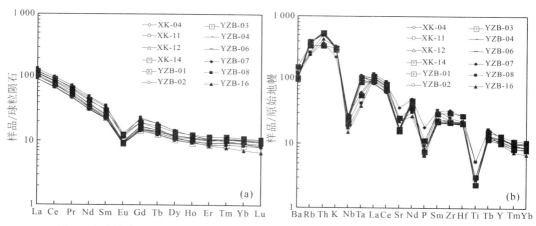

图4　南秦岭宁陕地区胭脂坝黑云母花岗岩的稀土元素球粒陨石标准化模式图(a)
和微量元素对原始地幔蛛网图(b)
标准化球粒陨石数据和原始地幔数据引自 Sun and McDonough(1989)

3.3　锆石 LA-ICP-MS U-Pb 定年结果

选取黄色、自形度较好、金刚光泽、粒径 100 μm 左右的样品。样品中少数颗粒已破碎。CL 图像显示,多数锆石颗粒呈黑色,岩浆韵律环带并不十分明显(图5),这可能表明锆石在结晶过程中岩浆体系中的 U 含量较高(表2),导致有些锆石 Pb 丢失而偏离谐和线的右方(图6)。用 30 μm 的激光剥蚀斑径进行 LA-ICP-MS 定年分析,共完成 25 颗锆石 25 个点的测试。在分析测试中,部分较小颗粒被激光击穿,不能用于分析。因此,只选择了其中 16 个信号较好的数据用于分析测试(表2)。样品锆石 U、Th 质量分数分别介于 308~2 978 μg/g 至 198~1 474 μg/g,Th/U 值均大于 0.4,属于岩浆型锆石。

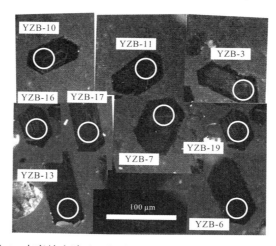

图5　南秦岭宁陕地区胭脂坝黑云母花岗岩阴极发光图像

表 2 胭脂坝岩体锆石的 LA-ICP-MS U-Pb 定年结果

样品编号	Th 含量/(μg/g)	U	$^{232}Th/^{238}U$	比值 $^{207}Pb^*/^{206}Pb^*$	1σ	$^{207}Pb^*/^{235}U$	1σ	$^{206}Pb^*/^{238}U$	1σ	$^{207}Pb^*/^{206}Pb^*$	1σ	表面年龄/Ma $^{207}Pb^*/^{235}U$	1σ	$^{206}Pb^*/^{238}U$	1σ
YZB-03	1 430	1 582	0.903 8	0.054 5	0.002 2	0.229 9	0.007 0	0.030 6	0.000 5	393	41	210	6	194	3
YZB-06	198	308	0.642 6	0.051 0	0.003 0	0.237 3	0.012 4	0.033 8	0.000 6	239	86	216	10	214	4
YZB-07	1 403	1 618	0.866 7	0.056 1	0.002 2	0.247 2	0.007 2	0.032 0	0.000 5	456	37	224	6	203	3
YZB-08	1 084	1 867	0.580 4	0.053 6	0.002 0	0.248 2	0.006 3	0.033 6	0.000 5	352	31	225	5	213	3
YZB-09	1 381	2 978	0.463 8	0.054 6	0.002 4	0.238 5	0.009 7	0.031 7	0.000 5	398	100	217	8	201	3
YZB-10	1 474	2 717	0.542 5	0.050 6	0.003 0	0.211 0	0.011 8	0.030 3	0.000 5	221	135	194	10	192	3
YZB-11	1 182	2 265	0.521 8	0.049 6	0.002 4	0.220 5	0.010 0	0.032 3	0.000 5	175	111	202	8	205	3
YZB-13	873	1 636	0.533 5	0.053 3	0.003 2	0.232 3	0.013 4	0.031 6	0.000 6	343	140	212	11	200	3
YZB-14	576	1 054	0.545 9	0.054 5	0.002 6	0.244 2	0.009 8	0.032 5	0.000 6	390	59	222	8	206	4
YZB-16	1 102	2 269	0.485 4	0.053 8	0.002 7	0.223 3	0.010 7	0.030 1	0.000 5	361	118	205	9	191	3
YZB-17	603	2 476	0.243 4	0.055 2	0.002 8	0.233 6	0.011 1	0.030 7	0.000 5	422	116	213	9	195	3
YZB-19	1 112	2 294	0.484 9	0.052 1	0.002 5	0.236 1	0.010 7	0.032 9	0.000 5	289	113	215	9	209	3
YZB-20	835	1 233	0.677 6	0.051 9	0.002 1	0.228 2	0.006 9	0.031 9	0.000 5	281	40	209	6	202	3
YZB-21	1 482	2 696	0.549 6	0.052 8	0.003 2	0.213 9	0.012 5	0.029 4	0.000 5	318	142	197	10	187	3
YZB-22	909	1 638	0.554 8	0.051 8	0.002 5	0.232 1	0.009 1	0.032 5	0.000 6	278	58	212	7	206	4
YZB-24	1 389	2 483	0.559 4	0.054 5	0.003 3	0.232	0.013 4	0.030 9	0.000 5	393	138	212	11	196	3

Pb[a] 表示普通 Pb 的含量,样点的普通 Pb 其质量分数用 Excel 宏程序 ComPbCorr 3-151(Andersen,2002)计算获得,但是由于普通 Pb 含量低于检出限,故未对普通 Pb 进行校正;Pb* 为放射性成因 Pb。

利用 Isoplot（ver 2.49; Ludwig, 1991）程序,对样品锆石进行谐和曲线投影和 $^{206}Pb/^{238}U$ 加权平均年龄计算。在 $^{207}Pb/^{235}U$ 和 $^{206}Pb/^{238}U$ 图解中,样品集中分布在一致线及其附近很小的一个区域内,计算 $^{206}Pb/^{238}U$ 加权平均年龄为 200 ± 4 Ma（MSWD = 1.5, 2σ）,应为胭脂坝花岗质岩浆的侵位年龄。

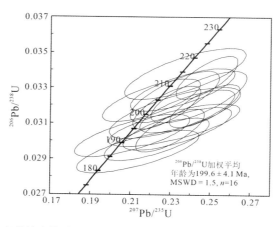

图 6　南秦岭宁陕地区胭脂坝黑云母花岗岩锆石 U-Pb 年龄谐和图

4　岩浆源区特征

在大陆造山的过程中,岩浆的大规模形成除了适当的热条件外,还取决于源区岩石的成分。大陆壳中最常见的是长英质沉积岩和火成岩,它们的熔融形成了大陆碰撞造山带中大量的岩浆。Sylvester（1998）的研究表明,高温高压的碰撞环境发生部分熔融时,泥质来源的花岗岩较砂质来源的花岗岩倾向于更低的 CaO/Na_2O 比值（<0.3）,胭脂坝岩体 CaO/Na_2O 值为 0.40~0.55（明显大于 0.3）,反映源区物质可能为贫黏土质的砂屑岩或杂砂岩。运用 Altherr et al.（2000）的源区判别图解可以看出,岩体的样品投影点都落在变质杂砂岩部分熔融的区域内（图 7）,显示可能是大陆地壳的变质沉积岩石经过部分熔融形成。在 Rb/Sr-Rb/Ba 图解（图 8a）中,数据点均落在左下方贫黏土砂屑岩附近。此外,Rb/Sr 值低于 3.0 亦反映它们是砂质源岩部分熔融的产物（Harris and Inger, 1992）。对于少量具有较高 CaO/Na_2O 比值的样品,同时对应较低的 Rb/Sr 和 Rb/Ba 比值,暗示岩石源区中可能含有微量镁铁质物质。在图 8b 中,岩体的 12 个数据全部落入砂屑岩源区,在四边形中靠近喜马拉雅造山带中的 Bethanga 岩体所代表的端元。这一判别结果与利用 Rb/Sr 比值判别的结果相一致。

胭脂坝岩体 Nb/Ta 比值变化较大（6.84~13.97）,且部分位于地壳的平均值（约 11; Taylor and McLennan, 1985）和地幔平均值 17.5（Sun et al., 1989）之间;而 Zr/Hf 比值（35~42）则介于地壳平均值和地幔平均值之间,均反映了幔源挥发分条件下熔融或者流体的加入（Harris et al., 1992）。在主造山期后,增厚地壳的构造减压作用（地壳块体往上挤出）导致地壳中含水矿物（如云母类或/和角闪石类）发生脱水反应而诱发地壳物质部

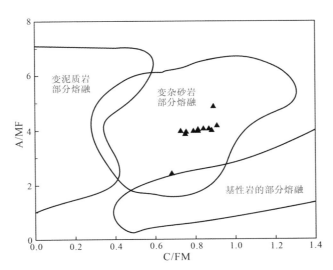

图 7 南秦岭宁陕地区胭脂坝黑云母花岗岩的 C/FM-A/MF 源区判别图

据 Altherr et al.(2000)

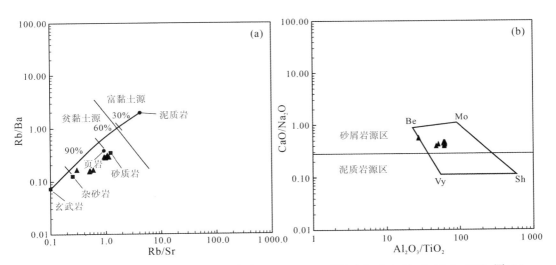

图 8 南秦岭宁陕地区胭脂坝黑云母花岗岩 Rb/Sr-Rb/Ba 图(a)和 CaO/Na₂O-Al₂O₃/TiO₂ 图(b)

据 Sylvester(1998)

分熔融。实验研究表明,白云母的脱水熔融反应只能产生少量岩浆(Clemens and Vielzeuf,1987),而变质沉积岩黑云母的脱水熔融可产生大量岩浆(达 40%),形成大型花岗岩基(Stevens et al.,1997)。通常花岗岩的 Rb/Sr>5 指示熔融反应与白云母的脱水熔融作用有关,而 Rb/Sr<5 则与黑云母的脱水熔融作用有关(Pearce,1984),在胭脂坝花岗岩中 Rb/Sr 值为 0.30~1.16,均小于 5,表明这些花岗岩不仅起源于变质杂砂岩的部分熔融,而且与源区黑云母的脱水熔融作用有关。Patiño Douce(1998)等认为变质杂砂岩的熔体是富钾的,因云母和斜长石是 K 和 Na 的储源,变质杂砂岩在压力<1 GPa 下,形成的

花岗质熔体的全碱在8%左右,斜长石熔化量少,因而产生的熔体富钾。杂砂岩中含有少量的角闪石在低压下角闪石+石英的不一致分解形成含Ca的斜长石,这个过程需要Al,斜长石大量结晶,在源区形成残留相(周金城等,2005),造成Eu的负异常。此外,Th/U比值(平均值5.03)高于地壳平均值(2.8;Taylor and McLennan,1985),Zr含量变化在143~231范围内,明显高于普通S型花岗岩(Zr < 100 μg/g:温度 < 800 ℃)(Watson and Harrison,1983),更接近于高Zr的Lachlan和海西褶皱带的SP(强过铝质)花岗岩类(800~850 ℃)。FeO/MgO比值(2.95~3.58,均值3.21)趋近于0.8 GPa压力下熔融实验值(FeO/MgO = 2.5~3.3;Patiño Douce et al.,1997),远低于0.4 GPa压力下FeO/MgO比值(6.6~7.7)。MgO(0.35%~0.81%)、FeO^{total}(1.48~2.94)与温度在800~850 ℃条件下的过铝质花岗岩MgO(0.22%~0.99%)、FeO^{total}(1.27~3.10)的含量基本一致(Clemens and Wall,1981),表现出类似+800 ℃、~0.8 GPa的熔融条件。

上述地球化学特征表明,胭脂坝花岗岩体的源区物质可能为成熟度相对较低的贫黏土质砂屑岩,在高温(800 ℃)、高压(约0.8 GPa)条件下,中地壳的变质砂屑质源岩通过黑云母脱水部分熔融形成。

5 岩体形成时代及成岩动力学背景

自中生代以来,整个秦岭内部发生了一系列重大的地质事件,即华南和华北地块的碰撞对接、地球动力学方向的大调整和岩石圈的大减薄,这些事件伴随有广泛的岩浆活动和大规模的成矿作用。特别是西、南秦岭经历了强烈的中生代构造岩浆热事件,形成了巨量的中生代花岗岩。已有的数据资料表明,秦岭地区在印支期沿勉略(勉县—略阳)带发生主碰撞峰期为254~221 Ma(李曙光等,1996)。南秦岭的地质变质、变形及勉略洋盆的闭合时代为242~221 Ma(李曙光等,1996),其中可代表碰撞年龄的绿片岩的峰期变质年龄为240 Ma(Yin et al.,1991)。该岩体岩浆的结晶年龄为200 Ma,明显晚于秦岭造山带及邻区华北板块与华南板块发生大规模碰撞的时代,属于后碰撞花岗岩。在造山由挤压向伸展转变阶段,造山带处于减压增温的特殊构造体制并以减压熔融占主导地位,减压促进物质的熔融和流体的产生,导致整个造山过程中强烈的流体作用和岩浆作用,大量花岗岩质岩浆的产生应主要出现在从碰撞构造挤压体制向构造伸展体制的转折时期(Barbarin,1999;陈衍景,2006)。在构造转换过程中,伸展作用初期会引起与地壳减薄有关的热流增加,导致部分熔融和花岗岩侵入,且花岗岩的侵位时间一般晚于部分熔融作用的时间(Xie et al.,2006)。Patiño Douce et al.(1990)的研究表明,地壳在加厚约20 Ma之后会发生热-应力的松弛作用进入地壳的伸展阶段,地壳减压增温熔融,形成花岗岩浆。这亦很好地说明,陆壳的伸展减薄是形成花岗岩的重要因素。在印支期早期南秦岭以陆壳的挤压增厚为特征,而晚期主要以陆壳的伸展减薄为主。因此,如果将240 Ma作为碰撞峰期的年龄,则胭脂坝岩体的侵位年龄晚了约40 Ma,而对典型碰撞造山带的研究认为,后碰撞花岗岩的出现只比碰撞峰期晚了26 Ma(如喜马拉雅地区)或约20 Ma(如阿尔卑斯地区)(Sylvester,1998)。由此看来,胭脂坝岩体可能是在地壳伸展-

减薄为主的构造背景下形成的。加厚地壳背景下形成的后碰撞岩体在秦岭大量出现(秦江锋,2007;王娟,2008a、b;弓虎军等,2009a、b),成因都与下地壳底部拆沉、除根作用有关,同时拆沉作用诱发软流圈物质上涌也可以为地壳的熔融作用提供热源。然而,胭脂坝岩体明显晚于邻近的五龙、西茬河岩体的形成年龄225±6 Ma(王娟,2008b),其形成机制也应不同于南秦岭地区于205~225 Ma 间所形成具有 I 型或高锶质特性的岩体。因而,该岩体应具有其特殊的形成机理,且源区特征尚缺乏同位素的限制,故值得进一步深入探讨。

6 结 论

(1)通过地质学、岩石学、地球化学的详细研究表明,胭脂坝岩体为黑云母花岗岩,主体富硅、富碱,属于高钾钙碱性系列,为准铝/弱过铝的壳源 S 型花岗岩,源岩来自成熟度相对较低的中地壳的变质砂屑质源岩,在温度约为 800 ℃、压力约为 0.8 GPa 的条件下,通过黑云母脱水部分熔融形成。

(2)胭脂坝黑云母花岗岩的锆石 U-Pb 年龄为 200±4 Ma,对应于主碰撞期后约 40 Ma 的伸展构造环境,加厚的地壳在伸展-减薄的过程中,中部地壳的砂屑质沉积岩,通过黑云母脱水发生部分熔融形成花岗岩浆并沿伸展构造上升侵位形成。

致谢 感谢审稿人和编辑部的建设性意见。在野外过程中,吴美玲、郭永峰提供了热心帮助,西北大学大陆动力学国家重点实验室提供了技术支持,在此一并致以衷心的感谢。

参考文献

[1] 陈衍景,2006.造山型矿床、成矿模式及找矿潜力.中国地质,33(6):1181-1196.

[2] 高山,骆庭川,张本仁,等,1999.中国东部地壳的结构和组成.中国科学:D 辑,29(3):204-213.

[3] 弓虎军,朱赖民,孙博亚,等,2009a.南秦岭沙河湾、曹坪和柞水岩体锆石 U-Pb 年龄、Hf 同位素特征及其地质意义.岩石学报,25(2):248-264.

[4] 弓虎军,朱赖民,孙博亚,等,2009b.南秦岭地体东江口花岗岩及其基性包体的锆石 U-Pb 年龄和 Hf 同位素组成.岩石学报,25(11):3029-3042.

[5] 李曙光,孙卫东,张国伟,等,1996.南秦岭勉略构造带黑沟峡变质火山岩的年代学和地球化学:古生代洋盆及其闭合时代的证据.中国科学:D 辑,26(3):223-230.

[6] 李先梓,严阵,卢欣祥,1993.秦岭-大别山花岗岩.北京:地质出版社:1-214.

[7] 秦江锋,赖绍聪,李永飞,2007.南秦岭勉县-略阳缝合带印支期光头山埃达克质花岗岩的成因及其地质意义.地质通报,26(4):466-471.

[8] 孙卫东,李曙光,Chen Yadong,等,2000.南秦岭花岗岩锆石 U-Pb 定年及其地质意义.地球化学,29(3):209-216.

[9] 王娟,金强,赖绍聪,等,2008a.南秦岭佛坪地区五龙花岗质岩体的地球化学特征及成因研究.矿物岩石,28(1):79-87.

[10] 王娟,李鑫,赖绍聪,等,2008b.印支期南秦岭西岔河、五龙岩体成因及构造意义.中国地质,35(4):

207-216.

[11] 严阵,1985.陕西省花岗岩.西安:西安交通大学出版社:1-321.

[12] 袁洪林,吴福元,高山,等,2003.东北地区新生代侵入岩的激光锆石探针 U-Pb 年龄测定与稀土元素成分分析.科学通报,48(4):511-520.

[13] 张本仁,骆庭川,高山,1994.秦巴岩石圈构造及成矿规律地球化学研究.武汉:中国地质大学出版社:1-446.

[14] 张成立,张国伟,晏云翔,等,2005.南秦岭勉略带北光头山花岗岩体群的成因及其构造意义.岩石学报,21(3):711-720.

[15] 张成立,王涛,王晓霞,2008.秦岭造山带早中生代花岗岩成因及其构造环境.高校地质学报,14(13):304-316.

[16] 张宏飞,欧阳建平,凌文黎,等,1997.南秦岭宁陕地区花岗岩类 Pb、Sr、Nd 同位素组成及其深部地质信息.岩石矿物学杂志,16(1):22-32.

[17] 张国伟,张本仁,袁学诚,等,2001.秦岭造山带与大陆动力学.北京:科学出版社:3-400.

[18] 周金城,王孝磊,2005.理论岩石学.北京:地质出版社:149-208.

[19] Altherr R, Holl A, Hegner E, et al., 2000. High-potassium, calc-alkaline I-type plutonism in the European Variscides: Northern Vosges(France) and northern Schwarzwald(Germany).Lithos, 50:51-73.

[20] Andersen T, 2002. Correction of common lead in U-Pb analyses that do not report ^{204}Pb. Chemical Geology, 192:59-79.

[21] Barbarin B A, 1999. Review of the relationships between granitoid type, their origins and their geodynamic environments.Lithos, 46:605-626.

[22] Clemens J D, Wall V J, 1981.Origin and crystallization of some peraluminous(S-type)granitic magmas. Can Min, 19:111-131.

[23] Clemens J D, Vielzeuf D, 1987. Constraints on melting and magma production in the crust. Sci Lett, 6: 287-306.

[24] Harris N B W, Inger S, 1992.Trace element modeling of pelite derived granites.Contrib. Mineral Petrol, 110:46-56.

[25] Ludwig K R, 2003. Isoplot 3.0: A geochronological toolkit for Microsoft Excel. Berkeley Geochronology Center, Special Publication, (4):1-70.

[26] Patiño Douce A E, Humohreys E D, Johnston A D, 1990. Anatexis and metaplified by the Sevier hinterland, western North America. Earth & Planetary Science Letters, 97:290-315.

[27] Patiño Douce A E, 1997. Generation of metaluminous A-type granites by low-pressure melting of cala-alkaline granitoids.Geology, 25:743-746.

[28] Patiño Douce A E, McCarty T C, 1998. Melting of crustal rocksduring continetal collision and subduction. When continents collide: Geodynamics of ultrahigh-pressure rocks. Netherlands: Kluwer Academic Publisher: 27-55.

[29] Pearce J A, Harris N B W, Tindle A G, 1984.Trace element discrimination diagram for the tectonic interpretation of granitic rocks. J Petrol, 25:956-983.

[30] Sun S S, McDonough W F, 1989.Chemical and isotopic systemmatics of oceanic basalts:Implication for the mantle composition and processes//Saunders A D, Norry M J. Magmatism in the Ocean Basins, 42.

Geol Soc London Spec Publ: 313-345.

[31] Sylvester P J, 1998. Post-collision strongly peraluminous granites. Lithos, 45:29-44.

[32] Stevens G, Clemens J D, Droop G T R, 1997. Melt producing granulite-facies anatexis: Experimental data from "primitive" metasedimentary protolith. Contrib Miner Petrol, 128:352-370.

[33] Taylor S R, McLennan S M, 1985. The Continental Crust: Its Composition and Evolution. Oxford: Blackwell:1-312.

[34] Watson E B, Harrison T M, 1983. Zircon saturation revisited: Temperature and composition effects in a variety of crustal magma types. Earth & Planetary Science Letters, 64:295-304.

[35] Xie Z, Zheng Y F, Zhao Z F, 2006. Mineral isotope evidence for the contemporaneous process of Mesozoic granite emplacement and gneiss metamorphism in the Dabie orogen. Chemical Geology, 231: 214-235.

[36] Yin Q, Jagote, Kroner A, 1991. Precambrian (?) blueschist/ciesit-bearing ecologite belt in central China. Terra Abstract, 3:85-86.

北秦岭太白山晚中生代正长花岗岩成因及其地质意义[①②]

张志华　　赖绍聪[③]　　秦江锋

摘要： 本文对北秦岭中段太白岩体北部正长花岗岩进行了系统研究。结果表明，岩石为高钾钙碱性 I 型花岗岩，$SiO_2 = 68.49\% \sim 72.84\%$，富 Al_2O_3（$14.13\% \sim 16.48\%$），相对富 K_2O，$K_2O/Na_2O = 0.45 \sim 1.57$（多数样品大于 1），$A/CNK = 0.97 \sim 1.05$，属于准铝质-铝质系列。岩石富集大离子亲石元素（LILE），亏损高场强元素（HFSE），具弱负 Eu 异常（$\delta Eu = 0.58 \sim 0.89$），高 Sr 含量，低 Yb/Y 比值。正长花岗岩锶同位素初始比值 $I_{Sr} = 0.705\,3 \sim 0.711\,2$，$\varepsilon_{Nd}(t) = -18.6 \sim -0.1$（平均 -9.2），二阶段模式年龄 T_{DM2} 值为 $0.83 \sim 2.11$ Ga，变化范围较大，显示其源区主要为古老的壳源物质。铅同位素比值 $^{206}Pb/^{204}Pb = 17.492 \sim 17.524$，$^{207}Pb/^{204}Pb = 15.470 \sim 15.485$，$^{208}Pb/^{204}Pb = 37.750 \sim 38.097$，与南秦岭基底相近。锆石 U-Pb 年龄为 153.17 ± 0.89 Ma 和 151.0 ± 1.4 Ma，形成于晚中生代。太白正长花岗岩源于古老地壳物质的部分熔融，并有年轻幔源组分参与，形成于挤压向伸展转换的深部动力学背景。

秦岭造山带是华北地块与扬子地块长期汇聚形成的复合造山带（Mattauer et al., 1985；Kröner and Zhang, 1993；Meng and Zhang, 1999；张国伟等，2001；Lai et al., 2000, 2004a、b；Lai, 2007；Mao et al., 2010），至少经历了新元古代、古生代和中生代构造岩浆热事件和造山作用。古生代花岗岩主要分布在北秦岭（王涛等，2009；陈岳龙等，1995；张成立等，2013），中生代时期构造岩浆热事件在整个秦岭造山带特别是西、南秦岭地区强烈发育（Sun et al., 2002；张成立等，2008；雷敏，2010；李雷等，2012；秦江峰等，2005），而晚中生代花岗岩主要发育于华北地块南缘和北秦岭（王晓霞等，2011；李磊等，2013）。目前虽然对秦岭晚中生代花岗岩开展了多方面的研究，取得了很多进展（王晓霞等，2011；Wang et al., 2013；秦海鹏等，2012a、b；丁丽雪等，2010 等；卢欣祥等，2002），但是对于其构造机制、时空演化及其物源特征深入系统研究不足，一些岩体（如太白岩体）还缺乏可靠的年龄资料。

① 原载于《岩石学报》，2014，30（11）。
② 国家自然科学基金重大计划项目（41190072）资助。
③ 通讯作者。

太白岩体位于东、西秦岭转换部位,具有多期次复合侵位特征,前人对其进行的研究较少,对它们的岩石地球化学特征及其成因研究相对薄弱,对其形成时代存在不同的认识,如 Rb-Sr 等时线年龄 454.8 Ma(周鼎武等,1994)、锆石 U-Pb 年龄 1 741 ± 12 Ma(王洪亮等,2006)以及锆石单颗粒等时线年龄 100 ~ 116 Ma(张宗清等,2006)等。

本文对太白岩体北部正长花岗岩进行了详细的岩石学、地球化学、锆石 LA-ICP-MS U-Pb 年代学和 Sr-Nd-Pb 同位素组成分析研究,并结合前人的研究成果,探讨其成因机制及其地质意义,为研究北秦岭造山带演化过程中晚中生代造山过程和岩浆作用提供基础科学依据。

1 地质背景及岩相学特征

秦岭造山带由 2 条古板块缝合带(商丹和勉略古缝合带)为界划分为 3 个部分,即北秦岭构造带(华北板块南缘构造带)、南秦岭构造带(秦岭微板块)和扬子板块北缘(张国伟等,2001;Meng and Zhang,2000)。北秦岭构造带是指秦岭商丹断裂带与洛南-栾川-方城断裂带之间的秦岭北部区域,由北向南主要包括宽坪岩群、二郎坪岩群、秦岭岩群以及丹凤岩群。宽坪岩群由绿片岩、云母石英片岩和石英大理岩组成;二郎坪岩群为一套经绿片岩-低角闪岩相变质的弧后盆地型火山-沉积岩建造;秦岭群为一套中深变质杂岩系,主体以各种片麻岩、石英片岩、石英岩、大理岩和变粒岩等组成,形成时代可能为新元古代或中元古代至新元古代;丹凤群由低角闪岩相变质的岛弧火山-沉积岩系组成(刘良等,2013;时毓等,2009;万渝生等,2011)。

太白岩体位于商丹带北侧、陕西省太白县-周至县厚畛子一带,是北秦岭构造带中规模较大的复式深成岩体之一。出露面积约为 1 200 km²,平面形态为东西向的长透镜状,长轴方向与区域构造线一致(校培喜等,2000)。该岩体分为南部二长花岗岩和北部正长花岗岩 2 个部分,南部与新元古代丹凤岩群(Pt₃-Pz₁d)呈侵入接触关系,北部与古元古代秦岭岩群(Pt₁q)以脆韧性剪切带相接,局部为侵入关系,东、西两端均被北东向脆性断层破坏(图 1)。

本次采样位置主要位于太白岩体北部(图 1),野外可见花岗岩中局部有条带状构造(图 2a、b)。岩石呈灰白色-浅肉红色,镜下鉴定岩性为正长花岗岩,中粒-中粗粒自形-半自形粒状结构,块状构造,局部可见似片麻状构造;主要矿物为钾长石(50%)+斜长石(20%)+石英(20%)+黑云母(4%)+角闪石(4%),副矿物有榍石、磁铁矿、锆石等。钾长石以条纹长石和微斜长石为主,在斜长石和条纹长石的接触边界上可见蠕英结构,石英呈他形粒状(图 2c、d)。

2 实验分析方法

在详细岩相学观察的基础上,选择新鲜、没有脉体贯入的样品进行主量、微量元素分析。岩石主量元素测试在西北大学大陆动力学国家重点实验室采用 XRF 方法测定完成,分析精度一般优于 5%。微量及稀土元素分析在中国科学院贵阳地球化学研究所完成,

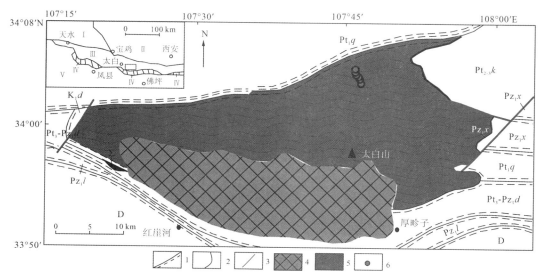

图 1　太白岩体区域地质简图

Ⅰ.祁连造山带；Ⅱ.华北陆块；Ⅲ.北秦岭造山带；Ⅳ.商丹构造带(缝合带)；Ⅴ.中南秦岭造山带。

D:泥盆系；K₁d:白垩系东河群；Pz₁l:早古生代罗汉寺岩群；Pz₁x:早古生代斜峪关岩群；

Pt₃-Pz₁d:新元古代-早古生代丹凤岩群；Pt₂₋₃k:中-新元古代宽坪岩群；Pt₁q:古元古代秦岭岩群。

1.不整合界线；2.侵入接触界线；3.断层；4.二长花岗岩；5.正长花岗岩；6.采样位置。

据王洪亮等(2006)

图 2　正长花岗岩野外(a、b)及显微(c、d)照片

Kfs:钾长石；Pl:斜长石；Qtz:石英；Bi:黑云母；Hbl:角闪石

使用仪器为 Bruker Aurora M90 ICP-MS,分析精度优于 5%,具体操作参照文献(Qi et al.,2000)。在对元素进行地球化学实验之前,首先将岩石样品洗净、烘干,用小型颚式破碎机破碎至粒度为 5.0 mm 左右,然后用玛瑙研钵托盘在振动式碎样机中碎至 200 目以下,将碎后的粉末用二分之一均一缩分法分为 2 份,其中 1 份作为副样,另 1 份用来进行化学

成分分析测试。

　　锆石按常规重力和磁选方法进行分选,在双目镜下挑纯,将锆石样品置于环氧树脂中,磨至约一半,使锆石内部暴露,锆石样品在测定之前用浓度为 3% 的稀 HNO_3 清洗样品表面,以除去样品表面的污染物。锆石的 CL 图像分析在西北大学大陆动力学国家重点实验室的电子显微扫描电镜上完成。锆石 U-Pb 同位素组成分析在西北大学大陆动力学国家重点实验室激光剥蚀电感耦合等离子体质谱(LA-ICP-MS)仪上完成。激光剥蚀系统为配备有 193 nm ArF-excimer 激光器的 Geolas 200M(Microlas Gottingen Germany),分析采用激光剥蚀孔径 30 μm,剥蚀深度 20~40 μm,激光脉冲为 10 Hz,能量为 32~36 mJ,同位素组成用锆石 91500 进行外标校正。LA-ICP-MS 分析的详细方法和流程见文献(Yuan et al., 2004)。

　　Sr-Nd-Pb 同位素分析在中国科学院贵阳地球化学研究所完成,利用 Neptune Plus 多接收器电感耦合等离子体质谱仪(MC-ICPMS)测定,Sr、Nd 同位素分析的具体方法参照文献(Chu et al., 2009)。Pb 同位素用 AG1-8(200~400 目)阴离子交换树脂方法分离,Pb 测试分析采用外部加入 NBS 997TI 至分离后的样品中,并利用 $^{205}TI/^{203}TI = 2.3872$ 来校正仪器的质量分馏,同时用 NBS 981 进行外部校正。

3 分析结果

3.1 主量和微量元素

　　本区正长花岗岩的主微量元素分析结果列于表 1 中。从表 1 中可以看到,正长花岗岩的 $SiO_2 = 68.49\% \sim 72.84\%$,平均为 70.72%,$CaO = 1.27\% \sim 2.83\%$;岩石相对低钛($TiO_2 = 0.20\% \sim 0.32\%$)、富铝($Al_2O_3 = 14.13\% \sim 16.48\%$,平均 15.25%),铝饱和指数 $A/CNK = 0.97 \sim 1.05$,属于准铝质-弱过铝质系列(图 3a)。岩石 $K_2O = 2.53\% \sim 5.33\%$,$Na_2O = 3.38\% \sim 5.61\%$,$K_2O/Na_2O = 0.45 \sim 1.57$(大多数样品的 K_2O/Na_2O 大于 1),$K_2O + Na_2O$ 介于 $7.86\% \sim 8.93\%$。岩石 $\sigma = 2.40 \sim 3.07$,在 SiO_2-K_2O 图解中位于钾玄-高钾钙碱性系列岩石范围内(图 3b)。岩石 $MgO = 0.33\% \sim 0.63\%$,$Mg^{\#}$ 值较低,在 $28.1 \sim 43.7$ 范围内变化。

表 1　太白正长花岗岩的主量(%)和微量($\times 10^{-6}$)元素分析结果

样品号	ZG239	ZG240	ZG242	ZG251	ZG248	ZG245	ZG253	ZG254	ZG255	ZG256
SiO_2	68.88	69.92	68.49	71.44	72.66	71.44	70.22	72.84	71.70	69.56
TiO_2	0.23	0.25	0.27	0.26	0.26	0.32	0.28	0.25	0.20	0.27
Al_2O_3	15.46	15.16	15.98	14.73	14.13	14.68	15.77	14.59	15.47	16.48
$Fe_2O_3^T$	2.49	2.74	3.11	1.92	1.86	2.27	2.14	1.31	1.42	1.83
MnO	0.05	0.06	0.07	0.04	0.04	0.04	0.03	0.03	0.03	0.04
MgO	0.50	0.53	0.63	0.46	0.46	0.38	0.44	0.33	0.47	0.61
CaO	2.10	2.27	2.83	1.51	1.29	1.27	1.65	1.35	1.71	2.23

样品号	ZG239	ZG240	ZG242	ZG251	ZG248	ZG245	ZG253	ZG254	ZG255	ZG256
Na_2O	4.35	3.65	3.85	3.83	3.38	3.59	4.34	3.86	4.86	5.61
K_2O	4.57	4.38	4.01	4.96	5.29	5.33	4.59	4.82	3.71	2.53
P_2O_5	0.13	0.11	0.15	0.08	0.10	0.09	0.08	0.07	0.08	0.10
LOI	0.91	0.52	0.52	0.53	0.78	0.55	0.08	0.60	0.64	0.60
Total	99.67	99.59	99.91	99.76	100.25	99.96	99.62	100.05	100.29	99.86
Li	8.09	10.4	12.5	14.6	14.1	13.5	12.9	11.2	30.7	41.3
Sc	11.6	9.89	10.3	2.73	11.5	11.1	11.1	10.4	10.1	11.8
V	19.5	22.3	28.6	21.2	18.0	13.5	27.5	14.5	20.6	25.4
Cr	12.7	18.2	2.14	14.4	19.3	23.9	27.6	20.2	16.5	19.1
Co	114	113	88.2	103	139	134	107	138	105	93.2
Ni	4.11	7.78	1.86	6.00	5.92	9.50	14.5	5.83	8.10	7.98
Cu	4.78	7.48	0.30	4.94	6.11	4.73	35.9	25.6	9.91	6.75
Zn	40.0	48.2	50.7	67.6	63.0	78.8	60.6	39.5	62.5	64.8
Ga	18.0	20.0	19.8	20.3	21.1	22.2	21.6	19.1	21.1	24.2
Rb	129	118	103	145	186	184	123	127	121	93.6
Sr	453	588	578	309	365	361	511	462	432	452
Y	16.9	15.0	24.6	8.06	10.3	7.31	6.04	6.60	8.36	10.0
Zr	170	135	184	226	203	237	229	188	127	149
Nb	20.2	16.9	24.7	26.1	26.5	23.3	10.8	10.6	11.7	15.8
Cs	0.66	1.08	1.54	1.89	1.61	1.44	1.42	1.62	4.08	5.78
Ba	1 540	1 660	1 758	1 110	1 610	1 730	1 600	1 310	699	515
Hf	4.07	3.36	4.25	5.76	4.66	5.66	5.45	4.89	3.39	3.53
Ta	1.98	1.97	2.73	2.16	1.81	0.68	0.92	1.08	1.17	1.82
Pb	21.2	25.4	21.6	45.6	30.4	33.8	30.4	31.0	33.1	28.3
Th	9.77	22.2	13.8	25.2	22.3	28.8	23.4	21.5	8.41	14.5
U	2.45	2.23	2.36	2.93	1.71	1.06	1.14	3.86	3.12	3.64
La	34.2	49.8	40.6	51.4	63.3	97.7	54.0	46.6	15.3	28.3
Ce	56.8	104	83.5	88.3	131	199	105	92.7	31.8	46.3
Pr	6.80	11.1	9.84	10.1	13.1	19.8	11.3	10.2	3.02	5.30
Nd	23.9	36.5	34.3	31.9	41.0	61.4	36.7	32.8	10.6	17.7
Sm	4.33	5.55	6.39	4.53	5.72	8.05	5.44	4.78	1.93	2.83
Eu	1.10	1.20	1.53	0.83	1.16	1.31	0.93	0.78	0.52	0.56
Gd	3.56	4.12	5.52	3.11	4.01	5.23	3.49	3.17	1.53	2.17
Tb	0.55	0.58	0.84	0.43	0.52	0.62	0.41	0.39	0.23	0.32
Dy	2.93	2.73	4.49	1.45	2.03	1.90	1.36	1.37	1.20	1.59
Ho	0.55	0.48	0.84	0.29	0.34	0.27	0.21	0.22	0.24	0.30
Er	1.59	1.45	2.36	0.81	1.00	0.80	0.62	0.65	0.75	0.94
Tm	0.22	0.19	0.32	0.12	0.12	0.07	0.06	0.07	0.12	0.14
Yb	1.45	1.21	1.96	0.67	0.72	0.44	0.45	0.53	0.83	1.04
Lu	0.20	0.17	0.25	0.09	0.10	0.06	0.07	0.08	0.13	0.16

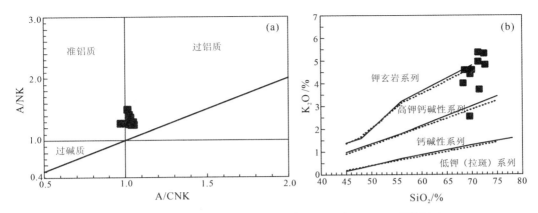

图 3　正长花岗岩的 A/CNK-A/NK 图解(a)以及 SiO₂-K₂O 图解(b)

图 3a 据 Maniar and Piccoli(1989);图 3b 据 Peccerillo and Taylor(1976)

本区正长花岗岩的稀土元素总量变化范围较大,∑REE = 68. 19×10⁻⁶ ~ 396.7×10⁻⁶ (平均 199.5×10⁻⁶)。10 个样品具有基本一致的稀土配分曲线,配分曲线总体呈轻稀土富集的右倾型(图 4b),轻、重稀土分异明显,(La/Yb)ₙ = 13. 2 ~ 159;具弱的负 Eu 异常(δEu = 0. 58 ~ 0. 89)。岩石具有较高的 Sr(309×10⁻⁶ ~ 588×10⁻⁶)、Ba(515×10⁻⁶ ~ 1 758×10⁻⁶)、La(15. 3×10⁻⁶ ~ 97. 7×10⁻⁶)含量,低的 Y(6. 04×10⁻⁶ ~ 24. 6×10⁻⁶)和 Yb(0. 44×10⁻⁶ ~ 1. 96×10⁻⁶)含量,暗示岩浆源区可能有石榴石残留。在原始地幔标准化微量元素蛛网图(图 4a)中,岩石富集大离子亲石元素(LILE)Rb、K、Pb、Nd 等,显示明显的 Pb 正异常,亏损高场强元素(HFSE)Nb、P、Ti 等。

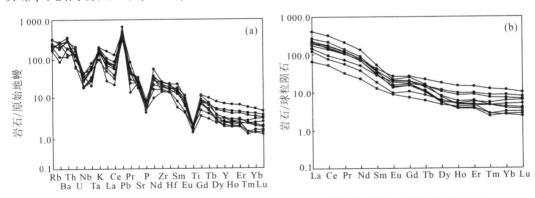

图 4　微量元素原始地幔标准化图解(a)和稀土元素球粒陨石标准化配分型式图(b)

标准化值据 Sun and McDonough(1989)

3.2　锆石 LA-ICP-MS U-Pb 定年结果

选取具有代表性的 2 个正长花岗岩样品用于 LA-ICP-MS 微区锆石 U-Pb 定年分析,分析结果列于表 2 中,锆石的 CL 图像如图 5 所示。

正长花岗岩(ZG237)锆石颗粒无色透明,长柱状半自形–自形晶,粒径介于 100~200 μm,

表 2 大白正长花岗岩锆石 LA-ICP-MS U-Pb 测年结果 (样品 ZG237 和 ZG249)

测点号	元素含量 /×10⁻⁶		Th/U	同位素比值								年龄/Ma							
	Th	U		$\frac{207Pb}{206Pb}$	1σ	$\frac{207Pb}{235U}$	1σ	$\frac{206Pb}{238U}$	1σ	$\frac{208Pb}{232Th}$	1σ	$\frac{207Pb}{206Pb}$	1σ	$\frac{207Pb}{235U}$	1σ	$\frac{206Pb}{238U}$	1σ	$\frac{208Pb}{232Th}$	1σ
ZG237-1	226	1 001	0.23	0.050 46	0.001 70	0.165 16	0.004 61	0.023 74	0.000 26	0.006 95	0.000 14	216	76	155	4	151	2	140	3
ZG237-2	343	1 275	0.27	0.051 6	0.001 24	0.169 34	0.002 62	0.023 80	0.000 22	0.007 47	0.000 11	268	54	159	2	152	1	150	2
ZG237-3	147	766	0.19	0.052 65	0.002 32	0.171 65	0.006 77	0.023 64	0.000 30	0.007 43	0.000 44	314	97	161	6	151	2	150	9
ZG237-4	276	1 821	0.15	0.050 30	0.001 15	0.170 84	0.002 38	0.024 63	0.000 23	0.007 48	0.000 11	209	52	160	2	157	1	151	2
ZG237-5	38	1 978	0.02	0.049 34	0.001 34	0.144 63	0.002 89	0.021 26	0.000 21	0.005 77	0.000 33	164	62	137	3	136	1	116	7
ZG237-6	574	1 505	0.38	0.049 03	0.001 32	0.169 12	0.003 30	0.025 02	0.000 24	0.007 18	0.000 10	149	62	159	3	159	2	145	2
ZG237-7	133	1 027	0.13	0.050 53	0.001 41	0.169 40	0.003 53	0.024 31	0.000 24	0.007 45	0.000 16	220	63	159	3	155	2	150	3
ZG237-8	186	1 074	0.17	0.050 10	0.001 26	0.169 08	0.002 92	0.024 48	0.000 23	0.007 29	0.000 12	199	57	159	3	156	1	147	3
ZG237-9	121	1 295	0.09	0.056 05	0.001 92	0.181 71	0.005 16	0.023 51	0.000 26	0.009 77	0.000 27	454	74	170	4	150	2	197	5
ZG237-10	294	951	0.31	0.046 86	0.002 87	0.152 24	0.008 74	0.023 56	0.000 37	0.007 18	0.000 34	42	141	144	8	150	2	145	7
ZG237-11	145	2 828	0.05	0.049 37	0.001 23	0.161 96	0.002 75	0.023 79	0.000 23	0.007 62	0.000 20	165	57	152	2	152	1	154	4
ZG237-12	378	1 353	0.28	0.051 72	0.002 18	0.168 01	0.006 26	0.023 56	0.000 29	0.009 94	0.000 26	273	94	158	5	150	2	200	5
ZG237-13	80	931	0.09	0.048 15	0.001 30	0.160 58	0.003 17	0.024 19	0.000 24	0.007 66	0.000 17	107	63	151	3	154	1	154	3
ZG237-14	293	660	0.44	0.050 77	0.002 08	0.166 24	0.006 00	0.023 75	0.000 29	0.006 86	0.000 17	230	92	156	5	151	1	138	3
ZG237-15	57	2 140	0.03	0.049 94	0.001 38	0.145 37	0.003 00	0.021 11	0.000 21	0.011 91	0.000 42	192	63	138	3	135	2	239	8
ZG237-16	277	1 059	0.26	0.052 75	0.001 79	0.174 46	0.004 92	0.023 99	0.000 26	0.007 11	0.000 15	318	75	163	4	153	2	143	3
ZG237-17	225	2 473	0.09	0.050 10	0.001 17	0.145 25	0.002 13	0.021 03	0.000 20	0.005 51	0.000 09	200	53	138	2	134	1	111	2
ZG237-18	206	1 079	0.19	0.048 67	0.001 15	0.162 22	0.002 45	0.024 17	0.000 22	0.006 80	0.000 10	132	55	153	2	154	1	137	2
ZG237-19	104	531	0.20	0.049 63	0.001 77	0.165 73	0.005 00	0.024 22	0.000 27	0.007 62	0.000 18	178	81	156	4	154	2	153	4
ZG237-20	80	949	0.08	0.049 21	0.001 49	0.164 17	0.003 91	0.024 20	0.000 25	0.007 06	0.000 21	158	69	154	3	154	2	142	4
ZG237-21	195	1 680	0.12	0.049 26	0.001 29	0.147 95	0.002 77	0.021 78	0.000 21	0.012 35	0.000 28	160	60	140	2	139	1	248	6
ZG237-22	333	1 012	0.33	0.049 92	0.002 00	0.167 68	0.005 88	0.024 36	0.000 29	0.007 84	0.000 20	191	91	157	5	155	2	158	4
ZG237-23	159	1 583	0.10	0.050 17	0.001 20	0.165 16	0.002 56	0.023 87	0.000 22	0.007 32	0.000 13	203	55	155	2	152	1	148	3
ZG237-24	171	866	0.20	0.051 20	0.001 96	0.172 03	0.005 70	0.024 37	0.000 28	0.007 42	0.000 22	250	86	161	5	155	2	149	4

续表

测点号	元素含量/×10⁻⁶		Th/U	同位素比值								年龄/Ma							
	Th	U		$^{207}Pb/^{206}Pb$	1σ	$^{207}Pb/^{235}U$	1σ	$^{206}Pb/^{238}U$	1σ	$^{208}Pb/^{232}Th$	1σ	$^{207}Pb/^{206}Pb$	1σ	$^{207}Pb/^{235}U$	1σ	$^{206}Pb/^{238}U$	1σ	$^{208}Pb/^{232}Th$	1σ
ZG237-25	81	1 121	0.07	0.049 87	0.001 24	0.161 98	0.002 73	0.023 55	0.000 22	0.008 76	0.000 24	189	57	152	2	150	1	176	5
ZG237-26	338	860	0.39	0.050 26	0.001 76	0.168 81	0.004 98	0.024 36	0.000 27	0.007 53	0.000 21	207	79	158	4	155	2	152	4
ZG237-27	473	1 055	0.45	0.049 14	0.001 27	0.164 39	0.002 99	0.024 26	0.000 23	0.007 77	0.000 09	155	59	155	3	155	1	156	2
ZG237-28	144	971	0.15	0.048 88	0.001 26	0.161 25	0.002 92	0.023 93	0.000 23	0.006 85	0.000 12	142	59	152	3	152	1	138	2
ZG237-29	36	1 559	0.02	0.048 86	0.001 32	0.158 60	0.003 14	0.023 54	0.000 23	0.006 95	0.000 32	141	62	150	3	150	1	140	6
ZG237-30	401	1 241	0.32	0.054 99	0.001 66	0.185 46	0.004 43	0.024 46	0.000 25	0.007 26	0.000 14	412	66	173	4	156	2	146	3
ZG237-31	63	1 662	0.04	0.048 46	0.001 29	0.139 99	0.002 72	0.020 95	0.000 20	0.006 26	0.000 27	122	62	133	2	134	1	126	5
ZG237-32	60	924	0.06	0.049 73	0.001 41	0.163 58	0.003 55	0.023 86	0.000 24	0.008 74	0.000 27	182	65	154	3	152	1	176	5
ZG237-33	339	935	0.36	0.051 00	0.002 35	0.167 84	0.006 99	0.023 87	0.000 31	0.006 32	0.000 17	241	103	158	6	152	2	127	3
ZG237-34	323	1 010	0.32	0.051 47	0.001 88	0.169 03	0.005 26	0.023 82	0.000 27	0.007 80	0.000 17	262	82	159	5	152	2	157	3
ZG237-35	67	834	0.08	0.053 98	0.002 32	0.175 56	0.006 72	0.023 59	0.000 30	0.008 65	0.000 37	370	93	164	6	150	2	174	7
ZG237-36	213	903	0.24	0.049 52	0.002 01	0.167 77	0.006 00	0.024 57	0.000 29	0.007 24	0.000 20	173	92	158	5	157	2	146	4
ZG249-01	231	366	0.63	0.048 76	0.001 88	0.156 72	0.005 26	0.023 31	0.000 27	0.006 73	0.000 11	136	57	148	5	149	2	136	2
ZG249-02	441	1 130	0.39	0.060 26	0.002 84	0.216 63	0.009 23	0.026 07	0.000 37	0.008 03	0.000 25	613	67	199	8	166	2	162	5
ZG249-03	526	584	0.90	0.055 34	0.001 31	0.518 40	0.008 03	0.067 94	0.000 67	0.020 46	0.000 19	426	18	424	5	424	4	409	4
ZG249-04	114	312	0.37	0.049 27	0.001 80	0.176 89	0.005 56	0.026 04	0.000 30	0.007 95	0.000 16	161	52	165	5	166	2	160	3
ZG249-05	132	1 198	0.11	0.048 91	0.002 04	0.176 30	0.006 55	0.026 14	0.000 33	0.007 94	0.000 27	144	63	158	6	166	2	160	5
ZG249-06	234	377	0.62	0.049 66	0.001 85	0.176 70	0.005 68	0.025 81	0.000 30	0.007 73	0.000 15	179	53	165	5	164	2	156	3
ZG249-07	38	1 731	0.02	0.048 64	0.001 66	0.140 10	0.004 02	0.020 89	0.000 23	0.008 51	0.000 57	131	47	133	4	133	1	171	11
ZG249-08	495	1 994	0.25	0.049 37	0.001 33	0.160 39	0.003 22	0.023 56	0.000 24	0.007 06	0.000 11	165	28	151	3	150	2	142	2
ZG249-09	880	2 934	0.30	0.049 02	0.001 07	0.146 43	0.001 89	0.021 66	0.000 21	0.006 56	0.000 07	149	14	139	2	138	1	132	1
ZG249-10	1 021	1 924	0.53	0.049 44	0.001 14	0.165 21	0.002 42	0.024 24	0.000 23	0.007 38	0.000 07	169	18	155	2	154	1	149	1
ZG249-11	471	442	1.07	0.048 71	0.002 17	0.144 08	0.005 77	0.021 45	0.000 27	0.006 27	0.000 10	134	70	137	5	137	2	126	2
ZG249-12	423	974	0.43	0.049 37	0.001 28	0.165 09	0.003 08	0.024 25	0.000 24	0.007 56	0.000 09	165	25	155	3	154	2	152	2

续表

测点号	元素含量/×10⁻⁶		Th/U	同位素比值								年龄/Ma							
	Th	U		$^{207}Pb/^{206}Pb$	1σ	$^{207}Pb/^{235}U$	1σ	$^{206}Pb/^{238}U$	1σ	$^{208}Pb/^{232}Th$	1σ	$^{207}Pb/^{206}Pb$	1σ	$^{207}Pb/^{235}U$	1σ	$^{206}Pb/^{238}U$	1σ	$^{208}Pb/^{232}Th$	1σ
ZG249-13	398	518	0.77	0.051 08	0.002 53	0.164 46	0.007 47	0.023 35	0.000 32	0.007 44	0.000 16	244	79	155	7	149	2	150	3
ZG249-14	179	536	0.33	0.048 68	0.003 19	0.161 96	0.010 02	0.024 13	0.000 40	0.009 10	0.000 42	132	108	152	9	154	3	183	8
ZG249-15	34	1 506	0.02	0.048 84	0.001 76	0.137 91	0.004 25	0.020 48	0.000 23	0.012 03	0.000 76	140	51	131	4	131	1	242	15
ZG249-16	721	1 893	0.38	0.062 74	0.001 61	0.222 87	0.005 25	0.025 76	0.000 26	0.007 92	0.000 07	699	56	204	4	164	2	159	1
ZG249-17	477	582	0.82	0.068 70	0.002 14	0.190 96	0.004 78	0.020 16	0.000 23	0.008 10	0.000 14	890	33	177	4	129	1	163	3
ZG249-18	81	456	0.18	0.049 58	0.002 93	0.165 10	0.009 13	0.024 15	0.000 38	0.006 88	0.000 29	175	98	155	8	154	2	139	6
ZG249-19	90	1 381	0.06	0.052 83	0.001 49	0.140 94	0.003 05	0.019 35	0.000 20	0.011 59	0.000 35	322	31	134	3	124	1	233	7
ZG249-20	620	649	0.95	0.050 22	0.002 34	0.141 87	0.006 00	0.020 49	0.000 27	0.006 01	0.000 11	205	74	135	5	131	2	121	2
ZG249-21	235	1 121	0.21	0.050 06	0.001 42	0.163 30	0.003 56	0.023 66	0.000 24	0.007 69	0.000 15	198	32	154	3	151	2	155	3
ZG249-22	88	854	0.10	0.049 57	0.002 37	0.145 91	0.003 35	0.021 35	0.000 29	0.006 83	0.000 28	175	76	138	6	136	2	138	6
ZG249-23	291	773	0.38	0.048 94	0.001 79	0.158 68	0.004 98	0.023 51	0.000 27	0.007 19	0.000 15	145	52	150	4	150	2	145	3
ZG249-24	36	949	0.04	0.049 06	0.001 92	0.153 79	0.005 28	0.022 73	0.000 27	0.010 21	0.000 42	151	58	145	5	145	2	205	8
ZG249-25	108	980	0.11	0.050 66	0.001 63	0.145 34	0.003 82	0.020 81	0.000 23	0.013 26	0.000 52	225	40	138	3	133	1	266	10
ZG249-26	95	236	0.40	0.049 83	0.002 49	0.162 15	0.007 41	0.023 60	0.000 33	0.007 33	0.000 21	187	80	153	6	150	2	148	4
ZG249-27	34	800	0.04	0.048 45	0.001 41	0.147 15	0.003 34	0.022 03	0.000 23	0.010 21	0.000 33	121	34	139	3	140	1	205	7
ZG249-28	445	377	1.18	0.049 23	0.002 23	0.160 72	0.006 55	0.023 68	0.000 31	0.006 86	0.000 12	159	71	151	6	151	2	138	2
ZG249-29	32	1 552	0.02	0.049 57	0.001 45	0.143 08	0.003 26	0.020 93	0.000 22	0.011 11	0.000 53	175	34	136	3	134	1	223	11
ZG249-30	<0.99	2 864		0.049 32	0.001 45	0.163 80	0.003 77	0.024 09	0.000 25	0.000 01	0.000 71	163	34	154	3	153	2	14	
ZG249-31	166	406	0.41	0.051 75	0.001 93	0.163 51	0.005 27	0.022 91	0.000 27	0.006 85	0.000 12	274	52	154	5	146	2	138	2
ZG249-32	1 176	2 655	0.44	0.051 8	0.001 33	0.146 38	0.002 67	0.020 50	0.000 20	0.005 08	0.000 06	277	24	139	2	131	1	102	1
ZG249-33	310	401	0.77	0.050 62	0.002 79	0.144 08	0.007 37	0.020 64	0.000 31	0.008 01	0.000 19	224	91	137	7	132	2	161	4
ZG249-34	788	782	1.01	0.049 56	0.003 78	0.157 38	0.011 77	0.023 03	0.000 34	0.007 28	0.000 08	174	173	148	10	147	2	147	2
ZG249-35	148	348	0.42	0.049 58	0.002 30	0.177 18	0.007 43	0.025 92	0.000 34	0.008 89	0.000 26	175	73	166	6	165	2	179	5
ZG249-36	59	471	0.13	0.049 36	0.001 74	0.163 23	0.004 86	0.023 98	0.000 27	0.008 19	0.000 31	165	48	154	4	153	2	165	6

长宽比为 2∶1~4∶1。在锆石 CL 图像上,锆石一般呈暗灰色,岩浆型韵律环带清晰。共选取 34 颗锆石进行了 36 个数据点分析。有 5 个测点给出较小的 $^{206}Pb/^{238}U$ 年龄值 ($134~139$ Ma),其 U 含量($1\,662\times10^{-6}~2\,473\times10^{-6}$)较高,Th/U 值为 $0.02~0.12$,可能是受后期流体改造、Pb 丢失的结果。其他分析点的 $^{206}Pb/^{238}U$ 年龄集中于 $150~159$ Ma,Th、U 含量分别为 $36\times10^{-6}~574\times10^{-6}$ 和 $531\times10^{-6}~2\,828\times10^{-6}$,Th/U 值为 $0.02~0.45$,所得 $^{206}Pb/^{238}U$ 的加权平均年龄为 153.17 ± 0.89 Ma(MSWD $=2.3,2\sigma$)(图 6a),代表岩浆结晶年龄。

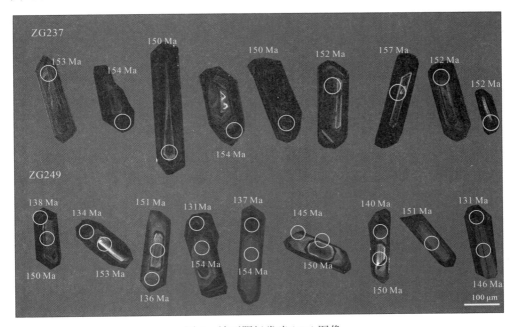

图 5　锆石阴极发光(CL)图像

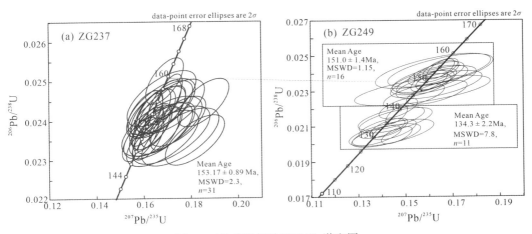

图 6　正长花岗岩锆石 U-Pb 谐和图

正长花岗岩(ZG249)锆石颗粒无色透明,长柱状半自形-自形晶,粒径介于 100～200 μm,长宽比为 2:1–4:1。在 CL 图像中,锆石一般呈黑色和灰白相间,大部分锆石有岩浆韵律环带,部分锆石显示核边结构。共选取 24 颗锆石进行了 36 个数据点分析,对 12 粒锆石在其核部与边部进行了对应的分析。其中,1 个点的 $^{206}Pb/^{238}U$ 年龄为 424 Ma 和 5 个点的 $^{206}Pb/^{238}U$ 年龄为 164～166 Ma,可能为捕获锆石;另有 3 个点为不和谐年龄点,不予讨论。其他年龄值可分为两组,分别代表了核、边部年龄,核部年龄为 145～154 Ma,Th、U 含量分别为 $36×10^{-6}$～$1\ 021×10^{-6}$ 和 $236×10^{-6}$～$1\ 994×10^{-6}$,Th/U 比值为 0.04～1.18,多数大于 0.3,属岩浆锆石,$^{206}Pb/^{238}U$ 的加权平均年龄为 151.0±1.4 Ma(MSWD = 1.15, 2σ)(图 6b),代表岩浆结晶年龄。边部年龄值范围为 131～137 Ma,$^{206}Pb/^{238}U$ 的加权平均年龄为 134.2±2.2 Ma(MSWD = 7.8, 2σ)(图 6b),这些锆石所测的 Th 含量为 $3×10^{-6}$～$1\ 176×10^{-6}$,U 含量为 $401×10^{-6}$～$2\ 934×10^{-6}$,Th/U 比值多数小于 0.3,可能为后期热液交代作用。

3.3 Sr-Nd-Pb 同位素特征

本区正长花岗岩 3 个样品的 Sr-Nd-Pb 同位素分析结果分别列于表 3 和表 4 中。从表中分析数据可以看到,岩石具有较高的 Rb($103×10^{-6}$～$186×10^{-6}$)和 Sr($365×10^{-6}$～$578×10^{-6}$)含量,岩石 $^{87}Sr/^{86}Sr = 0.706\ 8$～$0.713\ 8$,$^{143}Nd/^{144}Nd = 0.511\ 6$～$0.512\ 5$,初始比值 $I_{Sr} = 0.705\ 3$～$0.711\ 2$,$\varepsilon_{Nd}(t) = -18.6$～$-0.1$(平均-9.2),具中高 I_{Sr} 和低 $\varepsilon_{Nd}(t)$ 的特征。二阶段模式年龄 T_{DM2} 值为 0.83 Ga、1.44 Ga 和 2.11 Ga,变化较大,表明其源区应主要为古老的壳源物质。

本区正长花岗岩 Pb 的同位素比值 $^{206}Pb/^{204}Pb = 17.574$～$17.652$(平均 17.611),$^{207}Pb/^{204}Pb = 15.474$～$15.493$(平均 15.483),$^{208}Pb/^{204}Pb = 38.116$～$38.403$(平均 38.278)。以 $t = 150$ Ma 对岩石的初始铅同位素比值进行统一计算,得到初始铅同位素比值($^{206}Pb/^{204}Pb)_i = 17.492$～$17.524$(平均 17.512),($^{207}Pb/^{204}Pb)_i = 15.47$～$15.485$(平均 15.478),($^{208}Pb/^{204}Pb)_i = 37.75$～$38.097$(平均 37.938)。其铅同位素变化范围与南秦岭元古宙基底岩石的对应值($^{206}Pb/^{204}Pb = 17.823$,$^{207}Pb/^{204}Pb = 15.486$,$^{208}Pb/^{204}Pb = 38.319$)基本一致(陈岳龙等,1996;张本仁等,2002),表明本区正长花岗岩体可能为南秦岭元古宙基底岩石源区部分熔融的产物。

4 讨论

4.1 岩石成因类型

本区正长花岗岩中出现了 I 型花岗岩的典型矿物学标志——角闪石,副矿物组合中普遍出现榍石、磁铁矿而未见富铝矿物。

岩石的 $SiO_2 = 68.49\%$～72.84%,$Al_2O_3 = 14.13\%$～16.48%,$K_2O/Na_2O = 0.45$～1.57(平均 1.12),$\sigma < 3.3$,$Na_2O > 3.2\%$,$A/CNK < 1.1$。同时,SiO_2 含量与 P_2O_5 含量和 Pb 含量

表 3　正长花岗岩 Sr-Nd 同位素分析数据

样品号	Rb /×10⁻⁶	Sr /×10⁻⁶	^{87}Rb/^{86}Sr	^{87}Sr/^{86}Sr	I_{Sr}	Sm /×10⁻⁶	Nd /×10⁻⁶	^{147}Sm/^{144}Nd	^{143}Nd/^{144}Nd	$\varepsilon_{Nd}(t)$	I_{Nd}	T_{DM} /Ga	T_{DM2} /Ga
ZG242	103	578.0	0.516	0.712 3	0.711 2	6.39	34.3	0.112 4	0.511 6	-18.6	0.511 5	2.32	2.11
ZG248	186	365.0	1.475	0.713 8	0.710 6	5.72	41.0	0.084 3	0.512 5	-0.1	0.512 4	0.73	0.83
ZG253	123	511.0	0.696	0.706 8	0.705 3	5.44	36.7	0.089 6	0.512 1	-9.0	0.520 0	1.32	1.44

CHUR 同位素初始值计算所用参数为：^{87}Sr/^{86}Sr=0.704 5, ^{87}Rb/^{86}Sr=0.082 7, ^{143}Nd/^{144}Nd=0.512 638, ^{147}Sm/^{144}Nd=0.196 7。

初始同位素组成根据 t=150 Ma 校正。

表 4　正长花岗岩 Pb 同位素分析数据

样品号	U /×10⁻⁶	Th /×10⁻⁶	Pb /×10⁻⁶	^{206}Pb/^{204}Pb	^{207}Pb/^{204}Pb	^{208}Pb/^{204}Pb	^{238}U/^{204}Pb	^{232}Th/^{204}Pb	$(^{206}$Pb/^{204}Pb$)_i$	$(^{207}$Pb/^{204}Pb$)_i$	$(^{208}$Pb/^{204}Pb$)_i$
ZG242	2.36	13.8	21.6	17.652	15.493	38.403	6.794	40.756	17.492	15.485	38.097
ZG248	1.71	22.3	30.4	17.606	15.474	38.316	3.491	46.697	17.524	15.470	37.970
ZG253	1.14	23.4	30.4	17.574	15.482	38.116	2.320	48.849	17.520	15.480	37.750

^{208}Pb/^{204}Pb 和 ^{232}Th/^{204}Pb 比值根据全岩 U,Th,Pb 含量和现今样品 Pb 同位素比值计算。

初始 Pb 同位素组成根据 t=150 Ma 校正。

分别呈负相关性和正相关性(图7),均显示具 I 型花岗岩特征(李献华等,2007)。王德滋等(1993)认为,Rb 和 K 有相似的地球化学性质,随着壳幔的分熔和陆壳的逐渐演化,Rb富集于成熟度高的地壳中;Sr 和 Ca 有相似的地球化学行为,Sr 富集于成熟度低、演化不充分的地壳中。因此,Rb/Sr 比值能灵敏地记录源区物质的性质,当 Rb/Sr>0.9 时,为 S型花岗岩;当 Rb/Sr 值为<0.9 时,为 I 型花岗岩。本区正长花岗岩 Rb/Sr 值为 0.18~0.51,以上证据均表明该岩体属准铝或弱过铝质高钾钙碱性 I 型花岗岩类。

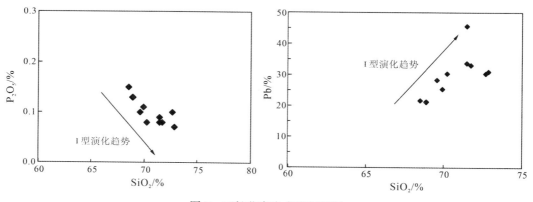

图 7　正长花岗岩成因判别图

在微量元素蛛网图中,显示了 P、Ti、Nb 的负异常及 Pb 正异常,轻稀土和大离子亲石元素(如 U、Th、Rb)含量高,曲线整体上表现为右倾型式。富集大离子亲石元素(LILE)以及明显的 Pb 正异常,说明源岩可能以壳源成分为主(Roberts and Clemens,1993;Hofmann,1997)。Rb/Sr 比值平均值为 0.32,远小于 0.9,接近大陆壳的平均值(0.24)。大部分样品表现出高 Sr,低 Y、Yb 含量的特点,并且 Y/Yb=9.62~16.61,平均为 12.52;$(Ho/Yb)_N$ 值介于 0.87~1.84,平均为 1.26,这暗示正长花岗岩源区残留相可能为石榴石。本区正长花岗岩的 $\varepsilon_{Nd}(t)$ 变化较大,从-18.6 到-0.1,平均为-9.2,表明源岩以古老的地壳物质为主。

4.2　岩浆源区性质

本区正长花岗岩具有负值绝对值非常大的 $\varepsilon_{Nd}(t)$(-18.6~-0.1)和古老的模式年龄(0.83 Ga、1.44 Ga 和 2.11 Ga),说明古老的地壳物质对岩浆物源具有贡献显著。从 I_{Sr}-$\varepsilon_{Nd}(t)$ 图解(图8)中可以看出,投影点大部分落入 BC 区,暗示岩浆中可能有幔源物质加入。$^{206}Pb/^{204}Pb$-$^{208}Pb/^{204}Pb$ 的投影点均落入下地壳和造山带之间(图9),表明形成岩体的岩浆中应该有幔源物质混入。Pb 同位素组成与南秦岭东段及扬子北缘东段基底岩系十分相近(图10)。

太白岩体南部与丹凤岩群呈侵入接触关系,北部与秦岭岩群以脆韧性剪切带相接。秦岭群形成时代大约为 1.2~1.9 Ga,丹凤群形成于 827~517 Ma 的新元古代晚期-早古生代早期(张成立等,2013)。上述分析表明,本区花岗岩应该以古老的壳源岩石(如秦岭群)为主,还加入了部分幔源组分。

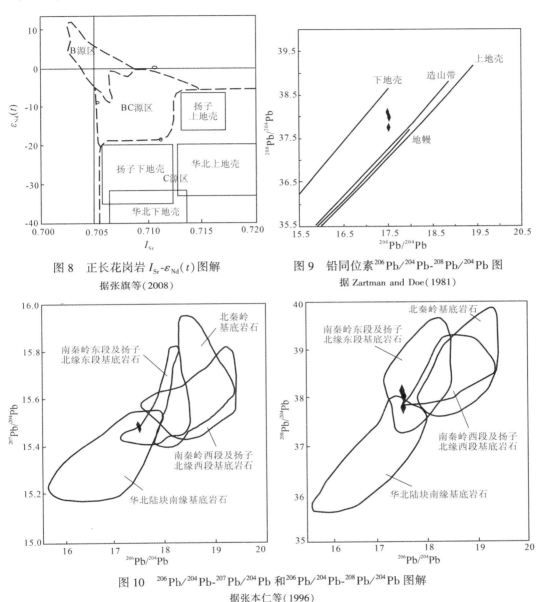

图 8　正长花岗岩 I_{Sr}-$\varepsilon_{Nd}(t)$ 图解
据张旗等(2008)

图 9　铅同位素 $^{206}Pb/^{204}Pb$-$^{208}Pb/^{204}Pb$ 图
据 Zartman and Doe(1981)

图 10　$^{206}Pb/^{204}Pb$-$^{207}Pb/^{204}Pb$ 和 $^{206}Pb/^{204}Pb$-$^{208}Pb/^{204}Pb$ 图解
据张本仁等(1996)

4.3　岩体形成时代及地质意义

秦岭-大别造山带经历了新元古代、古生代、中生代构造岩浆热事件和造山作用,于早中生代完成碰撞,在晚中生代进入了陆内环境(Mattauer et al.,1985;Kröner and Zhang,1993;Meng and Zhang,1999;张国伟等,2001;Lai et al.,2000,2004a、b,2008;Lai,2007;Mao et al.,2010)。晚侏罗世-早白垩世,随着太平洋板块向欧亚板块俯冲,区域构造体制发生转换(洪大卫等,2003;毛景文等,2005;丁丽雪等,2010),秦岭造山带南北向外部挤压作用消失,从而转为强烈伸展,导致秦岭乃至中国东部地区岩石圈强烈抬升和拆沉,引发幔源岩浆活动,产生大量的中酸性岩浆作用并形成大规模花岗岩类(吴发富,2013)。王晓霞等(2011)将秦岭晚中生代花岗岩分为两期:早期(158~130 Ma),中酸性侵入岩形成于挤压向伸展转换的动力学背景;晚期(120~100 Ma),花岗岩发育于陆内伸展环境,增厚地壳开始全面减薄。本文获得太白正长花岗岩年龄分别为 153.17±0.89 Ma 和 151.0±1.4 Ma,在误差范围内年龄一致。与北秦岭构造带中牧护关花岗岩的锆石 U-Pb 年龄 150±1 Ma,以及蟒岭花岗岩的锆石 U-Pb 年龄 149±2 Ma 相近(王晓霞等,2011),均形成于大陆造山带碰撞后岩石圈由会聚挤压向离散转折阶段。结合区域构造演化,太白正长花岗岩的形成机制可概括为:秦岭造山带于中生代初期完成全面的陆陆碰撞闭合,扬子板块携秦岭微板块向华北板块之下做陆内俯冲,太平洋板块向欧亚板块的俯冲作用使区域应力场发生改变,导致由挤压环境向伸展环境转换,引起岩石圈减薄和软流圈上涌(高山等,1999;丁丽雪等,2010),软流圈不断底侵增厚下地壳,引发下地壳岩石熔融,随后部分熔融的地幔物质混入、上侵和持久的 MASH 过程(熔融—混染—储存—均一化)(Hildreth and Moorbath,1988;罗照华等,2008),形成壳/幔混源的花岗岩浆。

5 结 论

(1)太白正长花岗岩具有高硅、碱,A/CNK = 0.97~1.05 的特征,总体属于高钾钙碱性系列,具有 I 型花岗岩的特征,岩石富集大离子亲石元素,亏损高场强元素,具弱负 Eu 异常。$I_{Sr} = 0.705\ 3\sim0.711\ 2$,$\varepsilon_{Nd}(t) = -18.6\sim-0.1$,二阶段模式年龄 T_{DM2} 值为 0.83~2.11 Ga。初始铅同位素比值 $^{206}Pb/^{204}Pb$ 平均为 17.512,$^{207}Pb/^{204}Pb$ 平均为 15.478,$^{208}Pb/^{204}Pb$ 平均为 37.938。指示岩浆源区以古老地壳部分熔融物质为主,并有部分幔源物质的加入。

(2)正长花岗岩年龄为 153.17±0.89 Ma 和 151.0±1.4 Ma,形成于晚中生代,与牧护关、蟒岭花岗岩相近,均形成于挤压向伸展转换的构造环境。

参考文献

[1] Chen Y L, Zhang B R, Abdukader P, 1995. Geochemical characteristics of Pb, Sr and Nd isotopes on Early Palaeozoic granites in the Danfeng region, northern Qinling belt. Scientia Geologica Sinica, 30(3): 247-258 (in Chinese with English abstract).

[2] Chen Y L, Yang Z F, Zhang H F, et al., 1996. Geochemical characteristics of Sr, Nd and Pb isotopes of Late Paleozoic-Mesozoic granitoids from northern Qinling belt. Earth Science, 21 (5): 481-485 (in Chinese with English abstract).

[3] Chu Z Y, Chen F K, Yang Y H et al, 2009. Precise determination of Sm, Nd concentrations and Nd isotopic compositions at the nanogram level in geological samples by thermal ionization mass spectrometry. Journal of Analytical Atomic Spectrometry, 24(11):1534-1544.

[4] Deng J F, Su S G, Niu Y L, et al., 2007. A possible model for the lithospheric thinning of North China Craton: Evidence from the Yanshannian (Jera-Cretaceous) magmatism and tectonism. Lithos, 96(1-2):

22-25.

[5] Ding L X, Ma C Q, Li J W, et al., 2010. LA-ICP-MS zircon U-Pb ages of the Lantian and Muhuguan granitoid plutons, southern margin of the North China craton: Implications for tectonic setting. Geochimica, 39(5):401-413 (in Chinese with English abstract).

[6] Gao S, Zhang B R, Jin Z M, et al., 1999. The delamination of lower crust in Qinling-Dabie orogen. Science in China: Series D, 29(6):532-540 (in Chinese).

[7] Hildreth W, Moorbath S, 1988. Crustal contributions to arc magmatism in the Andes of central Chile. Contributions to Mineralogy and Petrology, 98(4):455-489.

[8] Hong D W, Wang T, Tong Y, et al., 2003. Mesozoic granitoids from North China block and Qinling-Dabie-Sulu orogenic belt and their deep dynamic process. Earth Science Frontiers, 10(3):231-256 (in Chinese with English abstract).

[9] Hofmann A W, 1997. Mantle geochemistry: The message from oceanic volcanism. Nature, 385(6613): 219-229.

[10] Kröner A, Zhang G W, 1993. Granulites in the Tongbai area, Qinling belt, China: Geochemistry, petrology, single zircon geochronology, and implications for the tectonic evolution of Eastern Asia. Tectonics, 12(1):245-255.

[11] Lai S C, Zhang G W, Yang R Y, 2000. Identification of the island-arc magmatic zone in the Lianghe-Raofeng-Wuliba area, South Qinling and its tectonic significance. Science in China: Series D, 43(S1): 69-81.

[12] Lai S C, Zhang G W, Pei X Z, et al., 2004a. Geochemistry of the ophiolite and oceanic island basalt in the Kangxian-Pipasi-Nanping tectonic mélange zone, southern Qinling and their tectonic significance. Science in China: Series D, 47(2):128-137.

[13] Lai S C, Zhang G W, Dong Y P, et al, 2004b. Geochemistry and regional distribution of the ophiolites and associated volcanics in Mianlue suture, Qinling-Dabie Mountains. Science in China: Series D, 47 (4):289-299.

[14] Lai S C, 2007. Geochemistry andtectonic significance of the ophiolite and associated volcanics in the Mianlue Suture, Qinling Orogenic Belt. Journal of the Geological Society of India, 70(2):217-234.

[15] Lai S C, Qin J F, Chen L, et al, 2008. Geochemistry of ophiolites from the Mian-Lue suture zone: Implications for the tectonic evolution of the Qinling orogen, central China. International Geology Review, 50(7):650-664.

[16] Lei M, 2010. Petrogenesis of granites and their relation to tectonic evolution of orogen in the east part of Qinling orogenic belt. Ph. D. Dissertation thesis. Beijing:China University of Geosciences (in Chinese).

[17] Li L, Zhang C L, Zhou Y, et al., 2012. Early Mesozoic crust- and mantle-derived magmatic mixing in the Qinling Orogeny: Evidence from geochemistry of mafic microgranular enclaves in the Dongjiangkou pluton. Geological Journal of China Universities, 18(2):291-306 (in Chinese with English abstract).

[18] Li L, Sun W Z, Meng X F, et al., 2013. Geochemical and Sr-Nd-Pb isotopic characteristics of the granitoids of Xiaoshan Mountain area on the southern margin of North China Block and its geological significance. Acta Petrologica Sinica, 29(8):2635-2652 (in Chinese with English abstract).

[19] Li X H, Li W X, Li Z X, 2007. On the genetic classification and tectonic implications of the Early

Yanshanian granitoids in the Nanling Range, South China. Chinese Scince Bulletin, 52(9):981-991 (in Chinese).

[20] Liu L, Liao X Y, Zhang C L, et al., 2013. Multi-matemorphic timings of HP-UHP rocks in the North Qinling and their geological implications. Acta Petrologica Sinica, 29(5):1634-1656 (in Chinese with English abstract).

[21] Lu X X, Yu Z P, Feng Y L, et al., 2002. Mineralization and tectonic setting of deep-hypabyssal granites in East Qinling Mountain. Mineral Deposits, 21(2):168-178 (in Chinese with English abstract).

[22] Luo Z H, Lu X X, Guo S F, et al., 2008. Metallogenic systems on the transmagmatic fluid theory. Acta Petrologica Sinica, 24(12):2669-2678 (in Chinese with English abstract).

[23] Maniar P D, Piccoli P M, 1989. Tectonic discrimination of granitoids. Geol Soc Am Bull, 101(5):635-643.

[24] Mao J W, Xie G Q, Zhang Z H, et al., 2005. Mesozoic large-scale metallogenic pulses in North China and corresponding geodynamic settings. Acta Petrologica Sinica, 21(1):169-188 (in Chinese with English abstract).

[25] Mao J W, Xie G Q, Pirajno F, et al., 2010. Late Jurassic-Early Cretaceous granitoid magmatism in Eastern Qinling, central-eastern China: SHRIMP zircon U-Pb ages and tectonic implications. Aust J Earth Sci, 57(1):51-78.

[26] Mattauer M, Matte P, Malavieille J, et al., 1985. Tectonics of the Qinling belt: Build up and evolution of eastern Asia. Nature, 317(6037):496-500.

[27] Meng Q R, Zhang G W, 1999. Timing of collision of the North and South China blocks: Controversy and reconciliation. Geology, 27(2):123-126.

[28] Meng Q R, Zhang G W, 2000. Geologic framework and tectonic evolution of the Qinling orogen, Central China. Tectonophysics, 323(3-4):183-196.

[29] Peccerillo A, Taylor S R, 1976. Geochemistry of eocene calc-alkaline volcanic rocks from the Kastamonu area, northern Turkey. Contributions to Mineralogy and Petrology, 58(1):63-81.

[30] Qi L, Hu J, Gregoire D C, 2000. Determination of trace elements in granites by inductively coupled plasma mass spectrometry. Talanta, 51(3):507-513.

[31] Qin H P, Wu C L, Wu X P, et al., 2012a. LA-ICP-MS Zircon U-Pb ages and implications for tectonic setting of the Mangling granitoid plutons in Qinling Orogen Belt. Geological Review, 58(4):783-793 (in Chinese with English abstract).

[32] Qin H P, Wu C L, Wu X P, et al., 2012b. Zircon Lu-Hf isotopic compositions and petrogenesis of strontium-rich granite from Mangling, Qinling Orogen Belt. Journal of Jilin University: Earth Science Edition, 42(1):254-267 (in Chinese with English abstract).

[33] Qin J F, Lai S C, Li Y F, 2005. Petrogenesis and geological significance of Yangba granodiorites from Bikou area, northern margin of Yangtze Plate. Acta Petrologica Sinica, 21(3):697-710 (in Chinese with English abstract).

[34] Roberts M P, Clemens J D, 1993. Origin of high-potassium, calc-alkaline, I-type granitoids. Geology, 21(9):825-828.

［35］ Shi Y, Yu J H, Xu X S, et al, 2009. Geochronology and geochemistry of the Qinling Group in the eastern Qinling Orogen. Acta Petrologica Sinica, 25 (10): 2651-2670 (in Chinese with English abstract).

［36］ Sun S S, McDonough W F, 1989. Chemical and isotopic systematics of oceanic basalts: Implications for mantle composition and processes//Saunders A D, Norry M J. Magmatism in the Ocean Basins. Geological Society, London, Special Publications, 42(1):313-345.

［37］ Sun W D, Li S G, Chen Y D, et al., 2002. Timing of syn-orogenic granitoids in the South Qinling, Central China: Constraints on the evolution of the Qinling-Dabie orogenic belt. The Journal of Geology, 110(4):457-468.

［38］ Wan Y S, Liu D Y, Dong C Y, et al, 2011. SHRIMP zircon dating of meta-sedimentary rock from the Qinling Group in the north of Xixia, North Qinling Orogenic Belt: Constraints on complex histories of source region and timing of deposition and metamorphism. Acta Petrologica Sinica, 27(4):1172-1178 (in Chinese with English abstract).

［39］ Wang D Z, Liu C S, Shen W Z, et al., 1993. The contrast between Tonglu I-type and Xiangshan S-type clastoporphyritic lav. Acta Petrologica Sinica, 9(1):44-54 (in Chinese with English abstract).

［40］ Wang H L, He S P, Chen J L, et al., 2006. LA-ICP-MS dating of zircon U-Pb and tectonic significance of Gongjiangou deformation intrusions of Taibai Rock Mass, Shaanxi Province: The primary study on the response in North Qinling Orogenic Belt to Lüliang Movement. Acta Geol Sinica, 80(11):1660-1667 (in Chinese with English abstract).

［41］ Wang T, Wang X X, Tian W, et al., 2009. North Qinling Paleozoic granite associations and their variation in space and time: Implications for orogenic processes in the orogens of Central China. Science in China: Series D, 39(7):949-971 (in Chinese).

［42］ Wang X X, Wang T, Qi Q J, et al., 2011. Temporal-spatial variations, origin and their tectonic significance of the Late Mesozoic granites in the Qinling, Central China. Acta Petrologica Sinica, 27(6): 1573-1593 (in Chinese with English abstract).

［43］ Wang X X, Wang T, Zhang C L, 2013. Neoproterozoic, Paleozoic, and Mesozoic granitoid magmatism in the Qinling Orogen, China: Constraints on orogenic process. Journal of Asian Earth Sciences, 72: 129-151.

［44］ Wu F F, 2013. Research on the magmatite and its metallogenic tectonic setting in the Shanyang-Zhashui area, Middle Qinling Orogenic Belt. Ph D Dissertation thesis. Beijing: Chinese Academy of Geological Sciences (in Chinese).

［45］ Xiao P X, Zhang J Y, Wang H L, 2000. Subdivision of rock series units and determination of intrusion age of Taibai rock mass in North Qinling. Northwest Geoscience, 21(2):37-45 (in Chinese with English abstract).

［46］ Yuan H L, Gao S, Liu X M, et al., 2004. Accurate U-Pb age and trace element determinations of zircon by laser ablation-inductively coupled plasma mass spectrometry. Geo-standard Newsletters, 28 (3): 353-370.

［47］ Zartman R E, Doe B R, 1981. Plumbotectonics: The model. Tectonophysics, 75(1-2):135-162.

［48］ Zhang B R, Gao S, Zhang H F, et al., 2002. Geochemistry of Qinling Orogenic Belt. Beijing: Science

Press：1-187（in Chinese）.

［49］ Zhang B R, Zhang H F, Zhao Z D, et al., 1996. Geochemical subdivision and evolution of the lithosphere in East Qinling and adjacent regions：Implications for tectonics.Science in China：Series D, 26(3)：201-208（in Chinese）.

［50］ Zhang C L, Wang T, Wang X X, 2008. Origin and tectonic setting of the Early Mesozoic granitoids in Qinling orogenic belt.Geological Journal of China Universities, 14(3)：304-316（in Chinese with English abstract）.

［51］ Zhang C L, Liu L, Wang T, et al., 2013. Granitic magmatism related to Early Paleozoic continental collision in the North Qinling belt. Chinese Science Bulletin, 58(23)：2323-2329（in Chinese）.

［52］ Zhang G W, Zhang B R, Yuan X C, et al., 2001. Qinling Orogenic Belt and Continental Dynamics. Beijing：Science Press：1-855（in Chinese）.

［53］ Zhang Q, Wang Y, Xiong X L, et al., 2008. Adakite and Granite：Challenge and Opportunity. Beijing：China Land Press：107-129（in Chinese with English abstract）.

［54］ Zhang Z Q, Zhang G W, Liu D Y, et al., 2006. Isotopic Geochronology and Geochemistry of Ophiolites, Granites and Clastic Sedimentary Rocks in the Qinling Orogenic Belt. Beijing：Geological Publishing House：1-339（in Chinese）.

［55］ Zhou D W, Zhao Z Y, Li Y D, 1994. Geological Features along the Southwest Margin of the Ordos Basin and the Relations to the Evolution of the Qinling Orogen.Beijing：Geological Publishing House：1-177（in Chinese）.

［56］ 陈岳龙,张本仁,帕拉提·阿布都卡得尔,1995.北秦岭丹凤地区早古生代花岗岩的 Pb、Sr、Nd 同位素地球化学特征.地质科学,30(3)：247-258.

［57］ 陈岳龙,杨忠芳,张宏飞,等,1996.北秦岭晚古生代−中生代花岗岩类的 Nd-Sr-Pb 同位素地球化学特征及 Nd-Sr 同位素演化.地球科学,21(5)：481-485.

［58］ 丁丽雪,马昌前,李建威,等,2010.华北克拉通南缘蓝田和牧护关花岗岩体：LA-ICP-MS 锆石 U-Pb 年龄及其构造意义.地球化学,39(5)：401-413.

［59］ 高山,张本仁,金振民,等,1999.秦岭−大别造山带下地壳拆沉作用.中国科学：D 辑,29(6)：532-540.

［60］ 洪大卫,王涛,童英,等,2003.华北地台和秦岭−大别−苏鲁造山带的中生代花岗岩与深部地球动力学过程.地学前缘,10(3)：231-256.

［61］ 雷敏,2010.秦岭造山带东部花岗岩成因及其与造山带构造演化的关系.博士学位论文.北京:中国地质大学.

［62］ 李雷,张成立,周莹,等,2012.秦岭早中生代壳幔岩浆混合作用:来自东江口花岗岩体闪长质包体的地球化学证据.高校地质学报,18(2)：291-306.

［63］ 李磊,孙卫志,孟宪锋,等,2013.华北陆块南缘崤山地区燕山期花岗岩类地球化学、Sr-Nd-Pb 同位素特征及其地质意义.岩石学报,29(8)：2635-2652.

［64］ 李献华,李武显,李正祥,2007.再论南岭燕山早期花岗岩的成因类型与构造意义.科学通报,52(9)：981-991.

［65］ 刘良,廖小莹,张成立,等,2013.北秦岭高压−超高压岩石的多期变质时代及其地质意义.岩石学报,29(5)：1634-1656.

［66］卢欣祥,于在平,冯有利,等,2002.东秦岭深源浅成型花岗岩的成矿作用及地质构造背景.矿床地质,21(2):168-178.

［67］罗照华,卢欣祥,郭少丰,等,2008.透岩浆流体成矿体系.岩石学报,24(12):2669-2678.

［68］毛景文,谢桂青,张作衡,等,2005.中国北方中生代大规模成矿作用的期次及其地球动力学背景.岩石学报,21(1):169-188.

［69］秦海鹏,吴才来,吴秀萍,等,2012a.秦岭造山带蟒岭花岗岩锆石 LA-ICP-MS U-Pb 年龄及其地质意义.地质论评,58(4):783-793.

［70］秦海鹏,吴才来,吴秀萍,等,2012b.秦岭蟒岭高 Sr 花岗岩的锆石 Lu-Hf 同位素特征及其成因.吉林大学学报:地球科学版,42(1):254-267.

［71］秦江锋,赖绍聪,李永飞,2005.扬子板块北缘碧口地区阳坝花岗闪长岩体成因研究及其地质意义.岩石学报,21(3):697-710.

［72］时毓,于津海,徐夕生,等,2009.秦岭造山带东段秦岭岩群的年代学和地球化学研究.岩石学报,25(10):2651-2670.

［73］万渝生,刘敦一,董春艳,等,2011.西峡北部秦岭群变质沉积岩锆石 SHRIMP 定年:物源区复杂演化历史和沉积、变质时代确定.岩石学报,27(4):1172-1178.

［74］王德滋,刘昌实,沈渭洲,等,1993.桐庐 I 型和相山 S 型两类碎斑熔岩对比.岩石学报,9(1):44-54.

［75］王洪亮,何世平,陈隽璐,等,2006.太白岩基巩坚沟变形侵入体 LA-ICP-MS 锆石 U-Pb 测年及大地构造意义:吕梁运动在北秦岭造山带的表现初探.地质学报,80(11):1660-1667.

［76］王涛,王晓霞,田伟,等,2009.北秦岭古生代花岗岩组合、岩浆时空演变及其对造山作用的启示.中国科学:D 辑,39(7):949-971.

［77］王晓霞,王涛,齐秋菊,等,2011.秦岭晚中生代花岗岩时空分布、成因演变及构造意义.岩石学报,27(6):1573-1593.

［78］吴发富,2013.中秦岭山阳–柞水地区岩浆岩及其成矿构造环境研究.博士学位论文.北京:中国地质科学院.

［79］校培喜,张俊雅,王洪亮,等,2000.北秦岭太白岩体岩石谱系单位划分及侵位时代确定.西北地质科学,21(2):37-45.

［80］张本仁,张宏飞,赵志丹,等,1996.东秦岭及邻区壳、幔地球化学分区和演化及其大地构造意义.中国科学:D 辑,26(3):201-208.

［81］张本仁,高山,张宏飞,等,2002.秦岭造山带地球化学.北京:科学出版社:1-187.

［82］张成立,王涛,王晓霞,2008.秦岭造山带早中生代花岗岩成因及其构造环境.高校地质学报,14(3):304-316.

［83］张成立,刘良,王涛,等,2013.北秦岭早古生代大陆碰撞过程中的花岗岩浆作用.科学通报,58(23):2323-2329.

［84］张国伟,张本仁,袁学诚,等,2001.秦岭造山带与大陆动力学.北京:科学出版社:1-855.

［85］张旗,王焰,熊小林,等,2008.埃达克岩和花岗岩:挑战与机遇.北京:中国大地出版社:107-129.

［86］张宗清,张国伟,刘敦一,等,2006.秦岭造山带蛇绿岩、花岗岩和碎屑沉积岩同位素年代学和地球化学.北京:地质出版社:1-339.

［87］周鼎武,赵重远,李银德,等.1994.鄂尔多斯盆地西南缘地质特征及其与秦岭造山带的关系.北京:地质出版社:1-177.

米仓山坪河新元古代二长花岗岩成因
及其地质意义①②

甘保平　赖绍聪③　秦江锋

摘要：扬子板块西北缘新元古代岩浆作用成因的研究对于研究 Rodinia 超大陆在该区的构造演化具有重要意义。本文对扬子板块西北缘米仓山地区二长花岗岩进行了 LA-ICP-MS 锆石 U-Pb 定年和同位素、全岩主量和微量元素分析。结果表明，二长花岗岩锆石 U-Pb 年龄为 742.1 ± 5.9 Ma，属于新元古代花岗岩。岩石具有高 SiO_2（76.84% ~ 80.08%）、高碱（$Na_2O+K_2O = 7.64\% ~ 8.99\%$）、相对富钾（$K_2O/Na_2O = 0.91 ~ 1.36$）、低 P_2O_5 含量等特征，铝饱和指数（A/CNK）介于 0.77 ~ 0.89。岩石具有稀土元素含量较高、相对富集轻稀土元素的特征，具有明显负 Eu 异常，$Eu^* = 0.05 ~ 0.13$，Rb、U、Th、K、Pb 等元素相对富集，Ba、Nb、Sr、P、Zr、Ti 和 Eu 等元素明显亏损。岩石$^{87}Sr/^{86}Sr = 0.747\ 067 ~ 0.795\ 283$，$^{143}Nd/^{144}Nd = 0.512\ 472 ~ 0.512\ 661$，$\varepsilon_{Nd}(t) = +3.6 ~ +5.2$，二阶段模式年龄 T_{DM2} 值介于 0.96 ~ 1.07 Ga。综合地球化学、同位素特征及米仓山区域构造资料，本文认为，坪河二长花岗岩为高钾钙碱性高分异 I 型花岗岩，该岩浆起源于新生玄武质下地壳岩石的局部熔融，在上升阶段可能经历了地壳的混染作用，形成于伸展的构造环境中，是新元古代晚期 Rodinia 超大陆裂解作用的岩浆响应。

扬子板块北缘自新太古代至新元古代晚期，先后经历了地壳演化早期、沟-弧-盆和大陆裂谷 3 个大的阶段（马润则等，1997，2001），而在新元古代时期，扬子周缘发育大量的超基性-基性-酸性侵入岩体。对于扬子板块周缘新元古代岩浆岩形成的大地构造背景，总体来说有 2 种不同的观点：① 岛弧环境（Zhou Meifu et al.，2002a、b；Zhao Junhong et al.，2008，2009；Dong Yunpeng et al.，2011a、b，2012；敖文昊等，2014）；② 裂谷环境（凌文黎等，2006；Zheng Yongfei et al.，2006，2007）。近年来，围绕米仓山地区新元古代岩浆岩进行的岩石学、岩石地球化学研究，虽然取得了长足的进展，但对这一时期岩浆活动的构造环境属性及其与全球构造演化的关系仍然存在较大争议（许继峰，1993；李廷栋等，

①　原载于《地质论评》，2016，62（4）。

②　国家自然科学基金（41372067）、国家自然科学基金重大计划（41190072）、国家自然科学基金委创新群体（41421002）和教育部创新团队（IRT1281）联合资助。

③　通讯作者。

1994；马润泽等，1997；魏显贵，1997；肖元甫等，1998；周玲棣，1998；何利，2010；于海军等，2011）。前人对该区的花岗质酸性侵入岩体研究较少（李婷，2010；孙东，2011；徐学义等，2011；Dong Yunpeng et al.，2012），尚未能有效约束其形成时限和岩石成因以及物质来源。本文选择扬子板块北缘米仓山坪河地区侵入岩系中的二长花岗岩为研究对象，进行了详细的岩石学、岩石地球化学、锆石 LA-ICP-MS U-Pb 年代学及同位素地球化学研究，进而探讨其形成时代、岩石成因、源区性质及其形成的构造背景，为 Rodinia 超大陆裂解的动力学机制提供新的约束。

1 区域地质背景

米仓山地处扬子板块与秦岭造山带交接部位，属于扬子板块北缘米仓山推覆构造带，北为东西向秦岭造山带，南邻四川盆地，东、西两侧分别被北西向大巴山推覆构造带和北东向龙门山推覆构造带所分隔（图 1a）。米仓山由一系列东西走向和北东走向的褶皱组成，表现为复合的叠加构造特征，大致与龙门山构造体系的褶皱带走向接近（肖安成等，2011）。有人将北部汉中以南的太古宙-元古宙杂岩出露区划分为汉南隆起，而将米仓山定义为该隆起西南部的大型基底卷入背斜构造（杜思清，1998）。

研究区内地层出露较全，扬子地台结晶基底、褶皱基底和沉积盖层均有出露。区内侵入岩广泛发育，以太古宙-新元古代岩浆岩组成的基底岩石系列为特征，分布面积广泛。太古宇后河群包括 3 个构造岩石单元，从上到下依次为河口混合岩（夹变粒岩及斜长角闪岩）、八角树片麻岩和汪家坪变粒岩，共同组成了扬子地台结晶基底（何大伦等，1995）。中-新元古界火地垭群（包括上两组和麻窝子组）地层组成扬子地台的褶皱基底，二者之间为断层接触关系，其中上两组主要岩石组合为堇青石片岩、黑云石英片岩夹变砂岩，底部为变含砾砂岩，总体显示了细粒碎屑岩建造的特征；麻窝子岩组不整合上覆于后河岩群之上，主要岩石组合为一套中厚层-厚层块状白云质大理岩夹石英岩、长英质变粒岩、绢云母石英千枚岩、黑云母石英片岩等变质细碎屑岩。盖层沿基底岩系边缘分布，上覆盖层由铁船山组及震旦系（埃迪卡拉系）至中新生界地层组成，缺失泥盆系、石炭系地层，震旦系灯影组与基底岩系呈角度不整合接触。原震旦系-中三叠统地层为以海相为主的浅海碳酸盐岩、碎屑岩建造，上三叠统-中侏罗统为陆相碎屑岩建造（图 1b）。

2 岩石学特征及样品分析方法

2.1 岩石学特征

该区主要出露三类岩体，分别为碱性岩体、闪长岩体和花岗岩体。其中，花岗岩体呈中心式小环状侵入体（澄江期沙河坝超单元干松包单元）侵位于碱性岩中，二者呈明显的侵入接触关系；碱性岩西、北侧与麻窝子组二段大理岩呈侵入接触关系，南东侧被震旦系观音崖组不整合覆盖，南侧与震旦系呈断层接触关系，东侧闪长岩（贾家寨单元）侵入于

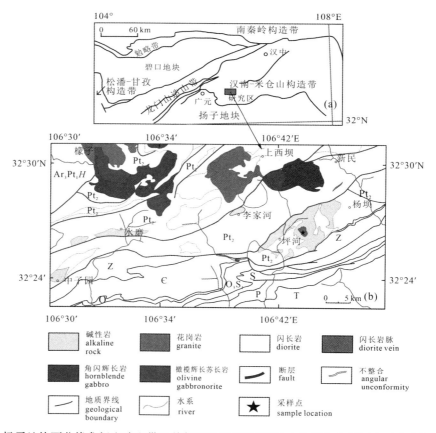

图 1　扬子地块西北缘龙门山造山带及其邻区地质构造简图(a)和米仓山坪河地区地质简图(b)

T:三叠系;P:二叠系;S:志留系;O:奥陶系;Є:寒武系;Z:震旦系(埃迪卡拉系);
Pt₂:中元古界火地垭群;Ar₃Pt₁H:新太古-古元古界后河岩群

碱性岩体中。坪河二长花岗岩岩体位于四川省巴中市南江县坪河乡北东方向约 5 km 处,出露面积约 1.5 km²,近南北向分布,样品采样坐标为:北纬 32°27.583′~32°27.892′,东经 106°42.601′~106°42.920′(图 1b)。

所采集的 12 个样品来自花岗岩体的不同部位,从野外观察情况来看,呈块状构造,样品中石英含量、粒度、黑云母可能有少许变化,但总体从岩相学特征上来看,此花岗岩体相对比较均一、变化不大。研究区主体岩性为二长花岗岩,岩石新鲜断口呈灰白色-浅肉红色,块状构造,中粗粒自形-半自形花岗结构(图 2a)。主要组成矿物为钾长石(55%)+斜长石(10%)+石英(30%)+黑云母(4%),副矿物主要有磷灰石、榍石、磁铁矿、锆石等。钾长石自形程度略差于斜长石,为半自形晶,颗粒大小与斜长石相当,卡氏双晶发育。斜长石呈半自形板状。石英在岩石中呈他形粒状分布于长石颗粒之间,表面裂纹较为发育,有时可见石英波状消光现象。黑云母呈黑褐色,含量不高,自形-半自形晶,零散分布于岩石之中(图 2b)。

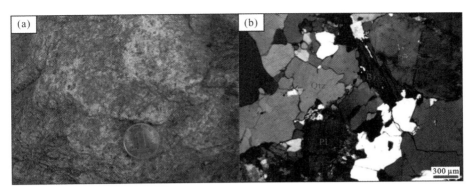

图2 米仓山坪河新元古代二长花岗岩的野外及镜下照片

Kfs:钾长石;Pl:斜长石;Qtz:石英;Bi:黑云母

2.2 样品分析方法

分析测试样品是在岩石薄片鉴定的基础上精心挑选出来的。首先经镜下观察,选取新鲜的、无后期交代脉体贯入的样品,然后用牛皮纸包裹击碎成直径约 5~10 mm 的细小新鲜岩石小颗粒,用蒸馏水洗净,烘干,最后在振动盒式碎样机(日本理学公司生产)内粉碎至 200 目。

岩石主量元素测试在中国科学院贵阳地球化学研究所采用 XRF 方法测定完成,分析相对误差一般优于 5%。微量及稀土元素分析亦在中国科学院贵阳地球化学研究所完成,使用仪器为 Bruker Aurora M90 ICP-MS,分析精度优于 5%,分析流程参照文献(Qi Liang et al.,2000)。

锆石按常规重力和磁选方法分选,在双目镜下挑纯,将锆石样品置于环氧树脂中,然后磨至约一半,使锆石内部暴露,锆石样品在测定之前用浓度 3% 的稀 HNO_3 清洗样品表面,以除去样品表面的污染物。锆石的 CL 图像分析在西北大学大陆动力学国家重点实验室的电子显微扫描电镜上完成。锆石 U-Pb 同位素组成分析在西北大学大陆动力学国家重点实验室激光剥蚀电感耦合等离子体质谱(LA-ICP-MS)仪上完成。激光剥蚀系统为配备有 193 nm ArF-excimer 激光器的 Geolas 200M(Microlas Gottingen Germany),分析采用激光剥蚀孔径 30 μm,激光脉冲为 10 Hz,能量为 32~36 mJ,同位素组成用锆石 91500 进行外标校正。LA-ICP-MS 分析的详细方法和流程见文献(Yuan Honglin et al.,2004)。

Sr-Nd 同位素分析在中国科学院贵阳地球化学研究所完成,利用 Neptune Plus 多接收器电感耦合等离子体质谱仪(MC-ICPMS)测定,Sr、Nd 同位素分析方法参照文献(Chu Zhuyin et al.,2009)。

3 岩石化学特征

3.1 主量元素特征

坪河二长花岗岩12件样品的主量元素和微量元素分析结果及相关参数列于表1中。

从表 1 中可以看出,二长花岗岩 $SiO_2 = 76.84\% \sim 80.08\%$,为一套典型的酸性侵入岩,这与 CIPW 标准矿物计算结果(表 1)中本区岩石均出现较大数量的 Q(石英)标准矿物分子相吻合。岩石具有极低的 TiO_2(0.04% ~ 0.06%)、MgO(0.06% ~ 0.11%)、CaO(0.52% ~ 0.70%)、P_2O_5(0.01% ~ 0.02%)含量;$Mg^\#$ 值较低,为 9.29 ~ 20.45。岩石的铝饱和指数(A/CNK)介于 0.77 ~ 0.89,小于 1.0。$Al_2O_3 = 9.48\% \sim 10.92\%$,$K_2O = 3.80\% \sim 5.19\%$,岩石全碱($Na_2O+K_2O$)含量相对较高,介于 7.64% ~ 8.99%,相对富钾($K_2O/Na_2O = 0.91 \sim 1.36$)。在 SiO_2-K_2O 图解(图 3a)中,样品多位于钙碱系列–高钾钙碱性系列之间;在 A/NK-A/CNK 图解(图 3b)中,全部样品均在过碱质范围内。通过常量元素化学成分计算的标准矿物对岩石进行分类,样品点投影到二长花岗岩区域内(图 4),表明该区的花岗岩总体上属于准铝质高钾钙碱性二长花岗岩类。

表 1 米仓山坪河花岗岩主量(%)及微量(×10⁻⁶)元素分析结果

表 1 米仓山坪河花岗岩主量(%)及微量(×10⁻⁶)元素分析结果

样品号	PH2-1	PH2-2	PH2-3	PH2-4	PH2-5	PH2-8	PH2-9	PH2-11	PH2-12	PH2-13	PH2-14	PH2-15
主量元素分析结果												
SiO_2	78.29	78.94	78.14	78.34	79.92	79.41	78.85	76.84	79.30	79.66	80.08	79.36
TiO_2	0.05	0.06	0.05	0.05	0.05	0.05	0.05	0.04	0.04	0.04	0.04	0.04
Al_2O_3	10.34	10.14	10.92	10.50	10.01	10.08	10.33	10.18	10.05	9.52	9.48	9.75
$Fe_2O_3^T$	1.01	1.03	0.96	0.97	0.99	0.96	0.92	1.45	0.94	0.90	0.93	0.90
MnO	0.05	0.05	0.06	0.04	0.05	0.05	0.04	0.07	0.06	0.06	0.08	0.07
MgO	0.08	0.11	0.10	0.08	0.08	0.08	0.08	0.06	0.07	0.07	0.07	0.07
CaO	0.67	0.70	0.64	0.65	0.61	0.58	0.62	0.52	0.58	0.59	0.55	0.57
Na_2O	4.40	4.38	4.21	4.28	3.96	3.77	4.10	3.80	3.97	4.02	4.18	4.11
K_2O	4.18	4.27	3.92	4.21	3.85	3.87	4.09	5.19	4.05	4.16	3.80	4.14
P_2O_5	0.02	0.02	0.02	0.02	0.02	0.02	0.02	0.02	0.01	0.02	0.02	0.02
LOI	0.59	0.61	0.67	0.56	0.62	0.71	0.52	0.47	0.47	0.51	0.58	0.58
Total	99.68	100.32	99.66	99.72	100.16	99.58	99.62	98.65	99.51	99.55	99.81	99.61
$Mg^\#$	16.04	20.45	17.83	16.46	16.08	16.60	16.96	9.29	13.97	14.86	15.27	14.48
σ	2.09	2.09	1.88	2.04	1.65	1.60	1.87	2.39	1.77	1.82	1.72	1.87
A/CNK	0.80	0.77	0.89	0.82	0.85	0.88	0.84	0.79	0.84	0.78	0.79	0.79
CIPW 标准矿物计算结果												
Q	40.86	41.74	39.36	40.50	44.00	43.77	41.82	40.54	43.37	45.16	45.76	44.12
Or	25.19	25.60	23.64	25.34	23.10	23.37	24.60	31.69	24.37	25.03	22.82	24.95
Ab	30.49	28.74	35.01	31.14	30.50	30.95	30.96	24.26	29.73	26.34	28.09	27.62
Ns	1.73	2.06	0.30	1.34	0.82	0.38	1.03	2.10	1.04	1.94	1.84	1.82
Wo	1.09	1.08	1.03	1.05	0.99	0.92	1.03	0.79	0.94	0.96	0.83	0.90
Di(FS)	0.04	0.00	0.04	0.04	0.02	0.03	0.00	0.14	0.08	0.09	0.15	0.11
Di(MS)	0.46	0.62	0.49	0.45	0.44	0.45	0.44	0.36	0.36	0.37	0.40	0.36
Il	0.10	0.11	0.10	0.10	0.10	0.10	0.10	0.08	0.08	0.08	0.08	0.08
Ap	0.05	0.04	0.04	0.04	0.04	0.04	0.04	0.05	0.04	0.04	0.04	0.04

样品号	PH2-1	PH2-2	PH2-3	PH2-4	PH2-5	PH2-8	PH2-9	PH2-11	PH2-12	PH2-13	PH2-14	PH2-15
微量及稀土元素分析结果												
Li	53.9	56.9	56.3	53.1	54.4	53.9	51.1	41.4	49.0	48.8	52.3	50.8
Be	1.82	1.94	1.79	1.84	1.96	1.79	1.92	2.27	2.07	2.22	2.21	2.17
Sc	8.14	8.24	7.58	8.33	8.98	7.98	8.66	8.07	9.12	8.91	8.57	8.51
V	1.91	2.37	2.02	2.40	1.63	2.25	1.88	1.68	1.42	1.35	1.56	1.66
Cr	6.26	4.34	17.64	4.63	6.57	2.75	1.83	3.69	3.02	5.86	1.95	3.05
Co	45.8	33.5	70.7	54.3	54.8	99.0	51.0	36.7	52.5	53.5	36.6	68.6
Ni	6.67	4.52	14.60	4.82	6.37	5.25	4.83	3.88	4.43	5.15	3.50	6.20
Cu	1.43	1.69	3.33	1.30	1.92	0.94	2.35	1.70	1.18	1.97	1.35	1.09
Zn	42.7	46.8	42.0	37.5	50.8	46.1	46.4	49.5	46.9	49.6	47.3	44.2
Ga	12.8	13.6	12.2	13.6	13.4	12.9	12.9	16.8	13.4	13.5	12.9	13.1
As	0.43	2.82	0.60	0.49	0.88	0.54	2.38	0.36	0.46	0.31	0.52	0.29
Rb	103	104	101	108	104	96.9	103	145	108	115	106	114
Sr	69.1	69.2	66.4	68.2	69.2	60.6	64.3	44.7	50.8	53.8	52.8	52.1
Y	18.3	19.7	19.2	17.9	20.1	16.9	15.7	51.8	19.3	16.8	18.1	16.8
Zr	82.0	89.2	73.9	78.8	87.6	79.7	77.5	297	68.2	64.4	70.8	64.5
Nb	11.3	11.6	11.2	11.4	11.8	10.8	10.4	10.6	11.8	11.6	11.5	11.7
Cs	2.06	2.15	1.91	1.95	2.25	2.06	2.14	2.69	2.22	2.13	2.20	2.18
Ba	647	641	597	644	727	675	704	596	643	649	635	648
La	18.0	17.8	16.7	18.0	20.5	18.0	18.8	26.6	16.5	16.4	16.0	14.7
Ce	33.6	33.0	31.3	35.3	37.5	32.7	34.3	51.2	31.9	31.4	29.5	27.6
Pr	3.65	3.72	3.28	3.93	3.91	3.50	3.69	5.74	3.35	3.20	3.19	2.90
Nd	12.8	13.5	10.9	13.5	13.4	12.1	12.6	19.8	11.7	10.9	11.2	10.3
Sm	2.47	2.75	2.29	2.79	2.79	2.50	2.62	4.79	2.67	2.31	2.38	2.23
Eu	0.29	0.29	0.28	0.33	0.34	0.28	0.28	0.23	0.30	0.27	0.26	0.26
Ti	0.23	0.27	0.23	0.23	0.23	0.23	0.23	0.19	0.19	0.19	0.18	0.19
Gd	2.26	2.31	2.16	2.29	2.45	2.12	2.14	4.78	2.27	2.15	2.09	1.96
Tb	0.40	0.43	0.40	0.40	0.43	0.37	0.37	0.95	0.40	0.38	0.40	0.36
Dy	2.54	2.77	2.58	2.41	2.80	2.38	2.25	6.74	2.75	2.41	2.56	2.32
Ho	0.54	0.53	0.54	0.49	0.57	0.49	0.45	1.54	0.58	0.48	0.51	0.46
Er	1.70	1.76	1.76	1.61	1.72	1.61	1.46	5.16	1.71	1.54	1.60	1.50
Tm	0.28	0.28	0.28	0.26	0.28	0.24	0.22	0.81	0.27	0.24	0.27	0.23
Yb	1.85	1.85	1.85	1.76	1.95	1.76	1.61	5.60	1.94	1.70	1.90	1.61
Lu	0.28	0.29	0.29	0.27	0.32	0.28	0.25	0.87	0.30	0.28	0.29	0.25
Hf	3.01	3.28	2.71	2.89	3.18	2.76	2.90	9.64	2.67	2.64	2.90	2.29
Ta	1.41	0.96	1.45	1.49	1.42	1.49	1.02	1.24	1.31	1.25	1.21	1.31
W	436	165	564	448	392	719	242	342	436	384	316	586
Tl	0.34	0.36	0.30	0.34	0.33	0.32	0.34	0.44	0.38	0.37	0.34	0.35

样品号	PH2-1	PH2-2	PH2-3	PH2-4	PH2-5	PH2-8	PH2-9	PH2-11	PH2-12	PH2-13	PH2-14	PH2-15
Pb	13.6	14.0	12.6	13.8	13.8	13.2	13.6	15.8	14.5	13.1	12.2	12.9
Bi	0.05	0.01	0.03	0.04	0.03	0.03	0.01	0.11	0.06	0.05	0.07	0.06
Th	9.08	9.40	8.64	8.95	9.94	8.18	8.41	13.3	7.82	7.50	7.43	6.95
U	1.53	1.50	1.46	1.45	1.40	1.25	1.30	3.60	1.45	1.27	1.47	1.28
P	93.2	79.2	77.6	81.3	75.4	67.8	72.2	98.4	64.2	66.4	70.0	69.1
Eu*	0.12	0.12	0.13	0.13	0.13	0.12	0.12	0.05	0.12	0.12	0.12	0.13
$\sum$REE	80.7	81.3	74.6	83.3	88.9	78.3	81.0	134.8	76.6	73.7	72.1	66.7
$\sum$LREE/$\sum$HREE	7.19	6.95	6.57	7.79	7.47	7.46	8.26	4.10	6.49	7.02	6.50	6.67
$(La/Yb)_N$	6.98	6.90	6.48	7.35	7.56	7.32	8.38	3.41	6.09	6.91	6.05	6.55
$(Ce/Yb)_N$	5.05	4.95	4.70	5.59	5.35	5.15	5.92	2.54	4.56	5.12	4.32	4.76
Nb/Ta	8.00	12.14	7.75	7.63	8.29	7.23	10.20	8.54	8.98	9.26	9.51	8.91
Zr/Hf	27.25	27.23	27.28	27.27	27.55	28.89	26.70	30.80	25.52	24.37	24.44	28.13

$Mg^{\#}=100Mg/(Mg+Fe^{2+})$；$\sigma=[K_2O+(Na_2O)^2]/(SiO_2-43\%)$。

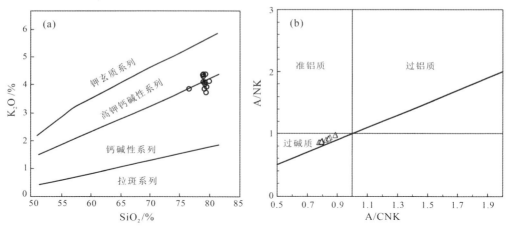

图3 米仓山坪河花岗岩 SiO_2-K_2O 图解(a)和 A/CNK-A/NK 图解(b)

据 Maniar and Piccoli(1989)

3.2 稀土及微量元素特征

该区二长花岗岩的稀土元素总量 $\sum$REE 为 $66.68\times10^{-6}\sim134.82\times10^{-6}$，平均为 82.68×10^{-6}，轻稀土元素含量与重稀土元素含量比值($\sum$LREE/$\sum$HREE)为 $4.10\sim8.62$；岩石 $(Ce/Yb)_N$ 值介于 $2.54\sim5.92$，平均为 4.83，$(La/Yb)_N$ 值介于 $3.14\sim8.38$，平均为 6.67，表明了 LREE 相对富集，轻、重稀土元素分馏较明显的特征。在球粒陨石标准化稀土配分图(图5a)中，显示为右倾富集型配分型式。其中，$\delta Eu=0.05\sim0.13$，显示出较强程度的负 Eu 异常。

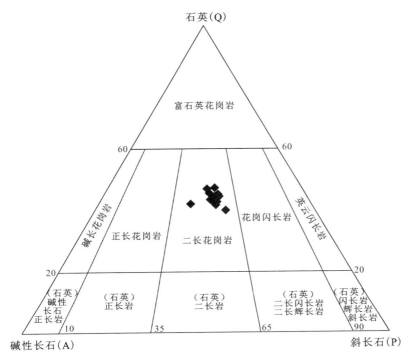

图4　米仓山坪河花岗岩 QAP 图解

据 Streckersen(1976)

　　从微量元素分析结果(表1)和微量元素原始地幔标准化配分图解(图 5b)中可以看出,坪河二长花岗岩具有 Rb、U、Th、K、Pb、Hf、Y 等元素不同程度的正异常,而 Ba、Nb、Ta、La、Ce、Sr、P、Zr、Ti 等元素具有不同程度的负异常,其中 Nb、Ta 和 Sr、Ti 的负异常尤其显著。

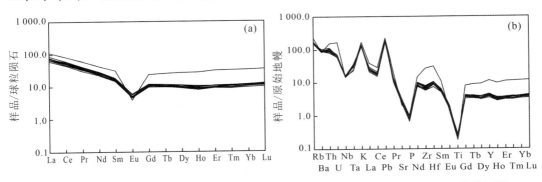

图5　米仓山坪河花岗岩稀土元素球粒陨石标准化配分图(a)和微量元素原始地幔标准化蛛网图(b)

据 Sun and Mcdonough(1989)

3.3　Sr 和 Nd 同位素特征

　　本区花岗岩 3 个样品的 Sr-Nd 同位素分析结果列于表 2 中。从表 2 中可以看到,岩石中 Sr 含量为 $44.7×10^{-6} \sim 68.2×10^{-6}$,Rb 含量为 $96.9×10^{-6} \sim 145×10^{-6}$,岩石 $^{87}Sr/^{86}Sr =$

0. 747 067~0. 795 282；岩石中 Nd 含量为 12. 1×10^{-6}~19. 8×10^{-6}，Sm 含量为 2. 50×10^{-6}~4. 79×10^{-6}，$^{143}Nd/^{144}Nd$ = 0. 512 472~0. 512 661，变化范围较小。初始锶比值($^{87}Sr/^{86}Sr$)$_i$ = 0. 695 394~0. 699 002，$\varepsilon_{Nd}(t)$ = +3. 6~+5. 2，二阶段模式年龄 T_{DM2} 值为 0. 96 Ga、0. 97 Ga 和 1. 07 Ga，变化范围较小。

表 2　米仓山坪河花岗岩 Sr-Nd 同位素分析结果

样品号	$^{87}Sr/^{86}Sr$	2σ	Sr /×10^{-6}	Rb /×10^{-6}	$^{143}Nd/^{144}Nd$	2σ	Nd /×10^{-6}	Sm /×10^{-6}	T_{DM2} /Ga	$\varepsilon_{Nd}(t)$	($^{87}Sr/^{86}Sr$)$_i$
PH2-4	0. 747 067	0. 000 046	68. 2	108	0. 512 546	0. 000 165	13. 5	2. 79	0. 97	5. 0	0. 698 357
PH2-8	0. 748 056	0. 000 021	60. 6	96. 9	0. 512 472	0. 000 022	12. 1	2. 50	1. 07	3. 6	0. 698 868
PH2-11	0. 795 282	0. 000 023	44. 7	145	0. 512 661	0. 000 017	19. 8	4. 79	0. 96	5. 2	0. 695 122

$\varepsilon_{Nd}(t) = [(^{143}Nd/^{144}Nd)_S(t)/(^{143}Nd/^{144}Nd)_{CHUR}(t) - 1] \times 10^4$；$(^{143}Nd/^{144}Nd)_{CHUR}$ = 0. 512 638；$(^{147}Sm/^{144}Nd)_{CHUR}$ = 0. 196 7；初始同位素组成根据 t = 742. 1 Ma 校正。

4　锆石 LA-ICP-MS U-Pb 定年结果

坪河二长花岗岩(PH2-6)LA-ICP-MS 微区锆石 U-Pb 定年分析结果列于表 3 中，锆石的 CL 图像如图 6 所示。锆石颗粒在透射光和反射光下无色，半透明-透明，粒径介于 50~100 μm，长宽比约为 1:1~2:1。锆石颗粒较为破碎，大部分锆石颗粒自形程度中等，多数呈长柱状或短柱状，部分锆石自形程度较差，呈不规则状，表面比较粗糙，在锆石 CL 图像上呈暗灰色，大部分锆石有岩浆韵律环带，个别锆石显示核边结构，属于岩浆结晶产物。本文共选取 14 颗锆石进行了 14 个数据点分析(表 3，图 6)。其中，第 10 个测点的$^{206}Pb/^{238}U$ 年龄为 2 479. 2±22. 16 Ma，从 CL 图像上可以判断为捕获的锆石核；第 11 个测点年龄为 857. 2±10. 55 Ma，可能也是一个捕获锆石，其余测点的年龄值介于 730. 4~763. 8 Ma。第 12 个测点具有很高的 Th(1 067. 7×10^{-6})、U(8 872×10^{-6})含量，Th/U 比值异常，结合不完整的锆石晶形和 CL 图像特征显示出不规则且模糊的环带，这一年龄结果可能是受到后期变质流体影响所致。除了 12 号点外，其余所测锆石中 U 含量变化范围介于 88. 7×10^{-6}~870. 8×10^{-6}，Th 含量变化范围为 49. 44×10^{-6}~724. 47×10^{-6}，Th/U 比值介于 0. 47~0. 83，均大于 0. 4，显示出岩浆锆石的特征(吴元保等，2004)。最终对年龄比较集中的 12 个数据点进行$^{206}Pb/^{238}U$ 的加权平均计算，其加权平均年龄为 742. 1±5. 9 Ma(MSWD = 1. 3，n = 12，2σ)(图 6)，在误差范围内一致，代表了坪河二长花岗岩的主体结晶年龄。

5　讨论

5. 1　岩石成因类型

从上述分析可以看到，坪河二长花岗岩为准铝质高钾钙碱性花岗岩类，以高硅、富钾、低钙、低磷为特征，具明显的 Eu 负异常，这些特征似乎与 A 型花岗岩有点类似(Eby，1990；苏玉平等，2005)。檬子地区(图 1b)钾长花岗岩属高钾钙碱系列，弱过铝质，A/CNK = 1. 01~

表 3 米仓山坪河花岗岩 LA-ICP-MS 锆石 U-Pb 定年分析结果

测点编号	元素含量/×10⁻⁶			Th/U	同位素比值						年龄/Ma						谐和度/%
	Pb	Th	U		$^{207}Pb/^{206}Pb$ 测值	2σ	$^{207}Pb/^{235}U$ 测值	2σ	$^{206}Pb/^{238}U$ 测值	2σ	$^{206}Pb0/^{238}U$ 测值	2σ	$^{207}Pb/^{235}U$ 测值	2σ	$^{207}Pb/^{206}Pb$ 测值	2σ	
PH2-6-01	336.03	724.5	870.82	0.83	0.066 40	0.002 18	1.106 05	0.029 78	0.120 81	0.001 42	735.3	8.17	756.3	14.36	819.0	67.23	97
PH2-6-02	322.19	462.6	856.02	0.54	0.068 59	0.002 37	1.155 28	0.033 34	0.122 15	0.001 49	743.0	8.58	779.7	15.70	886.6	69.83	95
PH2-6-03	110.36	145.3	221.54	0.66	0.065 44	0.002 81	1.113 46	0.042 58	0.123 42	0.001 74	750.2	9.99	759.8	20.46	788.4	87.72	99
PH2-6-04	142.12	208.7	271.99	0.77	0.064 38	0.001 96	1.088 75	0.026 18	0.122 66	0.001 36	745.8	7.81	747.9	12.72	754.1	63.07	100
PH2-6-05	257.75	393.3	511.37	0.77	0.066 89	0.001 78	1.128 33	0.021 63	0.122 35	0.001 27	744.1	7.28	767.0	10.32	834.2	54.62	97
PH2-6-06	102.04	109.4	191.36	0.57	0.064 19	0.002 22	1.088 82	0.031 46	0.123 02	0.001 47	747.9	8.45	747.9	15.29	747.9	71.45	100
PH2-6-07	96.32	107.4	202.36	0.53	0.066 75	0.003 44	1.104 13	0.052 12	0.119 97	0.001 95	730.4	11.21	755.3	25.15	829.8	103.8	97
PH2-6-08	201.07	268.7	397.73	0.68	0.066 57	0.001 97	1.113 14	0.025 40	0.121 26	0.001 33	737.8	7.64	759.7	12.20	824.5	60.51	97
PH2-6-09	90.77	98.52	180.06	0.55	0.064 81	0.002 30	1.074 66	0.032 17	0.120 25	0.001 46	732.0	8.38	741.0	15.74	768.2	73.11	99
PH2-6-10	1 009.4	274.3	579.02	0.47	0.162 74	0.003 74	10.524 70	0.147 83	0.469 01	0.005 05	2 479.2	22.16	2 482.1	13.02	2 484.4	38.26	100
PH2-6-11	53.63	49.44	88.70	0.56	0.067 55	0.002 62	1.324 67	0.044 48	0.142 22	0.001 87	857.2	10.55	856.6	19.43	854.7	78.49	100
PH2-6-12	1 564.2	1 068 8	871.6	0.12	0.064 65	0.001 98	1.121 42	0.026 89	0.125 80	0.001 39	763.8	7.98	763.7	12.87	762.9	63.14	100
PH2-6-13	371.86	413.2	817.25	0.51	0.067 05	0.001 71	1.119 22	0.019 29	0.121 06	0.001 21	736.7	6.97	762.6	9.24	839.2	52.1	97
PH2-6-14	455.79	1 052	1 459.7	0.72	0.065 75	0.002 53	1.093 78	0.036 28	0.120 63	0.001 56	734.2	8.95	750.3	17.6	798.6	78.69	98

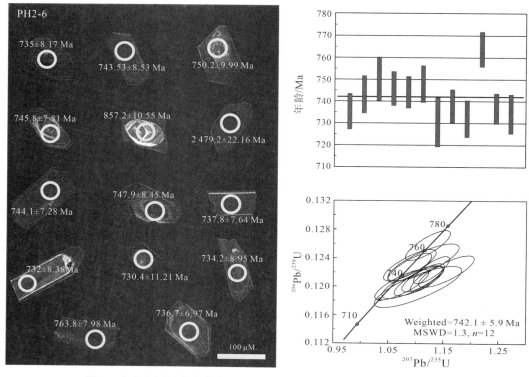

图 6　米仓山坪河花岗岩锆石阴极发光(CL)图像和 U-Pb 年龄谐和图

1.03,亦具高硅(77.58%~78.44%),相对富碱、富钾,稀土元素丰度较低($\sum$ REE = 105.9× 10^{-6} ~133.1× 10^{-6}),轻稀土富集,具有强烈的 Eu 负异常(δ Eu = 0.03~0.09),微量元素原始地幔标准化表现为大离子亲石元素富集,Ba、Nb、Sr、P、Ti 具有明显负异常(徐学义等,2011),与 A 型花岗岩特征类似(李婷,2010)。在以 Ga/Al 比值为基础的花岗岩成因类型判别图解(图 7c、d)中,可以看到样品点投影于 I&S 型或分异的长英质花岗岩与 A 型花岗岩边界附近,显示出过渡的特点,在 FeO^T/MgO-(Zr+Nb+Ce+Y)和(Na_2O+K_2O)/CaO-(Zr+Nb+Ce+Y)图解(图 7a、b)中,样品点几乎全部投影在分异的长英质花岗岩范围内。该区岩体铝饱和指数(A/CNK)介于 0.77~0.89,明显小于 1.0,且未出现富铝的硅酸盐产物,因此不具有 S 型花岗岩的特点。实验研究表明,在准铝质到弱过铝质岩浆中,磷灰石的溶解度很低,并在岩浆分异过程中随着 SiO_2 含量增加而降低;而在强过铝质岩浆中,磷灰石溶解度的变化趋势与此相反(Wolf et al.,1997)。磷灰石在 I 型和 S 型花岗岩浆中的这种不同行为已被成功地用于区分 I 型和 S 型花岗岩类(Wu Fuyuan et al.,2003)。在 SiO_2-P_2O_5 相关图(图 8b)中,P_2O_5 与 SiO_2 含量之间有较显著的负消长演化关系,这明显不同于典型的 S 型花岗岩。因为 S 型花岗岩具有较高的 P_2O_5 含量,且随着分异作用的进行 P_2O_5 有递增的演化趋势(Chappell,1999)。因此,可推断坪河二长花岗岩应该属于高分异的 I 型花岗岩岩类。可以看出,坪河花岗岩和檬子地区花岗岩具有类似的地球化学特征,前者属于高分异的 I 型花岗岩,后者属于 A 型花岗岩。

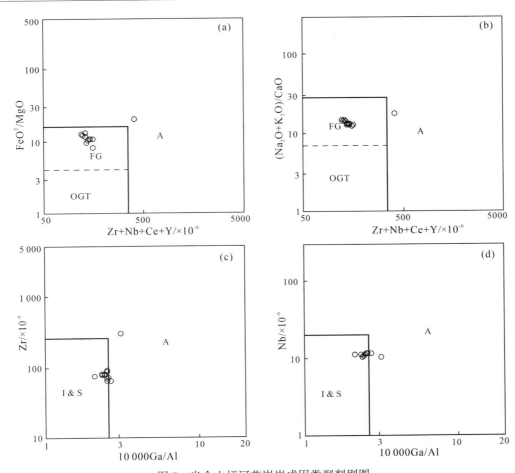

图 7　米仓山坪河花岗岩成因类型判别图

A:A 型花岗岩;I & S:I 型和 S 型花岗岩;FG:分异的长英质花岗岩区;OGT:未分异的 I、S 和 M 型花岗岩区。

据 Whalen et al.(1987)

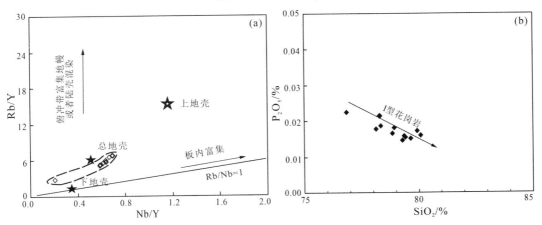

图 8　花岗岩 Rb/Y-Nb/Y 图解及米仓山坪河花岗岩 SiO$_2$-P$_2$O$_5$ 相关图

图 8a 据 Jahn et al.(1999)

5.2 岩浆物源及成因初步探讨

确定花岗岩类型的关键并不是花岗岩本身所具有的地球化学特征,而是取决于花岗岩母岩浆所具有的初始的地球化学特征(陈璟元等,2015)。本区二长花岗岩中无角闪石,但具有较高的 SiO_2 含量(76.84%~80.08%),并且 $Mg^\#$ 值较低,为 9.29~20.45,很显然是不能由地幔岩石直接局部熔融产生的(Wilson,1989)。该岩体相对富集轻稀土元素,不相容元素 Nb、Ti 负异常明显,而元素 Pb 具有明显的正异常,其中 Nb/La 值较低(0.40~0.80),表明岩石起源于陆壳物质的部分熔融。岩体的 Nb/Ta 值为 7.23~12.14,平均为 8.87,明显低于幔源岩石(17.5±2)而非常接近陆壳岩石(11 左右);Zr/Hf 比值为 24.37~30.80,平均为 27.12,明显低于幔源岩石(36.27±2.0)而接近壳源岩石(33 左右)(Taylor and McLennan,1985;Hofmann,1988;Green,1995)。在高场强元素 Rb/Y-Nb/Y 比值图解(图 8a)中,样品投影点位于下地壳附近,表明坪河二长花岗岩的源岩主要来自陆壳物质,岩浆起源于下地壳岩石的局部熔融。

Sr-Nd 同位素数据见表 2。对高 Rb/Sr 比值的岩石来说,$(^{87}Sr/^{86}Sr)_i$ 值会表现出很大的不确定性,坪河花岗岩岩体具有小于 0.700 0(0.695 122~0.698 868)的 $(^{87}Sr/^{86}Sr)_i$ 值是不合理的,所以该区岩石经过年龄校正计算出来的 $(^{87}Sr/^{86}Sr)_i$ 值不能用于讨论岩石的成因(Jahn et al.,2001)。$\varepsilon_{Nd}(t)$ 变化于 +3.6~+5.2 范围内,偏高的 $\varepsilon_{Nd}(t)$ 值对应较年轻的模式年龄,偏低的 $\varepsilon_{Nd}(t)$ 值对应较高的模式年龄,坪河花岗质岩的二阶段模式年龄 T_{DM2} 值分别为 0.96 Ga、0.97 Ga 和 1.07 Ga,其同位素模式年龄和结晶年龄大体一致,因此 T_{DM2} 可以代表源岩的成岩时代。该区花岗质岩具有正 $\varepsilon_{Nd}(t)$ 值和较小的模式年龄值且变化范围较小,这些特点反映出源岩同位素成分均一(刘明强等,2005)。根据 $\varepsilon_{Nd}(t)$-SiO_2 图解(图 9)中显示出的负相关性,表明岩浆在演化上升过程中受到地壳物质同化混染的影响。综合上述地球化学特征,可推测坪河二长花岗岩可能为新生玄武质下地壳局部熔融结果的产物,其岩浆在上升侵位过程中可能受到了地壳物质的同化混染。

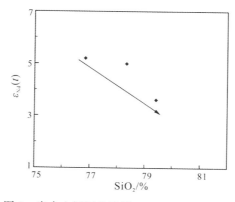

图 9 米仓山坪河花岗岩 $\varepsilon_{Nd}(t)$-SiO_2 相关图

坪河超单元碱性岩(带状杂岩体)具有成分演化(从偏碱性到碱性再到过碱性)序列的特征,其岩石具有富碱、高铝、贫硅的特点,属过碱的钠质碱性超基性岩;SiO_2 质量分数多在 $37.46\% \sim 45.03\%$,平均为 40.93%;全碱含量较高,且变化范围($1.02\% \sim 18.23\%$)较大,具有典型的肯尼迪演化趋势。稀土总量普遍偏低($\Sigma REE < 100 \times 10^{-6}$),并有按钛铁霞辉岩—霓霞岩—磷霞岩的顺序逐渐下降之势,具有弱–中等 LREE 富集,LREE 分馏程度较高,HREE 分馏不明显,$\delta Eu = 0.87 \sim 1.06$,多具弱负异常(肖渊甫等,1997;何利,2010)。坪河超单元碱性岩具有 Rb/Sr 比值($0.02 \sim 0.56$)变化不大的特征,而坪河二长花岗岩有较高的 Rb/Sr 比值($1.49 \sim 3.24$);碱性岩同位素$(^{87}Sr/^{86}Sr)_i = 0.705\,3$(邱家骧,1993)$\sim$ $0.709\,4$(周玲棣等,1998),远大于二长花岗岩的$(^{87}Sr/^{86}Sr)_i$,具有幔源性质,主要来源于上地幔,并且遭受过大陆地壳的混染作用,其标准矿物分子中未见石英,表明原始岩浆硅不饱和,矿物霞石的出现表明原始岩浆熔融程度高,未见刚玉说明岩浆一直处于铝不饱和,而二长花岗岩标准矿物分子中还有大量的石英,至少能说明其原始岩浆硅是饱和的,这一点与碱性岩原始岩浆明显不同。碱性岩源岩具有霞石岩质碱性岩浆的性质,经深部分异及地壳混染作用后,以断裂扩张方式多次被动上侵,于 $23 \sim 33$ km 处就位、冷凝形成碱性系列复式杂岩体(肖渊甫等,1997)。而坪河二长花岗岩为新生玄武质下地壳局部熔融的结果,岩浆上升过程中可能受到地壳物质的混染。通过对地球化学特征和构造环境的对比分析可知,该区二长花岗岩不是超基性碱性岩浆直接分异演化的产物。

5.3　构造意义

新元古代在整个地球历史中是一段十分重要且具有特殊意义的地史阶段,从中元古代晚期开始,一些分散的古陆块逐步汇聚,形成命名为"Rodinia"的超大陆(Moores,1991;Dalziel,1991;Powell et al.,1993)。该大陆在新元古代晚期发生裂解,在许多陆块上形成大规模的包含火山喷发及侵入岩在内的岩浆活动(李献华,2002;陆松年等,2003)。

对于 Rodinia 超大陆解体的时间,目前国内外很多学者持有不同的观点。Powell 等(1993)根据古地磁数据认为,Rodinia 超大陆至少保留到 725 Ma;Torsvik 等(1995)认为,Rodinia 超大陆解体时限应为 $725 \sim 750$ Ma;王剑(2001)认为,Rodinia 超大陆在新元古代时期($850 \sim 700$ Ma)发生了解体,并且形成了全球性的众多裂谷。王江海(1998)的研究结果表明,扬子地块有可能是在大约 $700 \sim 900$ Ma 时从 Rodinia 超大陆上分离出来的。在扬子地块从 Rodinia 超大陆上裂解的过程中,扬子地块边缘构成了强烈的地块边缘岩浆活动,从而在扬子地块边缘广泛出露新元古代的火山岩类。目前,扬子地块被认为是全球最完整地保留了新元古代中期与 Rodinia 超大陆早期裂解相关的岩浆活动和沉积作用记录的地区,它在 Rodinia 超大陆重建中具有"核心"位置(李献华等,2012)。因此,扬子地块是研究 Rodinia 超大陆的关键地区之一。

最新研究结果表明,扬子地块西北缘活动大陆边缘的发育在新元古代青白口纪,而发生自北西向南东方向的洋壳俯冲以及弧陆碰撞造山作用时间主要是在 810 Ma 之前

（Chen Yuelong et al., 2005；陈岳龙等，2006；裴先治等，2009；李佐臣，2013），之后进入Rodinia 超大陆的裂解阶段，主要表现为扬子地块西北缘、北缘龙门山构造带、汉南–米仓山构造带上大规模的岩浆侵入，侵入之前局部有火山岩喷发。以刘家坪穹窿构造核部的刘家坪群火山岩为代表，其形成时代为 809 ± 11 Ma，形成于裂谷环境，表明在 810 Ma 之后龙门山造山带已处于初始裂解环境（李佐臣，2009）。后龙门山造山带大滩花岗岩和轿子顶花岗岩形成时代分别为 806 ± 19 Ma 和 793 ± 11 Ma，形成于后碰撞大陆边缘环境，即后造山期，都是 Rodinia 超大陆初始裂解阶段的产物（裴先治等，2009；李佐臣，2013）。扬子北缘的望江山基性岩体形成于约 785 ± 88 Ma 的晋宁期，具有陆内裂谷环境岩浆作用的地球化学属性（凌文黎等，2001）。扬子地块北缘檬子地区钾长花岗岩锆石 U-Pb 定年结果表明其岩体形成年龄为 745 ± 11 Ma，是由新生地壳的部分熔融形成的，形成于拉张大陆裂谷构造环境中，当裂谷拉张到一定程度时，岩浆底侵至下地壳，热量促使地壳岩石部分熔融，随后伴随上升侵入地表形成长英质花岗岩（李婷，2010）。因此，檬子地区的花岗岩与坪河二长花岗岩同属于新元古代时期岩浆作用的产物。坪河花岗岩岩体的 Rb-(Y+Nb) 图解（图 10a）显示，该区花岗岩投影点位于板内花岗岩区域内；在 (Rb/30)-Hf-3Ta 图解（图 10b）中的投影点显示，坪河花岗岩位于后碰撞花岗岩区域内。综合上述分析，我们认为，坪河二长花岗岩可能形成于伸展的构造环境。

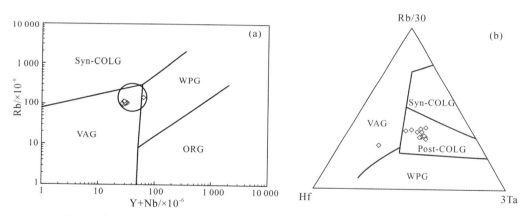

图 10　米仓山坪河花岗岩 Rb-(Y+Nb)(a) 和 Rb/30-Hf-3Ta(b) 构造环境判别图
WPG：板内花岗岩；ORG：大洋脊花岗岩；VAG：火山弧花岗岩；
Syn-COLG：同碰撞花岗岩；Post-COLG：后碰撞花岗岩。
图 10a 据 Pearce(1996)；图 10b 据 Harris et al.(1986)

米仓山坪河二长花岗岩锆石 LA-ICP-MS U-Pb 年龄为 742.1 ± 5.9 Ma，形成于后碰撞的伸展构造环境，是新生玄武质下地壳局部熔融的岩浆产物；坪河碱性岩（磷霞岩）锆石LA-ICP-MS U-Pb 定年结果表明，其岩体形成时代为 871 ± 4.1 Ma（未发表数据），是新元古代晋宁期岩浆作用的产物。研究表明，坪河碱性岩形成于板内裂谷构造环境，是扬子北缘新元古代中期陆壳减薄伸展机制下大陆裂解的产物（肖渊甫等，1997）。显然，坪河二长花岗岩形成时代晚于碱性岩，二者在空间上呈明显的侵入接触关系。在新元古代晋宁期(870 Ma 左右),扬子北缘整体处于大陆裂谷的构造环境,从上地幔熔出的碱性岩浆底辟上升进入地壳侵位,形成该区岩性复杂、类型多样的碱性岩。至新元古代 742 Ma 左右,由玄武质下地壳局部熔融形成的酸性岩浆侵位形成本区二长花岗岩体。

综上所述,我们有理由认为,新元古代期间扬子地块北缘米仓山地区总体处于伸展的构造环境,这一结论与新元古代全球大地构造背景处于 Rodinia 超大陆解体的环境相吻合。因此,坪河新元古代二长花岗岩就是 Rodinia 超大陆在新元古代岩浆作用的产物,对其精细解析和研究能够为进一步深入探讨 Rodinia 超大陆的形成和演化提供重要的基础科学资料。

6 结 论

(1)坪河二长花岗岩锆石 U-Pb 年龄为 742.1 ± 5.9 Ma(MSWD = 1.3, 2σ),表明其形成于新元古代。岩石属于准铝质高钾钙碱性花岗岩,岩浆可能起源于新生玄武质下地壳岩石的局部熔融,其上升阶段可能遭受了地壳的混染作用。

(2)坪河二长花岗岩属于高分异 I 型花岗岩类,形成于伸展的构造环境,是新元古代晚期 Rodinia 超大陆裂解作用的岩浆响应。

参考文献

[1] 敖文昊,张宇昆,张瑞英,赵燕,孙勇,2014.新元古代扬子北缘地壳增生事件:来自汉南祖师店奥长花岗岩地球化学、锆石 LA-ICP-MS U-Pb 年代学和 Hf 同位素证据.地质评论,60(6):1393-1408.

[2] 陈璟元,杨进辉,2015.佛冈高分异 I 型花岗岩的成因:来自 Nb-Ta-Zr-Hf 等元素的制约.岩石学报,31(3):846-854.

[3] 陈岳龙,唐金荣,刘飞,张宏飞,聂兰仕,蒋丽婷,2006.松潘-甘孜碎屑沉积岩的地球化学与 Sm-Nd 同位素地球化学.中国地质,33(1):109-118.

[4] 邓晋福,冯艳芳,狄永军,刘翠,肖庆辉,苏尚国,赵国春,孟斐,马帅,姚图,2015a. 岩浆弧火成岩构造组合与洋陆转换. 地质论评,61(3):473-484.

[5] 邓晋福,刘翠,冯艳芳,肖庆辉,狄永军,苏尚国,赵国春,戴蒙,2015b. 关于火成岩常用图解的正确使用:讨论与建议. 地质论评,61(4):717-734.

[6] 杜思清,魏显贵,刘援朝,吴德超,1998.汉南-米仓山区叠加东西向隆坳的北东向推覆构造.成都理工学院学报,25(3):369-374.

[7] 何大伦,刘登忠,邓明森,周游,1995.四川米仓山地区扬子地台结晶基底的时代归属.四川地质学报,15(3):176-183.

[8] 何利,2010.川北坪河碱性杂岩体特征及其构造背景.成都:成都理工大学硕士学位论文:1-61.

[9] 李婷,2010.扬子陆块北缘碑坝-西乡地区新元古代构造-岩浆作用研究.西安:长安大学硕士学位论文:1-55.

[10] 李庭柱,张仅娴,1994.米仓山区碱性花岗岩的物质组分.西南工学院学报,9(4):39-50.

[11] 李献华,李正祥,周汉文,刘颖,梁细荣,李武显,2002.川西南关刀山岩体的 SHRIMP 锆石 U-Pb 年龄、元素和 Nd 同位素地球化学:岩石成因与构造意义.中国科学:D 辑,地球科学,S2:60-68.

[12] 李献华,李武显,何斌,2012.华南陆块的形成与 Rodinia 超大陆聚合-裂解-观察、解释与检验.矿物

岩石地球化学通报,31(6):543-559.

[13] 李佐臣,2009.扬子地块西北缘后龙门山造山带(北段)物质组成、构造特征及其形成演化.西安:长安大学博士学位论文:1-211.

[14] 李佐臣,裴先治,李瑞保,裴磊,刘成军,陈国超,陈有忻,徐通,杨杰,魏博,2013.扬子地块西北缘刘家坪地区大滩花岗岩体年代学、地球化学及其构造环境.地质论评,59(5):869-884.

[15] 凌文黎,高山,程建萍,江麟生,袁洪林,胡兆初,2006.扬子陆核与陆缘新元古代岩浆事件对比及其构造意义:来自黄陵和汉南杂岩 LA-ICP-MS 锆石 U-Pb 同位素年代学的约束.岩石学报,22(2):387-396.

[16] 凌文黎,王欲华,程建萍,2001.扬子北缘晋宁期望江山基性岩体的地球化学特征及其构造背景.矿物岩石地球化学通报,20(4):218-222.

[17] 刘明强,王建军,代文军,党引业,2005.甘肃北山造山带红石山地区正 $\varepsilon_{Nd}(t)$ 值花岗质岩石的成因及地质意义.地质通报,24(9):831-836.

[18] 陆松年,1998.新元古时期 Rodinia 超大陆研究进展述评.地质论评,44(5):489-495.

[19] 马润则,肖渊甫,魏显贵,何政伟,李佑国,1997.米仓山地区岩浆活动与构造演化.矿物岩石学,17(增刊):76-82.

[20] 马润泽,肖渊甫,2001.米仓山地区晋宁期基性超基性侵入岩中造岩矿物研究.成都理工学院学报,28(1):34-39.

[21] 裴先治,丁仁平,李佐臣,李瑞保,冯建赟,孙雨,张亚峰,刘战庆,2009.龙门山造山带轿子顶新元古代花岗岩锆石 SHRIMP U-Pb 年龄及其构造意义.西北大学学报(自然科学版),39(3):425-433.

[22] 邱家骧,1993.秦巴碱性岩.北京:地质出版社:94-120.

[23] 苏玉平,唐红峰,2005.A 型花岗岩的微量元素地球化学.矿物岩石地球化学通报,24(3):245-251.

[24] 孙东,2011.米仓山构造带构造特征及中-新生代构造演化.成都:成都理工大学理学博士学位论文:1-195.

[25] 王剑,刘宝珺,潘桂棠,2001.华南新元古代裂谷盆地演化:Robinia 超大陆解体的前奏.矿物岩石,21(3):135-145.

[26] 王江海,1998.元古宙罗迪尼亚(Rodinia)泛大陆的重建研究.地学前缘,4(5):235-242.

[27] 吴元保,郑永飞,2004.锆石成因矿物学研究及其 U-Pb 年龄解释的制约.科学通报,49(16):1589-1603.

[28] 魏显贵,杜思清,何政伟,刘援朝,吴德超,1997.米仓山地区构造演化.矿物岩石,17(增刊):107-113.

[29] 肖安成,魏国齐,沈中延,王亮,杨威,钱俊锋,2011.扬子地块与南秦岭造山带的盆山系统与构造耦合.岩石学报,27(3):601-611.

[30] 肖渊甫,马润则,何政伟,魏显贵,1997.米仓山碱性杂岩单元特征及构造环境分析.矿物岩石,17(增刊):59-66.

[31] 肖渊甫,马润则,魏显贵,何政伟,李佑国,1998.米仓山澄江期基性侵入杂岩特征及其成因探讨.成都理工学院学报,25(4):537-542.

[32] 许继峰,1993.米仓山碱性岩中的主要矿物研究及其成因信息.岩石矿物学杂志,12(3):269-278.

[33] 徐学义,李婷,陈隽璐,李平,王洪亮,李智佩,2011.扬子地台北缘檬子地区侵入岩年代格架和岩石成因研究.岩石学报,27(3):699-720.

［34］ 于海军,肖渊甫,2011.四川南江坪河碱性岩体岩石特征及成因.矿物学报,S1(增刊):186-187.

［35］ 周玲棣,周国富,1998.四川南江坪河超基性–碱性岩体矿物学与地球化学研究.成都理工学院学报,25(2):246-256.

［36］ Ao Wenhao, Zhang Yukun, Zhang Ruiying, Zhao Yan, Sun Yong, 2014. Neoproterozoic Crustal Accretion of the Northern Margin of Yangtze Plate: Constrains from Geochemical Characteristics, LA-ICP-MS Zircon U-Pb Chronology and Hf Isotopic Compositions of Trondhjemite from Zushidian Area, Hannan Region. Geological Review, 60(6):1393-1408.

［37］ Chappell B W, 1999. Aluminum saturation in I- and S-type granite and the characterization of fractionated haplongranite. Lithos, 46:535-551.

［38］ Chen Jingyuan, Yang Jinhui, 2015. Petrogenesis of the Fogang highly fractionated I-type granitoids: Constraints from Nb, Ta, Zr and Hf. Acta Petrologica Sinica, 31(3): 846-854.

［39］ Chen Yuelong, Luo Zhaohua, Zhao Junxiang, Li Zhihong, Zhang Hongfei, Song Biao, 2005. Petrogenesis and dating of the Kangding complex, Sichuan Province. Science in China: Series D, 48(5):622-634.

［40］ Chen Yuelong, Tang Jinrong, Liu Fei, Zhang Hongfei, Nie Lanshi, Jiang Liting, 2006. Elemental and Sm-Nd isotopic geochemistry of clastic sedimentary rocks in the Garze-Songpan block and Longmen Mountains. Geology in China, 33(1): 109-118.

［41］ Chu Zhuyin, Chen F K, Yang Yueheng, Guo Jinhui, 2009. Precise determination of Sm, Nd concentrations and Nd isotopic compositions at the nanogram level in geological samples by thermal ionization mass spectrometry. Journal of Analytical Atomic Spectrometry, 24(11):1534-1544.

［42］ Dalziel I W D, 1991. Pacific margins of Laurentia and East Antarctic-Australia as a conjugate rift pair: Evidence and implication for an Encambrian supercontinent. Geology, 19:598-601.

［43］ Deng Jinfu, Feng Yanfang, Di Yongjun, Liu Cui, Xiao Qinghui, Su Shangguo, Zhao Guochun, Meng Fei, Ma Shuai, Yao Tu. 2015a. Magmatic arc and ocean-continent transition: Discussion. Geological Review, 61(3): 473-484.

［44］ Deng Jinfu, Liu Cui, Feng Yanfang, Xiao Qinghui, Di Yongjun, Su Shangguo, Zhao Guochun, Dai Meng, 2015b. On the correct application in the common igneous petrological diagrams: Discussion and suggestion. Geological Review, 61(4):717-734.

［45］ Dong Yunpeng, Liu Xiaoming, Santosh, M, Zhang Xiaoning, Chen Qing, Yang Chen, Yang Zhao, 2011a. Neoproterozoic subduction tectonics of the Yangtze Block in South China: Constrains from zircon U-Pb geochronology and geochemistry of mafic intrusions in the Harman Massif. Precambrian Research, 189(1):66-90.

［46］ Dong Yunpeng, Zhang Guowei, Hauzenberger C, Neubauer F, Yang Zhao, Liu Xiaoming, 2011b. Palaeozoic tectonics and evolutionary history of the Qinling orogen: Evidence from geochemistry and geochronology of ophiolite and related volcanic rocks. Lithos, 122(1):39-56.

［47］ Dong Yunpeng, Liu Xiaoming, Santosh M, Chen Qing, Zhang Xiaoming, Li Wei, He Dengfeng, Zhang Guowei, 2012. Neoproterozoic accretionary tectonics along the northwestern margin of the Yangtze Block, China: Constraints from zircon U-Pb geochronology and geochemistry. Precambrian Research, 196:247-274.

[48] Du Siqing, Wei Xiangui, Liu Yuanchao, Wu Dechao, 1998. The NE-SW nappe tectonic of superposed E-W structure in Hannan-Micangshan. Journal of Chengdu University of Technology, 25(3):369-374.

[49] Eby G N, 1990. The A-type granitoids:A review of their occurrence and chemical characteristics and speculations on their petrogenesis. Lithos, 26:115-134.

[50] Green T H, 1995. Significance of Nh/Ta as an indicator of geochemical processes in the crust-mantle system. Chemical Geology, 120:347-359.

[51] Harris N B W, Pearce J A, Tindle A G, 1986. Geochemical characteristics of collision-zone magmatism//Coward M P, Pies A C. Collision Tectonics. Geological Society, London, Special Publications, 19:67-81.

[52] He Dalun, Liu Dengzhong, Deng Mingsen, Zhou You, 1995. Age of crystalline basement of Yangtze platform in the Michang Mountains, Sichuan. Acta Geologica Sichuan, 15(3):176-183.

[53] He Li, 2010. Characteristics and structural setting of the Pinghe alkalic complex in northern Sichuan. Chengdu:Master degree paper of Chengdu University of Technology:1-61.

[54] Hofmann A W, 1988. Chemical differentiation of the earth:The relationship between large crust, and oceanic. Earth Planet Sci Lett, 90:297-314.

[55] Jahn B M, Wu Fuyuan, Lo C H, Tsai C H, 1999. Crust-mantle interaction induced by deep subduction of the continental crust:Geochemical and Sr-Nd isotopic evidence from post-collisional mafic-ultramafic intrusions of the northern Dabie complex, Central China. Chemical Geology, 157:119-146.

[56] Jahn B M, Wu Fuyuan, Capdevila R, Martineau F, Zhao Zhenhua, Wang Yixian, 2001. Highly evolved juvenile granites with tetrad REE patterns:The Woduhe and Baerzhe granites from the Great Xing'an Mountains in NE China. Lithos, 59:171-198.

[57] Li Ting, 2010. The study of Neoproterozoic tectonic-magmatic events in the Northern margin of the Yangtze continental. Xi'an:Master degree paper of Chang'an University:1-55.

[58] Li Tingzhu, Zhang Yixian, 1994. On the composition of alkali-granite in Micangshan area. Journal of Southwest Institute of Technology, 9(4):39-50.

[59] Li Xianhua, Li Wuxian, He Bin, 2012. Building of South China Block and its relevance to assembly and break up of Rodinia supercontinent:Observation, interpretations and tests. Bulletin of Mineralogy, Petrology and Geochemistry, 31(6):543-559.

[60] Li Xianhua, Li Zhengxiang, Zhou Hanwen, Liu Ying, Liang Xirong, Li Wuxian, 2002. Southwest Sichuan guandaoshan intrusion SHRIMP zircon U-Pb age, elements and Nd isotope geochemical-petrogenesis and tectonic significance. Science in China:Series D, S2(Suppl):60-68.

[61] Li Zhuochen, 2009. Composition, structural characteristics and evolution of Back-Longmenshan orogen (North Section)in the Northwest of Yangtze Block. Xi'an:Doctoral dissertation of Chang'an University:1-211.

[62] Li Zuochen, Pei Xianzhi, Li Ruibao, Pei Lei, Liu Chengjun, Chen Guochao, Chen Youxin, Xu Tong, Yang Jie, Wei Bo, 2013. Geochronological and Geochemical Study on Datan Granite in Liujiaping Area, Northwest Yangtze Block and Its Tectonic Sitting. Geological Review, 59(5):869-884.

[63] Ling Wenli, Gao Shan, Cheng Jianping, Jiang Linsheng, Yuan Honglin, Hu Zhaochu, 2006. Neoproterozoic magmatic events within the Yangtze continental interior and along its northern margin and

their tectonic implication: Constraint from the ELA-ICYMS U-Pb geochronology of zircons from the Huangling and Hannan complexes. Acta Petrologica Sinica, 22(2):387-396.

[64] Ling Wenli, Wang Xianhua, Chen Jianping, 2001. Geochemical Features and Its Tectonic Implication of the Jinningian Wangjiangshan Gabbros in the North Margin of Yangtze Block. Bulletin of Mineralogy, Petrology and Geochemistry, 20(4):218-222.

[65] Liu Mingqiang, Wang Jianjun, Dai Wenjun, Dang Yinye, 2005. Genesis and geological significance of positive $\varepsilon_{Nd}(t)$ granitoids in the Hongshishan area in the Beishan orogenic belt, Gansu, China. Geological Bulletin of China, 24(9):831-836.

[66] Lu Songnian, 1998. A review of advance in the research on the Neoproterozoic Rodinia supercontinent. Geological Review, 44(5):489-495.

[67] Ma Runze, Xiao Yuanfu, Wei Xiangui, He Zhengwei, Li Youguo, 1997. The magmatic activity and tectonic evolution in the Miangshan area, China. Journal of Mineralogy and Petrology, 17(Suppl):76-82.

[68] Ma Runze, Xiao Yuanfu, 2001. Study on rock-forming mineralsin the basic-ultrabasic rocks of Jinning period from the Micangshan area. Journal of Chengdu University of Technology, 28(1):34-39.

[69] Maniar P D, Piccoli P M, 1989. Tectonic discrimination of granitoids. Geological Society of American Bulletin, 101:635-643.

[70] Moores E W, 1991. Southwest US-East Antarctic (Sweat) connection: A hypothesis. Geology, 44:815-832.

[71] Pearce J A, 1996. Sources and settings of granitic rocks. Episodes, 19:120-125.

[72] Pei Xianzhi, Ding Sanping, Li Zuochen, Li Ruibao, Fen Jianyun, Sun Yu, Zhang Yafeng, Liu Zhanqing, 2009. Zircon SHRMP U-Pb age of the neoproterozoic Jiaoziding granite in the Longmenshan Orogenic Belt and their tectonic significance. Journal of Northwest University(Natural Science Edition), 39(3):425-433.

[73] Powell C M, Li Z X, Mc Elhinny M W, Meet J G, Park J K, 1993. Paleomagnetic constrains on timing of the Neoproterozoic break up of Rodinia and the Cambrian formation of Gondwana. Geology, 21:889-892.

[74] Qi Liang, Hu Jing, Cregoire D C, 2000. Determination of trace elements in granites by inductively coupled plasma mass spectrometry. Talanta, 51(3):507-513.

[75] Qiu Jiaxiang, 1993. Qinba alkaline rock. Beijing: Geological Publishing House:94-120.

[76] Su Yuping, Tang Hongfeng, 2005. Trace element geochemistry of A-type granites. Bulletin of Mineralogy, Petrology and Geochemistry, 24(3):245-251.

[77] Sun Dong, 2011. The structural character and Meso-Cenozoic of Micang Mountain structural zone, Northern Sichuan Basin, China. Chengdu: Doctoral dissertation of Chengdu University of Technology:1-195.

[78] Sun S S, Mcdonough W F, 1989. Chemical and isotopic systematics of ocean basins: Implications for mantle composition and processes//Saunders A D, Norry M J. Magmatism of the Ocean Basins. Geological Society, London, Special Publications, 42:325-345.

[79] Streckersen A L, 1976. Classification of the common igneous rocks by means of their chemical composition: A provisional attempt. Neues Jahrbuch fur Mineralogie, Monatshefte, 1:1-15.

[80] Taylor S R, Mclennan S M, 1985. The Continental Crust: Its Composition and Evolution. Oxford: Blackwell:91-92.

[81] Torsvik T H, Lohmann K C, Sturt B A, 1995. Vendian glaciations and their relation to the dispersal of Rodinia: Paleomagnetic constraints. Geology, 23(8):727-730.

[82] Wang Jian, Liu Baojun, Pan Guitang T, 2001. Neoproterozoic pifting history of South China significance to Rodinia breakup. J Mineral Petrol, 21(3):135-145.

[83] Wang Jianghai, 1998. New advances in reconstruction of the proterozoic Rodinia supercontinent. Earth Science Frontiers(China University of Geosciences, Beijing), 45(5):235-242.

[84] Wei Xiangui, Du Siqing, He Zhengwei, Liu Yuanchao, Wu Dechao, 1997. The tectonic evolution of Micangshan area. J Mineral Petrol, 17(Suppl):107-113.

[85] Whalen J B, Currie K L, Chappell B W, 1987. A-type granites: Geochemical characteristics, discrimination and petrogenesis Contributions to Mineralogy and Petrology, 95(4):407-419.

[86] Wilson M, 1989. Igneous petrogenesis. London: Unwin Hyman Press:295-323.

[87] Wolf M B, London D, 1994. Apatite dissolution into peraluminous haplogranitic melts: An experimental study of solubilities and mechanism. Geochim Cosmochim Acta, 58:4127-4145.

[88] Wu Fuyuan, Jahn B M, Wilder S, Lo C H, Yui T F, Lin Qiang, 2003. Highly fractionated I-type granites in NE China(I): Geochronology and petrogenesis. Lithos, 66:241-273.

[89] Wu Yuanbao, Zheng Yongfei, 2004. Zircon Genetic Mineralogy study and its constraint to U-Pb age interpretation. Chinese Science Bulletin, 49(16):1589-1603.

[90] Xiao Ancheng, Wei Guoqi, Shen Zhongyan, Wang Liang, Yang Wei, Qian Junfeng, 2011. Basin-Mountain system and tectonic coupling between Yangtze block and South Qinling orogen. Acta Petrologica Sinica, 27(3):601-611.

[91] Xiao Yuanfu, MaRunze, He Zhengwei, Wei Xiangui, 1997. The units characteristics and tectonic settings of the alkalic complex in Micangshan. J Mineral Petrol, 17(Suppl):59-66.

[92] Xiao Yuanfu, MaRunze, Wei Xiangui, He Zhengwei, Li Youguo, 1998. The characteristics and genesis of the basic intrusive complex in Chengjiang period, Micangshan, Sichuan. Journal of Chengdu University of Technology, 25(4):537-542.

[93] Xu Jifeng, 1993. Studies of essential minerals in alkaline rocks of Micangshan area and their genetic information. Acta Petrologica et Mineralogica, 12(3):269-278.

[94] Xu Xueyi, Li Ting, Chen Junlu, Li Ping, Wang Hongliang, Li Zhipei, 2011. Zircon U-Pb age and petrogenesis of intrusions from Mengzi area in the northern margin of Yangtze plate[J]. Acta Petrologica Sinica, 27(3):699-720.

[95] Yu Haijun, Xiao Yuanfu, 2011. Characteristics and genetic analysis of the Pinghe alkaline rock, Nanjiang, Sichuan. Journal of Minerals, S1(Suppl):186-187.

[96] Yuan Honglin, Gao Shan, Liu Xiaoming, Günther D, Wu Fuyuan, 2004. Accurate U-Pb age and trace element determinations of zircon by laser ablation: Inductively coupled plasma mass spectrometry. Geostandards and Geoanalytical Research, 28(3):353-370.

[97] Zhao Junhong, Zhou Meifu, Yan Danping, Yang Yueheng, Sun Min, 2008. Zircon Lu-Hf isotopic constraints on Neoproterozoic subduction-related crustal growth along the western margin of the Yangtze

Block, South China. Precambrian Research, 163:189-209.

[98] Zhao Junhong, Zhou Meifu, 2009. Secular evolution of the Neoproterozoic lithospheric mante underneath the northern margin of the Yangtze Block, South China. Lithos, 107:152-168.

[99] Zheng Yongfei, Zhao Zifu, Wu Yuanbao, Zhang Shaobing, Liu Xiaoming, Wu Fuyuan, 2006. Zircon U-Pb age, Hf and O isotope constraints on protolith origin of ultrahigh-pressure eclogite and gneiss in the dabie orogen. Chemical Geology, 231(1-2):135-158.

[100] Zheng Yongfei, Zhang Shaobing, Zhao Zifu, Wu Yuanbao, Li Xianhua, Li Zhengxiang, Wu Fuyuan, 2007. Contrasting zircon Hf and O isotopes in the two episodes of Neoproterozoic granitoids in South China: Implications for growth and reworking of continental crust. Lithos, 96(12):127-150.

[101] Zhou Lingdi, Zhou Guofu, 1998. Study on mineralogy and geochemistry of the Pinghe ultrabasic-alkaline rock body, Nanjiang, Sichuan. Journal of Chengdu University of Technology, 25(2):246-256.

[102] Zhou Meifu, Kennedy A K, Sun M, Malpas J G, Lesher C M, 2002a. Neo-proterozoic arc-related mafic intrusions in the northern margin of South China: Implications for accretion of Rodina. Geology, 110:611-618.

[103] Zhou Meifu, Yan Danping, Kennedy A K, Li Y Q, Ding J, 2002b. SHRIMP zircon geochronological and geochemical evidence for Neoproterozoic arc-related magrnatism along the western margin of the Yangtze block, South China. Earth & Planetary Science Letters, 196:51-67.

扬子板块西缘石棉安顺场新元古代钾长花岗岩地球化学特征及其地质意义[①②]

朱　毓　赖绍聪[③]　赵少伟　张泽中　秦江锋

摘要: 扬子板块西缘新元古代岩浆活动强烈,其成因研究对探讨 Rodinia 超大陆的演化有着重要意义。本文对石棉安顺场钾长花岗岩形成年龄及其地球化学特征进行研究,结果表明,锆石 $^{206}Pb/^{238}U$ 年龄加权平均值为 777.3 ± 4.8 Ma(MSWD = 0.23, 2σ),代表花岗岩的结晶年龄。岩石 SiO_2 含量(72.64% ~ 76.27%)高,铝饱和指数 A/CNK 大于 1(1.06 ~ 1.24),K_2O/Na_2O 为 1.40 ~ 2.22,里特曼指数 σ 小于 3.3(2.08 ~ 2.74)。岩石轻稀土元素(LREE)富集,Nb、Ta 轻微亏损,Eu 负异常明显($\delta Eu = 018 \sim 0.23$)。岩石的 $\varepsilon_{Nd}(t)$ 为 0.5 ~ 3.3(平均值 2.1),T_{DM} 为 1.19 ~ 1.61 Ga,反映其源区以古老地壳物质为主。铅同位素比值分别为($^{206}Pb/^{204}Pb$)$_i$ = 15.410 3 ~ 17.270 7,($^{207}Pb/^{204}Pb$)$_i$ = 15.426 5 ~ 15.547 9,($^{208}Pb/^{204}Pb$)$_i$ = 33.351 8 ~ 35.864 1。此外,岩石具有高的 Rb/Sr 比值和低的 CaO/Na_2O 比值、较低的 Al_2O_3/TiO_2 比值和低的 Rb/Ba 比值,表明其起源于泥质岩石的部分熔融。综合地球化学、同位素特征和区域地质资料,本文认为,石棉安顺场钾长花岗岩为过铝质高钾钙碱性 S 型花岗岩,它是地壳泥质源岩部分熔融的产物,形成于挤压的构造环境中。

新元古代是地球演化历史上最重大的变革时期之一,超大陆裂解与裂谷岩浆活动、埃迪卡拉群生物繁衍等,都与这个特殊时期的地球演化有关(郑永飞,2003)。扬子板块西缘地处青藏高原东缘,该区域新元古代岩浆岩广泛分布,其中以酸性岩浆岩为主,具体包括花岗岩、花岗闪长岩、英云闪长岩、基性-超基性小侵入体和基性岩墙、岩脉等(林广春,2010;李献华等,2002a)。这些新元古代岩浆岩沿康滇裂谷连续分布,在川西 E102° 呈北微偏东及南微偏西方向自康定—泸定—雅安一带向南经四川西昌、会理和云南元谋、易门,一直延伸至云南中部,呈带状展布,长约 800 km、宽约 50 ~ 100 km(赖绍聪等,2015)。近年来的研究结果表明,这些岩浆岩的形成年龄为 753 ~ 828 Ma(陈岳龙等,

————————

①　原载于《地质论评》,2017,63(5)。

②　国家自然科学基金资助项目(41372067,41102037)和国家自然科学基金委创新群体项目(41421002)。

③　通讯作者。

2001,2004;李献华等,2002a、b,2005,2012;沈渭洲等,2000a,2002;颜丹平等,2002;李志红等,2005；林广春等,2006;刘树文等,2009；Liu Zerui and Zhao Junhong,2012；Sun Weihua et al.,2008；Xiao Long et al.,2007；Zhao Guochun and Cawood,2012；Zhao Junhong and Zhou Meifu,2009；Zhao Junhong et al.,2010）。然而,对于如此大规模展布的岩浆岩成因及其形成大地构造环境,学术界一直存在重大争议:① 裂谷环境(Li Xianhua et al.,2002,2003a、b,2006；Li Zhengxiang et al.,2003；Zhu Weiguang et al.,2004a、b,2008；Lin Guangchun et al.,2007；Huang Xiaolong et al.,2008；林广春,2008,2010)。认为新元古代中期(860~740 Ma)的岩浆岩为板内非造山成因,并与导致 Rodinia 超级大陆裂解的地幔柱–超级地幔柱活动有关。②岛弧环境(Zhou Meifu et al.,2002a、b,2006a、b,2007；Zheng Yongfei,2004；杜利林等,2005,2006,2007；Zhao Junhong and Zhou Meifu,2007a、b；Zhao Xinfu et al.,2008)。认为这些岩浆岩形成于与造山运动有关的大陆边缘,且造山运动持续到 0.74 Ga 或更晚。石棉复式花岗岩体为一巨大花岗岩基,面积约 2 000 km² (陈玉禄等,2000),地处扬子板块与松潘–甘孜地槽结合部,属于龙门山–锦屏山造山带中段(喻安光,1999),对如此大面积的花岗岩的成因及构造环境的研究,有助于为该地区区域地质演化提供有效参考。

本文选取扬子板块西缘石棉安顺场钾长花岗岩,对其进行详细的岩石学、地球化学、锆石 LA-ICP-MS U-Pb 年代学和 Sr-Nd-Pb 同位素组成分析研究,并结合前人研究成果,探讨其岩石成因及其地质意义,希望能够为华南板块新元古代的构造演化以及 Rodinia 超大陆的研究提供有效制约。

1 地质背景及岩相学特征

石棉地区位于四川省西部"康滇地轴"中段(图 1a),该地区构造活动强烈,是地学研究的重点区域之一。该区域在长期的地质演化过程中经历了复杂的多期变形、变质作用,区内有一系列韧性剪切带和构造岩片的叠置,其中代表性构造岩片有洪坝构造岩片、打水沟构造岩片、蟹螺构造岩片、冶勒构造岩片和挖角坝构造岩片。作为构造岩片边界的韧性剪切带,大体呈向东或者向西凸出不规则弧形带,南北向展布(图 1b),自西向东依次有滨东滑脱韧性剪切带、西油房逆冲推覆韧性剪切带、拉谷盆子滑脱韧性剪切带和野鸡洞逆冲推覆韧性剪切带(喻安光,1998)。

石棉花岗岩体以二长–钾长花岗岩为主,相带分布清楚:中心相为粗粒二长花岗岩,过渡相为中粒二长–钾长花岗岩,边缘相为细粒钾长花岗岩。矿物组成以钾长石、石英、斜长石为主,黑云母、角闪石少量,副矿物有磁铁矿、磷灰石等(林广春,2010)。本次样品为细粒钾长花岗岩,来源于石棉花岗岩体的边缘相带。

本次采样位置位于四川省雅安市石棉县西北约 10 km 处的安顺场公路旁,采样坐标为北纬 29°22.007′,东经 102°14.628′(图 1a)。根据野外及镜下观察(图 2),岩石新鲜面呈肉红色–灰白色,块状构造,粗粒自形–半自形粒状结构;主要矿物有钾长石(45%~50%)+斜长石(25%~30%)+石英(20%~25%)+黑云母(5%左右),副矿物有楣石、磷灰石、锆石、磁铁矿等。钾长石以条纹长石和微斜长石为主,可见明显高岭土化。斜长石呈半自形短柱状,可见钠长石双晶,双晶纹清晰细密,局部绢云母化。石英主要呈他形粒状,表面裂纹较为发育。黑云母呈黑褐色,含量较少,自形-半自形晶,可见铁质物分解析出。

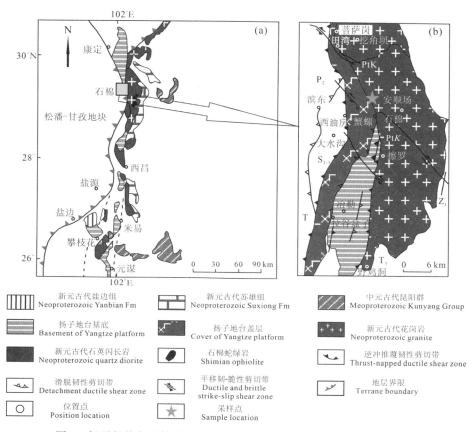

图1　扬子板块与石棉地区地理位置(a)及石棉地区区域地质简图(b)

S$_{2-3}$:志留系中上统;P2:二叠纪上统;T:三叠系;T3:三叠系上统;PtK:康定杂岩;Z$_1$:震旦系下统。

据喻安光等(1998)和Zhou Meifu et al.(2006)

图2　石棉安顺场钾长花岗岩的野外(a)及镜下(b、c)照片

Kfs:钾长石;Pl:斜长石;Qtz:石英;Bi:黑云母。图2a中硬币面值一角,直径1.95 cm

2 实验分析方法

本文的所有测试分析工作均在西北大学大陆动力学国家重点实验室完成。

在进行元素地球化学测试之前,对野外采集的新鲜样品进行详细的岩相学观察,选择没有脉体贯入的样品进行主、微量元素分析。首先将岩石样品洗净、烘干,用小型颚式破碎机破碎至粒度为 5.0 mm 左右,然后用玛瑙研钵托盘在振动式碎样机中碎至 200 目以下。

主量元素采用 XRF 法完成,分析精度一般优于 5%。微量元素用 ICP-MS 法测定。微量元素样品在高压溶样弹中用 HNO_3 和 HF 混合酸溶解 2 d 后,用 VG Plasma-Quad ExCell ICP-MS 完成测试。对国际标准参考物质 BHVO-1(玄武岩)、BCR-2(玄武岩)和 AGV-1(安山岩)的同步分析结果表明,微量元素分析的精度和准确度一般优于 10%,详细的分析流程见文献(刘晔等,2007)。

锆石按常规重力和磁选方法进行分选,在双目镜下挑纯,将锆石样品置于环氧树脂中,然后磨至约一半,使锆石内部暴露,锆石样品在测定之前用浓度为 3% 的稀 HNO_3 清洗样品表面,以除去样品表面的污染物。锆石的 CL 图像分析在西北大学大陆动力学国家重点实验室的扫描电子显微镜上完成。锆石 U-Pb 同位素组成分析在西北大学大陆动力学国家重点实验室激光剥蚀电感耦合等离子体质谱(LA-ICP-MS)仪上完成。激光剥蚀系统为配备有 193 nm ArF-excimer 激光器的 Geolas 200M(Microlas Gottingen Germany),分析采用激光剥蚀孔径 30 μm,激光脉冲为 10 Hz,能量为 32~36 mJ,同位素组成用锆石 91500 进行外标校正。LA-ICP-MS 分析的详细方法和流程见文献(Yuan Honglin et al.,2004)。

Sr-Nd-Pb 同位素分析同样在西北大学大陆动力学国家重点实验室完成。Sr、Nd 同位素分别采用 AG50W-X8(200~400 mesh)、HDEHP(自制)和 AG1-X8(200-400 mesh)离子交换树脂进行分离,同位素的测试则在该实验室的多接收电感耦合等离子体质谱仪(MC-ICP MS,Nu Plasma HR,Nu Instruments,Wrexham,UK)上采用静态模式(Static mode)进行(Yuan Honglin et al.,2004)。全岩 Pb 同位素是通过 HCl-Br 塔器进行阴离子交换分离,Pb 同位素的分离校正值 $^{205}Tl/^{203}Tl = 2.3875$。在分析期间,NBS981 的 30 个测量值得出 $^{206}P/^{204}Pb = 16.937 \pm 1(2\sigma)$,$^{207}Pb/^{204}Pb = 15.491 \pm 1(2\sigma)$ 和 $^{208}Pb/^{204}Pb = 36.696 \pm 1(2\sigma)$ 的平均值。BCR-2 标样给出的值是 $^{206}Pb/^{204}Pb = 18.742 \pm 1(2\sigma)$,$^{207}Pb/^{204}Pb = 15.620 \pm 1(2\sigma)$ 和 $^{208}Pb/^{204}Pb = 38.705 \pm 1(2\sigma)$。所有程序中 Pb 空白样的范围为 0.1~0.3 ng(Yuan Honglin et al.,2004)。

3 锆石 LA-ICP-MS U-Pb 定年结果

选取石棉安顺场钾长花岗岩样品(WJ18)用于 LA-CP-MS 微区锆石 U-Pb 定年分析,分析结果见表 1,锆石 CL 图像见图 3。锆石颗粒暗灰,少数无色。大部分为短柱状半自形–自形晶,少数为长柱状。粒径介于 80~250 μm,长宽比介于 1:1~3:1。在 CL 图像上

表 1　石棉安顺场钾长花岗岩 LA-ICP-MS 锆石 U-Th-Pb 分析结果

| 测点号 | 含量/×10⁻⁶ | | | Th/U | 同位素比值 | | | | | | 同位素年龄/Ma | | | | | | 谐和度 /% |
	Pb	Th	U		$\frac{^{207}Pb}{^{206}Pb}$	2σ	$\frac{^{207}Pb}{^{235}U}$	2σ	$\frac{^{206}Pb}{^{238}U}$	2σ	$\frac{^{206}Pb}{^{238}Pb}$	2σ	$\frac{^{207}Pb}{^{235}Pb}$	2σ	$\frac{^{207}Pb}{^{206}Pb}$	2σ	
WJ18-01	70	77	119	0.65	0.072 30	0.002 52	1.275 65	0.038 36	0.127 96	0.001 74	776	10	835	17	994	69	108
WJ18-02	82	88	175	0.50	0.069 71	0.002 28	1.226 81	0.033 73	0.127 63	0.001 65	774	9	813	15	920	66	105
WJ18-03	66	118	131	0.90	0.065 59	0.002 23	1.163 77	0.033 91	0.128 67	0.001 69	780	10	784	16	794	70	100
WJ18-04	66	76	120	0.63	0.066 49	0.002 54	1.182 20	0.039 86	0.128 95	0.001 83	782	10	792	19	822	78	101
WJ18-05	126	445	440	1.01	0.072 33	0.001 99	1.265 33	0.027 00	0.126 88	0.001 48	770	8	830	12	995	55	108
WJ18-06	132	161	268	0.60	0.065 38	0.001 78	1.153 19	0.024 09	0.127 92	0.001 47	776	8	779	11	787	56	100
WJ18-07	125	181	239	0.76	0.066 50	0.001 84	1.168 85	0.025 11	0.127 48	0.001 48	774	8	786	12	822	57	102
WJ18-08	107	118	199	0.59	0.066 28	0.002 10	1.173 72	0.030 88	0.128 43	0.001 61	779	9	788	14	815	65	101
WJ18-09	58	84	121	0.70	0.070 00	0.002 24	1.238 85	0.033 02	0.128 35	0.001 63	779	9	818	15	929	64	105
WJ18-10	47	76	101	0.75	0.065 78	0.002 31	1.161 74	0.035 11	0.128 10	0.001 71	777	10	783	16	799	72	101
WJ18-11	44	74	97	0.76	0.062 90	0.002 67	1.109 48	0.042 53	0.127 94	0.001 91	776	11	758	20	705	88	98
WJ18-12	108	139	207	0.67	0.070 10	0.001 97	1.239 12	0.027 22	0.128 20	0.001 51	778	9	819	12	931	57	105
WJ18-13	106	137	210	0.65	0.068 65	0.002 17	1.209 90	0.031 58	0.127 82	0.001 60	775	9	805	15	888	64	104
WJ18-14	115	115	223	0.51	0.064 87	0.001 85	1.163 06	0.026 05	0.130 03	0.001 53	788	9	783	12	770	59	99

大部分有岩浆韵律环带,个别可见核边结构。对 14 颗锆石的 14 个数据点的分析表明,Th = $74×10^{-6}$ ~ $445×10^{-6}$,U = $97×10^{-6}$ ~ $440×10^{-6}$,Th/U = 0.50 ~ 1.01,在 U-Pb 谐和图(图 4)中得出的锆石年龄主要集中在一个区域,加权平均年龄为 777.3 ± 4.8 Ma(MSWD = 0.23,2σ),代表石棉安顺场钾长花岗岩的结晶年龄。

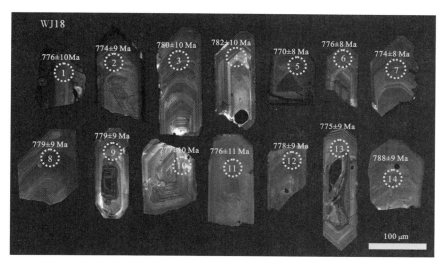

图 3　石棉安顺场钾长花岗岩锆石阴极发光(CL)图

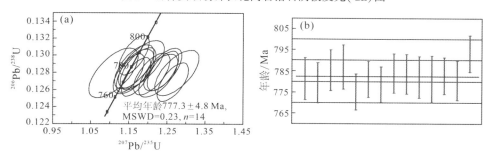

图 4　石棉安顺场钾长花岗岩锆石 U-Pb 年龄谐和图

4　主量及微量元素地球化学

本区钾长花岗岩样品的主、微量元素分析结果及 CIPW 标准矿物计算结果列于表 2 中。该花岗岩具有高硅(SiO_2 = 72.64% ~ 76.27%)、碱(K_2O = 5.14% ~ 5.8%, Na_2O = 2.61% ~ 3.67%)、低钙(CaO = 0.20% ~ 0.52%)的特征。其中, K_2O/Na_2O = 1.40 ~ 2.22,(K_2O+Na_2O)介于 8.3% ~ 9.02%。此外,该花岗岩富铝(Al_2O_3 = 12.2% ~ 13.68%)、贫钛(TiO_2 = 0.13% ~ 0.29%),全铁含量 $Fe_2O_3^T$ 介于 1.30% ~ 2.33%。铝饱和指数 A/CNK = 1.06 ~ 1.24,在 A/NK-A/CNK 图解(图 5a)中可见岩石属于过铝质系列。岩石里特曼指数 σ = 2.08 ~ 2.74,在 SiO_2-K_2O 图解(图 5b)中,岩石位于高钾钙碱性系列岩石范围内。岩石 MgO = 0.42% ~ 0.77%,$Mg^{\#}$ 值介于 33.7 ~ 47.3。

表 2   石棉安顺场钾长花岗岩常量(%) 及微量(×10⁻⁶) 元素分析结果

编　号	WJ06	WJ07	WJ08	WJ09	WJ10	WJ11	WJ12	WJ13	WJ14
SiO_2	73.68	73.99	72.64	74.96	74.23	76.27	74.52	74.02	74.66
TiO_2	0.29	0.23	0.25	0.23	0.24	0.13	0.14	0.16	0.14
Al_2O_3	13.17	12.96	13.68	12.85	12.96	12.20	13.51	13.07	13.26
$Fe_2O_3^T$	2.33	1.83	2.32	1.75	1.71	1.30	1.57	2.04	1.41
MnO	0.03	0.02	0.03	0.02	0.02	0.03	0.03	0.04	0.03
MgO	0.63	0.53	0.77	0.46	0.77	0.42	0.73	0.74	0.50
CaO	0.52	0.33	0.36	0.34	0.45	0.20	0.20	0.25	0.20
Na_2O	3.38	3.37	3.39	3.12	3.40	2.99	2.61	2.97	3.67
K_2O	5.45	5.56	5.63	5.85	5.34	5.32	5.80	5.33	5.14
P_2O_5	0.06	0.05	0.05	0.05	0.05	0.03	0.04	0.04	0.03
LOI	0.76	0.70	0.81	0.65	0.83	0.73	1.09	0.97	0.75
Total	100.30	99.57	99.93	100.28	100.00	99.62	100.24	99.63	99.79
Mg#	34.0	36.2	38.7	33.7	46.3	38.2	47.3	41.0	40.5
A/CNK	1.06	1.06	1.11	1.06	1.06	1.10	1.24	1.18	1.11
A/NK	1.15	1.12	1.17	1.12	1.14	1.14	1.28	1.23	1.14
Q	29.65	30.67	28.08	31.90	30.94	36.78	34.57	33.52	31.67
An	2.19	1.31	1.46	1.36	1.91	0.80	0.73	0.98	0.80
Crn	0.89	0.91	1.47	0.86	0.88	1.23	2.66	2.06	1.38
Or	31.87	32.76	33.05	34.23	31.35	31.35	33.93	31.40	30.23
Ab	28.41	28.58	28.58	26.29	28.66	25.36	21.98	25.11	31.03
Hy	4.68	3.81	5.09	3.46	4.19	2.89	4.04	4.80	3.24
Mt	0.68	0.55	0.70	0.52	0.51	0.39	0.46	0.61	0.42
Ilm	0.55	0.44	0.48	0.44	0.46	0.25	0.27	0.30	0.27
Ap	0.13	0.11	0.11	0.11	0.11	0.06	0.09	0.09	0.06
Li	19.7	16.2	22.0	15.5	19.3	15.3	38.3	28.1	12.6
Be	4.70	2.86	5.23	4.61	2.73	2.59	3.87	3.62	2.98
Sc	4.54	3.48	4.02	3.78	3.69	2.37	3.21	3.12	2.76
V	9.32	7.74	10.1	7.68	9.64	4.06	4.36	5.09	3.03
Cr	23.7	2.22	3.59	2.70	3.29	1.71	2.19	1.60	1.62
Co	101	85.9	72.6	139	113	110	84.0	88.3	122
Ni	17.3	2.16	3.03	3.58	3.51	2.60	2.02	2.28	1.79
Cu	5.25	5.42	1.55	1.85	12.6	1.45	1.33	1.38	0.83
Zn	56.9	21.9	44.0	29.4	27.8	39.5	45.3	58.8	45.5
Ga	20.5	18.4	21.6	19.0	16.8	16.5	20.5	20.2	18.7
Ge	1.48	1.36	1.42	1.42	1.19	1.36	1.47	1.53	1.44
Rb	229	252	265	259	230	231	327	261	209
Sr	40.9	33.0	36.8	33.9	34.0	29.7	27.9	32.5	32.9
Y	71.8	64.3	68.2	67.0	70.8	46.1	74.0	61.2	62.1
Zr	299	246	247	232	250	165	192	199	193
Nb	20.2	16.2	16.7	15.5	16.4	20.5	19.1	20.9	24.1
Cs	2.29	2.16	2.15	2.08	2.02	2.28	4.98	3.60	2.97

续表

编　号	WJ06	WJ07	WJ08	WJ09	WJ10	WJ11	WJ12	WJ13	WJ14
Ba	269	257	262	272	236	283	252	242	288
Hf	9.22	7.59	7.53	7.05	7.58	5.51	6.80	6.63	6.28
Ta	2.05	1.78	1.88	1.54	1.83	1.89	1.64	1.94	2.01
Pb	16.3	18.9	16.0	17.0	10.2	6.49	10.1	10.3	9.16
Th	42.1	34.0	27.7	31.0	36.5	21.0	23.7	27.4	25.1
U	6.08	6.46	4.88	5.08	5.59	4.44	4.99	5.85	5.01
La	78.3	55.0	69.3	65.7	67.6	31.2	33.6	36.0	33.5
Ce	157	109	137	129	131	66.2	69.5	77.0	72.5
Pr	17.3	12.4	15.3	14.4	14.5	7.73	8.64	9.27	8.70
Nd	62.9	46.2	56.0	51.8	53.0	29.8	34.1	36.8	33.6
Sm	12.0	9.24	11.2	9.95	10.4	6.38	8.40	8.62	7.53
Eu	0.70	0.59	0.70	0.65	0.65	0.47	0.53	0.51	0.53
Gd	11.4	9.09	10.4	9.44	10.3	6.16	8.96	8.54	7.60
Tb	1.86	1.51	1.68	1.55	1.71	1.05	1.65	1.47	1.42
Dy	11.7	9.56	10.3	9.87	10.8	7.04	10.9	9.60	9.50
Ho	2.47	2.04	2.13	2.08	2.30	1.52	2.39	2.03	2.05
Er	7.52	6.17	6.40	6.34	6.91	4.73	7.28	6.25	6.32
Tm	1.15	0.94	0.98	0.99	1.03	0.76	1.12	0.98	0.97
Yb	7.69	6.20	6.49	6.50	6.61	5.12	7.41	6.46	6.28
Lu	1.14	0.92	0.97	0.97	0.99	0.79	1.13	1.00	0.94
∑REE	445.33	333.48	396.76	375.83	388.59	215.11	269.62	265.80	253.54
∑LREE/∑HREE	2.81	2.31	2.69	2.59	2.49	1.94	1.35	1.72	1.61
δEu	0.18	0.20	0.19	0.20	0.19	0.23	0.19	0.18	0.21
$(La/Yb)_N$	7.31	6.36	7.66	7.25	7.33	4.38	3.25	4.00	3.82
$(Ce/Yb)_N$	5.69	4.90	5.86	5.49	5.51	3.59	2.61	3.31	3.20

　　由西北大学大陆动力学国家重点实验室采用 XRF 和 ICP-MS 法分析(2014)。表中,Q 为石英;An 为钙长石;Crn 为刚玉;Or 为正长石;Ab 为钠长石;Hy 为紫苏辉石;Mt 为磁铁矿;Ilm 为钛铁矿;Ap 为磷灰石。

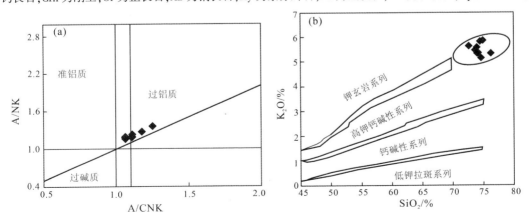

图5　石棉安顺场钾长花岗岩 A/CNK-A/NK(a)和 SiO₂-K₂O(b)图解

图 5a 据 Rollinson(1993);图 5b 据 Maniar and Piccoli(1989)

钾长花岗岩的稀土元素总量较高，介于 $215.11×10^{-6} \sim 445.33×10^{-6}$，平均为 $327.12×10^{-6}$；$\sum LREE/\sum HREE$ 变化不大，介于 $1.35 \sim 2.81$，平均为 2.17；$(La/Yb)_N = 3.25 \sim 7.66$，平均为 3.82；$(Ce/Yb)_N = 2.61 \sim 5.86$，平均为 4.46；δEu 值在 $0.18 \sim 0.23$ 范围内变化，平均为 0.20。在岩石的稀土元素球粒陨石标准化配分模式图(图 6a)中，样品具有基本一致的稀土元素配分特征，即轻稀土元素(LREE)富集，重稀土元素(HREE)相对平坦，Eu 负异常明显。在岩石的原始地幔标准化微量元素蛛网图(图 6b)中，配分曲线均呈现整体右倾负斜率特征，其中 Sr 和 Eu 具有明显的负异常，表明岩浆发生明显的长石分离结晶。岩石 Nb、Ta 的轻微亏损说明与陆壳有密切关系，因为原始地幔形成陆壳的第一阶段 Nb、Ta 优先残留于地幔中(郭春丽等，2007)。而 Nb、Ta 的轻微亏损加之 Zr 的相对富集表明源区可能以陆壳组分为主(Green and Pearson，1987；Green，1995；Barth et al.，2000)。

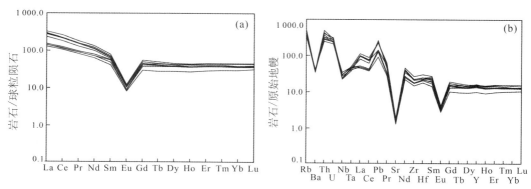

图 6　石棉安顺场钾长花岗岩稀土元素配分图解(a)和原始地幔标准化微量元素蛛网图(b)
标准化值据 Sun and McDonough(1989)

5　Sr-Nd-Pb 同位素特征

钾长花岗岩 3 个样品的 Sr-Nd-Pb 同位素分析结果列于表 3 中。从表 3 中数据可看到，岩石总体 Sr 含量($33×10^{-6} \sim 36.8×10^{-6}$)较 Nd 含量($36.8×10^{-6} \sim 56×10^{-6}$)偏低，Rb 含量较高，介于 $252×10^{-6} \sim 265×10^{-6}$。岩石的 $^{87}Sr/^{86}Sr = 0.7449 \sim 0.7893$，$^{143}Nd/^{144}Nd = 0.5124 \sim 0.5124$，初始比值$(^{87}Sr/^{86}Sr)_i$ 介于 $0.5011 \sim 0.5435$，$\varepsilon_{Nd}(t) = 0.5 \sim 3.3$(平均值 2.1)。对于高的 Rb/Sr 比值(Rb/Sr = $7.20 \sim 8.03$)，$(^{87}Sr/^{86}Sr)_i$ 值会有很大的不确定性。因此，由高 Rb/Sr 比值经过年龄校正计算出来的$(^{87}Sr/^{86}Sr)_i$ 值一般不用于讨论岩石的成因(Jahn Borming et al.，2001)。

表 3　石棉安顺场钾长花岗 Sr-Nd-Pb 同位素分析结果

编　号	WJ07	WJ08	WJ13
$Pb/×10^{-6}$	18.9	16.0	10.3
$Th/×10^{-6}$	34.0	27.7	27.4
$U/×10^{-6}$	6.46	4.88	5.85
$^{206}Pb/^{204}Pb$	20.1529	19.3862	20.1871

编　号	WJ07	WJ08	WJ13
2σ	0.001 0	0.000 5	0.001 0
$^{207}\mathrm{Pb}/^{204}\mathrm{Pb}$	15.734 9	15.694 9	15.736 4
2σ	0.000 8	0.000 4	0.000 4
$^{208}\mathrm{Pb}/^{204}\mathrm{Pb}$	40.653 4	39.670 1	40.415 6
2σ	0.002 1	0.001 4	0.001 2
$\Delta_{7/4}$	5.932 6	10.243 6	5.711 8
$\Delta_{8/4}$	66.154 39	60.518 42	38.239 61
$^{238}\mathrm{U}/^{204}\mathrm{Pb}$	22.717 3	19.803 5	37.650 5
$^{232}\mathrm{Th}/^{204}\mathrm{Pb}$	122.656 9	115.316 5	180.906 7
$(^{206}\mathrm{Pb}/^{204}\mathrm{Pb})_i$	17.270 7	16.873 7	15.410 3
$(^{207}\mathrm{Pb}/^{204}\mathrm{Pb})_i$	15.547 9	15.531 9	15.426 5
$(^{208}\mathrm{Pb}/^{204}\mathrm{Pb})_i$	35.864 1	35.167 3	33.351 8
$\mathrm{Sr}/\times10^{-6}$	33.0	36.8	32.5
$\mathrm{Rb}/\times10^{-6}$	252	265	261
$^{87}\mathrm{Rb}/^{86}\mathrm{Sr}$	22.174 311	20.969 663	23.420 377
$^{87}\mathrm{Sr}/^{86}\mathrm{Sr}$	0.744 917	0.774 011	0.789 263
2σ	0.000 022	0.000 008	0.000 007
$^{86}\mathrm{Sr}$ 丰度	0.098 264	0.097 984	0.097 838
Sr 原子量	87.614 307	87.612 296	87.611 246
$^{145}\mathrm{Nd}$ 丰度	0.082 907	0.082 906	0.082 907
$^{144}\mathrm{Nd}$ 丰度	0.237 952	0.237 950	0.237 952
Nd 原子量	144.239 744	144.239 733	144.239 744
$\Delta\mathrm{Sr}$	449.17	740.11	892.63
$\varepsilon_{\mathrm{Sr}}(t)$	480.191 393	898.279 552	1104.405 833
I_{Sr}	0.678 695	0.711 386	0.719 319
$\mathrm{Nd}/\times10^{-6}$	46.2	56	36.8
$\mathrm{Sm}/\times10^{-6}$	9.24	11.2	8.62
$^{147}\mathrm{Sm}/^{144}\mathrm{Nd}$	0.120 905	0.120 906	0.141 603
$^{143}\mathrm{Nd}/^{144}\mathrm{Nd}$	0.512 386	0.512 422	0.512 387
2σ	0.000 007	0.000 011	0.00 0008
$\varepsilon_{\mathrm{Nd}}(t)$	2.6	3.3	0.5
$T_{\mathrm{DM}}/\mathrm{Ga}$	1.25	1.19	1.61

由西北大学大陆动力学国家重点实验室采用 MC-ICP-MS 法分析(2014)。

$\varepsilon_{\mathrm{Nd}}(t) = [(^{143}\mathrm{Nd}/^{144}\mathrm{Nd})_{\mathrm{S}}/(^{143}\mathrm{Nd}/^{144}\mathrm{Nd})_{\mathrm{CHUR}} - 1] \times 10^4$；$(^{143}\mathrm{Nd}/^{144}\mathrm{Nd})_{\mathrm{CHUR}} = 0.512\,638$。

$\varepsilon_{\mathrm{Sr}}(t) = [(^{87}\mathrm{Sr}/^{86}\mathrm{Sr})_{\mathrm{S}}/(^{87}\mathrm{Sr}/^{86}\mathrm{Sr})_{\mathrm{UR}} - 1] \times 10^4$；$(^{87}\mathrm{Sr}/^{86}\mathrm{Sr})_{\mathrm{UR}} = 0.698\,990$。

$\Delta_{7/4} = [^{207}\mathrm{Pb}/^{204}\mathrm{Pb})_{\mathrm{S}} - 0.108\,4(^{206}\mathrm{Pb}/^{204}\mathrm{Pb})_{\mathrm{S}} - 13.491] \times 100$。

$\Delta_{8/4} = [^{208}\mathrm{Pb}/^{204}\mathrm{Pb})_{\mathrm{S}} - 1.209(^{206}\mathrm{Pb}/^{204}\mathrm{Pb})_{\mathrm{S}} - 15.627] \times 100$。

$\Delta\mathrm{Sr} = [(^{87}\mathrm{Sr}/^{86}\mathrm{Sr})_{\mathrm{S}} - 0.7] \times 10\,000$。

初始同位素组成根据 $t = 777.3$ Ma 校正；S＝Sample。

研究区内钾长花岗岩的初始铅同位素比值$(^{206}Pb/^{204}Pb)_i = 15.4103 \sim 17.2707$,初始的$(^{207}Pb/^{204}Pb)_i$相对较低,介于$15.4265 \sim 15.5479$;$(^{208}Pb/^{204}Pb)_i$值同样较低,介于$33.3518 \sim 35.8641$。在花岗岩的$(^{207}Pb/^{204}Pb)_i - (^{208}Pb/^{204}Pb)_i$同位素判别图解(图7)中,本区钾长花岗岩处于接近下地壳范围内。研究区内钾长花岗岩的T_{DM}介于$1.19 \sim 1.61$ Ga。

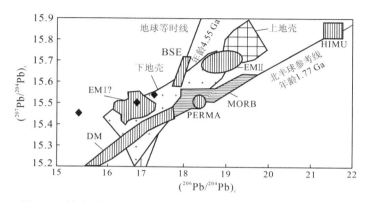

图7　石棉安顺场钾长花岗岩$(^{207}Pb/^{204}Pb)_i - (^{206}Pb/^{204}Pb)_i$图解
DM:亏损地幔;PERMA:原始地幔;BSE:地球总成分;MORB:洋中脊玄武岩;
EM I:I型富集地幔;EM II:II型富集地幔;HIMU:异常高$^{238}U/^{204}Pb$地幔。
据Huge(1993)

6　讨论

6.1　岩石成因类型

本区钾长花岗岩具有较高的SiO_2含量($SiO_2 = 72.64\% \sim 76.27\%$)及较低的$TiO_2$含量($TiO_2 = 0.13\% \sim 0.29\%$),$(K_2O+Na_2O)$较高($K_2O+Na_2O = 8.3\% \sim 9.02\%$),$\sigma = 2.08 \sim 2.74$。多数样品的铝饱和指数A/CNK(A/CNK $= 1.06 \sim 1.24$)大于1.1,岩石属于过铝质系列。铝饱和指数曾被认为是判别I型和S型花岗岩的标志(Chappell and White,1974,2001;吴福元等,2007;王德滋等,1993),高的SiO_2含量与铝饱和指数A/CNK超过1.1为S型花岗岩的特征。因此,初步推断研究区内花岗岩是S型花岗岩。此外,王德滋等(1993)认为,Rb和K有相似的地球化学性质,随着壳幔的分熔和陆壳的逐渐演化,Rb富集于成熟度高的地壳中;Sr和Ca有相似的地球化学行为,Sr富集于成熟度低、演化不充分的地壳中。因此,Rb/Sr比值能灵敏地记录源区物质的性质,当Rb/Sr > 0.9时,为S型花岗岩;当Rb/Sr < 0.9时,为I型花岗岩。本区花岗岩整体体现出高Rb低Sr的特征,Rb/Sr(Rb/Sr $= 7.20 \sim 8.03$)值远远高于0.9,据此可进一步确定研究区内花岗岩为S型花岗岩。研究区内花岗岩的Ga含量介于$16.5 \times 10^{-6} \sim 20.5 \times 10^{-6}$,10 000 Ga/Al值较高,分布在$2.45 \sim 2.98$范围内。在花岗岩的$[(K_2O+Na_2O)/CaO]-(Zr+Nb+Ce+Y)$图解(图8)中,本区花岗岩均位于分异的I型、S型、M型区域。由此综合判断,研究区内花岗

岩属于过铝质高钾钙碱性 S 型花岗岩类。

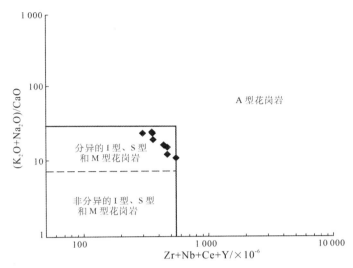

图 8　石棉安顺场钾长花岗岩[（K₂O+Na₂O）/CaO]-（Zr+Nb+Ce+Y）图解

已有研究表明,扬子板块西缘大量出露了包括该研究区在内的新元古代花岗岩,多数为 I 型和 S 型,少数为 A 型花岗岩(胡建等,2007;Li Xianhua et al.,2008;Zhao Xinfu et al.,2008;赖绍聪等,2015)。而石棉安顺场钾长花岗岩应该为过铝质 S 型花岗岩,属于造山期花岗岩类,一般产于克拉通内韧性剪切带或大陆碰撞褶皱带内。一般认为,形成于成熟的大陆克拉通环境下的强过铝质花岗岩的源岩是泥质的,即富黏土、贫长石(<5%),而形成于未成熟的板块边缘(岛弧和大陆岛弧)的海沟俯冲带环境的强过铝质花岗岩的源岩是贫黏土、富长石的(>5%)(钟长汀等,2007)。石棉安顺场钾长花岗岩具有低的 CaO/Na₂O 值(0.05~0.15)、较低的 Al₂O₃/TiO₂ 值(45.4~96.5)、高的 Rb/Sr 值(7.20~8.03)和低的 Rb/Ba 值(0.73~1.30),这说明石棉安顺场钾长花岗岩可能为成熟度较高的泥质沉积物部分熔融的产物(图9)。Sylvester 的研究结果亦能证明这一点,高温高压碰撞环境中发生部分熔融时,泥质来源的花岗岩较砂质来源的花岗岩倾向于更低的 CaO/Na₂O 值(<0.3)(图9a)(Sylvester,1998)。研究区内花岗岩的 $\varepsilon_{Nd}(t)$ = 0.5~3.3(平均值2.1),此值不高,反映其可能是与亏损地幔相关的初生地壳物质部分熔融的结果。研究区内花岗岩的 Nd 模式年龄 T_{DM} 值为 1.19 Ga、1.25 Ga 和 1.6 Ga,与岩浆的结晶年龄(777.3±4.8 Ma)相比较老,这指示着岩浆很可能来自中元古代地壳物质的再循环或者发生壳幔混合作用。综合以上分析,判断石棉安顺场钾长花岗岩为中元古代地壳泥质源岩部分熔融的产物。

6.2　岩石形成的构造环境

扬子板块被认为是全球最完整地保存了新元古代中期与 Rodinia 超大陆早期裂解相关的岩浆活动和沉积作用记录的地区,它在 Rodinia 超大陆重建中具有"核心"位置(李献

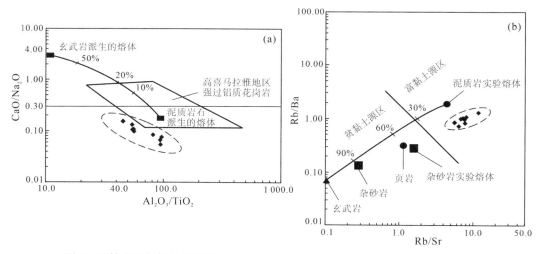

图9　石棉安顺场钾长花岗岩 Al_2O_3/TiO_2-CaO/Na_2O(a)和 Rb/Sr-Rb/Ba(b)图解

据 Sylvester(1998)

华等,2012)。因此,对扬子板块边缘广泛出露的新元古代岩浆岩类的系统深入研究是重建 Rodinia 超大陆的关键。华南新元古代花岗岩大多以含董青石或白云母为主要特征,属于 S 型花岗岩(吴福元等,2007),大量的地质实例和实验岩石学研究表明(Patiño Douce et al.,1998),S 型花岗岩形成于挤压、碰撞、地壳加厚或者后造山伸展背景下。近期的研究表明,攀西地区麻粒岩的原岩形成于古元古代晚期(1 870 ± 24 Ma),地球化学特征显示该地区在元古时期很可能处于活动大陆边缘构造环境(刘文中等,2005);石棉蛇绿岩的锆石 U-Pb 年龄为 906 ± 46 Ma,形成于成熟的弧后盆地(沈渭洲等,2003);石棉冷碛辉长岩的锆石 SHRIMP 年龄为 808 ± 12 Ma,它亦具有岛弧玄武岩特有的 Nb、Ta 相对于 Th、La 明显亏损的地球化学特征(李献华等,2002a);石棉花岗岩的锆石 SHRIMP 年龄为

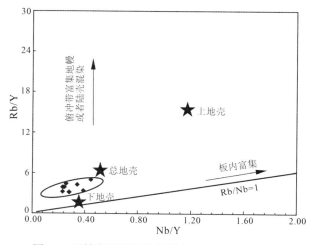

图10　石棉安顺场钾长花岗岩 Nb/Y-Rb/Y 图解

据 Jahn Borming(1999)

818±7 Ma,并具有岛弧地球化学特征(林广春,2010)。由此看来,扬子西缘、西北缘很可能经历了与岛弧环境有关的构造演化。扬子西缘泸定地区 750 Ma 的高 $Mg^\#$ 石英二长闪长岩和康定地区 748 Ma 的高锶低钇花岗闪长岩都被认为是安第斯型活动大陆边缘环境下的岩浆产物(Lai Shaocong et al.,2015);扬子西北缘米仓山地区二长花岗岩的锆石 LA-ICP-MS U-Pb 年龄为 741 Ma,它被认为是在伸展背景下 Rodinia 超大陆在新元古代的岩浆响应(甘保平等,2016)。沿康滇裂谷连续分布的火成岩杂岩体被认为是同时形成的,时间-空间上的密切关联指示着它们成因上的一致性。这些研究成果以及前人的研究资料(从柏林,1988;李建林等,1990;孙传敏,1994)可充分证明,扬子板块西缘在新元古代时期应属于岛弧环境。值得注意的是,在同时期的扬子板块东南缘皖南和赣东北蛇绿岩的形成年龄为 934~1 034 Ma(Chen Jiangfeng et al.,1991);桂北 835~800 Ma 强过铝 S 型花岗岩显示碰撞花岗岩的特征(王孝磊等,2006);浙江双溪坞弧火山岩为与俯冲有关的岛弧岩浆作用的产物,其年龄为 912~857 Ma(王剑,1999)。950~870 Ma 的岩浆活动可能普遍存在于扬子东南缘,它们可能与造山带形成过程中的俯冲和岛弧活动有关。Zhou Meifu et al.(2002b)则根据对川西、湘赣地区的研究,提出了扬子板块东、西两侧都是新元古代岛弧。这些研究成果清楚地表明,扬子板块周边在新元古代早期存在大洋板块俯冲作用(沈渭洲等,2003)。需要指出的是,变质岩石学研究亦表明(耿元生等,2008),扬子西缘新元古代可能为岛弧环境,扬子西缘存在约 750 Ma 的区域变质作用,变质矿物组合温压估算均表明体系具有碰撞后隆升的特征,变质岩具有顺时针演化的 P-T 轨迹,其退变质为等温降压过程,反映体系具有与增厚有关的抬升历史,主期变形-变质活动似乎反映了 Rodinia 古陆裂解过程中的局部挤压、俯冲活动。

石棉安顺场钾长花岗岩锆石 LA-ICP-MS U-Pb 年龄为 777.3±4.8 Ma。高 SiO_2 含量(72.64%~76.27%)与高的 Rb/Sr 值(7.20~8.03)显示 S 型花岗岩的特征,地球化学特征显示石棉安顺场钾长花岗岩为泥质源岩部分熔融的产物,岩石的 $\varepsilon_{Nd}(t)>0(0.5~3.3)$,$T_{DM}$ 介于 1.19~1.61 Ga,这说明岩石与亏损地幔具有亲缘性,并且在岩石形成过程中发生了必要的幔源热能的供给与壳幔物质的混合。微量元素特征显示 Nb、Ta 亏损。在 Rb/30-Hf-3Ta 构造判别图解(图 11b)中,样品点多数处在"火山弧花岗岩"范围内,个别落在"晚碰撞-碰撞后花岗岩"处,这意味着这些花岗岩的形成主要与挤压环境下的板块俯冲作用有关(沈渭洲等,2000)。在岩石的原始地幔标准化微量元素蛛网图(图 6b)中,Nb、Ta 的相对亏损显示出岛弧地球化学的特征。在 Rb-(Y+Nb) 构造判别图解(图 11a)中,石棉安顺场钾长花岗岩具有的"板内花岗岩"特征是由于紧随碰撞阶段的是造山后的板内阶段(Liégeois,1998)。

结合地球化学特征、同位素特征、区域构造环境讨论以及前人研究成果,本文认为,石棉安顺场新元古代钾长花岗岩是在挤压构造背景下,中元古代古老地壳部分熔融的产物。在新元古代时期,扬子板块西缘石棉地区总体处于晚碰撞-碰撞后的末期,紧随其后的是造山后的板内阶段,而该时期全球大地构造背景处于 Rodinia 超大陆的裂解时期,因此,石棉安顺场钾长花岗岩是 Rodinia 超大陆裂解在扬子板块的岩浆响应。

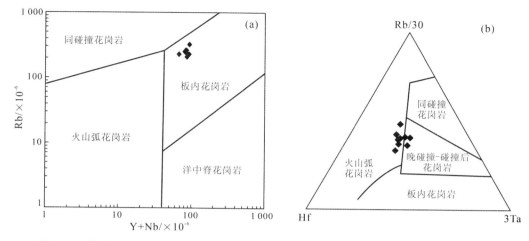

图 11　石棉安顺场钾长花岗岩 Rb-(Y+Nb)(a)和 Rb/30-Hf-3Ta(b)构造环境判别图解

图 11a 据 Pearce et al.(1984);图 11b 据 Harris et al.(1986)

7　结　论

(1)石棉安顺场钾长花岗岩 SiO_2 = 72. 64% ~ 76. 27%,铝饱和指数 A/CNK = 1. 06 ~ 1. 24,K_2O/Na_2O = 1. 40 ~ 2. 22,岩石里特曼指数 σ = 2. 08 ~ 2. 74,岩石的 Rb/Sr = 7. 20 ~ 8. 03,属于分异的过铝质高钾钙碱性 S 型花岗岩类。石棉安顺场钾长花岗岩具有低的 CaO/Na_2O 值(0. 05 ~ 0. 15)、较低的 Al_2O_3/TiO_2 值(45. 4 ~ 96. 5)、高的 Rb/Sr 值(7. 20 ~ 8. 03)和低的 Rb/Ba 值(0. 73 ~ 1. 30);$\varepsilon_{Nd}(t)$ = 0. 5 ~ 3. 3(平均 2. 1),值不高;Nd 的模式年龄 T_{DM} 值为 1. 19 Ga、1. 25 Ga 和 1. 6 Ga。石棉安顺场钾长花岗岩是扬子板块西缘中下地壳中元古代泥质源岩部分熔融的产物。

(2)石棉安顺场钾长花岗岩锆石 $^{206}Pb/^{238}U$ 年龄加权平均值为 777. 3±4. 8 Ma(MSWD = 0. 23,2σ),其形成时代为新元古代,形成于挤压的构造背景。

参考文献

[1] 陈玉禄,杨更,2000.四川石棉复式花岗岩体岩石谱系单位的建立.四川地质学报,20(2):100-105.

[2] 陈岳龙,罗照华,刘翠,2001.对扬子克拉通西缘四川康定-冕宁变质基底的新认识:来自 Nd 同位素的证据.地球科学,26(3):279-285.

[3] 陈岳龙,罗照华,赵俊香,李志红,张宏飞,宋彪,2004.从锆石 SHRIMP 年龄及岩石地球化学特征论四川冕宁康定杂岩的成因.中国科学:地球科学,34(8):687-697.

[4] 从柏林,1988.攀西古裂谷的形成与演化.北京:科学出版社.

[5] 邓晋福,冯艳芳,狄永军,刘翠,肖庆辉,苏尚国,赵国春,孟斐,马帅,姚图,2015a.岩浆弧火成岩构造组合与洋陆转换.地质论评,61(3):473-484.

[6] 邓晋福,刘翠,冯艳芳,肖庆辉,狄永军,苏尚国,赵国春,段培新,戴蒙,2015b.关于火成岩常用图解的正确使用:讨论与建议.地质论评,61(4):717-734.

［7］杜利林,耿元生,杨崇辉,王新社,任留东,周喜文,石玉若,杨铸生,2005.扬子地台西缘盐边群玄武质岩石地球化学特征及SHRIMP锆石U-Pb年龄.地质学报,79(6):805-813.

［8］杜利林,耿元生,杨崇辉,王新社,任留东,周喜文,王彦斌,杨铸生,2006.扬子地台西缘新元古代TTG的厘定及其意义.岩石矿物学杂志,25(4):273-281.

［9］杜利林,耿元生,杨崇辉,王新社,任留东,周喜文,王彦斌,杨铸生,2007.扬子地台西缘康定群的再认识:来自地球化学和年代学证据.地质学报,81(11):1562-1577.

［10］甘保平,赖绍聪,秦江锋,2016.米仓山坪河新元古代二长花岗岩成因及其地质意义.地质论评,62(4):929-944.

［11］耿元生,2008.扬子地台西缘变质基底演化.北京:地质出版社,2008.

［12］郭春丽,王登红,陈毓川,赵支刚,王彦斌,付小方,傅德明,2007.川西新元古代花岗质杂岩体的锆石SHRIMP U-Pb年龄、元素和Nd-Sr同位素地球化学研究:岩石成因与构造意义.岩石学报,23(10):2457-2470.

［13］胡建,邱检生,王汝成,蒋少勇,于津海,倪培,2007.新元古代Rodinia超大陆裂解事件在扬子北东缘的最初响应:东海片麻状碱性花岗岩的锆石U-Pb年代学及Nd同位素制约.岩石学报,23(6):1321-1333.

［14］赖绍聪,秦江锋,朱韧之,赵少伟,2015.扬子板块西缘天全新元古代过铝质花岗岩类成因机制及其构造动力学背景.岩石学报,31(8):2245-2258.

［15］李建林,董榕生,刘鸿元,1990.扬子地区晋宁期板块构造的探讨.地质科学,(3):215-223.

［16］李献华,李正祥,周汉文,刘颖,梁细荣,2002a.川西新元古代玄武质岩浆岩的锆石U-Pb年代学、元素和Nd同位素研究:岩石成因与地球动力学意义.地学前缘,9(4):329-338.

［17］李献华,周汉文,李正祥,刘颖,2002b.川西新元古代双峰式火山岩成因的微量元素和Sm-Nd同位素制约及其大地构造意义.地质科学,37(3):264-276.

［18］李献华,祁昌实,刘颖,梁细荣,涂湘林,谢烈文,2005.扬子块体西缘新元古代双峰式火山岩成因:Hf同位素和Fe/Mn新制约.科学通报,50(19):2155-2160.

［19］李献华,李武显,何斌,2012.华南陆块的形成与Rodinia超大陆聚合-裂解-观察、解释与检验.矿物岩石地球化学通报,31(6):543-559.

［20］李志红,罗照华,陈岳龙,赵俊香,2005.康定变质侵入岩的年代学及岩石地球化学特征.地球学报,26(s1):87-89.

［21］林广春,李献华,李武显,2006.川西新元古代基性岩墙群的SHRIMP锆石U-Pb年龄、元素和Nd-Hf同位素地球化学:岩石成因与构造意义.中国科学:D辑,36(7):630-645.

［22］林广春,2008.扬子西缘瓦斯沟花岗岩的元素-Nd同位素地球化学:岩石成因与构造意义.岩石矿物学杂志,27(5):398-404.

［23］林广春,2010.川西石棉花岗岩的锆石U-Pb年龄和岩石地球化学特征:岩石成因与构造意义.地球科学,35(4):611-620.

［24］刘文中,徐士进,王汝成,赵连泽,李惠民,吴俊奇,方中,2005.攀西麻粒岩锆石U-Pb年代学:新元古代扬子陆块西缘地质演化新证据.地质论评,51(4):470-476.

［25］刘树文,闫全人,李秋根,王宗起,2009.扬子克拉通西缘康定杂岩中花岗质岩石的成因及其构造意义.岩石学报,25(8):1883-1896.

［26］刘晔,柳小明,胡兆初,第五春荣,袁洪林,高山,2007.ICP-MS测定地质样品中37个元素的准确

度和长期稳定性分析.岩石学报, 23(5):1203-1210.

[27] 沈渭洲,李惠民,徐士进,王汝成,2000a.扬子板块西缘黄草山和下索子花岗岩体锆石 U-Pb 年代学研究.高校地质学报,6(3):412-416.

[28] 沈渭洲,赵子福,2000b.扬子板块西缘北段新元古代花岗岩类的地球化学特征和成因.地质论评,46(5):512-519.

[29] 沈渭洲,高剑峰,徐士进,周国庆,2002.扬子板块西缘泸定桥头基性杂岩体的地球化学特征和成因.高校地质学报,8(4):380-389.

[30] 沈渭洲,高剑峰,徐士进,谭国全,杨铸生,杨七文,2003.四川盐边冷水箐岩体的形成时代和地球化学特征.岩石学报,19(1):27-37.

[31] 孙传敏,1994.川西元古代蛇绿岩与扬子板块西缘元古代造山带.成都理工学院学报,21(4):11-16.

[32] 王德滋,刘昌实,沈渭洲,陈繁荣,1993.桐庐 I 型和相山 S 型两类碎斑熔岩对比.岩石学报,9(1):44-53.

[33] 王剑,1999.华南新元古代裂谷盆地演化:兼论与 Rodinia 解体的关系.成都:成都理工学院博士学位论文:1-186

[34] 王孝磊,周金城,邱检生,张文兰,柳小明,张桂兰,2006.桂北新元古代强过铝花岗岩的成因:锆石年代学和 Hf 同位素制约.岩石学报,22(2):326-342.

[35] 吴福元,李献华,杨进辉,郑永飞,2007.花岗岩成因研究的若干问题. 岩石学报,23(6):1217-1238.

[36] 颜丹平,周美夫,宋鸿林,John,Malpas,2002.华南在 Rodinia 古陆中位置的讨论:扬子板块西缘变质–岩浆杂岩证据及其与 Seychelles 板块的对比.地学前缘,9(4):249-256.

[37] 喻安光,郭建强,1998.扬子地台西缘构造格局.中国区域地质,17(3):255-261.

[38] 喻安光,1999.川西石棉地区含金剪切带的地球化学标志及矿物组合.中国区域地质,19(1):55-60.

[39] 郑永飞,2003.新元古代岩浆活动与全球变化.科学通报,48(16):1705-1720.

[40] 钟长汀,邓晋福,万渝生,毛德宝,李慧民,2007.华北克拉通北缘中段古元古代造山作用的岩浆记录:S 型花岗岩地球化学特征及锆石 SHRIMP 年龄.地球化学,36(6):585-600.

[41] Barth M G, McDonough W F, Rudnick R L, 2000.Tracking the budget of Nb and Ta in the continental crust.Chemical Geology, 165(3-4):197-213.

[42] Chappell B W, White A J R, 1974.Two contrasting granite types.Pacific Geology, 8(2):173-174.

[43] Chappell B W, White A J R, 2001.Two contrasting granite types:25 years later.Australian Journal of Earth Sciences, 48(4):489-499.

[44] Chen Jiangfeng, Foland K A, Xing Fengming, Xu Xiang, Zhou Taixi, 1991. Magmatism along the southeast margin of the Yangtze Block: Precambrian collision of the Yangtze and Cathaysia blocks of China.Geology, 19(8):815-818.

[45] Chen Yulu, Yang Geng, 2000. Establishment of lithodemic unit of the shimian composite granite mass, Sichuan. Acta Geologica Sichuan, 20(2):100-105.

[46] Chen Yuelong, Luo Zhaohua, Liu Cui, 2001. New recognition of Kangding-Mianning metamorphic complexes from Sichuan, western Yangtze craton: Evidence from Nd isotopic composition. Earth Science: Journal of China University of Geosciences, 26(3):279-285.

[47] Chen Yuelong, Luo Zhaohua, Zhao Junxiang, Li Zhihong, Zhang Hongfei, Song Biao, 2004. Discuss the cause of Kangding complex from zircon SHRIMP age and the geochemical characteristics of the rock,

in Mianning, Sichuan. Science in China: Earth Science, 34(8):687-697.

[48] Cong Bolin, 1988. The formation and evolution of Panxi ancient rift. Beijing: Science Press.

[49] Deng Jinfu, Feng Yanfang, Di Yongjun, Liu Cui, Xiao Qinghui, Su Shangguo, Meng Fei, Yao Tu, 2015a. Magmatic arc and Ocean-Continent Transition: Discussion. Geological Review, 61(3):473-484.

[50] Deng Jinfu, Liu Cui, Feng Yanfang, Xiao Qinghui, Di Yongjun, Su Shangguo, Zhao Guochun, Duan Peixin, Dai Meng, 2015b. On the correct application in the common igneous petrological diagrams: Discussion and suggestion. Geological Review, 61(4):717-734.

[51] Du Lilin, Geng Yuansheng, Yang Chonghui, Wang Xinshe, Ren Liudong, Zhou Xiwen, Shi Yuruo, Yang Zhusheng, 2005. Geochemistry and SHRIMP U-Pb Zircon Chronology of Basalts from the Yanbian Group in the Western Yangtze Block. Acta Geologica Sinica, 79(6):805-813.

[52] Du Lilin, Geng Yuansheng, Yang Chonghui, Wang Xinshe, Ren Liudong, Zhou Xiwen, Wang Yanbin, Yang Zhusheng, 2006. The stipulation of Neoproterozoic TTG in Western Yangtze Block and its significance. Acta Petrologica et Mineralogica, 25(4):273-281.

[53] Du Lilin, Geng Yuansheng, Yang Chonghui, Wang Xinshe, Ren Liudong, Zhou Xiwen, Wang Yanbin, Yang Zhusheng, 2007. New Understanding on Kangding Group on Western Margin of Yangtze Block: Evidence from Geochemistry and Chronology. Acta Geologica Sinica, 81(11):1562-1577.

[54] Gan Baoping, Lai Shaocong, Qin Jiangfeng, 2016. Petrogenesis and implications for the Neoproterzoic monzogranite in Pinghe, Micang Mountain. Geology Review, 62(4):929-944.

[55] Geng Yuansheng, 2008. The evolution of metamorphic basement in the Western Yangtze Block. Beijing: Geological Publishing House.

[56] Guo Chunli, Wang Denghong, Chen Yuchuan, Zhao Zhigang, Wang Yanbin, Fu Xiaofang, Fu Deming, 2007. SHRIMP U-Pb zircon ages and major element, trace element and Nd-Sr isotope geochemical studies of a Neoproterozzic granitic complex in western Sichuan: Petrogenesis and tectonic signifficance. Acta Petrologica Sinica, 23(10):2457-2470.

[57] Green T H, Pearson N J, 1987. An experimental study of Nb and Ta partitioning between Ti-rich minerals and silicate liquids at high pressure and temperature. Geochimica et Cosmochimica Acta, 51 (1):55-62.

[58] Green T H, 1995. Significance of Nb/Ta as an indicator of geochemical processes in the crust-mantle system. Chemical Geology, 120(3-4):347-359.

[59] Harris N B W, Pearce J A, Tindle A G, 1986. Geochemical characteristics of collision-zone magmatism//Coward M P, Reis A C. Collision Tectonics. Geological Society, London, Special Publications, 19(1):67-81.

[60] Hu Jian, Qiu Jiansheng, Wang Rucheng, Jiang Shaoyong, Yu Jinghai, Ni Pei, 2007. Earliest response of the Neoproterozoic Rodinia break-up in the northeastern Yangtze craton: Constranints from zircon U-Pb geochronology and Nd isotopes of the gneissic alkaline granites in Donghai area. Acta Petrologica Sinica, 23(6):1321-1333.

[61] Huang Xiaolong, Xu Yigang, Li Xianhua, Li Wuxian, Lan Jiangbo, Zhang Huihuang, Liu Yongsheng, Wang Yanbin, Li Hongyan, Luo Zhengyu, Yang Qijun, 2008. Petrogenesis and tectonic implications of Neoproterozoic, highly fractionated A-type granites from Mianning, South China. Precambrian Research,

165(3):190-204.

[62] Hugh R R, 1993. Using Geochemical Data.Singapore:Longman Singapore Publishers: 234-240.

[63] Jahn B M, Wu F Y, Lo C H, Tsai C H, 1999. Crust-mantle interaction inducedby deep subduction of the continental crust: Geochemical and Sr-Nd isotopic evidence from post-collisional mafic-ultramafic intrusions of the northern Dabie complex, central China. Chemical Geology, 157(1-2):119-146.

[64] Jahn B M, Wu F Y, Capdevila R, Martineau F, Zhao Zhenhua, Wang Yixian, 2001. Highly evolved juvenile granites with tetrad REE patterns: The Woduhe and Baerzhe granites from the Great Xing'an Mountains in NE China.Lithos, 59(4):171-198.

[65] Lai Shaocong, Qin Jiangfeng, Zhu Renzhi, Zhao Shaowei, 2015. Petrogenesis and tectonic implication of Neoproterozoic peraluminous granitoids from the Tianquan area, western Yangtze Block, South China. Acta Petrologica Sinica, 31(8):2245-2258.

[66] Lai Shaocong, Qin Jiangfeng, Zhu Renzhi, Zhao Shaowei, 2015. Neoproterozoic quartz monzodiorite granodiorite association from the Luding Kangding area: Implications for the interpretation of an active continental margin along the Yangtze Block (South China Block). Precambrian Research, 267: 196-208.

[67] Li Jianlin, Dong Rongsheng, Liu Hongyuan, 1990. The plate tectonics of Yangtze Block region during Jinning orogenic period. Geological Science, (3):215-223.

[68] Liégeois J P, 1998. Some words on the post-collisional magmatism.Lithos, 45:XV-XVIII.

[69] Li Xianhua, Li Zhengxiang, Zhou Hanwen, Liu Ying, Liang Xirong, 2002a. U-Pb zircon geochronological, geochemical and Nd isotopic study of Neoproterozoic basaltic magmatism in western Sichuan: Petrogenesis and geodynamic implications. Earth Science Frontiers, 9(4):329-338.

[70] Li Xianhua, Zhou Hanwen, Li Zhengxiang, Liu Ying, 2002b. Petrogenesis of Neoproterozoic bimodal volcanics in Western Sichuan and its tectonic implications: Geochemical and Sm-Nd isotopic constraints. Geological Science, 37(3):264-276.

[71] Li Xianhua, Li Zhengxiang, Zhou Hanwen, Liu Ying, Kinny P D, 2002b. U-Pb zircon geochronology, geochemistry and Nd isotopic study of Neoproterozoic bimodal volcanic rocks in the Kangdian Rift of South China:Implications for the initial rifting of Rodinia.Precambrian Research, 113(1-2):135-154.

[72] Li Xianhua, Li Zhengxiang, Ge Wenchun, Zhou Hanwen, Li Wuxian, Liu Ying, Michael T, Wingate D, 2003a. Neoproterozoic granitoids in South China:Crustal melting above a mantle plume at ca.825 Ma? Precambrian Research, 122(1-4):45-83.

[73] Li Xianhua, Li Zhengxiang, Zhou Hanwen, Liu Ying, Liang Xirong, Li Wuxian, 2003b. SHRIMP U-Pb zircon age, geochemistry and Nd isotope of the Guandaoshan pluton in SW Sichuan: Petrogenesis and tectonic significance. Science in China: Earth Science, 46(1):73-83.

[74] Li Xianhua, Qi Changshi, Liu Ying, Liang Xirong, Tu Xianglin, Xie Liewen, Yang Yueheng. 2005. Petrogenesis of the Neoproterozoic bimodal volcanic rocks along the western margin of the Yangtze Block: New constraints from Hf isotopes and Fe/Mn ratios. Chinese Science Bulletin, 50(21): 2481-2486.

[75] Li Xianhua, Li Zhengxiang, Sinclair J A, Li Wuxian, Garreth Carter, 2006. Revisiting the "Yanbian Terrane":Implications for Neoproterozoic tectonic evolution of the western Yangtze Block, South China.

Precambrian Research, 151(1-2):14-30.

[76] Li Xianhua, Li Wuxian, Li Zhengxiang, Liu Ying, 2008. 850~790 Ma bimodal volcanicand intrusive rocks in northern Zhejiang, South China: A major episode of continental rift magmatism during the breakup of Rodinia.Lithos, 102(1-2):341-357.

[77] Li Xianhua, Li Wuxian, He Bin, 2012. Building of the South China block and its relevance to assembly and breakup of Rodinia supercontinent: Observations, interpretations and tests. Bulletin of Mineralogy, Petrology and Geochemistry, 31(6):543-559.

[78] Li Zhengxiang, Li Xianhua, Kinny P D, Wang Jinjun, Zhang Shuang, Zhou Hong, 2003. Geochronology of Neoproterozoic syn-rift magmatism in the Yangtze Craton, South China and correlations with other continents: Evidence for a mantle superplume that broke up Rodinia.Precambrian Research, 122(1-4):85-109.

[79] Lin Guangchun, Li Xianhua, Li Wuxian, 2006. SHRIMP U-Pb zircon age, geochemistry and Nd-Hf isotope of Neoproterozoic mafic dyke swarmsin western Sichuan: Petrogenesis and tectonic significance. Science in China: Series D, 36(7):630-645

[80] Lin Guangchun, Li Xianhua, Li Wuxian, 2007. SHRIMP U-Pb zircon age, geochemistry and Nd-Hf isotope of Neoproterozoic mafic dyke swarms in western Sichuan: Petrogenesis and tectonic significance. Science in China, 50(1):1-16.

[81] Lin Guangchun, 2008. Petrochemical characteristics of Wasigou complex in western Yangtze Block: Petrogenetic and tectonic significance. Acta Petrologica et Mineralogica, 27(5):398-404.

[82] Lin Guangchun, 2010. Zircon U-Pb age and petrochemical characteristics of Shimian granite in Western Sichuan: Petrogenesis and tectonic significance. Earth Science: Journal of China University of Geoscience, 35(4):611-620.

[83] Liu Wenzhong, Xu Shijin, Wang Rucheng, Zhao Lianze, Li Huimin, Wu Junqi, Fang Zhong, 2005. Zircon U-Pb geochronology of granulites in Panzhihua-Xichang area: New evidence for the Neoproterozoic geological evolution in the western margin of Yangtze Block. Geology Review, 51(4): 470-476.

[84] Liu Shuren, Yan Quanren, Li Qiugen, Wang Zongqi, 2009. Petrogenesis of granitoid rocks in the Kangding complex, Western margin of the Yangtze Craton and its tectonic significance.Acta Petrologica Sinica, 25(8):1883-1896.

[85] Liu Ye, Liu Xiaoming, Hu Zhaochu, DiWu Chunrong, Yuan Honglin, Gao Shan, 2007. Evaluation of accuracy and long-term stability of determination of 37 trace elements in geological samples by ICP-MS. Acta Petrologica Sinica, 23(5):1203-1210.

[86] Liu Zerui and Zhao Junhong, 2012. Mineralogical constraints on the origin of Neoproterozoic felsic intrusions, NW margin of the Yangtze Block, South China. International Geology Review, 55(5): 590-607.

[87] Maniar P D, Piccoli P M, 1989. Tectonic discrimination of granitoids. Geological Society of American Bulletin, 101(5):635-643.

[88] Patiño Douce A E, McCarthy T C, 1998. Melting of crustal rocks during continetal collision and subduction. When continents collide: Geodynamics of ultrahighpressure rocks. Kluwer Academie

Publishers.

[89] Pearce J A, Harris N B W, Tindle A G, 1984. Trace element discrimination diagrams for the tectonic interpretation of granitic rocks. Journal of Petrology, 25(4):956-983.

[90] Rollinson H R, 1993. Using Geochemical Data: Evalution, Presentation, Interpretation. London: Pearson Education Limited:1-284.

[91] Shen Weizhou, Li Huimin, Xu Shijin, Wang Rucheng, 2000a. U-Pb Chronological Study of Zircons from the Huangcaoshan and Xiasuozi Granites in the Western Margin of Yangtze Plate. Geological Journal of China Universities, 6(3):412-416.

[92] Shen Weizhou, Zhao Zifu, 2000b, Geochemical Characteristics and Genesis of Some Neo-Proterozoic Granitoids in the Northern Part of the Western Margin of the Yangtze Block. Geology Review, 46(5): 512-519.

[93] Shen Weizhou, Gao Jianfeng, Xu Shijin, Zhou Guoqing, 2002. Geochemical Characteristics and Genesis of the Qiaotou Basic Complex, Luding County, Western Yangtze Block. Geological Journal of China Universities, 8(4):380-389.

[94] Shen Weizhou, Gao Jianfeng, Xu Shijin, Tan Guoqiang, Yang Zhusheng, Yang Qiwen, 2003. Format on age and geochemical characteristics of the Lengshuiqing body, Yanbian, Sichuan Province. Acta Petrologica Sinica, 19(1):27-37.

[95] Sun Chuanmin, 1994. Proterozoic ophiolites in Western Sichuan and the proterozoic orogenic belt on the west border of Yangtze Paleo-plate. Journal of Chengdu Institute of Technology, 21(4):11-16.

[96] Sun S S, McDonough W F, 1989. Chemical and isotopic systematics of oceanic basalts: Implications for mantle composition and processes//Saunders A D, Norry M J. Magmatism in the Ocean Basins. Geological Society, London, Special Publications, 42(1):313-345.

[97] Sun Weihua, Zhou Meifu, Yan Danping, Li Jianwei, Ma Yuxiao, 2008. Provenance and tectonic setting of the Neoproterozoic Yanbian Group, western Yangtze Block(SW China).Precambrian Research, 167 (1-2):213-236.

[98] Sylvester P J, 1998. Post-collisional strongly peraluminous granites. Lithos, 45:29-44.

[99] Wang Dezi, Liu Changshi, Shen Weizhou, Chen Fanrong, 1993. The contrast between Tonglu I-type and Xiangshan S-type clastoporphyritic lava. Acta Petrologica Sinica, 9(1):44-53.

[100] Wang Jian, 1999. Neoproterozoic Rifting History of South China: Significance to Rodinia Breakup. Chengdu: Doctoral dissertation of Chengdu University of Technology:1-186.

[101] Wang Xiaolei, Zhou Jincheng, Qiu Jiansheng, Zhang Wenlan, Liu Xiaoming, Zhang Guilan, 2006. Petrogenesis of the Neoproterozoic strongly Peraluminous granitoids from Northern Guangxi: Constraints from zircon geochronology and Hf isotopes. Acta Petrologica Sinica, 22(2):326-342.

[102] Wu Fuyuan, Li Xianhua, Yang Jinhui, Zheng Yongfei, 2007. Discussions on the petrogenesis of granites. Acta Petrologica Sinica, 23(6):1217-1238.

[103] Xiao Long, Zhang Hongfei, Ni Pingze, Xiang Hua, Liu Xiaoming, 2007. LA-ICP-MS U-Pb zircon geochronology of Early Neoproterozoic mafic-intermediate intrusions from NW margin of the Yangtze Block, South China: Implication for tectonic evolution. Precambrian Research, 154(3-4):221-235.

[104] Yan Danping, Zhou Meifu, Song Honglin, John Malpas, 2002. Where was South China located in the

reconstruction of Rodinia? Earth Science Frontiers, 9(4):249-256.

[105] Yu Anguang, Guo Jianqiang, 1998. Tectonic framework on the western margin of the Yangtze platform. Regional Geology of China, 17(3):255-261.

[106] Yu Anguang, 1999. Extensional tectonics in Shimian-Mianning district, Sichuan. Regional Geology of China, 19(1):55-60.

[107] Yuan Honglin, Gao Shan, Liu Xiaoming, Li Huiming, Gunther Detlef, 2004. Accurate U-Pb age and trace element determinations of zircon by laser ablation-Inductively coupled plasma mass spectrometry. Geostandards and Geoanalytical Research, 28(3):353-370.

[108] Zhao Guochun, Cawood P A, 2012. Precambrian geology of China. Precambrian Research, 222-223: 13-54.

[109] Zhao Junhong, Zhou Meifu, 2007a. Geochemistry of Neoproterozoic mafic intrusions in the Panzhihua district(Sichuan Province, SW China): Implications for subduction-related metasomatism in the upper mantle. Precambrian Research, 152(1):27-47.

[110] Zhao Junhong, Zhou Meifu, 2007b. Neoproterozoic adakitic plutons and arc magmatism along the western margin of the Yangtze Block, South China. Journal of Geology, 115(6):675-689.

[111] Zhao Junhong, Zhou Meifu, 2009. Secular evolution of the Neoproterozoic lithospheric mantle underneath the northern margin of the Yangtze Block, South China. Lithos, 107(3-4):152-168.

[112] Zhao Junhong, Zhou Meifu, Zheng Jianping, Fang Shiming, 2010. Neoproterozoic crustal growth and reworking of the Northwestern Yangtze Block: Constraints from the Xixiang dioritic intrusion, South China. Lithos, 120(3-4):439-452.

[113] Zhao Xinfu, Zhou Meifu, Li Jianwei, Wu Fuyuan, 2008. Association of Neoproterozoic A- and I-type Granites in South China: Implications for Generation of A-type Granites in A Subduction-related Environment. Chemical Geology, 257(1-2):1-15.

[114] Zheng Yongfei, 2003. Magmation and global change of Neoproterozoic. Chinese Science Bulletin, 48 (16):1705-1720.

[115] Zheng Yongfei, 2004. Position of South China in configuration of Neoproterozoic supercontinent. Chinese Science Bulletin, 49(8):751-753.

[116] Zhou Meifu, Kennedy A K, Sun Min, Malpas J, Lesher C M, 2002a. Neoproterozoic arc-related mafic intrusions along the northern margin of South China: Implications for the accretion of Rodinia. The Journal of Geology, 110(5):611-618.

[117] Zhou Meifu, Yan Danping, Kennedy A K, Li Yunqian, Ding Jun, 2002b. SHRIMP U-Pb zircon geochronological and geochemical evidence for Neoproterozoic arc-magmatism along the western margin of the Yangtze Block, South China. Earth & Planetary Science Letters, 196(1-2):51-67.

[118] Zhou Meifu, Ma Yuxiao, Yan Danping, Xia Xiaoping, Zhao Junhong, Sun Min, 2006a. The Yanbian Terrane(Southern Sichuan Province, SW China): A Neoproterozoic arc assemblage in the western margin of the Yangtze Block. Precambrian Research, 144(1-2):19-38.

[119] Zhou Meifu, Yan Danping, Wang Changliang, Qi Liang, Kennedy A K, 2006b. Subduction-related origin of the 750 Ma Xuelongbao adakitic complex(Sichuan Province, China): Implications for the tectonic setting of the giant Neoproterozoic magmatic event in South China. Earth & Planetary Science

Letters, 248(1-2):286-300.

[120] Zhou Meifu, Zhao Junhong, Xia Xiaoping, Sun Weihua, Yan Danping, 2007. Comment on "Revisiting the 'Yanbian Terrane': Implications for Neoproterozoic tectonic evolution of the western Yangtze Block, South China". Precambrian Research, 2007, 155(3):313-317.

[121] Zhong Changting, Deng Jinfu, Wan Yusheng, Mao Debao, Li Huimin, 2007. Magma recording of Palioproterozoic orogeny in central segment of northern margin of North China Craton: Geochemical characteristics and zircon SHRIMP dating of S-type granitoids.Geochemical, 36(6):585-600.

[122] Zhu Weiguang, Deng Hailin, Liu Bingguang, Li Chaoyang, Qin Yu, Luo Yaonan, Li Zhide, Pi Daohui, 2004a. The age of the Gaojiacun mafic-ultramafic intrusive complex in the Yanbian area, Sichuan Province: Geochronological constraints by U-Pb dating of single zircon grains and $^{40}Ar/^{39}Ar$ dating of hornblende. Chinese Science Bulletin, 49(10): 1077-1085.

[123] Zhu Weiguang, Liu Bingguang, Deng Hailin, Zhong Hong, Li Chaoyang, Pi Daohui, 2004b. Advance in the Study of Neoproterozoic Mafic-Ultramafic Rocks in the Western Margin of the Yangtze Craton. Bulletin of Mineralogy Petrology & Geochemistry, 23(3):255-263.

[124] Zhu Weiguang, Zhong Hong, Li Xianhua, Deng Hailin, He Dengfeng, Wu Kongwen, Bai Zhongjie, 2008. SHRIMP zircon U-Pb geochronology, elemental, and Nd isotopic geochemistry of the Neoproterozoic mafic dykes in the Yanbian area, SW China.Precambrian Research, 164(1-2):66-85.

松潘造山带金川地区观音桥晚三叠世二云母花岗岩的成因及其地质意义[①][②]

朱　毓　赖绍聪[③]　秦江锋

摘要：松潘造山带内发育大量印支期花岗岩，这些花岗岩类对于该地区岩浆活动、基底性质和构造演化的研究有着重要意义。金川地区观音桥二云母花岗岩位于松潘造山带东部，属于晚三叠世花岗岩。岩石具有高硅（$SiO_2 = 72.08\%$ ~ 73.95%）、富碱（$K_2O = 4.44\%$ ~ 5.84%，$Na_2O = 3.29\%$ ~ 3.93%）的特征，其 A/CNK 值为 1.08 ~ 1.22，属于过铝质高钾钙碱性 S 型花岗岩类。岩石富集大离子亲石元素，亏损部分高场强元素，具有明显的 Eu 负异常（$\delta Eu = 0.26$ ~ 0.38）。观音桥二云母花岗岩的 $\varepsilon_{Nd}(t) = -10.1$ ~ -7.9（平均 -8.9）值不高，Nd 同位素二阶段模式年龄 T_{DM2} 值为 1.42 ~ 1.57 Ga，显示源岩应该为中元古代地壳岩石。岩石高的 Rb/Sr 值和低的 CaO/Na_2O 值、较低的 Al_2O_3/TiO_2 值和低的 Rb/Ba 值，表明其起源于泥质源岩的部分熔融。综合地球化学、同位素特征和区域地质资料，本文认为，金川地区观音桥二云母花岗岩是在松潘造山带挤压背景下由中–上地壳泥质源岩发生部分熔融而形成。

松潘造山带地处青藏高原东北部，它是中国大陆最大的构造结（张国伟等，2004）。该区整体为一个巨大的三角形褶皱带，面积约 2×10^5 km²（图 1a）。它经历了古特提斯和新特提斯 2 个连续的造山事件（许志琴等，1992）。松潘造山带作为华北板块、扬子板块和青藏高原板块的汇聚区，其特殊的构造位置使得该地区的构造演化受到国内外学术界的广泛关注（Enkin et al.，1992；Roger et al.，2004；胡健民等，2005；Zhang Hongfei et al.，2006，2007；Xiao Long et al.，2007；Zhou Meifu et al.，2008；时章亮等，2009；蔡宏明等，2010）。迄今为止，对于松潘–甘孜地块的形成构造环境存在广泛的争议，主要有：①残留洋盆。被认为是三叠纪时期介于可可西里–金沙江古缝合线与昆南–阿尼玛卿蛇绿岩带之间的洋盆（Yin and Nie et al.，1993）；②弧后盆地。主要受古特提斯洋向北俯冲所制约（Hsü et al.，2010；Burchfiel et al.，1995）；③扬子板块的西延，其基底是陆壳组分，晚三叠

---

①　原载于《地质论评》，2017，63（6）。
②　国家自然科学基金委创新群体项目（41421002）、国家自然科学基金资助项目（41372067，41102037）、全国优秀博士论文作者专项基金资助项目（201324）及陕西省青年科技新星项目。
③　通讯作者。

世深水沉积是东昆仑-西秦岭前陆盆地的产物,龙门山造山带在晚三叠世的隆起使得松潘-甘孜地块与四川盆地隔开(许志琴等,1992;Chen Shefa et al.,1994;Yan Danping et al.,2003)。松潘带内发育有大量的印支期花岗岩类,其明显侵入褶皱的三叠系地层(胡健民等,2005)。由于岩浆作用与深部地球动力学过程有着紧密的关系,这些印支期花岗岩是探讨该地区地质演化的重要研究对象。松潘带内印支期花岗岩主要类型包括高锶低钇花岗岩(埃达克质花岗岩)(Zhang Hongfei et al.,2006;Xiao Long et al.,2007;赵永久等,2007)、A 型花岗岩(Zhang Hongfei et al.,2007)和 I 型花岗岩(胡健民等,2005;Xiao Long et al.,2007),而对于 S 型花岗岩的研究相对较少。花岗岩是大陆地壳的主要组成部分和构造运动的主要产物,其地球化学特征不仅反映源区性质,而且是构造事件重要的岩浆记录(Brown et al.,1994;Solar et al.,1998;Barbarin et al.,1999;Petford et al.,2000)。对于这些花岗岩的成因,代表性的观点有:①造山过程中的大型滑脱构造剪切生热造成源区物质部分熔融(Roger et al.,2004);②构造剪切热与地幔热源共同作用(胡健民等,2005);③岩石圈的拆沉作用(Cai Hongming et al.,2009;时章亮等,2009)。为了更全面地对该地区花岗岩类的成因进行研究,本文对金川地区观音桥花岗岩体主、微量元素,Sr-Nd-Pb 同位素组成进行系统研究,结合已有研究成果及区域地质演化,为探讨金川地区花岗岩的成因以及松潘-甘孜地块的构造演化历史提供有效的地质约束。

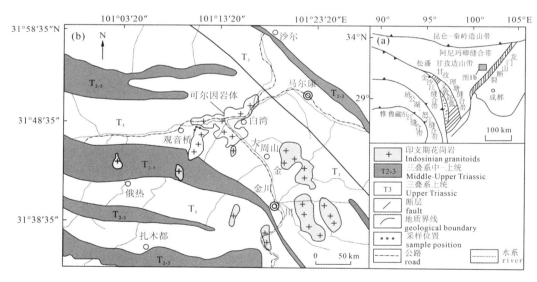

图 1　松潘造山带地质简图(a)及金川地区地质简图(b)

据时章亮等(2009)

1　地质背景及岩相学特征

松潘造山带北邻东昆仑-西秦岭造山带,中间被阿尼玛卿-勉略缝合带所隔;东南方向以龙门山断裂为界与扬子板块相连(Chen Shefa et al.,1996,2007);西南部以金沙江缝合带为界,与青藏高原的羌塘-昌都板块相接(蔡宏明等,2010),金沙江缝合带被认为是晚古生代俯冲带（Sengor，1985；Calassou，1994）。松潘造山带是特提斯-喜马拉雅造山系中的一个重要组成部分（周家云等，2014），地球物理数据显示其基底性质与西秦岭造山带相似，都具有扬子地块的构造属性（张季生等，2007）。松潘造山带内部整体具有两大明显特征：①松潘造山带内主体充填有巨厚层（5~15 km）的三叠系复理石沉积（许志琴等，1992；Calassou，1994），它们整合覆盖于4~6 km厚震旦系-古生代之上（赵永久等，2007）。②松潘造山带内广泛出露三叠纪末到侏罗纪时期的花岗岩类侵入体，这些花岗岩呈面状散布于松潘造山带内（Calassou，1994；Roger et al.，2004；胡健民等，2005；Zhang Hongfei et al.，2006，2007；Xiao Long et al.，2007），松潘造山带内仅东部部分地区出露前寒武纪基底（张云湘等，1988；Huang M H et al.，2003）。晚古生代-三叠纪期间，位于昆南-阿尼玛卿洋盆和金沙江-哀牢山洋盆之间的扬子-若尔盖板块上发育从泥盆纪-三叠纪的斜坡相-深水复理石的被动陆缘巨厚沉积。三叠纪末洋盆闭合，形成巴颜喀拉-松潘-甘孜印支造山带（许志琴等，1992）。印支期（三叠纪末）华北板块、扬子板块和羌塘-昌都板块的聚敛使得松潘造山带内地层发生强烈的褶皱变形（许志琴等，1992；Harrowfield et al.，2005；Reid et al.，2005）。在造山期，三叠纪的地层向南推覆于扬子板块之上，同时震旦纪-古生代序列强烈变形，形成大规模滑脱构造，使得地壳明显加厚（Mattauer et al.，1992）。

松潘造山带内广泛发育花岗岩侵入体。野外观察显示，这些花岗岩体的空间分布并没有特别明显的规律性（赵永久等，2007），其形成时代主要在三叠纪末到侏罗纪时期，和印支运动有关（Calassou，1994；Roger et al.，2004；胡健民等，2005）。部分花岗岩体明显侵入褶皱的三叠系地层内，而这些花岗岩自身并没有发生变形，指示这些花岗岩体的侵位是在三叠系褶皱变形之后发生的（胡健民等，2005；蔡宏明等，2010）。

观音桥岩体位于松潘造山带东部、雅江后弧褶皱带复式背斜轴部，地处马尔康西南方向白湾-观音桥的公路旁（图1b），观音桥岩体与东侧的可尔因岩体共同构成一个复式花岗岩体，岩体围岩为中-上三叠统西康群杂谷脑组砂岩夹少量板岩及薄层条带状结晶灰岩、上统侏倭组砂、板岩不等厚互层、新都桥组板岩夹砂岩呈复理式韵律（廖远安等，1992）。观音桥-可尔因复式花岗岩体具有岩浆系列连续多阶段演化特点，可区分为前锋石英闪长岩、早期阶段二长花岗岩、中期阶段钾长花岗岩、主侵入阶段二云母花岗岩和花岗伟晶岩（李建康等，2006，2009；廖远安等，1992）。主侵入阶段二云母花岗岩又根据岩石结构可划分为中粒二云母花岗岩和中细粒二云母花岗岩，中粒二云母花岗岩的LA-ICP-MS锆石U-Pb定年得到的锆石$^{206}Pb/^{238}U$加权平均年龄为208±2 Ma（时章亮等，2009）。观音桥-可尔因复式岩体与边缘相伟晶岩脉为同源岩浆分异的产物（李建康等，2006）。本文采集的观音桥岩体中的中粒二云母花岗岩属于复式岩体主侵位阶段产物。岩石呈浅灰色-灰白色，块状构造（图2a、b）。主要矿物组成为碱性长石（35%~40%）+酸性斜长石（30%~35%）+石英（25%~30%）+黑云母（2%~3%）+白云母（3%~4%）（图2c、d），副矿物主要有锆石、磷灰石、榍石和少量Ti-Fe氧化物。碱性长石主要是钾长石和条纹长石，可见格子双晶，条纹长石可见明显的条纹结构。酸性斜长石呈自形-半自形板状，可见聚片双晶，双晶纹细密。石英呈他形粒状，表面裂纹较发育。黑云母呈黑褐色自形-半自形晶,具有一组极完全解理,矿物边缘可见轻微的氧化蚀变和铁质物析出。白云母呈自形-半自形晶,同样具有一组极完全解理。

图 2　松潘造山带金川地区观音桥二云母花岗岩的野外(a、b)及镜下(c、d)照片

Mus:白云母;Kfs:钾长石;Qtz:石英;Bi:黑云母;Pl:斜长石。图 2b 中比例尺为一枚一角硬币,直径 1.95 cm

2　实验分析方法

本文的所有测试分析均在西北大学大陆动力学国家重点实验室完成。

在进行元素地球化学测试之前,对野外采集的新鲜样品进行了详细的岩相学观察,选择没有脉体贯入的样品进行主、微量元素分析。首先将岩石样品洗净、烘干,用小型颚式破碎机破碎至粒度为 5.0 mm 左右,然后用玛瑙研钵托盘在振动式碎样机中碎至 200 目以下。

主量元素采用 XRF 法完成,分析精度一般优于 5%。微量元素用 ICP-MS 测定。微量元素样品在高压溶样弹中用 HNO_3 和 HF 混合酸溶解 2 d 后,用 VG Plasma-Quad ExCell ICP-MS 完成测试,对国际标准参考物质 BHVO-1(玄武岩)、BCR-2(玄武岩)和 AGV-1(安山岩)的同步分析结果表明,微量元素分析的精度和准确度一般优于 10%,详细的分析流程见文献(刘晔等,2007)。

Sr-Nd-Pb 同位素分析同样在西北大学大陆动力学国家重点实验室完成。Sr、Nd 同位素分别采用 AG50W-X8(200~400 mesh)、HDEHP(自制)和 AG1-X8(200~400 mesh)离子交换树脂进行分离,同位素测试在该实验室的多接收电感耦合等离子体质谱仪(MC-ICP-MS,Nu Plasma HR,Nu Instruments,Wrexham,UK)上采用静态模式(Static mode)进行(Yuan Honglin et al.,2004)。全岩 Pb 同位素是通过 HCl-Br 塔器进行阴离子交换分离,Pb 同位素的分离校正值 $^{205}Tl/^{203}Tl = 2.3875$。在分析期间,由 NBS 981 的 30 个测量值得出 $^{206}Pb/^{204}Pb = 16.937 \pm 1(2\sigma)$,$^{207}Pb/^{204}Pb = 15.491 \pm 1(2\sigma)$ 和 $^{208}Pb/^{204}Pb = 36.696 \pm 1(2\sigma)$ 的平均值。BCR-2 标样给出的值是 $^{206}Pb/^{204}Pb = 18.742 \pm 1(2\sigma)$,$^{207}Pb/^{204}Pb =$

$15.620\pm1(2\sigma)$ 和 $^{208}Pb/^{204}Pb=38.705\pm1(2\sigma)$。所有程序中 Pb 空白样的范围为 $0.1\sim$ 0.3 ng(Yuan Honglin et al.,2004)。

3 主、微量元素地球化学

观音桥二云母花岗岩样品的主、微量元素分析结果及 CIPW 标准矿物计算结果列于表 1 中。岩石具有高硅($SiO_2=72.08\%\sim73.95\%$)、碱($K_2O=4.44\%\sim5.84\%$, $Na_2O=3.29\%\sim3.93\%$),低钙($CaO=0.72\%\sim0.93\%$)的特征。在 An-Ab-Or 图解中全部落在花岗岩区域内(图 3a)。岩石 $K_2O/Na_2O=1.20\sim1.68$,(K_2O+Na_2O)介于 $8.14\%\sim9.51\%$。此外,该花岗岩富铝($Al_2O_3=14.87\%\sim15.45\%$)、贫钛($TiO_2=0.10\%\sim0.15\%$),全铁含量 $Fe_2O_3^T$ 介于 $0.88\%\sim1.39\%$。铝饱和指数 A/CNK $=1.08\sim1.22$,在 A/NK-A/CNK 图解(图 3b)中可见岩石属于过铝质系列。岩石里特曼指数 $\sigma=2.14\sim3.00$,属钙碱性系列。在 SiO_2-K_2O 图解(图 3c)中,岩石同样位于高钾钙碱性系列岩石范围内。岩石 MgO $=0.20\%\sim0.26\%$,$Mg^\#$ 值在 $26.6\sim31.7$ 范围内变化。

表 1 松潘造山带金川地区观音桥二云母花岗岩常量(%)及微量($\times10^{-6}$)元素分析结果

编号	GYM05	GYM06	GYM08	GYM09	GYM10	GYM14	GYM15
SiO_2	73.17	73.95	73.30	73.29	73.14	72.08	72.31
TiO_2	0.10	0.12	0.12	0.11	0.12	0.15	0.14
Al_2O_3	14.88	14.99	14.87	14.87	15.18	15.45	15.36
$Fe_2O_3^T$	0.88	1.01	1.04	1.04	1.01	1.39	1.27
MnO	0.02	0.04	0.03	0.03	0.04	0.01	0.01
MgO	0.20	0.23	0.25	0.24	0.23	0.26	0.25
CaO	0.72	0.77	0.75	0.80	0.80	0.88	0.93
Na_2O	3.93	3.70	3.29	3.42	3.56	3.47	3.50
K_2O	5.58	4.44	5.37	5.30	4.92	5.84	5.69
P_2O_5	0.18	0.20	0.19	0.20	0.20	0.20	0.17
LOI	0.64	0.77	0.64	0.71	0.97	0.54	0.63
Total	100.30	100.22	99.85	100.01	100.17	100.27	100.26
$Mg^\#$	30.6	30.4	31.7	30.8	30.4	26.6	27.6
K_2O/Na_2O	1.42	1.20	1.63	1.55	1.38	1.68	1.63
K_2O+Na_2O	9.51	8.14	8.66	8.72	8.48	9.31	9.19
A/CNK	1.08	1.22	1.18	1.16	1.20	1.13	1.13
A/NK	1.19	1.38	1.32	1.31	1.36	1.28	1.29
Q	26.96	33.27	31.47	30.87	31.37	26.87	27.41
An	2.36	2.48	2.50	2.68	2.68	3.03	3.47
Crn	1.5	3.18	2.73	2.52	3.00	2.30	2.17
Or	32.64	26.05	31.64	31.11	28.82	34.23	33.34
Ab	33.14	31.11	27.82	28.91	30.01	29.17	29.42
Hy	1.71	2.01	2.07	2.06	2.01	2.54	2.34
Mt	0.26	0.29	0.31	0.31	0.29	0.41	0.38
Ilm	0.19	0.23	0.23	0.21	0.23	0.29	0.27

编 号	GYM05	GYM06	GYM08	GYM09	GYM10	GYM14	GYM15
Ap	0.39	0.43	0.41	0.43	0.43	0.43	0.37
Li	414	612	465	491	571	93.2	87.7
Be	10.4	19.2	40.8	10.5	11.7	4.50	4.83
Sc	2.02	2.10	1.77	1.84	1.95	1.73	1.74
V	2.53	2.76	2.98	2.90	2.97	1.65	1.82
Cr	20.2	1.70	5.10	1.95	3.90	4.66	3.43
Co	117	89.2	128	117	94.6	118	145
Ni	13.1	1.48	3.72	1.88	3.57	4.62	3.67
Cu	5.39	1.40	2.56	2.59	1.84	0.98	0.79
Zn	51.7	69.9	62.4	63.1	65.4	72.3	64.6
Ga	20.8	23.1	21.1	21.4	21.7	20.8	20.7
Ge	1.82	1.88	1.84	1.86	1.88	1.31	1.28
Rb	394	595	390	395	594	325	310
Sr	73.5	71.6	75.6	75.3	73.3	76.2	74.2
Y	8.81	9.29	8.32	9.06	8.62	10.1	8.48
Zr	63.1	70.9	72.1	76.7	68.0	94.6	88.3
Nb	15.2	18.9	17.3	17.4	17.8	15.1	15.3
Cs	47.5	74.5	57.7	62.1	83.8	13.5	12.0
Ba	201	193	215	215	188	167	160
Hf	1.98	2.20	2.28	2.40	2.11	2.99	2.77
Ta	3.04	3.61	3.74	3.65	3.57	1.65	1.58
Pb	38.4	35.0	38.4	37.0	36.7	49.2	46.7
Th	12.3	15.1	14.6	15.4	13.6	17.5	17.9
U	2.42	3.08	2.90	2.95	2.69	3.87	3.84
La	17.9	22.3	21.8	23.8	19.8	23.3	23.4
Ce	36.4	44.6	43.2	47.2	40.3	48.8	49.0
Pr	4.01	4.89	4.77	5.15	4.43	5.62	5.55
Nd	14.2	17.2	16.8	18.1	15.6	20.1	20.0
Sm	3.10	3.74	3.60	3.85	3.34	5.03	4.90
Eu	0.36	0.37	0.38	0.38	0.36	0.40	0.38
Gd	2.53	2.94	2.80	3.01	2.64	4.13	3.97
Tb	0.36	0.40	0.37	0.40	0.37	0.55	0.50
Dy	1.77	1.92	1.76	1.88	1.77	2.44	2.15
Ho	0.28	0.28	0.26	0.28	0.26	0.33	0.28
Er	0.65	0.68	0.62	0.67	0.64	0.72	0.61
Tm	0.087	0.090	0.082	0.089	0.084	0.089	0.074
Yb	0.51	0.53	0.48	0.53	0.51	0.49	0.43
Lu	0.068	0.070	0.064	0.071	0.065	0.065	0.056
$\sum$REE	91.04	109.30	105.31	114.47	98.79	122.16	119.78
$\sum$LREE/$\sum$HREE	5.04	5.75	6.14	6.16	5.60	5.46	6.24
δEu	0.38	0.33	0.35	0.33	0.36	0.26	0.26

续表

编　号	GYM05	GYM06	GYM08	GYM09	GYM10	GYM14	GYM15
(La/Yb)$_N$	25.18	30.18	32.58	32.21	27.85	34.11	39.03
(Ce/Yb)$_N$	19.83	23.38	25.00	24.74	21.95	27.66	31.65

由西北大学大陆动力学国家重点实验室采用 XRF 和 ICP-MS 法分析(2013)。表中,Q 为石英;An 为钙长石;Crn 为刚玉;Or 为正长石;Ab 为钠长石;Hy 为紫苏辉石;Mt 为磁铁矿;Ilm 为钛铁矿;Ap 为磷灰石。

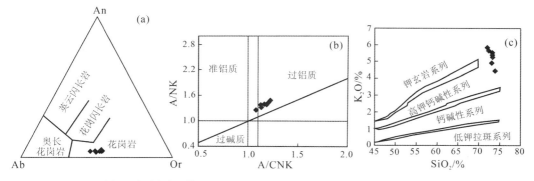

图 3　松潘造山带金川地区观音桥二云母花岗岩 An-Ab-Or(a)、
A/NK-A/CNK(b)和 SiO$_2$-K$_2$O(c)图解

图 3a 据 Barker(1979);图 3b 据 Rollinson(1993);图 3c 据 Maniar and Piccoli(1989)

观音桥二云母花岗岩的稀土元素总量不高,介于 $91.04×10^{-6} \sim 122.16×10^{-6}$,平均为 $108.70×10^{-6}$;$\sum$ LREE/$\sum$ HREE 变化不大,介于 $5.04 \sim 6.24$,平均为 5.77;$(La/Yb)_N = 25.18 \sim 39.03$,平均为 31.59;$(Ce/Yb)_N = 19.83 \sim 31.65$,平均为 24.89;δEu 值变化在 $0.26 \sim 0.38$ 范围内,平均为 0.32。在岩石的稀土元素球粒陨石标准化配分模式图(图 4a)中,样品具有基本一致的稀土元素配分型式,即轻稀土元素(LREE)富集、重稀土元素(HREE)相对亏损、Eu 负异常明显。在岩石的原始地幔标准化微量元素蛛网图(图 4b)中,配分曲线均呈现出整体右倾负斜率特征,富集 Rb、Th、U、Pb 等大离子亲石元素,亏损 Nb、Zr 高场强元素。

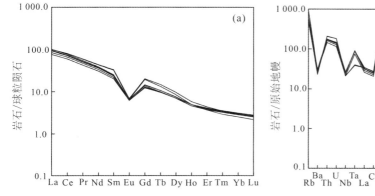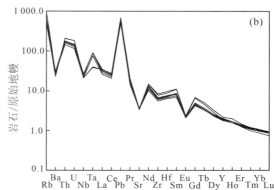

图 4　松潘造山带金川地区观音桥二云母花岗岩稀土元素配分图解(a)
和原始地幔标准化微量元素蛛网(b)

标准化值据 Sun and McDonough(1989)

4 Sr-Nd-Pb 同位素特征

观音桥二云母花岗岩 4 个样品的 Sr-Nd 同位素分析结果列于表 2 中。从表 2 中数据可以看到，岩石总体 Sr 含量（$71.6 \times 10^{-6} \sim 348 \times 10^{-6}$）变化较大，Nd 含量（$17.2 \times 10^{-6} \sim 22.7 \times 10^{-6}$）偏低，Rb 含量整体较高，介于 $203 \times 10^{-6} \sim 595 \times 10^{-6}$。岩石的 $^{87}Sr/^{86}Sr = 0.716\,749 \sim 0.755\,860$，$^{143}Nd/^{144}Nd = 0.512\,009 \sim 0.512\,140$，初始锶比值 $(^{87}Sr/^{86}Sr)_i$ 介于 $0.683\,718 \sim 0.713\,005$，$\varepsilon_{Nd}(t) = -7.9 \sim -10.1$（平均 -8.9）。二阶段模式年龄 T_{DM2} 介于 $1.42 \sim 1.57$ Ga。对于高的 Rb/Sr 比值（Rb/Sr = $4.18 \sim 8.31$），经过时间矫正获得的 $(^{87}Sr/^{86}Sr)_i$ 值会有很大的不确定性。因此，由高 Rb/Sr 比值经过年龄校正计算出来的 $(^{87}Sr/^{86}Sr)_i$ 值一般仅作为参考（Jahn Boming et al., 2001）。

金川地区观音桥二云母花岗岩 4 个样品的 Pb 同位素分析结果列于表 3 中。由表 3 中数据可以看到，岩石样品的 $(^{206}Pb/^{204}Pb)_i = 18.553\,6 \sim 19.050\,6$，$(^{207}Pb/^{204}Pb)_i = 15.681\,7 \sim 15.705\,4$，$(^{208}Pb/^{204}Pb)_i = 38.682\,7 \sim 39.793\,3$。在 $(^{208}Pb/^{204}Pb)_i$-$(^{206}Pb/^{204}Pb)_i$ 图解（图 5a）中，样品位于 Th/U = 4.0 的北半球参考线（NHRL）的下部且具有接近 MORB 的同位素组成。而在 $(^{207}Pb/^{204}Pb)_i$-$(^{208}Pb/^{204}Pb)_i$ 图解（图 5b）中，花岗岩样品几乎全部落在下地壳区域内。

5 讨论

5.1 岩石成因

研究表明，金川地区观音桥中粒二云母花岗岩具有较高的 SiO_2 含量（$SiO_2 = 72.08\% \sim 73.95\%$）及较低的 TiO_2 含量（$TiO_2 = 0.10\% \sim 0.15\%$），（$K_2O + Na_2O$）含量较高（$K_2O + Na_2O = 8.14\% \sim 9.51\%$），$\sigma = 2.14 \sim 3.00$。多数样品的铝饱和指数 A/CNK（A/CNK = $1.08 \sim 1.22$）大于 1.1，岩石属于过铝质系列。高的 SiO_2 含量与铝饱和指数 A/CNK 超过 1.1，为 S 型花岗岩的典型特征。因此，初步推断研究区内花岗岩是 S 型花岗岩。王德滋等（1993）认为，Rb 和 K 有相似的地球化学性质，随着壳幔的分熔和陆壳的逐渐演化，Rb 富集于成熟度高的地壳中；Sr 和 Ca 有相似的地球化学行为，Sr 富集于成熟度低、演化不充分的地壳中。因此，Rb/Sr 比值能灵敏地记录源区物质的性质，当 Rb/Sr > 0.9 时，为 S 型花岗岩；当 Rb/Sr < 0.9 时，为 I 型花岗岩。观音桥二云母花岗岩整体体现出高 Rb、低 Sr 的特征，Rb/Sr 比值（Rb/Sr = $4.18 \sim 8.31$）远远高于 0.9，据此可进一步确定研究区内花岗岩为 S 型花岗岩。实验研究表明（Wolf et al., 1997），在强过铝质岩浆中，磷灰石在岩浆分异过程中随着 SiO_2 的增加而增加。磷灰石的这种特殊属性已经被成功地运用在 S 型和 I 型花岗岩的区分上（Wu Fuyuan et al., 2003）。在 SiO_2-P_2O_5 相关图（图 6）中，除去 P_2O_5 含量相同的样品（均 0.2%）外，样品的 SiO_2 和 P_2O_5 之间整体具有明显的正相关关系。由此综合判断，研究区内花岗岩属于过铝质高钾钙碱性 S 型花岗岩类。

表 2　松潘造山带金川地区观音桥二云母花岗岩 Sr-Nd 同位素分析结果

样品	$^{87}Sr/^{86}Sr$	$^{87}Rb/^{86}Sr$	Rb $/\times10^{-6}$	Sr $/\times10^{-6}$	$^{143}Nd/^{144}Nd$	$^{147}Sm/^{144}Nd$	Nd $/\times10^{-6}$	Sm $/\times10^{-6}$	T_{DM2} /Ga	$\varepsilon_{Nd}(t)$	$(^{87}Sr/^{86}Sr)_i$
GYM06	0.755 860	24.156 3	595	71.6	0.512 140	0.131 441	17.2	3.74	1.42	−8.0	0.683 718
GYM14	0.746 256	12.386 5	325	76.2	0.512 085	0.151 270	20.1	5.03	1.53	−9.6	0.709 264
GYM17	0.718 050	1.689 4	203	348	0.512 118	0.113 408	22.6	4.24	1.42	−7.9	0.713 005
GYM19	0.716 749	1.732 4	204	341	0.512 009	0.115 036	22.7	4.32	1.57	−10.1	0.711 575

Rb、Sr、Nd、Sm 由西北大学大陆动力学国家重点实验室采用 MC-ICP-MS 法分析。T_{DM2} 代表二阶段模式年龄，计算中所需详细参数及公式如下：

$(^{147}Sm/^{144}Nd)_{DM}=0.213\ 7$，$(^{143}Nd/^{144}Nd)_{DM}=0.513\ 15$，$(^{147}Sm/^{144}Nd)_{Crust}=0.101\ 2$。

$(^{147}Sm/^{144}Nd)_{CHUR}=0.196\ 7$，$(^{143}Nd/^{144}Nd)_{CHUR}=0.512\ 638$。

$\varepsilon_{Nd}(t)=[(^{143}Nd/^{144}Nd)_S(t)/(^{143}Nd/^{144}Nd)_{CHUR}(t)-1]\times10^4$

初始同位素根据 $t=210$ Ma 校正；S＝Sample。

表 3　松潘造山带金川地区观音桥二云母花岗岩 Pb 同位素分析结果

样品	U $/\times10^{-6}$	Th $/\times10^{-6}$	Pb $/\times10^{-6}$	$^{206}Pb/^{204}Pb$	2σ	$^{207}Pb/^{204}Pb$	2σ	$^{208}Pb/^{204}Pb$	2σ	$(^{206}Pb/^{204}Pb)_i$	$(^{207}Pb/^{204}Pb)_i$	$(^{208}Pb/^{204}Pb)_i$
GYM06	3.08	15.1	35.0	19.238 0	0.000 3	15.714 8	0.000 3	39.092 3	0.000 8	19.050 6	15.705 4	38.793 3
GYM14	3.87	17.5	49.2	18.906 9	0.000 3	15.690 3	0.000 3	38.927 5	0.000 8	18.740 5	15.681 9	38.682 7
GYM17	2.32	11.2	46.2	18.659 5	0.000 3	15.687 0	0.000 2	38.945 3	0.000 7	18.553 6	15.681 7	38.779 0
GYM19	2.28	11.7	45.0	18.690 4	0.000 4	15.694 1	0.000 4	38.928 9	0.001 1	18.583 5	15.688 7	38.750 5

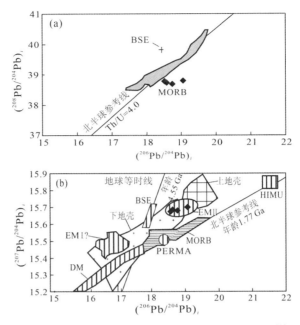

图 5　松潘造山带金川地区观音桥二云母花岗岩$(^{208}Pb/^{204}Pb)_i$-$(^{206}Pb/^{204}Pb)_i$(a) 和

$(^{207}Pb/^{204}Pb)_i$-$(^{208}Pb/^{204}Pb)_i$(b) 图解

DM:亏损地幔;PERMA:原始地幔;BSE:地球总成分;MORB:洋中脊玄武岩;EM I:I 型富集地幔;

EM II:II 型富集地幔;HIMU:异常高$^{238}U/^{204}Pb$ 地幔。

据 Huge(1993)

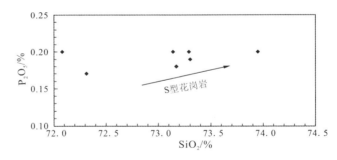

图 6　松潘造山带金川地区观音桥二云母花岗岩 SiO_2-P_2O_5 图解

　　观音桥二云母花岗岩为过铝质 S 型花岗岩。一般认为,形成于成熟的大陆克拉通环境下的强过铝质花岗岩的源岩是泥质的,即富黏土、贫长石(<5%)(钟长汀等,2007)。这些强过铝质花岗岩具有的低 CaO、Na_2O 含量特征是从它们的沉积源区继承下来的。因为长石在形成黏土的过程中会丢失这些组分,所以 CaO/Na_2O 比值可以在一定程度上反映源区长石与黏土的比率,可作为判断其源区成分的重要指标之一(时章亮等,2009)。实验岩石学研究表明(Patiño Douce and Johnston, 1991;Patiño Douce and Beard, 1995;Skjerlie and Johnston,1996),由泥质岩石熔融生成的强过铝花岗岩,其 CaO/Na_2O 比值一般小于 0.3;而由杂砂岩熔融形成的花岗岩,其 CaO/Na_2O 比值一般大于 0.3。观音桥二

云母花岗岩 CaO/Na$_2$O 比值(0.18~0.27)全部小于 0.3，Al$_2$O$_3$/TiO$_2$ 比值介于 103~149，以此判断岩浆源区物质主要应为泥质岩(图 7a)。

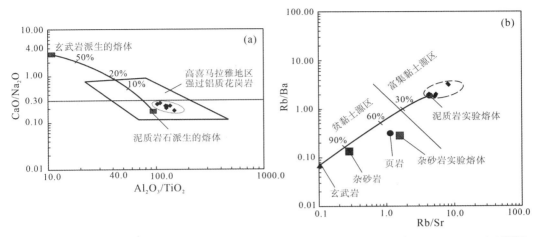

图 7　松潘造山带金川地区观音桥二云母花岗岩 Al$_2$O$_3$/TiO$_2$-CaO/Na$_2$O(a)和 Rb/Sr-Rb/Ba(b)图解
据 Sylvester(1998)

强过铝质花岗岩 Rb-Sr-Ba 含量变化与它们的源岩组成有关(Sylvester，1998)。Rb 为斜长石的不相容元素，Sr、Ba 是相容元素。泥质岩熔融后往往留下极少的斜长石(Patiño Douce andJohnston，1991；Patiño Douce and Beard，1995；Skjerlie and Johnston，1996)。观音桥二云母花岗岩具有较高的 Rb/Sr 值(4.18~8.31)和相对较低的 Rb/Ba 值(1.81~3.16)，在 Rb/Sr-Rb/Ba 判别图解中，样品全部落入富集黏土源区内，这进一步说明观音桥二云母花岗岩可能为成熟度较高的泥质沉积物部分熔融的产物(图 7b)。

金川地区区域内出露大量伟晶岩脉，主要分布于围岩的角岩带中，或者围绕中酸性侵入体呈群、带状分布，一般为单脉出现，分枝、分叉者较少，部分具有膨大、狭窄的脉体变化。其中，高 Li 的白云母钠长石锂辉石型伟晶岩脉与观音桥二云母花岗岩较高的 Li 含量(87.7×10^{-6}~612×10^{-6})形成鲜明对比。这很可能指示区域内侵入体和伟晶岩脉属于母岩浆连续演化的产物。党坝伟晶岩型锂矿脉属于白云母钠长石锂辉石型伟晶岩脉，同样具有高 Li 的特征，根据岩体与其中的白云母微斜长石型伟晶岩脉间界面不明显，矿物组合和粒度大小呈过渡关系，同样表明伟晶岩脉为花岗质岩浆自分异的产物(李建康等，2006)。

观音桥二云母花岗岩的 $\varepsilon_{Nd}(t)$= -10.1~-7.9(平均-8.9)，此值不高，反映其源区以古老地壳物质为主。研究区内花岗岩的 Nd 同位素二阶段模式年龄 T_{DM2} 值为 1.42~1.57 Ga，这指示岩浆很可能来自古老地壳物质的再循环或者发生壳幔混合作用。此外，大量的研究表明，在严重缺水的深部地壳源区，源区物质的部分熔融主要通过含水矿物的脱水反应来进行(Patiño Douce，1999)。观音桥二云母花岗岩中的白云母是变泥质岩中最常见的含水矿物，在脱水熔融的过程中常形成强过铝质的熔体(Gardien et al.，1995；Patiño Douce and Beard，1995，1996)。综合以上分析，松潘造山带金川地区观音桥二云母花岗岩为中元古代古老地壳泥质源岩部分熔融的产物。

5.2　岩石形成的构造环境及地质意义

　　松潘造山带的形成是发生在古特提斯洋消亡之后（许志琴等,1992）。综合前人研究、地球化学特征与野外观察,松潘造山带观音桥二云母花岗岩为过铝质 S 型花岗岩,LA-ICP-MS 锆石 U-Pb 定年得到的锆石^{206}Pb/^{238}U 加权平均年龄为 208 ± 2 Ma（时章亮等,2009）,属于晚三叠世时期。前人的研究表明,松潘造山带中生代岩浆岩最早开始于东南部金川地区 243 Ma 的猛古花岗闪长质岩体（赵永久,2007）,与扬子板块和华北板块的碰撞时间(~244 Ma)相一致（Roger et al.,2003）,说明松潘带印支期岩浆岩的开始可能与陆陆碰撞和地壳增厚有关（蔡宏明,2010）;~228 Ma 的钙碱性–高钾钙碱性 I 型花岗岩,被认为是来自下地壳的部分熔融（Xiao Long et al.,2007）。松潘造山带印支期岩浆作用在~220 Ma 前后出现较高峰期（蔡宏明,2010）,东部 221 ~ 216 Ma 的高锶低钇花岗岩（埃达克质花岗岩）反映了印支期的地壳增厚作用（Zhang Hongfei et al.,2006）;东北部老君沟和孟通沟花岗岩为碰撞过程中岩浆作用的产物,其部分熔融的促发因素是地幔岩浆的底侵作用（赵永久等,2007）;西部巴颜喀拉地区石英闪长岩和花岗闪长岩类主要来自下地壳镁铁质岩石经角闪石脱水发生的部分熔融,它被认为是软流圈地幔上涌加热下地壳而发生部分熔融（蔡宏明,2010）。而~211 Ma 的年保玉则 A 型花岗岩显示有地幔物质的加入,该时期松潘带由挤压背景向构造伸展转换（Zhang Hongfei et al.,2007）。206 ~ 204 Ma 的可尔因二云母花岗岩以及伴生的伟晶岩是在陆陆碰撞环境下母岩浆连续结晶分异的产物,而区域内的李家沟特大型锂矿床、党坝锂矿脉成矿作用则发生在松潘造山带主体构造岩浆活动趋于停止的稳定期。而距今更新的早白垩世塔公石英闪长岩形成于川西北地区陆缘–陆内造山环境,属于晚碰撞–碰撞后的花岗岩类（赖绍聪等,2015）。由此可以看出,松潘–甘孜地块岩浆岩的产出与陆陆碰撞之后的地壳增厚有着密切的联系。三叠纪末松潘–甘孜地块构造活动剧烈,松潘造山带自早三叠世以来接受从东、南东侧的物源供给,形成大套复理石沉积,其后由于华北地体、扬子地体和羌塘地体的三向汇聚使得松潘带内地层发生挤压而明显增厚（许志琴等,1992;Burchfiel et al.,1995;Hsù et al.,1995;Yin and Harrison.,2003）,在此构造背景下,松潘造山带内发育花岗岩类等多种组合。在印支期末,华北板块与扬子板块发生陆陆碰撞后使得松潘造山带中–北部受到南北向收缩应力的影响（李建康等,2009）。

　　大量的地质实例和实验岩石学研究表明（Patiño Douce et al.,1998）,S 型花岗岩形成于挤压、碰撞、地壳加厚或者后造山伸展的背景下。观音桥二云母花岗岩的微量元素特征显示其具有明显的低 Sr、低 Yb 特征(Sr = 71.6×10^{-6} ~ 76.2×10^{-6}, Yb = 0.43×10^{-6} ~ 0.53×10^{-6}),LREE 富集且 Eu 负异常明显,这说明其来自石榴石稳定区的较深部地壳。实验岩石学资料表明（吴福元等,2007）,如果岩浆源区存在斜长石,表明岩浆起源压力较低(<100 MPa);若源区中可能存在石榴石,则花岗岩形成时压力明显升高。高的 Rb/Sr 比值和低的 CaO/Na$_2$O 比值、较低的 Al$_2$O$_3$/TiO$_2$ 比值和低的 Rb/Ba 比值显示,观音桥二

云母花岗岩是古老地壳内泥质源岩部分熔融的产物,这类岩浆源区在地壳中的产出位置一般在中地壳 20 km 左右(Harris et al.,1995;Harisson et al.,1997)。促使地壳熔融的热源主要有以下几种方式:①地壳内大量同位素衰变生热;②大尺度构造剪切带的剪切生热;③后碰撞的减压熔融;④地幔热源的加入。松潘造山带内并没有发现超量放射性元素存在(赵永久等,2007),并且地壳加厚所引起的放射性同位素衰变需要稳定 ~120 Ma 才足以产生使地壳广泛熔融的热量(Turner et al.,1993);剪切热所诱发的部分熔融产生的岩浆多呈线性分布,而松潘造山带内花岗岩类多是无规则地呈"面状"散落。因此,第①和第②种热源供给方式不可行。观音桥二云母花岗岩的 Rb-(Y+Nb)构造环境判别图解中指示其形成于后碰撞时期(图 8)。但需要注意的是,虽然碰撞后增厚的地壳可以因伸展松弛而发生减压熔融,但如果没有深部地幔岩浆提供物质和热能,只能形成小规模岩体(Roberts and Clements,1993;Sylvester,1998;Thompson,1999;Patiño Douce,1999),这与松潘–甘孜地体广泛分布的中生代侵入体不符。同位素研究表明,观音桥二云母花岗岩的形成与幔源岩浆作用无关,但是起源于地幔的铁镁质岩浆很可能为这些壳源花岗岩的部分熔融提供了必要的热源。Zhang Hongfei 等(2007)提出松潘造山带内印支期岩浆组合起因于岩石圈的拆沉作用,地幔软流圈物质上涌加热上部岩石圈部分,诱使中–下地壳发生部分熔融(Griffin et al.,2002;Wu Fuyuan et al.,2005a、b;Weislogel et al.,2006)。综合前人研究成果和区域构造演化,我们认为,松潘造山带金川地区由于受到东侧刚性扬子板块的阻挡和扬子板块向西楔入而地壳增厚(白宪洲等,2006),岩石圈的重力不稳定性诱使幔源岩浆携带高热上涌,加热中–上地壳泥质源岩发生部分熔融,形成金川地区观音桥二云母花岗质岩浆。

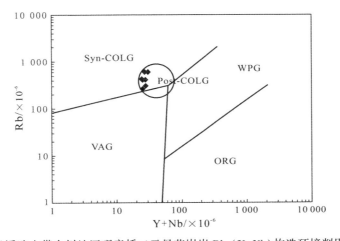

图 8 松潘造山带金川地区观音桥二云母花岗岩 Rb-(Y+Nb)构造环境判别图解
WPG:板内花岗岩;ORG:洋中脊花岗岩;VAG:火山弧花岗岩;
Syn-COLG:同碰撞花岗岩;Post-COLG:后碰撞花岗岩。
据 Pearce et al.(1984)

6　结论

（1）金川地区观音桥二云母花岗岩具有高硅（SiO_2 = 72.08% ~ 73.95%）、富碱（K_2O = 4.44% ~ 5.84%，Na_2O = 3.29% ~ 3.93%）的特征，其 A/CNK 值为 1.08 ~ 1.22，属于过铝质高钾钙碱性 S 型花岗岩类。岩石总体富集大离子亲石元素，亏损部分高场强元素，具有明显的 Eu 负异常。岩石地球化学特征和同位素特征表明，该花岗岩是由于金川地区中-上地壳中元古代泥质源岩受地幔物质上涌提供热源进而发生部分熔融的产物。

（2）金川地区观音桥二云母花岗岩属于晚三叠世花岗岩，它是松潘-甘孜地块陆陆碰撞后挤压背景下的岩浆响应。

参考文献

［1］白宪洲,文龙,朱兵,王玉婷,伍文湘,杨辉,鄢圣武,李小平,马继跃,李名则,2016.金川县独松岩体锆石 U-Pb 年龄及其地球化学特征.四川地质学报,36(3):494-499.

［2］蔡宏明,张宏飞,徐旺春,时章亮,袁洪林,2010.松潘带印支期岩石圈拆沉作用新证据:来自火山岩岩石成因的研究.中国科学:地球科学,40(11):1518-1532.

［3］蔡宏明,2010.松潘-甘孜褶皱带印支期花岗岩类和火山岩类成因及深部作用.武汉:中国地质大学博士学位论文.

［4］胡健民,孟庆任,石玉若,渠洪杰,2005.松潘-甘孜地体内花岗岩锆石 SHRIMP U-Pb 定年及其构造意义.岩石学报,21(3):867-880.

［5］赖绍聪,赵少伟,2015.川西北塔公石英闪长岩地球化学特征和岩石成因.地球科学与环境学报,37(3):1-13.

［6］李建康,王登红,付小方,2006.川西可尔因伟晶岩型稀有金属矿床的 $^{40}Ar/^{39}Ar$ 年代及其构造意义.地质学报,80(6):843-848.

［7］李建康,杨学俊,王登红,熊昌利,付小方,2009.川西北花岗岩的冷却过程及其对区域成矿的制约.地质学报,83(8):1141-1149.

［8］廖远安,姚学良,1992.金川过铝多阶段花岗岩体演化特征及其与成矿关系.矿物岩石,12(1):12-22.

［9］刘晔,柳小明,胡兆初,第五春荣,袁洪林,高山,2007.ICP-MS 测定地质样品中 37 个元素的准确度和长期稳定性分析.岩石学报,23(5):1203-1210.

［10］时章亮,张宏飞,蔡宏明,2009.松潘造山带马尔康强过铝质花岗岩的成因及其构造意义.地球科学:中国地质大学学报,34(4):569-584.

［11］王德滋,刘昌实,沈渭洲,陈繁荣,1993.桐庐 I 型和相山 S 型两类碎斑熔岩对比.岩石学报,9(1):44-53.

［12］吴福元,李献华,杨进辉,郑永飞,2007.花岗岩成因研究若干问题.岩石学报,23(6):1217-1238

［13］许志琴,侯立炜,王宗秀,1992.中国松潘-甘孜造山带的造山过程.北京:地质出版社:1-190.

［14］张国伟,郭安林,姚安平,2004.中国大陆构造中的西秦岭-松潘大陆构造结.地学前缘,11(3):23-32.

［15］张季生,高锐,李秋生,王海燕,朱海华,2007.松潘-甘孜和西秦岭造山带地球物理特征及基底构造研究.地质论评,53(2):261-266.

[16] 张云湘,骆耀南,杨崇喜,1988.攀西裂谷.北京:地质出版社.

[17] 赵永久,袁超,周美夫,颜丹平,龙小平,李继亮,2007.川西老君沟和孟通沟花岗岩的地球化学特征、成因机制及对松潘-甘孜地体基底性质的制约.岩石学报,23(5):995-1006.

[18] 赵永久,2007.松潘-甘孜东部中生代中酸性侵入体的地球化学特征、岩石成因及构造意义.广州:中国科学院广州地球化学研究所博士学位论文.

[19] 钟长汀,邓晋福,万渝生,毛德宝,李慧民,2007.华北克拉通北缘中段古元古代造山作用的岩浆记录:S型花岗岩地球化学特征及锆石 SHRIMP 年龄.地球化学,36(6):585-600.

[20] 周家云,谭洪旗,龚大兴,朱志敏,罗丽萍,2014.乌拉溪铝质 A 型花岗岩:松潘-甘孜造山带早燕山期热隆伸展的岩石记录.地质论评,60(2):348-362.

[21] Bai Xianzhou, Wen Long, Zhu Bing, Wang Yuting, Wu Wenxiang, Yang Hui, Yan Shengwu, Li Xiaoping, Ma Jiyue, Li Mingze, 2016. Zircon U-Pb age and geochemical characteristics of the Dusong intrusion in Jinchuan. Acta Geological Sichuan, 36(3):494-499.

[22] Barbarin B, 1999. A review of the relationships between granitoid types, their origins and their geodynamic environments.Lithos, 46(3):605-626.

[23] Barker F, 1979. Trondhjemite: Definition, Environment and Hypotheses of Origin. Developments in Petrology, 6:1-12.

[24] Burchfiel B C, Chen Zhiliang, Liu Yupinc, Royden L H, 1995. Tectonics of the Longmen Shan and adjacent regions, Central China. International Geology Review, 37(8):661-735.

[25] Brown M, 1994.The generation, segregation, ascent and emplacement of granite magma: The migmatite-to-crustally-derived granite connection in thickened orogens. Earth-Science Reviews, 36(1):83-130.

[26] Cai Hongming, Zhang Hongfei, Xu Wangchun, 2009. U-Pb zircon ages, geochemical and Sr-Nd-Hf isotopic compositions of granitoids in western Songpan-Garze fold belt: Petrogenesis and implication for tectonic evolution.Journal of Earth Science, 20(4):681-698.

[27] Cai Hongming, Zhang Hongfei, Xu Wangchun, Shi Zhangliang, Yuan Honglin, 2010. Petrogenesis of Indosinian volcanic rocks in Songpan-Garze fold belt of the northeastern Tibetan Plateau: New evidence for lithospheric delamination. Sci China Earth Sci, 53(9):1316-1328.

[28] Cai Hongming, 2010. Petrogenesis of Indosinian granitoids and volcanic rocks in Songpan-Garze fold belt: Constrains for deep geologic processes. Wuhan: China University of Geosciences.

[29] Calassou S, 1994. Etude tectonique d'une chaîne de décollement: Tectonique triasique et tertiaire de la chaîne de Songpan-Garzé (est Tibet): Géométrie et cinématique des déformations dans les prismes d'accrétion sédimentaire. Darwiniana, 45.

[30] Chappell B W, White A J R, 1992. I- and S-type granites in the Lachlan Fold Belt. Earth and Environmental Science Transactions of The Royal Society of Edinburgh, 83 (1-2) (Second Hutton Symposium:The Origin of Granites and Related Rocks):1-26.

[31] Chen Shefa, Wilson C J L, Luo Zhili, Deng Qidong, 1994. The evolution of the Western Sichuan Foreland Basin, southwestern China. Journal of Southeast Asian Earth Sciences, 10(3):159-168.

[32] Chen Shefa, Wilson C J L, 1996. Emplacement of the Longmen Shan Thrust-Nappe Belt along the eastern margin of the Tibetan Plateau. Journal of Structural Geology, 18(4):413-430.

[33] Chen Shefa, Wilson C J L, Worley B A, 2007. Tectonic transition from the Songpan-Garzê Fold Belt to

the Sichuan Basin, south-western China. Basin Research, 7(3):235-253.

[34] Enkin R J, Yang Z, Chen Y, Courtillot V, 1992. Paleomagnetic constraints on the geodynamic history of the major blocks of China from the Permian to the present. Journal of Geophysical Research Atmospheres, 971(B10):13953-13989.

[35] Gardien V, Thompson A B, Grujic D, Ulmer P, 1995. Experimental melting of biotite＋plagioclase＋ quartz±muscovite assemblages and implications for crustal melting. Journal of Geophysical Research Solid Earth, 100(B8):15581-15591.

[36] Griffin W L, Wang Xiang, Jackson S E, Pearson N J, Suzanne Y, Xu Xisheng, Zhou Xinmin, 2002. Zircon chemistry and magma mixing, SE China:In-situ analysis of Hf isotopes, Tonglu and Pingtan igneous complexes.Lithos, 61(3):237-269.

[37] Harris N, Ayres M, Massey J, 1995. Geochemistry of granitic melts produced during the incongruent melting of muscovite:Implications for the extraction of Himalayan leucogranite magmas. Journal of Geophysical Research Atmospheres, 1001(B8):15767-15778.

[38] Harrison T M, Lovera O M, Grove M, 1997. New insights into the origin of two contrasting Himalayan granite belts.Geology, 25(10):899.

[39] Harrowfield M J, Wilson C J L, 2005. Indosinian deformation of the Songpan-Garzê Fold Belt, northeast Tibetan Plateau.Journal of Structural Geology, 27(1):101-117.

[40] Hu Jianmin, Meng Qingren, Shi Yuruo, Liang Qujie, 2005. SHIRMP U-Pb dating of zircons from granitoid bodies in the Songpan-Ganzi terrane and its implications.Acta Petrologica Sinica, 21(3):867-880.

[41] Hugh R R, 1993. Using Geochemical Data.Singapore:Longman Singapore Publishers:234-240.

[42] Huang M H, Maas R, Buick I S, Williams I S, 2003. Crustal response to continental collisions between the Tibet, Indian, South China and North China Blocks:Geochronological constraints from the Songpan-Ganzi Orogenic Belt, western China. Journal of Metamorphic Geology, 21(3):223-240.

[43] Hsü Kenneth J, Pan Guitang, Sengör A M C, 1995. Tectonic evolution of the Tibetan Plateau:A working Hypothesis based on the archipelago model of Orogenesis. International Geology Review, June (6):473-508.

[44] Jahn B M, Wu Fuyuan, Lo C H, Tsai C H, 1999. Crust-mantle interaction inducedby deep subduction of the continental crust:Geochemical and Sr-Nd isotopic evidence from post-collisional mafic-ultramafic intrusions of the northern Dabie complex, central China. Chemical Geology, 157(1-2):119-146.

[45] Lai Shaocong, Zhao Shaowei, 2015.Geochemistry and petrogenesis of quartz diorite in Tagong area of Northwest Sichuan.Journal of Earth Science and Environment, 37(3):1-13.

[46] Li Jiankang, Wang Denghong, Fu Xiaofang, 2006. $^{40}Ar/^{39}Ar$ ages of the Keeryin pegmatite type rare metal deposit,Western Sichuan,and its tectonic significances.Acta Geologica Sinica, 80(6):843-848.

[47] Li Jiankang, Yang Xuejun, Wang Denghong, Xiong Changli, Fu Xiaofang, 2009. Cooling process of granite in Northwestern Sichuan Province and its constraint to regional Mineralization. Acta Geologica Sinica, 83(8):1141-1149.

[48] Liao Yuanan, Yao Xueliang, 1992. Evolution feature and minerogenetic relations peraluminous granites from Jinchuan,Western Sichuan.Mineralogy And Petrology, 12(1):12-22.

[49] Liu Ye, Liu Xiaoming, Hu Zhaochu, DiWu Chunrong, Yuan Honglin, Gao Shan, 2007. Evaluation of accuracy and long-term stability of determination of 37 trace elements in geological samples by ICP-MS. Acta Petrologica Sinica, 23(5):1203-1210.

[50] Maniar P D, Piccoli P M, 1989. Tectonic discrimination of granitoids. Geological Society of America Bulletin, 1989, 101(5):635-643.

[51] Mattauer M, Malavieille J, Calassou S, Lancelot J, Roger F, Hao Ziwen, Xu Zhiqin, Hou Liwen, 1992. La chaîne triasique de Songpan-Garze(ouest Sechuan et Est Tibet):une chaîne de plissement-décollement sur marge passive. Comptes Rendus De Lacadémie Des Sciences Série Mécanique Physique Chimie Sciences De Lunivers Sciences De La Terre, 314:619-626.

[52] Patiño Douce A E, Johnston A D, 1991. Phase equilibria and melt productivity in the pelitic system: Implications for the origin of peraluminous granitoids and aluminous granulites. Contributions to Mineralogy and Petrology, 107(2):202-218.

[53] Patiño Douce A E, Beard J S, 1995. Dehydration-melting of biotite gneiss and quartz amphibolite from 3 to 15 kbar. Journal of Petrology, 36(3):707-738.

[54] Patiño Douce A E, Beard J S, 1996. Effects of P, $f(O_2)$ and Mg/Fe Ratio on dehydration melting of model metagreywackes. Journal of Petrology, 37(5):999-1024.

[55] Patiño Douce A E, Mccarthy T C, 1998. Melting of crustal rocks during continental collision and subduction. When continents collide: Geodynamics and geochemistry of Ultrahigh-Pressure rocks. Netherlands: Springer:27-55.

[56] Patiño Douce A E, 1999. What do experiments tell us about the relative contributions of crust and mantle to the origin of granitic magmas? Geological Society, London, Special Publications, 168(1):55-75.

[57] Pearce J A, Harris N B W, Tindle A G, 1984. Trace element discrimination diagrams for the tectonic interpretation of granitic rocks. Journal of Petrology, 25(4):956-983.

[58] Petford N, Cruden A R, Mccaffrey K J, Vigneresse J L, 2000. Granite magma formation, transport and emplacement in the Earth's crust. Nature, 408(6813):669.

[59] Reid A J, Wilson C J L, Liu Shun, 2005. Structural evidence for the Permo-Triassic tectonic evolution of the Yidun Arc, eastern Tibetan Plateau. Journal of Structural Geology, 27(1):119-137.

[60] Roberts M P, Clemens J D, 1993. Origin of high-potassium, talc-alkaline, I-type granitoids. Geology, 21(9):825.

[61] Roger F, Malavieille J, Leloup P H, Calassou S, Xu Zhenbo, 2004. Timing of granite emplacement and cooling in the Songpan-Garzê Fold Belt(eastern Tibetan Plateau) with tectonic implications. Journal of Asian Earth Sciences, 22(5):465-481.

[62] Rollinson H R, 1993. Using Geochemical Data: Evalution, Presentation, Interpretation. London: Pearson Education Limited:1-284.

[63] Sengor A M C, 1985. Tectonic subdivisions and evolution of Asia. Bulletin of Technical University of Istanbul, 46:355-435.

[64] Shi Zhangliang, Zhang Hongfei, Cai Hongming, 2009. Petrogenesis of strongly peraluminous granites in Markan Area, Songpan fold belt and its tectonic implication. Earth Science: Journal of China University of Geosciences, 34(4):569-584.

［65］ Skjerlie K P, Johnston A D, 2015. Vapour-Absent melting from 10 to 20 kbar of crustal rocks that contain multiple hydrous phases: Implications for anatexis in the deep to very deep continental crust and active continental margins. Actualidades Investigativas En Educación, 15(1):1203-1207.

［66］ Solar G S, Pressley R A, Brown M, Tucker R D, 1998. Granite ascent in convergent orogenic belts: Testing a model.Geology, 26(8):711-714.

［67］ Sun S S, McDonough W F, 1989. Chemical and isotopic systematics of oceanic basalts:Implications for mantle composition and processes//Saunders A D, Norry M J. Magmatism in the Ocean Basins. Geological Society, London, Special Publications, 42(1):313-345.

［68］ Sylvester P J, 1998.Post-collisional strongly peraluminous granites.Lithos, 45:29-44.

［69］ Thompson A B, 1999. Some time-space relationships for crustal melting and granitic intrusion at various depths. Geological Society, London, Special Publications, 168(1):7-25.

［70］ Turner S, Hawkesworth C, Liu Jiaqi, Rogers N, Kelley S, Calsteren P V, 1993. Timing of Tibetan uplift constrained by analysis of volcanic rocks. Nature, 364(6432):50-54.

［71］ Wang Dezi, Liu Changshi, Shen Weizhou, Chen Fanrong, 1993. The contrast between Tonglu I-type and Xiangshan S-type clastoporphyritic lava. Acta Petrologica Sinica,9(1):44-53.

［72］ Weislogel A L, Graham S A, Chang E Z, Wooden J L, Gejrels G E, 2006. Detrital zircon provenance of the Late Triassic Songpan-Ganzi complex: Sedimentary record of collision of the North and South China blocks. Geology, 34(2):97.

［73］ Wolf M B, London D, 1994. Apatite dissolution into peraluminous haplogranitic melts: An experimental study of solubilities and mechanisms. Geochimica et Cosmochimica Acta, 58(19):4127-4145.

［74］ Wu Fuyuan, Jahn B M, Wilde S A, Lo C H, Yui T F, Lin Qiang, Ge Wenchun, Sun Deyou, 2003. Highly fractionated I-type granites in NE China(Ⅰ): Geochronology and petrogenesis. Lithos, 66(3): 241-273.

［75］ Wu Fuyuan, Lin Jingqian, Wilde S A, Zhang Xiaoou, Yang Jinhui, 2005a.Nature and significance of the Early Cretaceous giant igneous event in eastern China. Earth & Planetary Science Letters, 233(1-2):103-119.

［76］ Wu Fuyuan, Yang Jinhui, Wilde S A, Zhang Xiaoou, 2005b. Geochronology, petrogenesis and tectonic implications of Jurassic granites in the Liaodong Peninsula, NE China.Chemical Geology, 221(1-2): 127-156.

［77］ Wu Fuyuan, Li Xianhua, Yang Jinhui, Zheng Yongfe, 2007. Discussions on the petrogenesis of granites.Acta Petrologica Sinica, 23(6):1217-1238.

［78］ Xiao Long, Zhang Huanxiang, Clemens J D, Wang Q W, Kan Z Z, Wang K M, Ni Pingze, Liu Xiaoming, 2007.Late Triassic granitoids of the eastern margin of the Tibetan Plateau:Geochronology, petrogenesis and implications for tectonic evolution. Lithos, 96(3-4):436-452.

［79］ Xu Zhiqin, Hou Liwei, Wang Zongxiu, 1992. Orogenic processes of the Songpan-Garze orogenic belt of China. Beijing: Geological Publishing House.

［80］ Yin A, Nie S, 1993. An indentation model for the North and South China collision and the development of the Tan-Lu and Honam Fault Systems, eastern Asia. Tectonics, 12(4):801-813.

［81］ Yin A, Harrison T M, 2003. Geologic evolution of the Himalayan-Tibetan orogen. Annual Review of

Earth and Planetary Sciences, 28(28):211-280.

[82] Yan Danping, Zhou Meifu, Song Honglin, Fu Zhaoren, 2003. Structural style and tectonic significance of the Jianglang dome in the eastern margin of the Tibetan Plateau, China. Journal of Structural Geology, 25(5):765-779.

[83] Yuan Honglin, Gao Shan, Liu Xiaoming, Li Huiming, Gunther Detlef, 2004. Accurate U-Pb age and trace element determinations of zircon by laser ablation-Inductively coupled plasma mass spectrometry. Geostandards and Geoanalytical Research, 28(3):353-370.

[84] Zhang Guowei, Guo Anlin, Yao Anping, 2004. Western Qinling-Songpan continental tectonic node in China's continental tectonics.Earth Science Frontiers, 11(3):23-32.

[85] Zhang Hongfei, Zhang Li, Harris N, Jin Lanlan, Yuan Honglin, 2006. U-Pb zircon ages, geochemical and isotopic compositions of granitoids in Songpan-Garze fold belt, eastern Tibetan Plateau: Constraints on petrogenesis and tectonic evolution of the basement. Contributions to Mineralogy and Petrology, 152(1):75-88.

[86] Zhang Jisheng, Gao Rui, Li Qiusheng, Wang Haiyan, Zhu Haihua, 2007. A study on geophysical characteristic and basement in the Songpan-Garzê and western Qinling orogenic belt. Geological Review, 53(2):261-266.

[87] Zhang Hongfei, Parrish R, Zhang Li, Xu Wangchun, Yuan Honglin, Gao Shan, Crowley Q, 2007. A-type granite and adakitic magmatism association in Songpan-Ganzi fold belt, eastern Tibetan Plateau: Implication for lithospheric delamination. Lithos, 97(3-4):323-335.

[88] Zhang Yunxiang, Luo Yaonan, Yang Chongxi, 1988. Panxi Rift. Beijing: Geological Publishing House.

[89] Zhao Yongjiu, Yuan Chao, Zhou Meifu, Yan Danping, Long Xiaoping, Li Jiliang, 2007. Geochemistry and petrogenesis of Laojungou and Mengtonggou granites in wertern Sichuan, China: Constraints on the nature of Songpan-Ganzi basement. Acta Petrologica Sinica, 23(5):995-1006.

[90] Zhao Yongjiu, 2007. Mesozoic granitoids in eastern Songpan-Garze: Geochemistry, Petrogenesis and tectonic implications. Guangzhou: Guangzhou Institue of Geochemistry, Chinese Academy of Sciences.

[91] Zhong Changting, Deng Jinfu, Wan Yusheng, Mao Debao, Li Huimin, 2007. Magma recording of Palioproterozoic orogeny in central segment of northern margin of North China Craton: Geochemical characteristics and zircon SHRIMP dating of S-type granitoids. Geochemical, 36(6):585-600.

[92] Zhou Jiayun, Tan Hongqi, Gong Daxing, Zhu Zhimin, Luo Liping, 2014. Wulaxi aluminous A-type granite in western Sichuan, China: Recording early Yanshanian lithospheric thermo-upwelling extension of Songpan-Garzê orogenic belt. Geological Review, 60(2):348-362.

[93] Zhou Meifu, Yan Danping, Vasconcelos P M, Li Jianwei, Hu Ruizhong, 2008. Structural and geochronological constraints on the tectono-thermal evolution of the Danba domal terrane, eastern margin of the Tibetan Plateau. Journal of Asian Earth Sciences, 33(5):414-427.

峨眉山大火成岩省内带中酸性岩浆岩
对地幔柱岩浆过程及地壳熔融机制的启示[①②]

秦江锋　赖绍聪[③]　张泽中　郑国顺

摘要: 峨眉山大火成岩省内带攀西地区分布大量晚二叠世中酸性岩浆岩,其成因机制对深化理解地幔柱岩浆作用过程、壳幔物质结构及特殊的金属元素成矿作用具有重要意义。这些中酸性岩浆岩包括中性碱性岩和花岗岩,形成时代集中于 251~259 Ma,稍晚于峨眉山溢流玄武岩的形式时代(~260 Ma)。目前,对于这套中酸性岩浆岩的成因还存在争议,主要有玄武质岩浆的结晶分异和地壳物质的高温部分熔融 2 种观点。本文对峨眉山大火成岩省内带这套中酸性岩浆岩的岩石组成、空间展布、形成时代及成因机制等方面的研究进展进行了详细评述,提出对这套中酸性岩浆岩高精度年代学的研究可以进一步约束峨眉山地幔柱岩浆作用的时限。而从矿物化学的角度,深入研究这套中酸性岩浆岩的成因,不仅是对地幔柱岩浆过程的重要补充,同时对深入研究地幔柱背景下岩石圈地幔和地壳物质的分异及增生机制有着重要意义。

大火成岩省代表板内环境下,由于软流圈地幔物质上隆引发的快速(1~5 Ma)、超大规模的(超过 10^6 km²)玄武质岩浆喷发事件[1],形成规模巨大的溢流玄武岩。大火成岩省形成的地质背景及岩浆源区性质历来是岩石学家关注的焦点问题,不仅涉及地幔柱构造体制,而且对深部地幔物质循环及部分熔融机理都有重要意义。晚二叠世是全球大火成岩省集中形成的时期(图 1),包括西伯利亚大火成岩省(~251 Ma)、扬子地区西缘的峨眉山大火成岩省(~260 Ma)、塔里木大火成岩省(~290 Ma)以及印度的 Panjal Traps(~289 Ma)。同时,晚二叠世是 Pangea 超大陆裂解[2]、古特提斯洋闭合及全球生物大灭绝事件。因此,是否存在全球规模的超级地幔柱引发的多个次一级的地幔柱岩浆事件[3],从而深刻影响全球的板块构造体制和生命-环境演化,成为当前全球科学家共同关注的前沿科学问题。

① 原载于《西北大学学报》自然科学版,2021,51(6)。
② 国家自然科学基金资助项目(41102037,41772052,41421002)、全国优秀博士学位论文作者专项资助项目(201324)和西北大学地质学系岩石学与地幔地球化学研究团队资助项目。
③ 通讯作者。

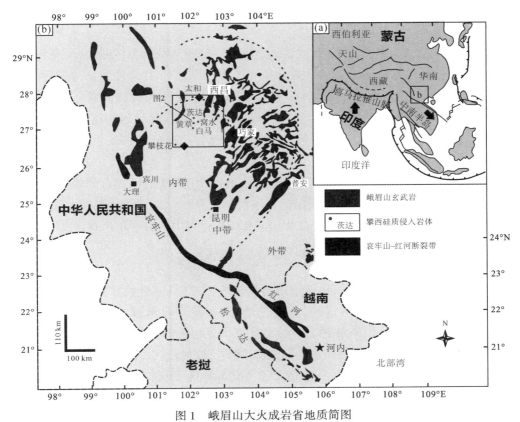

图 1　峨眉山大火成岩省地质简图

(a)亚洲大地构造简图;(b)峨眉山大火成岩省分带特点。据文献[17]修改

1　峨眉山大火成岩省的岩浆过程研究及意义

大火成岩省岩浆事件一般伴随着规模巨大的金属矿床的形成,如南非 Bushveld 杂岩体中规模巨大的 Pt 族元素矿床和钒钛磁铁矿矿床,西伯利亚大火成岩省中 Noril'sk-Talnakh 世界级超大型铜镍硫化物矿床[4-5],峨眉山大火成岩省内带攀西地区层状基性杂岩体中产出的世界级的钒钛磁铁矿矿床及铜镍硫化物矿床等[6],这些规模巨大的金属矿床被认为和大火成岩省中特殊的岩浆结晶过程和侵位机制有关(见文献[3]及其文中的参考文献)。

岩浆过程被认为是控制峨眉山大火成岩省内带金属矿床形成的一个重要因素,如地幔柱来源的基性岩浆通道中,由于硫化物矿浆和早期橄榄石的堆晶形成规模不等的铜镍硫化物矿床和 PGE 元素矿床[7-9];或是演化程度较高的基性岩浆在侵位过程中[10-12],由于钛铁氧化物的饱和,形成规模巨大的钒钛磁铁矿矿床,如攀枝花、红格、白马等基性层状侵入体中的钒钛磁铁矿矿床[13-14]。同时,基性岩浆在侵位过程中,由于受到富 S 的地壳物质的混染,基性岩浆 S 含量和氧逸度明显升高,导致基性岩浆中硫化物饱和结晶,亦是形成铜镍硫化物矿床的重要机制[15-16]。由此可见,大火成岩省岩浆结晶分异机制和侵位过程的精细研究,对于岩浆演化过程和金属元素成矿都具有十分重要的意义。

在峨眉山大火成岩省内带攀西-大理地区发育一套晚二叠世中性碱性岩-花岗岩-流纹岩组合,被普遍认为是基性岩浆结晶分异的产物[10-12,17-19]。在攀西地区过碱性花岗岩和正长岩脉中已经发现了相关的 Nb-Ta 矿化点[6]。因此,从大火成岩省岩浆过程的视角,通过对这套晚二叠世中性碱性岩-花岗岩-流纹岩岩浆演化过程的精细研究,完善大火成岩省岩浆演化过程,对于探讨地幔柱背景下地壳物质的分异和增生机制,以及伴生的金属元素成矿机理具有重要意义。

本课题组近年来针对峨眉山大火成岩省内带攀西-大理地区发育的晚二叠世碱性岩-花岗岩,展开基础的岩石学、地球化学和年代学研究。本文试图从碱性岩-花岗岩成因的视角,探讨其在大火成岩省岩浆演化和金属成矿过程中的特殊角色和意义。

2 ELIP 内带中酸性岩浆岩时空分布特征

峨眉山大火成岩省内带攀西地区由地幔柱溢流玄武岩-基性层状杂岩体(产出钒钛磁铁矿)-中酸性碱性杂岩体构成的“三位一体”的现象很早就被人所识别[20-21]。近年来,大量的年代学研究表明,这 3 种岩石类型具有十分相近的形成年龄[17,20-21],都集中于260 Ma 左右,其中碱性杂岩的形成年龄稍晚(~251~259 Ma)。这些中酸性岩浆岩主要分布在其内带的攀西(攀枝花-西昌)-大理及越南北部地区,受区内大型走滑断裂控制(图2)。碱性花岗岩和霓霞岩等沿断裂带呈岩株产出[20,22-24]。主要的岩体包括猫猫沟正长岩[22]、艾朗河碱性花岗岩[24]、白马正长岩[12,25-26]、攀枝花正长岩[12],以及越南北部的流纹岩-花岗岩-粗面安山岩组合[17]等。

3 中酸性岩浆岩形成年龄以及对 ELIP 岩浆作用时限的约束

峨眉山大火成岩省岩浆作用的持续时限[11]是当前争论的焦点问题之一。Sun 等[28]根据峨眉山玄武岩下伏的茅口组中与牙形石相关的灰岩地层中 *Jinogondolella altudaensis* 和 *J. granti* 的出现,将熔岩的初始喷发时代限制在 263~262 Ma[27-28]。关于地幔柱岩浆作用的持续时限,根据下部玄武岩与较年轻的上部玄武岩之间的磁极倒转,说明岩浆喷发的时限应在 3 Ma 以内[29-30]。然而,高精度的放射性同位素定年表明,岩浆活动的持续时间可能超过 3 Ma[24,31]。Zhong 等通过对宾川和普安的酸性凝灰岩中的锆石进行高精度 CA-ID-TIMS 年代学研究,结果表明,宾川凝灰岩的锆石 CA-ID-TIMS 年龄为 259.1 ± 0.5 Ma,普安凝灰岩的锆石 CA-ID-TIMS 年龄为 259.69 ± 0.72 Ma[32-33]。然而,镁铁质岩脉和酸性侵入岩的锆石 CA-ID-TIMS 年龄为 259.6 ± 0.5 Ma 至 257.6 ± 0.5 Ma[24],通过酸性侵入岩和凝灰岩的 U-Pb 年龄的总结(锆石和独居石),Huang 等[34]认为 ELIP 的岩浆作用可以持续到 257.79 ± 0.14 Ma,这与文献[31]在上寺地区(ELIP 东北约 300 km)凝灰岩定年的结果一致。因此,ELIP 的岩浆作用结束的时限可能比宾川地区的凝灰岩晚数个百万年(图3)。

越南北部(图1)的凝灰岩和花岗岩被认为是峨眉山大火成岩省的重要组成部分,其形成时代可以精确地限定 ELIP 岩浆作用时限。Shellnutt 等[17]通过高精度 CA-ID-TIMS 锆石年代学研究,得出越南北部的 Tu Le 流纹岩的形成年龄为 257.1±0.6 Ma 至 257.9±0.3 Ma,而 Muong Hum 花岗岩的年龄为 257.3±0.2 Ma,Phan Si Pan 花岗岩的形成年龄为 256.3±0.4 Ma,这是目前得出的最年轻的和 ELIP 有关的岩浆岩高精度年龄,从而表明 ELIP 岩浆的持续时间约为 6 Ma。亦有研究者提出,攀西地区中酸性岩浆岩的活动时限集中于 251～255 Ma 左右[19,22,25,35],比基性岩浆的活动晚 5～8 Ma。因此,在 ELIP 中基性岩浆与中酸性岩浆活动时限的差异,可能是揭示 ELIP 中岩浆活动规律的一个重要线索[12]。最近在攀西米易-德昌地区发现了 1 套形成年龄为～250 Ma 的角闪辉长岩和二长岩组合(待发表资料)。其中,角闪辉长岩具有 OIB 型

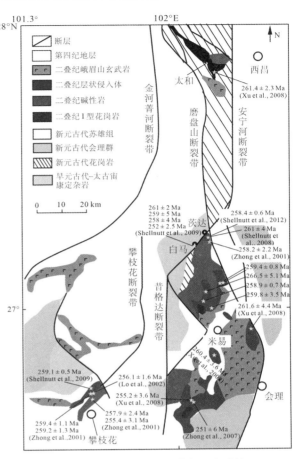

图 2 峨眉山大火成岩省内带主要中酸性
岩浆岩的分布简图
据文献[22]修改

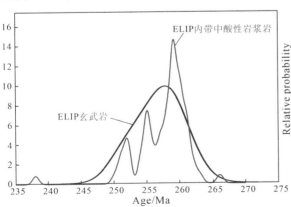

图 3 峨眉山大火成岩省中玄武岩和中酸性
岩浆岩年龄分布频谱图
数据来源于表1

玄武岩的地球化学特征,二长岩表现出典型的板内高温环境形成的 A 型花岗岩的特征,表明这套岩石组合和地幔柱岩浆作用密切相关。这与 Zhong 等[19]发现的攀西德昌地区艾朗河 S 型花岗岩的形成年龄(～250 Ma)基本一致,而这些花岗岩被认为是由于成熟地壳物质受地幔柱岩浆加热发生部分熔融形成。由此可见,关于峨眉山地幔柱岩浆作用的时限还需要更多的高精度年代学工作。

表 1 峨眉山大火成岩省内带攀西地区岩浆岩形成年龄统计表

岩体名称	岩石类型	样品名称	采样位置	结晶年龄/Ma	Th/U ratios	分析方法	Reference
猴子山	角闪正长岩	HZS11		260±2	0.32~49.46	LA-ICP MS Zircon U-Pb	[36]
横山岩体	石英正长岩	HS1-11		260±1	0.63~1.31	LA-ICP MS Zircon U-Pb	[37]
和平村	角闪辉长岩	HPC1-12		260±1	0.21~1.12	LA-ICP MS Zircon U-Pb	[37]
季家湾	正长岩	JJW-11		259.8±1.7	0.21~1.28	LA-ICP MS Zircon U-P	[37]
白马	铁正长岩	BM-1	N27°2′49″,E102°4′19″	259±1.0 Ma	0.45~0.91	LA-ICP MS Zircon U-Pb	[38]
白马	铁正长岩	BM-2	N27°2′13″,E102°3′43″	258.9±1.0 Ma	0.37~1.91	LA-ICP MS Zircon U-Pb	[38]
白马	花岗岩	BM-3	N27°3′29″,E102°7′16″	258.7±1.0 Ma	0.18~0.69	LA-ICP MS Zircon U-Pb	[38]
窝水	正长岩	GS05-065		260±2	0.15~1.96	SHRIMP	[39]
猫猫沟	霞石正长岩	LQ-3		261.6±4.4	0.40~0.93	SHRIMP	[22]
米易	石英正长岩	MY-5		259.8±3.5	0.36~0.86	SHRIMP	[22]
黄草	辉石正长岩	HC-2		266.5±5.1	0.11~15.38	SHRIMP	[22]
撒莲	闪长岩	SL-2		260.4±3.6	0.30~1.96	SHRIMP	[22]
太和	A 型花岗岩	TH-14		261.4±2.3	0.52~0.90	SHRIMP	[22]
艾朗河	过铝质花岗岩	HG-1		255.2±3.6	0.36~0.97	SHRIMP	[22]
宾川	流纹质凝灰岩	BC-Tu#-3		238.4±3.4	0.27~1.16	SHRIMP	[22]
窝水	基性岩脉	GS05-005		259.2±0.4	0.20~0.42	U-Pb CA-TIMS	[24]
窝水	基性岩脉	GS03-105		259.4±0.8	0.37~2.83	U-Pb CA-TIMS	[24]
窝水	基性岩脉	GS03-111		257.6±0.5	0.57~2.11	U-Pb CA-TIMS	[24]
窝水	正长岩	GS05-067		259.6±0.5	0.28~3.06	U-Pb CA-TIMS	[24]
大和山	正长岩	DHS-1		259.1±0.5	2.4~3.47	U-Pb CA-TIMS	[24]
黄草	正长岩	GS05-059		258.9±0.7	0.08~0.70	U-Pb CA-TIMS	[24]
茨达	花岗岩	GS04-143		258.4±0.6	0.37~0.63	U-Pb CA-TIMS	[24]
白马	辉长岩	GS05-056B	N27°5′37″,E102°5′2″	261±2	0.24~0.51	SHRIMP	[10]
白马	正长岩	GS03-092	N26°58′15″,E102°6′20″	259±5	0.31~1.0	SHRIMP	[10]
白马	花岗岩	GS04-016	N26°57′17″,E102°2′44″	258±4	0.31~9.8	SHRIMP	[10]
茨达	花岗岩	CD0401		261±4	0.44~1.46	SHRIMP	[19]

续表

岩体名称	岩石类型	样品名称	采样位置	结晶年龄/Ma	Th/U ratios	分析方法	Reference
艾朗河	黑云母花岗岩	ALH0401		251±6	0.29~0.69	SHRIMP	[19]
白马	铁云质正长岩	GS03-122	N27°2′50″,E102°4′18″	252±2.5	0.30~2.55	SHRIMP	[25]
二滩顶部	玄武岩	EM-90		251.5±0.9		$^{40}Ar/^{39}Ar$	[26]
攀枝花	黑云母正长岩	EM-PZH01		254.6±1.3		$^{40}Ar/^{39}Ar$	[26]
宾川顶部	玄武岩	EM-37		252±1.3		$^{40}Ar/^{39}Ar$	[26]
猫猫沟	正长岩	EM-MMG05		252±1.3		$^{40}Ar/^{39}Ar$	[26]
攀枝花	正长岩	EM-PZH11		251.6±1.6		$^{40}Ar/^{39}Ar$	[26]
二滩	粗面岩	EM-86		252.8±1.3		$^{40}Ar/^{39}Ar$	[26]
二滩	玄武岩	EM-15		255.9±5.7		$^{40}Ar/^{39}Ar$	[26]
白马杂岩	暗色包体	CD-0701		259.5±2.7		U-Pb CA-TIMS	[12]
白马杂岩	暗色包体	CD-0703		259±3.1		U-Pb CA-TIMS	[12]
白马杂岩	辉长岩	BM-0703		258.2±2.2		U-Pb CA-TIMS	[12]
白马杂岩	正长岩	TJ-0602		258.5±2.3		U-Pb CA-TIMS	[12]
白马杂岩	正长岩	TJ-0401		257.8±2.6		U-Pb CA-TIMS	[12]
白马杂岩	花岗岩	CD-0401		256.2±1.5		U-Pb CA-TIMS	[12]
攀枝花杂岩	辉长岩	WB-0703-1		257.9±2.4		U-Pb CA-TIMS	[12]
攀枝花杂岩	辉长岩	WB-0703-1		255.4±3.1		U-Pb CA-TIMS	[12]
攀枝花杂岩	正长闪长岩	WB-0701-1		259.4±1.1		U-Pb CA-TIMS	[12]
攀枝花杂岩	正长闪长岩	WB-0701-6		259.2±1.3		U-Pb CA-TIMS	[12]

4　关于 ELIP 内带中酸性岩浆岩成因争论及存在问题

中酸性岩浆岩是峨眉山大火成岩省的重要特征之一，其成因机制的系统研究对于揭示地幔柱岩浆过程及地幔柱背景下地壳物质分异机制的关键问题[11,21]具有重要意义。目前，关于 ELIP 内带中酸性岩浆岩的成因机制主要有 2 种观点：①以 Shellnutt 为代表的一些学者认为，中性碱性岩是由于地幔柱玄武质岩浆经过橄榄石、单斜辉石等矿物的结晶分异形成的[12,37,40]；②徐义刚等[19,21,37]则认为，地幔柱背景下地壳物质的高温部分熔融是形成这套中酸性岩浆岩的主要机制。考虑到 ELIP 内带中酸性岩浆岩在岩石类型和形成时限上的复杂性（图 4，表 1），上述 2 种机制可能都存在。因此，在这一部分将对这 2 种机制进行详细评述。

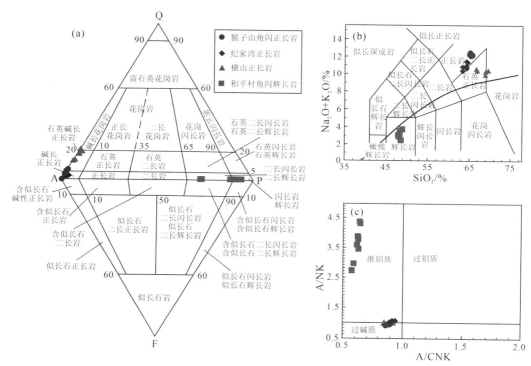

图 4　ELIP 内带攀西米易地区部分中酸性岩浆岩的地球化学图解
（a）Q-A-P-F 图解；（b）TAS 图解[41]；（c）A/CNK-A/NK(C)图解[42]

4.1　地幔柱玄武质岩浆的结晶分异

峨眉山大火成岩省内带基性岩类和中性碱性岩具有相似的 Sr-Nd 同位素和锆石 Lu-Hf 同位素组成，暗示两者可能来源于共同的岩浆源区（图 5），而且晚二叠世中酸性岩浆岩通常表现出 Eu 的负异常以及 Sr、Ti 等元素的强烈亏损，与基性岩石构成明显的镜像关系（图 6），这些特征都表明中酸性岩浆岩可能起源于地幔柱起源的基性岩浆的结晶分异。微量元素模拟表明，高 Ti 玄武质岩浆通过辉石、斜长石和 Fe-Ti 氧化物等矿物的结

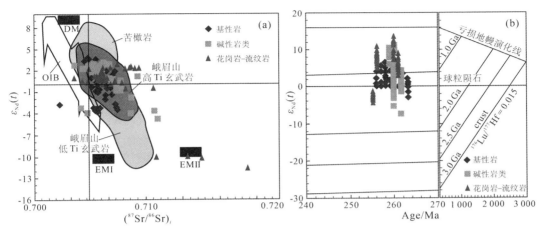

图 5　峨眉山大火成岩省内带基性岩、碱性岩和花岗岩–流纹岩的 Sr-Nd、锆石 Hf 同位素图解

(a)(^{87}Sr/^{86}Sr)$_i$-$\varepsilon_{Nd}(t)$ 同位素图解;(b)锆石 Hf 同位素图解

晶分异,可以形成类似于中性碱性岩的岩浆[21]。以峨眉山典型高 Ti 玄武岩(Ry-7[43])作为母岩浆,用 MELTS 程序进一步模拟可能的岩浆演化过程[44],模拟使用相对较低的氧逸度值 f_{O_2}=QFM-1.5[46],起始温度为 1 400 ℃,结束温度为 750 ℃,H$_2$O 含量为 0.5 wt%,压力设为 1 kbars(~3 km),模拟结果见图 7。

模拟结果显示,在 900 ℃左右,高 Ti 玄武质岩浆经过~4%橄榄石、~11%单斜辉石、~11%斜方辉石、~40%斜长石和~8%氧化物的结晶分异,残余岩浆的成分接近于角闪正长岩。同时,这个模拟温度和计算的全岩 Zr 饱和温度较为接近(~850~800 ℃)。唯一例外是,横山石英正长岩的 SiO$_2$ 含量(66.74%~70.63%)明显高于模拟结果,结合其同位素富集的特征[$\varepsilon_{Hf}(t)$=-5.4~+1.3],表明其可能起源于地壳物质部分熔融,与其他的碱性岩明显不同。

然而,MELTS 模拟结果缺少对矿物分异因素的考虑,需要考量矿物在岩浆房中的运移机理[48]。采用 Stoke 公式计算玄武质岩浆中橄榄石、单斜辉石、斜方辉石和斜长石几种矿物的沉降速度:

$$V = \frac{2gr^2(\rho_{crystal} - \rho_{melt})}{9\eta} \quad (1)$$

式中,V 为晶体的沉降速度(m/yr);$\rho_{crystal}$ 和 ρ_{melt} 分别为晶体和岩浆的密度,橄榄石为 3.27 g/cm^3[48],单斜辉石为 3.19 g/cm^3[47],斜方辉石为 3.15 g/cm^3[49],斜长石为 2.63g/cm^3[47];岩浆黏度 η 为 10 Pa·s[51]。不同矿物在玄武质岩浆中的沉降速度随粒径的关系见图 7a,橄榄石分离导致残余岩浆 MgO 含量降低、CaO 含量升高;辉石和斜长石的分离导致残余岩浆 MgO 和 CaO 降低,这一演化趋势亦与 MELTS 的模拟结果一致。

4.2　地幔柱背景下地壳物质的高温部分熔融

另外一种观点认为,ELIP 内带的中酸性岩浆岩起源于地壳物质的高温部分熔

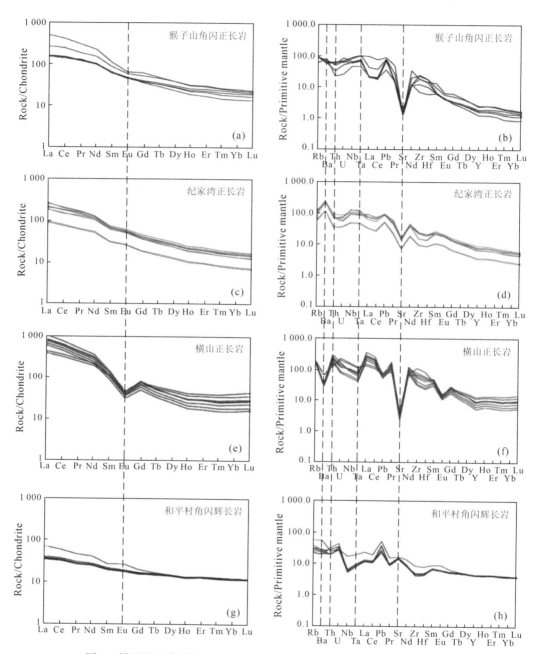

图 6　攀西地区典型晚二叠世碱性岩稀土元素球粒陨石标准化配分图和
微量元素原始地幔标准化蛛网图
球粒陨石标准化和原始地幔数据均引自[46]

融[12,18,22,38]，涉及如下问题：①扬子地块西缘 ELIP 内带地壳的物质组成是什么？在地幔柱背景下地壳物质发生部分熔融的机制和造山过程中地壳物质的部分熔融机理有哪些不同？②ELIP 的地幔柱岩浆作用对该区的地壳结构和物质组成是否有明显的改造？这

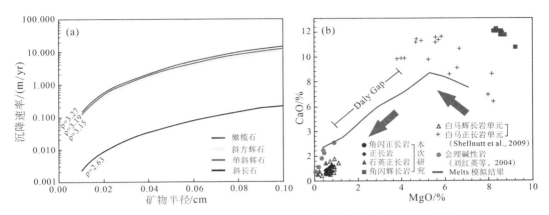

图7 MELTS 模拟结果及攀西地区晚二叠世中性碱性岩 MgO-CaO 图解

(a)模拟矿物在岩浆中的沉降速度(据文献[47]);(b)攀西地区晚二叠世中性碱性岩 Mg-CaO 图解

又对中酸性岩浆岩的成因有哪些启示?

Xu 等人[22]通过总结 ELIP 内带晚二叠世中酸性岩浆岩的年代学和地球化学特征,提出这些中酸性岩浆岩大致可以分为 3 期:①霞石正长岩和 A 型花岗岩(~260 Ma)锆石 Hf 同位素[$\varepsilon_{Hf}(t) = -1.4 \sim +13.4$]组成变化范围较大,最高的 $\varepsilon_{Hf}(t)$ 值接近亏损地幔值,表明其源区为底侵的玄武质岩浆形成的新生地壳,伴有少量富集物质的混染。②I 型花岗岩(255~251 Ma)富集的锆石 Hf 同位素组成,其源区主要为相对富集的中元古代地壳物质。③最年轻的(238 Ma)凝灰岩同样具有十分富集的同位素组成,表明其源区亦为富集的古元古代地壳物质。这表明,地壳物质熔融对 ELIP 内带中酸性岩浆的形成同样具有重要意义,而且根据不同时期中酸性岩石的同位素演化规律,可以初步推断出地幔柱演化过程中地壳物质结构的演化规律,早期以亏损地壳熔融为主、晚期以富集地壳熔融为主;峨眉山地幔柱岩浆形成过程中地壳结构可能存在反转,即下地壳为底侵形成的新生地壳;地幔柱岩浆作用可以导致明显的地壳物质增生[52],这个结论已被最近的地球物理资料所证实[52]。

5 结语

由此可见,晚二叠世的中酸性岩浆岩在 ELIP 内带是个很特殊的存在,目前对这些中酸性岩浆岩已经开展了大量的年代学和全岩地球化学分析,而且对其成因机制有了一定程度的认识,但还有一些关键问题没有得到解决:

(1)中酸性岩浆岩与溢流玄武岩、基性层状杂岩在形成时限方面的差异是什么,是否是同时的? 还是中酸性岩浆岩具有更长的岩浆活动时限,抑或是中酸性岩浆岩的活动时限稍晚于溢流玄武岩的活动时限? 目前的年龄测试方法多数集中于锆石 LA-ICP-MS U-Pb 年龄,只有少量 CA-ID-TIMS 等高精度年龄的报道,而且缺少对中酸性岩浆岩中锆石来源和结晶机理的详细研究,这些限制了对中酸性岩浆活动时限的有效约束。因此,锆石成因矿物学结合高精度年代学研究是未来的一个主要研究方向。

（2）另外一个问题是中酸性岩浆岩成因的问题。目前，通过地球化学和同位素地球化学研究，确认存在玄武质岩浆的结晶分异或是地壳物质熔融2种机制。如果是结晶分异，如何确定其母岩浆？是高 Ti 玄武岩还是低 Ti 玄武岩？结晶分异的机理是什么？挥发分在结晶分异过程中的作用是什么？这些问题都没有很好地得到解决。如果是地壳物质熔融，扬子西缘在二叠纪时地幔柱岩浆事件对地壳物质结构会有怎样的改造？这又会怎样影响岩浆作用的性质？对于上述2个问题，目前多是集中于全岩地球化学的视角来研究；而在中酸性岩浆岩中，特别是在碱性岩中存在的大量碱性暗色矿物和副矿物中，可能包含了大量关于原始岩浆性质和岩浆演化过程的关键信息，还需要进一步发掘。

（3）中酸性岩浆岩的金属成矿问题。ELIP 内带攀西地区是我国重要的钒钛磁铁矿、铂族元素矿床和铜镍硫化物矿的产地，这些金属矿产都和基性岩浆的演化有关；而关于中酸性岩浆岩的成矿问题则较少受到关注，只有少量的 Nb-Ta 矿化和稀土矿化的报道；ELIP 内带中酸性岩浆演化过程中，金属元素的成矿类型和成矿机理也是今后应该关注的重点方向。

参考文献

[1] BRYAN S E, ERNST R E. Revised definition of large igneous provinces (LIPs) [J]. Earth-Science Reviews, 2008, 86(1-4):175-202.

[2] DANG Z, ZHANG N, Li Z X, et al. Weak orogenic lithosphere guides the pattern of plume-triggered supercontinent break-up[J]. Communications Earth & Environment,2020,1:51.

[3] 王焰, 王坤, 邢长明, 等. 二叠纪峨眉山地幔柱岩浆成矿作用的多样性[J].矿物岩石地球化学通报,2017,36(3):404-417.
WANG Y, WANG K, XING C M, et al. Metallogenic diversity related to the late middle permian Emeishan large igneous province[J]. Bulletin of Mineralogy, Petrology and Geochemistry, 2017,36(3):404-417.

[4] HAWKESWORTH C J, LIGHTFOOT P C, FEDORENKO V A, et al. Magma differentiation and mineralization in the Siberian continental flood basalts[J]. Lithos, 1995, 34(1-3):61-88.

[5] LIGHTFOOT P C, KEAYS R R. Siderophile and chalcophile metal variations in flood basalts from the Siberian trap, Noril'sk region:Implications for the origin of the Ni-Cu-PGE sulfide ores[J]. Economic Geology, 2005, 100(3):439-462.

[6] MAHMOOD A, MALIK R, LI J, et al. Petrogenisis of Permian Nb-Ta mineralized syenitic dikes in the Panxi district, SW China [J]. Acta Petrologica Sinica, 2015, 31(6):1797-1805.

[7] CAMPBELL I H, NALDRETT A J. The influence of silicate: Sulfide ratios on the geochemistry of magmatic sulfides[J]. Economic Geology, 1979, 74(6):1503-1506.

[8] SONG X Y, ZHOU M F, CAO Z M, et al. Ni-Cu-(PGE)magmatic sulfide deposits in the Yangliuping area, Permian Emeishan igneous province, SW China[J]. Mineralium Deposita, 2003,38(7):831-843.

[9] WANG C Y, ZHOU M F. Genesis of the Permian Baimazhai magmatic Ni-Cu-(PGE)sulfide deposit, Yunnan, SW China[J]. Mineralium Deposita, 2006, 41(8):771-783.

[10] SHELLNUTT J G, ZHOU M F, ZELLMER G F. The role of Fe-Ti oxide crystallization in the formation

of A-type granitoids with implications for the Daly gap：An example from the Permian Baima igneous complex, SW China[J]. Chemical Geology, 2009, 259(3-4)：204-217.

[11] SHELLNUTT J G. The Emeishan large igneous province：A synthesis[J]. Geoscience Frontiers, 2014, 5 (3)：369-394.

[12] ZHONG H, CAMPBELL I H, ZHU W G, et al. Timing and source constraints on the relationship between mafic and felsic intrusions in the Emeishan large igneous province [J]. Geochimica et Cosmochimica Acta, 2011, 75(5)：1374-1395.

[13] ZHOU M F, CHEN W T, WANG C Y, et al. Two stages of immiscible liquid separation in the formation of Panzhihua-type Fe-Ti-V oxide deposits, SW China[J]. Geoscience Frontiers, 2013,4(5)：481-502.

[14] WANG F L, WANG C Y, ZHAO T P. Boron isotopic constraints on the Nb and Ta mineralization of the syenitic dikes in the ~260 Ma Emeishan large igneous province(SW China) [J]. Ore Geology Reviews, 2015, 65：1110-1126.

[15] ARNDT N T, LESHER C, CZAMANSKE G K. Mantle-derived magmas and magmatic Ni-Cu-(PGE) deposits[M]. McLean：Geoscience World, 2005.

[16] WANG C Y, CHUSI Li, EDWARD M Ripley. Magmatic Ni-Cu and PGE deposits：Geology, geochemistry, and genesis[J]. Mineralium Deposita, 2012, 47(5)：577-578.

[17] SHELLNUTT J G, PHAM T T, DENYSZYN S W, et al. Magmatic duration of the Emeishan large igneous province：Insight from northern Vietnam[J]. Geology, 2020, 48(5)：457-461.

[18] SHELLNUTT J G, JAHN B M. Origin of Late Permian Emeishan basaltic rocks from the Panxi region (SW China)：Implications for the Ti-classification and spatial-compositional distribution of the Emeishan flood basalts[J]. Journal of Volcanology and Geothermal Research, 2011, 199(1-2)：85-95.

[19] ZHONG H, ZHU W G, SONG X Y, et al. SHRIMP U-Pb zircon geochronology, geochemistry, and Nd-Sr isotopic study of contrasting granites in the Emeishan large igneous province, SW China[J]. Chemical Geology, 2007, 236(1-2)：112-133.

[20] 刘红英. 攀西地区碱性岩的年代学研究及其地质意义[D].广州：中国科学院广州地球化学研究所,2005.

[21] 徐义刚,王焰,位荀,等.与地幔柱有关的成矿作用及其主控因素[J].岩石学报,2013,29(10)：3307-3322.
Xu Y G, WANG Y, WEI X, et al. Mantle plune-related mineralization and their principal controlling factors [J]. Acta Petrological Sinica, 2013, 29(10)：3307-3322.

[22] XU Y G,LUO Z Y, HUANG X L, et al. Zircon U-Pb and Hf isotope constraints on crustal melting associated with the Emeishan mantle plume[J]. Geochimica et Cosmochimica Acta, 2008, 72(13)：3084-3104.

[23] ANH T V, PANG K N, CHUNG SL, et al. The Song Da magmatic suite revisited：A petrologic, geochemical and Sr-Nd isotopic study on picrites, flood basalts and silicic volcanic rocks[J]. Journal of Asian Earth Sciences, 2011, 42(6)：1341-1355.

[24] SHELLNUTT J G, DENYSZYN S W, MUNDIL R. Precise age determination of mafic and felsic intrusive rocks from the Permian Emeishan large igneous province (SW China) [J]. Gondwana Research, 2012, 22(1)：118-126.

[25] SHELLNUTT J G, ZHOU M F. Permian, rifting related fayalite syenite in the Panxi region, SW China [J]. Lithos, 2008, 101(1-2):54-73.

[26] LO C H, CHUNG S L, LEE T Y, et al. Age of the Emeishan flood magmatism and relations to Permian-Triassic boundary events[J]. Earth & Planetary Science Letters, 2002, 198(3-4):449-458.

[27] HE B, XU Y G, HUANG X L, et al. Age and duration of the Emeishan flood volcanism, SW China: Geochemistry and SHRIMP zircon U-Pb dating of silicic ignimbrites, post-volcanic Xuanwei Formation and clay tuff at the Chaotian section[J]. Earth & Planetary Science Letters, 2007, 255(3-4):306-323.

[28] SUN Y D, LAI X L, WIGNALL P B, et al. Dating the onset and nature of the Middle Permian Emeishan large igneous province eruptions in SW China using conodont biostratigraphy and its bearing on mantle plume uplift models[J]. Lithos, 2010, 119(1-2):20-33.

[29] ZHENG L D, YANG Z Y, TONG Y B, et al., Magnetostratigraphic constraints on two-stage eruptions of the Emeishan continental flood basalts [J]. Geochem Geophys Geosyst, 2010, 11(12):Q12014.

[30] XU Y C, YANG Z Y B, TONG Y B, et al. Paleomagnetic secular variation constraints on the rapid eruption of the Emeishan continental flood basalts in southwestern China and northern Vietnam[J]. Journal of Geophysical Research: Solid Earth, 2018,123(4):2597-2617.

[31] SHEN S Z, CROWLEY J L, WANG Y, et al. Calibrating the end-Permian Mass extinction[J]. Science, 2011,334(6061):1367-1372.

[32] ZHONG Y T, HE B, MUNDIL R, et al. CA-TIMS zircon U-Pb dating of felsic ignimbrite from the Binchuan section:Implications for the termination age of Emeishan large igneous province[J]. Lithos, 2014, 204:14-19.

[33] YANG J H, CAWOOD P A, DU Y S, et al. Early Wuchiapingian cooling linked to Emeishan basaltic weathering[J]? Earth & Planetary Science Letters,2018,492:102-111.

[34] HUANG H, CAWOOD P A, HOU M C, et al. Provenance of Late Permian volcanic ash beds in South China:Implications for the age of Emeishan volcanism and its linkage to climate cooling[J]. Lithos, 2018, 314-315:293-306.

[35] ZHONG H, ZHU W G, HU R Z, et al. Zircon U-Pb age and Sr-Nd-Hf isotope geochemistry of the Panzhihua A-type syenitic intrusion in the Emeishan large igneous province, southwest China and implications for growth of juvenile crust[J]. Lithos, 2009, 110(1-4):109-128.

[36] ZHANG Z Z, QIN J F, LAI S C, et al.Origin of Late Permian amphibole syenite from the Panxi area, SW China: High degree fractional crystallization of basaltic magma in the inner zone of the Emeishan mantle plume [J]. International Geology Review, 2020, 62(2):210-224.

[37] ZHANG Z Z, QIN J F, LAI S C, et al. Origin of Late Permian syenite and gabbro from the Panxi rift, SW China:The fractionation process of mafic magma in the inner zone of the Emeishan mantle plume [J]. Lithos, 2019, 346-347:105160.

[38] ZHANG Z Z, QIN J F, LAI S C, et al. High-temperature melting of different crustal levels in the inner zone of the Emeishan large igneous province:Constraints from the Permian ferrosyenite and granite from the Panxi region[J]. Lithos, 2021,402-403:105979.

[39] SHELLNUTT J G, ZHOU M F. Permian peralkaline, peraluminous and metaluminous A-type granites in the Panxi district, SW China:Their relationship to the Emeishan mantle plume[J]. Chemical Geology,

2007, 243(3-4):286-316.

[40] SHELLNUTT J G, JAHN B M, DOSTAL J. Elemental and Sr-Nd isotope geochemistry of microgranular enclaves from peralkaline A-type granitic plutons of the Emeishan large igneous province, SW China[J]. Lithos, 2010, 119(1-2):34-46.

[41] MIDDLEMOST E A K. Naming materials in the magma/igneous rock system[J]. Earth-Science Reviews, 1994, 37(3-4):215-224.

[42] RICKWOOD P C. Boundary lines within petrologic diagrams which use oxides of major and minor elements[J]. Lithos, 1989, 22(4):247-263.

[43] XIAO L, XU Y G, MEI H J, et al. Distinct mantle sources of low-Ti and high-Ti basalts from the western Emeishan large igneous province, SW China: Implications for plume-lithosphere interaction[J]. Earth & Planetary Science Letters, 2004, 228(3-4):525-546.

[44] GUALDA G A R, and GHIORSO M S. MELTS Excel:A Microsoft Excel-based MELTS interface for research and teaching of magma properties and evolution[J]. Geochemistry, Geophysics, Geosystems, 2015, 16(1):315-324.

[45] HOU T, ZHANG Z, KUSKY T, et al. A reappraisal of the high-Ti and low-Ti classification of basalts and petrogenetic linkage between basalts and mafic-ultramafic intrusions in the Emeishan Large Igneous Province, SW China[J]. Ore Geology Reviews, 2011, 41(1):133-143.

[46] SUN S S, MCDONOUGH W F. Chemical and isotopic systematics of oceanic basalts: Implications for mantle composition and processes[J]. Geological Society, London, Special Publications,1989,42(1): 313-345.

[47] 张洪铭.钙同位素的高温分馏及示踪深部碳循环的可能性[D].北京:中国地质大学(北京), 2015.

[48] 徐思佳. 吉林蛟河橄榄石的岩石学及宝石学特征[D].成都:成都理工大学,2017.

[49] 赵珊茸. 结晶学及矿物学[M].北京:高等教育出版社, 2004.

[50] KUSHIRO I. Chapter 3. Viscosity, density, and structure of silicate melts at high pressures, and their petrological applications[M]//Physics of magmatic processes. Princeton:Princeton University Press, 1980:93-120.

[51] 徐义刚, 钟玉婷, 位荀,等. 二叠纪地幔柱与地表系统演变[J]. 矿物岩石地球化学通报, 2017, 36 (3):359-373.
    XU Y G, ZHONG Y T, WEI X, et al. Permian mantle plumes and earth's surface system evolution[J]. Bulletin of Mineralogy, Petrology and Geochemistry, 2017, 36(3):359-373.

[52] LIU Z, TIAN X, CHEN Y, et al. Unusually thickened crust beneath the Emeishan large igneous province detected by virtual deep seismic sounding[J]. Tectonophysics, 2017,721:387-394.

米仓山新民角闪辉长岩地球化学特征
及其构造意义①②

甘保平　　赖绍聪③　　秦江锋

摘要：扬子板块西北缘新元古代岩浆作用的研究对于探讨 Rodinia 超大陆的构造演化具有重要意义。对米仓山新民地区角闪辉长岩的岩石学和地球化学分析结果表明，岩石 SiO_2 含量较低且变化范围较小，岩石富 Al 和 Ca，低 K、Ti、P，$Mg^{\#}$ 值中等，属于亚碱性低钾拉斑岩石系列。岩石具有稀土元素总量相对较低、相对富集轻稀土元素和轻、重稀土元素分馏程度低的特征，具弱 Eu 正异常，$\delta Eu = 1.03 \sim 2.36$。岩石总体上富集大离子亲石元素（Rb、Ba、Sr），亏损高场强元素（Nb、Zr、Hf、Th 等），$^{87}Sr/^{86}Sr = 0.703\ 858$，$^{143}Nd/^{144}Nd = 0.512\ 617$，$\varepsilon_{Nd}(t) = +3.1$。综合区域地质、地球化学特征，该岩体岩浆起源于亏损地幔的部分熔融，在上升侵位过程中可能受到地壳物质的混染。在这一时期，扬子板块北缘处于汇聚环境，新民角闪辉长岩形成于弧后盆地的构造环境，是 Rodinia 超大陆在新元古代期间演化过程中岩浆作用的产物。

　　新元古代是地球演化历史上最重大的变革时期之一，超大陆裂解与裂谷岩浆活动、埃迪卡拉群生物繁衍与寒武纪生命大爆发等，都与这个特殊时期的地球演化有关（郑永飞，2003）。米仓山位于汉南地区，地处扬子板块与秦岭造山带交接部位，其周缘地区新元古代岩浆活动非常强烈，形成了大量以中酸性岩石为主的侵入岩（凌文黎等，2002a、b；Zhou et al.，2002a、b；陆松年等，2003；Zhao and Zhou，2007，2009；李献华等，2008；林广春，2013；卓皆文等，2015）。这些岩浆岩体的形成时代集中在 830～740 Ma，主要侵位于中新元古界扬子型变质基底岩系中，并多被南华系或震旦系不整合覆盖（Li et al.，2003；Liu et al.，2008；裴先治等，2009）。关于扬子板块北缘新元古代岩浆岩的时代及大地构造归属，目前仍然存在较大分歧：①岛弧环境（沈渭洲等，2002；Zhou et al.，2002a、b；赖绍聪等，2003；王宗起等，2009；Dong et al.，2011a、b，2012）。②裂谷环境（Li et al.，2002，2003；Ling et al.，2003；凌文黎等，2006；Zheng et al.，2007；孙东，2011）。显然，对于该区基性岩的精细解析，将有助于对该区地质构造环境属性及其动力学过程的重新认识。本文在详

①　原载于《岩石矿物学杂志》，2016，35（2）。
②　国家自然科学基金项目（41372067）、国家自然科学基金重大计划项目（41190072）、国家自然科学基金委创新群体项目（41421002）和教育部创新团队项目（IRT1281）。
③　通讯作者。

细的野外地质工作基础上,试图通过对扬子板块北缘米仓山新民地区出露的新元古代角闪辉长岩的岩石学、地球化学及同位素地球化学研究,探讨其岩石成因、源区性质、形成背景及大陆动力学意义,旨在为扬子板块北缘新元古代的构造属性和 Rodinia 超大陆的裂解演化作用提供新的约束。

1 地质概况和岩体地质

米仓山总体位于龙门山构造带、秦岭造山带、大巴山构造带和四川盆地之间,东侧接南大巴山弧形构造带西端,西侧接龙门山构造带北段,北接南秦岭造山带,南为四川盆地(图1a)。米仓山由一系列东西走向和北东走向的褶皱组成,具复合的叠加构造特征,大致与龙门山构造体系的褶皱带走向接近(肖安成等,2011)。区内侵入岩广泛发育,以太古宙-新元古代岩浆岩组合为特征,分布面积广泛。区内太古宇后河岩群包括 3 个构造岩石单元,从上到下依次为河口混合岩(夹变粒岩及斜长角闪岩)、八角树片麻岩、汪家坪变粒岩,它们共同组成了扬子板块结晶基底(何大伦等,1995)。中元古界火地垭群包括上两组和麻窝子组地层,共同组成扬子板块的褶皱基底,二者之间为断层接触关系。其

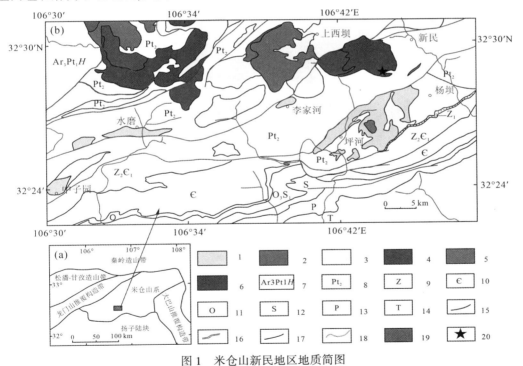

图1 米仓山新民地区地质简图

1.碱性岩;2.花岗岩;3.闪长岩;4.橄榄辉长苏长岩;5.闪长岩脉;6.角闪辉长岩;7.新太古-古元古界后河岩群;8.中元古界火地垭群;9.震旦系;10.寒武系;11.奥陶系;12.志留系;13.二叠系;14 三叠系;15.断层;16.不整合界线;17.地质界线;18.水系;19.研究区;20.采样点。

据陕西省地质调查院(2008)①

---

① 陕西省地质调查院,2008.中华人民共和国地质图 I48C004004(南江市幅).

中,上两组主要岩石组合为堇青石片岩、黑云石英片岩夹变砂岩,底部为含砾变砂岩,总体显示出细粒碎屑岩建造的特征;麻窝子岩组不整合上覆于后河岩群之上,主要岩石组合为一套中厚层–厚层块状白云质大理岩夹石英岩、长英质变粒岩、绢云母石英千枚岩、黑云母石英片岩等变质细碎屑岩。区内沉积盖层沿基底岩系边缘分布,主要包括震旦系–侏罗系。上震旦统灯影组与基底岩系呈角度不整合接触,沉积盖层除泥盆系和石炭系缺失外,其余地层均有出露。震旦纪–中三叠世地层为典型的扬子板块沉积,分布以海相为主的浅海碳酸盐岩,碎屑岩建造;晚三叠世–中侏罗世为陆相碎屑岩建造(马润泽等,1997a、b;田云涛等,2010;李婷,2010;徐学义等,2011)。

该区周围主要出露 4 类岩体,从老到新分别为橄榄辉长苏长岩体、角闪辉长岩体、闪长岩体、花岗岩体,它们属于一个大型复式岩体,均侵入于中元古界麻窝子组和上两组一套变质细碎屑岩夹大理岩地层中。其中,角闪辉长岩体侵入西侧橄榄辉长苏长岩体,北侧的闪长岩体侵入于角闪辉长岩体中,花岗岩形成最晚,侵入于前面 3 个岩体中。

2 样品描述和分析方法

新民角闪辉长岩样品采于四川省巴中市南江县新民镇西南方向约 8 km 处。岩体呈近椭圆形分布,面积约为 32 km²,采样坐标为北纬 32°29.931′,东经 106°46.334′(图 1b)。据野外和镜下观察表明,岩石新鲜面呈深灰、暗绿色,中粗粒结构,块状构造(图 2a)。主要组成矿物有基性斜长石(40%~50%)、单斜辉石(30%~40%)、角闪石(5%~

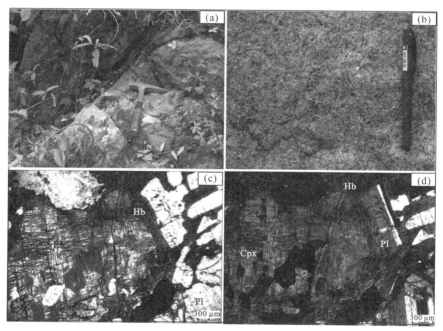

图 2 新民角闪辉长岩的野外及镜下照片(图 2c 为单偏光,图 2d 为正交偏光)
Cpx:单斜辉石;Pl:斜长石;Hb:角闪石

15%），副矿物有磁铁矿、磷灰石以及少量锆石，矿物粒度一般为 2~5 mm（图 2b）。斜长石呈自形-半自形板状或宽板状，发育聚片双晶，粒径多为 1~2 mm，局部发生轻微的绢云母化；单斜辉石颗粒两组解理发育，大部分呈他形，少数发育自形晶，短柱状，主要以普通辉石为主，粒径多为 2~3 mm，局部发生蚀变；普通角闪石多为不规则状，部分呈自形-半自形柱状，褐色，两组斜交的解理清晰可见，粒径多为 1~3 mm，充填在斜长石和单斜辉石之间，图 2d 中角闪石边缘绿泥石化明显，部分已被绿泥石所取代（图 2c）。

在对元素进行地球化学测试之前，首先将岩石样品洗净、烘干，用小型颚式破碎机破碎至粒度为 5.0 mm 左右，然后用玛瑙研钵托盘在振动式碎样机中碎至 200 目以下，将碎后的粉末用二分之一均一缩分法分为 2 份，其中 1 份作为副样，另 1 份用来进行化学成分分析测试。岩石主量元素测试分析在中国科学院贵阳地球化学研究所采用 XRF 方法测定，分析精度一般优于 5%。微量及稀土元素测试分析在中国科学院贵阳地球化学研究所采用 Bruker Aurora M90 ICP-MS 完成，分析精度优于 5%，分析流程参照文献（Qi et al.，2000）。Sr-Nd 同位素分析工作在中国科学院贵阳地球化学研究所完成，采用 Neptune Plus 多接收器电感耦合等离子体质谱仪（MC-ICP-MS）测定，Sr、Nd 同位素分析的具体方法参照文献（Chu et al.，2009）。

3 岩石地球化学特征

3.1 主量元素特征

9 件角闪辉长岩样品的主量元素和微量元素分析结果及相关参数列于表 1 中。从表 1 中可以看出，新民角闪辉长岩的主量元素总体特征如下：SiO_2 含量较低且变化范围较小，介于 49.85%~53.61%；TiO_2 含量较低，介于 0.84%~1.34%；MgO = 2.81%~3.56%；CaO 含量中等，变化范围较大，介于 9.91%~11.16%；P_2O_5 含量较低，为 0.02%~0.08%；Al_2O_3 含量相对较高（19.56%~21.20%）。$Mg^\#$ 值中等，介于 43.70~47.50。里特曼指数为 0.99~1.72，显示出亚碱性岩石特性。在 TAS 图解（图 3a）中，角闪辉长岩投影点几乎全部落入辉长岩区内，属于基性岩类。在 K_2O-SiO_2 图解（图 3b）中，样品全部投影在（低钾）拉斑系列区域中，K_2O/Na_2O = 0.07~0.37，比值较低，进一步表明该区岩石具有低钾拉斑系列岩石特征。

3.2 微量及稀土元素特征

该区角闪辉长岩的稀土元素总量很低，变化于 $14.68×10^{-6}$~$26.85×10^{-6}$ 范围内，平均为 $22.04×10^{-6}$。轻稀土元素含量与重稀土元素含量比值（$\sum LREE/\sum HREE$）为 3.19~4.00，平均为 3.65，表明轻稀土元素轻微富集。（La/Yb$)_N$ 值介于 2.82~3.75，平均为 3.26，表明轻、重稀土元素之间分馏相对明显。在球粒陨石标准化稀土元素配分图（图 4a）中，显示为右倾富集型配分型式，其中 δEu = 1.55~2.36，平均为 1.88，为正 Eu 异常，暗示可能存在斜长石的堆晶作用。

从微量元素分析结果(表1)和不相容元素 MORB 标准化图解(图 4b)中可以看出,曲线呈现向右平缓倾斜的 M 型多峰谷模式,HFSEs(Nb、Ta、Zr、Hf、Th、Ce、Ti)和 N-MORB 线分布较接近,显示了大离子亲石元素(Ba、Sr)富集,Rb 亏损,高场强元素(Nb、Zr、Hf、Th 等)相对亏损,富集 Ce、Sr、Ti 等元素的特征。

表 1　新民角闪辉长岩主量元素(%)及微量元素(×10⁻⁶)分析结果

样品号	Yb01	Yb02	Yb04	Yb06	Yb07	Yb08	Yb09	Yb10	Yb12
SiO_2	53.06	49.85	53.61	52.06	50.96	50.56	50.87	52.52	51.43
TiO_2	1.19	1.22	1.05	1.15	1.18	1.32	1.20	1.07	1.34
Al_2O_3	20.52	21.20	19.94	20.32	20.46	20.20	20.73	20.71	19.56
$Fe_2O_3^T$	8.24	9.02	8.07	8.87	9.12	9.38	8.78	8.28	9.38
MnO	0.13	0.12	0.13	0.14	0.15	0.14	0.14	0.13	0.14
MgO	3.02	3.11	2.81	3.33	3.04	3.35	3.41	2.82	3.56
CaO	10.07	11.16	10.47	9.91	10.49	10.79	10.34	10.49	10.41
Na_2O	2.88	3.22	2.96	2.90	2.89	2.76	3.02	3.05	2.89
K_2O	0.27	0.21	0.33	0.32	0.37	0.39	0.33	0.34	0.36
P_2O_5	0.04	0.02	0.06	0.06	0.06	0.06	0.06	0.07	0.08
LOI	0.73	0.64	0.60	0.61	0.80	0.69	0.64	0.57	0.51
Total	100.15	99.77	100.03	99.67	99.52	99.64	99.52	100.05	99.66
$Mg^{\#}$	46.10	44.60	44.80	46.70	43.70	45.40	47.50	44.20	46.90
δ	0.99	1.72	1.02	1.14	1.34	1.31	1.43	1.21	1.25
AR	1.23	1.24	1.24	1.24	1.24	1.23	1.24	1.24	1.24
Li	3.88	9.57	7.25	7.76	9.57	8.03	6.08	7.56	6.37
Be	0.25	0.24	0.25	0.28	0.29	0.29	0.28	0.27	0.30
Sc	20.8	23.9	19.9	24.5	23.1	26.5	24.7	21.1	28.2
V	227	302	233	260	273	246	254	226	263
Cr	7.99	12.3	2.85	2.93	2.48	5.93	2.84	2.46	5.60
Co	30.8	30.7	36.3	32.2	31.9	27.8	32.9	36.2	31.5
Ni	10.1	37.4	8.10	8.32	8.12	8.32	8.48	7.95	9.62
Cu	26.2	47.1	26.6	30.6	23.1	23.9	27.5	26.2	33.8
Zn	113	103	151	155	204	155	147	151	144
Ga	19.9	19.6	18.2	18.3	19.1	17.5	18.4	18.6	18.5
As	4.82	18.0	6.04	6.98	6.73	6.55	5.87	5.83	5.76
Rb	4.34	3.96	8.95	7.92	10.8	9.91	7.53	9.39	9.19
Sr	716	668	664	654	665	618	653	681	626
Y	8.49	6.33	6.76	8.34	8.68	9.45	9.12	7.16	10.4
Zr	21.2	11.7	21.4	24.3	23.1	26.1	26.0	21.1	27.6
Nb	1.45	0.74	1.17	1.39	1.31	1.53	1.45	1.18	1.76
Cs	0.82	1.02	2.57	2.11	2.80	2.55	2.04	2.69	1.92
Ba	149	123	128	122	145	116	141	129	133

续表

样品号	Yb01	Yb02	Yb04	Yb06	Yb07	Yb08	Yb09	Yb10	Yb12
La	3.34	2.09	3.08	3.19	3.54	3.18	3.39	3.19	3.58
Ce	6.35	4.28	6.68	7.51	7.23	7.64	7.73	6.85	8.41
Pr	0.91	0.57	0.86	1.01	1.01	1.06	1.06	0.85	1.14
Nd	4.41	2.80	3.62	4.68	4.61	4.97	4.67	3.86	5.30
Sm	1.21	0.78	0.95	1.25	1.07	1.32	1.26	1.02	1.47
Eu	0.85	0.66	0.64	0.73	0.72	0.74	0.75	0.69	0.78
Gd	1.28	0.93	1.04	1.31	1.27	1.41	1.39	1.14	1.63
Tb	0.19	0.15	0.17	0.21	0.21	0.25	0.22	0.18	0.26
Dy	1.20	0.96	1.09	1.34	1.33	1.69	1.54	1.11	1.74
Ho	0.23	0.20	0.22	0.26	0.28	0.32	0.31	0.24	0.35
Er	0.65	0.58	0.65	0.80	0.81	0.85	0.89	0.65	1.00
Tm	0.10	0.08	0.10	0.11	0.11	0.13	0.12	0.10	0.14
Yb	0.66	0.52	0.61	0.75	0.69	0.81	0.79	0.61	0.91
Lu	0.11	0.08	0.10	0.11	0.10	0.11	0.11	0.09	0.14
Hf	0.62	0.38	0.60	0.75	0.65	0.72	0.77	0.63	0.81
Ta	0.53	0.17	0.26	0.12	0.13	0.24	0.11	0.10	0.18
W	44.2	36.1	44.3	53.4	55.1	45.0	73.2	36.6	43.0
Tl	0.03	0.03	0.07	0.06	0.07	0.08	0.07	0.08	0.07
Pb	7.78	4.62	23.8	34.8	33.6	12.0	38.9	27.7	13.5
Bi	0.06	0.03	0.15	0.08	0.17	0.10	0.10	0.08	0.12
Th	0.18	0.14	0.27	0.24	0.27	0.31	0.29	0.29	0.37
U	0.07	0.07	0.13	0.13	0.12	0.15	0.14	0.12	0.13
P	170	78.50	262	249	266	279	271	297	345
δEu	2.10	2.36	1.97	1.75	1.88	1.67	1.73	2.96	1.55
$(La/Yb)_N$	3.63	2.88	3.62	3.05	3.68	2.82	3.08	3.75	2.82
$(Ce/Yb)_N$	2.67	2.29	3.04	2.78	2.91	2.62	2.72	3.12	2.57
$\sum REE$	21.49	14.68	19.80	23.26	22.98	24.48	24.23	20.58	26.85
$\sum LREE/\sum HREE$	3.86	3.19	3.99	3.76	3.79	3.40	3.51	4.00	3.35

$Mg^{\#} = 100Mg/(Mg+Fe^{2+})$; $AR = (Al_2O_3+CaO+Na_2O+K_2O)/(Al_2O_3+CaO-Na_2O-K_2O)$;

$\delta = (K_2O+Na_2O)^2/(SiO_2-43)$（质量分数）。

3.3 Sr-Nd 同位素特征

本区角闪辉长岩样品 Yb06 的 Sr-Nd 同位素分析结果列于表 2 中。从表 2 中可以看出，岩石中 Sr 的含量为 654×10^{-6}，Rb 的含量为 7.92×10^{-6}，$^{87}Sr/^{86}Sr = 0.703\,858$；岩石中 Nd 的含量为 4.68×10^{-6}，Sm 的含量为 1.25×10^{-6}，$^{143}Nd/^{144}Nd = 0.512\,617$。初始比值 $I_{Sr} = 0.703\,467$，$\varepsilon_{Nd}(t) = +3.1$，单阶段模式年龄 T_{DM} 值为 1.55 Ga。

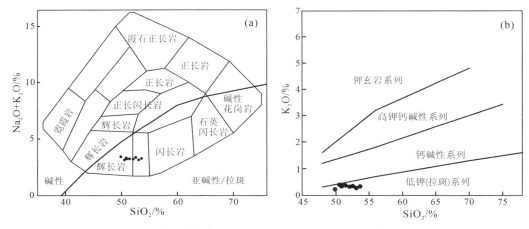

图 3 新民角闪辉长岩 TAS 图(a)及 SiO$_2$-K$_2$O 图解(b)

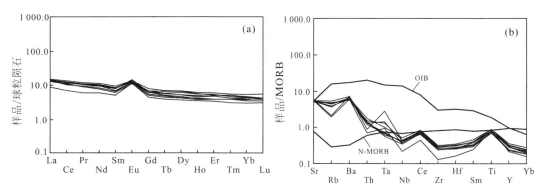

图 4 新民角闪辉长岩稀土元素球粒陨石标准化配分图(a)和不相容元素 MORB 标准化蛛网图(b)
球粒陨石标准值据 Wood et al.(1979);OIB、E-MORB 标准化值据 Sun and McDonough(1989)

表 2 新民角闪辉长岩 Sr-Nd 同位素分析结果

| 样品号 | $^{87}Sr/^{86}Sr$ | 2SE | Sr | Rb | $^{143}Nd/^{144}Nd$ | 2SE | Nd | Sm | T_{DM} | $\varepsilon_{Nd}(t)$ | I_{Sr} |
			/×10^{-6}				/×10^{-6}		/Ga		
Yb06	0.703 858	0.000 023	653.6	7.92	0.512 617	0.000 011	4.68	1.25	1.55	3.1	0.703 467

$\varepsilon_{Nd}(t) = [(^{143}Nd/^{144}Nd)_S(t)/(^{143}Nd/^{144}Nd)_{CHUR}(t)-1]\times10^4$;$(^{143}Nd/^{144}Nd)_{CHUR} = 0.512\ 638$;$(^{147}Sm/^{144}Nd)_{CHUR} = 0.196\ 7$。初始同位素组成根据 $t = 776.5$ Ma(据陕西省地质调查院,2008)[①]计算。

4 讨 论

4.1 岩体成因以及源区性质

通过上述地球化学性质可以看出,新民角闪辉长岩具有较低的 SiO$_2$(≤53%)、K$_2$O(<0.4%)含量,Al$_2$O$_3$ 含量相对较高(19.56%~21.20%)。Beard(1986)认为,这是岩浆

---

① 陕西省地质调查院,2008.中华人民共和国地质图 I48C004004(南江市幅).

起源于活动大陆边缘(或岛弧环境)的一个标志,因为陆壳物质为玄武岩浆富铝创造了最有利的条件。新民角闪辉长岩岩石 LREE 略富集,轻、重稀土元素分馏相对明显,大离子亲石元素(Ba、Sr)富集,Rb 亏损,高场强元素(Nb、Zr、Hf、Th 等)相对亏损,富集 Pb、Sr、Ti 等元素;样品具有较低的 Zr 含量(远小于 $130×10^{-6}$)和 Zr/Y 值[1.85~3.17(<4)],类似于岛弧火山岩的特征;而大陆玄武岩,不管是否遭受地壳或岩石圈混染,它都具有较高的 Zr($>70×10^{-6}$)含量和 Zr/Y 值(>3)(夏林圻,2007),并且 Ba/La 值介于 37~59(>30),亦显示出与板块俯冲作用有关的岛弧火山岩的特征(Ajaji et al.,1998)。此外,不相容元素 MORB 标准化曲线(图4b)显示元素 Nb 的负异常,构造判别图解(图8b、d)亦显示出新民角闪辉长岩具有岛弧玄武岩的地球化学特征,表明该岩体有弧的印记。

通常元素 Nb 和 Ta 可以指示岩浆成因,地壳物质具有亏损 Nb、Ta、Sr 的特征(赵正等,2012)。本区岩石的 Nb 含量为 $0.74×10^{-6}$~$1.76×10^{-6}$;Ta 含量介于 $0.1×10^{-6}$~$0.53×10^{-6}$,高于原始地幔 Nb($0.713×10^{-6}$)和 Ta($0.041×10^{-6}$)含量;Nb/Ta=2.74~13.18,介于原始地幔(Nb/Ta=17.3)和地壳(Nb/Ta=11~12)之间。本区角闪辉长岩具有轻微的 Nb、Ta 负异常,Sr 正异常。基性岩类 Sr 在斜长石和熔体之间的分配系数通常 >1。Sr 容易进入斜长石,新民角闪辉长岩中斜长石含量较高,表明 Sr 的正异常可能与斜长石的含量较高有关。研究表明,地壳混染的微量元素指标为极高的原始地幔标准化 Th/Nb 值(通常 >1)(Saunders et al.,1992)和较低的 Nb/La 值(Kieffer et al.,2004),新民角闪辉长岩具有较低的 $(Nb/La)_N$ 值(0.35~0.49)和较高的 $(Th/Nb)_N$ 值(1.0~2.1)(李献华等,2008;夏林圻等,2009)。此外,地壳混染可以通过 Nb/La 与 La/Sm、Th/La 和 Sm/Nd 的相关性得到论证(张宇昆,2014)。本区角闪辉长岩呈现 Nb/La 与 La/Sm、Nb/La 与 Th/La 的负相关关系,Nb/La 与 Sm/Nd 呈现正相关(图5)。综合以上分析,可以推测新民角闪辉长岩可能受到轻微的地壳混染。

结合已有研究,扬子板块北缘新元古代基性火山岩同位素特征变化如图6所示。950~895 Ma 的西乡群玄武岩全岩 $\varepsilon_{Nd}(t)$ 值为 +4.6~+8.8,具有岛弧地球化学特征,来源于较亏损的地幔源区并受到地壳混染的影响(凌文黎等,2002a);840~776 Ma 的碧口群玄武岩和玄武质安山岩的全岩 $\varepsilon_{Nd}(t)$ 值为 +3.4~+7.9,地幔源区具有从亏损向富集转变的趋势(闫全人等,2004);820 Ma 望江山基性岩体具有高的全岩 $\varepsilon_{Nd}(t)$ 值(+3.4~+3.8)和较低的 I_{Sr} 值(0.7033~0.7037),表明其地幔源区相对亏损(Zhao et al.,2009a);815~800 Ma 碑坝岩体具有较低的 $\varepsilon_{Nd}(t)$ 值(+0.2~+2.0)和较高的 I_{Sr} 值(0.7038~0.7061),显示富集地幔源区特征(Zhao et al.,2009a);扬子板块北缘汉南地区 780~735 Ma 镁铁-超镁铁质岩体具有中等 $\varepsilon_{Nd}(t)$ 值(+0.9~+3.9),较低的 I_{Sr} 值(0.7033~0.7039),亦显示亏损地幔的特征(Zhao et al.,2009a);778~667 Ma 的白水江群基性火山岩 $\varepsilon_{Nd}(t)$ 值为 +1.1~+4.6,来源于富集地幔源区的洋岛玄武岩(王涛等,2011);武当山群和 632 Ma 耀岭河群基性火山岩的 $\varepsilon_{Nd}(t)$ 值分别为 +2.3~+7.25 和 -0.6~+3.0,南秦岭周庵超镁铁质岩体(637±4 Ma)亦显示地幔源区相对亏损,可以推测从 ~820 Ma 至 ~630 Ma,扬子板块北缘新元古代镁铁-超镁铁质岩的地幔源区具有逐渐富集的趋势(王梦玺等,2012)。

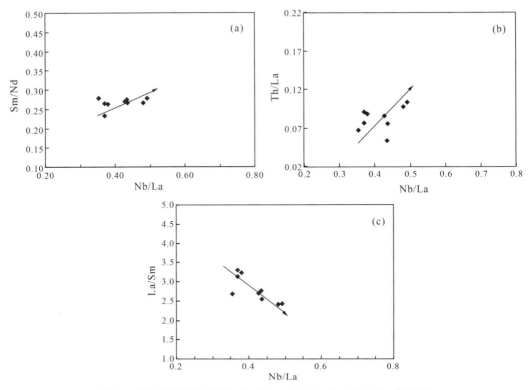

图 5　新民角闪辉长岩 Nb/La 与 Sm/Nd、La/Sm 和 Th/La 相关图

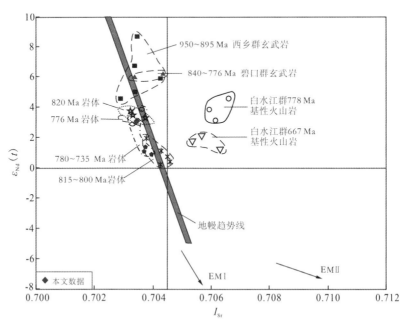

图 6　新民角闪辉长岩 I_{Sr}-$\varepsilon_{Nd}(t)$ 相关图解

EM Ⅰ:Ⅰ型富集地幔;EM Ⅱ:Ⅱ型富集地幔。据王梦玺等(2012)

从 Sr-Nd 同位素数据(表2)可以看到,新民角闪辉长岩具有中等的 $\varepsilon_{Nd}(t)$ 值(+3.1)和较低的 I_{Sr} 值(0.703 467),分别低于和高于岩体形成时的亏损地幔值(分别为8.1和0.702 04)(沈渭洲等,2002)。该岩体与 820 Ma 望江山基性岩体具有相类似的 $\varepsilon_{Nd}(t)$(+3.4~+3.8)、I_{Sr}(0.703 3~0.703 7)值,因此可以推测其原始地幔相对亏损(图6)。

在 Rb/Nb-Rb/Zr 图解(图7a)中,角闪辉长岩表现出正斜率直线型平衡部分熔融演化趋势,可推测新民角闪辉长岩是幔源物质部分熔融的产物。在(Tb/Yb)$_P$-(Yb/Sm)$_P$ 图解(图7b)中可进一步判断地幔源区物质的熔融程度,角闪辉长岩落在石榴子石橄榄岩熔融曲线上,同时指示其熔融程度大约为2%~7%。在图7b中,网格指示了熔融程度的范围,分别为1%、5%、10%和15%;熔融模式为分离熔融(Shaw,1970),橄榄岩的熔融发生在石榴石的存在量从0%到100%;熔体在石榴子石相的比例用虚线表示(Gar),黑线表示熔体分数;源区假定为平均的亏损地幔(Workman and Hart,2005)和富集地幔橄榄岩(Ito and Mahoney,2005)1:1 的混合,分配系数根据文献(Salters and Stracke,2004);未熔融的橄榄岩假定由53%橄榄石、30%斜方辉石、10%单斜辉石和7%石榴子石或尖晶石组成,这些矿物的熔融比例分别假定为10%、10%、40%和40%(Janney et al.,2000)。需要指出的是,由于选择的熔融模式、分配系数、源区组成和矿物比例不同,得出的部分熔融程度肯定会有所不同(张招崇等,2006)。综合上述分析,新民角闪辉长岩源区显示出亏损地幔的特征,岩浆起源于幔源物质,经过不同程度部分熔融形成,并且在上升过程中可能受到轻微地壳混染。

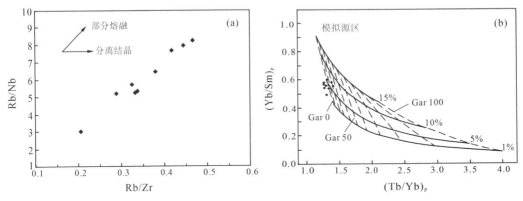

图7　新民角闪辉长岩相容元素部分熔融判别图
图7a 据张贵山等(2009)修改;图7b 据 Zhang et al.(2006)修改

4.2　构造环境及其意义

扬子板块北缘檬子地区辉长苏长岩和角闪辉长岩锆石 LA-ICP-MS U-Pb 年龄分别为764±38 Ma 和 757±32 Ma(徐学义等,2011)。新民角闪辉长岩的形成年龄为 776.5±26.1 Ma(据陕西省地质调查院,2008)[①](锆石 U-Pb 法测定),该年龄与檬子地区角闪辉

---

①　陕西省地质调查院,2008.中华人民共和国地质图 I48C004004(南江市幅).

长岩的年龄在误差允许范围内大致吻合,都属于新元古代末期岩浆作用的产物。新民角闪辉长岩的 Zr/Y = 1.85~3.1(平均2.78),在图8a中几乎全部位于板内玄武岩(或大陆边缘弧)环境中;在 TiO_2-10MnO-10P_2O_5 和 2Nb-Zr/4-Y 判别图解(图8b、d)中,样品点位于岛弧玄武岩区域内,反映出新民角闪辉长岩具有大陆边缘弧玄武岩的特征;在玄武岩 Hf/3-Th-Nb/16 三角构造判别图解(图8c)中,样品点几乎全部落在钙碱性玄武岩(CAB)的范围内。

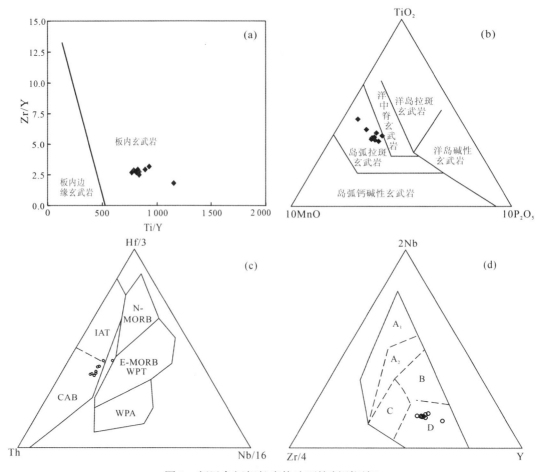

图 8 新民角闪辉长岩构造环境判别图解

(a)Zr/Y-Ti/Y 判别图解(据 Pearce et al.,1982);(b)TiO_2-10MnO-10P_2O_5 判别图解(据 Mullen,1983);
(c)Hf/3-Th-Nb/16 判别图解(据 Wood,1979);(d)2Nb-Zr/4-Y 判别图解(据 Meschede,1986)。
WPA:板内玄武岩;E-MORB:富集型洋中脊玄武岩;N-MORB:亏损型洋中脊玄武岩;IAT:岛弧拉斑玄武岩;
CAB:钙碱性玄武岩;A_1、A_2:板内碱性玄武岩,A_2、C:板内拉斑玄武岩;B:P-MORB;D:N-MORB;C、D:火山弧玄武岩

Th、Nb、La 都是强不相容元素,可最有效地指示源区特征。Th、Nb、La 在海水蚀变及变质过程中是稳定或比较稳定的元素,故利用 Nb/Th-Nb 和 La/Nb-La 图解可以区分洋脊、岛弧和洋岛玄武岩(李曙光,1993)。从图9b、c 中可以看出,本区火山岩均处在岛弧火山岩范围内。Ta/Yb 比值主要与地幔部分熔融及幔源性质有关,对于鉴别火山岩的源

区特征有重要意义(Peacre,1983)。在 Th/Yb-Ta/Yb 图解(图 9a)中,新民角闪辉长岩位于钙碱性玄武岩区域内,无 MORB 和 OIB 型演化趋势,这种地球化学特征表明新民角闪辉长岩总体具有火山弧的大地构造环境。从不相容元素 MORB 标准化蛛网图(图 4b)中可以看出,新民角闪辉长岩高场强元素(HFSEs)和 N-MORB 较接近,明显不同于洋岛玄武岩(OIB),大离子亲石元素较高场强元素相对富集,该时期扬子板块西北缘主要受俯冲作用改造,导致新民角闪辉长岩中微量元素 Nb 亏损较大,Ta、Ti 和 Ce 却显示正异常,虽然这与典型的岛弧环境下形成的火山岩特征不同,但以上地球化学指标表明其具有弧的印记。新民角闪辉长岩同位素具有中等的 $\varepsilon_{Nd}(t)$ 值(+3.1)和较低的 I_{Sr} 值(0.703 467),说明源区具有亏损地幔的特征,在其上升过程中可能受到了地壳的混染。结合米仓山新元古代地质演化历史,认为研究区在 ~830 Ma 之前处于一个早期弧构造背景,之后在北部西乡–汉南地块发生了一系列构造热事件,该时期扬子板块北缘处于汇聚环境,米仓山处于残余弧或弧后盆地环境。综合以上分析,推测新民角闪辉长岩可能形成于弧后盆地的构造环境中(图 10)。

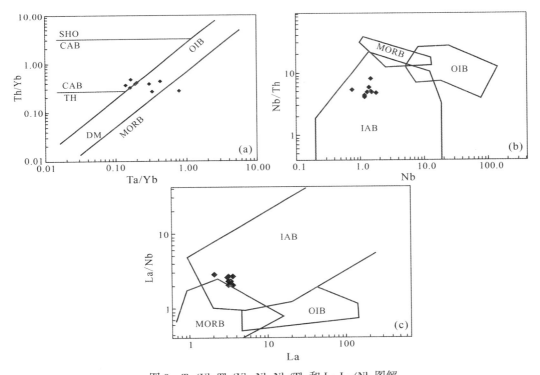

图 9　Ta/Yb-Th/Yb、Nb-Nb/Th 和 La-La/Nb 图解

SHO:钾玄岩;CAB:钙碱性玄武岩;TH:拉斑玄武岩;DM:亏损地幔;MORB(N-MORB):正常洋脊玄武岩;
IAB:岛弧玄武岩;OIB:洋岛玄武岩。图 9a 据 Pearce(1983);图 9b、c 据李曙光(1993)

研究表明,在 1 000~825 Ma 前,扬子北缘(包括西北缘)可能已与其他大的陆块相连或中间以小规模的洋盆相隔,未发生大规模的岩浆作用(Zheng et al., 2006),扬子板块新元古代最主要构造热事件发生在 830 Ma 左右(Liu et al., 2008),而发生自北西向南东方

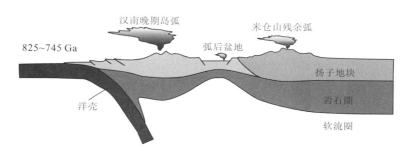

图 10　扬子板块西北缘米仓山地区新元古代构造演化图

据 Dong et al.(2012)修改

向的洋壳俯冲以及弧陆碰撞造山作用时间主要在 810 Ma 之前(Chen et al.，2005；陈岳龙等，2006；裴先治等，2009；李佐臣，2013)，之后进入 Rodinia 超大陆的裂解阶段，其间发生扬子板块西北缘、北缘龙门山构造带、汉南-米仓山构造带上大规模包含火山喷发-沉积事件及侵入活动在内的岩浆活动(陆松年，1998；李献华等，2002；卓皆文等，2015)。到 780 Ma 左右，至少在扬子板块北缘，形成了新元古代洋盆(陕西省地质调查院，2008)①，洋壳向南俯冲于扬子板块之下，形成了扬子板块北缘较为广泛的大陆边缘弧岩浆作用，该岩浆构造热事件可能一直持续到 680 Ma(Wu et al.，2004；Liu et al.，2006；许志琴等，2006)。

综合前人的研究成果、区域地质特征以及本文的地球化学及同位素研究结果，有理由认为，新民角闪辉长岩具有岛弧玄武岩地球化学特征。从扬子北缘局部范围来看，780~745 Ma 大陆边缘岩浆事件亦是 Rodinia 超大陆裂解事件发生过程中陆块边缘洋陆俯冲的地质记录(徐学义等，2011；Dong et al.，2011b)。

新元古代期间，扬子板块北缘汉南-米仓山地块总体处于活动大陆边缘弧的俯冲带环境(Dong et al.，2012)。新元古代在整个地球历史中是一段十分重要且具有特殊意义的地史阶段，在经过中元古代相对平静的地质历史以后，从中元古代晚期开始，一些分散的古陆块逐步汇聚，形成命名为"Rodinia"的超大陆(Moores，1991；Dalziell，1991；Powell et al.，1993)。目前，扬子板块被认为是全球最完整地保存了新元古代中期与 Rodinia 超大陆早期裂解相关的岩浆活动和沉积作用记录的区域，它在 Rodinia 超大陆重建中具有"核心"地位，是连接冈瓦纳古陆和劳亚古陆的桥梁(李献华等，2012)，因此，扬子板块是研究 Rodinia 超大陆的关键地区之一。新民角闪辉长岩是 Rodinia 超大陆在新元古代时期岩浆作用的产物，对其进行精细解析和研究对于进一步深入探讨 Rodinia 超大陆的形成和演化具有重要的科学意义。

5　结　论

(1)新民角闪辉长岩起源于亏损地幔岩石的局部熔融，其岩浆在上升过程中可能受

---

① 陕西省地质调查院，2008.1∶25 万南江市幅区域地质调查成果报告(内部资料).

到了地壳的轻微混染。

（2）新民角闪辉长岩形成于弧后盆地的构造环境，是 Rodinia 超大陆在新元古代期间演化过程中岩浆作用的产物。

参考文献

[1] Ajaji T, Weis D, Giret A, et al., 1998. Coeval potassic and sodic calc-alkaline series in the post-collisional Hercynian Tanncherfi intrusive complex, northeastern Morocco：Geochemical, isotopic and geochronological evidence[J]. Lithos, 45(1-4)：371-393.

[2] Beard J S, 1986. Characteristic mineralogy of arc-related cumulate gabbros：Implication for the tectonic setting of gabbroic plutons and for andesite genesis[J]. Geology, 14：848-851.

[3] Chen Y L, Luo Z H, Zhao J X, et al., 2005. Petrogenesis and dating of the Kangding complex, Sichuan Province[J]. Science in China：Series D, 48(5)：622-634.

[4] Chen Yuelong, Tang Jinrong, Liu Fei, et al., 2006. Elemental and Sm-Nd isotopic geochemistry of clastic sedimentary rocks in the Garze-Songpan block and Longmen Mountains[J]. Geology in China, 33(1)：109-118 (in Chinese with English abstract).

[5] Chu Z Y, Chen F K, Yang Y H, et al., 2009. Precise determination of Sm, Nd concentrations and Nd isotopic compositions at the nanogram level in geological samples by thermal ionization mass spectrometry[J]. Journal of Analytical Atomic Spectrometry, 24(11)：1534-1544.

[6] Dalziel I W D, 1991. Pacific margins of Laurentia and East Antarctic-Australia as a conjugate rift pair：Evidence and implication for an Encambrian supercontinent[J]. Geology, 19：598-601.

[7] Dong Y P, Liu X M, Santosh M, et al., 2011b. Neoproterozoic subduction tectonics of the Yangtze Block in South China：Constrains from zircon U-Pb geochronology and geochemistry of mafic intrusions in the Harman Massif[J]. Precambrian Research, 189(1)：66-90.

[8] Dong Y P, Liu X M, Santosh M, et al., 2012. Neoproterozoic accretionary tectonics along the northwestern margin of the Yangtze Block, China：Constraints from zircon U-Pb geochronology and geochemistry [J]. Precambrian Research, 196：247-274.

[9] Dong Y P, Zhang G W, Hauzenberger C, et al., 2011a. Palaeozoic tectonics and evolutionary history of the Qinling orogen：Evidence from geochemistry and geochronology of ophiolite and related volcanic rocks [J]. Lithos, 122(1)：39-56.

[10] He Dalun, Liu Dengzhong, Deng Mingsen, et al., 1995. Age of crystalline basement of Yangtze platform in the Michang Mountains, Sichuan[J]. Acta geologica Sichuan, 15(3)：176-183 (in Chinese).

[11] Ito G, Mahoney J J, 2005. Flow and melting of a heterogeneous mantle：1. Importance to the geochemistry of ocean island and midocean ridge basalts[J]. Earth & Planetary Science Letters, 230：29-46.

[12] Janney P E, Macdougall J D, Natland, J H, et al., 2000. Geochemical evidence from the Pukapuka volcanic ridge system for a shallow enriched mantle domain beneath the South Pacific superswell[J]. Earth & Planetary Science Letters, 181：47-60.

[13] Kieffer B, Arndt N, Lapierre H, et al., 2004. Flood and shield basalts from Ethiopia：Magmas from the African superswell[J]. Journal of Petrology, 45(4)：793-834.

[14] Lai Shaocong, Li Sanzhong, Zhang Guowei, 2003. Tectonic settings of the volcano-sedimentary rock association from Xixiang Group, Shaanxi Province: Volcanic rock geochemistry constraints[J]. Acta Petrologica Sinica 19(1):143-152.

[15] Li Shugang, 1993. Ba-Nb-Th-La diagrams used to identify tectonic environments of ophiolite[J]. Acta Petrological Sinica, 9(2):146-157.

[16] Li T, 2010. The study of Neoproterozoic Tectonic-magmatic events in the northern margin of the Yangtze continental[D]. Xi'an: Chang'an University (in Chinese with English abstract).

[17] Li Xianhua, Li Wuxian, He Bin, 2012. Building of the South China Block and its relevance to assembly and breakup of Rodinia supercontinent: Observations, interpretations and tests [J]. Bulletin of Mineralogy, Petrology and Geochemistry, 31(6):543-559 (in Chinese with English abstract).

[18] Li X H, Li Z X, Ge W C, et al., 2003. Neporoteorzoic graniotids in South China: Erustal melting above a mantle plume at ca. 825 Ma[J]? Precambrian Research, 122:45-83.

[19] Li Xianhua, Li Zhengxiang, Zhou Hanwen, et al., 2002. U-Pb zircon geochronological, geochemical and Nd isotopic study of Neoproterozoic basaltic magmatism in Western Sichuan: Petrogenesis and geodynamic implications [J]. Earth Science Frontiers, 9 (4): 329-338 (in Chinese with English abstract).

[20] Li X H, Li Z X, Zhou H W, et al., 2002. U-Pb zircon geochronology geochemistry and Nd isotopic study of Neporoterozoic bimodal volcanic rocks in the Kangdian Rift of South China: Implications for the initial rifting of Rodinia[J]. Precmabrian Research, 113:135-155.

[21] Li Xianhua, Wang Xuance, Li Wuxian, et al., 2008. Petrogenesis and tectonic significance of Neoproterozoic basaltic rocks in South China: From orogenesis to intracontinental rifting [J]. Geochimica, 37(4):382-398 (in Chinese with English abstract).

[22] Li Zuochen, Pei Xianzhi, Li Ruibao, et al., 2013. Geochronological and geochemical study on Datan granite in Liujiaping area, northwest Yangtze Block and its tectonic sitting[J]. Geological Review, 59 (5):869-884 (in Chinese with English abstract).

[23] Li Z X, Li X H, Kinny P D, et al., 2003. Geochronology of Neoproterozoic syn-rift magmatism in the Yangtze Craton, South China and correlations with other continents: Evidence for a mantle superplume that broke up Rodinia[J]. Precambrian Research, 122: 85-109.

[24] Lin Guangchun, 2013. Petrogenesis and tectonic significance of the Neoproterozoic Danba metabasalt in western Yangtze block[J]. Acta Petrologica et Mineralogica, 32(4):485-495 (in Chinese with English abstract).

[25] Ling Wenli, Cheng Jianping, Wang Xinhua, et al., 2002b. Geochemical features of the Neoproterozoic igneous rocks from the Wudang region and their implications for the reconstruction of the Jinning tectonic evolution along the south Qinling orogenic belt[J]. Acta Petrologica Sinica, 18(1):25-36 (in Chinese with English abstract).

[26] Ling Wenli, Gao Shan, Cheng Jianping, et al., 2006. Neoproterozoic magmatic events within the Yangtze continental interior and along its northern margin and their tectonic implication: Constraint from the ELA-ICYMS U-Pb geochronology of zircons from the Huangling and Harman complexes[J]. Acta Petrologica Sinica, 22(2):387-396 (in Chinese with English abstract).

［27］ Ling Wenli, Gao Shan, Ouyang Jianping, et al., 2002a. The age and tectonic setting of the Xixiang group: Constrains of isotope geochronology and geochemistry[J]. Science in China: Series D, 32(2): 101-112 (in Chinese).

［28］ Ling Wenli, Gao Shan, Zhang B R, et al., 2003. Neoproterozoic tectonic evolution of the northwestern Yangtze craton, South China: Implications for amalgamation and break-up of the Rodinia Supercontinent [J]. Precambrian Research, 122(1):111-140.

［29］ Liu X M, Gao S, Diwu C R, et al., 2008. Precambrian crustal growth of Yangtze craton as revealed by detrital zircon studies[J]. American Journal of Sciences, 308(4):421-468.

［30］ Liu Y Q, Gao L Z, Liu X Y, et al., 2006. Zircon U-Pb dating for the earliest Neoproterozoic mafic magmatism in the southern margin of the North China Block[J]. Chinese Science Bulletin, 51(19): 2375-2382.

［31］ Lu S N, 1998. A review of advance in the research on the Neoproterozoic Rodinia Supercontinent[J]. Geological Review, 44(5):489-495.

［32］ Lu Songnian, Li Huaikun, Chen Zhihong, et al., 2003. Charcteristics, sequence and ages of Neoproterozoic thermo-tectonic events between tarim and Yangzi blocks: A hypothesis of Yangzi-Tarim connection[J]. Earth Science Frontiers, 10(4): 321-326 (in Chinese with English abstract).

［33］ Ma Runze, Xiao Yuanpu, Wei Xiangui, et al., 1997a. Research on the geochemical property and genesis of basic and ultrabasic rocks of Jinning period in the Micangshan area, Sichuan Province[J]. Journal of Mineralogy and Petrology, 17(Suppl):34-47 (in Chinese).

［34］ Ma Runze, Xiao Yuanou, Wei Xianguui, et al., 1997b. The magmatic activity and tectonic evolution in the Miangshan area, Chian[J]. Journal of Mineralogy and Petrology, 17(Suppl):76-82 (in Chinese).

［35］ Meschede M, 1986. A method of discriminating between different type of mid-ocean ridge basalts and continental tholeiites with the Nb-Zr-Y diagram[J]. Chemical Geology, 56:207-218.

［36］ Moores E W, 1991. Southwest US-East Antarctic (Sweat) connection: A hypothesis. Geology, 44: 815-832.

［37］ Mullen E D, 1983. $MnO/TiO_2/P_2O_5$: A minor element discriminant for basaltic rocks of oceanic environments and its implications for petrogenesis. Earth Planet Sci Lett, 62:53-62.

［38］ Pearce J A, 1982. Trace element characteristics of lavas from destructive plate boundaries[J]. Orogenic Andesites & Related Rocks, 528-548.

［39］ Pearce J A, 1983. The role of sub-continental lithosphere in magma genesis at destructive plate margins [C]//Hawkesworth C J, Norry M J. Continental Basalts and Mantle Xenoliths. Nantwich Shiva: 230-249.

［40］ Pei Xianzhi, Ding Saping, Li Zuozhen, et al., 2009. Zircon SHRMP U-Pb age of the neoproterozoic Jiaoziding granite in the Longmenshan orogenic belt and their tectonic significance [J]. Journal of Northwest University: Natural Science Edition, 39(3):425-433 (in Chinese with English abstract).

［41］ Powell C M, Li Z X, Mc Elhinny M W, et al., 1993. Paleomagnetic constrains on timing of the Neoproterozoic break up of Rodinia and the Cambrian formation of Gondwana[J]. Geology, 23:271-287.

［42］ Qi L, Hu J, Cregoire D C, 2000. Determination of trace elements in granites by inductively coupled plasma mass spectrometry[J]. Talanta, 51(3):507-513.

［43］ Salters V J M, Stracke A, 2004. Composition of the depleted mantle［J］. Geochemistry, Geophysics, Geosystems, 5：Q05004.

［44］ Saunders A D, Storey M, Kent R W, et al., 1992. Consequences of plume-lithosphere interactions［J］. Geological Society, London, Special Publications, 65(1)：41-60.

［45］ Shaw D M, 1970. Trace element fractionation during anatexis［J］. Geochimica et Cosmochimica Acta, 34：237-243.

［46］ Shen Weizhou, Gao Jianfeng, Xu Shijin, et al., 2002. Geochemical characteristics and genesis of the Qiaotou basic complex, Luding County, Western Yangtze Block ［J］. Geological Journal of China Universities, 8(4)：380-389 (in Chinese with English abstract).

［47］ Sun Dong, 2011. The structural character and Meso-Cenozoic of Micang Mountain structural zone, Northern Sichuan Basin, China［D］. Chengdu：Chengdu University of Technology (in Chinese with English abstract).

［48］ Sun S S, McDonough W F, 1989. Chemical and isotopic systematics of ocean basins：Implications for mantle composition and processes［C］//Saunders A D, Norry M J. Magmatism of the Ocean Basins. Geological Society, London, Special Publications, 42：325-345.

［49］ Tian Yuntao, Zhu Chuanqing, Xu Ming, et al., 2010. Exhumation history of the Micangshan-Hannan Dome since Cretaceous and its tectonic significance：Evidences from Apatite Fission Track analysis［J］. Chinese Journal Geophysics, 53(4)：920-930 (in Chinese with English abstract).

［50］ Wang Mengxi, Wang Yan, Zhao Jun, 2012. Zircon U-Pb dating and Hf-O isotopes of the Zhouan ultramafic intrusion in the northern margin of the Yangtze Block：Constraints on the nature of mantle source and timing of the supercontinent Rodinia breakup［J］. Chinses Sci Bull, 57(34)：2383-3294 (in Chinese).

［51］ Wang Tao, Wang Zongqi, Yan Quanren, et al., 2011. The formation age and geochemical characteristics of the metavolcanic rock blocks of the Baishuijiang Group in South Qinling［J］. Acta Petrologica Sinica, 27(3)：645-656 (in Chinese with English abstract).

［52］ Wang Zongqi, Yan Quanren R, Yan Zhen, et al., 2009. New Division of the Main Tectonic Units of the Qinling Orogenic Belt, Central China［J］. Acta Geologica Sinica, 83(11)：1527-1546 (in Chinese with English abstract).

［53］ Wood D A, 1979. A variably veined suboceanic upper mantle-genetic significance for mid-ocean ridge basalts from geochemical evidence［J］. Geology, 7：499-503.

［54］ Workman R K, Hart S R, 2005. Major and trace element composition of the depleted MORB mantle (DMM)［J］. Earth & Planetary Science Letters, 231：53-72.

［55］ Wu Y B, Zheng Y F, Zhou J B, 2004. Neoproterozoic granitoid in northwest Sulu and its bearing on the North China-South China Blocks boundary in East China［J］. Geophysical Research Letters, 31：L07616.

［56］ Xia Linqi, Xia Zuchun, MaZhongping, et al., 2009. Petrogenesis of volcanic rocks from Xixiang Group in middle part of South Qinling Mountains［J］. Northwestern Geology, 42(2)：1-37 (in Chinese with English abstract).

［57］ Xia Linqi, Xia Zuchun, Xu Xueyi, et al., 2007. The discrimination between continental basalt and island arc basalt based on geochemical method［J］. Acta Petrological et Mineralogical, 26(1)：77-89 (in Chinese with English abstract).

[58] Xiao Ancheng, Wei Guoqi, Shen Zhongyan, et al., 2011. Basin-mountain system and tectonic coupling between Yangtze block and South Qinling orogen[J]. Acta Petrologica Sinica, 27(3):601-611 (in Chinese with English abstract).

[59] Xu Xueyi, Li Ting, Chen Junlu, et al., 2011. Zircon U-Pb age and petrogenesis of intrusions from Mengzi area in the northern margin of Yangtze plate[J]. Acta Petrologica Sinica, 27(3):699-720 (in Chinese with English abstract).

[60] Xu Zhiqin Q, Liu F L, Qi X X, et al., 2006. Record for Rodinia supercontinent breakup event in the south Sulu ultra-high pressure metamorphic terrane[J]. Acta Petrologica Sinica, 22(7):1745-1760 (in Chinese with English abstract).

[61] Yan Quanren, Hanson A D, Wang Zongqi, et al., 2004. Geochemistry and tectonic setting of the Bikou volcanic terrane on the northern margin of the Yangtze plate[J]. Acta Petrological et Mineralogical, 23 (1):1-11 (in Chinses with English abstract).

[62] Zhang Guishan, Wen Hanjie, Li Shilei, et al., 2009. Geochemica characteristics of bojite in northern Fujian Province and their geodynamic significance[J]. Acta Mineralogical Sinica, 29(2):244-252 (in Chinese with English abstract).

[63] Zhang Yukun, 2014. The northern margin of the Yangtze Dahan mountain gabbro in petrology, geochemistry and geochronology [D]. Xi'an: Northwestern University (in Chinese with English abstract).

[64] Zhang Z C, Mahoney J J, Mao J W, et al., 2006. Geochemistry of picritic and associated basalt flows of the western Emeishan flood basalt province, China. Journal of Petrology, 47(10):1997-2019.

[65] Zhang Zhaochong, Mahoney J J, Wang Fusheng, et al., 2006a. Geochemistry of picritic and basalt flows of the western Emeishan flood basalt province, Chian: Evidence for a plume-head origin[J]. Acta Petrologica Sinica, 22(6):1538-1552 (in Chinses with English abstract).

[66] Zhao J H, Zhou M F, 2007. Neoproterozoic adakitic plutons and arc magmatism along the western margin of the Yangtze Block, South China[J]. Journal of Geology, 115:675-689.

[67] Zhao J H, Zhou M F, 2009a. Secular evolution of the Neoproterozoic lithospheric mantle underneath the northern margin of the Yangtze Block, South China[J]. Lithos, 107:152-168.

[68] Zhao J H, Zhou M F, 2009b. Melting of newly formed mafic crust for the formation of Neoproterozoic I-type granite in the Hannan region, South China[J]. Journal of Geology, 117:54-70.

[69] Zhao Zheng, Chen Yuchuan, Chen Zhenhui, et al., 2012. SHRIMP U-Pb dating of the Gaoshanjiao granodiorite in the Yinkeng Ore-field of the South Jiangxi region and its relations to mineralization[J]. Rock and Mineral Analisis, 31(3):536-542 (in Chinese with English abstract).

[70] Zheng Y F, 2003. Neoproterozoic magmatic activities and global change[J]. Chinese Science Bulletin, 48(6):1705-1720 (in Chinese).

[71] Zheng Y F, Zhang S B, Zhao Z F, et al., 2006. Zircon U-Pb age, Hf and O isotope constraints on protolithorigin of ultrahigh-pressure eclogite and geniss in the Dabie orogen[J]. Chemical Geology, 231:135-158.

[72] Zheng Y F, Zhang S B, Zhao Z F, et al., 2007. Contrasting zircon Hf and O isotopes in the two

episodes of Neo-proterozoic granitoids in South China: Implications for growth and reworking of continental crust[J]. Lithos, 96:127-150.

[73] Zhou M F, Kennedy A K, Sun M, et al., 2002a. Neo-proterozoic arc-related mafic intrusions in the northern margin of South China: Implications for accretion of Rodinia[J]. Geology, 110:611-618.

[74] Zhou M F, Yan D P, Kennedy A K, et al., 2002b. SHRIMP zircon geochronological and geochemical evidence for Neoproterozoic arc-related magrnatism along the western margin of the Yangtze block, South China[J]. Earth & Planetary Science Letters, 196:51-67.

[75] Zhuo Jiewen, Wang Xinsheng, Wang Jian, et al., 2015. Zircon Shrimp U-Pb age of sedimentary tuff at the bottom of neoproterozoic Kaijianqiao formation in Western Sichuan and its geological implication[J]. Journal of Mineralogy and Petrology, 35(1):91-99 (in Chinese with English abstract).

[76] 陈岳龙,唐金荣,刘飞,等,2006.松潘-甘孜碎屑沉积岩的地球化学与Sm-Nd同位素地球化学[J]. 中国地质,33(1):109-118.

[77] 何大伦,刘登忠,邓明森,等,1995.四川米仓山地区扬子地台结晶基底的时代归属[J].四川地质学报,15(3):176-183.

[78] 赖绍聪,李三忠,张国伟,2003.陕西西乡群火山沉积岩系形成构造环境:火山岩地球化学约束[J]. 岩石学报,19(1):141-152.

[79] 李婷,2010.扬子陆块北缘碑坝-西乡地区新元古代构造-岩浆作用研究[D].西安:长安大学.

[80] 李曙光,1993.蛇绿岩生成构造环境的Ba-Th-Nb-La判别图[J].岩石学报,9(2):146-157.

[81] 李献华,李武显,何斌,2012.华南陆块的形成与Rodinia超大陆聚合-裂解-观察、解释与检验[J]. 矿物岩石地球化学通报,31(6):543-559.

[82] 李献华,李正祥,周汉文,等,2002.川西新元古代玄武质岩浆岩的锆石U-Pb年代学、元素和Nd同位素研究:岩石成因与地球动力学意义[J].地学前缘,9(4):329-338.

[83] 李献华,王选策,李武显,等,2008.华南新元古代玄武质岩石成因与构造意义:从造山运动到陆内裂谷[J].地球化学,37(4):382-398.

[84] 李佐臣,裴先治,李瑞保,等,2013.扬子板块西北缘刘家坪地区大滩花岗岩体年代学、地球化学及其构造环境[J].地质论评,59(5):869-884.

[85] 林广春,2013.川西丹巴地区新元古代变质玄武岩成因及构造意义[J].岩石矿物学杂志,32(4):485-495.

[86] 凌文黎,程建萍,王歆华,等,2002b.武当地区新元古代岩浆岩地球化学特征及其对南秦岭晋宁期区域构造性质的指示[J].岩石学报,18(1):25-36.

[87] 凌文黎,高山,程建萍,等,2006.扬子陆核与陆缘新元古代岩浆事件对比及其构造意义:来自黄陵和汉南杂岩LA-ICP-MS锆石U-Pb同位素年代学的约束[J].岩石学报,22(2):387-396.

[88] 凌文黎,高山,欧阳建平,等,2002a.西乡群的时代与构造背景:同位素年代学及地球化学制约[J]. 中国科学:D辑,地球科学,32(2):101-112.

[89] 陆松年,1998.新元古时期Rodinia超大陆研究进展述评[J].地质论评,44(5):489-495.

[90] 陆松年,李怀坤,陈志宏,2003.塔里木与扬子新元古代热-构造事件特征、序列和时代:扬子与塔里木连接(YZ-TAR)假设[J].地学前缘,10(4):321-326.

[91] 马润则,肖渊甫,魏显贵,等,1997a.四川米仓山地区晋宁期基性超基性岩地球化学性质及其成因研究[J].矿物岩石,17(增刊):34-47.

［92］马润则,肖渊甫,魏显贵,等,1997b.米仓山地区岩浆活动与构造演化[J].矿物岩石,17(增刊):76-82.

［93］裴先治,丁仁平,李佐臣,等,2009.龙门山造山带轿子顶新元古代花岗岩锆石 SHRIMP U-Pb 年龄及其构造意义[J].西北大学学报:自然科学版,39(3):425-433.

［94］沈渭洲,高剑峰,徐士进,等,2002.扬子板块西缘泸定桥头基性杂岩体的地球化学特征和成因[J].高校地质学报,8(4):380-389.

［95］孙东,2011.米仓山构造带构造特征及中–新生代构造演化[D].成都:成都理工大学.

［96］田云涛,朱传庆,徐明,等,2010.白垩纪以来米仓山-汉南穹窿剥蚀过程及其构造意义:磷灰石裂变径迹的证据[J].地球物理学报,53(4):920-930.

［97］王涛,王宗起,闫全人,等,2011.南秦岭白水江群变基性火山岩块体的形成时代及其地球化学特征[J].岩石学报,27(3):645-656.

［98］王梦玺,王焰,赵军,2012.扬子板块北缘周庵超镁铁质岩体锆石 U-Pb 年龄和 Hf-O 同位素特征:对源区性质和 Rodinia 超大陆裂解时限的约束[J].科学通报,57(34):2383-3294.

［99］王宗起,闫全人,闫臻,等,2009.秦岭造山带主要大地构造单元的新划分[J].地质学报,83(11):1527-1546.

［100］夏林圻,夏祖春,马中平,等,2009.南秦岭中段西乡群火山岩岩石成因[J].西北地质,42(2):1-37.

［101］夏林圻,夏祖春,徐学义,等,2007.利用地球化学方法判别大陆玄武岩和岛弧玄武岩[J].岩石矿物学杂志,26(1):77-89.

［102］肖安成,魏国齐,沈中延,等,2011.扬子板块与南秦岭造山带的盆山系统与构造耦合[J].岩石学报,27(3):601-611.

［103］徐学义,李婷,陈隽璐,等,2011.扬子地台北缘檬子地区侵入岩年代格架和岩石成因研究[J].岩石学报,27(3):699-720.

［104］许志琴,刘福来,戚学祥,等,2006.南苏鲁超高压变质地体中罗迪尼亚超大陆裂解事件的记录[J].岩石学报,22(7):1745-1760.

［105］闫全人,Hanson A D,王宗起,等,2004.扬子板块北缘碧口群火山岩的地球化学特征及其构造环境[J].岩石矿物学杂志,23(1):1-11.

［106］张贵山,温汉捷,李石磊,等,2009.闽北角闪辉长岩的地球化学特征及其地球动力学意义[J].矿物学报,29(2):244-252.

［107］张宇昆,2014.扬子北缘大汉山辉长岩体岩石学、地球化学及锆石年代学研究[D].西安:西北大学.

［108］张招崇,Mahoney J J,王福生,等,2006a.峨眉山大火成岩省西部苦橄岩及其共生玄武岩的地球化学:地幔柱头部熔融的证据[J].岩石学报,22(6):1538-1552.

［109］赵正,陈毓川,陈郑辉,等,2012.赣南银坑矿田高山角花岗闪长岩 SHRIMP U-Pb 定年及其与成矿的关系[J].岩矿测试,31(3):536-542.

［110］郑永飞,2003.新元古代岩浆活动与全球变化[J].科学通报,48(6):1705-1720.

［111］卓皆文,江新胜,王剑,等,2015.川西新元古界开建桥组底部沉凝灰岩锆石 SHRIMP U-Pb 年龄及其地质意义[J].矿物岩石,35(1):91-99.

义敦岛弧带晚白垩世海子山二长花岗岩成因及其地质意义①②

张方毅　　赖绍聪③　　秦江锋

摘要：义敦岛弧是三江特提斯复合造山带的重要组成部分。本文对义敦岛弧海子山花岗岩体进行锆石 U-Pb 年代学、全岩地球化学及 Sr-Nd-Pb 同位素地球化学分析，探讨其成因与构造意义。海子山花岗岩锆石 U-Pb 年龄为 93.7 ± 1.1 Ma（MSWD = 2.1，2σ），为晚白垩世早期岩浆活动产物，岩石具高硅、富碱的特征，铝饱和指数 A/CNK = 1.04 ~ 1.12，属于弱过铝质岩石。稀土配分曲线呈燕式分布，Eu/Eu* = 0.05 ~ 0.32，具有明显的 Eu 负异常。富集 Rb、Th、U、Ta、Pb 等元素，明显亏损 Ba 和 Sr，表现出 A 型花岗岩的特征。岩石的 $\varepsilon_{Nd}(t)$ = −4.8 ~ −3.4，二阶段模式年龄 T_{DM2} = 0.91 ~ 1.00 Ga，结合岩石的 Pb 同位素特征及低的 CaO/Na_2O 比值与高的 Al_2O_3/TiO_2 比值，说明其应起源于泥质岩石的部分熔融并有少量地幔组分加入。综合地球化学、同位素特征及义敦岛弧地区构造资料，表明海子山花岗岩是造山后伸展背景下形成的 A 型花岗岩，为地壳拉张、减薄，软流圈地幔上涌引起中上地壳泥质岩部分熔融的产物，具有壳幔物质混合的特征。

三江地区是全球特提斯构造带在中国最典型的发育地区（Hsu and Bernouli, 1978；Şengör, 1979；邓军等, 2011），位于三江地区东北侧的义敦岛弧则是中国西南特提斯构造带规模最大、保存最为完好的古岛弧（侯增谦等, 2003）。长期以来，众多学者对义敦岛弧进行了大量研究，目前普遍认为甘孜–理塘洋于晚二叠世拉开之后在晚三叠世向西俯冲形成了义敦岛弧（侯增谦等, 1995, 2001；Reid et al., 2007）。义敦岛弧形成后经历了一系列复杂的构造演化过程，并伴有不同的花岗质岩浆活动，这些花岗质岩体依次为：以措交马–稻城岩体为代表的印支期与俯冲碰撞有关的岛弧花岗岩，以甘络沟、让木措岩体为代表的燕山早期与碰撞造山有关的同碰撞花岗岩，以高贡、雀儿山岩体为代表的燕山晚期后碰撞花岗岩，以及以巴塘格聂岩体为代表的喜马拉雅期花岗岩（侯增谦等, 2001）。

目前，对于义敦岛弧白垩纪花岗岩的成因有 2 种不同的观点：一种观点认为，该类岩

①　原载于《高校地质学报》，2018，24（3）。
②　国家自然科学基金项目（41372067）和国家自然科学基金委创新群体项目（41421002）联合资助。
③　通讯作者。

体是伸展作用背景下形成的 A 型花岗岩(管士平,1999;侯增谦等,2001;曲晓明等,2002;李艳军等,2014;屈凌飞,2016);另一种观点认为,该类岩体为 S 型花岗岩(刘权,2003;应汉龙等,2006;马比阿伟等,2015)。对燕山晚期花岗岩(135~73 Ma)的研究主要集中在义敦岛弧北部高贡-措莫隆地区,而岛弧中部海子山、格聂北花岗岩体缺乏可靠的同位素数据制约。Reid 等(2005,2007)对海子山岩体进行了锆石 U-Pb 和黑云母的^{40}Ar/^{39}Ar 定年,其结果分别为 94.4 Ma 和 93.7 Ma;王楠等(2017)通过锆饱和温度计和稀土元素饱和温度计,估算出海子山岩体岩浆形成时平均上限温度为 844 ℃。对该岩体进行系统的元素-同位素组成分析将有助于约束该区域花岗岩起源演化过程。为此,本文对海子山岩体进行了岩石学、地球化学、锆石 U-Pb 年代学及全岩 Sr-Nb-Pb 同位素地球化学的系统研究,据此探讨了岩石成因及其地球动力学意义,以期为深入认识义敦岛弧晚中生代岩浆作用及构造背景提供进一步的参考和制约。

1 地质背景及岩石学特征

义敦岛弧是三江构造带的重要组成部分,东侧以甘孜-理塘缝合带为界与松潘甘孜地体相接,西侧以金沙江缝合带为界与羌塘地体毗邻。岛弧整体以 NNW 向展布,可分为东义敦岛弧带与西侧的中咱微陆块。区内岩浆岩主要发育于东义敦岛弧带内,可分为措交马-稻城及高贡-措莫隆 2 个重要的花岗岩带(图 1)。燕山晚期花岗岩分布于高贡-措莫隆岩带内,北起石渠、高贡,南至巴塘、巴措仁,依次分布了高贡、雀儿山、绒衣错、格聂五大花岗岩体,其岩性主要为似斑状钾长花岗岩、似斑状黑云母二长花岗岩和钾长花岗岩(侯增谦等,2001)。

海子山花岗岩体位于义敦东南侧,夹持于德来-定曲断裂带和德格-乡城断裂带之间,与上三叠统图姆沟组呈侵入接触。岩性为黑云母二长花岗岩,岩石整体呈浅灰白色-浅肉红色,块状构造,似斑状结构。斑晶含量约为 40%,由钾长石(15% ±)、斜长石(15% ±)和石英(10% ±)组成。斑晶钾长石呈自形柱状,镜下其表面多呈浅红褐色,高岭土化明显,卡斯巴双晶发育。斑晶斜长石呈灰白色,发育卡钠复合双晶,具环带结构。部分斜长石核部发生绢云母化,而边部干净未发生次生变化,形成了净边结构,表明其核部更富 An 组分。斑晶石英呈他形粒状,发育不规则裂理。黑云母呈黑褐色,多色性明显,不规则片状。副矿物有锆石、榍石、磁铁矿等。基质含量约为 60%,主要由钾长石(20% ±)、石英(15% ±)、斜长石(15% ±)和黑云母(7% ±)组成(图 2)。

2 样品分析方法

分析测试样品是在岩石薄片鉴定的基础上精心挑选出来的。首先经镜下观察,选取新鲜的、无后期交代脉体贯入的样品,然后用牛皮纸包裹击碎成直径约 5~10 mm 的细小新鲜岩石小颗粒,用蒸馏水洗净后再烘干,最后在振动盒式碎样机(日本理学公司生产)内粉碎至 200 目。

主量和微量元素分析在西北大学大陆动力学国家重点实验室完成。主量元素采用

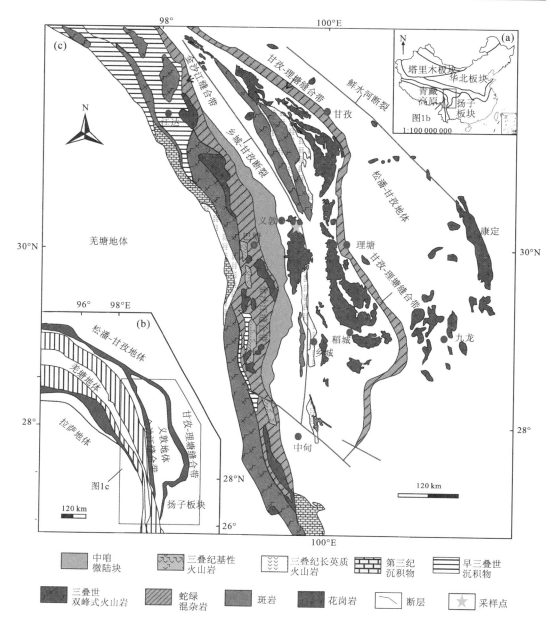

图1 (a)三江地区地理位置、(b)三江特提斯域构造格架及(c)义敦岛弧地区区域地质简图

XRF 法完成,分析相对误差一般低于 5%。微量元素用 ICP-MS 测定,分析精度和准确度一般优于 10%,详细的分析流程见文献(刘晔等,2007)。

　　锆石按常规重力和磁选方法进行分选,在双目镜下挑纯,将锆石样品置于环氧树脂中,磨至约一半,使锆石内部暴露,锆石样品在测定之前用浓度为 3% 的稀 HNO_3 清洗样品表面,以除去样品表面的污染物。锆石的 CL 图像拍摄在西北大学大陆动力学国家重点实验室的扫描电镜上完成。锆石 U-Pb 同位素组成分析在西北大学大陆动力学国家重

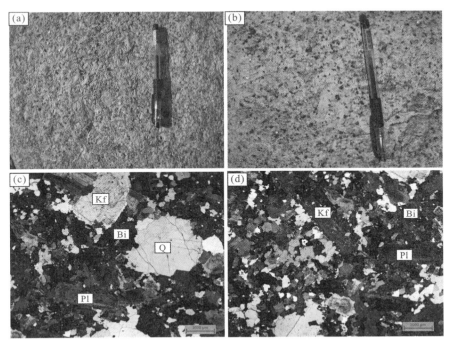

图 2　海子山花岗岩的野外(a、b)及镜下(c、d)照片
Kf：钾长石；Pl：斜长石；Q：石英；Bi：黑云母

点实验室利用激光剥蚀电感耦合等离子体质谱(LA-ICP-MS)仪上完成。激光剥蚀系统为配备有 193 nm ArF-excimer 激光器的 Geolas 200M(Microlas Gottingen Germany)，分析采用激光剥蚀孔径为 30 μm，激光脉冲为 10 Hz，能量为 32～36 mJ，同位素组成用锆石 91500 进行外标校正。LA-ICP-MS 分析的方法和流程见文献(Yuan et al.，2010)。

　　Sr-Nd-Pb 同位素分析在西北大学大陆动力学国家重点实验室完成。Sr、Nd 同位素分别采用 AG50W-X8(200～400 mesh)和 HDEHP(自制)AG1-X8(200～400 mesh)离子交换树脂进行分离，同位素的测试在该实验室的多接收电感耦合等离子体质谱仪(MC-ICP-MS，Nu Plasma HR，Nu Instruments，Wrexham，UK)上采用静态模式(Static mode)进行。全岩 Pb 同位素通过 HCl-Br 塔器进行阴离子交换分离测定。

3　锆石 U-Pb 年代学

　　在海子山花岗岩中采集一个花岗岩样品(HZS-15)用于锆石 LA-ICP-MS U-Pb 定年分析，分析结果列于表 1 中，锆石 CL 图像如图 3 所示。锆石颗粒无色，半透明－透明，长柱状半自形－自形晶，粒径介于 100～300 μm，长宽比为 2∶1～4∶1。在 CL 图像上，大部分锆石具岩浆韵律环带，个别锆石显示核边结构，属岩浆结晶产物。本文选取 9 颗锆石进行 9 个测试点分析(表 1，图 3)，所测锆石表现出较谐和的年龄信息，其 Th = 171×10^{-6} ～ 635×10^{-6}，U = 266×10^{-6} ～ $3\,017 \times 10^{-6}$，Th/U 比值介于 0.12～0.92，大于变质锆石 Th/U 比值(<0.1。Hoskin and Black，2000；Griffin et al.，2004)，表明为岩浆成因锆石。大部分数据

表1 海子山花岗岩 LA-ICP-MS 锆石 U-Th-Pb 分析结果

点号	含量/×10⁻⁶			同位素比值								年龄/Ma							
	Th	U	Th/U	$\frac{207Pb}{206Pb}$	1σ	$\frac{207Pb}{235U}$	1σ	$\frac{206Pb}{238U}$	1σ	$\frac{208Pb}{232Th}$	1σ	$\frac{207Pb}{206Pb}$	1σ	$\frac{207Pb}{235U}$	1σ	$\frac{206Pb}{238U}$	1σ	$\frac{208Pb}{232Th}$	1σ
HZS15-1	171	1 389	0.12	0.050 55	0.001 35	0.102 72	0.002 09	0.014 73	0.000 15	0.005 68	0.000 11	220	28	99	2	94	1	114	2
HZS15-2	215	1 254	0.17	0.049 42	0.001 26	0.100 86	0.001 86	0.014 79	0.000 15	0.005 79	0.000 09	168	25	98	2	95	1	117	2
HZS15-3	125	266	0.47	0.053 95	0.002 2	0.110 35	0.003 99	0.014 82	0.000 18	0.005 6	0.000 12	369	59	106	4	95	1	113	2
HZS15-4	187	1 007	0.19	0.055 14	0.002 87	0.111 92	0.005 69	0.014 72	0.000 17	0.004 59	0.000 15	418	120	108	5	94	1	93	3
HZS15-5	475	1 985	0.24	0.050 14	0.001 23	0.102 9	0.001 74	0.014 87	0.000 15	0.005 23	0.000 07	201	21	99	2	95	1	105	1
HZS15-6	635	3 017	0.21	0.052 93	0.001 22	0.104 6	0.001 56	0.014 32	0.000 14	0.004 16	0.000 06	326	17	101	1	92	1	84	1
HZS15-7	193	894	0.22	0.051 85	0.001 43	0.102 83	0.002 63	0.014 38	0.000 15	0.004 52	0.000 04	279	65	99	2	92	1	91	1
HZS15-8	498	544	0.92	0.101 44	0.002 80	0.206 89	0.004 23	0.014 78	0.000 16	0.007 63	0.000 10	1 651	22	191	4	95	1	154	2
HZS15-9	435	3 650	0.12	0.047 86	0.000 91	0.095 33	0.001 58	0.014 45	0.000 14	0.004 59	0.000 04	92	46	92	1	93	1	93	1

点都位于谐和线上,只有少量数据点不同程度地沿水平方向偏离谐和线(图4a),主要原因是由于年轻锆石^{207}Pb 丰度较低以至难以测准,也可能与锆石中存在微量普通铅有关,但这不会对定年结果产生显著影响(Yuan et al.,2003)。对这 9 个点的^{206}Pb/^{238}U 进行加权平均年龄计算,得到其加权平均年龄为 93.7±1.1 Ma(MSWD=2.1,2σ;图4a),代表了海子山花岗岩的主体结晶年龄。

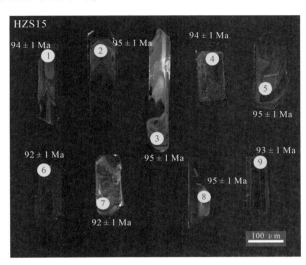

图 3　海子山二长花岗岩锆石阴极发光(CL)图

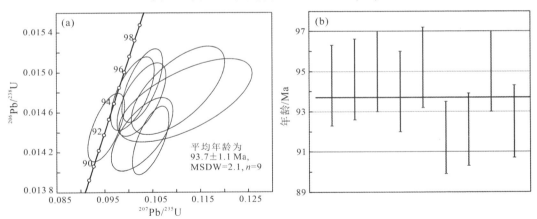

图 4　海子山二长花岗岩锆石 U-Pb 年龄谐和图

4　主量元素地球化学

海子山花岗岩 7 件样品的主量元素和微量元素分析结果列于表 2 中。岩石的 SiO$_2$含量为 70.73% ~ 76.44%,TiO$_2$ = 0.08% ~ 0.49%,含量偏低。岩石 CaO 含量低,为0.26% ~ 1.65%。Al$_2$O$_3$ = 12.42% ~ 15.58%,铝饱和指数(A/CNK 值)为 1.04 ~ 1.12,属弱过铝质(图5a)。Na$_2$O = 2.87% ~ 3.68%,K$_2$O = 4.68% ~ 7.04%,K$_2$O/Na$_2$O = 1.30 ~ 2.13,在 SiO$_2$-K$_2$O 图解中大部分位于高钾钙碱性系列(图5b),其中 HZS05 样品具有较高的

K_2O 含量(7.04%),属于钾玄岩系列或碱性系列。P_2O_5 含量为 0.03% ~ 0.15%,它随着 SiO_2 含量升高而降低。FeO^T 含量为 1.95% ~ 2.92%,MgO 含量为 0.07% ~ 0.73%,$Mg^\#$ 值(12.2 ~ 34.4)偏低。CIPW 标准矿物计算显示,所有样品均出现刚玉分子,碱性长石含量明显高于斜长石。样品总体具有富 Si、K、Na,贫 Ca、Mg、P 的特征。

表 2 海子山二长花岗岩主量(%)及微量($\times 10^{-6}$)元素分析结果

元素	HZS02	HZS05	HZS06	HZS08	HZS08R	HZS10	HZS13
主量元素分析结果/%							
SiO_2	76.05	70.73	76.44	75.74	75.93	75.33	71.85
TiO_2	0.21	0.18	0.08	0.08	0.09	0.27	0.49
Al_2O_3	12.66	15.58	13.05	13.16	13.24	12.42	13.74
$Fe_2O_3^T$	1.80	1.86	1.17	1.24	1.24	1.98	3.24
FeO^T	1.62	1.67	1.05	1.12	1.12	1.78	2.92
MnO	0.04	0.04	0.03	0.04	0.04	0.04	0.06
MgO	0.20	0.20	0.07	0.08	0.09	0.35	0.73
CaO	0.40	0.58	0.38	0.26	0.26	1.14	1.65
Na_2O	3.19	3.31	3.68	3.44	3.41	2.87	2.90
K_2O	5.05	7.04	4.78	5.32	5.33	4.68	5.08
P_2O_5	0.06	0.06	0.03	0.03	0.03	0.08	0.15
烧失	0.48	0.52	0.56	0.48	0.44	0.46	0.46
总量	100.14	100.10	100.27	99.87	100.10	99.62	100.35
$Mg^\#$	20.6	20.0	12.2	13.1	14.5	29.2	34.4
A/CNK	1.11	1.10	1.09	1.11	1.12	1.05	1.04
CIPW 标准矿物计算结果							
Q	37.18	23.16	35.91	34.78	35.09	37.99	31.34
C	1.36	1.60	1.20	1.34	1.46	0.75	0.83
Or	29.84	41.60	28.25	31.4	31.50	27.66	30.02
Ab	26.99	28.01	31.14	29.11	28.86	24.29	24.54
An	1.59	2.49	1.69	1.09	1.09	5.13	7.21
Hy	0.50	0.50	0.17	0.20	0.22	0.87	1.82
Il	0.09	0.09	0.06	0.09	0.09	0.09	0.13
Ru	0.17	0.14	0.05	0.04	0.05	0.23	0.42
Ap	0.14	0.14	0.07	0.07	0.07	0.19	0.36
总量	97.86	97.72	98.54	98.15	98.42	97.19	96.66
微量及稀土元素分析结果/$\times 10^{-6}$							
Li	250	192	310	273	271	84.8	134
Be	8.83	8.00	9.22	349	349	10.1	7.96
Sc	3.73	2.59	3.18	2.54	2.53	4.67	7.08
V	6.53	6.26	2.81	2.84	2.89	10.7	24.6
Cr	3.22	3.24	1.35	1.39	7.88	3.94	8.46
Co	100	113	170	166	166	128	127
Ni	3.41	3.57	2.40	2.42	7.13	3.39	6.67

元 素	HZS02	HZS05	HZS06	HZS08	HZS08R	HZS10	HZS13
Cu	1.59	1.02	1.51	0.98	1.09	2.68	6.22
Zn	29.2	39.2	20.5	26.6	26.1	36.7	55.8
Ga	21.7	25.5	23.7	22.7	22.6	19.1	20.8
Ge	1.86	1.75	2.30	2.05	2.06	1.68	1.64
Rb	532	496	725	676	669	329	330
Sr	66.1	69.0	24.1	26.2	26.3	80.5	143
Y	73.4	45.2	75.7	30.5	32.6	70.2	51.0
Zr	204	195	158	122	119	228	286
Nb	44.4	35.8	34.0	31.7	31.6	27.4	34.0
Cs	42.8	32.5	48.4	57.8	57.5	19.4	35.3
Ba	237	180	68.2	53.1	52.5	196	469
La	51.9	70.0	31.8	34.7	35.0	43.6	48.3
Ce	104	138	72.8	78.0	79.7	88.5	93.7
Pr	12.1	15.5	8.86	8.78	8.89	10.1	10.4
Nd	44.1	53.6	33.3	31.3	31.7	37.0	37.7
Sm	10.3	10.7	9.33	7.47	7.59	8.34	7.94
Eu	0.37	0.38	0.16	0.14	0.14	0.47	0.82
Gd	9.67	9.03	8.67	6.06	6.30	7.99	7.54
Tb	1.80	1.42	1.77	1.10	1.14	1.49	1.28
Dy	11.9	8.22	12.0	6.93	7.28	9.99	8.13
Ho	2.49	1.56	2.55	1.40	1.48	2.15	1.66
Er	7.80	4.52	8.17	4.31	4.58	6.65	4.83
Tm	1.32	0.73	1.47	0.74	0.79	1.13	0.75
Yb	9.21	4.95	10.5	5.16	5.55	7.90	4.92
Lu	1.32	0.70	1.51	0.71	0.77	1.15	0.71
Hf	6.75	6.26	7.35	5.04	5.05	6.63	7.10
Ta	7.12	4.43	4.92	3.39	3.46	3.67	3.49
Pb	33.6	42.9	34.0	43.9	44.1	26.7	26.3
Th	51.0	65.8	51.4	49.0	49.5	42.9	39.1
U	8.23	8.43	10.1	13.1	12.7	15.4	12.4
10^4 Ga/Al	3.24	3.08	3.42	3.25	3.22	2.90	2.86
Zr+Nb+Ce+Y	425.44	413.82	340.46	262.18	263.16	414.40	464.30
∑REE	268.21	319.48	203.00	186.75	190.94	226.54	228.67
LREE	222.70	288.34	156.36	160.34	163.03	188.09	198.85
HREE	45.51	31.14	46.65	26.41	27.91	38.45	29.81
LREE/HREE	4.89	9.26	3.35	6.07	5.84	4.89	6.67
$(La/Yb)_N$	4.0	10.1	2.2	4.8	4.5	4.0	7.0
$(Gd/Yb)_N$	0.87	1.51	0.68	0.97	0.94	0.84	1.27

Q 代表石英;An 代表钙长石;C 代表刚玉;Or 代表正长石;Ab 代表钠长石;Hy 代表紫苏辉石;Ru 代表金红石;Il 代表钛铁矿;Ap 代表磷灰石。$Mg^\# = 100Mg/(Mg+Fe^T)$,分子比;$A/CNK = Al_2O_3/(CaO + Na_2O+K_2O)$,分子比。

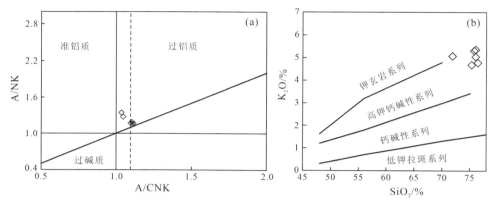

图5　海子山二长花岗岩 A/NK-A/CNK(a) 和 SiO₂-K₂O(b) 图解

图5a 据 Maniar and Piccoli(1989);图5b 据 Peccerillo and Taylor(1976)

5　稀土和微量元素地球化学

由表2所列数据可见,海子山二长花岗岩的稀土总量为 $186.75 \times 10^{-6} \sim 319.48 \times 10^{-6}$,平均为 231.94×10^{-6},轻稀土 LREE 含量为 $156.36 \times 10^{-6} \sim 288.34 \times 10^{-6}$,重稀土 HREE 含量为 $26.41 \times 10^{-6} \sim 46.65 \times 10^{-6}$,LREE/HREE 比值在 $3.35 \sim 9.26$ 范围内,显示出轻稀土富集、重稀土相对亏损的特点。岩石 $(La/Yb)_N$ 介于 $2.2 \sim 10.1$,平均值为 5.2,轻、重稀土分馏较为明显。$(Gd/Yb)_N$ 介于 $0.68 \sim 1.27$,平均值为 1.01。Eu/Eu^* 值在 $0.05 \sim 0.32$ 范围内,表明岩石有明显的 Eu 亏损。在球粒陨石标准化稀土配分模式图解(图6)中,稀土配分曲线呈燕式分布。

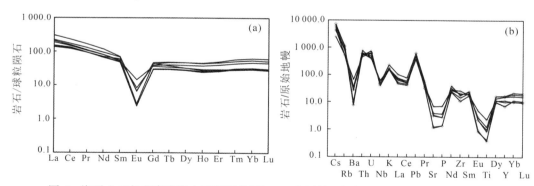

图6　海子山二长花岗岩稀土元素配分图解(a)和原始地幔标准化微量元素蛛网图(b)

标准化值据 Sun and McDonough(1989)

从表2及微量元素原始地幔标准化蛛网图中可以看出,岩石具明显的 Rb、Th、U、Pb 正异常,Nb($27.4 \times 10^{-6} \sim 44.4 \times 10^{-6}$)、Ce($78 \times 10^{-6} \sim 138 \times 10^{-6}$)、Y($30.5 \times 10^{-6} \sim 75.7 \times 10^{-6}$)、Ga($19.1 \times 10^{-6} \sim 25.5 \times 10^{-6}$)元素含量与上地壳相比明显偏高(Rudnick and Gao,2003),而 Ba、Sr、Eu、P、Ti 等元素呈现明显的负异常。Nb/Ta 比值为 $6.2 \sim 9.7$,10^4 Ga/Al 比值在 $2.86 \sim 3.42$ 范围内。Eu 的负异常及 Sr 的亏损说明了斜长石作为熔融残留相或结

晶分离相存在。Zr、Nb、Ce、Y 等元素含量均较高，Zr+Nb+Ce+Y = 262.18×10^{-6} ~ 464.30× 10^{-6}。岩石高 Si，低 Ca，贫 Eu、Ba、Sr、Ti、P，稀土元素含量高，这些特征均指示其为 A 型花岗岩（张旗等，2012）。

6 Sr-Nd-Pb 同位素特征

海子山花岗岩 3 个样品的 Sr-Nd-Pb 同位素分析结果列于表 3 和表 4 中。从表 3 中可以看出，岩石 Sr 含量为 69.0×10^{-6} ~ 143.0×10^{-6}，Rb 含量为 330×10^{-6} ~ 496×10^{-6}，初始 $^{87}Sr/^{86}Sr$ 值分别为 0.729 461，0.806 190 和 0.718 030；岩石中 Nd 含量为 31.3×10^{-6} ~ 51.6×10^{-6}，Sm 含量为 7.47×10^{-6} ~ 10.7×10^{-6}，$\varepsilon_{Nd}(t)$ = -4.8 ~ -3.4，二阶段模式年龄（T_{DM2}）介于 0.91 ~ 1.00 Ga，变化范围较小。

海子山花岗岩的铅同位素分析结果（表 4）显示，初始 $^{206}Pb/^{204}Pb$ = 18.811 ~ 19.070，$^{207}Pb/^{204}Pb$ = 15.714 ~ 15.723，$^{208}Pb/^{204}Pb$ = 39.067 ~ 39.148。在 Pb 同位素成分变化图（图 7）中，本区花岗质岩石均位于 Th/U = 4.0 的北半球参考线（NHRL）之上，在 $^{207}Pb/^{204}Pb$-$^{206}Pb/^{204}Pb$ 图解中位于 EM Ⅱ 区域内（图 7b）。

7 讨论

7.1 岩石成因类型及物质来源

义敦东南侧海子山花岗岩总体表现出富 Si、Na 和 K，贫 Ca 和 Mg，（K_2O+Na_2O）/ Al_2O_3 和 FeO^T/MgO 值高的特征，微量元素方面富 Nb、Ta、Zr、Hf 等高场强元素，贫 Sr、Ba、Cr、Co、Ni、V 等（表 2），REE 配分曲线呈燕式分布，具有显著的负 Eu 异常，Ga/Al 比值高，这些化学成分都体现了 A 型花岗岩的特征（Collins et al.，1982 ；Whalen et al.，1987）。在 Whalen 等（1987）所提出的以 Ga/Al（×10^4）及 Zr+Nb+Ce+Y 等为基础的判别图解中，海子山花岗岩均位于 A 型花岗岩的区域内（图 8）。

高分异的 I 型、S 型花岗岩与 A 型花岗岩在地球化学组成和矿物组成上有着相似的特点，常常很难区分。与 A 型花岗岩相比，高分异的 S 型花岗岩具高 P_2O_5、低 Na_2O 特征，并且 P_2O_5 含量随着分异程度增加而增加，A 型花岗岩则表现出相反的趋势（King et al.，1997）。海子山花岗岩体中 Na_2O 含量高（2.87% ~ 3.68%），P_2O_5 含量低（0.03% ~ 0.15%），且与 SiO_2 含量呈负相关关系，故其不可能为高分异的 S 型花岗岩。海子山岩体全铁含量（FeO^T）均大于 1%，王楠等（2017）通过锆饱和温度计和稀土元素饱和浓度温度计测算出海子山岩体岩浆形成时的平均上限温度为 844 ℃，较高的全铁含量及形成温度可以将海子山花岗岩与高分异的 I 型花岗岩区分开来（王强等，2000）。海子山花岗岩体的全铁含量 FeO^T = 1.05% ~ 2.92%，在（FeO^T/MgO）-（Zr+Nb+Ce+Y）与（K_2O+Na_2O）/ CaO-（Zr+Nb+Ce+Y）图解（图 8a、c）中，大多数样品落在 A 型花岗岩区域内。综上所述，海子山二长花岗岩应归属于 A 型花岗岩。

表 3　海子山二长花岗全岩 Sr-Nd 同位素分析结果

| 样品号 | Sr | Rb | $^{87}Sr/^{86}Sr$ | 2σ | $^{143}Nd/^{144}Nd$ | 2σ | Nd | Sm | T_{DM2} | $\varepsilon_{Nd}(t)$ | I_{Sr} |
	$/\times10^{-6}$						$/\times10^{-6}$		/Ga		
HZS05	69	496	0.729 461	0.000 004	0.512 293	0.000 003	53.6	10.7	0.97	-4.4	0.729 461
HZS08	26.2	676	0.806 190	0.000 008	0.512 271	0.000 004	31.3	7.47	1.00	-4.8	0.806 190
HZS13	143	330	0.718 030	0.000 007	0.512 342	0.000 005	37.7	7.94	0.91	-3.4	0.718 030

$\varepsilon_{Nd}(t) = [(^{143}Nd/^{144}Nd)_S(t)/(^{143}Nd/^{144}Nd)_{CHUR}(t) - 1] \times 10^4$；$(^{143}Nd/^{144}Nd)_{CHUR} = 0.512\ 638$；$(^{147}Sm/^{144}Nd)_{CHUR} = 0.196\ 7$。初始同位素组成根据 $t = 93.7$ Ma校正。

表 4　海子山二长花岗全岩 Pb 同位素分析结果

| 样品号 | U | Th | Pb | $^{206}Pb/^{204}Pb$ | 2σ | $^{207}Pb/^{204}Pb$ | 2σ | $^{208}Pb/^{204}Pb$ | 2σ | $^{238}U/^{204}Pb$ | $(^{206}Pb/^{204}Pb)_i$ | $(^{207}Pb/^{204}Pb)_i$ | $(^{208}Pb/^{204}Pb)_i$ |
		$/\times10^{-6}$											
HZS05	8.43	65.8	42.9	19.181	0.000 2	15.723	0.000 2	39.624	0.000 6	12.721	18.994	15.714	39.148
HZS08	13.1	49	43.9	19.352	0.000 4	15.737	0.000 4	39.414	0.000 9	19.312	19.070	15.723	39.067
HZS13	12.4	39.1	26.3	19.258	0.000 4	15.738	0.000 4	39.548	0.000 9	30.529	18.811	15.716	39.086

初始同位素组成根据 $t = 93.7$ Ma校正。

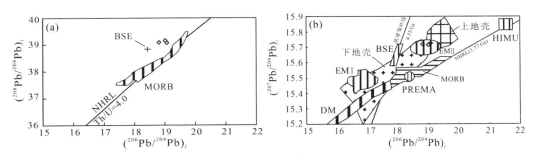

图 7 海子山二长花岗岩类岩石 ^{206}Pb/^{204}Pb-^{208}Pb/^{204}Pb(a)和 ^{206}Pb/^{204}Pb-^{207}Pb/^{204}Pb(b)图解

DM:亏损地幔;PREMA:原始地幔;BSE:地球总成分;MORB:洋中脊玄武岩;EM I:I 型富集地幔;

EM II:II 型富集地幔;HIMU:异常高 ^{238}U/^{204}Pb 地幔

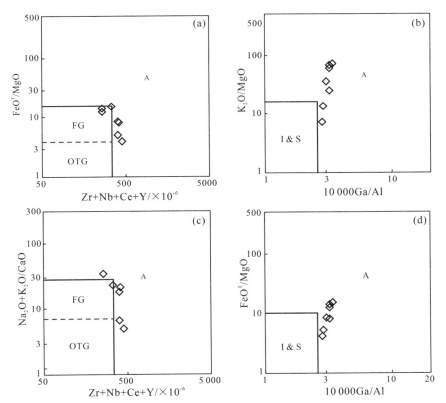

图 8 海子山二长花岗岩成因类型判别图解

OTG:未分异的 I、S 和 M 型花岗岩;FG:高分异的 I 型花岗岩;

A:A 型花岗岩;I & S:I 型和 S 型花岗岩

对于 A 型花岗岩的成因至今仍没有统一的认识,曾先后提出过多种观点,概括起来主要有:①幔源碱性岩浆分异产生残留的 A 型花岗质熔体(Eby,1990,1992;许保良和黄福生,1990;韩宝福等,1997);②幔源碱性岩浆与地壳物质相互作用生成正长岩岩浆源区,正长岩岩浆进一步分异或与地壳物质混染(Dickin,1994;Charoy and Raimbault,1994;Litvinovsky et al.,2000,2002);③下地壳岩石经部分熔融抽取了 I 型花岗质岩浆后,富 F 的麻粒岩质残留物再次部分熔融(Collins et al., 1982;Clemens et al., 1986;Whalen et al., 1987);④地壳火成岩(英云闪长岩和花岗闪长岩)直接熔融(Creaser et al., 1991)等。

　　海子山花岗岩体富钾,相对富集大离子亲石元素和轻稀土元素,这些特征显示陆壳物质参与了成岩作用。样品 Nb/Ta = 6.2～9.7,同样证明了地壳物质在成岩过程中扮演了重要的角色。岩石整体呈弱过铝质,具很低的 CaO/Na$_2$O 比值(0.075～0.569)、高的 Al$_2$O$_3$/TiO$_2$ 比值(28.04～164.50),在 Al$_2$O$_3$/TiO$_2$-CaO/Na$_2$O 源区判别图解(图9a)中,样品点位于泥质岩派生的熔体区内。在 Rb/Sr-Rb/Ba 判别图解(图9b)中,岩石具有高的 Rb/Sr 和 Rb/Ba 比值,表明岩石起源于富集黏土的源区。这些特征都说明,海子山花岗岩的源岩主要为地壳内泥质岩。

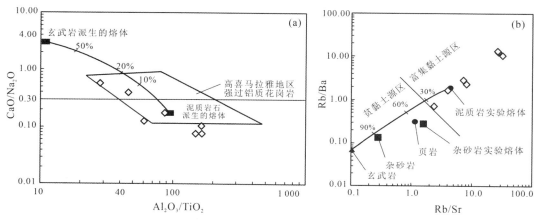

图9　海子山二长花岗岩 Al$_2$O$_3$/TiO$_2$-CaO/Na$_2$O(a) 和 Rb/Sr-Rb/Ba(b)图解

　　海子山花岗岩中 Sr 含量过低,具有较高的 Rb/Sr 比值,导致其 I_{Sr} 值(0.729 461,0.806 190 和 0.718 030)明显不合理,因此,不能有效示踪源区组成(King et al., 1997;Wu et al., 2002;邱检生等,2000a,2005),但其 Nd 同位素特征能有效反映源区性质。海子山花岗岩的 $\varepsilon_{Nd}(t)$ = －4.8～－3.4(表3),显示了幔源物质的加入(Qu et al., 2002;李艳军等,2014)。Nd 模式年龄 T_{DM2} = 910～1 000 Ma,而其基底恰斯群(与扬子西缘河口群相当)的锆石 U-Pb 年龄为 1 680±13 Ma 和 1 722±25 Ma(周家云等,2011;王冬兵等,2012;李艳军等,2014),与基底岩系相比,海子山花岗岩的二阶段模式年龄明显年轻,暗示了成岩过程中有地幔物质加入。海子山花岗岩在^{207}Pb/^{204}Pb-^{206}Pb/^{204}Pb 图解中表现出了EM II 的特征,其与 EM II 类似的 Pb 同位素特征极有可能是由于上地壳富集放射性 Pb 同位素的泥质岩与地幔物质发生混合所形成。

　　综上所述,海子山 A 型花岗岩主要由壳幔物质混合作用形成,结合燕山晚期义敦岛弧带处于后造山期的拉张环境(侯增谦等,2001,2004),本文认为,海子山 A 型花岗岩是由地幔岩浆底侵上涌、加热引发地壳泥质岩部分熔融形成,且存在少量幔源岩浆与地壳泥质岩部分熔融形成的长英质岩浆的混合作用。

　　岩石富 Si、K、Na,贫 Ca、Mg、P、Ti 和 Eu 强烈亏损,说明其经历了显著分异演化。实验岩石学研究结果表明,多数 A 型花岗岩的形成压力可能低于 0.8 GPa(Anderson,1983;Clemens et al.,1986;Creaser et al.,1991;Skjerlie and Johnston,1992,1993;Patiño Douce,1997;Dall'Agnol et al.,1999;Scaillet and Macdonald,2001,2003;Klimm et al.,2003)。大部分熔融实验的残留相为斜长石+斜方辉石(Skjerlie and Johnston,1992,1993;Patiño Douce,1997;Litvinovsky et al.,2000)。这些矿物相的残留使得熔体亏损 Na_2O、CaO、Sr、Eu 及具较高的 Ga/Al 比值。海子山花岗岩亏损 Na_2O、CaO、Sr 和 Eu,其较高的 Ga/Al 比值受控于斜长石的分离结晶,较高的 Fe/Mg 比值则可能是由斜方辉石的分离结晶所致(张旗等,2012)。因此,海子山 A 型花岗岩在软流圈物质与基底重熔形成的长英质岩浆混合之后,又经历了以斜长石与斜方辉石为主的分离结晶作用。

7.2 岩石形成构造环境

义敦岛弧开始于印支晚期(瑞替克-诺利克期)的大规模俯冲造山作用,经历了燕山期的碰撞造山过程,包括弧-陆碰撞与陆壳收缩加厚、造山隆升和伸展作用,最后又遭受了新特提斯时期陆内会聚和大规模剪切平移作用的叠加改造(侯增谦等,2001)。印支期(238~210 Ma)发生了大规模俯冲造山作用,形成义敦火山岩浆弧;于 208~138 Ma 期间,发生碰撞造山作用,伴随岛弧地壳挤压收缩和剪切变形,发育同碰撞花岗岩;燕山晚期(138~73 Ma),岛弧碰撞造山带发生造山后伸展作用,伸展作用高峰期集中于 80 Ma 左右,形成 A 型花岗岩带;喜马拉雅期发生陆内造山作用,岛弧碰撞造山带出现逆冲-推覆和大规模走滑平移,伴随喜马拉雅期花岗岩的侵位和拉分盆地的形成(侯增谦等,2001)。海子山 A 型花岗岩加权平均年龄为 93.7 ± 1.1 Ma(MSWD = 2.1,2σ),位于燕山晚期造山后伸展作用时限范围内。在微量元素(Y+Nb)-Rb 判别图解(图 10a)中,海子山花岗岩体样品点均落在同碰撞与板内花岗岩交界部位,这一范围也是后碰撞花岗岩的投影区域(Pearce,1996;Förster et al.,1997)。在 Rb/30-Hf-3Ta 图解(图 10b)中,其投影点均落在同碰撞花岗岩与后碰撞花岗岩范围内,具有后碰撞花岗岩的特征,同样指示其形成于伸展构造背景下。

基于以上讨论,可以将义敦岛弧地区早白垩世早期后碰撞 A 型花岗岩的成岩过程归结如下:发生于 208~138 Ma 期间的碰撞造山作用使地壳加厚,至燕山晚期(138~73 Ma),加厚的下地壳发生拆沉作用,构造环境由碰撞造山期的挤压环境转化为后碰撞造山期的拉张环境。在拉张背景下,诱发软流圈地幔上涌、地壳减薄并导致上涌的幔源岩浆底侵于地壳底部,由此带来大量的热,造成中上地壳的泥质源岩发生部分熔融。幔源岩浆与新产生的长英质岩浆混合形成海子山 A 型花岗岩岩浆。在低压、贫水、高温的环境下发生了以斜长石与斜方辉石为主的分离结晶作用,随后岩浆快速运移至地壳浅部,最终形成海子山似斑状 A 型花岗岩。

8 结论

(1)海子山似斑状花岗岩 LA-ICP-MS 锆石 U-Pb 年龄为 93.7 ± 1.1 Ma,形成于晚白垩

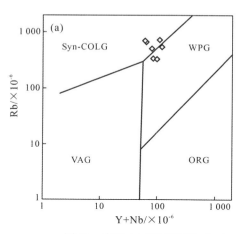 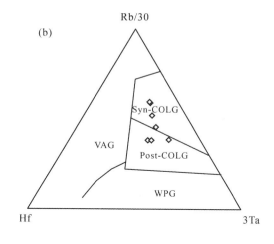

图 10　海子山二长花岗岩 Rb-(Y+Nb)(a)和 Rb/30-Hf-3Ta(b)构造环境判别图
WPG:板内花岗岩;ORG:洋脊花岗岩;VAG:火山弧花岗岩;
Syn-COLG:同碰撞花岗岩;Post-COLG:后碰撞花岗岩

世早期。

（2）岩相学、地球化学及全岩 Sr-Nb-Pb 同位素特征表明,海子山花岗岩体属弱过铝质 A 型花岗岩,为软流圈地幔岩浆与地壳泥质源岩部分熔融产生的长英质岩浆经混合形成,并经历了斜长石与斜方辉石为主的分离结晶作用。

（3）海子山岩体具有后碰撞花岗岩的特征,形成于晚白垩世早期后碰撞造山的伸展背景。

参考文献

[1] 邓军,杨立强,王长明,2011.三江特提斯复合造山与成矿作用研究进展[J].岩石学报,27(9):2501-2509.

[2] 管士平,1999.川西若洛隆–措莫隆复式花岗岩体岩石学及其有关锡矿成矿的物理化学条件[J].特提斯地质,(00):62-76.

[3] 韩宝福,王式洸,江博明,1997.新疆乌伦古河碱性花岗岩 Nd 同位素特征及其对显生宙地壳生长的意义[J].科学通报,42(17):1829-1832.

[4] 侯增谦,侯立玮,叶庆同,等,1995.三江地区义敦岛弧构造–岩浆演化与火山成因块状硫化物矿床[M].北京:地震出版社:1-220.

[5] 侯增谦,曲晓明,周继荣,等,2001.三江地区义敦岛弧碰撞造山过程:花岗岩记录[J].地质学报,(4):484-497.

[6] 侯增谦,杨岳轻,王海平,等,2003.三江义敦岛弧碰撞造山过程与成矿系统[M].北京:地质出版社:1-345.

[7] 侯增谦,杨岳清,曲晓明,等,2004.三江地区义敦岛弧造山带演化和成矿系统[J].地质学报,(1):109-120.

[8] 李艳军,魏俊浩,陈华勇,等,2014.义敦岛弧带夏塞早白垩世 A 型花岗岩成因:锆石 U-Pb 年代学、地

球化学及 Hf 同位素制约[J].大地构造与成矿学,38(4):939-953.

[9] 刘权,2003.四川夏塞银多金属矿床地质特征及成因[J].矿床地质,(2):121-128.

[10] 刘晔,柳小明,胡兆初,等,2007.ICP-MS 测定地质样品中 37 个元素的准确度和长期稳定性分析[J].岩石学报,(5):1203-1210.

[11] 马比阿伟,木合塔尔·扎日,文登奎,等,2015.三江造山带义敦岛弧中段格聂(南)花岗岩体地球化学特征及地质意义[J].地质学报,89(2):305-318.

[12] 邱检生,Mcinnes B I A,蒋少涌,等,2005.江西会昌密坑山岩体的地球化学及其成因类型的新认识[J].地球化学,34(1):20-32.

[13] 邱检生,王德滋,蟹泽聪史,等,2000.福建沿海铝质 A 型花岗岩的地球化学及岩石成因[J].地球化学,29(4):313-321.

[14] 屈凌飞,2016.义敦岛弧带高贡-格聂(北)花岗岩带岩石学及年代学研究[D].成都:成都理工大学.

[15] 曲晓明,侯增谦,周书贵,等,2002.川西连龙含锡花岗岩的时代与形成构造环境[J].地球学报,(3):223-228.

[16] 王冬兵,孙志明,尹福光,等,2012.扬子地块西缘河口群的时代:来自火山岩锆石 LA-ICP-MS U-Pb 年龄的证据[J].地层学杂志,36(3):630-635.

[17] 王楠,吴才来,秦海鹏,2017.川西义敦岛弧中生代典型花岗岩体矿物学、地球化学特征及岩浆来源探讨[J].地质论评,63(4):981-1000.

[18] 王强,赵振华,熊小林,2000.桐柏–大别造山带燕山晚期 A 型花岗岩的厘定[J].岩石矿物学杂志,19(4):297-306.

[19] 许保良,黄福生,1990.A 型花岗岩的类型、特征及其地质意义[J].地球探索,3:113-120.

[20] 应汉龙,王登红,付小方,2006.四川巴塘夏塞花岗岩和银多金属矿床年龄及硫、铅同位素组成[J].矿床地质,(2):135-146.

[21] 张旗,冉皞,李承东,2012.A 型花岗岩的实质是什么[J]? 岩石矿物学杂志,31(4):621-626.

[22] 周家云,毛景文,刘飞燕,等,2011.扬子地台西缘河口群钠长岩锆石 SHRIMP 年龄及岩石地球化学特征[J].矿物岩石,31(3):66-73.

[23] Anderson J L, 1983. Proterozoic anorogenic granite plutonism of North America[J]. Memoir of the Geological Society of America, 161(12):133-154.

[24] Charoy B, Raimbault L, 1994. Zr-, Th-, and REE-rich Biotite Differentiates in the A-type Granite Pluton of Suzhou(Eastern China): The Key Role of Fluorine[J]. J Petrology, 35(4):919-962.

[25] Clemens J D, Holloway J R, White A J R, 1986. Origin of an A-type granites:Experimental constrains[J]. American Mineralogist, 71(3):317-324.

[26] Collins W J, Beams S D, White A J R, et al., 1982. Nature and origin of A-type granites with particular reference to southeastern Australia[J]. Contributions to Mineralogy and Petrology, 80(2):189-200.

[27] Creaser R A, Price R C, Wormald R J, 1991. A-type granites revisited:Assessment of a residual-source model[J]. Geology, 19(2):163.

[28] Dall'Agnol R, Scaillet B, Pichavant M, 1999. An Experimental Study of a Lower Proterozoic A-type Granite from theEastern Amazonian Craton, Brazil[J]. Journal of Petrology, 40(11):1673-1698.

[29] Dickin A P, 1994. Nd isotope chemistry of Tertiary igneous rocks from Arran, Scotland: Implications for magma evolution and crustal structure[J]. Geological Magazine, 131(3):329-333.

[30] Eby G N, 1990. The A-type granitoids: A review of their occurrence and chemical characteristics and speculations on their petrogenesis[J]. Lithos, 26(1-2):115-134.

[31] Eby G N, 1992. Chemical subdivision of the A-type granitoids: Petrogenetic and tectonic implications [J]. Geology, 20(7):641.

[32] Förster H J, Tischendorf G, Trumbull R B, 1997. An evaluation of the Rb vs.(Y+Nb) discrimination diagram to infer tectonic setting of silicic igneous rocks[J]. Lithos, 40(2-4):261-293.

[33] Griffin W L, Belousova E A, Shee S R, et al., 2004. Archean crustal evolution in the northern Yilgarn Craton: U-Pb and Hf-isotope evidence from detrital zircons[J]. Precambrian Research, 131(3-4): 231-282.

[34] Harris N B W, Pearce J A, Tindle A G, 1986. Geochemical characteristics of collision-zone magmatism [J]//Coward M P, Reis A C. Collision Tectonics. Geological Society, London, Special Publications, 19 (1):67-81.

[35] Hoskin P W O, Black L P, 2000. Metamorphic zircon formation by solid-state recrystallization of protolith igneous zircon[J]. Journal of Metamorphic Geology, 18(4):423-439.

[36] Hou Z Q, Zaw K, Pan G T, et al., 2007. Sanjiang Tethyan metallogenesis in SW China: Tectonic setting, metallogenic epochs and deposit types[J]. Ore Geology Reviews, 31:48-87.

[37] Hsu K J, Bernoulli D, 1978. Genesis of the Tethys and the mediterranean[J]//Hsu K J. Initial Reports of the Deep Sea Drilling Project, 42:943-949.

[38] Hugh R R, 1993. Using Geochemical Data[M]. Singapore: Longman Singapore Publishers: 234-240.

[39] King P L, White A J R, Chappell B W, et al., 1997. Characterization and Origin of Aluminous A-type Granites from the Lachlan Fold Belt, Southeastern Australia[J]. Journal of Petrology, 38(3):371-391.

[40] Klimm K, Holtz F, Johannes W, et al., 2003. Fractionation of metaluminous A-type granites: An experimental study of the Wangrah Suite, Lachlan Fold Belt, Australia[J]. Precambrian Research, 124 (2-4):327-341.

[41] Litvinovsky B A, Jahn B M, Zanvilevich A N, et al., 2002. Petrogenesis of syenite-granite suites from the Bryansky Complex(Transbaikalia, Russia): Implications for the origin of A-type granitoid magmas [J]. Chemical Geology, 189(1):105-133.

[42] Litvinovsky B A, Steele I M, Wickham S M, 2000. Silicic Magma Formation in Overthickened Crust: Melting of Charnockite and Leucogranite at 15, 20 and 25 kbar[J]. Journal of Petrology, 41(5): 717-737.

[43] Maniar P D, Piccoli P M, 1989. Tectonic discrimination of granitoids[J]. Geological Society of American Bulletin, 101(5):635-643.

[44] Patiño Douce A E, 1997, Generation of metaluminous A-type granites by low-pressure melting of calc-alkaline granitoids.[J]. Geology, 25(8):743.

[45] Pearce J A, Harris N B W, Tindle A G, 1984. Trace Element Discrimination Diagrams for the Tectonic Interpretation of Granitic Rocks[J]. Journal of Petrology, 25(4):956-983.

[46] Pearce J, 1996. Sources and Settings of Granitic Rocks[J]. Episodes, 19(4):120-125.

[47] Peccerillo A, Taylor S R, 1976. Rare earth elements in East Carpathian volcanic rocks[J]. Earth & Planetary Science Letters, 32(2):121-126.

［48］ Peng T, Zhao G, Fan W, et al., 2014. Zircon geochronology and Hf isotopes of Mesozoic intrusive rocks from the Yidun terrane, Eastern Tibetan Plateau:Petrogenesis and their bearings with Cu mineralization ［J］. Journal of Asian Earth Sciences, 80(2):18-33.

［49］ Qu X M, Hou Z, Zhou S, 2002. Geochemical and Nd, Sr isotopic study of the post-orogenic granites in the Yidun arc belt of northern Sanjiang Region, Southwestern China［J］. Resource Geology, 52(2): 163-172.

［50］ Reid A J, Wilson C J L, Phillips D, et al., 2005. Mesozoic cooling across the Yidun Arc, central-eastern Tibetan Plateau:A reconnaissance $^{40}Ar/^{39}Ar$ study［J］. Tectonophysics, 398(1-2):45-66.

［51］ Reid A, Wilson C J L, Shun L, et al., 2007. Mesozoic plutons of the Yidun Arc, SW China:U/Pb geochronology and Hf isotopic signature［J］. Ore Geology Reviews, 31(1-4):88-106.

［52］ Rudnick R, Gao S, 2003. Composition of the Continental Crust［M］//Rudnick R. The crust, treatise on geochemistry. Amsterdam:Elsevier:1-64.

［53］ Scaillet B, Macdonald R, 2003. Experimental Constraints on the Relationships between Peralkaline Rhyolites of the Kenya Rift Valley［J］. Journal of Petrology, 44(10):3301-3305.

［54］ Scaillet B, Macdonald R, 2001. Phase Relations of Peralkaline Silicic Magmas and Petrogenetic Implications［J］. Journal of Petrology, 42(4):825-845.

［55］ Şengör A M C, 1979. Mid-Mesozoic closure of Permo-Triassic Tethys and its implications［J］. Nature, 279(5714):590-593.

［56］ Skjerlie K P, Johnston A D, 1992. Vapor-absent melting at 10 kbar of a biotite- and amphibole-bearing tonalitic gneiss:Implications for the generation of A-type granites［J］. Geology, 20(3):263-266.

［57］ Skjerlie K P, Johnston A D, 1993. Fluid-Absent Melting Behavior of an F-rich Tonalitic Gneiss at Mid-Crustal Pressures:Implications for the Generation of Anorogenic Granites［J］. Journal of Petrology, 34 (4):785-815.

［58］ Sun S S, McDonough W F, 1989. Chemical and isotopic systematics of oceanic basalts:Implications for mantle composition and processes［J］//Saunders A D, Norry M J. Magmatism in the Ocean Basins. Geological Society, London, Special Publications, 42(1):313-345.

［59］ Sylvester P J, 1998. Post-collisional strongly peraluminous granites［J］. Lithos, 45:29-44.

［60］ Whalen J B, Currie K L, Chappell B W, 1987. A-type granites: Geochemical characteristics, discrimination and petrogenesis［J］. Contributions to Mineralogy and Petrology, 95(4):407-419.

［61］ Wu F Y, Sun D Y, Li H, et al., 2002. A-type granites in northeastern China: Age and geochemical constraints on their petrogenesis［J］. Chemical Geology, 187(1-2):143-173.

［62］ Yuan H L, Wu F Y, Gao S, et al., 2003. Determination of U-Pb age and rare earth element concentrations of zircons from Cenozoic intrusions in northeastern China by laser ablation ICP-MS［J］. Chinese Science Bulletin, 48:2411-2421.

［63］ Yuan H, Gao S, Liu X, et al., 2010. Accurate U-Pb age and trace element determinations of zircon by Laser Ablation-Inductively Coupled Plasma-Mass Spectrometry ［J］. Geostandards and Geoanalytical Research, 28(3):353-370.

青藏高原东北缘白河碱性玄武岩地球化学
及其源区性质探讨①②

李瑞璐　赖绍聪③　崔源远　刘　飞

摘要：运用地球化学及 Sr-Nd-Pb 同位素特征进行分析,研究出露在青藏高原东北缘甘肃礼县境内的白河碱性玄武岩地球化学特征及其地质意义。研究后得知,白河玄武岩具有低 SiO_2(38.94% ~ 40.57%),极高 TiO_2(4.66% ~ 4.97%),高 K_2O(1.46% ~ 2.02%)和 Na_2O(2.08% ~ 3.23%)含量,以及高 $Mg^{\#}$(0.74 ~ 0.76)值等特征,具有富集地幔初始岩浆性质,为典型幔源钠质碱性玄武岩。微量和稀土元素具板内火山岩特征:Th、Rb、Sr、REE 等大离子亲石元素和 Ta、Nb、Ti、HREE 等高场强元素明显富集,N-MORB 标准化图解中没有 Nb 的负异常,轻、重稀土元素强烈分异,$(Sm/Yb)_N$ = 10.53 ~ 11.20。初始 $^{87}Sr/^{86}Sr$ 值(0.703 948 ~ 0.704 294)略高于现代大洋 MORB(0.702 29 ~ 0.703 34),$^{143}Nd/^{144}Nd$ 值(0.512 782 ~ 0.512 847)则低于现代大洋 MORB(0.512 99 ~ 0.513 3),具有亏损的 $\varepsilon_{Nd}(t)$ 值(+3.1 ~ +4.3),指示具有亏损地幔的信息;初始 $^{206}Pb/^{204}Pb$(19.016 729 ~ 19.076 653)、$^{207}Pb/^{204}Pb$(15.619 237 ~ 15.623 632)和 $^{208}Pb/^{204}Pb$(38.488 124 ~ 39.593 763)值均高于现代大洋亏损地幔的组分,指示富集地幔的信息。研究后认为,白河碱性玄武质岩浆来源于多元混合地幔源区。

　　西秦岭-松潘构造结是中国大陆重要的构造转换域,其为探讨不同陆块及古洋幔的构造归属提供了非常有利的条件[1-2]。青藏高原东北缘新生代火山岩零星分布,火山岩以钾质-超钾质系列为主体,学者普遍认为其来自岩石圈地幔或下地壳的部分熔融[3-5],钠质火山岩系列出露很少。前人对甘肃西秦岭礼县一带广泛分布的新生代超钾质火山岩的地球化学以及其中的地幔包体进行了详细的研究[6-7]。相比之下,青藏高原东北缘碱性火山岩的源区性质、岩浆演化和构造动力学背景等研究则相对薄弱。

　　本文对甘肃礼县境内白河地区出露的一套新生代火山岩进行了详细的岩石地球化学和 Sr-Nd-Pb 同位素研究,探讨火山岩源区特征和新生代期间西秦岭的深部动力学背景。

---

①　原载于《西北大学学报》自然科学版,2015,45(3)。

②　国家自然科学基金资助项目(41372067)、国家自然科学基金重大计划资助项目(41190072)、国家自然科学基金委创新群体资助项目(41421002)和教育部创新团队资助项目(IRT1281)。

③　通讯作者。

1 区域地质背景

 青藏高原东北缘新生代碱性火山岩主体分布于甘肃省礼县、宕昌等地,主要出露有竹林沟、柳坪、马泉、白河等岩体(图1)[5,8];以致密块状熔岩为主,气孔(杏仁)构造发育,可见含气孔的集块熔岩以及溢流作用形成的层状熔岩流;局部可见火山岩不整合覆盖于泥盆系炭质板岩、千枚岩、砂岩、碳酸盐岩,三叠系砂岩、板岩、石灰岩以及古近系红色砂岩、粉砂岩、页岩、黏土岩之上,并被第四系砂砾层、粉砂土、亚砂土不整合覆盖。本区新生代火山岩中金云母单矿物的$^{40}Ar/^{39}Ar$同位素年龄为23~22 Ma[9],为中新世。

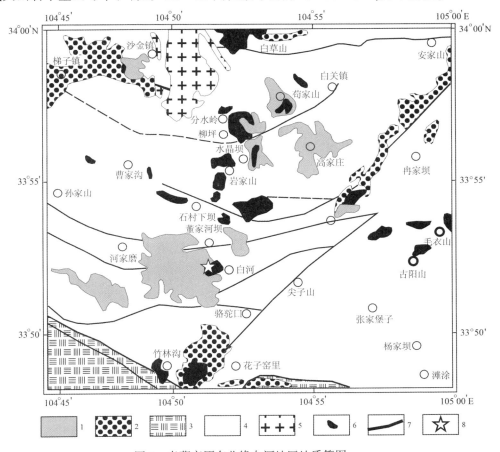

图1 青藏高原东北缘白河地区地质简图

1.第四系:砂砾层、粉砂土、亚砂土;2.古近系-新近系:红色砂岩,粉砂岩、页岩、黏土岩;
3.三叠系:砂岩、板岩、石灰岩;4.泥盆系:炭质板岩、千枚岩、砂岩、石灰岩;
5.印支期闪长岩、石英闪长岩;6.新生代火山岩;7.断裂;8.取样位置

2 岩石学及岩石化学特征

 白河火山岩出露于白河镇吊桥北约50 m处(N33°51′,E104°51′)。火山岩被第四系黄土覆盖,其间可见石榴石、橄榄石捕虏体。岩石呈灰黑色,致密块状构造,斑状结构。

斑晶面积约占 30%，主要为粒状橄榄石，粒径小于 1 mm。橄榄石斑晶呈无色–淡黄色，弱多色性，正高突起，二级蓝干涉色，表面绿泥石化严重，个别颗粒表面可见绢云母化。基质面积约占 70%，主要有板条状斜长石微晶、火山玻璃质、磁铁矿及少量橄榄石等。

本区火山岩主量元素、微量元素分析结果见表 1。从表 1 中可以看到，火山岩 SiO_2 含量较低，为 38.94% ~ 40.57%，平均为 39.62%；全碱（$K_2O + Na_2O$）含量较高，平均为 4.37%；Na_2O/K_2O 比值平均为 1.49，为钠质火山岩；Al_2O_3 含量较低，平均为 7.53%；铁、镁含量高，$Fe_2O_3^T$ 含量均在 14% 以上，最高可达 15.22%，MgO 含量为 10.55% ~ 11.65%。值得注意的是，火山岩 $Mg^\#$ 值很高，为 0.74 ~ 0.76，与初始岩浆的 $Mg^\#$ 值范围一致；火山岩具有极高的 TiO_2 含量（4.66% ~ 4.97%，平均 4.85），远高于洋岛玄武岩（OIB）的含量（2.87%）[10]。

表 1　白河火山岩常量元素（%）和微量元素（$\times 10^{-6}$）分析结果以及 CIPW 标准矿物计算结果

编　号	BH02	BH05	BH06	BH07	BH08	BH09	BH10	BH11
岩　性	碱玄岩	碱玄岩	碱玄岩	似长岩	似长岩	似长岩	似长岩	似长岩
常量元素分析结果/%								
SiO_2	40.01	39.61	40.57	39.76	39.54	39.12	39.44	38.94
TiO_2	4.75	4.95	4.97	4.95	4.85	4.79	4.66	4.87
Al_2O_3	8.06	7.34	6.89	7.17	7.24	7.85	8.25	7.45
$Fe_2O_3^T$	14.81	14.96	14.99	14.89	15.22	14.84	14.78	15.17
MnO	0.21	0.2	0.2	0.2	0.2	0.2	0.2	0.2
MgO	10.55	11.56	11.1	11.57	11.32	11.34	10.73	11.65
CaO	13.01	13.65	13.45	13.91	13.75	13.75	12.98	13.78
Na_2O	2.68	2.15	2.08	2.37	2.91	2.6	3.23	2.92
K_2O	1.9	1.67	1.46	1.65	1.89	1.7	2.02	1.76
P_2O_5	1.14	1.16	0.96	1.15	1.07	1.1	1.03	1.12
LOI	2.71	2.32	2.84	2.04	1.56	2.39	2.13	1.64
Total	99.83	99.57	99.51	99.66	99.55	99.68	99.45	99.5
$Mg^\#$	0.74	0.76	0.75	0.76	0.75	0.75	0.74	0.75
CIPW 标准矿物计算结果								
An	4.26	5.39	5.07	3.97	1.12	4.67	1.98	2.02
Di	39.45	38.65	44.72	38.91	36.01	34.42	34.42	33.02
Ol	17.05	19.22	16.28	18.98	20.00	20.29	19.25	21.61
Ne	12.10	9.71	9.39	10.72	13.11	11.73	14.62	13.20
Mt	3.28	3.27	3.25	3.30	3.43	3.27	3.36	3.40
Ilm	8.88	9.28	9.32	9.26	9.09	8.98	8.75	9.15
Ap	2.37	2.41	1.98	2.39	2.24	2.28	2.15	2.35
Lc	8.65	7.59	5.32	7.54	8.61	7.73	9.26	8.01
微量元素分析结果/$\times 10^{-6}$								
Li	19.9	17.7	22.4	16.3	12.6	14.5	14.8	13.3
Be	4.30	3.22	3.29	2.94	3.45	3.52	3.88	3.2
Sc	21.9	23.4	23.8	24.4	24.0	23.8	22.1	23.4

编 号	BH02	BH05	BH06	BH07	BH08	BH09	BH10	BH11
岩 性	碱玄岩	碱玄岩	碱玄岩	似长岩	似长岩	似长岩	似长岩	似长岩
V	237	232	244	238	233	238	235	230
Cr	214	227	234	247	244	245	219	243
Co	61	69.2	67.6	74.1	67.8	63	62	63.2
Ni	186	198	190	209	216	210	194	214
Cu	68	61	58.3	59.5	55.8	53.8	61.3	65.1
Zn	188	175	180	173	181	175	181	173
Ga	25.1	22.2	21.7	21.5	21.8	22.9	23.9	19.9
Ge	1.58	1.64	1.69	1.68	1.73	1.64	1.62	1.69
Rb	62.1	57.3	50.1	59.1	81.1	62.3	78.5	59.0
Sr	1 985	1 821	1 654	1 762	1 682	1 898	1 852	1 798
Y	46	44.7	42.6	44.5	47.5	45.0	45.8	46.2
Zr	773	666	711	620	662	640	678	647
Nb	189	179	188	176	181	177	179	178
Cs	1.46	1.56	0.89	1.37	2.2	1.05	1.9	1.34
Ba	1 610	1 152	994	1 008	1 461	1 234	1 910	1 264
Hf	14.6	13.5	14.0	13.0	13.5	13.0	13.2	13.1
Ta	8.11	8.6	8.52	8.64	8.55	8.32	7.85	8.42
Pb	9.2	6.7	8.44	5.72	8.4	7	8.85	9.45
Th	17.3	19.1	18.8	19.6	19.9	18.9	17.7	19.1
U	4.08	4.06	3.82	4.07	4.24	3.99	4.1	4.11
La	138	147	142	153	156	148	143	153
Ce	259	278	268	291	293	282	265	288
Pr	29.5	31.9	30.7	33.3	33.4	31.6	30.6	32.8
Nd	111	122	116	125	128	121	117	126
Sm	21.2	22.9	21.9	23.7	24.1	22.8	21.9	23.7
Eu	6.1	6.45	6.09	6.61	6.75	6.39	6.28	6.67
Gd	17.9	19.2	18.2	19.6	20.2	19	18.6	19.8
Tb	2.14	2.27	2.15	2.3	2.39	2.23	2.2	2.34
Dy	10.9	11.3	10.7	11.4	11.7	11.1	11	11.6
Ho	1.83	1.84	1.75	1.83	1.92	1.81	1.81	1.87
Er	4.05	3.98	3.83	3.92	4.17	3.95	3.98	4.07
Tm	0.49	0.47	0.46	0.45	0.49	0.45	0.48	0.47
Yb	2.74	2.59	2.59	2.53	2.67	2.54	2.64	2.61
Lu	0.37	0.35	0.35	0.34	0.36	0.34	0.36	0.35
$\sum REE$	651.8	694.1	668	720.4	732.6	698	670.1	719.7
$\sum LREE/$ $\sum HREE$	6.54	7.01	7.09	7.29	7.01	7.08	6.71	7.07
δEu	0.93	0.92	0.91	0.91	0.91	0.91	0.93	0.92
$(La/Yb)_N$	36.21	40.71	39.35	43.39	41.99	41.74	38.81	42.23
$(Ce/Yb)_N$	26.2	29.77	28.82	31.9	30.5	30.87	27.88	30.69

在火山岩 SiO_2-(K_2O+Na_2O) 系列划分图解(图2)中,本区火山岩投影点均位于碱性火山岩区,总体属于富钠–偏钠质碱玄岩–似长岩。根据火山岩的 K_2O-Na_2O 系列划分图解(图3),本区火山岩明显不同于钾质和超钾质火山岩系列,为偏钠质的碱性玄武岩类,这与主量元素 $Na_2O > K_2O$ 的结果一致。总之,该套火山岩属于碱性系列钠质碱玄岩类。

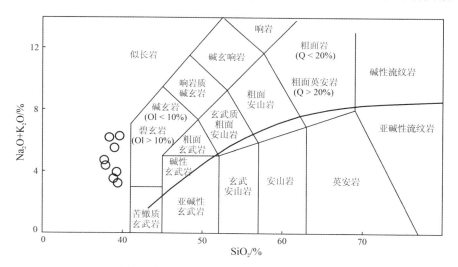

图 2　火山岩的全碱 SiO_2-(K_2O+Na_2O) 图(TAS)

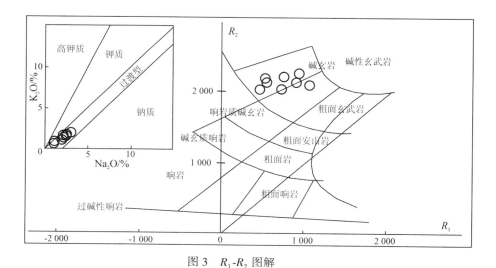

图 3　R_1-R_2 图解

$R_1 = 4Si-11Na+K-2Fe+Ti$,$R_2 = 6Ca+2Mg+2Al$。式中,Si、Na、K、Fe、Ti、Ca、Mg 和 Al 为元素的原子数

3　稀土和微量元素的地球化学特征

由表1可知,8个样品强烈富集稀土元素,稀土总量($\sum REE$)为 $651.8\times10^{-6} \sim 732.6\times10^{-6}$,平均值为 694.3×10^{-6};球粒陨石标准化曲线与 OIB 相类似[10],但稀土元素总量更高

（图 4）；轻、重稀土强烈分异，LREE/HREE 平均值高达 6.97，$(La/Yb)_N$ 平均值为 40.55，$(Ce/Yb)_N$ 平均值为 29.58，呈明显的富集型稀土配分模式；δEu 值为 0.91~0.93，显示微弱的 Eu 负异常。上述特征表明，本区碱性玄武岩类显示稀土元素强烈富集以及轻、重稀土强烈分异的特征，与板内碱性玄武岩基本一致[11-12]。本区岩石轻稀土的强烈富集以及重稀土的显著亏损，暗示了岩浆来源于相对较深的石榴石相地幔橄榄岩，且源区可能有石榴石残留，岩浆可能来源于地幔橄榄岩较小程度的部分熔融。

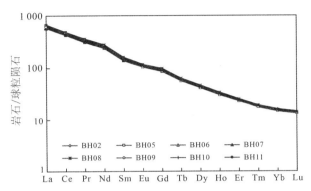

图 4 火山岩稀土元素球粒陨石标准化配分图解
球粒陨石标准值据文献[10]；图中编号对应表 1 中的样品编号

在 N-MORB 标准化微量元素蛛网图（图 5）中，本区火山岩曲线呈"凸"字形隆起的配分型式，具有 Sr 和 K 的负异常，高场强元素 Ta、Nb 和 Th 强烈富集，而 Nd、Hf、Y、Yb 等富集度相对较低，这些地球化学特征与板内洋岛型玄武岩相似[11-12]。

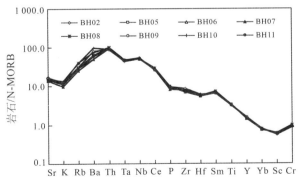

图 5 火山岩不相容元素 N-MORB 标准化配分图解
N-MORB 标准值据文献[11]；图中编号对应表 1 中的样品编号

4 同位素地球化学特征

白河碱性玄武岩 4 个样品的 Sr-Nd-Pb 同位素分析结果见表 2。本区碱性玄武岩 Sr 含量较低，初始$^{87}Sr/^{86}Sr$ 值为 0.703 972~0.704 294，平均为 0.704 043；初始$^{143}Nd/^{144}Nd$

值为 0.512 792 ~ 0.512 847,平均为 0.512 803,$\varepsilon_{Nd}(t)$ 平均为 +3.5。根据 $^{143}Nd/^{144}Nd$-$^{87}Sr/^{86}Sr$ 相关图解(图 6),本区玄武岩位于地幔演化线上,指示了碱性玄武质岩浆的幔源属性。

初始 $^{206}Pb/^{204}Pb$(19.016 729 ~ 19.076 653)、$^{207}Pb/^{204}Pb$(15.619 237 ~ 15.623 632)和 $^{208}Pb/^{204}Pb$(38.488 124 ~ 39.593 763)值均高于印度洋亏损地幔的初始 Pb 同位素比值(分别为 17.31 ~ 18.50,15.43 ~ 15.56 和 37.1 ~ 38.7)[13-14],指示富集地幔的信息。在铅同位素组成图解(图 7)中,投影点都处在北半球参考线(NHRL)以上位置,与 EM I、EM II、BSE、PREMA 等典型地幔源的同位素组成有明显区别,表明本区玄武岩应是由 2 种或 2 种以上不同属性的地幔源经混合后再发生局部熔融的产物。

表 2 白河火山岩 Sr-Nd-Pb 同位素分析结果

编 号	BH07	BH08	BH10	BH11
岩 性	似长岩	似长岩	似长岩	似长岩
Pb	5.72	8.4	8.85	9.45
Th	19.6	19.9	17.7	19.1
U	4.07	4.24	4.1	4.11
$^{206}Pb/^{204}Pb$	19.028 610	19.076 653	19.023 229	19.016 729
2σ	0.000 824	0.000 736	0.000 738	0.000 716
$^{207}Pb/^{204}Pb$	15.620 326	15.623 183	15.619 237	15.623 632
2σ	0.000 622	0.000 674	0.000 684	0.000 676
$^{208}Pb/^{204}Pb$	39.509 248	39.593 763	39.488 124	39.501 476
2σ	0.002 000	0.001 776	0.001 716	0.001 648
$\Delta 7/4$	6.66	6.43	6.61	7.12
$\Delta 8/4$	87.7	90.3	86.2	88.3
Sr	1 762	1 682	1 852	1 798
Rb	59.1	81.1	78.5	59.0
$^{87}Rb/^{86}Sr$	0.096 97	0.139 41	0.122 53	0.094 9
$^{87}Sr/^{86}Sr$	0.704 294	0.703 948	0.703 959	0.703 972
2σ	0.000 011	0.000 010	0.000 010	0.000 010
ΔSr	42.94	39.48	39.59	39.72
ε_{Sr}	75.88	70.93	71.09	71.27
$\varepsilon_{Sr}(t)$	−3	−8	−8	−8
Nd	125	128	117	126
Sm	23.7	24.1	21.9	23.7
$^{147}Sm/^{144}Nd$	0.114 21	0.114 04	0.113 49	0.113 68
$^{143}Nd/^{144}Nd$	0.512 782	0.512 792	0.512 789	0.512 847
2σ	0.000 006	0.000 006	0.000 006	0.000 014
T_{DM}/Ga	0.56	0.55	0.55	0.46
T_{DM2}/Ga	0.5	0.49	0.49	0.41
$\varepsilon_{Nd}(t)$	3.1	3.3	3.2	4.3

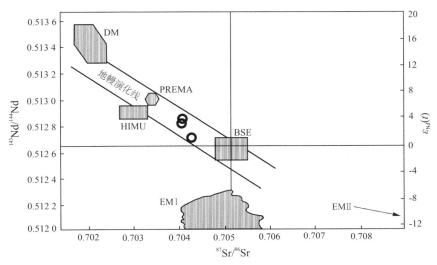

图 6 火山岩^{87}Sr/^{86}Sr-^{143}Nd/^{144}Nd 图解

DM:亏损地幔;PREMA:原始地幔;BSE:地球总成分;EM I:I 型富集地幔;

EM II:II 型富集地幔;HIMU:异常高^{238}U/^{204}Pb 地幔

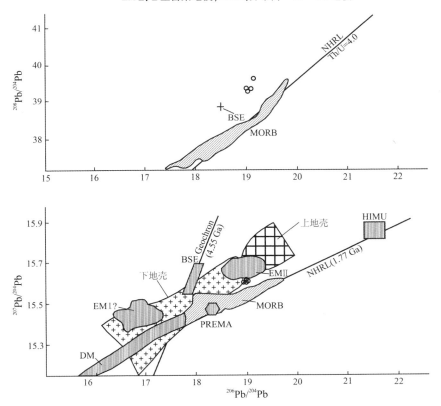

图 7 火山岩 Pb 同位素组成图解

DM:亏损地幔;PREMA:原始地幔;BSE:地球总成分;MORB:洋中脊玄武岩;

EM I:I 型富集地幔;EM II:II 型富集地幔;HIMU:异常高^{238}U/^{204}Pb 地幔

5 火山岩源区性质讨论

高场强元素(HFSE),如 Nb、Ti、Th、Ta、Zr 和 Yb 等,是判别不同大地构造环境下形成的玄武岩类最有效的判别因子[14-15]。此外,使用不相容元素比值可以鉴别地壳物质混染。如果有下部地壳物质混入,其 Th/Ta ≈ 1,而 La/Nb > 1;如果混入上部地壳物质,这2 个比值一般均大于 2,尤其是 Th/Ta 比值要高得多[14-15]。白河碱性玄武岩的 Th/Ta 比值为 0.99~1.06,平均为 1.04;而 Th/Ta 比值为 0.74~0.88,平均为 0.83,这暗示初始岩浆可能经历了下部地壳物质混染,但没有上部地壳物质参与。

Nb、La、Ba、Th 的比值同样可以反映岩浆源区的特征[16]。白河碱性玄武岩各元素的平均比值如下:La/Nb 为 0.82,Th/Nb 为 0.10,Zr/Nb 为 3.73,Ba/Nb 为 7.35,Ba/Th 为71.31,Ba/La 为 9.05,明显低于地壳比值(分别为 2.2,0.44,16.2,54,124 和 25),而与EM Ⅱ 的比值非常接近(表3),几乎没有上部地壳物质混染的痕迹。

表 3　不同地幔储库不相容元素的比值

样 品	La/Nb	Th/Nb	Zr/Nb	Ba/Nb	Ba/Th	Ba/La
BH02	0.73	0.09	4.09	8.52	93.06	11.67
BH05	0.82	0.11	3.72	6.44	60.31	7.84
BH06	0.76	0.10	3.78	5.29	52.87	7.00
BH07	0.87	0.11	3.52	5.73	51.43	6.59
BH08	0.86	0.11	3.66	8.07	73.42	9.37
BH09	0.84	0.11	3.62	6.97	65.29	8.34
BH10	0.80	0.10	3.79	10.67	107.91	13.36
BH11	0.86	0.11	3.63	7.10	66.18	8.26
平均	0.82	0.10	3.73	7.35	71.31	9.05
大陆地壳	2.2	0.44	16.2	54	124	25
EM Ⅰ	0.86~1.19	0.105~0.122	4.2~11.5	11.4~17.8	103~154	13.2~16.9
EM Ⅱ	0.89~1.09	0.111~0.157	4.5~7.3	7.3~13.3	67~84	8.3~11.3
OIB	0.77	0.08	5.83	7.29	87.5	9.46

EM Ⅰ、EM Ⅱ 引自文献[14];OIB 引自文献[10]。

白河碱性玄武岩的 $Mg^\#$ 值为 0.74~0.76,符合初始玄武质岩浆的范围(0.68~0.75)[17],这说明白河碱性玄武岩浆具有很好的原生性质,其地球化学和同位素地球化学资料能够对地幔岩浆源区性质做出有效约束。$Mg^\#$ 值高达 0.75,代表初始岩浆;高 CaO含量,指示了源区存在石榴石的特征,亦说明岩浆可能发源于较深的石榴石橄榄岩地幔。岩石低 SiO_2(平均 39.62%)、贫 Al_2O_3(7.53%),Na_2O/K_2O = 1.49,尤其是高 MgO(11.32%)、TiO_2(4.85%)、Cr(234.13×10^{-6})、Co(65.99×10^{-6})和 Ni(202.13×10^{-6})含量,充分表明其为一套典型的幔源钠质碱性玄武岩类[12]。岩石初始 $^{87}Sr/^{86}Sr$(0.703 948~0.704 294)略高于现代大洋 MORB(0.702 29~0.703 34)[14],$^{143}Nd/^{144}Nd$(0.512 782~0.512 847)则低于现代大洋 MORB(0.512 99~0.513 30)[14],具有亏损的 $\varepsilon_{Nd}(t)$ 值

（+3.1～+4.3），指示具有亏损地幔的信息；初始$^{206}Pb/^{204}Pb$（19.016 729～19.076 653），$^{207}Pb/^{204}Pb$（15.619 237～15.623 632）和$^{208}Pb/^{204}Pb$（38.488 124～39.593 763）值均高于现代大洋亏损地幔的组分，指示富集地幔的信息。上述独特的同位素地球化学特征，充分表明白河碱性玄武质岩浆明显不同于单一地幔源局部熔融形成的玄武岩的同位素组成，本区玄武岩应具有其相对独立的地幔岩浆源区，是由2种或2种以上不同属性的地幔源经混合后形成的具有特殊混源特征地幔岩石再发生局部熔融的产物。同时，白河地区新生代钠质碱性岩类具有相对较高的Sm/Yb比值，说明其来源深度较大，应来源于软流圈地幔二辉橄榄岩的局部熔融。

6 结 语

白河地区新生代碱性玄武岩出露在青藏高原东北缘的特殊构造部位，处于青藏高原、华北板块和扬子陆块三大构造域的交汇转换区域。岩石总体具有贫SiO_2和Al_2O_3，富CaO、MgO、TiO_2及K_2O+Na_2O的特征，为一套典型的幔源钠质碱性玄武岩类；岩石具有其相对独立的地幔岩浆源区，是由2种或2种以上不同属性的地幔源经混合后形成的具有特殊混源特征地幔岩石再发生局部熔融的产物。

参考文献

[1] WU Y, ZHENG Y. Tectonic evolution of a composite collision orogen: An overview on the Qinling-Tongbai-Hong'an-Dabie-Sulu orogenic belt in central China[J]. Gondwana Research, 2013, 23(4): 1402-1428.

[2] 赖绍聪, 秦江锋, 赵少伟, 等. 青藏高原东北缘柳坪新生代苦橄玄武岩地球化学及其大陆动力学意义[J]. 岩石学报, 2014, 30(2): 361-370.

[3] CHEN J, XU J, WANG B, et al. Origin of Cenozoic alkaline potassic volcanic rocks at Konglongxiang, Lhasa terrane, Tibetan Plateau: Products of partial melting of a mafic lower-crustal source[J]. Chemical Geology, 2010, 273(3): 286-299.

[4] XIA L, LI X, MA Z, et al. Cenozoic volcanism and tectonic evolution of the Tibetan plateau[J]. Gondwana Research, 2011, 19(4): 850-866.

[5] LAI S C, QIN J F. Adakitic rocks derived from partial melting of subducted continental crust: Evidence from the Eocene volcanic rocks in the northern Qiangtang block[J]. Gondwana Research, 2013, 23(2): 812-824.

[6] 喻学惠, 莫宣学, 赵志丹, 等. 甘肃西秦岭两类新生代钾质火山岩: 岩石地球化学与成因[J]. 地学前缘, 2009, 16(2): 79-89.

[7] 董昕, 赵志丹, 莫宣学, 等. 西秦岭新生代钾霞橄黄长岩的地球化学及其岩浆源区性质[J]. 岩石学报, 2008, 24(2): 238-248.

[8] 崔源远, 赖绍聪, 耿雯, 等. 青藏高原东北缘马泉新生代碱性玄武岩地球化学及成因探讨[J]. 东华理工大学学报, 2013, 36(1): 1-9.

[9] 喻学惠, 赵志丹, 莫宣学, 等. 甘肃西秦岭新生代钾霞橄黄长岩的$^{40}Ar/^{39}Ar$同位素定年及其地质意义[J]. 科学通报, 2006, 50(23): 2638-2643.

[10] SUN S S, MCDONOUGH W F. Chemical and isotopic systematics of oceanic basalts: Implications for mantle composition and processes[J].Geological Society, London, Special Publications, 1989,42(1): 313-345.

[11] PEARCE J A. The role of sub-continental lithosphere in magma genesis at destructive plate margins [M]//HAWKS W. Continental Basalts and Mantle Xenoliths. London: Nantwich Shiva Press, 1983: 230-249.

[12] WILSON M. Igneous Petrogenesis[M]. London: Unwin Hyman Press,1989:295-323.

[13] SAUNDERS A D, NORRY M J, TARNEY J. Origin of MORB and chemically-depleted mantle reservoirs: Trace element constraints[J]. Journal of Petrology,1988,56:1415-445.

[14] ROLLISON H R. 岩石地球化学[M].杨学明, 杨晓勇, 陈双喜,译.合肥:中国科学技术大学出版社, 2000:1-150.

[15] DILEK H, FURNES D. Ophiolite genesis and global tectonics:Geochemical and tectonic fingerprinting of ancient oceanic lithosphere[J]. Geological Society of America Bulletin,2011,123(3-4):387-411.

[16] 李曙光. 蛇绿岩生成构造环境的 Ba-Th-Nb-La 判别图[J].岩石学报,1993,9(2):146-157.

[17] WILKINSON J. The genesis of mid-ocean ridge basalt[J].Earth-Science Reviews,1982,18(1):1-57.

北大巴山早古生代辉绿岩地球化学特征
及其地质意义[①②]

张方毅　赖绍聪[③]　秦江锋　朱韧之　杨　航　朱　毓

摘要:对南秦岭北大巴山地区广泛分布的一套基性岩墙群中的辉绿岩进行采样,并进行锆石 U-Pb 年代学、全岩地球化学分析。结果显示,岩石形成年龄为 433~435 Ma,为早志留世晚期岩浆活动的产物。这些辉绿岩具低硅,高碱、高钛的碱性岩特征。岩石微量及稀土元素具板内玄武岩特征,轻稀土元素相对富集,轻、重稀土元素分异明显,富集不相容元素 Ba、Nb、Ta,而 K、Y、Yb 相对亏损;K 及 Rb 的负异常表明岩石源区残留角闪石或金云母,部分熔融模拟结果显示岩石起源于尖晶石角闪石岩高程度部分熔融。综合地球化学特征及前人研究结果,认为北大巴山地区在早古生代处于大规模伸展裂陷背景下,岩石圈的拉张诱发了低熔点的交代岩石圈地幔熔融,进而形成了这条碱性岩浆带。

镁铁质岩墙群是大规模伸展、裂解背景下深源岩浆沿张性裂隙上升就位的产物,可形成于裂谷、后碰撞造山带及弧后盆地等多种构造环境下。在地质历史时期,同一时期内大规模的岩墙群被视为超大陆的重建标志(Belica et al., 2014)。这些产于伸展背景下的镁铁质岩墙可以为地球动力学机制、地幔源区属性、地幔地壳相互作用及岩浆演化过程提供重要信息(Zhao and Asimow, 2018)。南秦岭北大巴山地区发育有一套由早古生代基性岩墙群及碱性火山岩组成并呈北西-南东向延伸的岩浆杂岩带(夏林圻等,1994;张成立等,2002)。该套岩系对研究秦岭早古生代构造演化过程、碱性岩浆作用与早古生代期间扬子北缘大陆裂解事件提供了重要载体。前人已对区内的基性岩墙和碱性火山岩及其携带的幔源捕房体进行了岩石学、矿物学及地球化学研究(黄月华等,1992;黄月华,1993;夏林圻等,1994;徐学义等,1996,1997,2001;Wang et al., 2015)。然而,由于碱性岩浆起源的多解性以及区域内岩浆-沉积作用的复杂性,导致对该套碱性岩浆的具体形成背景仍存在争议。部分学者认为它们是扬子板块北缘被动大陆边缘伸展作用的产物(黄月华等,1992;夏林圻等,1994),也有学者认为该套碱性岩系与早古生代地幔柱活

---

①　原载于《岩石矿物学杂志》,2020,39(1)。

②　国家自然科学基金项目(41772052)和国家自然科学基金委创新群体项目(41421002)。

③　通讯作者。

动有关(张成立等,2002,2007;Zhang et al.,2017),还有一些学者认为这套基性岩墙和碱质火山杂岩形成于弧后拉伸环境(王宗起等,2009;Wang et al.,2015)。本文对南秦岭早古生代基性岩墙群中的辉绿岩进行了岩石学、地球化学、锆石 U-Pb 年代学的系统研究,结合近年来的实验岩石学研究成果及国际上对碱性岩浆起源的全新认识并据此探讨了岩石成因及其地球动力学意义,以期为深入认识秦岭造山带早古生代岩浆作用及构造背景提供进一步的参考和制约。

1 地质背景及岩石学特征

秦岭造山带是由华北板块与华南板块长期碰撞汇聚而成的复合造山带(张国伟等,1996;Dong and Santosh,2016),其与东侧大别-苏鲁造山带及西侧的祁连-昆仑造山带共同组成中央造山带(Xu et al.,2002)。秦岭造山带被北部的商丹缝合带及南部的勉略缝合带将其分隔为北秦岭及南秦岭两部分(张国伟等,2001)。南秦岭在晚古生代之前属于扬子板块北缘的一部分,并接受被动陆缘沉积(Dong and Santosh,2016)。

北大巴山位于南秦岭造山带与四川盆地的过渡地区(图 1a),在北大巴山紫阳-岚皋地区分布有大量早古生代碱性岩浆作用形成的岩脉。脉体宽数十米至百余米,长达数百米到数千米不等,整体呈北西-南东向展布,与区域构造线方向一致。岩脉多呈顺层侵入或小角度切割早古生代及之前地层。南秦岭早古生代基性岩墙群主要由辉绿岩及辉长岩组成,集中出露于紫阳县红椿坝-瓦房店断裂以南的早古生代地层中(图 1b)。

对侵入紫阳县南部早古生代地层中的 4 条代表性新鲜辉绿岩墙进行了样品采集,共获得 8 件辉绿岩脉样品,采样位置见图 1。对 8 件辉绿岩样品进行了全岩主量、微量元素分析,并选取样品 GT1-1 及 GT8-1 进行了 LA-ICP-MS 微区锆 U-Pb 定年。

辉绿岩样品整体呈灰绿色,块状构造,具辉绿结构。矿物成分主要由斜长石(50%~60%)和单斜辉石(30%~40%)及少量角闪石(~5%)组成,副矿物有磁铁矿、榍石及磷灰石(图 2a)。斜长石呈自形板条状,正低突起。单斜辉石呈半自形-他形,正高突起,部分辉石中包裹有自形板条状斜长石,构成辉绿结构。此外,还有部分辉石呈孤岛状镶嵌于斜长石间隙中,构成岛状辉绿结构。部分样品轻微变质,斜长石发育黏土化,部分单斜辉石被绿泥石取代。样品 GT7-1(图 2b)呈浅灰绿色,具岛状辉绿结构,与其余样品相比含更低的单斜辉石(~20%)及更高的磷灰石(~5%)。

2 分析方法

在岩石薄片鉴定的基础上,选取新鲜的、无后期交代脉体贯入的样品,用小型颚式破碎机击碎成直径约 5~10 mm 的细小颗粒,然后用蒸馏水洗净、烘干,最后用玛瑙研钵托盘在振动式碎样机中碎至 200 目。

主量和微量元素分析在西北大学大陆动力学国家重点实验室完成。主量元素采用 XRF 法完成,分析相对误差一般低于 5%。微量元素采用 ICP-MS 测定,分析精度和准确度一般优于 10%,详细的分析流程见文献(刘晔等,2007)。

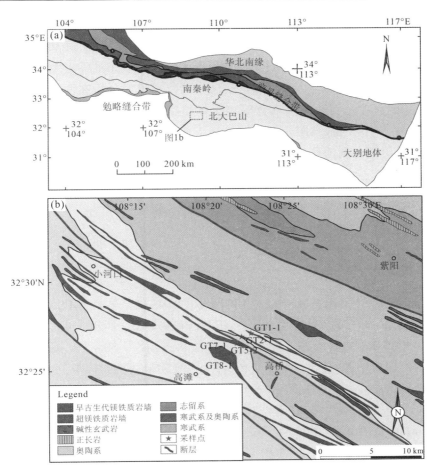

图1　秦岭造山带构造简图(a)及北大巴山地区区域地质简图(b)
图1a据Dong and Santosh(2016);图1b据陕西省地质局区域地质测量大队十二分队(1966①)

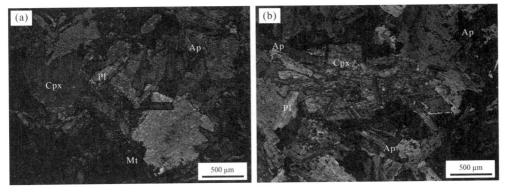

图2　北大巴山辉绿岩(a、b)正交偏光镜下照片
Cpx:单斜辉石;Pl:斜长石;Ap:磷灰石;Mt:磁铁矿

① 陕西省地质局区域地质测量大队,1966.1:200 000紫阳幅区域地质图(I-49-XXXI).

锆石按常规重力和磁选方法进行分选,在双目镜下挑纯,将锆石样品置于环氧树脂中,然后磨至约一半,使锆石内部暴露,锆石样品在测定之前用浓度为3%的稀 HNO_3 清洗样品表面,以除去样品表面的污染物。锆石的 CL 图像分析在西北大学大陆动力学国家重点实验室的扫描电镜上完成。锆石 U-Pb 同位素组成分析在西北大学大陆动力学国家重点实验室激光剥蚀电感耦合等离子体质谱(LA-ICP-MS)仪上完成。激光剥蚀系统为配备有 193 nm ArF-excimer 激光器的 Geolas 200M(Microlas Gottingen Germany),分析采用激光剥蚀孔径为 30 μm、激光脉冲为 10 Hz、能量为 32~36 mJ,同位素组成用锆石 91500 进行外标校正。LA-ICP-MS 分析的详细方法和流程见文献(Yuan et al.,2010)。

3 分析结果

3.1 锆石 U-Pb 年代学

选取高滩地区的 2 个辉绿岩脉(图 1b)用于 LA-ICP-MS 微区锆石 U-Pb 定年分析,分析的结果列于表 1 中,锆石的 CL 图像及 U-Pb 年龄谐和图如图 3 所示。

(1)辉绿岩 GT1-1。锆石颗粒多呈破碎的长柱状,粒径为 50~150 μm,长宽比为 1:1~3:1。在 CL 图像中,锆石颗粒呈深灰色,并未发育明显的韵律环带,少量锆石颗粒具条带结构,具基性岩浆锆石的特征(图 3a)。共进行了 22 个数据点分析,其 Th = 166.88× 10^{-6}~5 818.94× 10^{-6},U = 190.34× 10^{-6}~3 392.06× 10^{-6},Th/U 比值介于 0.88~2.63,为岩浆成因锆石(Hoskin and Black,2000;Griffin et al.,2004)。大部分数据点位于谐和线上,这 22 个点得到的 $^{206}Pb/^{238}U$ 其加权平均年龄为 433.53±0.92 Ma(MSWD = 0.87,2σ)(图 3b),代表了南秦岭辉绿岩的结晶年龄。

(2)辉绿岩 GT8-1。锆石颗粒多呈长柱状自形晶,粒径为 50~180 μm,长宽比为 1:1~3:1。在 CL 图像中,锆石颗粒呈深灰色,无明显的振荡环带结构,少量锆石颗粒具条带结构,具基性岩浆锆石的特征(图 3c)。共进行了 17 个谐和数据点分析,其 Th = 704.39× 10^{-6}~4 837.81× 10^{-6},U = 495.70× 10^{-6}~2 926.10× 10^{-6},Th/U 值介于 1.37~2.76,为岩浆成因锆石。大部分数据点位于谐和线上,这 17 个点得到的 $^{206}Pb/^{238}U$ 其加权平均年龄为 435.3±1.4 Ma(MSWD = 1.4,2σ)(图 3d),代表了南秦岭辉绿岩的结晶年龄。

3.2 主量元素特征

北大巴山地区辉绿岩脉的主量元素和微量元素分析结果列于表 2 中。辉绿岩样品 SiO_2 含量为 39.47%~50.14%;岩石 TiO_2 含量较高,为 2.45%~5.86%。$Fe_2O_3^T$ 含量为 11.41%~18.34%,MgO 含量为 3.11%~9.85%。岩石全碱含量高,Na_2O = 1.52%~5.14%,K_2O = 0.59%~1.54%,Na_2O/K_2O = 1.90~4.35。在(K_2O+Na_2O)-SiO_2 系列划分图解(图 4)中,所有样品投影点均位于碱性系列范围内。

表1 高滩地区辉绿岩脉样品的 LA-ICP-MS 锆石 U-Pb 测年数据

测点编号	含量/×10⁻⁶			Th/U	同位素比值						年龄/Ma					
	Th	U	Pb		$\frac{^{207}Pb}{^{206}Pb}$	1σ	$\frac{^{207}Pb}{^{235}U}$	1σ	$\frac{^{206}Pb}{^{238}U}$	1σ	$\frac{^{207}Pb}{^{206}Pb}$	1σ	$\frac{^{207}Pb}{^{235}U}$	1σ	$\frac{^{206}Pb}{^{238}U}$	1σ
GT1																
GT1-1	2 918.40	1 109.46	349.12	2.63	0.056 74	0.001 25	0.540 21	0.007 23	0.069 04	0.000 70	480.8	48.4	438.6	4.8	430.4	4.3
GT1-2	3 179.83	1 805.19	540.09	1.76	0.055 81	0.001 26	0.535 68	0.007 49	0.069 60	0.000 71	444.6	49.0	435.6	5.0	433.7	4.3
GT1-3	1 242.70	918.80	279.36	1.35	0.055 72	0.001 32	0.531 77	0.008 38	0.069 20	0.000 72	441.0	51.5	433.0	5.6	431.3	4.4
GT1-4	881.30	618.47	186.86	1.42	0.056 34	0.001 43	0.539 36	0.009 76	0.069 42	0.000 74	465.0	55.7	438.0	6.4	432.7	4.5
GT1-5	1 100.10	662.58	223.45	1.66	0.056 36	0.001 33	0.543 75	0.008 49	0.069 96	0.000 73	465.7	51.8	440.9	5.6	435.9	4.4
GT1-6	3 831.34	1 454.40	460.44	2.63	0.055 40	0.001 25	0.530 92	0.007 55	0.069 49	0.000 72	428.0	49.2	432.4	5.0	433.1	4.3
GT1-7	820.97	582.20	189.63	1.41	0.056 88	0.001 42	0.547 61	0.009 61	0.069 80	0.000 75	486.3	54.0	443.4	6.3	435.0	4.5
GT1-8	1 902.81	1 049.18	325.34	1.81	0.056 74	0.001 27	0.543 39	0.007 56	0.069 44	0.000 72	480.8	49.0	440.7	5.0	432.8	4.3
GT1-9	2 148.97	1 319.09	440.35	1.63	0.056 53	0.001 26	0.543 54	0.007 52	0.069 72	0.000 72	472.4	49.1	440.8	5.0	434.4	4.3
GT1-10	1 574.79	984.92	303.79	1.60	0.056 73	0.001 24	0.544 83	0.007 16	0.069 64	0.000 72	480.2	47.9	441.6	4.7	434.0	4.3
GT1-11	1 801.88	1 105.04	347.28	1.63	0.056 12	0.001 26	0.538 08	0.007 64	0.069 52	0.000 72	456.6	49.1	437.2	5.0	433.3	4.4
GT1-12	1 175.45	1 000.44	340.83	1.17	0.056 47	0.001 25	0.546 29	0.007 54	0.070 14	0.000 73	470.1	48.9	442.6	5.0	437.0	4.4
GT1-13	2 863.48	1 357.57	440.88	2.11	0.055 93	0.001 22	0.533 48	0.007 01	0.069 15	0.000 71	449.3	47.4	434.1	4.6	431.0	4.3
GT1-14	2 193.02	1 398.56	452.81	1.57	0.055 80	0.001 22	0.537 52	0.007 09	0.069 84	0.000 72	444.0	47.5	436.8	4.7	435.2	4.4
GT1-15	3 512.73	1 430.36	439.20	2.46	0.055 53	0.001 21	0.537 27	0.007 06	0.070 14	0.000 73	433.5	47.3	436.6	4.7	437.0	4.4
GT1-16	3 654.72	1 969.77	687.80	1.86	0.056 20	0.001 24	0.542 06	0.007 34	0.069 92	0.000 73	459.6	48.4	439.8	4.8	435.7	4.4
GT1-17	5 818.94	3 392.06	966.42	1.72	0.055 22	0.001 37	0.524 54	0.009 27	0.068 87	0.000 75	420.8	53.9	428.2	6.2	429.3	4.5
GT1-18	1 080.15	654.09	228.14	1.65	0.055 22	0.001 30	0.529 82	0.008 45	0.069 55	0.000 74	421.1	51.2	431.7	5.6	433.5	4.5
GT1-19	166.88	190.34	67.56	0.88	0.054 80	0.001 65	0.524 78	0.012 76	0.069 42	0.000 81	404.2	65.2	428.3	8.5	432.7	4.9
GT1-20	2 771.09	1 384.28	445.68	2.00	0.054 77	0.001 23	0.527 48	0.007 58	0.069 83	0.000 73	402.7	49.2	430.1	5.0	435.1	4.4
GT1-21	2 128.49	1 118.03	364.83	1.90	0.056 39	0.001 25	0.539 70	0.007 51	0.069 38	0.000 73	467.2	48.8	438.2	5.0	432.4	4.4
GT1-22	1 140.50	768.96	266.67	1.48	0.056 00	0.001 31	0.535 37	0.008 39	0.069 30	0.000 74	452.2	50.8	435.4	5.6	432.0	4.5

续表

测点编号	含量/×10⁻⁶			Th/U	同位素比值						年龄/Ma					
	Th	U	Pb		$\frac{207\text{Pb}}{206\text{Pb}}$	1σ	$\frac{207\text{Pb}}{235\text{U}}$	1σ	$\frac{206\text{Pb}}{238\text{U}}$	1σ	$\frac{207\text{Pb}}{206\text{Pb}}$	1σ	$\frac{207\text{Pb}}{235\text{U}}$	1σ	$\frac{206\text{Pb}}{238\text{U}}$	1σ
GT8																
GT8-1	1 988.32	1 055.02	344.84	1.88	0.055 96	0.001 24	0.545 10	0.007 51	0.070 63	0.000 73	450.5	48.5	441.8	4.9	439.9	4.4
GT8-2	1 472.92	919.31	298.98	1.60	0.056 64	0.001 34	0.545 67	0.008 72	0.069 85	0.000 74	476.8	51.9	442.2	5.7	435.3	4.5
GT8-3	2 189.00	1 600.36	479.60	1.37	0.055 89	0.001 25	0.538 07	0.007 54	0.069 80	0.000 73	447.7	48.8	437.2	5.0	435.0	4.4
GT8-4	2 718.42	986.64	310.60	2.76	0.056 51	0.001 24	0.540 48	0.007 26	0.069 35	0.000 72	471.6	48.5	438.7	4.8	432.3	4.3
GT8-5	3 585.02	1 390.32	489.10	2.58	0.055 56	0.001 27	0.540 65	0.008 04	0.070 56	0.000 74	434.5	49.9	438.9	5.3	439.5	4.5
GT8-6	1 895.98	980.12	333.23	1.93	0.054 86	0.001 36	0.527 60	0.009 26	0.069 74	0.000 75	406.3	53.8	430.2	6.2	434.6	4.5
GT-8-7	999.31	701.16	219.57	1.43	0.055 53	0.001 28	0.531 06	0.007 96	0.069 34	0.000 73	433.4	50.1	432.5	5.3	432.2	4.4
GT8-8	1 766.89	1 039.13	315.53	1.70	0.057 04	0.001 36	0.545 62	0.008 79	0.069 36	0.000 74	492.5	52.2	442.1	5.8	432.3	4.4
GT8-9	960.14	561.12	179.78	1.71	0.056 29	0.001 29	0.546 68	0.008 07	0.070 42	0.000 74	463.1	50.3	442.8	5.3	438.7	4.4
GT8-10	962.28	696.99	208.92	1.38	0.056 76	0.001 45	0.543 03	0.010 04	0.069 37	0.000 75	481.7	55.5	440.4	6.6	432.3	4.5
GT8-11	1 334.76	956.39	313.54	1.40	0.055 65	0.001 29	0.537 64	0.008 26	0.070 06	0.000 74	438.1	50.6	436.9	5.5	436.5	4.4
GT8-12	1 598.65	789.63	253.65	2.02	0.054 96	0.001 23	0.534 04	0.007 47	0.070 46	0.000 73	410.6	48.4	434.5	4.9	438.9	4.4
GT8-13	704.39	495.70	172.90	1.42	0.055 35	0.001 41	0.530 37	0.009 81	0.069 48	0.000 75	426.1	55.4	432.1	6.5	433.0	4.5
GT8-14	4 837.81	2 926.10	885.49	1.65	0.055 57	0.001 18	0.534 56	0.006 52	0.069 76	0.000 71	434.8	46.1	434.8	4.3	434.7	4.3
GT8-15	1 438.01	896.39	306.96	1.60	0.054 82	0.001 25	0.530 17	0.007 84	0.070 13	0.000 73	404.9	49.9	431.9	5.2	436.9	4.4
GT8-16	1 309.81	760.29	249.99	1.72	0.054 22	0.001 28	0.521 53	0.008 34	0.069 75	0.000 73	380.2	52.2	426.2	5.6	434.6	4.4
GT8-17	1 249.96	810.38	257.86	1.54	0.054 79	0.001 21	0.525 76	0.007 25	0.069 59	0.000 72	403.5	48.5	429.0	4.8	433.7	4.3

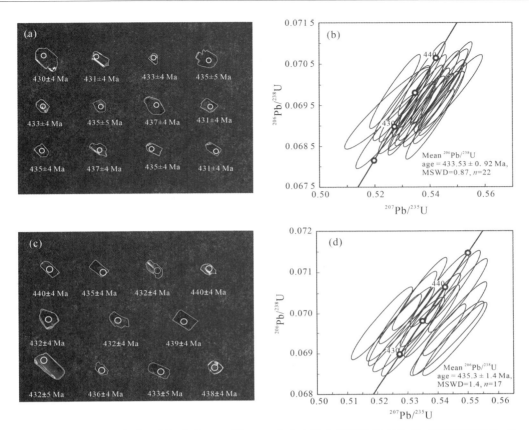

图 3 北大巴山辉绿岩锆石阴极发光(CL)图(a、c)和北大巴山辉绿岩锆石 U-Pb 年龄谐和图(b、d)

表 2 北大巴山辉绿岩主量(%)及微量(×10⁻⁶)元素分析结果

样品编号	GT1-1	GT1-2	GT2-1	GT2-2	GT5-2	GT7-1	GT7-1R	GT8-1	GT8-2
SiO_2	42.27	42.20	39.58	39.47	41.15	49.92	50.14	42.98	42.97
TiO_2	5.57	5.86	5.46	5.54	5.82	2.45	2.45	3.11	3.06
Al_2O_3	13.49	13.41	14.34	14.29	11.55	15.69	15.79	13.36	13.16
$Fe_2O_3^T$	16.93	16.91	17.72	17.77	18.34	11.41	11.41	14.37	14.98
MnO	0.21	0.22	0.20	0.19	0.21	0.24	0.24	0.19	0.18
MgO	5.35	5.33	5.67	5.67	7.10	3.14	3.11	9.35	9.85
CaO	9.83	9.66	10.40	10.56	10.02	6.75	6.68	10.45	9.79
Na_2O	2.96	3.00	2.28	2.26	2.05	5.14	5.12	1.52	1.59
K_2O	0.68	0.70	0.61	0.59	0.79	1.54	1.54	0.80	0.75
P_2O_5	0.46	0.47	0.33	0.32	0.41	0.94	0.95	0.38	0.38
LOI	2.01	2.16	2.93	3.20	2.07	2.29	2.30	3.36	2.80
Total	99.76	99.92	99.52	99.86	99.51	99.51	99.73	99.87	99.51
$Mg^\#$	42.4	42.3	42.7	42.6	47.4	39.1	38.8	60.3	60.5
Li	17.9	18.1	23.1	22.7	19.9	14.2	14.6	42.0	46.4
Be	0.94	0.95	0.63	0.62	0.89	2.12	2.12	0.97	0.92

样品编号	GT1-1	GT1-2	GT2-1	GT2-2	GT5-2	GT7-1	GT7-1R	GT8-1	GT8-2
Sc	23.8	24.0	26.8	27.3	30.0	10.2	10.2	23.4	22.2
V	459	461	534	532	578	122	122	323	319
Cr	4.10	4.02	3.36	3.38	51.4	2.39	2.30	219	216
Co	52.9	52.8	76.0	74.7	75.4	27.8	27.4	63.6	72.6
Ni	2.62	2.50	21.8	21.7	111	1.07	1.07	121	137
Cu	26.3	26.8	37.9	37.4	176	8.12	7.98	44.9	43.3
Zn	140	140	118	115	243	151	151	128	131
Ga	22.6	22.6	22.4	22.2	20.6	26.8	27.0	20.3	19.9
Ge	1.43	1.42	1.40	1.38	1.51	1.59	1.61	1.39	1.35
Rb	14.3	14.4	12.0	11.9	28.1	35.7	35.3	36.1	37.3
Sr	727	730	757	754	657	347	347	1 127	991
Y	23.4	23.3	17.5	17.6	23.5	44.0	43.9	23.1	23.3
Zr	148	150	107	113	133	313	316	162	165
Nb	30.1	30.4	19.8	19.8	21.4	49.0	48.6	24.4	24.3
Cs	0.87	0.88	1.05	1.04	2.68	1.75	1.74	5.76	7.14
Ba	281	282	375	376	691	481	479	260	223
La	22.0	21.7	15.6	15.4	22.3	49.6	49.3	22.5	22.9
Ce	49.3	48.7	35.4	34.9	49.8	110	110	49.7	50.5
Pr	6.59	6.53	4.75	4.70	6.63	14.4	14.4	6.50	6.59
Nd	29.7	29.5	21.7	21.5	29.7	61.9	62.1	28.6	29.1
Sm	6.80	6.75	5.04	5.02	6.62	12.8	12.8	6.38	6.41
Eu	2.61	2.59	2.02	2.03	2.31	4.42	4.40	2.23	2.21
Gd	6.63	6.60	5.01	4.95	6.45	12.1	12.1	6.21	6.22
Tb	0.92	0.92	0.70	0.69	0.90	1.70	1.69	0.88	0.89
Dy	4.98	4.99	3.79	3.74	4.93	9.27	9.21	4.86	4.86
Ho	0.89	0.89	0.67	0.67	0.89	1.68	1.67	0.88	0.89
Er	2.22	2.22	1.67	1.66	2.24	4.28	4.29	2.27	2.28
Tm	0.28	0.29	0.22	0.21	0.30	0.56	0.56	0.30	0.30
Yb	1.64	1.64	1.22	1.23	1.72	3.31	3.32	1.76	1.76
Lu	0.23	0.23	0.17	0.17	0.24	0.47	0.46	0.25	0.25
Hf	3.84	3.88	2.89	2.98	3.53	7.34	7.38	4.10	4.20
Ta	2.08	2.11	1.34	1.33	1.47	3.10	3.08	1.59	1.60
Pb	2.48	2.41	8.28	8.28	9.31	10.6	11.5	8.64	8.76
Th	1.83	1.86	1.23	1.34	2.23	4.93	4.92	2.27	2.38
U	0.42	0.44	0.30	0.36	0.52	1.21	1.20	0.57	0.60
$\sum$REE	134.9	133.5	98.0	96.9	135.1	286.6	285.8	133.3	135.1
$(La/Yb)_N$	9.6	9.5	9.2	9.0	9.3	10.8	10.7	9.1	9.3
$(Tb/Yb)_N$	2.6	2.5	2.6	2.6	2.4	2.3	2.3	2.3	2.3
Eu/Eu^*	1.19	1.19	1.23	1.25	1.08	1.09	1.08	1.08	1.07

岩石 $Mg^{\#}$ 值及 SiO_2 含量变化范围较大(分别为 $38.8 \sim 60.5$ 和 $39.47\% \sim 50.14\%$),表明岩石经历了不同程度的分离结晶作用。样品 GT7-1 具有最高的 SiO_2 含量及低的 $Mg^{\#}$ 值,代表了更加分异的熔体。岩相学观察表明,该样品中含较少辉石及较多磷灰石(图 2b),这也造成其含有较高 P_2O_5 及更为富集的微量元素组成。为了更好地约束岩石的源区属性,在随后的讨论中 $Mg^{\#}$ 值小于 40 的样品会被排除。

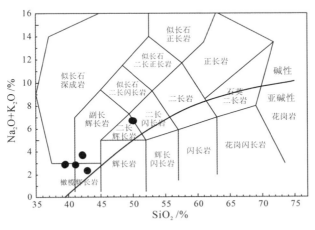

图 4　北大巴山辉绿岩 TAS 分类图

据 Middlemost(1994)

3.3　微量元素特征

由表 2 中所列数据可见,北大巴山地区辉绿岩稀土总量高,一般为 $96.9 \times 10^{-6} \sim 286.6 \times 10^{-6}$,平均值为 159.9×10^{-6}。岩石 $(La/Yb)_N$ 介于 $9.0 \sim 10.8$,平均值为 9.6,轻、重稀土分馏较为明显。$(Tb/Yb)_N$ 介于 $2.3 \sim 2.6$,平均值为 2.4。具微弱 Eu 正异常,Eu/Eu^* 值介于 $1.07 \sim 1.25$。

在球粒陨石标准化配分图(图 5a)中,本区辉绿岩显示为右倾负斜率轻稀土富集型配分模式,与典型的板内玄武岩稀土元素地球化学特征基本一致。在微量元素原始地幔标准化蛛网图(图 5b)中,所有样品都显示出富集强不相容元素 Ba、Sr、Nb 和 Ta 而亏损 Rb、K、Zr 和 Hf 的分布特点,总体上具有板内玄武岩微量元素的一般特征。

4　讨论

4.1　岩浆起源和源区性质

北大巴山早古生代辉绿岩墙具有明显的贫 SiO_2(< 45%)、富 Na_2O(> 1.5%)同时富 TiO_2(> 2%)及不相容元素的碱性岩浆特征。实验岩石学结果表明,在高压下地幔橄榄岩趋向于更低程度的部分熔融进而产生富碱贫硅的熔体(Kushiro,1996;Wasylenki et al.,2003),低程度熔体亦会导致大量强不相容元素进入熔体中。地幔橄榄岩的低程度熔融

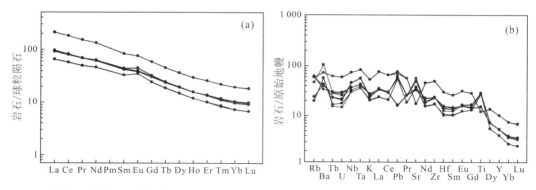

图 5　北大巴山辉绿岩稀土元素配分图解(a)和原始地幔标准化微量元素蛛网图(b)
球粒陨石标准化值据 Sun and McDonough(1989);原始地幔标准化值据 McDonough and Sun(1995)

可以解释南秦岭碱质基性岩脉富碱及富集不相容元素的特征;然而,Ti 为中度不相容元素,其在岩浆中的含量更多地受源区含量控制。正常的地幔橄榄岩(亏损地幔、原始地幔)中含有较低的 TiO_2,即使是极低程度的部分熔融也不能产生高钛的岩浆(Prytulak and Elliott,2007)。要产生富钛的岩浆,就需要源区含有特殊的富集组分(如辉石岩或角闪石岩)。在微量元素蛛网图中所有样品均出现 K 的负异常,暗示源区存在富钾角闪石或金云母的残留(Panter et al.,2006,2018;Sprung et al.,2007)。部分熔融实验结果表明,与角闪石平衡的熔体为钠质,而与金云母平衡的熔体则为富钾熔体(Médard et al.,2006;Pilet et al.,2008;Condamine and Médard,2014),南秦岭基性岩脉富钠($Na_2O/K_2O = 1.90\sim4.35$)的特征指示角闪石是更可能的源区组分。在地幔中,角闪石储存着大量的不相容元素(大离子亲石元素及高场强元素)和 Ti,源区存在角闪石也为南秦岭辉绿岩富集强不相容元素,富 Ti 及富 Nb、Ta 的特征提供了解释。黄月华等(1992)在南秦岭岚皋地区碱质基性-超基性潜火山杂岩中发现了含大量含水矿物的金云角闪辉石岩类捕房体,这些地幔捕房体的发现为南秦岭辉绿岩源区存在角闪石提供了支持。矿物学研究结果表明,角闪石及金云母等含水矿物具有较低的熔点,并不能在高温的软流圈地幔中稳定存在(Green et al.,2010),因此部分熔融发生于温度较低的岩石圈地幔内。

　　岩石中稀土元素的比值 La/Yb 及 Tb/Yb 的相关关系可以有效地判别岩浆起源的相对深度及熔融程度。在地幔部分熔融过程中,轻稀土与重稀土比值(La/Yb)主要受部分熔融程度控制,而中稀土与中稀土比值(Tb/Yb)则主要受控于源区是否残留石榴子石。为了确定岩浆的起源深度及部分熔融程度,本文采用了批次部分熔融模拟算法(Shaw,1970),源区成分采用岚皋地区角闪石岩捕房体,而部分熔融反应则参考了文献 Pilet et al.(2008)中的角闪石岩部分熔融实验结果。计算结果表明,南秦岭辉绿岩为尖晶石相角闪石岩高程度部分熔融产物(≈60%;图6)。部分熔融实验表明,角闪石会在固相线上约 50 ℃被完全耗尽(60%熔融),这与本文的模拟结果十分吻合,亦验证了计算结果的合理性。

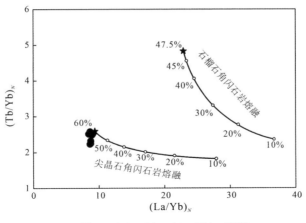

图 6 (Tb/Yb)$_N$-(La/Yb)$_N$ 图解

4.2 构造环境与大地构造意义

北大巴山辉绿岩富碱富钛及微量元素配分模式表现出板内碱性玄武岩的特征。在 Zr-Zr/Y 图解(图 7a)中,南秦岭地区辉绿岩样品落入板内玄武岩区域内。在 2Nb-Zr/4-Y 图解(图 7b)中,样品落在板内裂谷玄武岩区,这些特征表明南秦岭辉绿岩形成于板内构造环境。

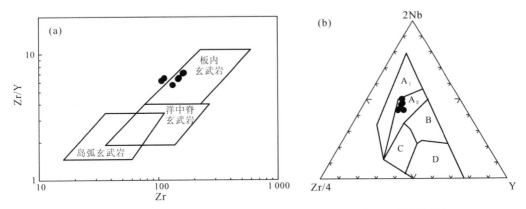

图 7 北大巴山辉绿岩 Zr-Zr/Y(a)和 2Nb-Zr/4-Y(b)构造环境判别图

A$_I$+A$_{II}$:板内碱性玄武岩;A$_{II}$+C:板内拉斑玄武岩;B:富集型洋中脊玄武岩;

D:N 型洋中脊玄武岩;C+D:火山弧玄武岩。

图 7a 据 Pearce(1982);图 7b 据 Meschede(1986)

南秦岭区域内早古生代岩浆活动主要由基性岩墙群(王存智等,2009;邹先武等,2011;陈虹等,2014)、碱性玄武岩(向忠金等,2010)及粗面岩(万俊等,2016)组成,其中后两者构成了该区域内双峰式火山岩组合(黄月华等,1992)。目前,对于这套南秦岭构造带南缘内广泛分布的碱性岩石组合的形成背景仍没有统一的认识。本文研究认为,北大巴山辉绿岩产自富角闪石的地幔源区,而富含角闪石的交代岩石圈地幔具有很低的熔点

（Foley et al.，1999），地幔柱活动背景下极高的地温不仅会诱发交代岩石圈地幔的熔融，同时会导致地幔橄榄岩的熔融从而产生大规模拉斑玄武岩系列。南秦岭早古生代的岩浆活动明显缺失大陆拉斑玄武岩系列，说明该套碱性岩浆并非大规模地幔柱活动产物。

　　北大巴山辉绿岩脉的野外产状体现了大规模顺层侵位的特点，而碱性岩浆脉体顺构造薄弱层侵位则与伸展或裂谷活动密切相关（Gudmundsson and Loetveit，2005；陈虹等，2014）。前人研究表明，自新元古代中期开始，南秦岭区及扬子北缘由总体的汇聚转向大规模的伸展裂解，代表了全球性的 Rodinia 超大陆裂解事件在中国大陆的响应（张国伟等，2001）。这一伸展拉张作用在南秦岭构造带内一直持续到早古生代末，表现为勉略缝合带和武当地块的新元古代中晚期基性岩墙群（Zhao and Asimow，2018），在其上又叠加了早古生代镁铁质岩脉（赵国春等，2003；Nie et al.，2016）。在北大巴山岚皋地区与火山岩互层的沉积岩中发现及丰富的笔石及牙形石化石，亦证明在早古生代南秦岭地区发育有富碳富硅裂谷盆地（雒昆利等，2001）。这些证据指示早古生代南秦岭地区处于大规模伸展裂陷背景下。交代的岩石圈地幔由于其富水富挥发分的特性具有较低的熔点，在岩石圈的伸展会导致岩石圈地幔中的"交代体"熔融从而产生富碱富钛的基性岩浆（Pilet，2015）。这些碱性熔体沿着断裂带侵入地壳并形成了南秦岭这条颇具规模的基性岩墙群带。

5　结　论

　　（1）南秦岭辉绿岩 LA-ICP-MS 锆石 U-Pb 年龄为 433~435 Ma，形成于早志留世晚期。

　　（2）主量元素及微量元素特征表明，南秦岭辉绿岩为富角闪石的岩石圈地幔高程度部分熔融产物。

　　（3）南秦岭地区早古生代碱性岩浆活动并非由地幔柱活动引发，而是在岩石圈伸展背景下受交代的岩石圈地幔低温下部分熔融形成。

参考文献

［1］Belica M E，Piispa E J，Meert J G，et al，2014. Paleoproterozoic mafic dyke swarms from the Dharwar craton；paleomagnetic poles for India from 2. 37 to 1. 88 Ga and rethinking the Columbia supercontinent ［J］. Precambrian Research，244：100-122.

［2］Chen Hong，Tian Mi，Wu Guoli，et al.，2014.The Early Paleozoic alkaline and mafic magmatic events in Southern Qinling Belt，Central China：Evidences for the break-up of the Paleo-Tethyan ocean［J］. Geological Review，60(6)，1437-1452 (in Chinese with English abstract).

［3］Condamine P，Médard E，2014. Experimental melting of phlogopite-bearing mantle at 1 GPa：Implications for potassic magmatism. Earth & Planetary Science Letters，397：80-92.

［4］Dong Y P，Santosh M，2016. Tectonic architecture and multiple orogeny of the Qinling Orogenic Belt，Central China［J］. Gondwana Research，29：1-40.

［5］ Foley S F，Musselwhite D S，van der Laan S R，1999. Melt compositions from ultramafic vein assemblages in the lithospheric mantle；a comparison of cratonic and non-cratonic settings［C］//Gurney J

J, Gurney J L, Pascoe M D, et al. The J B Dawson Volume: Proceedings of the 7th International Kimberlite Conference. Volume 1. Cape Town: Red Roof Design:238-246.

[6] Green D H, Hibberson W O, Kovács I, et al., 2010. Water and its influence on the lithosphere asthenosphere boundary[J]. Nature, 467:448-451.

[7] Griffin W L, Belousova E A, Shee S R, et al., 2004. Archean crustal evolution in the northern Yilgarn Craton:U-Pb and Hf-isotope evidence from detrital zircons[J]. Precambrian Research, 131 (3-4): 231-282.

[8] Gudmundsson A, Loetveit I F, 2005. Dyke emplacement in a layered and faulted rift zone[J].Journal of Volcanology and Geothermal Research,144(1-4):311-327.

[9] Hoskin P W O, Black L P, 2000. Metamorphic zircon formation by solid-state recrystallization of protolith igneous zircon[J]. Journal of Metamorphic Geology, 18(4):423-439.

[10] Huang Yuehua, Ren Youxiang, Xia Linqi, et al., 1992. Early Palaeozoic bimodel igneous suite on northern DABA mountains-Gaotan diabase and Haoping trachyte as examples [J]. Acta Petrologica Sinica, 3:243-256 (in Chinese with English abstract).

[11] Huang Yuehua, 1993. Mineralogical characteristics of phlogopite-amphibole-pyroxenite mantle xenoliths included in the alkali mafic-ultramafic subvolcanic complex from Langao county, China [J]. Acta Petrologica Sinica, 4:367-378 (in Chinese with English abstract).

[12] Kushiro I, 1996. Partial melting of a fertile peridotite at high pressure: An experimental study using aggregates of diamond[J]//Basu A, Hart S. Earth Processes:Reading the Isotope Code. Geophysical Monograph, American Geophysical Union, 95:109-122.

[13] Liu Ye, Liu X M, Hu Z C, et al., 2007. Evaluation of accuracy and long-term stability of determination of 37 trace elements in geological samples by ICP-MS[J]. Acta Petrologica Sinica, 23:1203-1210 (in Chinese with English abstract).

[14] Luo Kunli, Duan Muheshun, 2001. Timing of early Paleozoic basic igneous rocks in the Daba mountains [J]. Regional Geology of China, 8(3):262-266 (in Chinese with English abstract).

[15] McDonough W F, Sun S S, 1995. The composition of the Earth[J]. Chemical Geology, 120:223-253.

[16] Meschede M, 1986. A method of discriminating between different types of mid-ocean ridge basalts and continental thoeiites with the Nb-Zr-Y diagram[J]. Chemical Geology, 56:207-218.

[17] Médard E, Schmidt M W, Schiano P, et al., 2006. Melting of amphibole-bearing wehrlites: An experimental study on the origin of ultra-calcic nepheline-normative melts[J]. Journal of Petrology, 47: 481-504.

[18] Middlemost E A K, 1994. Naming materials in the magma/igneous rock system[J]. Earth-Science Reviews, 37:215-224.

[19] Nie H, Wan X, Zhang H, et al., 2016. Ordovician and Triassic mafic dykes in the Wudang terrane: Evidence for opening and closure of the South Qinling ocean basin, central China[J]. Lithos,266-267: 1-15.

[20] Panter K S, Blusztajn J, Hart S, et al., 2006. The origin of HIMU in the SW Pacific: Evidence from intraplate volcanism in Southern New Zealand and Subantarctic Islands[J]. Journal of Petrology, 47: 1673-1704.

[21] Panter K S, Castillo P, Krans S, et al., 2018. Melt origin across a rifted continental margin: A case for subduction-related metasomatic agents in the lithospheric source of alkaline basalt, northwest Ross Sea, Antarctica[J]. Journal of Petrology, 59:517-558.

[22] Pearce J A, 1982. Trace element characteristics of lavas from destructive plate boundaries[M]//Thorpe R S.Andesite:Orogenic Andesite and Related Rocks. New York:John Wiley:525-548.

[23] Pilet S, 2015. Generation of low-silica alkaline lavas: Petrological constraints, models and thermal implications[J]//Foulger G R, Lustrino M, King S. The Interdisciplinary Earth:In Honor of Don L. Anderson. Geological Society of America, Special Papers,514:514-517.

[24] Pilet S, Baker M B, Stolper E M, 2008. Metasomatized lithosphere and the origin of alkaline lavas[J]. Science, 320:916-919.

[25] Prytulak J, Elliott T, 2007. TiO_2 enrichment in ocean island basalts[J]. Earth & Planetary Science Letters, 263:388-403.

[26] Shaw D M, 1970. Trace element fractionation during anatexis[J]. Geochimica et Cosmochimica Acta, 34:237-243.

[27] Sprung P, Schuth S, Münker C, et al., 2007. Intraplate volcanism in New Zealand: The role of fossil plume material and variable lithospheric properties[J]. Contributions to Mineralogy and Petrology, 153:669-687.

[28] Sun S S, McDonough W F. 1989. Chemical and isotopic systematics of oceanic basalts: Implications for mantle composition and processes [J]. Geological Society, London, Special Publications, 42(1):313-345.

[29] Wan Jun, Liu C X, Yang C, et al., 2016. Geochemical characteristics and LA-ICP-MS zircon U-Pb age of the trachytic volcanic rocks in Zhushan area of Southern Qinling Mountains and their significance[J]. Geological Bulletin of China, 35(7):1134-1143 (in Chinese with English abstract).

[30] Wang Cunzhi, Yang Kunguang, Xu Yang, et al., 2009. Geochemistry and LA-ICP-MS zircon U-Pb age of basic dike swarms in north DABA mountains and its tectonic significance [J]. Geological Science and Technology Information, 28(3):19-26 (in Chinese with English abstract).

[31] Wang K M, Wang Z Q, Zhang Y L,et al., 2015. Geochronology and Geochemistry of Mafic Rocks in the Xuhe, Shaanxi, China: Implications for Petrogenesis and Mantle Dynamics[J]. Acta Geologica Sinica (English Edition),89:187-202.

[32] Wang Zongqi, Yan Quanren, Yan Zhen, et al., 2009. New division of the main tectonic units of the Qinling orogenic belt, Central China[J]. Acta Geologica Sinca, 83(11):1527-1546 (in Chinese with English abstract).

[33] Wasylenki L E, Baker M B, Kent A J R, et al., 2003. Near-solidus melting of the shallow upper mantle: Partial melting experiments on depleted peridotite[J]. Journal of Petrology, 44:1163-1191.

[34] Xia Linqi, Xia Zuchun, Zhang Cheng, et al., 1994. Petro-geochemistry of Alkali Mafic-ultramafic Subvolcanic Complex in Northern Daba Mountains[M]. Beijing:Geological Publishing House:62-95.

[35] Xiang Zhongjin, Yan Quanren, Song Bo, et al., 2016. New Evidence for the Ages of Ultramafic to Mafic Dikes and Alkaline Volcanic Complexes in the North Daba Mountains and Its Geological Implication[J]. Acta Geologica Sinica, 90(5) (in Chinese with English abstract).

[36] Xiang Zhongjin, Yan Quanren, Yan Zhen, et al., 2010. Magma source and tectonic setting of the porphyritic alkaline basalts in the Silurian Taohekou Formation, North Daba Mountain: Constraints from the geochemical features of pyroxene phenocrysts and whole rocks[J]. Acta Petrologica Sinica, 26(4): 1116-1132 (in Chinese with English abstract).

[37] Xu J F, Castillo P R, Li X H, et al., 2002. MORB-type rocks from the Paleo-Tethyan Mian-Lueyang northern ophiolite in the Qinling Mountains, central China: Implications for the source of the low $^{206}Pb/^{204}Pb$ and high $^{143}Nd/^{144}Nd$ mantle component in the Indian Ocean[J]. Earth & Planetary Science Letters, 198:323-337.

[38] Xu Xueyi, Huang Yuehua, Xia Linqi, et al., 1996. Characterstics of phlogopite-amphibole pyroxenite xenoliths from Langao Country, Shaanxi Province [J]. Acta Petrologica and Miberalogica (in Chinese with English abstract).

[39] Xu Xueyi, Huang Yuehua, Xia Linqi, et al., 1997. Phlogopite-amphibole-pyroxenite xenoliths in Langao, Shaanxi Province, China: Evidence for mantle metasomatism[J]. Acta Petrologica Sinica, 16(4):318-329 (in Chinese with English abstract).

[40] Xu Xueyi, Xia Linqi, Xia Zuchun, et al., 2001. Geochemical Characteristics and Petrogenesis of the Early Paleozoic Alkali Lamprophyre Complex from Langao County[J]. Acta Geosicientia Sinica, 22(1): 55-106 (in Chinese with English abstract).

[41] Yuan H L, Gao S, Liu X M, et al., 2010. Accurate U-Pb age and trace element determinations of zircon by Laser Ablation-Inductively Coupled Plasma-Mass Spectrometry[J]. Geostandards & Geoanalytical Research, 28(3):353-370.

[42] Zhang Chengli, Gao Shan, Yuan Honglin, et al., 2007. Sr-Nd-Pb isotopes of the Early Paleozoic mafic-ultramafic dykes and basalts from South Qinling belt and their implications for mantle composition[J]. Science in China: Series D, 37(7):857-865 (in Chinese with English abstract).

[43] Zhang Chengli, Gao Shan, Zhang Guowei, et al., 2002. Geochemistry of early Paleozoic alkali dyke swarms in south Qinling and its geological significance [J]. Science in China: Series D, 32(10):819-829 (in Chinese with English abstract).

[44] Zhang G S, Liu S W, Han W H, Zheng H Y, 2017. Baddeleyite U-Pb age and geochemical data of the mafic dykes from South Qinling: Constraints on the lithospheric extension[J]. Geological Journal, 52: 272-285.

[45] Zhang Guowei, Meng Qingren, Yu Zaiping, et al., 1996. Orogenesis and dynamics of the Qinling Orogen [J]. Science in China: Series D, 39(3):225-234 (in Chinese with English abstract).

[46] Zhang Guowei, Zhang Benren, Yuan Xuecheng, et al., 2001. Qinling Orogenic Belt and Continental Dynamics[M]. Beijing: Science Press: 1-855 (in Chinese with English abstract).

[47] Zhao Guochun, Hu Jianmin, Meng Qingren, 2003. Geochemistry of the basic sills in the western Wudang block: The evidences of the Paleozoic underplating in south Qingling [J]. Acta Petrologica Sinica, 19(4):612-522 (in Chinese with English abstract).

[48] Zhao J H, Asimow P D, 2018. Formation and evolution of a magmatic system in a rifting continental margin: The Neoproterozoic arc- and MORB-like dike swarms in South China[J]. Journal of Petrology, 59:1811-1844.

[49] Zou Xianwu, Duan Qifa, Tang Chaoyang, et al., 2011. SHRIMP zircon U-Pb dating and lithogeochemical characteristics of diabase from Zhenping area in North Daba Mountain[J]. Geology in China, 38(2):282-291.

[50] 陈虹,田蜜,武国利,等,2014.南秦岭构造带内早古生代碱基性岩浆活动:古特提斯洋裂解的证据 [J].地质论评,60(6):1437-1452.

[51] 黄月华,任有祥,夏林圻,等,1992.北大巴山早古生代双模式火成岩套:以高滩辉绿岩和蒿坪粗面岩为例[J].岩石学报,3:243-256.

[52] 黄月华,1993.岚皋碱性镁铁-超镁铁质潜火山杂岩中金云角闪辉石岩类地幔捕虏体矿物学特征[J].岩石学报,4:367-378.

[53] 刘晔,柳小明,胡兆初,等,2007.ICP-MS测定地质样品中37个元素的准确度和长期稳定性分析[J].岩石学报,(5):1203-1210.

[54] 雒昆利,端木和顺,2001.大巴山区古生代基性火成岩的形成时代[J].中国区域地质,8(3):262-266.

[55] 万俊,刘成新,杨成,等,2016.南秦岭竹山地区粗面质火山岩地球化学特征、LA-ICP-MS锆石U-Pb年龄及其大地构造意义[J].地质通报,35(7):1134-1143.

[56] 王存智,杨坤光,徐扬,等,2009.北大巴山基性岩墙群地球化学特征、LA-ICP-MS锆石U-Pb定年及其大地构造意义[J].地质科技情报,28(3):19-26.

[57] 王宗起,闫全人,闫臻,等,2009.秦岭造山带主要大地构造单元的新划分[J].地质学报,83(11):1527-1546.

[58] 夏林圻,夏祖春,张诚,等,1994.北大巴山碱质基性-超基性潜火山杂岩岩石地球化学[M].北京:地质出版社:62-75.

[59] 向忠金,闫全人,闫臻,等,2010.北大巴山志留系滔河口组碱质斑状玄武岩的岩浆源区及形成环境:来自全岩和辉石斑晶地球化学的约束[J].岩石学报,26(4):1116-1132.

[60] 徐学义,黄月华,夏林圻,等,1997.岚皋金云角闪辉石岩类捕虏体:地幔交代作用的证据[J].岩石学报,13(1):1-13.

[61] 徐学义,黄月华,1996.岚皋金云角闪辉石岩类捕虏体特征[J].岩石矿物学杂志,(3):193-202.

[62] 徐学义,夏林圻,夏祖春,等,2001.岚皋早古生代碱质煌斑杂岩地球化学特征及成因探讨.地球学报,22(1):55-61.

[63] 张成立,高山,袁洪林,等,2007.南秦岭早古生代地幔性质:来自超镁铁质、镁铁质岩脉及火山岩的Sr-Nd-Pb同位素证据[J].中国科学:D辑,37(7):857-865.

[64] 张成立,高山,张国伟,等,2002.南秦岭早古生代碱性岩墙群的地球化学及其意义[J].中国科学:D辑,32(10):819-829.

[65] 张国伟,孟庆任,于在平,等,1996.秦岭造山带的造山过程及其动力学特征.中国科学:D辑,地球科学,26(3):193-200.

[66] 张国伟,张本仁,袁学诚,等,2001.秦岭造山带与大陆动力学.北京:科学出版社:1-885.

[67] 赵国春,胡健民,孟庆任,2003.武当地块西部席状基性侵入岩群地球化学特征:南秦岭古生代底侵作用的依据[J].岩石学报,19(4):612-622.

[68] 邹先武,段其发,汤朝阳,等,2011.北大巴山镇坪地区辉绿岩锆石SHRIMP U-Pb定年和岩石地球化学特征[J].中国地质,38(2).

北大巴山紫阳-岚皋地区碱性粗面岩地球化学特征:与辉绿岩的成因联系[①②]

杨 航 赖绍聪[③] 秦江锋

摘要: 南秦岭北大巴山地区发育大量早古生代碱性粗面-正长岩和碱性玄武-辉绿岩组合,构成了一套双峰式火山岩。前人的研究主要集中在这套岩石的镁铁质端元上,目前关于长英质端元的成因机制及构造环境仍存在争议。本次研究对北大巴山紫阳-岚皋地区早古生代粗面岩进行了主、微量元素分析,结果显示样品高硅($SiO_2 > 58.7\%$)、富碱($K_2O > 3.84\%$,$Na_2O > 4.18\%$)、低镁($MgO = 0.06\% \sim 1.45\%$)和钛($TiO_2 = 0.80\% \sim 1.08\%$),表明粗面岩经历了较高程度的演化。样品富集轻稀土元素(LREE)和大离子亲石元素(LILE),具有轻微 Eu 负异常到正异常的变化($\delta Eu = 0.76 \sim 1.77$),Sr 强烈亏损,指示了长石的分离结晶作用。地球化学特征和 MELTS 软件模拟结果显示,粗面岩并非地壳物质的部分熔融成因,而是来自地幔岩浆的分离结晶作用。综合区域上年代学、同位素地球化学和构造地质学资料,粗面岩与同区辉绿岩在时空分布、同位素组成方面具有一致性,在元素变化与矿物组合方面具有连续性。因此,本文认为,北大巴山紫阳-岚皋地区早古生代粗面岩和辉绿岩都来源于上地幔初始玄武质岩浆的分异,是大陆裂谷背景下同源岩浆经历不同程度演化的结果。软流圈中广泛存在的热对流事件可能是导致板块裂解的重要原因。

碱性岩是地壳中分布较为稀少且产出环境独特的一类岩石,在化学成分上通常硅酸不饱和(少数轻微硅酸过饱和)、富碱质(K_2O+Na_2O)和不相容元素,具有独特的矿物组合和同位素组成。研究表明,碱性岩通常形成于拉张背景,物质来源于较深部的上地幔(Tschegg et al., 2011;Hagen and Cottle, 2016),因此能够提供地球深部的物质组成、演化、地球动力学、构造和物理化学环境等重要信息(Simonetti et al., 1998;Dunworth and Bell, 2001;Zheng et al., 2001),为探索地球更深部环境提供了有效途径。

北大巴山地区位于南秦岭造山带与四川盆地的过渡地区。在北大巴山紫阳-岚皋地区分布有大量早古生代碱性岩浆作用形成的岩脉(墙)群,张成立等(2002, 2007)认为其

① 原载于《大地构造与成矿学》,2021,45(2)。
② 国家自然科学基金项目(41772052)资助。
③ 通讯作者。

是勉略洋扩张初期地幔在伸展状态下发生部分熔融的重要产物。碱性侵入岩的成分从碱性辉绿岩到正长岩变化,并有少量火山岩(碱性玄武岩和粗面岩)。深入研究这些碱性岩浆岩,是揭开勉略洋初始扩张过程及其深部动力学机制的关键。然而,先前的工作主要集中在该套双峰式火山岩的镁铁质端元上,关于粗面-正长岩类的成因机制尚缺乏深入研究且存在争议。一些学者提出,北大巴山地区粗面岩来源于初始玄武质岩浆的分离结晶作用,与区域上镁铁质端元岩石可能具有潜在的成因联系(滕人林和李育敬,1990;李夫杰,2009;Wang et al.,2017);也有学者认为,粗面岩的同位素组成和矿物特征指示了较浅的岩浆源区,是俯冲导致的增厚下地壳部分熔融的产物(王刚,2014)。前人对该套双峰式火山岩形成的构造环境亦存在诸多分歧:张成立等(2002)提出,早古生代北大巴山地区的地幔柱活动是导致勉略洋扩张的主要原因;邹先武等(2011)认为,北大巴山地区处于拉张状态下的大陆裂谷环境;王坤明(2014)则认为,区域上早古生代为与俯冲活动相关弧后盆地环境。

为了解决以上分歧,本文在前人研究的基础上,通过对紫阳-岚皋地区的粗面岩进行主、微量元素地球化学分析,结合区域上相关辉绿岩资料与 MELTS 模拟结果,探讨粗面岩的岩浆成因、形成的构造环境以及与区域上辉绿岩的成因联系,为北大巴山地区早古生代大陆的裂解以及勉略洋盆的扩张机制提供新思路。

1 区域地质概况及岩相学特征

秦岭造山带为华北板块与扬子板块汇聚碰撞形成的复合型造山带(图 1a),西与昆仑造山带相连,东与大别-苏鲁三叠纪超高压变质带相连,构成了我国中央造山带(张国伟等,1996;易鹏飞等,2017)。秦岭造山带沿商丹断裂带可分为北秦岭和南秦岭造山带。其中,北秦岭造山带广泛发育古生代岛弧型岩浆作用和变质作用(Sun et al.,2002;路凤香,2006),而南秦岭造山带是华北板块与扬子板块会聚、增生、碰撞过程的主要场所(王宗起等,2009),以大范围发育三叠纪花岗质岩浆为特征(Mattauer et al.,1985;Dong et al.,2011)。

作为南秦岭构造带的重要组成部分,北大巴山以城口-房县断裂为南界、以安康断裂为北界,东西两侧分别为武当山隆起和汉南杂岩体(图 1a)。区域内出露的地层主要为寒武系-奥陶系黑色硅质岩、碳质灰岩、碳质泥岩和薄层灰岩组合(王刚,2014)。北大巴山地区碱性火山作用十分发育,除局部出露少量与正长岩伴生的火成碳酸岩外(Xu et al.,2015),粗面岩类、碱性玄武岩类及相关火山碎屑岩岩石组合最发育(郭现轻等,2017)。北大巴山紫阳-岚皋地区碱性岩脉(墙)群大多呈北西向展布(图 1b),与区域构造线方向一致,向东可延伸至鄂西北的竹溪等地。已有研究表明,这些岩石主要以岩脉(墙)群及小规模岩床形式产出,岩石组成比较复杂,主要有两套岩石组合类型:①辉绿岩-碱性辉绿岩组合。岩石类型包括橄榄辉绿岩、二长辉绿岩、石英辉绿岩、辉长辉绿岩、碱性辉绿岩、碱性辉长辉绿岩等,侵入早古生代地层中。在一些辉绿质基性岩脉中发现有地幔交代作用成因的金云角闪辉石岩捕房体,软流圈地幔热流的上升可能是导致区域热异常以

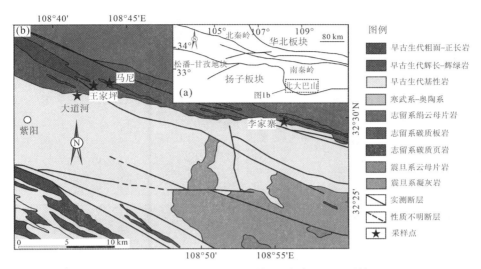

图 1　秦岭造山带(a)和北大巴山紫阳-岚皋地区地质简图(b)
图1a 据向忠金等(2016)修改;图1b 根据1:20 000 紫阳幅地质图简化

及形成这种独特捕房体的主要因素(徐学义等, 1997)。②正长岩-粗面岩组合。主要岩石类型有正长岩、碱性正长岩、楣石粗面岩、黑云粗面岩、石英粗面岩、钠闪粗面岩、钠闪黑云粗面岩等, 偶见粗面质火山碎屑岩类, 主要产出于奥陶纪-志留纪地层中(王云斌, 2007;李夫杰, 2009;张欣, 2010)。

北大巴山紫阳-岚皋地区粗面岩的手标本呈灰色-灰黑色斑状结构,块状构造。显微镜下可以看到基质中的钾长石微晶呈大致平行排列并绕过钾长石斑晶,具典型的粗面结构(图2)。斑晶主要为自形程度高的钾长石(80%)和斜长石(10%),还有少量的黑云母(5%)、磷灰石(3%)以及黄铁矿(2%)。钾长石自形程度较好,呈板条状和长柱状,发育卡式双晶,粒径较大(长度可达1 cm)。斜长石粒径较小,发育聚片双晶。磷灰石具有比长石更高的突起,自形柱状,具有一组不完全的解理。基质主要由半自形-他形的钾长石、黑云母以及不透明矿物组成。

2　实验方法

样品的主、微量元素分析均在西北大学大陆动力学国家重点实验室完成。在进行元素地球化学测试前,对野外采集的新鲜样品进行详细的岩相学观察,选择没有脉体贯入的样品进行主、微量元素分析。首先将岩石样品洗净、烘干,用小型颚式破碎机破碎至粒度5.0 mm 左右,然后用玛瑙研钵托盘在振动式碎样机中碎至200 目以下。主量元素分析采用XRF 法完成,分析精度一般优于5%。微量元素样品在高压溶样弹中用 HNO_3 和HF 混合酸溶解2 d 后,用 VG Plasma-Quad ExCell ICP-MS 完成测试,对美国地质调查局(USGS)国际标准参考物质 BHVO-1(玄武岩)、BCR-2(玄武岩)和 AGV-1(安山岩)的同步分析结果表明,微量元素分析的精度一般优于10%,详细的分析流程见文献(刘晔等,2007)。

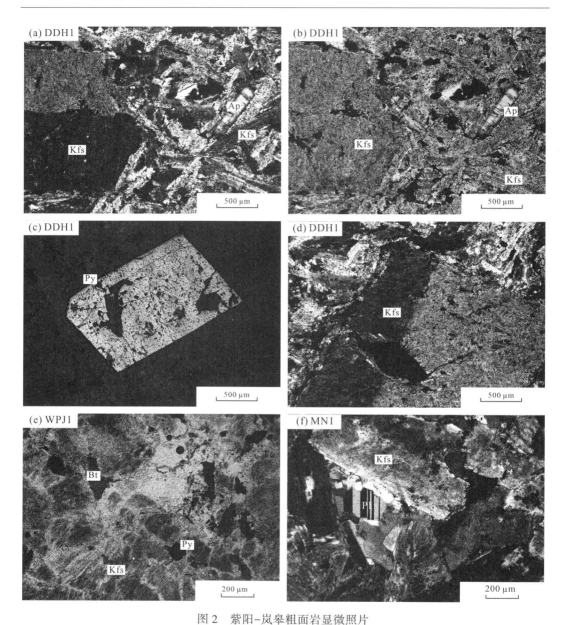

图 2　紫阳-岚皋粗面岩显微照片

（a）钾长石卡式双晶（正交偏光）；（b）磷灰石（单偏光）；（c）黄铁矿（反射光）；（d）粗面结构（正交偏光）；
（e）黑云母，黄铁矿（单偏光）；（f）斜长石聚片双晶（正交偏光）。
Kfs:钾长石；Ap:磷灰石；Py:黄铁矿；Bt:黑云母；Pl:斜长石

3　地球化学特征

北大巴山紫阳-岚皋地区粗面岩的主、微量元素含量见表 1。粗面岩样品具有高 SiO_2（58.76% ~ 66.75%）、Na_2O（4.06% ~ 7.77%）和 K_2O（5.03% ~ 9.08%）含量，低 MgO（0.06% ~ 1.45%）、TiO_2（0.80% ~ 1.08%）和 CaO（0.07% ~ 3.51%）含量，指示样品经历了

表1 紫阳-岚皋粗面岩主量元素(%)和微量元素(×10⁻⁶)分析结果

样 号	MN1-1	MN1-2	MN3-1	MN3-2	MN4-1	WJP1-1	WJP1-2	WJP1-2*	LJZ1-1	LJZ2-1	LJZ2-2	DDH1-1	DDH1-2	DDH1-3
岩体	马尼岩体					王家坪岩体			李家寨岩体			大河道岩体		
SiO_2	64.75	64.70	65.49	65.90	66.75	63.34	62.75	62.82	63.98	58.88	58.76	63.16	63.30	63.66
TiO_2	1.02	1.03	1.08	0.80	0.83	0.99	0.98	1.00	0.88	0.86	0.88	1.05	1.06	1.03
Al_2O_3	17.58	17.49	18.39	18.67	15.85	17.94	18.00	18.00	17.33	16.08	16.11	17.12	17.20	16.85
$Fe_2O_3^T$	1.32	1.30	0.94	0.56	1.96	2.89	3.04	3.05	2.19	3.62	3.64	2.98	3.02	3.12
MnO	0.08	0.08	0.12	0.08	0.05	0.14	0.14	0.15	0.00	0.28	0.28	0.12	0.11	0.11
MgO	0.16	0.16	0.11	0.06	1.04	0.92	0.96	0.96	0.12	1.45	1.39	1.05	1.05	0.97
CaO	0.35	0.35	0.33	0.27	0.68	0.45	0.46	0.46	0.07	3.51	3.51	1.13	1.13	1.07
Na_2O	4.10	4.06	7.77	7.65	4.67	5.82	5.73	5.77	6.60	5.43	5.40	5.48	5.43	5.41
K_2O	9.08	9.06	5.03	5.51	6.33	5.95	6.13	6.15	5.58	6.29	6.28	5.73	5.78	5.41
P_2O_5	0.23	0.22	0.19	0.18	0.16	0.23	0.24	0.23	0.04	0.18	0.17	0.25	0.25	0.26
LOI	0.94	1.23	0.35	0.44	1.21	1.25	1.38	1.37	2.89	3.29	3.15	1.63	1.48	1.61
Total	99.61	99.68	99.80	100.12	99.53	99.92	99.81	99.96	99.68	99.87	99.57	99.70	99.81	99.50
Li	2.00	1.99	2.04	0.76	24.47	30.55	33.85	33.66	3.14	22.90	25.42	16.19	16.98	15.38
Be	1.41	1.45	1.23	1.16	2.17	1.72	1.92	1.89	1.13	2.10	4.56	1.21	1.24	0.83
Sc	2.82	2.94	3.64	2.93	4.62	2.85	3.20	3.15	3.04	3.77	3.93	5.02	5.26	4.62
V	15.8	15.9	39.3	23.7	55.0	22.9	25.0	24.7	28.2	28.1	32.7	53.9	55.5	50.9
Cr	1.50	1.61	0.80	1.15	2.08	1.75	1.36	1.37	2.30	0.99	0.74	2.01	1.91	1.95
Co	32.4	33.1	34.2	50.8	108	54.1	51.2	50.7	82.1	18.9	14.7	41.2	41.0	36.1
Ni	3.59	3.74	0.64	0.76	4.49	7.70	3.71	3.58	2.37	0.64	0.60	1.29	1.46	1.27
Cu	2.60	2.90	3.00	2.80	13.90	2.71	2.78	2.88	2.65	4.24	3.55	5.08	4.09	5.98
Zn	255.0	260.0	19.5	62.9	120.0	114.0	110.0	111.0	14.4	109.0	153.0	48.1	77.4	88.6
Ga	30.8	31.4	41.8	36.6	33.8	24.0	25.1	24.9	36.2	36.4	36.9	30.2	30.4	29.8
Ge	1.24	1.27	1.83	1.05	2.03	1.30	1.41	1.42	1.26	2.03	2.11	2.07	2.16	1.56
Rb	87.6	88.9	63.0	65.2	101	66.7	71.4	70.2	76.3	114.0	119.0	62.5	68.8	61.9
Sr	107	109	192	176	123	153	146	144	39.0	512	487	141	141	154
Ba	1 353	1 370	2 089	2 327	3 492	1 785	1 827	1 815	1 348	1 307	1 290	1 681	1 620	1 724
Cs	1.98	1.98	1.21	0.72	5.97	4.39	4.69	4.61	0.49	6.62	7.65	3.29	4.16	3.18
Y	33.9	34.7	54.3	51.3	65.8	24.2	26.0	25.6	25.1	55.1	57.8	36.9	35.8	31.8

续表

样号	MN1-1	MN1-2	MN3-1	MN3-2	MN4-1	WJP1-1	WJP1-2	WJP1-2*	LJZ1-1	LJZ2-1	LJZ2-2	DDH1-1	DDH1-2	DDH1-3
岩体	马尼岩体					王家坪岩体			李家寨岩体			大河道岩体		
Zr	411	414	971	914	1 201	280	280	283	689	789	863	330	340	325
Hf	9.49	9.58	22.33	21.00	27.67	6.50	6.53	6.59	15.11	17.10	18.90	7.60	7.86	7.52
Nb	99.1	100.0	190.0	166.0	275.0	69.2	71.6	70.6	121.0	160.0	185.0	91.0	91.8	83.2
Ta	6.17	6.24	13.0	11.1	15.3	4.83	5.01	4.91	8.46	10.6	11.5	5.38	5.47	5.16
Pb	6.69	6.71	1.17	1.05	4.44	9.39	21.52	20.70	5.39	6.70	7.12	1.55	1.63	1.23
Th	7.30	7.40	17.3	12.2	24.3	5.44	5.86	5.79	11.6	14.3	15.6	6.71	6.89	6.57
U	2.04	2.08	3.92	3.93	7.41	1.81	3.87	3.82	3.02	3.48	3.78	1.79	1.91	1.74
La	79.02	79.78	187.05	36.60	58.75	53.54	74.74	72.61	104.36	128.66	135.65	81.18	84.24	62.19
Ce	160.15	164.25	380.98	76.70	126.12	110.95	151.42	148.16	209.22	260.10	275.42	166.36	173.75	131.05
Pr	20.20	20.33	43.74	9.68	15.09	13.39	17.92	17.41	22.97	29.13	31.00	19.95	20.77	16.19
Nd	78.49	79.42	164.15	37.52	59.01	52.29	69.40	66.91	82.91	107.74	114.39	79.57	81.77	65.16
Sm	13.37	13.57	25.63	9.05	12.87	8.77	11.14	10.83	12.07	17.61	18.80	13.86	14.19	12.17
Eu	4.43	4.49	5.77	2.90	3.71	4.79	5.59	5.43	3.08	4.82	5.33	6.14	6.30	6.30
Gd	10.76	10.96	19.39	9.83	12.27	7.38	8.87	8.67	8.19	14.28	15.58	11.62	11.77	10.24
Tb	1.44	1.47	2.48	1.84	1.96	1.00	1.12	1.10	0.86	2.04	2.22	1.55	1.55	1.36
Dy	7.56	7.63	12.67	11.14	12.04	5.26	5.77	5.65	4.32	11.29	11.99	8.19	8.06	7.08
Ho	1.34	1.35	2.20	2.10	2.50	0.94	1.00	0.99	0.84	2.04	2.14	1.44	1.39	1.23
Er	3.46	3.50	5.86	5.55	7.38	2.45	2.61	2.58	2.70	5.45	5.72	3.63	3.48	3.10
Tm	0.47	0.48	0.83	0.79	1.15	0.33	0.35	0.35	0.44	0.75	0.79	0.48	0.46	0.41
Yb	2.75	2.81	5.01	4.69	7.31	2.00	2.08	2.09	2.96	4.42	4.71	2.72	2.68	2.41
Lu	0.39	0.39	0.71	0.67	1.08	0.29	0.29	0.29	0.46	0.62	0.67	0.37	0.37	0.35
ΣREE	383.82	390.45	856.48	209.06	321.24	263.36	352.32	343.07	455.39	588.95	624.40	397.05	410.78	319.23
LREE	355.7	361.9	807.3	172.5	275.5	243.7	330.2	321.4	434.6	548.1	580.6	367.1	381.0	293.1
HREE	28.2	28.6	49.2	36.6	45.7	19.6	22.1	21.7	20.8	40.9	43.8	30.0	29.8	26.2
$(La/Yb)_N$	20.62	20.39	26.78	5.59	5.77	19.23	25.82	24.87	25.25	20.87	20.67	21.40	22.56	18.51
δEu	1.09	1.09	0.76	0.93	0.89	1.77	1.66	1.66	0.89	0.90	0.92	1.44	1.45	1.68

* 为重复样品。

较高程度的演化。样品的里特曼指数 δ 为 $5.09\sim8.66$，属碱性岩系列。在火山岩 TAS 图解（图 3）中，样品落入碱性粗面岩系列。在主量元素哈克图解（图 4）中，随着 SiO_2 含量升高，从辉绿岩到粗面岩的 MgO、$Fe_2O_3^T$、CaO 和 TiO_2 含量具有相似的线性降低趋势，Al_2O_3、Na_2O 和 K_2O 随着 SiO_2 含量升高呈近似线性升高趋势，暗示分离结晶作用可能在岩浆演化中起主导作用。从辉绿岩端元到粗面岩端元可能经历了橄榄石、单斜辉石、Fe-Ti 氧化物、磷灰石的分离结晶。

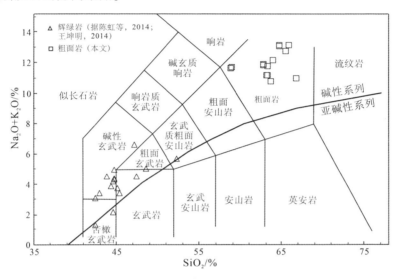

图 3 紫阳−岚皋粗面岩 TAS 图解

粗面岩样品的稀土元素含量高且变化范围大（$\sum REE = 209.06\times10^{-6}\sim856.48\times10^{-6}$），明显富集轻稀土元素（图 5a），具有高的 $(La/Yb)_N$ 值。王家坪（WJP）岩体和大道河（DDH）岩体的样品具有明显的 Eu 正异常（$\delta Eu = 1.44\sim1.77$），指示源区可能存在斜长石的堆晶。其余样品显示出 Eu 负异常到弱正异常的变化（$\delta Eu = 0.76\sim1.09$），结合样品镜下观察的特征（存在少量斜长石），说明斜长石在岩浆演化过程中经历了一定程度的分离结晶作用。

在微量元素蛛网图（图 5b）中，粗面岩与辉绿岩表现出相似的分布特征，而 Zr 和 Hf 含量存在较大的差异。粗面岩样品与辉绿岩都具有异常明显的 Ba 正异常，反映了岩浆源区可能经历了某种富集 Ba 的流体交代作用（张成立等，2007）；粗面岩样品中 Pb 的变化范围亦很大，同样指示了流体作用的参与。样品中 Sr 表现出明显的亏损，由于 Sr 在钾长石中表现为相容性（White et al.，2003），故推测钾长石的分离结晶可能是导致样品 Sr 亏损的主要原因。粗面岩样品中普遍存在的钾长石斑晶（图 2）亦证实了这一推论。

4 讨论

4.1 岩浆成因

地幔橄榄岩直接部分熔融难以产生 SiO_2 含量大于 55% 的岩浆（Baker et al.，1995），

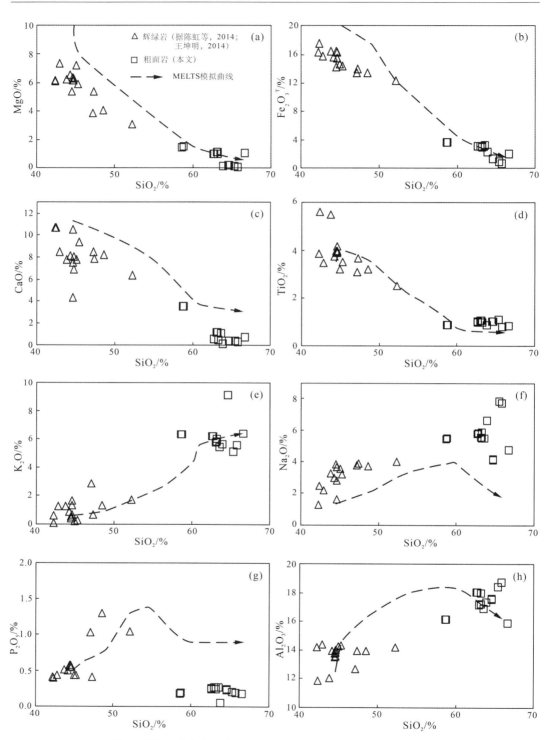

图 4　紫阳-岚皋粗面岩主量元素哈克图解及 MELTS 模拟结果

辉绿岩数据引自陈虹等(2014)和王坤明(2014)

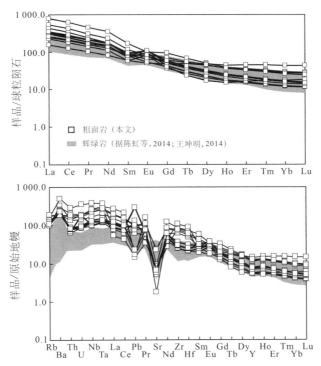

图5 紫阳-岚皋粗面岩球粒陨石标准化稀土元素配分模式图(a)
和原始地幔标准化微量元素蛛网图(b)

球粒陨石标准化值据 Sun and McDounqh(1989);原始地幔标准化值据 McDonough and Sun(1995)

目前关于粗面岩的成因主要有以下几种认识:①基性端元的幔源镁铁质岩浆分离结晶(Skridlaite et al., 2003;Peccerillo et al., 2007;Lucassen et al., 2013)。在这种情况下基性端元与中酸性端元火山岩来自相同的母岩浆并显示出相似的微量元素和同位素特征。②高压环境下增厚下部地壳部分熔融作用产生(Trua et al., 1999;Su et al., 2007;孟凡超等, 2013)。③幔源镁铁质岩浆与壳源花岗质岩浆混合产生(Zhao, 1995;Mingram et al., 2000;Avanzinelli et al., 2004;Chen et al., 2012)。

普通的地壳岩石经过部分熔融作用难以形成粗面质岩浆(Montel and Vielzeuf, 1997;Litvinovsky et al., 2000),但实验岩石学证据表明,下地壳在高压(>1.5 GPa)条件下部分熔融可以产生粗面质岩浆(孟凡超等, 2013),要求构造环境为增厚的下地壳(Wylllie, 1977)。前人研究得出紫阳-岚皋地区粗面岩年龄集中在 410~430 Ma(王刚, 2014),属于早古生代。区域内同时代构造活动资料显示,北大巴山地区碱性岩体为勉略洋扩张初期的产物(张成立等,2007),当时研究区整体处于伸展状态,压力较低,缺乏增厚下地壳及其熔融产物的记录。北秦岭地区一些具有高 Sr/Y 比值的埃达克质花岗岩,被认为产生于增厚下地壳背景(张宏飞等,2007)。然而,北大巴山地区粗面岩在主、微量元素和同位素组成上与其表现出较大的差异,指示二者在成因上无明显相似性。此外,研究区粗面岩的微量元素分布亦不符合壳源岩浆的特征。粗面岩的 Nb/U 比值除了 WJP1-2 样品小于 20 之外,其余均分布在 37.1~48.8 范围内,平均为 44.2,该值与原始地幔(34)以及洋岛玄武岩(46)的 Nb/U 比值较为接近,远远高于大陆地壳值(9.7;Sun and McDonough,1989;Rudnick and Fountain,1995)。Ce/Pb 比值亦可以作为区分地壳与地幔物质的标志,地幔具有高的 Ce/Pb 比值,而地壳的 Ce/Pb 比值通常<5(Wedepohl,1995),紫阳-岚皋粗面岩具有极高的 Ce/Pb 比值(平均 56.2)。这些特征均说明,粗面岩浆几乎没有地壳组分加入,并非起源于地壳或是壳幔岩浆混合。

综上所述,紫阳-岚皋粗面岩更可能是由基性玄武质岩浆经历分离结晶而形成。前人的研究显示,玄武质岩浆需经历 55% 分离结晶作用才能产生粗面玄武质岩浆,而从粗面玄武质岩浆到粗面质岩浆只需经历 15% 的分离结晶作用(Clague,1978)。因此,分离结晶作用可能是区域碱性岩系列中 Daly gap 产生的原因。利用岩石的微量元素特征亦可以进行成岩过程识别:相容性接近的 2 个不相容元素在部分熔融作用和分离结晶作用过程的变化特征不同,因此可以用来区分部分熔融和分离结晶过程(孟凡超等,2013)。以 Nb 和 Zr 为例,结果显示随着 Nb 元素含量增加,Nb/Zr 比值变化不大(图6),符合分离结晶作用的趋势。此外,不相容性较强的元素在岩浆演化中表现出较为稳定的行为,因此一些不相容元素的比值(Nb/Ta、Th/Ta、Th/U)可以用来代表源区岩浆的性质。粗面岩的 Nb/Ta、Th/Ta、Th/U 比值分别为 15.58,1.27 和 3.37,与区域上辉绿岩(14.89,1.22 和 4.11;陈虹等,2014)相近,暗示二者很有可能具有相同的源区,进一步指示粗面岩来源于幔源玄武质岩浆的分离结晶过程。

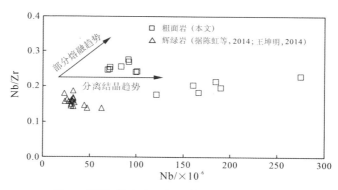

图 6 紫阳-岚皋地区粗面岩 Nb/Zr-Nb 图解

利用 MELTS 软件可模拟一定条件下的分离结晶过程(Ghiorso and Sack,1995)。本次研究选择区域上经历演化程度低的辉绿岩样品 11GTN3(SiO_2 = 41.9%,MgO = 11.2%;王坤明,2014)代表初始岩浆成分。根据锆石饱和温度将分离结晶温度设置在 950~1 200 ℃,含水量和压力分别为 0.5% 和 100 MPa。将 MELTS 主量元素模拟结果表示在哈克图解(图4)中,除 P_2O_5 和 Na_2O 外,其他主量元素变化均显示出较高的吻合度。综上所述,本文认为,北大巴山紫阳-岚皋地区粗面岩来源于初始玄武质岩浆的分离结晶作用。

4.2 与同区辉绿岩的成因联系

粗面岩与辉绿岩可由同源岩浆演化形成,亦可以来源于 2 种独立起源的岩浆(贺振宇等,2007)。本文认为,北大巴山辉绿岩和粗面岩在成因上关系紧密,很可能具有相同的源区,原因如下:①辉绿岩与粗面岩在空间分布和时间上具有一致性:研究区内普遍出露 2 种岩石,岩体都呈现狭长的带状、北西走向,具有伴生关系;前人研究得到的辉绿岩年龄多为 399~470 Ma,峰值在 430 Ma 左右(黄月华等,1992;夏林圻等,1994;王存智等,2009;向忠金等,2016),粗面岩年龄主要分布在 410~440 Ma(王刚,2014;万俊等,2016),二者基本属于同一时期的岩浆产物,代表北大巴山地区早古生代一次大规模的岩浆活动。②原始岩浆演化早期的产物通常多于演化晚期的产物,研究区内玄武-辉绿岩类出露范围相对于演化程度较高的粗面-正长岩类更广泛。③黄月华等(1992)指出,辉绿岩和粗面岩具有相近的初始$^{87}Sr/^{86}Sr$ 值(分别为 0.705 995 和 0.705 096);郭现轻等(2017)对区域上碱性玄武质岩石和粗面岩类进行了全岩 Sm-Nd 同位素分析,结果显示,玄武岩类和粗面岩类的 $\varepsilon_{Nd}(t)$ 值分别为+2.55~+3.32 和+1.60~+3.07,相似的同位素组成指示二者可能来自相同的源区,且主要来自 HIMU 地幔源区。④辉绿岩和粗面岩同属于碱性岩系列。哈克图解中辉绿岩和粗面岩的主量元素变化具有连续性,与 MELTS 模拟结果契合。二者的稀土元素配分模式图和微量元素蛛网图均具有相似的特征,相近的 Nb/Ta、Th/Ta、Th/U 比值指示二者可能是同源岩浆的产物。⑤主量元素以及 Sc、V、Cr、Ni、Sr 和 Eu 等元素在两类岩石中的含量差异指示,在岩浆演化过程中发生了矿物分离结晶,指示二者在演化过程上的连续性。

夏祖春和夏林圻(1992)使用辉石压力计进行矿物温压计算,得出辉石斑晶主要形成于 3 个深度,暗示初始岩浆形成于 77 km 以下或 40~77 km 范围内,并在 27~33 km 和 6~20 km 的位置停留过;徐学义等(1997)通过对辉石岩中捕房体的研究,得出原始岩浆起源于 90 km 深处。基于区域资料和前文的讨论,我们认为,北大巴山地区初始玄武质岩浆具有较深的源区,且岩浆上升过程中在次一级岩浆房中有过停留和储积。不同深度、构造环境的岩浆房中的岩浆具有不同的演化环境(温度、压力、活动性等),可形成种类多样的岩石组合。因此,粗面岩与辉绿岩可能是同源岩浆经历不同程度演化的产物,与辉绿岩相比,高硅低镁的粗面岩经历了更高程度的演化。

4.3 构造环境及动力机制

北大巴山地区的碱性火山岩组合(基性的玄武岩类与中酸性的粗面岩类)构成了一套双峰式火山岩组合,代表了古生代扬子板块北缘的裂解事件(张成立,2002)。区域上碱性岩中单斜辉石和全岩微量成分分析结果(向忠金等,2010)以及构造环境判别图(图7)显示,北大巴山紫阳-岚皋地区早古生代为岩石圈拉张减薄的板内环境。研究区沉积岩以灰黑-黑色薄层状板岩、碳质板岩及砂质板岩为主(王刚,2014),缺乏与俯冲作用相关的沉积序列,因此弧后盆地模式不能很好地解释研究区早古生代的构造环境。区域上早古生代化石资料暗示为深海还原环境(倪世钊和杨德骊,1994),指示了裂谷环境。张成立等(2002)认为,区域内的碱性玄武岩与我国西南三省由地幔柱头部熔融形成的峨眉山高 Ti 玄武岩性质相似,推测北大巴山地区亦存在地幔柱活动;晏云翔(2005)、李夫杰和杨骏(2011)亦认为,这套岩石代表早古生代晚期扬子地块北缘的地幔柱岩浆活动,地幔柱导致地壳伸展,并对勉略洋的扩张具有重要意义。然而,区域上镁铁质岩多呈北西向、狭长带状侵位于地层中,缺乏大面积中心式喷发的玄武岩记录(Wang et al.,2017),不符合地幔柱模式的喷发特征。在成分上,区域上玄武质岩石多为碱性岩系列,缺乏地幔柱头部特征的拉斑玄武质组分(王刚,2014),因此地幔柱活动并非研究区早古生代裂谷形成的主要机制。

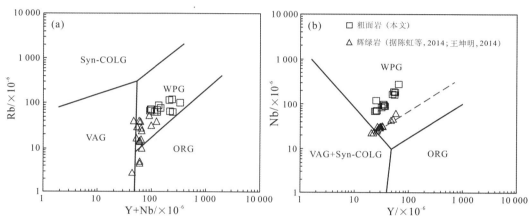

图 7 紫阳-岚皋地区粗面岩 Rb-Y+Nb(a)和 Nb-Y(b)构造环境判别图
WPG:板内花岗岩;ORG:洋脊花岗岩;VAG:火山弧花岗岩;Syn-COLG:同碰撞花岗岩。
据 Pearce et al.(1984)修改

本文认为,软流圈中普遍存在的热对流事件可能是板块裂解的重要原因。Turner et al.(1992)曾提出在热量平衡的驱动下,地幔岩石圈之下将会产生对流下涌导致岩石圈减薄;乔彦超等(2013)通过数值模拟方法证实了在底部温度扰动升高后,地幔小尺度热对流加剧能够使岩石圈发生大规模减薄。北大巴山裂谷的成因机制如图 8 所示,软流圈物质热量增加导致密度减小,进而上涌产生向上的热流。热流在上升过程中温度逐渐降低,随着密度增加又沉降到下方的地幔中形成热对流。对流使上方的岩石圈受到单方向或是相反方向的横向牵引力,这可能是导致岩石圈减薄、产生裂谷的原因。当岩石圈减薄大陆开始裂解时,在应力释放的作用下,岩石圈地幔中减压熔融产生玄武质岩浆向上侵位并经历了不同程度的分离结晶作用,最终形成区域内这套早古生代碱性粗面-辉绿岩组合。

5 结 论

(1)北大巴山紫阳-岚皋地区早古生代粗面岩高硅($SiO_2 > 58.7\%$)、富碱($K_2O >$

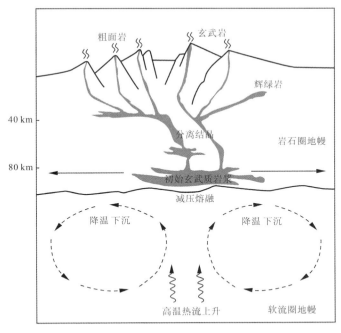

图8　北大巴山裂谷成因机制简图

3.84%,Na$_2$O > 4.18%），低镁（0.06% ~ 1.45%）、钛（0.80% ~ 1.08%），富集 LREE 和 LILE，岩石经历了较高程度的演化。

（2）地球化学特征和 MELTS 模拟结果指示了粗面岩并非来自下地壳的部分熔融，而是来自地幔岩浆的分离结晶过程。

（3）综合区域上年代学、同位素地球化学和构造地质背景，本文认为，紫阳-岚皋地区早古生代粗面岩与辉绿岩都来源于上地幔初始玄武质岩浆的分异，是大陆裂谷背景下同源岩浆经历不同程度演化的产物。软流圈中广泛存在的热对流事件可能是导致板块裂解的重要原因。

致谢　西北大学刘良教授和一位匿名审稿人对本文提出了许多建设性修改建议，在此致以诚挚的谢意！

参考文献

[1] 陈虹,田蜜,武国利,等,2014.南秦岭构造带内早古生代碱基性岩浆活动:古特提斯洋裂解的证据[J].地质论评,60(6):1437-1452.

[2] 郭现轻,王宗起,闫臻,2017.北大巴山平利-镇坪地区碱性火山作用及锌-萤石成矿作用研究[J].地球学报,38(S1):21-24.

[3] 贺振宇,徐夕生,陈荣,等,2007.赣南中侏罗世正长岩-辉长岩的起源及其地质意义[J].岩石学报,23(6):1457-1469.

[4] 黄月华,任有祥,夏林圻,等,1992.北大巴山早古生代双模式火成岩套:以高滩辉绿岩和蒿坪粗面岩

为例[J].岩石学报,31(3):243-256.

[5] 李夫杰,2009.陕南镇巴东部地区基性岩墙群和正长斑岩脉的岩石地球化学特征及其构造意义[D].西安:长安大学.

[6] 李夫杰,杨骏,2011.陕南镇巴东部地区基性岩墙群的构造意义[J].四川理工学院学报(自然科学版),24(2):238-243.

[7] 刘晔,柳小明,胡兆初,等,2007.ICP-MS测定地质样品中37个元素的准确度和长期稳定性分析[J].岩石学报,23(5):1203-1210.

[8] 路凤香,2006.秦岭-大别-苏鲁地区岩石圈三维化学结构特征[M].北京:地质出版社.

[9] 孟凡超,刘嘉麒,崔岩,2013.松辽盆地徐家围子断陷营城组粗面岩成因与隐爆机制[J].吉林大学学报:地球科学版,43(3):704-715.

[10] 倪世钊,杨德骊,1994.东秦岭东段南带古生代地层和沉积相[M].武汉:中国地质大学出版社:1-80.

[11] 乔彦超,郭子祺,石耀霖,2013.数值模拟华北克拉通岩石圈热对流侵蚀减薄机制[J].中国科学:地球科学,43(4):642-652.

[12] 滕人林,李育敬,1990.陕西北大巴山加里东期岩浆岩的岩石化学特征及其生成环境的探讨[J].陕西地质,8(1):37-52.

[13] 万俊,刘成新,杨成,等,2016.南秦岭竹山地区粗面质火山岩地球化学特征、LA-ICP-MS锆石U-Pb年龄及其大地构造意义[J].地质通报,35(7):1134-1143.

[14] 王存智,杨坤光,徐扬,等,2009.北大巴基性岩墙群地球化学特征、LA-ICP-MS锆石U-Pb定年及其大地构造意义[J].地质科技情报,28(3):19-26.

[15] 王刚,2014.北大巴山紫阳-岚皋地区古生代火山岩浆事件与中生代成矿作用[D].北京:中国地质大学.

[16] 王坤明,2014.陕西紫阳-岚皋地区镁铁质岩岩石成因、构造环境及成矿作用研究[D].北京:中国地质科学院.

[17] 王云斌,2007.陕西省岚皋-平利一带古生代碱性火山岩的特征及地质意义[D].西安:长安大学.

[18] 王宗起,闫全人,闫臻,等,2009.秦岭造山带主要大地构造单元的新划分[J].地质学报,83(11):1527-1546.

[19] 夏林圻,夏祖春,张诚,等,1994.北大巴山碱质基性-超基性潜火山岩石地球化学[M].北京:地质出版社.

[20] 夏祖春,夏林圻,1992.北大巴山碱质基性-超基性潜杂岩的辉石矿物研究[J].西北地质科学,(2):23-30.

[21] 向忠金,闫全人,宋博,等,2016.北大巴山超基性、基性岩墙和碱质火山杂岩形成时代的新证据及其地质意义[J].地质学报,90(5):896-916.

[22] 向忠金,闫全人,闫臻,等,2010.北大巴山志留系滔河口组碱质斑状玄武岩的岩浆源区及形成环境:来自全岩和辉石斑晶地球化学的约束[J].岩石学报,26(4):1116-1132.

[23] 徐学义,黄月华,夏林圻,等,1997.岚皋金云角闪辉石岩类捕房体:地幔交代作用的证据[J].岩石学报,13(1):1-13.

[24] 晏云翔,2005.陕西紫阳-岚皋地区碱-基性岩墙群的岩石地球化学及Sr、Nd、Pb同位素地球化学研究[D].西安:西北大学.

［25］ 易鹏飞,张亚峰,张革利,等,2017.南秦岭枣木栏岩体 LA-ICP-MS 锆石 U-Pb 年龄、岩石地球化学特征及其地质意义［J］.地质论评,63(6):1479-1511.

［26］ 张成立,高山,袁洪林,等,2007.南秦岭早古生代地幔性质:来自超镁铁质、镁铁质岩脉及火山岩的 Sr-Nd-Pb 同位素证据［J］.中国科学:地球科学,37(7):857-865.

［27］ 张成立,高山,张国伟,等,2002.南秦岭早古生代碱性岩墙群的地球化学及其地质意义［J］.中国科学:D 辑,32(10):819-829.

［28］ 张国伟,孟庆任,于在平,等,1996.秦岭造山带的造山过程及其动力学特征［J］.中国科学:D 辑,26(3):193-200.

［29］ 张宏飞,王婧,徐旺春,等,2007.俯冲陆壳部分熔融形成埃达克质岩浆［J］.高校地质学报,13(2):224-234.

［30］ 张欣,2010.南秦岭紫阳-镇巴地区基性侵入体动力学机制及地质意义讨论［D］.西安:长安大学.

［31］ 邹先武,段其发,汤朝阳,等,2011.北大巴山镇坪地区辉绿岩锆石 SHRIMP U-Pb 定年和岩石地球化学特征［J］.中国地质,38(2):282-291.

［32］ Avanzinelli R, Bindi L, Menchetti S, et al., 2004. Crystallisation and genesis of peralkaline magmas from Pantelleria Volcano, Italy: An integrated petrological and crystal-chemical study［J］. Lithos, 73(1-2):41-69.

［33］ Baker M B, Hirschmann M M, Ghiorso M S, et al., 1995. Compositions of near-solidus peridotite melts from experiments and thermodynamic calculations［J］. Nature, 375(6529):308-311.

［34］ Chen J L, Zhao W X, Xu J F, et al., 2012. Geochemistry of Miocene trachytes in Bugasi, Lhasa block, Tibetan Plateau: Mixing products between mantle and crust-derived melts［J］? Gondwana Research, 21(1):112-122.

［35］ Clague D A, 1978. The oceanic basalt-trachyte association: An explanation of the Daly gap［J］. Journal of Geology, 86(6):5.

［36］ Dong Y P, Zhang G W, Neubauer F, et al., 2011. Tectonic evolution of the Qinling orogen, China: Review and synthesis［J］. Journal of Asian Earth Sciences, 41(3):213-237.

［37］ Dunworth E A, Bell K, 2001. The turiy massif, kola peninsula, Russia: Isotopic and geochemical evidence for multi-source evolution［J］. Journal of Petrology, 42(2):377-405.

［38］ Ghiorso M S, Sack R O, 1995. Chemical mass transfer in magmatic processes IV. A revised and internally consistent thermodynamic model for the interpolation and extrapolation of liquid-solid equilibria in magmatic systems at elevated temperatures and pressures［J］. Contributions to Mineralogy and Petrology, 119(2-3):197-212.

［39］ Hagen P G, Cottle J M, 2016. Synchronous alkaline and subalkaline magmatism during the late Neoproterozoic-early Paleozoic ross orogeny, Antarctica: Insights into magmatic sources and processes within a continental arc［J］. Lithos, 262:677-698.

［40］ Litvinovsky B A, Steele I M, Wickham S M, 2000. Silicic magma formation in overthickened crust: Melting of charnockite and leucogranite at 15, 20 and 25 kbar. Journal of Petrology, 41(5):717-737.

［41］ Lucassen F, Pudlo D, Franz G, et al., 2013. Cenozoic intra-plate magmatism in the Darfur volcanic province: Mantle source, phonolite-trachyte genesis and relation to other volcanic provinces in NE Africa［J］. International Journal of Earth Sciences, 102(1):183-205.

[42] Mattauer M, Matte P, Malavieille L, et al, 1985. Tectonics of the Qinling Belt: Build up and evolution of eastern Asia[J]. Nature, 317(6037):496-500.

[43] McDonough W F, Sun S S, 1995. The composition of the Earth[J]. Chemical Geology, 120:223-253.

[44] Mingram B, Trumbull R B, Littman S, et al., 2000. A petrogenetic study of anorogenic felsic magmatism in the Cretaceous Paresis ring complex, Namibia: Evidence for mixing of crust and mantle-derived components[J]. Lithos, 54(1):1-22.

[45] Montel J M, Vielzeuf D, 1997. Partial melting of metagreywackes, Part II. Compositions of minerals and melts[J]. Contributions to Mineralogy and Petrology, 128(2-3):176-196.

[46] Pearce J A, Harris N B W, Tindle A G, 1984. Trace element discrimination diagrams for the tectonic interpretation of granitic rocks[J]. Journal of Petrology, 25(4):956-983.

[47] Peccerillo A, Donati C, Santo A P, et al., 2007. Petrogenesis of silicic peralkaline rocks in the Ethiopian rift: Geochemical evidence and volcanological implications[J]. Journal of African Earth Sciences, 48(2-3):161-173.

[48] Rudnick R L, Fountain D M, 1995. Nature and composition of the continental crust: A lower crustal perspective[J]. Reviews of Geophysics, 33(3):267.

[49] Simonetti A, Goldstein S L, Schmidberger S S, et al., 1998. Geochemical and Nd, Pb, and Sr isotope data from Deccan alkaline complexes-inferences for mantle sources and plume-lithosphere interaction[J]. Journal of Petrology, 39(11):1847-1864.

[50] Skridlaite G, Wiszniewska J, Duchesne J C, 2003. Ferro-potassic A-type granites and related rocks in NE Poland and S Lithuania: West of the East European Craton[J]. Precambrian Research, 124(2):305-326.

[51] Su S, Niu Y, Deng J, Liu C, et al., 2007. Petrology and geochronology of Xuejiashiliang igneous complex and their genetic link to the lithospheric thinning during the Yanshanian orogenesis in eastern China[J]. Lithos, 96(1-2):90-107.

[52] Sun S S, McDonough, W E, 1989. Chemical and isotopic systematics of oceanic basalts: Implications for mantle composition and processes[J]. Geological Society, London, Special Publications, 42(1):313-345.

[53] Sun W D, Li S G, Sun Y, et al., 2002. Mid-Paleozoic collision in the North Qinling: Sm-Nd, Rb-Sr and $^{40}Ar/^{39}Ar$ ages and their tectonic implications[J]. Journal of Asian Earth Sciences, 21(1):69-76.

[54] Trua T, Deniel D, Mazzuoli R, 1999. Crustal control in the genesis of Plio-Quaternary bimodal magmatism of the Main Ethiopian Rift(MER): Geochemical and isotopic(Sr, Nd, Pb) evidence[J]. Chemical Geology, 155:201-231.

[55] Tschegg C, Ntaflos T, Akinin V V, 2011. Polybaric petro-genesis of Neogene alkaline magmas in an extensional tectonic environment: Viliga volcanic field, Northeast Russia[J]. Lithos, 122(1-2):13-24.

[56] Turner S, Sandiford M, Foden J, 1992. Some geodynamic and compositional constraints on "postorogenic" magmatism[J]. Geology, 20(10):931-934.

[57] Wang R R, Xu Z Q, Santosh M, et al., 2017. Petrogenesis and tectonic implications of the Early Paleozoic intermediate and mafic intrusions in the South Qinling Belt, central China: Constraints from geochemistry, zircon U-Pb geochronology and Hf isotopes. Tectonophysics, 712:270-288.

[58] Wedepohl K H, 1995. The composition of the continental crust[J]. Geochimica et Cosmochimica Acta, 59(7):1217-1232.

[59] White J C, Holt G S, Parker D F et al., 2003. Trace-element partitioning between alkali feldspar and peralkalic quartz trachyte to rhyolite magma. Part I: Systematics of trace-element partitioning[J]. American Mineralogist, 88(2-3):316-329.

[60] Wyllie P J, 1977. Crustal anatexis: An experimental review[J]. Tectonophysics, 43(1-2):41-71.

[61] Xu C, Kynicky J, Chakhmouradian A R, et al., 2015. A case example of the importance of multi-analytical approach in deciphering carbonatite petrogenesis in south Qinling orogen: Miaoya rare-metal deposit, central China[J]. Lithos, 227:107-121.

[62] Zhao J X, Shiraishi K, Ellis D J, et al., 1995. Geochemical and isotopic studies of syenite from the Yamato Mountains, east Antarctica: Implications for the origin of syenitic magmas[J]. Geochimica et Cosmochimica Acta, 59(7):1363-1382.

[63] Zheng J, O'Reilly S Y, Griffin W L, et al., 2001. Relict refractory mantle beneath the eastern North China block: Significance for lithosphere evolution[J]. Lithos, 57(1):43-66.

北秦岭晚三叠世关山岩体地球化学特征及成因机制[①②]

杨　航　赖绍聪[③]　张志华　秦江锋

摘要： 关山地区位于北秦岭与北祁连造山带的结合部位，目前有关关山岩体的岩石成因存在争议。锆石 U-Pb 定年结果表明，关山岩体二长花岗岩的加权平均年龄为 236.3±4.0 Ma（样本数 6 个，平均标准权重偏差 2.6）。地球化学特征显示，岩石具有高 Si[SiO_2 含量（质量分数，下同）高于 69%]、富碱（K_2O 含量高于 3.84%，Na_2O 含量高于 4.18%）、$Mg^\#$ 值较高（50.4～51.0）的特征，轻稀土元素较富集，重稀土元素亏损且相对平坦，Eu 呈微弱负异常（0.75～0.82），岩石富集 Sr、Rb、Ba，亏损 Y、Yb 等，Sr/Y 比值为 37.5～60.7，具有埃达克岩的性质。锆石 Lu-Hf 同位素（除去捕获锆石）分析结果表明，二长花岗岩 5 颗锆石具有负 $\varepsilon_{Hf}(t)$ 值（-21.59～-4.49），对应的二阶段 Hf 模式年龄为 1 538～2 622 Ma，1 颗锆石为正的 $\varepsilon_{Hf}(t)$ 值（0.19），对应的两阶段 Hf 模式年龄为 1 245 Ma，指示关山岩体来源于新元古代地壳物质。岩石具有高 SiO_2、Al_2O_3 含量，相比于地幔明显较低 MgO 以及 Cr、Ni 等元素含量，指示关山岩体来源于地壳物质的熔融，岩石较高的 $Mg^\#$ 值说明其源区可能有地幔组分加入。岩相学、地球化学、同位素特征和区域地质资料综合显示，关山岩体二长花岗岩形成于碰撞挤压环境，是下地壳增厚环境下脱水部分熔融的产物，其中伴随有地幔组分的加入。

　　秦岭造山带一直是地学界广泛关注的焦点，诸多地质工作者对区域内大面积出露的火山岩进行了系统研究，从中获得了有关中国大陆形成与演化及大陆构造等重要信息[1-6]。北秦岭-北祁连结合带位于陕西省和甘肃省交界的天水-宝鸡地区，属于特提斯构造域和古亚洲构造域的交汇部位[7]。北秦岭地区中生代发育有大量高钾钙碱性 I 型和 I-A 型花岗岩[8-9]以及高锶低钇埃达克岩（Adakite）[10]等岩体类型，它们的存在对揭示研究区中生代的物质组成、构造环境、演化历史有重要的地质意义。

　　关山地区位于北秦岭与北祁连造山带的结合部位，区域内发育大面积中生代花岗岩。这些中生代花岗岩的成因机制一直存在争议：张宏飞等指出，关山岩体具有高 K 含

① 原载于《地球科学与环境学报》，2019，41（2）。
② 国家自然科学基金项目（41190072）。
③ 通讯作者。

量、Sr/Y 比值,低 Yb 含量,是形成于印支期扬子板块向北俯冲导致增厚地壳熔融所形成的埃达克岩[11];殷龙飞等认为,关山岩体富硅、富碱,铝过饱和,贫 Fe、Mg、Ti,表现出印支早期壳源 S 型花岗岩的特征[12]。关于岩体形成构造环境的争论主要集中在同碰撞、同造山和后碰撞等[13];徐学义认为,233~243 Ma 花岗岩多具有岛弧或同碰撞花岗岩地球化学特征,是由陆陆俯冲或陆陆碰撞形成的增厚下地壳经历部分熔融形成[14];王晓霞等认为,205~220 Ma 花岗岩多显示后碰撞花岗岩特征,具有向板内花岗岩演化的趋势[9];Jiang 等认为,秦岭造山带在早三叠世仍为活动陆缘,227 Ma 勉略洋盆以低角度俯冲于北秦岭之下,并在 227 Ma 之后秦岭造山带才进入同碰撞到后碰撞阶段[15];刘树文等认为,220~248 Ma 为勉略洋盆俯冲-同碰撞的阶段,201~215 Ma 为同碰撞向碰撞后的转换阶段,195~200 Ma 为碰撞后造山带拆沉作用阶段[16]。对岩体进行成因分析以及构造特征的讨论,可为研究造山带内碰撞型岩浆岩的成因机制及深部动力学背景提供新的思路。

本文选择位于北秦岭-北祁连结合带关山岩体二长花岗岩为研究对象,对其进行岩相学、岩石地球化学、锆石 U-Pb 年代学及锆石 Lu-Hf 等方面的系统研究,重点探讨岩体的成岩时代、岩石成因机制及其形成的构造环境。

1 区域地质背景及岩相学特征

秦岭造山带是复合型大陆碰撞造山带,由 2 条主缝合带(商丹缝合带和勉略缝合带)和由其分划的 3 个地块(华北板块南缘、秦岭微地块和扬子板块北缘)[17-18]组成。北秦岭关山岩体位于拓石-渭河断裂以北,形态呈不规则状,出露面积约为 820 km²[11],关山岩体位于长沟河岩体以东,野外未见两岩体的接触界线,岩体东端被白垩纪地层覆盖[19],主要侵入于陇山群(Pt_1l)和葫芦河群(Pz_1h)(图 1)中。陇山群为前寒武纪基底岩系,主要由黑云斜长片麻岩、条带状混合岩和斜长角闪岩组成,含少量大理岩、石英岩和变粒岩。王银川等研究得到陇山岩群中花岗质片麻岩的 LA-ICP-MS 锆石 U-Pb 年龄为 1 765 ± 57 Ma[20];何艳红等认为,陇山岩群可能是新太古代-古元古代形成的,并经历了 1 900 Ma、2 350 Ma 和 2 500 Ma 的构造热事件[21]。上覆于陇山群的地层为早古生代(447~434 Ma)葫芦河群,主要由浅变质碎屑岩组成[22]。

关山岩体古生代主要出露有片麻状石英二长闪长岩、似斑状黑云母石英二长岩(呈脉状侵入片麻状石英二长闪长岩中),岩体北部可见少量中粗粒黑云母二长花岗岩,主要矿物组成均为斜长石、钾长石、石英、角闪石、黑云母,副矿物为榍石、锆石、磷灰石、磁铁矿等[19];关山岩体中生代出露为肉红色块状细粒二长花岗岩以及少量的闪长岩[23],其中二长花岗岩分布极为广泛,矿物粒度从细粒到粗粒不等。本次野外采样点经纬度为(34°32′32″N,106°49′15″E)和(34°34′59″,N106°43′15″E)(图 1),二长花岗岩新鲜面呈灰白-肉红色(图 2),具有似斑状结构、块状构造,其中可见少量的地层捕房体及暗色包体(图 3),主要分布于岩体的边缘部分,野外观察可见暗色包体大小不一(5~10 cm),多呈椭圆状、不规则状等。暗色包体的主要矿物成分为黑云母(体积分数为 30%~40%)和角闪石(5%~15%),其中黑云母呈刀刃状伸长,定向排列;其他矿物组成有斜长石(体积分

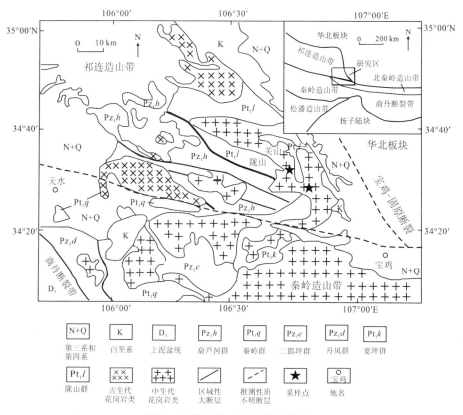

图1　北秦岭关山岩体构造简图
图件引自文献[23],有修改

数为25% ~ 35%)、石英(20% ~ 30%),可能属于下地壳源区的难熔残留物。二长花岗岩显微镜下可见细粒花岗结构,主要由斜长石(体积分数为30% ~ 35%)、钾长石(25% ~ 40%)、石英(25% ~ 35%)以及少量的黑云母和角闪石组成,斜长石和钾长石为半自形板条状,可见钾长石格子双晶,石英主要为他形粒状,黑云母为褐色半自形片状,零星分布。

2　分析方法

本文所有样品分析均在西北大学大陆动力学国家重点实验室完成。在进行元素地球化学测试之前,对野外采集的新鲜样品进行详细的岩相学观察,选择没有脉体贯入的样品进行主量、微量元素分析。首先将岩石样品洗净、烘干,用小型颚式破碎机破碎至粒度为5.0 mm左右,然后用玛瑙研钵托盘在振动式碎样机中碎至200目以下。主量元素分析采用XRF法完成,分析精度一般优于5%。微量元素分析用ICP-MS完成。微量元素样品在高压溶样弹中用HNO_3和HF混合酸溶解2 d后,用VG Plasma-Quad ExCell ICP-MS完成测试。对国际标准参考物质BHVO-1(玄武岩)、BCR-2(玄武岩)和AGV-1(安山岩)的同步分析结果表明,微量元素分析的精度和准确度一般优于10%。详细的分析流程见文献[24]。

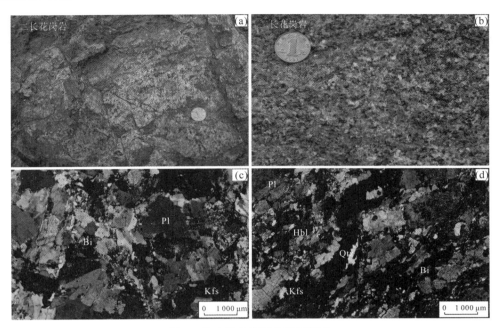

图2 关山岩体野外及镜下照片

(a)野外照片Ⅰ;(b)野外照片Ⅱ;(c)镜下照片Ⅰ(正交偏光);(d)镜下照片Ⅱ(正交偏光)。
Kfs:钾长石;Pl:斜长石;Hbl:角闪石;Bi:黑云母;Qtz:石英

图3 关山岩体地层捕虏体及暗色包体

(a)捕虏体;(b)暗色包体

　　锆石按常规重力和磁选方法进行分选,在双目镜下挑纯,将锆石样品置于环氧树脂中,然后磨至约一半,使锆石内部暴露,锆石样品在测定之前用3%HNO₃清洗样品表面,以除去样品表面的污染物。锆石阴极发光(CL)图像分析在西北大学大陆动力学国家重点实验室扫描电子显微镜上完成。锆石U-Pb同位素分析在西北大学大陆动力学国家重点实验室激光剥蚀电感耦合等离子体质谱(LA-ICP-MS)仪上完成。激光剥蚀系统为配备有193 nm ArF-excimer激光器的Geolas 200M(Microlas Gottingen Germany),激光剥蚀孔径为30 μm,激光脉冲为10 Hz,能量为32~36 mJ,同位素组成用标准锆石91500进行外标校正。LA-ICP-MS分析的详细方法和流程见文献[25]。锆石Lu-Hf同位素分析采用配备 193 nm 激光 Neptune 多接收电感耦合等离子体质谱仪进行,分析过程中采用 8 Hz 的激光频率、100 mJ 的激光强度和 30 μm 的激光束斑直径,以 He 作为剥蚀物质的载气,采用标准锆石 91500 做外标。Hf 同位素测定时,采用 $^{176}Lu/^{175}Lu$ 值为 0.026 69 和 $^{176}Yb/^{172}Yb$ 值为 0.588 6 进行同量异位干扰校正测定样品的 $^{176}Lu/^{177}Hf$ 和 $^{176}Hf/^{177}Hf$ 值。二阶段 Hf 模式年龄(T_{DM2})采用上地壳平均成分(0.008)计算。

3   分析结果

3.1   锆石 U-Pb 定年

样品 ZG46(二长花岗岩)中的锆石一般为半自形晶,呈无色透明状,粒度介于 100 ~ 200 μm,长宽比为 1:3 ~ 1:2。在阴极发光图像中锆石呈暗黑色,部分锆石岩浆振荡环带清晰(图 4)。有 6 个分析点的 $^{206}Pb/^{238}U$ 年龄为 232 ~ 242 Ma(表 1),其中一个分析点的 Th、U 含量(质量分数,下同)较高,分别为 9 791×10^{-6} 和 2 806×10^{-6};其余 5 个分析点的 U 含量介于 380×10^{-6} ~ 1 820×10^{-6},Th 含量介于 51×10^{-6} ~ 512×10^{-6},Th/U 值为 0.13 ~ 0.70,多数大于 0.4,高于变质锆石 Th/U 比值,指示了岩浆锆石成因[26]。

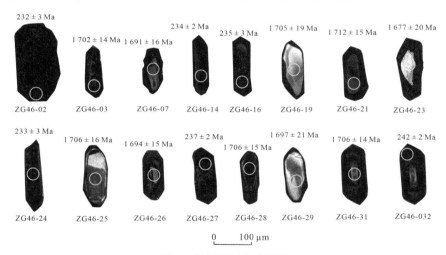

图 4   锆石阴极发光图像

圆圈代表分析点位置

二长花岗岩的锆石年龄可以分为两组。其中,10 颗锆石具有较老的年龄,介于 1 677 ~ 1 712 Ma,与陇山岩群中识别出的中元古代花岗质片麻岩的锆石 U-Pb 年龄 1 765 ± 57 Ma 相近[20],可能为花岗质岩浆在侵位过程中捕获的围岩锆石,这与王洪亮等在太白岩体、宝鸡岩体中分别获得的 1 741 ± 12 Ma 和 1 770 ± 13 Ma 的岩浆结晶年龄[27]类似,代表北秦岭造山带西段中元古代早期一次强烈的构造岩浆事件。其余 6 颗锆石年龄介于 232 ~ 242 Ma,加权平均年龄为 236.3 ± 4.0 Ma[样本数为 6 个,平均标准权重偏差(MSWD)为 2.6](图 5),代表关山岩体二长花岗岩主体的结晶年龄。

表 1 锆石 U-Pb 同位素分析结果

分析点	Th $/\times10^{-6}$	U $/\times10^{-6}$	Th/U	$^{207}Pb/^{206}Pb$	$^{207}Pb/^{235}U$	$^{206}Pb/^{238}U$	$^{208}Pb/^{232}Th$	年龄/Ma $^{207}Pb/^{206}Pb$	$^{207}Pb/^{235}U$	$^{206}Pb/^{238}U$	$^{208}Pb/^{232}Th$	谐和度
ZG46-02	184	542	0.34	0.053 95±0.001 87	0.272 73±0.007 95	0.036 65±0.000 42	0.010 86±0.000 23	369±45	245±6	232±3	218±5	0.946 939
ZG46-03	331	382	0.86	0.105 20±0.002 17	4.383 65±0.046 38	0.302 13±0.002 87	0.080 16±0.000 66	1 718±9	1 709±9	1 702±14	1 559±12	0.995 904
ZG46-07	358	383	0.93	0.123 69±0.002 73	5.118 20±0.069 53	0.300 00±0.003 15	0.070 39±0.000 78	2 010±11	1 839±12	1 691±16	1 375±15	0.919 521
ZG46-14	165	466	0.35	0.057 04±0.001 65	0.290 70±0.007 87	0.036 96±0.000 38	0.011 48±0.000 10	493±65	259±6	234±2	231±2	0.903 475
ZG46-16	51	394	0.13	0.048 91±0.001 75	0.250 23±0.007 74	0.037 10±0.000 43	0.010 72±0.000 22	144±51	227±6	235±3	216±4	1.035 242
ZG46-19	37	42	0.88	0.107 59±0.002 85	4.491 74±0.093 45	0.302 72±0.003 91	0.083 39±0.001 33	1 759±20	1 729±17	1 705±19	1 619±25	0.986 119
ZG46-21	184	557	0.33	0.128 25±0.002 58	5.378 15±0.061 31	0.304 08±0.003 04	0.083 95±0.001 12	2 074±9	1 881±10	1 712±15	1 629±21	0.910 154
ZG46-23	50	181	0.28	0.116 11±0.003 17	4.757 26±0.104 74	0.297 12±0.004 05	0.090 64±0.002 61	1 897±21	1 777±18	1 677±20	1 754±48	0.943 725
ZG46-24	266	380	0.70	0.055 82±0.001 75	0.283 16±0.007 40	0.036 79±0.000 41	0.011 46±0.000 17	445±38	253±6	233±3	230±3	0.920 949
ZG46-25	136	143	0.95	0.102 95±0.002 20	4.301 39±0.059 59	0.303 04±0.003 22	0.090 14±0.000 98	1 678±12	1 694±11	1 706±16	1 744±18	1.007 084
ZG46-26	159	326	0.49	0.118 56±0.002 06	4.914 40±0.069 86	0.300 63±0.003 00	0.086 28±0.000 84	1 935±32	1 805±12	1 694±15	1 673±16	0.938 504
ZG46-27	9 791	2 806	3.49	0.052 51±0.001 03	0.270 48±0.002 95	0.037 37±0.000 35	0.011 32±0.000 09	308±11	243±2	237±2	228±2	0.975 309
ZG46-28	66	364	0.18	0.117 66±0.001 76	4.915 77±0.055 97	0.303 01±0.002 93	0.087 03±0.000 85	1 921±27	1 805±10	1 706±15	1 687±16	0.945 152
ZG46-29	56	62	0.91	0.101 73±0.002 88	4.223 20±0.099 56	0.301 14±0.004 18	0.084 79±0.001 47	1 656±24	1 679±19	1 697±21	1 645±27	1.010 721
ZG46-31	113	353	0.32	0.110 86±0.002 08	4.630 87±0.045 44	0.303 06±0.002 91	0.088 42±0.000 91	1 814±8	1 755±8	1 706±14	1 713±17	0.972 079
ZG46-32	512	1 820	0.28	0.051 02±0.001 58	0.269 36±0.007 84	0.038 29±0.000 40	0.012 06±0.000 11	242±73	242±6	242±2	242±2	1.000 000

误差类型为 1σ；分析点以 ZG46 开头的为关山二长花岗岩。

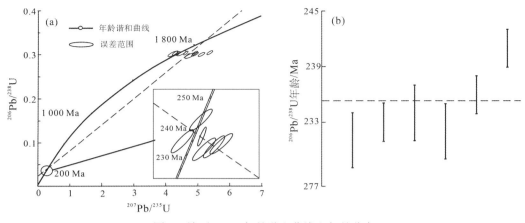

图 5　锆石 U-Pb 年龄谐和曲线和年龄分布

（a）年龄谐和曲线；（b）年龄分布

3.2　主量、微量及稀土元素特征

关山岩体二长花岗岩主量元素和微量元素分析结果见表 2。其 SiO_2 含量为 69.0% ~ 71.5%，Al_2O_3 含量较高，为 14.1% ~ 15.2%，铝饱和指数 A/CNK 值为 0.84 ~ 1.03，指示二长花岗岩属于准铝质到弱过铝质系列（图 6a）；岩石富碱，Na_2O 含量为 4.18% ~ 5.01%，K_2O 介于 3.84% ~ 4.57%，全碱含量大于 8.49%，K_2O/Na_2O 比值为 0.93 ~ 1.30；岩石 MgO 含量为 0.67% ~ 1.19%，$Mg^\#$ 值为 50.4 ~ 51，相比于地壳标准值[28]偏高；CaO 含量较低，为 1.33% ~ 2.43%；岩石里特曼指数为 2.53 ~ 2.97（< 3.30），属于钙碱性岩石；在 SiO_2-K_2O 判别图（图 6b）中，二长花岗岩落入高钾钙碱性范围内。

表 2　关山岩体的主量元素（%）和微量元素（×10⁻⁶）分析结果

样品编号	ZG-034	ZG-041	ZG-042	ZG-048	ZG-051	ZG-052	ZG-053
SiO_2	71.50	71.50	69.80	68.70	69.00	69.00	69.40
TiO_2	0.22	0.21	0.22	0.32	0.31	0.29	0.31
Al_2O_3	14.70	14.70	14.10	15.20	15.10	15.00	15.20
$Fe_2O_3^T$	1.54	1.52	1.56	2.72	2.59	2.47	2.51
MnO	0.03	0.03	0.04	0.06	0.05	0.05	0.05
MgO	0.67	0.68	0.68	1.19	1.13	1.08	1.10
CaO	1.48	1.33	2.43	2.03	2.00	1.50	1.94
Na_2O	4.64	4.46	5.01	4.18	4.19	4.23	4.23
K_2O	3.85	4.25	3.84	4.46	4.47	4.56	4.57
P_2O_5	0.12	0.11	0.12	0.23	0.22	0.21	0.22
烧失量	1.58	1.43	2.26	0.77	0.77	1.37	0.60
Total	100.00	100.00	100.00	99.80	99.80	99.80	100.00
$Mg^\#$	50.4	51.0	50.4	50.5	50.4	50.5	50.5
A/CNK	1.01	1.03	0.84	0.98	0.98	1.03	0.98
Na_2O/K_2O	1.21	1.05	1.30	0.94	0.94	0.93	0.93

续表

样品编号	ZG-034	ZG-041	ZG-042	ZG-048	ZG-051	ZG-052	ZG-053
Li	4. 72	4. 40	3. 27	13. 10	16. 10	19. 60	14. 60
Be	2. 68	3. 37	1. 48	3. 30	3. 71	3. 04	3. 41
Sc	12. 2	12. 0	12. 5	13. 7	13. 3	13. 3	13. 7
V	27. 5	25. 8	25. 7	49. 5	46. 3	46. 7	44. 2
Cr	14. 7	17. 2	18. 1	22. 4	24. 1	21. 4	23. 3
Co	84. 8	118	78. 6	101. 0	138. 0	74. 1	97. 1
Ni	6. 92	11. 5	9. 44	9. 29	8. 45	8. 70	9. 58
Cu	3. 52	3. 63	11. 1	10. 8	4. 58	4. 31	10. 3
Zn	44. 9	41. 0	74. 6	71. 8	70. 8	57. 1	80. 1
Ga	20. 9	20. 8	17. 1	20. 8	20. 7	21. 2	18. 3
Ge	0. 78	0. 92	0. 63	1. 14	1. 09	0. 96	1. 09
Rb	107. 0	109. 0	99. 5	144. 0	135. 0	131. 0	138. 0
Sr	508	499	420	832	781	593	784
Y	8. 55	8. 22	8. 76	18. 50	18. 10	15. 80	17. 50
Zr	152	141	146	191	188	162	193
Nb	7. 90	8. 78	8. 26	13. 20	12. 80	12. 00	11. 90
Cs	0. 80	1. 83	0. 89	1. 99	2. 85	1. 40	1. 99
Ba	1 080	1 000	923	1 740	1 580	1 650	1 840
La	13. 2	11. 5	15. 9	34. 7	33. 9	31. 7	35. 0
Ce	48. 3	44. 5	39. 7	66. 1	58. 8	53. 9	61. 8
Pr	3. 77	3. 65	3. 62	7. 23	6. 60	5. 91	6. 88
Nd	14. 9	14. 2	13. 9	25. 7	24. 0	21. 4	25. 1
Sm	2. 85	2. 68	2. 77	4. 59	4. 42	3. 90	4. 4
Eu	0. 67	0. 63	0. 63	1. 12	1. 01	0. 97	1. 07
Gd	2. 11	2. 01	2. 09	3. 76	3. 57	3. 16	3. 64
Tb	0. 28	0. 27	0. 29	0. 54	0. 51	0. 46	0. 53
Dy	1. 28	1. 19	1. 30	2. 66	2. 58	2. 34	2. 72
Ho	0. 23	0. 22	0. 24	0. 53	0. 50	0. 46	0. 53
Er	0. 70	0. 65	0. 69	1. 59	1. 50	1. 37	1. 61
Tm	0. 10	0. 10	0. 10	0. 23	0. 22	0. 20	0. 23
Yb	0. 70	0. 68	0. 68	1. 61	1. 53	1. 42	1. 59
Lu	0. 10	0. 10	0. 10	0. 23	0. 22	0. 21	0. 24
Hf	3. 75	3. 55	3. 53	4. 71	4. 28	3. 98	4. 87
Ta	0. 70	0. 71	0. 68	1. 15	0. 95	0. 84	0. 92
Tl	0. 43	0. 59	0. 47	0. 79	0. 75	0. 67	0. 83
Pb	38. 3	29. 0	27. 0	51. 7	39. 4	39. 3	46. 8
Th	8. 77	14. 40	13. 20	13. 30	12. 40	11. 60	13. 50
U	2. 13	2. 77	2. 60	2. 54	2. 46	2. 43	2. 25
Eu 异常	0. 80	0. 80	0. 77	0. 80	0. 75	0. 82	0. 79
$(La/Yb)_N$	13. 5	12. 1	16. 8	15. 5	15. 9	16. 0	15. 8

Total 为主量元素总含量。

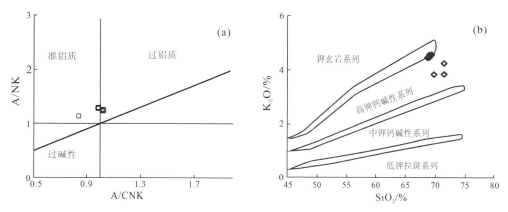

图 6　A/NK-A/CNK 图解(a)及 K₂O-SiO₂ 图解(b)

底图引自文献[29]

在球粒陨石标准化稀土元素配分模式(图 7a)中,所有样品表现出相似的配分模式。二长花岗岩稀土元素总含量偏低,为 $82.01 \times 10^{-6} \sim 150.59 \times 10^{-6}$,$(La/Yb)_N$ 值为 $12.1 \sim 16.8$,轻、重稀土分异较明显,表现出右倾趋势;岩石富集轻稀土元素(LREE),La/Sm 比值为 6.57,具有轻微 Eu 负异常($0.75 \sim 0.82$);岩石表现出亏损的重稀土元素(HREE)配分模式,指示源区可能有石榴石残留,且重稀土分布平坦,指示角闪石可能为源区残留相[30]。在原始地幔标准化微量元素蛛网图(图 7b)中,岩石富集大离子亲石元素(LILE)Rb、Ba、Sr 等,亏损高场强元素(HFSE)Nb、Ta 等,符合大陆地壳微量元素配分模式[31]。样品具有较高的 Sr 含量($420 \times 10^{-6} \sim 832 \times 10^{-6}$),平均为 631×10^{-6},大于 400×10^{-6},亏损 Y(含量为 $8.22 \times 10^{-6} \sim 18.5 \times 10^{-6}$)和 Yb($0.68 \times 10^{-6} \sim 1.61 \times 10^{-6}$),Sr/Y 比值为 $37.5 \sim 60.7$,同样符合埃达克岩的性质[32]。在 Sr/Y-Y(图 8a)和 $(La/Yb)_N$-Yb_N 图解(图 8b)中,样品大部分落入埃达克岩区域或埃达克岩与岛弧火山岩的过渡区域。

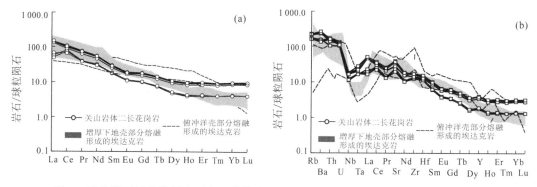

图 7　球粒陨石标准化稀土元素配分模式(a)和原始地幔标准化微量元素蛛网图(b)

球粒陨石、原始地幔标准化数据引自文献[33];

俯冲洋壳部分熔融与增厚下地壳部分熔融埃达克岩曲线引自文献[28]。同一图中相同线条对应不同样品

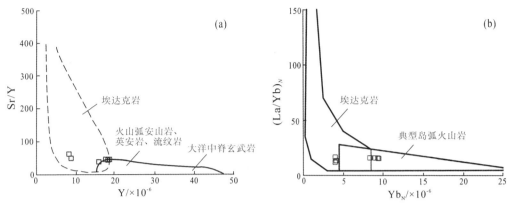

图 8 Sr/Y-Y 图解(a)及(La/Yb)$_N$-Yb$_N$ 图解(b)

3.3 锆石 Lu-Hf 同位素组成

本文共选取样品 ZG46 中 14 颗锆石进行 Lu-Hf 同位素分析,结果见表 3。所有分析点 ^{176}Lu/^{177}Hf 值为 0.000 361~0.005 832,平均为 0.001 118。关山岩体锆石 Hf 同位素组成表现出较大的变化范围,反映了岩体有着相对开放的源区组成,具体可分为两组:其中 6 颗 U-Pb 年龄为 229~242 Ma,其锆石 Hf 同位素组成代表了关山岩体的源区性质;另外 8 颗锆石 U-Pb 年龄为 1 694~1 712 Ma,为岩体侵入过程中所捕获的锆石。8 颗捕获锆石中有 2 颗具有正的 $\varepsilon_{Hf}(t)$ 值(分别为 10.51 和 0.88),对应的二阶段 Hf 模式年龄分别为 1 671 Ma 和 2 272 Ma;其余 6 颗捕获锆石具有负的 $\varepsilon_{Hf}(t)$ 值(-12.64~-5.98),对应的二阶段 Hf 同位素模式年龄为 2 721~3 095 Ma。6 颗代表关山岩体主体结晶年龄的锆石中有 1 颗具有正的 $\varepsilon_{Hf}(t)$ 值(0.19),对应的二阶段 Hf 模式年龄为 1 245 Ma;其余 5 颗锆石具有负的 $\varepsilon_{Hf}(t)$ 值(-21.59~-4.49),对应的二阶段 Hf 模式年龄为 1 538~2 622 Ma。较低和偏负的 $\varepsilon_{Hf}(t)$ 值,指示关山岩体来源于新元古代的基性地壳物质。

4 讨论

4.1 岩石成因

秦岭造山带早中生代发育多种类型的花岗岩体,主要包括正常块状结构花岗岩、埃达克质花岗岩[34]以及环斑结构花岗岩[35],资料显示这些花岗岩体可能在成分与形成时代上有所差别。秦岭造山带中生代花岗岩总体上富 Si、Al、Na,以准铝质到过铝质中钾-高钾钙碱性为主。埃达克质花岗岩与正常花岗岩相比,高 Al 和 Sr、低 Y 和 Yb,且显示不明显的 Eu 负异常[13],其物源来自成熟度不高的中-新元古代玄武质地壳物质以及少量新生幔源物质[13]。

表 3 Lu-Hf 同位素分析结果

样品编号	$^{176}Hf/^{177}Hf$	$^{176}Yb/^{177}Hf$	$^{176}Lu/^{177}Hf$	$\varepsilon_{Hf}(0)$	U-Pb 年龄/Ma	$\varepsilon_{Hf}(t)$	T_{DM1}/Ma	$f_{Lu/Hf}$	T_{DM2}/Ma
ZG46-03	0.281 589±0.000 023	0.065 511±0.000 340	0.001 780±0.000 010	-41.84	1 702	-8.06	2 378	-0.95	2 756
ZG46-14	0.282 508±0.000 024	0.029 430±0.000 126	0.000 881±0.000 003	-9.35	234	-4.49	1 051	-0.97	1 538
ZG46-16	0.282 319±0.000 018	0.042 929±0.001 500	0.001 075±0.000 038	-16.02	235	-11.20	1 321	-0.97	1 960
ZG46-19	0.281 535±0.000 017	0.013 576±0.000 153	0.000 361±0.000 004	-43.76	1 705	-6.68	2 365	-0.99	2 773
ZG46-21	0.281 408±0.000 013	0.038 135±0.001 100	0.001 063±0.000 030	-48.25	1 712	-12.64	2 582	-0.97	3 095
ZG46-24	0.282 637±0.000 020	0.015 869±0.000 101	0.000 417±0.000 003	-4.79	233	0.19	859	-0.99	1 245
ZG46-25	0.281 491±0.000 019	0.026 399±0.000 834	0.000 679±0.000 021	-45.29	1 706	-8.93	2 444	-0.98	2 890
ZG46-26	0.281 779±0.000 020	0.026 013±0.000 438	0.000 739±0.000 008	-35.13	1 694	0.88	2 055	-0.98	2 272
ZG46-27	0.282 519±0.000 036	0.216 716±0.002 940	0.005 832±0.000 070	-8.95	237	-5.58	1 190	-0.82	1 559
ZG46-28	0.281 560±0.000 018	0.014 311±0.000 112	0.000 427±0.000 003	-42.85	1 706	-5.90	2 335	-0.99	2 721
ZG46-29	0.281 522±0.000 019	0.019 193±0.000 186	0.000 508±0.000 004	-44.21	1 697	-7.64	2 391	-0.98	2 816
ZG46-31	0.282 054±0.000 023	0.032 191±0.000 323	0.000 913±0.000 007	-25.40	1 706	10.51	1 684	-0.97	1 671
ZG46-32	0.282 016±0.000 023	0.018 583±0.000 399	0.000 521±0.000 010	-26.72	242	-21.59	1 718	-0.98	2 622
ZG46-35	0.282 254±0.000 019	0.014 377±0.000 140	0.000 451±0.000 006	-18.32	229	-13.44	1 389	-0.99	2 102

误差类型为 2σ；$\varepsilon_{Hf}(0)$ 为现今 ε_{Hf} 值；$\varepsilon_{Hf}(t)$ 为年龄 t 对应的 ε_{Hf} 值；T_{DM1} 为一阶段 Hf 模式年龄；T_{DM2} 为二阶段 Hf 模式年龄；$f_{Lu/Hf}$ 为 Hf 富集系数。

关山岩体二长花岗岩总体上表现出富 Si(SiO_2 含量高于 69%)、Al(Al_2O_3 含量高于 14.1%)、高 Na(Na_2O 含量高于 4.18%)、K(K_2O 含量高于 3.84%)的特征。其轻稀土元素和大离子亲石元素较富集,重稀土元素和高场强元素相对亏损,(La/Yb)$_N$ 值为 12.1~16.8。Eu 具有不明显的负异常,且岩石富集 Sr、Rb、Ba,亏损 Y、Yb,具有较高的 Sr/Y 比值。结合这些特征认为,关山岩体具有埃达克质花岗岩的性质。在 CaO-SiO_2 图解(图 9a)和 MgO-SiO_2 图解(图 9b)中,样品基本上落入埃达克岩区或者埃达克岩-太古代 TTD 岩的过渡区域。

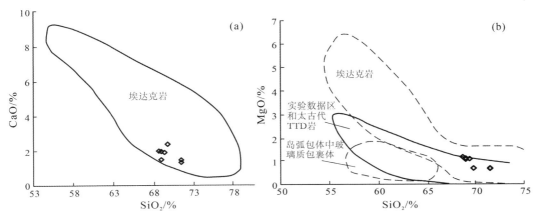

图 9　SiO_2-CaO 图解(a)和 SiO_2-MgO 图解(b)
底图引自文献[43]和[46],有修改

埃达克岩是 1990 年 Defant 等在研究阿留申群岛的埃达克岛新生代火山岩的基础上引入地学界的一个岩石类型,原始定义中埃达克岩形成于岛弧地区,来源于年轻的(≤25 Ma)、热的俯冲洋壳部分熔融[36]。埃达克岩概念提出后,在地学界引起了广泛关注[37-41]。张旗等认为,我国东部地区部分中酸性火山岩同样具有埃达克岩的性质,但成因机制与传统意义上的埃达克岩有所入[42]。普通埃达克岩通常是钠质的,K_2O/Na_2O 比值通常小于 0.5[43]。而关山岩体具有较高的 K_2O 含量(3.84%~4.57%),K_2O/Na_2O 比值为 0.93~1.30,对于埃达克质岩浆高 K 的原因,目前有研究认为玄武质岩石在一定温度、压力条件下脱水熔融可以形成富 K 的熔体[44]。高钾钙碱性埃达克岩的形成有 3 种可能的成因模型[32]:①底侵至下地壳底部的幔源玄武质岩石的部分熔融[45];②拆沉下地壳沉入地幔,因受到下部软流圈地幔加热,导致部分熔融形成埃达克岩[47-49];③增厚下地壳底部基性岩的部分熔融[50-52]。关山岩体高 Si(SiO_2 含量高于 69%)、富 Al(Al_2O_3 含量高于 14.1%)、低 MgO(含量低于 1.19%),尽管 Cr(14.7×10^{-6}~24.1×10^{-6})、Ni 含量(6.92×10^{-6}~11.5×10^{-6})相比于地壳熔融形成的花岗岩较高,但仍远低于地幔的 Cr、Ni 含量,这种特征指示了岩体不会来源于幔源玄武质岩石的部分熔融,而更倾向于地壳的物质成分。关山岩体亏损重稀土元素,Y/Yb 比值为 11.01~12.88(>10),表明源区残留相主要为石榴石,其球粒陨石标准化稀土元素配分模式中重稀土元素较为平坦,表明其残留相中有角闪石存在[30],源区残留石榴石和角闪石以及极少量的斜长石,指示了关山岩体岩浆来源于增厚下地壳物质的部分熔融。在原始地幔标准化微量元素蛛网图中,关山岩体显示 P、Ti、Nb 负异常,轻稀土和大离子亲石元素(如 U、Th、Rb)含量高,曲线整体上表现为右倾型式。这种富集大离子亲石元素(LILE)以及高 Pb 含量的特征,亦说明源岩可能以地壳的物质成分为主[53-54];在 SiO₂-MgO 图解中,样品落入增厚下地壳形成的埃达克岩区(图 10a)。然而,关山岩体 Mg#值(50.4~51.0)明显高于壳源岩浆(由下地壳镁铁质岩石直接部分熔融所形成的岩浆 Mg#值一般不会超过 40,洋中脊玄武岩部分熔融所产生熔体 Mg#值一般小于 45[55]),在 SiO₂-Mg#图解中样品的 Mg#值略高于增厚下地壳形成的埃达克岩(图 10b),指示关山岩体尽管来源于地壳物质的部分熔融,但其源区有新生幔源岩浆成分加入。

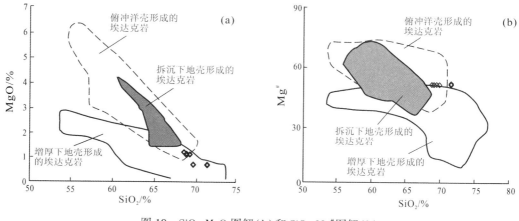

图 10　SiO₂-MgO 图解(b)和 SiO₂-Mg#图解(b)
底图引自文献[28]

综上所述,关山岩体形成于增厚下地壳,且受到来自地幔岩浆物质的影响。其具体过程为:增厚的大陆地壳底部受到地幔岩浆的加热和底侵作用,从而温度升高发生脱水部分熔融作用,形成初始的埃达克质岩浆,伴随地幔组分的加入发生了岩浆混合作用,形成了具有高 Mg#值的埃达克质岩浆。

4.2　构造环境

秦岭造山带在中生代初期发生了全面的碰撞造山运动[56-57],结合已有的北秦岭造山带古生代俯冲、同碰撞(450~413 Ma)及后碰撞(375~415 Ma)花岗岩资料[58],可以认为,北秦岭造山带的形成源于早古生代至晚古生代早期的俯冲以及随后的中生代碰撞造山活动[58]。秦岭造山带广泛发育印支期(211~245 Ma)碰撞型花岗岩,其中包括具有环斑结构的花岗岩[31]和具埃达克性质的花岗岩体[11,34,59]等。对于这些岩体形成的构造环境,现有资料表明,具埃达克性质的花岗岩(215~245 Ma)来源于南、北板块碰撞增厚下地壳的熔融,代表了同碰撞的构造环境[13],之后大量具壳幔混合特征的花岗岩体(210~

225 Ma)出现,指示秦岭已进入碰撞后拆沉作用发生后的地壳伸展阶段,具环斑结构的花岗岩形成时代最晚(200~217 Ma),代表秦岭造山带后碰撞阶段即将结束[13]。

关山岩体锆石 U-Pb 加权平均年龄为 236.3±4.0 Ma(样本数 6 个,MSWD 值 2.6),与张宏飞等获得的岩体年龄 229±7 Ma(样本数 6 个,MSWD 值 4.1)[11]相近,与扬子板块和华北板块三叠纪大陆碰撞时期[60-62]相吻合。区域内已有的 Sr-Nd-Pb 同位素资料显示,关山岩体初始^{87}Sr/^{86}Sr 值为 0.705 78~0.707 50,$\varepsilon_{Nd}(t)$值为 −10.9~−5.5($t = 229$ Ma),^{206}Pb/^{204}Pb 值为 17.794~18.117,^{207}Pb/^{204}Pb 值为 15.511~15.544,^{208}Pb/^{204}Pb 值为 37.725~38.022[11],与前人总结的南秦岭宁陕地区岩体[^{87}Sr/^{86}Sr 值为 0.704 95~0.709 08,$\varepsilon_{Nd}(t)$值为−8.55~−2.41,^{206}Pb/^{204}Pb 值为 17.359~17.801,^{207}Pb/^{204}Pb 值为 15.410~15.510,^{208}Pb/^{204}Pb 值为 36.829~37.527][63]和西秦岭岩体[^{87}Sr/^{86}Sr 值为 0.706 82~0.708 45,$\varepsilon_{Nd}(t)$值为 −9.17~−4.85,^{206}Pb/^{204}Pb 值为 17.996~18.468,^{207}Pb/^{204}Pb值为 15.565~15.677,^{208}Pb/^{204}Pb 值为 38.082~38.587][64]相近,由此认为,关山岩体亦来源于扬子板块北缘的物质[11]。一个合理的解释为华北板块与扬子板块在早中生代发生碰撞时,扬子板块向下俯冲叠置于华北板块之下从而地壳增厚,底部扬子板块北缘物质发生熔融作用[11]。从岩体形态学角度出发,关山岩体呈不规则状侵入较老的地层中,这种主动侵位的特征指示了压力较高的同碰撞挤压构造环境,而在后碰撞的拉伸环境中,岩浆被动侵位形成的岩体多呈较为规则的椭圆状或半椭圆状。

本文认为,岩体形成于板块之间的碰撞挤压环境,即扬子板块向北俯冲,叠置于华北板块之下导致下地壳增厚,增厚的下地壳受到地幔岩浆的加热而脱水熔融,形成埃达克质岩浆。结合区域内岩体时代特征[13],关山岩体可能为扬子板块与华北板块同碰撞晚期形成的岩浆岩,之后板块进入伸展拉伸环境,形成中生代一系列具有后碰撞特征的岩体。

5 结语

本文通过对北秦岭关山地区二长花岗岩的锆石 U-Pb 年代学、岩石地球化学及 Lu-Hf 同位素地球化学研究,得到如下结论:

(1)北秦岭关山岩体二长花岗岩锆石 U-Pb 年代学显示其加权平均年龄为 236.3±4.0 Ma。关山岩体二长花岗岩具有埃达克岩性质。锆石 Lu-Hf 同位素组成以及岩体主量、微量元素特征指示关山岩体来源于新元古代基性地壳物质,且有幔源岩浆加入。

(2)关山岩体形成于印支期碰撞挤压环境,由于板块俯冲增厚的下地壳受到来自地幔岩浆的加热发生脱水熔融作用而产生埃达克质岩浆,且受到幔源物质成分的混染,从而形成了高 Mg$^{\#}$值的高钾钙碱性埃达克质花岗岩。

参考文献

[1] 赖绍聪,张国伟,杨瑞瑛.南秦岭巴山弧两河-饶峰-五里坝岛弧岩浆带的厘定及其大地构造意义[J].中国科学:D 辑,地球科学,2000,30(增 1):53-63.

LAI Shaocong, ZHANG Guowei, YANG Ruiying. Identification of the Island-arc Magmatic Zone in the

Lianghe-Raofeng-Wuliba Area, South Qinling and Its Tectonic Significance[J]. Science in China: Series D, Earth Sciences, 2000,30(S1):53-63.

[2] MAO J W, XIE G Q, BIERLEIN F, et al. Tectonic Implications from Re-Os Dating of Mesozoic Molybdenum Deposits in the East Qinling-Dabie Orogenic Belt[J]. Geochimica et Cosmochimica Acta, 2008, 72(18):4607-4626.

[3] GAN B P, LAI S C, QIN J F, et al. Neoproterozoic Alkaline Intrusive Complex in the Northwestern Yangtze Block, Micang Mountains Region, South China: Petrogenesis and Tectonic Significance [J]. International Geology Review, 2016, 59(3):311-332.

[4] QIN J F, LAI S C, LI Y F. Multi-stage Granitic Magmatism During Exhumation of Subducted Continental Lithosphere: Evidence from the Wulong Pluton, South Qinling[J]. Gondwana Research, 2013, 24(3-4): 1108-1126.

[5] 赖绍聪,张国伟,裴先治.南秦岭勉略结合带琵琶寺洋壳蛇绿岩的厘定及其大地构造意义[J].地质通报,2002,21(8):465-470.
LAI Shaocong, ZHANG Guowei, PEI Xianzhi. Geochemistry of the Pipasi Ophiolite in the Mianlue Suture Zone, South Qinling, and Its Tectonic Significance[J]. Geological Bulletin of China, 2002, 21(8): 465-470.

[6] 赖绍聪,杨瑞瑛,张国伟.南秦岭西乡群孙家河组火山岩形成构造背景及其大地构造意义的讨论[J].地质科学,2001, 36(3):295-303.
LAI Shaocong, YANG Ruiying, ZHANG Guowei. Tectonic Setting and Implication of the Sunjiahe Volcanic Rocks, Xixiang Group, in South Qinling[J]. Chinese Journal of Geology, 2001, 36(3): 295-303.

[7] 李桐,巨银娟,赖绍聪,等.北秦岭-祁连结合带扫帚滩辉长岩年代学、地球化学特征及其地质意义[J].地球化学,2017,46(3):219-230.
LI Tong, JU Yinjuan, LAI Shaocong, et al. Geochemistry and Chronology of the Early-Paleozoic Gabbro from the Saozhoutan Area in the North Qinling-Qilian Junction Zone: Its Petrogenesis and Geodynamic Implications[J]. Geochemistry, 2017, 46(3):219-230

[8] 张志华,赖绍聪,秦江锋.北秦岭太白山晚中生代正长花岗岩成因及其地质意义[J].岩石学报,2014,30(11):3242-3254.
ZHANG Zhihua, LAI Shaocong, QIN Jiangfeng. Petrogenesis and its Geological Significance of the Late Mesozoic Syengranite from the Taibai Mountain, North Qinling[J]. Acta Petrologica Sinica, 2014, 30 (11):3242-3254.

[9] 王晓霞,王涛,齐秋菊,等.秦岭晚中生代花岗岩时空分布、成因演变及构造意义[J].岩石学报,2011,27(6):1573-1593.
WANG Xiaoxia, WANG Tao, QI Qiuju, et al. Temporal-spatial Variations, Origin and Their Tectonic Significance of the Late Mesozoic Granites in the Qinling, Central China[J]. Acta Petrologica Sinica, 2011, 27(6):1573-1593.

[10] 张旗,王焰,刘红涛,等.中国埃达克岩的时空分布及其形成背景,附:国内关于埃达克岩的争论[J].地学前缘,2003,10(4):385-400.
ZHANG Qi, WANG Yan, LIU Hongtao, et al. On the Space Time Distribution and Geodynamic

Environments of Adakites in China, Annex: Controversies over Differing Opinions for Adakites in China [J]. Earth Science Frontiers, 2003, 10(4):385-400.

[11] 张宏飞,王婧,徐旺春,等.俯冲陆壳部分熔融形成埃达克质岩浆[J].高校地质学报,2007,13(2):224-234.

ZHANG Hongfei, WANG Wei, XU Wangchun, et al. Derivation of Adakitic Magma by Partial Melting of Subducted Continental Crust [J]. Geological Journal of China Universities, 2007, 13(2): 224-234.

[12] 殷龙飞,刘坤鹏,于宏伟.北秦岭成矿带西段关山岩体地球化学特征与铀成矿[J].西部资源,2016(4):14-16.

YIN Longfei, LIU Kunpeng, YU Hongwei. Geochemical Characteristics and Uranium Mineralization of Guanshan Rock Mass in the Western Part of Northern Qinling Metallogenic Belt[J]. Western Resources, 2016(4):14-16.

[13] 张成立,王涛,王晓霞.秦岭造山带早中生代花岗岩成因及其构造环境[J].高校地质学报,2008,14(3):304-316.

ZHANG Chengli, WANG Tao, WANG Xiaoxia. Origin and Tectonic Setting of the Early Mesozoic Granitoids in Qinling Orogenic Belt [J]. Geological Journal of China Universities, 2008, 14(3): 304-316.

[14] 徐学义.西秦岭北缘花岗质岩浆作用及构造演化[J].岩石学报,2014,30(2):371-389.

XU Xueyi. Granitold Magmatism and Tectonic Evolution in Northen Edge of the Wstern Qinling Terrane [J]. Acta Petrologica Sinica, 2014, 30(2):371-389.

[15] JIANG Y H, JIN G D, LIAO S Y, et al. Geochemical and Sr-Nd-Hf Isotopic Constraints on the Origin of Late Triassic Granitoids from the Qinling Orogen, Central China:Implications for a Continental Arc to Continent-Continent Collision[J]. Lithos, 2010, 117(1-4):183-197.

[16] 刘树文,杨朋涛,李秋根,等.秦岭中段印支期花岗质岩浆作用与造山过程[J].吉林大学学报:地球科学版,2011,41(6):1928-1943.

LIU Shuwen, YANG Pengtao, LI Qiugen, et al. Indosinian Granitoids and Orogenic Processes in the Middle Segment of the Qinling Orogen[J]. Journal of Jilin University:Earth Science Edition, 2011, 41(6):1928-1943.

[17] 张国伟,张本仁.秦岭造山带与大陆动力学[M].北京:科学出版社,2001:1-855.

ZHANG Guowei, ZHANG Benren. Qinling Orogenic Belt and Continental Dynamics [M]. Beijing: Science Press, 2001:1-855.

[18] DONG Y, ZHANG X, LIU X, et al. Propagation Tectonics and Multiple Accretionary Processes of the Qinling Orogen[J]. Journal of Asian Earth Sciences, 2015, 104:84-98.

[19] 杨阳.秦岭造山带中段花岗岩的时空格架、源区物质及其对地壳深部物质组成的示踪[D].北京:中国地质科学院,2017.

YANG Yang. Spatial-temporal Distribution and Sources of Granitoids in the Middle Qinling Orogenic Belt, Central China:Implications for the Nature of Deep Crustal Basement [D]. Beijing: Chinese Academy of Geological Sciences, 2017.

[20] 王银川,裴先治,李佐臣,等.祁连造山带东端张家川地区长宁驿中元古代花岗质片麻岩 LA-ICP-MS 锆石 U-Pb 年龄及其构造意义[J].地质通报,2012,31(10):1576-1587.

WANG Yinchuan, PEI Xianzhi, LI Zuochen, et al. LA-ICP-MS Zircon U-Pb dating of the Mesoproterozoic Granitic Gneisses at Changningyi of Zhangjiachuan Area on the Eastern Edge of the Qilian Orogenic belt[J]. Geological Bulletin of China, 2012, 31(10):1576-1587

[21]　何艳红,孙勇,陈亮,等.陇山杂岩的 LA-ICP-MS 锆石 U-Pb 年龄及其地质意义[J].岩石学报,2005, 21(1):127-136.

HE Yanhong, SUN Yong, CHEN Liang, et al. Zircon U-Pb Chronology of Longshan Complex by LA-ICP-MS and Its Geological Significance[J]. Acta Petrologica Sinica, 2005,21(1):127-136.

[22]　裴先治,李佐臣,李瑞保,等.祁连造山带东段早古生代葫芦河群变质碎屑岩中碎屑锆石 LA-ICP-MS U-Pb 年龄:源区特征和沉积时代的限定[J].地学前缘,2012,19(5):205-224.

PEI Xianzhi, LI Zuochen, LI Ruibao, et al. LA-ICP-MS U-Pb Age from the Meta-detrital Rocks of the Early Palaeozoic Huluhe Group in Eastern Part of Qilian Orogenic Belt:Constraints of Material Source and Sedimentary Age[J]. Earth Science Frontiers, 2012, 19(5):205-224.

[23]　ZHANG H F, ZHANG B R, HARRIS N, et al. U-Pb Zircon SHRIMP Ages, Geochemical and Sr-Nd-Pb Isotopic Compositions of Intrusive Rocks from the Longshan-Tianshui Area in the Southeast Corner of the Qilian Orogenic Belt, China:Constraints on Petrogenesis and Tectonic Affinity[J]. Journal of Asian Earth Sciences, 2006, 27(6):751-764.

[24]　刘晔,柳小明,胡兆初,等.ICP-MS 测定地质样品中 37 个元素的准确度和长期稳定性分析[J].岩石学报,2007(5):1203-1210.

LIU Ye, LIU Xiaoming, HU Zhaochu, et al. Evaluation of Accuracy and Long-term Stability Determination of 37 Trace Elements in Geological Samples by ICP-MS[J]. Acta Petrologica Sinica, 2007(5):1203-1210.

[25]　YUAN H, GAO S, LIU X, et al. Accurate U-Pb Age and Trace Element Determinations of Zircon by Laser Ablation-Inductively Coupled Plasma-Mass Spectrometry[J]. Geostandards and Geoanalytical Research, 2010, 28(3):353-370.

[26]　王春林,孟明亮,鲁孝军,等.内蒙古多伦晚中生代中酸性火山岩岩石地球化学特征及构造环境分析[J].地质与勘探,2018(5):988-1000.

WANG Chunlin, MENG Mingliang, LU Xiaojun, et al. Geochemical Characteristics of Intermediate-acid Volcanic Rocks Late Mesozoic and the Tectonic Environment in the Duolun Area, Inner Mongolia[J]. Geology and Exploration, 2018, 54(5):988-1000.

[27]　王洪亮,肖绍文,徐学义,等.北秦岭西段吕梁期构造岩浆事件的年代学及其构造意义[J].地质通报,2008,27(10):1728-1738.

WANG Hongliang, XIAO Shaowen, XU Xueyi, et al. Geochronology and Significance of the Early Mesoproterozoic Tectono-magmatic Event in the Western Segment of the North Qinling Mountains [J]. Geolgcal Bulletin of China, 2008,27(10):1728-1738.

[28]　秦江锋.秦岭造山带晚三叠世花岗岩类成因机制及深部动力学背景[D].西安:西北大学,2010.

QIN Jiangfeng. Petrogenesis and Geodynamic Implications of the Late-Triassic Granitoids from the Qinling Orogenic Belt[D]. Xi'an:Northwest University, 2010.

[29]　赖绍聪,秦江锋,朱韧之,等.扬子地块西缘天全新元古代过铝质花岗岩类成因机制及其构造动力学背景[J].岩石学报,2015,31(8):2245-2258.

LAI Shaocong, QIN Jiangfeng, ZHU Renzhi, et al. Petrogenesis and Tectonic Implication of the Neoproterozoic Peraluroinous Granitoids from the Tianshui Area, Western Yangtze Block[J]. Acta Petrologica Sinica, 2015, 31(8):2245-2258.

[30] 葛小月,李献华,陈志刚,等.中国东部燕山期高 Sr 低 Y 型中酸性火成岩的地球化学特征及成因:对中国东部地壳厚度的制约[J].科学通报,2002,47(6):474-480.
GE Xiaoyue, LI Xianhua, CHEN Zhigang, et al. Geochemical Characteristics and Petrogenesis of High-Sr Low-Y Medium-acid Igneous Rocks in Yanshanian Epoch in Eastern China:Constraints on the Thickness of Crust in Eastern China[J]. Chinese Science Bulletin, 2002,47(6):474-480.

[31] 张财.西藏拉萨地块北部永珠地区岩浆岩年代学与地球化学[D].北京:中国地质大学(北京),2016.
ZHANG Cai. Geochronology and Geochemistry of Magmatic Rock in Yongzhu at North Lhasa Block, Tibet[D]. Beijing:China University of Geosciences(Beijing), 2016.

[32] 张旗,许继峰,王焰,等.埃达克岩的多样性[J].地质通报,2004,23(9-10):959-965.
ZHANG Qi, XU Jifeng, WANG Yan, et al. Diversity of Adakite[J]. Geological Bulletin of China, 2004,23(9-10):959-965.

[33] SUN S S, MCDONOUGH W F. Chemical and Isotopic Systematics of Oceanic Basalts:Implications for Mantle Composition and Processes[J]. Geological Society, London, Special Publications, 1989, 42(1):313-345.

[34] 秦江锋,赖绍聪,李永飞.扬子板块北缘碧口地区阳坝花岗闪长岩体成因研究及其地质意义[J].岩石学报,2005,21(3):157-170.
QIN Jiangfeng, LAI Shaocong, LI Yongfei. Petrogenesis and Geological Significance of Yangba Granodiorites from Bikou Area, Northern Margin of Yangtze Plate[J]. Acta Petrologica Sinica, 2005, 21(3):157-170.

[35] 王晓霞,王涛,卢欣祥.北秦岭中生代沙河湾岩体环斑结构特征及有关问题的讨论[J].地球学报,2002,23(1):30-36.
WANG Xiaoxia, WANG Tao, LU Xinxiang. Characteristics of Rapakivi Texture in Mesozoic Shahewan Granite of North Qinling Mountains and Some Related Problems[J]. Acta Geoscientica Sinica, 2002, 23(1):30-36.

[36] DEFANT M J, DRUMMOND M S. Derivation of Some Modern Arc Magmeas by Melting of Young Subducted Lithosphere[J]. Nature, 1990,347:662-665.

[37] DEFANT J, KEPEZHINSKAS P, XU J F, et al. Adakites:Some Variations on a Theme[J]. Acta Petrologica Sinica, 2002, 18(2):129-142.

[38] THIEBLEMONT D, STEIN G, LESCUYER J L. Gisements épithermaux et Porphyriques:La Connexion Adakite[J]. Comptes Rendus de l'Académie des Sciences:Series IIA, Earth and Planetary Science, 1997, 325(2):103-109.

[39] OYARZUN R, MARQUEZ A, LILLO J, et al. Giant Versus Small Porphyry Copper Deposits of Cenozoic Age in Northern Chile:Adakitic Versus Normal Calc-alkaline Magmatism[J]. Mineralium Deposita, 2001, 36(8):794-798.

[40] BELLON H, YUMUL JR G P. Miocene to Quaternary Adakites and Related Rocks in Western Philippine

Arc Sequences [J]. Comptes Rendus de l'Academie des Sciences: Series IIA, Earth and Planetary Science, 2001, 333(6):343-350.

[41] WANG Q, WYMAN D A, ZHAO Z H, et al. Petrogenesis of Carboniferous Adakites and Nb-enriched Are Basalts in the Alataw Area, Northern Tianshan Range (Western China): Implications for Phanerozoic Crustal Growth in the Central Asia Orogenic Belt[J]. Chemical Geology, 2007, 236(1): 42-64.

[42] 张旗,王焰,刘伟,等.埃达克岩的特征及其意义[J].地质通报,2002,21(7):431-435.
ZHANG Qi, WANG Yan, LIU Wei, et al. Adakite:Its Characteristics and Implications[J]. Geological Bulletin of China, 2002,21(7):431-435.

[43] MARTIN H, SMITHIES R H, RAPP R, et al. An Overview of Adakite, Tonalite-trondhjemite-granodiorite (TTG), and Sanukitoid: Relationships and Some Implications for Crustal Evolution [J]. Lithos, 2005, 79(1):1-24.

[44] 肖龙.富钾埃达克岩:加厚下地壳变质基性岩脱水熔融的产物[C]//中国地质学会.2004年全国岩石学与地球动力学研讨会论文集.北京:地质出版社,2004:283.
XIAO Long. Potassium-rich Adakite: Dehydration and Melting Products of Thickened Lower Crust Metamorphic Rocks [C]//Geological Society of China. Proceedings of the National Petrology and Geodynamics Symposium Conference Proceedings in 2004. Beijing: Geological Publishing House, 2004:283.

[45] ATHERTON M P, PETFORD N. Generation of Sodium-rich Magmas from Newly Underplated Basaltic Crust[J]. Nature, 1993, 362(6416):144-146.

[46] MARTIN H. Adakitic Magmas: Modern Analogues of Archaean Granitoid[J]. Lithos, 1999, 46(3): 411-429.

[47] XU J F, SHINJO R, DEFANT M J, et al. Origin of Mesozoic Adakitic Intrusive Rocks in the Ningzhen Area of East China: Partial Melting of Delaminated Lower Continental Crust[J]? Geology, 2002, 30 (12):1111-1114.

[48] GAO S, RUDNICK R L, YUAN H L, et al. Recycling Lower Continental Crust in the North China Craton. [J]. Nature, 2004, 432(7019):892-897.

[49] WANG Q, XU J F, JIAN P, et al. Petrogenesis of Adakitic Porphyries in an Extensional Tectonic Setting, Dexing, South China: Implications for the Genesis of Porphyry Copper Mineralization [J]. Journal of Petrology, 2006, 47(1):119-144.

[50] CHUNG S L, LIU D, JI J, et al. Adakites from Continental Collision Zones: Melting of Thickened Lower Crust Beneath Southern Tibet[J]. Geology, 2003, 31(11):1021-1024.

[51] HOU Z Q, GAO Y F, QU X M, et al. Origin of Adakitic Intrusives Generated during Mid-Miocene East-west Extension in Southern Tibet[J]. Earth & Planetary Science Letters, 2004, 220(1-2):139-155.

[52] WANG Q, MCDERMOTT F, XU J F, et al. Cenozoic K-rich Adakitic Volcanic Rocks in the Hohxil Area, Northern Tibet: Lower-crustal Melting in An Intracontinental Setting[J]. Geology, 2005, 33(6): 465-468.

[53] ROBERTS M P, CLEMENS J D. Origin of High-potassium, Calc-alkaline, I-type Granitoids [J]. Geology, 1993, 21(9):825.

[54] HOFMANN A W. Mantle Geochemistry: The Message from Oceanic Volcanism[J]. Nature, 1997, 385 (6613):219-229.

[55] 许立权,邓晋福,陈志勇,等.内蒙古达茂旗北部奥陶纪埃达克岩类的识别及其意义[J].现代地质, 2003,17(4):428-434.

XU Liquan, DENG Jinfu, CHEN Zhiyong, et al. The Identification of Ordovician Adakites and Its Significance in Northern Damao, Inner Mongolia[J]. Geoscience, 2003,17(4):428-434.

[56] 方博文,张贺,叶日胜,等.南秦岭老城花岗岩成因:锆石 U-Pb 年龄和 Sr-Nd 同位素的制约[J].地球科学与环境学报,2017,39(5):633-651.

FANG Bowen, ZHANG He, YE Risheng, et al. Petrogenesis of Laocheng Granite in South Qinling: Constraints from Zircon U-Pb Age and Sr-Nd Isotopic Composition[J]. Journal of Earth Sciences and Environment,2017,39(5):633-651.

[57] 张国伟,孟庆任,于在平,等.秦岭造山带的造山过程及其动力学特征[J].中国科学:D 辑,地球科学,1996,26(3):193-200.

ZHANG Guowei, MENG Qingren, YU Zaiping, et al. The Orogenic Process and Dynamic Characteristics of the Qinling Orogenic Belt[J]. Science in China: Series D, Earth Sciences, 1996, 26 (3):193-200.

[58] 林鑫,刘浩,梁利鹏,等.北秦岭及周缘花岗岩地球化学特征与构造环境分析[J].矿物岩石,2016, 36(4):74-85.

LIN Xin, LIU Hao, LIANG Lipeng, et al. Research of Geochemistry of Granitoids in the Northern Qinling Orogen and Their Tectonic Setting[J]. Journal of Mineralogy and Petrology, 2016, 36(4): 74-85.

[59] 张成立,罗静兰,李淼,等.东秦岭西坝花岗岩体及其脉岩的地球化学特征[J].西北大学学报:自然科学版,2002,32(4):384-388.

ZHANG Chengli, LUO Jinglan, LI Miao, et al. Geochemical Characteristics and Geological Significance of Xiba Granite,Porphyry and Porphyrite in East Qinling[J]. Journal of Northwest University: Natural Science Edition, 2002, 32(4): 384-388.

[60] AMES L, ZHOU G, XIONG B. Geochronology and Geochemistry of Ultrahigh-pressure Metamorphism with Implications for Collision of Sino-Korea Cratons, Central China[J]. Tectonics, 1996, 15(2): 472-489.

[61] HACKER B R, RATSCHBACHER L, WEBB L, et al. U/Pb Zircon Ages Constrain the Architecture of the Ultrahigh-pressure Qinling-Dabie Orogen, China[J]. Earth & Planetary Science Letters, 1998, 161 (1-4):215-230.

[62] AYERS J C, DUNKLE S, GAO S, et al.Constraints on Timing of Peak and Retrograde Metamorphism in the Dabie Shan Ultrahigh-pressure Metamorphic Belt, East-central China, Using U-Th-Pb Dating of Zircon and Monazite[J]. Chemical Geology, 2002, 186(3):315-331.

[63] 张宏飞,欧阳建平,凌文黎,等.南秦岭宁陕地区花岗岩类 Pb、Sr、Nd 同位素组成及其深部地质信息[J].岩石矿物学杂志,1997,16(1):22-32.

ZHANG Hongfei, OUYANG Jianping, LING Wenli, et al. Pb, Sr and Nd Isotope Composition of Ningshan Granitoids, South Qinling and Their Deep Geological Information[J]. Acta Petrologica et

Mineralogica，1997，16(1):22-32.

[64] 张宏飞，靳兰兰，张利，等.西秦岭花岗岩类地球化学和Pb-Sr-Nd同位素组成对基底性质及其构造属性的限制[J].中国科学:D辑，地球科学，2005，35(10):10-22.

ZHANG Hongfei，JIN Lanlan，ZHANG Li，et al. Geochemical and Pb-Sr-Nd Isotopic Compositions of Granitoids from Western Qinling Belt: Constraints on Basement Nature and Tectonic Affinity [J]. Science in China: Series D, Earth Sciences, 2005,35(10):10-22.

青藏高原东北缘马泉新生代碱性玄武岩
地球化学及其成因探讨[①②]

崔源远 赖绍聪[③] 耿 雯 赵少伟 朱韧之

摘要：马泉新生代碱性玄武岩出露于青藏高原东北缘，岩石 SiO_2 含量介于 40.40% ~ 41.84%，TiO_2 含量高（3.73% ~ 4.57%），K_2O（0.37% ~ 3.24%）和 Na_2O（0.57% ~ 2.59%）含量高且变化范围较宽，K_2O/Na_2O 值为 0.46 ~ 1.92，属于典型的幔源高钛-极高钛大陆溢流碱性玄武岩类。岩石微量元素及稀土元素具板内火山岩特征，Th、Rb 等元素呈较明显的富集状态。岩石 $^{87}Sr/^{86}Sr$（0.704 090 ~ 0.704 668），$^{143}Nd/^{144}Nd$（0.512 770 ~ 0.512 869），$^{206}Pb/^{204}Pb$（18.363 698 ~ 18.866 220），$^{207}Pb/^{204}Pb$（15.495 292 ~ 15.602 144），$^{208}Pb/^{204}Pb$（38.092 958 ~ 39.399 417）等同位素变化特征以及岩石高 $Mg^\#$ 值（$Mg^\# = 60.7$ ~ 65.9），高 Sm/Yb 值，$(Ce/Yb)_N$ 在 29.37 ~ 35.82 范围内变化，表明马泉碱性玄武岩的岩浆源区深度较大，应来源于软流圈地幔石榴石二辉橄榄岩的局部熔融。

青藏高原东北缘新生代火山岩呈零星分布，已有较长的研究历史，火山岩以钾质-超钾质系列为主体，钠质火山岩系列出露很少。喻学惠等（2001，2003，2004，2005）、董昕等（2008）对礼县、宕昌一带广泛分布的新生代超钾质火山岩和火成碳酸岩及其中含有的地幔包体进行了详细的研究，通过 Ar/Ar 法比较准确地确定了该区新生代火山岩喷发时限主体集中于 22 ~ 23 Ma，并对该区火山岩的分布、系列、岩石地球化学、矿物化学、同位素特征及其与高原隆升的关系做了大量的探讨和研究，提出了有益的见解。然而，相比之下，对东缘新生代碱性火山岩系列的源区性质、局部熔融机理及其岩浆演化等方面的研究却明显滞后，研究程度明显偏低。显然，上述问题至今仍然是青藏高原东北缘独特构造环境下新生代岩浆作用尚未解决的重要科学难题。通过对该区新生代碱性玄武岩成因岩石学及岩石大地构造学的进一步深入研究，有可能找到解决上述关键科学问题的新途径。

本文对马泉地区出露的一套新生代火山岩进行了详细的岩石地球化学及成因岩石学研究，并探讨了其成因和形成大地构造环境。

① 原载于《东华理工大学学报》自然科学版，2013，36(1)。
② 国家自然科学基金项目（41072052）和国家自然科学基金重大项目（41190072）。
③ 通讯作者。

1　区域地质概况

青藏高原东北缘新生代碱性火山岩主体分布在甘肃省礼县、宕昌等地,位于扬子古陆、松潘-甘孜褶皱带和祁连-秦岭褶皱带交汇的天水-礼县新生代断陷盆地中。在大地构造上该区属西秦岭礼县-柞水华力西褶皱带,是中国大陆与中、新生代以来强烈隆升的青藏高原之间的关键转换地带。

根据1:20万区域地质图和新近国土资源大调查获得的礼县地区部分1:5万地质填图,我们对青藏高原东北缘马泉地区新生代火山岩进行了详细的野外考察,并采集了相关的岩石地球化学样品(图1)。马泉火山岩出露于礼县以西约8 km处的马泉村北侧,由3个小规模的火山岩出露体构成,出露面积约为2 km²,主要岩性有熔岩、角砾熔岩、火山集块岩等。

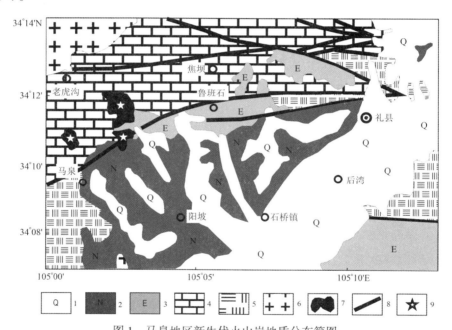

图1　马泉地区新生代火山岩地质分布简图

1.第四系;2.新近系;3.古近系;4.石炭系;5.泥盆系;6.花岗岩;7.新生代火山岩;8.断裂;9.取样位置

区内出露地层简单,主要有泥盆系、石炭系、古近系、新近系、第四系以及少量印支期似斑状黑云母花岗岩、中粗粒二长花岗岩等。泥盆系主要为一套钙质砂岩夹板岩及灰岩;石炭系主要为炭质粉砂岩夹灰色厚层灰岩、含燧石团块灰岩、炭质粉砂岩夹石英砂岩等;古近系主要为一套红色砂砾岩夹少量砂岩、砂质泥岩和少许钙质结核;新近系主要为红色泥岩夹砂砾岩;第四系为现代河床冲积层、残积坡积黄土及亚砂土/亚黏土等(图1)。

2　岩相学及岩石化学特征

岩石呈暗黑色-黑灰色,致密块状构造,斑状结构,斑晶矿物为橄榄石、辉石,见有少量金云母。橄榄石可见伊丁石化现象,辉石为碱性属种。基质部分为隐晶质结构-微晶结构。橄榄石和辉石斑晶大小为 1～2 mm,橄榄石多呈圆粒状,晶形不好,从手标本观察断口处玻璃光泽强;而辉石斑晶呈柱状,晶形发育较好,易于与橄榄石区别。金云母呈片状晶。

本区火山岩化学成分、微量元素分析结果以及 CIPW 标准矿物计算结果列于表 1 中。从表 1 中可以看到,火山岩 SiO_2 含量不高且较为稳定,变化范围为 40.40%～41.84%,平均为 41.07%。Al_2O_3 含量低且相对较为稳定,大多为 6.17%～7.86%,8 个火山岩样品的 $Fe_2O_3^T$ 含量均在 12% 以上;而 MgO 含量最高可达 13.05%。值得注意的是,本区火山岩 K_2O 含量变化范围较宽,为 0.37%～3.24%,平均为 1.48%;而 Na_2O 含量变化范围为 0.57%～2.59%,平均为 1.34%,K_2O/Na_2O 值为 0.46～1.92,平均为 1.01。同时,该组火山岩 TiO_2 含量为 3.73%～4.57%,平均为 4.20%。

表 1 马泉火山岩常量元素(%)和稀土及微量(×10⁻⁶)元素分析结果

编 号	MQ-01	MQ-02	MQ-05	MQ-06	MQ-07	MQ-09	MQ-11	MQ-12
岩 性				碱性玄武岩				
SiO_2	40.95	40.86	41.84	41.39	40.96	40.40	41.19	40.93
TiO_2	4.05	4.05	4.36	4.18	4.23	3.73	4.39	4.57
Al_2O_3	7.25	6.93	6.22	7.32	6.65	7.65	7.86	6.17
$Fe_2O_3^T$	12.18	12.25	12.65	12.22	12.46	12.53	12.86	13.36
MnO	0.17	0.17	0.18	0.18	0.19	0.17	0.17	0.18
MgO	12.18	12.24	12.13	11.38	12.67	13.05	10.81	12.84
CaO	14.81	14.90	15.71	14.75	14.85	13.74	13.65	14.49
Na_2O	1.03	1.02	1.02	0.80	0.57	2.59	2.10	1.58
K_2O	1.17	1.07	0.57	0.37	0.45	3.24	1.93	3.03
P_2O_5	1.05	1.07	1.07	1.17	0.90	1.11	1.20	0.80
LOI	4.59	4.83	3.67	5.67	5.52	1.20	3.30	1.52
Total	99.43	99.39	99.42	99.43	99.45	99.41	99.46	99.47
Mg#	64.6	64.8	63.6	62.9	64.9	65.9	60.7	64.0
An	11.63	11.07	10.64	15.17	14.18	–	6.27	0.78
Di	44.4	45.15	48.57	40.89	43.21	27.17	43.3	36.05
Ol	16.26	16.22	14.93	14.69	17.82	24.25	14.39	20.73
Ne	4.67	4.63	3.28	–	0.43	11.44	9.53	7.15
Or	3.33	3.54	3.29	2.18	2.65	–	3.11	–
Ab	–	–	2.48	6.76	3.95	–	–	–
Hy	–	–	–	2.02	–	–	–	–
Mt	2.67	2.67	2.73	2.57	2.63	2.80	2.92	3.15
LLm	7.65	7.65	8.22	7.91	7.99	7.04	8.26	8.58
Ap	2.13	2.17	2.20	2.37	1.83	2.35	2.48	1.68
Lc	2.75	2.17	–	–	–	14.86	6.39	13.88
Li	25.8	23.9	27.4	46.3	60.7	13.6	14.3	17.2

编　号	MQ-01	MQ-02	MQ-05	MQ-06	MQ-07	MQ-09	MQ-11	MQ-12
岩　性	碱性玄武岩							
Be	2.82	2.78	2.44	2.47	2.58	2.84	2.70	2.63
Sc	22.8	23.2	24.9	21.6	22.6	21.8	21.4	24.3
V	199	209	218	202	204	203	215	244
Cr	252	252	271	273	280	307	236	292
Co	86.0	76.4	76.9	72.3	59.9	77.5	92.6	80.2
Ni	178	175	191	207	193	272	188	224
Cu	71.4	70.1	64.5	56.3	58.5	83.7	129	102
Zn	143	149	157	148	149	141	146	151
Ga	17.0	16.8	22.4	18.3	18.4	19.1	21.6	19.3
Ge	1.51	1.53	1.69	1.52	1.53	1.52	1.44	1.61
Rb	46.5	43.7	27.8	15.5	31.9	83.1	77.0	77.6
Sr	1 885	1 810	2 083	2 366	1 625	1 759	1 705	1 612
Y	37.9	37.4	38.4	37.7	37.6	41.4	38.2	39.6
Zr	526	530	565	533	538	511	527	590
Nb	153	153	163	152	154	152	156	184
Cs	2.34	2.30	3.90	11.4	4.45	0.88	0.81	1.38
Ba	1 591	1 455	1 020	1 555	1 312	1 916	1 429	1 570
Hf	10.3	10.5	11.4	10.7	10.8	10.3	10.9	12.1
Ta	6.52	6.56	7.23	6.60	6.73	6.69	7.32	8.58
Pb	7.63	7.46	7.30	7.51	6.05	3.75	6.98	6.12
Th	19.1	19.1	20.9	18.4	19.0	19.4	16.8	21.2
U	3.64	3.58	3.73	3.67	3.61	3.90	3.32	4.20
La	138	137	144	140	144	150	124	159
Ce	259	260	277	262	267	267	231	289
Pr	29.8	30.1	31.9	30.0	31.0	30.3	26.9	32.1
Nd	114	114	122	116	119	116	103	121
Sm	21.6	21.7	22.9	21.9	22.5	21.7	19.8	21.9
Eu	6.01	6.05	6.29	6.09	6.27	6.11	5.59	6.04
Gd	17.7	17.8	18.6	17.8	18.4	18.1	16.5	18.1
Tb	2.01	2.01	2.10	2.02	2.09	2.10	1.94	2.07
Dy	9.74	9.71	10.2	9.81	9.97	10.3	9.53	10.1
Ho	1.55	1.56	1.60	1.56	1.58	1.69	1.57	1.64
Er	3.37	3.40	3.51	3.35	3.37	3.66	3.40	3.58
Tm	0.40	0.39	0.40	0.39	0.39	0.42	0.40	0.41
Yb	2.23	2.26	2.32	2.15	2.19	2.29	2.19	2.24
Lu	0.30	0.30	0.31	0.29	0.29	0.30	0.29	0.30
$\sum$REE	643	644	682	650	666	671	584	707
$\sum$LREE/ $\sum$HREE	7.56	7.61	7.81	7.67	7.78	7.36	6.89	8.06

编　号	MQ-01	MQ-02	MQ-05	MQ-06	MQ-07	MQ-09	MQ-11	MQ-12
岩　性	碱性玄武岩							
δEu	0.91	0.91	0.90	0.91	0.91	0.91	0.92	0.90
$(La/Yb)_N$	44.26	43.60	44.60	46.61	47.31	46.91	40.84	51.03
$(Ce/Yb)_N$	32.18	31.96	33.18	33.81	33.87	32.44	29.37	35.82

常量元素采用 XRF 方法分析,微量及稀土元素采用 ICP-MS 法分析;由大陆动力学国家重点实验室分析(2011)。

在火山岩系列划分图解(图2)中,火山岩投影点均位于碱性火山岩区内,总体属于碱性玄武岩类。这与 CIPW 标注矿物计算中多数样品均出现 Ne(霞石)或 Lc(白榴石)分子的结果完全一致。综上所述,马泉地区的新生代火山岩属于高钛-极高钛的大陆溢流碱性玄武岩类。

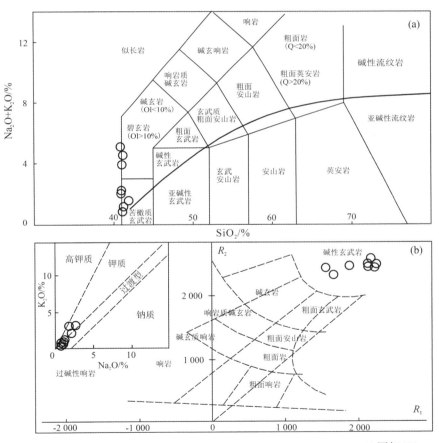

图 2　火山岩 TAS(a)及 R_1(4Si-11Na+K-2Fe+Ti)-R_2(6Ca+2Mg+2Al)图解(b)

3　稀土元素地球化学特征

8 个火山岩样品的稀土总量在 $584\times10^{-6}\sim707\times10^{-6}$ 范围内(表1),平均为 656×10^{-6};

$\sum$ LREE/$\sum$HREE 值为 6.89~8.06,说明岩石富集稀土元素且轻、重稀土分异强烈;岩石 $(La/Yb)_N$介于 40.84~51.03,$(Ce/Yb)_N$介于 29.37~35.82。δEu 值十分稳定,变化不大,介于 0.90~0.92,平均为 0.91,表明本区火山岩基本无 Eu 异常。在球粒陨石标准化稀土配分图(图 3)中,显示为右倾负斜率轻稀土强烈富集型配分型式,Eu 异常不明显,与典型的板内碱性玄武岩稀土元素地球化学特征完全一致。

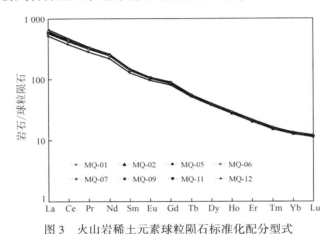

图 3　火山岩稀土元素球粒陨石标准化配分型式
球粒陨石标准值据 Sun and McDonough(1989);图中编号对应表 1 中的样品编号

4　微量元素地球化学特征

岩石微量元素配分图解(图 4)表明,本区火山岩微量元素 N-MORB 标准化图谱整体呈驼峰状,Rb、Ba、Th、Ta、Nb 等元素呈明显富集状态,表明它们具有板内火山岩的地球化学特点。火山岩不相容元素地幔平均成分标准化蛛网图同样表明,火山岩总体具有富集大离子亲石元素的板内成因特点。

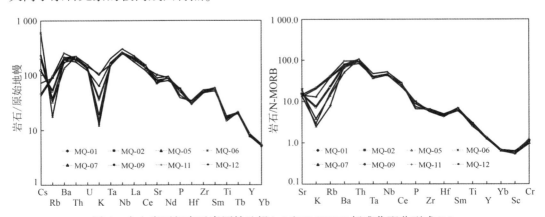

图 4　火山岩不相容元素原始地幔(a)和 N-MORB 标准化配分型式(b)
原始地幔和 N-MORB 标准值据 Sun and McDonough(1989)和 Pearce(1983);图中编号对应表 1 中的样品编号

5 同位素地球化学特征

马泉新生代火山岩 3 个样品的 Sr-Nd-Pb 同位素分析结果列于表 2 中。从表 2 中可以看到,马泉碱性玄武岩总体具有中-低含量的 Sr 以及相对低 Nd 的同位素地球化学特征。岩石 $^{87}Sr/^{86}Sr = 0.704\,090 \sim 0.704\,668$(平均 0.704 304),$\varepsilon_{Sr} = +72.9 \sim +79.6$(平均 +76.0),$^{143}Nd/^{144}Nd = 0.512\,770 \sim 0.512\,869$(平均 0.512 829),$\varepsilon_{Nd} = +2.57 \sim +4.51$(平均 +3.73)。根据 $^{143}Nd/^{144}Nd$-$^{87}Sr/^{86}Sr$ 相关图解(图 5),本区火山岩的 Sr-Nd 同位素组成特征投影在非常接近 PREMA(原始地幔)的位置。

表 2 火山岩 Sr-Nd-Pb 同位素分析结果

编 号	MQ-05	MQ-11	MQ-12
岩 性		碱性玄武岩	
Pb	7.30	6.98	6.12
Th	20.9	16.8	21.2
U	3.73	3.32	4.20
$^{206}Pb/^{204}Pb$	18.363 698	18.758 433	18.866 220
2σ	0.000 716	0.000 688	0.000 714
$^{207}Pb/^{204}Pb$	15.495 292	15.595 121	15.602 144
2σ	0.000 612	0.000 670	0.000 652
$^{208}Pb/^{204}Pb$	38.092 958	39.202 591	39.399 417
2σ	0.001 610	0.001 718	0.001 690
$\Delta 7/4$	0.77	7.07	6.60
$\Delta 8/4$	26.4	89.7	96.3
Sr	2083	1705	1612
Rb	27.8	77.0	77.6
$^{87}Rb/^{86}Sr$	0.038 63	0.130 58	0.139 22
$^{87}Sr/^{86}Sr$	0.704 556	0.704 266	0.704 090
2σ	0.000 013	0.000 010	0.000 013
ΔSr	45.56	42.66	40.90
ε_{Sr}	79.6	75.5	72.9
Nd	122	103	121
Sm	22.9	19.8	21.9
$^{147}Sm/^{144}Nd$	0.113 32	0.116 68	0.109 77
$^{143}Nd/^{144}Nd$	0.512 869	0.512 849	0.512 770
2σ	0.000 034	0.000 057	0.000 007
ε_{Nd}	4.51	4.12	2.57

$\varepsilon_{Nd} = [(^{143}Nd/^{144}Nd)_S/(^{143}Nd/^{144}Nd)_{CHUR} - 1] \times 10^4$, $(^{143}Nd/^{144}Nd)_{CHUR} = 0.512\,638$。

$\varepsilon_{Sr} = [(^{87}Sr/^{86}Sr)_S/(^{87}Sr/^{86}Sr)_{UR} - 1] \times 10^4$, $(^{87}Sr/^{86}Sr)_{UR} = 0.698\,990$。

$\Delta 7/4 = [(^{207}Pb/^{204}Pb)_S - 0.108\,4(^{206}Pb/^{204}Pb)_S - 13.491] \times 100$。

$\Delta 8/4 = [(^{208}Pb/^{204}Pb)_S - 1.209(^{206}Pb/^{204}Pb)_S - 15.627] \times 100$。

$\Delta Sr = [(^{87}Sr/^{86}Sr)_S - 0.7] \times 10\,000$。

ε_{Nd} 和 ε_{Sr} 未做年龄校正,由西北大学大陆动力学国家重点实验室采用 MC-ICP-MS 法分析(2012)。

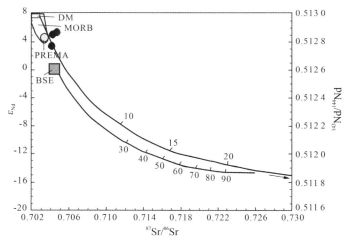

图 5　火山岩 $^{143}Nd/^{144}Nd$-$^{87}Sr/^{86}Sr$ 图解

DM：亏损地幔；PREMA：原始地幔；BSE：地球总成分；MORB：洋中脊玄武岩

马泉碱性玄武岩 $^{206}Pb/^{204}Pb=18.363\,698\sim18.866\,220$（平均 18.662 784）, $^{207}Pb/^{204}Pb$ $=15.495\,292\sim15.602\,144$（平均 15.564 186）, $^{208}Pb/^{204}Pb=38.092\,958\sim39.399\,417$（平均 38.898 322）。在 Pb 同位素成分系统变化图（图 6）中，本区火山岩样品无论是在 $^{207}Pb/^{204}Pb$-$^{206}Pb/^{204}Pb$ 图解中还是在 $^{208}Pb/^{204}Pb$-$^{206}Pb/^{204}Pb$ 图解中，均位于 Th/U = 4.0 的北半球参考线（NHRL）之上，并在 $^{208}Pb/^{204}Pb$-$^{206}Pb/^{204}Pb$ 图解中具有与 BSE 接近的同位素组成。而在 Sr-Pb、Nd-Pb 图（图 7）中，本区火山岩同样显示了与 PREMA 十分接近的同位素组成。

计算结果表明（表 2），马泉碱性玄武岩 Δ8/4Pb 值在 26.4~96.3 范围内；Δ7/4Pb 值较低，介于 0.77~7.07。通常 DUPAL 异常具有如下特征（Hart，1984）：①高 $^{87}Sr/^{86}Sr$ 值（大于 0.705 0）；②Δ8/4Pb 值大于 60，Δ7/4Pb 值亦偏高。从马泉玄武岩 Pb 同位素特征可以看到，其偏低的 Δ7/4Pb 值和明显小于 0.705 0 的 $^{87}Sr/^{86}Sr$ 值，未显示显著的 DUPAL 异常特征。

6　岩浆起源与演化

已有的研究资料表明，玄武质火山岩的地球化学和同位素地球化学资料能对地幔岩浆源区性质做出有效约束（Wilson，1989；Lai et al.，2003，2007a，b，2008，2011，2012）。马泉碱性玄武岩具有清晰的化学成分变化范围，且具有均一的 Sr、Nd 和 Pb 同位素组成，并与 PREMA（原始地幔）十分接近。这种具有原始地幔同位素组成并且具有极窄变化范围的 Sr、Nd 和 Pb 同位素系统有力地证明了岩浆保持了较好的原生性（Wilson，1989；Lai et al.，2003，2007a，b，2008，2011，2012）。此外，8 个样品均具有十分一致的稀土元素和微量元素配分型式。上述特征表明，马泉玄武岩应该起源于一个相对均一的地幔源区。因此，可以认为，该套火山岩的地球化学和同位素地球化学能为其地幔源区性质提供有效约束。

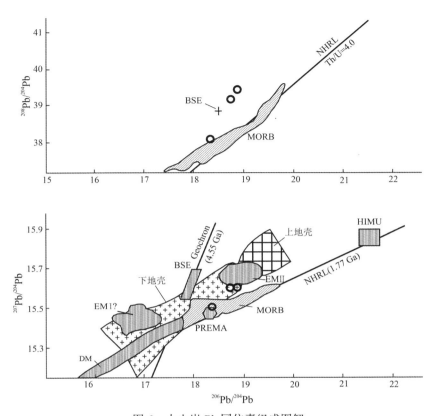

图 6 火山岩 Pb 同位素组成图解

DM：亏损地幔；PREMA：原始地幔；BSE：地球总成分；MORB：洋中脊玄武岩；
EM Ⅰ：Ⅰ型富集地幔；EM Ⅱ：Ⅱ型富集地幔；HIMU：异常高²³⁸U/²⁰⁴Pb 地幔

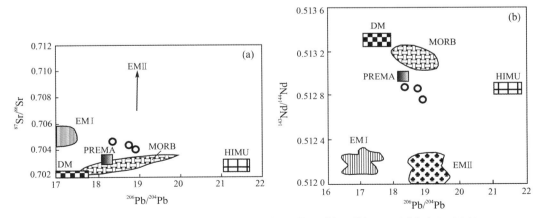

图 7 火山岩⁸⁷Sr/⁸⁶Sr-²⁰⁶Pb/²⁰⁴Pb（a）和¹⁴³Nd/¹⁴⁴Nd-²⁰⁶Pb/²⁰⁴Pb（b）同位素组成图解

DM：亏损地幔；PREMA：原始地幔；MORB：洋中脊玄武岩；EM Ⅰ：Ⅰ型富集地幔；
EM Ⅱ：Ⅱ型富集地幔；HIMU：异常高²³⁸U/²⁰⁴Pb 地幔

岩浆在分离结晶作用中随着超亲岩浆元素的富集,亲岩浆元素丰度几乎同步增长。因此,La/Sm 比值基本保持为一常数。相反,在平衡部分熔融过程中,随着 La 快速进入熔体,Sm 亦会在熔体中富集,但其增长的速度要慢些。这是因为 La 在结晶相和熔体之间的分配系数比 Sm 小,即不相容性更强。因此,La-La/Sm 图解可以很容易判别一组相关岩石的成岩作用方式(Allegre et al.,1978)。从图8a 中可以看到,本区火山岩随着 La 丰度增高,La/Sm 比值呈逐渐增大的趋势,从而充分表明,马泉碱性玄武岩应为岩浆源区部分熔融的产物。Zr/Sm-Zr 图解(图8b)同样表明了这一规律。

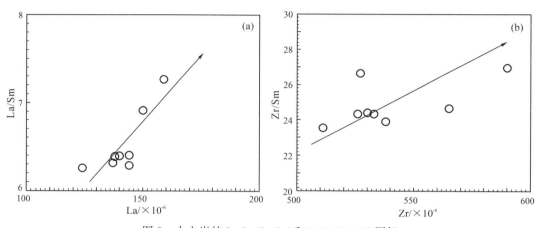

图 8 火山岩的 La-La/Sm(a) 和 Zr-Zr/Sm(b) 图解

Tegner(1998)等的研究认为,Sm/Yb 比值和 Yb 含量的相关关系可有效判别地幔岩浆起源的相对深度和熔融程度,在地幔部分熔融作用中,熔体的 Dy/Yb 比值还随着压力增大而增大。马泉玄武岩以较高的 Sm/Yb 比值(9.05~10.31)表明,其岩浆源区深度较大,应来源于软流圈地幔石榴石二辉橄榄岩的局部熔融。

结合马泉玄武岩的低 SiO_2 含量(<42%),高 Mg 值($Mg^{\#}$ =60.7~65.9,平均64),高 Sm/Yb 比值,低的放射性同位素[87]Sr/[86]Sr(0.704 090 ~ 0.704 668),[208]Pb/[204]Pb(38.092 958 ~ 39.399 417),[207]Pb/[204]Pb(15.495 292 ~ 15.602 144),[206]Pb/[204]Pb(18.363 698~18.866 220),相对偏高的[143]Nd/[144]Nd(0.512 770 ~ 0.512 869)和 ε_{Nd} 值(+2.57 ~ +4.51)等地球化学特征,可以认为,该套岩石起源深度较大,应该来源于深部软流圈的原始地幔石榴石二辉橄榄岩的部分熔融。另外,该系列岩浆(Ce/Yb)$_N$ 比值(29.37~35.82)应该在很大程度上反映了源区的特点,这意味着岩浆源区的轻稀土是相对富集的且富集程度高。

7 结 语

马泉新生代火山岩属于典型的高钛/极高钛型大陆溢流碱性玄武岩类,形成于新生代时期大陆板块内部构造环境。其来源深度较大,原始岩浆起源于一个富集轻稀土的软流圈地幔石榴石二辉橄榄岩的部分熔融。

相对于其他类型的岩浆岩,碱性岩是地壳中分布较为稀少和产出环境独特的一种岩石类型。一般认为,碱性岩形成于岩石圈拉张环境,其物质来源较深,主要源于上地幔。碱性岩具有特征地幔来源物质的稀有、微量元素含量和组合以及 Sr、Nd、Pb、O 等同位素组成,并常常由火山和浅成侵入体等构成线状延伸带,碱性岩这种深源浅成的属性带来了地球深部的物质组成、演化、地球动力学、构造和物理化学环境等重要信息。因此,通过碱性岩的研究来探索地球深部奥秘是一个重要的途径。

参考文献

[1] 董昕,赵志丹,莫宣学,等,2008.西秦岭新生代钾霞橄黄长岩的地球化学及其岩浆源区性质[J].岩石学报,24(2):238-248.

[2] 喻学惠,莫宣学,Martin F,等,2001.甘肃西秦岭新生代钾霞橄黄长岩火山作用及其构造含义[J].岩石学报,17(3):366-377.

[3] 喻学惠,莫宣学,苏尚国,等,2003.甘肃礼县新生代火山喷发碳酸岩的发现及意义[J].岩石学报,2003,19:105-112.

[4] 喻学惠,赵志丹,莫宣学,等,2004.甘肃西秦岭新生代钾霞橄黄长岩和碳酸岩的微量、稀土和 Pb-Sr-Nd 同位素地球化学:地幔柱–岩石圈交换的证据[J].岩石学报,20(3):483-494.

[5] 喻学惠,赵志丹,莫宣学,等,2005.甘肃西秦岭新生代钾霞橄黄长岩的 $^{40}Ar/^{39}Ar$ 同位素定年及其地质意义[J].科学通报,50(23):2638-2643.

[6] Allegre C J, Minster J F, 1978. Quantitative method of trace element behavior in magmatic processes[J]. Earth & Planetary Science Letters, 38:1-25.

[7] Hart S R, 1984. A large-scale isotope anomaly in the Southern Hemisphere mantle[J]. Nature, 309: 753-757.

[8] Lai Shaocong, Liu Chiyang, Yi Haisheng, 2003. Geochemistry and Petrogenesis of Cenozoic Andesite-dacite Associations from the Hoh Xil Region, Tibetan Plateau[J]. International Geology Review, 45 (11):998-1019.

[9] Lai Shaocong, Qin Jiangfeng, Li Yongfei, 2007a. Partial melting of thickened Tibetan crust: Geochemical evidence from Cenozoic adakitic volcanic rocks[J]. International Geology Review, 49(4):357-373.

[10] Lai Shaocong, 2007b. Geochemistry and Tectonic Significance of the Ophiolite and associated volcanics in the Mianlue Suture, Qinling Orogenic Belt[J]. Journal of the Geological Society of India, 70(2): 217-234.

[11] Lai Shaocong, Qin Jiangfeng, Chen Liang, et al., 2008. Geochemistry of ophiolites from the Mian-Lue suture zone: Implications for the tectonic evolution of the Qinling orogen, central China [J]. International Geology Review, 50(7):650-664.

[12] Lai Shaocong, Qin Jiangfeng, Rodney Grapes, 2011. Petrochemistry of granulite xenoliths from the Cenozoic Qiangtang volcanic field, northern Tibetan Plateau: Implications for lower crust composition and genesis of the volcanism[J]. International Geology Review, 53(8):926-945.

[13] Lai Shaocong, Qin Jiangfeng, Li Yongfei, et al, 2012. Permian high Ti/Y basalts from the eastern part of the Emeishan Large Igneous Province, southwestern China: Petrogenesis and tectonic implications[J]. Journal of Asian Earth Sciences, 47:216-230.

[14] Pearce J A, 1983. The role of sub-continental lithosphere in magma genesis at destructive plate margins [M]//Hawkesworth, et al. Continental Basalts and Mantle Xenoliths. London: Nantwich Shiva: 230-249.

[15] Sun S S, McDonough W F, 1989. Chemical and isotopic systematics of oceanic basalts: Implications for mantle composition and processes [J]//Saunders A D, Norry M J. Magmatism in the Ocean Basin. Geological Society, London, Special Publications, 42(1):313-345.

[16] Tegner C, Lesher C E, Larsen L M, et al., 1998. Evidence from the rare-earthelement record of mantle melting for cooling of the Tertiary Iceland plume[J]. Nature, 395:591-594.

[17] Wilson M, 1989. Igneous petrogenesis[M]. London:Unwin Hyman Press:295-323.

附 录

FULU

附录一　赖绍聪小传

　　赖绍聪，西北大学教授，博士研究生导师。1963 年 10 月生，男，四川安岳人。1971—1976 年，在四川省安岳县驯龙小学读书；1976—1978 年，在四川省安岳县驯龙中学读书；1978—1979 年，在四川省安岳中学读书。1983 年毕业于华东地质学院，获得学士学位，1988 年在该校获得硕士学位；1994 年在中国地质大学（北京）获得理学博士学位；1994—1996 年，在西北大学地质学博士后流动站做博士后研究工作。1996 年至今在西北大学任教，曾先后担任西北大学地质学系系副主任、地质学系系主任，大陆动力学国家重点实验室副主任、常务副主任，地质学国家级实验教学示范中心主任，西北大学研究生院院长，西北大学党委常委、副校长。

　　研究方向：主要从事造山带火山岩与蛇绿岩研究工作。对青藏高原新生代火山岩，青藏高原北缘祁连山、阿尔金山，青藏高原北部柴达木蛇绿岩、秦岭造山带蛇绿岩、云南三江特提斯岩浆作用及区域构造演化有较系统的研究成果。

　　主讲课程：承担地质学专业基地班岩浆岩岩石学、岩石物理化学两门主干课程教学工作。主持硕士研究生理论岩石学、岩石大地构造学两门必修课教学工作。承担博士研究生岩石地球化学，硕士研究生岩浆动力学、岩石成因与相平衡、地球物质研究、地幔岩石学等专业选修课教学工作。

一、地质科学研究成果

（一）在青藏高原火山作用与构造演化方面的研究成果

　　（1）论述了青藏高原北部新生代火山岩主要是以陆内造山带钾玄岩系列岩浆活动为主体，它们起源于加厚的陆壳底部或壳幔混合带，以及直接来源于地幔岩的局部熔融。这套火山岩的形成与新生代期间青藏板块向北的挤压和塔里木岩石圈根的阻挡作用，以及青藏地壳的水平缩短加厚有直接成因联系。

　　（2）通过对藏北和可可西里地区新生代第三系火山岩的研究，认为青藏高原北部具有一个特殊的富集型上地幔和榴辉岩质下地壳类型。该区第三系火山岩可以区分为碱性（钾玄岩质）和高钾钙碱性 2 个不同的系列。碱性系列为一套强烈富集轻稀土和部分大离子亲石元素的幔源岩浆系列，它们揭示了青藏高原北部陆下地幔为一特殊的富集型上地幔，古老沉积物和古洋壳物质再循环进入地幔体系对于形成这种特殊类型的富集地幔具有重要意义。钙碱系列火山岩主要岩石类型为安山岩-英安流纹岩类，它们属典型的壳源岩浆系列,轻稀土强烈富集和无负铕异常表明其源区物质组成可能相当于榴辉岩质,从而揭示了青藏高原北部具有一加厚的陆壳,其下地壳岩浆源区具榴辉岩相的物质组成。

(3)青藏高原新生代火山岩中关于巨晶的报道很少,对可可西里及芒康岩区发现的透长石及石榴子石巨晶,利用衍射及探针等方法对它们进行了详细的研究,从而为今后该领域的研究提供了重要的基础资料。

(4)与他人合作,参与了以高喜马拉雅地区为例,从地质学、岩石学、地球化学、实验岩石学和地球物理学等多方位对白云母花岗岩形成过程的研究。论证了一个比较合理的陆内俯冲带热结构与白云母/二云母花岗岩形成的成因模型并得到重要的新结论:白云母花岗岩的形成是陆内俯冲作用的结果。这一结论对于我们认识大陆构造及其岩浆—构造—热事件具有理论价值和学术意义。

(5)在论证了青藏高原北部新生代火山岩主体乃是一套陆内造山带钾玄岩系列火山岩,其原生岩浆起源于一种特殊的富集型上地幔以及 85~65km 深度附近一特殊的加厚陆壳底部壳幔混合带的前提下,详细分析厘定了青藏高原新生代火成岩具有的分布规律,形成 3 条成对出现的火山岩—白云母/二云母花岗岩带,指出它们分别反映了不同时期青藏高原的南界和北界,同时清楚地展示了高原南部陆内俯冲、北部稳定陆块阻挡的隆升机制。在此基础上提出了青藏高原是以冈底斯-羌塘造山带为核心,逐渐向南、北两侧水平扩展,通过三次造山幕事件,在更新世以来才形成现今青藏高原范围的高原造山隆升模式。

(6)详细厘定并指出北祁连古生代海相火山岩经历过复杂的构造变动和多期韧(脆)性变形,具有陆-陆碰撞构造混杂岩带的地质地球化学特征。采用岩石学、地球化学与大地构造学相结合的方法,将北祁连古生代海相火山岩区分为洋脊、洋岛及岛弧型 3 种构造岩石组合。论证了该区洋岛型火山岩的地质、地球化学特征,大地构造意义及其鉴别标志。

(7)根据火山岩构造岩石组合及其时空配置关系,提出了北祁连古生代为一多岛洋,由中间微陆块分隔的 3 个洋盆联合构成的认识。

(8)识别了柴达木北缘大型韧性剪切带,并对其构造特征进行了初步厘定。指出新发现的柴达木北缘大型韧性剪切带是伴随柴达木陆块与祁连陆块之间的陆-陆碰撞而形成的。

(9)论证了柴达木北缘古生代奥陶纪期间具有大洋构造环境及柴北缘古生代蛇绿构造混杂岩带的岩石大地构造意义,提出了古洋盆(古洋壳)的存在形式及鉴别标志,指出浅变质大洋拉斑玄武岩-辉长岩-角闪片岩-榴辉岩代表了不同俯冲深度上的古洋壳残片,它们与洋岛火山岩和蛇绿岩均是恢复和鉴别大洋环境的重要标志,并建立了陆-陆碰撞造山带及构造演化的岩石学模型。

(10)论述了阿尔金构造带 3 条蛇绿岩带的地质地球化学特征及其大地构造意义,指出阿尔金山本身在阿尔金断裂带形成之前可能并不是一个独立的构造单元。提出了阿尔金构造带是喜马拉雅造山时期在青藏高原北缘形成的一个新的构造单元,是由来自邻近的不同构造单元中的构造岩块镶嵌、拼接、堆叠在一起的一个复杂地质体,形成了一个阿尔金断裂–构造岩块镶嵌系统的认识。

(二)在秦岭造山带岩浆作用与构造演化方面的研究成果

秦岭是中国大陆最重要的典型造山带之一。赖绍聪及其科研团队聚焦秦岭构造演化中的关键核心问题,以勉略蛇绿岩的精细解析为抓手,经过 20 年的不断探索,为勉略缝合带的厘定以及中央造山系新的构造演化模型提供了重要基础科学依据。无论勉略缝合带抑或勉略蛇绿岩的发现和厘定,均属近年来秦岭造山带构造研究中的重要进展。上述发现,使得对秦岭造山带的认识由过去简单的华北与扬子两大板块沿商丹带碰撞的构造体制转变为华北、秦岭微板块和扬子等 3 个板块沿商丹带和勉略带碰撞的构造体制。该项研究是关系整个秦岭–大别造山带基本构造格架与主要造山过程的关键问题。长期以来,关于秦岭–大别显生宙板块构造,尽管仍有争议,但多数认为秦岭造山带是沿商丹缝合带华北与扬子板块于古生代至中生代初期的碰撞造山带,后又强烈叠加了中新生代陆内造山作用,而秦岭勉略带的发现和带内蛇绿岩火山岩的厘定就使秦岭造山带的形成演化,变成华北、扬子、秦岭 3 个板块沿商丹与勉略两缝合带俯冲碰撞造山,因而关系到整个秦岭造山过程与基本构造格架,亦关系到整个秦岭造山带的形成演化和相关的中国大地构造问题。而勉略带蛇绿岩的厘定和精细解析,为秦岭大别第二条缝合带的存在及其东延细节提供了重要的科学依据。同时,这一研究亦关系到中国大陆造山带基本特性、特征及大陆动力学探索的基本问题,显然具有重要的科学意义。

(1)利用地质地球化学、岩石大地构造学、岩石物理化学及相平衡理论多学科共同约束,探讨了秦岭造山带勉略缝合带火山岩系列组合、岩浆起源及其演化、源区物质组成及其上地幔类型,提出了造山带深部过程动力学的岩石地球化学约束,论证了蛇绿岩类型及其大地构造含义,从理论的角度揭示了区内不同岩石构造组合的板块构造环境与过程的内涵,并在此基础上反演和再造古老造山带的构造格局与演化历史,提出了勉略缝合带形成演化过程的岩石大地构造学模型。提出并详细论证了巴山弧印支期岛弧岩浆带的存在及其岩石地球化学特征;厘定并确认了南坪–琵琶寺–康县印支期蛇绿构造混杂带的存在及其岩石地球化学特征,从而为勉略结合带的东西延伸提供了重要证据。

(2)通过对秦岭地区晚三叠世花岗岩类的成因机制的研究,探讨了花岗岩成因和造山过程之间的关系,首次提出秦岭造山带晚三叠世花岗岩类是由俯冲陆壳在折返过程中发生多阶段部分熔融作用形成的,这为研究碰撞造山带中陆壳俯冲的动力学机制以及后碰撞型高 $Mg^{\#}$ 埃达克质花岗岩的成因机制提供了新的思路;重新厘定了秦岭造山带三叠纪花岗岩类的形成时限,根据花岗岩的年代学和岩石学特征,划分出花岗岩形成的 3 个主要阶段。同时提出秦岭造山带晚三叠世花岗岩主要为后碰撞型高 $Mg^{\#}$ 埃达克质花岗岩,其源岩为中元古代地壳物质,并有少量新元古代新生地壳物质加入;提出秦岭造山带在晚三叠世存在一期与花岗质岩浆作用同时代的镁铁质岩浆作用。通过系统的锆石

U-Pb年代学研究,证明秦岭造山带晚三叠世花岗岩中广泛发育的暗色包体的形成时代集中在220~210 Ma,结合地球化学研究,提出这些暗色包体代表岩石圈地幔在晚三叠世部分熔融作用形成的镁铁质岩浆,这对于研究秦岭造山带晚三叠世造山过程的深部动力学背景具有重要意义。

(三)在云南三江地区高黎贡带构造岩浆演化方面的研究成果

赖绍聪及其团队以现代高新测试技术为手段,瞄准三江地区特提斯演化过程中一些长期未能解决的关键问题,以花岗岩及其共生组合岩石系列为重点解剖对象,精细解析了高黎贡带内的四期岩浆作用,研究成果为南北构造带南段的原特提斯洋、班公–怒江洋和新特提斯洋演化提供了重要证据。

获得495~487 Ma、121 Ma、89 Ma和70~63 Ma这4个期次的岩浆结晶年龄,将这些岩石细分为4组。

(1)早古生代花岗质片麻岩,具有相对较高的 $\varepsilon_{Nd}(t)$ 和 $\varepsilon_{Hf}(t)$ 值,分别为 $-3.45 \sim -1.06$ 和 $-1.16 \sim 2.09$,相应的 Nd 模式年龄为 $1.16 \sim 1.33$ Ga,Hf 模式年龄为 $1.47 \sim 1.63$ Ga。Sr-Pb 同位素和保山板块的早古生代平河岩体相似,变化范围较大。通过与平河岩体的地球化学和年代学对比,两者为同期的岩浆作用,且具有相似的物源和成因特征。因此认为,该期岩浆作用是由俯冲的原特提斯洋板片断裂、镁铁质岩浆上涌引起壳内中元古代的变泥质岩部分熔融形成,同时有幔源物质加入。

(2)早白垩世花岗闪长岩,具有相对低的 $\varepsilon_{Nd}(t)$(-8.92)和 $\varepsilon_{Hf}(t)$(-4.91)值,相应的 Nd 和 Hf 模式年龄分别为 1.41 Ga 和 1.49 Ga。花岗闪长岩具有高的初始 $^{87}Sr/^{86}Sr$ 比值(0.711 992)和下地壳 Pb 同位素组分。这些地球化学数据表明,花岗闪长岩可能是下地壳中元古代的麻粒岩相的拉斑系列角闪岩部分熔融形成的。

(3)晚白垩世早期花岗岩,具有较低的 $\varepsilon_{Nd}(t)$(-9.85)和 $\varepsilon_{Hf}(t)$(-4.61)值,相应的 Nd 和 Hf 模式年龄分别为 1.43 Ga 和 1.57 Ga。这些花岗岩具有高的初始 $^{87}Sr/^{86}Sr$ 比值(0.713 0450)和下地壳的 Pb 同位素组分。地球化学特征显示,晚白垩世早期花岗岩是由中元古代的变泥质岩部分熔融形成的,通过在区域上的对比,认为这次岩浆活动可能是由班公–怒江大洋的闭合和拉萨–羌塘板块的拼贴形成的加厚地壳的拆沉引起的。

(4)晚白垩世晚期到古新世花岗质片麻岩,具有低的 $\varepsilon_{Nd}(t)$($-10 \sim -4.41$)和 $\varepsilon_{Hf}(t)$($-5.95 \sim 8.71$)值,相应的 Nd 和 Hf 模式年龄为分别 $1.08 \sim 1.43$ Ga 和 $1.53 \sim 1.67$ Ga,高的初始 $^{87}Sr/^{86}Sr$ 值(0.713 220 1~0.714 662)和下地壳 Pb 同位素组分,这些数据显示该期花岗岩可能是新特提斯洋东向俯冲有关的下地壳硬砂岩部分熔融形成的。

(四)在腾冲板块早白垩世花岗岩的成因和构造意义方面的研究成果

滇西地区是南北构造带南段的重要组成部分,处于北西西走向的喜马拉雅特提斯构造域向东南亚构造域延伸的交接转换部位。腾冲板块就处于该重要构造位置,其东部沿怒江特提斯缝合带分布的早白垩世构造岩浆活动的地球动力学背景至今仍然存在争议。

赖绍聪及其团队以该区典型花岗岩为研究突破口,通过对东河岩体的精细解析,提出了在早白垩世期间,沿着班公–怒江特提斯洋分布的拉萨–腾冲板块处于 Andean-type 活动大陆边缘背景的认识。这对于区域构造演化史的进一步深入研究有重要意义。

东河花岗岩位于腾冲板块高黎贡花岗岩带和腾梁花岗岩带之间,解决它的成因问题是理解之前科学问题的关键。赖绍聪及其团队对锆石 U-Pb 年代学研究表明,其形成年龄介于 130.6 ± 2.5 Ma 到 119.9 ± 0.9 Ma,这些花岗岩都表现出典型的高分异 I 型花岗岩特征:高的 SiO_2($>71\%$)和 K_2O($3.88\% \sim 5.66\%$)含量,明显的钙碱性和弱过铝质特征(A/CNK $= 1.02 \sim 1.16$),以及分异指数高达 $83.6 \sim 95.6$。随着 SiO_2 含量升高,REE 分异程度和负 Eu 异常程度呈明显增强趋势,同时 Rb、Th、U 和 Pb 的富集程度和 Ba、Nb、Sr、P 和 Ti 的亏损程度都呈现逐渐增强的趋势。这些特征反映了在岩浆演化过程中钾长石、斜长石、黑云母、角闪石、磷灰石、榍石以及钛铁氧化物都经历了明显的分离结晶过程。相对低的初始 $^{87}Sr/^{86}Sr$ 比值($0.7067 \sim 0.7079$)和富集的 $\varepsilon_{Nd}(t)$($-10.1 \sim -8.6$, $T_{2DM} = 1.39 \sim 1.49$ Ga),说明其源区是成熟古老的中下地壳混有少许的地幔物质。初始 $^{206}Pb/^{204}Pb$、$^{207}Pb/^{204}Pb$ 和 $^{208}Pb/^{204}Pb$ 比值分别为 $18.462 \sim 18.646$、$15.717 \sim 15.735$ 和 $38.699 \sim 39.007$,表明与俯冲有关的洋岛火山岩和成熟岛弧岩石参与其岩浆形成。依据其与华南和西南部高分异 I 型花岗岩相似的锆石饱和温度以及地球化学特征,再考虑其区域地质背景,认为其源岩来自中下地壳且受到地幔来源基性岩的小部分混染,受泸水–潞西–瑞丽特提斯洋的向南俯冲,来自地幔楔物质提供了充分热熔体引起中下地壳熔融。

(五) 在扬子西缘新元古代花岗岩类成因及其构造意义方面的研究成果

扬子地块西缘新元古代岩浆岩的成因研究对于探讨该区 Rodinia 超大陆的演化具有十分重要的意义。赖绍聪及其团队选择扬子地块西缘康定–泸定地区新元古代高 Mg 石英二长闪长岩和花岗闪长岩进行了系统的年代学和地球化学研究。系统的锆石 LA-ICP-MS U-Pb 年代学研究表明,高 Mg 石英二长闪长岩的形成年龄为 754 ± 10 Ma,花岗闪长岩的形成年龄为 748 ± 11 Ma,2 个年龄在误差范围内一致。高 Mg 石英二长闪长岩具有低的 SiO_2($60.76\% \sim 63.78\%$)和高的 TiO_2($0.41\% \sim 0.56\%$)含量,岩石比较富 Na,属于准铝质系列,在球粒陨石标准化稀土元素分图解中,岩石富集轻稀土,其(La/Yb)$_N$ 比值介于 $4.14 \sim 8.51$,$Eu^*/Eu = 0.79 \sim 0.92$。全岩 Sr-Nd 同位素分析结果表明,岩石具有相对亏损的 Sr-Nd 同位素组成,其($^{87}Sr/^{86}Sr$)$_i$ 初始同位素比值为 $0.703\,513 \sim 0.704\,519$,$\varepsilon_{Nd}(t)$ 值为 $+2.4 \sim +4.8$,结合岩石亏损高场强元素,认为这些高 Mg 石英二长闪长岩应起源于新生的镁铁质下地壳在高温条件下发生高程度($>40\%$)部分熔融作用,岩浆在上升过程中同化部分源区的难熔残留矿物,导致岩石整体 Mg 含量偏高。与石英二长闪长岩相比,该区的花岗闪长岩具有较高的 SiO_2 含量($65.32\% \sim 67.59\%$),但是花岗闪长岩和石英二长闪长岩一样都属于钠质和准铝质系列,Sr-Nd 同位素分析表明,花岗闪长岩具有较富集的 Sr-Nd 同位素,而且花岗闪长岩具有较高的 Sr($425 \sim 537$ ppm)和 Ba($705 \sim 1\,074$ ppm)含量,表明其起源于富集斜长石的地壳的部分熔融作用。结合上述地球化学和年代学研究结果,认为石英二长闪长岩和花岗闪长岩都应起源于活动陆缘构造环境下下地壳的部分熔融作用,但是它们的地球化学差异表明两者起源于不同性质的地壳源区,这对于进一步探讨活动陆缘下地壳精细的部分熔融具有重要意义。

二、地质教育教学研究成果

(一)以国际化视野创建矿物岩石课程群"434"教学新体系

由于地质学地域特性制约,使得长期以来矿物岩石课程体系缺乏国际化视野,知识老化、前沿科研成果融入不足,教学方法传统、落后,严重制约了地质学专业人才培养质量的提升。针对这些重大问题,赖绍聪带领"晶体光学与岩石学"国家级教学创新团队,以西北大学地质学系76年来矿物岩石学领域的科学研究成果和优质教学资源积累为基础,密切结合当前国际地学发展趋势,努力统筹矿物岩石课程群不同阶段、不同课程的教学内容和计划,重新梳理、优化课程群基础教学核心知识,实质性地形成了特色鲜明、国际接轨的基础—理论—前沿—探索"四层次"矿物岩石学课程群理论课程教学新体系,保证了教学内容的先进性,引领矿物岩石学课程教学改革方向。

首创符合当代地质学发展趋势、含课程群实践教学全部核心知识、导航整个矿物岩石学基础实践教学知识地图的基础训练—能力提升—探索创新"三维度"矿物岩石课程群信息化实践教学新体系。这一创新性实践教学体系的建立,大大提升了我国矿物岩石学基础实践教学的国际化水平,加速了服务性开放资源建设,为实质性地提高我国地质学专业人才培养质量做出了开创性工作。

积极应对当前研究型大学所普遍面临的教育国际化和信息化的趋势,以传统教学模式与当代信息化技术的深度融合为抓手,自主开发研制、创新性地建成了晶体三维结构3D可视化教学平台、全球典型矿物岩石信息库平台、虚拟偏光显微镜教学平台以及具有国际先进水平的显微数码互动实验教学平台等含资源、互动、交流为一体的数字化信息化教学"四平台"。破解了晶体超微观结构不可见、教学内容抽象、学生理解困难的重大难题,开阔了学生的国际化视野,实现了矿物岩石学基础实践技能训练随时随地常态化,全面实现了矿物岩石学实习、实验师生之间及学生之间的全方位多点互动、信息交流与交换,为学生的自主学习、教师的教学研究、师生的资源服务提供了高水平、高效能的保障。

该项成果实质性地提高了本科人才培养质量,地质学专业成为西北大学唯一的"六星级"顶尖专业,在国家基金委3次基地评估中均被评为全国优秀理科人才培养基地,12年来,先后向中国科学院、北京大学、南京大学、中国科学技术大学、澳大利亚国立大学、香港大学等单位输送了大批本科毕业生,成为我国地质科学人才培养的重要基地之一。项目组编写的教材在国内产生较大影响,两部教材获得陕西省优秀教材一等奖。会议、论文、教学研究成果影响深远,举办重要教学会议5个,在全国重要教学会议上做特邀报告和大会报告12次,在《中国大学教学》等知名刊物上发表教学研究论文20篇。近

5 年学生获得省部级以上奖励 167 人次。成果在校内发挥了良好的示范辐射作用,在地质教育界产生了广泛影响。该成果获得国家级教学成果奖二等奖(成果完成人:赖绍聪、刘林玉、刘养杰、陈丹玲、康磊)。

(二)构建地质学研究型人才培养新方案

我国传统地质学教育体制与发达国家存在差距,地质学人才国际竞争力不强,课程类型和内容陈旧,教法落后,注重知识灌输,忽视方法和能力培养,考核方式单一,人才培养方案已不能很好适应现代地学发展需求。赖绍聪及其教学团队充分利用地域优势和学科优势,注重共性和个性培养的关系,突出办学特色,将自身特色与学科发展相适应,与科研优势和地域优势相结合,不断探索实践,逐步建立了以现代地学理论为主导、新技术为手段、引导学生接触学科前沿的课程体系;构建了教学上循序渐进、内容上密切协调、地域上相互关联、特色鲜明的实践体系;创建了教学与研究相结合的氛围和基于研究探索的学习模式;形成了教师—研究生—本科生学术群体,逐步形成了科学完整的地质学研究型人才培养新方案。

新方案探索了符合当代地学发展形势,适应国际地学教育现状,彰显我国地学教育特色的研究型人才培养新思路;创建了不同类型课程的新模式;形成了融入科研优势和地域优势、特色鲜明的课程体系和实践体系;实现了"要我学"向"我要学""我愿学"和"我会学"的转变。实践中,在西部地方院校进校生源质量偏低的实际条件下,培养了一批杰出人才,全国地质学一级学科评估"人才培养"名列全国第二。该成果获得国家级教学成果奖二等奖(成果完成人:赖绍聪、华洪、张成立、张云翔、王震亮)。

(三)构建地质学实践教学新体系

赖绍聪及其教学团队经过 15 年的不断改革与创新,逐步构建了地质学实践教学新体系。该实践教学新体系建设与教学实践是实施复合型人才教育,为培养"基础扎实、知识面宽、能力强、素质高、具创新性"地球科学基础人才实施的实践性教学改革。教学体系构建高起点、高标准,在统筹协调本科教育全过程的理论和实践教学基础上,完善了不同年级的野外实践教学和理论课程的课间实践教学的教学环节,建设了以秦岭造山带和相邻地区为大陆地质实验园地的教学基地,实施了以学生为主体,以训练素质、培养能力、激发创新思维为目的的教学方式,实行了科学的、行之有效的教学管理,形成了有突出特色和创新性的实践教学体系,取得了良好的教学效果。研究成果得到验收专家组的高度评价,并在各地质院校产生了积极的影响,为我国理科地质类创新型人才的培养起到了很好的示范作用和积极的推动作用。该成果获得国家级教学成果奖二等奖(成果完成人:周鼎武、赖绍聪、张成立、张复新、张云翔)。

(四)创建"三维度—八阶段—二融通"地质学拔尖人才培养体系

高层次人才是国家发展的核心动力,培养拔尖人才是高等教育的重要使命。1993

年,西北大学获批地质学国家基础科学人才培养基地建设,我们以此为契机,瞄准地质学国际前沿,面向国家重大需求,全面启动地质学拔尖人才培养体系改革创新。

凝心聚力30载,在人才培养基地、国家特色专业等28项重大质量工程项目支持下,将高等教育本—硕—博3个学段作为有机统一的整体,既明确不同学段的培养定位各有侧重,又强调不同学段在拔尖人才成长过程中的有机统一,以认知—探索—创新人才成长基本规律为纲领,构建本—硕—博全面融通的拔尖人才培养体系,形成了以学术领军人才为龙头,本科—研究生—教师学术团队为基础,重点重大科技项目为牵引,教学科研一体化实验平台为支撑,民主开放国际化视野优良学科文化为氛围,多元化重实效评价体系为保障,符合人才成长规律、结构合理、体系完善的"三维度—八阶段—二融通"地质学拔尖人才培养体系。

1.教育理念

教育是形成有意义人的实践,是对人的价值的发现、挖掘、形成、提升和规定。教育的目的是促进学习者的学习,教育过程是提升学生的学习能力和促进学生的身心发展。人才成长需要经历认知—探索—创新3个必然阶段,获取知识的能力—应用知识的能力—创新知识的能力是拔尖人才能力结构最为重要的三大核心。

本成果以立德树人为根本,守正创新,梳理本—硕—博三阶段人才培养方案,建立健全以认知—探索—创新为成长路径,本、硕、博各有侧重又全面融通的地质学拔尖人才培养体系。

(1)第一维度——认知。以本科教育为核心,以地质学认知及地质思维构建为目标,侧重获取知识能力的培养,促进学生学会"如何学习";实现由"学习知识"向"学会学习"的转变,着力提升学生"观察→判断→推理"的逻辑思维能力。

(2)第二维度——探索。以硕士教育为核心,以地质学认理及地质理论探索为目标,侧重应用知识能力的培养,促进学生学会"如何思考";实现由"思考什么问题"向"如何思考问题"的升华,着力提升学生"发现问题→分析问题→解决问题"的能力。

(3)第三维度——创新。以博士教育为核心,以地质学理论与实践创新为目标,侧重创新知识能力的培养,促进学生学会"如何创新";实现由"举一反三"向"从零到一"的变革,着力提升学生"聚焦前沿→创新创造→形成思想"的能力。

(4)本—硕融通。本科3+X,采取系列举措,将研究探索融入本科高年级培养过程,实现由"观察+判断"向"推理+演绎"的升华。

(5)硕—博融通。采取系列举措,引导高年级硕士研究生依托学位论文研究,介入重点重大课题,拓宽眼界、提升能力、聚焦前沿,实现由"探索→创新"的提升,为博士维度把握前沿、掌握高新测试分析技术、创新创造奠定基础。

2.成果核心构成

(1)地质学拔尖人才培养体系架构

立足学科长期学术积淀,遵循人才成长规律,以人才能力结构构建为抓手,历经30年升华,构建了"三维度—八阶段—二融通"的地质学拔尖人才培养体系。

第一维度:地质学认知及地质思维构建(本科阶段)。

以地质学认知及地质思维构建为目标,侧重获取知识能力的培养,促进学生学会"如何学习";实现由"学习知识"向"学会学习"的转变,着力提升学生"观察→判断→推理"的逻辑思维能力。

阶段一:提升人文素养,建立文化自信,树立正确价值观。充分利用综合性大学学科门类齐全、文理交叉融合的优势,通过名师领航、新生导读、经典自然—人文通识课,夯实学生的自然科学基础和人文素养;挖掘自身丰富的文化传承,利用书香西大、地质岁月、地球主题日、校—系史回顾、党团主题日等系列活动,增强"四个自信",提升使命感和社会责任感。

阶段二:夯实地质基础,提升实践技能,构建地质思维。以10门地质学核心平台课为基础,开设晶体光学等基础实验课24门、构造地质学等课间实习课6门、地质认知实习等野外实习课3门、分析技术与方法等实验技能课8门、构造热年代学等前沿专题5门,以"理论讲解+课堂实习+课间实习+年级实习"多维度和"实体标本+数字标本+虚拟仿真+野外剖面"多元化专业知识体系和实践技能培养为抓手,促进学生掌握坚实基础理论和系统专业知识,逐步培养地质思维。

阶段三:学会如何学习,培养探索意识,形成正确的思维逻辑。聚焦获取知识能力提升,独创"秦岭–鄂尔多斯综合地质实习实训",增设走进实验室特色课程、举办国际联合野外地质综合实习,以野外系列客观地质问题为抓手,引导学生综合运用地质知识思考问题,实现学生头脑中各门地质课程知识之间的横向有机联系,形成综合运用地质知识分析地质现象、获取有价值真实信息的能力,构建地质思维,形成正确的思维逻辑,实现由"学习知识"向"学会学习"的转变。

本—硕融通策略:实施10项举措,融通本—硕节点,实现由"认知→探索"、由"学→研"的提升。①"秦岭–鄂尔多斯综合地质实习实训"独立设课,1 200 km主剖面、12条辅助剖面,贯穿鄂尔多斯—秦岭—扬子三大地质单元,提升高年级本科生、低年级硕士研究生地质理论综合运用能力。②实施现代分析技术与方法实训,提升学生的实践能力。③全面推行依托科研项目的本科毕业设计,打通本科生由"学→研"的最后一公里。④设立本科生创新基金,全面实行本科生导师制,营造研究性学习氛围。⑤实施常态化本科—研究生—教师学术沙龙。⑥定期举办"研石论坛",创办学生学术刊物"岩石学刊",浓厚由"认知→探索"、由"学→研"的氛围。⑦定期举办优秀科研小论文评选,并与学业评价融合。⑧长期举办"杨钟健科学大讲堂",开阔学生视野。⑨推行国家重点实验室带岗实习制度。⑩倡导学生积极参加挑战杯、全国地质技能竞赛等各项赛事,在实操实训中实现由"认知→探索"、由"学→研"的提升,打通本—硕之间的关键节点。

第二维度:地质学认理及地质理论探索(硕士研究生阶段)。

建立与科研水平、学科发展及办学特色相匹配的"探索型"硕士研究生培养体系。

阶段四:提升专业内涵,融入最新科技,触摸感知前沿。立足12门学位课程,将体系化专业知识融入科研和实训,深化问题导向的研究型教学,升华专业核心知识体系,培养地球系统科学观和应用知识能力。

阶段五:强化专题研修,学会如何思考,由学向研转化。以模块化特色方向课程群为抓手,结合学科发展趋势,培养独立野外工作技能,掌握现代实验技术,在做中学、学中研,实现由"思考什么问题"向"如何思考问题"的升华。

阶段六:聚焦问题导向,科研课题牵引,探索未知领域。以学位论文为抓手,依托科学问题,充分发挥文献研讨、主题沙龙、野外专项考察、导师团队指导引导;设立学术会议、国际联合培养资助项目,促进广泛国际交流,探索未知领域,提升发现问题、分析问题、解决问题的能力。

硕—博衔接策略:实施 10 项举措,融通硕—博节点,实现由"探索→创新"、由"研→创"的提升。①开设前沿进展专题,聚焦学术前沿。②夯实前沿文献阅读专题,奠定创新基础。③举办学术研究与学术论文撰写专题,增强学术归纳能力。④设立海内外学术会议资助专项,促进广泛学术交流。⑤鼓励国际课程学习、科学研究、联合培养。⑥广泛举办导师团队专题学术沙龙,进一步聚焦前沿科学问题。⑦重大科研项目开题论证—中期检查—结题验收研究生全程参与,体验前沿学术研究与学术创新。⑧实施经典野外地质专项考察,激发学生的创新激情。⑨实施专业课程研究生助教岗位实训。⑩实施国家重点实验室技术研发助研岗位实训,为创新创造奠定坚实基础。通过上述系列举措,着力提升学生"聚焦前沿—创新创造—形成思想"的能力,打通硕—博之间的关键节点。

第三维度:地质学理论与实践创新(博士研究生阶段)。

依托学科科研优势,以一流导师团队和严格学术训练为重心,全面提升科研素质和创新能力。

阶段七:立足重大需求,聚焦学术前沿,掌握高新技术。聚焦学科前沿,开设当代构造地质学前沿与进展等博士研究生前沿探讨课 5 门,全面倡导主动研学和开放式研学,促进学生准确把握国际地质学发展前沿,掌握专业高精尖重要仪器分析测试技术,了解社会经济发展重大需求,具有良好思想品德及团队合作精神。

阶段八:瞄准专门领域,勇于创新创造,形成学术思想。以学位论文为抓手,依托重点重大课题,着重强化在科学研究或专门技术上做出原创性成果,实现培养具有创新意识、创新精神和创新能力的地质学基础科学研究与教学拔尖创新人才的目标。

同时,我们充分关注不同生源类型,由地质学系统一组织,为外校生源博、硕士研究生开通选修西北大学地质学系本科、硕士研究生核心课程通道,资助外校生源博、硕士研究生参加 1 200 km"秦岭–鄂尔多斯综合地质实习实训"等。对"直博生"采用"4+5"模式完成本、博一体化贯通式培养,"硕博连读生"采用"1+4"(研一推免硕、博连读)或"3+3"(研二或研三推免硕、博连读)模式完成硕、博一体化贯通式培养。

(2)人才培养体系支撑条件建设

1)平台建设。遵循教学与科研一体化建设思路,教学+科研实验室由地质学系党政联席会统一管理,建设资金打通使用,人员统一聘任,管理体制机制一体化,聚焦实验条件支持、实验内容建设、实验师资队伍培训、实验科教融通,依据认知—探索—创新 3 个阶段,将基础实验室、专项专业实验室、国家重点实验室有机融合,建成超越教学、科研界线,服务于拔尖人才培养的教学科研一体化平台。①认知阶段:利用普通地质学、构造地质学、古生物学、地史学等基础实验室,虚拟仿真实验,进行学生专业素质培养。②探索阶段:依托专项专业实验室,以野外实习、生产实习、社会实践、国际联合实习等开放式活动,支持学生在实践中找问题、寻兴趣;以毕业论文、学科竞赛、创新创业、创新基金小课题等,支持高年级本科生及硕士研究生进入实验室和导师课题组。③创新阶段:依托国家重点实验室,在地球结构构造与动力学、地球物质组成、地球环境与生命演化等多个团队+学科方向基础上,科教融合,名师引领,打破科研、教学界限,形成教学科研一体化平台。

2)一流师资团队建设。围绕5个结构、5种能力和5项保障实施团队建设。5个结构是指知识结构、学缘结构、学历结构、职称结构和年龄结构,5种能力是指知识创新能力、知识传授能力、人才培养能力、服务社会能力和教学管理能力,5项保障是指团队负责人学术能力和人格魅力、团队成员的事业心和向心力、有效的团队运行机制、客观合理的评价体系以及有力的资源资金保障。营造人人皆是人才、人人皆可成才、青年人才脱颖而出的优良环境,促进教师团队整体进步。①明确教师职责,将培养优良师德师风放在首位。②领悟教育内涵,将《教育通论》《教育哲学》《课程论与教学论》和《发展心理学》作为教师读书活动的重要内容,树立正确的教育理念。③契合学术前缘,大力推动科学研究提质增效,奠定人才培养质量提升基石。④凝练教学内容,密切结合学科发展趋势,教学科研深度融合,形成特色鲜明的课程教学体系。⑤优化教学策略,形成"问题导引—自主尝试—交流研讨—拓展深化—开放实践"的课程教学模式。⑥创新教育模式,强化思想方法渗透,加强学法指导,激发创新思维。把教从知识传授为主逐步转向以能力提升、价值观引领为主,把学从以模仿仿效为主转向以探究/实践/合作式学习为主,把被动学习转变为学生的主动学习。⑦形成有效教学反思,构筑"自悟、自省、自行、自述"教学反思模式,教师教学科研能力大幅提升。

目前,教师中有中国科学院院士4人,国家级教学名师、长江学者、杰青、万人计划等27人,高层次人才占教师队伍的38%。

(3)成果的推广与应用

1)人才培养质量显著提升。30年来累计培养学生4 000余人(本科2 000余人,硕士研究生1 500余人,博士研究生500余人)。其中,5人当选为中国科学院、中国工程院院士,37人获批长江学者、杰青等国家级人才,中国两大古生物研究所现任所长(或副所长)均为西北大学地质学系毕业生,油田局长、总工程师、大学校长等领军人才及省部级人才270余人,基地班毕业的学生多人在Nature、Science上发表论文,成为行业领军人才(如李秋立、刘竹),30余人在国际国内重要学术机构担任要职。高质量人才培养助推了专业建设和学科发展,获批地质学国家理科基础科学研究和教学人才培养基地、地质学一级学科国家重点学科,地质学专业入选国家级特色专业、国家级一流专业、地质学基础学科拔尖人才培养基地2.0,地质学学科以国家评审认定方式进入"国家双一流"世界一流学科建设行列,地质学人才培养基地在全国仅有的 3 次评估中均被评为全国优秀基地,地质学系荣获全国教育系统先进集体称号。

2)教师教学能力持续增强。地质学系先后荣获国家科学技术奖 7 项(国家自然科学一等奖 1 项),在 *Nature*、*Science* 上发表论文 15 篇,成果 4 次入选中国十大科技进展和中国高校十大科技进展。1 个团队入选首批"全国高校黄大年式教师团队",2 个团队入选国家级教学团队,2 个团队入选国家基金委创新群体,1 人获得"国家级教学名师"奖、入选首批"万人计划"教学名师、荣获地矿行业最高荣誉奖"李四光地质科学奖——教师奖"。

3)校内外示范辐射作用进一步扩大。对全校人才培养起到重要推动作用。美国林肯学院、肯塔基大学、田纳西大学师生现场考察并联合实习后给予高度评价。先后有南京大学等 90 余所高校专程来学习交流。陕西省教育厅组织在陕 30 余所高校党委书记及校长 50 余人听取西北大学地质教学经验介绍。党和国家领导人亲切接见优秀教师代表,视察地质学系,光明日报以专版刊发"地质英才看西大",并将其精神提炼为"西大地质系现象"。该成果奖获得陕西省教学成果奖特等奖(成果完成人:赖绍聪、封从军、张志飞、陈丹玲、张云翔)。

三、承担的教育教学研究课题

项目名称	项目来源	经费/万元	主持/参加	起止日期
地球科学在线开放课程群建设	中国高等教育学会"十三五"高等教育科学研究重大攻关课题—子课题	10	主持	2016—2019
国家精品资源共享课建设(岩浆岩岩石学)	教育部	10	主持	2013—2018
国家级精品课程建设(岩浆岩岩石学)	教育部	10	主持	2006—2013
国家一流本科课程建设(岩浆岩岩石学)	教育部		主持	2020—至今
地质学国家级一流专业建设	教育部		主持	2019—至今
晶体光学与岩石学国家级教学创新团队	教育部	40	主持	2009—至今
全国高校黄大年式教师团队	教育部		主持	2018—至今
陕西省黄大年式教师团队	陕西省		主持	2022—至今
地质学国家级特色专业建设	教育部	25	主持	2007—至今
地质学国家级实验教学示范中心建设	教育部	50	负责人(中心主任)	2008—2016

续表

项目名称	项目来源	经费/万元	主持/参加	起止日期
国家理科人才培养基地创建名牌课程项目"岩石学"	教育部	6	主持	2003—2007
地球物理学与地质学类专业指导性专业规范研制	教育部	20	主持	2006—2010
地球物理学与地质学类学科发展战略研究	教育部	4	主持	2006—2010
地质学专业基础教材国内外对比研究	教育部	10	参加	2008—2010
国家理科地质学人才培养基地建设	国家自然科学基金委（批准号：J0530142）	70	主持（基地负责人，项目负责人）	2005—2005
国家理科地质学人才培养基地建设	国家自然科学基金委（批准号：J0610078）	210	主持（基地负责人，项目负责人）	2007—2009
国家理科地质学人才培养基地建设	国家自然科学基金委（批准号：J0530052）	140	主持（基地负责人，项目负责人）	2003—2005
国家理科地质学人才培养基地建设	国家自然科学基金委（批准号：J1310029）	400	参加	2014—2017
国家理科地质学人才培养基地建设	国家自然科学基金委（批准号：J1210021）	200	参加	2013—2016
国家理科地质学人才培养基地建设	国家自然科学基金委（批准号：J1103413）	400	参加	2012—2015
国家理科地质学人才培养基地建设	国家自然科学基金委（批准号：J1030517）	200	参加	2011—2012
国家理科地质学人才培养基地建设	国家自然科学基金委（批准号：J0830519）	130	参加	2009—2011
国家理科地质学人才培养基地建设	国家自然科学基金委（批准号：J0730532）	190	参加	2008—2010
省级精品课程建设（岩浆岩岩石学）	陕西省		主持	2005—2013
省级一流本科课程建设（岩浆岩岩石学）	陕西省		主持	2019—至今
地质学省级一流专业建设	陕西省		主持	2019—至今
地质学省级特色专业建设	陕西省	10	主持	2006—至今

续表

项目名称	项目来源	经费/万元	主持/参加	起止日期
地质学理科人才培养基地研究性教学改革的探索	第三轮陕西高等教育教学改革项目	3	主持	2006—2007
立足学科前沿 聚焦知识关联 构建"地球物质组成"课程群体系的探索与研究	陕西省重点攻关项目	20	主持	2024—2026
高等学校研究生思想政治课程教学体系改革研究与实践	陕西省	10	主持	2021—2022
"岩浆岩石学"网络课程建设	西北大学	1	主持	2006—2007
"岩石学"重点课程建设	西北大学	3	主持	2003—2005
"教学团队建设计划"第一批	西北大学	5	主持	2009—2012
地质学第一类特色专业	西北大学	5	主持	2007—2010
岩石学实习实验教材建设	西北大学	5	主持	2009—2010
地质学精英型人才培养模式创新实验区建设的探索与实践	西北大学	5	参加	2007—2010
秦岭多学科综合性野外实习实践研究	西北大学	5	参加	2010—2015

四、承担的科学研究课题

项目名称	项目来源	经费/万元	主持/参加	起止日期
原特提斯南部边界的地质记录	国家自然科学基金重大项目专题（批准号：41190072）	70	主持	2012—2016
青藏高原北部及东北部边缘特殊加厚陆壳岩石学结构、物质组成、热状态	陕西省三秦学者科研配套	150	主持	2010—2015
西秦岭新生代钾霞橄黄长岩中地幔捕房体与深部碳循环研究	国家自然科学基金（批准号：42172056）	61	主持	2022—2025
北大巴山紫阳-岚皋地区早古生代碱性岩浆作用及其大陆动力学意义	国家自然科学基金（批准号：41772052）	80	主持	2018—2021
米仓山新元古代钠质碱性岩系成因及其大陆动力学意义	国家自然科学基金（批准号：41372067）	105	主持	2014—2017

续表

项目名称	项目来源	经费/万元	主持/参加	起止日期
青藏高原东北缘夏河-同仁地区新生代钠质碱性玄武岩成因及其深部动力学意义	国家自然科学基金（批准号:41072052）	58	主持	2011—2013
南秦岭印支期埃达克质花岗岩类成因及其深部动力学意义	国家自然科学基金（批准号:40872060）	45	主持	2009—2011
可可西里祖尔肯乌拉山新生代碱性岩浆作用及其深部动力学意义	国家自然科学基金（批准号:40572050）	39	主持	2006—2008
可可西里新生代火山岩下地壳麻粒岩捕房体研究	国家自然科学基金（批准号:40272042）	33	主持	2003—2005
北羌塘新生代高钾钙碱岩系岩浆作用及大陆动力学意义	国家自然科学基金（批准号:40072029）	24	主持	2001—2003
秦岭勉略构造带岩浆作用及造山带深部动力学	国家自然科学基金重点项目"秦岭勉略构造带的组成、演化及其动力学特征"（批准号:49732080）二级课题	12	主持	1998—2001
松潘构造结东南结点中新生代岩浆作用及其深部动力学	国家自然科学基金重点项目"西秦岭-松潘构造结形成演化与大陆动力学研究"（批准号:40234041）二级课题	24	主持	2003—2006
青藏高原加厚陆壳岩石学结构与物质组成	教育部高等学校优秀青年教师教学科研奖励计划（批准号:教人司〔2002〕383号）	50	主持	2002—2006
秦岭五龙岩体暗色微粒包体地球化学及其成因研究	教育部博士点专项基金（批准号:20096101110001）	6	主持	2010—2012
南秦岭宁陕地区印支期碰撞后花岗岩成因机制及其大陆动力学意义	大陆动力学国家重点实验室专项课题（批准号:BJ081337）	27	主持	2009—2011
东古特提斯扩张发育过程火成岩证据	中国石化集团公司项目（批准号:BJ0701082）	100	主持	2007—2011
昆北、马北地区基底岩性研究	中国石油青海油田勘探开发研究院项目（批准号:QHKT/JL-03-013）	81	主持	2011—2012
柴达木盆地东坪地区基岩测年研究	中国石油青海油田勘探开发研究院项目（批准号:QHKT/JL-04-018）	19	主持	2013—2014

项目名称	项目来源	经费/万元	主持/参加	起止日期
秦岭造山带新元古–早中生代演化的几个重要问题:勉略蛇绿岩年代学研究	国家重点实验室专项基金(批准号:BJ11061-2)	36	主持	2013—2015
南北构造带南段岩浆作用与构造演化	国家自然科学基金委创新群体(批准号:41421002)二级课题	240	主持	2015—2020
南北构造带南段构造演化	教育部创新团队(批准号:IRT 1281)二级课题	30	主持	2014—2018

五、出版专著

1.赖绍聪,邓晋福,赵海玲.青藏高原北缘火山作用与构造演化[M].西安:陕西科学技术出版社,1996.

2.赖绍聪,秦江峰.南秦岭勉略缝合带蛇绿岩与火山岩[M].北京:科学出版社,2010.

3.秦江峰,赖绍聪.秦岭造山带晚三叠世花岗岩成因与深部动力学[M].北京:科学出版社,2011.

4.赵少伟,赖绍聪.云南腾冲晚白垩世:早始新世花岗岩成因与深部动力学[M].北京:科学出版社,2018.

5.朱韧之,赖绍聪.腾冲地块早白垩世花岗岩类成因机制及其深部动力学[M].北京:地质出版社,2018.

6.朱毓,赖绍聪.扬子板块西缘新元古代花岗岩类岩浆成因及深部动力学意义[M].北京:地质出版社,2022.

六、出版教材

1.赖绍聪.岩浆岩岩石学[M].2版.北京:高等教育出版社,2016.

2.赖绍聪,罗静兰,王居里,刘林玉.晶体光学与岩石学实习教材[M].北京:高等教育出版社,2010.

3.赖绍聪.岩浆岩岩石学(电子教材)[OL].北京:高等教育出版社,高等教育电子音像出版社,2008.

4.赖绍聪.地球科学实验教学改革与创新[M].西安:西北大学出版社,2010.

5.赖绍聪.岩浆岩岩石学数字课程[OL].北京:高等教育出版社,高等教育电子音像出版社,2017.

6.赖绍聪.岩浆岩岩石学课程教学设计[M].北京:高等教育出版社,2017.

7.刘林玉,赖绍聪,张成立,李红.晶体光学与岩石学[M].北京:地质出版社,2012.

8.刘洪福,罗金海,张复新,华洪,张兴亮,赖绍聪.巢湖地区野外实习指导书[M].西安:西北大学出版社,2007.

9.滕志宏,孙勇,张云翔,赖绍聪.秦皇岛野外地质实习指导书[M].西安:西北大学出版社,2001.

七、发表教学研究论文

1.赖绍聪.聚焦学习者身心发展 构建教育教学新范式[J].中国大学教学,2020(6):7-10.

2.赖绍聪.论课堂教学内容的合理选择与有效凝练[J].中国大学教学,2019(3):54-58.

3.赖绍聪.坚持教学质量国家标准,突出本科专业办学特色:"地质学专业教学质量国家标准"解读[J].中国大学教学,2018(3):30-32.

4.赖绍聪.寓教于学 寓教于研[J].中国大学教学,2017(12):37-42.

5.赖绍聪.如何做好课程教学设计[J].中国大学教学,2016(10):14-18.

6.赖绍聪.创新教育教学理念 提升人才培养质量[J].中国大学教学,2016(3):22-26.

7.赖绍聪.建立教学质量国家标准 提升本科人才培养质量[J].中国大学教学,2014(10):56-61.

8.赖绍聪.改革实践教学体系 创新人才培养模式:以西北大学地质学国家级实验教学示范中心为例[J].中国大学教学,2014(8):40-44.

9.赖绍聪,华洪.课程教学方式的创新性改革与探索[J].中国大学教学,2013(1):30-31.

10.赖绍聪.寻找契机 融合优势 逐步形成特色显著的教学团队[J].中国大学教学,2010(10):39-41.

11.赖绍聪,华洪,王震亮,张成立,张云翔.研究性教学改革与创新型人才培养[J].中国大学教学,2007(8):12-14.

12.赖绍聪.学高为师,身正为范:研究生导师的责任与义务[J].法学教育研究,2018,20:79-86.

13.赖绍聪,张云翔,周鼎武,张成立,张复新.国家理科地质学人才基地研究性教学改革的探索与实践[J].高等理科教育,2008(1):5-8.

14.赖绍聪,张云翔,曹珍,汪海燕.完善教学质量监督保障体系 培养高质量创新型人才[J].高等理科教育,2007(6):115-117.

15.赖绍聪,张国伟,张云翔.关于理科地质学高等教育改革的几点思考[J].高等理科教育:教育教学研究专辑(二),2006:10-12.

16.赖绍聪."岩石学"系列课程建设的改革与探索[J].高等理科教育,2004(3):58-60.

17.赖绍聪.谈硕士研究生学位论文的准备和设计[J].高等理科教育,2004(4):

113-116.

18.赖绍聪.重视国家基础科学人才基地高年级学生文献阅读能力的培养[J].高等理科教育,2004(5):33-34.

19.赖绍聪.以学习者为主体的课堂教学[J].西北工业大学学报(社会科学版),2018(3):39-42.

20.赖绍聪,刘养杰,刘林玉,陈丹玲,康磊.注重基础,强化实践,以国际化视野构建矿物岩石学"434"教学新体系[M]//刘建林.高校人才培养的理论与实践探索.西安:西北大学出版社,2019:83-90.

21.赖绍聪,康磊.岩石学实验教学创新:虚拟偏光与数码互动显微镜教学系统的开放与应用[M]//高校地球科学课程教学序列报告会论文集(2016).北京:高等教育出版社,2017.

22.赖绍聪.深化课程体系改革 构建人才培养新模式[J].西北高教论评,2015(1):15-20.

23.赖绍聪,何翔,华洪.本科生科研能力训练的问题与思考[J].中国地质教育,2011(4):8-10.

24.赖绍聪,常江,华洪,喻明新.理科地质学高等教育课程体系的重构与创新型人才培养[M]//大学地球科学课程报告论坛论文集(2009).北京:高等教育出版社,2010:141-146.

25.赖绍聪,何翔,华洪.地球科学高等教育改革与发展的若干建议[J].中国地质教育,2009(4):35-39.

26.赖绍聪,华洪,常江.探索创新性实践教学新模式 稳步提高教学质量:以"鄂尔多斯盆地-秦岭造山带野外地质教学基地"建设为例[M]//大学地球科学课程报告论坛论文集(2008).北京:高等教育出版社,2009:307-310.

27.赖绍聪,张国伟,张云翔.理科地质学高等教育改革的实验室建设与实践[J].高教发展研究,2006,88(3):32-34.

28.张国伟,赖绍聪.深化地球科学课程改革 适应多样化人才培养需要[J].中国大学教学,2011(11):11-13.

29.华洪,赖绍聪,何翔,汪海燕.构建秦岭多学科野外实训基地 加强学科交融和资源共享[M]//大学地球科学课程报告论坛论文集(2010).北京:高等教育出版社,2011:141-146.

30.张国伟,赖绍聪.深化地学教学改革的探讨[J].中国大学教学,2009(12):22-24.

31.陈丹玲,赖绍聪,张云翔,滕志宏,刘养杰.抓基础 促兴趣 重能力:西北大学地质学系一年级野外实践教学体会[J].中国地质教育,2009(3):49-52.

32.华洪,赖绍聪,常江.创新人才培养的新途径:本科生科学研究能力培训的探索与实践[J].教育部高等学校教学指导委员会通讯,2009(1).

33.何翔,赖绍聪,喻明新,华洪.七秩奋斗 成绩斐然:西北大学地质学系的发展与变化[J].中国地质教育,2009(4):185-189.

34.常江,赖绍聪,喻明新.西北大学地质学科建设与创新人才培养[J].中国大学教学,2008(11):49-50.

35.王震亮,赖绍聪,张云翔.健全研究生培养过程的质量控制体系 造就高素质的地学研究生队伍[J].高等理科教育,2008(6):155-158.

36.常江,赖绍聪,华洪,喻明新,王震亮.本科生—研究生贯通培养的实践与探索[J].中国地质教育,2007,(4):27-31.

37.周鼎武,赖绍聪,张成立,张复新,张云翔.地质学实践教学新体系[J].中国地质教育,2006(4):47-53.

38.张云翔,赖绍聪.国家"理科人才培养基地"的创新教育[J].高等理科教育,2004(3):9-11.

39.喻明新,王康,王震亮,张云翔,赖绍聪.真抓实干 推动科学研究工作实现跨越式发展[J].高等理科教育,2004(5):85-87.

40.何翔,华洪,赖绍聪,周鼎武.秦岭多学科综合性野外实习基地建设的探索与实践[J].中国地质教育,2012(1):44-46.

41.杨俊杰,陈正雄,赖绍聪.地球科学在线开放课程群建设的认识与思考[J].中国大学教学,2018(11):51-56.

42.赖绍聪.高等学校教师教学团队建设的策略与路径[J].中国大学教学,2023(5):9-17.

八、发表 SCI 论文

1.Lai Shaocong,Zhu Renzhi.Petrogenesis of Early Cretaceous high-Mg$^{\#}$ granodiorites in the northeastern Lhasa terrane, SE Tibet:Evidence for mantle-deep crustal interaction[J].Journal of Asian Earth Science,2019,177:17-37.

2.Lai Shaocong,Zhao Shaowei.Petrogenesis of the Zheduoshan Cenozoic granites in the eastern margin of Tibet:Contraints on the initial activity of Xianshuihe Fault[J].Journal of Geodynamics,2018,117:49-59.

3.Lai Shaocong,Qin Jiangfeng,Long Xiaoping, Li Yongfei,Ju Yinjuan,Zhu Renzhi,Zhao Shaowei,Zhang Zezhong,Zhu Yu,Wang Jiangbo.Neoproterozoic gabbro-granite association from the Micangshan area, northern Yangtze Block:Implication for crustal growth in active continental margin[J].Geological Journal,2018,53:2471-2486.

4. Lai Shaocong, Qin Jiangfeng, Zhu Renzhi, Zhao Shaowei. Neoproterozoic quartz monzodiorite-granodiorite association from the Luding-Kangding area:Implications for the interpretation of an active continental margin along the Yangtze Block(South China Block)[J].Precambrian Research,2015,267:196-208.

5.Lai Shaocong, Qin Jiangfeng, Jahanzeb Khan.The carbonated source region of Cenozoic mafic and ultra-mafic lavas from western Qinling: Implications for eastern mantle extrusion in the northeastern margin of the Tibetan Plateau[J].Gondwana Research,2014,25:1501-1516.

6. Lai Shaocong, Qin Jiangfeng. Adakitic rocks derived from partial melting of subducted continental crust: Evidence from the Eocene volcanic rocks in the northern Qiangtang Block [J].Gondwana Research,2013,23:812-824.

7. Lai Shaocong, Qin Jiangfeng, Li Yongfei, Li Sanzhong, M Santosh. Permian high Ti/Y basalts from the eastern part of the Emeishan Large Igneous Province, southwestern China: Petrogenesis and tectonic implications[J].Journal of Asian Earth Sciences,2012,47:216-230.

8. Lai Shaocong, Qin Jiangfeng, Rodney Grapes. Petrochemistry of granulite xenoliths from the Cenozoic Qiangtang volcanic field, northern Tibetan plateau: Implications for lower crust composition and genesis of the volcanism[J]. International Geology Review, 2011, 53(8): 926-945.

9. Lai Shaocong, Qin Jiangfeng, Chen Liang, Rodney Grapes. Geochemistry of ophiolites from the Mian-Lue suture zone: Implications for the tectonic evolution of the Qinling orogen, central China[J].International Geology Review,2008,50(7):650-664.

10. Lai Shaocong, Qin Jiangfeng, Li Yongfei. Partial melting of thickened Tibetan crust: Geochemical evidence from Cenozoic adakitic volcanic rocks[J].International Geology Review, 2007,49(4):357-373.

11. Lai Shaocong, Liu Chiyang, Yi Haisheng. Geochemistry and petrogenesis of Cenozoic andesite-dacite associations from the Hoh Xil Region, Tibetan Plateau[J].International Geology Review,2003,45(11):998-1019.

12. Lai Shaocong, Qin Jiangfeng, Li Yongfei, Long Ping. Geochemistry and Sr-Nd-Pb isotopic characteristics of the Mugouriwang Cenozoic volcanic rocks from Tibetan Plateau[J]. Science in China:Series D,2007,50(7):984-994.

13. Lai Shaocong, Zhang Guowei, Li Yongfei, Qin Jiangfeng. Genesis of the Madang Cenozoic sodic alkaline basalt in the eastern margin of the Tibetan Plateau and its continental dynamics implications[J].Science in China:Series D,2007,50(Supp. Ⅱ):314-321.

14. Lai Shaocong, Li Yongfei, Qin Jiangfeng. Geochemistry and LA-ICP-MS zircon U-Pb dating of the Dongjiahe ophiolite complex from the western Bikou terrane[J].Science in China: Series D,2007,50(Supp. Ⅱ):305-313.

15. Lai Shaocong, Zhang Guowei, Pei Xianzhi, Yang Haifeng.Geochemistry of the ophiolite and oceanic island volcanic rock in the Kangxian-Pipasi-Nanping tectonic melange zone, southern Qinling and their tectonic significance[J].Science in China:Series D,2004,47(2): 128-137.

16. Lai Shaocong, Zhang Guowei, Dong Yunpeng, Pei Xianzhi, Chen Liang. Geochemistry and regional distribution of the ophiolites and associated volcanics in Mianlue suture, Qinling-

Dabie Mountains[J].Science in China:Series D,2004,47(4):289-299.

17.Lai Shaocong,Zhang Guowei,Li Sanzhong.Ophiolites from the Mianlue suture in the southern Qinling and their relationship with the eastern paleotethys evolution [J]. Acta Geologica Sinica,2004,78(1):107-117.

18.Lai Shaocong,Zhang Guowei,Yang Ruiying.Identification of the island-arc magmatic zone in the Lianghe-Raofeng-Wuliba area, south Qinling and its tectonic significance[J]. Science in China:Series D,2000,43(Supp.):69-81.

19. Lai Shaocong, Liu Chiyang, S Y O'Reilly. Petrogenesis and its significance to continental dynamics of the Neogene high-potassium calc-alkaline volcanic rock association from north Qiangtang, Tibeten Plateau[J].Science in China:Series D,2001,44(Supp.): 45-55.

20.Lai Shaocong,Yi Haisheng,Lin Jinhui.Discovery of the granulite xenoliths in Cenozoic volcanic rocks from Hoh Xil,Tibetan Plateau[J].Progress in Natural Science,2003,13(9): 712-715.

21.Lai Shaocong.Ophiolite from the Mian-Lue suture zone in the Qinling orogenic belt: Implications for the tectonic evolution of the central [J]. Journal of China University of Geosciences,2007,18(Special Issue):443-445.

22. Lai Shaocong. Partial melting of the mantle-crust transition zone, northern Tibet: Evidence from the Cenozoic volcanis[J].Journal of China University of Geosciences,2007,18 (Special Issue):446-448.

23.Lai Shaocong.Genesis of the Cenozoic sodic alkaline basalt in the Xiahe-Tongren area of the northeastern Tibetan Plateau and its continental dynamic implications[J].Acta Geologica Sinica,2016,90(3):1047-1048.

24.Zhu Renzhi, Lai Shaocong(通讯作者), Qin Jiangfeng, Zhao Shaowei, M Santosh. Petrogenesis of high-K calc-alkaline granodiorite and its enclaves from the SE Lhasa Block, Tibet(SW China): Implications for recycled subducted sediments[J].Geological Society of America Bulletin,2019,131(7-8):1224-1238.

25.Zhu Renzhi, Lai Shaocong(通讯作者), Qin Jiangfeng, M Santosh, Zhao Shaowei, Zhang Encai, Zong Chunlei, Zhang Xiaoli, Xue Yuze.Genesis of high-potassium calc-alkaline peraluminous I-type granite:New insights from the Gaoligong belt granites in southeastern Tibet Plateau[J].Lithos,2020,354-355:105343.

26.Zhu Renzhi, Lai Shaocong(通讯作者), Qin Jiangfeng, Zhao Shaowei, M Santosh. Strongly peraluminous fractionated S-type granites in the Baoshan Block, SW China: Implications for two-stage melting of fertile continental materials following the closure of Bangong-Nujiang Tethys[J].Lithos,2018,316:178-198.

27.Zhu Renzhi,Lai Shaocong(通讯作者),M Santosh,Qin Jiangfeng,Zhao Shaowei.Early

Cretaceous Na-rich granitoids and their enclaves in the Tengchong Block, SW China: Magmatism in relation to subduction of the Bangong-Nujiang Tethys ocean[J].Lithos,2017, 286:175-190.

28.Zhu Renzhi,Lai Shaocong(通讯作者),Qin Jiangfeng,Zhao Shaowei,Wang Jiangbo. Late Early-Cretaceous quartz diorite-granodiorite-monzogranite association from the Gaoligong belt,southeastern Tibet Plateau:Chemical variations and geodynamic implications[J].Lithos, 2018, 288:311-325.

29.Zhu Renzhi,Lai Shaocong(通讯作者),Qin Jiangfeng,Zhao Shaowei.Petrogenesis of late Paleozoic-to-early Mesozoic granitoids and metagabbroic rocks of the Tengchong Block,SW China:Implications for the evolution of the eastern Paleo-Tethys[J].International Journal of Earth Sciences,2018,107:431-457.

30.Zhu Renzhi,Lai Shaocong(通讯作者),Qin Jiangfeng,Zhao Shaowei.Early-Cretaceous highly fractionated I-type granites from the northern Tengchong Block, western Yunnan, SW China:Petrogenesis and tectonic implications[J].Journal of Asian Earth Sciences,2015,100: 145-163.

31.Zhu Renzhi,Lai Shaocong(通讯作者),Qin Jiangfeng,Zhao Shaowei.Early-Cretaceous syenites and granites in the northeastern Tengchong Block,SW China:Petrogenesis and tectonic implications[J].Acta Geologica Sinica(English Edition),2018,92(4):1349-1365.

32.Zhu Y,Lai S C(通讯作者),Qin J F,Zhang Z Z,Zhang, F Y.Late Triassic biotite monzogranite from the western Litang area,Yidun terrane,SW China:Petrogenesis and tectonic implications[J].Acta Geologica Sinica(English Edition),2019,93(1):1-4.

33.Zhu Y,Lai S C(通讯作者),Qin J F ,Zhu R Z,Zhang F Y,Zhang,Z Z.Geochemistry and zircon U-Pb-Hf isotopes of the 780 Ma I-type granites in the western Yangtze Block: Petrogenesis and crustal evolution[J].International Geology Review,2019, 61(10):1222-1243.

34.Zhu Y ,Lai S C(通讯作者),Qin J F,Zhu R Z,Zhang F Y,Zhang Z Z,Gan B P. Petrogenesis and geodynamic implications of Neoproterozoic gabbro-diorites,adakitic granites, and A-type granites in the southwestern margin of the Yangtze Block,South China[J]. Journal of Asian Earth Sciences,2019,183:103977.

35.Zhu Y,Lai S C(通讯作者),Qin J F,Zhu R Z,Zhang F Y,Zhang,Z Z,Zhao S W. Neoproterozoic peraluminous granites in the western margin of the Yangtze Block,South China: Implications for the reworking of mature continental crust[J].Precambrian Research,2019, 333:105443.

36.Zhu Y,Lai S C(通讯作者),Qin J F,Zhu R Z,Zhang F Y,Zhang Z Z.Petrogenesis and geochemical diversity of Late Mesoproterozoic S-type granites in the western Yangtze Block,South China:Co-entrainment of peritectic selective phases and accessory minerals[J]. Lithos,2020,352-353:105326.

37.Zhu Y, Lai S C(通讯作者), Qin J F, Zhu R Z, Liu M, Zhang F Y, Zhang Z Z, Yang H. Genesis of ca. 850−835 Ma high-Mg# diorites in the western Yangtze Block, South China: Implications for mantle metasomatism under the subduction process[J]. Precambrian Research, 2020, 343:105738.

38.Shaowei Zhao, Shaocong Lai, Xianzhi Pei, Zuochen Li, Ruibao Li, Jiangfeng Qin, Renzhi Zhu, Youxin Chen, Meng Wang, Lei Pei, Chenjun Liu, Feng Gao. Neo-Tethyan evolution in southeastern externsion of Tibet: Contraints from Early Paleocene to Early Eocene granitic rocks with associated enclaves in Tengchong Block[J]. Lithos, 2020, 364-365:105551.

39.Shaowei Zhao, Shaocong Lai(通讯作者), Xianzhi Pei, Jiangfeng Qin, Renzhi Zhu, Ni Tao, Liang Gao. Compositional variations of granitic rocks in continental margin arc: Constraints from the petrogenesis of Eocene granitic rocks in the Tengchong Block, SW China[J]. Lithos, 2019, 326-327:125-143.

40.Shaowei Zhao, Shaocong Lai(通讯作者), Jiangfeng Qin, Renzhi Zhu, Jiangbo Wang. Geochemical and geochronological characteristics of Late Cretaceous to Early Paleocene granitoids in the Tengchong Block, southwestern China: Implications for crust anatexis and thickness variations along eastern Neo-Tethys subduction zone[J]. Tectonophysics, 2017, 694:87-100.

41.Shaowei Zhao, Shaocong Lai(通讯作者), Liang Gao, Jiangfeng Qin, Renzhi Zhu. Evolution of the Proto-Tethys in the Baoshan Block along the East Gondwana margin: Constraints from early Palaeozoic magmatism[J]. International Geology Review, 2017, 59(1):1-15.

42.Shaowei Zhao, Shaocong Lai(通讯作者), Jiangfeng Qin, Renzhi Zhu. Petrogenesis of Eocene granitoids and microgranular enclaves in the western Tengchong Block: Constraints on eastward subduction of the Neo-Tethys[J]. Lithos, 2016, 264:96-107.

43.Shaowei Zhao, Shaocong Lai(通讯作者), Jiangfeng Qin, Renzhi Zhu. Tectono-magmatic evolution of the Gaoligong belt, southeastern margin of the Tibetan Plateau: Constraints from granitic gneisses and granitoid intrusions[J]. Gondwana Research, 2016, 35:238-256.

44.Shaowei Zhao, Shaocong Lai(通讯作者), Jiangfeng Qin, Renzhi Zhu. Zircon U-Pb ages, geochemistry, and Sr-Nd-Pb-Hf isotopic compositions of the Pinghe pluton, Southwest China: Implications for the evolution of the early Palaeozoic Proto-Tethys in Southeast Asia[J]. International Geology Review, 2014, 56(7):885-904.

45.Gan Baoping, Lai Shaocong(通讯作者), Qin Jiangfeng, Zhu Renzhi, Zhao Shaowei, Li Tong. Neoproterozoic alkaline intrusive complex in the northwestern Yangtze Block, Micang Mountains region, South China: Petrogenesis and tectonic significance[J]. International Geology Review, 2017, 59(3):311-332.

46.Baoping Gan, Shaocong Lai(通讯作者), Jiangfeng Qin, Renzhi Zhu, Yu Zhu. U-Pb zircon geochronology, geochemistry, and Sr-Nd-Pb-Hf isotopic composition of the Late Cretaceous monzogranite from the north of the Yidun Arc, Tibetan Plateau Eastern, SW China: Petrogenesis and tectonic implication[J]. Arabian Journal of Geosciences, 2018, 11:794.

47. Min Liu, Shaocong Lai(通讯作者), Da Zhang, Renzhi Zhu, Jiangfeng Qin, Guangqiang Xiong. Middle Permian high Sr/Y monzogranites in central Inner Mongolia: Reworking of the juvenile lower crust of Bainaimiao arc belt during slab break-off of the Palaeo-Asian oceanic lithosphere[J]. International Geology Review, 2019, 61:17, 2083-2099.

48. Min Liu, Shaocong Lai(通讯作者), Da Zhang, Renzhi Zhu, Jiangfeng Qin, Yongjun Di. Early-Middle Triassic intrusions in western Inner Mongolia, China: Implications for the final orogenic evolution in southwestern Xing-Meng Orogenic belt[J]. Journal of Earth Science, 2019, 30:5, 977-995.

49. Liu Min, Lai Shaocong(通讯作者), Zhang Da, Zhu Renzhi, Qin Jiangfeng, Xiong Guangqiang, Wang Haoran. Constructing the latest Neoproterozoic to Early Paleozoic multiple crust-mantle interactions in western Bainaimiao arc terrane, southeastern Central Asian Orogenic Belt[J]. Geoscience Frontiers, 2020, 11.

50. Qin Jiangfeng, Lai Shaocong(通讯作者), Wang Juan, Li Yongfei. High-Mg$^#$ adakitic tonalite from the Xichahe area, South Qinling orogenic belt(central China): Petrogenesis and Geological implications[J]. International Geology Review, 2007, 49(12):1145-1158.

51. Qin Jiangfeng, Lai Shaocong(通讯作者), Li Yongfei. Slab breakoff model for the Triassic post-collisional adakitic granitoids in the Qinling orogen, central China: Zircon U-Pb ages, geochemistry, and Sr-Nd-Pb isotopic constraints[J]. International Geology Review, 2008, 50(12):1080-1104.

52. 赖绍聪, 秦江锋, 朱韧之, 赵少伟. 扬子地块西缘天全新元古代过铝质花岗岩类成因机制及其构造动力学背景[J]. 岩石学报, 2015, 31(8):2245-2258.

53. 赖绍聪, 秦江锋, 赵少伟, 朱韧之. 青藏高原东北缘柳坪新生代苦橄玄武岩地球化学及其大陆动力学意义[J]. 岩石学报, 2014, 30(2):361-370.

54. 赖绍聪, 秦江锋, 李学军, 臧文娟. 昌宁-孟连缝合带干龙塘-弄巴蛇绿岩地球化学及 Sr-Nd-Pb 同位素组成研究[J]. 岩石学报, 2010, 26(11):3195-3205.

55. 赖绍聪, 秦江峰. 藏北羌塘地块新生代火山岩中麻粒岩捕房体的岩石学和地球化学研究: 对青藏高原新生代火山岩成因及下地壳性质的约束[J]. 岩石学报, 2008. 24(2):25-36.

56. 赖绍聪, 秦江锋, 李永飞, 隆平. 青藏高原新生代火车头山碱性及钙碱性两套火山岩的地球化学特征及其物源讨论[J]. 岩石学报, 2007, 23(4):709-718.

57. 赖绍聪, 李三忠, 张国伟. 陕西西乡群火山-沉积岩系形成构造环境: 火山岩地球化学约束[J]. 岩石学报, 2003, 19(1):141-152.

58. 赖绍聪, 刘池阳. 青藏高原安多岛弧型蛇绿岩地球化学及成因[J]. 岩石学报,

2003,19(4):675-682.

59.赖绍聪,伊海生,刘池阳,S Y O'Reilly.青藏高原北羌塘新生代高钾钙碱岩系火山岩角闪石类型及痕量元素地球化学.岩石学报,2002,18(1):17-24.

60.赖绍聪,刘池阳.青藏高原北羌塘榴辉岩质下地壳及富集型地幔源区:来自新生代火山岩的岩石地球化学约束[J].岩石学报,2001,17(3):459-468.

61.赖绍聪,张国伟,杨瑞瑛.南秦岭勉略带两河弧内裂陷火山岩组合地球化学及其大地构造意义[J].岩石学报,2000,16(3):317-326.

62.秦江锋,赖绍聪(通讯作者),李永飞.扬子板块北缘碧口地区阳坝花岗闪长岩体成因研究及其地质意义[J].岩石学报,2005,21(3):697-710.

63.张志华,赖绍聪(通讯作者),秦江锋.北秦岭太白山晚中生代正长花岗岩成因及其地质意义[J].岩石学报,2014,30(11):3242-3254.

64.赵少伟,赖绍聪(通讯作者),秦江锋,朱韧之,甘保平.腾冲地块梁河早始新世花岗岩成因机制及其地质意义[J].岩石学报,2017,33(1):191-204.

65.Qin J F,Lai S C,Diwu C R,Ju Y J,Li Y F.Magma mixing origin for the post-collisional adakitic monzogranite of the Triassic Yangba pluton,northwestern margin of the South China Block:Geochemistry,Sr-Nd isotopic,zircon U-Pb dating and Hf isotopic evidences[J].Contributions to Mineralogy and Petrology,2010,159(3):389-409.

66.Qin J F,Lai S C,Grapes R,Diwu C R,Ju Y J,Li Y F.Origin of Late Triassic high-Mg adakitic granitoid rocks from the Dongjiangkou area,Qinling orogen,central China:Implications for subduction of continental crust[J].Lithos,2010,120(3-4):347-367.

67.Qin J,Lai S,Grapes R,Diwu C,Ju Y,Li Y.Geochemical evidence for origin of magma mixing for the Triassic monzonitic granite and its enclaves at Mishuling in the Qinling orogen (central China)[J].Lithos,2009,112(3-4):259-276.

68.Qin J F,Lai S C,Li Y F.Multi-stage granitic magmatism during exhumation of subducted continental lithosphere:Evidence from the Wulong pluton,South Qinling[J].Gondwana Research,2013,24(3-4):1108-1126.

69.Qin J F,Lai S C,Li Y F,Ju Y J,Zhu R Z,Zhao S W.Early Jurassic monzogranite-tonalite association from the southern Zhangguangcai Range:Implications for paleo-Pacific plate subduction along northeastern China[J].Lithosphere,2016,8(4):396-411.

70.Qin J F,Lai S C,Long X P,Li Y F,Ju Y J,Zhao S W,…,Zhang Z Z.Hydrous melting of metasomatized mantle wedge and crustal growth in the post-collisional stage:Evidence from Late Triassic monzodiorite and its mafic enclaves in the south Qinling(central China)[J].Lithosphere,2019,11(1):3-20.

71.Qin Jiangfeng,Lai Shaocong,Long Xiaoping,Zhang Zezhong,Ju Yinjuan,Zhu Renzhi,Wang Xingying,Li Yongfei,Wang Jiangbo,Li Tong.Thermotectonic evolution of the Paleozoic granites along the Shangdan suture zone(Central China):Crustal growth and differentiation by magma underplating in orogenic belt[J].GSA Bulletin,2020,doi:10.1130/B35466.1.

72. Qin J, Lai S, Wang J, Li Y. Zircon LA-ICP MS U-Pb age, Sr-Nd-Pb isotopic compositions and geochemistry of the Triassic post-collisional Wulong adakitic granodiorite in the South Qinling, central China, and its petrogenesis [J]. Acta Geologica Sinica: English Edition,2008,82(2):425-437.

73. Zezhong Zhang, Jiangfeng Qin, Shaocong Lai, Xiaoping Long, Zhenhua Li, Yinjuan Ju, Yu Zhu, Xingying Wang, Jiangbo Wang. Early Silurian adakitic high-Mg diorite from the Longshan area: Implication for melting of mantle lithosphere in the southeastern Qilian Orogenic Belt [J].Geological Journal,2019,54:2261-2273.

74. Zezhong Zhang, Jiangfeng Qin, Shaocong Lai, Xiaoping Long, Yinjuan Ju, Xingying Wang, Yu Zhu, Fangyi Zhang. Origin of Late Permian syenite and gabbro from the Panxi rift, SW China: The fractionation process of mafic magma in the inner zone of the Emeishan mantle plume[J]. Lithos,2019,346-347.

75. Zezhong Zhang, Jiangfeng Qin, Shaocong Lai, Xiaoping Long, Yinjuan Ju, Xingying Wang, Yu Zhu. Early Cretaceous granodiorite and its mafic enclaves from the Shuiyu area (Southern North China Craton): Implications for crust-mantle interaction [J]. International Geology Review,2019,https://doi.org/10.1080/00206814.2019.1689535.

76. Zhang Zezhong, Qin Jiangfeng, Lai Shaocong, Long Xiaoping, Ju Yinjuan, Wang Xingying, Zhu Yu. Origin of Late Permian amphibole syenite from the Panxi area, SW China: High degree fractional crystallization of basaltic magma in the inner zone of the Emeishan mantle plume[J]. International Geology Review,2020,62(2):210-224.

77. Wang Xingying, Qin Jiangfeng, Lai Shaocong, Long Xiaoping, Ju Yinjuan, Zhang Zezhong, Zhu Renzhi. Paleoproterozoic A-type granite from the southwestern margin of the North China block: High temperature melting of tonalitic crust in extensional setting. International Geology Review,2020,62(5):614-629.

78. Ju Y, Zhang X, Lai S, Qin J.Permian-Triassic Highly-Fractionated I-Type Granites from the Southwestern Qaidam Basin(NW China):Implications for the Evolution of the Paleo-Tethys in the Eastern Kunlun Orogenic Belt[J].Journal of Earth Science,2017,28(1):51-62.

79. An F,Zhu Y,Wei S,Lai,S.An Early Devonian to Early Carboniferous volcanic arc in North Tianshan, NW China: Geochronological and geochemical evidence from volcanic rocks [J].Journal of Asian Earth Sciences,2013,78:100-113.

80. An F,Zhu Y,Wei S,Lai S.Geochronology and geochemistry of Shizishan sub-volcanic rocks in Jingxi-Yelmand gold deposit, Northwest Tianshan: Its petrogenesis and implications to tectonics and Au-mineralization[J].Acta Petrologica Sinica,2014,30(6):1545-1557.

81. An F,Zhu Y,Wei S,Lai S.The zircon U-Pb and Hf isotope constraints on the basement nature and Paleozoic evolution in northern margin of Yili Block, NW China[J]. Gondwana

Research,2017,43:41-54.

82. An F, Wang J, Zhu Y, Wang J, Wei S, Lai S, Seitmuratova E. Mineralogy and geochemistry of intrusions related to Sayak large copper deposit, Kazakhstan, Central Asian metallogenic belt: Magma nature and its significance to mineralization[J]. Acta Petrologica Sinica,2015,31(2):555-570.

83. Diwu C, Sun Y, Zhao Y, Lai S. Early Paleoproterozoic (2.45 − 2.20 Ga) magmatic activity during the period of global magmatic shutdown: Implications for the crustal evolution of the southern North China Craton[J].Precambrian Research,2014,255:627-640.

84. Diwu C, Sun Y, Zhao Y, Liu B, Lai S. Geochronological, geochemical, and Nd-Hf isotopic studies of the Qinling Complex,central China: Implications for the evolutionary history of the North Qinling Orogenic Belt[J].Geoscience Frontiers,2014,5(4):499-513.

85. Sun Rui, Lai Shaocong, Jean Dubessy.Prediction of vapor-liquid equilibrium and PVTx properties of geological fluid system with SAFT-LJ EOS including multi-polar contribution.Part Ⅱ. Application to H_2O-NaCl and CO_2-H_2O-NaCl System[J]. Geochimica et Cosmochimica Acta,2014,125:504-518.

86. Sun Rui, Lai Shaocong, Jean Dubessy. Calculations of vapor-liquid equilibria of the H_2O-N_2 and H_2O-H_2 systems with improved SAFT-LJ EOS[J].Fluid Phase Equilibria,2015, 390:23-33.

87. Zhang Guowei, Meng Qingren, Lai Shaocong.Tectonics and structure of Qinling orogenic belt[J].Science in China:Series B,1995,38(11):1379-1394.

88. Li Sanzhong, Timothy M Kusky, Wang Lu, Zhang Guowei, Lai Shaocong, Liu Xiaochun, Dong Shuwen, Zhao Guochun. Collision leading to multiple-stage large-scale extrusion in the Qinling orogen: Insights from the Mianlue suture[J].Gondwana Research, 2007,12:121-143.

89. Li Yongfei, Lai Shaocong, Qin Jiangfeng, Liu Xin, Wang Juan. Geochemical characteristics of Bikou volcanic group and Sr-Nd-Pb isotopic composition: Evidence for breakup event in the north margin of Yangtze plate,Jining era[J].Science in China:Series D, 2007,50(Supp. Ⅱ):339-350.

90. Li Yongfei, Lai Shaocong, Qin Jiangfeng.Further study on geochemical characteristics and genesis of the boninitic rocks from Bikou group, northern Yangtze plate[J].Journal of China University of Geosciences,2006,17(2):126-131.

91. Wang Y J,Xing X W,Peter A C,Lai S C,Xia X P,Fan W M,Liu H C,Zhang F F. Petrogenesis of early Paleozoic peraluminous granite in the Sibumasu Block of SW Yunnan and diachronous accretionary orogenesis along the northern margin of Gondwana[J].Lithos,2013 (182-183):67-85.

92. Shen Liu, Caixia Feng, Ruizhong Hu, Shan Gao, Tao Wang, Guangying Feng,

Youqiang Qi, Ian M Coulson, Shaocong Lai. Zircon U-Pb age, geochemical, and Sr-Nd-Pb isotopic constraints on the origin of alkaline intrusions in eastern Shandong Province, China[J]. Mineralogy and Petrology, 2013, 107(4): 591-608.

93. Shen Liu, Caixia Feng, Ruizhong Hu, Mingguo Zhai, Shan Gao, Shaocong Lai, Jun Yan, Ian M Coulson, Haibo Zou. Zircon U-Pb geochronological, geochemical, and Sr-Nd isotope data for Early Cretaceous mafic dykes in the Tancheng-Lujiang Fault area of the Shandong Province, China: Constraints on the timing of magmatism and magma genesis[J]. Journal of Asian Earth Sciences, 2015, 98: 247-260.

94. Liu S, Feng C, Jahn B, Hu R, Zhai M, Lai S. Zircon U-Pb age, geochemical, and Sr-Nd isotopic constraints on the origin of Late Carboniferous mafic dykes of the North China Craton, Shanxi Province, China[J]. Acta Petrologica Sinica, 2014, 30(6): 1707-1717.

95. Liu S, Feng C, Zhai M, Hu R, Lai S, Chen J, Yan J. Zircon U-Pb age, geochemical, and Sr-Nd-Hf isotopic constraints on the origin of Early Cretaceous mafic dykes from western Shandong Province, eastern North China Craton, China[J]. Acta Petrologica Sinica, 2016, 32(3): 629-645.

96. Liu Shen, Hu Ruizhong, Feng Caixia, Gao Shan, Feng Guangying, Lai Shaocong, Qi Youqiang, Ian M Coulson, Yang Yuhong, Yang Chaogui, Tang Liang. U-Pb Zircon Age, Geochemical, and Sr-Nd-Pb Isotopic Constraints on the Age and Origin of Mafic Dykes from Eastern Shandong Province, Eastern China[J]. Acta Geologica Sinica: English Edition, 2013, 87(4): 1045-1057.

97. Shen Liu, Ruizhong Hu, Shan Gao, Caixia Feng, Zhilong Huang, Shaocong Lai, Honglin Yuan, Xiaoming Liu, Ian M Coulson, Guangying Feng, Tao Wang, Youqiang Qi. U-Pb zircon, geochemical and Sr-Nd-Hf isotopic constraints on the age and origin of Early Palaeozoic I-type granite from the Tengchong-Baoshan Block, western Yunnan Province, SW China[J]. Journal of Asian Earth Sciences, 2009, 36(2-3): 168-182.

98. Honglin Yuan, Cong Yin, Xu Liu, Kaiyun Chen, Zhi'an Bao, Chunlei Zong, Mengning Dai, Shaocong Lai, Rong Wang, Shaoyong Jiang. High precision in-situ Pb isotopic analysis of sulfide minerals by femtosecond laser ablation multi-collector inductively coupled plasma mass spectrometry[J]. Science China: Earth Sciences, 2015, 58(10): 1713-1721.

99. Honglin Yuan, Wenting Yuan, Cheng Cheng, Peng Liang, Xu Liu, Mengning Dai, Zhi'an Bao, Chunlei Zong, Kaiyun Chen, Shaocong Lai. Evaluation of lead isotope compositions of NIST NBS 981 measured by thermal ionization mass spectrometer and multiple-collector inductively coupled plasma mass spectrometer[J]. Solid Earth Sciences, 2016, 1(2): 74-78.

100. Li Sanzhong, Zhao Shujuan, Li Xiyao, Cao Huahua, Liu Xin, Guo Xiaoyu, Xiao Wenjiao, Lai Shaocong, Yan Zhen, Li Zonghui. Proto-Tethys Ocean in East Asia (Ⅰ):

Northern and southern border faults and subduction polarity[J].Acta Petrologica Sinica,2016, 32(9):2609-2627.

101.Li Sanzhong, Zhao Shujuan, Yu Shan, Cao Huahua, Li Xiyao, Liu Xin, Guo Xiaoyu, Xiao Wenjiao, Lai Shaocong, Yan Zhen.Proto-Tethys Ocean in East Asia (Ⅱ): Affinity and assmbly of Early Paleozoic micro-continental blocks[J].Acta Petrologica Sinica, 2016,32(9):2628-2644.

九、发表其他期刊论文

1.Lai Shaocong,Zhang Guowei,Yang Yongcheng,Chen Jiayi.Geochemistry of the ophiolite and island-arc volcanic rocks in the Mianxian-Lueyang suture zone,southern Qinling and their tectonic significance[J].Chinese Journal of Geochemistry,1999,18(1):39-50.

2.Lai Shaocong.Petrogenesis of the Cenozoic volcanic rocks from the northern part of Qinghai-Xizang (Tibet)Plateau[J].Chinese Journal of Geochemistry,1999,18(4):361-371.

3.Lai Shaocong.Three-phase uplift of the Qinghai-Tibet Plateau during the Cenozoic period:Igneous petrology constraints[J].Chinese Journal of Geochemistry,2000,19(2): 152-160.

4.Lai Shaocong,Qin Jiangfeng,Li Yongfeng,Liu Xin.Cenozoic volcanic rocks in the Belog Co area,Qiangtang,northern Tibet,China:Petrochemical evidence for partial melting of the mantle-crust transition zone[J].Chinese Journal of Geochemistry,2007,26(3):305-311.

5.Lai Shaocong,Li Shanzhong.Geochemistry of volcanic rocks from Wuliba in the Mianlue suture zone,southern Qinling[J].Scientia Geologica Sinica,2001,10(3):169-180.

6.Lai Shaocong.Discussion about the petrogenesis of the Cenozoic volcanic rocks from Yumen and Hoh Xil area,Qinghai-Tibet Plateau[J].Earth Science Frontiers,2000,7(Supp.): 145-146.

7.Lai Shaocong,Zhong Jianhua.Ophiolites in Altun mountain of Xinjiang,China[J]. Scientia Geologica Sinica,1999,8(2):137-143.

8.Lai Shaocong,Deng Jinfu,Zhao Hailing.Volcanism and tectonic evolution in the north Qilian mountains during Ordovician period[J].Journal of China University of Geosciences, 1998,9(1):14-21.

9.Lai Shaocong,Deng Jinfu,Zhao Hailing.Geochemical features and tectonic settings of upper Ordovician marine volcanic rocks on north margin of Qaidam[J].Journal of China University of Geosciences,1998,9(2):116-123.

10.Lai Shaocong,Zhang Guowei.Geochemical features of ophiolite in Mianxian-Lueyang suture zone, Qinling orogenic belt[J].Journal of China University of Geosciences,1996,7(2): 165-172.

11.Lai Shaocong.Cenozoic volcanism and tectonic evolution in the northern margin of

Qinghai-Tibet Plateau[J].Journal of Northwest University,1996,26(1):99-104.

12.Liu Xiaodong,Xu Haijiang,Lai Shaocong.Stable isotopic geochemistry of ore-forming solutions and genesis of a gold deposit in Maopai,Jiangxi Province,China[M]//Water-Rock Interaction,Kharaka and Maesteds.Rotterdam:Balkema Publisher,1992:1601-1604.

13.赖绍聪,秦江峰,李学军,臧文娟.昌宁-孟连缝合带乌木龙-铜厂街洋岛型火山岩地球化学特征及其大地构造意义[J].地学前缘,2010,17(3):44-52.

14.赖绍聪,秦江峰.青藏高原双湖地区二叠系玄武岩地球化学及其大地构造意义[J].地学前缘,2009,16(2):70-78.

15.赖绍聪,秦江峰,臧文娟,李学军.滇西二叠系玄武岩及其与东古特提斯演化的关系[J].西北大学学报,2009,39(3):444-452.

16.赖绍聪,伊海生,林金辉.青藏高原北羌塘新生代火山岩中的麻粒岩捕虏体[J].岩石矿物学杂志,2006,25(5):423-432.

17.赖绍聪,秦江锋,李永飞.青藏高原北羌塘新第三纪玄武岩单斜辉石成分及微量元素地球化学[J].西北大学学报,2005,35(5):611-616.

18.赖绍聪,张国伟,秦江锋,李永飞,刘鑫.青藏高原东北缘伯阳地区第三系流纹岩地球化学及岩石成因[J].地学前缘,2006,13(4):212-220.

19.赖绍聪,秦江锋,李永飞,刘鑫.藏北羌塘比隆错一带新生代火山岩的成因:壳幔过渡带局部熔融的地球化学证据[J].地质通报,2006,25(1-2):64-69.

20.赖绍聪,刘池阳,伊海生,S Y O'Reilly.北羌塘新生代火山岩长石矿物激光探针原位(in situ)测试及其微量元素特征初探[J].地质科学,2003,38(4):539-545.

21.赖绍聪,伊海生,刘池阳,S Y O'Reilly.青藏高原北羌塘半岛湖新生代粗面玄武岩橄榄石电子探针和激光探针分析[J].矿物学报,2002,22(2):107-112.

22.赖绍聪,伊海生,刘池阳,S Y O'Reilly.青藏高原北羌塘新生代火山岩黑云母地球化学及其岩石学意义[J].自然科学进展,2002,12(3):311-314.

23.赖绍聪,张国伟,裴先治.南秦岭勉略结合带琵琶寺洋壳蛇绿岩的厘定及其大地构造意义[J].地质通报,2002,21(8-9):465-470.

24.赖绍聪,张国伟.勉略结合带五里坝火山岩的地球化学研究及其构造意义[J].大地构造与成矿学,2002,26(1):43-50.

25.赖绍聪,杨瑞瑛,张国伟.南秦岭西乡群孙家河组火山岩形成构造背景及其大地构造意义的讨论[J].地质科学,2001,36(3):295-303.

26.赖绍聪.青藏高原新生代三阶段造山隆升模式:火成岩岩石学约束[J].矿物学报,2000,20(2):182-190.

27.赖绍聪,张国伟.秦岭-大别勉略结合带蛇绿岩及其大地构造意义[J].地质论评,1999,45(增刊):1062-1071.

28.赖绍聪.岩浆作用的物理过程研究进展[J].地球科学进展,1999,14(2):153-158.

29.赖绍聪,张国伟,董云鹏.秦岭-大别山随州南周家湾变质玄武岩地球化学及其大地构造意义[J].地球科学,1997,22(4):362.

30.赖绍聪.青藏高原北部新生代火山岩的成因机制[J].岩石学报,1999,15(1):98-104.

31.赖绍聪.青藏高原新生代火山岩矿物化学及其岩石学意义:以玉门、可可西里及芒康岩区为例[J].矿物学报,1999,19(2):236-244.

32.赖绍聪,刘池阳.羌塘地块北界拉竹龙-西金乌兰-玉树结合带印支期构造环境探讨[J].西北大学学报,1999,29(1):59-62.

33.赖绍聪.岩浆侵位机制的动力学约束[J].地学前缘,1998,5(增刊):40.

34.赖绍聪,钟健华.聚敛型板块边缘岩浆作用及其相关沉积盆地[J].地学前缘,1998,5(增刊):86-94.

35.赖绍聪,张国伟,杨永成,陈家义.南秦岭勉县-略阳结合带蛇绿岩与岛弧火山岩地球化学及其大地构造意义[J].地球化学,1998,27(3):283-293.

36.赖绍聪,张国伟,董云鹏.秦岭-大别勉略缝合带湖北随州周家湾变质玄武岩地球化学及其大地构造意义[J].矿物岩石,1998,18(2):1-8.

37.赖绍聪.内蒙古正镶白旗中生代火山盆地侏罗系火山岩化学成分特征[J].华东地质学院学报,1988,11(4):313-327.

38.赖绍聪,张国伟,杨永成,陈家义.南秦岭勉县-略阳结合带变质火山岩岩石地球化学特征[J].岩石学报,1997,13(4):563-573.

39.赖绍聪,徐海江.内蒙古正镶白旗碎斑熔岩地球化学特征[J].地球化学,1992(1):86-94.

40.赖绍聪,徐海江.内蒙古正镶白旗碎斑熔岩岩石学特征及其岩相划分[J].岩石学报,1990(1):56-65.

41.赖绍聪,隆平.内蒙古白旗地区火山碎斑熔岩矿物红外光谱特征研究[J].西北地质,1997,18(3):1-7.

42.赖绍聪,隆平.内蒙古白旗地区火山碎斑熔岩斜长石成分及其有序度[J].西北地质,1997,18(3):8-12.

43.赖绍聪.秦岭造山带勉略缝合带超镁铁质岩的地球化学特征[J].西北地质,1997,18(3):36-45.

44.赖绍聪,隆平.江西茅排金矿床含金韧性剪切带构造特征[J].西北地质,1997,18(3):53-58.

45.赖绍聪,邓晋福,赵海玲.北祁连奥陶纪洋脊扩张速率及古洋盆规模的岩石学约束[J].矿物岩石,1997,17(1):35-39.

46.赖绍聪,隆平.北祁连山岛弧型火山岩地球化学特征[J].西北大学学报,1996,26(5):445-449.

47.赖绍聪,邓晋福,赵海玲.柴达木北缘古生代蛇绿岩及其构造意义[J].现代地质,1996,10(1):18-28

48.赖绍聪,邓晋福,赵海玲.柴达木北缘奥陶纪火山作用与构造机制[J].西安地质学院学报,1996,18(3):8-14.

49.赖绍聪.青藏高原可可西里及芒康岩区新生代火山岩中的长石及石榴子石巨晶[J].西北大学学报,1995,25(6):701-704.

50.赖绍聪,徐海江.江西茅排金矿床的地球化学特征[J].地质找矿论丛,1995,10(4):48-59.

51.赖绍聪.分离结晶对岩浆氧逸度的影响[J].地学前缘,1994,1(1-2):12.

52.赖绍聪,徐海江.江西南城震旦系周潭群变质岩地球化学特征[J].现代地质,1994,8(3):281-290.

53.赖绍聪,徐海江.江西茅排金矿区含金煌斑岩特征及其与金矿化的关系[J].黄金,1993,14(8):7-10.

54.赖绍聪,邓晋福,杨建军,周天祯,赵海玲,罗照华,刘厚祥.柴达木北缘大型韧性剪切带构造特征[J].河北地质学院学报,1993,16(6):578-586.

55.赖绍聪,邓晋福,杨建军,周天祯,赵海玲,罗照华,刘厚祥.柴达木北缘发现大型韧性剪切带[J].现代地质,1993,7(1):125.

56.赖绍聪,徐海江.内蒙古正镶白旗碎斑熔岩长石特征及其岩石学意义[J].矿物学报,1992,12(1):26-35.

57.赖绍聪,朱韧之.西秦岭竹林沟新生代碱性玄武岩地球化学及其成因[J].西北大学学报(自然科学版),2012,12(42):6.

58.赖绍聪,朱韧之.四川泸定地区新元古代火山岩地球化学特征及其大陆动力学意义[J].地球科学与环境学报,2017,39(4):459-475.

59.朱毓,赖绍聪(通讯作者),赵少伟,张泽中,秦江锋.扬子板块西缘石棉安顺场新元古代钾长花岗岩地球化学特征及其地质意义[J].地质论评,2017,63(5):1193-1208.

60.朱毓,赖绍聪(通讯作者),秦江锋.松潘造山带金川地区观音桥晚三叠世二云母花岗岩的成因及其地质意义[J].地质论评,2017,63(6):146-1478.

61.张方毅,赖绍聪(通讯作者),秦江锋.义敦岛弧带晚白垩世海子山二长花岗岩成因及其地质意义[J].高校地质学报,2018,24(3):340-352.

62.张方毅,赖绍聪(通讯作者),秦江锋,朱韧之,杨航,朱毓.北大巴山早古生代辉绿岩地球化学特征及其地质意义[J].岩石矿物学杂志,2020,39(1):1-12.

63.甘保平,赖绍聪(通讯作者),秦江锋.米仓山坪河新元古代二长花岗岩成因及其地质意义[J].地质论评,2016,62(4):929-944.

64.甘保平,赖绍聪(通讯作者),秦江锋.米仓山新民角闪辉长岩地球化学特征及其构造意义[J].岩石矿物学杂志,2016,35(2):213-228.

65.崔源远,赖绍聪(通讯作者),耿雯,赵少伟,朱韧之.青藏高原东北缘马泉新生代碱性玄武岩地球化学及其成因探讨[J].东华理工大学学报,2013,36(1):1-9.

66.张国伟,程顺有,郭安林,董云鹏,赖绍聪,姚安平.秦岭-大别中央造山系南缘勉略古缝合带的再认识:兼论中国大陆主体的拼合[J].地质通报,2004,23(9-10):846-853.

67.王娟,金强,赖绍聪,秦江峰,李鑫.南秦岭佛坪地区五龙花岗质岩体的地球化学特征及成因研究[J].矿物岩石,2008,28(1):79-87.

68.邓晋福,杨建军,赵海玲,赖绍聪,刘厚祥,罗照华,狄永军.格尔木-额济纳旗断面走廊域火成岩:构造组合与大地构造演化[J].现代地质,1996,10(3):331-343.

69.邓晋福,吴宗絮,杨建军,赵海玲,刘厚祥,赖绍聪,狄永军.格尔木-额济纳旗地学断面走廊域地壳-上地幔岩石学结构与深部过程[J].地球物理学报,1995,38(增刊Ⅱ):130-144.

70.邓晋福,赖绍聪,杨建军.阿尔金及其周边断裂网络系统三维动力学模型[J].现代地质,1994(3):126.

71.邓晋福,赵海玲,赖绍聪,刘厚祥,罗照华.白云母/二云母花岗岩形成与陆内俯冲作用[J].地球科学,1994,19(2):139-148.

72.邓晋福,赵海玲,吴宗絮,赖绍聪,罗照华,莫宣学.中国北方大陆下的地幔热柱与岩石圈运动[J].现代地质,1992,6(3):267-274.

73.徐海江,赖绍聪.相山及邻区七个火山盆地火山岩岩性特征及成因探讨[J].现代地质,1988,2(4):440-450.

74.徐海江,张凤云,赖绍聪.茅排金矿床中自然金和黄铁矿的成因矿物学特征[J].岩石矿物学杂志,1993,12(4):363-370.

75.徐海江,刘龙汉,赖绍聪.广昌水南银矿银的赋存状态研究[J].黄金,1992,13(6):7-10.

76.徐海江,赖绍聪,张凤云.赣闽火山碎斑熔岩矿物特征对比研究[J].矿物学岩石学论丛,1990(6):87-97.

77.徐海江,赖绍聪.金铀型矿床成矿地质特征及找矿前景[J].地质科技情报,1989,8(4):69-74.

78.李三忠,赖绍聪,张国伟,李亚林,程顺有.秦岭勉(县)-略(阳)缝合带及南秦岭地块的变质动力学研究[J].地质科学,2003,38(2):137-154.

79.李三忠,张国伟,李亚林,赖绍聪,李宗会.秦岭造山带勉略缝合带构造变形与造山过程[J].地质学报,2002,76(4):469-483.

80.李三忠,赖绍聪,张国伟,李亚林,李宗会.秦岭勉略带康县-高川段现今结构与岩片性质[J].华南地质与矿产,2001(3):1-8.

81.裴先治,张国伟,赖绍聪,李勇,陈亮,高明.西秦岭南缘勉略构造带主要地质特征[J].地质通报,2002,21(8-9):486-494.

82.刘池洋,杨兴科,魏永佩,任战利,赖绍聪,陈刚,郑孟林,赵政璋,叶和飞,李永铁,李庆春.藏北羌塘盆地西部查桑地区结构及构造特征[J].地质论评,2002,48(6):593-602.

83.刘池洋,杨兴科,任战利,郑孟林,赖绍聪.羌塘盆地雀莫错沉降-堆积中心成因:热力衰减塌陷沉降[J].石油与天然气地质,2005,26(2):148-154.

84.董云鹏,张国伟,柳小明,赖绍聪.鄂北大洪山地区花山群的解体[J].中国区域地质,1998,17(4):371-397.

85.杨建军,朱红,周天祯,邓晋福,赖绍聪.柴达木北缘石榴石橄榄岩的发现及其意义[J].岩石矿物学杂志,1994,13(2):97-105.

86.杨经绥,许志琴,马昌前,吴才来,张建新,王宗起,王国灿,张宏飞,董云鹏,赖绍聪.复合造山作用和中国中央造山带的科学问题[J].中国地质,2010,37(1):1-11.

87.陈丹玲,赖绍聪,刘养杰.秦皇岛柳江盆地混合花岗岩的锆石 U-Pb 定年.西北大学学报(自然科学版),2007,37(2):278-281.

88.骆金诚,赖绍聪,秦江锋,胡瑞忠.扬子板块西北缘碧口地块南一里花岗岩成因研究[J].地球学报,2011,32(5):559-569.

89.骆金诚,赖绍聪(通讯作者),秦江锋,李海波,李学军,臧文娟.南秦岭晚三叠世胭脂坝岩体的地球化学特征及其地质意义[J].地质论评,2010,56(6):792-800.

90.骆金诚,赖绍聪,秦江锋,李学军,臧文娟,李海波.碧口地块王坝楚花岗岩成因及其地质意义[J].西北大学学报,2010,40(6):1055-1063.

91.李永飞,赖绍聪,秦江锋,刘鑫,王娟.碧口群玻安质岩石地球化学及成岩构造环境[J].东华理工学院学报,2006,29(1):43-48.

92.李永飞,赖绍聪.碧口洋岛型火山岩的厘定及其构造意义[J].西北地质,2006,39(4):1-9.

93.秦江锋,赖绍聪,张国伟,第五春荣,李永飞.川北九寨沟地区隆康熔结凝灰岩锆石LA-ICP-MS U-Pb 年龄:勉略古缝合带西延的证据[J].地质通报,2008,27(3):345-350.

94.秦江锋,赖绍聪,李永飞.南秦岭勉县-略阳缝合带印支期光头山埃达克质花岗岩的成因及其地质意义[J].地质通报,2007,26(4):466-471.

95.秦江锋,赖绍聪,白莉.甘肃康县阳坝岩体岩石成因及壳幔相互作用[J].地球科学与环境学报,2006,28(2):11-18.

96.秦江锋,赖绍聪,李永飞,白莉,王娟.扬子板块北缘阳坝岩体锆石饱和温度的计算及其意义[J].西北地质,2005,38(3):1-5.

97.王娟,李鑫,赖绍聪,秦江峰.印支期南秦岭西岔河、五龙岩体成因及构造意义[J].中国地质,2008,35(2):207-216.

98.赵霞,贾承造,张光亚,卫延召,赖绍聪,方向,张丽君.准噶尔盆地陆东-五彩湾地区石炭系中基性火山岩地球化学及其形成环境[J].地学前缘,2008,15(2):272-279.

99.王江波,李卫红,赖绍聪.陕西蓝田铀矿田控矿因素与成矿作用过程探讨[J].西北地质,2013,46(1):9-15.

100.臧文娟,赖绍聪,秦江锋,李学军,骆金诚.南秦岭五龙岩体暗色包体地球化学及成因研究[J].西北大学学报(自然科学版),2011,41(2):278-284.

101.张国伟,郭安林,董云鹏,赖绍聪,程顺有,姚安平.深化大陆构造研究发展板块构造促进固体地球科学发展[J].西北大学学报(自然科学版),2009,39(3):345-349.

102.李桐,局银娟,赖绍聪,张泽中,王江波,秦江锋,甘保平.北秦岭-祁连结合带扫帚滩辉长岩年代学、地球化学特征及其地质意义[J].地球化学,2017,46(3):219-230.

十、获得的各类奖励

序号	获奖项目名称	获奖时间	颁奖部门名称	奖项名称	获奖等级	第几完成人
荣誉奖励						
1	国家万人计划	2014	中共中央组织部	国家高层次人才特殊支持计划领军人才		独立
2	国家级教学名师	2009	教育部	高等学校教学名师奖		独立
3	国务院政府特殊津贴	2023	国务院	国务院政府特殊津贴		独立
4	陕西省三秦学者	2010	中共陕西省委、陕西省人民政府	三秦学者特聘教授		独立
5	陕西省教学名师	2007	陕西省教育厅	省级教学名师奖		独立
6	陕西省三五人才	2008	陕西省三五人才工程领导小组	陕西省三五人才		独立
7	基础地质教师团队	2018	教育部	全国高校黄大年式教师团队		负责人
8	基础地质教师团队	2022	陕西省教育厅	陕西省高校黄大年式教师团队		负责人
9	晶体光学与岩石学教学团队	2009	教育部财政部	国家级教学创新团队		负责人
10	特殊贡献奖	2018	中国地质学会全国大学生地质技能竞赛组织委员会	第五届全国大学生地质技能竞赛"特殊贡献奖"		独立
科技奖励						
1	中国西部特提斯构造域关键岩浆事件及深部动力学意义	2020	陕西省人民政府	陕西省自然科学奖	一等	第一
2	青藏高原北部岩浆作用及其大陆动力学意义	2009	陕西省人民政府	陕西省科学技术奖	一等	第一
3	青藏高原构造特征、盆地演化和油气远景评价	2006	陕西省人民政府	陕西省科学技术奖	一等	第三
4	秦岭造山带勉略缝合带蛇绿岩与相关火山岩岩石大地构造学研究	2005	陕西省人民政府	陕西省科学技术奖	二等	第一

序号	获奖项目名称	获奖时间	颁奖部门名称	奖项名称	获奖等级	第几完成人
5	青藏高原木苟日王新生代火山岩地球化学及 Sr-Nd-Pb 同位素组成——底侵基性岩浆地幔源区性质的探讨	2010	陕西省人民政府	陕西省自然科学优秀学术论文奖	二等	第一
6	青藏高原东南缘高黎贡带构造岩浆演化	2020	陕西省人民政府	陕西省自然科学优秀学术论文奖	二等	第二
7	扬子板块北缘碧口地区阳坝花岗闪长岩体成因研究及其地质意义	2008	陕西省人民政府	陕西省自然科学优秀学术论文奖	二等	第二
8	板片断离作用与秦岭造山带三叠纪后碰撞型埃达克质花岗岩的成因：来自锆石 U-Pb 年龄、地球化学及 Sr-Nd-Pb 地球化学的证据	2010	陕西省人民政府	陕西省自然科学优秀学术论文奖	三等	第二
9	北羌塘新第三纪高钾钙碱火山岩系的成因及其大陆动力学意义	2003	陕西省人事厅、陕西省科学技术协会	陕西省自然科学优秀学术论文奖	一等	第一
10	南秦岭勉县–略阳结合带蛇绿岩和岛弧火山岩地球化学及其大地构造意义	1999	陕西省人事厅、陕西省科学技术协会	陕西省自然科学优秀学术论文奖	二等	第一
11	秦岭造山带勉县–略阳缝合带蛇绿岩地球化学特征	1997	陕西省人事厅、陕西省科学技术协会	陕西省自然科学优秀学术论文奖	二等	第一
12	地矿行业最高荣誉奖	2015	李四光地质科学奖委员会、李四光地质科学奖基金会	李四光地质科学奖		独立
13	青年地质科技工作者最高荣誉奖	2008	黄汲清青年地质科学技术奖基金管理委员会	黄汲清青年地质科学技术奖		独立
14	行业青年科技奖	2001	中国青藏高原研究会	青藏高原青年科技奖		独立
15	行业青年科技奖	1998	中国地质学会	青年地质科技奖—银锤奖		独立

续表

序号	获奖项目名称	获奖时间	颁奖部门名称	奖项名称	获奖等级	第几完成人
16	陕西省青年科技奖	1998	中共陕西省委组织部、陕西省人事厅、陕西省科学技术协会	陕西青年科技奖		独立
17	年度人物奖	2015	《科学中国人》杂志社	科学中国人（2014）年度人物		独立
教学奖励						
1	注重基础　强化实践以国际化视野构建矿物岩石学"434"教学新体系	2018	教育部	国家级教学成果奖	二等	第一
2	地质学研究型人才培养新方案	2009	教育部	国家级教学成果奖	二等	第一
3	地质学实践教学新体系	2005	教育部	国家级教学成果奖	二等	第二
4	地质学研究型人才培养新方案	2007	陕西省人民政府	陕西省教学成果奖	特等	第一
5	注重基础　强化实践 以国际化视野创建矿物岩石课程群"434"教学体系	2015	陕西省人民政府	陕西省教学成果奖	特等	第一
6	基础宽厚　理工融合虚实结合　构建地质工程"543"实践教学新体系	2020	陕西省人民政府	陕西省教学成果奖	一等	第二
7	国家理科地质学人才培养基地教学质量监督保障体系	2005	陕西省人民政府	陕西省教学成果奖	二等	第一
8	地学研究型人才培养中的教学法改革	2012	陕西省人民政府	陕西省教学成果奖	二等	第二
9	研究性教学改革与创新型人才培养	2010	中国高等教育学会	优秀高等教育研究成果论文类	三等	第一
10	全国百篇优秀博士学位论文指导教师	2012	国务院学位委员会、教育部	全国优秀博士学位论文指导教师		独立
11	青年教师奖	2003	教育部	高校青年教师奖		独立

续表

序号	获奖项目名称	获奖时间	颁奖部门名称	奖项名称	获奖等级	第几完成人
12	注重基础 强化实践 以国际化视野创建矿物岩石课程群"434"教学体系	2017	中国高等教育学会	优秀案例		第一
13	岩浆岩岩石学	2020	教育部	国家级一流本科课程		第一
14	岩浆岩岩石学		教育部	国家级精品资源共享课		第一
15	岩浆岩岩石学		教育部	国家级精品课程		第一
厅局级奖励						
1	中国西部特提斯构造域关键岩浆事件及深部动力学意义	2019	陕西省教育厅	陕西高等学校科学技术奖	一等	第一
2	青藏高原北部岩浆作用及其大陆动力学意义	2008	陕西省教育厅	陕西高等学校科学技术奖	一等	第一
3	青藏高原构造特征及盆地演化历史研究与油气评价	2005	陕西省教育厅	陕西高等学校科学技术奖	一等	第三
4	秦岭造山带勉略缝合带蛇绿岩与相关火山岩石大地构造学研究	2004	陕西省教育厅	陕西高等学校科学技术奖	二等	第一
5	青藏高原北缘火山作用与构造演化	1999	陕西省教育委员会	陕西省教育委员会科学技术进步奖	二等	第一
6	羌塘盆地构造特征及其演化研究与盆地评价	2001	陕西省教育厅	陕西省高等学校科学技术进步奖	二等	第四
7	岩浆岩岩石学	2013	陕西省教育厅	陕西省优秀教材奖	一等	独立
8	晶体光学与岩石学	2015	陕西省教育厅	陕西省优秀教材奖	一等	第二
9	腾冲地块晚白垩世–早始新世花岗岩类成因机制及大陆动力学意义	2019	陕西省教育厅 陕西省学位委员会	陕西省优秀博士学位论文指导教师		独立
10	腾冲地块早白垩世花岗岩类成因机制及深部动力学意义	2021	陕西省教育厅 陕西省学位委员会	陕西省优秀博士学位论文指导教师		独立
11	扬子板块西缘新元古代花岗岩类岩浆成因及深部动力学意义	2023	陕西省教育厅 陕西省学位委员会	陕西省优秀博士学位论文指导教师		独立

续表

序号	获奖项目名称	获奖时间	颁奖部门名称	奖项名称	获奖等级	第几完成人
			校级奖励			
1	"三维度—八阶段—二融通"地质学拔尖人才培养体系构建与实践	2021	西北大学	教学成果奖	特等	第一
2	全面深化教学法改革促进地学创新人才培养	2011	西北大学	教学成果奖	特等	第二
3	国家理科地质学人才培养基地教学质量监督保障体系	2005	西北大学	教学成果奖	一等	第一
4	地质学研究型人才培养新方案	2007	西北大学	教学成果奖	一等	第一
5	岩浆岩岩石学	2004	西北大学	教案展评奖	一等	独立
6	岩浆岩岩石学	2005	西北大学	教学质量优秀奖	一等	独立
7	腾冲地块晚白垩世－早始新世花岗岩类成因机制及大陆动力学意义	2017	西北大学	西北大学优秀博士学位论文指导教师		独立
8	腾冲地块早白垩世花岗岩类成因机制及深部动力学意义	2018	西北大学	西北大学优秀博士学位论文指导教师		独立
9	扬子板块西缘新元古代花岗岩类岩浆成因及深部动力学意义	2021	西北大学	西北大学优秀博士学位论文指导教师		独立
10	扬子北缘米仓山地区新元古代碱性杂岩地球化学特征及地质意义	2017	西北大学	西北大学优秀硕士学位论文指导教师		独立
11		2017	西北大学	教学奖		独立
12		2018	西北大学	教学奖		独立
13		2019	西北大学	教学奖		独立
14		2020	西北大学	教学奖		独立
15		2021	西北大学	教学奖		独立
16		2021	西北大学	教学奖（团队）		第一
17		2022	西北大学	教学奖（团队）		第一
18		2019	西北大学	科研奖		独立

序号	获奖项目名称	获奖时间	颁奖部门名称	奖项名称	获奖等级	第几完成人
19		2003	西北大学	优秀教师		独立
20		2015	西北大学	优秀教师		独立
21		2003	西北大学	科研先进个人		独立
22		2005	西北大学	迎评先进个人		独立
23		2007	西北大学	研究生创新优秀论文		第二
24		2009	高等学校国家级实验教学示范中心联席会	学生特等奖指导教师		独立
25		2015	高等学校国家级实验教学示范中心联席会	先进个人		独立
发明专利						
1	一种岩石薄片的虚拟仿真图片制作方法	2019	国家知识产权局	发明专利		第二

十一、学术兼职

序号	学术职务名称	聘任单位	任职时间
1	国务院学位委员会第七届学科评议组成员	国务院学位委员会	2015—2020
2	国务院学位委员会第八届学科评议组成员	国务院学位委员会	2021—2025
3	教育部高等学校地球科学教学指导委员会秘书长	教育部	2006—2012
4	教育部高等学校地球科学教学指导委员会地球物理学与地质学专业教学指导分委员会秘书长	教育部	2006—2012
5	教育部高等学校地质学类专业教学指导委员会副主任委员	教育部	2013—2017
6	教育部高等学校地质学类专业教学指导委员会副主任委员	教育部	2018—2022
7	陕西省学位委员会委员	陕西省人民政府	2024—2028
8	陕西省决策咨询委员会委员	陕西省决策咨询委员会	2017—至今
9	陕西省高等学校教学指导委员会地矿类工作委员会主任委员	陕西省教育厅	2020—2024

序号	学术职务名称	聘任单位	任职时间
10	陕西省高等学校教学指导委员会高等学校专业设置与教学指导委员会委员	陕西省教育厅	2020—2024
11	陕西省学科(专业)建设和研究生教育教学指导委员会常务委员	陕西省教育厅	2021—2025
12	陕西省理农医类学科评议组成员	陕西省教育厅	2021—2025
13	重庆市普通本科高等学校地矿与环境安全类专业教学指导委员会副主任委员	重庆市教育委员会	2021—2025
14	中国地质学会岩石专业委员会副主任委员	中国地质学会	2019—2023
15	陕西省地震学会第二届地震学术委员会副主任	陕西省地震学会	2013—至今
16	陕西省矿物岩石地球化学学会副秘书长	陕西省矿物岩石地球化学学会	2004—至今
17	中国地质学会岩石专业委员会委员	中国地质学会	2003—2007
18	中国矿物岩石地球化学学会岩浆岩专业委员会委员	中国矿物岩石地球化学学会	2003—2008
19	中国矿物岩石地球化学学会岩浆岩专业委员会委员	中国矿物岩石地球化学学会	2009—2014
20	中国矿物岩石地球化学学会岩浆岩专业委员会委员	中国矿物岩石地球化学学会	2013—2017
21	《中国大学教学》审稿专家	全国高等学校教学研究中心	2013—2018
22	高等学校理工科教学指导委员会通讯编委会委员	全国高等学校教学研究中心	2008—至今
23	《岩石矿物学杂志》编委	《岩石矿物学杂志》	2004—2013
24	《岩石矿物学杂志》副主编	《岩石矿物学杂志》	2024—2028
25	《地学前缘》编委	中国地质大学(北京)期刊中心	2010—至今
26	《西北地质》编委	《西北地质》编委会	2012—至今
27	《岩石学报》编委	《岩石学报》	2014—至今
28	《地质学报》(英文版)编委	中国地质学会	2019—2022
29	《西北地质》编委	《西北地质》编委会	2019—2022
30	《地球科学与环境学报》编委	《地球科学与环境学报》编辑部	2021—2024
31	《西北大学学报》(自然科学版)编辑委员会副主任	西北大学	2018—至今

序号	学术职务名称	聘任单位	任职时间
32	《西北大学学报》（哲学社会科学版）编辑委员会副主任	西北大学	2018—至今
33	李四光优秀学生奖委员会委员	李四光地质科学奖基金会	2021—至今
34	中国高等教育博览会"校企合作双百计划"典型案例推选专家	中国高等教育学会	2021
35	超星教师发展研究院荣誉专家	超星教师发展研究院	2018
36	广西地质工程中心重点实验室学术委员会委员	桂林理工大学	2011—2015
37	水利水电国家级实验教学示范中心（西安理工大学）教学指导委员会委员	西安理工大学	2017—2022
38	兰州大学兼职教授	兰州大学	2011—2014
39	大陆构造协同创新中心副主任	大陆构造协同创新中心	2012—
40	陕西省应急管理研究院兼职研究员	陕西省应急管理研究院	2013—2018
41	西北大学丝绸之路研究院学术委员会委员	丝绸之路研究院	2014—2018
42	西北大学学术委员会教学分委员会委员	西北大学	2004
43	西北大学学术委员会教学分委员会委员	西北大学	2012—2015
44	西北大学第八届学术委员会委员	西北大学	2017—2021
45	西北大学学位委员会副主任委员	西北大学	2018—至今
46	陕西省学位与研究生教育研究中心学术委员会委员	陕西省学位与研究生教育研究中心	2022—2025

附录二　专著与教材

青藏高原北缘火山作用与构造演化

赖绍聪　邓晋福　赵海玲　著

陕西科学技术出版社出版发行

（西安市北大街 131 号）

西安地质学院印刷厂印制

787×1 092 毫米　16 开本　9 印张　210 千字

1996 年 6 月第 1 版　1996 年 6 月第 1 次印刷

印数：1—1 000 册

ISBN 7−5369−2525−5/P·41

定价：10.00 元

南秦岭勉略缝合带蛇绿岩与火山岩

赖绍聪　秦江锋　著

科学出版社出版

（北京东黄城根北街 16 号）

新蕾印刷厂印刷

720×1 000 毫米　16 开本　17 印张　350 千字

2010 年 1 月第 1 版　2010 年 1 月第 1 次印刷

印数：1—1 000 册

ISBN 978-7-03-025682-9

定价：58.00 元

秦岭造山带晚三叠世花岗岩成因与

深部动力学

秦江锋　赖绍聪　著

科学出版社出版发行

（北京东黄城根北街 16 号）

新蕾印刷厂印刷

720×1 000 毫米　16 开本　17.25 印张　336 千字

2011 年 6 月第 1 版　2011 年 6 月第 1 次印刷

印数：1—1 200 册

ISBN 978-7-03-031819-0

定价：58.00 元

云南腾冲晚白垩世

——早始新世花岗岩成因与深部动力学

赵少伟　赖绍聪　著

科学出版社出版发行

（北京东黄城根北街 16 号）

中国科学院印刷厂印刷

787×1 092 毫米　16 开本　17.25 印张　308 千字

2018 年 3 月第 1 版　2018 年 3 月第 1 次印刷

ISBN 978-7-03-056831-1

定价：118.00 元

腾冲地块早白垩世花岗岩类成因机制

及其深部动力学

朱韧之　赖绍聪　著

地质出版社出版发行

（北京海淀区学院路 31 号）

北京地大彩印有限公司印刷

787×1 092 毫米　16 开本　11.75 印张　280 千字

2018 年 6 月第 1 版　2018 年 6 月第 1 次印刷

ISBN 978-7-116-11008-3

定价：60.00 元

扬子板块

西缘新元古代花岗岩类岩浆成因及

深部动力学意义

朱　毓　赖绍聪　著

地质出版社出版发行

（北京海淀区学院路 31 号）

北京地大彩印有限公司印刷

787×1 092 毫米　16 开本　12 印张　240 千字

2022 年 2 月第 1 版　2022 年 2 月第 1 次印刷

ISBN 978－7－116－13013－5

定价：48.00 元

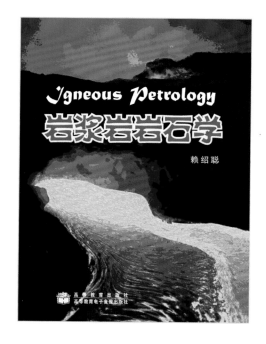

岩浆岩岩石学

赖绍聪

高等教育出版社

高等教育电子音像出版社出版发行

（北京市西城区德胜门外大街 4 号）

ISBN 978－7－89489－860－9

岩浆岩岩石学课程教学设计

赖绍聪　编著

高等教育出版社出版发行

（北京市西城区德外大街4号）

固安县铭成印刷有限公司印刷

850×1 168 毫米　16 开本　16 印张　390 千字

2017 年 9 月第 1 版　2017 年 9 月第 1 次印刷

ISBN 978-7-04-048424-3

定价：48.00 元

岩浆岩岩石学（第二版）

赖绍聪　编著

高等教育出版社出版发行

（北京市西城区德外大街 4 号）

北京宏伟双华印刷有限公司印刷

850×1 168 毫米　16 开本　11.25 印张　220 千字

2008 年 6 月第 1 版　2016 年 9 月第 2 版

2016 年 9 月第 1 次印刷

ISBN 978−7−04−046410−8

定价：23.80 元

晶体光学与岩石学实习教材

赖绍聪　罗静兰　王居里　刘林玉　编著

高等教育出版社出版发行

（北京市西城区德外大街 4 号）

北京民族印务有限责任公司印刷

787×960 毫米　16 开本　10.25 印张　190 千字

2010 年 4 月第 1 版　2010 年 4 月第 1 次印刷

ISBN 978−7−04−029176−6

定价：21.00 元